T0190177

# Wörterbuch der Chemie /
# Dictionary of Chemistry

Theodor C. H. Cole

# Wörterbuch der Chemie / Dictionary of Chemistry

Deutsch/Englisch
English/German

2., überarbeitete und erweiterte Auflage

 Springer Spektrum

Theodor C. H. Cole, Dipl. rer. nat.
Heidelberg
Deutschland

ISBN 978-3-662-56330-4      ISBN 978-3-662-56331-1 (eBook)
https://doi.org/10.1007/978-3-662-56331-1

Die Deutsche Nationalbibliothek verzeichnet diese Publikation in der Deutschen Natio-
nalbibliografie; detaillierte bibliografische Daten sind im Internet über http://dnb.d-nb.
de abrufbar.

Springer Spektrum

Verantwortlich im Verlag: Sarah Koch

Gedruckt auf säurefreiem und chlorfrei gebleichtem Papier

Springer Spektrum ist ein Imprint der eingetragenen Gesellschaft Springer-Verlag GmbH,
DE und ist ein Teil von Springer Nature.
Die Anschrift der Gesellschaft ist: Heidelberger Platz 3, 14197 Berlin, Germany

# Vorwort

Das **Wörterbuch der Chemie / Dictionary of Chemistry**, enthält in seiner **2. überarbeiteten Auflage** insgesamt 32.500 Begriffe aus allen Bereichen der allgemeinen und speziellen Chemie und Nachbarwissenschaften:

- ➤ Analytik
- ➤ Anorganik
- ➤ Basischemikalien
- ➤ Biochemie
- ➤ Biotechnologie
- ➤ Laborbedarf und Geräte
- ➤ Methoden
- ➤ Molekularbiologie
- ➤ Nanotechnologie
- ➤ Nuklearchemie
- ➤ Organik
- ➤ Physikalische Chemie
- ➤ Polymerchemie
- ➤ Präparative Chemie
- ➤ Sicherheit
- ➤ Synthese

Für den Umgang mit der chemischen Fachsprache sind wir in den Naturwissenschaften regelmäßig auf Fachwörterbücher angewiesen: für das Lesen und Verstehen von Anleitungen, Berichten und „Kochrezepten", oder für die Auswertung und Dokumentation von Forschungsergebnissen, und das Schreiben von Protokollen, Referaten und Publikationen – hierfür liefert das **Wörterbuch der Chemie** den Grundwortschatz chemischer Fachausdrücke für Industrie, Lehre und Labor.

Die meisten Wörterbücher geben dort keine Antwort, wo z.B. ein Student seinem Kommilitonen erklären will, was „panschen, pfuschen und schlonzen" ist, und im Gegenzug gefragt wird, um was für einen „gunk" es sich in seinem Ansatz handele. Auch wenn solche Begriffe als umgangssprachlich gelten, so sind sie doch ein Teil der Laborsprache: das richtige „feeling" entwickelt sich dann ja sowieso ganz schnell im angeregten Gespräch an der „line", in der „social corner", der Spülküche oder auf der „Afterwork Party", im „learning by doing". Auch wenn durch „peer pressure" der Trend zur Verwendung von Anglizismen zunimmt, muss man ihm nicht bedingungslos erliegen – warum gibt es für „Line", Kracken (*sensu* cracking), Ceiling-Temperatur und Floor-Temperatur, Stripping-Analyse, Spectator-Ligand, Linear-Sweep-Voltammetrie u.a. keine deutschen *Pendants* !? Ein bisschen Fantasie mit der so reichen deutschen Sprache (und deren neue Rechtschreibung) ist durchaus wünschenswert. Anderseits sind auch nicht wenige Begriffe aus dem Deutschen ins Englische übernommen worden, wie z.B. zwitterion, gegenion, abraum salts, feldspar, pitchblende, ansatz, nutsch ... Wo immer möglich bietet dieses Wörterbuch jeweils eigenständige Begriffe aus den beiden Sprachen.

***Wortfelder.*** Thematische Begriffsfelder (*clusters*) in diesem Wörterbuch ermöglichen die zusammenhängende Bearbeitung eines Themas; durch die Sammlung thematisch verwandter Begriffe unter den jeweiligen übergeordneten Hauptstichwörtern erhöht sich die „Trefferwahrscheinlichkeit" bei der Wortsuche und somit wird die Arbeit beim Übersetzen erleichtert. Dieses zusätzlich zur gewöhnlichen alphabetischen Ordnung verwendete Konzept hat sich gegenüber den einfachen Wortlisten anderer Wörterbücher hervorragend bewährt. Beispielsweise finden sich unter dem Hauptstichwort *Reaktion* alle entsprechenden Reaktionsformen; alle spektroskopischen Verfahren erscheinen unter dem Haupteintrag *Spektroskopie*, die verschiedensten Arten von *Analysen, Bindungen, Elektronen, Filter, Flaschen, Gittern, Klemmen, Kolben, Ölen, Orbitalen, Pipetten, Pinzetten, Pumpen, Säuren, Schüttlern, Ventilen, Waagen, Zentrifugen,* etc. unter dem jeweiligen Hauptstichwort – zusätzlich zu den alphabetisch geordneten Einträgen. Dies verschafft klare Übersicht und Arbeitskomfort. In anderen Wörterbüchern müsste jeder Begriff einzeln aufgesucht werden.

***Rechtschreibung.*** Viele deutsche Autoren bevorzugen heute die klassische „c"-Schreibung, wo in älterer Literatur traditionell ein „k" oder „z" steht, wie Calcium statt Kalzium, Cobalt statt Kobalt, Cyanid statt Zyanid, carcinogen statt karzinogen, Glucose statt Glukose, Citratzyklus statt Zitratzyklus. Klassische Endungen werden heute vielfach zugunsten der anglo-amerikanischen Schreibweise vereinfacht. Im vorliegenden Wörterbuch finden Sie vorzugsweise neue, aber auch alte Schreibweisen.

Die Rechtschreibung folgt der amerikanischen Schreibweise gemäß ***Merriam Webster's Collegiate Dictionary***, 11th edn., bzw. ***Wahrig Deutsches Wörterbuch***, 9. Aufl. und ***Duden – Die deutsche Rechtschreibung***, 27. Aufl., d.h. die deutsche Rechtschreibreform wurde berücksichtigt.

***Danksagungen.*** Dr. Ingrid Haußer-Siller (Universität Heidelberg), Dr. Willi Siller (Universität Heidelberg), Dr. Dietrich Schulz (Umweltbundesamt – UBA, Dessau), Prof. Dr. Klaus Roth (FU Berlin), Prof. Dr. Stefan Wölfl (IPMB, Universität Heidelberg) und Dr. Jürgen H. Gross (OCI, Universität Heidelberg) danke ich für fachliche Inspiration und das entgegengebrachte Interesse. Speziellen Dank an Merlet Behncke-Braunbeck und Dr. Sarah Koch von Springer DE für die effiziente und angenehme Zusammenarbeit.

Erika Siebert-Cole, M.A., gilt meine besondere Wertschätzung für ihre Assistenz und ihr Interesse. Ihr Wissen und ihre Kompetenz zu den verschiedensten Aspekten von Sprache, sowie der Bedeutung und dem Ursprung von Wörtern trugen wesentlich zu diesem Projekt bei. Danke für alles!

Theodor C. H. Cole

# Preface

This **Dictionary of Chemistry, 2nd revised edition**, with its total of 32,500 terms, encompasses all fields of general, basic, and advanced chemistry and the bordering natural sciences:

- analytics
- basic chemicals
- biochemistry
- biotechnology
- inorganic chemistry
- laboratory supplies and equipment
- methods
- molecular biology
- nanotechnology
- nuclear chemistry
- organic chemistry
- physical chemistry
- polymer chemistry
- preparative chemistry
- security/safety
- synthesis

The language of chemistry is complex and technical, as that of any other field of science. Next to being knowledgeable of theoretical concepts and competent with practical skills, it is just as important to be able to effectively communicate ideas and own research results to an international science community, in English! Basic bilingual dictionaries do not serve this purpose nor do they meet the requirements of the specialist – thus this **Dictionary of Chemistry**. May this book turn out to be a useful tool for students, scholars, and researchers for translations, in preparing papers, talks, lectures, and presentations – as well as for professional translators.

**Word Clusters.** Thematic clusters of terms related to particular main entries allow the user to work on a specific topic and find all relevant terms together in one spot – this substantially facilitates translation work. For instance, you will find all major types of reactions under the main entry *reaction*; spectroscopic procedures under *spectroscopy*, and all kinds of *acids, bonds, clamps, detectors, electrons, filters, flasks, hazard warnings, lattices, oils, orbitals, pipets, pumps, scales, shakers, valves*, etc. under the according main entries – in addition to the regular alphabetical listings.

**Orthography.** The new German orthography rules have been taken into account according to **Wahrig Deutsches Wörterbuch**, 9th edn., and **Duden – Die deutsche Rechtschreibung**, 27th edn., the English orthography follows the American spelling according to **Merriam Webster's Collegiate Dictionary**, 11th edn.

***Acknowledgements.***Thanks to Ingrid Haußer-Siller (Heidelberg University Clinic), Willi Siller (Heidelberg University), Dietrich Schulz (UBA, Dessau), Klaus Roth (FU Berlin), Stefan Wölfl (IPMB, Heidelberg University), and Jürgen H. Gross (OCI, Heidelberg University) for inspiration and discussion.
Many thanks to my editors Merlet Behncke-Braunbeck and Dr. Sarah Koch at Springer DE for their interest in my projects and for their professional support.

Erika Siebert-Cole, M.A. provided valuable assistance. I thank her for sharing her knowledge of linguistics and for venturing with me into this world of words, their diverse meanings and etymology – for your assistance, solidarity, good humor, and faith I am utmost grateful.

Theodor C. H. Cole

# Abkürzungen – Abbreviations

| | |
|---|---|
| *sg* | Singular – singular |
| *pl* | Plural – plural |
| *adv-adj* | Adverb-Adjektiv – adverb-adjective |
| *n* | Nomen (Substantiv) – noun |
| *vb* | Verb – verb |
| *f* | weiblich – feminine |
| *m* | männlich – maskulin |
| *nt* | sächlich – neuter |
| *Br* | Britisches Englisch – British English |
| *US* | Amerikanisches Englisch – American English |
| *analyt* | Analytik – analytics |
| *allg* | allgemein – general |
| *biochem* | Biochemie – biochemistry |
| *centrif* | Zentrifugation – centrifugation |
| *chem* | Chemie – chemistry |
| *chromat* | Chromatographie – chromatography |
| *dest– dist* | Destillation – distillation |
| *dial* | Dialyse – dialysis |
| *electr* | Elektrik-Elektronik – electrics-electronics |
| *electroph* | Elektrophorese – electrophoresis |
| *gen* | Genetik – genetics |
| *geol* | Geologie – geology |
| *lab* | Labor – laboratory |
| *math* | Mathematik – mathematics |
| *mech* | Mechanik – mechanics |
| *med* | Medizin – medical science |
| *metal* | Metallurgie/Metallkunde – metallurgy |
| *micb* | Mikrobiologie – microbiology |
| *micros* | Mikroskopie – microscopy |
| *min* | Mineralogie – mineralogy |
| *ms* | Massenspektrometrie – mass spectrometry |
| *nucl* | Nuklearphysik – nuclear physics |
| *opt* | Optik – optics |
| *pharm* | Pharmazie – pharmacy |
| *photo* | Photografie – photography |
| *phys* | Physik – physics |
| *physiol* | Physiologie – physiology |
| *polym* | Polymere – polymers |
| *pyrotech* | Pyrotechnik – pyrotechnics |
| *rad* | Strahlung/Radiologie – radiation/radiology |
| *spectr* | Spektroskopie – spectroscopy |
| *stat* | Statistik – statistics |
| *tech* | Technologie – technology |
| *text* | Textilien – textiles |

# Deutsch – Englisch

# Deutsch – Englisch

© Springer-Verlag GmbH Deutschland, ein Teil von Springer Nature 2018
T. C. H. Cole, *Wörterbuch der Chemie / Dictionary of Chemistry*,
https://doi.org/10.1007/978-3-662-56331-1_1

Abb

4

# A

Abbau (Zersetzung/Zerfall/Zusammenbruch)
degradation, decomposition, breakdown;
(einer Apparatur) disassembly, dismantling,
dismantlement, takedown
- ➤ biologischer Abbau/Biodegradation
biodegradation
- ➤ enzymatischer Abbau enzymatic digestion
- ➤ Hofmann-Abbau Hofmann degradation
- ➤ Lichtabbau/photochemischer Abbau
photodegradation
- ➤ Stoffwechsel-Abbau digestion; degradative
metabolism, catabolism
- ➤ Wärmeabbau/Wärmezersetzung/
thermischer Abbau thermal degradation
Abbaubarkeit degradability, decomposability
abbauen (zersetzen) degrade, decompose,
break down; (Apparatur/Experimentiergerät)
disassemble (take equipment apart)
abbauend/katabolisch catabolic
Abbauprodukt degradation product
abbinden (fest/steif werden) set
Abbinden (fest/steif werden) setting
Abbindezeit polym curing time
Abbindezeit während Temperatureinwirkung
temperature time (curing time under
temperature)
Abbrand burning, burn-up, burn-off;
consumption; scalding loss; (Rückstand beim
Rösten) cinder
Abdampf exhaust steam, waste steam,
spent steam
abdampfen/abdunsten evaporate
Abdampfschale evaporating dish
Abdichtbarkeit sealability
abdichten seal off, make tight, make leakproof,
insulate
Abdichtfolie/Abdichtungsfolie sealing foil, liner,
barrier foil
Abdichtmasse/Abdichtungsmasse
sealing compound, sealant
Abdichtung seal, sealing; (Manschette) gasket
Abdruck
(Oberflächenabdruck: EM) micros replica
- ➤ genetischer Fingerabdruck/Fingerprinting
fingerprinting, genetic fingerprinting,
DNA fingerprinting
abfackeln flare, burn off
Abfackelung flare, flaring off
Abfall waste, trash, refuse
- ➤ hochradioaktiver Abfall high active waste
(HAW), highly active nuclear waste
- ➤ Industriemüll/Industrieabfall industrial waste

- ➤ infektiöser Abfall infectious waste
- ➤ Kunststoffabfall waste plastic
- ➤ Problemabfall hazardous waste
- ➤ schwach radioaktiver Abfall/
schwach aktiver Abfall low active waste (LAW)
- ➤ Sonderabfall/Sondermüll hazardous waste
Abfall mit biologischem Gefährdungspotential
biohazardous waste
Abfallannahmekriterien
waste acceptance criteria (WAC)
Abfallbehälter trash can; waste container,
litter bin
Abfallbeseitigung waste removal, waste disposal
Abfallbeseitigungsgesetz (AbfG)
waste disposal act
Abfallentsorgung/Abfallbeseitigung
waste disposal
Abfallgesetz/Abfallbeseitigungsgesetz (AbfG)
waste disposal law, waste disposal act
Abfallvorbehandlung waste pretreatment
abfärben stain, bleed
abflammen/‚flambieren' (sterilisieren) flame
Abfluss (Ausfluss) discharge, outflow, efflux,
draining off; (Ablauf, z. B. am Waschbecken)
drain
Abflussbecken sink, basin
Abführmittel laxative
Abgabe/Einreichung (Ergebnisse etc.) delivery,
handing in, dropoff
Abgabepuls (Pumpe) discharge stroke
Abgabetermin/Ablieferungstermin/Deadline
deadline
Abgangsmolekül leaving molecule
Abgase exhaust fumes
abgelaufen (Haltbarkeitsdatum) expired,
outdated
abgeschrägt/abgekantet (Kanülenspitze/
Pinzette etc.) beveled, bevelled
abgießen/dekantieren (ablassen) pour off,
decant (drain)
Abgleich equalization, adjustment, balancing,
balance; alignment; tuning
abgleichen adjust, equalize, balance; align, tune
abgraten (entgraten) deflash; (abkanten) trim;
(bördeln) deburr
Abgraten (Entgraten) deflashing;
(Abkanten) trimming; (Bördeln) deburring
Abgratmaschine/Entgratmaschine
deflasher, deflashing machine
Abguss (an der Spüle) drain (of the sink)
- ➤ in den Abguss schütten
pour s.th. down the drain
Abisolierzange wire stripper

**abkanten** (abschrägen: Metal/Pinzetten/Kanülen/ Glas etc.) bevel; trim; (anfasen) chamfer
**Abkanten** (abschrägen: Metal/Pinzetten/Kanülen/ Glas etc.) bevel; trim; (Anfasung) chamfering
**Abklärflasche/Dekantiergefäß** decanter
**abkochen/absieden** decoct
**Abkochung/Absud/Dekokt** decoction
**Abkömmling/Derivat** derivative
**abkühlen** cool down, get cooler
**abkühlen lassen** let cool, allow to cool
**Abkühlzeit/Abkühlphase/Fallzeit (Autoklav)** cool-down period, cooling time
**ablängen (mit Glasrohrschneider)** size, cut into discreet length
**ablassen** drain, discharge; (Druck reduzieren) relieve, vent
**Ablasshahn/Ablaufhahn** draincock (faucet/spigot)
**Ablauf** drain; (Ablaufbrett/Platte an der Spüle) drainboard; (Ausfluss: Austrittstelle einer Flüssigkeit) outlet; (herausfließende Flüssigkeit) effluent
**Ablaufdatum/Verfallsdatum** expiration date
**ablaufen lassen** drain
**Ablauge/Abfalllauge** waste lye, waste liquor
**ableiten** carry off, drain, discharge; (umleiten) deflect
➢ **zuleiten** supply, feed, pipe in, let in
**Ableitung (von Flüssigkeiten)** discharge, drainage, outlet
➢ **Zuleitung** supplying, feeding, inlet
**ablenken** deflect
**Ablenkstrom** deflecting current
**Ablenkung** deflection
**Ablenkungsspannung** deflection voltage
➢ **Kippspannung** sweep voltage
**ablesbar** readable
**Ablesbarkeit (Waage/Anzeige)** readability
**Ablesefehler** reading error, false reading
**Ablesegenauigkeit** reading accuracy
**Ablesegerät** direct-reading instrument
**Ablesemarke** reference point, index mark
**ablesen** read (off/from)
**Ablesung/Ablesen (Gerät/Messwerte)** reading, readout
**Ablösefestigkeit/Schälfestigkeit** peel resistance
**ablösen** separate, release; unbond; peel off
**Ablösen/Ablösung** separation, release, releasing; unbonding; peeling off
**Ablöseversuch/Schälversuch** peel test
**Ablösungsarbeit/Abtrennarbeit** separation energy
**Abluft** exhaust, exhaust air, waste air, extract air
**Ablufteinrichtung/Abluftsystem** exhaust system, off-gas system

**Abluftschacht** exhaust duct
**Abluftsystem** exhaust system
**abmelden** deregister, sign out (schriftlich 'austragen')
**abmessen** measure, size
**Abmessungen (Höhe/Breite/Tiefe)** dimensions (height/width/depth)
**Abnahme** (eines Labors nach Fertigstellung) commissioning, certification; *text* doff (a bobbin)
**Abpackung** pack, package
**Abrauchen** fuming; (eindampfen) evaporate
**Abraum** *geol* mining waste; overburden, capping
**Abraumhalde** mining waste dump, (z. B. Kohlestaub) slack heap
**Abraumsalze** abraum salts (waste salts)
**abreichern** deplete, strip, downgrade
**Abreicherung** depletion, stripping, downgrading
**Abrieb** abrasion; attrition; abrasive wear, wear debris
**Abriebfestigkeit** abrasion resistance
**abrutschen/ausrutschen** slip
**Absättigung** saturation
**absaugen (Flüssigkeit)** draw off, suction off, siphon off, evacuate
**abschalten** turn off, shut off, switch off; (Computer: herunterfahren) power down
➢ **anschalten** turn on, switch on; (Computer: hochfahren) power up
**Abschaltsequenz/Silencer** *gen* silencer (sequence)
**Abschaltung** shutoff
➢ **automatische Abschaltung (elektronische Geräte)** auto-shutoff
**Abschaltventil** shut-off valve
**Abscheider** separator, precipitator, settler, trap, catcher, collector
➢ **Wasserabscheider** water separator, water trap
**abschirmen (von Strahlung)** shield (from radiation)
**Abschirmlänge/Korrelationslänge** $\xi$ screening length, correlation length
**Abschirmung (von Strahlung)** shielding (from radiation)
**Abschmelzrohr** fusion tube, melting tube
**Abschnürbinde/Binde/Aderpresse/Tourniquet** tourniquet
**abschöpfen** skim off, scoop off/up
**abschrecken/quenchen/löschen** turn away, repel, reject; *polym* quench
**abseihen** strain
**absetzen** settle, sediment, deposit; precipitate
**Absetztank/Absetzgefäß** settling tank, separator, separation tank

**Abs**

6

Absetzverhinderungsmittel/Antiabsetzmittel/
Schwebemittel antisettling agent,
sedimentation inhibitor
absondern/abscheiden (Flüssigkeiten) exude,
secrete, discharge
Absorbanz (Extinktion) absorbance, absorbancy
(extinction: optical density)
Absorberstab *nucl* absorbing rod
absorbieren/aufsaugen soak up, absorb
Absorption absorption
Absorptionsindex absorbance index, absorptivity
Absorptionskoeffizient absorption coefficient
Absorptionsmittel/Aufsaugmittel absorbent,
absorbant
Absorptionsspektrum absorption spectrum,
dark-line spectrum
Absorptionsvermögen/Absorptionsfähigkeit/
Aufnahmefähigkeit absorbency
Absperrband/Markierband barricade tape
Absperrhahn/Sperrhahn stopcock
Absperrung/Barriere/Sperre/Barrikade barrier,
barricade
Absperrventil shut-off valve
Abstand (Geräte/Möbel etc.) space, distance;
clearance
Abstand halten! keep clear!
Abstandhalter/Abstandshalter/Distanzstück
spacer
absteigend (DC) descending
Abstellraum/Abstellkammer storeroom,
storage room
Abstoppmittel shortstopping agent, stopper
abstoßen repell
abstoßend repellent, repellant
Abstoßungskraft repellent force, repelling force,
repulsion force
Abstreicher/Rakel (Gummi) squeegee
Abstreifer/Schaber (Mischer) wiper blade
Abstreifmesser/Rakel doctor knife
Abstrich *med* swab; *micros* smear
➤ einen Abstrich machen *med* to take a swab
Absud/Sud/Abkochung (etwas Gekochtes/
Siedendes/Gesottenes) decoction, extract,
essence, extracted liquor; brew, stock, broth
abtauen (Kühl-/Gefrierschrank) defrost
Abtransport/Entfernen transporting away; removal
Abtrennarbeit/Ablösungsarbeit separation energy
abtrennen separate
Abtrennung separation;
(Trennwand: räumlich) partition
Abtriebsäule/Abtreibkolonne *dest*
stripping column
Abtriebsteil (Unterteil der Säule) *dest*
stripping section

Abtropfbrett/Ablaufbrett drainboard
Abtropfgestell draining rack
Abtropfsieb colander
Abwärme waste heat
abwaschbar washable
Abwaschwasser/Spülwasser dishwater
Abwasser wastewater, sewage
➤ Rohabwasser raw sewage
Abwasserabgabengesetz wastewater charges act
Abwasseraufbereitung wastewater treatment,
sewage treatment
Abwasseraufbereitungsanlage
wastewater treatment plant (WWTP),
sewage treatment plant
➤ Kläranlage/Abwasserbehandlungsanlage/
Abwasserreinigungsanlage (ARA)
sewage treatment plant
Abwasserkanal/Kloake sewer, sanitary sewer
Abwasserreinigung wastewater treatment
abweichen von ... deviate from ...
Abweichung deviation; (Aberration) aberration
➤ Standardabweichung standard deviation
➤ statistische Abweichung statistical deviation
abwiegen (eine Teilmenge) weigh out
abwischen wipe, wipe off, wipe clean
Abzieher/Gummiwischer (Fensterwischer/
Bodenwischer) squeegee
Abzug/Dunstabzugshaube hood, fume hood,
fume cupboard (*Br*)
➤ begehbarer Abzug walk-in hood
➤ Fallstrombank
vertical flow workstation/hood/unit
➤ Handschuhkasten/Handschuhschutzkammer
glove box
➤ Labor-Werkbank laboratory/lab bench
➤ Querstrombank laminar flow workstation,
laminar flow hood, laminar flow unit
➤ Rauchabzug/Abzug fume hood
➤ Reinraumwerkbank clean-room bench
➤ Saugluftabzug forced-draft hood
➤ Sicherheitswerkbank clean bench
➤ sterile Werkbank sterile bench
Abzugschornstein exhaust stack
Abzugsöffnung/Luftschlitz vent
Abzweig branch, split; junction
abzweigen branch off, fork, bifurcate; split; divert
Abzweigventil *chromat* split valve
Abzym abzyme
Acetaldehyd/Ethanal acetaldehyde,
acetic aldehyde, ethanal
Acetat/Azetat (Essigsäure/Ethansäure)
acetate (acetic acid/ethanoic acid)
Acetatfaser/Acetatstapelfaser
acetate staple fiber

**Acetatseide/Acetatrayon**
acetate silk, acetate rayon
**Acetessigsäure (Acetacetat)/3-Oxobuttersäure**
acetoacetic acid (acetoacetate),
acetylacetic acid, diacetic acid
**Aceton (Azeton)/Propan-2-on/2-Propanon/**
**Dimethylketon** acetone, dimethyl ketone,
2-propanone
**Acetylcellulose/Celluloseacetat** cellulose acetate
**Acetylen/Ethin $C_2H_4$** acetylene, ethine, ethyne
**Achat** agate
**Achatmörser** agate mortar
**achromatischer** achromatic
**Achsenlager/Achslager/Zapfenlager**
**(z. B. beim Kugellager)** journal
**Achsenverhältnis** aspect ratio
**Achtkantstopfen** octa-head stopper,
octagonal stopper
**Acidität/Azidität/Säuregrad** acidity
**Acidose (Blutübersäuerung)** acidosis
**Acridinfarbstoff** acridine dye
**Acrolein/Propenal/Acrylaldehyd**
acrolein, propenal
**Acrylglas** acrylic glass
**Acrylnitril/Acrylsäurenitril/Vinylcyanid/**
**Propennitril** acrylonitrile, propenonitrile
**Acrylsäure/Propensäure (Acrylat)**
acrylic acid (acrylate), propenoic acid
**Actinide (Actinoide)** actinides (actinoids)
**Actinium (Ac)** actinium
**acyclisch** acyclic
**Acylierung** acylation, acidylation
**Adapter** adapter, fitting(s);
(Zwischenstecker) adapter
➢ **Balg** bellows
➢ **Destilliervorstoß** receiver adapter
➢ **Eutervorlage/Verteilervorlage/‚Spinne'** *dest*
cow receiver adapter, 'pig', multi-limb vacuum
receiver adapter (receiving adapter for three/
four receiving flasks)
➢ **Expansionsstück (Laborglas)**
expansion adapter
➢ **Filtervorstoß** adapter for filter funnel
➢ **Kern-/Gewindeadapter**
cone/screwthread adapter
➢ **Kriechschutzadapter** *dest* anticlimb adapter
➢ **Krümmer (Laborglas)** bend, bent adapter
➢ **Nadeladapter** syringe connector
➢ **Reduzierstück (Laborglas/Schlauch)** reducer,
reducing adapter, reduction adapter
➢ **Schaumbrecher-Aufsatz/Spritzschutz-Aufsatz**
**(Rückschlagsicherung)** *dest* antisplash adapter,
splash-head adapter
➢ **Schlauchadapter** tubing adapter

➢ **Schlauch-Rohr-Verbindungsstück**
pipe-to-tubing adapter
➢ **Septum-Adapter** septum-inlet adapter
➢ **Tropfenfänger** drip catcher, drip catch; splash
trap, antisplash adapter (distillation apparatus);
(Reitmeyer-Aufsatz: Rückschlagschutz: Kühler/
Rotationsverdampfer etc.) splash adapter,
antisplash adapter, splash-head adapter
➢ **Übergangsstück** adapter, connector
➢ **Übergangsstück mit seitlichem Versatz**
offset adapter
➢ **Vakuumfiltrationsvorstoß**
vacuum-filtration adapter
➢ **Vakuumvorstoß** vacuum adapter
➢ **Vorlage** *dest* distillation receiver adapter,
receiving flask adapter
➢ **Zweihalsaufsatz** two-neck (multiple) adapter
**Additionsverbindung** addition compound (of two
compounds), additive compound (saturation of
multiple bonds)
**Addukt** adduct
**Adenin** adenine
**Adenosin** adenosine
**Adenylatcyclase/Adenylylcyclase**
adenylate cyclase
**Aderendhülse** *electr* wire end sleeve,
wire end ferrule
**Aderendhülsenzange/Crimpzange**
crimping pliers, crimper
**Aderpresse/Abschnürbinde/Binde/Tourniquet**
tourniquet
**Adhäsion** adhesion
**Adhäsionsbruch** adhesive failure
**Adhäsionsspannung/Haftspannung**
adhesion tension
**Adipinsäure (Adipat)/Hexandisäure** adipic acid
(adipate), hexanedioic acid
**Adjuvans (Hilfsmittel)** adjuvant
**Adsorptionsisotherme** adsorption isotherm
**Adsorptionsmittel/Adsorbens** adsorbent
**Adsorptiv/Adsorbat/Adsorpt** adsorptive,
adsorbate
**Adstringens** astringent (styptic)
**adstringent** astringent (styptic)
**aerob** aerobic
➢ **anaerob** anaerobic
**Aerosol** aerosol
**Affinität** affinity
**Affinitätschromatographie**
affinity chromatography
**Affinitätskonstante** affinity constant
**Agar** agar
**Agardiffusionstest** agar diffusion test
**Agarnährboden** agar medium

**Agarose** agarose
**Agens/Agenz** (pl Agentien) agent
➤ **interkalierendes Agens** intercalating agent
➤ **quervernetzendes Agens** crosslinker,
  crosslinking agent
**Aggregatzustand** state of aggregation,
  physical state
➤ **fester Zustand** solid state
➤ **flüssiger Zustand** liquid state
➤ **gasförmiger Zustand** gaseous state
**Airliftreaktor/pneumatischer Reaktor**
  **(Mammutpumpenreaktor)** airlift reactor,
  pneumatic reactor
**Akkusäure/Akkumulatorsäure** accumulator acid,
  storage battery acid (electrolyte)
**aktinisch** actinic
**Aktinometrie** actinometry
**aktivierter Zustand** activated state
**Aktivierung** activation
**Aktivierungsanalyse** activation analysis
**Aktivierungsenergie** activation energy,
  energy of activation
**Aktivierungsenthalpie** enthalpy of activation
**Aktivierungsentropie** entropy of activation
**Aktivkohle** activated carbon
**Aktivtonerden** activated alumina
**Akzeptor** acceptor
**Akzeptorstamm** *biochem*
  **(Proteinsynthese)** acceptor stem
**akzessorisches Pigment** accessory pigment
**Alanin** alanine
**Alarm** alarm; alert
➤ **falscher Alarm** false alarm
➤ **Feueralarm** fire alarm
➤ **Probealarm/Probe-Notalarm**
  drill, emergency drill
**Alarmanlage** alarm system
**Alarmbereitschaft** alert
**alarmieren (Feuerwehr etc.)** call, alert
**Alarmsignal** alarm signal
**Alarmsirene** alarm siren, air-raid siren
**Alarmstufe** emergency level, alert level
**Alaun/Kalialaun/Kaliumaluminiumsulfat** alum,
  potash alum, aluminum potassium sulfate
**Aldehyd** aldehyde
➤ **Acetaldehyd/Ethanal** acetaldehyde,
  acetic aldehyde, ethanal
➤ **Anisaldehyd** anisic aldehyde, anisaldehyde
➤ **Formaldehyd/Methanal** formaldehyde,
  methanal
➤ **Glutaraldehyd/Glutardialdehyd/Pentandial**
  glutaraldehyde, 1,5-pentanedione
➤ **Paraldehyd/Paracetaldehyd**
  paraldehyde, paracetaldehyde,
  2,4,6-trimethyl-1,3,5-trioxacyclohexane

**Aliquote/aliquoter Teil (Stoffportion als**
  **Bruchteil einer Gesamtmenge)** aliquot
**alkalibeständig/laugenbeständig** alkaliproof
**Alkalimetalle** alkali metals
**alkalisch/basisch** alkaline, basic
**alkalisieren** alkalize, alkalinize
**Alkalisierung** alkalization, alkalinization
**Alkaliverätzung/Basenverätzung** alkali burn
**Alkaloide** alkaloids
**Alkane/Paraffinkohlenwasserstoffe** alkanes,
  paraffins
**Alkene/Olefinkohlenwasserstoffe** alkenes,
  olefins
**Alkine** alkynes, acetylenes
**Alkohol** alcohol
➤ **Desinfektionsalkohol (Alkohol für äußerliche**
  **Behandlung: meist Isopropanol/vergälltest**
  **Ethanol)** rubbing alcohol
➤ **dreiwertiger Alkohol** triol, trihydric alcohol
➤ **Ethylalkohol/Ethanol/Äthanol (Weingeist)**
  ethyl alcohol, ethanol (grain alcohol,
  spirit of wine)
➤ **Fettalkohole** higher aliphatic alcohols
➤ **Industriealkohol/technisches Alkohol**
  industrial alcohol
➤ **Isoamylalkohol/Isopentylalkohol/**
  **Methylbutanol/3-Methylbutan-1-ol** isoamyl
  alcohol, isopentyl alcohol, 3-methylbutan-1-ol
➤ **Isopropylalkohol/Propan-2-ol**
  isopropyl alcohol, isopropanol,
  1-methyl ethanol (rubbing alcohol)
➤ **mehrwertiger Alkohol/Polyol**
  polyhydroxy alcohol, polyol
➤ **Methylalkohol/Methanol (Holzalkohol)**
  methanol, methyl alcohol (wood alcohol)
➤ **Polyalkohol/Polyol** polyol
➤ **Propylalkohol/Propan-1-ol** n-propyl alcohol,
  propanol
➤ **Sinapinalkohol** sinapic alcohol
➤ **Thioalkohole/Thiole/Mercaptane** thio alcohols,
  thiols, mercaptans
➤ **Treibstoffalkohol/Gasohol** gasohol
➤ **Zimtalkohol/Cinnamylalkohol**
  cinnamic alcohol, cinnamyl alcohol
➤ **Zuckeralkohole** sugar alcohols
➤ **zweiwertiger Alkohol/Diol** dihydroxy alcohol,
  dihydric alcohol, diol
**Alkoholreihe/aufsteigende Äthanolreihe**
  graded ethanol series
**Alkylierung** alkylation
**Allergen** allergen, sensitizer
**Allergie** allergy
**allergisch** allergic
**Allergisierung** sensitization
**Alleskleber** general-purpose adhesive

allgemeine Gasgleichung general gas law
allosterische Wechselwirkung/
  Interaktion allosteric interaction
Allzweck... /Allgemeinzweck... /Mehrzweck...
  all-purpose, general-purpose, utility...
altern age
alternierend/abwechselnd alternate
Alterung aging, ageing
➢ Lichtalterung light ag(e)ing
➢ physikalische Alterung physical ag(e)ing
➢ thermische Alterung heat ag(e)ing
alterungsbeständig ag(e)ing resistant, nonag(e)ing
Alterungsbeständigkeit ag(e)ing resistance
Alterungsprozeß ag(e)ing process
Alterungsschutzmittel antiag(e)ing agent
Alterungsspannung ag(e)ing strain
Altgummi scrap rubber
Altöl waste oil, used oil
Altpapier waste paper
Altstoffe existing chemicals/substances,
  legacy materials
➢ Neustoffe new chemicals/substances
Aluminium (Al) aluminum, aluminium (Br)
➢ Korund Al₂O₃ corundum
Aluminiumfolie/Alufolie aluminum foil
Ambulanz/Notaufnahme emergency room
Amerikanische Bundesministrialbehörde
  für Arbeitsplatzsicherheit und
  Gesundheitsschutz Occupational Safety
  and Health Administration (OSHA)
  [Dept. of Labor]
Amerikanische Chemische Gesellschaft
  American Chemical Society (ACS)
Amerikanisches Bundesamt für
  Arbeitsplatzsicherheit und Gesundheitsschutz
  National Institute of Occupational Safety and
  Health (NIOSH) [Teil der CDC]
Ames-Test Ames-test
Amethyst amethyst
Amid amide
Amidierung amidation
Amin amine
Aminierung amination
Aminoacylierung aminoacylation
Aminobuttersäure/γ-Aminobuttersäure (GABA)
  gamma-aminobutyric acid (GABA)
Aminoharze amino resins, aminoplasts
Aminosäure amino acid
➢ Alanin (A) alanine
➢ Arginin (R) arginine
➢ Asparagin (N) asparagine
➢ Asparaginsäure (D) aspartic acid
➢ Cystein (C) cysteine
➢ Glutamin (Q) glutamine
➢ Glutaminsäure (E) glutamic acid

➢ Glycin (G) glycine
➢ Histidin (H) histidine
➢ Isoleucin (I) isoleucine
➢ Leucin (L) leucine
➢ Lysin (K) lysine
➢ Methionin (M) methionine
➢ Phenylalanin (F) phenylalanine
➢ Prolin (P) proline
➢ Serin (S) serine
➢ Threonin (T) threonine
➢ Tryptophan (W) tryptophan
➢ Tyrosin (Y) tyrosine
➢ Valin (V) valine
Aminozucker amino sugar
Ammoniak ammonia
ammoniakalisch ammoniacal
Ammonsulfat/Ammoniumsulfat $(NH_4)_2SO_4$
  ammonium sulfate
amorph amorphous
amphiphil amphiphilic
Amplifikation/Vervielfältigung/Vermehrung
  amplification
amplifizieren/vervielfältigen/vermehren amplify
Ampulle (Glasfläschchen) ampule, ampoule
➢ vorgeritzte Spießampulle
  prescored ampule/ampoule
analog/funktionsgleich analogous
Analog-Digital-Wandler
  analog-to-digital converter (ADC)
Analogie analogy
analogisieren analogize
Analogon (pl Analoga) analog, analogue
Analysator analyzer
Analyse analysis (pl analyses)
➢ Datenanalyse data analysis
➢ Elementaranalyse elementary analysis
➢ Fließinjektionanalyse (FIA)
  flow injection analysis (FIA)
➢ Fluktuationsanalyse/Rauschanalyse
  fluctuation analysis, noise analysis
➢ Fluoreszenzanalyse/Fluorimetrie
  fluorescence analysis, fluorimetry
➢ Gelretentionsanalyse gel retention analysis,
  band shift assay
➢ Gewichtsanalyse/Gravimetrie gravimetry,
  gravimetric analysis
➢ Kosten-Nutzen-Analyse cost-benefit analysis
➢ Kristallstrukturanalyse/Diffraktometrie
  crystal-structure analysis, diffractometry
➢ Maßanalyse/Volumetrie/volumetrische
  Analyse volumetric analysis
➢ Neutronenaktivierungsanalyse (NAA)
  neutron activation analysis (NAA)
➢ Rauschanalyse/Fluktuationsanalyse
  noise analysis, fluctuation analysis

> **Regressionsanalyse** *stat* regression analysis
> **Röntgenstrahl-Mikroanalyse**
  X-ray microanalysis
> **Röntgenstrukturanalyse** X-ray structural
  analysis, X-ray structure analysis
> **Siebanalyse** sieve analysis, screen analysis
> **Spurenanalyse** trace analysis
> **Strukturanalyse** structural analysis
> **Systemanalyse** systems analysis
> **Thermoanalyse/thermische Analyse**
  thermal analysis
> **thermomechanische Analyse**
  thermomechanical analysis (TMA)
> **Umweltanalyse** environmental analysis
> **Varianzanalyse** analysis of variance (ANOVA)
> **zu analysierender Stoff** analyte
**analysenrein/zur Analyse** *lab* reagent grade
**Analysenwaage** analytical balance
**analysieren** analyze
**Analyt/zu analysierender Stoff** analyte
**analytisch** analytic(al)
**anätzen** begin to corrode, start to etch
**Anbacken** caking (sticking)
**anchimere Beschleunigung**
  anchimeric assistance
**Andockprotein/Docking-Protein** docking protein
**Andreaskreuz** (Gefahrenzeichen) St. Andrew's
  cross; (Mischungskreuz) over-cross dilution rule
**Anelastizität** anelasticity
**anfahren/hochfahren (Reaktor)** start up, power up
**Anfangsgeschwindigkeit ($v_0$: Enzymkinetik)**
  initial velocity (vector), initial rate
**anfärbbar** dyeable, stainable
**Anfärbbarkeit** dyeability, stainability
**anfärben** dye, stain
**Anfärbung** dyeing, staining
**Anfasung/Abkanten/Abschrägung/Abschärfung/**
  **Schrägkante/Fase** chamfering, chamfer
**anfeuchten** humidify, prewet
**angeregt** excited
**angeregter Zustand** excited state
**angereichert** *nucl* enriched
> **abgereichert** *nucl* downblended
**angetrocknet** *polym* skin-dry
**angrenzend/benachbart** adjacent
**Angriff** attack
> **electrophiler Angriff** electrophilic attack
> **nucleophiler Angriff** nucleophilic attack
**Anguss/Angusskegel** sprue; gate, gating
**Anhäufung/Kumulation** accumulation
**Anheizzeit/Steigzeit (Autoklav)** preheating time
**Anhydrit CaSO$_4$** anhydrite
  (anhydrous calcium sulfate)
**Anionenaustauscher** anion exchanger

**Anisaldehyd** anisic aldehyde, anisaldehyde
**Ankergruppe** anchoring group
**anketten (Gasflaschen etc.)** chain (to)
> **mehrere Gegenstände aneinander ketten**
  daisy-chain
**Anlage/Einrichtung/Betriebseinrichtung**
  installation(s)
**Anlassen** *metal* annealing, tempering
**anlaufen/blind werden/trüben** tarnish
**Anlaufperiode/Startperiode** induction period,
  start-up period
**Anlaufphase/Latenzphase/Inkubationsphase/**
  **Verzögerungsphase/Adaptationsphase/**
  **lag-Phase** lag phase, latent phase, incubation
  phase, establishment phase
**Anlaufschicht (Metalle etc.)** tarnish (layer)
**Anlaufzeit** buildup time; (Reaktionszeit)
  response time
**Anleitung** (Einarbeitung) instructions, training,
  guidance, directions, lead; (Einführung)
  introduction (to); (Gebrauchsanweisung)
  manual, instructions
**anmelden** register, announce oneself, sign in
  (schriftlich eintragen/einschreiben)
**Anmeldepflicht** mandatory registration,
  obligation to register
**Anmeldung** registration, signing in;
  (Rezeption) reception
**annähern/näherkommen/sich annähern/**
  **erreichen (z. B. einen Wert)**
  approach (e.g. a value)
**Annihilation/Paarvernichtung (Zerstrahlung)**
  annihilation
**Anode (Pluspol/positive Elektrode)** anode
> **Opferanode** sacrificial anode, galvanic anode
**Anodenschlamm** anodic sludge
**Anolyt/Anodenflüssigkeit** anolyte
> **Katholyt/Kathodenflüssigkeit** catholyte
**Anoxidieren** partial oxidizing
**anpolymerisieren/pfropfen** graft
**anregen** stimulate, excite
**Anregung** stimulation, excitation
> **thermische Anregung** thermal excitation
**Anregungsenergie** excitation energy
**Anregungstemperatur** excitation temperature
**Anregungszustand** excited state
**anreichern** enrich; concentrate, accumulate,
  fortify
> **abreichern** *nucl* downblend
**Anreichern/Anreicherung** enrichment, enriching,
  concentration, accumulation, fortification
> **Abreichern** *nucl* downblending
**Anreicherungseffekt/Gesamtwirkung**
  cumulative effect

Ansatz (Versuchsansatz/Versuchsaufbau)
arrangement, set-up; (Charge) batch;
(Methode) approach, method;
(Präparat) starting material, preparation;
(Versuch) attempt
Ansatzstück (Glas) attachment, extension (piece)
Ansatzstutzen (Kolben) side tubulation,
side arm; (Schlauch) hose connection
ansäuern acidify
ansaugen aspire, draw in(to), suck in(to),
take in(to); (pump) prime
Ansaugpuls (Pumpe) suction stroke,
priming stroke
Ansaugrohr intake pipe; induction pipe,
suction pipe
Ansaugventil induction valve, aspirator valve
anschalten turn on, switch on;
(Computer: hochfahren) power up
➢ abschalten turn off, shut off, switch off;
(Computer: herunterfahren) power down
Anschlag (Endpunkt/Sperre/Stop) stop, limit,
detent
Anschlagzettel (Gefahrgutkennzeichnung etc.)
placard
anschließen allg fasten (to), connect (to/with),
link (up to); electr connect, hook up, wire to,
(make) contact
Anschluss connection; (pl Anschlüsse:
Armaturen/Hähne) fixture(s), outlet(s);
(Gasanschluss/Stromanschluss/
Wasseranschluss) connection, line (Leitung)
➢ elektrische(r) Anschluss electrical fixture(s),
electricity outlet
➢ Versorgungsanschlüsse (Wasser/Strom/Gas)
service fixtures, service outlets
Anschlussleitung electr lead, pigtail lead
Anschnitt/Anbindung polym
gate (between sprue and mold)
Anschütz-Aufsatz Anschütz head
Anschwänzapparat/Anschwänzvorrichtung
(Fermentation) sparger
ansetzen (z.B. eine Lösung) start, prepare, mix,
make, set up
Ansprechzeit (z.B. Messgerät etc.) response time
anstecken/infizieren infect
ansteckend/ansteckungsfähig/infektiös
contagious, infectious
Ansteckleuchte micros substage illuminator
Anstellwinkel angle of attack
Antagonismus antagonism
Anthracen anthracene
Anthracenöl anthracene oil
Anthrachinon/Anthracen-9,10-dion
anthraquinone

Antibeschlagmittel/
Beschlagverhinderungsmittel/Klarsichtmittel
antifogging agent
Antibiotikum (pl Antibiotika) antibiotic
➢ Resistenz gegen Antibiotika
antibiotic resistance
Antiblockmittel antiblocking agent (PVC);
slip depressant; slip agent (polyolefins);
flattening agent (sheetings)
antigen adv/adj antigenic
Antigenbindungsstelle antigen binding site
Antigenität antigenicity
Antihaftbeschichtung antistick coating
Antiklopfmittel antiknock, antiknocking agent
Antimaterie antimatter
Antimon (Sb) antimony
➢ Antimon(III)... antimonous, stibious, stibnous,
antimony(III)
➢ Antimon(V)... antimonic, stibic, stibnic,
antimony(V)
Antimontrichlorid/Spießglanzbutter SbCl₃
antimony trichloride, antimonous chloride
Antimontrisulfid/Antimonglanz Sb₂S₃
antimony trisulfide
Antioxidans (pl Antioxidantien)/
Oxidationsinhibitor antiozidant
Antiozonantien/Ozonschutzmittel antiozonants
Antischweißmittel/schweißhemmendes
Mittel/Antiperspirans/Antitranspirant/
Antihidrotikum antiperspirant
Antistatikum antistatic, antistatic agent, antistat
Antiteilchen antiparticle
Antiterminationsprotein/
Antiterminator antitermination protein
Antrieb/Trieb drive; (Voranbringen:
Fortbewegung) propulsion
Antriebskraft/Triebkraft propulsive force
Antriebssystem drive system, drive unit
Antriebswelle drive shaft
Antwort answer; (auf Reiz) response
antworten answer; respond
Anvulkanisation/Scorch scorch, scorching,
prevulcanization
Anweisung assignment, direction(s), directive,
instructions; prescription, order
Anzeige (an einem Gerät) display; dial, scale,
reading
anzeigen display, show, read
anzeigepflichtig obligation to notify, notifiable,
reportable
Anzeiger/Anzeigegerät indicator, recording
instrument; monitor
anzünden ignite, strike, start/light a fire
Anzünder (Gas) striker

Apatit apatite
Apertur (Blende)/Öffnung/Mündung aperture,
  opening, orifice
Aperturblende/Kondensorblende
  (Irisblende) condensor diaphragm
  (iris diaphragm)
Äpfelsäure (Malat) malic acid (malate)
Apiezonfett apiezon grease
Apoenzym apoenzyme
Apotheke pharmacy, apothecary, drugstore;
  chemist (Br)
Apotheker pharmacist; chemist (Br)
Appretur(mittel) finish
Aquamarin aquamarine
Aquarium aquarium, fishtank
Äquilibrierung equilibration
Äquipotentialfläche equipotential surface
Äquivalentdosis (Sv) dose equivalent
➤ Personen-Äquivalentdosis
  personal dose equivalent
➤ Richtungs-Äquivalentdosis
  directional dose equivalent
➤ Umgebungs-Äquivalentdosis
  ambient dose equivalent
Äquivalentmasse (Äquivalentgewicht)
  equivalent mass (weight), Gram equivalent
Äquivalenzpunkt (Titration) end point,
  point of neutrality
Arachidonsäure arachidonic acid,
  icosatetraenoic acid
Arachinsäure/Arachidinsäure/Eicosansäure
  arachic acid, arachidic acid, icosanic acid
Aramide aramids (aromatic polyamids)
Aräometer (Densimeter/Senkwaage) areometer
Arbeit work
➤ Abtrennarbeit/Ablösungsarbeit
  separation energy
➤ körperliche Arbeit physical work
➤ Nutzarbeit useful work, effective work
➤ Zusammenarbeit/Kooperation cooperation,
  collaboration
Arbeitgeber employer
Arbeitsablauf sequence of operation
Arbeitsabstand micros working distance
  (objective-coverslip)
Arbeitsanweisung/Arbeitsvorschrift
  prescribed work procedure,
  prescribed operating procedure
➤ Standard-Arbeitsanweisung
  standard operating procedure (SOP)
Arbeitsbedingungen operating conditions
  (Geräte), working conditions (Personen)
Arbeitsbereich operating range (Geräte),
  work area, working range (Personen)

Arbeitsdruck working pressure (delivery pressure)
Arbeitselektrode working electrode
Arbeitsfläche work surface, working surface,
  working area
➤ Tischoberfläche (Labortisch) countertop,
  benchtop
Arbeitshygiene industrial hygiene
Arbeitskittel smock, gown
➤ Laborkittel frock, lab coat
Arbeitsmedizin occupational medicine
Arbeitsmethode work(ing) procedure
Arbeitsöffnung working aperture
➤ Schutzfaktor für die Arbeitsöffnung
  (Werkbank) aperture protection factor
  (open bench)
Arbeitspensum workload
Arbeitsplatte/Arbeitsfläche (Labor-/Werkbank)
  countertop, benchtop
Arbeitsplatz (Ort) workplace; (Stelle) job
➤ Arbeitsbereich (räumlich) workspace
Arbeitsplatzhygiene occupational hygiene
Arbeitsplatzkonzentration, zulässige/
  maximale permissible workplace exposure
Arbeitsplatzsicherheit occupational safety,
  workplace safety
Arbeitsplatzsicherheitsvorschriften
  occupational safety code
Arbeitsraum (im Inneren der Werkbank)
  working space
Arbeitsrichtlinie working guideline
Arbeitsschritt step in a working procedure
Arbeitsschutz occupational protection, workplace
  protection, safety provisions (for workers)
Arbeitsschutzanzug coverall, boilersuit,
  protective suit
Arbeitsschutzkleidung
  workers' protective clothing
Arbeitsschutzverordnung
  workplace safety regulations
Arbeitsstoff (workplace) agent
Arbeitstagebuch logbook
Arbeitstemperatur operating temperature
Arbeitstisch worktable
Arbeitsunfall occupational accident
Arbeitsvorgang work procedure
Arbeitsvorschrift/Arbeitsanweisung prescribed
  work procedure, prescribed operating
  procedure; work prescription, specifications
➤ für die Überwachung monitoring protocol
➤ Standard-Arbeitsanweisung
  standard operating procedure (SOP)
Arbeitszyklus (Gerät) duty cycle
Arborol arborol
Argentit argentite

**Arginin** arginine
**arithmetisches Mittel** *stat* arithmetic mean
**Armatur(en) (Hähne im Labor/an der Spüle etc.)**
fittings, fixtures, mountings; instruments;
connections
**Armaturenbrett/Schalttafel** switchboard,
electrical control panel; (im Fahrzeug)
dashboard, dash
**Aroma (***pl* **Aromen) (gesamtsensorischer Eindruck)**
flavor; (Wohlgeruch) aroma, fragrance,
(pleasant) odor; (Wohlgeschmack) flavor,
(pleasant) taste; (Aromastoff) flavoring agent
**Aromat/aromatischer**
**Kohlenwasserstoff** aromatic hydrocarbon
**Aromastoff** flavoring, flavoring agent,
aromatic substance
➤ **Aroma-Impakt-Substanz**
character impact compound
➤ **Schlüsselkomponenten/Schlüsselsubstanzen**
key components
**aromatisch** aromatic
**Aromatisierung** aromatization
**Aromatizität** aromaticity
**Arretierbolzen** locking bolt, locking pin
**arretieren/feststellen** arrest, stop, lock in place/
position; block; detent, fix
**Arretierhebel** stop lever, arresting lever, locking
lever, blocking lever; catch, safety catch
**Arretierschraube** locking screw
**Arretierung** *tech/mech* lock, locking device;
(Klinke/Schnappverschluss) catch; (z. B. am
Mikroskop) stop
**Arretiervorrichtung** locking mechanism
**ARS (autonom replizierende Sequenz)** *gen*
ARS (autonomously replicating sequence)
**Arsan AsH₃** arsane, arsine, arsenous hydride,
hydrogen arsenide
**Arsen (As)** arsenic
➤ **Arsen(III)...** arsenous, arsenic(III)
➤ **Arsen(V)...** arsenic, arsenic(V)
**Arsendisulfid/Rauschrot/Rubinrot/Realgar As₄S₄**
red arsenic sulfide, (red) arsenic tetrasulfide,
red orpiment, arsenic ruby, realgar
**Arsenbutter/Arsentrichlorid AsCl₃**
butter of arsenic, arsenous chloride
**Arsensäure H₃AsO₄** arsenic acid, arsenic(V) acid
**Arsentrioxid/Arsenik As₂O₃** arsenic trioxide
**Arsentrisulfid/Auripigment/Rauschgelb As₂S₃**
arsenic trisulfide, orpiment,
auripiment, Kings' yellow
**Arsenwasserstoff/Arsan/Monoarsan AsH₃** arsine
**Artefakt** artifact, artefact
**artfremd (Eiweiss)** foreign

**Arznei/Arzneimittel/Medizin** medicine,
medication, drug
**Arzneibuch** pharmacopeia
**Arzneikunde/Arzneilehre/Pharmazie** pharmacy
**Arzneimittel** drug, medicine, medication
➤ **nicht verschreibungspflichtiges Arzneimittel**
non-prescription drug
➤ **verschreibungspflichtiges Arzneimittel**
prescription drug
**Arzneimittel-Rezeptbuch/Pharmakopöe/**
**amtliches Arzneibuch** formulary,
pharmacopoeia
**Arzneimittelnebenwirkungen** drug side-effects
**Arzneimittelvergiftung** drug poisoning
**Arzneimittelwechselwirkung** drug interaction
**Asbest** asbestos
➤ **Blauasbest/Krokydolith** blue asbestos,
crocidolite
➤ **Weißasbest/Chrysotil** white asbestos,
chrysotile, Canadian asbestos
**asbestfaserverstärkter Kunststoff (AFK)**
asbestos fiber-reinforced plastic (AFRP)
**Asbestplatte** asbestos board
**Asbeststaublunge/Bergflachslunge/**
**Asbestose** asbestosis
**Asbestzementplatte (Labortisch)** transite board
**Asche** ash
**aschefrei (quantitativer Filter)**
ashless (quantitative filter)
**Ascorbinsäure (Ascorbat)** ascorbic acid
(ascorbate)
**Asparagin** asparagine, aspartamic acid
**Asparaginsäure (Aspartat)** asparagic acid,
aspartic acid (aspartate)
**Assemblierung/Zusammenbau** assembly
**Assimilat** assimilate
**Assimilation** assimilation, anabolism
**assimilatorisch** assimilatory
**assimilieren** assimilate
**Assoziationskoeffizient** *stat*
coefficient of association
**Astat (At)** astatine
**asymmetrisch** asymmetric(al)
**Atem** breath
**atembar** inhalable
**Atemgifte/Fumigantien** respiratory toxin,
fumigants
**Atemmaske/Atemschutzmaske** protection mask,
face mask, respirator mask, respirator
**Atemminutenvolumen (AMV)**
minute respiratory volume
**Atemschutz** breathing protection,
respiratory protection

**Atemschutzgerät/Atemgerät**
breathing apparatus, respirator
**Atemschutzmaske** protection mask, face mask,
respirator mask, respirator
➢ **Feinstaubmaske** mist (respirator) mask
➢ **Filterkartusche** filter cartridge
➢ **Fluchtgerät/Selbstretter** emergency escape
mask
➢ **Grobstaubmaske** dust mask (respirator)
➢ **Halbmaske** half-mask (respirator)
➢ **Operationsmaske/chirurgische Schutzmaske**
surgical mask
➢ **Partikelfilter Atemschutzmaske**
particulate respirator
➢ **Vollmaske** full-mask (respirator)
➢ **Vollsicht-Atemschutzmaske**
full-facepiece respirator
**Atemschutzvollmaske/Gesichtsmaske**
full-face respirator
**Atemwege** respiratory system
**Atemwegsverätzung** respiratory tract burn,
(alkali/acid) caustic burn of the respiratory tract
**Atemzentrum** respiratory center
**Atemzugvolumen** tidal volume
**Äthanol/Ethanol/Äthylalkohol/**
**Ethylalkohol/„Alkohol'** ethanol, ethyl alcohol,
alcohol
**Äther/Ether** ether
**ätherisches Öl** ethereal oil, essential oil
**Äthylen/Ethylen** ethylene
**Atlas-Bindung (Glasfaser-Satin)** *text* satin weave
**atmen** breathe, respire
➢ **ausatmen** breathe out, exhale
➢ **einatmen** breathe in, inhale
**Atmosphäre** atmosphere
**atmosphärischer Luftdruck** atmospheric pressure
**Atmung** breathing, respiration
➢ **aerobe Atmung** aerobic respiration
➢ **anaerobe Atmung** anaerobic respiration
➢ **Ausatmung/Ausatmen/Expiration/Exhalation**
expiration, exhalation
➢ **Bauchatmung/Zwerchfellatmung** abdominal
breathing, diaphragmatic respiration
➢ **Brustatmung/Thorakalatmung** thoracic
respiration, costal breathing
➢ **Einatmung/Einatmen/Inspiration/Inhalation**
inspiration, inhalation
➢ **Hautatmung** cutaneous respiration/breathing,
integumentary respiration
➢ **Zellatmung** cellular respiration
**Atmungsgift** respiratory poison
**Atmungskette/Elektronentransportkette/**
**Elektronenkaskade (Endoxidation)** respiratory
chain, electron transport chain

**Atmungsquotient/respiratorischer Quotient**
respiratory quotient
**Atom** atom
➢ **angeregtes Atom** activated atom, excited atom
➢ **Grammatom** gram atom
➢ **Rückstoßatom** recoil atom
➢ **Zentralatom** central atom
➢ **Zwischengitteratom/inerstitielles Atom**
interstitial atom
**Atom-Absorptionsspektroskopie (AAS)**
atomic absorption spectroscopy (AAS)
**Atomabstand/Kernabstand** atomic distance,
interatomic distance
**atomar /Atom...** atomic
**atomar verseucht** radioactively contaminated
**Atombindung** atomic bond
**Atombombe** atomic bomb
**Atomemissionsdetektor (AED)**
atomic emission detector (AED)
**Atom-Emissionsspektroskopie (AES)**
atomic emission spectroscopy (AES)
**Atomenergie** nuclear energy
**Atomenergiebehörde** nucleary energy agency
**Atom-Fluoreszenzspektroskopie (AFS)**
atomic fluorescence spectroscopy (AFS)
**Atomgewicht** atomic weight
**Atomisator** atomizer
**Atomkern** atomic nucleus
➢ **Nukleonenzahl/Massenzahl (Neutronen~ &**
**Protonenzahl)** atomic mass number
➢ **Ordnungszahl/Kernladungszahl (Protonenzahl)**
atomic number
**Atomkraft/Atomenergie** nuclear/atomic power,
nuclear/atomic energy
**Atommasse** atomic mass
**Atommeiler** nuclear reactor
**Atommüll** nuclear waste
**Atomnummer** atomic number
**Atomorbital (AO)** atomic orbital
➢ **Linearkombination von Atomorbitalen**
linear combination of atomic orbitals (LCAO)
**Atomradius** atomic radius
**Atomreaktor/Kernreaktor** nuclear reactor
**Atomrumpf** atomic core
**Atomschale** atomic shell
➢ **Außenschale** outer shell
➢ **Elektronenschale/Elektronenhülle** electron shell
➢ **Kugelschale** spherical shell
➢ **Unterschale/Nebenschale** subshell
**Atomspektrum** atomic spectrum
**Atomstrahl** atomic ray
**Atomvolumen** atomic volume
**Atomwärme** atomic heat
**Atomzahl** atomic number

**Atomzerfall/Kernzerfall** nuclear disintegration
**ATP (Adenosintriphosphat)**
  ATP (adenosine triphosphate)
**Atropin** atropine
**Atropisomerie** atropisomerism
**Attenuation/Attenuierung/**
  **Abschwächung** attenuation
**attenuieren/abschwächen (die Virulenz**
  **vermindern: mit herabgesetzter**
  **Virulenz)** attenuate
**Attraktans (pl Attraktantien)/**
  **Lockmittel/Lockstoff** attractant
**Attrappe** (Modell/Nachbildung) mock-up;
  (Leerpackung) dummy
**ätzbar/korrodierbar** corrodible
**ätzen** vb med cauterize; metal/tech/micros etch
  (siehe: Gefrierätzen); chem (korrodieren) eat
  into, corrode
**Ätzen/Ätzung** (Korrosion) corrosion;
  (Ätzverfahren) med cauterization;
  metal/tech/micros etching (siehe: Gefrierätzen)
**ätzend/beizend/korrosiv** chem caustic,
  corrosive, mordant
**Ätzflüssigkeit** etching fluid
**Ätzkali/Kaliumhydroxid KOH** caustic potash,
  potassium hydroxide
**Ätzkalk/Löschkalk/gelöschter Kalk Ca(OH)$_2$**
  slaked lime
**Ätzkraft (Korrosivität/Korrosionsvermögen/**
  **Aggressivität)** causticity, corrosiveness
**Ätzmittel** metal/tech/micros etchant;
  (Beizmittel) chem caustic agent
**Ätznatron/Natriumhydroxid NaOH** caustic soda,
  sodium hydroxide
**Audit/Prüfung (Sachverständigenprüfung)** audit
**aufarbeiten** lab/biot work up, process
**Aufarbeitung** lab/biot work up, workup, working
  up; processing, down-stream processing
**Aufbau** (Struktur) construction, structure, body
  plan, anatomy; (eines Experiments) setup,
  assembly; metabol (Synthesestoffwechsel)
  anabolism, synthetic reactions/metabolism
**aufbauen (Experiment)** setting up,
  assemble the equipment)
**Aufbaufaktor/Zuwachsfaktor** buildup factor
**Aufbauprinzip** phys chem aufbau principle
**aufbereiten** process; concentrate;
  (compoundieren) compound
**Aufbereitung/Aufbereiten** processing;
  concentration; (Compoundieren) compounding
**aufbewahren** store, keep, save; preserve
**Aufbewahrung** storage; preservation
**aufdampfen/bedampfen** micros
  vacuum-metallize

**Auffangbecken/Auffangbehälter**
  **(für Chemikalien)** dunk tank
**Auffanggefäß** receiver, receiving vessel,
  collection vessel
**Aufflackern/Auflodern/Aufflammen** flare-up
**auffüllen** fill up; (nachfüllen) replenish;
  (Vorräte/Lager) restock
 > **bis zum Rand auffüllen** top up/off
 > **wiederauffüllen** refill
**Auffüllreaktion** fill-in reaction, filling in reaction
**aufgeblasen** inflated
**Aufguss/Infusion** infusion
**aufheizen** heat up
**Aufheizperiode** heating-up period
**Aufheller/Aufhellungsmittel (optischer Aufheller)**
  chem brightener, brightening agent, clearant,
  clearing agent (optical brightener)
**Aufkalandrieren** calendar coating
**aufklären (Strukturen/Zusammenhänge)**
  elucidate
**Aufklärung (Strukturen/Zusammenhänge)**
  elucidation
**Aufkleber** sticker; (Etikett) label
**aufkochen** boil up, bring to a boil;
  (beginnend) come to a boil
**aufkohlen** metal carburize
**Aufkohlung** metal carburization, carburizing
**aufladen** charge, refill; electrify; (wiederaufladen)
  recharge
**Aufladung** charge, refill; electrification;
  (Wiederaufladung) recharge
 > **elektrostatische Aufladung** static electrification
**Auflage(n)** jur legal requirements
**Auflicht/Auflichtbeleuchtung** epiillumination,
  incident illumination
**auflösbar/lösbar** dissoluble
**auflösen** chem dissolve; tech/mech disintegrate,
  decompose, dissociate; (sugar) melt;
  opt resolve
 > **hochaufgelöst** high-resolution ...
 > **niedrig aufgelöst** low-resolution ...
**Auflösung** chem dissolution; tech/mech
  disintegration, decomposition, dissociation;
  (optische Auflösung) optical resolution
**Auflösungsgeschwindigkeit** chem dissolution rate
**Auflösungsgrenze** opt limit of resolution
**Auflösungsvermögen** opt resolving power
**Aufnahme/Annahme** acceptance; acquisition
**Aufnahme/Aufschreiben/Registration** recording,
  registration
**Aufnahme/Bild** picture, image
 > **mikroskopische Aufnahme/**
  **mikroskopisches Bild** photo micrograph,
  microscopic picture/image

**Aufnahme/Einnahme** uptake/intake; ingestion
**Aufnahmeleistung** power input
**aufnehmen** (aufschreiben/registrieren) record,
register; (einnehmen/zu sich nehmen) take up,
take in; ingest
**Aufpunkt** point of observation, receiving point,
test point
**aufputzen** clean up; mop up (the floor)
**aufräumen** clean up, tidy up
**aufreinigen** purify
**Aufreinigung** purification
**Aufsatz (auf ein Gerät)** attachment, fixture;
cap, top
**aufsaugen/absorbieren** soak up, absorb, take up,
suck up; aspirate
**Aufsaugen/Absorption** soaking up, absorption
**aufsaugend** absorptive
**Aufsaugmittel/Absorptionsmittel** absorbent,
absorbant
**Aufschlagtest** impact test
**aufschlämmen** *chem* suspend, slurry (slurrying)
**Aufschlämmung** (Suspension) suspension,
slurry; (IR/Raman) mull
**aufschließen** *chem* dissolve, disintegrate,
decompose, break up, digest
**Aufschluss** *chem* (in Lösung bringen)
dissolution, digestion; disintegration,
decomposition; dissociation, solubilization;
lysis; fractionation; maceration;
(paper) cooking, pulping
➢ **Zellaufschluss (Öffnen der Zellmembran)**
cell lysis
➢ **Zellfraktionierung** cell fractionation
➢ **Zellhomogenisierung** cell homogenization
**Aufschlussbombe** digestion bomb
➢ **Säure-Aufschlussbombe** acid digestion bomb
**aufschmelzen/schmelzen** melt; *polym* plasticate
**Aufschrift** legend; (Etikett) label;
(Brief etc.) address
➢ **mit Aufschrift (Etikett)** labeled
**Aufseher/Wächter** guard, custodian
**Aufsicht/Kontrolle** supervision, control
**aufspalten** split, separate
➢ **segregieren** *gen* segregate
➢ **spalten/öffnen** *chem* crack, break down, open
➢ **verteilen** distribute
➢ **zerlegen** *chem* split
**Aufspaltung** splitting, separation
➢ **Öffnen** *chem* cracking, opening
➢ **Segregation** *gen* segregation
➢ **Verteilung** distribution
➢ **Zerlegen** splitting
**Aufspannplatte** platen
**aufsteigend** afferent, rising; (DC) ascending

**Auftauen** *n* thawing
**auftauen** *vb* thaw
**Auftrag** (Auftragung) *chromat* application;
(Bestellung) order
**auftragen** (applizieren) *chromat* apply;
('plotten' *math/geom* plot
**Auftragestab/Applikator** application rod
**Auftrageverfahren** application procedure;
*polym* coating
**Auftragung/Auftrag/Applikation**
application; coating
**auftrennen/trennen/fraktionieren**
separate, fractionate
**Auftrennung/Trennung/Fraktionierung**
separation, fractionation
**Auftrieb** (in Wasser) buoyancy; (in Luft) lift
**Auftrittsenergie (MS)** appearance energy
**aufweichen** soften, plastify; (schmelzen) melt
**Aufwinden** *n* coiling
**aufwinden** *vb* coil up
**aufwischen** wipe up; mop up (the floor)
**Aufzeichnung(en)** record
➢ **Verwahrung/Verwaltung von Aufzeichnung(en)**
recordkeeping
**Augendusche** eye-wash fountain
**Augenreizstoff (Tränengas)** lachrymator,
lacrimator (tear gas)
**Augenschutzbrille** goggles
**Auripigment/Rauschgelb/Arsentrisulfid As$_2$S$_3$**
orpiment, Kings' yellow, auripiment,
arsenic trisulfide
**Ausatemventil (am Atemschutzgerät)**
exhalation valve
**ausäthern/ausethern** extract with ether,
shake out with ether
**ausatmen** *vb* expire, exhale, breathe out
**Ausatmen/Ausatmung/Expiration/Exhalation**
expiration, exhalation
**ausbalancieren** balance (out)
**Ausbeute/Ertrag** yield
**ausbeuten (Rohstoffe)** exploit
**Ausblaspipette** blow-out pipet
**Ausbleichen** *n (passiv, z. B. Fluoreszenzfarbstoffe)*
fading (*siehe* bleichen)
**ausbleichen/bleichen** bleach;
(passiv, z. B. Fluoreszenzfarbstoffe) fade
**Ausbleichen/Bleichen** bleaching;
(passiv, z. B. Fluoreszenzfarbstoffe) fading
**Ausblühen** *polym* efflorescence, blooming
➢ **Ausblühen auf Formwerkzeug** plate-out
➢ **Ausblühen von Farbstoffen** bleeding
➢ **Ausblühen von Pigmenten** flooding
➢ **Ausblühen von weißen Abscheidungen**
chalking

**Ausbreitung/Propagation** spreading, expansion; propagation, dispersal, dissemination
**Ausbreitungsfaktor** spreading factor
**Ausbringen/Gewinnungsgrad (von Metall im Erz)** yield, recovery (ore)
**Ausdauer/Dauerhaftigkeit** endurance, persistence, hardiness, perseverance
**ausdauernd (widerstandsfähig)** hardy, persistent, enduring
**Ausdehnbarkeit** (Erweiterung/Expansion) expandability; (Verlängerung) extendibility; (Dehnung) dilatability
**ausdehnen** (erweitern/expandieren) expand; (verlängern) extend; (dehnen) dilate
**Ausdehnung** (Erweiterung/Expansion) expansion; (Verlängerung) extension; (Dehnung) dilation
**Ausdehnungskoeffizient/Ausdehnungszahl** coefficient of expansion
**Ausdruck (Drucker)** printout (from a printer)
**ausdünnen** *vb* thin (out)
**Ausdünnen/Ausdünnung** thinning (out)
**ausdunsten/ausdünsten** emit vapors; steam, fume; give off fumes; evaporate
**Ausdunstung/Ausdünstung** emission of vapors; steaming off, emission of fumes; evaporation
**auseinandernehmen (Glas-/Versuchsaufbau)** disconnect, disassemble
**ausethern** extract with ether, shake out with ether
**ausfällen/fällen** precipitate
**Ausfällung/Ausfällen/Fällung/Fällen** precipitation
**Ausfluss** (Abfluss) *tech* discharge, outflow, efflux, draining off; *med* discharge, secretion, flux
**ausführen/wegführen/ableiten (Flüssigkeit)** discharge, drain, lead out, lead/carry away
**ausführend/wegführend/ableitend (Flüssigkeit)** efferent
**Ausführgang/Ausführkanal** duct, passageway
**Ausgabe** *tech/mech/electr* output; (Material/Chemikalien) issue point, issuing, supplies issuing; (Auslesen: Daten) readout
**Ausgang** exit; (Fluchtweg) egress; *electr* output
**Ausgangsprodukt** primary product, initial product
**Ausgangsstoff** (Ausgangsmaterial) starting material, basic material, base material, source material, primary material, parent material, raw material; (Reaktionsteilnehmer/Reaktand) reactant
**Ausgangsverteilung** *stat* initial distribution
**ausgasen** degas

**ausgesetzt sein/exponiert sein** to be exposed (to chemicals)
**Ausgesetztsein/Gefährdung (durch eine Chemikalie)** exposure
**ausgießen** pour out, decant
**Ausgießer** dispenser
**Ausgießhahn** tap
**Ausgießring** pouring ring
**Ausgießschnauze** spout, nozzle, lip, pouring lip
**Ausgleichsventil** relief valve (pressure-maintaining valve)
**Ausgleichszeit/thermisches Nachhinken (Autoklav)** setting time
**ausglühen** roast, calcine; (Glas) anneal
**Ausguss** (Spüle) sink; (Ansatz zum Ausgießen einer Flüssigkeit) spout
**Ausgussstutzen (Kanister)** nozzle (attachable/detachable)
**aushärten (vulkanisieren)** chem/polym cure (vulcanize)
**Aushärtezeit/Aushärtungszeit/Abbindezeit** *polym* curing time/period, (cure) setting time
**Aushärtung** *polym* cure, curing
**Aushilfe/Hilfspersonal** temporary worker (aid/helper/employee/personnel)
**aushungern** starve
**auskochen/abkochen (durch kochen abdampfen)** boil off
**Auskristallisation** crystallization
**auskristallisieren** crystallize (out)
**Auslauf/Austritt** (Leck) leakage; (Zulauf von Flüssigkeit/Gas) outlet
**auslaufen (Flüssigkeit)** leak (out), bleed
**Auslaufventil** plug valve
**auslaugen (Boden)** leach
**Auslaugung (Boden)** leaching
**Auslegungsstörfall/Auslegungsunfall** *nucl* design-basis accident (DBA)
**Auslese/Selektion** selection
**auslesen** select; (aussortieren) sort out; (Daten) read out
**ausloggen** log off
**auslösen** (z. B. eine Reaktion) trigger, elicitate; initiate, actuate; release; *electr* trip (z. B. Sicherung)
**Auslöser** (z. B. eine Reaktion) trigger; releaser
**Auslöseschwelle** *med* trigger threshold
**Auslösung (Reaktion)** triggering, elicitation
**ausmerzen/ausrotten** eliminate, eradicate, extirpate
**Ausnahme/Sonderfall** exception, special case
**Ausnahmegenehmigung/Sondergenehmigung** exceptional permission, special permission

auspolymerisieren polymerize to completion,
run to completion
ausräuchern fumigate
Ausräucherungsmittel fumigant
Ausreißer *stat* outlier
Ausrichtung/Orientierung (Moleküle) orientation
Ausrichtungshärtung/Orientierungshärten
*polym* orientation hardening
ausrotten/ausmerzen eradicate, eliminate,
extirpate
Ausrottung/Ausmerzung *med*
(z.B. Schädlinge) eradication, elimination,
extirpation
ausrüsten equip, apply, devise; fit; outfit;
*text* finish
Ausrüstung equipment, appliances, device;
accessories, fittings; outfit; *text* finish,
finishing
Aussalzchromatographie
salting-out chromatography
Aussalzen *n* salting out
aussalzen *vb* salt out
ausschalten turn off, switch off
ausscheiden *allg* secrete; (Kristalle) precipitate;
(Exkrete/Exkremente) egest, excrete
Ausscheidung *allg* secretion;
(Exkretion) egestion, excretion
Ausschluss/Exklusion exclusion
Ausschlussprinzip exclusion principle
Ausschlussvolumen/ausgeschlossenes
Volumen excluded volume
Ausschuss *polym* (beim Gießen) rejects;
cull (uninjected molding resin)
ausschütteln shake out
Ausschüttelung shaking out
ausschütten pour out, empty out;
(verschütten) spill
Ausschüttung (z.B. Hormone/
Neurotransmitter) release
Ausschwimmen (Pigmente) floating
Ausschwingrotor *centrif* swing-out rotor,
swinging-bucket rotor, swing-bucket rotor
Ausschwitzen *polym* exudation, bleed through
Außenanlage outside facility
Außendienstmitarbeiter field representative,
field rep
Außendruck external pressure
Außenelektron outer electron
Außengewinde external thread, male thread
Außenschale outer shell
Außentemperatur outside temperature, exterior
temperature
äußerlich/von außen/extern external, extrinsic
außerzellulär/extrazellulär extracellular

aussetzen (einem Schadstoff/einer Strahlung
aussetzen) expose to (hazardous chemical/
radiation)
ausspülen/ausschwenken/nachspülen rinse
Ausstattung provisions, furnishings, equipment,
outfit, supplies; (Mobiliar) furnishings
Ausstiegsluke (Flucht) escape hatch
austöpseln unplug, disconnect
Ausstoß/Durchsatz ('Leistung') output
Ausstoßen (Spritzen/Extrusion) extrusion;
(Ausschleudern/Herausschießen) jetting
ausstrahlen/verströmen/ausstoßen emit
ausstreichen *micb* (z.B. Kultur) streak, smear
ausstreuen disseminate, disperse, spread,
release
Ausstreuung dissemination, dispersal,
spreading, releasing
Ausstrich *micb* smear
Ausstrom efflux
Ausströmen/Effusion (Gas) effusion
Ausströmgeschwindigkeit/
Austrittsgeschwindigkeit
(Sicherheitswerkbank) exit velocity (hood)
ausstülpen evert, evaginate, protrude,
turn inside out
austarieren (Waage: Gewicht des Behälters/
Verpackung auf Null stellen) tare (determine
weight of container/packaging as to substract
from gross weight: set reading to zero)
Austausch exchange
austauschbar exchangeable
Austauschbarkeit exchangeability
austauschen exchange
Austauschenergie interchange energy
Austauschnomenklatur ("a"-Nomenklatur)
replacement nomenclature ("a"-nomenclature)
Austauschreaktion exchange reaction,
substitution reaction
austenitisch austenitic
Austrieb (überfließende Formmasse) flash
Austriebsnute flash groove
Austritt exit; release
> Austritt bei üblichem Betrieb incidental release
> störungsbedingter Austritt (unerwartetes
Entweichen von Prozessstoffen) accidental
release
Austrittsgruppe/Abgangsgruppe/austretende
Gruppe *chem* leaving group, coupling-off group
Austrittspupille *micros* exit pupil
Austrittsspalt exit slit
austrocknen/entwässern desiccate, dry up,
dry out
Austrocknung/Entwässerung desiccation

**Austrocknungsvermeidung** desiccation avoidance
**Auswaage** final weight
➢ **Einwaage** initial weight; original weight, sample weight
**auswägen** calibrate
**auswaschen** wash out, rinse out, flush out; (eluieren) elute
**Auswaschung** (feste Bodenbestandteile in Suspension) eluviation; (gelöste Bodenmineralien) leaching
**auswechselbar** exchangeable; (gegeneinander) interchangeable; (ersetzbar) replaceable
**Auswerfen (Spritzguss)** *polym* ejection
**Auswerfer/Ausdrückvorrichtung (Spritzguss)** *polym* ejector, knock out
**auswerten (z. B. von Ergebnissen)** evaluate, analyze (e.g. results); assess; interpret
**Auswertung (z. B. von Ergebnissen)** evaluation, analysis (e.g. of results); assessment; interpretation
**auswiegen (genau wiegen)** weigh out precisely
**Auswringer/Wringer (Mop)** wringer (mop)
**Auszeit** downtime
**ausziehen/recken/strecken** *polym* draw down (after extrusion)
**Auszubildende(r)/Azubi** occupational trainee (professional school & on-the-job training)
**Auszug/Extrakt** extract; essence
➢ **alkalischer Auszug** alkaline extract
➢ **alkoholischer Auszug** alcoholic extract
➢ **Sodaauszug/Sodaextrakt** soda extract
➢ **Rohextrakt** crude extract
➢ **wässriger Auszug** aqueous extract
➢ **Zellextrakt** cell extract
➢ **zellfreier Extrakt** cell-free extract
**autogen** autogeneous
**Autohäsion/Eigenklebrigkeit/ Konfektionsklebrigkeit** autohesion
**Autokatalyse** autocatalysis
**Autoklav** autoclave
➢ **Abkühlzeit/Fallzeit** cool-down period, cooling time
➢ **Anheizzeit/Steigzeit** preheating time, rise time
➢ **Ausgleichszeit/thermisches Nachhinken** setting time
**autoklavierbar** autoclavable
**Autoklavierbeutel** autoclave bag
**autoklavieren** autoclave
**Autoklavier-Indikatorband** autoclave tape, autoclave indicator tape
**autolog** autologous
**Autolyse** autolysis
**Autoprotolyse** autoprotolysis

**Autoradiographie** autoradiography, radioautography
**Auxine** auxins
**Avivage(n)** finish(es)
**Axt** axe
➢ **Beil** hatchet
➢ **Brandaxt** fire axe
**Azelainsäure** azelaic acid
**azeotrop** azeotropic
**Azeotrop/azeotropes Gemisch** azeotrope, azeotropic mixture, constant-boiling mixture
**Azeotropdestillation/azeotrope Destillation** azeotropic distillation
**Azid** azide
**azid/acid/sauer** acid
**Azidität/Acidität/Säuregrad** acidity
**Azidose/Acidose** acidosis
**Azofarbstoff** azo dye/pigment
**Azokupplung** azo coupling
**Azurit** azurite

**B**

**Backbiting Reaktion (intramolekulare Übertragungsreaktion/Ringschluss)** backbiting reaction
**Backen/Hitzebehandlung** baking, heat treatment
**Backenbrecher** jaw crusher, jaw breaker
**Backpulver** baking powder (leavening agent)
**Bahn** path, track, trajectory; orbit; (Papier/Kunststoff etc.: endlos) web
➢ **Elektronenbahn** electron orbit
➢ **Faserbahn** fiber sheet, (endlos) fiber sheeting; fibrous web
**Bahndrehimpuls** orbital angular momentum
**Bahnentartung** orbital degeneracy
**Bakelit** bakelite
**Bakterie/Bakterium (***pl*** Bakterien)** bacterium (*pl* bacteria)
**bakteriell** bacterial
**bakterizid/antibakteriell** bacteriocidal, bactericidal, antibacterial
**Ballastgruppe (***chem*** Synthese)** ballast group
**Ballaststoffe** dietary fiber
**Ballon/Ballonflasche (für Flüssigkeiten)** carboy; (mit Ablaufhahn) bottle with faucet (carboy with spigot)
**Balsam (Weichharze)** balsam
➢ **Terpentin** turpentine
**Balsamharz** gum rosin, pine resin
**Band** (Klebeband etc.) tape; (Riemen) belt; *phys chem* band
➢ **Absperrband/Markierband** barricade tape

- **Autoklavier-Indikatorband** autoclave tape, autoclave indicator tape
- **besetzt** occupied
- **Dichtungsband** sealing tape
- **Energieband** energy band
- **erlaubtes Band** allowed band
- **Filamentband** filament tape
- **Gewindeabdichtungsband** thread seal tape
- **Klebeband** adhesive tape
- **Leitungsband/Leitfähigkeitsband** conduction band
- **Lücke** hole
- **Signalband/Warnband** warning tape
- **Strumpfband** garter
- **Teflonband** Teflon tape
- **Transportband/Förderband** conveyor belt
- **unbesetzt** empty, unoccupied
- **Valenzband** valence band
- **verbotenes Band** forbidden band

**Bandabstand (MO)** band gap
**Bandbreite** *phys* bandwidth
**Bande** *electrophor/chromat* band
- **Hauptbande** main band
- **Satellitenbande** satellite band

**Bandenverbreiterung** *chromat* band broadening
**Bändermodell (Bändermodell-Theorie)/ Energiebändermodell** band model, energy-band model, band theory
**Bandkopf (MO)** band head
**Bandlücke (MO)** bands gap
**Bandmaß/Messband** tape rule, tape measure
**barophil** barophilic, barophilous
**Barren (Metallbarren)** bar, ingot; bullion
**Barrierefunktion** barrier function
**Barriereschicht** barrier coating
**Bartbildung/Signalvorlauf/Bandenvorlauf** *chromat* fronting, bearding
**Base** base
- **gestapelte Basen** stacked bases
- **konjugierte Base/korrespondierende Base** conjugated base
- **schwache Base** weak base
- **starke Base** strong base
- **stickstoffhaltige Base/‚Base' (Purine/Pyrimidine)** nitrogenous base

**Baseität/Basizität** basicity
**Basenanalogon (***pl*** Basenanaloga)** base analogue, base analog
**Basenanhydrid** basic anhydride, base anhydride
**Basenaustausch** base substitution
**Basenbildner** base former
**Basendefizit** base deficit
**Basenfehlpaarung/Fehlpaarung** mismatch
**Basenpaar** *gen* base pair

**Basenpaarung** base pairing
**Basenstapelung** base-stacking
**Basensubstitution** base substitution
**Basenüberschuss** base excess
**Basenzahl (BZ)** base number, base value
**Basenzusammensetzung** base composition, base ratio
**basisch/alkalisch** basic, alkaline
**Basischemikalien/Grundchemikalien** base chemicals (general reactants)
**Basiseinheit** base unit
**Basispeak (MS)** base peak
**Basizität/Baseität** basicity
**bathochrome Verschiebung** bathochromic shift
**Batist** *text* cambric, batiste
**Batterie** battery
- **Bleiakkumulator** lead storage battery, lead-acid accumulator, lead accumulator, lead-acid battery
- **Knopfzelle** coin cell, button cell (button battery)
- **Sekundärbatterie/Sekundärelement/ Akkumulator** storage battery, secondary cell, accumulator
- **Trockenbatterie** dry cell, dry cell battery

**Bauchemie** chemistry of building materials
**Baumwolle** cotton
**Baumwollsatin** sateen
**Bauplan** body plan, construction, structure; blueprint
**Bausch/Wattebausch/Tupfer/Tampon** pad, swab (cotton), pledget (cotton), tampon
**Baustahl** construction steel, structural steel
**Baustein/Bauelement** building block, unit
**Bauvorschriften** building code, building regulations
**Bauxit** bauxite
**bazillär/Bazillen... /bazillenförmig/ stäbchenförmig** bacillary
**Beanspruchung (***siehe auch:*** Belastung)** stress, strain, load, loading
- **elastische Beanspruchung** elastic strain

**bearbeitbar** machineable, machinable
**Bearbeitbarkeit** workability, machinability; tractability
**beatmen** apply artificial respiration
**Beatmung (künstliche)** artificial respiration
- **Mund-zu-Mund** mouth-to-mouth

**Beatmungsgerät** respirator
**bebrüten/brüten/inkubieren** brood, breed, incubate
**Bebrütung/Bebrüten/Inkubation** incubation
**Becher** cup; *centrif* bucket
**Becherglas/Zylinderglas (ohne Griff)** beaker; (mit Griff/Krug) pitcher

Becherglaskolben (spezielles Produkt von
Corning/Pyrex mit Ausgussöffnung) fleaker
Becherglaszange beaker tongs
Bedampfung/Bedampfen/Aufdampfen
*micros* vapor blasting
Bedampfungsanlage *micros* vaporization
apparatus
bedienen *tech/mech* operate, handle, work
Bedienfeld control panel
Bedienknopf/Drucktaste push button
Bedienung *tech/mech* operation; handling
Bedienungsanleitung/Gebrauchsanleitung
(Handbuch) operating instructions (manual)
Bedienungspersonal (Arbeiter/Handwerker/
Mechaniker) operations personnel
Bedrohung threat; endangerment
befeuchten moisten, humidify, dampen
Befeuchter damper
Befeuchtung moistening, humidification,
dampening
Beförderung/Transport transport, shipment
Befund findings, result
begasen fumigate
Begasung fumigation
Begasungsmittel/Fumigans fumigant
Begehung/Besichtigung
(z.B. Geländebegehung) inspection
(on-site inspection); (Inspektion) inspection
(zur Abnahme) commissioning
Beglaubigung (amtlich) (Zertifizierung)
certification; (Zertifikat) certificate
Begleitprodukt side product
begrenzender Faktor/limitierender Faktor/
Grenzfaktor limiting factor
Begrenzungsventil limit valve
begutachten give an expert opinion; review,
examine, inspect, study
Begutachter expert
Begutachtung expert opinion; examination,
inspection
Begutachtungsverfahren
(wissenschaftl. Manuskripte) peer review
Behälter/Behältnis container (large),
receptacle (small)
behandeln treat
➤ behandelt treated
➤ unbehandelt untreated
Behandlung treatment
➤ Nachbehandlung aftertreatment, posttreatment
➤ Vorbehandlung pretreatment, preparation
behindert *med* handicapped
➤ körperbehindert physically handicapped
Behinderung (Hindernis) obstacle; *med* handicap
Behörde agency

Beil hatchet
Beilstein-Probe/Beilstein-Test Beilstein's test
beimischen/beimengen (zusetzen) admix
Beimischung/Beimengung (Zusatz) admixture
beimpfen/inokulieren inoculate
Beimpfung/Inokulation inoculation
Beipackzettel (package) insert/leaflet/slip
beißend (Geruch/Geschmack) sharp,
pungent, acrid
Beißzange/Kneifzange pliers
Beitel/Stechbeitel chisel
Beize/Beizenfärbungsmittel mordant
beizen (Saatgut) dress (coat/treat with
fungicides/pesticides); (Holz) stain
Beizenfarbstoff/adjektiver Farbstoff/
beizenfärbender Farbstoff adjective dye
(requiring mordant)
Beizmittel *metal* pickle, pickling agent; mordant;
(zur Saatgutbehandlung) fungicide treatment,
pesticide treatment (of seeds); (Holz) stain
Beizsäure pickling acid
Bekleidung/Kleidung clothing, apparel
belastbar strong, durable; loadable
belasten (belastet/verschmutzt) contaminate(d)
Belastung (Traglast/Last: Gewicht) weight;
(Beanspruchung) loading, strain;
(Verschmutzung) contamination
Belastungsfähigkeit/Grenze der ökologischen
Belastbarkeit/Kapazitätsgrenze/
Umweltkapazität carrying capacity
Belastungsfaktor/Lastfaktor load factor
Belastungsgrenze (Chemikalien) *med*
exposure limit
➤ zulässige/erlaubte Belastungsgrenze
permissible exposure limit (PEL)
Belastungsursache strain
Belastungszustand stress
beleben (belebt) animate(d)
➤ unbelebt inaminate(d), lifeless, nonliving
➤ wiederbeleben (wiederbelebt)
revive, resuscitate
Belebtschlamm/Rücklaufschlamm
activated sludge
Belebtschlammbecken/Belebungsbecken
(Kläranlage) aeration tank
Belegexemplar voucher specimen
Belegschaft staff, employees, personnel;
*allg* force, labour force
Belehrung instruction, advice
beleuchten illuminate
Beleuchtung illumination
➤ künstliche Beleuchtung artificial light(ing)
Beleuchtungsstärke illuminance
belichten (z.B. Film/Pflanzen) expose

**Belichtung (z. B. Film/Pflanzen)**
exposure (to light)
**belüften** aerate
**Belüftung** aeration
**Belüftungsbecken (Belebungsbecken)**
aeration tank, aerator
**benachbart/angrenzend** adjacent
**Benachrichtigung/Inkenntnissetzung** notification
**Benennung/Bezeichnung/Namensgebung**
naming, designation, nomenclature
**benetzen** wet; moisten
**Benetzung** wetting; moistening
**Benetzungsmittel** wetting agent, wetter
**benigne/gutartig** benign
**Benignität/Gutartigkeit** benignity, benign nature
**Benutzer/Nutzer** user
**Benzin** gasoline, gas, petrol (*Br*)
➢ **Destillatbenzin/Rohbenzin** straight-run
gasoline
➢ **Flugbenzin/„Kerosin"** aviation gasoline, avgas,
jet fuel, aviation turbine fuel, "kerosine"
➢ **Hochoctanbenzin/hochoctaniges Benzin**
high-octane gasoline
➢ **klopffestes Benzin** antiknock gasoline
➢ **Krackbenzin/Spaltbenzin** cracked gasoline
➢ **Leichtbenzin** light gasoline
➢ **Polymerisatbenzin** polymer gasoline
➢ **Pyrolysebenzin** pyrolysis gasoline
➢ **Reformatbenzin** reformed gasoline
➢ **Schwerbenzin** heavy gasoline
➢ **Testbenzin/Lackbenzin** white spirits,
Soddard solvent
➢ **Waschbenzin** cleaner's naphtha,
cleaner's solvent
➢ **Wundbenzin** surgical spirit,
medical-grade petroleum spirit
**Benzinkanister/Kraftstoffkanister**
gasoline canister
**Benzoesäure (Benzoat)** benzoic acid (benzoate)
**Benzofuran/Cumaron** benzofuran, coumarone
**Benzol/Benzen** benzene
**Benzolring/Benzenring** benzene ring
**Benzpyren/Benzopyren** benzopyrene
**berechnen** calculate
**Berechnung** calculation
**beregnen/bewässern (künstlich)** irrigate;
(besprühen) sprinkle, spray
**Beregnung/Bewässerung** irrigation
**Beregnungsanlage/Berieselungsanlage/**
**Sprinkler** sprinkler, sprinkler irrigation system
**bereinigen** clarify, clear, straighten out; adjust
**Bereinigung** *math/stat* adjustment
**Bereitschaft** (Gerät) standby; (Dienst) duty

**Bereitschaftsstellung/Wartebetrieb**
standby mode
**Bergkristall** rock crystal
**Bergwerk/Grube/Mine/Zeche** *geol* mine
**Bericht** report
**berichten** report
**berieseln** sprinkle, spray; irrigate
**Berieselung** sprinkle irrigation
**Berlese-Apparat** Berlese funnel
**Berliner Blau/Turnbulls Blau** $Fe_4[Fe(CN)_6]_3$
Prussian blue, iron(III) hexacyanoferrate(II)
**Berlsattel (Füllkörper)** *dest* berl saddle
(column packing)
**Bernstein** amber
**Bernsteinsäure/Butandisäure (Succinat)**
succinic acid, butanedioic acid (succinate)
**Berstscheibe/Sprengscheibe/Sprengring/**
**Bruchplatte** bursting disk
**Beruf** profession; (Beschäftigung) occupation;
(Arbeit/Arbeitsstelle/Job) work, job
**Berufseignungstest** vocational aptitude test
**Berufsgenossenschaft** trade cooperative
association
**Berufskrankheit** occupational disease
**Berufslebensdosis** lifetime occupational
radiation exposure, lifetime cumulative
occupational radiation dose
**Berufsrisiko** occupational hazard
**Berufsunfähigkeit** working disability,
disablement
**Berufsverband** professional association
(organization)
**Berufsverletzung** occupational injury
**berühren** touch, contact; boarder
**Berührung/Kontakt (z. B. mit Chemikalien)**
contact, exposure
**Berührungszwilling/Kontaktzwilling (Kristalle)**
contact twin
**Beschaffenheit** (Konsistenz) consistency;
(Zustand) state, condition; (Struktur) structure,
constitution; (Eigenschaft) quality, property;
(Art) nature, character
**Beschaffung** procuring, procurement, supply;
(Erwerb) acquisition; (Kauf) purchase
**beschallen/mit Schallwellen behandeln** sonicate
**Beschallung/Sonifikation/Sonikation** sonication
**Beschattung** *allg* shading; (Schrägbedampfung bei
TEM) shadowcasting (rotary shadowing in TEM)
➢ **Metallbeschattung** metallizing
**Bescheinigung** certification
**beschichtet** lined, coated, covered, laminated
**Beschichtung** lining, coat, coating, covering,
lamination

> **Glanzbeschichtung** glossy coating
> **Kaschieren** lamination coating
> **Kunststoffbeschichtung** plastic coating
> **Pulverbeschichtung** powder coating
> **Sprühbeschichtung** spray-coating
> **Streichbeschichtung (Streichmesser~/Rakel~)** spread coating, spreading; blade coating, knife coating
> **Vorhangbeschichtung (Lackgießbeschichtung)** curtain coating
> **Walzenbeschichtung/Walzenauftrag** roll coating
**Beschichtungsmasse** coating compound
**beschicken** charge, feed, load, deliver
**Beschickungsstutzen (Kolben)** delivery tube (flask)
**Beschlagbildung (auf Oberfläche des Formwerkzeugs)** plate-out
**beschleunigen** accelerate
**Beschleuniger (z.B. Vulkanisation; auch nucl/rad)** accelerator
> **Kreisbeschleuniger** nucl/rad circular accelerator
> **Linearbeschleuniger** nucl/rad linear accelerator
**Beschleunigung** acceleration
**Beschleunigungsphase/Anfahrphase** acceleration phase
**Beschleunigungsspannung (EM)** micros accelerating voltage
**Beschreibung** description
> **technische Beschreibung** specifications, specs
**beschriften** mark, label
**Beschriftung** mark, label, caption, legend
**Beschriftungsetikett** label
**Beschuss mit schnellen Atomen (MS)** spectr fast-atom bombardment (FAB)
**beseitigen/entfernen** remove
**Beseitigung/Entfernung** removal
**Besen/Kehrbesen** broom
**besetzen** occupy
**besiedeln/etablieren** settle, establish; (kolonisieren) colonize
**Besiedlung (Etablierung)** settlement, establishment; micb (Kolonisation/Kolonisierung) colonization
**besprengen** sprinkle
**besputtern (EM)** micros sputter
**Besputtern/Besputterung/Kathodenzerstäubung (EM)** micros sputtering
**Bestand (Menge/Quantität)** stock, number, quantity; (Bevölkerung) population; stand, standing crop
**beständig** stable, lasting, enduring; constant, steady; persistent; (resistent/widerstandsfähig) resistant

**Beständigkeit** stability, permanence, constancy; persistence; (Resistenz/Widerstandsfähigkeit) resistance
**Bestandsaufnahme** (to make an) inventory
**Bestandteil** component, constituent
> **Hauptbestandteil** main component, main constituent (chief/key/principal/major c.)
**bestätigen/vergewissern** confirm, verify, validate, authentify
**Bestätigung/Vergewisserung** confirmation, verification, validation, authentification
**Bestätigungsprüfung** verification assay
**bestehend** (existierend) existing, existant; (bestehend aus) consisting of
**bestimmen** chem determine, identify; detect; identify
**Bestimmung/Determinierung/Determination** determination, identification; detection; jur provisions
**Bestimmungsbuch** manual
**Bestimmungsgrenze** limit of detection
**Bestimmungsschlüssel** key
**bestrahlen** irradiate; expose
**Bestrahlung** irradiation; exposure
> **Lichtbestrahlung** photoirradiation
> **Vorbestrahlung** preirradiation
**Bestrahlungsdosis** irradiation dosage
**Bestrahlungsintensität/Bestrahlungsdichte** irradiance, fluence rate, irradiation intensity, radiant-flux density
**beta-Drehung/beta-Schleife** beta-turn, ß-turn (DNA/protein)
**beta-Faltblatt (of protein structure)** beta-sheet, beta-pleated sheet
**Betain** betaine, lycine, oxyneurine, trimethylglycine
**beta-Rohr/beta-Faß (of protein structure)** beta-barrel
**Beta-Strahlung/Betastrahlung/β-Strahlung** beta radiation
**Beta-Teilchen/Betateilchen/β-Teilchen** beta particle
**betäuben/narkotisieren/anästhesieren** stupefy, narcotize, anesthetize
**betäubend/narkotisch/anästhetisch** stupefacient, stupefying, narcotic, anesthetic
**Betäubung/Narkose/Anästhesie** stupefaction, narcosis, anesthesia
**Betäubungsmittel/Narkosemittel/Anästhetikum** stupefacient, narcotic, narcotizing agent, anesthetic, anesthetic agent
**Beta-Zerfall/Betazerfall/β-Zerfall** beta decay
**Beton** concrete
> **Fertigbeton/Frischbeton/Transportbeton** ready-mixed concrete

> **Schaumbeton** foam concrete
> **Stahlbeton** reinforced concrete
**Betonstahl (Bewehrungsstahl)**
  rebar steel (reinforcing steel)
**Betrieb/Unternehmen** business, company,
  firm, enterprise
**Betriebsanleitung** operating instructions;
  (Handbuch) manual
**Betriebsarzt** company doctor
**Betriebsdruck** operating pressure
**Betriebserlaubnis** operational permission
**Betriebsführung** management
**Betriebsgeheimnis/Geschäftsgeheimnis**
  trade secret
**Betriebssanitäter** (company) nurse
**Betriebssicherheit** safety of operation
**Betriebsstoffwechsel** maintenance metabolism
**Betriebsunfall** industrial accident,
  accident at work
**Betriebsvorschrift** operating instructions
**Betriebswasser/Brauchwasser (nicht trinkbares**
  **Wasser)** process water, service water,
  industrial water (nondrinkable water)
**beugen/brechen** *phys/opt* diffract
**Beugung/Brechung** *phys/opt* diffraction
**Beugungsmuster** diffraction pattern
**bewachen** guard
**bewahren/erhalten/preservieren** preserve, keep,
  maintain
**Bewahrung/Erhaltung/Preservierung**
  preservation
**bewässern** irrigate
**Bewässerung** irrigation
**beweglich** (bewegungsfähig: motil) motile;
  (ortsverändernd: mobil/vagil) mobile, vagile,
  wandering
**Beweglichkeit** (Bewegungsvermögen: Motilität)
  motility; (Ortsveränderung: Mobilität/Vagilität)
  mobility, vagility
**Bewegung** motion; (Fortbewegung/Lokomotion)
  movement, motion, locomotion
> **Drehbewegung (rotierend)**
  spinning/rotating motion
> **Handbewegung**
  hand motion (handshaking motion)
> **kreisförmig-vibrierende Bewegung (Schüttler)**
  vortex motion, whirlpool motion
> **Rotationsbewegung** rotational motion
> **Rüttelbewegung (hin und her/rauf und runter)**
  rocking motion (side-to-side/up-down)
> **Schwingungsbewegung** vibrational motion
> **Taumelbewegung, dreidimensionale** nutation,
  gyroscopic motion (threedimensional orbital &
  rocking motion)

> **Translationsbewegung** translational motion
> **Vibrationsbewegung** vibrating motion
> **Wippbewegung** see-saw motion,
  rocking motion
**Bewegungsenergie/kinetische Energie**
  kinetic energy
**Bewegungsmelder/Bewegungssensor**
  motion sensor, movement detector
**Beweis** proof
**beweisbar** provable
**beweisen** prove
**Bewertung** rating, evaluation; (Beurteilung)
  judgement; (Erfassung) assessment
**Bewuchs** growth, cover, stand
**bewusst** conscious
> **unbewusst** unconscious, unknowing(ly)
**Bewusstheit** awareness
**Bewusstsein** consciousness
> **Bewusstlosigkeit** unconsciousness
**Bezeichnung/Benennung/Name/Namensgebung**
  **(Nomenklatur)** name, term, designation,
  nomenclature
**Bezeichnungssystem/Nomenklatur**
  nomenclature
**Bezettelung** badging
**Bezugselektrode/Vergleichselektrode**
  reference electrode
**Bezugstemperatur** reference temperature
**Bezugswert** reference value
**Biegeermüdung** flex fatigue
**Biegefestigkeit** flexural strength
**Biegekriechmodul** flexural creep modulus
**Biegemodul** flexural modulus
**Biegerissbildung** flex cracking
**Biegespannung** flexural stress
**biegesteif** rigid
**Biegewechselfestigkeit** flexural fatigue strength
**biegsam** flexible, pliable
**Biegsamkeit** flexibility, pliability; stiffness
**Bienenwachs** beeswax
**bifunktionell/Doppelfunktions...** bifunctional,
  dual-function
**Bikomponentenfaser** bicomponent fiber,
  bico fiber, composite fiber, heterofil(s)
**Bilanz (Energiebilanz/Stoffwechselbilanz)**
  balance
**Bild** picture, image
> **elektronenmikroskopisches Bild/**
  **elektronenmikroskopische Aufnahme**
  electron micrograph
> **Endbild** *micros* final image
> **mikroskopisches Bild/mikroskopische**
  **Aufnahme** microscopic image, microscopic
  picture, micrograph

➢ **reelles Bild** *micros* real image
➢ **virtuelles Bild** *micros* virtual image
**Bilddiagramm/Begriffszeichen**
  pictograph (for hazard labels)
**bilden (entwickeln) (z. B. Gase/Dämpfe)**
  generate (form/develop)
**Bildpunkt** *opt* image point; (Rasterpunkt) pixel
**Bildschirm/Monitor** display, monitor
**Bildung (Entwicklung) (z. b. Gase/Dämpfe)**
  generation (formation/development)
**Bildungsenthalpie** enthalpy of formation
**Bildungsentropie** entropy of formation
**Bildungswärme** heat of formation
**Billiarde $10^{15}$** quadrillion
**Billion $10^{12}$** trillion
**Bimetallthermometer** bimetallic thermometer
**bimodale Verteilung** bimodal distribution,
  two-mode distribution
**Bims** pumice
**Bimsstein** pumice rock
**binäre Säure** binary acid
**Binde/Aderpresse/Abschnürbinde/Tourniquet**
  tourniquet
**Bindefähigkeit** bonding strength
**Bindekraft** bonding power, bonding capacity
**Bindemittel/Saugmaterial (saugfähiger Stoff)**
  binder, binding agent, absorbent,
  absorbing agent
**binden** *chem* bond (bonded), link;
  (anbinden/zusammenbinden) tether
**Bindevlies** strapping fabric
**Bindigkeit/Bindungszahl/Bindungswertigkeit/**
  **Kovalenz/Atomwertigkeit**
  covalence, auxiliary valence
**Bindung** *chem* bond, linkage; *text* weave
➢ **Atlas-Bindung/Atlasbindung (Glasfaser-Satin)**
  *text* satin weave
➢ **Atombindung** atomic bond
➢ **capto-dativ** capto-dative
➢ **chemische Bindung** chemical bond
➢ **dative Bindung** dative bond
➢ **delokalisierte Bindung** delocalized bond
➢ **Disulfidbindung (Disulfidbrücke)**
  disulfide bond, disulfide bridge
➢ **Donator-Akzeptor-Bindung/koordinative**
  **Bindung/dative Bindung/halbpolare Bindung**
  dipolar bond, coordinate bond, dative bond,
  semipolar bond
➢ **Doppelbindung** double bond
➢ **Dreherbindung** leno weave
➢ **Dreifachbindung** triple bond
➢ **Einfachbindung** single bond
➢ **Elektronenpaarbindung** electron-pair bond
➢ **energiereiche Bindung** high energy bond

➢ **glykosidische Bindung** glycosidic bond/linkage
➢ **heteropolare Bindung** heteropolar bond
➢ **homopolare Bindung** homopolar bond,
  nonpolar bond
➢ **hydrophile Bindung** hydrophilic bond
➢ **hydrophobe Bindung** hydrophobic bond
➢ **Ionenbindung** ionic bond
➢ **Kohlenstoffbindung** carbon bond
➢ **konjugierte Bindung** conjugated bond
➢ **kooperative Bindung** cooperative binding
➢ **koordinative Bindung/Donator-Akzeptor-**
  **Bindung/dative Bindung/halbpolare Bindung**
  coordinate bond, dative bond, semipolar bond,
  dipolar bond
➢ **Köper-Bindung/Köperbindung** *text* twill weave
➢ **kovalente Bindung/Kovalenzbindung**
  covalent bond
➢ **Kreuzköper** cross twill, crowfoot,
  two-harness satin
➢ **Leinwand-Bindung/Leinwandbindung/**
  **Nesselbindung** *text* plain weave
➢ **Mehrfachbindung** multiple bond
➢ **Panama-Bindung** basket weave
➢ **Peptidbindung** peptide bond, peptide linkage
➢ **Scheindreherbindung** mock leno weave
➢ **Valenzbindung** valence bond
**Bindungsenergie** binding energy, bond energy
**Bindungsenthalpie** enthalpy of bonding
**Bindungsgrad** bond order
**Bindungsinkrement** bond increment
**Bindungsisomerie** bond isomerism
**Bindungskurve** binding curve
**Bindungsvermögen** bonding capacity,
  adhesive capacity
**Bindungswertigkeit/Kovalenz/Atomwertigkeit/**
  **Bindigkeit/Bindungszahl**
  covalence, auxiliary valence
**Bindungswinkel** bond angle
**Bindungszahl** bonding number
**Bingham-Körper/plastischer Körper**
  Bingham body, plastic body
**Binnendruck/Innendruck** internal pressure
**Binodale** binodal
**Binokular** binoculars
**Binomialverteilung** binomial distribution
**binomische Formel** binomial formula
**bioanorganisch** bioinorganic
**Bioäquivalenz** bioequivalence
**Biochemie** biochemistry
**biochemischer Sauerstoffbedarf/biologischer**
  **Sauerstoffbedarf (BSB)** biochemical oxygen
  demand, biological oxygen demand (BOD)
**Biodegradation/biologischer Abbau**
  biodegradation

**Bioenergetik** bioenergetics
**Bioethik** bioethics
**Biogefährdung** biohazard
**biogen** biogenic
**Bioindikator/Indikatorart/Zeigerart/**
**Indikatororganismus**
bioindicator, indicator species
**Bioklebstoff** bioadhesive
**Biolistik** biolistics, microprojectile bombardment
**Biologie/Biowissenschaften** biology, bioscience,
life sciences
**biologisch/biotisch** biologic(al), biotic
**biologisch abbaubar** biodegradable
**biologische Abbaubarkeit** biodegradability
**biologische Sicherheit(smaßnahmen)**
biological containment
**biologische Verfahrenstechnik/Biotechnik/**
**Bioingenieurwesen** bioengineering
**biologischer Abbau/Biodegradation**
biodegradation
**biologischer Kampfstoff** biological warfare agent
**biologischer Sauerstoffbedarf/biochemischer**
**Sauerstoffbedarf (BSB)** biological oxygen
demand, biochemical oxygen demand (BOD)
**biologischer Test** bioassay, biological assay
**biologisches Gleichgewicht**
biological equilibrium
**Biolumineszenz** bioluminescence
**Biomasse** biomass
**Bionik** bionics
**Biophysik** biophysics
**Bioreaktor (Reaktortypen *siehe* Reaktor)**
bioreactor
**Biostatistik** biostatistics
**Biosynthese** biosynthesis (anabolism)
**Biosynthesereaktion** biosynthetic reaction
(anabolic reaction)
**biosynthetisch** biosynthetic(al)
**biosynthetisieren** biosynthesize
**Biotechnik/biologische Verfahrenstechnik/**
**Bioingenieurwesen** bioengineering,
bioprocess engineering
**Biotechnologie** biotechnology
**Biotin (Vitamin H)** biotin (vitamin H)
**Biotin-Markierung/Biotinylierung**
biotin labelling, biotinylation
**Biotransformation/Biokonversion**
biotransformation, bioconversion
**Bioverfügbarkeit** bioavailability
**Biowissenschaft**
bioscience (meist *pl* biosciences),
life science (meist *pl* life sciences)
**Biozid** biocide
**Birnenkolben/Kjeldahl-Kolben** Kjeldahl flask

**Bismut (Bi) (früher: Wismut)** bismuth
**bitter** bitter
**Bitterkeit** bitterness
**Bittermandelöl** bitter almond oil
**Bitterstoffe** bitters
**Bitumen (Asphalten)** bitumen (asphaltene)
**bivalent** bivalent
**blähen** bloat
**Blähgrad/Blähzahl (Kohle)** swelling index,
swelling number
**Blähmittel/Treibmittel** blowing agent;
(Polymerfolienverarbeitung) inflatant
**Blähschlamm** bulking sludge
**Blähton** expanded shale
**Blähungen/Flatulenz** bloating, gas
**Bläschen/Vesikel** bubble, vesicle
**bläschenförmig** bubble-shaped, bulliform
**Blasdorn** blowpin
**Blase (Gasblase/Luftblase/Seifenblase)** bubble;
*med* bladder; (Destillierrundkolben) still pot,
distilling boiler flask
**blasenartig/blasenförmig** bladderlike, bladdery,
vesicular
**Blasensäulen-Reaktor** bubble column reactor
**blasentreibend/blasenziehend** vesicating,
vesicant
**Blasenzähler** bubble counter, bubbler, gas bubbler
**Blasfolie** blown film
**Blasfolienanlage** blown film line
**Blasformen** blow forming, blow molding
**blasig** bullous, with blisters, vesiculate
**Blasrohling/Blasschlauch (Vorformling)**
parison (preform)
**Blätterbruch** laminar cleavage
**Blattgold** gold foil, gold leaf
**Blattsilicat/Phyllosilicat** sheet silicate,
phyllosilicate
**Blausäure/Cyanwasserstoff HCN** hydrogen
cyanide, hydrocyanic acid, prussic acid
**Blech** sheet metal
➢ **Walzblech/gewalztes Blech** rolled sheet metal
**Blechdose/Blechbüchse** tin can
**Blechschere** sheet-metal shears, plate shears
**Blei (Pb)** lead
**Bleiakkumulator** lead storage battery,
lead-acid accumulator, lead accumulator,
lead-acid battery
**Bleiblech** sheet lead
**Bleiblock** *rad* pig (outermost container of lead
for radioactive materials)
**bleich/blass** pale
**Bleichbad** bleaching bath
**Bleiche (Blässe/bleiche Farbe)** paleness;
(Bleichmittel) bleach

bleichen/ausbleichen
(aktiv: weiß machen/aufhellen) bleach, blanch;
clear, brighten; decolorize
Bleichpulver/Bleichkalk/Chlorkalk
bleaching powder, chloride of lime
Bleichsäure/Hypochlorigsäure/
hypochlorige Säure/Monooxochlorsäure HClO
hypochlorous acid
Bleicitrat (EM) lead citrate
bleiern lead, leaden
bleifrei lead-free; unleaded (gasoline)
Bleiglanz galena
Bleiglas lead glass
Bleigleichwert lead equivalent
bleihaltig containing lead, plumbiferous
Bleikammerverfahren ($H_2SO_4$) lead-chamber
process
Bleilot lead solder
Bleimantelvulkanisation lead press cure,
lead press technique
Bleioxid $Pb_2O$ lead oxide (yellow), lead suboxide
Bleioxid $PbO_2$ lead dioxide, brown lead oxide,
lead superoxide
Bleioxid/Bleiglätte PbO litharge, massicot,
lead protooxide, lead oxide (yellow monoxide)
Bleioxid/Tribleitetraoxid/Bleimennige $Pb_3O_4$
red lead oxide, red lead
Bleiring (Gewichtsring/Stabilisierungsring/
Beschwerungsring) lead ring (for Erlenmeyer)
Bleischürze lead apron
Bleistiftmarkierung pencil marking
Bleiweiß $2PbCO_3 \cdot Pb(OH)_2$ white lead, ceruse
Blend/Mischung blend
> Kunststoff-Blend (Polymerlegierung)
polymer blend, polyblend (polymer alloy)
Blende opt/micros (Öffnung/Apertur) aperture;
micros (Diaphragma) diaphragm
Blendenöffnung micros diaphragm aperture
Blickfeld/Sehfeld/Gesichtsfeld field of view,
scope of view, field of vision, range of vision,
visual field
Blindleistung available power
Blindversuch/Blindprobe negative control, blank,
blank test, negative test run
> einen Blindversuch machen make a negative
control, to run a blank
Blindwert blank
Blindwiderstand reactance, relative impedance
Blisterverpackung blister pack, blister packaging
Blitz flash (light/lightning/spark)
Blitzchromatographie/Flash-Chromatographie
flash-chromatography
blitzen flash
Blitzlicht flash, flashlight

Blitzlichtphotolyse flash photolysis
Blockguss (Stahl) ingot casting
Blockhalter micros block holder
Blockierungsreagenz blocking reagent
Blockpunkt/Blocktemperatur blocking point
Blockverfahren block synthesis
blotten (klecksen/Flecken machen/beflecken)
blot
Blotten/Blotting blotting, blot transfer
> Affinitäts-Blotting affinity blotting
> Alkali-Blotting alkali blotting
> Diffusionsblotting capillary blotting
> genomisches Blotting genomic blotting
> Liganden-Blotting ligand blotting
> Nassblotten wet blotting
> Trockenblotten dry blotting
Blotting-Elektrophorese/Direkttransfer-
Elektrophorese direct blotting electrophoresis,
direct transfer electrophoresis
Blut blood
> Frischblut fresh blood
> Serum (pl Seren) serum (pl sera or serums)
> Vollblut whole blood
Blutagar blood agar
Bluten n bleeding
bluten vb bleed
Blut-Ersatz blood substitute
Blutfaserstoff/Fibrin fibrin
Blutgerinnsel/Blutkoagulum blood clot
Blutgerinnung blood clotting
Blutgerinnungsfaktoren blood clotting factors
Blutkonserve stored blood, banked blood
Blutlaugensalz prussiate of potash
> gelbes Blutlaugensalz $K_4[Fe(CN)_6]$
yellow prussiate of potash, potassium
hexacyanoferrate(II)
> rotes Blutlaugensalz $K_3[Fe(CN)_6]$ red prussiate
of potash, potassium hexacyanoferrate(III)
Blutplasma blood plasma
blutstillend (adstringent) styptic, hemostatic
(astringent)
Blutvergiftung/Sepsis blood poisoning
blutzersetzend/hämorrhagisch hemorrhagic
Blutzucker blood sugar
Blutzuckerspiegel (erhöhter/erniedrigter)
blood sugar level (elevated/reduced)
BMC-Formmasse
bulk molding compound (BMC)
Boden dest/chromat plate; (Erdboden) soil,
ground, earth
> Bodenhöhe plate height
> theoretische Böden theoretical plates
Bodenabfluss/Bodenablauf floor drain
Bodenbedingungen geol soil conditions

Bodenbelag flooring
Bodenkolonne *dest* plate column
Bodenkörper *chem* bottoms, deposit (sediment, precipitate, settlings)
Bodensanierung *geol* soil decontamination
Bodenschutz soil conservation
Bodenskelett soil skeleton (inert quartz fraction)
Bodenstrahlung/Erdstrahlung/terrestrische Strahlung terrestrial radiation
Bodenversalzung *geol* soil salinization
Bodenwirkungsgrad *dest* plate efficiency
Bodenzahl *dest/chromat* number of plates, plate number
Bogenentladung arc discharge
Bogenflamme arc flame
Bogenlampe arc lamp
Bohrflüssigkeit/Bohrschlamm drilling fluid, drilling mud
Bohrkern/Kern *geol/paleo* drill core, core
Bohrung (Prozess/Vorgang) drill, drilling, bore; (Ergebnis: Loch etc.) bore
Bombenkalorimeter bomb calorimeter
Bombenrohr/Schießrohr/Einschlussrohr bomb tube, Carius tube, sealing tube
bombieren (Walze/Profil) camber, crown
Bonitierung *geol/agr* (Boden) classification of soil, valuation
Bonitur *stat* notation, scoring
Bor (B) boron
Boran/Borwasserstoff BH₃ borane
Borax/Natriumtetraborat Decahydrat borax, sodium tetraborate
Boraxperle/Phosphorsalzperle borax bead
Bördelkappe (für Rollrandgläschen/ Rollrandflasche) crimp seal
Bördelkappen-Verschließzange cap crimper
bördeln bead, flange, seam, edge; crimp
Bördelrand bead, beaded rim, flange; (Reagenzglas/Kolben) deburred edge, beaded rim
Bördelzange crimping pliers
borfaserverstärkter Kunststoff (BFK) boron fiber-reinforced plastic (BFRP)
Borosilicatglas borosilicate glass
Borste bristle
Borwasser (gelöste Borsäure) boric acid solution
Borwasserstoff/Boran BH₃ borane
bösartig/maligne malignant
Bösartigkeit/Malignität malignancy
Bottich vat, tub; washtub
Brackwasser brackish water (somewhat salty)
Brand fire, blaze; burning
Brandarten fire classification
Brandaxt fire axe

Brandbekämpfung fire fighting
Brandgase combustion gases
Brandgefahr fire risk, fire hazard
Brandgeruch burnt smell
Brandherd source of fire
Brandklasse class of inflammability
Brandmauer fire wall
Brandrisiko fire hazard
Brandschutz/Brandverhütung fire protection, fire prevention; fire control
Brandverletzung/Brandwunde/Verbrennung burn, burn wound
Branntkalk CaO caustic lime, quicklime, unslaked lime
Bratpfanne frying pan, skillet
Brauchwasser (nicht trinkbares Wasser) process water, service water, industrial water (nondrinkable water)
Braunglas amber glass
Braunstein/Manganoxid/Mangandioxid manganese dioxide
Brausetablette effervescent tablet, fizz(y) tablet, fizz tab
Bravais-Gitter Bravais lattice
Brecheisen crowbar, jimmy
brechen/erbrechen (bei Übelkeit) vomit
Brecher/Brechplatte (Extruder) breaker plate
Brechmittel/Emetikum emetic
Brechung/Refraktion refraction
➢ Doppelbrechung birefringence, double refraction
➢ Lichtbrechung/optische Brechung optical refraction
Brechungsindex/Brechungskoeffizient/ Brechzahl refractive index, index of refraction
Brechungsvermögen refractivity
Brechungswinkel refracting angle
Breitschlitzdüse sheet die, flat-sheet die; (Schlitzdüse) slit die, slot die
Breitspektrumantibiotikum broad-spectrum antibiotic
Bremsflüssigkeit braking fluid
Bremsstrahlung bremsstrahlung
Bremssubstanz/Moderator *nucl* moderator
Bremsvermögen *nucl* stopping power
Brennäquivalent fuel equivalence
brennbar combustible, flammable
➢ nicht brennbar noncombustible, nonflammable
Brennbarkeit combustibility, flammability
Brennebene focal plane
Brennelement fuel element, fuel assembly, fuel bundle
➢ abgebranntes Brennelement spent fuel element

**brennen** burn
➤ **anbrennen/entzünden/entflammen** *chem* inflame, ignite
➤ **durchbrennen** burn through/out
➤ **rasch abbrennen (lassen)** deflagrate
➤ **verbrennen** combust, incinerate, burn
**Brennen/Glühen (Keramik)** fire, bake, burn
**Brenner/Flamme (Ofen)** burner, flame (oven)
➤ **Acetylenbrenner (Schneidbrenner/Schweißbrenner)** oxyacetylene burner (torch)
➤ **Bunsenbrenner** Bunsen burner, flame burner
➤ **Gasbrenner** gas burner
➤ **Kartuschenbrenner** cartridge burner
➤ **Schwalbenschwanzbrenner/Schlitzaufsatz für Brenner** wing-tip (for burner), burner wing top
➤ **Spiritusbrenner/Spirituslampe** alcohol burner
➤ **Verdunstungsbrenner** evaporation burner
**Brennereihefe** distiller's yeast
**Brennermaterial** fuel
**Brenngase** combustible gases
**Brennofen** stove; (Keramik etc.) kiln
**Brennpunkt** focal point, focus
**Brennsäure** *metal* pickling acid
**Brennspiritus** denatured alcohol, methylated spirit
**Brennstab** *nucl* fuel rod
➤ **Absorberstab** *nucl* absorbing rod
**Brennstoffkreislauf** fuel cycle
**Brennstoffzelle** fuel cell
**Brennweite** focal length
**Brennwert** caloric value; heat value, heating value
**Brennwertbestimmung/Kalorimetrie** calorimetry
**Brenzcatechin/Catechol/1,2-Dihydroxybenzol/Benzol-1,2-diol** catechol, benzene-1,2-diol
**brenzlig/Brandgeruch** burnt
**Brenzsäure/Pyrosäure** pyroacid
**Brenztraubensäure (Pyruvat)** pyruvic acid (pyruvate), 2-oxopropanoic acid
**Brillenträgerokular** *micros* spectacle eyepiece, high-eyepoint ocular
**Brilliantrot** *micros* vital red
**Brinellhärte** Brinell hardness
**brodeln** bubble; (Wasser: kochen) boil; (Wasser: sieden/leicht kochen) simmer
**Brodem (Qualm/Dampf/Dunst)** fumes
**Brom (Br)** bromine
**Bromierung** bromination
**Bromsäure HBrO₃** bromic acid, hydrogen trioxobromate
**Bronze (Kupfer + Zinn)** bronze (copper + tin)
**Brookfield-Viskosimeter** Brookfield viscometer
**Broschüre/Informationsschrift** brochure, pamphlet

**Bruch** breakage, fracture; (Versagen) failure
➤ **duktiler Bruch/Zähbruch** ductile fracture, tough fracture
➤ **Ermüdungsbruch** fatigue failure
➤ **Gefrierbruch** *micros* freeze-fracture, freeze-fracturing, cryofracture
➤ **Gewichtsbruch (Verhältnis)** weight fraction
➤ **Glasbruch** glass scrap, shattered glass, broken glass
➤ **Kapillarbruch** capillary breaking, capillary fracture (fibers)
➤ **Kriechbruch** creep failure
➤ **Molenbruch/Stoffmengenanteil** mole fraction
➤ **Pseudobruch/Craze** craze
➤ **Schmelzbruch** melt fracture
➤ **Sprödbruch** brittle fracture
➤ **Versagen** failure
➤ **Volumenbruch/Volumenanteil** volume fraction
➤ **Weissbruch** stress whitening
➤ **Zähbruch/duktiler Bruch** tough fracture, ductile fracture
**Bruchdehnung/Reißdehnung** elongation at break, elongation-to-break, extension at break, elongation at rupture
**Bruchfestigkeit** resistance to fracture
**Bruchglas** cullet, glass cullet
**Bruchkraft** force at rupture
**bruchsicher** nonbreakable, unbreakable, crashproof
**Bruchstelle** point/site of fracture, breakpoint
**Bruchstück/Fragment** fragment; piece, part; chip
➤ **Molekülbruchstück/Molekülfragment** molecular fragment
➤ **Spaltbruchstück/Spaltfragment** fission fragment
**Bruchstückion (MS)** fragment ion
**Bruchverformung** deformation to fracture
**Brüden (Schwaden/Abdampf)** exhaust vapor, exhaust steam
**Brunnenwasser** well water
**brüten** brood, breed, incubate
**Brüter/Brüterreaktor/Brutreaktor** breeder, breeder reactor
**Brutschrank** incubator
**Büchner-Trichter (Schlitzsiebnutsche)** Buechner funnel, Buchner funnel
**Buchse** bush, bushing
**Bügel/U-Klammer/Gabelkopf** clevis bracket
**Bügelmessschraube** outside micrometer
**Bügelschaft** rod clevis
**Bulkladung (Transport)** bulk cargo
**Bundesgesundheitsamt** German Federal Health Agency
**Bunkeröl** bunker fuel oil

**Bunsenbrenner** Bunsen burner, flame burner
**Bunsenstativ/Stativ** support stand, ring stand, retort stand, stand
**Bürette** buret, burette (*Br*)
> **Wägebürette** weight buret, weighing buret
**Bürste** brush
> **Becherglasbürste** beaker brush
> **Drahtbürste** wire brush
> **Flaschenbürste** bottle brush
> **Kolbenbürste** flask brush
> **Laborbürste** laboratory brush
> **Malpinsel** paint brush
> **Pfeifenreiniger/Pfeifenputzer** pipe cleaner
> **Pipettenbürste** pipet brush
> **Reagenzglasbürste** test-tube brush
> **Scheuerbürste/Schrubbbürste** scrubbing brush, scrub brush
> **Spülbürste** dishwashing brush
> **Stahlbürste** wire brush
> **Trichterbürste** funnel brush
**Bürstenstreichverfahren (Auftrageverfahren)** *polym* brush coating
**2-Butanon/Methylethylketon (MEK)** butanone, methyl ethyl ketone (MEK)
**Buten/Butylen** butene, butylene
**Buttersäure/Butansäure (Butyrat)** butyric acid, butanoic acid (butyrate)
**Butzen (Gussteile: Spritzhaut/Spritzgrat/Austrieb)** flash
**Butzenkammer** flash chamber

## C

**Cadmium (Cd)** cadmium
**Calciferol/Ergocalciferol (Vitamin D$_2$)** calciferol, ergocalciferol
**Calciol/Cholecalciferol (Vitamin D$_3$)** cholecalciferol
**Calcit/Kalkspat CaCO$_3$** calcite
**Calcium/Kalzium (Ca)** calcium
**Calciumcarbonat ('Kalk') CaCO$_3$** calcium carbonate
> **Aragonit** aragonite
> **Calcit** calcite
> **Kreide** chalk
> **Marmor** marble
> **Mergel** marl
> **Travertin** travertine
**Calciumfluorid/Flussspat/Fluorit CaF$_2$** calcium fluorite, fluorspar, fluorite
**Calciumhydroxid/Löschkalk/gelöschter Kalk/Ätzkalk Ca(OH)$_2$** slaked lime
**Calciumoxid/Branntkalk/gebrannter Kalk CaO** caustic lime, quicklime, unslaked lime

**Caprinsäure/Decansäure (Caprinat/Decanat)** capric acid, decanoic acid (caprate/decanoate)
**Capronsäure/Hexansäure (Capronat/Hexanat)** caproic acid, capronic acid, hexanoic acid (caproate/hexanoate)
**Caprylsäure/Octansäure (Caprylat/Octanat)** caprylic acid, octanoic acid (caprylate/octanoate)
**Carbonfaser/Kohlenstofffaser** carbon fiber (CF)
**Carbonsäuren/Karbonsäuren (Carbonate/Karbonate)** carboxylic acids (carbonates)
**Carborundum/Siliciumcarbid SiC** Carborundum™, silicon carbide
**Carnitin (Vitamin T)** carnitine (vitamin B$_T$)
**Carotin/Caroten/Karotin (Vitamin A Vorläufer)** carotin, carotene (vitamin A precursor)
**Carrageen/Carrageenan** carrageenan, carrageenin (*Irish moss* extract)
**Casein** casein
**Cäsium (Cs)** cesium
**Cäsiumchloridgradient** cesium chloride gradient
**Catenan/Concatenat** catenane, concatenate
**Catenation/Ringbildung** catenation
**Ceiling-Temperatur (Beginn der Depolymerisation)** ceiling temperature
**Cellophan** cellophane
**Celluloid/Zelluloid (Zellhorn)** celluloid
> **native Cellulose** native cellulose
> **Regeneratcellulose/regenerierte Cellulose** regenerated cellulose
**Celluloseacetat/Acetylcellulose** cellulose acetate
**Celluloseacetatseide/Acetatseide** cellulose acetate rayon
**Cellulosechemiefaser** cellulosic fiber
**Cellulosenitrat/Nitrocellulose** cellulose nitrate, nitrocellulose
**Cer/Cerium (Ce)** (*früher:* Zer) cerium
**Cer(III)... /Cerium(III)...** cerous
**Cer(III)hydroxid/Cerium(III)hydroxid Ce(OH)$_3$** cerous hydroxide
**Cer(IV)... /Cerium(IV)...** ceric
**Cer(IV)hydroxid/Cerium(IV)hydroxid Ce(OH)$_4$** ceric hydroxide
**Čerenkov-Strahlung/Tscherenkow-Strahlung** Cherenkov radiation
**Ceriterden (oxidische Erze)** cerite earths
**Cerotinsäure/Hexacosansäure** cerotic acid, hexacosanoic acid
**Cetanzahl (CaZ)** cetane number, cetane rating
**Chalcedon (Quarz-Form)** chalcedony
**Chalcopyrit/Kupferkies CuFeS$_2$** chalcopyrite
**Chaostheorie** chaos theory
**chaotrope Reihe** chaotropic series
**chaotrope Substanz** chaotropic agent

**Chaperon/molekulares Chaperon/Begleitprotein** chaperone protein, chaperone, molecular chaperone
**Charge** (in einem Arbeitsgang erzeugt) batch; (Produktionsmenge/-einheit) lot, unit
**Chargen-Bezeichnung (Chargen-B.)** batch number; lot number, unit number
**Chelat/Komplex** chelate
**Chelatbildner/Komplexbildner** chelating agent, chelator
**Chelatbildung/Komplexbildung** chelation, chelate formation
**Chemie** chemistry
➤ **allgemeine Chemie** general chemistry
➤ **analytische Chemie** analytical chemistry
➤ **angewandte Chemie** applied chemistry
➤ **anorganische Chemie** inorganic chemistry
➤ **Bauchemie** chemistry of building materials
➤ **Biochemie** biochemistry
➤ **Computerchemie** computational chemistry
➤ **Elektrochemie** electrochemistry
➤ **Geochemie/geologische Chemie** geochemistry
➤ **Kernchemie/Nuklearchemie** nuclear chemistry
➤ **kombinatorische Chemie** combinatorial chemistry
➤ **Koordinationschemie** coordination chemistry
➤ **Lebensmittelchemie** food chemistry
➤ **medizinische Chemie** medicinal chemistry
➤ **nachhaltige Chemie** sustainable chemistry
➤ **ökologische Chemie/Ökochemie** ecological chemistry, ecochemistry
➤ **organische Chemie** organic chemistry
➤ **Petrochemie/Erdölchemie** petrochemistry
➤ **pharmazeutische Chemie/Arzneimittelchemie** pharmaceutical chemistry
➤ **physikalische Chemie** physical chemistry
➤ **Polymerchemie/makromolekulare Chemie** polymer chemistry, macromolecular chemistry
➤ **präparative Chemie** preparative chemistry
➤ **Radiochemie** radiochemistry
➤ **sanfte Chemie** soft chemistry
➤ **technische Chemie** chemical engineering
➤ **theoretische Chemie** theoretical chemistry
**Chemieabfälle** chemical waste
**Chemiearbeiter** chemical worker
**Chemiefachverband** chemical society
**Chemiefaser** artificial fiber, man-made fiber, polyfiber
**Chemieingenieur** chemical engineer
**Chemielaborant** chemical lab assistant
**Chemieunfall** chemical accident
**Chemiewaffe/chemische Waffe** chemical weapon
**Chemikalie(n)** chemical(s)
**Chemikalienabzug** chemical fume hood, 'hood'

**Chemikalienausgabe** chemical stockroom counter
**chemikalienfest** chemical-resistant
**Chemikaliengesetz (ChemG)** Federal Chemical Law
**Chemikalienschrank** chemical cabinet, chemical safety cabinet
**Chemikant (chem. Facharbeiter)** chemical worker (industry)
**Chemiker** chemist
**Chemiosmose** chemiosmosis
**chemiosmotische Hypothese/Theorie** chemiosmotic hypothesis/theory
**chemische Bindung** chemical bond
**chemische Energie** chemical energy
**chemische Gleichung** chemical equation
**chemische Keule/Weißkreuz/Chloracetophenon** chloroacetophenone C.A.P., phenacyl chloride (a tear gas)
**chemische Reaktion** chemical reaction
➤ **eingerichtet (Lösen einer Reaktionsgleichung)** balanced
**chemische Technologie** chemical technology, chemical engineering
**chemischer Ingenieur** chemical engineer
**chemischer Kampfstoff** chemical warfare agent
**chemischer Sauerstoffbedarf (CSB)** chemical oxygen demand (COD)
**Chemisorption/chemische Adsorption** chemisorption
**Chemoaffinitäts-Hypothese** chemoaffinity hypothesis
**Chemoinformatik** chemoinformatics, computational chemistry
**Chemolumineszenz/Chemolumineszenz** chemiluminescence
**Chemometrie/Chemometrik** chemometrics
**Chemostat** chemostat
**Chemosynthese** chemosynthesis
**Chemotherapie** chemotherapy
**Chicle (*Manilkara zapota*/Sapotaceae)** chicle, chicle gum, chiku (sapodilla)
**Chinasäure** chinic acid, kinic acid, quinic acid (quinate)
**Chinin** chinine, quinine
**Chinolin** chinoline, quinoline
**Chinolsäure** chinolic acid
**Chinon** chinone
**chiral/dissymmetrisch** chiral, dissymmetrical
**Chiralität (Dissymmetrie/Drehsinn)** chirality (dissymmetry/handedness)
**Chiralitätszentrum** chiral center
**Chitin** chitin
**chitinös** chitinous

**Chlor (Cl)** chlorine
**Chlorbenzol** chlorobenzene
**Chlorbleiche** chlorine bleach
**Chlorcyan/Cyanogenchlorid NCCl**
cyanogen chloride, chlorine cyanide
**Chloressigsäure** chloroacetic acid
**chlorieren** chlorinate
**Chlorierung** chlorination
**chlorige Säure HClO$_2$** chlorous acid
**Chlorkalk/Bleichpulver/Bleichkalk** chloride of
lime, bleaching powder
**Chlorkautschuk** chlorinated rubber
**Chlorkohlenwasserstoff/chlorierter**
**Kohlenwasserstoff** chlorinated hydrocarbon
**Chloroform/Trichlormethan HCCl$_3$** chloroform,
trichloromethane
**Chlorogensäure** chlorogenic acid
**Chlorophyll** chlorophyll
**Chlorsauerstoffsäuren** oxoacids of chlorine
➤ **chlorige Säure HClO$_2$** chlorous acid
➤ **Chlorsäure HClO$_3$** chloric acid
➤ **Hypochlorigsäure/hypochlorige Säure/**
**Bleichsäure/Monooxochlorsäure HClO**
hypochlorous acid
➤ **Perchlorsäure HClO$_4$** perchloric acid
**Chlorung** chlorination
**Cholecalciferol/Calciol (Vitamin D$_3$)**
cholecalciferol
**Cholesterin/Cholesterol** cholesterol
**cholinerg** cholinergic
**Cholsäure (Cholat)** cholic acid (cholate)
**Chordmodul** chord modulus
**Chorisminsäure (Chorismat)** chorismic acid
(chorismate)
**Chrom (Cr)** chromium
**chromaffin** chromaffin, chromaffine, chromaffinic
**Chromalaun** chrome alum,
ammonium chromic sulfate
**Chromatide** chromatid
**Chromatin** chromatin
**Chromatogramm** chromatogram
**Chromatograph** chromatograph
**Chromatographie** chromatography
➤ **Affinitätschromatographie**
affinity chromatography (AC)
➤ **Aussalzchromatographie**
salting-out chromatography (SOC)
➤ **Ausschlusschromatographie/**
**Größenausschlusschromatographie**
size exclusion chromatography (SEC)
➤ **Blitzchromatographie/Flash-Chromatographie**
flash-chromatography
➤ **Dünnschichtchromatographie (DC)**
thin-layer chromatography (TLC)

➤ **Elektrochromatographie (EC)**
electrochromatography (EC)
➤ **enantioselektive Chromatographie**
chiral chromatography
➤ **Extraktionschromatographie**
extraction chromatography (EXC)
➤ **Festphasenchromatographie**
bonded-phase chromatography (BPC)
➤ **Flüssigkeitschromatographie**
liquid chromatography (LC)
➤ **Flüssig-Fest-Chromatographie**
liquid-solid chromatography (LSC)
➤ **Flüssig-Flüssig-Chromatographie**
liquid-liquid chromatography (LLC)
➤ **Gaschromatographie (GC)**
gas chromatography (GC)
➤ **Gas-Fest-Chromatographie**
gas-solid chromatography (GSC)
➤ **Gas-Flüssig-Chromatographie**
gas-liquid chromatography (GLC)
➤ **Gelpermeationschromatographie/**
**Molekularsiebchromatographie**
gel permeation chromatography,
molecular sieving chromatography
➤ **Größenausschlusschromatographie/**
**Ausschlusschromatographie**
size exclusion chromatography (SEC)
➤ **Hochdruckflüssigkeitschromatographie/**
**Hochleistungsflüssigkeitschromatographie**
high-pressure liquid chromatography, high
performance liquid chromatography (HPLC)
➤ **Immunaffinitätschromatographie**
immunoaffinity chromatography
➤ **Ionenchromatographie/**
**Ionenaustauschchromatographie**
ion chromatography (IC),
ion-exchange chromatography (IEX)
➤ **Ionenextraktionschromatographie**
ion-extraction chromatography (IEC)
➤ **Ionenpaarchromatographie (IPC)**
ion-pair chromatography (IPC)
➤ **Kapillarchromatographie**
capillary chromatography (CC)
➤ **Membranchromatographie**
membrane chromatography (MC)
➤ **Mitteldruckflüssigkeitschromatographie**
medium-pressure liquid chromatography
(MPLC)
➤ **Molekularsiebchromatographie/**
**Gelpermeationschromatographie/Gelfiltration**
molecular sieving chromatography, gel
permeation chromatography, gel filtration
➤ **Normaldruck-Säulenchromatographie**
gravity column chromatography

> **Papierchromatographie** paper chromatography
> **präparative Chromatographie**
  preparative chromatography
> **Säulenchromatographie**
  column chromatography
> **überkritische Fluidchromatographie/**
  **superkritische Fluid-Chromatographie/**
  **Chromatographie mit überkritischen Phasen**
  supercritical fluid chromatography (SFC)
> **Umkehrphasenchromatographie**
  reversed phase chromatography,
  reverse-phase chromatography (RPC)
> **Verteilungschromatographie/**
  **Flüssig-flüssig-Chr.** partition chromatography,
  liquid-liquid chromatography (LLC)
> **Zirkularchromatographie/**
  **Rundfilterchromatographie**
  circular chromatography,
  circular paper chromatography
**Chrombeize** chromium mordant
**Chromgelb/Königsgelb PbCrO$_4$** chrome yellow,
  lead chromate
**Chromgrün** chrome green
**Chromrot/Chromzinnober/basisches Bleichromat**
  **PbCrO$_4$ x PbO** chrome red
**Chromsäure H$_2$CrO$_4$**
  chromic acid (mainly VI state)
**Chromschwefelsäure** chromic-sulfuric acid
  mixture for cleaning purposes
**chronisch** chronic, chronical
**Chymosin/Labferment/Rennin**
  chymosin, lab ferment, rennin
**Chymotrypsin** chymotrypsine
**Cinnamonsäure/Zimtsäure (Cinnamat)**
  cinnamic acid
**Circulardichroismus/Zirkulardichroismus**
  circular dichroism
**Citronensäure/Zitronensäure (Citrat)**
  citric acid (citrate)
**Citrullin/Zitrullin** citrulline
**Clearance/Klärung** clearance
**Cobalt (Co)** cobalt
**Cobalt(II)...** cobaltous
**Cobalt(III)...** cobaltic
**codieren/kodieren** code, encode
**Codon** *gen* codon
**Coenzym/Koenzym** coenzyme
**Coinzidenzfaktor/Koinzidenzfaktor**
  coefficient of coincidence
**Colchicin/Kolchizin** colchicine
**Cölestin SrSO$_4$** celestine
**Colinearität/Kolinearität** colinearity
**Compoundieren** *polym* compounding
**Compton-Kante** *spectr* Compton edge

**Computertomographie** computed tomography(CT)
**Copolymer** copolymer
> **alternierendes Copolymer**
  alternating copolymer
> **Blockcopolymer** block copolymer
> **Gradientencopolymer** graded copolymer,
  tapered copolymer
> **periodisches Copolymer** periodic copolymer
> **Pfropfcopolymer** graft copolymer
> **Segmentcopolymer/segmentiertes**
  **Copolymer** segmented copolymer,
  segment copolymer
> **statistisches Copolymer** statistical copolymer
> **statistisches Copolymer mit Bernoulli-Statistik**
  random copolymer
**Core-Enzym** core enzyme
**Cortisol/Hydrocortison** cortisol, hydrocortisone
**Cortison/Kortison** cortisone
**Couette-Rheometer** Couette rheometer
**Couette-Strömung** Couette flow
**Coulter-Zellzählgerät** Coulter counter,
  cell counter
**Craze (Pseudobruch)** craze
**Craze-Bildung** *polym* crazing
**Crotonsäure/Transbutensäure** crotonic acid,
  α-butenic acid
**Cumen/Cumol** cumene, isopropylbenzene
**Cutis/Haut/eigentliche Haut** cutis, skin
**Cyan/Dicyan CNCN** dicyanogen, oxalonitrile,
  ethane dinitrile
**Cyanierung** cyanation
**Cyankali/Zyankali/Kaliumcyanid KCN**
  potassium cyanide
**Cyanogenchlorid/Chlorcyan CNCl**
  cyanogen chloride
**Cyansäure HOCN** cyanic acid
**Cyanursäure** cyanuric acid, tricarbimide
**Cyanwasserstoff/Blausäure HCN** hydrogen
  cyanide (hydrocyanic acid/prussic acid)
**Cyanwasserstoffsäure (wässrige Lsg. der**
  **Blausäure)** hydrocyanic acid
**cyclisch/ringförmig** cyclic
**Cyclisierung/Ringschluss** *chem* cyclization
**Cyclokautschuk** cyclorubber; cyclized rubber
**Cyclokohlenwasserstoff/**
  **cyclischer Kohlenwasserstoff**
  cyclic hydrocarbon (closed ring)
**Cyclopolymerisation** cyclopolymerization
**Cyclus** cycle
**Cysteamin** cysteamine
**Cystein** cysteine
**Cysteinsäure** cysteic acid
**Cystin** cystine
**Cytidin/Zytidin** cytidine

**Cytidintriphosphat** cytidine triphosphate
**Cytochemie/Zytochemie/Zellchemie**
cytochemistry
**Cytochrom** cytochrome
**Cytogenetik** cytogenetics
**Cytokeratin/Zytokeratin** cytokeratin
**Cytokin/Zytokin** cytokine (biological response
mediator)
**Cytologie/Zytologie/Zellenlehre/Zellbiologie**
cytology, cell biology
**cytolytisch/zytolytisch** cytolytic
**cytopathisch/zytopathisch/zellschädigend**
**(zytotoxisch)** cytopathic (cytotoxic)
**Cytoplasma/Zytoplasma** cytoplasm
**cytoplasmatisch/zytoplasmatisch** cytoplasmic
**Cytosin** cytosine
**Cytoskelett/Zytoskelett** cytoskeleton
**Cytostatikum/Zytostatikum (meist *pl***
**Zytostatika/Cytostatika)** cytostatic agent,
cytostatic
**cytotoxisch/zytotoxisch** cytotoxic
**Cytotoxizität** cytotoxicity

**D**

**Dalton'sche Gesetze/Dalton-Gesetze** Dalton's laws
➤ **1. Dalton/Gesetz der Partialdrücke**
law of partial pressures
➤ **2. Dalton/Gesetz der multiplen Proportionen**
law of multiple proportions
**dämmen *tech*** insulate
**Dämmplatte** insulating panel
➤ **Schalldämmplatte** acoustical panel/tile
**Dämmschichtbildner (Flammschutz)**
intumescent paint
**Dämmstoff** insulating material
**Dämmung *tech*** insulation
**Dampf** vapor
➤ **entspannter Dampf** flash steam
➤ **Nassdampf** wet steam
➤ **Sattdampf/gesättigter Dampf** saturated steam
➤ **überhitzter Dampf/Heißdampf** superheated
steam
➤ **ungesättigter Dampf** unsaturated steam
➤ **Verdampfung** vaporization
➤ **Wasserdampf** water vapor, steam
**Dampfbad** steam bath
**Dampfblasenkoeffizient/**
**Kühlmittelverlustkoeffizient/**
**Voidkoeffizient** void coefficient, void
coefficient of reactivity
**dampfdicht/dampffest** vaporproof, vaportight
**Dampfdichte** vapor density
**Dampfdruck** vapor pressure

**Dampfdruckosmometrie** vapor phase
osmometry, vapor pressure osmometry
**Dampfdruckthermometer**
vapor pressure thermometer
**Dampfdurchlass** vapor permeation
(evapomeation)
**dämpfen/abschwächen** damp, dampen;
(schlucken: Schall) deaden
**Dampfentwickler/Wasserdampfentwickler** *dest*
vaporizer, water vaporizer
**Dämpfer/Dämpfervorrichtung** *polym* dashpot
**Dampfkochtopf** pressure cooker
**Dampfraum-Gaschromatographie** head-space
gas chromatography
**Dampfreformierung** steam reforming
**Dampfrohrvulkanisation** steam pipe
vulcanization
**Dämpfung** absorption; attenuation, stabilization;
(von Schwingungen, z. B. Waage) damping
**Dämpfung auf Träger (dyn.-mechan. Analyse)**
torsional braid analysis
**Daniell-Element** Daniell cell
**Dansylierung** dansylation
**Darre/Darrofen** kiln, kiln oven (for drying grain/
lumber/tobacco)
**Darren** *metal* liquation
**darren** kiln-dry
**darstellen** (isolieren/rein darstellen) isolate;
(synthetisieren) synthesize, prepare
**Darstellung** (Isolierung) isolation;
(Synthese) synthesis, preparation
➤ **graphische Darstellung** graph, plot, chart,
diagram
**Daten** data
**Datenanalyse** data analysis
➤ **explorative Datenanalyse**
explorative data analysis
➤ **konfirmatorische Datenanalyse**
confirmatory data analysis
**Datenblatt/Merkblatt (für Chemikalien etc.)**
data sheet
➤ **Sicherheitsdatenblatt** safety data sheet;
U.S.: Material Safety Data Sheet (MSDS)
**Datenerfassung** data acquisition
**Datenerfassungsgerät/Messwertschreiber/**
**Registriergerät** datalogger
**Datenermittlung** data acquisition
**Datenverarbeitung** data processing
**Dauerbetrieb/Dauerleistung/Non-Stop-Betrieb**
continuous run/operation/duty, long-term run/
operation, permanent run/operation
**Dauerfestigkeit** endurance
**Dauergebrauchstemperatur** continuous working
temperature, long-term service temperature

Dauermagnet permanent magnet
Dauernutzung continuous use
Dauerpräparat *micros* permanent mount/slide
Dauerstandfestigkeitsgrenze/Dauerfestigkeit/
Haltbarkeitsgrenze endurance limit
Daumenschraube thumbscrew
DC (Dünnschichtchromatographie)
TLC (thin layer chromatography)
Debora-Zahl Deborah number
Deckanstrich finish
Deckel lid, cover, top
Deckglas *micros* coverslip, coverglass
Deckglaspinzette cover glass forceps
Deckungsgrad coverage percentage,
coverage level
Deckungswert cover value
Dedifferenzierung/Entdifferenzierung
dedifferentiation
Defekt/Fehler *polym* imperfection, flaw
defibrieren/zerfasern defibrate
Deformation/Deformierung/Verformung
deformation; distortion; strain
➢ Biegung flexure
➢ elastische Deformation elastic deformation
➢ Scherung shear
➢ Stauchung/Kompression compression
➢ Torsion torsion
➢ Zug/Spannung tension
Deformationsschwingung (IR)
deformation vibration, bending vibration
deformieren deform, distort; strain
Degeneration degeneracy
degenerieren/entarten degenerate
dehnbar/dehnungsfähig extensible, expandable;
(ausweitbar) dilatable
Dehnbarkeit extensibility, expansivity
dehnen extend, expand, elongate; strain
Dehnfolie stretch film
Dehnfolienverpackung stretch film wrapping,
stretch wrapping
Dehngrenze/technische Streckgrenze offset yield
point, offset yield strength
Dehnspannung dilatational stress; off-set yield
stress, proof stress
Dehnung extension, expansion, elongation;
(Verdehnung) strain; (Dilatation) dilatation,
dilation
➢ abgesetzte Dehnung off-set strain
➢ berechnete Dehnung/Nenndehnung
(Cauchy-Dehnung) tensile strain, engineering
strain, Cauchy elongation
➢ wahre Dehnung (Hencky-Dehnung) true strain
Dehnung bei Bruch elongation at break
Dehnung bei Höchstzugkraft elongation at break

Dehnung bei Streckspannung elongation at yield
Dehnungsmesser/
Dehnungsmessgerät extensometer, strain
gauge/gage
Dehnungs-Spannungs-Beziehung strain-stress
relation
Dehnviskosität strain viscosity, extensional
viscosity
Dehydratation/Entwässerung dehydration
dehydratisieren/entwässern dehydrate
dehydrieren dehydrogenate
Dehydrierung/
Dehydrogenierung dehydrogenation
Dekanter decanter
Dekontamination/Dekontaminierung/Reinigung/
Entseuchung decontamination
dekontaminieren/reinigen/
entseuchen decontaminate
Dekrepitieren/Dekrepitation decrepitation
Delaminierung (Aufblätterung/
Aufspaltung) delamination
Deletion (Mutation unter Verlust von
Basenpaaren) deletion
delokalisiertes Orbital delocalized orbital
Demethylierung/Desmethylierung demethylation
Demineralisation/Entmineralisierung
demineralization
Demontage disassembly, dismantling, stripping
demontieren demount, disassemble, dismantle,
strip, take apart
Demulgator/Dismulgator/Emulsionsbrecher/
Emulsionsspalter demulgator, demulsifier
Demulgieren/Dismulgieren/Entmischung
(Brechen/Spalten einer Emulsion)
demulsification
demulgieren/entmischen (eine Emulsion
brechen/spalten) demulsify
denaturieren denature
denaturierendes Gel denaturing gel
Denaturierung denaturation, denaturing
Dendrimer (Kaskadenmolekül)
dendrimer; starburst polymer
Dephlegmation/fraktionierte Dephlegmation/
fraktionierte Kondensation dephlegmation,
fractional distillation
dephosphorylieren dephosphorylate
Dephosphorylierung dephosphorylation
Depolarisation depolarization
depolarisieren depolarize
Deponie landfill
Depotpräparat/Retardpräparat depot drug,
sustained-release drug
Depurinisierung *gen* depurination
Derivat derivative

**Derivatisation** derivatization
**derivatisieren** derivatize
**dermal** dermal, dermic, dermatic
**Desamidierung** deamidation, deamidization,
  desamidization
**Desaminierung** deamination, desamination
**Desinfektion** disinfection
**Desinfektionsalkohol (Alkohol für äußerliche
  Behandlung: meist Isopropanol/vergälltest
  Ethanol)** rubbing alcohol
**Desinfektionsmittel** disinfectant
**desinfizieren (desinfizierend)** disinfect
  (disinfecting)
**Desinfizierung/Desinfektion** disinfection
**Desinitiator** *polym* deinitiator (preventive
  antioxidant/secondary antioxidant)
**Desodorierungsmittel/Deodorans/Desodorans/
  Deodorant** deodorant
**Desoxyribonucleinsäure/Desoxyribonukleinsäure
  (DNS/DNA)** deoxyribonucleic acid (DNA)
**Destillat** distillate
**Destillation** distillation
➤ **Azeotropdestillation** azeotropic distillation
➤ **Dephlegmation/fraktionierte Destillation/
  fraktionierte Kondensation** dephlegmation,
  fractional distillation
➤ **diskontinuierliche Destillation/
  Chargendestillation** batch distillation
➤ **Drehband-Destillation** spinning band
  distillation
➤ **einfache/direkte Destillation**
  straight-end distillation
➤ **Entspannungs-Destillation/Flash-Destillation**
  flash distillation
➤ **Extraktivdestillation/extrahierende Destillation**
  extractive distillation
➤ **fraktionierte Destillation/fraktionierende
  Destillation** fractional distillation
➤ **Gleichgewichtsdestillation**
  equilibrium distillation
➤ **Gleichstromdestillation** simple distillation
➤ **kontinuierliche Destillation**
  continuous distillation
➤ **Kugelrohrdestillation** bulb-to-bulb distillation
➤ **Kühler (***siehe auch dort***)** condenser
➤ **Kurzwegdestillation** short-path distillation
➤ **mehrfache Destillation/Redestillation**
  repeated distillation, cohobation
➤ **Molekulardestillation** molecular distillation
➤ **Nachlauf/Ablauf** tailings, tails
➤ **Reaktionsdestillation** reaction distillation
➤ **Trägerdampfdestillation** steam distillation
➤ **Vakuumdestillation** vacuum distillation,
  reduced-pressure distillation

➤ **Vorlauf** first run, forerun
➤ **Wasserdampfdestillation** hydrodistillation
➤ **Zersetzungsdestillation** destructive distillation
**Destillationsgut** distilland, material to be
  distilled
**Destillieraufsatz** stillhead, distillation head
**destillierbar** distillable
**Destillierblase** still pot, boiler, distillation boiler
  flask, reboiler
**Destillierbrücke** stillhead
**destillieren** distil, distill, still
➤ **doppelt destilliert (Bidest)** double-distilled
➤ **erneut destillieren/wiederholt destillieren**
  redistil, rerun
**Destilliergerät/Destillationsapparatur**
  distilling apparatus, still
**Destillierkolben/Destillationskolben** distilling
  flask, distillation flask, 'pot'; (Retorte) retort
**Destillierkolonne** distilling column
**Destillierrückstand** distillation residue
**Destilliervorstoß** receiver adapter
**Detektor/Fühler/Sensor (***tech***: z.B.
  Temperaturfühler)** sensor, detector
➤ **Atomemissionsdetektor (AED)**
  atomic emission detector (AED)
➤ **Elektroneneinfangdetektor/
  Elektronenanlagerungsspektroskopie**
  electron capture detector (ECD)
➤ **Flammenionisationsdetektor (FID)**
  flame-ionization detector (FID)
➤ **Flammenphotometrischer Detektor (FPD)**
  flame-photometric detector (FPD)
➤ **Halbleiterdetektor/Halbleiterzähler**
  semiconductor detector
➤ **Infrarot-Absorptionsdetektor**
  infrared absorbance detector (IAD)
➤ **Infrarotdetektor** infrared detector (ID)
➤ **Ioneneinfangdetektor (MS)**
  ion trap detector (ITD)
➤ **massenselektiver Detektor**
  mass-selective detector
➤ **Photoionisations-Detektor (PID)**
  photo-ionization detector (PID)
➤ **Schnellscan-Detektor** fast-scanning detector
  (FSD), fast-scan analyzer
➤ **Thermoionischer Detektor (TID)**
  thermoionic detector (TID)
➤ **Verdampfungs-Lichtstreudetektor** evaporative
  light scattering detector (ELSD)
➤ **Wärmeleitfähigkeitsdetektor (WLD)/
  Wärmeleitfähigkeitsmesszelle**
  thermal conductivity detector (TCD)
➤ **Widerstands-Temperatur-Detektor**
  resistance temperature detector (RTD)

Detergens/Reinigungsmittel detergent
deuterieren (mit Deuterium markieren) deuterate
Deviatorspannung deviatoric stress
Dewargefäß Dewar vessel, Dewar flask
DFG (Deutsche Forschungsgemeinschaft)
  'German Research Society'
  (German National Science Foundation)
Diagnose diagnosis
➤ Differentialdiagnose differential diagnosis
➤ präsymptomatische Diagnose presymptomatic
  diagnosis
Diagnostik diagnostics
Diagnostikpackung (DIN) diagnostic kit
diagnostisch diagnostic
Diagramm (auch: Kurve) math/graph diagram,
  plot, graph
➤ Histogramm/Streifendiagramm histogram,
  strip diagram
➤ Kreisdiagramm pie chart
➤ Lineweaver-Burk-Diagramm
  Lineweaver-Burk plot, double-reciprocal plot
➤ Phasendiagramm/Zustandsdiagramm
  phase diagram
➤ Punktdiagramm dot diagram
➤ Ramachandran-Diagramm Ramachandran plot
➤ Röntgenbeugungsdiagramm/
  Röntgenbeugungsmuster/
  Röntgenbeugungsaufnahme/
  Röntgendiagramm X-ray diffraction pattern
➤ Scatchard-Diagramm Scatchard plot
➤ Spindeldiagramm spindle diagram
➤ Stabdiagramm bar diagram, bar graph
➤ Strahlendiagramm opt ray diagram
➤ Streudiagramm scatter diagram (scattergram/
  scattergraph/scatterplot)
➤ Strichdiagramm line diagram
➤ Zustandsdiagramm/Phasendiagramm
  phase diagram
Dialyse dialysis
➤ Differentialdialyse differential dialysis
➤ Elektrodialyse electrodialysis
dialysieren dialyze
Dialysiermembran/Dialysemembran
  dialyzing membrane
Diamagnetismus diamagnetism
Diamant diamond
Diamantbohrer diamond drill
Diamantmesser diamond knife
Diamantschleifer diamond cutter
Diarrhö diarrhea
Diastereoisomerie/Diastereomerie
  diastereoisomerism
Diät diet

Diät... /diät/die Diät betreffend dietary
Diätetik dietetics
diätetisch dietetic
diatrop diatropic
Dichlordiphenyldichlorethylen (DDE)
  dichlorodiphenyltrichloroethylene (DDE)
Dichlordiphenyltrichlorethan (DDT)
  dichlorodiphenyltrichloroethane (DDT)
dicht (Masse pro Volumen) dense; (fest
  verschlossen) tight, sealed tight; (leckfrei/
  lecksicher) leakproof, leaktight (sealed tight)
➤ undicht/leck leaky
Dichte compactness, denseness;
  (Masse pro Volumen) density
➤ Besatzdichte stocking density
➤ Bestandsdichte/Populationsdichte
  population density
➤ Bestrahlungsdichte/Bestrahlungsintensität
  irradiance, fluence rate, radiation intensity,
  radiant-flux density
➤ Dampfdichte vapor density
➤ Elektronendichte electron density
➤ Energiedichte energy density
➤ Energieflussdichte energy flux density
➤ Fülldichte fill factor
➤ Gasdichte gas density
➤ Klopfdichte tap density, mechanically tapped
  packing density
➤ Kohäsionsenergiedichte/kohäsive
  Energiedichte cohesive energy density (CED)
➤ kritische Dichte critical density
➤ Ladungsdichte charge density
➤ Massendichte/spezifische Masse/
  volumenbezogene Masse mass density
  (mass concentration/mass per unit volume)
➤ Normdichte normal density, standard density
  (20°C/760 Torr)
➤ optische Dichte/Absorption optical density,
  absorbance
➤ Packungsdichte packing density
➤ Photonenstromdichte
  photosynthetic photon flux (PPF)
➤ Pressdichte pressed density
➤ Raumdichte bulk density, volume density,
  volumetric density
➤ Reindichte true density
➤ relative Dichte (Dichteverhältnis/Dichtezahl/
  spezifisches Gewicht) relative density
  (specific gravity)
➤ Rohdichte bulk density, apparent density,
  gross density
➤ Schüttdichte bulk density, bulk packed
  density

> **Schüttdichte** *polym* bulk density (BD)
(powder density); apparent density
> **Schwebedichte/Schwimmdichte** buoyant density
> **Sinterdichte** sinter density
> **Stopfdichte** *polym* compacted bulk density;
(Tabletten) tablet/pellet density
> **Stromdichte** current density
> **Teilchendichte** particle density
> **Teilchenflussdichte** particle flux density
> **Verdichtung/Kompression** compression,
condensation
> **Vernetzungsdichte** *polym* crosslink density
**Dichtebestimmung** densimetry, density
measurement
**Dichtegradient** density gradient
**Dichtegradientenzentrifugation** density gradient
centrifugation
**Dichteverteilung** density distribution
**Dichtewaage** density balance
**dichtgepackt (z.B. Kristalle)** close-packed
**Dichtigkeit/Dichtheit** tightness, proofness
**Dichtkonus/Schneidring** *chromat* ferrule
**Dichtstoff/Abdichtmasse/Dichtungsmasse/**
**Dichtungsmittel/Dichtungsmaterial** sealant,
sealing compound/material
**Dichtung** seal, sealing; gasket
> **Abdichtung** seal, sealing
> **Gleitringdichtung (Rührer)** face seal
> **Gummidichtung(sring)** rubber gasket
> **Lippendichtung (Wellendurchführung)** lip seal,
lip-type seal
> **Wellendichtung (Rotor)** shaft seal
**Dichtungsband** sealing tape
**dichtungsfrei/ohne Dichtung (Pumpe)** sealless
**Dichtungskitt** lute
**Dichtungsmanschette** gasket
**Dichtungsmasse/Dichtungsmittel/**
**Dichtungsmaterial/Dichtstoff/Abdichtmasse**
sealant, sealing compound/material
**Dichtungsmuffe** packing sleeve
**Dichtungsmutter** packing nut
**Dichtungsring/Dichtungsscheibe/**
**Unterlegscheibe** washer
**Dichtungswachs** sealing wax
**dickflüssig/zähflüssig/viskos/viskös** viscous,
viscid
**Dickflüssigkeit** sluggishness
**Dickungsmittel** thickener, thickening agent
**Dicyan/Cyanogen/Cyan/Oxalsäuredinitril** $C_2N_2$
dicyan, cyanogen, oxalonitrile
**Didesoxynucleotid/Didesoxynukleotid**
dideoxynucleotide
**Dielektrikum (*pl* Dielektrika)** dielectric(s)

**Dielektrische Spektroskopie**
dielectric spectroscopy
**Dielektrischer Verlustfaktor** dissipation factor
**Dielektrizitätskonstante/Permittivität**
dielectric constant, permittivity; (relative
Permittivität, ε) relative permittivity
**Dienkautschuk** diene rubber
**Dienst** service; duty; work; (Schicht) shift
**Dienstkleidung** official dress
**Dienstvorschrift** service regulations, job
regulations, official regulations
**Dieselkraftstoff** diesel fuel
**Dieselöl** diesel oil
**Differentialdiagnose** differential diagnosis
**Differentialdialyse** differential dialysis
**Differentialfärbung/Kontrastfärbung**
differential staining, contrast staining
**Differentialgleichung** differential equation
**Differential-Interferenz (Nomarski)**
differential interference
**Differentialkalorimetrie**
differential scanning calorimetry (DSC)
**Differentialthermoanalyse/**
**Differenzthermoanalyse (DTA)**
differential thermal analysis (DTA)
**Differenz** difference
**diffundieren** diffuse
**Diffusionskoeffizient** diffusion coefficient
**Diffusionspumpe** diffusion pump,
condensation pump
**Diffusionstest/Agardiffusionstest** agar diffusion test
**Diffusor** diffuser
**digerieren** decoct, digest (by heat/solvents)
**digitalisieren** digitize
**Digitalisiergerät** digitizer
**Dilatation/Ausweitung** expansion, dilation,
dilatation
**Dimer** dimer
**dimerisieren** dimerize
**Dimerisierung** dimerization
**Dimroth-Kühler** coil condenser (Dimroth type)
**DIN (Deutsche Industrienorm)**
German Industrial Standard
**Diode** diode
> **Leuchtdiode** light-emitting diode (LED)
**Diodenarray-Nachweis/Diodenmatrixnachweis**
diode array detection (DAD)
**Dioptrie *(Einheit)*** diopter (D)
**dioptrisch** dioptric
**Dipolmoment** dipole moment
> **Übergangsdipolmoment**
transition dipole moment
**Direktfarbstoff/direktziehender Farbstoff** direct dye

Direkttransfer-Elektrophorese/
  Blottingelektrophorese direct transfer
  electrophoresis, direct blotting electrophoresis
Direktverdrängerpumpe positive displacement
  pump
Disauerstoff/Dioxygen/molekularer Sauerstoff $O_2$
  dioxygen
dischweflige Säure $H_2S_2O_5$ disulfurous acid
dislozieren/verlagern dislocate
Dispenserpumpe dispenser pump
dispergieren disperse
Dispergierung/Dispersion dispersion
Dispersion/Kolloid dispersion, colloid
Dispersionsfarbstoff disperse dye
Dispersionskraft dispersion force
Dispersionspinnen dispersion spinning
Dispersionsüberzug/
  Dispersionsbeschichtung dispersion coating
Disposition/Veranlagung/Anfälligkeit disposition
Disproportionierung disproportionation
Disproportionierungsgleichgewicht
  disproportionation equilibrium
Dissimilation dissimilation, catabolism
➤ anaerobe Dissimilation/anaerobe Gärung
  anaerobic fermentation
dissimilatorisch dissimilatory
Dissoziationsgeschwindigkeit dissociation rate
Dissoziationsgrad degree of dissociation
Dissoziationskonstante ($K$) dissociation constant
dissoziieren dissociate
Distickstoff $N_2$ dinitrogen
Distickstoffmonoxid/Lachgas $N_2O$ dinitrogen
  oxide, nitrous oxide, nitrogen monoxide
Distickstoffpentoxid/Salpetersäureanhydrid $N_2O_5$
  nitrogen pentaoxide, nitric acid anhydride
Distickstofftetroxid $N_2O_4$ nitrogen peroxide,
  dinitrogen tetroxide
Disulfidbindung/Disulfidbrücke disulfide bond,
  disulfide bridge, disulfhydryl bridge
Diterpene ($C_{20}$) diterpenes
dithionige Säure $H_2S_2O_4$ dithionous acid
Dithionsäure $H_2S_2O_6$ dithionic acid
Diurese/Harnfluss/Harnausscheidung diuresis
divergieren diverge
Diversität diversity
DNA/DNS (Desoxyribonucleinsäure/
  Desoxyribonukleinsäure)
  DNA (deoxyribonucleic acid)
➤ 3′ → 5′ (3 Strich fünf Strich/drei Strich nach
  fünf Strich) 3′ → 5′ (three prime five prime,
  three prime to five prime)
➤ Achterform figure eight
➤ A-Form/A-Konformation A form
➤ Alpha-DNA alpha-DNA
➤ B-Form/B-Konformation B form

➤ cDNA (komplementäre DNA)
  cDNA (complementary DNA)
➤ cccDNA/DNA aus kovalent geschlossenen
  Ringen cccDNA (covalently closed circles
  DNA)
➤ C-Form/C-Konformation C form
➤ Doppelstrangbruch double-starnd break
➤ egoistische DNA selfish DNA
➤ Einzelkopie-DNA/nichtrepetitive DNA
  single copy DNA
➤ extragene DNA extragenic DNA
➤ Fremd-DNA foreign DNA
➤ in sich gefaltete DNA/zurückgebogene DNA
  fold-back DNA, snap-back DNA
➤ kreuzförmige DNA cruciform DNA
➤ Minisatelliten-DNA minisatellite DNA
➤ native DNA native DNA
➤ nicht-repetitive DNA/Einzelkopie-DNA
  single copy DNA
➤ passagere DNA/Passagier-DNA passenger DNA
➤ promiskuitive DNA promiscuitive DNA
➤ rekombiniertes DNA-Molekül/rekombinantes
  DNA-Molekül recombinant DNA molecule
➤ repetitive DNA repetitive DNA
➤ Satelliten-DNA satellite DNA
➤ unnütze DNA/überflüssige DNA/wertlose DNA
  junk DNA
➤ vorgeschichtliche DNA ancient DNA
➤ Z-DNA/Z-Konformation Z DNA
➤ zurückgebogene DNA/in sich gefaltete DNA
  snap-back DNA, fold-back DNA
➤ zurückgesetztes Ende recessed end
DNA-Bank/DNA-Bibliothek DNA bank, DNA
  library
DNA-Biegung/DNA-Verbiegung DNA bending
DNA-bindendes Protein DNA-binding protein
DNA-Fingerprinting/genetischer Fingerabdruck
  DNA profiling, DNA fingerprinting
DNA-Fußabdruck/DNA-Footprint DNA footprint
DNA-getriebene Hybridisierung
  DNA-driven hybridization
DNA-Polymerase DNA polymerase
DNA-Reparatur DNA repair
➤ Excisionsreparatur/Exzisionsreparatur
  excision repair
➤ Fehlpaarungsreparatur mismatch (DNA) repair
➤ Lichtreparatur light repair
➤ lichtunabhängige DNA-Reparatur dark repair,
  light independent DNA repair
DNA-Sequenzierung DNA sequencing
DNA-Sequenzierungsautomat DNA sequencer
DNA-Synthese DNA synthesis
DNA-Technologie DNA technology
➤ rekombinierte DNA
  recombinant DNA technology

Docht wick
Dokimasie/Dokimastik docimasy
Dolomit CaMg(CO$_3$)$_2$ dolomite
Domäne (Tertiärstruktur) domain
Dominoreaktion/Kaskadenreaktion
  cascade reaction
Donor/Donator/Spender donor
Donator-Akzeptor-Bindung/koordinative
  Bindung/dative Bindung/halbpolare Bindung
  dipolar bond, coordinate bond, dative bond,
  semipolar bond
Donizität/Donorzahl donicity, donor number
Dopamin dopamine
Doppelbindung double bond
➤ isolierte Doppelbindung isolated double bond
➤ konjugierte Doppelbindung conjugated double
  bond
➤ kumulierte Doppelbindung cumulative double
  bond
Doppelblindversuch double blind assay, double-
  blind study, double-blind trial
doppelbrechend birefringent, double-refracting
Doppelbrechung birefringence, double refraction
Doppelhelix double helix
Doppelkreislauf dual cycle
Doppelmuffe/Kreuzklemme clamp holder, 'boss',
  clamp 'boss' (rod clamp holder)
Doppelpfeil/Mesomeriepfeil/Resonanzpfeil
  double-headed arrow
Doppelresonanz double resonance
Doppelschicht double layer, bilayer
Doppelspat/Islandspat/Isländischer Doppelspat
  Iceland spar
Doppelstrang gen double strand
Doppelstrangbildung/Annealing/Reannealing/
  Reassoziation annealing, reannealing,
  reassociation, renaturation (of DNA)
Doppelstrangbruch gen double strand break
Doppelstrangpolymer double-strand polymer
doppelt ungesättigt diunsaturated
doppeltkohlensauer (Bicarbonate)
  referring to bicarbonates
doppeltwirkend double-acting
Doppelverdau gen/biochem double digest
Doppelzucker/Disaccharid double sugar,
  disaccharide
Dopplereffekt Doppler effect
dosieren dose (give a dose), measure out; meter,
  proportion
Dosieren/Dosierung dose, meter, proportion;
  apportioning, proportioning; metering;
  (Beschickung) feeding
Dosierpumpe dosing pump, proportioning
  pump, feed pump

Dosierspender dispenser
Dosierung/Dosieren (im Verhältnis/
  anteilig) apportioning, proportioning
Dosierventil flow control valve; metering valve,
  proportioning valve
Dosierzone (Extruder) metering zone
Dosimeter/Dosismessgerät dosimeter, radiation
  dosimeter
➤ elektronisches Personendosimeter electronic
  personal dosimeter (EPD)
➤ Festkörperdosimeter solid-state dosimeter (SStD)
➤ Filmdosimeter/Filmplakette/Röntgenplakette
  radiation film badge dosimeter, film badge
  dosimeter, film badge
➤ Fingerringdosimeter finger ring dosimeter,
  ring dosimeter
➤ Fricke-Dosimeter Fricke dosimeter
➤ Füllhalterdosimeter/Stabdosimeter
  pen dosimeter, pocket dosimeter
➤ Ionisationsdosimeter ionization dosimeter
➤ optisch stimulierte Lumineszenz-Dosimeter/
  OSL-Dosimeter optically stimulated
  luminescence (OSL) dosimeter
➤ Phosphatglasdosimeter
  phosphate glass dosimeter (PGD)
➤ Radiophotolumineszenz-Glasdosimeter
  radiophotoluminescence glass dosimeter
  (RPLGD)
➤ Thermolumineszenz-Dosimeter (TLD)
  thermoluminescence dosimeter (TLD)
Dosimetrie dosimetry
Dosis dose, dosage
➤ Äquivalentdosis (Sv) dose equivalent
➤ Berufslebensdosis lifetime occupational
  radiation exposure, lifetime cumulative
  occupational radiation dose
➤ Bestrahlungsdosis radiation dosage,
  irradiation dosage
➤ Effektivdosis/effektive Dosis (ED) effective dose
➤ Einzeldosis single dose
➤ Energiedosis (Gy) absorbed dose
➤ Hautdosis skin dose
➤ höchste Dosis ohne beobachtete Wirkung
  no observed effect level (NOEL)
➤ Ionendosis (C/kg) ion dose, exposure
➤ Kollektivdosis/kollektive effektive Dosis
  collective dose, collective effective dose
➤ kumulierte Dosis cumulative dose
➤ letale Dosis/Letaldosis/tödliche Dosis
  lethal dose
➤ maximal verträgliche Dosis
  maximum tolerated dose (MTD)
➤ mittlere effektive Dosis (ED$_{50}$)/mittlere
  wirksame Dosis median effective dose (ED$_{50}$)

➢ **mittlere letale Dosis (LD$_{50}$)**
median lethal dose (LD$_{50}$)
➢ **Organdosis** organ dose, equivalent dose
➢ **Organ-Folgedosis** organ committed dose
➢ **Ortsdosis** local dose
➢ **Personendosis** personal dose
➢ **Strahlendosis** radiation dose
➢ **Tiefendosis/Tiefen-Personendosis**
deep-dose equivalent (DDE), depth dose
➢ **Überdosis** overdose
➢ **Umgebungs-Äquivalentdosis/**
**Umgebungs-Äquivalentdosisleistung H˙(10)**
ambient dose equivalent
**Dosisäquivalent** *nucl* dose equivalent
**Dosiseffekt** dosage effect
**Dosisgrenzwert** dose threshold
**Dosiskoeffizient** dose coefficient
**Dosiskompensation** dosage compensation
**Dosisleistung** dose rate
**Dosis-Wirkungskurve** dose-response curve
**dotieren** dope
**Dotieren/Dotierung/Doping** doping
**Dotierungsmittel** dopant, dope, doping agent
**Dragée/Manteltablette/Filmtablette** coated tablet
**Draht** wire
**Drahtbürste** wire brush
**Drahtnetz** *chem/lab* wire gauze, wire gauze screen
**Drahtschere** wire shears, wire cutters
**Drahtummantelung** wire sheathing
**Dränung/Drainage** drainage
**Dreck/Schmutz** dirt, filth
**dreckig/schmutzig** dirty, filthy
**Drehband-Destillation** spinning band distillation
**Drehbandkolonne** spinning band column
**Drehbank/Drehmaschine** lathe
**Drehbankwickeln (Faden)** lathe-type winding
**drehbar** pivoted
**Drehbewegung (rotierend)**
spinning/rotating motion
**Drehen (Drehbank)** turning (lathe)
**drehen/verdrehen** contort
**Drehgriff** twist-grip
**Drehhocker** swivel stool
**Drehimpuls** angular momentum
➢ **Bahndrehimpuls** orbital angular momentum
➢ **Eigendrehimpuls** intrinsic angular momentum
**Drehkolbenzähler** rotary-piston meter
**Drehmischer** roller wheel mixer
**Drehmoment** torque, moment of rotation,
moment of torsion
**Drehmomentschlüssel** torque wrench
(torque amplifier handle)
**Drehplatte (Mikrowelle)** turntable
**Drehpunkt/Drehzapfen/Drehbolzen** pivot

**Drehschieberpumpe** rotary vane pump
**Drehschleuderverfahren** spincoating
**Drehsinn** handedness; (Rotationssinn)
rotational sense, sense of rotation
**Drehstuhl** swivel chair
**Drehtisch** *micros* rotating stage
**Drehung/Torsion** torsion
**Drehwalze (Roller-Apparatur)** roller
**Drehzahl (UpM = Umdrehungen pro Minute)**
number of revolutions
(rpm = revolutions per minute)
**Drehzahlregelung** rotation speed adjustment
**Dreieck** triangle
➢ **Tondreieck/Drahtdreieck** clay triangle,
pipe clay triangle
**Dreifachbindung** triple bond
**Dreifinger-Klemme** three-finger clamp
**Dreihalskolben** three-neck flask
**Dreiweghahn/Dreiwegehahn** three-way cock,
T-cock
**Dreiwegverbindung** three-way connection
**dreiwertig** trivalent (tervalent)
**Dreiwertigkeit** trivalency
**Dreizack...** three-prong...
**Driftröhre** (IMS) drift tube; (TOF-MS) flight tube
**Droge** drug
➢ **Pflanzendroge** herbal drug
➢ **Rauschdroge** narcotic drug, psychoactive drug
(mind-altering)
**Drogenkunde/Pharmakognosie/**
**pharmazeutische Biologie** pharmacognosy
**Drogenpflanze/Arzneipflanze** medicinal plant
**Drossel** throttle, choke; restrictor
**Drosselklappe** throttle valve, damper
**drosseln/herunterfahren/dämpfen** throttle,
choke, slow down, dampen
**Drosselquotient** pressure flow-drag flow ratio
**Drosselventil** throttle valve
**Druck (***pl* **Drücke)** throttle valve
**Druckabfall** pressure drop
➢ **Arbeitsdruck** working pressure, delivery pressure
➢ **Außendruck** external pressure
➢ **Betriebsdruck** operating pressure
➢ **Binnendruck/Innendruck** internal pressure
➢ **Dampfdruck** vapor pressure
➢ **Eingangsdruck (HPLC)** supply pressure
➢ **erniedrigter Druck** reduced pressure
➢ **Gegendruck** counterpressure
➢ **Hinterdruck** outlet pressure; (Arbeitsdruck:
Druckausgleich) working pressure, delivery
pressure
➢ **Hochdruck (über 100 bar)** high pressure
➢ **hydrostatischer Druck** hydrostatic pressure
➢ **Innendruck/Binnendruck** internal pressure

> **Luftdruck** air pressure
> > **atmosphärischer Luftdruck**
>   atmospheric pressure
> **Niederdruck** low pressure
> **Normaldruck/Normdruck** standard pressure
> **Öffnungsdruck (Ventil)** breaking pressure
> **onkotischer Druck/kolloidosmotischer Druck**
>   oncotic pressure
> **osmotischer Druck** osmotic pressure
> **Partialdruck** partial pressure
> **Sauerstoffpartialdruck** oxygen partial pressure
> **Selektionsdruck** selective pressure, selection
>   pressure
> **Turgor/hydrostatischer Druck** turgor,
>   hydrostatic pressure
> **Turgordruck** turgor pressure
> **Überdruck** positive pressure
> **Umgebungsdruck** ambient pressure
> **Unterdruck** negative pressure
> **Vordruck/Eingangsdruck (Hochdruck:**
>   **Gasflasche)** initial pressure, initial
>   compression, tank pressure, high pressure
**Druckabfall** pressure drop
**Druckanstieg** pressure rise, pressure increase
**Druckausgleich** pressure equalization
> **Dekompression** decompression
**Druckbehälter** pressure vessel;
  (aus Glas) glass pressure vessel
**Druckbehälter aus Glas** glass pressure vessel
**Druckbirne** acid egg
**druckdicht** pressure-tight
**druckempfindlich** pressure-sensitive
**Druckentlastungseinrichtung**
  pressure protection device
**Druckerfarbe** printer ink
> **Toner** toner
**Druckerpatrone/Tintenpatrone**
  printer ink cartridge, ink cartridge
> **Tonerkartusche** toner cartridge
**Druckerschwärze** printer's ink, printing ink
**Druckfarbe/Druckerschwärze** printer's ink,
  printing ink
**druckfest** pressure resistant
**Druckfestigkeit** compressive strength
**Druckfiltration** pressure filtration
**Druckflasche** cylinder, pressure bottle
**Druckgas** compressed gas, pressurized gas
**Druckgasflasche** gas cylinder,
  compressed gas cylinder
**Druckluft** compressed air
**Druckluftventil** pneumatic valve
**Druckmesser/Manometer** pressure gauge,
  pressure gage, gauge, gage

**Druckminderer (Gasflasche)** pressure regulator
**Druckminderventil/Druckminderungsventil/**
  **Druckreduzierventil** pressure-relief valve
**Druckpumpe/Saugpumpe/doppeltwirkende**
  **Pumpe** double-acting pump
**Druckregelventil** pressure control valve
**Druckregler** pressure regulator
**Druckschlauch** pressure tubing
**Druckschwankung** pressure fluctuation
**Druckstetigförderer** pressure conveyor
**druckstoßfest** shock pressure resistant
**Druckstromtheorie/Druckstromhypothese**
  pressure-flow theory/hypothesis
**Druckströmung/Druckfluss/Druckrückströmung/**
  **Rückfluss** pressure flow, pressure back flow,
  back flow
**Drucktaste/Bedienknopf** push button
**Druck-Umkehr-Adsorption (Gastrennung)**
  pressure-swing adsorption (PSA)
**Druckumwandler** pressure transducer
**Druckverband** *med* pressure bandage,
  compression dressing
**Druckverlust** loss of pressure, pressure drop
**Druckverschluss** compression seal
**Druckverschlussbeutel** zip storage bag, zip-lip
  storage bag
**Drusen (f/pl)/Weingeläger (Bodensatz)** wine lees
  (dregs/bottoms/sediment)
**Dübel** pin, dowel, wall plug
**Dublieren** doubling
**Duft/Geruch** smell, odor, scent
> **angenehmer Duft/Geruch** fragrance, scent,
>   pleasant smell
> **unangenehmer Duft/Geruch** unpleasant smell
**duftend (angenehm)** fragrant
**Duftstoffe** scents, odiferous substances
**düngen** fertilize, manure
**Dünger/Düngemittel** fertilizer(s), plant food;
  manure
> **Einnährstoffdünger** single nutrient fertilizer,
>   straight fertilizer
> **Kunstdünger** chemical fertilizer, artificial
>   fertilizer, synthetic fertilizer
> **Mehrnährstoffdünger** multinutrient fertilizer
> **Mischdünger/Komplexdünger** compound
>   fertilizer, complex fertilizer
> **Volldünger** complete fertilizer
**Düngung** fertilization
> **Überdüngung** overfertilization,
>   excessive fertilization
**Dunkelfeld** *micros* dark field
> **Hellfeld** *micros* bright field
**Dunkelkammer** *micros/photo* darkroom

Dunkelkammerlampe (Rotlichtlampe) safelight
Dunkelreaktion *physiol* dark reaction
dünnflüssig thin, of low viscosity, low-viscosity, easily flowing
Dünnsäure dilute acid
Dünnschnitt thin section, microsection
➢ Semidünnschnitt semithin section
➢ Ultradünnschnitt ultrathin section
Dunst (*pl* Dünste) vapor, fume(s)
➢ Verdunstung evaporation, vaporization
➢ wehen (von Kolbenöffnung mit der Hand fächeln) waft
Dunstabzugshaube/Abzug fume hood, hood
dunsten/ausdunsten emit vapors; steam, fume; give off fumes; evaporate
Duplett (Spektrallinienduplett/Doppellinie) *spectr* doublet
Durchbiegetemperatur bei Belastung heat deflection temperature (HDT/HDUL), heat distortion point, deflection temperature under load (DTUL)
Durchbiegung deflection, dip, flexure
durchbluten supply with blood, vascularize
Durchblutung circulation, blood supply, blood circulation
durchbrennen burn through/out
Durchdringung permeation
Durchdringungsnetzwerk/interpenetrierendes Netzwerk interpenetrating network (IPN)
durchfließen percolate, flow through
Durchfluss percolation, flowing through, flux
Durchflussrate (Durchflussgeschwindigkeit) flow rate; (Verdünnungsrate) dilution rate
Durchflussreaktor (Bioreaktor) flow reactor
Durchflusszytometrie/Durchflusscytometrie flow cytometry
durchführen perform, realize, complete, implement, carry out, run, execute
Durchführung performance, realization, completion, implementation, execution
Durchgang passage, passageway; walkthrough; *electr* throughput
Durchgangsprüfer *electr* continuity tester
Durchgangsquerschnitt *tech* cross-sectional area
Durchgangswiderstand resistivity
➢ spezifischer Durchgangswiderstand volume resistivity
Durchgehen (Reaktion/Reaktoren) runaway
Durchgeh-Reaktion runaway reaction
Durchhärtung full cure
Durchlass passage, passageway, opening, outlet, port, conduit, duct

durchlässig/permeabel pervious, permeable
➢ halbdurchlässig/semipermeabel semipermeable
➢ undurchlässig/impermeabel impervious, impermeable
Durchlässigkeit/Permeabilität perviousness, permeability
➢ Halbdurchlässigkeit/Semipermeabilität semipermeability
➢ Undurchlässigkeit/Impermeabilität imperviousness, impermeability
Durchlaufgeschwindigkeit (Säule) *chromat* flow rate (mobile-phase velocity)
Durchlicht/Durchlichtbeleuchtung transillumination, transmitted light illumination
durchlüften (einen Raum) air (the room), ventilate; (belüften) aerate
Durchlüftung aeration, ventilation
Durchmischung mixing
Durchmustern/Durchtesten screening
durchnässt/durchweicht soggy
Durchreiche service hatch
durchrosten rust through
Durchsatz (Durchsatzmenge) throughput; output
Durchsatzleistung/Durchsatzrate throughput rate; output rate
durchscheinend translucent, pellucid
durchschlagen/bluten (TLC) bleed (spotting)
Durchschlagfeldstärke breakdown field strength
Durchschlagfestigkeit *polym* puncture strength, plunger strength; (dielektrische Festigkeit) dielectric strength
Durchschlagspannung breakdown voltage
durchschmoren scorch, char
durchschneiden transect, cut through
Durchschnitt (Mittelmaß) average, mean; (schneiden) transection
Durchschnittsertrag average yield
Durchsickern *n* percolation
durchsickern *vb* percolate; seep through
Durchstoßfestigkeit puncture resistance
Durchsuchung search
durchtränken (durchtränkt) soak (soaked)
Durchzug (Luft) draft, draught (*Br*)
Duroplaste (Duromere/Thermodure) thermosets
Dusche shower
➢ Augendusche eye-wash (station/fountain)
➢ Notdusche emergency shower, safety shower
➢ ‚Schnellflutdusche' quick drench shower, deluge shower
Düse jet, nozzle; orifice; (formgebende Düse am Extruder) die (matrix)
Düsenblasverfahren (Fasern) blast drawing

**Düsentreibstoff** jet fuel
**Düsenumlaufreaktor** (Strahl-Schlaufenreaktor)
jet loop reactor; (Umlaufdüsen-Reaktor) nozzle
loop reactor, circulating nozzle reactor
**Dyade** dyad
**Dynein** dynein
**Dynorphin** dynorphin
**dystektisches Gemisch** dystectic mixture

**E**

**Ebene/ebene Fläche** *math/geom*
plane (flat/level surface)
➢ **Brennebene** focal plane
➢ **Sagittalebene (parallel zur Mittellinie)**
median longitudinal plane
➢ **Schnittebene/Schnittfläche** cutting face,
cutting plane
**Ebulliskopie** ebulliscopy
**ebulliskopische** ebulliscopic constant
**Ecdyson** ecdysone
**Echtzeit** real time
**Edelgas** inert gas, rare gas
**Edelgaskonfiguration** noble gas configuration
**Edelmetall** precious metal
**Edelstahl** high-grade steel, high-quality steel
**Edelstahlschrubber** stainless-steel sponge
**Edman-Abbau/Edmanscher Abbau**
Edman degradation
**Effektivdosis/effektive Dosis (ED)** effective dose
**eichen/kalibrieren** calibrate, adjust (Maße/
Gewichte), standardize, gage, gauge
**Eichgerät** calibrating instrument, calibrator
**Eichkurve** calibration curve
**Eichlösung** calibrating solution
**Eichmarke** calibrating mark
**Eichmaß** calibrating standard, standard (measure)
**Eichung/Kalibrierung** calibration, adjustment,
adjusting, standardization
**Eigendrehimpuls** intrinsic angular momentum
**Eigengewicht** own weight; dead weight, permanent
weight; service weight, unladen weight
**Eigeninduktivität/magnetischer Leitwert**
**(Henry)** magnetic inductance
**Eigenklebrigkeit/Konfektionsklebrigkeit/**
**Autohäsion** *polym* tack, autohesion
**Eigenschaft** property, characteristic
**Eignung/Fitness** fitness, suitability
**Eiklar/natives Eiweiss** native egg white
**Eimer** bucket (plastic), pail (metal)
**Eimeröffner** pail opener
**einarbeiten** train; (in ein Dokument etc.) work in
**Einarbeitungsphase (für Neubeschäftigte)**
training period

**einäschern** incinerate
**Einäscherung** incineration
**Einatmen** *n* inhalation
**einatmen** *vb* breathe in, inhale
**Einatmung/Einatmen/Inspiration/Inhalation**
inspiration, inhalation
**einbalsamieren** enbalm
**einbasig** monobasic
**Einbau/Anschluss** installation
**Einbauten** internal fittings, built-in elements,
structural additions
**Einbettautomat/Einbettungsautomat** *micros*
embedding machine, embedding center
**einbetten** *micros* embed; encapsulate
**Einbettung** *micros* embedding; encapsulation
**Einbettungsmittel/Einschlussmittel** mountant,
mounting medium
**Einbettungspräparat** embedded specimen
**Einbrennen** *polym* stoving
**Einbrennlack/Einbrennemaille** baking varnish,
baking enamel
**eindämmen** contain
**Eindämmung** containment
**eindampfen (vollständig)** reduce by evaporation
(evaporate completely), boil down
**Eindampfschale** evaporating dish
**Eindickungsmittel/Verdickungsmittel**
thickening agent
**Eindringtiefehärte** penetration hardness,
impression depth hardness
**Eindringvermögen** penetrating power
**Eindunsten** evaporation
**Einelektronenübertragung/Ein-Elektron-Transfer**
single-electron transfer (SET)
**einengen/konzentrieren** reduce, concentrate;
(abdampfen) evaporate, boil down,
concentrate by evaporation
**Einfachbindung** single bond
**einfachbrechend/isotrop** isotropic
**Einfachzucker/einfacher Zucker/Monosaccharid**
single sugar, monosaccharide
**Einfang** capture
**Einfangquerschnitt** capture cross section
**einfärben** dye
**Einfärben/Einfärbung** dyeing; coloring
**einfetten/einschmieren** lubricate, grease, oil
**Einfetten/Einschmieren**
lubrication, greasing, oiling
**einfrieren** freeze
**Einfriertemperatur** $T_F$ freezing-in temperature
**einfügen** insert
**einführen** introduce; import
**Einfülltrichter** addition funnel; (Massetrichter/
Granulattrichter: am Extruder) hopper

**Eingabe** input
➢ **Ausgabe** output
**Eingang** *electr* input; (Anschluss: Gerät) port
➢ **Ausgang** *electr* output
**Eingangsdruck (HPLC)** supply pressure
**eingehen (eine Reaktion)** enter into, bond,
    combine; react
**eingeschweißt** welded on, welded to
**Eingewöhnung** acclimation, acclimatization
**Eingewöhnungsphase** establishment phase
**Eingussstutzen** transfer cull
**einhals** ... single-necked ...
**Einhaltung (Vorschrift)** observance, compliance
**Einhängekühler/Kühlfinger** suspended
    condenser, cold finger
**Einhängethermostat/Tauchpumpen-Wasserbad**
    immersion circulator
**Einheit (Maßeinheit)** unit (measure)
**einheitlich** uniform
**Einheitszelle (nicht: Elementarzelle)** unit cell
**Einkapselung** encapsulation
**Einkauf/Erwerb** purchase
**einkernig/mononuklear** mononuclear
**einkochen/verkochen** boil down
**Einkristall/Monokristall** monocrystal
**Einlagerung** inclusion, intercalation
**Einlagerungsverbindung/interstitielle**
    **Verbindung** interstitial compound,
    intercalation compound, insertion compound
**Einlasssystem** inlet system
**einlesen** (Daten) read in; scan
➢ **auslesen** read out
**einloggen** log on
➢ **ausloggen** log off
**Einmal... /Einweg... /Wegwerf...** single-use,
    disposable
**Einmalhandschuhe** single-use gloves,
    disposable gloves
**einnehmen/etwas zu sich nehmen** ingest
**einordnen/einstufen/klassifizieren** rank, classify
**Einreissfestigkeit** tear strength
**einrichten (Experiment etc.)** install, set up
**Einsalzen/Einsalzung** *chem* salting in
**Einsatz** *tech* (Gefäß etc.) insert, inset
**Einsatzhärtung** *metal* case hardening
**Einsatzmenge** amount (quantity) used/
    employed/required
**Einsatztemperatur/Arbeitstemperatur**
    operating temperature
**einsaugen** suck in, draw in
**Einsaugen (Rückschlag bei**
    **Wasserstrahlpumpe etc.)** suck-back
**einschalten** turn on, switch on

**Einscheibensicherheitsglas (ESG)**
    tempered safety glass
**Einschiebereaktion/Einschiebungsreaktion/**
    **Insertionsreaktion** insertion reaction
**Einschlämmtechnik** *chromat* slurry-packing
    technique
**Einschluss** inclusion
**Einschlussgrad (physikalische/biologische**
    **Sicherheit)** containment level
**Einschlussverbindung/Inklusionsverbindung**
    *chem* inclusion compound; host-guest
    complex
➢ **Käfigeinschlussverbindung/Clathrate**
    cage-like inclusion compound, clathrate
**Einschlussverfahren** *biot* immurement technique
**Einschnitt** incision, cut; indentation
**Einschnürung** constriction
**einschrumpfen** (weniger werden) shrink,
    dwindle; (faltig/hinfällig werden) shrivel (up)
**einschweißen** weld
**Einschweißgerät/Schweißgerät**
    sealing apparatus/machine, welding apparatus
**Einschwingzeit** buildup time
**einseitig/unilateral** unilateral
**Einsetzen/Beginn (einer Reaktion)** onset,
    start (of a reaction)
**einspannen** clamp, fix, attach; mount
**Einspannklemme** clamp connector
**Einspritzblock** injection port, syringe port
**einspritzen/injizieren** inject
**Einspritzer** injector
**Einspritzung/Injektion** injection
**Einspritzventil** injection valve, syringe port
**einstecken/anschließen** *electr/tech* plug in
**einstellen** (Lösung) adjust, set, measure;
    standardize; (Gerät) tune, modulate
**Einstellknopf** adjustment knob
**Einstellschraube** adjustment screw; tuning screw
**Einstellungen (eines Geräts)** settings; adjustment
**einsträngig** *gen* single-stranded
**Einstrom** influx
**Einströmen** ingression
**Einströmgeschwindigkeit/**
    **Eintrittsgeschwindigkeit**
    **(Sicherheitswerkbank)** inlet velocity (hood)
**Einströmöffnung** inlet, incurrent aperture
**Einstufung/Kategorisierung** categorization
**Einstülpung/Einfaltung/Embolie/Invagination**
    emboly, invagination
**Eintauchkühler (mit Kühlsonde)**
    refrigerated chiller with immersion probe
**Einteilung** division; arrangement; classification;
    planning, scheduling; *tech* graduation, scale
**Eintopfreaktion** *chem* one-pot reaction

Eintrag entry; ecol input
eintragen (z. B. Daten ins Laborbuch) enter;
  (bei Anmeldung) sign in
> austragen (bei Abmeldung) sign out
Eintrittsgeschwindigkeit/Einströmgeschwindigkeit
  (Sicherheitswerkbank) face velocity (not same
  as 'air speed' at face of hood)
Eintrittspforte route of entry
Eintüten (Tüten/Säcke einfüllen) bagging
Einverständniserklärung agreement, consent
> Einverständniserklärung nach ausführlicher
  Aufklärung informed consent
Einwaage initial weight, original weight, amount
  weighed, weighed amount/quantity/portion,
  weighed-in quantity
einwägen weigh in
Einweg... /Einmal... /Wegwerf... disposable
Einweghandschuhe disposable gloves
Einwegspritze disposable syringe
einweichen/einweichen lassen soak, drench, steep
einwertig/univalent/monovalent chem
  univalent, monovalent
Einwertigkeit/Univalenz chem univalence
einwiegen (nach Tara) weigh in (after setting tare)
einwirken act, effect, contact, attack, interact
einwirken lassen (in einer Flüssigkeit) soak
> reagieren lassen let react
Einwirkung effect, action, impact
Einwirkungsdauer/Einwirkungszeit/
  Einwirkzeit exposure time, duration of
  exposure, contact time
Einzeldosis single dose
Einzelfaser monofilament
Einzelhandel retail business, retail trade
Einzelhändler retailer, retail dealer, retail vendor
Einzellerprotein single-cell protein (SCP)
einzellig single-celled, unicellular
einzeln/solitär single, solitary
Einzelphotonen-Emissionscomputertomographie
  single-photon emission computed tomography
  (SPECT)
Einzelstrang gen single strand
einzelstrangbindendes Protein
  single strand binding protein
Eis ice
> Trockeneis (CO$_2$) dry ice
> zerstoßenes Eis crushed ice
Eisbad ice bath, ice-bath
Eisbehälter ice bucket
Eisen (Fe) iron; iron(II) = ferrous, ironous;
  iron(III) = ferric, ironic
> enteisen deiron
> Alteisen/Eisenschrott iron scrap
> Feineisen/Frischeisen refined iron
> Flusseisen ingot iron (<0.05% carbon)

> Gießereiroheisen foundry iron
> Grauguss (graues Gusseisen) greycast iron
> Gusseisen cast iron
> Roheisen/Masseleisen pig iron
> Tempereisen/Temperguss malleable iron,
  malleable cast iron, wrought iron
> verzinktes Eisen galvanized iron
Eisen(II)... ferrous, iron(II), ironous
Eisen(II)-oxid FeO ferrous oxide, black iron oxide,
  iron monoxide
Eisen(III)... ferric, iron(III), ironic
Eisen(III)-oxid Fe$_2$O$_3$ ferric oxide, red iron oxide
Eisenbeize/Schwarzbeize iron acetate liquor,
  iron liquor, black liquor, black mordant
Eisenhütte/Eisenwerk iron smelting plant,
  ironworks, forge
Eisenkies/Schwefelkies/Pyrit FeS$_2$ pyrite
Eisenschrott iron scrap, ferrous scrap
Eisessig glacial acetic acid
Eiskeim ice nucleus
Eiskernaktivität micb ice nucleating activity
Eispunkt ice point
Eisschnee (fürs Eisbad) snow, crushed ice
Eisüberzug/überfrorene Nässe/
  gefrorener Regen sleet, glaze, frozen rain
Eiweiß (Ei) egg white, egg albumen;
  (Protein) protein
> aus Eiweiß bestehend/Eiweiß... /proteinartig/
  proteinhaltig/Protein... proteinaceous
> denaturiertes Eiweiß denatured egg white
> natives Eiweiß/Eiklar native egg white
eiweißlos exalbuminous
ektopisch/verlagert (an unüblicher Stelle
  liegend) ectopic
Ekzem eczema
Elastan-Faser spandex fiber
elastische Faser elastic fiber
Elastizität elasticity
Elastizitätsgrenze/Dehngrenze elasticity limit,
  yield strength
Elastizitätsmodul/Zugmodul/Youngscher Modul
  modulus of elasticity, elastic modulus, tensile
  modulus, Young's modulus
Elastomer (DDR: Elaste) (Gummi/
  Weichgummi: leicht vernetzte
  Synthesekautschuke) elastomer
> thermoplastisches Elastomer/Elastoplast
  thermoplastic elastomer (TPE) (non-network)
electrophiler Angriff electrophilic attack
Elefantenfuß/Rollhocker (runder Trittschemel mit
  Rollen) (rolling) step-stool
elektoneutral electroneutral (electrically silent)
Elektret electret
Elektriker electrician
elektrische Kapazität (Farad) electric capacitance

**elektrische Potentialdifferenz/Spannung (Volt)**
electric potential
**elektrischer Leitwert (Siemens)**
electric conductance
**elektrischer Widerstand (Ohm)** electric resistance
**Elektrizität** electricity
➢ **Ladung (Elektrizitätsmenge)** charge,
electric charge
➢ **statische Elektrizität** static electricity
**Elektroabscheidung** electroprecipitation
**elektrochromer Effekt** electrochromic effect
**Elektrode** electrode
➢ **Arbeitselektrode** working electrode
➢ **Bezugselektrode** reference electrode
➢ **Glaselektrode** glass electrode
➢ **Halbelement (galvanisches)/Halbzelle
(Einzelelektrode)** half cell, half element
(single-electrode system)
➢ **Hilfselektrode** auxiliary electrode
➢ **ionenselektive Elektrode**
ion-selective electrode (ISE)
➢ **Kalomelelektrode** calomel electrode
➢ **Kapillarelektrode** capillary electrode
➢ **Membranelektrode** membrane electrode
➢ **Normalwasserstoffelektrode**
normal hydrogen electrode
➢ **Photoelektrode** photoelectrode
➢ **Quarzelektrode** quartz electrode
➢ **Quecksilbertropfelektrode** dropping mercury
electrode (DME)
➢ **reversible Elektrode/umkehrbare Elektrode**
reversible electrode
➢ **Standardelektrode** standard electrode
➢ **Tropfelektrode** dropping electrode
➢ **Vergleichselektrode** reference electrode
➢ **Wasserstoffelektrode** hydrogen electrode
**Elektrodialyse** electrodialysis
**Elektrofug/elektrofuge Gruppe** electrofuge
**elektrogen** electrogenic
**Elektrogerät** electrical appliance,
electrical device
**Elektrolyse** electrolysis
➢ **Gegenstromelektrolyse**
countercurrent electrolysis
➢ **Schmelzelektrolyse/Schmelzflusselektrolyse**
molten-salt electrolysis
**Elektrolysezelle/Elektrolysierzelle** cell
**Elektrolyt** electrolyte
**elektrolytische Dissoziation**
electrolytic separation
**elektromotorische Kraft (EMK)**
electromotive force (emf/E.M.F.)
**Elektron** electron
➢ **antibindendes Elektron** antibonding electron

➢ **Außenelektron** outer electron,
outer-shell electron
➢ **bindendes Elektron** bonding electron
➢ **Bindungselektron** binding electron
➢ **Defektelektron** electron hole
➢ **Einzelelektron** single electron
➢ **freies Elektron** free electron
➢ **gepaartes Elektron** paired electron,
twin electron
➢ **Hüllenelektron** orbital electron
➢ **nichtbindendes Elektron** nonbonding electron
➢ **Photoelektron** photoelectron
➢ **Rückstoßelektron/Compton-Elektron**
recoil electron
➢ **Rumpfelektron** inner-shell electron
➢ **Sekundärelektron (Auger-Elektron)**
secondary electron (Auger electron)
➢ **Überschuss-Elektron** excess electron
➢ **ungepaartes Elektron /einsames Elektron**
odd electron
➢ **Valenzelektron** bonding electron,
valence electron, valency electron
**elektronegativ** electronegative
**Elektronegativität** electronegativity
**elektonenabziehend/elektronenziehend/
elektronenentziehend** electron-withdrawing
**Elektronenaffinität** electron affinity
**Elektronenakzeptor/Elektronenacceptor
(Elektrophil)** electron acceptor
**elektronenarm** electron-deficient
**Elektronenbahn** electron orbit
**Elektronenbeugung** electron diffraction
**Elektronendichte** electron density
**Elektronendonor/Elektronenspender
(Nucleophil)** electron donor
**Elektroneneinfang** electron capture
**Elektroneneinfangdetektor** electron capture
detector (ECD)
**Elektronen-Energieverlust-Spektroskopie**
electron energy loss spectroscopy (EELS)
**Elektronenfugazität** electron fugacity
**Elektronengas** electron gas
**Elektronenladung** electron charge
**elektronenliefernd** electron-donating
**Elektronenmangel** electron deficiency
**Elektronenmikroskopie**
electron microscopy (EM)
➢ **Höchstspannungselektronenmikroskopie**
high voltage electron microscopy (HVEM)
➢ **Immun-Elektronenmikroskopie**
immunoelectron microscopy (IEM)
➢ **Rasterelektronenmikroskopie (REM)**
scanning electron microscopy (SEM)

➤ Transmissionselektronenmikroskopie/
Durchstrahlungselektronenmikroskopie
transmission electron microscopy (TEM)

**Elektronenmikrosonde/Mikrosonde**
electron microprobe

**Elektronenpaar** electron pair

➤ freies Elektronenpaar/einsames
Elektronenpaar/nichtbindendes
Elektronenpaar lone pair

**Elektronenpaarbindung** electron-pair bond

**Elektronenraffer/Elektronenempfänger**
electron acceptor

**Elektronenresonanz** electron resonance

**Elektronenröhre** electron tube

**Elektronenrückstreuung**
electron backscatter diffraction (EBSD)

**Elektronenschale/Elektronenhülle** electron shell

**elektronenspendend/
elektronenschiebend** electron-donating

**Elektronenspender/Elektronendonor**
electron donor

**Elektronenspin**
(Elektroneneigendrehimpuls) electron spin

**Elektronen-Spinresonanzspektroskopie (ESR)/
elektronenparamagnetische Resonanz (EPR)**
electron spin resonance spectroscopy (ESR),
electron paramagnetic resonance (EPR)

**Elektronenstoß** electron impact

**Elektronenstoß-Ionisation**
electron-impact ionization (EI)

**Elektronenstoß-Spektrometrie**
electron-impact spectrometry (EIS)

**Elektronenstrahl** electron beam

**Elektronenstrahl-Mikrosondenanalyse (EMA)**
electron microprobe analysis (EMPA)

**Elektronenstreuung** electron scattering

**Elektronentransport** electron transport

**Elektronentransportkette**
electron-transport chain

**Elektronenüberschuss** electron excess

**Elektronenüberträger** electron carrier

**Elektronenübertragung/Elektronenübergang/
Elektronentransfer** electron transfer

**Elektronenwellen** electron waves

**Elektronenwolke** electron cloud

**elektronenziehend** electron-withdrawing

**Elektronenzustand** electron state

**elektroneutral** electroneutral (electrically silent)

**elektronisch** electronic

**Elektronvolt/Elektronenvolt** electron volt

**Elektroosmose/Elektroendosmose**
electro-endosmosis,
electro-osmotic flow (EOF)

**elektrophiler Angriff** electrophilic attack

**Elektrophorese** electrophoresis

➤ **Direkttransfer-Elektrophorese/Blotting-
Elektrophorese** direct transfer electrophoresis,
direct blotting electrophoresis

➤ **Diskelektrophorese/diskontinuierliche
Elektrophorese** disk electrophoresis

➤ **freie Elektrophorese** free electrophoresis
(carrier-free electrophoresis)

➤ **Gegenstromelektrophorese/
Überwanderungselektrophorese**
countercurrent electrophoresis

➤ **Gelelektrophorese** gel electrophoresis

➤ **Gelgießstand/Gelgießvorrichtung** gel caster

➤ **Gelträger/Geltablett** gel tray

➤ **Isotachophorese/Gleichgeschwindigkeits-
Elektrophorese** isotachophoresis (ITP)

➤ **Kapillarelektrophorese**
capillary electrophoresis (CE)

➤ **Kapillar-Zonenelektrophorese**
capillary zone electrophoresis (CZE)

➤ **Papierelektrophorese** paper electrophoresis

➤ **Puls-Feld-Gelelektrophorese**
pulsed field gel electrophoresis (PFGE)

➤ **Tasche/Vertiefung (Elektrophorese-Gel)**
well, depression (at top of gel)

➤ **Trägerelektrophorese/Elektropherographie**
carrier electrophoresis

➤ **Überwanderungselektrophorese/
Gegenstromelektrophorese**
countercurrent electrophoresis

➤ **Wechselfeld-Gelelektrophorese**
alternating field gel electrophoresis

➤ **Zonenelektrophorese** zone electrophoresis

**elektrophoretisch** electrophoretic

**elektrophoretische Mobilität**
electrophoretic mobility

**Elektroplaque** (*pl* Elektroplaques/*slang:*
Elektroplaxe) electroplaque

**elektroplatieren** electroplating

**elektropolieren** electropolish

**Elektroporation** electroporation

**elektropositiv** electropositive

**Elektropositivität** electropositivity

**Elektroretinogramm (ERG)** electroretinogram

**Elektrosmog** electrosmog

**Elektrospray** electrospray

**Elektrostatik** electrostatics

**elektrostatische Aufladung**
electrostatic charging, electrification

**elektrotonisches Potential** electrotonic potential

**Element (hier v.a. Elemente mit unterschiedlicher
Schreibweise)** element

➤ **Alkalielemente** alkali elements

➤ **Aluminium (Al)** aluminum, aluminium (*Br*)

➤ **Antimon (Sb)** antimony

➤ **Arsen (As)** arsenic

> **Astat (At)** astatine
> **Bismut (Bi)** bismuth
> **Blei (Pb)** lead
> **Bor (B)** boron
> **Brom (Br)** bromine
> **Cadmium (Cd)** cadmium
> **Calcium/Kalzium (Ca)** calcium
> **Cäsium (Cs)** cesium, caesium (*Br*)
> **Cer (Ce)** cerium
> **Chalkogen** chalcogen
> **Chlor (Cl)** chlorine
> **Chrom (Cr)** chromium
> **Cobalt (Co)** cobalt
> **Edelgase** noble gases
> **Eisen (Fe)** iron
> **elektrochemisches Element/Zelle** cell
> **Erdalkalielemente** alkaline-earth elements
> **Fluor (F)** fluorine
> **galvanisches Element** galvanic cell
> **Gold (Au)** gold
> **Halbelement (galvanisches)/Halbzelle** half cell,
   half element (single-electrode system)
> **Halogen** halogen
> **Hauptgruppenelemente** main-group elements
> **Iod (I)** iodine
> **Kalium (K)** potassium
> **Kohlenstoff (C)** carbon
> **Kontaktelement (galvan.)** contact element,
   electrical contact, contact
> **Korrosionselement (galvan.)** corrosion cell
> **Kupfer (Cu)** copper
> **Lokalelement (galvan.)**
   local element, local cell (corrosion)
> **Magnesium (Mg)** magnesium
> **Mangan (Mn)** manganese
> **Molybdän (Mo)** molybdenum
> **Natrium (Na)** sodium
> **Nebengruppenelemente/Übergangselemente**
   transition elements
> **Neodym (Nd)** neodymium
> **Niob (Nb)** niobium
> **Periodensystem (der Elemente)**
   periodic table (of the elements)
> **Phosphor (P)** phosphorus
> **Platin (Pt)** platinum
> **Quecksilber (Hg)** mercury
> **Sauerstoff (O)** oxygen
> **Schwefel (S)** sulfur, sulphur (*Br*)
> **Selen (Se)** selenium
> **Seltenerdmetalle** rare-earth metals
> **Silber (Ag)** silver
> **Silicium (Si)** silicon
> **Spurenelement/Mikroelement** trace element,
   microelement, micronutrient
> **Stickstoff (N)** nitrogen

> **Tantal (Ta)** tantalum
> **Tellur (Te)** tellurium
> **Thallium (Tl)** thallium
> **Thermoelement** thermocouple
> **Thorium (Th)** thorium
> **Übergangselemente/Nebengruppenelemente**
   transition elements
> **Uran (U)** uranium
> **Vanadium (V)** vanadium
> **Wasserstoff (H)** hydrogen
> **Wismut, *heute:* Bismut (Bi)** bismuth
> **Wolfram (W)** tungsten
> **Yttrium (Y)** yttrium
> **Zink (Zn)** zinc
> **Zinn (Sn)** tin
> **Zirconium (Zr)** zirconium

**Elementaranalyse** elementary analysis
**Elementarfaden** filament
> **schmelzgesponnener Elementarfaden**
   melt-spun filament
**Elementargitter** elementary lattice
**Elementarladung** elementary charge;
   (eines Elektrons) electron charge, unit charge
**Elementarreaktion** elementary reaction
**Elementarteilchen** elementary particle
**Elementarzelle** elementary cell, lattice unit; (unit cell)
**Elfenbein** ivory
**Eliminierung** elimination
**Ellagsäure** ellagic acid, gallogen
**Elongationsfaktor *gen*** elongation factor
**eloxieren** anodize, anodically oxidize, oxidize by
   anodization (electrolytic oxodation)
**Eloxierung** anodization, anodic oxidation
**Eluat** eluate
**eluieren** elute (eluate)
**eluotrope Reihe (Lösungsmittelreihe)**
   eluotropic series
**Elutionskraft** eluting strength (eluent strength)
**Elutionsmittel/Eluens (Laufmittel)** eluent, eluant
**Elutriation/Aufstromklassierung** elutriation
**Emaille/Email** porcelain enamel;
   (Emaillefarbe) enamel
**embryotoxisch** embryotoxic
**Emergenz** emergence
**Emetikum/Brechmittel** emetic
**Emission/Ausstoss/Ausstrahlung** emission
**Emissionsgasthermoanalyse**
   evolved gas analysis (EGA)
**Emissionskoeffizient** emissivity coefficient
   (absorptivity coefficient)
**emittieren/aussenden** emit
**Empfänger** *phys/tech* receiver; (Rezeptor)
   receptor; (Adressat/Konsignatar) consignee;
   (Rezipient: z. B. Transplantate)
   recipient (*also:* host)

empfänglich receptive
empfängnisverhütendes Mittel/
Verhütungsmittel/Kontrazeptivum
contraceptive
Empfangsgerät receiver
empfindbar perceptible, sensible
Empfindbarkeit sensibility, sensitiveness
empfinden/fühlen/spüren feel, sense, perceive
empfindlich (sensitiv/leicht reagierend)
sensitive; (reizempfänglich) irritable, sensible;
(zerbrechlich: z. B. Pflanze/Ökosystem) tender,
fragile
Empfindlichkeit *photo/micros* sensitivity;
(Anfälligkeit) susceptibility; (Gekränktsein)
sensitiveness, touchiness
Empfindung sensation, perception
empfohlener täglicher Bedarf
recommended daily allowance (RDA)
empirisch empiric(al)
empirische Formel empirical formula
empyreumatisch empyreumatic
Emulgator emulsifier, emulsifying agent
emulgieren emulsify
➤ demulgieren/entmischen (eine Emulsion
brechen/spalten) demulsify
Emulsion emulsion
Emulsionsbrecher/Emulsionsspalter/
Demulgator/Dismulgator demulgator,
demulsifier
Enantiomer enantiomere
Enantiomerenüberschuss enantiomeric excess
(ee)
Ende/Terminus (Molekülende) end, terminus
endergon/endergonisch/energieverbrauchend
endergonic, endothermic
Endgruppe end group
Endgruppenanalyse end-group analysis
Endgruppenbestimmung end group analysis,
terminal residue analysis;
determination of endgroups
Endlosfaden *polym/text* filament
endotherm endothermic
Endprodukthemmung/Rückkopplungshemmung
end-product inhibition, feedback inhibition
Endpunkt end product
Endpunktsbestimmung end-point determination
endständig terminal, terminate
Energetik energetics
Energie energy
➤ Aktivierungsenergie activation energy,
energy of activation
➤ Anregungsenergie excitation energy
➤ Atomenergie/Atomkraft nuclear/atomic
energy, nuclear/atomic power

➤ Auftrittsenergie *ms* appearance energy
➤ Austauschenergie interchange energy
➤ Bewegungsenergie/kinetische Energie
kinetic energy
➤ Bindungsenergie binding energy, bond energy
➤ chemische Energie chemical energy
➤ Eigenenergie intrinsic energy, characteristic
energy
➤ elektrische Energie electric energy
➤ endergon/endergonisch/energieverbrauchend
endothermic (endergonic)
➤ Erhaltungsenergie maintenance energy
➤ exergon/exergonisch/energiefreisetzend
exothermic (exergonic)
➤ freie Energie free energy
➤ geothermische Energie geothermal energy
➤ Gitterenergie lattice energy
➤ innere Energie internal energy;
intrinsic energy
➤ Ionisationsenergie/Ionisierungspotential
(Ionisierungsarbeit/Ablösungsarbeit)
ionization energy, ionization potential
➤ Kernbindungsenergie nuclear binding energy
➤ Kernenergie nuclear energy
➤ kinetische Energie (Bewegungsenergie)
kinetic energy
➤ Konformationsenergie conformational energy
➤ Lageenergie/potentielle Energie latent energy,
potential energy
➤ Mindestzündenergie minimum ignition energy
➤ Resonanzenergie resonance energy
➤ Solarenergie/Sonnenenergie solar energy
➤ Stoßenergie impact energy
➤ Strahlungsenergie radiant energy
➤ Verformungsenergie/Deformationsenergie
deformation energy
➤ Vibrationsenergie vibrational energy,
vibration energy
Energieabgabe energy release, energy output
Energieaufnahme energy uptake,
energy absorption
Energieausbeute energy yield
Energieband energy band
Energiebarriere energy barrier
Energiebedarf energy requirement
Energiebilanz energy balance, energy budget
Energiedichte energy density
Energiedosis (Gy) absorbed dose
Energiedosisleistung (Gy/s) absorbed dose rate
Energieerhaltungssatz (*siehe auch*:
Thermodynamik)
law of conservation of energy
Energiefluss energy flux, energy flow
Energieflussdichte energy flux density

**energiefreisetzend** energy-yielding, releasing energy; (exergonisch) exothermic, exothermal
**Energieladung** energy charge
**Energielücke/verbotenes Band** energy gap
**Energieminimierung** energy minimization
**Energieniveau** energy level
**Energieprofil** energy profile
**Energiequelle** energy source
**energiereich** energy-rich, high-energy
**energiereiche Bindung** high-energy bond
**energiereiche Verbindung** high-energy compound
**Energiesparlampe** energy-saving lightbulb
**Energiestoffwechsel** energy metabolism
**Energieübergang/Energieübertragung/ Energietransfer** energy transfer
**Energieumsatz** energy balance
**Energieumwandlung/Energiekonversion** energy conversion, transformation of energy
**energieverbrauchend** energy-consuming; (endergonisch) endothermal, endothermic, absorbing heat/energy
**Energieverlust-Spektroskopie** electron energy loss spectroscopy (EELS)
**Energieversorgung** energy supply; (Strom) power supply
**Energiewirkungsgrad** energy efficiency
**Energiezufuhr/Energiezuführung** energy supply
**Energiezustand** energetic state, energy state
**Enghals ...** narrow-mouthed, narrowmouthed, narrow-neck, narrownecked
**Engpass/Flaschenhals** bottleneck
**Enkelnuklid** granddaughter nuclide
**entarten (entartet)/degenerieren (IR)** degenerate
**entarteter Zustand (AO)** degenerate state
**Entartung** degeneration, degeneracy
**Entartungsgrad (IR)** degree of degeneracy
**entbutzen/entgraten/abraten** deflash
**Entdifferenzierung/Dedifferenzierung** dedifferentiation
**enteisen** deiron
**Enteisung** deicing, defrosting
**Entfärbung** decoloration, bleaching; (Farbverlust) discoloration
**entfetten** degrease, defat
**Entfeuchter** demister; (Gerät) dehumidifier
**entflammbar/brennbar/entzündlich** flammable, inflammable
➢ **flammbeständig/flammwidrig** flame-resistant
➢ **nicht entflammbar/nicht brennbar** nonflammable, incombustible
➢ **schwer entflammbar** flameproof, flame-retardant
**Entflammbarkeit/Brennbarkeit/Entzündbarkeit** flammability

**Entflammung (Entzündung dampfförmiger entzündlicher Stoffe)** inflammation (act of inflaming)
**entflechten/entwirren** *polym* disentangle
**entformen (aus der Form lösen)** demold, eject
**Entformen/Entformung (aus der Form lösen)** demolding, ejection
**entgasen** degas, degasify, outgas, devolatilize
**Entgasen/Entgasung (Extruder)** degassing, gasing-out, devolatilization
**Entgasungszone (Extruder)** vent zone
**entgegengesetzt** opposite (direction); contrary (to)
**entgiften** detoxify
**Entgiftung** detoxification
**Entgiftungszentrale/Entgiftungsklinik** poison control center, poison control clinic
**entgraten** (metal) debur (deburring); *polym* deflash, flash, flash-trim; (durch Handschleifen) snagging
**Entgraten/Abraten** (metal) deburring; *polym* deflashing
**Entgummieren/Degummieren** degumming
**Enthalpie** enthalpy
➢ **Aktivierungsenthalpie** enthalpy of activation
➢ **Bildungsenthalpie** enthalpy of formation
➢ **Bindungsenthalpie** enthalpy of bonding
➢ **Lösungsenthalpie** enthalpy of solution
➢ **Mischungsenthalpie** enthalpy of mixing
➢ **Reaktionsenthalpie** reaction enthalpy
➢ **Schmelzenthalpie** enthalpy of fusion
➢ **Standardbildungsenthalpie** standard enthalpy of formation
➢ **Verbrennungsenthalpie** enthalpy of combustion
➢ **Verdampfungsenthalpie** enthalpy of vaporization
➢ **Verdünnungsenthalpie** enthalpy of dilution
**Enthalpieänderung** change of enthalpy, enthalpy change
**enthärten** soften
**Enthärtung** softening
**Enthemmung/Disinhibition** disinhibition
**entionisieren** deionize
**Entionisierung** deionizing
**entkalken** decalcify; (ein Gerät ~) descale
**Entkalkung/Dekalzifizierung** decalcification
**entkoffeinieren** decaffeinate
**entkohlen** decarburize
**entkohlter Stahl** decarburized steel
**Entkohlung** decarburization
**entkoppeln** uncouple, decouple, release
**Entkoppler** uncoupler, uncoupling agent, decoupling agent, release agent
**Entkopplung** uncoupling, decoupling, release

entladen *electr* discharge
Entladung discharge
> **Bogenentladung** arc discharge
> **Funkenentladung** spark discharge
> **Gasentladung** gas discharge
> **Glimmentladung**
  glow discharge, luminous discharge
> **Koronaentladung** corona discharge
> **stille Entladung** silent discharge
entleeren (ausleeren/auskippen) empty out;
  (luftleer pumpen/herauspumpen) evacuate,
  drain, discharge
Entleeren/Entleerung (eines Gefäßes; allgemein)
  empty(ing) out, pour out; (Flüssigkeit) drain,
  drainage; (Gas/Luft) deflation
entlüften vent; degas, deaerate
Entlüftung ventilation, venting; degassing;
  air extraction
Entlüftungsventil purge valve, pressure-
  compensation valve, venting valve
Entmineralisierung/
  **Demineralisation** demineralization
entmischen segregate, separate out, reseparate
Entmischung segregation, separation,
  reseparation
Entnahme removal, withdrawal; taking out;
  (einer Probe) sampling
Entölung oil removal
Entparaffinierung *micros* deceration (removing
  paraffin)
Entparaffinierungsmittel *micros*
  decerating agent (for removing paraffin)
entproteinisiert deproteinized
Entquickung (Beseitigung von
  Quecksilber) demercuration
Entropie entropy
> **Aktivierungsentropie** entropy of activation
> **Bildungsentropie** entropy of formation
> **Kombinationsentropie (Konfigurationsentropie)**
  combinatorial entropy
> **Lösungsentropie** entropy of solution
> **Mischungsentropie** entropy of mixing
> **Phasenübergangsentropie**
  entropy of transition
> **Restentropie** residual entropy
> **Schmelzentropie** entropy of melting
Entropieänderung (reduzierte Wärme)
  change of entropy
Entropiesatz/2.Hauptsatz der Thermodynamik
  second law of thermodynamics
Entrostungsmittel/Rostentferner/Rostlöser/
  Rostentfernungsmittel
  rust remover, rust-removing agent

entsalzen desalt; desalinate
Entsalzen/Entsalzung desalting; desalination
Entsalzung desalination
Entschäumer/Entschäumungsmittel/
  **Antischaummittel** antifoam, antifoaming
  agent, defoamer, defoaming agent, defrother,
  foam killer
Entschirmung (NMR) deshielding
Entschlichtung (Entfernung von Schlichtemittel)
  desizing
entschwefeln desulfurize, desulfur
Entschwefelung desulfurization, desulfuration
Entseuchung/Dekontamination/
  **Dekontaminierung/Reinigung**
  decontamination
entsorgen dispose of, remove
Entsorgung waste disposal, waste removal
> **unsachgemäße Entsorgung** improper disposal
Entsorgungsfirma/
  **Entsorgungsunternehmen** disposal firm
entspannen relax; decompress
entspannt/relaxiert (Konformation) relaxed
Entspannung relaxation; decompression
Entspannungs-Destillation/Flash-Destillation
  flash distillation
Entspannungsmittel/oberflächenaktive Substanz
  surfactant, surface-active substance
Entspannungsverdampfung flash evaporation
Entspannungszone (Extruder)
  decompression zone
Entstickung nitrogen oxide removal
Entstippen deflaking
entwachsen dewax
Entwarnung all-clear
entwässern (Entfernen von Wasser) dewater;
  (dehydratisieren) dehydrate; (drainieren) drain
Entwässerung (Entwässern/Entfernung
  von Wasser) dewatering; (Dehydratation)
  dehydration; (Drainage) drainage, draining
Entweichen (Gas etc.) (entweichen lassen)
  release; ('passiv') escape
entweichen (Gas etc.) (entweichen lassen)
  release; ('passiv') escape
entwickeln/entstehen develop, emerge, unfold
Entwickler *photo* developer
Entwicklungsstadium (*pl* Entwicklungsstadien)/
  Entwicklungsphase developmental stage,
  developmental phase
Entwinden (der Doppelhelix) unwinding
entwinden (Fasern) deconvolute
Entwurf/Plan/Design design
entzündbar ignitable
Entzündbarkeit ignitability

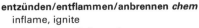

entzünden/entflammen/anbrennen *chem* inflame, ignite
entzündet *med* inflamed
entzündlich (entflammbar/brennbar) *chem* flammable, inflammable; *med* inflammed, inflammatory
➤ hoch entzündlich extremely flammable
➤ leicht entzündlich/leicht brennbar highly flammable
➤ nicht entzündlich/nicht brennbar nonflammable, incombustible
➤ schwer entzündlich hardly flammable, flame-resistant
➤ selbstentzündlich spontaneously flammable, self-igniting
Entzündung *chem/med* inflammation
➤ Selbstentzündung spontaneous inflammation
Enzym/Ferment enzyme
➤ Apoenzym apoenzyme
➤ Coenzym/Koenzym coenzyme
➤ Holoenzym holoenzyme
➤ Isozym/Isoenzym isozyme, isoenzyme
➤ Kernenzym (RNA-Polymerase) core enzyme
➤ Leitenzym tracer enzyme
➤ Multienzymkomplex/Multienzymsystem/ Enzymkette multienzyme complex, multienzyme system
➤ Proenzym/Zymogen proenzyme, zymogen
➤ progressiv arbeitendes Enzym processive enzyme
➤ Reparaturenzym repair enzyme
➤ Restriktionsenzym restriction enzyme
➤ Schlüsselenzym key enzyme
➤ Verdauungsenzym digestive enzyme
Enzymaktivität (*katal*) enzyme activity (*katal*)
enzymatische Reaktionskette enzymatic pathway
enzymatischer Abbau enzymatic degradation
Enzymhemmung enzymatic inhibition, repression of enzyme, inhibition of enzyme
Enzymkinetik enzyme kinetics
Enzymkopplung enzymatic coupling
Enzymreaktion enzymatic reaction
Enzymspezifität enzymatic specificity, enzyme specificity
Epidemie epidemic
Epidemiologie epidemiology
epidemiologisch epidemiologic(al)
epidermal/Haut../die Haut betreffend epidermal, cutaneous
epigenetisch epigenetic
Epimerisierung epimerization
Epinephrin/Adrenalin epinephrine, adrenaline

Epitop/Antigendeterminante epitope, antigenic determinant
Epoxidation/Epoxidierung epoxidation
EPV-Regel (Eigenschaft = Polymer + Verarbeitung) 3P-rule (property = polymer + processing)
erben/ererben inherit
Erbfaktor/Gen gene
Erbgut/Genom hereditary material, genome
Erbinformation hereditary information, genetic information
erblich/hereditär hereditary, heritable
Erblichkeitsgrad/Heritabilität heritability
Erbrechen vomiting
➤ provoziertes Erbrechen induced vomiting
Erbschaden/genetischer Schaden genetic hazard
Erbträger/Erbsubstanz hereditary material
Erdalkalimetalle alkaline-earth metals, earth alkali metals
erdalkalisch earth alkaline
Erdbeschleunigung acceleration of gravity
Erde (Erdboden/Erdreich) soil, ground, earth; (Erdung) *electr* ground; (Welt) Earth, world
➤ Aktivtonerde activated alumina
➤ Ceriterden (oxidische Erze) cerite earths
➤ Kieselerde diatomaceous earth
➤ Seltene Erden (Oxide der Seltenerdmetalle) rare earths
➤ Tonerde argillaceous earth (alumina, aluminum oxide)
➤ Topferde potting soil (potting mixture: soil & peat *a.o.*)
➤ Yttererde (aus Xenotim) yttrium earth (ore), yttrium mineral ore (from xenotime)
➤ Yttererden (oxidische Erze) yttrium earths
erden *electr* ground, earth (*Br*)
Erdfehler/Erdschluss ground fault
Erdgas natural gas
➤ synthetisches Erdgas/künstliches Erdgas synthetic natural gas, substitute natural gas (SNG)
Erdinnere core (earth's core)
Erdkruste/Erdrinde crust (earth's crust)
Erdmantel mantle (earth's mantle)
Erdöl/Petroleum petroleum; (Rohöl) crude oil
Erdölschiefer oil shale
Erdölwachs/Erdölparaffin petroleum wax
Erdpigment (natürliches, anorganisches Pigment) earth pigment
Erdreich/Erdboden/Erde soil, ground, earth
Erdschlussstrom/Fehlerstrom ground fault current (leakage current)

**Erdstrahlung/Bodenstrahlung/terrestrische Strahlung** terrestrial radiation
**erfassen** (aufnehmen) acquire, record; (bewerten) assess
**Erfassung** (Aufnahme von Ergebnissen etc.) acquiring, acquisation, recording; (Bewertung) assessment
**Ergänzungszwillinge (Kristalle)** juxtaposition twins
**Ergodizität** *nucl/rad* ergodicity
**Ergotamin** ergotamine
**Ergussgestein/Vulkanit** extrusive rock
**Erhaltungsenergie** maintenance energy
**Erhaltungskoeffizient** maintenance coefficient (m)
**erheben** *math/stat* survey
**Erhebung** *math/stat* survey
**erhitzen** heat
**erholen** recover
**Erholung** recovery
**erkalten (lassen)** (let) cool
**Erkennungssequenz** *gen* recognition site
**Erkennungssequenz-Affinitätschromatographie** recognition site affinity chromatography
**erkranken** fall ill, get sick, sicken, contract a disease
**Erkrankung** illness, sickness, disease, disorder (Störung)
**Erlaubnis** permission
**erlaubtes Band** allowed band
**Erlenmeyer Kolben** Erlenmeyer flask
**ermitteln** (bestimmen/herausfinden) determine, investigate, check; (finden) trace, locate, find out, discover
**Ermittlungsergebnisse** test results (of an investigation)
**ermüden** fatigue; tiring, become tired
**Ermüdung** fatigue, tiring
> **Biegeermüdung** flex fatigue
> **Materialermüdung** material fatigue
**Ermüdungsbruch** fatigue failure
**Ernährungswissenschaft/Diätetik** nutrition (nutrition science/nutrition studies), dietetics
**Ernte** harvest
**Ernteertrag** crop, crop yield, harvest
**ernten** harvest (a crop)
**erregbar** excitable, irritable, sensitive
**Erregbarkeit** excitability, irritability, sensitivity
**erregen** excite, irritate
**erregend/exzitatorisch** excitatory
**Erreger (Fluoreszenzmikroskopie)** exciter
> **Krankheitserreger** disease-causing agent, pathogen
**Erregerfilter (Fluoreszenzmikroskopie)** exciter filter

**erregter Zustand/angeregter Zustand** *chem/med/physiol* excited state
**Erregung/Irritation** excitation, irritation; (Impuls) impulse; (Aufregung) arousal, excitement
**Erregungsleitung** transmission of signals, impulse propagation
**erreichen/sich annähern/näherkommen/annähern (z. B. einen Wert)** approach (*vb*) (e.g., a value)
**Ersatz** substitute, replacement
**Ersatzname** substitute name
**Ersatzstoff** substitute substance
**Ersatzteil(e)** spare part(s), replacement part(s)
**Ersatztherapie** substitution therapy
**Erscheinungsbild/Erscheinungsform** appearance
**erschlaffen (z. B. Muskel)** relax
**Erschlaffung** relaxation
**Erschütterungszünder** concussion fuse
**ersetzen** replace
**Erspinnen** text/polym spinning
**Erspinnlösung** spinning solution
**erstarren** set, freeze
**Erstarren** setting, freezing
**Erstarrungspunkt** freezing point
**Erste Hilfe/Erstbehandlung** first aid
**Erste-Hilfe Ausrüstung** first-aid supplies
**Erste-Hilfe-Kasten** (Erste-Hilfe-Koffer) first-aid kit; (Medizinschrank/Medizinschränkchen) first-aid cabinet, medicine cabinet
**Ersthelfer** first-aider
**ersticken** suffocate
**Ersticken** suffocation
**erstickend (chem. Gefahrenbezeichnung)** asphyxiant
**Ertrag/Ausbeute** yield
**Ertragsklasse/Ertragsniveau/Bonität** yield level, quality class
**Ertragskoeffizient/Ausbeutekoeffizient/ökonomischer Koeffizient** yield coefficient (Y)
**Ertragsminderung** yield reduction
**Ertragssteigerung** yield increase
**Erucasäure/$\Delta^{13}$-Docosensäure** erucic acid, (Z)-13-docosenoic acid
**Eruptivgestein** (*sensu stricto*: Ergussgestein/Vulkanit) extrusive rock; (*sensu lato*: Magmagestein/Magmatite/Erstarrungsgestein) igneous rock
**erwärmen** heat, warm (warm up)
> **erhitzen** heat (heat up)
**Erwärmung** heating, warming
**Erweichen (Kontaktwärme)** *polym* plastifying
**Erweichungstemperatur** $T_E$ softening temperature; distortion temperature
**erwerben** acquire
**Erz** ore
**erzeugen** produce, make

**Erzeuger/Produzent**
  producer; (Müll etc.) generator
**erzhaltig/erzführend (Gestein)** ore-bearing,
  metalliferous
**Erzlaugung** ore leaching
**Eserin/Physostigmin** eserine, physostigmine
**ESR (Elektronenspinresonanz)**
  ESR (electron spin resonance)
**essbar** edible, eatable
➤ **nicht essbar** inedible, uneatable
**Essbarkeit** edibility, edibleness
**essen** eat
**Essen** food; (Mahlzeit) meal
**essentiell** essential
**essentielle Aminosäure** essential amino acids
**Essenz** *chem/pharm* essence
➤ **Fruchtessenz** fruit essence
**Essig** vinegar
**Essigsäure/Ethansäure (Acetat)** acetic acid,
  ethanoic acid (acetate)
➤ **aktivierte Essigsäure/Acetyl-CoA**
  acetyl CoA, acetyl coenzyme A
➤ **Rohessigsäure** pyroacetic acid
**Essigsäureanhydrid** acetic anhydride, ethanoic
  anhydride, acetic acid anhydride
**Esskohle** low-volatile bituminous coal (*US*),
  low-volatile coking steam coal (*Br*)
**Ether/Äther/Diethylether/Ethoxy-ethan**
  ether, diethyl ether, ethoxyethan
➤ **ausethern** extract with ether,
  shake out with ether
➤ **Petrolether/Petroläther** petroleum ether
**Etherfalle** ether trap
**Ethin/Acetylen $C_2H_4$** ethyne, ethine, acetylene
**Etikett** label, tag
➤ **Namensetikett** name tag
**etikettieren/markieren** tag
**Etikettierung** labelling, tagging
**eutektischer Punkt** eutectic point
**Eutervorlage/Verteilervorlage/‚Spinne'** *dest*
  cow receiver adapter, 'pig', multi-limb vacuum
  receiver adapter (receiving adapter for three/
  four receiving flasks)
**eutroph (nährstoffreich)** eutrophic
**eutrophieren** eutrophicate
**Eutrophierung** eutrophication
**Evakuierung** evacuation
**Evakuierungsplan** evacuation plan
**Evaporator** evaporator, concentrator
➤ **Vakuum- Evaporator** vacuum concentrator,
  speedy vac
**Evaporimeter/Verdunstungsmesser**
  evaporimeter, evaporation gauge,
  evaporation meter
**Excision/Exzision/Herausschneiden** excision

**Exclusion/Exklusion/Ausschluss** exclusion
**Exemplar/Muster/Probe** specimen, sample
**exergon/exergonisch/energiefreisetzend**
  exergonic, exothermic, liberating energy
**Exklusion/Ausschluss** exclusion
**Exkremente** excretions
**Exkret/Exkretion** excretion
**exogen** exogenic, exogenous
**exotherm** exothermic
**Expansionsstück (Laborglas)** expansion adapter
**experimentieren** experiment
**Expertenwissen** expertise
**Expiration/Ausatmen** expiration
**explodieren** explode, blow up
**Explosion** explosion, blowup
➤ **Gasexplosion** gas explosion
➤ **Staubexplosion** dust explosion
➤ **Verpuffung** deflagration
**Explosionsgefahr** explosion hazard,
  hazard of explosion
**explosionsgefährlich**
  **(Gefahrenbezeichnungen)** explosive (E)
**explosionsgeschützt/explosionssicher**
  explosionproof
**Explosionsgrenze (untere = UEG/obere = OEG)**
  explosion limit
**explosiv** explosive
**Explosivstoff (***siehe***: Sprengstoff)** explosive
➤ **brisanter Sprengstoff** high explosive
➤ **Schießstoff/Schießmittel** low explosive
➤ **Sprengstoff** explosive
**Exposition/Ausgesetztsein** *med/chem* exposure
**Expression** expression
➤ **Überexpression** overexpression,
  high level expression
**Expressivität** expressivity
**exprimieren** express
**Exsikkator** desiccator
➤ **Vakuumexsikkator** vacuum desiccator
**Exsudat/Absonderung/Abscheidung**
  **(‚Ausschwitzung')** exudate, exudation,
  secretion
**Extinktionskoeffizient** extinction coefficient,
  absorptivity
**extrahieren/herauslösen** extract
**Extrakt/Auszug** extract
➤ **alkalischer Extrakt** alkaline extract
➤ **alkoholischer Extrakt** alcoholic extract
➤ **Hefeextrakt** yeast extract
➤ **Rohextrakt** crude extract
➤ **Sodaauszug/Sodaextrakt** soda extract
➤ **wässriger Extrakt** aqueous extract
➤ **Zellextrakt** cell extract
➤ **zellfreier Extrakt** cell-free extract
**Extraktion** extraction

➢ **Fest-Flüssig-Extraktion**
solid-liquid extraction (SLE)
➢ **Festphasenextraktion**
solid-phase extraction (SPE)
➢ **Festphasenmikroextraktion**
solid-state microextraction (SPME)
➢ **Fluidextraktion/Destraktion/Hochdruckextraktion**
**(HDE)** supercritical fluid extraction (SFE)
➢ **Flüssig-Flüssig-Extraktion**
liquid-liquid extraction (LLE)
➢ **Gegenstromextraktion**
countercurrent extraction
➢ **Ionenpaar-Extraktion** ion-pair extraction
➢ **kontinuierliche Extraktion** continuous extraction
➢ **Lösungsmittel-Extraktion** solvent extraction
➢ **Rückextraktion/Strippen** back extraction,
stripping
➢ **selektive Extraktion** selective extraction
➢ **simultane Destillation/Extraktion**
simultaneous distillation-extraction
➢ **Thermodesorption (TDS)** thermodesorption
**Extraktionschromatographie**
extraction chromatography (EXC)
**Extraktionshülse** extraction thimble
**extrapolieren (hochrechnen)** extrapolate
**extrazellulär/außerzellulär** extracellular
**Extrudat** extrudate
**Extruder/Strangpresse** extruder
**Extruderdüse/Extruderdüse/Pressdüse** *polym*
extrusion die, extruder die
**extrudieren (strangpressen)** *polym* extrude
**Extrusion/Extrudieren/Strangpressen** *polym*
extrusion
**Extrusionsanlage** extrusion line, train
**Extrusionsblasen** extrusion blow molding
**Exzenter** flywheel
**exzitatorisch/erregend** excitatory

**F**

**Fachbezeichnungen/Terminologie** terminology
**Fächerung/Kompartimentierung/Unterteilung**
compartmenta(liza)tion, sectionalization,
division
**Fachgebiet** specialty, special field, field of
specialization
**Fachkenntnis/Sachkenntnis/Expertenwissen**
expertise
**Fachsprache/Fachterminologie** terminology
**Fackel** torch
**Fackelgas** flare gas
**Faden** filament, thread
**Fadenkristall/Haarkristall/fadenförmiger**
**Einkristall/Whisker** whisker

**Fäkalien (Kot & Harn)** fecal matter (*incl.* urin)
(*see*: Fäzes/Kot)
**Faktis (***pl* **Faktisse)/Ölkautschuk** factice, factis,
vulcanized oil (rubber substitute)
**Faktor** factor
➢ **begrenzender Faktor** *ecol* limiting factor
➢ **Umweltfaktoren** environmental factors
➢ **unteilbarer Faktor** *gen* unit factor
**fakultativ** facultative, optional
**Fall** *med* case
**Falle** trap
**fallen** fall
**Fällen/Ausfällen/Ausfällung/Präzipitation**
*chem* precipitation
**fällen/ausfällen/präzipitieren** *chem* precipitate
**Fällfraktionierung** precipitating fractionation
**Fallmischer** tumbler, tumbling mixer
**Fallstrombank** vertical flow workstation/hood/unit
**Fällung/Ausfällung** (Präzipitation) precipitation;
(Präzipitat) precipitate
➢ **fraktionierte Fällung** fractional precipitation
➢ **Mitfällung** coprecipitation
➢ **Nachfällung** postprecipitation
**Fällungsmittel** precipitant, precipitating agent
**Fällungstitration** precipitation titration
**Fallzahl** *stat* sample size
**falsch** false, spurious
**fälschen** fake, falsify, forge, fabricate
**falschpositiv (falschnegativ)** false-positive
(false-negative)
**Fälschung/'Erfindung'** fabrication, faking,
falsification
➢ **gefälschte Daten** fabricated data
**Faltblatt/α-Faltblatt** α-sheet, pleated sheet
**Falte** fold, plication, wrinkle
**Faltenfilter** folded filter
**Faltenmizelle/Faltungsmizelle** folded micelle
**faltig** folded, pleated, plicate(d)
**Faltkern** collapsible core
**Fänger** catcher, trap, collector
**Farbanpassung** color-matching
**Färbbarkeit** *micros* stainability
**farbbildend/farberzeugend/chromogen**
chromogenic
**Färbegestell** staining tray
**Färbeglas/Färbetrog/Färbewanne** *micros*
staining dish, staining jar, staining tray
**Färbekasten** staining dish
**Färbemethode/Färbetechnik**
staining method/technique
**färben/einfärben** dye, add color, add pigment;
(kontrastieren) *tech/micros* stain
**Färben/Färbung/Einfärbung/Kontrastierung**
*tech/micros* stain, staining

**Farbentferner/Lackentferner** paint remover,
  paint stripper
**Farbkraft** tinctorial strength
**Farbmarker (Elektrophorese)** tracking dye
**farbstabil** colorfast
**Farbstabilität** colorfastness
**Farbstoff/Pigment** dye, dyestuff; colorant,
  pigment; *micros* stain;
  (in Nahrungsmitteln) colors, coloring
➢ **Acridinfarbstoff** acridine dye
➢ **Azofarbstoff** azo dye
➢ **Beizenfarbstoff/adjektiver Farbstoff/**
  **beizenfärbender Farbstoff**
  adjective dye (requiring mordant)
➢ **Buntfarbstoff** colored dye
➢ **Direktfarbstoff/direktziehender Farbstoff**
  direct dye
➢ **Dispersionsfarbstoff** disperse dye
➢ **Fluoreszenzfarbstoff** fluorescent dye
➢ **künstlicher Farbstoff** *tech* (Synthesefarbstoff)
  synthetic dye; (foods) artificial color/coloring
➢ **Küpenfarbstoff** vat dye
➢ **Leuchtfarbstoff** luminescent dye
➢ **Leukofarbstoff** leuco dye
➢ **Metallkomplexfarbstoff** metallized dye
➢ **Naturfarbstoff**
  natural dye; (foods) natural coloring
➢ **Reaktivfarbstoff** reactive dye
➢ **Schwarzfarbstoff** black
➢ **Substantivfarbstoff** substantive dye
➢ **Supravitalfarbstoff** supravital dye,
  supravital stain
➢ **Synthesefarbstoff** synthetic dye
➢ **Vitalfarbstoff/Lebendfarbstoff**
  vital dye, vital stain
**Farbton/Tönung/Schattierung/Nuance** hue
**Farbumschlag/Farbänderung** color change
**Färbung** (Farbton/Pigmentation) color, shade,
  tint, tone, pigmentation, coloration; *micros*
  (durch Farbstoffzugabe) staining
➢ **Lebendfärbung/Vitalfärbung** vital staining
➢ **Supravitalfärbung** supravital staining
**farbvertiefend/bathochrom** bathochromic
**Farbvertiefung/bathochrome**
  **Verschiebung** bathochromic shift
**Farbzentrum (Kristalle)** color center (crystals)
**Fase/Anfasung/Abschrägung/Abschärfung/**
  **Schrägkante** chamfer
**Faser (n)** fiber(s)
➢ **Akon** calotropis
➢ **Aramid** aramid (aromatic polyamide)
➢ **Asbest** asbestos
➢ **Ballaststoffe (diätätisch)** dietary fiber
➢ **Bastfaser** stem fiber, bast fiber

➢ **Baumwollfaser** cotton fiber
➢ **Blattfasern** leaf fibers
➢ **Carbonfaser/Kohlenstofffaser** carbon fiber (CF)
➢ **Casein** casein
➢ **Chemiefaser** man-made fiber,
  manufactured fiber
➢ **Cuprofaser/Kupferseide/Kuoxamseide/**
  **Cuoxamseide**
  cuprammonium silk/rayon/fiber (CUP)
➢ **Elastan-Faser** spandex fiber
➢ **elastische Faser** elastic fiber
➢ **Feinheit** fineness
➢ **Glasfaser/Faserglas** glass fiber (GF), fiberglass
➢ **Graphitfaser** graphite fiber
➢ **Halbleinen** half-linen (HF)
➢ **Hanf (*Cannabis sativa*/Cannabaceae)** hemp
➢ **Hartfaser** hard fiber
➢ **Hochleistungsfaser** high-performance fiber
➢ **Hochmodulfaser/Hochnassmodulfaser**
  **(HWM-Faser)** high modulus fiber
➢ **Hohlfaser** hollow fiber
➢ **Hybidfaser** hybrid fiber
➢ **Industriefaser/technische Faser** industrial fiber,
  technical fiber
➢ **Keramikfaser** ceramic fiber
➢ **Kohlenstofffaser/Carbonfaser** carbon fiber (CF)
➢ **Kunstfaser** synthetic fiber
➢ **Kurzfaser** short fiber (chopped fiber)
➢ **Kurzglasfaser**
  short glass fiber (chopped strands)
➢ **Leinen** linen (LI)
➢ **Linters** linters
➢ **Metallfasern** metal fibers
➢ **Mikrofaser** microfiber
➢ **Mineralfasern** mineral fibers
➢ **optische Polymerfaser**
  polymer optical fiber (POF)
➢ **Pflanzenfaser** plant fiber (*Br*),
  vegetable fiber (*US*)
➢ **Polyolefinfaser** polyolefin fiber
➢ **Proteinfasern** protein fibers
➢ **Regeneratfaser** semisynthetic fiber
➢ **Rohfaser** crude fiber
➢ **Schlackenwolle** cinder wool
➢ **Seide** silk
➢ **Sklerenchym** sclerenchyma
➢ **Spleißfaser** fibrillated fiber
➢ **Stapelfaser (kurzgeschnittene Chemiefasern)**
  staple fiber
➢ **Synthesefaser** synthetic fiber
➢ **Textilfaser** textile fiber
➢ **Titer** titer
➢ **Verbundfaser** bonded fiber
➢ **Viskosefaser (CV)** viscose fiber

> **Vulkanfiber** vulcanized fiber
> **Weichfaser** soft fiber
> **Zeinfaser** zein fiber
> **Zellstofffaser** pulp fiber
> **Zuckerrohrfaser** cane fiber
**Faserabrieb/Faserstaub** fiber dust
**faserartig** fiber-like
**Faserausrichtung** fiber orientation
**Faserbahn** fiber sheet, (endlos) fiber sheeting;
    fibrous web
**Faserbänder (aus Stapelfasern)** sliver, top
**Faserbündel** fiber strand, fiber bunch
**Faserbündelung** fiber bunching
**faserförmig/gefasert** fibrous
**Fasergewebe/Faserstoff** woven fabric
**faserig/fasrig** fibrous, stringy
**Faser-Kunststoff-Verbund (FKV)/**
    **Faser-Verbund-Kunststoff**
    fiber-plastic composite
**Faseroptik/Glasfaseroptik/Fiberglasoptik**
    fiber optics
**Faserproteine/fibrilläre Proteine** fibrous proteins
**Faserquarz** fibrous quartz
**Faserschnittmatte** chopped-fiber mat,
    chopped strand mat
**Faserseele/Faserkern** fiber core
**Faserspinnen** fiber spinning
**Faserspritzen (Auftrageverfahren:**
    **Sprühverfahren)** *polym* spray-up molding,
    fiber-spray gun molding
**Faserspritzverfahren** fiber-spray gun molding,
    spray-up molding, spray-up technique
**Faserstoff/Fasergewebe** woven fabric
**Faserstoffplatte** fiberboard
**Faserstrang** fiber strand
**Faserstruktur** fiber structure, fibrous structure
**Faserverbundstoff/Textilverbundstoff**
    bonded fabric
**Faserverbundwerkstoff** fibrous composite material
**faserverstärkt** fiber-reinforced
**faserverstärkter Kunststoff (FK)**
    fiber-reinforced plastic (RP/FRP)
> **asbestfaserverstärkter Kunststoff (AFK)**
    asbestos fiber-reinforced plastic (AFRP)
> **borfaserverstärkter Kunststoff (BFK)**
    boron fiber-reinforced plastic (BFRP)
> **glasfaserverstärkter Kunststoff (GFK)**
    glass fiber-reinforced plastic (GRP/GFRP)
> **kohlenstofffaserverstärkter Kunststoff (CFK)**
    carbon fiber-reinforced plastic (CFRP)
> **metallfaserverstärkter Kunststoff (MFK)**
    metal fiber-reinforced plastic (MFRP)
> **synthesefaserverstärkter Kunststoff (SFK)**
    synthetic fiber-reinforced plastic (SFRP)

**Faservlies** nonwoven, bonded fiber fabric
**Fass** barrel, drum, vat, tub, keg, tun; (Holzfass)
    cask; (Fass-Struktur: Proteinstruktur) barrel
**Fassöffner** barrel opener
**Fasspumpe** barrel pump, drum pump
**Fassschlüssel (zum Öffnen von Fässern)**
    drum wrench
**Fassung/Steckbuchse** *electr* socket, receptacle
**Fassungsvermögen** capacity
**Fassventil (Entlüftung)** drum vent
**Fasziation/Verbänderung** fasciation
**faul/modernd** foul, rotten, decaying,
    decomposing
**Faulbehälter (Abwässer)** septic tank
**Fäule** rot, mold, mildew, blight
**faulen** rot, decay, decompose, disintegrate;
    (im Faulturm der Kläranlage) digest
**Faulgas/Klärgas (Methan)** sludge gas, sewage gas
**Fäulnis** decay, rot, putrefaction
**fäulniserregend/saprogen** saprogenic
**Faulschlamm** (*speziell:* ausgefaulter Klärschlamm)
    sewage sludge (*esp.:* excess sludge from
    digester); (Sapropel) sludge, sapropel
> **Halbfaulschlamm/Grauschlamm/Gyttia/Gyttja**
    gyttja, necron mud
**Faulschlammgas** sewer gas
**Faulturm** digester, digestor, sludge digester,
    sludge digestor
**Fayence** faience
**Fazies** facies
**FCKW (Fluorchlorkohlenwasserstoffe)**
    CFCs (chlorofluorocarbons/chlorofluorinated
    hydrocarbons)
**Federklammer** (für Kolben: Schüttler/Mischer)
    (four-prong) flask clamp
**Federkraft** spring force
**federnd/elastisch** resilient, elastic, rebounding
**fehlend** lacking, missing, wanting
**Fehler** error, mistake; defect
> **mittlerer quadratischer Fehler/Normalfehler**
    root-mean-square error (RMS error)
> **statistischer Fehler** statistical error
> **systematischer Fehler/Bias** systematic error, bias
> **zufälliger Fehler/Zufallsfehler** random error
**fehlerhaft** erroneous, mistaken, flawed; (falsch)
    incorrect, wrong, false, faulty; (defekt) defective
**Fehlermeldung/Falschmeldung** false report
> **Fehleranzeige** malfunction report
**Fehlerquelle** source of error/mistake;
    source of trouble/defect
**Fehlersuche** troubleshooting
**Fehlingsche Lösung** Fehling's solution
**Fehlpaarung/Basenfehlpaarung** *gen*
    mispairing, mismatch

Fehlstelle/Leerstelle (Kristallgitter) void
Fehlzünden/Fehlzündung misfire, backfire
Feile file
Feilspäne (Metall-) filings (metal)
Feinbau/Feinstruktur fine structure
➤ Ultrastruktur ultrastructure
Feinchemikalien fine chemicals
Feinjustierschraube/Feintrieb micros
  fine adjustment knob
Feinjustierung/Feineinstellung micros
  fine adjustment, fine focus adjustment
Feinstaub (alveolengängig) fine dust, mist
Feinstruktur/Feinbau fine structure
Feinwaage precision balance
Feldblende opt/micros field diaphragm
Felddesorption (FD) field desorption (FD)
Feldfluss-Fraktionierung (FFF)
  field-flow fractionation (FFF)
Feldionisation field ionization
Feldkapazität (Boden) field capacity,
  field moisture capacity, capillary capacity
Feldlinse micros field lens
Feldpolung electric field poling
Feldspat feldspar
➤ Kalkfeldspat lime-feldspar
➤ Natronfeldspat (Albit) soda-feldspar (albite)
Feldstärke field strength
Feldtheorie field theory
Feldversuch/Freilanduntersuchung/
  Freilandversuch field study, field investigation,
  field trial
felsisch/salisch felsic
➤ mafisch mafic
felsisches Gestein felsic rock
Felsit felsite
Fensterglas window glass
Fensterwischer/Fensterabzieher
  squeegee (for windows)
Ferment/Enzym enzyme
Fermenter/Gärtank (siehe auch: Reaktor)
  fermenter, fermentor
fermentieren/gären ferment
Fernbachkolben Fernbach flask
Fernbedienung remote control
ferngesteuert remote controlled
Fernsteuerung remote control
Ferntransport long-distance transport
Fernwärme long-distance heat(ing)
Ferrocen ferrocene
Ferrohäm ferroheme
Fertigarzneimittel/Generica/Generika generic drug
Fertigbeton/Frischbeton/Transportbeton
  ready-mixed concrete
Fertigplatte chromat precoated plate

Fertigungsstraße/Fertigungslinie process line
Ferulasäure ferulic acid
fest firm, tight; solid; solid-state
fest verschlossen tightly closed, sealed tight
fest werden (steif werden/abbinden) set; (fest
  werden lassen/erstarren) solidify
Festbettreaktor (Bioreaktor) fixed bed reactor,
  solid bed reactor
Festigkeit firmness, stability;
  (Zähigkeit) toughness
Festkörper/Feststoff solid, solid matter
Festkörperreaktion solid-state reaction
Festphase solid phase, bonded phase
Festphasenmikroextraktion
  solid-state microextraction (SPME)
Festphasenpolymerisation
  solid-state polymerization
festsitzend/festgewachsen/festgeheftet/
  aufsitzend/sessil firmly attached
  (permanently), sessile
feststeckend/festgebacken (Schliff/Hahn)
  jammed, seized-up, stuck, 'frozen', caked
feststellen/fixieren arrest, fixate
Feststoff solid, solid matter
Festwinkelrotor centrif fixed-angle rotor
fetotoxisch fetotoxic
Fett fat; (Schmierfett) grease; (Schmalz) lard
➤ Apiezonfett apiezon grease
➤ einfetten/einschmieren lubricate, oil, grease
➤ entfetten degrease
➤ Hahnfett tap grease
➤ Neutralfette neutral fats
➤ Schliff-Fett lubricant for ground joints
➤ Schweinefett/Schweineschmalz/Schmalz lard
➤ Silicon-Schmierfett silicone grease
➤ tierisches Fett animal fat
Fettalkohole higher aliphatic alcohols
Fettamine/Fettsäureamine aliphatic amines
fettarm low-fat; lean
fettartig/fetthaltig/Fett... fatty, adipose
Fettgießer (große ‚Pipette') baster
Fetthärtung/Fetthydrierung fat hardening,
  hydrogenation of fat
fettig fatty
Fettigkeit/fettig-ölige Beschaffenheit oiliness
Fettkohle medium-volatile bituminous coal (US),
  medium-volatile coking steam coal (Br)
Fettlöser fat solvent
fettlöslich fat-soluble
fettreich high-fat;
  (kalorienreich) rich (in fat), heavy
Fettsäure fatty acid
➤ einfach ungesättigte Fettsäure
  monounsaturated fatty acid

> gesättigte Fettsäure saturated fatty acid
> mehrfach ungesättigte Fettsäure
  polyunsaturated fatty acid
> ungesättigte Fettsäure unsaturated fatty acid
Fettspeicher/Fettreserve fat storage, fat reserve
Fetttröpfchen/Fett-Tröpfchen fat droplet
feucht humid, damp, moist
Feuchte moistness, dampness
Feuchtigkeit humidity, dampness, moisture
> Luftfeuchtigkeit (absolute/relative) (absolute/
  realtive) air humidity
Feuchtigkeitsmesser/Hygrometer hygrometer
Feuchtigkeitsschreiber/Hygrograph hygrograph
feuchtigkeitsundurchlässig moisture-proof
Feuer (siehe auch: Flamm...) fire
Feuer löschen put out a fire, quench a fire
Feueralarm fire alarm
Feueralarmanlage fire-alarm system
Feueralarmübung/Feuerwehrübung fire drill
Feuerbekämpfung fire fighting
feuerbeständig fire-resistant
feuerfest/feuersicher fireproof, flameproof
Feuerfestkeramik refractory ceramics
Feuerfestmaterialien refractory materials
Feuergefahr fire hazard
feuerhemmend/flammenhemmend
  fire-retardant, flame-retardant
Feuerleiter (Nottreppe) fire-escape
Feuerlöschdecke fire blanket
Feuerlöscher/Feuerlöschgerät fire extinguisher
Feuerlöschfahrzeug fire engine, fire truck
Feuerlöschmittel fire-extinguishing agent
Feuerlöschschaum fire foam
Feuermelder fire alarm
feuern fire, firing
feuerpoliert fire polished
Feuerschutz fire protection, fire prevention;
  fireproofing
> Sprinkleranlage (Beregnungsanlage/
  Berieselungsanlage) fire sprinkler system
Feuerschutzmittel (zur Imprägnierung)
  fireproofing agent; fire retardant
Feuerschutzvorhang fireproofing curtain,
  fire curtain
Feuerschutzvorschriften fire code
Feuerschutzwand fire wall, fire barrier
feuersicher/feuerfest fireproof
Feuerwache fire station
Feuerwehr fire brigade, fire department
Feuerwehrmann firefighter, fireman
Feuerwehrschlauch fire hose
Feuerwehrübung fire drill
Feuerwehrvereinigung
  fire protection association

Feuerwerk fireworks; pyrotechnic
Feuerwiderstandsklasse fire resistance class
Fiberglas fiberglass
Fibrillieren/Spleißen fibrillation
Fibrin (Blutfaserstoff) fibrin
Fibroblastenkultur fibroblast culture
Ficksche Diffusionsgleichung
  Fick diffusion equation
Filamentband filament tape
Filamentmischgarn composite yarn
Filmbildner film former, film-forming agent
Filmdosimeter/Filmplakette/Röntgenplakette
  radiation film badge dosimeter, film badge
  dosimeter, film badge
Filter filter
> Anreicherung durch Filter filter enrichment
> aschefreier quantitativer Filter
  ashless quantitative filter
> Erregerfilter (Fluoreszenzmikroskopie)
  exciter filter
> Faltenfilter folded filter, plaited filter,
  fluted filter
> Filternutsche/Nutsche (Büchner-Trichter)
  nutsch filter, nutsch, filter funnel,
  suction funnel, suction filter, vacuum filter
  (Buechner funnel)
> HOSCH-Filter (Hochleistungsschwebstofffilter)
  HEPA-filter (high-efficiency particulate
  and aerosol air filter)
> Membranfilter membrane filter
> Nutsche nutsch filter, nutsch
> Partikelfilter particle filter
> Polarisationsfilter/„Pol-Filter"/Polarisator
  polarizing filter, polarizer
> Rauschfilter noise filter
> Rippenfilter ribbed filter, fluted filter
> Rundfilter round filter, filter paper disk, 'circles'
> Sperrfilter micros selective filter, barrier filter,
  stopping filter, selection filter
> Spritzenvorsatzfilter/Spritzenfilter syringe filter
> Sterilfilter sterile filter
> Tonfilter ceramic filter
> Überspannungsfilter surge suppressor
> Vakuumdrehfilter rotary vacuum filter
> Vorfilter prefilter
Filteranreicherung filter enrichment
Filterblatt/Filterblättchen filter disk
Filterblende (Schirm) filter screen
Filterhilfsmittel filter aid
Filterkerze filter candle, filter cartridge
Filterkuchen/Filterrückstand filter cake,
  filtration residue, sludge
Filtermaske filter mask

**Filternutsche/Nutsche (Büchner-Trichter)** nutsch, nutsch filter, suction funnel, suction filter, vacuum filter (Buchner funnel)
**Filterpapier** filter paper
**Filterpipette** filtering pipet
**Filterplatte (Extruder)** screen pack
**Filterpresse** filter press
**Filterpumpe** filter pump
**Filterrückstand/Filterkuchen** filtration residue, filter cake, sludge
**Filterstaub** fly ash
**Filterstopfen** filter adapter
**Filtertiegel** filter crucible
➤ **Glasfiltertiegel** glass-filter crucible, sintered glass crucible
➤ **Porzellanfiltertiegel** porous porcelain filter crucible
**Filterträger** *micros* filter holder
**Filtervorstoß** adapter for filter funnel
**Filtrat** filtrate
**Filtration** filtration
➤ **Druckfiltration** pressure filtration
➤ **Gelfiltration/Molekularsiebchromatographie/ Gelpermeations-Chromatographie** gel filtration, molecular sieving chromatography, gel permeation chromatography
➤ **Klärfiltration** clarifying filtration
➤ **Kreuzstrom-Filtration** cross-flow filtration
➤ **Kuchenfiltration** dead-end filtration
➤ **Mikrofiltration** microfiltration
➤ **Nanofiltration** nanofiltration
➤ **Querstromfiltration** cross-flow filtration
➤ **Reversosmose/Umkehrosmose** reverse osmosis
➤ **Saugfiltration** suction filtration
➤ **Schwerkraftsfiltration (gewöhnliche Filtration)** gravity filtration
➤ **Sterilfiltration** sterile filtration
➤ **Ultrafiltration** ultrafiltration
➤ **Vakuumfiltration** vacuum filtration, suction filtration
**filtrieren/passieren** filter, pass through
**Filtrierer/Filterer** filter feeder
**Filtrierflasche/Filtrierkolben/Saugflasche** filter flask, vacuum flask
**Filtrierrate/Filtrationsrate** filtering rate
**Filtrierung/Filtrieren** filtering, filtration
**Filz** felt
**Filzfreiausrüstung** *text* antifelting finish
**filzig** felty, felt-like, tomentose
**Filzstift/Filzschreiber** felt-tip pen, felt-tipped pen
**Fingerabdruck** fingerprint
**Fingerhut** thimble
**Fingerling (Schutzkappe)** finger cot

**Fingerprinting/genetischer Fingerabdruck** fingerprinting, genetic fingerprinting, DNA fingerprinting
**Fingerringdosimeter** finger ring dosimeter, ring dosimeter
**Firnis (Klarlack)** varnish
➤ **Leinölfirnis** linseed oil varnish
**Firnispapier** glazed paper
**‚Fisch'/Rührfisch (Magnetstab/Magnetstäbchen/ Magnetrührstab)** 'flea', stir bar, stir-bar, stirrer bar, stirring bar, bar magnet
**Fischauge/Blasenbildung (Silikonkrater)** *polym* cissing
**Fischer-Projektion/Fischer-Formel/ Fischer-Projektionsformel** Fischer projection, Fischer formula, Fischer projection formula
**FISH (*in situ* Hybridisierung mit Fluoreszenzfarbstoffen)** FISH (fluorescence activated *in situ* hybridization)
**Fisher-Verteilung/F-Verteilung/ Varianzquotientenverteilung** variance ratio distribution, F-distribution, Fisher distribution
**fixieren** (befestigen/fest machen) affix, attach; (mit Fixativ härten) fix
**Fixiermittel/Fixativ** fixative; (photography) fixer
**Fixierung/Fixieren** fixation
**Flachbehälter/Schale** tray
**Flachglas** plate glass
**Flachstecker** flat plug
**Flachsteckhülse** flat-plug socket
**Flachsteckverbinder** flat-plug connector
**Flachzange** flat-nosed pliers
**flammbeständig** flame-resistant
**Flamme (*siehe auch:* Feuer...)** flame
➤ **Sparflamme/Zündflamme** pilot flame, pilot light
**Flammen ersticken** smother the flames
**Flammenemissionsspektroskopie (FES)** flame atomic emission spectroscopy (FES), flame photometry
**Flammenfärbung** flame coloration
**flammenhemmend/feuerhemmend** flame-retardant; (selbsterlöschend) self-extinguishing
**Flammenionisationsdetektor (FID)** flame-ionization detector (FID)
**Flammenphotometrischer Detektor (FPD)** flame-photometric detector (FPD)
**Flammenprobe/Leuchtprobe** flame test
**Flammenspektroskopie** flame spectroscopy
**Flammensperre/Flammenrückschlagsicherung** flame arrestor
**Flammkaschieren** flame laminating
**Flammofen** reverberatory furnace

**Flammpunkt** flash point
**Flammruß/Ofenruß (Gasruß)** furnace black
**Flammschutzeigenschaft** flame/fire retardancy
**Flammschutzfilter** flash arrestor
**Flammschutzmittel** flame retardant, flame
retarder, fire retardant
**flammsicher/flammfest (schwer entflammbar)**
flameproof
**Flammspritzen (Auftrageverfahren:**
**Sprühverfahren)** *polym* flame spraying
**flammwidrig** flame retardant
**Flansch** flange
**flanschen** flange
**Flanschverbindung** flange connection,
flange coupling, flanged joint
**Flasche** bottle
➢ **Abklärflasche/Dekantiergefäß** decanter
➢ **Ballonflasche** carboy
➢ **Druckflasche** cylinder
➢ **Druckgasflasche** gas cylinder
➢ **Enghalsflasche** narrow-mouthed bottle
➢ **Filtrierflasche/Filtrierkolben/Saugflasche**
filter flask, vacuum flask
➢ **Gasflasche** gas bottle, gas cylinder,
compressed-gas cylinder
➢ **Gaswaschflasche** gas washing bottle
➢ **Gewebekulturflasche/Zellkulturflasche**
tissue culture flask
➢ **Laborstandflasche/Standflasche**
lab bottle, laboratory bottle
➢ **Nährbodenflasche** culture media flask
➢ **Pipettenflasche** dropping bottle, dropper vial
➢ **Rollerflasche** roller bottle
➢ **Rollrandflasche** beaded rim bottle
➢ **Schraubflasche** screw-cap bottle
➢ **Spritzflasche** wash bottle, squirt bottle
➢ **Sprühflasche** spray bottle
➢ **Thermoskanne/Thermosflasche** thermos
➢ **Tropfflasche** drop bottle, dropping bottle
➢ **Verpackungsflasche** packaging bottle
➢ **Vierkantflasche** square bottle
➢ **Weithalsflasche** wide-mouthed bottle
➢ **Woulff'sche Flasche** Woulff bottle
**Flaschenbürste** tube brush (test tube brush),
bottle brush (beaker/jar/cylinder brush)
**Flaschendruckmanometer**
cylinder pressure gauge
**Flaschenhals/Engpass** *stat* bottleneck
**Flaschenregal** bottle shelf, bottle rack
**Flaschenwagen** bottle cart (barrow),
bottle pushcart, cylinder trolley (*Br*)
**Flaschenzug** pulley
**Flash-Chromatographie/Blitzchromatographie**
flash chromatography
**Flechtensäure** lichen acid

**Fleck** spot, stain
**Fleckenentferner** spot remover
**fleckig** speckled, patched, spotted, spotty
**fleischig** fleshy
**Flexibilisator/Schlagzähmacher** flexibilizer
**Fliese** tile
➢ **Bodenfliese** floor tile
**Fliesenfußboden/Fließenboden/Fliesboden**
tiled floor, tiling
**Fließbett** fluidized bed
**Fließbettreaktor** fluidized-bed reactor
**Fließdruck/Hauptfluss/Schleppströmung**
drag flow
**fließen** flow
**Fließen** flow, flowing; *polym* (belastete
Kunststoffe) yielding; flowing; creep
**Fließexponent** flow exponent,
pseudoplasticity index
**fließfähig** flowable, fluid; ductile
**Fließfähigkeit/Fluidität** fluidity
**Fließgeschwindigkeit** flow rate
**Fließgießen/Fließgussverfahren/**
**Intrusionsverfahren** flow molding, flow-
molding process/procedure, intrusion molding
**Fließgleichgewicht/dynamisches Gleichgewicht**
steady state, steady-state equilibrium
**Fließgrenze/Fließpunkt/Streckgrenze**
(„Yield-Punkt') *polym*
yield point, elongation at yield
**Fließinjektion** flow injection
**Fließinjektionanalyse (FIA)**
flow injection analysis (FIA)
**Fließkurve** flow curve
**Fließmittel** *chromat* solvent (mobile phase)
**Fließmittelfront** *chromat* solvent front
**Fließpunkt**
(Schmelzpunkt) fusion point (melting point);
*polym* (Fließgrenze/'Yield-Punkt') yield point
**Fließrichtung** direction of flow
**Fließtemperatur** flow temperature
**Fließverhalten/rheologisches Verhalten**
rheological behavior; (Kriechverhalten)
creep behavior
**Flintglas** flint glass
**flockig/locker** fluffy
**Flockulation** flocculation
**Flockung** flocking
**Floor-Temperatur** floor temperature
➢ **Ceiling-Temperatur** ceiling temperature
**florieren/gedeihen** flourish, thrive
**Flory-Huggins Theorie** Flory-Huggins theory
**Flory-Verteilung** Flory's distribution
**Fluchtgerät/Selbstretter (Atemschutzgerät)**
emergency escape mask
**flüchtig** volatile

➢ **leicht flüchtig (niedrig siedend)**
  highly volatile, light
➢ **nicht flüchtig** nonvolatile
➢ **schwer flüchtig (höhersiedend)**
  less volatile, heavy
**Flüchtigkeit** *chem* **(von Gasen: Neigung zu**
  **verdunsten)** volatility
**Fluchtweg** escape route, egress
**Fluenz** fluence
**Flugbenzin** aviation fuel, aviation gasoline
**Flügelhahnventil** butterfly valve
**Flügelschraube** thumbscrew
**Flugstaub** airborne dust; (von Abgasen)
  flue dust
**Flugzeitanalysator** time-of-flight analyzer
**Flugzeit-Massenspektrometrie** time-of-flight
  mass spectrometry (TOF-MS)
**Fluidextraktion/Destraktion/Hochdruckextraktion**
  **(HDE)** supercritical fluid extraction (SFE)
**Fluidität/Fließfähigkeit** fluidity
**Fluktuation** fluctuation
**Fluktuationsanalyse/Rauschanalyse**
  fluctuation analysis, noise analysis
**Fluktuationstest** fluctuation test
**Fluor (F)** fluorine
**Fluorchlorkohlenwasserstoffe (FCKW)**
  chlorofluorocarbons,
  chlorofluorinated hydrocarbons (CFCs)
**Fluoreszenz** fluorescence
**Fluoreszenzanalyse/Fluorimetrie**
  fluorescence analysis, fluorimetry
**Fluoreszenzerholung nach**
  **Lichtbleichung** fluorescence photobleaching
  recovery, fluorescence recovery after
  photobleaching (FRAP)
**Fluoreszenzfarbstoff** fluorescent dye
**Fluoreszenzlöschung** fluorescence quenching
**Fluoreszenz-Resonanzenergietransfer/**
  **Förster-Resonanzenergietransfer (FRET)**
  fluorescence resonance energy transfer (FRET),
  Förster resonance energy transfer (FRET),
  resonance energy transfer (RET), electronic
  energy transfer (EET)
**Fluoreszenzsonde/Fluoreszenzmarker**
  fluorescence marker
**Fluoreszenzspektroskopie/Spektrofluorimetrie**
  fluorescence spectroscopy
**fluoreszieren** fluoresce
**fluoreszierend** fluorescent
**Fluoridierung** fluoridation
**fluorieren** fluorinate
**Fluorierung** fluorination
➢ **Elektrofluorierung** electrofluorination
**Fluorierungsmittel** fluorinating agent

**Fluorkohlenwasserstoff** fluorinated hydrocarbon
**Fluoroschwefelsäure/Fluorsulfonsäure** $HSO_3F$
  fluorosulfonic acid
**Fluorwasserstoff/Fluoran/Hydrogenfluorid HF**
  hydrogen fluoride
**Fluorwasserstoffsäure/Flusssäure HF**
  hydrofluoric acid, phthoric acid
**Flur/Korridor** hallway, hall, corridor
**Fluss (Fließen)** flow; (Licht/Energie; Volumen pro
  Zeit pro Querschnitt) flux
➢ **diffuser Fluss** diffuse flux
**flüssig** fluid, liquid
**Flüssigextrakt/flüssiger Extrakt/**
  **Fluidextrakt** fluid extract
**Flüssiggas** liquid gas, liquefied gas;
  (verflüssigtes Erdgas) liquefied natural gas (LNG)
**Flüssigkeit** fluid, liquid
➢ **Anodenflüssigkeit/Anolyt** anolyte
➢ **Bremsflüssigkeit** braking fluid
➢ **Dickflüssigkeit** (Viskosität/Zähflüssigkeit)
  viscosity, viscousness; sluggishness
➢ **Hydraulikflüssigkeit/Druckflüssigkeit**
  hydraulic fluid
➢ **ideale Flüssigkeit** ideal liquid
➢ **Kathodenflüssigkeit/Katholyt** catholyte
➢ **Körperflüssigkeit** body fluid
➢ **Kühlflüssigkeit/Kältemittel/Kühlmittel**
  coolant (*allg/direkt*); refrigerant
➢ **Newtonsche Flüssigkeit** Newtonian liquid
➢ **nicht-Newtonsche Flüssigkeit**
  non-Newtonian liquid
➢ **Sperrflüssigkeit** barrier fluid
➢ **überkritische Flüssigkeit** supercritical liquid
➢ **unterkühlte Flüssigkeit** undercooled liquid,
  supercooled liquid
➢ **Zähflüssigkeit/Dickflüssigkeit/Viskosität**
  viscosity, viscousness
**Flüssigkeit ablassen** drain
**Flüssigkeitschromatographie**
  liquid chromatography (LC)
**Flüssigkristall** liquid crystal (LC)
➢ **calamitisches Flüssigkristall** calamitic LC
➢ **cholesterisch** cholesteric
➢ **discotisches Flüssigkristall** discotic LC
➢ **lyotropisches Flüssigkristall** lyotropic LC
➢ **mesogen** mesogen
➢ **nematisch** nematic
➢ **smektisch** smectic
➢ **thermotropisches Flüssigkristall** thermotropic LC
**Flüssigkristallanzeige** liquid crystal display
**flüssigkristallines Hauptketten-Polymer**
  main-chain liquid crystalline polymer (MCLCP)
**flüssigkristallines Polymer**
  liquid crystalline polymer

flüssigkristallines Seitenketten-Polymer
side-chain liquid crystalline polymer (SCLCP)
Flüssigszintillationszähler
liquid scintillation counter (LSC)
Flussmittel/Schmelzmittel/Flussmasse/Zuschlag
flux, fusion reagent
Flussrate fluence
Flussregler flow regulator
Flusssäure/Fluorwasserstoffsäure HF
hydrofluoric acid, phthoric acid
Flussspat/Fluorit/Calciumfluorid CaF$_2$
fluorspar, fluorite
Flussstahl plain carbon steel
fluten flood, flush; inundate
fokusbildende Einheit focus-forming unit (ffu)
Fokusbildung focus formation
fokussieren focus (focussing)
Fokussierung focussing
Folgereaktion/Konsekutivreaktion
consecutive reaction
Folgestrang (DNA) lagging strand
Folie foil; (less than 0.25 mm) film; (more than
0.25 mm) sheet; (endlos Bahn) sheeting(s)
Folienblasen (Schlauchfolienblasen/
S.extrudieren) (dünn) film blowing;
(dick) sheet blowing
Folienextrusion (dünn) film extrusion;
(dick) sheet extrusion
Foliengießen film casting, sheet casting;
cast film extrusion
Foliengießmaschine casting machine for
sheetings (cast film extruder)
Folienherstellungsanlage *polym* film/sheet train
Folienrecken film stretching, sheet stretching
Folienschlauch film bubble
Folienschweißgerät wrapfoil heat sealer
folieren foliate (coat s.th. with foil)
Folierung foliation
Folsäure (Folat)/Pteroylglutaminsäure folic acid
(folate), pteroylglutamic acid
Förderband/Transportband conveyor belt
Fördergerät/Förderanlage/Fördersystem
conveyor, conveying system
Förderleistung (Pumpe) flow rate
Förderpumpe feed pump
Forensik/forensische Medizin/Gerichtsmedizin/
Rechtsmedizin forensics, forensic medicine
forensisch/gerichtsmedizinisch forensic
Formaldehyd/Methanal formaldehyde, methanal
Formalladung formal charge
Formänderung/Verformung/Deformation
deformation
Formänderungsvermögen/Verformungsfähigkeit/
Deformationfähigkeit plasticity, deformability
Formartikel molded article, molded part

formbar plastic, moldable; workable;
(verformbar) deformable
Formbarkeit/Plastizität plasticity; moldability;
workability (:Pressbarkeit)
formbeständig dimensionally stable;
resistant to deformation
Formbeständigkeit/Formfestigkeit/
Formänderungsfestigkeit dimensional
stability; resistance to deformation
Formbeständigkeitstemperatur/
Formbeständigkeit in der Wärme
heat distortion temperature (HDT)
Formel formula
➤ Elektronenformel electronic formula
➤ empirische Formel empirical formula
➤ Fischer-Projektion/Fischer-Formel/
Fischer-Projektionsformel Fischer projection,
Fischer formula, projection formula
➤ Haworth-Projektion/Haworth-Formel
Haworth projection, Haworth formula
➤ Ionenformel ionic formula
➤ Keilstrichformel wedge formula
➤ Kettenformel chain formula,
open-chain formula
➤ Konstitutionsformel constitutional formula
➤ Molekularformel/Molekülformel
molecular formula
➤ Perspektivformel perspective formula
➤ Projektionsformel projection formula
➤ Ringformel ring formula
➤ stöchiometrische Formel stoichiometric formula
➤ Strichformel line formula
➤ Strukturformel structural formula,
atomic formula
➤ Summenformel/Elementarformel/
Verhältnisformel/empirische Formel
empirical formula
➤ Verhältnisformel empirical formula
Formelmasse formula mass
Formelsammlung formulary
Formfaktor form factor
Formfestigkeit/Formbeständigkeit/
Formänderungsfestigkeit dimensional stability
Formgebung shaping
Formmasse (Pressmasse/Spritzgussmasse/
Abgussmasse) molding compound;
*polym* molding material
➤ BMC-Formmasse
bulk molding compound (BMC)
➤ Kunststoffformmasse/Kunststoffmasse
plastic molding compound
➤ SMC-Formmasse (vorimprägnierte Glasfaser)
sheet molding compound (SMC)
➤ TMC-Formmasse
thick molding compound (TMC)

**Formpressen** press molding
**Formschäumen** foam molding
**Formverfahren** *polym*
  molding, forming procedure
➤ **Blasformen** blow molding
➤ **Formpressen** press molding
➤ **Spritzblasen/Spritzblasformen/**
  **Spritzgießblasen** injection blow molding
➤ **Streckformen** stretch forming, stretching
➤ **Vakuumformen** vacuum forming
➤ **Vakuumsaugverfahren**
  straight-vacuum forming
➤ **Vakuumstreckformverfahren** *polym*
  drape and vacuum forming
➤ **Warmformen** thermoforming
➤ **Ziehgitter-Vorstreckverfahren**
  draw grid method
**Formwerkzeug (Werkzeug)** *polym* mold
➤ **Gesenk (Negativ-Werkzeug)** cavity, impression
  (female mold)
➤ **Stempel (Positiv-Werkzeug)** plug (male mold)
**Forscher** researcher, research scientist, research
  worker, investigator
**Forschung** research; trial, experimentation,
  investigation
**Forschungslabor** research laboratory
**Förster-Resonanzenergietransfer/Fluoreszenz-**
  **Resonanzenergietransfer (FRET)**
  Förster resonance energy transfer (FRET),
  fluorescence resonance energy transfer (FRET),
  resonance energy transfer (RET), electronic
  energy transfer (EET)
**Fortbewegung/Bewegung/Lokomotion**
  movement, motion, locomotion
**fortleiten/weiterleiten (Nervenimpuls)** propagate
**Fortleitung/Weiterleitung (Nervenimpuls)**
  propagation
**fortpflanzen/vermehren/reproduzieren**
  propagate, reproduce
**Fortpflanzung /Vermehrung/Reproduktion**
  propagation, reproduction
**fortpflanzungsgefährdend/reproduktionstoxisch**
  toxic to reproduction (T)
**fossile Brennstoffe** fossil fuels
**fossilisieren/versteinern** fossilize
**fossilisiert/versteinert** fossilized
**Fossilisierung/Versteinerung** fossilization
**Fotolabor** photographic laboratory
**Fotopapier** photographic paper
**Fotoplatte** photographic plate
**Fotovervielfacher** photomultipier
**Fotowiderstand** photoresist, photoresistor
**Fracht** freight, load, cargo, goods; (Flüssigkeit/
  Abwasser) load, freight; (Lieferung) shipment

**Frachtbrief** bill of lading
➤ **Frachtbrief-Formular** lading form
**Frachtgut/Ladung** freight, cargo
**Frachtkessel** cargo tank
**Frachtliste/Frachtdokument/Manifest** manifest
**Frachtpapiere** shipping papers
**Fragmentierungsmuster** fragmentation pattern
**Fraktion** fraction
**fraktionieren** fractionate
**Fraktionierer** fractionator
**Fraktioniersäule** fractionating column,
  fractionator
**Fraktionierung** fractionation
➤ **Feldfluss-Fraktionierung (FFF)**
  field-flow fractionation (FFF)
➤ **Lösefraktionierung** temperature rising elution
  fractionation (TREF)
**Fraktionssammler** fraction collector
**Fransenmizelle** fringed micelle
**fräsen** mill, route
**Fraßhemmer/fraßverhinderndes Mittel**
  antifeeding agent, antifeeding compound,
  feeding deterrent
**frei schwebend** free-floating, pendulous
**freie Energie** free energy
**Freiheitsgrad** *stat* degree of freedom (df)
**Freilanduntersuchung/Freilandversuch/**
  **vor-Ort-Untersuchung/Feldversuch** field study,
  field investigation, field trial
**freisetzen (Wärme/Energie/Gase etc.)** liberate,
  release, set free, give off
**Freisetzung** release, liberation;
  (Sekretion) secretion
**Freisetzungsfaktor** release factor
**Fremdkörper/Fremdstoff** foreign body/matter/
  substance; contaminant, impurity
**Frequenz (Hertz)** frequency
➤ **Grenzfrequenz** corner frequency
➤ **Sollfrequenz** nominal frequency
**fressen** feed (on something), ingest
  (etwas zu sich nehmen)
**Freundsches Adjuvans** Freund's adjuvant
**Frischen** *metal* decarburization (oxidation/
  refining)
**Frischgewicht (*sensu stricto:* Frischmasse)**
  fresh weight (*sensu stricto:* fresh mass)
**Frischhaltefolie** cling wrap, cling foil
**Fritte** frit
➤ **Glasfritte** fritted glass filter
**fritten/sintern** frit, sinter
**Frontscheibe (Sicherheitswerkbank)** sash
**Frost** frost, rime frost, white frost
**frostbeständig/frostresistent** frost-resistant,
  frost hardy

**Frostschutzmittel** cryoprotectant
**frostsicher** frostproof
**Fruchtgeschmack** fruity taste
**Fruchtsäure** fruit acid ($\alpha$-hydroxy acids)
**Fruchtzucker/Fruktose** fruit sugar, fructose
**Fruktose/Fructose (Fruchtzucker)**
  fructose (fruit sugar)
**Fugazität** fugacity
**Fuge/Naht/Verwachsungslinie** seam, suture, raphe
**Fugendichtungsmasse** seam sealant, joint filler
**Fügeverfahren** *polym* bonding, joining
➢ **Schweißen (*siehe auch dort*)** welding
**Fühler/Sensor/Detektor (*tech:* z.B.**
  **Temperaturfühler)** sensor, detector
**Fühlerlehre** feeler gage, feeler gauge (*Br*)
**Führungsbuchse (Rührwelle etc.)** bushing,
  guide bushing
**Führungsgröße (Sollwert der Regelgröße)**
  reference input, reference value, command
  reference input
**Fukose/Fucose/6-Desoxygalaktose**
  fucose, 6-deoxygalactose
**Fülldichte** fill factor
**Füllhalterdosimeter/Stabdosimeter**
  pen dosimeter, pocket dosimeter
**Füllkitt** filling adhesive
**Füllkörper (für Destillierkolonnen)**
  column packing
➢ **Raschig-Ring (Glasring)** Raschig ring
➢ **Sattelkörper (Berlsättel)** saddle (berl saddles)
➢ **Spirale** spiral
➢ **Wendel** helice
**Füllkörperkolonne** packed distillation column
**Füllmittel** filler
➢ **inaktives Füllmittel** inactive filler, inert filler
  (extender)
**Füllspachtel, glasfaserarmierter** fiber paste
**Füllstand (z.B. Flüssigkeit eines Gefäßes)**
  fill level
**Füllstoff (auch: Füllmaterial/Verpackung)**
  filler; loading agent
➢ **aktiver/verstärkender Füllstoff (Harzträger)**
  active filler, reinforcing agent
➢ **inaktiver (Extender)** inactive filler, extender
**Fülltrichter (Extruder)** feed hopper
**Fulminsäure/Blausäureoxid/Knallsäure HCNO**
  fulminic acid
**Fumarsäure (Fumarat)** fumaric acid (fumarate)
**fünfwertig** pentavalent
**Fungizid** fungicide
**Funke** spark
**Funkenkammer** spark chamber
**Funkenspektrum** spark spectrum
**Funktion** function

➢ **Verteilungsfunktion** distribution function
➢ **Wahrscheinlichkeitsfunktion**
  likelihood function
**Funktionalisieren** functionalization
**Funktionalität** functionality
**funktionelle Gruppe** functional group
**Funktionseinheit/Modul** functional unit, module
**funktionsgleich/analog** analogous
**Funktionsstörung**
  malfunction; *med* functional disorder
**Funktionszustand**
  working order, operating condition
**Furan** furan
**Furnier** veneer
**Fuselöl** fusel oil
**Fusionsprotein** fusion protein
**Fußabdruckmethode** footprinting
**Fußboden** floor; ground
➢ **monolithischer Fußboden (Labor: Stein/**
  **Beton aus einem Guß)** monolithic floor

**G**

**Galaktosamin** galactosamine
**Galaktose** galactose
**Galakturonsäure** galacturonic acid
**Galenit/Bleiglanz PbS** galenite
**Galle/Gallflüssigkeit** bile
**Gallensalze** bile salts
**gallertartig/gelartig/gelatinös** gelatinous, gel-like
**Gallerte/Gelatine** jelly, gelatin, gel
**Gallussäure** gallic acid
**Galvanisation** galvanization, electroplating
**galvanische Abscheidung** galvanic deposit
**galvanische Kette** galvanic battery
**galvanische Spannungsreihe/**
  **elektromotorische Spannungsreihe**
  galvanic series, electromotive series
**galvanischer Schutz** galvanic protection
**galvanischer Strom** galvanic current
**galvanisches Element** galvanic cell
**galvanisches Halbelement** galvanic half-cell
**galvanisieren** galvanize, electroplate
**Galvanoplastik** electroforming
**Galvanostegie** galvanostegy
**Galvanotechnik** electroplating,
  electrodeposition
**Gamasche (Schutzkleidung: Bein/Fuß)**
  (bis zum Knie) gaiter; (Fuß/Schuhe) spat
**Gang** (Flur/Korridor) aisle, corridor;
  (der Extruderschnecke) flight
**Gangart (Ganggestein/Gangmineral: taubes**
  **Gestein/Nichterz)** gangue, gangue mineral
  (worthless vein matter)

**Ganghöhe** (*DNA-Helix:* Anzahl Basenpaare pro Windung) pitch (DNA: helix periodicity); (Steigung) lead

**Gangsteigung (Schraube/Schnecke)** thread pitch, pitch

**Gangtiefe (Schraube/Schnecke)** depth of thread, depth of flight, flight

**Gangunterschied** *opt* path difference

**Ganoin** ganoine

**Ganzwäsche** washdown

**Garantie (Herstellergarantie)** warranty

**Garbe (Licht/Funke etc.)** sheaf, bundle

**Gärbottich/Gärbütte** fermentation tank

**garen** cook; (Metall/Stahl) refine; coke, decarburize

**gären** *allg* bubble, seethe, boil up, effervesce; (fermentieren) ferment

➤ **obergärig** top fermenting

➤ **untergärig** bottom fermenting

**gärfähig** fermentable, capable of fermentation

**Garkrätze/Gargekrätz** *metal* refinery dross, refinery scum (skimmings); (Schlacke) slag, scoria

**Gärmittel/Gärstoff/Treibmittel** leavening; ferment, fermenting agent

**Garn** yarn

**Gärprozess/Gärvorgang** fermentation process

**Gärröhrchen/Einhorn-Kölbchen** fermentation tube, bubbler

**Gärtassenreaktor** tray reactor

**Gärung/Fermentation** fermentation

➤ **faulende Gärung** putrefaction

➤ **saure Gärung** sour/acidic fermentation

➤ **von selbst eintretende Gärung** spontaneous fermentation

**Gas** gas

➤ **Druckgas** compressed gas, pressurized gas

➤ **Edelgas** inert gas, noble gas, rare gas

➤ **Erdgas** natural gas

➤ **Fackelgas** flare gas

➤ **Faulgas/Klärgas (Methan)** sludge gas, sewage gas

➤ **Faulschlammgas** sewer gas

➤ **Flüssiggas** liquid gas, liquefied gas

➤ **Generatorgas** producer gas

➤ **ideales Gas** ideal gas, perfect gas

➤ **Kokereigas** coke-oven gas

➤ **Lachgas (Distickstoffoxid/Dinitrogenoxid)** laughing gas, nitrous oxide

➤ **Prüfgas** tracer gas, probe gas

➤ **Raffineriegas** refinery gas

➤ **Rauchgase** flue gases, fumes

➤ **Reizgas** irritant gas

➤ **Sauergas (mehr als 1% H$_2$S)** sour gas, acid gas

➤ **Schutzgas** protective gas, shielding gas (in welding)

➤ **Senfgas RNCS** mustard gas

➤ **Spülgas** purge gas

➤ **Stadtgas** town gas

➤ **Sumpfgas** marsh gas

➤ **Synthesegas** synthesis gas, syngas

➤ **synthetisches Erdgas/künstliches Erdgas** synthetic natural gas, substitute natural gas (SNG)

➤ **Trägergas/Schleppgas (GC)** carrier gas (an inert gas)

➤ **Tränengas** tear gas

➤ **Vergleichsgas (GC)** reference gas

➤ **Wassergas** water gas

**Gasabscheider** gas separator

**Gasanzünder** gas lighter

**Gasaufkohlung** gas carburizing

**Gasaustausch** gas exchange, gaseous interchange, exchange of gases

**Gasaustritt** (Gasausgang/Gasabgang aus Geräten) gas outlet; (Leck) gas leakage

**Gasblase** gas bubble

**Gasbrenner** gas burner

**Gaschromatographie** gas chromatography

➤ **Umkehr-Gaschromatographie** inverse gas chromatography (IGC)

**Gasdetektor/Gasspürgerät** gas detector, gas leak detector

**gasdicht** gasproof

**Gasdichte** gas density

**Gasdichtewaage** gas density balance

**Gasdruckreduzierventil/Druckminderventil/ Druckminderungsventil/Reduzierventil (für Gasflaschen)** pressure-relief valve (gas regulator, gas cylinder pressure regulator)

**Gasdurchflusszähler/Gasströmungsmesser** gas flowmeter

**gasdurchlässig** permeable to gas, pervious to gas

**Gasentladung** gas discharge

**Gasentladungsröhre** gas-discharge tube

**Gasentwicklung** evolution of gas

**Gasflasche** gas bottle, gas cylinder, compressed gas cylinder

➤ **Gasdruckreduzierventil/Druckminderventil/ Druckminderungsventil/Reduzierventil (für Gasflaschen)** pressure-relief valve (gas regulator, gas cylinder pressure regulator)

**Gasflaschen-Transportkarren** gas bottle cart, gas cylinder trolley (*Br*)

**gasförmig** gaseous

**gasförmiger Vergaserkraftstoff** liquefied petroleum gas

**gasförmiger Zustand** gaseous state

**gasgekühlter Hochtemperaturreaktor**
high-temperature gas-cooled reactor (HTGR)
**Gasgleichung** general gas law
**Gasglühlichtkörper/Glühstrumpf** gas mantle
**Gashahn** gas cock, gas tap
**Gas-Injektions-Technik (GIT)/Gas-Innen-
Drucktechnik (GID)** gas injection technique (GIT)
**Gaskocher** gas burner
**Gaskonstante** gas constant
**Gasleitung (Erdgasleitung)** gas line
(natural gas line)
**Gasmaske** gas mask
**Gasmessflasche** gas measuring bottle
**Gasohol** gasohol
**Gaspatrone/Gaskartusche** gas cartridge
**Gasphasenabscheidung** chemical vapor
deposition (CVD)
**Gasprobenrohr/Gassammelrohr/Gasmaus**
gas collecting tube, gas sampling bulb, gas
sampling tube
**Gasraum/Dampfraum/Headspace** headspace
**Gasreiniger** gas purifier
**Gasreinigung** gas cleaning, pas purification
**Gassammelrohr/Gas-Probenrohr/Gasmaus
gas sampling bulb, gas sampling tube**
**Gasspürgerät/Gasprüfer/Gastester**
gas leak detector
**Gasthermometer** gas thermometer
**Gastmolekül** guest molecule
**gasundurchlässig** gastight, impervious to gas
**Gasundurchlässigkeit** gastightness,
imperviousness to gas, gas impermeability
**Gasvergiftung** gas poisoning
**Gaswaage** gas balance; dasymeter
**Gaswächter/Gaswarngerät** gas detector,
gas monitor
**Gaswäsche** gas scrubbing
**Gaswaschflasche** gas washing bottle
**Gaszählrohr** gas counter
**Gaszufuhr** gas supply
**Gaszustand** gaseous state
**Gatsch/Paraffin-Gatsch** slack wax
**Gauß-Kurve/Gauß'sche Kurve** *stat*
Gaussian curve
**Gauß-Verteilung/Normalverteilung/Gauß'sche
Normalverteilung** *stat* Gaussian distribution
(Gaussian curve/normal probability curve)
**Gaze** gauze
**GC (Gaschromatographie)**
GC (gas chromatography)
**geädert** veined, venulous
**gebändert/breit gestreift** banded, fasciate
**Gebäudeevakuierungsplan**
building evacuation plan
**Gebäudereinigungspersonal** building cleaners

**Gebinde** bundle, bunch, lashing, packaging
(larger quantities of items fastened together)
**Gebläse (Föhn)** blower, fan
**Gebläselampe** blowtorch
**gebrauchsfertig** ready-to-use, ready-made
**Gebrauchstemperatur** service temperature
**gediegen** native, pure; (massiv) solid
**geeicht/kalibriert** calibrated; (standardisiert)
standardized
**geerdet** grounded, earthed (*Br*)
**Gefahr/Gefährdung/Risiko**
danger, hazard, risk, chance
➤ **akute Gefahr** immediate danger,
imminent danger
➤ **außer Gefahr** out of danger, safe, secure
➤ **biologische Gefahr/biologisches Risiko**
biohazard
➤ **drohende Gefahr** imminent danger
➤ **Gefahr am Arbeitsplatz** occupational hazard
➤ **höchste Gefahr** extreme danger
➤ **öffentliche Gefahr** public danger
**gefährden** endanger, imperil; (gefährdet)
endangered, in danger, at risk
**Gefährdung** endangerment, imperilment;
hazard; (Ausgesetztsein) exposure
➤ **Strahlengefährdung** radiation hazard
**Gefahrenbereich/Gefahrenzone** danger area,
danger zone
**Gefahrenbezeichnungen/
Gefährlichkeitsmerkmale** hazard warnings
➤ **ätzend** corrosive (C)
➤ **brandfördernd** oxidizing (O), pyrophoric
➤ **entzündlich** flammable (R10)
➤ **erbgutverändernd/mutagen** mutagenic (T)
➤ **erstickend** asphyxiant
➤ **explosionsgefährlich** explosive (E)
➤ **fortpflanzungsgefährdend/
reproduktionstoxisch** toxic to reproduction (T)
➤ **gefährlicher Stoff** hazardous material
➤ **gesundheitsschädlich** harmful, nocent (Xn)
➤ **giftig** toxic (T)
➤ **hochentzündlich** extremely flammable (F+)
➤ **krebserzeugend/karzinogen/kanzerogen**
carcinogenic (Xn)
➤ **leicht entzündlich** highly flammable (F)
➤ **mindergiftig** moderately toxic
➤ **mutagen** mutagenic
➤ **onkogen** oncogenic
➤ **radioaktiv** radioactive
➤ **reizend** irritant (Xi)
➤ **sehr giftig** extremely toxic (T+)
➤ **sensibilisierend** sensitizing
➤ **teratogen** teratogenic
➤ **toxisch (*siehe auch dort*)** toxic
➤ **tränend (Tränen hervorrufend)** lachrymatory

> **umweltgefährlich** dangerous for the environment (N = nuisant)

**Gefahrencode/Gefahrenkennziffer** hazard code

**Gefahrendiamant** hazard diamond

**Gefahrenherd** source of danger; troublespot

**Gefahrenklasse** danger class, category of risk, class of risk

**Gefahrenquelle** hazard, source of danger

> **biologische Gefahrenquelle** biohazard

**Gefahrenstoffklasse** hazardous material class

**Gefahrenstoffverordnung** hazardous materials regulations

**Gefahrenstufe/Gefahrenklasse/Risikostufe** hazard rating, hazard class, hazard level

**Gefahrensymbol/Gefahrenwarnsymbol** hazard icon, hazard symbol, hazard warning symbol

**Gefahrenwarnzeichen** hazard warning sign, hazard sign, warning sign, danger signal

**Gefahrenzone** danger zone

**Gefahrenzulage** danger allowance, hazard bonus

**Gefahrgut/Gefahrgüter (gefährliche Frachtgüter)** dangerous goods, hazardous materials

**Gefahrgutbestimmungen** hazardous materials regulations

**Gefahrguttransport** transport of dangerous goods, transport of hazardous materials

**gefährlich** dangerous; (gesundheitsgefährdend) hazardous; (riskant) dangerous, hazardous, risky

> **ungefährlich** not dangerous; (nicht gesundheitsgefährdend) nonhazardous

**Gefahrstoff** dangerous substance, hazardous substance, hazardous material

> **biologischer Gefahrstoff** biohazard, biohazardous substance

**Gefahrstoffschrank** hazardous materials safety cabinet

**Gefahrzettel** hazard label

**Gefälle/Gradient** *chem* gradient

> **Konzentrationsgefälle/Konzentrationsgradient** concentration gradient

**gefaltet** folded, pleated, plicate

**Gefäß** vessel; (Behälter) container

**Gefäßklemme/Arterienklemme/Venenklemme** hemostatic forceps, artery clamp

**gefleckt** spotted, mottled

**gefliest (mit Fliesen ausgelegt)** tiled

**gefrierätzen** freeze-etch

**Gefrierätzung** freeze-etching

> **Tiefenätzung** deep etching

**Gefrierbruch** *micros* freeze-fracture, freeze-fracturing, cryofracture

**gefrieren** freeze

> **schnellgefrieren** quickfreeze

**Gefrierfach** freezer compartment; (vom Kühlschrank) freezing compartment, freezer (of the refrigerator)

**Gefrierkonservierung/Kryokonservierung** freeze preservation, cryopreservation

**Gefrierlagerung** freeze storage

**Gefriermikrotom** freezing microtome, cryomicrotome

**Gefrierpunkt** freezing point

> **Siedepunkt** boiling point

**Gefrierpunktserhöhung** freezing point elevation

**Gefrierpunktserniedrigung** freezing point depression

**Gefrierschnitt** *micros* cryosection, frozen section

**Gefrierschrank** upright freezer; (Gefriertruhe) chest freezer

**Gefrierschutz** cryoprotection

**Gefrierschutzmittel** cryoprotectant

**gefriertrocknen/lyophilisieren** freeze-dry, lyophilize

**Gefriertrocknung/Lyophilisierung** freeze-drying, lyophilization

**Gefriertruhe** freezer, chest freezer

**Gefühl** feeling, sensation

**Gegendruck** counterpressure

**gegenfärben** *micros* counterstain

**Gegenfärbung** *micros* counterstain, counterstaining

**Gegengewicht** counterbalance, counterpoise

**Gegengift/Gegenmittel/Antidot** antidote, antitoxin, antivenin (tierische Gifte)

**Gegenion** counterion, (rarely: gegenion)

**Gegenkraft/Rückwirkungskraft** reactive force

**Gegenprobe** countertest, countercheck, control, duplicate test

**Gegenreaktion** counterreaction

**Gegenschattierung** countershading

**Gegenselektion/Gegenauslese** counterselection

**Gegenstrom** countercurrent

**Gegenstromelektrolyse** countercurrent electrolysis

**Gegenstromextraktion** countercurrent extraction

**Gegenstromverteilung** countercurrent distribution

**gegliedert/unterteilt** divided

**Gehalt** salary; (akademisch) stipend; (Lohn) wage(s); (Bezahlung) pay

**gehärtet (Metall)** tempered

**Gehäuse** housing; shell, case, casing

**Gehör** hearing; (Hörfähigkeit) sense of hearing

**Gehörschutz** hearing protection

**Gehörschützer (Ohrenschützer)** ear muffs, hearing protectors

**Gehörschutzstöpsel/Ohrenstöpsel** earplugs

**Geiger-Müller-Zähler/Geiger-Müller-Zählrohr** Geiger-Müller counter

**Geiger-Zähler** Geiger counter

**gekachelt** tiled

**geklärt** cleared

**gekoppelte Reaktion** coupled reaction
**Gekrätz/Krätze** *metal* dross (scum/skimmings);
 (Schlacke) slag, scoria
**Gel** gel
> **denaturierendes Gel** denaturing gel
> **hochkant angeordnetes Plattengel** slab gel
> **horizontal angeordnetes Plattengel**
 flat bed gel, horizontal gel
> **natives Gel** native gel
> **Sammelgel** stacking gel
> **Trenngel** running gel, separating gel
**Gel-Sol-Übergang** gel-sol-transition
**Geläger (Fermentations-Niederschlag)** lees,
 dregs (sediment)
**gelartig/gallertartig/gelatinös** gelatinous,
 gel-like
**Gelatine** gelatin, gelatine
**Gelbbrennen** pickling, dipping (metal etching)
**Gelbbrennsäure/Scheidewasser (konz.
 Salpetersäure)** aquafortis (nitric acid used in
 metal etching)
**Gelbildner** gelatinizing agent
**Gelee** jelly
**Geleffekt (Trommsdorff-Norrish)** gel effect,
 Trommsdorff effect, Norris-Smith effect
**Gelelektrophorese** gel electrophoresis
> **Feldinversions-Gelelektrophorese**
 field inversion gel electrophoresis (FIGE)
> **Gradienten-Gelelektrophorese**
 gradient gel electrophoresis
> **Pulsfeld-Gelelektrophorese**
 pulsed field gel electrophoresis (PFGE)
> **Temperaturgradienten-Gelelektrophorese**
 temperature gradient gel electrophoresis
> **Verschluss-Scheibe** gate (gel-casting)
> **Wechselfeld-Gelelektrophorese**
 alternating field gel electrophoresis
**Gelenk** *tech* joint; (Scharnier) hinge; articulation
**Gelenkkupplung** ball-joint connection
**Gelenkverbindung** hinged joint, swivel joint,
 articulated joint
**Gelfiltration/Molekularsiebchromatographie/
 Gelpermeations-Chromatographie** gel
 filtration, molecular sieving chromatography,
 gel permeation chromatography
**Gelgießstand/Gelgießvorrichtung** *electrophor*
 gel caster
**gelieren** *vb* gel
**Gelieren/Gelatinieren** gelation; *polym* (Gießen)
 gelling, fusion
**Geliermittel** gelling agent
**Gelierpunkt** gelling point

**Gelkamm** *electrophor* gel comb
**Gelkammer** *electrophor* gel chamber
**gelöst (lösen)** dissolved
**gelöster Stoff** solute
**Gelpräzipitationstest/Immunodiffusionstest**
 immunodiffusion
**Gelpunkt** gel point
**Gelretardationsexperiment**
 mobility shift experiment
**Gelretentionsanalyse** gel retention analysis,
 band shift assay
**Gelretentionstest** gel retention assay,
 electrophoretic mobility shift assay (EMSA)
**Gelträger/Geltablett** *electrophor* gel tray
**Gelzustand** gel state
**gemäßigt** temperate, moderate
**Gemenge (heterogenes Gemisch)** mixture
 (heterogenous association of substances)
**Gemisch (Mischung)** mixture
> **azeotropes Gemisch/Azeotrop** azeotrope,
 azeotropic mixture, constant-boiling mixture
> **dystektisches Gemisch** dystectic mixture
> **Polymerblend/Polymergemisch** polymer blend
> **Substanzgemisch** substance mixture
> **Zweistoffgemisch** binary mixture
**Gen** gene
**Genauigkeit** precision, accuracy
**genehmigungsbedürftig** permit required,
 requiring official permit
**genehmigungspflichtig** subject to approval,
 requiring permission/authorization
**Genehmigungsverfahren** authorization procedure
**Generation** generation
**Generatorgas** producer gas
**Generica/Generika/Fertigarzneimittel**
 generic drug
**Genetik/Vererbungslehre** genetics
 (study of inheritance)
> **Humangenetik** human genetics
> **Molekulargenetik** molecular genetics
**genetischer Fingerabdruck/DNA-Fingerprinting**
 DNA profiling, DNA fingerprinting
**genetischer Suchtest** genetic screening
**Genexpression** gene expression
**Genexpressionskontrolle/Kontrolle der
 Genexpression** control of gene expression
**Genfrequenz/Genhäufigkeit** gene frequency
**genießbar/essbar** comestible, eatable, edible
> **ungenießbar/nicht essbar** uneatable, inedible
**genießbar/schmackhaft** palatable
> **ungenießbar/nicht schmackhaft** unpalatable

**Genkonversion/Konversion/Umwandlung/**
**Übergang** (gene) conversion
**Genmanipulation** gene manipulation
➢ **Gentechnik/Gentechnologie** genetic
engineering, gene technology
**Genrückgewinnung** gene eviction, gene rescue
**Gentechnik/Gentechnologie/Genmanipulation**
genetic engineering, gene technology
**gentechnisch verändert** genetically engineered
**gentechnisch veränderter Mikroorganismus**
**(GVM)** genetically modified microorganism
(GMM)
**gentechnisch veränderter Organismus**
**(GVO)** genetically engineered organism,
genetically modified organism (GMO)
**Gentechnologie/Gentechnik/Genmanipulation**
gene technology, *sensu lato*: genetic
engineering (Gentechnik)
**Gentherapie** gene therapy, gene surgery
**Gentisinsäure** gentisic acid
**Geochemie/geologische Chemie** geochemistry
**geometrische Isomerie (***cis/trans***-Isomerie)**
geometrical isomerism (*cis/trans* isomerism)
**geothermische Energie** geothermal energy
**gepökelt/eingesalzen** corned
(e.g., corned beef: gepökeltes Rindfleisch)
**geradkettig/offenkettig** straight-chain,
open-chain
**Geraniumsäure** geranic acid
**Geranylacetat** geranyl acetate
**Gerät/Anlage/Apparat** instrument, equipment,
set, apparatus; appliance
➢ **Ablesegerät** direct-reading instrument
➢ **Anzeigegerät** indicator, recording instrument;
monitor
➢ **Atemschutzgerät/Atemgerät** breathing
apparatus, respirator
➢ **Datenerfassungsgerät/Messwertschreiber/**
**Registriergerät** datalogger
➢ **Elektrogerät** electric appliance
➢ **Kontrollgerät** controlling instrument,
control instrument, monitoring instrument;
(Anzeige: monitor)
➢ **Laborgerät** *allg* laboratory/lab equipment
➢ **Ladegerät** charger
➢ **Messgerät** measuring apparatus, measuring
instrument; gage, gauge (*Br*)
➢ **Netzgerät/Netzteil** power supply unit;
(Adapter) adapter
➢ **Prüfgerät/Prüfer/Nachweisgerät** tester, testing
device, checking instrument; detector
➢ **Regelgerät** control unit
➢ **Sichtgerät** visualizer, visual indicator,
viewing unit, display unit

➢ **Steuergerät** control unit, control gear, controller
➢ **Untersuchungsgerät**
testing equipment/apparatus
➢ **Vorschaltgerät** *electr* ballast unit;
(Starter: Leuchtstoffröhren) starter
**Gerätefehler** instrumental error
**Geräteraum** equipment room
**Gerätesonde** equipment probe
**geräuscharm** low-noise
**Geräuschpegel** noise level
**gerben** tan
**Gerben** tanning
**Gerbsäure (Tannat)** tannic acid (tannate)
**gerbsäurehaltig/gerbstoffhaltig** tanniferous
**Gerbstoff** tanning agent, tannin
**Gerichtsmedizin/Rechtsmedizin/Forensik/**
**forensische Medizin** forensics, forensic medicine
**geriffelt (z.B. Schlauchadapter)** barbed, fluted,
serrated (e.g. tubing adapters)
**gerinnen** (koagulieren) set; curdle, coagulate;
(Milch) curdle; (Blut) clot
**Gerinnsel (z.B. Blut)** clot (e.g. blood clot)
**Gerinnung/Koagulierung**
coagulation; *med* clotting
**gerinnungsfähig/gerinnbar/koagulierbar**
coagulable
**Gerinnungsfähigkeit/Koagulierbarkeit**
coagulability
**Gerinnungsfaktor** clotting factor
**Gerinnungsmittel/Koagulierungsmittel**
coagulating agent, coagulator
**Geruch** *allg* smell, scent, odor
➢ **angenehm (Duft)** pleasant (fragrant scent/odor)
➢ **bittere Mandeln/Bittermandelgeruch**
bitter almond
➢ **blumig** flowery
➢ **brenzlig/Brandgeruch** burnt
➢ **delikat/wohlriechend** delicate
➢ **durchdringend** penetrating
➢ **faulig/modrig** foul, putrid
➢ **fruchtartig** fruity
➢ **harzig** resinous
➢ **moschusartig** musky
➢ **ranzig** rancid
➢ **säuerlich/sauer** acidic, acid
➢ **scharf** sharp
➢ **schweflig** sulfurous
➢ **schwer** heavy
➢ **stechend/beißend** pungent
➢ **süßlich/lieblich** sweet, mellow
➢ **teerig** tarry
➢ **übel/übelriechend** bad
➢ **unangenehm** unpleasant

> würzig spicy
geruchlos odorless, odor-free, scentless;
  (geruchlos machen) deodorize
geruchsfrei odorfree
Geruchsmaskierung/Desodorierung deodorizing
geruchsneutral odorless
Geruchssinn/olfaktorischer Sinn olfactory sense
Geruchsstoff (angenehmer Geruchsstoff)
  fragrance, perfume (stronger scent);
  (unangenehmer/abweisender Geruchsstoff)
  repugnant substance
Geruchsüberdecker odor masking agent
Gerüst scaffold, scaffolding, framework, framing;
  stage, stand; skeleton, structural support;
  backbone; stroma, reticulum
Gerüsteiweiß/Stützeiweiß structural protein,
  fibrous protein
Gerüstisomerie/Skelettisomerie/Rumpfisomerie
  skeletal isomerism
Gerüstregion (von Immunglobulinen) framework
  region (of immunoglobulins)
Gerüstsilicat/Tektosilicat framework silicate,
  tectosilicate
Gesamtbiomasse total biomass
Gesamtgewicht (Gesamtmasse) total weight
  (total mass)
Gesamthärte (Wasser) total hardness
gesättigt (sättigen) saturated (saturate)
> doppelt ungesättigt diunsaturated
> ungesättigt unsaturated
gesättigter Dampf/Sattdampf saturated steam
Geschirr dishes
> Glasgeschirr glassware
geschlossenkettig (ringförmig)
  closed-chain (ring)
Geschmack taste
Geschmackssinn sense of taste,
  gustatory sense/sensation
Geschmackstoff(e) flavor, flavoring
> künstlicher Geschmackstoff artificial flavor,
  artificial flavoring
> natürlicher Geschmackstoff natural flavor,
  natural flavoring
Geschmacksverstärker (z.B. Natriumglutamat)
  flavor enhancer
  (e.g., monosodium glutamate MSG)
geschmeidig/malleabel min soft, malleable
Geschmeidigkeit softness
geschmiedet/gehämmert wrought
geschmolzen melted
geschützt (schützen) protected (protect)
Geschwindigkeit speed; velocity (vector); rate
geschwindigkeitsbegrenzende(r) Schritt/
  Reaktion rate-limiting step/reaction

geschwindigkeitsbestimmende(r) Schritt/
  Reaktion rate-determining step/reaction
Geschwindigkeitskonstante (Enzymkinetik)
  rate constant
geschwollen (schwellen) turgid, swollen (swell)
Geschwollenheit/Turgidität turgidity
Gesetz law, act, statute;
  (siehe auch bei: Verordnung)
> Abfallgesetz/Abfallbeseitigungsgesetz (AbfG)
  Federal Waste Disposal Act
> Abwasserabgabengesetz (AbwAG)
  Wastewater Charges Act
> Arbeitsschutzgesetz Industrial Safety Law;
  Factory Act (Br)
> Bundes-Imissionsschutzgesetz (BImSchG)
  Law on Immission Control,
  Federal Law on Air Pollution Control
> Bundes-Seuchengesetz (BSeuchG) Federal
  Law on Epidemics, Epidemics Control Act
> Bürgerliches Gesetzbuch Civil Code
> Chemikaliengesetz (ChemG)
  Federal Chemical Law
> Embryonenschutzgesetz (ESchG) Law on
  Embryonic Research, Embryonic Research Act
> Gentechnikgesetz (GenTG)
  Law on Genetic Engineering
> Infektionsschutzgesetz (IfSG) Law for the
  Protection Against Contagious Disease
> Massenwirkungsgesetz law of mass action
> Pflanzenschutzgesetz (PflSchG) Federal Law
  on Pesticide Usage, Pesticide Regulation Act
> Tierschutzgesetz (TierSG)
  Law for the Protection of Animals
> Tierseuchengesetz (TierSG)
  Federal Law on Epizootic Diseases
> U.S. Gesetz zur Kontrolle toxischer
  Substanzen (Gefahrstoffe)
  Toxic Substances Control Act (TSCA)
> Wasserhaushaltsgesetz (WHG)
  Water Resources Policy Act
Gesetz der äquivalenten Proportionen
  law of equivalent proportions,
  law of equivalent proportions
Gesetz der konstanten Proportionen
  (Mischungsverhältnisse) law of constant
  proportions, law of definite proportions,
  law of combining ratios
Gesetz der Partialdrücke (1. Dalton) law of partial
  pressures
Gesetz der multiplen Proportionen (2. Dalton)
  law of multiple proportions
Gesetz über die Kontrolle von Gefahrstoffen
  Toxic Substances Control Act
Gesetz von der Erhaltung der Masse
  law of the conservation of mass

**Gesetz zur Reinhaltung der Luft** Clean Air Act (*US*)
**gesetzeswidrig** against the law, illegal, unlawful
**Gesichtsfeld/Sehfeld/Blickfeld** field of vision,
field of view, scope of view, range of vision,
visual field
**Gesichtsfeldblende/Okularblende** *micros*
ocular diaphragm, eyepiece diaphragm,
eyepiece field stop
**Gesichtsmaske** face mask
**Gesichtsschutz/Gesichtsschirm** faceshield
**Gesichtssinn** vision, eyesight
**gespornt** spurred
**gestaffelt** staggered (non-eclipsed)
**Gestalt** shape, form, appearance, contour
**gestapelt (stapeln)** stacked (stack)
**gestaucht/zusammengezogen** compressed,
contracted
**Gestein** rock
➤ **Ergussgestein/Vulkanit** extrusive rock
➤ **Eruptivgestein** (*sensu stricto*: Ergussgestein/
Vulkanit) extrusive rock; (*sensu lato*:
Magmagestein/Magmatite/Erstarrungsgestein)
igneous rock
➤ **Intrusivgestein/Plutonit** intrusive rock
➤ **Magmagestein (Magmatit)** igneous rock
➤ **Sedimentgestein** sedimentary rock
➤ **Trümmergestein (klastisches Gestein)**
fragmental rock (clastic rock)
➤ **Umwandlungsgestein** metamorphic rock
**Gesteinskunde/Petrologie** petrology
**Gestell (Sammlung/Aufbewahrung etc.)** rack
**gestutzt/verstümmelt/zurechtgeschnitten**
truncated
**gesund** healthy
➤ **ungesund** unhealthy, detrimental to one's health
**Gesundheit** health
**Gesundheitsattest** health certificate
**gesundheitsbedrohend** health-threatening
**Gesundheitserziehung** health education
**Gesundheitsfürsorge** health care, medical welfare
**Gesundheitsrisiko** health hazard
**gesundheitsschädlich** harmful, detrimental to
one's health; (Xn) harmful, nocent
**gesundheitswidrig** unhealthy, harmful
**Gesundheitszeugnis (ärztliches Attest)**
health certificate
**Gesundheitszustand** health, state of health,
physical condition
**geteilt** divided, parted,
partite (divided into parts)
➤ **ungeteilt** undivided, not divided
**Getreidemehl** *grob:* meal, *fein:* flour
**Getriebe (Motor)** *tech* transmission (of gearing)

**Getter/Getterstoff/Fangstoff (Vakuumröhren)**
getter film
**Getterung/Gettern** gettering
**Gewächshaus/Treibhaus** greenhouse, hothouse,
forcing house
**gewaltsam öffnen** force open
**Gewässer** water(s), body of water
(lakes and rivers)
**Gewässergüte/Wassergüte** water quality
**Gewebe** fabric, cloth, tissue; *text* woven; woof
**Gewebeband/Textilband (einfach)** cloth tape
➤ **Panzerband/Gewebeklebeband**
**(Universalband/Vielzweckband)**
duct tape (polycoated cloth tape)
**Gewebeschutzsalbe/Arbeitsschutzsalbe/**
**Schutzcreme** barrier cream
**Gewebeunverträglichkeit/Histoinkompatibilität**
histoincompatibility
**Gewebeverträglichkeit/Histokompatibilität**
histocompatibility
**Gewebewichtungsfaktor/Gewebe-**
**Wichtungsfaktor** tissue weighting factor ($W_T$)
**Gewerbe** trade, business, occupation
➤ **Beruf/Erwerbstätigkeit** profession
**Gewerbeaufsicht (staatl. Behörde)** trade &
industrial supervision (federal agency)
**Gewerbeordnung (GewO)** Industrial Trade Law,
Industrial Code
**Gewicht** weight; (Wägemasse) weight
(actually: mass)
➤ **Äquivalentgewicht)** equivalent weight,
Gram equivalent
➤ **Atomgewicht** atomic weight
➤ **Bruttogewicht** gross weight
➤ **Frischgewicht (*sensu stricto*: Frischmasse)**
fresh weight (*sensu stricto*: fresh mass)
➤ **Lebendgewicht** live weight
➤ **Molekulargewicht/relative Molekülmasse (*M*r)**
molecular weight, relative molecular mass (*M*r)
➤ **Nettogewicht** net weight
➤ **spezifisches Gewicht** specific gravity
➤ **Tara (Gewicht des Behälters/der Verpackung)**
tare (weight of container/packaging)
➤ **Trockengewicht (*sensu stricto*: Trockenmasse)**
dry weight (*sensu stricto*: dry mass)
**Gewichtsanalyse/Gravimetrie** gravimetry,
gravimetric analysis
**Gewichtsbruch** weight fraction
**Gewichtsring/Stabilisierungsring/**
**Beschwerungsring/Bleiring (für**
**Erlenmeyerkolben)** lead ring (for Erlenmeyer)
**Gewinde** (Schrauben/Bolzen etc.) thread;
(Spirale) spiral, coil

> **Britisches Standard-Gewinde**
British Standard Pipe (BSP) thread/fittings
> **U.S. Rohrgewindestandard**
National Pipe Taper (NPT)
> **UNF-Feingewinde** Unified Fine Thread (UNF)
**Gewindeabdichtungsband/**
**Gewindedichtungsband**
thread seal tape, thread sealant tape
**Gewindefassung** screw-base socket
**gewinkelt (Molekülstruktur)** puckered
**GFC (Gas-Flüssig-Chromatographie)**
GLC (gas-liquid chromatography)
**Gibberellinsäure** gibberellic acid
**Gibbssches Phasengesetz** Gibbs phase rule
**gießbar** pourable; castable
**Gießelastomer** pourable elastomer
**gießen** pour, cast; (wässern) irrigate, water;
*polym* cast, mold
**Gießen** pouring; casting; *polym* casting, molding
**Gießerei** foundry
**Gießerei-Koks** foundry coke
**Gießfolie** cast film
**Gießform/Gussform/Gesenk (Matrize)** *polym*
die (matrix), mold, mould (*Br*), casting mold
**Gießharz** cast resin, casting resin
**Gießling/Gussteil (gegossenes Werkstück)**
*polym* cast molding, casting
**Gießmasse** casting compound
**Gießschnauze (an Gefäß)** pouring spout
**Gießverfahren** casting method, molding procedure
**Gift** (Toxin) poison, toxin; (tierisch) venom
> **Atmungsgift** respiratory poison
> **Katalysatorgift/Katalytgift/Kontaktgift**
**(Katalyseinhibitor)**
catalyst poison, catalytic poison
> **Summationsgift/kumulatives Gift**
cumulative poison
> **Reaktionsgift** reaction poison
**giftig** (toxisch) poisonous, toxic; (Tiere) venomous
**Giftigkeit** (Toxizität) poisonousness, toxicity
**Giftinformationszentrale**
poison information center
**Giftmüll** toxic waste, poisonous waste
**Giftpflanze** poisonous plant
**Giftschrank** poison cabinet
**Giftstoffe** poisonous materials,
poisonous substances
**Gips** $CaSO_4 \times 2H_2O$ gypsum (selenite)
> **Gips für Gipsverband** *med* plaster of Paris
(POP) (calcined gypsum)
**Gipsplatte (Deckenbeschalung)**
gypsum board (ceiling)
**Gitter** screen, wire-screen, grate; *chem/polym*
lattice; *micros* (Netz/Gitternetz/Probenträgernetz
für Elektronenmikroskopie) grid

> **Basisgitter** base lattice
> **Idealgitter** ideal lattice
> **inkommensurables Gitter**
incommensurate lattice
> **Ionengitter** ion lattice
> **kommensurables Gitter**
commensurate lattice
> **Metallgitter** metallic lattice
> **Plangitter** plane lattice
> **Punktgitter** point lattice
> **reziprokes Gitter** reciprocal lattice
> **Raumgitter** space lattice
> **Realgitter** real lattice
> **Schichtgitter** layer lattice
> **Übergitter/Überstruktur/Supergitter**
superlattice
> **Zwischengitter** interstitial lattice
**Gitterenergie** lattice energy
**Gitterplatz** lattice site
**Gitterspannung** *electr* grid voltage
**Gitterstichprobenverfahren** *stat* lattice sampling,
grid sampling
**Gitterstörung/Gitterfehler** lattice defect
**Gittertheorie** theory of lattices; *immun*
(Netzwerktheorie) network theory
**Glanz** gloss; luster (lustre)
**Glanzbeschichtung** glossy coating
**Glanzkohle/Anthrazit** hard coal, anthracite
**Glanzpapier (glanzbeschichtetes Papier)**
glazed paper
**Glanzwinkel** glancing angle, Bragg angle
**Glas** glass
> **anschlagen/Ecke abschlagen** chip, chipping
> **Bleiglas** lead glass
> **Borosilicatglas** borosilicate glass
> **Einscheibensicherheitsglas (ESG)**
tempered safety glass
> **Fensterglas** window glass
> **Flachglas** plate glass
> **Flintglas** flint glass
> **gehärtet** toughened
> **Hartglas** tempered glass, resistance glass
> **hitzebeständiges Glas** heat-resistant glass
> **Kronglas** crown glass
> **Lötglas** solder glass
> **Metallglas/metallisches Glas/Glasmetall**
**(amorphes Metall)** metallic glass
> **Milchglas** milk glass
> **optisches Glas** optical glass
> **photochromes Glas** photochromic glass
> **phototropes Glas** photosensitive glass
> **Quarzglas** quartz glass
> **Rippenglas/geripptes Glas/geriffeltes Glas**
ribbed glass
> **Schichtglas** laminated glass

➢ Schutzglas/Sicherheitsglas safety glass, laminated glass
➢ Sicherheitsglas safety glass
➢ Sinterglas fritted glass
➢ Spiegelglas mirror glass
➢ Textilglas textile glass
➢ Verbundsicherheitsglas laminated safety glass
➢ Wasserglas $M_2Ox(SiO_2)_x$ water glass, soluble glass
glasartig/glasig glasslike, glassy, vitreous
Glasbehälter glass vessel
Glasbildung vitrification
Glasbläser glass blower, glassblower
Glasbläserei glassblower's workshop ('glass shop')
Glasbruch glass scrap, shattered glass, broken glass
Gläschen/Glasfläschchen/Phiole vial
Glaselektrode glass electrode
Glaser glazier (one who sets glass)
Glaserei (Handwerk) glasswork, glazing; (Werkstatt) glazier's workshop, glass shop
gläsern/aus Glas glassy, made out of glass, vitreous
Glasfaser/Faserglas glass fiber (GF) (ISO), fiberglass
➢ C chemical (chemisch)
➢ E electric (elektrisch)
➢ R resistance (Festigkeit)
➢ textile Glasfaser/Textilglas textile glass
Glasfasergewebe glass-fiber weave
Glasfaserkabel optical fiber cable, glass fiber cable
Glasfaserkunststoff/Glasfaserverstärkter Kunststoff (GFK) glass fiber-reinforced plastic (GRP/GFRP), fiber reinforced plastic (FRP)
Glasfaserlaminat/-schichtstoff glass fiber laminate
Glasfaserlaser glass-fiber laser, fiber laser
Glasfasermatte glass fiber mat, fiberglass mat
Glasfaseroptik/Fiberglasoptik/Faseroptik fiber optics
Glasfaserschichtstoff glass fiber laminate, fiberglass laminate
Glasfaserstrang/Roving roving
Glasfaserverbundstoff glass-fiber bonded non-woven
glasfaserverstärkt glass fiber-reinforced
glasfaserverstärkter Kunststoff (GFK)/ glasfaserverstärktes Plastik glass fiber-reinforced plastic (GRP/GFRP)
Glasfaserverstärkung glass fiber reinforcement, fiberglass reinforcement
Glasfaservlies glass fiber mat, fiberglass matting; (Glasfibervliessstoff/Oberflächenvlies) surfacing mat

Glasfaservliesstoff glass non-woven
Glasfilament (Glasseiden) glass filament
Glasfilamentgarn glass filament yarn
Glasfilamentgewebe woven glass filament fabric
Glasfritte fritted glass filter
Glasgeflecht glass braid
Glasgeschirr glassware, glasswork
Glashahn glass stopcock
Glashersteller glassmaker
Glashomogenisator („Potter'; Dounce) glass homogenizer (Potter-Elvehjem homogenizer; Dounce homogenizer)
glasieren (mit Glasur überziehen) glaze; (Tonwaren brennen) vitrify; (Metall) enamel
Glaskeramik glass ceramics
Glas-Kurzfasern (gemahlen) milled glass fiber; (geschnitten) chopped glass fiber
glasmattenverstärkt glass-fiber mat reinforced
glasmattenverstärkter Thermoplast (GMT) glass fiber-mat reinforced thermoplastic
Glasperle/Glaskügelchen glass bead
Glasplatte sheet of glass
Glasrohr/Glasröhre/Glasröhrchen glass tube, glass tubing (Glasrohre)
Glasrohrschneider glass tubing cutter; (Zange) glass-tube cutting pliers
Glasroving glass roving
Glasrovinggewebe woven glass roving fabric, roving cloth
Glasrührstab glass stirring rod
Glasscheibe sheet of glass, pane
Glasschneider glass cutter
Glasschreiber/Glasmarker glass marker
Glasspinnfaden glass strand, strand
Glassplitter bits of broken glass
Glasstab glass rod
Glasstapelfaser glass staple fiber
Glasstapelfasergarn glass staple fiber yarn, glass-fiber yarn
Glasstößel/Glaspistill (Homogenisator) glass pestle
Glastemperatur/Glasumwandlungstemperatur (Glasübergangstemperatur) $(T_g)$ polym glass transition temperature
Glasübergang (Polymere) glass transition
Glasumwandlung/Glasübergang polym glass transition
Glasumwandlungstemperatur/Glastemperatur (Glasübergangstemperatur) $(T_g)$ polym glass transition temperature
Glasur glaze
Glasverklebung bonded glass joint
glasverstärkte Kunststoffe glass-reinforced plastics (GRP)

Glaswaren/Glassachen glassware, glasswork
Glaswatte glass bat, wadding
Glaswolle glass wool
Glaszustand vitreous state
Glaszylinder glass cylinder
Glättwerk/Kalander calender
Glauber-Salz/Glaubersalz (Natriumsulfathydrat)
Glauber salt
(crystalline sodium sulfate decahydrate)
gleich/identisch (völlig gleich/ein und dasselbe)
equal, same, identical
➢ ungleich/nicht identisch/anders unequal,
different, nonidentical
gleichartig (sehr ähnlich) very similar;
(verwandt/kongenial) congenial
gleichbleibender Zustand/stationärer Zustand
steady state
gleichen math equate
➢ sich gleichen/gleichartig sein resemble
gleichförmig uniform
Gleichförmigkeit uniformity
gleichgestaltet similar-structured
Gleichgewicht balance, equilibrium
➢ Fließgleichgewicht/
dynamisches Gleichgewicht
steady state, steady-state equilibrium
➢ Ionengleichgewicht
ion equilibrium, ionic steady state
➢ natürliches Gleichgewicht (Naturhaushalt)
natural balance
➢ ökologisches Gleichgewicht
ecological balance, ecological equilibrium
➢ Säure-Basen-Gleichgewicht acid-base balance
➢ Ungleichgewicht imbalance, disequilibrium
Gleichgewichtsdestillation
equilibrium distillation
Gleichgewichtsdialyse equilibrium dialysis
Gleichgewichtskonstante equilibrium constant
Gleichgewichtspolymerisation equilibrium
polymerization, reversible polymerization
Gleichgewichtspotential equilibrium potential
Gleichgewichtszentrifugation equilibrium
centrifugation, equilibrium centrifuging
Gleichgewichtszustand equilibrium state
gleichrichten rectify
Gleichrichter rectifier
Gleichrichtung rectification
Gleichstrom direct current (DC)
Gleichstromdestillation simple distillation
Gleichstrompolarographie
direct-current polarography
Gleichung equation
➢ chemische Gleichung chemical equation
➢ ‚eingerichtete' Gleichung balanced equation

➢ Gleichung xten Grades
equation of the xth order
➢ Zustandsgleichung equation of state (EOS)
Gleichung xten Grades equation of the xth order
Gleichverteilungssatz equipartition theorem,
law of equipartition
gleichzählig/isomer isomerous
Gleitcreme lube, lubricating cream
gleiten (über Wasser/in Luft) glide;
(schlüpfen/rutschen) slide, slip, skid
Gleitmittel/Schmiermittel lubricant, lubricating
agent, lube; polym mold-release agent,
slip agent
Gleitringdichtung (Rührer) face seal
Gleitschutz antislip
Gliedermaßstab folding rule
gliedern/einteilen divide; (klassifizieren) classify
➢ untergliedern/unterteilen subdivide
Gliederung (Einteilung) division;
(Klassifikation) classification
➢ Untergliederung/Unterteilung subdivision
glimmen glow
Glimmentladung glow discharge
Glimmer mica
➢ Kaliglimmer/Muskovit white mica,
muscovite
➢ Magnesiaglimmer/Biotit black mica, biotite
globulär globular
Glockenkurve (Gauß'sche Kurve)
bell-shaped curve (Gaussian curve)
Glockentrichter (Fülltrichter für Dialyse)
thistle tube funnel, thistle top funnel tube
glomeruläre Filtrationsrate
glomerular filtration rate (GFR)
Glucarsäure glucaric acid, saccharic acid
Glucocorticoid glucocorticoid
Gluconeogenese gluconeogenesis
Gluconsäure (Gluconat)
gluconic acid (gluconate), dextronic acid
Glucuronsäure (Glukuronat)
glucuronic acid (glucuronate)
Glühbirne/Glühlampe light bulb, lightbulb,
incandescent lamp
➢ Glühbirnchen miniature lamp/bulb
Glühdraht glowing wire
Glühofen annealing furnace
Glühröhrchen combustion tube, ignition tube
Glührohrprobe combustion tube test,
ignition tube test
Glühschälchen incineration dish
Glühstrumpf/Gasglühlichtkörper gas mantle
Glühverlust loss on ignition, ignition loss
Glühwendel (z.B. Glühbirne) filament
Glukosamin/Glucosamin glucosamine

Glukose/Glucose (Traubenzucker) glucose (grape sugar)
Glukosurie/Glycosurie glucosuria, glycosuria
Glutamin glutamine
Glutaminsäure (Glutamat)/
2-Aminoglutarsäure glutamic acid (glutamate), 2-aminoglutaric acid
Glutaraldehyd/Glutardialdehyd/ Pentandial glutaraldehyde, 1,5-pentanedione
Glutarsäure glutaric acid
Glutathion glutathione
Gluten gluten
Glycerin/Glycerol/1,2,3-Propantriol glycerol, 1,2,3-propanetriol
Glycin/Glyzin/Glykokoll glycine, glycocoll
Glycol/Diglycol/Diethylenglycol/ Ethylenglycol/1,2-Ethandiol glycol, ethylene glycol, 1,2-ethanediol
Glycyrrhetinsäure glycyrrhetinic acid
Glykämie glycemia
Glykogen glycogen
Glykokoll/Glycin/Glyzin glycocoll, glycine
Glykol/Glycol/Ethylenglykol glycol, ethylene glycol, 1,2-ethanediol
Glykolaldehyd/Hydroxyacetaldehyd glycol aldehyde, glycolal, hydroxyaldehyde
Glykolsäure (Glykolat) glycolic acid (glycolate)
Glykosaminoglykan glycosaminoglycan, mucopolysaccharide
glykosidische Bindung glycosidic bond, glycosidic linkage
Glykosurie/Glukosurie glycosuria, glucosuria
Glyoxalatcyclus glyoxylate cycle
Glyoxalsäure (Glyoxalat) glyoxalic acid (glyoxalate)
Glyoxylsäure (Glyoxylat) glyoxylic acid (glyoxylate)
Glyphosat glyphosate
Glyzerin/Glycerin/Propantriol glycerol, glycerin, 1,2,3-propanetriol
Glyzerinaldehyd/Glycerinaldehyd glyceraldehyde, dihydroxypropanal
Glyzin/Glycin/Glykokoll glycine, glycocoll
Gold (Au) gold
➤ Blattgold gold foil, gold leaf
➤ Katzengold/Narrengold/Pyrit FeS₂ fool's gold, pyrite
➤ Mosaikgold/Musivgold (Zinndisulfid) SnS₂ mosaic gold, tin bronze, tin(IV) sulfide
➤ vergolden gilding
➤ Weißgold white gold
Gold(I)... aurous
Gold(III)... auric

goldhaltig/goldführend auriferous
Goldmarkierung gold-labelling
Goldsäure auric acid
Golgi-Anfärbemethode Golgi staining method
Gooch-Tiegel Gooch crucible
Gradientencopolymer graded copolymer, tapered copolymer
graduiert/mit einer Gradeinteilung versehen graduated
Grafit graphite
Grafitofen graphite furnace
Grammäquivalent gram equivalent
Grammatom gram atom
Grammmol/Grammmolgewicht gram molecular weight
granulär granular
Granulat(e) granulate(s); polym granules, pellets
Granulator polym granulator, pelletizer; (Würfel) dicer
granulieren polym pelletize
Grat flash
Gratbildung (Formteile) flashing
gratfrei flash-free
Grauguss (graues Gusseisen) greycast iron
Gravimetrie/Gewichtsanalyse gravimetry, gravimetric analysis
Greifer gripper
Greifzange grippers
➤ Haltezange/Klasper grasping claws, clasper(s), clasps; (Gripzange) Vise-Grip®
Grenzdifferenz stat least significant difference, critical difference
Grenzfaktor/begrenzender Faktor/ limitierender Faktor ecol limiting factor
Grenzfläche interface
grenzflächenaktiv/oberflächenaktiv surface-active
Grenzflächenpolymerisation interfacial polymerization
Grenzflächenspannung surface tension
Grenzfrequenz corner frequency
Grenzkonzentration limiting concentration
Grenzorbital/Frontorbital frontier orbital
Grenzschicht boundary layer
Grenzviskosität/grundmolare Viskosität (Staudinger-Index) limiting viscosity, intrinsic viscosity
Grenzwert/Schwellenwert limit, maximum limit, limiting value; physio/med liminal value
Grenzzustand limiting condition, limiting state
Griff grip, handle; (klammernd) clutch; (zupackend/festhaltend) grip, grasp
Griffe (z.B. Tragegriffe) grips; handgrips

**griffig** (rutschfest) nonskid, nonslip
**Griffigkeit** (Rutschfestigkeit) grip, nonskid/
skidproof property; (haptisch) feel
**Gripzange/Haltezange** Vise-Grip®
**Grobfaser** coarse fiber
**grobfaserig** coarse-grained
**Grobjustierschraube/Grobtrieb** *micros*
coarse adjustment knob
**Grobjustierung/Grobeinstellung**
**(Grobtrieb)** *micros* coarse adjustment,
coarse focus adjustment
**grobkörnig** coarse-grain
**Größenänderung** dimensional change
**Großlieferung** bulk delivery, bulk shipment
**Großpackmittel** intermediate bulk container (IBC)
**Großpackung** bulk package
**Großverbraucher** bulk consumer
**Grube** trench, pit;
(Mine/Zeche/Bergwerk) *geol* mine; pit
**Grubengas** mine gas
**Grudekoks** semicoke
**Grundbaustein** basic building block; *polym*
monomeric unit
**Grundieren** application of primer
**grundieren** apply primer
**Grundiermittel** primer
**Grundierschicht** primer coat
**Grundkörper (Strukturformel)** parent compound,
parent molecule (backbone)
**Grundlage** base, foundation
**Grundlagenforschung** basic research
**Grundnahrungsmittel** staple food, basic food
**Grundstoff/Rohstoff** base material, starting
material, raw material
**Grundstoffwechsel/Ruhestoffwechsel**
basal metabolism
**Grundsubstanz/Grundgerüst/Matrix**
base material, ground substance, matrix
**Grundumsatz/Basalumsatz/**
**Grundstoffwechselrate/**
**basale Stoffwechselrate** base metabolic rate,
basal metabolic rate
**Grundwasser** groundwater
**Grundzustand** ground state
**Gruppe** group, assemblage; *gen* cluster
➤ **Ankergruppe** anchoring group
➤ **Austrittsgruppe/Abgangsgruppe/**
**austretende Gruppe** leaving group,
coupling-off group
➤ **Ballastgruppe** (*chem* Synthese) ballast group
➤ **elektronenspendende/elektronenschiebende**
**Gruppe** electron-donating group
➤ **elektronenziehende Gruppe**
electron-withdrawing group
➤ **Endgruppe** end group

➤ **funktionelle Gruppe** functional group
➤ **Kopfgruppe** *polym* headgroup
➤ **Nachbargruppe** neighboring group
➤ **prosthetische Gruppe** prosthetic group
➤ **Schutzgruppe** (*chem* Synthese) protective
group, protecting group
**Gruppenleiter (Forschung/Labor)** group leader,
principal investigator (P.I.)
**Gruppenreagens** group reagent
**Gruppensilicat/Sorosilicat** sorosilicate
**Gruppentransferpolymerisation**
group-transfer polymerization
**Gruppentransferreaktion**
group-transfer reaction
**Guajazulen** guaiazulene
**Guanidin** guanidine
**Guanin** guanine
**Guano** guano
**Guanosin** guanosine
**Guanosintriphosphat (GTP)**
guanosine triphosphate
**Guanylsäure (Guanylat)**
guanylic acid (guanylate)
**Guar-Gummi/Guarmehl** guar gum, guar flour
**Guar-Samen-Mehl** guar meal, guar seed meal
**Gulonsäure (Gulonat)** gulonic acid (gulonate)
**Gummi** (*m/pl* Gummis) *tech* (Kautschuk) rubber;
*bot* (*nt/pl* Gummen) (Lebensmittel/Pflanzensaft/
Polysaccharidgummen etc.) gum
➤ **Altgummi** scrap rubber
➤ **Amerikanischer Styrax (***Liquidambar***
***styraciflua***/Hamamelidaceae)** American red
gum, red gum, sweet gum, American storax
➤ **Amritsar-Gummi (***Acacia modesta***/Fabaceae)**
Amritsar gum
➤ **Arabisches Gummi/Acacia Gummi/Gummi**
**arabicum/Gummiarabikum (u.a. ***Acacia***
***senegal***/Fabaceae)** gum arabic, acacia gum
➤ **Asclepias-Gummi (***Asclepias* spp.**/**
**Apocynaceae)** milkweed rubber
➤ **Assamgummi/Indisches Gummi**
**(***Ficus elastica***/Moraceae)** Assam rubber,
Indian rubber
➤ **Balata (***Mimusops bidentata* = *M. balata***/**
**Sapotaceae)** balata (gum)
➤ **Bitingagummi (***Raphionacme utilis***/**
**Apocynaceae)** Bitinga rubber
➤ **Blaugummi (***Eucalyptus globulus***/Myrtaceae)**
blue gum
➤ **Bolivianisches Gummi (***Sapium aucuparium***/**
**Euphorbiaceae)** Bolivian rubber
➤ **Borneo-Gummi (***Willughbeia coriacea***/**
**Apocynaceae)** Borneo rubber
➤ **Cape York-Rotgummi (***Eucalyptus brassiana***/**
**Myrtaceae)** Cape York red gum

- Cashew-Gummi (*Anacardium occidentale*/Anacardiaceae) cashew gum, acajou gum
- Ceará-Gummi (*Manihot* spp. esp. *M. glaziovii*/Euphorbiaceae) ceara rubber
- Chicle (*Manilkara zapota*/Sapotaceae) chicle, chicle gum, chiku (sapodilla)
- Chilte-Gummi (*Cnidoscolus elastica*/Euphorbiaceae) chilte rubber
- Couma > Sorva (*Couma macrocarpa*/Apocynaceae) sorva gum, leche caspi
- Couma-Gummi (*Couma* spp./Apocynaceae) couma rubber
- Esmeraldagummi (*Sapium jenmanii*/Euphorbiaceae) Esmeralda rubber
- Galbanum/Gummigalbanum/Galbanum-Gummi (u.a. *Ferula gummosa* & *Ferula galbaniflua*/Apiaceae) galbanum gum
- Gerberakaziengummi (*Acacia catechu*/Fabaceae) khair gum
- Ghattigummi (*Anogeissus latifolia*/Combretaceae) gatty gum, ghatti
- Goldruten-Gummi (*Parthenium argentatum*/Asteraceae) guayule rubber
- Guar-Gummi (*Cyamopsis tetragonoloba*/Fabaceae) guar gum (cluster bean)
- Gummikraut (*Grindelia camporum*/Asteraceae) gumweed
- Guttapercha (*Palaquium gutta*/Sapotaceae) gutta-percha
- ➢ Chinesisches Guttapercha (*Eucommia ulmoides*/Eucommiaceae) Chinese gutta-percha
- Hartgummi/Ebonit hard rubber, vulcanite, ebonite
- indischer Tragacanth/indischer Tragant/Karaya-Gummi (*Sterculia urens*/Malvaceae, auch: *Cochlospermum gossypium*/Bixaceae) Indian tragacanth, karaya gum
- Intisygummi (*Euphorbia intisy*/Euphorbiaceae) intisy rubber
- Iré-Gummi/Saji-Gummi (*Ficus vogelii*/Moraceae) Iré rubber (Tongo lumps)
- Johannisbrotsamengummi (*Ceratonia siliqua*/Fabaceae) locust bean gum, carob gum
- Kapgummi (*Acacia karroo*/Fabaceae) Cape gum
- Karayagummi/Indischer Tragant (*Sterculia urens*/Sterculiaceae, auch: *Cochlospermum gossypium*/Bixaceae) karaya gum, Indian tragacanth
- Kashew-Gummi (*Anacardium occidentale*/Anacardiaceae) cashew gum, acajou gum
- Kaugummi chewing gum
- Koksaghyz-Gummi (*Taraxacum bicorne*/Kautschuklöwenzahn/Asteraceae) kok-saghyz rubber

- Kongogummi (*Ficus lutea*/Moraceae) Congo rubber
- Kordofan-Gummi/Hashab (*Acacia senegal*/Fabaceae) Kordofan gum, white senaar, gomme blanche
- Kreppgummi/Kreppkautschuk crepe
- Krimsaghyz-Gummi (*Taraxacum megalorhizon*/Kautschuklöwenzahn/Asteraceae) krim-saghyz rubber
- Lagosgummi/Kickxia-Gummi (*Funtumia elastica*/Apocynaceae) Lagos rubber, Lagos silk rubber
- Madagaskar-Gummi (*Cryptostegia, Landolphia, Marsdenia, Mascarenhasia* spp.) Madagascar rubber
- Mandel-Gummi (*Prunus dulcis*/Rosaceae) almond gum
- Mangabeira-Gummi (*Hancornia speciosa*/Apocynaceae) mangabeira rubber
- Manicoba-Gummi (*Manihot glaziovii*/Euphorbiaceae) Manicoba rubber
- Mastix (*Pistacia lentiscus* var. *chia*/Anacardiaceae) mastic, gum mastic, Chios mastic
- Murray-Rotgummi (*Eucalyptus camaldulensis*/Myrtaceae) Murray red gum, river red gum, river gum
- natürliches Gummi natural rubber, india rubber
- Ostafrikanisches Gummi (*Acacia drepanolobium*/Fabaceae) East African gum
- Ostafrikanisches Gummi (*Landolphia* spp./Apocynaceae) East African rubber
- Panamagummi/Carthagena-Gummi (*Castilla elastica*/Moraceae) Panamá rubber, Central American rubber
- Parakautschuk (*Hevea brasiliensis*/Euphorbiaceae) para rubber
- Pernambuco-Gummi (*Hancornia speciosa*/Apocynaceae) Pernambuco rubber
- Phenoplaste phenolic rubbers
- pulverisiertes Gummi comminuted rubber
- Rangoongummi (*Urceola maingayi*/Apocynaceae) Rangoon rubber
- Regeneratgummi reclaimed rubber, regenerated rubber
- Sandarak (*Tetraclinis articulata* & *Callitris* spp./Cupressaceae) sandarac, gum juniper
- Schaumgummi foam rubber, foamed rubber, plastic foam, foam
- Schwammgummi sponge rubber
- Silikongummi silicone rubber
- Sorva (*Couma macrocarpa*/Apocynaceae) sorva gum, leche caspi
- Suakingummi (Talh) (*Acacia stenocarpa* & *Acacia seyal*/Fabaceae) talha gum, talh gum, talca gum, talki gum, Suakin gum

> synthetisches Gummi synthetic rubber
> Tamarindensamengummi (*Tamarindus indica*/
  **Fabaceae**) tamarind seed powder
> Tausaghyz-Gummi (*Scorzonera tausaghyz*/
  **Asteraceae**) tau-saghyz rubber
> Tekesaghyz-Gummi (*Scorzonera acanthoclada*/
  **Asteraceae**) teke-saghyz rubber
> Tirucalli-Gummi (*Euphorbia tirucalli*/
  **Euphorbiaceae**) tirucalli rubber
> Tongking-Gummi (*Streblus tongkinensis*/
  **Moraceae**) Tongking rubber
> Tragacanth/Tragant (*Astracantha gummifera*/
  **Fabaceae**) tragacanth (gum tragacanth),
  gum dragon
> Uleigummi (*Castilla ulei*/Moraceae)
  Ulé rubber, uli rubber
> Vollgummi solid rubber
> Walle-Gummi (*Acacia pycnantha*/Fabaceae)
  Walle gum, Wattle gum, Australian gum
> Xanthangummi xanthan gum
> Zellgummi/Mossgummi cellular rubber,
  expanded rubber
gummiartig rubbery
gummiartiger Zustand rubbery state
Gummiband/Gummi rubber band, elastic (*Br*)
Gummidichtung(sring) rubber gasket
Gummi-Elastizität rubber elasticity
gummieren gum
Gummierung gumming; (klebende Fläche)
  gummed surface
Gummihammer rubber mallet
Gummiharz resinous gum, gum resin
Gummihaut rubberized fabric; rubber skin
Gummihütchen (Pipettierhütchen) rubber nipple
  (pipeting nipple)
Gummimanschette (für Laborglas) rubber sleeve
Gummireifen rubber tire
Gummiring rubber ring (e.g., flask support)
Gummisack rubber bag
Gummischaber/Gummiwischer (zum Loslösen
  von festgebackenen Rückständen im Kolben)
  policeman, rubber policeman (scraper rod with
  rubber or Teflon tip)
Gummischlauch rubber tubing
Gummischürze rubberized apron
Gummiseptum rubber septum
Gummistiefel rubber boots
Gummistopfen/Gummistöpsel rubber stopper,
  rubber bung (*Br*)
Gummiwischer/Gummischaber (zum Loslösen
  von festgebackenen Rückständen im Kolben)
  policeman, rubber policeman (scraper rod with
  rubber or Teflon tip)
Gummizucker/Arabinose arabinose

gummös gummy, gummatous
Gurt belt
Gurtband conveyor belt
Gürtel/Gurt/Cingulum girdle, belt, cingulum
Guss casting
Gusseisen cast iron
Gussform/Gießform/Gesenk (Matrize)
  mold, mould (*Br*), die (matrix)
Gussmetall cast metal
Gussstahl cast steel
Gussverfahren molding process
Gutachten/Expertise expert opinion, expertise;
  (Bescheinigung) certificate
gutartig/benigne benign
> bösartig/maligne malignant
Gutartigkeit/Benignität benignity, benign nature
> Bösartigkeit/Malignität
  malignancy, malignant nature
Gute Arbeitspraxis Good Work Practices (GWP)
Gute Industriepraxis/Gute Herstellungspraxis
  (GHP) (Produktqualität)
  Good Manufacturing Practice (GMP)
Gute Laborpraxis Good Laboratory Practice (GLP)
Güter articles; goods; freight
Güterzugwagen (Gefahrguttransport) railcar
Guttapercha (*trans*-1,4-Polyisopren, u.a.
  von *Palaquium gutta* & *Payena* spp./
  **Sapotaceae**) gutta-percha
> Chinesisches Guttapercha (*Eucommia ulmoides*/
  **Eucommiaceae**) Chinese gutta-percha

H

Haargefäß/Kapillare capillary
Haarkristall/Fadenkristall/
  fadenförmiger Einkristall/Whisker whisker
Haarnadelstruktur hairpin, hairpin loop
Haarnetz hair net
Haarriss craze (precursor to crack)
Haarrissbildung crazing (under tensile loading)
haarrissig (mit Haarrissen) crazed
> ohne Haarrisse uncrazed
Haarrisswachstum craze growth
Haarschutzhaube bouffant cap
Hadern (Stoffreste/Lumpen) rags
haften (kleben) adhere, stick, cling
Haftfestigkeit (Klebkraft) bonding strength,
  bond strength, pull strength
Haftgrundierung/Haftprimer adhesive primer
Haftkleber/Kontakt-Klebstoff contact adhesive,
  contact bond adhesive; (durch Andrücken)
  impact adhesive, pressure-sensitive adhesive
Haftmittel coupling agnet, bonding agent;
  (paints etc.) anchoring agent

**haftpflichtig** liable
**Haftpflichtversicherung** liability insurance
**Haftreibung** static friction
**Haftung** adhesion, adhesive power; *chem* adsorption; (Verantwortung) responsibility; *jur* liability; warranty, guarantee
**Haftvermittler** *polym* coupling agent, bonding agent, anchoring agent
**Haftvermittlung** coupling, bonding, anchoring
**Haftvermögen** bonding capacity, adhesive capacity
**Haftwasser** film water, retained water
**Hahn (Leitungen/Behälter/Kanister)** spigot, tap, cock, stopcock
➤ **Ablasshahn/Ablaufhahn** draincock
➤ **Absperrhahn/Sperrhahn** stopcock
➤ **Ausgießhahn** tap
➤ **Dreiweghahn/Dreiwegehahn** three-way cock, T-cock, three-way tap
➤ **Einweghahn** single-way cock
➤ **feststecken/festgebacken** jammed, stuck, 'frozen', caked
➤ **Gashahn** gas cock, gas tap
➤ **Glashahn** glass stopcock
➤ **Küken** key, plug
➤ **Quetschhahn** pinchcock
➤ **Wasserhahn** faucet
➤ **Zapfhahn/Fasshahn** spigot
➤ **Zylinder** barrel (stopcock barrel)
**Hahnfett** tap grease
**Hahnküken** key, stopcock key, plug
**Haken** hook;
    *med* (Wundhaken/Wundspreizer) retractor
**Hakenklemme (Stativ)** hook clamp
**Halbacetal/Hemiacetal** hemiacetal
**halbdurchlässig/semipermeabel** semipermeable
**Halbdurchlässigkeit/Semipermeabilität** semipermeability
**Halbedelmetall** semiprecious metal
**Halbelement (galvanisches)/Halbzelle (Einzelelektrode)** half cell, half element (single-electrode system)
**halbieren** halve
**Halblebenszeit (Enzyme)** half-life
**Halbleiter** semiconductor
**Halbleiterblockschaltung** monolithic integrated circuit
**Halbleiterdetektor/Halbleiterzähler** semiconductor detector
**Halb-Leiterpolymer** semiladder polymer, step-ladder polymer
**Halbleiterscheibe** semiconductor wafer
**Halbmetalle** semimetals
**Halbmikroansatz** semimicro batch

**Halbmikroverfahren/Halbmikromethode** semimicro procedure/method
**Halbmikrowaage** semimicro-scales, semimicro-balance
**Halbpfeil (in chem. Reaktionsgleichungen)** fish hook
**Halbsättigungskonstante/ Michaeliskonstante ($K_M$)** Michaelis constant, Michaelis-Menten constant
**halbsteif** semirigid
**Halbstufenpotential/Halbwellenpotential** half-wave potential
**halbsynthetisch** semisynthetic
**Halbtrivialname/halbsystematischer Name** semisystematic name, semitrivial name
**Halbwertsbreite** *math/stat* full width at half-maximun (fwhm), half intensity width
**Halbwertsschicht/Halbwertsdicke** *rad/nucl* half-value layer (HVL), half-value thickness
**Halbwertszeit** half-life
**Halbzelle/galvanisches Halbelement** half-cell, half element (single-electrode system)
**Halbzellenpotential** half-cell potential
**Halbzeug** semifinished goods, semifinished product, semi
**Hälfte/Anteil/Teil** moiety
**Halluzinogen** hallucinogen
**halluzinogen** hallucinogenic
**Haloform/Trihalogenmethan** haloform
**Halogen** halogen
➤ **Astat (At)** astatine
➤ **Brom (Br)** bromine
➤ **Chlor (Cl)** chlorine
➤ **Fluor (F)** fluorine
➤ **Iod (*früher:* Jod) (I)** iodine
**Halogenid** halide
➤ **Metallhalogenid** metal halide
**Halogenierung** halogenation
**Halogenkohlenwasserstoff/halogenierter Kohlenwasserstoff** halogenated hydrocarbon
**Halogenwasserstoffsäure** halogen acid
**Halsbildung** *polym* necking
**haltbar** storable, durable, lasting
**Haltbarkeit** storability, durability, shelf life
**Halterung** (holding) fixture, mounting, support
**Häm** heme
**Hämatit/Roteisenstein/Eisenglanz** $Fe_2O_3$ hematite
**Hämoglobin** hemoglobin (*Br* haemoglobin)
**Handauflegeverfahren** *polym* hand lay-up molding (hand layup), contact molding (contact layup), impression molding
**Handbedienung (Gerät)** manual operation
**Handdesinfektion** disinfection of hands

**Handel** trade, business
➤ **Einzelhandel** retail business, retail trade
➤ **Großhandel** whole-sale business, whole-sale trade
**Handelsform** commercial product
**handelsüblich** trade, commercial (commonly available)
**handgearbeitet (Glas etc.)** handtooled
**Handhabung/Hantieren/Gebrauch/Umgang** handling
**Händler** dealer; seller; commercial vendor
➤ **Einzelhändler** retailer, retail dealer, retail vendor
➤ **Großhändler** wholesaler, wholesale vendor
**Händlerkatalog** supplier catalog, distributor catalog
**Handpumpe** hand pump
**Handschuhe** gloves
➤ **Arbeitshandschuhe** work gloves
➤ **Ärmelschoner/Stulpen** sleeve gauntlets
➤ **Baumwollhandschuhe** cotton gloves
➤ **Einweg-/Einmalhandschuhe** disposable gloves, single-use gloves
➤ **Fingerling** finger cot
➤ **Hitzehandschuhe** heat defier gloves, heat-resistant gloves
➤ **Hoch-Hitzehandschuhe/Ofenhandschuhe** oven gloves
➤ **Isolierhandschuhe** insulated gloves
➤ **Kälteschutzhandschuhe** cold-resistant gloves
➤ **medizinische Handschuhe/OP-Handschuhe** medical gloves
➤ **Reinraumhandschuhe** cleanroom gloves
➤ **Säureschutzhandschuhe** acid gloves, acid-resistant gloves
➤ **Schnittschutz-Handschuhe** cut-resistant gloves
➤ **Schutzhandschuhe** protective gloves, gauntlets
➤ **Tiefkühlhandschuhe/Kryo-Handschuhe** deep-freeze gloves
**Handschuhinnenfutter** glove liners
**Handschuhkasten/Handschuhschutzkammer** glove box, dry-box
**Handtuchhalter/Handtuchständer** towel rack
**Handwerker** craftsman (practicing a handicraft), workman; (Arbeiter) operations worker, worker
**Hantel** dumbbell
➤ **elastische Hantel** elastic dumbbell
**Hantelorbital** dumbbell orbital
**Haptizität** hapticity
**Hardy-Weinberg-Gesetz (Hardy-Weinberg-Gleichgewicht)** Hardy-Weinberg law (Hardy-Weinberg equilibrium)
**Harn/Urin** urine
**Harnsäure (Urat)** uric acid (urate)
**Harnstoff/Carbamid (Ureid)** urea (ureide)

**Harnstoffzyklus/Harnstoffcyclus** urea cycle
**Härte** hardness, toughness
➤ **bleibende Härte** permanent hardness
➤ **Gesamthärte** total hardness
➤ **Ritzhärte** scratching hardness; (Mohs-Härte/Mohssche Härte) Mohs' hardness; (sklerometrische Härte) sclerometric hardness
➤ **Schleifhärte** abrasive hardness
➤ **vorübergehende Härte** temporary hardness
➤ **Wasserhärte** water hardness
**Härtegrad** degree(s) of hardness, hardness number
➤ **Internationaler Gummihärtegrad** international rubber hardness degree (IRHD)
**Härtemittel/Vernetzer** curing agent
**Härten** *n* hardening; (Aushärten) *polym* curing; (Vulkanisieren/Vulkanisation) vulcanizing; vulcanization; (Vernetzung) crosslinking; (von Stahl/Keramik) tempering
➤ **Kalthärten/Härten bei Raumtemperatur** cold cure (cold vulcanizing), room temperature vulcanizing (RTV)
➤ **Nachhärten** post cure
**härten** *vb* harden; (aushärten) *polym* cure; (vulkanisieren) vulcanize; (von Stahl) temper
➤ **an Ort und Stelle aushärten** *polym* cure-in-place
➤ **nachhärten** post-cure
**härtend** curing
➤ **kalthärtend** cold-curing
➤ **selbsthärtend** self-curing
➤ **wärmehärtend/heißhärtend/thermohärtend** hot-curing, thermocuring
**Härter** (Aushärtungskatalysator) curing agent; (Vulkanisierungsmittel) crosslinking agent
**Härtezeit/Härtungszeit/Abbindezeit** *polym* curing time/period, (cure) setting time
**Hartfaser** hard fiber
**Hartfaserplatte** hard board, molded fiber board
**Hartglas** tempered glass
**Hartgranulat** *polym* unplasticized compound
**Hartgummi** hard rubber, vulcanite, ebonite
**Hartlot** brazing alloy
**Hartlöten** brazing (metal joints)
**Hartpapier** laminated paper
**Härtung** cure, curing
**Härtungsgrad** degree of cure
**Härtungstemperatur** curing temperature; setting temperature
**Härtungszeit** cure time, curing time; setting time, setting period
**Harz** resin (im Engl. *sensu lato* für Rohstoffe für Kunststoffe, Lacke etc.)
➤ **Alkydharze** alkyd resins

➤ **Aminoharze** amino resins, aminoplasts
➤ **Balsam** balsam
➤ **Epoxidharze** epoxy resins
➤ **gehärtetes** cured; (durch spezielle härtende Zusätze) toughened
➤ **Gießharz** cast resin, casting resin
➤ **großmaschig** macroreticular
➤ **großporig** macroporous
➤ **Gummiharz** resinous gum
➤ **Harnstoff-Formaldehyd-Harze** urea-formaldehyde resins (UF)
➤ **Hartharz (Resina)** hard resin, hardened resin
➤ **Ionenaustauscherharz** ion-exchange resin
➤ **Kiefernharz (*Pinus* spp./*Pinacerae*)** pine resin
➤ **Kolophonium (*Pinus* spp.)** colophony
➤ **Kunstharze/Syntheseharze** artificial resin, synthetic resin
➤ **Laminierharz** laminating resin
➤ **modifiziert** modified
➤ **Naturharze** natural resins
➤ **Oleoresin/Oleoharze** oleoresins
➤ **öllöslich** oil-soluble
➤ **ölreaktiv** oil-reactive
➤ **Phenol-Formaldehyd-Harze** phenol-formaldehyde resins (PF)
➤ **Phenol-Harze** phenolic resins
➤ **Polyterpenharze** polyterpene resins
➤ **Reaktionsharz (Präpolymer)** thermosetting resin
➤ **Schellack (aus: *Laccifer lacca*)** shellac
➤ **Schichtstoffharz** laminating resin
➤ **Schleimharz** gum resin
➤ **schrumpfarm** low-shrinkage
➤ **selbsthärtend (Harze/Polymere)** self-curing
➤ **Styrolharz/Styrenharz** styrene resin
➤ **Terpentinharz (Kolophonium)** *gen* pitch (resin from conifers); rosin, colophony (resin after distilling turpentine)
➤ **Weichharz** soft resin
**harzabsondernd** resiniferous
**Harzester/Resine** resin ester, ester gum, resiante
**Harzgummi** resin rubber
**Harzhärter** resin hardener
**harzig** resinous
**harzimprägniert** resin-impregnated
**Harzkleber** resin adhesive
**Harzlack** resin lacquer, resin varnish
**Harzöl** resin oil
**Harzölfirnis** resin oil varnish
**Harzsäure** resin acids
**Harzsäuren/Resinolsäuren** resin acids
**Harzüberzug** resinous coating
**Harzvernetzung** resin cure
**harzvorimprägniertes Halbzeug** prepreg

**Harzvulkanisation** resin vulcanization/cure
**häufig** frequent, abundant
**Häufigkeit/Frequenz** frequency (of occurrence), abundance
➤ **relative Häufigkeit** *stat* frequency ratio
**Häufigkeitshistogramm** frequency histogram
**Häufigkeitsverteilung** *stat* frequency distribution (FD)
**Häufungsgrad/Häufigkeitsgrad** kurtosis
**Hauptassoziation** chief association
**Hauptbande** *chromat/electrophor* main band
**Hauptbestandteil** main component, main constituent (chief/key/principal/major c.)
**Hauptgruppenelemente** main-group elements
➤ **Nebengruppenelemente/Übergangselemente** transition elements
**Hauptkette** main chain
**Hauptplatine** mother board
**Hauptquantenzahl** primary quantum number
**Hauptreaktion** main reaction, principal reaction
**Hauptsatz (der Thermodynamik)** law of thermodynamics
➤ **0. Hauptsatz** zeroth law of thermodynamics
➤ **1. Hauptsatz (Energieerhaltungssatz)** first law of thermodynamics
➤ **2. Hauptsatz (Entropiesatz)** second law of thermodynamics
➤ **3. Hauptsatz (Nernstsches Wärmetheorem)** third law of thermodynamics
**Hauptserie** main series, principal series
➤ **Nebenserie** secondary series, subordinate series
**Haushalt** household
➤ **Naturhaushalt (natürliches Gleichgewicht)** natural balance
➤ **Stoffwechsel/Metabolismus** metabolism
➤ **Wasserhaushalt/Wasserregime** water regime
**Haushaltsmüll/Haushaltsabfälle** household waste/trash
**Haushaltsrolle/Küchenrolle/Tücherrolle/ Küchentücher/Haushaltstücher** kitchen tissue (kitchen paper towels)
**Hausmeister /Hausverwalter** caretaker, janitor, custodian
➤ **Wachpersonal/Aufsichtspersonal** custodial personnel, security personnel (Belegschaft: staff)
**Hausverwaltung** property management, custodian, management
➤ **Büro des Hausmeisters** caretaker's office, custodian's office
**Haut...** (dermal) dermal, dermic, dermatic; (die Haut betreffend) epidermal, cutaneous
**Haut** skin; hide, peel; integument

> **Kutis/Cutis (eigentliche Haut;
> Epidermis & Dermis)** skin, cutis
> **Lederhaut/Korium/Corium/Dermis**
> cutis vera, true skin, corium, dermis
> **Oberhaut/Epidermis** epidermis
> **Schleimhaut/Schleimhautepithel**
> mucous membrane, mucosa
> **Unterhaut/Unterhautbindegewebe/Subcutis/
> Tela subcutanea** subcutis

**Hautatmung** cutaneous respiration/breathing,
integumentary respiration
**Hautausschlag** rash, skin rash, skin eruptions
**Hautbildung (Oberflächen)** skinning
**Hautdosis** *rad/nucl* skin dose
**Hautpflege** skin care
**Hautpflegemittel** skin care product
**hautreizend** skin-irritant
**Hautreizung** skin irritation, cutaneous irritation
**Hautresorption** skin resorption
**Hautsalbe** skin ointment
**Hautverbrennung** skin burn
**Hautverhinderungsmittel** anti-skinning agent
**Haworth-Projektion/Haworth-Formel**
Haworth projection, Haworth formula
**Hebebühne** hoist, lifting platform
**Hebelmechanismus** leverage mechanism
**Heber/Hebevorrichtung/Hebebock** jack
**Hebestativ/Hebebühne (fürs Labor)**
laboratory jack, lab-jack
**Hede/Werg** *text* tow
**Hefe** yeast
**heftig (Reaktion etc.)** vigorous
**Heftpflaster (Streifen)** *med* band-aid
(adhesive strip), sticking plaster, patch
**Heftschweißen** tack welding
**heilen** cure, heal
**Heilkräuter** medicinal herbs
**Heilpflanze/Arzneipflanze** medicinal plant
**Heilung** cure, healing
**heimisch** local, endemic
**heißhärtend/wärmehärtend/thermohärtend**
hot-curing, thermocuring
**Heißhärter (Katalysator)**
hot-curing agent (catalyst)
**Heißluft** hot air
**Heißluftgebläse/Labortrockner/Föhn** hot-air gun
**Heißluftpistole** heat gun
**Heißstrahlsprühen (Auftrageverfahren:
Sprühverfahren)** *polym* hot spraying
**Heißwassertrichter** hot-water funnel
(double-wall funnel)
**Heizbad** heating bath
**Heizband/Heizbandage** heating tape, heating cord
**Heizdraht** filament, heated wire

**Heizelement** heating element
**Heizelementschweißen (HE-Schweißen)**
heated tool welding (fusion welding)
**Heizelementstumpfschweißen
(HS-Schweißen)** heated tool butt welding
**heizen** heat
**Heizhaube/Heizmantel/Heizpilz** heating mantle
**Heizkeilschweißen** heated wedge welding
**Heizkörper** radiator
**Heizöl** fuel oil, heating oil
**Heizplatte (Kochplatte)** hot plate
> **Doppelkochplatte** double-burner hot plate
> **Einfachkochplatte** single-burner hot plate
> **Magnetrührer mit Heizplatte** stirring hot plate
**Heizplatte/Kochplatte** hot plate
**Heizschlange** heating coil
**Heizung** heater, heating system
**Heizwendel** heating coil
**Heizwert** heat value, calorific power
**Helix/Spirale (*pl* Helices)**
helix (*pl* helices or helixes), spiral
> **Doppelhelix** double helix
**Helix-Turn-Helix (Strukturmotiv)** helix-turn-helix
**Hellfeld** *micros* bright field
> **Dunkelfeld** *micros* dark field
**Helm** helmet
> **Schutzhelm** safety helmet; hard hat, hardhat
**Hemiterpene (C$_5$)** hemiterpenes
**hemizyklisch/hemicyclisch** hemicyclic
**hemmen** inhibit
**hemmend/inhibierend/inhibitorisch** inhibitory
**Hemmkonzentration** inhibitory concentration
> **minimale Hemmkonzentration (MHK)**
minimal inhibitory concentration,
minimum inhibitory concentration (MIC)
**Hemmstoff** inhibitor
**Hemmung/Inhibition** inhibition
> **irreversible Hemmung** irreversible inhibition
> **kompetitive Hemmung/Konkurrenzhemmung**
competitive inhibition
> **nichtkompetitive Hemmung**
noncompetitive inhibition
> **reversible Hemmung** reversible inhibition
> **Suizidhemmung** suicide inhibition
> **unkompetitive Hemmung**
uncompetitive inhibition
**Hemmzone** inhibition zone
**Heparin** heparin
**Heparreaktion/Heparprobe** hepar reaction,
hepar test
**Herabregulation** down regulation
**Heraufregulation** up regulation
**herausragen** emerge;
(hervorstehen) protrude, stand out

**Herausschneiden/Excision/Exzision** excision
**herausschneiden/exzidieren** excise
**Herbizid/Unkrautvernichtungsmittel/**
**Unkrautvernichter/Unkrautbekämpfungsmittel**
herbicide, weed killer
➤ **Nachauflauf-Herbizid/Nachauflaufherbizid**
post-emergence herbicide
➤ **selektives Herbizid** selective herbicide
➤ **Totalherbizid/Breitbandherbizid**
nonselective herbicide, total weedkiller
➤ **Vorauflauf-Herbizid/Vorauflaufherbizid**
pre-emergence herbicide
**Herkunft/Abstammung** origin, descent,
provenance (Provenienz)
**Herleitung** *math* derivation, development
**Hersteller/Produzent** manufacturer, producer
**Herstellerangaben** manufacturer's specifications
**Herstellerfirma** manufacturer,
manufacturing company/firm
**Herstellerkatalog** manufacturer catalog
**Herstellung** (Produktion) manufacture,
manufacturing, preparation, production;
(Synthese) sythesis
**Herstellungskosten** production costs,
manufacturing costs
**Herstellungsverfahren** preparation process/
procedure, manufacturing process/procedure
**herunterfahren (Reaktor/Computer)** power down
**hervorkommen/herauskommen/auftauchen**
emerge
**heterodet/heterodetisch** heterodetic
**heterogen** (unterschiedlicher Herkunft)
heterogenous (of different origin);
(ungleichartig/verschiedenartig/andersartig)
heterogeneous (consisting of dissimilar parts)
**heterogenetisch/genetisch unterschiedlichen**
**Ursprungs** heterogenetic
**Heterogenie/unterschiedlicher Herkunft**
heterogeny
**Heterogenität/Ungleichartigkeit/**
**Verschiedenartigkeit/Andersartigkeit**
heterogeneity
**heterolog** heterologous
**Heteropolymer** heteropolymer
**heterotypisch** heterotypic
**heterozyklisch/heterocyclisch** heterocyclic
**Hilfe** help, aid, assistance, support, rescue operation
**Hilfseinrichtung (Apparat der nicht direkt mit**
**dem Produkt in Berührung kommt)**
ancillary unit of equipment
**Hilfselektrode** auxiliary electrode
**Hilfskomplexbildner**
auxiliary complexing agent

**Hilfspumpe** booster pump, accessory pump,
back-up pump
**Hilfsstoff/Adjuvans** auxiliary drug, adjuvant
**Hinreaktion** direct reaction, forward reaction
**Hinterdruck** outlet pressure; (Arbeitsdruck:
mit Druckausgleich) working pressure,
delivery pressure
**Hintergrund** background
**Hirschhornsalz/Ammoniumcarbonat** $NH_4HCO_3$
hartshorn salt, ammonium carbonate
**Histamin** histamine
**Histidin** histidine
**Histogramm/Streifendiagramm** *stat*
histogram, strip diagram
**Histon** histone
**Hitze** heat
➤ **erhitzen** heat
➤ **Überhitzung** overheating, superheating
**Hitzebehandlung/Backen** heat treatment, baking
**hitzebeständig/hitzestabil** heat-resistant,
heat-stable
**Hitzeentwicklung** heat evolution
**hitzemeidend/thermophob** thermophobic
**Hitzeschlag** heatstroke
**Hitzeschock** heat shock
**Hitzeschockprotein** heat shock protein
**Hitzeschockreaktion** heat shock reaction,
heat shock response
**hitzestabil/hitzebeständig** heat-stable,
heat-resistant
**hitzeverträglich** heat-tolerant
**hochangereichert** highly enriched
**hochauflösend/hochaufgelöst** high-resolution ...
**Hochdruck** high pressure; (Bluthochdruck)
hypertension
**Hochdruckextraktion (HDE)/Fluidextraktion/**
**Destraktion** supercritical fluid extraction (SFE)
**Hochdruckflüssigkeitschromatographie/**
**Hochleistungschromatographie**
high-pressure liquid chromatography, high
performance liquid chromatography (HPLC)
**Hochdruck-Steckverbindung** compression fitting
**Hochdurchsatz** high-throughput
**hochentzündlich** highly ignitable
**hochfahren/anfahren (Reaktor/Computer)**
power up
➤ **herunterfahren (vom Netz nehmen)**
power down
**Hochfeldverschiebung (NMR)** high-field shift
**Hochfrequenzschweißen (HF-Schweißen)**
high-frequency dielectric welding
**Hochgeschwindigkeitsrührer** high-speed stirrer
**hochklopffester Kraftstoff** high-octane fuel
**hochleistungs...** high-performance

**Hochleistungsfaser** high-performance fiber
**Hochmodulfaser/Hochnassmodulfaser**
**(HWM-Faser)** high modulus fiber
**hochmolekular** high-molecular
**Hochofen** blast furnace
**Hochofenschlacke** blast-furnace slag
**Hochofenzement** blast-furnace cement
**hochradioaktiver Abfall** high active waste (HAW),
   highly active nuclear waste
**hochreaktiv** highly reactive
**Höchsterträge** maximum yield
**Höchstmenge** maximum amount
**Höchstzugkraft** force at break, 'breaking force'
**Hofmann-Abbau** Hofmann degradation
**Hofmann-Eliminierung** Hofmann elimination
**Hofmeistersche Reihe/lyotrope Reihe**
   Hofmeister series, lyotropic series
**Höhle/Kammer/Ventrikel (kleine Körperhöhle)**
   cavity, chamber, ventricle
**Hohlfaser** hollow fiber
**Hohlform/Gesenk** cavity, mold, die
**Hohlgießen/Hohlgussverfahren** *polym*
   hollow casting/molding, slush casting
**Hohlkugel** hollow sphere
**Hohlleiter (z.B. an Mikrowelle)** wave guide
**Hohlraum/Höhlung/Lumen** cavity, lumen, void;
   void space; airspace
**Hohlspiegel** concave mirror
**Hohlstopfen/Hohlglasstopfen** hollow stopper
**Höhlung** crypt, cavity, cave
**Hohlwelle (Rührer)** hollow impeller shaft
**Höllenstein/Lapis infernalis (95% Silbernitrat/**
   **5% Kaliumnitrat)** toughened silver nitrate
   (95% silver nitrate/5% potassium nitrate)
**Holoenzym** holoenzyme
**Holzessig** wood vinegar, pyroligneous acid
**Holzgeist** wood spirit, wood alcohol,
   pyroligneous spirit, pyroligneous alcohol
   (chiefly: methanol)
**Holzkohle** charcoal
**Holzschliff** wood pulp
**Holzspanplatte** (wood) chipboard
**Holzstoff (mechanischer Holzstoff/Pulpe)**
   mechanical pulp
**Holzteer** wood tar
**holzverarbeitende Industrie** timber industry
**Holzwolle** wood-wool
**holzzersetzend** decomposing wood, xylophilous
**Holzzucker/Xylose** wood sugar, xylose
**homodet/homodetisch** homodetic
**homogen (einheitlich/gleichartig)** homogeneous
   (having same kind of constituents); (gleicher
   Herkunft) homogenous (of same origin)
**Homogenisation** homogenization

**Homogenisator** homogenizer
**homogenisieren** homogenize
**Homogenisierung** homogenization
**Homogenität/Einheitlichkeit/**
   **Gleichartigkeit** homogeneity
   (with same kind of constituents)
**Homogentisinsäure** homogentisic acid
**homoiosmotisch** homoiosmotic, homeosmotic
**homolog/ursprungsgleich** homologous
**Homologie** homology
**homologisieren** homologize
**Homolyse/homolytische Spaltung** homolysis
**homonym** *adv/adj* homonymous, homonymic
**Homopolymer** homopolymer
**Homoserin** homoserine
**Hooke-Zahl** Hooke number
**Hörbarkeit** audibility
**Hörgrenze** hearing limit, auditory limit,
   limit of audibility
**horizontal angeordnetes Plattengel**
   horizontal gel, flat bed gel
**Hormon** hormone (*siehe auch unter*
   *individuellen Begriffen*)
**hormonal/hormonell** hormonal
**Hornblende** hornblende
**Hornsilber (Chlorargyrit/Silberchlorid)** horn silver,
   argentum cornu (chlorargyrite/silver chloride)
**Hörschützer/Gehörschützer/Ohrenschützer)**
   ear muffs, hearing protectors
**HOSCH-Filter (Hochleistungsschwebstofffilter)**
   HEPA-filter (high-efficiency particulate and
   aerosol air filter)
**Hubstapler/Gabelstapler** forklift
**Hubwagen** lifting truck, jacklift
**Hückel-Regel/Aromatenregel** Huckel rule,
   Hückel theory
**Hülle (z.B. Wasser)** envelope, jacket; (Mantel)
   body covering, vesture, vestiture; envelope
**Hüllenelektron** orbital electron
**Hüllprotein** coat protein
**Hülse/Ring** socket, ferrule;
   (Schliffhülse: 'Futteral'/Einsteckstutzen)
   socket (female: ground-glass joint)
**humifizieren** humify
**Humifizierung/Humifikation/Humusbildung**
   humification
**Huminsäure** humic acid
**Huminstoffe** humic substances
**Hund-Regel/Hund'sche Regel (Prinzip der**
   **maximalen Multiplizität)** Hund's rule
   (principle of maximum multiplicity)
**Hutmutter** acorn nut
**Hütte/Hüttenwerk (Metall)** smelting plant,
   refinery

Hüttenkunde/Metallurgie metallurgy
Hyaluronsäure hyaluronic acid
Hybidfaser hybrid fiber
Hybride hybrid; biol crossbreed
hybridisieren hybridize
Hybridisierung hybridization
Hybridisierungsinkubator hybridization incubator
Hybridorbital hybrid orbital
Hydrat hydrate
Hydratation/Hydratisierung/Solvation
   (Wassereinlagerung/Wasseranlagerung)
   hydration, solvation
Hydrathülle/Wasserhülle/
   Hydratationsschale hydration shell
Hydrationswärme heat of hydration
Hydratwasser water of hydration
Hydraulikflüssigkeit/Druckflüssigkeit
   hydraulic fluid
Hydrauliköl/Drucköl hydraulic oil
hydraulisch vorgesteuert (Ventil)
   pilot-operated (valve)
Hydrazin H$_2$NNH$_2$ hydrazine
hydrieren/hydrogenieren hydrogenate
Hydrierung (Wasserstoffanlagerung)
   hydrogenation
hydrisch hydric
Hydrochinon/Benzol-1,4-diol/p-Dihydroxybenzol
   hydroquinone, p-dihydroxybenzene
Hydrodynamik hydrodynamics
Hydrogel hydrogel
Hydrohalogenierung hydrohalogenation
Hydrokolloid hydrocolloid
Hydrokracken hydrocracking
Hydrologie hydrology
Hydrolyse/Wasserspaltung hydrolysis
Hydrolysealterung hydrolytic ageing
hydrolytisch/wasserspaltend hydrolytic
Hydromechanik hydromechanics
hydrophil (wasseranziehend/
   wasserlöslich) hydrophilic (water-attracting/
   water-soluble)
Hydrophilie (Wasserlöslichkeit) hydrophilicity
   (water-attraction/water-solubility)
hydrophob (wasserabweisend/
   wasserabstoßend/nicht wasserlöslich)
   hydrophobic (water-repelling/water-insoluble)
hydrophobe Bindung hydrophobic bond
Hydrophobie (Wasserabweisung/
   Wasserunlöslichkeit) hydrophobicity
   (water-insolubility)
hydrostatischer Druck hydrostatic pressure
Hydroxyapatit hydroxyapatite
Hydroxylierung hydroxylation
Hydroxyprolin hydroxyproline
Hygiene hygiene

> Arbeitshygiene industrial hygiene
> Arbeitsplatzhygiene occupational hygiene
Hygienebedingungen hygienic conditions
Hygienemaßnahme sanitary measure
hygienisch hygienic
hygroskopisch hygroscopic
Hyperchromizität hyperchromicity,
   hyperchromic effect, hyperchromic shift
Hypergol hypergolic propellant (self-igniting)
Hypersensibilität/Allergie hypersensitivity, allergy
hyperverzweigtes Polymer
   hyperbranched polymer (HBP)
Hypochlorigsäure/hypochlorige Säure/
   Monooxochlorsäure (Bleichsäure) HClO
   hypochlorous acid
Hypochlorit hypochlorite
Hypophosphorigsäure/hypophosphorige Säure/
   Phosphinsäure H$_3$PO$_2$ phosphinic acid,
   hypophosphorous acid
Hypophosphorsäure/Hypodiphosphorsäure/
   Diphosphor(IV)säure/Hexaoxodiphosphorsäure
   H$_4$P$_2$O$_6$ hypophosphoric acid,
   diphosphoric(IV) acid
Hyposalpetrigsäure/hyposalpetrige Säure/
   untersalpetrige Säure/Diazendiol H$_2$N$_2$O$_2$
   hyponitrous acid
Hypothese hypothesis
hypothetisch hypothetic, hypothetical

I

ICP-MS (induktiv gekoppelte Plasma-MS)
   inductively coupled plasma mass spectrometry
Idealgitter ideal lattice
identisch identical
identisch aufgrund von Zufällen
   identity by state (IBS)
imbibieren/hydratieren imbibe, hydrate
Imbibition/Hydratation imbibition, hydration
IMDG (Intl. Maritime Dangerous Goods Code)
   Internat. Code für die Beförderung
   von gefährlichen Gütern mit Seeschiffen
Imidazol imidazole
Iminosäure imino acid
Immission (Belastung durch Luftschadstoffe)
   exposure level of air pollutants; (Einwirkung)
   immission, injection, admission, introduction
immobil/fixiert/bewegungslos immobile, fixed,
   motionless
Immobilisation immobilization
immobilisieren immobilize (to make immobile)
Immobilität/Bewegungslosigkeit immobility,
   motionlessness
immun immune

**Immunadsorptionstest, enzymgekoppelter (ELISA)** enzyme-linked immunosorbent assay
**Immunaffinitätschromatographie** immunoaffinity chromatography
**Immundiffusion** immunodiffusion
**Immun-Elektronenmikroskopie (IEM)** immunoelectron microscopy (IEM)
**Immunelektrophorese** immunoelectrophoresis
**Immunfluoreszenzchromatographie** immunofluorescence chromatography
**Immunfluoreszenzmikroskopie** immunofluorescence microscopy
**Immunglobulin** immunoglobulin
**immunisieren/impfen** immunize, vaccinate
**Immunisierung/Impfung** immunization, vaccination
**Immunisierungsstärke/Immunogenität** immunogenicity
**Immunität** immunity
**Immunogenität/Immunisierungsstärke** immunogenicity
**Immunologie** immunology
**immunoradiometrischer Assay** immunoradiometric assay (IRMA)
**Immunpräzipitation** immunoprecipitation
**impermeabel/undurchlässig** impermeable, impervious
**Impermeabilität/Undurchlässigkeit** impermeability, imperviousness
**Impfdraht** inoculating wire
**impfen** *med* inoculate, vaccinate; *micb* inoculate, seed
**Impfen/Impfung/Vakzination (Immunisierung)** inoculation, vaccination
**Impfkristall/Impfling/Keim** seed crystal, crystal nucleus
**Impfnadel** inoculating needle
**Impföse/Impfschlinge** inoculating loop
**Impfstoff/Inokulum/Inokulat/Vakzine** inoculum, vaccine
**Impfung/Inokulation/Vakzination (Immunisierung)** inoculation, vaccination (immunization)
**Implosion** implosion
**imprägnieren (tränken)** impregnate
➤ **mit Harz imprägniert** resin impregnated, impregged
**Imprägnierharz/Tränkharz** impregnating resin
**Imprägniermittel/Imprägnierungsmittel** impregnating agent
**Imprägnierung/Tränkung** impregnation, permeation
**Impuls** impulse, momentum; *electr* surge

**Impulsentladungslampe** pulsed gas-discharge lamp
**Impulserhaltung** momentum conservation
**Impulsgeber/Taktgeber** clock generator, impulser
**Impulsgenerator** pulse generator
**Impulshöhenanalyse** pulse height analysis (PHA)
**Impulsmoment/Drehimpuls** moment of momentum, angular momentum
**Impulsschweißen** impulse welding
**Impulszähler** pulse counter
**inaktiv** inactive
**Inaktivruß/inaktiver Ruß** inert black
**Inbetriebnahme** putting into operation, startup, starting-up; (offizielle Übergabe einer Anlage etc.) commissioning
**inchromieren** chromize
**Inchromieren/Inchrimieren** chromizing
**Inden** indene
**Indikan/Indoxylsulfat** indican, indoxyl sulfate
**Indikator** indicator
➤ **Alizaringelb** alizarin yellow
➤ **Bromkresolgrün** bromocresol green
➤ **Bromphenolblau** bromophenol blue
➤ **Bromthymolblau** bromothymol blue
➤ **Dimethylgelb** dimethyl yellow
➤ **Kresolrot** cresol red
➤ **Lackmus** litmus
➤ **Metall-Indikator** metal indicator
➤ **Methylorange** methyl orange
➤ **Methylrot** methyl red
➤ **Methylviolett** methyl violet
➤ **Mischindikator/Indikatorgemisch** mixed indicator
➤ **Neutralisations-Indikator** neutralization indicator
➤ **Nitrophenol** nitrophenol
➤ **Phenolphthalein** phenolphthalein
➤ **Phenolrot** phenol red
➤ **Redox-Indikator** redox indicator
➤ **Säure-Base-Indikator** acid-base indicator
➤ **Thymolblau** thymol blue
➤ **Universalindikator** universal indicator
**Indolessigsäure** indolyl acetic acid, indoleacetic acid (IAA)
**Induktionsofen** induction furnace, inductance furnace
**Induktionstiegelschmelzofen** crucible induction furnace
**Induktionszeit** induction period
**induktiv gekoppeltes Plasma** inductively coupled plasma (ICP)
**Industriealkohol/technisches Alkohol** industrial alcohol

**Industriegase/technische Gase** industrial gases, manufactured gases
**industriell** industrial
**Industriemüll/Industrieabfall** industrial waste
**Industrieruß** carbon black
**induzierbar** inducible
**induzieren** induce
**induzierte Passform** induced fit
**ineinandergreifend/ineinanderkämmend** intermeshing
**Infektion/Ansteckung** infection
**Infektionsdosis** infectious dose
($ID_{50}$ = 50% infectious dose)
**infektiös/ansteckend** infectious
**infektiöser Abfall** infectious waste
**infizieren/anstecken** infect
**Infrarot-Spektroskopie/IR-Spektroskopie** infrared spectroscopy
**inhibitorisch/hemmend** inhibitory
**Inifer** inifer (initiation & chain transfer)
**Iniferter** iniferter (initiation & chain transfer & termination)
**Initiierung** initiation; nucleation
**Injektion/Spritze (eine I./S. geben/bekommen)** injection, shot
**Injektionsnadel** syringe needle
➢ **abnehmbare Injektionsnadel** removable needle (syringe needle)
➢ **geklebte Injektionsnadel** cemented needle (syringe needle)
**Injektionsspritze** hypodermic syringe
**injizieren/spritzen** inject, shoot
**Inkohlung/Carbonifikation** *paleo/geol* carbonization, coalification
**inkompatibel** incompatible
**Inkompatibilität** incompatibility
**Inkompressibilität/Nichtkomprimierbarkeit** incompressibility
**Inkorporation (Aufnahme in den Körper)** incorporation
**Inkubation (Bebrütung/Bebrüten)** incubation
**Inkubationsschüttler** shaking incubator, incubating shaker, incubator shaker
**Inkubationszeit** incubation period
**inkubieren/brood/breed** incubate, brüten, bebrüten
**Innendruck/Binnendruck** internal pressure
**Innengewinde** internal thread, female thread
**innere Energie** intrinsic energy
**innerlich/von innen/intern** internal, intrinsic
**Inokulation/Einimpfung/Impfung** inoculation
**inokulieren/einimpfen/impfen** inoculate
**Inosin** inosine

**Inosinmonophosphat (IMP)** inosine monophosphate, inosinic acid
**Inosintriphosphat (ITP)** inosine triphosphate
**Inosit/Inositol** inositol
**Inprozesskontrolle** in-process verification
**Insektenbekämpfungsmittel/Insektenvernichtungsmittel/Insektizid** insecticide
**Inselsilicat/Nesosilicat** nesosilicate (orthosilicate)
**inserieren (inseriert)** insert (inserted)
**Inspektions-Logbuch** inspection log
**Inspiration/Einatmen** inspiration
**inspirieren/einatmen** inspire
**instabil** unstable (instable)
**Installation(en)/Installierung/Einbau** installations
**Instandhaltung/Wartung** maintenance, servicing
**Instandhaltungskosten** maintenance costs
**Instandsetzung/Reparatur** repair, restoration; (überholen) overhaul, reconditioning
**Instrumentalanalyse** instrumental analysis
**Instrumentenanzeige** instrument display, (abgelesener Wert) instrument reading
**integrierte Schädlingsbekämpfung/integrierter Pflanzenschutz** integrated pest management (IPM)
**interdisziplinäre Forschung** interdisciplinary research
**Interferenzassay** interference assay
**Interferenz-Mikroskopie** interference microscopy
**Interkalation** intercalation
**interkalierendes Agens** intercalation agent, intercalating agent
**Internationale Maßeinheit/SI Einheit** International Unit (IU), SI unit (*fr:* Système Internationale)
**internationales Maßeinheitensystem/SI Einheitensystem** international unit system, SI unit system (*fr:* Système Internationale)
**interpolieren** interpolate
**Intervall** interval
**Intervallskala** *stat* interval scale
**Intrusion** intrusion
**Intrusivgestein/Plutonit** intrusive rock
**Inventar** inventory; stock
**inventarisieren** make an inventory
**invers** inverted
**Inversionsmutation** inversion mutation
**Invertseife** invert soap
**Invertzucker** invert sugar
**Iod/Jod (I)** iodine
**Iodessigsäure** iodoacetic acid
**iodieren (mit Jod/Jodsalzen versehen)** iodize

**Iodierung**
(mit Jod reagieren/substituieren) iodination;
(mit Jod/Jodsalzen versehen) iodization
**Iodsalz** iodized salt
**Iodsäure HIO₃** iodic acid, hydrogen trioxoiodate
**Iodwasserstoffsäure** hydroiodic acid,
hydrogen iodide
**Iodzahl** iodine number, iodine value
**Ion** ion
➢ **Adduktion/Addukt-Ion/Anlagerungs-Ion**
adduct ion
➢ **Anion** anion
➢ **Bruchstückion** fragment ion
➢ **eingefangenes Ion** trapped ion
➢ **Gegenion** counterion
➢ **Kation** cation
➢ **Komplexion** complex ion
➢ **Molekülion (MS)** molecular ion
➢ **Mutterion/Ausgangsion (MS)** parent ion
➢ **Radikalion** radical ion
➢ **Tochterion** daughter ion
➢ **Zwitterion** zwitterion (*not translated!*)
**Ionenassoziat** ion associate
**Ionenaustauscher** ion exchanger
➢ **Anionenaustauscher (starker/schwacher)**
anion exchanger (strong: SAX/weak: WAX)
➢ **Kationenaustauscher (starker/schwacher)**
cation exchanger (strong: SCX/weak: WCX)
**Ionenaustauscherharz** ion-exchange resin
➢ **Ionenaustauscherharz mit Kanalstruktur**
macroreticular/macroporous resin
**Ionenbeweglichkeit** ion mobility
**Ionenbindung** ionic bond
**Ionendosis (C/kg)** ion dose, exposure
**Ionendosisleistung (A/kg)** ion dose rate,
exposure rate
**Ioneneinfangdetektor** *ms* ion trap detector (ITD)
**Ionen-Fallen-Spektrometrie**
ion trap spectrometry
**Ionenformel** ionic formula
**Ionengeschwindigkeit** ionic mobility
(i.e., their velocity)
**Ionengleichgewicht** ion equilibrium,
ionic steady state
**Ionenkanal (Membrankanal)** ion channel
(membrane channel)
**Ionenkopplung** ionic coupling
**Ionenleitfähigkeit** ionic conductivity
**Ionenmobilität** ionic mobility
**Ionenmobilitätsspektrometrie**
ion mobility spectrometry (IMS)
**Ionenpaar** ion pair
**Ionenpore** ion pore
**Ionenprodukt** ion product

**Ionenpumpe** ion pump
**Ionenquelle** ion source
**Ionenradius** ionic radius
**Ionenschleuse** gated ion channel
**Ionenspray** ion spray
**Ionenstärke** ionic strength
**Ionenstrahl** ion beam, ionic beam
**Ionenstrahl-Mikroanalyse/Sekundärionen-
Massenspektrometrie (SIMS)** ionic probe
microanalysis (IPMA), secondary-ion mass
spectrometry (SIMS)
**Ionenstrahl-Mikrosonde** ionic microprobe
analyzer (IMPA)
**Ionenstreuspektrometrie/
Ionenstreuungsspektrometrie (ISS)**
ion-scattering spectrometry (ISS)
**Ionenstrom** ionic current, ion current
**Ionentransport** ion transport
**Ionenverlustspektroskopie**
ion loss spectroscopy (ILS)
**Ionisation** ionization
➢ **Chemiionisation** chemical ionization
➢ **Elektronenstoß-Ionisation**
electron-impact ionization (EI)
➢ **Feldionisation** field ionization
➢ **Flammenionisation** flame ionization
➢ **matrixassistierte Laser-Desorptionsionisation
(MALDI)** matrix-assisted laser desorption
ionization (MALDI)
➢ **Photoionisation** photoionization
➢ **Stoßionisation** impact ionization
**Ionisationsenergie/Ionisierungspotential
(Ionisierungsarbeit/Ablösungsarbeit)**
ionization energy, ionization potential
**Ionisationsgrad** degree of ionization
**Ionisationskammer** ionization chamber
**Ionisationsstoß** ionic impact, ionization impact
**ionisch** ionic
➢ **anionsch** anionic
➢ **kationisch** cationic
➢ **nichtionisch** nonionic
**ionisieren** ionize
**ionisierende Strahlen/ionisierende Strahlung**
ionizing radiation
**Ionophor** ionophore
**Ionophorese/Iontophorese** ionophoresis
**Irisblende** *micros* iris diaphragm
**IRMA (immunoradiometrischer Assay)**
immunoradiometric assay (IRMA)
**Irrflug-Statistik** random-walk statistics
**Islandspat/Isländischer Doppelspat/Doppelspat**
Iceland spar
**Isocyanid (Isonitril)** isocyanide, isonitrile
**Isocyansäure HNCO** isocyanic acid (carbimide)

**Isocyanwasserstoff/Isoblausäure HNC**
hydrogen isocyanide
**isoelektrische Fokussierung/**
**Isoelektrofokussierung** isoelectric focusing
**isoelektrischer Punkt** isoelectric point
**Isolator** isolator
**Isoleucin** isoleucine
**Isolierband** insulating tape, duct tape
➤ **Elektro-Isolierband** electric tape,
insulating tape, friction tape
**isolieren/abtrennen** isolate, separate
**Isolierhandschuhe** insulated gloves
**isomer adv/adj** isomeric
**Isomer** *n* isomer
➤ *cis/trans*-**Isomere (geometrische Isomere)**
*cis/trans* isomers (geometrical isomers)
➤ **Konformations-Isomer** conformational isomer
➤ **Konstitutions-Isomer** constitutional isomer
➤ **Rotationsisomer/Rotamer** rotamer
➤ **Spiegelbild-Isomer/optisches Isomer**
optical isomer
➤ **Stereoisomer** stereoisomer
➤ **Strukturisomer** structural isomer
**Isomeratzucker/Isomerose** high fructose
corn syrup
**Isomerie** isomerism, isomery
➤ **Atropisomerie** atropisomerism
➤ **Bindungsisomerie** bond isomerism
➤ *cis/trans*-**Isomerie (geometrische Isomere)**
*cis/trans* isomerism (geometrical isomerism)
➤ **Diastereoisomerie/Diastereomerie**
diastereoisomerism
➤ **dynamische Isomerie** dynamic isomerism
➤ **Gerüstisomerie/Skelettisomerie/**
**Rumpfisomerie** skeletal isomerism
➤ **Kettenisomerie** chain isomerism
➤ **Konfigurations-Isomerie**
configurational isomerism
➤ **Konformations-Isomerie**
conformational isomerism
➤ **Konstitutions-Isomerie**
constitutional isomerism
➤ **Koordinations-Isomerie**
coordination isomerism
➤ **optische Isomerie/Spiegelbild-Isomerie**
optical isomerism
➤ **Regioisomerie/Stellungsisomerie**
regioisomerism
➤ **Spiegelbild-Isomerie/optische Isomerie**
optical isomerism
➤ **Stellungsisomerie/Positionsisomerie**
position isomerism, positional isomerism
➤ **Stereoisomerie** stereoisomerism

➤ **Substitutionsisomerie**
substitutional isomerism
➤ **Tautomerie** tautomerism
**Isomerisation/Isomerisierung** isomerization
**isomerisieren** isomerize
**Isomerisierungsmittel** *polym* randomizer
**isomorph** isomorphic
**Isomorphie** isomorphism
**Isopren** isoprene
**Isopropylalkohol/Propan-2-ol** isopropyl alcohol,
isopropanol, 1-methyl ethanol (rubbing alcohol)
**isopyknische Zentrifugation**
isopycnic centrifugation
**isosmotisch** isosmotic
**Isosterie** isosterism
**Isotachophorese/Gleichgeschwindigkeits-**
**Elektrophorese** isotachophoresis (ITP)
**Isotaktizität** isotacticity (IC)
**isotherm** isothermal
**Isotherme** isotherm
**Isothiocyansäure** isothiocyanic acid
**Isotonie** isotonicity
**isotonisch** isotonic
**Isotop** isotope
➤ **Leitisotop/Indikatorisotop** isotopic tracer
➤ **Radioisotop/radioaktives Isotop/**
**instabiles Isotop (Radionuclid)** radioisotope,
radioactive isotope, unstable isotope
**Isotopenanreicherung** isotope enrichment
**Isotopenlabor** isotope laboratory
**Isotopenverdünnung** isotopic dilution
**Isotopenversuch** isotope assay
**Isotopenzusammensetzung**
isotopic composition
**Isotypwechsel/Klassenwechsel** isotype switching
**Isovaleriansäure** isovaleric acid
**Isozym/Isoenzym** isozyme, isoenzyme
**Istwert** actual value, effective value
➤ **Sollwert** nominal value, rated value,
desired value, set point

# J

**Jasmonsäure** jasmonic acid
**Jod (*siehe*: Iod) (I)** iodine
**justieren** adjust; (fokussieren: Scharfeinstellung
des Mikroskops: fein/grob) focus (fine/coarse)
**Justierschraube/Justierknopf** adjustment knob;
(*micros Triebknopf*) focus adjustment knob
**Justierung** adjustment; (Fokussierung:
Scharfeinstellung des Mikroskops: fein/grob)
focus adjustment, focus (fine/coarse)

# K

**Kabel** cable; (Draht) wire; *polym*
(aus Filamenten) tow
➤ **Glasfaserkabel** optical fiber cable,
glass fiber cable
➤ **Netzkabel** mains cable (*Br*), power cable
➤ **Stromkabel** power cord, electric cord,
electrical cord, power cable, electric cable
➤ **Verlängerungskabel/Verlängerungsschnur**
*electr* extension cord (power cord)
**Kabelbinder/Spannband** cable tie(s),
wrap-it tie(s), wrap-it tie cable
➤ **Spannzange** tensioning tool, tensioning
gun (cable ties/wrap-it-ties)
**Kabelumhüllung/Kabelummantelung**
cable sheathing
**Kabelverbinder** cable connector
**Kachel** tile
**Kaffeesäure** caffeic acid
**Käfigeinschlussverbindung/Clathrate**
cage-like inclusion compound, clathrate
**Käfigmühle/Schleudermühle/Desintegrator/**
**Schlagkorbmühle** cage mill, bar disintegrator
**Kalander** calender
**Kalandrieren** calendering
**Kalialaun/Kaliumaluminiumsulfat/Alaun**
potash alum, aluminum potassium sulfate,
alum
**kalibrieren** calibrate; size
**Kalibrierung** calibration; sizing
**Kaliglimmer/Muskovit** white mica, muscovite
**Kalilauge/Kaliumhydroxidlösung**
potassium hydroxide solution
**Kalium (K)** potassium
**Kaliumcyanid/Cyankali/Zyankali**
potassium cyanide
**Kaliumpermanganat** potassium permanganate
**Kalk** lime
➤ **Ätzkalk/Löschkalk/gelöschter Kalk Ca(OH)$_2$**
slaked lime
➤ **Branntkalk CaO** caustic lime, quicklime,
unslaked lime
➤ **entkalken (ein Gerät ~)** descale
➤ **verkalken (verkalkt)** calcify (calcified)
**Kalk-Soda-Glas** soda-lime glass
**Kalkablagerung** lime(stone) deposit
**Kalkanstrich** whitewash, limewash
**Kalkeinlagerung/Verkalkung/Calcifikation**
calcification
**kalken** lime, calcify; (Anstrich) whitewash
**Kalkfeldspat** lime-feldspar
**kalkig/kalkartig/kalkhaltig** limy, limey,
calcareous
**Kalkmergel** lime marl, calcareous marl

**Kalkspat** calcite
**Kalkstein** limestone
**Kalkstickstoff/Calciumcyanamid CaNCN**
nitrolim(e), calcium cyanamide
**Kalkung** liming
**Kalomelelektrode** calomel electrode
**Kalorie** calorie
**Kaloriemeterbombe/Bombenkalorimeter/**
**Verbrennungsbombe** bomb calorimeter
**Kalorimeter** calorimeter
**Kalorimeterbombe/Bombenkalorimeter/**
**Verbrennungsbombe** bomb calorimeter
**Kalorimetrie** calorimetry
➤ **Bombenkalorimeter** bomb calorimeter
➤ **Differentialkalorimetrie**
differential scanning calorimetry (DSC)
➤ **dynamische Differenz-Leistungs-Kalorimetrie**
**(DDLK)** power-compensated differential
scanning calorimetry (PCDSC)
➤ **dynamische Differenz-Wärmestrom-**
**Kalorimetrie (DDWK)** heat-flux differential
scanning calorimetry (HFDSC)
➤ **Leistungsdifferenzkalorimetrie** differential
scanning calorimetry (DSC)
➤ **Leistungskompensations-DSC**
power-compensated DSC
➤ **Raster-Kalorimetrie** scanning calorimetry
**Kalottenmodell** *chem* space-filling model
**Kälteakku/Kühlakku** cooling pack
**kälteempfindlich/kältesensitiv** cold-sensitive
**Kältemittel/Kühlflüssigkeit/Kühlmittel**
coolant (*allg/direkt*); refrigerant
**Kälteraum/Kühlraum** cold room
('walk-in refrigerator')
**Kälteresistenz** cold resistance
**Kälteschaden/Kälteschädigung** chilling damage/
injury
**Kältethermostat/Kühlthermostat/**
**Umwälzkühler** refrigerated circulating bath
**Kältetoleranz** cold hardiness
**Kaltfluss/kalter Fluss** cold flow
**kalthärtend** cold-curing
**Kaltkautschuk** cold rubber
**Kaltlichtbeleuchtung** fiber optic illumination
**Kaltpolymerisation/**
**Tieftemperaturpolymerisation**
cold polymerization
**Kaltpressen/Kaltpressverfahren** cold molding
**Kaltsterilisation** cold sterilization
**kaltverarbeitet** cold-worked
**Kaltverarbeitung** cold-working
**Kaltverfestigung/Verfestigung durch Verformung**
*polym* strain hardening
**Kaltverstreckung** cold drawing, cold stretching
**kalzinieren** calcine

**Kalzinierung** calcination
**Kalzium/Calcium (Ca)** (*siehe auch dort*) calcium
**Kammer** chamber, tank
**Kammgarn** worsted yarn
**Kanal** (zum Weiterleiten von Flüssigkeiten) canal,
　duct, tube; (Extruderschnecke) channel
**Kanalisation** sewage system, sewer
**Kanalruß** channel black
**Kanister (Behälter)** jug (container);
　carboy (Ballonflasche), canister
**kanonisch** canonical
**Kanüle** cannula
**kanzerogen/karzinogen/carcinogen/**
　**krebserzeugend** carcinogenic
**Kaolin (Porzellanerde)** kaolin (china clay)
**Kapazität** capacity
➤ **elektrische Kapazität** capacitance (C)
**Kapazitätsfaktor/Verteilungsverhältnis**
　capacity factor
**Kapazitätskontrollsystem, limitiertes**
　limited capacity control system (LCCS)
**kapazitiver Strom** capacitative current
**Kapelle** *metal* cupel
**Kapellenform** *metal* cupel mold
**Kapillarbruch (Fasern)** capillary breaking,
　capillary fracture
**Kapillardüse** capillary die, capillary nozzle
**Kapillare/Haargefäß** capillary; *tech* capillary tube
**Kapillarelektrode** capillary electrode
**Kapillarelektrophorese** capillary electrophoresis
**Kapillarpipette** capillary pipet, capillary pipette
**Kapillarrohr/Kapillarröhrchen**
　capillary tube/tubing
**Kapillarsäule (Trennkapillare: GC)** capillary
　column; (offene) open tubular column
**Kapillarviskosimeter** capillary viscometer
**Kappe** (Verschluss/Deckel) cap, top, lid
**Kapuze** hood; (für Labor: Haarschutzhaube)
　bouffant cap
**Karamelisation/Karamelsierung** caramelization
**Karamelzucker** caramel sugar
**Karbonisation** carbonization
**Karburierung** carburetion
**kardieren** *text* card
**Karenzzeit** waiting period
**Karneol** *min* carnelian
**Karobgummi/Johannisbrotkernmehl**
　carob gum, locust bean gum
**Karotinoide/Carotinoide** carotinoids
**Karte** (Landkarte: auch Stadtplan etc.) map;
　(Tafel/Schaubild/Tabelle) chart
**kartieren** map; (grafisch darstellen: Kurven etc.)
　plot; (skizzieren) chart
**Kartierung** mapping, plotting

**Karton/Kartonpapier (feste Pappe)** cardboard,
　paperboard, fiberboard
**Kartusche** cartridge
**Kartuschenbrenner** cartridge burner
**Karzinogen** *n* carcinogen
**karzinogen/carcinogen/kanzerogen/**
　**krebserzeugend** carcinogenic
**Karzinom** carcinoma
**Kaschieren** (Verbundwerkstoffe) laminating;
　(Textilien) bonding, laminating; (Textil-Schaum)
　bonding; (Folien) doubling; (mit Füllmaterial)
　quilting; (Beschichtung) lamination coating
**Kaschierfolie** laminating film
**Kaskade/Kascade** cascade
**Kaskadensystem (Enzyme)** cascade system
**Kassette/Patrone** cartridge, cassette
**Kasten/Kiste** box, crate
**katabol/catabol** catabolic (degradative reactions)
**Katabolitrepression (Hemmung)**
　catabolite repression
**Katalysator** catalyst;
　(Automobile) catalytic converter
➤ **Cokatalysator** cocatalyst
➤ **Übergangsmetall-Katalysator**
　transition-metal catalyst
➤ **Ziegler-Natta Katalysator** Ziegler-Natta catalyst
**Katalysatorgift/Katalytgift/Kontaktgift**
　**(Katalyseinhibitor)**
　catalyst poison, catalytic poison
**Katalysatorleistung** catalyst performance
**Katalysatorträger/Kontaktträger** catalyst support
**Katalysatorvergiftung** catalyst poisoning
**Katalyse** catalysis
➤ **heterogene Katalyse** heterogeneous catalysis
➤ **homogene Katalyse** homogeneous catalysis
➤ **Kontaktkatalyse** contact catalysis,
　surface catalysis
➤ **Phasentransferkatalyse (heterogene Katalyse)**
　phase-transfer catalysis (PTC)
➤ **photochemische Katalyse**
　photochemical catalysis
➤ **Photokatalyse** photocatalysis
**katalysieren** catalyze
**katalytisch** catalytic, catalytical
**katalytische Einheit/**
　**Einheit der Enzymaktivität (katal)**
　catalytical unit, unit of enzyme activity (katal)
**katalytische Leistung** catalytic performance
**katalytische Polymerisation**
　catalytic polymerization
**katalytischer Antikörper** catalytic antibody
**Katecholamin** catecholamine
**Kathode/Katode (Minuspol/negative Elektrode)**
　cathode

**Kathodenschutz/kathodischer (galvanischer) Korrosionsschutz** cathodic protection, sacrificial protection
**Kathodenstrahl (Elektronenstrahl)** cathode ray (electron beam)
**Kathodenzerstäubung** cathode sputtering, cathodic sputtering
**Katholyt/Kathodenflüssigkeit** catholyte
➢ **Anolyt/Anodenflüssigkeit** anolyte
**Kation** cation
**Kationenaustauscher** cation exchanger
**Kationenaustauschkapazität (KAK)** cation exchange capacity (CAC)
**Katkracken (Erdöl)** catalytic cracking
**Katzengold/Narrengold/Pyrit FeS$_2$** fool's gold, pyrite
**Kaugummi** *m* chewing gum
**Kaumasse/Kaumittel** masticatory
**Kausche** thimble
**Kautschuk (*cis*-1,4-Polyisopren)** caoutchouc, rubber, elastica, india rubber
➢ **Allzweck-Kautschuk** general-purpose rubber
➢ **Chlorkautschuk** chlorinated rubber
➢ **Cyclokautschuk** cyclorubber; cyclized rubber
➢ **Dienkautschuk** diene rubber
➢ **entproteinisiert** deproteinized (DP)
➢ **Guttapercha (*Palaquium gutta*/Sapotaceae)** gutta-percha
➢ **Kaltkautschuk** cold rubber
➢ **Kreppkautschuk** crepe rubber
➢ **Krümelkautschuk** particulate rubber
➢ **Kunstkautschuk** synthetic rubber (SR), artificial rubber
➢ **Naturkautschuk** natural rubber (NR), caoutchouc
➢ **Nitrilkautschuk (Butadien-Acrylnitril)** nitrile rubber
➢ **Olefinkautschuk** olefin rubber
➢ **ölverstreckt** oil-extended (OE)
➢ **Parakautschuk (*Hevea brasiliensis*/Euphorbiaceae)** para rubber
➢ **Räucherkautschuk/Smoked Sheet (geräucherte Rohkautschukplatte)** smoked sheet (rubber)
➢ **Rohkautschuk** raw rubber
➢ **Silikonkautschuk** silicone rubber
➢ **Spezial-Kautschuk** specialty rubber
➢ **Synthesekautschuk (Elastomer)** synthetic rubber (SR) (elastomer)
➢ **totplastizierter Kautschuk/totmastizierter Kautschuk** killed rubber
**kautschukartig/gummiartig** rubberlike
**Kautschukkügelchen/Kautschuktröpfchen (in Latex)** rubber droplets (in latex)
**Kavität** cavity

**Kegelhülse** conical socket
**Kegel-Platte-Viskosimeter** cone-and-plate viscometer
**Kegelventil** cone valve, mushroom valve, pocketed valve
**kehren/fegen** sweep (up)
**Keil** wedge, peg
**Keilstrichformel** wedge formula
**Keim** (Mikroorganismus) germ; (Keimling/Embryo) germ, embryo; *chem/polym* nucleus
**Keimbildner** *chem* nucleating agent
**Keimbildung** *chem* nucleation
➢ **heterogene Keimbildung** heterogeneous nucleation
➢ **homogene Keimbildung** homogeneous nucleation
➢ **Koagulations-Keimbildung** coagulative nucleation
➢ **Tröpfchen-Keimbildung** droplet nucleation
➢ **verstärkte Keimbildung** enhanced nucleation
**keimen** germinate, sprout
**keimfrei/steril** germ-free, aseptic, sterile
**keimtötend** antimicrobial; (bakterizid/antibakteriell) bacteriocidal, bactericidal
**Keimung** germination
**Kelle** trowel
**Kelter** fruit/juice press (e.g., for making juice)
**keltern** press (fruit/grapes)
**Kenngröße/Parameter** parameter; *math* dimensionless group/quantity/number
**Kennlinie** characteristic curve
**Kennwert** characteristic value; descriptor
**Kennzahl** basic number, characteristic number; (Chiffre) key, cipher; (Kennziffer) *stat* index number, indicator; (statistische Maßzahl) statistic, statistic value
**Kennzeichen/Abzeichen/Marke/Banderole** badge; (für Fahrzeuge/Container) placard
**Kennzeichnung** marking, labeling
**Kennzeichnungspflicht** labeling requirement
**Keramik** ceramics
➢ **Porzellan** porcelain, china
➢ **Steinware** stoneware
➢ **Steinzeug** glazed ware, vitrified clay
➢ **Tongut (Irdengut und Steingut)** nonsintered earthenware
➢ **Tonware (Tonzeug und Tongut)** earthenware
➢ **Tonzeug (Sinterzeug und Porzellan)** sintered earthenware
**Keramikfaser** ceramic fiber
**Keramikisolator** ceramic insulator
**Keramikmembran** ceramic membrane
**keratinisieren (verhornen)** keratinize (cornify)
**Kerbe** indentation, notch; (Schlitz/Bruchstelle) nick

**kerbig/gekerbt** notched, nicked, crenate
**Kerbschlagzähigkeit** notched impact strength
(impact strength, notched: ISN)
**Kern** (Atome) nucleus; (Zentrum: Mark/
Core) core, center; *polym* (Herstellung von
Hohlartikeln: entfernbar) mandrel
➤ **Bohrkern** *geol* drill core
➤ **Mutterkern** parent nucleus
➤ **Schliffkern (Steckerteil)**
cone (male: ground-glass joint)
➤ **Zellkern** nucleus, karyon
**Kernanlage** nuclear facility, nuclear installation
(e.g., nuclear power plant etc.)
**Kernbildung/Nukleation** nucleation,
formation of nuclei
**Kernbindungsenergie** nuclear binding energy
**Kernbrennstoff** nuclear fuel
➤ **abgebrannter Kernbrennstoff**
spent nuclear fuel (SNF)
**Kernchemie/Nuklearchemie** nuclear chemistry
**Kerndrehimpuls** nuclear spin
**Kernenergie** nuclear energy, atomic energy
**Kernforschung** nuclear research
**Kernkettenreaktion** nuclear chain reaction
**Kernkraft** nuclear force; nuclear power
**Kernkraftwerk** nuclear power plant
**Kernladung** nuclear charge
**Kernladungszahl/Protonenzahl** atomic number,
proton number
**kernmagnetische Resonanz/Kernspinresonanz**
nuclear magnetic resonance (NMR)
**kernmagnetische Resonanzspektroskopie/**
**Kernspinresonanz-Spektroskopie**
nuclear magnetic resonance spectroscopy,
NMR spectroscopy
**Kernnährelemente** macronutrients
**Kernpartikel** nuclear particles
**Kernreaktion** nuclear reaction
**Kernreaktor** nuclear reactor
**Kernrückstoß** nuclear recoil
**Kernschmelze** nuclear meltdown
**Kernseife (feste Natronseife)** curd soap
(domestic soap)
**Kernspaltung** nuclear fission
**Kernspin** nuclear spin
**Kernspinresonanz/kernmagnetische Resonanz**
nuclear magnetic resonance (NMR)
**Kernspinresonanz-Spektroskopie/kernmagnetische**
**Resonanzspektroskopie** nuclear magnetic
resonance spectroscopy, NMR spectroscopy
**Kernspintomographie (KST)/**
**Magnetresonanztomographie (MRT)**
magnetic resonance imaging (MRI),
nuclear magnetic resonance imaging
**Kernsplitterung** nuclear spallation

**Kernspur** nuclear track
**Kernstrahlung** nuclear radiation,
atomic radiation
**Kerntechnik/Kerntechnologie** nuclear
technology, nuclear engineering
**kerntechnische Anlage** nuclear facility,
nuclear installation
**Kernteilchen** nuclear particle(s)
**Kernübergang** nuclear transition
**Kernumwandlung** nuclear transformation,
(nuclear) transmutation
**Kernverschmelzung/Kernfusion** nuclear fusion
**Kernzersplitterung** nuclear spallation
**Kerogen** kerogen
**Kerosin** kerosene
**Kessel** bowl, tank; (Heizkessel) boiler
**Kesselstein** scale, boiler scale, incrustation
**Kesselstein entfernen** descale
**Kesselwagen (Chemikalientransport)** tank car,
tank truck (Schiene: rail tank car)
**Keten** ketene (ethenone and derivatives)
**Ketid/Polyketid/Acetogenin** ketide
**Ketoaldehyd** ketoaldehyde, aldehyde ketone
**Keton** ketone
➤ **Aceton (Azeton)/Propan-2-on/2-Propanon/**
**Dimethylketon** acetone, dimethyl ketone,
2-propanone
**ketonisieren** ketonize
**Ketonkörper** ketone body (acetone body)
**Ketosäure** keto acid
**Kette (verzweigte/unverzweigte)**
chain (branched/unbranched)
➤ **geradkettig/offenkettig**
straight-chain, open-chain
➤ **geschlossenkettig (ringförmig)**
closed-chain (ring)
➤ **Hauptkette** main chain
➤ **leichte Kette (L-Kette)** *immun*
light chain (L chain)
➤ **kurzkettig** short-chain
➤ **offenkettig (aliphatisch/acyclisch)**
open-chain (aliphatic/acyclic)
➤ **schwere Kette (H-Kette)** *immun*
heavy chain (H chain)
➤ **Segmentkette** jointed chain,
freely jointed chain
➤ **Seitenkette** side-chain
➤ **unverzweigt** unbranched
➤ **verzweigtkettig** branched-chain(ed)
**Kette und Schuss** *text* warp and weft
**Kettenabbrecher** chain cleavage additive
**Kettenabbruch** chain termination, chain breaking
**Kettenabbruchverfahren** *gen*
chain-terminating technique
**Kettenbildung/Verkettung** catenation

Kettenform *chem* chain form, open-chain form
Kettenformel chain formula, open-chain formula
Kettenglied/Kettensegment
  chain link, chain unit, chain segment
Kettenisomerie chain isomerism
Kettenklammer chain clamp
Kettenlänge chain length
Kettenpolymer (linear) catena polymer
Kettenreaktion chain reaction
Kettensegmentdiffusion segmental diffusion
Kettensilicat/Bandsilicat/Inosilicat chain silicate,
  inosilicate (metasilicate)
Kettenspaltung chain scission, chain cleavage
Kettenstart/Initiation *polym* chain initiation
Kettenstarter/Initiator *polym* chain initiator
Kettenträger *polym* (Radikalstelle/Ion) chain carrier
Kettentransfer/Kettenübertragung chain transfer
Kettenverzweigung chain branching
Kettenwachstum chain growth, chain
  propagation
Kettenwachstumspolymerisation chain-growth
  polymerization, chain-reaction polymerization
Kettenwachstumsreaktion chain propagation
  reaction
Kettfaden *text* warp, warp thread
Kettköper *text* warp twill
Kienspan chip of pinewood, pinewood chip
Kies gravel
Kieselerde diatomaceous earth
Kieselgel/Kieselsäuregel/Silicagel silica gel
Kieselgur kieselguhr (loose/porous diatomite;
  diatomaceous/infusorial earth)
Kieselsäure silicic acid
➢ Metakieselsäure ($H_2SiO_3$)$_n$ metasilicic acid
➢ Orthokieselsäure/Monokieselsäure $H_4SiO_4$
  orthosilicic acid
➢ Polykieselsäure polysilicic acid
kieselsäurehaltig siliceous
Kieselschiefer siliceous shale
Kieselsinter (Geyserit) siliceous sinter (geyserite)
Kieselstein pebble
Kimwipes (Kimberley-Clark Reinraum
  Wischtücher) Kimwipes
  (Kimberley-Clark cleanroom wipes)
Kinetik (nullter/erster/zweiter Ordnung)
  (zero-/first-/second-order...) kinetics
➢ Reaktionskinetik reaction kinetics
➢ Reassoziationskinetik reassociation kinetics
Kipphebel tumbler; lever
Kipphebelschalter tumbler switch, knife switch
Kippschalter toggle switch, rocker
Kippscher Apparat/'Kipp'/Gasentwickler
  Kipp generator
Kitt (Kittsubstanz) *allg* adhesive, cement;
  (Fensterkitt etc.) putty

➢ Füllkitt filling adhesive
➢ Klebkitt cement, bonding cement
Kittel coat, gown; frock
➢ Arbeitskittel/Overall overall
➢ Laborkittel/Labormantel laboratory coat,
  labcoat
➢ Schutzkittel/Schutzmantel protective coat,
  protective gown
Kittmesser putty knife
klaffen/offen stehen gape
Klammer clamp, clip
➢ Schliffklammer/Schliffklemme
  (Schliffsicherung) joint clip, joint clamp,
  ground-joint clip, ground-joint clamp
Kläranlage (kommunal) sewage treatment plant;
  (industriell) waste-water purification plant
Klärbecken/Absetzbecken settling tank
klären (z. B. absetzen/entfernen von
  Schwebstoffen aus einer Flüssigkeit) clear,
  clarify, purify; (filtrieren) filtrate
Klärflasche purge
Klärgas/Faulgas (Methan) sludge gas
Klarglas clear glass
Klarlack varnish
Klärschlamm (*siehe:* Faulschlamm) sludge,
  sewage sludge
Klarsichtfolie (Einwickelfolie/ *auch:*
  Haushaltsfolie) film wrap (transparent film/
  foil), cling wrap
Klarsichtmittel/Antibeschlagmittel/
  Beschlagverhinderungsmittel antifogging agent
Klärtemperatur clearing temperature
Klärung (z. B. absetzen/entfernen von
  Schwebstoffen aus einer Flüssigkeit)
  clarification, purification
➢ Abwasseraufbereitung sewage treatment
➢ Filtrierung/Filtration filtration
Klärwerk/Kläranlage (Abwasser)
  sewage treatment plant
Klassenhäufigkeit/Besetzungszahl/absolute
  Häufigkeit *stat* class frequency, cell frequency
Klassenwechsel/Klassensprung *immun* class
  switch, class-switching (isotype switching)
klassieren (nach Korngröße) screen, size
Klassierung *stat* grouping of classes
klassifizieren classify
Klassifizierung/Klassifikation
  classifying, classification
Klebeband adhesive tape
➢ Elektro-Isolierband insulating tape,
  electric tape, friction tape
➢ Gewebeband/Textilband (einfach) cloth tape
➢ Gewebeklebeband/Panzerband
  (Universalband/Vielzweckband) duct tape
  (polycoated cloth tape)

> **Isolierband** insulating tape, duct tape
> **Kreppband** masking tape
> **Verpackungsklebeband** packaging tape
**Klebebondieren** adhesive bonding
**kleben** stick, adhere; paste; cement;
(klebend) sticky, adhesive
> **leimen** glue
**Kleber/Klebstoff** (*siehe dort*)/**Leim**
adhesive, glue, gum; paste; cement
**Klebestreifen** adhesive tape
**Klebeverbindung** bonded joint, adhesive joint,
adhesive bonding
> **gefalzte Überlappungsverbindung/gefalzter**
**Überlappstoß** joggle-lap joint
**Klebfolie (Klebfilm)** glue film, film adhesive,
adhesive film
**Klebharz** bonding resin, adhesive resin
**Klebkitt** cement, bonding cement
**Klebkraft** adhesive power, bonding power
**Kleblack/Lösemittelkleber/Lösungsmittelkleber**
solvent adhesive, solvent-based adhesive
**Kleblöser** cement solvent
**klebrig** (glutinös) sticky, glutinous, viscid;
(zäh) tacky, sticky.
> **nicht klebrig** not sticky; tack-free
**klebriges Ende/kohäsives Ende/**
**überhängendes Ende** sticky end, cohesive end,
protruding end, protruding extension
**Klebrigkeit** stickiness, tack
**Klebrigmacher** tackifier
**Klebrigmacherharz** tackifier
**Klebstoff (Kleber)** adhesive; (Leim) glue, gum
> **Alleskleber** general-purpose adhesive
> **bei Raumtemperatur verfestigender Klebstoff**
room-temperature setting adhesive
> **Bioklebstoff** bioadhesive
> **Einkomponentenklebstoff**
single-component adhesive
> **Füllkitt** filling adhesive
> **Harzkleber** resin adhesive
> **Hochtemperaturkleber**
high-temperature adhesive
> **Kaschierklebstoff/Laminierkleber**
laminating adhesive
> **Kleblack/Lösemittelkleber/Lösungsmittelkleber**
solvent adhesive, solvent-based adhesive
> **Konstruktionsklebstoff/Montageleim/**
**Baukleber** structural adhesive
> **Kontakt-Klebstoff/Haftkleber** contact adhesive;
(durch Andrücken: druckreaktiver Klebstoff)
impact adhesive, pressure-sensitive adhesive
> **Kunstharzkleber** synthetic-resin adhesive
> **Kunststoffklebstoff/Kunststoffkleber**
plastic adhesive, plastic-bonding adhesive

> **lösemittelaktivierter Klebstoff**
solvent-activated adhesive
> **Mehrkomponentenkleber** multicomponent
adhesive/cement
> **Reaktionsklebstoff** reactive adhesive,
reaction adhesive, reaction glue
> **Schmelzklebstoff** melt adhesive,
hot-melt adhesive
> **Sekundenkleber** superglue, crazy glue
> **selbstklebend** self-adhesive, self-adhering,
gummed
> **Siliconklebstoff** silicone adhesive
> **Zweikomponentenkleber** two-component
adhesive
**Klebstoff für minderbeanspruchte**
**Verbindungen** nonstructural adhesive
**Kleider ausziehen!/Kleider runter!**
(Chemieunfall) take off clothes! strip!
**Kleie** bran
**Kleinanwendung** small-scale application
**Kleister** paste
**Klemme** clamp; clip;
(Kegelschliffsicherung) clip (for ground joint)
> **Arterienklemme** artery forceps, artery clamp
> **Bürettenklemme** buret clamp
> **Doppelmuffe/Kreuzklemme** clamp holder,
'boss', clamp 'boss' (rod clamp holder)
> **Gefäßklemme/Arterienklemme/Venenklemme**
hemostatic forceps, artery clamp
> **Hakenklemme (Stativ)** hook clamp
> **Kettenklammer** chain clamp
> **Klemme mit runden Backen** round jaw clamp
> **Krokodilklemme** alligator clip
> **Lüsterklemme** luster terminal
(insulating screw joint)
> **mit runden Backen** round jaw clamp
> **Schlauchklemme/Quetschhahn** tubing clamp,
pinchcock clamp, pinch clamp
> **Schraubklemme** pinch clamp
> **Spannungsklemme** voltage clamp
> **Tupferklemme** sponge forceps
> **Verlängerungsklemme** extension clamp
**Klemmenspannung** *electr* terminal voltage
(voltage at the terminals)
**Klemmpinzette/Umkehrpinzette** reverse-action
tweezers (self-locking tweezers)
**Klempner/Installateur** plumber
**Klettverschluss (Haken & Flausch)** Velcro,
Velcro fastener, hook and loop fastener
**Klinge** blade
**Klinikmüll** clinical waste
**klinisch getestet/geprüft** clinically tested
**Klonierung** cloning

**Klo** 98

**Klopfdichte** tap density, mechanically tapped packing density
**klopffester Kraftstoff** antiknock fuel
**Klümpchen** *polym* blob
**Klumpen** clump; lump; *chem* (Kruste: fest verbackender Niederschlag) cake
**klumpen** clump; lump; *chem* (zusammenbacken: Präzipitat) cake
**Knallgas (2×H$_2$ + O$_2$)** oxyhydrogen (gas), detonating gas
**Knallpulver** fulminating powder
**Knallsäure/Fulminsäure/Blausäureoxid HCNO** fulminic acid
**Knallsilber** (Silberazid) AgN$_3$ silver azide; (Silberfulminat) AgCNO silver fulminate, fulminating silver
**Knarre** ratchet
➤ **Hebelknarre** lever ratchet
➤ **Umschaltknarre** change-over ratchet
**Knäuel** coil
➤ **gestörtes Knäuel** perturbed coil
➤ **statistisches Knäuel** random coil
➤ **ungestörtes Knäuel** unperturbed coil
**kneifen** pinch
**Kneifzange** pliers, nippers (*Br*), cutting pliers, pincers
**Knete/Knetmasse** plasticine, clay; (Modellierknete) modeling clay
**kneten** knead
**Kneter/Knetmaschine/Knetwerk** *polym* kneader, kneading machine
**knicken** buckle
**Knickfestigkeit** buckling strength
**Knicklast** buckling load
**Knickung/Knicken** *polym* buckling
**Knitterfestigkeit** crease resistance, wrinkle resistance, resistance to creasing
**knittern** crumple, crease, wrinkle
**Knochen** bone
**Knochenmehl** bone meal
**knöchern/Knochen...** bony
**Knopf** button; (Regler) control
**Knopfzelle (Batterie)** coin cell, button cell (button battery)
**Knorpel** cartilage
**knorpelig** cartilaginous
**knüpfen** knot; tie
**Koagulat** coagulate, coagulum
**koagulierbar/gerinnungsfähig/gerinnbar** coagulable
**Koagulierbarkeit/Gerinnungsfähigkeit** coagulability
**koagulieren/gerinnen** coagulate
**Koagulieren/Koagulation/Gerinnung** coagulation

**Koagulierungsmittel/Gerinnungsmittel** coagulating agent, coagulator
**Koazervat** coacervate
**Koazervation** coacervation
**Kobalt/Cobalt (Co)** cobalt
**Kobalt(II)...** cobaltous
**Kobalt(III)...** cobaltic
**Kochblutagar/Schokoladenagar** chocolate agar
**köcheln (auf 'kleiner' Flamme)** simmer (boil gently)
**kochen** cook, boil
➤ **abkochen/absieden** decoct
➤ **aufkochen** boil up, bring to a boil; (beginnend) come to a boil
➤ **auskochen/abkochen (durch kochen abdampfen)** boil off
➤ **einkochen/verkochen** boil down
➤ **überkochen (*auch*: überlaufen)** boil over
**Kocher** cooker, boiler; burner; pap digester
➤ **elektrischer Kochplatte (meist transportabel)** hot plate
➤ **Tauchsieder** immersion heater, 'red rod' (*Br*)
➤ **Wasserkocher** electric kettle
**Kochlauge (z.B. Papierherstellung)** liquor
**Kochsalz (NaCl)** table salt
**Kochsalzlösung** saline
➤ **physiologische Kochsalzlösung** saline, physiological saline solution
**kodieren/codieren** encode, code
**kodierender Strang/codierender Strang/Sinnstrang (DNA)** coding strand, sense strand
**Koerzitivität** coercivity
**Koerzitivkraft** coercive force
**Koffein/Thein** caffeine, theine
**koffeinfrei** decaffeinated
**koffeinfreier Kaffee** decaf
**Kofler'scher Heizblock** Kofler hot-block
**kohärentes Licht** coherent light
**Kohärenz** coherence
**Kohäsion** cohesion
**Kohäsionsbruch (Faser)** cohesion failure
**Kohäsionsenergiedichte/kohäsive Energiedichte** cohesive energy density (CED)
**Kohäsionskraft** cohesive power
**kohäsiv** cohesive
**Kohle** coal
➤ **Aktivkohle** activated carbon
➤ **Anthrazit/Kohlenblende** anthracite, hard coal
➤ **Cannelkohle/Kännelkohle/Kerzenkohle/Kandelit** cannel coal, kennel coal, candle coal, cannelite
➤ **Esskohle** low-volatile bituminous coal (*US*), low-volatile coking steam coal (*Br*)
➤ **Fettkohle** medium-volatile bituminous coal (*US*), medium-volatile coking steam coal (*Br*)

➤ Glanzbraunkohle/subbituminöse Kohle
subbituminous coal
➤ Holzkohle charcoal
➤ Kokskohle coking coal
➤ Magerkohle lean coal
➤ Schmiedekohle forge coal
➤ Steinkohle/bituminöse Kohle bituminous coal
➤ Weichbraunkohle & Mattbraunkohle/Lignit
lignite
Kohlebürste (Motor) *tech* carbon brush
Kohlefilter charcoal filter
Kohlendioxid $CO_2$ carbon dioxide
Kohlendisulfid/Kohlenstoffdisulfid/
Schwefelkohlenstoff $CS_2$ carbon disulfide
Kohlenhydrat carbohydrate
Kohlenhydrierung coal hydrogenation
Kohlenmonoxid CO carbon monoxide
Kohlensäure (Karbonat/Carbonat)
carbonic acid (carbonate)
Kohlenstoff (C) carbon
Kohlenstoffbindung carbon bond
Kohlenstoffdisulfid $CS_2$ carbon disulfide
Kohlenstofffaser/Carbonfaser carbon fiber (CF)
kohlenstofffaserverstärkter Kohlenstoff (KFK)
carbon-fiber reinforced carbon (CFC)
kohlenstofffaserverstärkter Kunststoff (CFK)
carbon fiber-reinforced plastic (CFRP)
Kohlenstoffgerüst (lineare Kette) carbon backbone
kohlenstoffhaltig carbonaceous
Kohlenstoffquelle carbon source
Kohlenstoffstahl/Carbonstahl carbon steel
Kohlenstofftetrachlorid $CCl_4$ carbon tetrachloride,
tetrachloromethane
Kohlenstoffverbindung carbon compound
Kohlensuboxid $C_3O_2$ carbon suboxide
Kohlenteer coal tar
Kohlenverflüssigung coal liquefaction
Kohlenwasserstoff hydrocarbon
➤ alicyclischer Kohlenwasserstoff
alicyclic hydrocarbon
➤ aliphatischer Kohlenwasserstoff
aliphatic hydrocarbon (straight-chain)
➤ Aromat/aromatischer Kohlenwasserstoff
aromatic hydrocarbon
➤ Chlorkohlenwasserstoff/chlorierter
Kohlenwasserstoff chlorinated hydrocarbon
➤ Cyclokohlenwasserstoff/
cyclischer Kohlenwasserstoff
cyclic hydrocarbon (closed ring)
➤ Fluorchlorkohlenwasserstoffe (FCKW)
chlorofluorocarbons, chlorofluorinated
hydrocarbons (CFCs)
➤ Fluorkohlenwasserstoff
fluorinated hydrocarbon

➤ Halogenkohlenwasserstoff/halogenierter
Kohlenwasserstoff halogenated hydrocarbon
Koinzidenzfaktor/Coinzidenzfaktor coefficient of
coincidence
Kojisäure kojic acid
Kokain cocaine
Kokereigas coke-oven gas
Kokereiofen coke oven
Kokille (Gussform/Barrenform) *metal* ingot mold
Koks coke
➤ Gießereikoks foundry coke
➤ Hüttenkoks/Hochofenkoks blast-furnace coke
➤ Petrolkoks petroleum coke
➤ Schwelkoks/Halbkoks semicoke
Koksgrus coke breeze
Kokskohle coking coal
Kolben *chem* flask; (Stempel/Schieber: Spritze
etc.) *tech* piston, plunger (e.g., of syringe)
➤ Birnenkolben/Kjeldahl-Kolben Kjeldahl flask
➤ Destillierkolben/Destillationskolben
distilling flask, retort
➤ Dreihalskolben
three-neck flask, three-necked flask
➤ Enghalskolben
narrow-mouthed flask, narrow-necked flask
➤ Erlenmeyerkolben/Erlenmeyer-Kolben
(Schüttelkolben) Erlenmeyer flask (shake flask)
➤ Extraktionskolben extraction flask
➤ Fernbachkolben Fernbach flask
➤ Filtrierkolben/Filtrierflasche/Saugflasche
filter flask, filtering flask, vacuum flask
➤ Kulturkolben culture flask
➤ Messkolben volumetric flask
➤ Rotationsverdampferkolben
rotary evaporator flask
➤ Rundkolben/Siedegefäß round-bottomed flask,
boiling flask with round bottom
➤ Säbelkolben/Sichelkolben
saber flask, sickle flask, sausage flask
➤ Schlenk-Kolben/Schlenkkolben (Rundkolben
mit seitlichem Hahn) Schlenk flask
➤ Schliffkolben ground-jointed flask
➤ Schüttelkolben shake flask
➤ Schwanenhalskolben swan-necked flask,
S-necked flask, gooseneck flask
➤ Seitenhalskolben sidearm flask
➤ Spitzkolben pear-shaped flask (small, pointed)
➤ Stehkolben/Siedegefäß Florence boiling flask,
Florence flask (boiling flask with flat bottom)
➤ Verdampferkolben evaporating flask
➤ Weithalskolben wide-mouthed flask,
wide-necked flask
➤ Zweihalskolben two-neck flask,
two-necked flask

**Kolbenfluss/Pfropffließen** plug flow
**Kolbenhubpipette/Mikroliterpipette**
micropipet, pipettor
**Kolbeninjektion** plunger injection
**Kolbenklemme** flask clamp
**Kolbenpumpe** piston pump, reciprocating pump
**Kolbenstrangpresse** stuffer (*US*), ram extruder
**Kolbenströmung** ram flow
**Kolbenwischer/Gummiwischer**
(zum mechanischen Loslösen von Rückständen
im Glaskolben) policeman (glass/plastic or
metal rod with rubber or Teflon tip)
**Kolchizin/Colchicin** colchicine
**kolieren** filter, percolate, strain
**Kollagen** collagen
**Kollektorblende/Leuchtfeldblende**
field diaphragm
**Kollektorlinse** collector lens, collecting lens
**kolligative Eigenschaften**
**(konzentrationsabhängig)**
colligative properties
**Kollimationsblende/Spaltblende** *micros*
collimating slit
**Kollimator** collimator
**Kollision (Enzymkinetik)** collision
**Kollodium** collodion
**Kollodiumwolle** collodion cotton
**Kolloid** colloid
**kolloidal** colloidal
**Kolloidlösung/kolloidale Lösung** colloidal solution
**Kolonne/Turm (Bioreaktor)** column
**Kolophonium** colophony, rosin
**Kombinationsentropie (Konfigurationsentropie)**
combinatorial entropy
**Kombizange** combination pliers, linesman pliers;
(verstellbar) slip-joint pliers
**Kompaktieren/Verdichten** compact
**Kompartimentierung** compartmentalization,
compartmentation
**kompatibel/verträglich** compatible
**Kompatibilität/Verträglichkeit** compatibility
**Kompensationskreis/Kompensationsschaltung**
*electr* bucking circuit
**Kompensationspunkt** compensation point
**kompetitiv** competitive
**komplementär** complementary
**Komplementation** complementation
**Komplexbildner/Chelatbildner**
complexing agent, chelating agent, chelator
➤ **Hilfskomplexbildner** auxiliary complexing agent
**Komplexbildung/Chelatbildung** complexing,
chelation, chelate formation
**Komplexverbindung/Koordinationsverbindung**
complex compound, coordination compound

**komplexieren** chelate
**Komplexion** complex ion
**Komplexität** complexity
**Kompositwerkstoff/Verbundwerkstoff**
composite material
**Kompressionsentlastungszeit**
decompression time
**Kompressionsformen/Kompressionsguss**
**(Wärme&Druck)** compression molding (CM)
**Kompressionsmodul**
bulk modulus, compression modulus
**Kompressionsnachgiebigkeit**
compression compliance
**Komprimierbarkeit/Komressibilität**
compressibility
➤ **Nichtkomprimierbarkeit/Inkomressibilität**
incompressibility
**Kondensat** condensate
**Kondensation** condensation
**Kondensationspunkt** condensing point
**Kondensationsreaktion/Dehydrierungsreaktion**
condensation reaction, dehydration reaction
**Kondensator** *opt* condenser; *electr* capacitor
**kondensieren** condense
**Kondensorblende/Aperturblende**
condenser diaphragm (iris diaphragm)
**Kondensortrieb** *micros* condenser adjustment
knob, substage adjustment knob
**Konditionieren** conditioning
**konditionieren** *med/chromat* condition
**Konditionierung** *med/chromat* conditioning
**Konfektionierung** (ready-made/industrial)
manufacture/manufacturing
**Konfidenzgrenze/Vertrauensgrenze/**
**Mutungsgrenze** *stat* confidence limit
**Konfidenzintervall/Vertrauensintervall/**
**Vertrauensbereich** *stat* confidence interval
**Konfidenzniveau/Konfidenzwahrscheinlichkeit**
*stat* confidence level
**Konfiguration** configuration
➤ **Edelgaskonfiguration** noble gas configuration
**Konfigurationsisomer** configurational isomer
**Konfigurations-Isomerie**
configurational isomerism
**Konformation** conformation
➤ **gedeckt/verdeckt/ekliptisch (180°)**
aligned, eclipsed
➤ **gestaffelt (0°/120°)** staggered
➤ **Knäuelkonformation/Schleifenkonformation**
*gen* coil conformation, loop conformation
➤ **relaxiert/entspannt** relaxed (conformation)
➤ **Repulsionskonformation** *gen*
repulsion conformation
➤ **Ringform** ring form, ring conformation

> Schleifenkonformation/Knäuelkonformation *gen* loop conformation, coil conformation
> Sesselform (Cycloalkane) *chem* chair conformation
> versetzt (alles zwischen gedeckt und gestaffelt) skew
> Wannenform/Bootkonformation (Cycloalkane) *chem* boat conformation
> Zufallskonformation/ungeordnete Konformation random walk conformation, random coil conformation, random flight conformation
Konformationsenergie conformational energy
Konformations-Isomerie conformational isomerism
Konformer/Konformationsisomer conformer, conformational isomer
kongelieren congeal
Kongener/Congener congener
kongenial/verwandt/gleichartig congenial
König/Metallkönig (Metallklümpchen) regulus, metal regulus, prill
> Bleikönig lead regulus
Königswasser (HNO$_3$/HCl– 1:3) aqua regia
konjugierte Bindung *chem* conjugated bond
Konkurrent/Mitbewerber competitor
Konkurrenz/Kompetition/Wettbewerb competition
konkurrieren/in Wettstreit stehen compete
Konsekutivreaktion/Folgereaktion consecutive reaction
Konsensussequenz/Consensussequenz consensus sequence
konservieren/präservieren/haltbar machen/ erhalten conserve, preserve; store, keep
Konservierung preservation; storage
Konservierungsstoff preservative
Konsistenz/Beschaffenheit consistency
konsistieren/beschaffen sein consist
Konstitutionsformel constitutional formula
Konstitutions-Isomer constitutional isomer
Konstitutions-Isomerie constitutional isomerism
Konstitutionsname constitutive name
konstitutive Einheit *polym* constitutional unit
Konstruktionsklebstoff/Montageleim/ Baukleber structural adhesive
Konstruktionswerkstoff structural material
Konsument/Verbraucher consumer
Kontagiosität contagiousness
Kontakt contact; *electr* lead
Kontaktallergen contact allergen
Kontaktelement (galvan.) contact element, electrical contact, contact
Kontaktinfektion contact infection

Kontaktinhibition/Kontakthemmung contact inhibition
Kontaktinsektizid contact insecticide
Kontaktionenpaar contact ion pair, tight ion pair
Kontaktkleber/Haftkleber contact adhesive, contact bond adhesive (pressure-sensitive adhesive)
Kontaktkühlung contact cooling
Kontaktpestizid contact pesticide
Kontaktrisiko (Gefahr bei Berühren) contact hazard
Kontaktverfahren (H$_2$SO$_4$) contact process
Kontaktzwilling/Berührungszwilling (Kristalle) contact twin
Kontamination/Verunreinigung contamination
kontaminieren/verunreinigen contaminate
kontrahieren/zusammenziehen contract
Kontraktionsfaktor ($g_s$) contraction factor
Kontrastfärbung/Differentialfärbung contrast staining, differential staining
kontrastieren contrast; *tech/micros* (färben/ einfärben) stain
Kontrastierung/Färben/Färbung/Einfärbung *tech/micros* stain, staining
Kontrollbereich/kontrollierter Bereich controlled area
Kontrolle control, check; inspection; (Überwachung/Beaufsichtigung) supervision
Kontrollgerät controlling instrument, control instrument, monitoring instrument; (Anzeige: monitor)
kontrollieren control, check, inspect; (überwachen/beaufsichtigen) supervise
Konturlänge contour length
Konvektionsofen convection oven; (mit natürlicher Luftumwälzung) gravity convection oven
konvertieren convert
Konvertierung conversion
Konzentrat concentrate
Konzentration concentration
> Arbeitsplatzkonzentration, zulässige permissible workplace exposure
> Grenzkonzentration limiting concentration
> Hemmkonzentration inhibitory concentration
> Hemmkonzentration, minimale (MHK) minimal inhibitory concentration, minimum inhibitory concentration (MIC)
> MAK-Wert (maximale Arbeitsplatz-Konzentration) maximum permissible workplace concentration, maximum permissible exposure
> mittlere letale Konzentration (LC$_{50}$) median lethal concentration (LC$_{50}$)

> Osmolarität/osmotische Konzentration
  osmolarity, osmotic concentration
Konzentrationsgefälle/Konzentrationsgradient
  concentration gradient
konzentrieren concentrate
konzentriert concentrated
> mäßig konzentriert moderately concentrated,
  semidilute
Kooperation/Zusammenarbeit cooperation,
  collaboration
kooperative Bindung cooperative binding
Kooperativität cooperativity
kooperieren/zusammenarbeiten cooperate,
  collaborate
Koordination coordination
Koordinationschemie coordination chemistry
Koordinationsisomerie coordination isomerism
Koordinationspolymerization coordination
  polymerization
Koordinationsverbindung/Komplexverbindung
  coordination compound, complex compound
Koordinationszahl (KZ) coordination number (CN)
koordinative Bindung/Donator-Akzeptor-
  Bindung/dative Bindung/halbpolare Bindung
  coordinate bond, dative bond, semipolar bond,
  dipolar bond
koordinieren coordinate
Kopf (Fettmolekül) head
Kopf-an-Kopf head-to-head
Kopfbedeckung head cover
Kopfgruppe *polym* headgroup
Kopfplatte head plate
Kopfwachstum/kopfseitiges Wachstum
  head growth
Kopienzahl copy number
koppeln/aneinander festmachen/
  verbinden couple, join, link
Kopplung coupling; *gen* linkage
> chemische Kopplung chemical coupling
> geminale Kopplung (NMR) geminal coupling
> partielle Kopplung *gen* partial linkage
Kopplungsgruppe linkage group
Kork cork
Korkbohrer cork-borer
Korkring cork ring
Korksäure/Suberinsäure/Octandisäure
  suberic acid, octanedioic acid
Korn grain, granule, particle
Körner (Werkzeug) center punch
Korngröße particle size, grain size
Körnigkeit granulation
Kornklasse grain-size class
Körnung grain
Koronaentladung corona discharge

Korona-Oberflächenbehandlung
  corona surface treatment
Körper body, soma
körperbehindert physically handicapped
Körperflüssigkeit body fluid
körperliche Arbeit physical work
Körpertemperatur body temperature
Korrekturlesen proofreading
Korrelationskoeffizient correlation coefficient
korrodierbar corrodible
korrodieren corrode
Korrosion corrosion
korrosionsbeständig corrosionproof; stainless
Korrosionselement (galvan.) corrosion cell
Korrosionsmittel corrosive
korrosiv/korrodierend/zerfressend/angreifend/
  ätzend corrosive
Korrosivität/Korrosionsvermögen corrosiveness
Kortison/Cortison cortisone
Korund $Al_2O_3$ corundum
Kost/Essen/Speise/Nahrung/Diät diet, food,
  feed, nutrition
Kosten-Nutzen-Analyse cost-benefit analysis
Kovalenz/Atomwertigkeit/Bindungswertigkeit/
  Bindigkeit/Bindungszahl covalence,
  auxiliary valence
Kovalenzbindung/kovalente Bindung
  covalent bond
Kovarianzanalyse covariance analysis
Kracken/Cracken (Erdöl) cracking
> Erdölkracken petroleum cracking
> Hydrokracken hydrocracking
> Katkracken catalytic cracking
> Steamkracken steam cracking
> thermisches Kracken thermal cracking
Kraft (F) force; (Stärke) strength, power;
  (Tatkraft) energy
> Abstoßungskraft repellent force, repelling
  force, repulsion force
> Antriebskraft/Triebkraft propulsive force
> Atomkraft/Atomenergie nuclear/atomic power,
  nuclear/atomic energy
> Bindekraft bonding power, bonding capacity
> Bruchkraft force at rupture
> Dispersionskraft dispersion force
> elektromotorische Kraft (EMK)
  electromotive force (emf/E.M.F.)
> Farbkraft tinctorial strength
> Federkraft spring force
> Gegenkraft/Rückwirkungskraft reactive force
> Höchstzugkraft force at break, 'breaking force'
> Kernkraft nuclear force; nuclear power
> Klebkraft adhesive power, bonding power
> Koerzitivkraft coercive force

> **Kohäsionskraft** cohesive force, cohesive power
> **Lebenskraft/Vitalität** vitality
> **Leuchtkraft** luminosity
> **protonenmotorische Kraft** proton motive force
> **Reinigungskraft (Reinigungskräfte)/**
>   **Reinigungspersonal**
>   cleaner(s), cleaning personnel
> **Reinigungskraft/Renigungsvermögen**
>   detergency
> **Rückstellkraft** directing force, reaction force,
>   restoring force
> **Saugkraft** suction force
> **Scherkraft** shear force;
>   shear stress (shear force per unit area)
> **Schubkraft/Vortriebkraft** thrust, forward thrust
> **Schwerkraft** gravity, gravitational force
> **Sehkraft/Sehvermögen** eyesight
> **Solvatationskraft** solvating power
> **Spannkraft** *physiol* tonicity
> **Sprengkraft** explosive force, explosive power
> **Stoßkraft/Stoßlast** impact strength, impact
>   load (force)
> **Trägheitskraft** inertial force
> **Triebkraft** *phys/mech* **(Antrieb)** propulsive force
> **Valenzkraft** valence force
> **Waschkraft/Waschwirkung** detergency
> **Weiterreißkraft** tear propagation force
> **Widerstandskraft** resistance
> **Zentrifugalkraft** centrifugal force
> **Zentripetalkraft** centripetal force
> **Zugkraft** tensile force
>> **feinheitsbezogene Zugkraft** tenacity
**Kraftdichte** force density
**Kraftfeld** force field, field of forces
**Kraftmikroskopie** force microscopy
> **Rasterkraftmikroskopie**
>   atomic force microscopy (AFM)
**Kraftmoment** moment of force
**Kraftstoff** fuel; (Raketen/Düsen) propellant;
  (Benzin) gas, petrol (*Br*)
> **Dieselkraftstoff** diesel fuel
> **Düsentreibstoff** jet fuel
> **fester Kraftstoff** solid fuel
> **Flugbenzin** aviation fuel, aviation gasoline
> **gasförmiger Vergaserkraftstoff**
>   liquefied petroleum gas
> **hochklopffester Kraftstoff** high-octane fuel
> **klopffester Kraftstoff** antiknock fuel
> **Motorkraftstoff** engine fuel
> **Raketentreibstoff** rocket fuel, rocket propellant
> **Rennkraftstoff** racing fuel
> **Turbinenkraftstoff** turbine fuel
> **verbleiter Kraftstoff** leaded fuel
> **Vergasertreibstoff** carburetor fuel

**Kraftwerk** power plant, power station
**Kraftzellstoff/Sulfatzellstoff** sulfate pulp
**krank** sick, ill, diseased
**krankhaft/pathologisch** pathological
**Krankheit** disease, illness; sickness
> **ansteckende Krankheit/infektiöse Krankheit**
>   contagious disease, infectious disease
> **Strahlenkrankheit** radiation sickness
**krankheitserregend/pathogen** disease-causing,
  pathogenic
**Krankheitserreger** disease-causing agent,
  pathogen
**Krankheitsüberträger** transmitter of disease
**Krankheitsursache/Ätiologie** etiology
**Krankheitsverursacher**
  **(Wirkstoff/Agens/Mittel)** etiological agent
**kratzbeständig/kratzfest** scratchproof
**Krätze/Gekrätz** (Metallschaum) dross (scum/
  skimmings from surface of molten metals);
  (Schlacke) slag, scoria
> **Garkrätze/Gargekrätz** refinery dross,
>   refinery scum
**Kratzer** scratch; (Gerät zum Abkratzen/
  Schabeisen) scraper
**Kratzfestigkeit** scratch hardness,
  scratch resistance; mar resistance
**Kräuselbeständigkeit** crimp rigidity/stability,
  crimp resistance
**Kräuselglasfaser** crimped glass fiber
**kräuseln** crimp
**Kräuselung** crimp, crimping, rippling, wrinkling
**Kreatin** creatine
**Krebs (malignes Karzinom)**
  cancer (malignant neoplasm/carcinoma)
**krebsartig** cancerous
**krebserregend/karzinogen/carcinogen**
  carcinogenic
**krebserzeugend/onkogen/oncogen**
  cancer causing, oncogenic, oncogenous
**Krebsrisiko** cancer risk
**krebsverdächtig** cancer suspect agent,
  suspected carcinogen
**krebsverdächtige Substanz** cancer suspect
  agent, suspected carcinogen
**Kreide** chalk
> **gefällte Kreide/präzipitierte Kreide (gefälltes**
>   **Calciumcarbonat)** precipitated chalk
> **Schlämmkreide** prepared chalk, drop chalk
> **Tafelkreide/Schreibkreide/Schulkreide**
>   **(Calciumsulfat)** blackboard chalk, school chalk
**Kreiden/Abkreiden/Auskreiden**
  **(Kunststoffoberflächen)** chalking
**Kreisdiagramm** pie chart

**Kreiselpumpe/Zentrifugalpumpe** impeller pump,
 centrifugal pump
**Kreislauf** cycle; circuit
➤ **Arbeitszyklus (Gerät)**
 duty cycle (machine/equipment)
➤ **Brennstoffkreislauf** *nucl* fuel cycle
➤ **Doppelkreislauf** dual cycle
➤ **Harnstoffzyklus/Harnstoffcyclus** urea cycle
➤ **Kohlenstoffkreislauf** carbon cycle
➤ **Leerlauf-Zyklus/Leerlaufcyclus**
 futile cycle biochem
➤ **Mineralstoffkreislauf** mineral cycle
➤ **Nahrungskreislauf/Nährstoffkreislauf/**
 **Stoffkreislauf** nutrient cycle
➤ **Phosphorkreislauf** phosphorus cycle
➤ **Sauerstoffkreislauf** oxygen cycle
➤ **Schwefelkreislauf** sulfur cycle
➤ **Stickstoffkreislauf** nitrogen cycle
➤ **Wasserkreislauf** water cycle, hydrologic cycle
**Kreislaufführung** cycling, circulation,
 recirculation, recirculating
**Kreislaufpumpe** circulating pump, circulator
**Kreisprozess** cycle, cyclic process
**Kreisschüttler/Rundschüttler** circular shaker,
 orbital shaker, rotary shaker
**Kreppband** masking tape
**Kreppgummi/Kreppkautschuk** crepe
**Kresol** cresol (methyl phenol/cresyl alcohol)
**Kreuzabbruch** *polym* cross termination
**kreuzförmige Struktur** cruciform structure
**Kreuzklemme/Doppelmuffe** clamp holder,
 'boss', clamp 'boss' (rod clamp holder)
**Kreuzkontamination** cross-contamination
**Kreuzköper** cross twill, crowfoot,
 two-harness satin
**Kreuzmetathese** cross-metathesis (CM)
**Kreuzmischungsregel/Mischregel/**
 **Mischungsregel (Mischungskreuz/**
 **„Andreaskreuz")** dilution rule
**Kreuzprobe** tolerance test;
 *immun* cross-matching
**kreuzreagierendes Antigen** cross-reacting antigen
**Kreuzreaktion** cross reaction
**Kreuzschlüssel** spider wrench, spider spanner (*Br*)
**Kreuzschraubenzieher/**
 **Kreuzschlitzschraubenzieher** Phillips®-head
 screwdriver; Phillips® screwdriver
**Kreuzstrom-Filtration** cross flow filtration
**Kriechbruch** creep failure
**Kriechen/Fließen** creep
**Kriechfestigkeit** creep resistance
**Kriechprobe (Fluoridnachweis)** creep test
**Kriechschutzadapter** *dest* anticlimb adapter

**Kriechstrom** leakage current, creepage;
 track, tracking
**Kriechstromfestigkeit** tracking resistance,
 tracking index
**Kriechverhalten/Fließverhalten** creep behavior
**Kriechversuch** creep experiment
**Kristall** crystal
➤ **Bergkristall** rock crystal
➤ **Einkristall/Monokristall** monocrystal
➤ **Fadenkristall/Haarkristall/**
 **fadenförmiger Einkristall/Whisker** whisker
➤ **Flüssigkristall** liquid crystal (LC)
➤ **Idealkristall** ideal crystal, perfect crystal
➤ **Impfkristall/Impfling/Keim**
 seed crystal, crystal nucleus
➤ **Quasikristall** quasi-crystal
➤ **Realkristall** real crystal, nonideal crystal,
 imperfect crystal
➤ **Schichtkristall** composite crystal,
 multilayer crystal
➤ **Vielkristall** polycrystal
➤ **Zwilling** twin
**Kristallbaufehler/Gitterfehler**
 crystal defect, lattice defect
**Kristallbrücke** crystal bridge,
 interlamellar bridge (tie molecules)
**Kriställchen** small crystal; crystallite
**Kristallfehler** crystal imperfection,
 crystal defect
**Kristallfeld** crystal field
**Kristallfeldtheorie** crystal-field theory
**Kristallfläche/Kristallebene** crystal face
**Kristallgitter** crystal lattice
➤ **Basisgitter** base lattice
➤ **Bravais-Gitter** Bravais lattice
➤ **Idealgitter** ideal lattice
➤ **Punktgitter** point lattice
➤ **Raumgitter** space lattice
➤ **Realgitter** real lattice
**Kristallierbarkeit** crystallizability
**kristallin** crystalline
➤ **flüssigkristallin** liquid crystalline
➤ **nicht kristallin (ohne Kristallform)** amorphous
➤ **polykristallin** polycrystalline
➤ **semikristallin/teilcrystallin** semicrystalline
**Kristallinität** crystallinity
**Kristallisation** crystallization
**Kristallisationsgrad** degree of crystallization
**Kristallisationskern/Kristallisationskeim**
 crystallization nucleus, crystal nucleus, embryo
**kristallisieren** crystallize
**Kristallit** crystallite
**Kristallkeim** crystal nucleus,
 crystallization nucleus, embryo

Kristallklasse/Symmetrieklasse crystal class,
  crystallographic class
Kristallographie/Kristallkunde crystallography
Kristallstruktur crystal structure,
  crystalline structure
Kristallstrukturanalyse/Diffraktometrie
  crystal-structure analysis, diffractometry
Kristalltracht crystal habit
Kristallwasser crystal water,
  water of crystallization
Kristallzüchtung crystal growth
Kritikalität criticality
kritisch critical
➤ überkritisch (Gas/Flüssigkeit)
  supercritical (gas/fluid)
kritische Dichte critical density
kritische Lösungstemperatur consolute
  temperature, critical solution temperature
kritischer Punkt critical point
Kritisch-Punkt-Trocknung
  critical point drying (CPD)
Krokodilklemme alligator clip,
  alligator connector clip
Kronenether crown ether
Kronenkorken crown cap
Kronglas crown glass
Krug/Kanne/Kännchen jug; (mit Griff) pitcher
Krümel scraps, shavings
Krümmer (gebogenes Rohrstück)/Winkelrohr/
  Winkelstück (Glas/Metall etc. zur
  Verbindung) ell, elbow, elbow fitting, bend,
  bent tube, angle connector
krustenbildend encrusting
Kryolite $Na_3AlF_6$ cryolite, Greenland spar
Kryoskopie cryoscopy
Kryostat cryostat
Kryo-Ultramikrotomie cryoultramicrotomy
Kryptand cryptand (a ligand)
Küchenhandtuch kitchen towel
Küchenrolle/Haushaltsrolle/Tücherrolle/
  Küchentücher/Haushaltücher
  kitchen tissue (kitchen paper towels)
Kugelbettreaktor (Bioreaktor) bead-bed reactor
Kugeldruckhärte ball indentation hardness
Kugelgelenk ball-and-socket joint,
  spheroid joint
Kugelkühler Allihn condenser
Kugellager ball bearing
➤ Achsenlager/Achslager/Zapfenlager
  (z.B. beim Kugellager) journal
➤ Laufring (beim Kugellager) race
Kugelorbital spherical orbital
Kugelprotein/Sphäroprotein/
  globuläres Protein globular protein

Kugelrohrdestillation bulb-to-bulb distillation
Kugelschale spherical shell
Kugelschmelzverfahren (Glasfilamente)
  marble melting
Kugel-Stab-Model/Stab-Kugel-Model *chem*
  ball-and-stick model, stick-and-ball model
Kugelventil ball valve
Kühlakku/Kälteakku cooling pack, cooling unit
Kühlbox cooler
kühlen cool, chill, refrigerate
➤ abkühlen cool down, get cooler
➤ gefrieren freeze
➤ in den Kühlschrank stellen refrigerate
➤ tiefkühlen/tiefgefrieren deep-freeze
➤ unterkühlen supercool;
  *physiol* (unterkühlt) undercooled
Kühler condenser
➤ Dimroth-Kühler coil condenser (Dimroth type)
➤ Einhängekühler/Kühlfinger
  suspended condenser, cold finger
➤ Intensivkühler jacketed coil condenser
➤ Kugelkühler Allihn condenser
➤ Liebigkühler Liebig condenser
➤ Luftkühler air condenser
➤ Rückflusskühler reflux condenser
➤ Schlangenkühler coil distillate condenser,
  coil condenser, coiled-tube condenser
➤ Vigreux-Kolonne Vigreux column
Kühlfach/Gefrierfach (im Kühlschrank) freezer
  compartment, freezing compartment, freezer
Kühlfalle cold trap, cryogenic trap
Kühlfinger *dest* cold finger
  (finger-type condenser)
Kühlflüssigkeit/Kühlmittel coolant (*allg/direkt*);
  refrigerant
Kühlhaus cold store
Kühlmantel condenser jacket
Kühlraum (Gefrierraum) cold room ('walk-in
  refrigerator'), cold-storage room, cold store,
  'freezer'; (Kühlkammer/Kühlhaus) cold storage,
  deep freeze
Kühlschlange cooling coil, condensing coil
Kühlschmierstoff/Kühlschmiermittel
  coolant (lubricant)
Kühlschrank refrigerator, fridge; icebox
➤ Gefrierfach freezing compartment
➤ Tiefkühlschrank deep freezer, 'cryo'
Kühltruhe/Gefriertruhe chest freezer;
  (Gefrierschrank) upright freezer
➤ Tiefkühltruhe deep-freeze, deep freezer
Kühlwasser coolant, cooling water
Kuhn-Länge Kuhn length
kultivierbar cultivatible, arable
kultivieren *agr* cultivate; *micb* culture, culturing

Kultur culture
Kulturflasche culture bottle
Kulturkolben culture flask
Kulturmedium/Medium/Nährmedium
  medium, culture medium
Kulturröhrchen culture tube
Kundendienst/Kundenbetreuung
  customer service
Kunstfaser synthetic fiber
Kunstfaserzellstoff rayon pulp
Kunstharz artificial resin, synthetic resin
kunstharzimprägniert resin-impregnated
Kunstharzkleber synthetic-resin adhesive
Kunstharzlack synthetic-resin varnish;
  synthetic enamel
Kunstharzleim synthetic-resin glue
Kunstholz/Polymerholz artificial wood,
  polymer wood
Kunstkautschuk synthetic rubber (SR),
  artificial rubber
Kunstleder imitation leather, artificial leather
künstlich artificial
Kunstseide (Rayon) artificial silk, rayon
Kunststoff (Plastik/Plast)
  plastic, synthetic material/polymer
➤ Biokunststoff bioplastic
➤ Funktionskunststoff functional plastic
➤ glasfaserverstärkte Kunststoffe
  glass-fiber reinforced plastics (GFRP)
➤ glasverstärkte Kunststoffe
  glass-reinforced plastics (GRP)
➤ Hochleistungskunststoffe
  high-performance plastics (specialty p.)
➤ Keramikkunststoff ceramoplastic
➤ Konstruktionskunststoffe/technische Kunststoffe
  engineering plastics, technical plastics
➤ mit geringem Fogging-Effekt low-fog plastics
➤ Reaktionskunststoff reaction plastic
➤ Rohmaterial für Kunststoffe resin
➤ schlagzähe Kunststoffe (schlagzäh
  ausgerüstete) impact-modified plastics
➤ selbstverstärkender self-reinforcing plastic
➤ Sperrschicht-Kunststoff barrier plastic
➤ Standardkunststoff/Massenkunststoff/
  Massenplast commodity plastic, bulk plastic,
  volume plastic
➤ technische Kunststoffe/Techno-Kunststoffe
  technical plastics, engineering plastics;
  technoplastics
➤ ungeformte Kunststoffmasse (vor Ausrüstung)
  (,Harz'/Kunstharz-Rohstoff) resin
➤ verstärkte Kunststoffe reinforced plastics (RP)
Kunststoffabfall waste plastic

Kunststoffabfälle plastic waste
Kunststoffauflage plastic coating
Kunststoffauskleidung plastic lining
Kunststoffaußenhülle plastic oversheath
Kunststoffbehälter plastic container
Kunststoffbeplankung plastic cladding
kunststoffbeschichtet plastic-coated, plasticized
kunststoffbeschichtetes Papier plastic-coated
  paper, resin-coated paper (RC paper)
Kunststoffbeschichtung plastic coating
Kunststoffbeutel/Plastiktasche plastic bag
Kunststoff-Blend (Polymerlegierung)
  polymer blend, polyblend (polymer alloy)
Kunststoffchemie
  plastics chemistry; polymer chemistry
Kunststoffdichtungsbahn
  (z. B. Abdichtung für Teiche/Deponien etc.)
  plastic liner (liner sheet)
Kunststoffeinkapselung plastic encapsulation
Kunststofffolie (dünn) plastic foil/film;
  (fest/stark) plastic sheet
Kunststofffolienschweißgerät plastic film welder,
  plastic sheeting welder
Kunststoffformen plastic molding
Kunststoffformmasse plastic molding compound
Kunststoffformteil plastic molding
Kunststoffhalbzeug plastic semiproduct,
  semifinished plastic
Kunststoffhilfsstoff plastic additive
Kunststoffindustrie plastics industry
kunststoffisoliert plastic-insulated
Kunststoffisolierung plastic insulation
Kunststoffkleber/-klebstoff plastic adhesive,
  plastic-bonding adhesive
Kunststofflaminat laminated plastic
Kunststofflatex synthetic resin latex
Kunststofflegierung plastic alloy
Kunststoffleim plastic glue, synthetic resin glue
Kunststoff-Lichtwellenleiter
  polymer optical waveguide/fiber (POF)
Kunststofflot/Plastiklot plastic solder
Kunststoffmasse plastic molding compound
Kunststoffpressteil
  compression-molded plastic part
Kunststoffprüfung testing of plastics
Kunststoffschrott plastic waste
Kunststoffspachtel plastic filler
Kunststoffsyntheseverfahren polymerization
Kunststofftechnik plastics engineering
Kunststoffüberzug plastic coating
Kunststoffumhüllung (Folie) plastic wrap
kunststoffummantelt plastic-sheathed,
  (beschichtet/Überzug) plastic-coated

**kunststoffverarbeitende Industrie**
plastics processing industry
**Kunststoffverarbeitung** plastics processing
**Kunststoffverbundfolie** plastic composite film
**kunststoffverkappt** plastic-encapsulated
**Kunststoffverpackung** plastic packaging
**Kunststoffwerkstoff** plastic material
**Kunststoffzusatzstoff** plastic additive
**Kuoxamseide/Cuoxamseide/Kupferseide/**
**Cuprofaser** cuprammonium silk/rayon/fiber (CUP)
**Küpe** vat
**Kupellation (Treibprozess/**
**Treibverfahren)** cupellation
**Küpenfarbstoff** vat dye
**Kupfer (Cu)** copper
**Kupfer(I)** ... cuprous ...
**Kupfer(I)-oxid Cu$_2$O** cuprous oxide,
red copper oxide, copper suboxide
**Kupfer(II)** ... cupric ...
**Kupfer(II)-oxid CuO** cupric oxide,
black copper oxide, copper monoxide
**Kupferdrahtnetz** copper grid mesh
**Kupferglanz Cu$_2$S** chalcocite
**Kupferkies/Chalcopyrit CuFeS$_2$** chalcopyrite
**Kupfernetz** *micros* copper grid
**Kupferseide/Kuoxamseide/Cuoxamseide/**
**Cuprofaser** cuprammonium silk/rayon/fiber (CUP)
**Kupferspäne/Kupferfeilspäne** copper filings
**Kupfersulfat/Kupfervitriol CuSO$_4$** copper sulfate,
copper vitriol, cupric sulfate
**Kupolofen/Kuppelofen** cupola
**Kupplung** *tech/mech*
clutch, coupling, coupler, attachment;
(Verbinder: z. B. Schlauch) fitting, coupler
➤ **Schnellkupplung** quick-disconnect fitting
➤ **starre Kupplung** fixed coupling
➤ **Stecker/männliche Kupplung** (male) insert; male
➤ **weibliche Kupplung/Körper**
body, (female) fitting; female
**Kupplungsreaktion** *chem* coupling reaction
**Kurzfaser** short fiber (chopped fiber)
**Kurzglasfaser** short glass fiber (chopped strands)
**Kurzhalstrichter/Kurzstieltrichter**
short-stem funnel, short-stemmed funnel
**kurzkettig** short-chain
**kurzlebig** *rad/nucl* short-lived, short-living
**kurzschließen** short-circuit
**Kurzschluss** short circuit, short-circuiting, short;
(Sicherung 'rausfliegen' lassen) blow/kick a fuse
**Kurzwegdestillation/Molekulardestillation**
short-path distillation, flash distillation
**Küvette (für Spektrometer)** cuvette,
spectrophotometer tube
**Küvettenhalter** *analyt* cell holder

**L**

**Labor (***pl* **Labors)/Laboratorium**
(*pl* **Laboratorien)** laboratory, lab
➤ **Forschungslabor** research laboratory
➤ **Fotolabor** photographic laboratory/lab
➤ **Gute Laborpraxis** Good Laboratory Practice
(GLP)
➤ **im Labormaßstab** laboratory-scale, lab-scale
➤ **Lernlabor/Lehrlabor** teaching laboratory,
educational laboratory
➤ **Sicherheitslabor/Sicherheitsraum/**
**Sicherheitsbereich (S1-S4)**
biohazard containment (laboratory)
(classified into biosafety containment classes)
➤ **Tierlabor** animal laboratory, animal lab
**Labor-Anstandsregeln** lab courtesy
**Laborant(in)** lab worker
**Laborarbeiter** lab worker, laboratory worker
**Laborarbeitstisch** laboratory/lab bench
**Laborassistent(in)/technische(r)**
**Assistent(in)** technical lab assistant,
laboratory/lab technician
**Laboratorium (***siehe:* **Labor)** laboratory, lab
**Laboratoriumseinheit** laboratory unit
**Laboratoriumstrakt/Labortrakt** laboratory suite
**Laboraufzeichnungen** laboratory/lab notes,
laboratory/lab documentation
**Laborbank** laboratory/lab counter
**Laborbedarf** labware, laboratory/lab supplies
**Laborbedingungen** lab conditions,
laboratory conditions
**Laborbefund** laboratory findings,
laboratory results
**Laborbericht** laboratory/lab report
**Laborbürste** laboratory/lab brush
**Laborchemikalie** lab chemical,
laboratory chemical
**Labordiagnostik** laboratory/lab diagnostics
**Laboreinheit** laboratory/lab unit
**Laboreinrichtung/Laborausstattung**
laboratory/lab facilities
**Laboretikette/Laborgepflogenheiten/**
**Laborbenimmregeln/Labor,knigge'** lab etiquette
**Laborgehilfe** laboratory/lab aide
**Laborgerät** laboratory/lab equipment
**Laborhocker** lab stool
**Laborjournal/Protokollheft**
laboratory/lab notebook
**Laborkittel/Labormantel** laboratory coat, labcoat
**Laborleiter** laboratory/lab head
**Labormaßstab** laboratory/lab scale
**Labormöbel** laboratory furniture, lab furniture
**Laborpersonal** laboratory/lab personnel

Laborplatz/Laborarbeitsplatz laboratory/lab
space, laboratory/lab working space
Laborpraxis: Gute Laborpraxis
Good Laboratory Practice (GLP)
Laborprotokoll laboratory protocol, lab protocol
Laborreagens laboratory/lab reagent,
bench reagent
Laborreinigung laboratory/lab cleanup
Laborschale laboratory/lab tray
Laborschürze laboratory apron, lab apron
Laborschutzplatte (Keramikplatte)
laboratory protection plate
Laborsicherheit laboratory safety, lab safety
Laborsicherheitsbeauftragter
laboratory safety officer
Laborsicherheitsstufe
physical containment (level)
Laborstandard laboratory/lab standard
Laborstandflasche/Standflasche
lab bottle, laboratory bottle
Labortagebuch lab diary, lab manual, log book
Labortechnik lab technique, laboratory technique
labortechnisch/im Labormaßstab
laboratory-/lab-scale
Labortisch/Labor-Werkbank laboratory/lab table,
laboratory/lab bench, laboratory/lab workbench
Labortrakt/Laboratoriumtrakt
laboratory/lab suite
Labortratsch laboratory/lab gossip
Labortrockner/Heißluftgebläse/Föhn hot-air gun
Laborverfahren lab procedure,
laboratory procedure
Laborversuch/Labortest laboratory/lab
experiment, laboratory/lab test
Laborwaage laboratory/lab balance,
laboratory/lab scales
Laborwagen/Laborschiebewagen
laboratory cart, lab pushcart (Br trolley)
Laborzange tongs
Laborzeile bench row
Lachgas/Distickstoffoxid/Dinitrogenoxid $N_2O$
laughing gas, nitrous oxide
Lack/Firnis/Farblack lacquer
➢ Celluloselack cellulose lacquer
➢ Firnis/Farblack (Lasur) varnish
➢ Kollodium collodion
➢ Nitrolack/Cellulosenitratlack
cellulose nitrate lacquer
Lackentferner lacquer remover, paint/varnish
remover, paint stripper
lackieren lacquer, varnish; repaint; refinish; coat
Lackierung lacquer coating, lacquer finish;
enameling
➢ elektrophoretische Lackierung electrocoating

➢ elektrostatische Lackierung
lacquering by electrodeposition
Lackkunstharz synthetic paint resin
Lackmus litmus (lichen blue)
Lacköl/Firnisöl varnish oil
Lackpapier coated paper, varnished paper;
fish paper
Lackschicht/Lacküberzug lacquer coating
Ladegerät charger
Ladeverzeichnis/Ladungsdokument
(Warenverzeichnis) manifest document
Ladung (Elektrizitätsmenge) charge, electric(al)
charge; (Frachtgut) freight, cargo
➢ Aufladung charge, refill; electrification;
(Wiederaufladung) recharge
➢ Bulkladung (Transport) bulk cargo
➢ Elektronenladung electron charge
➢ Elementarladung elementary charge; (eines
Elektrons) electron charge, unit charge
➢ Entladung discharge
➢ Kernladung nuclear charge
Ladungsdichte charge density
Ladungsträger charge carrier
Ladungstrennung electr charge separation
Ladungsübertragungskomplex
charge-transfer complex (CTC)
Ladungswolke charge cloud
Lage (Position: in Bezug) position; (Ort) location
Lageenergie/potentielle Energie potential energy
Lager (Lagerraum/Warenlager) stockroom,
storage room, repository; (Gebäude)
warehouse; (Vorrat) stock, store, supplies;
(Achsen~/Rührer etc.) bearing(s)
Lagerbestand stock, store, supplies
Lagerhalter/Lagerist stockkeeper; stockman;
supplies manager
Lagerhaltung stockkeeping, storekeeping;
warehousing
Lagerhülse (Glasaussatz) stirrer bearing
Lagerkapazität storage capacity
lagern (Holz) season, store
Lagertank storage tank
Lagerung (Waren/Gerät/Chemikalien) storage,
warehousing
Lagerverwalter stockroom manager
Lake brine
Laktamid/Lactamid/Milchsäureamid lactamide
Laktat (Milchsäure) lactate (lactic acid)
Laktatgärung/Milchsäuregärung lactic acid
fermentation, lactic fermentation
Laktose/Lactose (Milchzucker)
lactose (milk sugar)
Lamellenstruktur lamellar structure

laminare Strömung/Schichtströmung
  laminar flow
**Laminat** laminate (laminated plastic)
**Laminierharz** laminating resin
**Laminierkleber/Kaschierklebstoff**
  laminating adhesive
**Lampenruß** lampblack
**langkettig** long-chain
**langlebig** *rad/nucl* long-lived, long-living
**Langlebigkeit** longevity
**länglich** oblong
**langsam wachsend (Kristalle)** slow-growing
**Längskonstante** length constant
**Längsschnitt** longisection, longitudinal section,
  long section
**Längswelle/Longitudinalwelle** longitudinal wave
**Langzeitversuch** long-term experiment
**Lanosterin/Lanosterol** lanosterol
**Lanthan (La)** lanthanum
**Lanthanide (Lanthanoide)**
  lanthanides (lanthanoids)
➢ **Ceriterden (oxidische Erze)** cerite earths
➢ **Yttererden (oxidische Erze)** yttrium earths
**Lanthionin** lanthionine
**Lanzette** lancet
**Lärm** noise
**Lärmschutz** noise protection
**Läsion/Schädigung/Verletzung/Störung** lesion
**Last** (Beladung) load; (Gewicht) weight;
  *tech/mech* (Traglast) load;
  (Belastung) burden, load
**Lasur/Lack/Lackfirnis** glaze; varnish
**latent/verborgen/unsichtbar/versteckt** latent
**Latenz** latency
**Latenzphase/Adaptationsphase/Anlaufphase/**
  **Inkubationsphase/lag-Phase** latent phase,
  incubation phase, establishment phase, lag phase
**Latenzzeit (Inkubationszeit)** latency period,
  latent period (incubation period)
**lateral/seitlich** lateral
**Lateralvergrößerung/Seitenverhältnis/**
  **Seitenmaßstab/Abbildungsmaßstab**
  *micros* lateral magnification
**Latex** (*m/pl* Lattices/Latizes)
  latex (*pl* latices/latexes)
➢ **Guttapercha (u.a. von *Palaquium gutta* &**
  **Payena spp./Sapotaceae)** gutta-percha
➢ **Kautschuk (*siehe auch dort*)**
  caoutchouc, rubber
➢ **Parakautschuk (*Hevea brasiliensis/**
  **Euphorbiaceae*)** para rubber
**Latexfarbe** latex paint
**Latexschaum** latex foam

**Latexschaumgummi/Schaumgummi**
  latex foam rubber
**Lauf (Geräte)** *tech/mech* run; cycle
**Läuferwaage** steelyard/lever scales (balance)
**Laufmittel/Elutionsmittel/Fließmittel/Eluent**
  **(mobile Phase)** solvent, mobile solvent, eluent,
  eluant (mobile phase)
**Laufmittelfront** solvent front
**Laufzeit** (Vertrag) term; (Gerät/Lebenszeit) life,
  service life; (Gerät: für eine 'Runde') cycle time,
  running time
➢ **Restlaufzeit** residual life, residual lifetime,
  residual running time; (gesetzlich) residual term
**Lauge** *chem* lye (alkaline solution);
  (Bodenauslaugung) leachate
➢ **Ablauge/Abfalllauge** waste lye, waste liquor
➢ **Kalilauge/Kaliumhydroxidlösung**
  potassium hydroxide solution
➢ **Mutterlauge** mother liquor
➢ **Natronlauge/Natriumhydroxidlösung**
  sodium hydroxide solution
➢ **Salzlauge/Salzlake** brine, pickle
➢ **Waschlauge** wash solution
**laugenbeständig/alkalibeständig** alkaliproof
**Laugung/Auslaugung** leaching
➢ **Erzlaugung** ore leaching
➢ **Metalllaugung** metal leaching
**Laurinsäure/Dodecansäure (Laurat/Dodecanat)**
  lauric acid, decylacetic acid, dodecanoic acid
  (laurate/dodecanate)
**läutern** (entfernen von Verunreinigungen) purify,
  refine, clarify, clear; (rektifizieren) rectify
**Läutern/Läuterung** (Entfernen von
  Verunreinigungen) purification,
  refining, clarification, clearing;
  (Rektifizierung) rectification
**lauwarm** lukewarm
**Lävan** levan
**Lävulinsäure** levulinic acid
**LD$_{50}$ (mittlere letale Dosis)**
  LD$_{50}$ (median lethal dose)
**LDL (Lipoproteinfraktion niedriger Dichte)**
  LDL (low density lipoprotein)
**Lebendfärbung/Vitalfärbung** vital staining
**Lebendgewicht** live weight
**Lebendkeimzahl** live germ count
**Lebensdauer** life span;
  (Laufzeit: Gerät etc.) service life;
  (Nutzungsdauer) *tech/mech* working life
**Lebensgefahr** danger of life, life threat
➢ **Vorsicht, Lebensgefahr!** caution, danger!
**lebensgefährlich** life-threatening
**Lebensmittel** foodstuff, nutrients

**Lebensmittelchemie** food chemistry
**lebensmittelecht**
  suitable for use in contact with food
**Lebensmittelkonservierungsstoff**
  food preservative
**Lebensmittelkontrolle/Lebensmittelprüfung**
  food quality control
**Lebensmittelüberwachung/**
  **Lebensmittelkontrolle** food inspection
**Lebensmittelvergiftung** food poisoning
**Lebensmittelzusatzstoff** food additive
**lebenswichtig/lebensnotwendig/vital**
  essential for life, vital
**Lebenszeit** lifetime
**leberschädigend/hepatotoxisch** hepatotoxic
**Lebertran** cod-liver oil
**Lebewesen/Organismus** lifeform, organism
**leblos/tot** lifeless, inanimate, dead
**Lecithin** lecithin
**Leck/Leckage** leak, leakage
**Leckage** leakage
**Leckagerate** leak rate
**lecken** lick; (auslaufen) leak
**Leckfluss/Leckströmung** leakage flow
**leer** empty; void
**leerlaufen/trockenlaufen** run dry
**Leerlaufreaktion** idling reaction
**Leerlauf-Zyklus/Leerlaufcyclus** *biochem*
  futile cycle
**Leermasse** unloaded weight, dead weight,
  empty weight (actually: mass)
**Leervolumenanteil** void fraction
**legieren** alloy
**Legierung** alloy
➤ **Bronze (Kupfer + Zinn)** bronze (copper + tin)
➤ **Messing (Kupfer + Zink)** brass (copper + zinc)
➤ **Metalllegierung** metal alloy
➤ **Polymerlegierung/Kunststofflegierung**
  polymer alloy, plastic alloy
➤ **Zweistoffsystem/Zweikomponentensystem**
  binary system
**leicht entzündlich** highly flammable
**leichtgewicht(ig)** lightweight
**leichtlöslich** easily soluble, readily soluble
**Leichtmetall** light metal
**Leichtöl** light oil
**Leichtwasserreaktor** *nucl* light water reactor (LWR)
**Leim** glue
➤ **Holzleim** wood glue
**Leinöl** linseed oil
**Leinwand (Projektionsleinwand)**
  screen (projection)
**Leiste** ledge, lath, border, strip;
  (dünne Leiste) slat; molding

**Leistung** achievement, performance;
  *phys/electr* power
**Leistungsaudit/Leistungsprüfung/**
  **Tauglichkeitsprüfung** performance audit
**Leistungsbereich** performance range
**Leistungsdifferenzkalorimetrie**
  differential scanning calorimetry (DSC)
**Leistungskompensations-**
  **Differentialkalorimetrie** power-compensated
  differential scanning calorimetry (PC-DSC)
**Leistungskriterien (Geräte etc.)**
  performance criteria
**Leistungsregelung** power control
**Leistungsstoffwechsel/**
  **Arbeitsstoffwechsel** active metabolism
**Leistungszahl** performance value,
  performance coefficient
**leiten (Elektrizität/Flüssigkeiten)** conduct,
  transport, translocate, lead
**leitend** conducting
➤ **nichtleitend** nonconductive, non-conducting,
  nonconducting; (dielektrisch) dielectric
**Leitenzym** tracer enzyme
**Leiter** ladder; *electr* conductor; (Führungskraft:
  Vorgesetzter/'Chef') leader, head ('boss')
**Leiterplatte/Platine** printed circuit board (PCB)
**Leitfaden/Handbuch** guide; manual, handbook
**leitfähig** conductive
**Leitfähigkeit**
  conductivity; (G) *neuro* conductance
➤ **Ionenleitfähigkeit** ionic conductivity
➤ **Lichtleitfähigkeit** photoconductivity
➤ **Membranleitfähigkeit** membrane conductance
➤ **Supraleitfähigkeit** superconductivity
➤ **Wärmeleitfähigkeit** heat conductivity,
  thermal conductivity
**Leitfähigkeitsmessgerät** conductivity meter
**Leitfähigkeitstitration/**
  **konduktometrische Titration/Konduktometrie**
  conductometric titration
**Leitfähigkeitsverbesserer** conductivity improver
**Leitkennlinie** conductance diagram
**Leitlinie** guideline
**Leitnuklid** tracer nuclide
**Leitsalz/leitendes Salz** conducting salt
**Leitstrang (DNA)** leading strand
**Leitung** conduction, conductance, transport,
  translocation; (Rohre/Kabel für Wasser/Strom/
  Gas) line, duct
**Leitungsband/Leitfähigkeitsband** conduction band
**Leitungskanal** service duct, service line
**Leitungswasser** tap water
**Leitvermögen** conductivity
**Leitwert, elektrischer** electrical conductance

**Leitzahl** guide number
**Lektin** lectin
**letal/tödlich** lethal, deadly
**Letaldosis/letale Dosis** lethal dose
**Letalität** lethality
**Leuchtdiode** light-emitting diode (LED)
**Leuchtdraht** filament
**Leuchte** lamp, illuminator; *micros* illuminator
➢ **Ansteckleuchte** *micros* substage illuminator
➢ **Kaltlichtbeleuchtung** fiber optic illumination
➢ **Mikroskopierleuchte** microscope illuminator
➢ **Niedervoltleuchte** low-voltage lamp/illuminator (spotlight)
**leuchten** shine, light; glow; burn
**leuchtend** shining, bright; luminescent, luminous
**Leuchtfarbe** luminous paint
**Leuchtfarbstoff** luminescent dye, fluorescent dye
**Leuchtfeldblende/Kollektorblende** *micros* field diaphragm
**Leuchtgas** lighting gas
**Leuchtkraft** luminosity
**Leuchtprobe** flame test
**Leuchtquarz** luminous quartz
**Leuchtsatz** illuminating charge
**Leuchtsatzmischung (Pyrotechnik)** illuminating composition
**Leuchtschirm** luminescent screen
**Leuchtstärke** luminous intensity
**Leuchtstoff** luminous substance; (Luminophor: 'Phosphor') luminophore (phosphor)
**Leuchtstoffröhre/Leuchtstofflampe** ('Neonröhre') fluorescent tube
**Leuchttest/Leuchtprobe** flame test
**Leucin** leucine
**Licht** light
➢ **Auflicht/Auflichtbeleuchtung** epiillumination, incident illumination
➢ **ausgestrahltes Licht** emergent light
➢ **Blitzlicht** flash, flashlight
➢ **Durchlicht/Durchlichtbeleuchtung** transillumination, transmitted light illumination
➢ **einfallendes Licht** incident light
➢ **kohärentes Licht** coherent light
➢ **polarisiertes Licht** polarized light
➢➢ **linear polarisiertes Licht** plane-polarized light
➢➢ **zirkular polarisiertes Licht** circularly polarized light
➢ **Streulicht** scattered light, stray light
**Lichtabbau/photochemischer Abbau** photodegradation
**lichtbeständig/lichtecht** photostable, light-fast, nonfading
**Lichtbeständigkeit** photostability
**Lichtbestrahlung** photoirradiation

**Lichtbleichung** photobleaching
**Lichtblitz** flash
**Lichtbogenfestigkeit/Lichtbogenbeständigkeit** arc resistance
**Lichtbogenofen** arc furnace
**Lichtbogenspektrum** arc spectrum
**lichtbrechend** refractive
**Lichtbrechung** optical refraction
**lichtdurchlässig** translucent, transparent
**Lichtdurchlässigkeit** light permeability
**lichtecht/lichtbeständig** lightfast
**Lichtechtheit/Lichtbeständigkeit** lightfastness
**lichtempfindlich (leicht reagierend)** light-sensitive, photosensitive, sensitive to light
**Lichtempfindlichkeit** light sensitivity, sensitivity to light, photosensitivity
**Lichtleiter** photoconductor, optical waveguide, optic fiber waveguide
**Lichtleitertechnik** fiber optics
**Lichtleitfähigkeit** photoconductivity
**Lichtleitfaser** optical fiber
**Lichtmikroskop** light microscope (compound microscope)
**lichtoptisch/photooptisch** photooptical
**Lichtpunkt** point of light
**Lichtquelle** light source
**Lichtreiz** light stimulus
**Lichtreparatur** light repair
**Lichtsammelkomplex** light-harvesting complex (LHC)
**Lichtschranke** light barrier
**Lichtschutzmittel** *polym* light stabilizer, light-stability agent; (Sonnenschutzcreme) sunscreen lotion
**lichtstark** bright, luminous
**Lichtstärke/Lichtintensität** luminosity, light intensity
**Lichtstrahl/Lichtbündel** beam of light
**Lichtstrahlschweißen** light beam welding
**Lichtstreuung** light scattering
➢ **dynamische Lichtstreuung** dynamic light scattering
➢ **statische Lichtstreuung** static light scattering
**Lichtstrom (Lumen)** luminous flux
**Lichtwahrnehmung** photoperception
**Liebigkühler** Liebig condenser
**Lieferant/Vertrieb** supplier, distributor (Firma: supply house); (Vertragslieferant) contractor
**lieferbar** on stock; available
➢ **ausstehende Lieferung wird nachgeliefert (sobald wieder auf Lager)** on backorder
➢ **derzeit nicht lieferbar** temporarily out of stock
➢ **nicht lieferbar** out of stock
**Lieferdruck** delivery pressure, discharge pressure

**Lieferung** supply, shipment, delivery, consignment
**Ligament/Band** ligament
**Ligand** ligand
**Liganden-Blotting** ligand blotting
**Ligandenfeld** ligand field
**Ligandenfeldtheorie (LF-Theorie)** ligand field theory
**Ligation /Verknüpfung** ligation
**Lignifizierung** lignification
**Lignin** lignin
**Lignocerinsäure/Tetracosansäure** lignoceric acid, tetracosanoic acid
**Ligroin** ligroin, petroleum spirit
**limitierender Faktor/begrenzender Faktor/ Grenzfaktor** *ecol* limiting factor
**Limonen** limonene
**Linearbeschleuniger** linear accelerator
**Lineweaver-Burk-Diagramm** Lineweaver-Burk plot, double-reciprocal plot
**Linienspektrum/Atomspektrum** line spectrum
**Linienstichprobenverfahren** *stat/ecol* l ine transect method
**linksdrehend/levorotatorisch (–)** levorotatory (counterclockwise)
➢ **rechtsdrehend/dextrorotatorisch (+)** dextrorotatory (clockwise)
**linksgängig** left-hand, left-handed
**linkshändig** left-handed, sinistral
**Linolensäure** linolenic acid
**Linolsäure** linolic acid, linoleic acid
**Linse** lens (*also*: lense)
**Linsenpapier/Linsenreinigungspapier** *micros* lens tissue, lens paper
**Lipid** lipid
**Lipiddoppelschicht (biol. Membran)** lipid bilayer
**Lipofektion** lipofection
**Liponsäure/Dithiooctansäure/Thioctsäure/ Thioctansäure (Liponat)** lipoic acid (lipoate), thioctic acid
**lipophil** lipophilic
**Lipoprotein hoher Dichte** high density lipoprotein (HDL)
**Lipoprotein mittlerer Dichte** intermediate density lipoprotein (IDL)
**Lipoprotein niedriger Dichte** low density lipoprotein (LDL)
**Lipoprotein sehr niedriger Dichte** very low density lipoprotein (VLDL)
**Lipoteichonsäure** lipoteichoic acid
**Lippendichtung (Wellendurchführung)** lip seal, lip-type seal, lip gasket
**Lithium (Li)** lithium
**lithotroph** lithotroph(ic)

**Litocholsäure** litocholic acid
**Lizenz** licence (or license)
**Lizenzinhaber** licensee, licence holder
**Lochbodenkaskadenreaktor/ Siebbodenkaskadenreaktor** sieve plate reactor
**löcherig/perforiert** perforated
**Lochplatte (Extuder)** braker plate; *gen/micb* well plate
**Lockmittel/Lockstoff/Attraktans** attractant
**Lod-Wert** lod score ('logarithm of the odds ratio')
**Löffel** spoon, scoop
**logarithmisch** logarithmic
**Logarithmuspapier/Logarithmenpapier** log paper
**Lognormalverteilung/logarithmische Normalverteilung** lognormal distribution, logarithmic normal distribution
**Lokalanästhetikum** local anesthetic
**lokale Feldtheorie** local-field theory
**Lokalelement (galvan.)** local element
**lokalisiertes Orbital** localized orbital
**Lokant/Stellungsbezeichnung (Ziffer)** locant
**Lokomotion/Bewegung (Ortsveränderung)** locomotion
**Longitudinalwelle/Längswelle** longitudinal wave
**lösbar/auflösbar** dissoluble
**Löschdecke/Feuerlöschdecke** fire blanket
**löschen (Feuer)** extinguish, put out
**Löschgerät/Feuerlöscher** fire extinguisher
➢ **Pulverlöscher** powder fire extinguisher
➢ **Schaumlöscher** foam fire extinguisher
➢ **Trockenlöscher** dry chemical fire extinguisher
**Löschmittel/Feuerlöschmittel** fire-extinguishing agent
➢ **Pulverlöschmittel/Löschpulver** fire-extinguishing powder
➢ **Schaumlöschmittel** foam fire-extinguishing agent
➢ **Trockenlöschmittel** dry powder, dry-powder fire-extinguishing agent
**Löschpapier** bibulous paper (for blotting dry)
**Löschschaum** fire foam
**Lösefraktionierung** temperature rising elution fractionation (TREF)
**Lösemittel/Lösungsmittel** solvent
**lösemittelaktivierter Klebstoff** solvent-activated adhesive
**Lösemittelbeständigkeit** solvent resistance
**Lösemittelfront** solvent front
**Lösemittelkleber/Lösungsmittelkleber/ Kleblack** solvent adhesive, solvent-based adhesive
**Lösemittelrückgewinnung** solvent recovery

lösen *mech* detach, separate, disconnect; *chem*
(in einem Lösungsmittel) dissolve; *math* solve
löslich soluble
➤ kaum löslich/wenig löslich sparingly soluble,
barely soluble
➤ leichtlöslich easily soluble, readily soluble
➤ schwerlöslich of low solubility
➤ unlöslich insoluble
Löslichkeit solubility
➤ Unlöslichkeit insolubility
Löslichkeitsgrenze limit of solubility
Löslichkeitspotential solute potential
Löslichkeitsprodukt solubility product
Löslichkeitsvermittler/Lösungsvermittler
solubilizer, solutizer
Löslichkeitsvermittlung solubilization
Lösung solution
➤ Eichlösung calibrating solution
➤ Fehlingsche Lösung Fehling's solution
➤ Gebrauchslösung/gebrauchsfertige Lösung/
Fertiglösung ready-to-use solution, test solution
➤ gesättigte Lösung saturated solution
➤ Kochsalzlösung saline
➤ Kolloidlösung/kolloidale Lösung
colloidal solution
➤ Maßlösung volumetric solution
(a standard analytical solution)
➤ Nährlösung nutrient solution, culture solution
➤ physiologische Kochsalzlösung saline,
physiological saline solution
➤ Pufferlösung buffer solution
➤ Reagenzlösung reagent solution
➤ Ringerlösung/Ringer-Lösung Ringer's solution
➤ Stammlösung/Vorratslösung stock solution
➤ Standardlösung standard solution
➤ übersättigte Lösung supersaturated solution
➤ ungesättigte Lösung unsaturated solution
➤ Untersuchungslösung test solution,
solution to be analyzed
➤ verdünnte Lösung dilute solution
➤ Waschlösung/Waschlauge wash solution
➤ wässrige Lösung aqueous solution
Lösungsenthalpie enthalpy of solution
Lösungsentropie entropy of solution
Lösungsgießen/Lösungsgussverfahren
*polym* solution molding, solution casting
Lösungsguss *polym* solution mold,
solution cast
Lösungsmittel/Lösemittel solvent
Lösungsmittelfront solvent front
Lösungsmittelrückgewinnung solvent recovery
Lösungsschweißen *polym* solution welding,
solvent welding (cementing)
Lösungsspinnen solution spinning

Lösungstemperatur solution temperature
➤ untere kritische Lösungstemperatur
lower critical solution temperature (LCST)
Lösungsvermittler/Löslichkeitsvermittler
solubilizer, solutizer
Lösungswärme/Lösungsenthalpie
heat of solution, heat of dissolution
Lot/Lötmittel/Lötmetall/Lötmasse solder
Lötdraht soldering wire
Lötflussmittel soldering flux, solder flux
Lötglas solder glass
Lötkolben soldering iron
Lötöse soldering lug
Lötpaste paste solder
Lötpistole soldering gun
Lötrohrprobe/Lötrohranalyse
blowpipe assay/test/proof
Lötsäure soldering acid
Lötwasser soldering fluid, soldering liquid
Lücke/Spalt gap
Luer T-Stück Luer tee
Luerhülse female Luer hub (lock)
Luerkern male Luer hub (lock)
Luerlock/Luerverschluss Luer lock
Luerspitze Luer tip
Luft air
➤ ablassen/herauslassen deflate
➤ Abluft exhaust, exhaust air, waste air, extract air
➤ Druckluft compressed air
➤ flüssige Luft liquid air
➤ Heißluft hot air
➤ Luft ablassen (Gas ablassen/herauslassen)
deflate
➤ Pressluft compressed air, pressurized air
➤ Umluft forced air, recirculating air;
air circulation
➤ Zugluft draft
➤ Zuluft input air
Luftausschluss/Luftabschluss
exclusion of air (air-tight)
Luftbad air bath
Luftblase air bubble
➤ Luftbläschen small air bubble
luftdicht airtight, airproof
Luftdruck air pressure
➤ atmosphärischer Luftdruck
atmospheric pressure
Luftdruckmessgerät/Barometer barometer
Lufteinlassventil air inlet valve, air bleed
Lufteintrittsgeschwindigkeit/
Einströmgeschwindigkeit
(Sicherheitswerkbank) face velocity (not same
as 'air speed' at face of hood)
luftempfindlich air-sensitive

lüften air, ventilate, aerate
Luftentfeuchter (Gerät) air dryer
Lüfter fan, blower, ventilator
Luftfeuchtigkeit air humidity;
  atmospheric moisture
Luftfeuchtigkeitsmessgerät/
  Feuchtigkeitsmesser/Hygrometer hygrometer
Luftfilter air filter
Luftführung air flow
➤ vertikale Luftführung (Vertikalflow-Biobench)
  vertical air flow (clean bench with
  vertical air curtain)
Luftgas/Generatorgas producer gas
Luftgeschwindigkeit air speed;
  (ausgedrückt als Vektor) air velocity
luftgetragen airborne
Luftgrenzwert air threshold value,
  atmospheric threshold value
Luftkammer (Schacht: z.B. Abzug)
  plenum (pl plena)
Luftkanal air duct, air conduit, airway
Luftkapazität air capacity
Luftkapillare air capillary
Luftkühler air cooler, air condenser
Luftpolster-Folie air-cushion foil
luftreaktiv air reactive
Luftrückführung air recirculation
Luftsauerstoff atmospheric oxygen
Luftschadstoff air pollutant
Luftschleuse airlock
Luftstickstoff atmospheric nitrogen
Luftstrahl air jet
Luftstrom/Luftströmung air current, airflow,
  current of air, air stream
Luftströmung/Luftgeschwindigkeit
  (Sicherheitswerkbank) air speed
Luftumwälzung air circulation
Lüftung/Ventilation ventilation;
  (Belüftung) aeration
Lüftungsanlage ventilation system, vent
Lüftungskanal air duct
Lüftungsrohr ventilating pipe, vent pipe
Lüftungsschacht/Luftschacht air shaft, air duct,
  ventilating shaft/duct, vent shaft/duct
Luftventil air valve
Luftverflüssigung liquefaction of air
Luftverschmutzung/Luftverunreinigung
  air pollution
Luftvorhang/Luftschranke (z.B. an Vertikalflow-
  Biobench) air curtain, air barrier
Luftzirkulation air circulation
Luftzufuhr air supply
Luftzug draft (Br draught)
Luke hatch, door, window; (Dachfenster) skylight

lumineszent/lumineszierend luminescent
Lumineszenz luminescence
➤ Biolumineszenz bioluminescence
➤ Chemolumineszenz/Chemilumineszenz
  chemiluminescence
➤ Elektrolumineszenz electroluminescence
Lungenödem pulmonary edema
Lunker/Hohlraum/Vakuole (Fehler) polym
  shrinkage cavity, shrinkhole; polym bubble
lunkerfrei/blasenfrei/vakuolenfrei void-free
Lunte/Zündschnur fuse
  (explosive/detonating fuse)
Lupe/Vergrößerungsglas lens(e),
  magnifying glass
Lüster (Metallglanz) metallic luster, metallic lustre
Lüsterklemme luster terminal
  (insulating screw joint)
Lyogel lyogel
lyophil lyophilic
Lyophilisierung/Lyophilisation/
  Gefriertrocknung lyophilization, freeze-drying
lyophob lyophobic
lyotrop lyotropic
lyotropisches Flüssigkristall
  lyotropic liquid crystal (LC)
lyotrope Reihe/Hofmeistersche Reihe
  lyotropic series, Hofmeister series
Lysat lysate
Lyse lysis
Lysergsäure lysergic acid
lysieren lyse
lysigen lysigenic, lysigenous
Lysin lysine
lysogen (temperent) lysogenic (temperate)
Lysogenie lysogeny
Lysozym lysozyme
lytisch lytic

## M

mafisch mafic
➤ felsisch/salisch felsic
Magensaft/Magenflüssigkeit
  stomach juice, gastric juice
Magensäure stomach acid
Magenspülung gastric lavage, gastric irrigation
Magerkohle lean coal
Magische Säure ($HSO_3F/SbF_5$) magic acid
Magmagestein (Magmatit) igneous rock
Magnesia/Magnesiumoxid magnesia,
  mangesium oxide
Magnesiaglimmer/Biotit black mica, biotite
Magnesium (Mg) magnesium
Magnetfeld magnetic field

**magnetischer Fluss** magnetic flux
**magnetischer Leitwert/Eigeninduktivität (Henry)** magnetic inductance
**Magnetit/Magneteisenstein Fe₃O₄** magnetite $Fe_3O_4$
**Magnetquantenzahl/Orientierungsquantenzahl** magnetic quantum number
**Magnetresonanztomographie (MRT)/ Kernspintomographie (KST)** magnetic resonance imaging (MRI), nuclear magnetic resonance imaging
**Magnetrührer** magnetic stirrer
**Magnetrührer mit Heizplatte** stirring hot plate
**Magnetstab/Magnetstäbchen/Magnetrührstab/ ‚Fisch'/Rühr‚fisch'** stir bar, stir-bar, stirrer bar, stirring bar, bar magnet, 'flea'
**Magnetstabentferner (zum ‚Angeln' von Magnetstäbchen)** stirring bar retriever, 'flea' extractor
**Magnetventil** solenoid valve
**Mahlbecher (Mühle)** grinding jar
**mahlen/zerkleinern** grind, crush, pulverize
**Mahlkugeln (Mühle)** grinding balls
**Maischbottich** mash tub
**Maische** (Bier) mash; (Traubenmost) grape must
**Maischen** mashing
**Maischpfanne** mash kettle
**Maischwasser** mash liquor
**Maisquellwasser** cornsteep liquor
**Makroanion** macroanion
**Makrobase** macrobase
**Makrohomogenisierung** macrohomogenisation
**Makroion** macroion
**Makrokation** macrocation
**Makromolekül** macromolecule
**Makroradikal** macroradical
**Makrosäure** macroacid
**makroskopisch** macroscopic
**MAK-Wert (maximale Arbeitsplatz-Konzentration)** maximum permissible workplace concentration, maximum permissible exposure
**Malachit** malachite
**Maleinsäure (Maleat)** maleic acid (maleate)
**Maler-Krepp** masking tape
**Malonsäure (Malonat)** malonic acid (malonate)
**Maltose (Malzzucker)** maltose (malt sugar)
**Malz** malt
**Malzzucker/Maltose** malt sugar, maltose
**Mandelsäure/Phenylglykolsäure** mandelic acid, phenylglycolic acid, amygdalic acid
**Mangan (Mn)** manganese
**Mangan(II)...** manganous, manganese(II)
**Mangan(III)...** manganic, manganese(III)
**Mangandioxid/Manganoxid/Braunstein MnO₂** manganese dioxide $MnO_2$

**Mangel/Defizienz** deficiency
**Mangelerscheinung/Defizienzerscheinung/ Mangelsymptom** deficiency symptom
**mangelnd/Mangel../defizient** deficient, lacking
**Mannit** mannitol
**Mannuronsäure** mannuronic acid
**Manschette** adapter; *mech* sleeve, collar; (Tropfschutz: Wicklung/Ummantelung) jacket (insulation)
➤ **Filtermanschette/Guko** filter adapter, Guko
➤ **für Schliffverbindungen** sleeve, joint sleeve
**Manteltablette/Filmtablette/Dragée** coated tablet
**Marienglas (Gips)** foliated gypsum, selenite, spectacle stone
**Mark** medulla, pith, core
**Marke (Ware/Handel)** brand
**Markenbezeichnung/Warenzeichen** brand name, trade name
**Marker/Markersubstanz (genetischer/ radioaktiver)** marker (genetic/radioactive), labeled compound/substance
**Markierband/Absperrband** barricade tape
**markieren/etikettieren** tag; *chem* label; (kennzeichnen) mark, brand, earmark
**Markierstift** marker
➤ **wischfester/wasserfester Markierstift** permanent marker (water-resistant), sharpie
**markiertes Molekül** tagged molecule
**Markierung** marking; label(l)ing, tagging
➤ **Immunmarkierung** immunolabeling
➤ **radioaktive Markierung** radiolabeling
**Marmor** marble
**Marshsche Probe** Marsh test
**Maschensieb** mesh screen
**maschig** meshy
**Maschinist/Bediener/Durchführender** operator
**Maserung/Fladerung** *allg* figure, design; (Faserorientierung) grain
**Maske** mask
➤ **Atemschutzmaske** protection mask, respirator mask, respirator
➤ **Ausatemventil** exhalation valve
➤ **Feinstaubmaske** dust-mist mask
➤ **Filtermaske** filter mask
➤ **Gasmaske** gas mask
➤ **Operationsmaske/chirurgische Schutzmaske** surgical mask
➤ **Staubschutzmaske (Partikelfilternde Masken) (DIN FFP)** dust mask, particulate respirator (U.S. safety levels N/R/P according to regulation 42 CFR 84)
**Maskierungsmittel** masking agent
**Maß** measure
**Maßanalyse/Volumetrie/volumetrische Analyse** volumetric analysis

**Masse** mass; (Fülle) bulk
➤ **Äquivalentmasse** equivalent mass
➤ **Biomasse** biomass
➤ **Formelmasse** formula mass
➤ **‚Frischmasse' (Frischgewicht)**
  'fresh mass' (fresh weight)
➤ **kritische Masse** critical mass
➤ **Molekülmasse (‚Molekulargewicht')**
  molecular mass ('molecular weight')
➤ **Molmasse/molare Masse (‚Molgewicht')**
  molar mass ('molar weight')
➤ **relative Molekülmasse/Molekulargewicht ($M_r$)**
  relative molecular mass, molecular weight ($M_r$)
➤ **Ruhemasse/invariante Masse** rest mass,
  invariant mass, intrinsic mass, proper mass
➤ **Trockenmasse/Trockensubstanz**
  dry mass, dry matter
**Masse-Ladungsverhältnis $m/z$ (MS)**
  mass-to-charge ratio
**Massenanteil (Massenbruch)** mass fraction
**Massendefekt/Massedefekt** mass defect
**Massendichte** mass density (mass concentration)
**Massendiffusion/Gesamtduffusion** bulk diffusion
**Massenerhaltungssatz** law of conservation of
  matter, law of the conservation of mass
**Massenfilter** mass filter
**Massenspektrometer** mass spectrometer, mass spec
➤ **Ionenfallen-Massenspektrometer**
  ion trap mass spectrometer (ITMS)
➤ **Quadrupol-Massenspektrometer**
  quadrupol mass spectrometer (QMS)
**Massenspektrometrie (MS)** mass spectrometry
➤ **Beschleuniger-Massenspektrometrie**
  accelerator mass spectrometry (AMS)
➤ **Flugzeit-Massenspektrometrie**
  time-of-flight mass spectrometry (TOF-MS)
➤ **Funken-Massenspektrometrie (FMS)**
  spark source mass spectrometry (SSMS)
➤ **induktiv gekoppelte Plasma-**
  **Massenspektrometrie (ICP-MS)** inductively
  coupled plasma mass spectrometry
➤ **Matrix-unterstützte-Laser-Desorption-**
  **Ionisierung mit Flugzeitmassenspektrometer-**
  **Detektion** matrix-assisted laser desorption/
  ionization–time-of-flight mass spectrometry
  (MALDI-TOF)
➤ **Resonanzionisations-Massenspektrometrie**
  **(RIMS)** resonance ionization mass
  spectrometry (RIMS)
➤ **Sekundärionen-Massenspektrometrie (SIMS)/**
  **Ionenstrahl-Mikroanalyse**
  secondary-ion mass spectrometry (SIMS)

➤ **Tandem-Massenspektrometrie (MS/MS)**
  tandem mass spectrometry (MS/MS or MS²)
➤ **Thermionen-Massenspektrometer (TIMS)**
  thermal ionization-mass spectrometry (TIMS)
**Massenströmung (Wasser)** mass flow, bulk flow
**Massenübergang/Massentransfer/Stoffübergang**
  mass transfer
**Massenverhältnis** mass ratio
**Massenwirkung** mass action
**Massenwirkungsgesetz** law of mass action
**Massenwirkungskonstante** mass action constant
**Massenzahl/Nukleonenzahl (Neutronen~ &**
  **Protonenzahl)** atomic mass number
**Masseverlust/Massenverlust/**
  **Masseschwund** mass loss
**Maßkorrelationskoeffizient/Produkt-Moment-**
  **Korrelationskoeffizient** product-moment
  correlation coefficient
**Maßlöffel** weighing spoon
**Maßlösung** volumetric solution
  (a standard analytical solution)
**Maßstab** scale
➤ **Großmaßstab** large scale
➤ **Halbmikromaßstab** semimicro scale
➤ **Kleinmaßstab** small scale
➤ **Labormaßstab** lab scale, laboratory scale
➤ **Mikromaßstab** micro scale
➤ **Pilotmaßstab** pilot scale
**Maßstabsvergrößerung** scale-up, scaling up
**Maßstabzahl** *micros* initial magnification
**Mastizieren** mastication
**mastizieren/kneten** masticate
**Mastiziermaschine/Mastikator/Knetmaschine/**
  **Gummikneter (Plastifiziermaschine/**
  **Plastikator)** masticator (plasticator)
**Mastiziermittel** masticator, masticating agent
**Material** material; (Zubehör) supplies
**Materialermüdung/Werstoffermüdung**
  material fatigue
**Materialfehler** defect in material, flaw in material
**Materialkunde/Werkstoffkunde** material science,
  materials science
**Materialmangel** material shortage
**Materialprüfung** materials testing
➤ **zerstörungsfreie Prüfung**
  nondestructive testing (NDT)
**Materialtechnik** materials technology,
  materials engineering
**Matrix (*pl* Matrizes/Matrizen)**
  matrix (*pl* matrices)
**matrixassistierte Laser-Desorptionsionisation**
  **(MALDI)** matrix-assisted laser desorption
  ionization (MALDI)

**Matrize** (Schablone) template;
*polym* (Formwerkzeuge) female mold, cavity,
impression (matrix)
**Matrizenstrang/Mutterstrang (DNA/RNA)**
template strand
**Mattrand-Objektträger** frosted-end slide
**Maximalgeschwindigkeit ($V_{max}$ Enzymkinetik/**
**Wachstum)** maximum rate
**Mazeral/Maceral (Kohle-Gefügebestandteile)**
maceral (petrologic components of coal)
**Mazeration** maceration
**mazerieren** macerate
**Mechaniker** mechanic
**mechanisches Gewebe/**
**Expansionsgewebe** expansion tissue
**Medianwert/Zentralwert** *stat* median value
**Medikament/Medizin/Droge** medicine,
medicament, drug
➤ **frei erhältliches Medikament (nicht**
**verschreibungspflichtig)** over-the-counter drug
➤ **verschreibungspflichtiges Medikament**
prescription drug
➤ **zielgerichtete ‚Konstruktion' neuer**
**Medikamente am Computer** drug design
**Medium/Kulturmedium/Nährmedium** medium,
culture medium, nutrient medium
**Medizin** medicine;
(Medikament/Droge) medicine, drug
➤ **Biomedizin** biomedicine
➤ **Defensivmedizin** defensive medicine
➤ **Forensik/forensische Medizin/**
**Gerichtsmedizin/Rechtsmedizin**
forensics, forensic medicine
➤ **Präventivmedizin** preventive medicine
➤ **Umweltmedizin** environmental medicine
➤ **Veterinärmedizin/Tiermedizin/Tierheilkunde**
veterinary medicine, veterinary science
➤ **vorhersagende Medizin** predictive medicine
**Medizinerkittel** physician's white coat, white coat
**medizinische Überwachung/**
**ärztliche Überwachung** medical surveillance,
health surveillance
**medizinische Untersuchung/**
**ärztliche Untersuchung** medical examination,
medical exam, physical examination, physical
**Meerrettichperoxidase** horse radish peroxidase
**Meerwasser** seawater, saltwater
**Megaphon/Megafon** bull horn
**Mehl** fluor
➤ **Blutmehl** blood meal
➤ **Guarmehl/Guar-Gummi** guar gum, guar flour
➤ **Guar-Samen-Mehl** guar meal, guar seed meal

➤ **Johannisbrotkernmehl/Karobgummi**
locust bean gum, carob gum
➤ **Knochenmehl** bone meal
➤ **Sägemehl** sawdust
**Mehlbleichung** fluor bleaching
**mehlig** mealy, farinaceous
**mehrbasig** polybasic
**mehrbasige Säure** polybasic acid
**Mehrfachbindung** *chem* multiple bond
**Mehrkomponentenkleber**
multicomponent adhesive/cement,
multiple-component adhesive/cement
**Mehrschichtfolie** multilayer film
**mehrschichtig** multilayer
**mehrstufig** multistage, multistep
**Mehrweg...** reusable...
**mehrwertig** multivalent, polyvalent
**Mehrzweckzange** utility pliers
**Meiler** (Kohlenmeiler) charcoal pile;
(Atommeiler) nuclear reactor
**Meilerkohle/Holzkohle** charcoal
**Melatonin** melatonin
**Meldepflicht** mandatory report,
compulsory registration, obligation to register
**meldepflichtig** reportable (by law),
subject to registration
**Melder/Messfühler/Sensor** detector, sensor
➤ **Feuermelder** fire alarm
**Mellitsäure/Benzolhexacarbonsäure**
mellitic acid, hexacarboxyl benzene
**Membran** membrane
➤ **Außenmembran** outer membrane
➤ **Dialysiermembran** dialyzing membrane
➤ **Elementarmembran/Doppelmembran**
unit membrane, double membrane
**Membrandruckminderer**
diaphragm pressure regulator
**Membrandurchfluss** membrane flux
**Membranelektrode** membrane electrode
**Membranfilter** membrane filter
**Membranfluss** membrane flow
**membrangebunden** membrane-bound
**Membrankanal** membrane channel
➤ **Ionenkanal** ion channel
**Membrankapazität** membrane capacitance
**Membranlängskonstante (Raumkonstante)**
membrane length constant (space constant)
**Membranleitfähigkeit** membrane conductance
**membranös** membranous
**Membranpinzette** membrane forceps
**Membranpumpe** diaphragm pump
**Membranreaktor (Bioreaktor)** membrane reactor
**Membrantransport** membrane transport

Membranventil diaphragm valve
Menachinon (Vitamin K₂) menaquinone
**Menachinon (Vitamin K$_2$)** menaquinone
**Menadion (Vitamin K$_3$)** menadione
**Menge (Anzahl)** quantity, amount, number
**Mengen...** bulk
**Mengenverhältnis** quantitative ratio,
  relative proportions
**Meniskus** meniscus
**Mennige (Bleimennige/Bleioxid/Tribleitetraoxid)**
  **Pb$_3$O$_4$** red lead oxide, red lead, minium
**menschlich** (den Menschen betreffend) human;
  (wie ein guter Mensch handelnd/hilfsbereit/
  selbstlos) humane
**Mensur (Messbehälter: z.B. auch Reagierkelch)**
  graduated cylinder, graduate
**Mere** mers
**Mergel** marl
➢ **Kalkmergel** lime marl
➢ **Tonmergel** clay marl
**Merkblatt** leaflet, notice, instructions;
  (Datenblatt: für Chemikalien etc.) data sheet
**Merkmal/Eigenschaft** trait, characteristic, feature
**merzerisieren** mercerize
**Merzerisieren/Merzerisierung/Merzerisation**
  mercerization
**Mesityle (1,3,5-Trimethylbenzol)**
  mesitylene (1,3,5-trimethylbenzene)
**Mesomerie** mesomerism
**Mesomeriepfeil/Doppelpfeil/Resonanzpfeil**
  double-headed arrow
**mesomorph** mesomorphic, mesomorphous
**Mesomorphie** mesomorphy
**Mesophase** mesophase
➢ **cholesterisch** cholesteric
➢ **fadenförmig/nematisch** nematic
➢ **scheibenartig/diskotisch** disk-like, discotic
➢ **smektisch** smectic
➢ **stäbchenartig/kalamitisch** rod-like, calamitic
**mesophil (20-45°C)** mesophil, mesophilic
**mesotroph (mittlerer Nährstoffgehalt)**
  mesotrophic
**Mess- und Regeltechnik**
  instrumentation and control
**Messader** *electr* pilot wire
**messbar** measurable
**Messbecher** measuring cup
➢ **Mensur** graduate, graduated cylinder
**Messbereich** range of measurement
**messen** (abmessen) measure; (prüfen) test;
  (ablesen) read, record
**Messer** knife; (Klinge) blade; (Messgerät: Zähler)
  meter; measuring instrument
➢ **Diamantmesser** diamond knife
➢ **Kabelmesser** cable stripping knife

➢ **Sicherheitsmesser** safety cutter
➢ **Spachtelmesser/Kittmesser** putty knife
➢ **Taschenmesser** pocket knife
**Messergebnis** measurement result,
  result of measurement, experimental result
**Messerhalter** *micros* knife holder
**Messerschalter** *electr* knife switch
**Messerspitze** tip/point of a knife;
  (eine Messerspitze voll ...) a pinch of ...
**Messfehler** error in measurement,
  measuring mistake
**Messfühler/Sensor/Sonde** *lab* sensor, probe
**Messgas** measuring gas; sample gas
**Messgenauigkeit** accuracy/precision of
  measurement, measurement precision
**Messgerät** measuring apparatus, measuring
  instrument; (Lehre) gage, gauge (*Br*)
➢ **Zähler** meter
**Messglied** *math* (Größe) measuring unit,
  measuring device
**Messgröße** quantity to be measured
**Messing** brass
**Messinstrument** meter, measuring apparatus,
  measuring instrument
**Messkolben** volumetric flask
**Messpipette** graduated pipette, measuring pipet
**Messschaufel** measuring scoop
**Messschieber** (*siehe:* Schublehre)
  caliper gage (*Br* gauge)
**Messsonde** sensing probe, measuring probe
**Messtechnik** metrology; measurement
  techniques, measuring techniques; test methods
➢ **Mess- und Regeltechnik**
  instrumentation and control
**messtechnisch** metrological
**Messumformer** transducer
**Messung** measurement, test, testing,
  reading, recording
**Messverfahren** measuring procedure
**Messwert** measured value
**Messzylinder** graduated cylinder
**Metabolismus/Stoffwechsel** metabolism
**Metabolismusrate/Stoffwechselrate/**
  **Energieumsatzrate** metabolic rate
**Metabolit/Stoffwechselprodukt** metabolite
**Metall** metal
➢ **Alkalimetalle** alkali metals
➢ **Buntmetall** nonferrous metal
➢ **edles Metall** noble metal
➢ **Edelmetall** precious metal
➢ **Erdalkalimetalle** alkaline-earth metals,
  earth alkali metals
➢ **Gussmetall** cast metal
➢ **Halbedelmetall** semiprecious metal

> **Halbmetalle** semimetals
> **Leichtmetall** light metal
> **Lötmetall/Lot/Lötmittel/Lötmasse** solder
> **Münzmetalle** coinage metals
> **Nichtmetalle** nonmetals
> **Reinmetall** pure metal
> **Schwermetall** heavy metal
> **Seltenerdmetalle** rare-earth metals
> **Spurenmetall** trace metal
> **Übergangsmetall** transition metal
> **Umschmelzmetall** secondary metal
> **Weißmetall** white metal

**Metallaufdampfung** *micros* metal deposition
**Metallbelag** metallization
**Metallfasern** metal fibers
**metallfaserverstärkter Kunststoff (MFK)** metal fiber-reinforced plastic (MFRP)
**Metallgewinnung, elektrolytische (Elektrometallurgie)** electrowinning
**Metallgitter** metal lattice, metallic lattice
**Metallglanz** metallic lustre, metallic luster, metalescence
**Metallglas/metallisches Glas/Glasmetall (amorphes Metall)** metallic glass
**Metallhalogenid** metal halide
**Metallierung (Ankopplung von Metallatomen an organischen Kohlenstoff)** metalation (attaching a metal atom to a carbon atom)
**metallisch** metallic
**metallische Bindung** metallic bond
**Metallkomplexfarbstoff** metallized dye
**Metallkönig/Regulus (Metallklümpchen)** prill, regulus
**Metallkunde (Metallurgie)** metal science (metallurgy)
**Metalllegierung** metal alloy
**Metallothionein** metallothionein
**Metall-Oxid-Halbleiter-Feldeffekttransistor** metal-oxide-semiconductor field-effect transistor (MOSFET)
**Metallpigment** metal pigment, metallic pigment
**Metallrückgewinnung** metal recovery
**Metallsäge** metal-cutting saw
**Metallurgie/Hüttenkunde** metallurgy (science & technology of metals)
> **Elektrometallurgie** electrometallurgy
> **Hydrometallurgie/Nassmetallurgie** hydrometallurgy
> **Pulvermetallurgie** powder metallurgy
**metallwhiskerverstärkter Kunststoff (MWK)** metal whisker-reinforced plastic (MWRP)
**Metaphosphorsäure (HPO$_3$)$_n$** metaphosphoric acid
**Metastase/Tochtergeschwulst** metastasis

**Metathese** metathesis
> **Kreuzmetathese** cross-metathesis (CM)
> **ringöffnende Metathese** ring-opening metathesis (ROM)
> **ringöffnende Metathesepolymerisation** ring-opening metathesis polymerization (ROMP)
> **Ringschlussmetathese** ring-closing metathesis
> **Ringumlagerungsmetathese** ring-rearrangement metathesis (RRM)
**Methan** methane
**methanbildend/methanogen** methanogenic
**Methionin** methionine
**Methroxat** methroxate
**methylieren** methylate
**Methylierung/Methylieren** methylation
**metrische Skala** metric scale
**Mevalonsäure (Mevalonat)** mevalonic acid (mevalonate)
**Micelle (*siehe:* Mizelle)** micelle
**Micellierung** micellation
**Michaeliskonstante/ Halbsättigungskonstante ($K_M$)** Michaelis constant, Michaelis-Menten constant
**Michaelis-Menten-Gleichung** Michaelis-Menten equation
**Migration/Wanderung** migration
**Mikrobe/Mikroorganismus** microbe, microorganism
**Mikrofaser** microfiber
**Mikrohomogenisierung** microhomogenisation
**Mikroinjektion** microinjection
**Mikromanipulation** micromanipulation
**Mikromanipulator** micromanipulator
**Mikrometerschraube** *micros* micrometer screw, fine-adjustment, fine-adjustment knob
**Mikroorganismus (*pl* Mikrorganismen)/Mikrobe** microorganism, microbe
**Mikropinzette** micro-forceps
> **anatomische Mikropinzette** microdissecting forceps, microdissection forceps
**Mikropipette** micropipet
**Mikropipettenspitze** micropipet tip
**Mikropräparat** prepared microscope slide
**Mikroröhre** microtubule
**Mikroskop** microscope
> **Kursmikroskop** course microscope
> **Polarisationsmikroskop** polarizing microscope
> **Präpariermikroskop** dissecting microscope
> **Stereomikroskop** stereo microscope
> **Umkehrmikroskop/Inversmikroskop** inverted microscope
> **zusammengesetztes Mikroskop** compound microscope

Mikroskopie microscopy
➢ **Dunkelfeld-Mikroskopie** darkfield microscopy
➢ **Hellfeld-Mikroskopie** brightfield microscopy
➢ **Hochspannungselektronenmikroskopie**
   high voltage electron microscopy (HVEM)
➢ **Immun-Elektronenmikroskopie**
   immunoelectron microscopy
➢ **Interferenzmikroskopie**
   interference microscopy
➢ **konfokale Laser-Scanning Mikroskopie**
   confocal laser scanning microscopy
➢ **Kraftmikroskopie** force microscopy (FM)
➢ **Lichtmikroskopie** light microscopy
   (compound microscope)
➢ **Phasenkontrastmikroskopie**
   phase contrast microscopy
➢ **Polarisationsmikroskopie**
   polarizing microscopy
➢ **Rasterelektronenmikroskopie (REM)**
   scanning electron microscopy (SEM)
➢ **Rasterkraftmikroskopie**
   atomic force microscopy (AFM)
➢ **Rastertunnelmikroskopie (RTM)**
   scanning tunneling microscopy (STM)
➢ **Transmissionselektronenmikroskopie/**
   **Durchstrahlungselektronenmikroskopie**
   transmission electron microscopy (TEM)
Mikroskopieren *n* examination under a
   microscope, usage of a microscope
mikroskopieren *vb* examine under a microscope,
   use a microscope
Mikroskopierleuchte microscope illuminator
Mikroskopierverfahren microscopic procedure
Mikroskopierzubehör microscopy accessories
mikroskopisch microscopic, microscopical
mikroskopische Aufnahme/mikroskopisches
   **Bild** micrograph, microscopic image
mikroskopisches Präparat
   microscopical preparation/mount
Mikroskopzubehör microscope accessories
Mikrosonde microprobe
Mikrotom microtome
➢ **Gefriermikrotom** freezing microtome,
   cryomicrotome
➢ **Kryo-Ultramikrotom** cryoultramicrotome
➢ **Rotationsmikrotom** rotary microtome
➢ **Schlittenmikrotom** sliding microtome
➢ **Ultramikrotom** ultramicrotome
Mikrotomie microtomy
Mikrotommesser microtome blade
Mikrotom-Präparatehalter/Objekthalter
   **(Spannkopf)** microtome chuck
Mikroträger microcarrier
Mikroumwelt micro-environment

Mikroverfahren microprocedure
Mikrowellenofen/Mikrowellengerät
   microwave oven
Mikrowellenstrahlung microwave radiation
Mikrowellen-Synthese microwave synthesis
Milbenbekämpfungsmittel/Akarizid acaricide
Milch milk
➢ **geronnene Milch** curd
Milchglas milk glass
milchig/opak milky, opaque
Milchprodukt(e) dairy product(s)
Milchsaft/Latex *bot* latex
Milchsaftröhre/Milchröhre
   latex tube, lactifer, lacticifer
Milchsäure (Laktat) lactic acid (lactate)
Milchsäureamid/Laktamid/Lactamid lactamide
Milchsäuregärung/Laktatgärung lactic acid
   fermentation, lactic fermentation
➢ **heterofermentative Milchsäuregärung**
   heterolactic fermentation
➢ **homofermentative Milchsäuregärung**
   homolactic fermentation
Milchzucker/Laktose milk sugar, lactose
Milliarde billion
Millimeterpapier graph paper, metric graph paper
Mindestzündenergie minimum ignition energy
Mine/Grube/Zeche/Bergwerk *geol* mine
➢ **Tagebau** open-pit mine
➢ **Untertagebau** underground mine
Mineral (*pl* Minerale/Mineralien) mineral(s)
➢ **Tonminerale** clay minerals
Mineralboden mineral soil
Mineraldünger mineral fertilizer, inorganic fertilizer
Mineralisation/Mineralisierung mineralization
mineralisches Wachs mineral wax
Mineralogie mineralogy
Mineralokortikoid/Mineralocorticoid
   mineralocorticoid
Mineralöl mineral oil
Mineralpigment (künstliches, anorganisches
   **Pigment)** synthetic, inorganic pigment
Mineralquelle mineral spring
Mineralstoffe/Mineralien minerals
Mineralwasser mineral water
minerotroph minerotrophic
Miniprep/Minipräparation miniprep,
   minipreparation
mischbar miscible
➢ **unvermischbar** immiscible
Mischbettfilter/Mischbettionenaustauscher
   mixed-bed filter, mixed-bed ion exchanger
Mischer/Mixer mixer
➢ **Drehmischer** roller wheel mixer
➢ **Fallmischer** tumbler, tumbling mixer

> **Mixette/Küchenmaschine (Vortex)**
> blender (vortex)
> **Schaufelmischer** blade mixer
> **Trommelmischer** barrel mixer, drum mixer
> **Überkopfmischer** mixer/shaker with spinning/
> rotating motion (vertically rotating 360°)
> **Vortexmischer/Vortexschüttler/Vortexer**
> vortex shaker, vortex

**Mischfasergewebe (Hybridgewebe)** fiber blend

**mischfunktionelle Oxidase**
mixed-function oxidase

**Mischoxid (MOX)** *nucl* mixed oxide (nuclear fuel)

**Mischphase** mixed phase

**Mischregel/Mischungsregel/**
**Kreuzmischungsregel (Mischungskreuz/**
**„Andreaskreuz")** dilution rule

**Mischtrommel** mixing drum

**Mischung (homogenes Gemisch)** mixture
> **Demulgieren/Dismulgieren (Brechen/**
> **Spalten einer Emulsion)** demulsification
> **Entmischung** segregation, separation,
> reseparation
> **Leuchtsatzmischung (Pyrotechnik)**
> illuminating composition
> **Rückmischung/Rückmischen/**
> **Rückvermischung** backmixing
> **Treibsatzmischung (Pyrotechnik)** propellant
> composition, propulsion composition
> **Verstärkersatzmischung (Pyrotechnik)**
> intensifying composition
> **Vormischung** premix; premixing
> **Zündsatzmischung** priming composition,
> ignition composition

**Mischungsenthalpie** enthalpy of mixing

**Mischungsentropie** entropy of mixing

**Mischungslücke** miscibility gap

**Mischungsverhältnis** mixing ratio

**Mischzylinder** volumetric flask

**Missachtung/Vergehen (einer Vorschrift)**
violation

**Missbildungen verursachend/teratogen** teratogenic

**Missense-Mutation/Fehlsinnmutation**
missense mutation

**Mitarbeiter** (Kollege/Arbeitskollege) colleague,
co-worker, fellow-worker, collaborator;
(Betriebszugehöriger) employee,
staff member

**Mitfällung** coprecipitation

**Mitteilungspflicht** duty to inform,
obligation to provide information

**Mittel/Durchschnittswert (*siehe auch*: Mittelwert)**
mean, average

**Mittelwert/Mittel/arithmetisches Mittel/**
**Durchschnittswert** *stat* mean value, mean,
arithmetic mean, average

> **bereinigter Mittelwert/korrigierter Mittelwert**
> adjusted mean
> **Elternmittelwert** midparent value
> **Quadratmittel** quadratic mean
> **Regression zum Mittelwert**
> regression to the mean

**Mittelwertbildung** averaging

**mittlere Kraftfeld-Theorie/Mean-Field-Theorie**
**(Flory-Huggins)** mean-field theory

**Mixer/Mixette/Mischer/Küchenmaschine**
**(Vortex)** mixer, blender (vortex)

**mixotrope Reihe** mixotropic series

**Mizelle** micelle
> **Faltenmizelle** folded micelle
> **Fransenmizelle** fringed micelle

**Modalwert** *stat* modal value

**Modelierknete** modeling clay

**Modellbau** model building

**Modellierknete** modeling clay

**Moder (Schimmel)** mould, mildew

**moderig/faulend/verfaulend** rotting, decaying,
putrefying, decomposing; (Geruch) mouldy,
putrid, musty

**modern/vermodern/faulen/verfaulen** rot, decay,
putrefy, decompose

**Modifikator** modifier

**Modul (*pl* Moduln)/Funktionseinheit** module;
math/phys modulus
> **Biegekriechmodul** flexural creep modulus
> **Biegemodul** flexural modulus
> **Chordmodul** chord modulus
> **Elastizitätsmodul/Zugmodul/Youngscher**
> **Modul** modulus of elasticity, elastic modulus,
> tensile modulus, Young's modulus
> **Kompressionsmodul** bulk modulus,
> compression modulus
> **Schermodul (Torsionsmodul)** shear modulus,
> torsion modulus, modulus of rigidity
> **Scherspeichermodul** shear storage modulus,
> in-phase modulus, elastic modulus
> **Scherverlustmodul** shear loss modulus, 90°/
> out-of-phase modulus, viscous modulus
> **Sekantenmodul** secant modulus
> **Speichermodul** storage modulus
> **Steifigkeitsmodul** stiffness modulus
> **Tangentenmodul** tangential modulus
> **Verlustmodul** loss modulus

**Modus/Art und Weise/Modalwert** mode

**Mohrsches Salz** Mohr's salt, ammonium iron(II)
sulfate hexahydrate
(ferrous ammonium sulfate)

**Mohs-Härte/Mohssche Härte** Mohs' hardness

**Mol** mole

molare Masse/Molmasse ('Molgewicht')
  molar mass ('molar weight')
Molekül (Molekel) molecule
➢ Abgangsmolekül leaving molecule
➢ Gastmolekül guest molecule
➢ Makromolekül macromolecule
➢ maßgeschneidertes Molekül (gezielt
  konstruiertes/aufgebautes Molekül)
  tailored molecule
➢ markiertes Molekül tagged molecule
➢ Trägermolekül carrier molecule
➢ Wirtsmolekül host molecule
molekular molecular
Molekularbiologie molecular biology
molekulare Cytogenetik/molekulare
  Zytogenetik molecular cytogenetics
Molekularformel/Molekülformel molecular formula
Molekulargenetik molecular genetics
Molekulargewicht/relative Molekülmasse ($M_r$)
  molecular weight, relative molecular mass ($M_r$)
Molekulargewichtsbestimmung/
  Molmassenbestimmung
  determination of molecular mass
Molekulargewichtsverteilung
  molecular-weight distribution
Molekularleck molecular leak
Molekularsieb/Molekülsieb molecular sieve
molekularuneinheitlich
  non-uniform with respect to molar mass
Molekülbruchstück/Molekülfragment
  molecular fragment
Molekülion (MS) molecular ion
Molekülmasse („Molekulargewicht")
  molecular mass ('molecular weight')
Molekülorbital molecular orbital
➢ Bandabstand (MO) band gap
➢ Bandkopf (MO) band head
➢ höchstes unbesetztes Molekülorbital
  highest occupied molecular orbital (HOMO)
➢ Ligandengruppenorbitale
  ligand group orbitals (LGOs)
➢ niedrigstes unbesetztes Molekülorbital
  lowest occupied molecular orbital (LUMO)
Molekülpeak molecular peak
Molekülverbund molecule assembly
Molenbruch/Stoffmengenanteil mole fraction
Molke whey
Molkereiprodukt dairy product
Molmasse/molare Masse ('Molgewicht')
  (in g/mol) molar mass ('molar weight')
➢ Durchschnitts-Molmasse ($M_w$)
  (gewichtsmittlere Molmasse/Gewichtsmittel
  des Molekulargewichts) mass-average molar
  mass, weight-average molar mass

➢ relative Molmasse ($M_r$) relative molar mass
➢ zahlenmittlere Molmasse ($M_n$) (Zahlenmittel
  des Molekulargewichts)
  number-average molar mass
Molmassenverteilung
  molecular-weight distribution
Molvolumen/molares Volumen molar volume
Molwärme/molare Wärmekapazität
  molar heat capacity
Molybdän (Mo) molybdenum
Molybdän(II)... molybdenous/molybdenum(II)...
Molybdän(III)... molybdic/molybdenum(III)...
Molybdän(VI)...
  molybdic/molybdate/molybdenum(VI) ...
Moment moment, momentum
➢ Dipolmoment dipole moment
➢ Impulsmoment/Drehimpuls moment of
  momentum, angular momentum
➢ Kraftmoment moment of force
➢ Trägheitsmoment moment of inertia
➢ Übergangsdipolmoment
  transition dipole moment
monobasige Säure monobasic acid,
  monoprotic acid
Monofil monofil yarn
monogen monogenic
monoklonal monoclonal
Monokristall/Einkristall monocrystal
Monolith/Chip (integrierte Schaltung/
  Schaltkreis) monolith, chip
Monomeranion monomer anion
Monomereinheit monomer(ic) unit
Monomergießen/Monomergussverfahren polym
  monomer molding/casting
Monomerkation monomer cation
Monoschicht/Monomolekularfilm/
  Monolayer monolayer, monofilm
  (monomolecular surface film)
Moosgummi/Zellgummi sponge rubber,
  cellular rubber, expanded rubber
  (foam rubber/foamed rubber)
Mop/Aufwischer mop
➢ Auswringer/Wringer mop wringer
Morphologie morphology
morphologisch morphologic, morphological
Mörser/Reibschale mortar
➢ Achatmörser agate mortar
➢ Aluminiumoxid-Mörser alumina mortar
➢ Apotheker-Mörser apothecary mortar
➢ Glasmörser glass mortar
➢ Pistill (zu Mörser) pestle
➢ Porzellanmörser porcelain mortar
Mortalität/Sterblichkeit/Sterberate mortality

**Mosaikgold/Musivgold (Zinndisulfid)** $SnS_2$
mosaic gold, tin bronze, tin(IV) sulfide
**Motorkraftstoff** engine fuel
**Motoröl/Motorenöl** engine oil
**MS (Massenspektroskopie)**
MS (mass spectroscopy)
**MSQ-Schätzung (Methode der kleinsten**
**Quadrate)** LSE (least squares estimation)
**MTA (medizinisch-technische(r)**
**AssistentIn)** medical technician,
medical assistant (*auch*: Sprechstundenhilfe:
doctor's assistant)
**MTLA (medizinisch-technische(r)**
**LaborassistentIn)** medical lab technician,
medical lab assistant
**Muffe** (Flanschstück) muff; (Stativ) clamp holder,
'boss', clamp 'boss' (rod clamp holder);
(Röhrenleitung) faucet
**Muffelofen** muffle furnace, retort furnace
**Muffenverbindung (Rohr)** spigot
**Mühle** *allg* mill, (*grob*) crusher,
(*mittel*) grinder, (*fein*) pulverizer
➢ **Analysenmühle** analytical mill
➢ **Hammermühle** hammer mill
➢ **Handmühle** hand mill
➢ **Kaffeemühle** coffee mill, coffee grinder
➢ **Käfigmühle/Schleudermühle/Desintegrator/**
**Schlagkorbmühle** cage mill, bar disintegrator
➢ **Kugelmühle** ball mill, bead mill
➢ **Mahlbecher** grinding jar
➢ **Mahlkugeln** grinding balls
➢ **Mischmühle** mixer mill
➢ **Mörsermühle** mortar grinder mill
➢ **Prallmühle** impact mill
➢ **Pralltellermühle** baffle-plate impact mill,
impeller breaker
➢ **Pulverisiermühle** pulverizer
➢ **Rotormühle** centrifugal grinding mill
➢ **Scheibenmühle** plate mill, disk mill,
disk attrition mill
➢ **Schneidmühle** cutting mill, cutting-grinding
mill, shearing machine
➢ **Schwing-Kugelmühle** bead mill
(shaking motion)
➢ **Schwingmühle** vibrating mill (shaking motion)
➢ **Tellermühle** disk mill
➢ **Trommelmühle** drum mill, tube mill, barrel mill
➢ **Zentrifugalmühle/Fliehkraftmühle**
centrifugal grinding mill
➢ **Zweiwalzenmühle** two-roll mill
**mühselig/schwer/arbeitsam** laborious
**Mulde** depression, basin
**muldenförmig** trough-shaped

**Mull** (fast neutraler Auflagehumus/milder
Dauerhumus) mull humus, mull;
(Gaze) cheesecloth (gauze)
**Müll/Abfall** waste; trash, rubbish,
refuse, garbage
➢ **Atommüll** nuclear waste
➢ **Chemieabfälle** chemical waste
➢ **Giftmüll** toxic waste, poisonous waste
➢ **Haushaltsmüll/Haushaltsabfälle**
household waste/trash
➢ **Industriemüll/Industrieabfall** industrial waste
➢ **Klinikmüll** clinical waste
➢ **kommunaler Müll**
municipal solid waste (MSW)
➢ **Problemabfall** hazardous waste
➢ **radioaktive Abfälle** radioactive waste,
nuclear waste
➢ **Sondermüll/Sonderabfall** hazardous waste
**Müllabfuhr** waste collection
**Müllbeutel/Müllsack** trash bag, waste bag
**Mullbinde/Gazebinde** gauze bandage
**Mülldeponie/Müllplatz/Müllabladeplatz/**
**Müllkippe** waste disposal site, waste dump;
(Müllgrube: geordnet) landfill, sanitary landfill
**Mülleimer** garbage can, dustbin (*Br*)
**Müllmann** sanitation worker, garbageman
**Müllschacht** garbage/waste chute
**Mülltonne** waste container, garbage can,
dustbin (*Br*)
**Mülltrennung/Abfalltrennung** waste separation
**Müllverbrennungsanlage**
waste incineration plant, incinerator
**Müllvermeidung** waste avoidance
**Müllverwertungsanlage** (waste) recycling plant
**Müllwiederverwertung** waste recycling
**Mulm/Fäule** rot, decaying matter, mold
**Multienzymkomplex/Multienzymsystem/**
**Enzymkette** multienzyme complex,
multienzyme system
**Multimeter/Universalmessgerät** multimeter
**Multiplett-Signal (NMR)** multiplet signal
**Multiplex-Sequenzierung** multiplex sequencing
**Mund/Öffnung** mouth, opening, orifice
**Mundschutz** mask, face mask, protection mask
(Atemschutzmaske)
**Mundspülung** mouth wash
**Mundstück/Schnauze** spout
**Münzmetalle** coinage metals
**Muraminsäure** muramic acid
**Murein** murein
**Muscarin** muscarine
**Musivgold/Mosaikgold (Zinndisulfid)**
mosaic gold, tin(IV) sulfide
**Musselin** muslin

**Muster** (Vorlage/Modell) pattern, sample, model; specimen; (Musterung/Zeichnung) pattern, design; (Probe) sample
**Mutabilität/Mutierbarkeit/Mutationsfähigkeit** mutability
**Mutagen/mutagene Substanz** mutagen
**mutagen/mutationsauslösend/erbgutverändernd** mutagenic
**Mutagenese** mutagenesis
**Mutagenität** mutagenicity
**Mutante** mutant
**Mutarotation** mutarotation
**Mutation** mutation
> **Deletionsmutation** deletion mutation
> **Insertionsmutation** insertion mutation
> **Inversionsmutation** inversion mutation
> **Leserasterverschiebung(smutation)** frameshift mutation
> **Punktmutation** point mutation
> **Spontanmutation** spontaneous mutation
**Mutationsrate** mutation rate
**Mutierbarkeit/Mutationsfähigkeit/Mutabilität** mutability
**mutieren** mutate
**Mutter (und Schraube)** *tech* nut (and bolt)
**Mutterion/Ausgangsion (MS)** parent ion
**Mutterlauge** mother liquor
**Mutternuklid** parent nuclide
**Muttersubstanz** parent substance
**Myelom** myeloma
**Myristinsäure/Tetradecansäure (Myristat)** myristic acid, tetradecanoic acid (myristate/tetradecanate)

**N**

**Nachauflaufbehandlung** *agr* post-emergence treatment
**Nachauflaufherbizid/Nachauflauf-Herbizid** post-emergence herbicide
**Nachbargruppeneffekt (anchimer/synartetisch)** neighboring-group effect
**Nachbearbeitung** finishing
**Nachbehandlung** aftertreatment
**Nachfällung** postprecipitation
**nachfüllbar** refillable
**nachgeben (einer Kraft)** *phys* yield
**Nachgiebigkeit/Komplianz** *polym* compliance
> **Kompressionsnachgiebigkeit** compression compliance
> **Schernachgiebigkeit** shear compliance
> **Zugnachgiebigkeit** tensile compliance
**Nachgiebigkeitskonstante (Reuss-Elastizitätskonstante)** elastic compliance tensor
**Nachhaltigkeit** sustained yield

**Nachhärten** *polym* post cure, postcuring
**nachhärten** *polym* post-cure
**Nachlauf/Ablauf** *dest/chromat* tailings, tails
**nachleuchten/nachglimmen** afterglow
**nachprüfen** check, control
**Nachreifen** after-ripening
**Nachuntersuchung** *med* posttreatment examination, follow-up (exam), reexamination after treatment
**Nachverarbeitung** postprocessing (PP)
**Nachvernetzung/Nachvulkanisation** postcuring, postvulcanization
**nachvollziehbar** duplicable, duplicatable
**nachvollziehen** duplicate
**Nachvulkanisation/Nachvernetzung** postvulcanization, postcuring
**nachwachsen** regenerate, regrow, grow back, reestablish
**Nachwärme** residual heat
**Nachweis** detection; (Beweis) proof; evidence; identification
**nachweisbar** detectable; (beweisbar) provable, can be proved
**Nachweisbarkeit** detectability
**nachweisen** detect, prove
**Nachweisgerät/Suchgerät/Prüfgerät** detector
**Nachweisgrenze** detection limit, limit of detection (LOD), identification limit
**Nachweismethode** detection method
**Nadel** needle; (Kanüle/Hohlnadel: Spritze) hypodermic needle; (chirurgische N.) suture needle
**Nadeladapter** syringe connector
**Nadelventil/Nadelreduzierventil (Gasflasche/Hähne)** needle valve
**näherkommen/annähern/sich annähern/erreichen** *math/stat* approach (e.g., a value)
**Näherung** *math* approximation
**Nährboden/Nährmedium/Kulturmedium/Medium/Substrat** nutrient medium (solid and liquid), culture medium, substrate
**Nährbodenflasche** culture media flask
**nahrhaft/nährend/nutritiv** nutritious, nutritive
**Nährlösung** nutrient solution, culture solution
**Nährmedium/Kulturmedium/Medium** nutrient medium, culture medium
**Nährsalz** nutrient salt
**Nährstoff** nutrient
**nährstoffarm** nutrient-deficient, oligotroph(ic)
**Nährstoffbedarf** nutrient demand, nutrient requirement
**Nährstoffhaushalt** nutrient budget
**Nährstoffkreislauf/Stoffkreislauf (*siehe auch dort*)** nutrient cycle
**Nährstoffmangel** nutritional deficit

Nährstoffprotein nutrient protein
nährstoffreich/eutroph nutrient-rich, eutroph,
 eutrophic
Nährstoffverhältnis nutritive ratio, nutrient ratio
Nahrung (Essen/Fressen) food, feed;
 (Nährstoff) nutrient; (Ernährung) nutrition
Nahrungskreislauf/Nährstoffkreislauf
 nutrient cycle
Nahrungsmittelkonservierung food preservation
Nahrungsmittelvergiftung food poisoning
Nährwert food value, nutritive value
Nährwert-Tabelle nutrient table,
 food composition table
Name name, term
> Additionsname additive name
> Halbtrivialname/halbsystematischer Name
 semisystematic name, semitrivial name
> Konstitutionsname constitutive name
> Sammelname/Sammelbegriff generic name
> Stammname parent name
> Stoffname substance name
> Substitutionsname substitutive name
> Substraktionsname subtractive name
> systematischer Name systematic name
> Trivialname (unsystematisch)
 trivial name (not systematic)
> ungeschützter Name (einer Substanz)
 generic name
> Warenzeichen/Markenbezeichnung
 brand name, trade name
Namensetikett/Namensschildchen name tag
Namensreaktion name reaction
Nanobereich nano range
> im Nanobereich/im Nanomaßstab nanoscale
Nanocomposite nanocomposite
Nanodraht nanowire
Nanofaser nanofiber
Nanopartikel nanoparticle
Nanorad nanowheel
Nanoröhre/Nanoröhrchen nanotube
Nanostab/Nanostäbchen nanorod
Nanoteilchen/Nanopartikel nanoparticle
Nanotechnologie nanotechnology
Naphthalen (Naphthalin) naphthalene
Narkose anesthesia
> Vollnarkose general anesthesia
Nasenschleimhaut olfactory epithelium,
 nasal mucosa
Nassblotten wet blotting
Nassdampf wet steam
Nassfestigkeit (Fasern) wet strength
Nassmetallurgie/Hydrometallurgie
 hydrometallurgy
Nassspinnen wet spinning

naszierend/nascierend (in statu nascendi)
 nascent
nativ (nicht-denaturiert) native (not denatured)
Natrium (Na) sodium
Natriumdampflampe sodium-vapor lamp,
 sodium lamp
Natriumdodecylsulfat sodium dodecyl sulfate (SDS)
Natriumhydroxid NaOH sodium hydroxide
Natriumhypochlorit NaOCl sodium hypochlorite
Natron (doppeltkohlensaures)/
 Natriumhydrogencarbonat/Natriumbicarbonat
 $NaHCO_3$ baking soda,
 sodium hydrogencarbonate
Natroncellulose/Alkalicellulose soda cellulose,
 alkali cellulose
Natronfeldspat (Albit) soda-feldspar (albite)
Natronkalk soda lime
Natronlauge/Natriumhydroxidlösung
 sodium hydroxide solution
naturfern/künstlich/synthetisch man-made,
 artificial, synthetic
Naturforscher research scientist, natural scientist
naturidentisch (synthetisch) synthetic
 (having same chemical structure as the natural
 equivalent)
Naturkautschuk natural rubber (NR),
 Indian rubber, caoutchuc
> Guttapercha (*Palaquium gutta*/Sapotaceae)
 gutta-percha
> Parakautschuk (*Hevea brasiliensis*/
 Euphorbiaceae) para rubber
> Räucherkautschuk/Smoked Sheet (geräucherte
 Rohkautschukplatte) smoked sheet (rubber)
>> gerippte Räucherkautschukplatte
 ribbed smoked sheet (RSS)
> Rohkautschuk raw rubber
natürlich natural
> unnatürlich unnatural
naturnah near-natural
Naturschutz environmental protection,
 nature protection/conservation/preservation
Naturstoff natural product
Naturstoffchemie natural product chemistry
Naturwissenschaften natural sciences, science
Naturwissenschaftler(in) natural scientist,
 scientist
naturwissenschaftlich scientific
Nebel fog; (fein) mist
> leichter Nebel mist
nebelig foggy
> leicht nebelig misty
Nebelkammer *phys* cloud chamber
nebeneinanderstellen juxtapose
Nebeneinanderstellen juxtaposition

Nebengruppenelemente/
  Übergangselemente transition elements
➤ Hauptgruppenelemente main-group elements
Nebengruppenmetall/Übergangsmetall
  transition metal
Nebenprodukt by-product, residual product,
  side product
Nebenquantenzahl secondary quantum number
Nebenreaktion side reaction
Nebenschale/Unterschale (Atomschalen)
  subshell
Nebenserie secondary series,
  subordinate series
➤ Hauptserie main series, principal series
Nebenwirkung(en) side effect(s)
Negativkontrastierung *micros* negative staining,
  negative contrasting
Neigung inclination; slope, slant, dip; gradient
Neigungswinkel inclination
Nekrose necrosis
nekrotisch necrotic
Nennleistung power output, rated power output
Nennmasse/Nominalmasse nominal mass
Nennstrom rated output, rated amperage output
Nennvolumen nominal volume
Nennwert/Nominalwert face value
Neodym (Nd) neodymium
'Neonröhre'/Leuchtstoffröhre/Leuchtstofflampe
  fluorescent tube
Nernst-Gleichung/Nernstsche Gleichung
  Nernst equation
Nervonsäure/$\Delta^{15}$-Tetracosensäure nervonic acid,
  (Z)-15-tetracosenoic acid, selacholeic acid
Nesselbindung/Leinwand-Bindung/
  Leinwandbindung *text* plain weave
Nettoprimärproduktion
  net primary production (NPP)
Nettoproduktion net production
Netz *electr* (Versorgungsnetz) network, power
  network; (Verteilungsnetz) grid, power grid
Netzanschluss mains connection (*Br*),
  power supply (electric hookup)
Netzgerät/Netzteil power supply unit;
  (Adapter) adapter
Netzkabel mains cable (*Br*), power cable
Netzkette network chain
Netzschalter power switch
Netzstecker power plug
Netzstelle/Vernetzungsstelle *polym* junction
Netzteil/Netzgerät power supply unit;
  (Adapter) adapter
Netzwerk network
➤ Durchdringungsnetzwerk/
  interpenetrierendes Netzwerk
  interpenetrating network (IPN)

➤ semi-interpenetrierendes Netzwerk
  semi-interpenetrating network (SIPN)
Neuraminsäure neuraminic acid
neurotoxisch neurotoxic
Neurotransmitter neurotransmitter
Neustoffe new chemicals/substances
➤ Altstoffe existing chemicals/substances
Neusynthese/*de-novo*-Synthese
  *de-novo* synthesis
Neutralisation neutralization
neutralisieren neutralize
Neutronenaktivierungsanalyse (NAA)
  neutron activation analysis (NAA)
Neutronenbeugung/
  Neutronendiffraktometrie neutron diffraction
Neutronenkleinwinkelstreuung
  small-angle neutron scattering (SANS)
Neutronenstrahl neutron beam
Neutronenstreuung neutron scattering
Neuwolle (unverarbeitete Wolle) virgin wool
  (new wool)
Newtonsche Flüssigkeit Newtonian fluid/liquid
➤ nicht-Newtonsche Flüssigkeit
  non-Newtonian fluid/liquid
Newtonsches Fließen Newtonian flow
Nichromdraht Nichrome wire
nicht-überlappend non-overlapping
nichtessentiell nonessential
Nichtkomprimierbarkeit/Inkompressibilität
  incompressibility
nichtleitend nonconductive, non-conducting,
  nonconducting; (dielektrisch) dielectric
Nichtleiter nonconductor
Nichtmetalle nonmetals
Nichtsättigungskinetik nonsaturation kinetics
Nichtstrukturprotein nonstructural protein
Nichtumkehrbarkeit/Irreversibilität irreversibility
nichtwässrig nonaqueous
Nickel (Ni) nickel
➤ Nickel(II)... nickel, nickelous
➤ Nickel(III)... nickelic
➤ Neusilber nickel silver (nickel brass)
➤ Vernickeln/Vernickelung (Nickelüberzug)
  nickel plating
Nickelarsenid/Nickelin/Rotnickelkies NiAs
  nickel arsenide, niccolite
Nickelglanz $Ni_2AsS$ nickel glance
Nicotin nicotine
Niederdruck low pressure
niedermolekular low-molecular
Niederschlag meteo precipitation;
  (Sediment/Präzipitat) *chem* deposit, sediment,
  precipitate, settling, bottoms
➤ saurer Niederschlag/saurer Regen *meteo*
  acid deposition, acid rain

**niederschlagen** precipitate; deposit,
   sediment, settle
**Niederschlagselektrode** precipitating electrode
**Niederschlagsmesser** rain gauge
**Niedervoltleuchte**
   low-voltage lamp/illuminator (spotlight)
**niederwertig (minderwertig)** low-grade
**niedrigschmelzend** low-melting
**niedrigsiedend** low-boiling, light
**Nikotin/Nicotin** nicotine
**nikotinischer/nicotinischer Rezeptor**
   nicotinic receptor
**Nikotinsäure/Nicotinsäure (Nikotinat)**
   nicotinic acid (nicotinate), niacin
**Nikotinsäureamid/Nicotinsäureamid**
   nicotinamide
**Niob (Nb)** niobium
**NIOSH (National Institute for Occupational
   Safety and Health)** U.S. Institut für Sicherheit
   und Gesundheit am Arbeitsplatz
**Nitrat** nitrate
**nitrieren** nitrify
**Nitriersäure (Salpetersäure+Schwefelsäure/1:2)**
   nitrating acid, mixed acid
**Nitrierung** nitration, nitrification
**Nitrifikation/Nitrifizierung** nitrification
**Nitrilkautschuk (Butadien-Acrylnitril)**
   nitrile rubber
**Nitrit** nitrite
**Nitrobenzol** nitrobenzene
**Nitrocellulose/Cellulosenitrat**
   nitrocellulose, cellulose nitrate
**Nitroglycerin/Glycerintrinitrat**
   nitroglycerin, glycerol trinitrate
**Nitrolack/Cellulosenitratlack**
   cellulose nitrate lacquer
**Niveauschalter** level switch
**nivellieren** leveling
**NLO (nichtlineare Optik)** NLO (nonlinear optics)
**NLO-Materialien** NLO devices
**Nominalskala** *stat* nominal scale
**Nonius** vernier
**Norepinephrin/Noradrenalin** norepinephrine,
   noradrenaline
**Norm** norm, standard; (Regel) rule
**Normaldruck/Normdruck** standard pressure
**Normaldruck-Säulenchromatographie**
   gravity column chromatography
**Normalmaß** standard measure
**Normalsäure** standard acid
**Normalschliff (NS)** standard taper (S.T.)
**Normalstärke/Proof**
   proof (50% alcohol = 100 proof)
**Normalverteilung** *stat* normal distribution

**Normalwasserstoffelektrode** normal hydrogen
   electrode, standard hydrogen electrode
**Normalwert** standard
**Normdichte** normal density
**normen (normieren)** standardize
**Nomenklatur** Bezeichnungssystem, Nomenklatur
➤ **additive Nomenklatur** additive nomenclature
➤ **Austauschnomenklatur („a"-N.)** replacement
   nomenclature ("a"-nomenclature)
➤ **konjunktive Nomenklatur**
   conjunctive nomenclature
➤ **radiofunktionelle Nomenklatur**
   radiofunctional nomenclature
➤ **substitutive Nomenklatur/
   Substitutionsnomenklatur**
   substitutive nomenclature
➤ **substraktive Nomenklatur**
   subtractive nomenclature
**Normierung** standardization
**Normschliffglas (Kegelschliff)**
   standard-taper glassware
**Normtemperatur (0°C)** standard temperature
**Normung** standardization
**Normzustand (Normtemperatur 0°C &
   Normdruck 1 bar)** STP (s.t.p./NTP)
   (standard temperature & pressure)
**Notabschaltung** emergency shutdown
**Notaggregat** standby unit
**Notaufnahme/Unfallstation (Krankenhaus)**
   emergency ward (clinic)
**Notausgang** emergency exit
**Notdienst/Hilfsdienst** emergency service
**Notdusche** emergency shower;
   ('Schnellflutdusche') quick drench shower,
   deluge shower
**Notfall** emergency
**Notfall-Evakuierungsplan/Notfall-Fluchtplan**
   emergency evacuation plan
**Notfall-Fluchtweg** emergency evacuation route,
   emergency escape route
**Notfalleinsatz** emergency response
**Notfalleinsatzplan** emergency response plan (ERP)
**Notfalleinsatztruppe** emergency response team
**Notfallvorkehrungen** emergency provisions
**Nothilfe** first aid
**Notruf (Notfallnummer)** emergency call
   (emergency number)
**Notschacht (Flucht~/Rettungsschacht)** escape shaft
**Notstromaggregat** emergency generator,
   standby generator
**Nucleinsäure/Nukleinsäure** nucleic acid
**nucleophiler Angriff** *chem* nucleophilic attack
**Nucleosid/Nukleosid** nucleoside
**Nucleotid/Nukleotid** nucleotide
**nukleär/nucleär** nuclear

Nukleinsäure/Nucleinsäure nucleic acid
Nukleirungsmittel nucleating agent
Nukleonenzahl/Massenzahl (Neutronen~ &
 Protonenzahl) atomic mass number
nukleophile Substitution nucleophilic substitution
nukleophiler Angriff *chem* nucleophilic attack
Nukleosid/Nucleosid nucleoside
Nukleotid/Nucleotid nucleotide
Nuklid nuclide
 ➢ Enkelnuklid granddaughter nuclide
 ➢ Leitnuklid tracer nuclide
 ➢ Mutternuklid parent nuclide
 ➢ Radionuklid/radioaktives Nuklid radionuclide
 ➢ stabiles Nuklid stable nuclide
 ➢ Tochternuklid daughter nuclide
 ➢ unstabiles Nuklid instable nuclide
Null zero
 ➢ auf Null stellen zero
Null-Anzeige zero reading
Nullabgleich zero adjustment, null balance
Nullabgleichmethode null method
Nulldurchgang zero passage
Nullpunktseinstellung zero-point adjustment,
 zero-point setting
nullwertig zero-valent, nonvalent
Nuss/Stecknuss/Steckschlüsseleinsatz
 socket, chuck
Nutsche/Filternutsche nutsch, nutsch filter,
 suction filter, vacuum filter
Nutzarbeit useful work, effective work
nützen benefit
Nutzen benefit, use; (Vorteil) advantage;
 (Anwendung) application
nutzen utilize, use; (anwenden) apply
Nutzleistung efficiency
nützlich beneficial, useful
 ➢ schädlich harmful, causing damage
Nutzung utilization, use
Nylonfadentrick nylon rope trick

O

Oberfläche surface
Oberflächenabfluss surface runoff
oberflächenaktiv/grenzflächenaktiv
 surface-active
oberflächenaktive Substanz/Entspannungsmittel
 surface-active substance, surfactant
Oberflächenbehandlung surface treatment
Oberflächenbruchenergie surface fracture
 energy, critical strain release rate
Oberflächengüte/Oberflächenfinish
 surface finish
Oberflächenhärtung *metal* case hardening

Oberflächenkultur *micb* surface culture
Oberflächenmarkierung surface labeling
Oberflächenspannung/
 Grenzflächenspannung surface tension
Oberflächenvered(e)lung surface finishing
Oberflächen-Volumen-Verhältnis
 surface-to-volume ratio
Oberflächenwiderstand surface resistivity
oberflächlich on the surface, superficial
obergärig (Fermentation: Bier) top fermenting
Oberphase (flüssig-flüssig) upper phase
Oberschwingung (IR) overtone
Oberseite upperside, upper surface
 ➢ Unterseite underside, undersurface
Objektiv *micros* objective
Objektträger (microscope) slide;
 (mit Vertiefung) microscope depression slide,
 concavity slide, cavity slide
Ofen oven, furnace
 ➢ Flammofen reverberatory furnace
 ➢ Glühofen annealing furnace
 ➢ Hochofen blast furnace
 ➢ Hybridisierungsofen hybridization oven
 ➢ Induktionsofen induction furnace,
 inductance furnace
 ➢ Konvektionsofen convection oven
 ➢ Lichtbogenofen arc furnace
 ➢ Mikrowellenofen microwave oven
 ➢ Muffelofen muffle furnace
 ➢ Röstofen roasting furnace, roasting oven,
 roaster
 ➢ Schmelzofen smelting furnace
 ➢ Tiegelofen crucible furnace
 ➢ Trockenofen drying oven
 ➢ Verbrennungsofen combustion furnace
 ➢ Wärmeofen heating oven,
 heating furnace (more intense)
Ofentrocknung oven drying, kiln drying, kilning
offenkettig (aliphatisch/acyclisch) open-chain
 (aliphatic/acyclic)
öffnen open
 ➢ gewaltsam öffnen force open
Öffnung/Mund/Mündung opening, aperture,
 orifice, mouth, perforation, entrance
Öffnungsdauer (Membrankanal) life-time
Öffnungsdruck (Ventil) breaking pressure
Öffnungswinkel *micros* angular aperture
Öffnungszeit/Offenzeit *neuro* open time
Ohnmacht unconsciousness, faint;
 blackout (short)
ohnmächtig werden faint, become unconscious,
 pass out, black out
Ohrenstöpsel earplugs
Öko-Audit/Umweltaudit environmental audit

**Ökobilanz** life cycle assessment,
life cycle analysis (LCA)
**ökologisch** ecological
**ökologisches Gleichgewicht** ecological balance,
ecological equilibrium
**Oktansäure** octanoic acid
**Oktanzahl** octane number, octane rating
**Oktett** octet
**Oktettlücke** octet gap
**Oktettregel** octet rule
**Okular** *micros* ocular, eyepiece
**Öl** oil
> **Altöl** waste oil, used oil
> **Anthracenöl** anthracene oil
> **ätherisches Öl** essential oil, ethereal oil
> **Baumwollsaatöl** cotton oil
> **Behenöl** ben oil, benne oil
> **Bunkeröl** bunker fuel oil
> **Distelöl/Safloröl** safflower oil
> **Erdnussöl** peanut oil
> **Erdöl** crude oil, petroleum
> **Fuselöl** fusel oil
> **halbtrocknendes Öl** half-drying oil
> **Heizöl** fuel oil, heating oil
> **Hydrauliköl/Drucköl** hydraulic oil
> **Jungfernöl** virgin oil (olive)
> **Kokosöl** coconut oil
> **Kürbiskernöl** pumpkinseed oil
> **Lebertran** cod-liver oil
> **Leichtöl** light oil
> **Leinöl** linseed oil
> **Maisöl** corn oil
> **Mineralöl** mineral oil
> **Motoröl/Motorenöl** engine oil
> **nichttrocknendes Öl** nondrying oil
> **Olivenkernöl** olive kernel oil
> **Olivenöl** olive oil
> **Palmöl** palm oil
> **Pflanzenöl** vegetable oil
> **Restöl/Rückstandsöl** residual oil
> **Rizinusöl** castor oil, ricinus oil
> **Rohöl** crude oil (petroleum)
> **Safloröl** safflower oil
> **Schmieröl** lubricating oil
> **Schweröl** heavy oil
> **Senföl** mustard oil
> **Sesamöl** sesame oil
> **Silikonöl** silicone oil
> **Sojaöl** soybean oil
> **Sonnenblumenöl** sunflower seed oil
> **Speise-Rapsöl/Rüböl** canola oil (rapeseed oil)
> **Tallöl** tall oil
> **Transformatorenöl** transformer oil
> **trocknendes Öl** drying oil

> **Tungöl (Holzöl, *Aleurites fordii*/Euphorbiaceae)** tung oil
> **Walratöl** sperm oil (whale)
> **Wärmeträgeröl** thermal oil, heat transfer oil
> **Ysopöl (*Hyssopus officinalis*/Lamiaceae)** hyssop oil
**Ölabscheidepipette** baster
**Ölbad** oil bath
**Oleoharze** oleoresins
**Oleum/rauchende Schwefelsäure**
(konz. $H_2SO_4$ + $SO_3$) oleum,
fuming sulfuric acid
**Ölfarbe** oil paint
**Ölfirnis** oil varnish
**ölig** oily
**oligomer** *adj/adv* oligomerous
**Oligomer** *n* oligomer
**Oligonucleotid/Oligonukleotid** oligonucleotide
**Oligosaccharid** oligosaccharide
**oligotroph/nährstoffarm** oligotrophic,
nutrient-deficient
**Olive (meist geriffelter Ansatzstutzen: Schlauch-/
Kolbenverbindungsstück)** barbed hose
connection (flask: side tubulation/side arm)
**Olivin** *min* olivine
**Ölkatastrophe** *ecol* oil spill
**Öllack** oil lacquer, oil varnish
**Ölpest/Ölverschmutzung** oil pollution
**Ölquelle** *geol* oil well
**Ölsaat** *bot* oilseed;
(ölliefernde Pflanzen) oil crops, oil seed crops
**Ölsäure/Δ⁹-Octadecensäure (Oleat)** oleic acid,
(Z)-9-octadecenoic acid (oleate)
**Ölschiefer/Brandschiefer** *geol* oil shale
**Ölteppich** *ecol* oil slick
**Ölverschmutzung/Ölpest** oil pollution
**Ölvorkommen/ölführende Schicht** *geol*
oil reservoir
**Ölzeug** oilskin(s)
**Onkogen** oncogene, onc gene
**onkogen/oncogen/krebserzeugend** oncogenic,
oncogenous
**Onkogenität** oncogenicity
**Onkologie** oncology
**Onkoprotein/onkogenes Protein**
oncogenic protein
**onkotischer Druck/kolloidosmotischer Druck**
oncotic pressure
**opak** opaque
**Opfer** victim; (Verletzter/Verwundeter) casualty
**Opferanode** sacrificial anode, galvanic anode
**Opferschicht** sacrificial layer/coating
**Opiat** opiate
**Opsin** opsin, scotopsin

Opsonierung/Opsonisation/Opsonisierung
opsonization
Optik optics
➤ nichtlineare Optik nonlinear optics (NLO)
optische Dichte/Absorption optical density,
absorbance
optische Rotationsdispersion
optical rotatory dispersion (ORD)
optische Spezifität optical specificity
optischer Aufheller
optical brightening agent (OBA),
clearing agent (optical brightener)
Optoelektronik/Elektrooptik optoelectronics
Orbital orbit
➤ Atomorbital (AO) atomic orbital
➤ delokalisiertes Orbital delocalized orbital
➤ Grenzorbital/Frontorbital frontier orbital
➤ Hantelorbital dumbbell orbital
➤ höchstes unbesetztes Molekülorbital
highest occupied molecular orbital (HOMO)
➤ Hybridorbital hybrid orbital
➤ Knoten (AO) node
➤ Kugelorbital spherical orbital
➤ Ligandengruppenorbitale
ligand group orbitals (LGOs)
➤ Linearkombination von Atomorbitalen
linear combination of atomic orbitals (LCAO)
➤ lokalisiertes Orbital localized orbital
➤ Molekülorbital (MO) molecular orbital
➤ niedrigstes unbesetztes Molekülorbital
lowest occupied molecular orbital (LUMO)
➤ Überlappung overlap
➤ Unterorbital subjacent orbital
Orbitalüberlappung orbital overlap
Ordentlichkeit/Reinlichkeit/Aufräumen
neatness (in cleaning-up)
Ordinalskala *stat* ordinal scale
Ordnung order
➤ Gleichung xter Ordnung
equation of the xth order
Ordnungsstatistik order statistics
Ordnungszahl/Kernladungszahl atomic number
'Organik'/organische Chemie organic chemistry
organisch organic
organische Chemie/'Organik' organic chemistry
organische Substanz/organisches Material
organic matter
Organosiliziumverbindungen
organosilicon compounds
Organozinnverbindungen/zinnorganische
Verbindungen organotin compounds
Orientierung/Orientierungsverhalten
orientation, orientational behavior
Orientierungsgrad degree of orientation

Orientierungsquantenzahl/Magnetquantenzahl
magnetic quantum number
Ornithin ornithine
Orotsäure orotic acid
Orsatblase Orsat rubber expansion bag
Orsellinsäure orsellic acid, orsellinic acid
orten locate
osmiophil (färbbar mit Osmiumfarbstoffen)
osmiophilic
Osmium (Os) osmium
Osmiumsäure/Osmiumtetroxid/
Osmiumtetraoxid OsO₄ osmic acid,
osmium tetr(a)oxide, osmium oxide,
osmic acid anhydride
Osmolalität osmolality
Osmolarität/osmotische Konzentration
osmolarity, osmotic concentration
Osmometrie osmometry
➤ Dampfdruckosmometrie vapor phase
osmometry, vapor pressure osmometry
osmophil osmophilic
Osmose osmosis
osmotisch osmotic
osmotischer Druck osmotic pressure
osmotischer Schock osmotic shock
Ossifikation/Verknöcherung/Knochenbildung
ossification
Östradiol estradiol, progynon
Östrogen estrogen
Östron/Estron estrone
Oszillator (IR) oscillator
Oszillometrie/oszillometrische Titration/
Hochfrequenztitration oscillometry,
high-frequency titration
Overall (Einteiler) overalls
Oxalbernsteinsäure (Oxalsuccinat)
oxalosuccinic acid (oxalosuccinate)
Oxalessigsäure (Oxalacetat) oxaloacetic acid
(oxaloacetate)
Oxalsäure (Oxalat) oxalic acid (oxalate)
Oxidation oxidation
➤ Reduktion reduction
Oxidationsmittel/Oxidans oxidizing agent,
oxidant, oxidizer
➤ Reduktionsmittel reducing agent, reductant
Oxidationszahl/Oxidationsstufe
oxidation number
Oxidationszustand oxidation state
oxidativ oxidative
Oxidieren oxidizing
➤ Anoxidieren partial oxidizing
oxidieren *vb* oxidize
➤ reduzieren reduce
oxidierend oxidizing

➤ **reduzierend** reducing
**Oxidimetrie** oxidimetry
**Oxoglutarsäure (Oxoglutarat)**
oxoglutaric acid (oxoglutarate)
**Ozon $O_3$** ozone, trioxygen
**Ozonierung** ozonation
**Ozonisierung** ozonization
**Ozonolyse** ozonolysis

**P**

**Paarbildung** *nucl* pair production
**Packmaterial** packaging material
**Packpapier** brown paper, kraft;
(Einpackpapier) wrapping paper
**Packung** package
➤ **Großpackung** bulk package
**Packungsbeilage** package insert
**Packungsdichte** packing density
**Paket** package; (Post) parcel
**Palindrom/umgekehrte Repetition/umgekehrte**
**Wiederholung** palindrome, inverted repeat
**Palladium (Pd)** palladium
**Palmitinsäure/Hexadecansäure (Palmat/**
**Hexadecanat)** palmitic acid, hexadecanoic acid
(palmate/hexadecanate)
**Palmitoleinsäure/$\Delta^9$-Hexadecensäure**
palmitoleic acid, (Z)-9-hexadecenoic acid
**Panama-Bindung** *text* basket weave
**Pantoinsäure** pantoic acid
**Pantothensäure** pantothenic acid
**Panzerband/Gewebeband/Gewebeklebeband/**
**Duct Gewebeklebeband/Universalband/**
**Vielzweckband** duct tape (polycoated cloth tape)
**Panzerglas** bulletproof glass
**PAP-Färbung/Papanicolaou-Färbung**
PAP stain, Papanicolaou's stain
**Papier** paper
➤ **Altpapier** waste paper
Bastelpapier- construction paper
➤ **Briefpapier** stationery;
(mit Briefkopf) letter-head
➤ **Einpackpapier** wrapping paper
➤ **Filterpapier** filter paper
➤ **Firnispapier** glazed paper
➤ **Fotopapier** photographic paper
➤ **Glanzpapier (glanzbeschichtetes Papier)**
glazed paper
➤ **Hartpapier** laminated paper
➤ **kariertes Papier** squared paper
➤ **Kartonpapier/Pappe** cardboard
➤ **Lackmuspapier** litmus paper
➤ **Linsenreinigungspapier** lens paper

➤ **Logarithmuspapier/Logarithmenpapier**
log paper
➤ **Löschpapier** bibulous paper (for blotting dry)
➤ **Millimeterpapier** graph paper,
metric graph paper
➤ **Packpapier** brown paper, kraft;
(Einpackpapier) wrapping paper
➤ **Pauspapier** tracing paper
➤ **Pergamentpapier** parchment paper
➤ **Pergamin (durchsichtiges festes Papier)**
glassine paper, glassine
➤ **satiniertes Papier** glazed paper
➤ **Saugpapier ('Löschpapier')** absorbent paper,
bibulous paper
➤ **Schreibpapier** bond paper, stationery
➤ **Seidenpapier** tissue paper (wrapping paper)
➤ **Sperrschichtpapier** barrier-coated paper
➤ **Umweltschutzpapier** recycled paper
➤ **Wachspapier** wax paper
➤ **Wägepapier** weighing paper
**Papierhandtuch** paper towel
**Papierholz** pulpwood
**Papiertaschentuch** tissue, paper tissue
**Pappe/Pappdeckel/Karton** cardboard, pasteboard
**Pappkarton** cardboard box
**Paraffinwachs** paraffin wax
**Parameter** parameter
**paranemisch** paranemic
**Parathion (E 605)** parathion
**Parathyrin/Parathormon/**
**Nebenschilddrüsenhormon (PTH)**
parathyrin, parathormone,
parathyroid hormone (PTH)
**Paratop/Antigenbindestelle/**
**Antigenbindungsstelle** paratope, antigen
combining site, antigen binding site
**Parfüm/Parfum** perfume, scent
**parfümiert** scented (with perfume)
**Parkettpolymer/Flächenpolymer/**
**Schichtpolymer/Schichtebenen-Polymer**
parquet polymer, layer polymer,
phyllo polymer
**Partialdruck** partial pressure
**Partialladung** partial charge
**Partialsynthese/Teilsynthese** partial synthesis
**Partialverdau** partial digest
**Partikelfilter** particle filter
**PAS-Anfärbung (Periodsäure/Schiff-Reagens)**
PAS stain (periodic acid-Schiff stain)
**passend/gut passend (z. B. Verschluss/**
**Stopfen etc.)** fitted/well fitted
**Passivierung** (Metalle) passivation; inhibition,
retardation
**Passivität** passivity

Passring/Einsatzring adapter ring
Passstück fitting
Passteil(e) (Zubehör) fitting(s)
Paste paste
Pasteur-Effekt Pasteur effect
pasteurisieren pasteurize
Pasteurisierung/Pasteurisieren pasteurizing,
 pasteurization
Pasteurpipette Pasteur pipet
Pastille pastil, pastille;
 pharm (Lutschpastille) lozenge
pastös pasty, paste-like
Patching/Verklumpung patching
pathogen/krankheitserregend pathogenic
 (causing or capable of causing disease)
Pathogenität pathogenicity
Pathologie/Lehre von den Krankheiten
 pathology
pathologisch/krankhaft pathological
 (altered or caused by disease)
Patina patina
Patrize = Stempel (Formwerkzeuge) polym
 male mold, plug
Patrone cartridge
PCR (Polymerasekettenreaktion) PCR
 (polymerase chain reaction)
Peak-Breite peak width
Pech pitch
➤ Teerpech tar pitch
Pechblende (siehe auch: Uraninit) pitchblende
Pektin pectin
Pektinsäure (Pektat) pectic acid (pectate)
Peleusball (Pipettierball) lab safety pipet filler,
 safety pipet ball
Penicillansäure penicillanic acid
Pepsin (Pepsin A) pepsin (pepsin A)
Peptid peptide
Peptidbindung peptide bond, peptide linkage
Peptidkette peptide chain
Peptidoglykan/Mukopeptid peptidoglycan,
 mucopeptide
Pepton peptone
peptonisieren peptonize
Peptonwasser peptone water
Perameisensäure performic acid
Perchlorsäure HClO$_4$ perchloric acid
perforieren (perforiert/löcherig) perforate(d)
Pergamin (durchsichtiges festes Papier)
 glassine paper, glassine
Periodensystem (der Elemente)
 periodic table (of the elements)
➤ Block/Orbitalgruppe block
➤ Gruppe group
➤ Hauptgruppenelemente main-group elements
➤ Periode/Reihe period, row

➤ Übergangselemente/Nebengruppenelemente
 transition elements
periodisch periodic(al)
Periodizität periodicity
Periodsäure/Schiff-Reagens (PAS-Anfärbung)
 periodic acid-Schiff stain (PAS stain)
peripher (extrinsisch) peripheral (extrinsic)
Peristaltik peristalsis
peristaltisch peristaltic
peritektisch peritectic
Perlen (einer Flüssigkeit auf einer festen Oberfläche)
 beading (of a liquid on the walls of a container)
Perlglanz pearlescence
Perlit/Perlstein perlite
Perlmutt/Perlmutter nacre, mother-of-pearl
Perlpolymerisation bead polymerization
Perlweiß/Wismutweiß pearl white,
 bismuth white
Permanentweiß/Barytweiß permanent white
 (precipitated BaSO$_4$)
permeabel/durchlässig permeable, pervious
➤ impermeabel/undurchlässig impermeable,
 impervious
➤ semipermeabel/halbdurchlässig
 semipermeable
Permeabilität/Durchlässigkeit permeability
Permeation/Durchdringung permeation
Permissivität permissivity, permissive conditions
Permittivität, relative/Dielektrizitätskonstante ($\varepsilon$)
 relative permittivity
Permselektivität (Ionenaustausch nur in einer
 Richtung) permselectivity
Persäuren peroxy acids, peroxo acids (inorg.),
 peracids
Persistenz/Beharrlichkeit/Ausdauer persistence
Persistenzlänge persistence length
persistieren/verharren/ausdauern persist
Perspektivformel perspective formula
Perubalsam Peruvian balsam, balsam of Peru
Pervaporation (Verdunstung durch Membranen)
 pervaporation
Perzeption/Wahrnehmung perception
perzipieren/sinnlich wahrnehmen perceive
Pestizid/Schädlingsbekämpfungsmittel/Biozid
 pesticide, biocide
➤ Algenbekämpfungsmittel/Algizid algicide
➤ Insektenbekämpfungsmittel/Insektizid
 insecticide
➤ Kontaktpestizid contact pesticide
➤ Milbenbekämpfungsmittel/Akarizid acaricide
➤ Nematodenbekämpfungsmittel/Nematizid
 nematicide
➤ Schneckenbekämpfungsmittel/Molluskizid
 molluscicide

**Pestizidanreicherung** pesticide accumulation
**Pestizidresistenz** pesticide resistance
**Pestizidrückstand** pesticide residue
**Petrischale** Petri dish
**Petrochemie/Erdölchemie** petrochemistry
**Petrolatum/Rohvaselin(e)** petrolatum,
  petroleum wax, petroleum jelly, vaseline
**Petrolether/Petroläther** petroleum ether
**Pfanne** pan
➢ **Schliffpfanne** socket (female: spherical joint)
**Pfeifenreiniger/Pfeifenputzer** pipe cleaner
**Pfeil/Reaktionspfeil** arrow
➢ **Doppelpfeil/Mesomeriepfeil/Resonanzpfeil**
  double-headed arrow, double arrow
➢ **Gleichgewichtspfeile** equilibrium arrows
➢ **Halbpfeil (in chem. Reaktionsgleichungen)**
  fish hook
➢ **Wanderung/Pfeil(e)schieben (klappen/**
  **umklappen von Elektronenpaaren)**
  arrow-pushing (flipping of bonds)
**Pflanzendroge** herbal drug
**Pflanzenfarbstoff** plant pigment
**Pflanzeninhaltsstoff** plant chemical,
  phytochemical
**Pflanzenöl (diätetisch)** vegetable oil
**pflanzenschädlich/phytotoxisch** phytotoxic
**Pflanzenschädling** plant pest
**Pflanzenschutz** plant protection
**Pflanzenschutzmittel**
  **(Schädlingsbekämpfungsmittel/Pestizid)**
  plant-protective agent (pesticide)
**Pflaster/Heftpflaster (Streifen)** *med* band-aid
  (adhesive strip), sticking plaster, patch
**pflegeleicht** *text* easy-care
**Pflichtuntersuchung** mandatory investigation
**Pflichtverletzung** breach of duty
**pfropfen** *vb* graft
**Pfropffließen/Kolbenfluss** plug flow
**pH-Skala** pH scale
**Phäomelanin** phaeomelanin
**Pharmakognosie** pharmacognosy
**Pharmakologie** pharmacology
**Pharmakopöe/Arzneimittel-Rezeptbuch/amtliches**
  **Arzneibuch** pharmacopoeia, formulary
**Pharmareferent** pharmaceutical sales
  representative
**Pharmaunternehmen** pharmaceutical company
**Pharmazeut** pharmacist, pharmaceutical scientist
**pharmazeutisch** pharmaceutical
**Pharmazie/Arzneilehre/Arzneikunde** pharmacy
**Phase** *chem* (nicht mischbare Flüssigkeiten)
  phase, layer; *electr* conductor
➢ **gebundene Phase** *chromat* bonded phase
➢ **Mischphase** mixed phase

➢ **obere/untere Phase** upper/lower phase,
  upper/lower layer
➢ **stationäre Phase** *chromat* stationary phase,
  adsorbent
➢ **Zwischenphase** intermediary phase
**Phasendiagramm** phase diagram
**Phasengesetz** phase rule
**Phasengrenze** phase boundary
**Phasenkontrast** phase contrast
**Phasenkontrastmikroskop** phase contrast
  microscope
**Phasenring** phase ring, phase annulus
**Phasentransferkatalyse**
  phase-transfer catalysis (PTC)
**Phasentrennung** phase separation
**Phasenübergang** phase transition
**Phasenübergangsentropie** entropy of transition
**Phasenübergangstemperatur**
  phase transition temperature
**Phasenveränderung** phase variation
**Phasenvermittler** compatibilizer
**phasenverschoben (MO)** out-of-phase
**Phenanthren** phenanthrene
**Phenoplaste** phenolic rubbers
**Phenylalanin** phenylalanine
**Phlogistontheorie** phlogiston theory
**Phorbolester** phorbol ester
**Phosgen/Carbonyldichlorid COCl$_2$** phosgene,
  carbonyl chloride
**Phosphan PH$_3$** phosphane, phosphine,
  hydrogen phosphide, phosphoreted hydrogen
**Phosphat** phosphate
**Phosphatidsäure** phosphatidic acid
**Phosphatitylcholin** phosphatidylcholine
**Phosphinsäure/Phosphonigsäure/**
  **Hypophosphorigsäure/hypophosphorige Säure**
  **H$_3$PO$_2$** phosphinic acid, hypophosphorous acid
**Phosphodiesterbindung** phosphodiester bond
**Phosphor (P)** phosphorus
➢ **roter Phosphor** red phosphorus (amorphous)
➢ **schwarzer Phosphor** black phosphorus (β-black)
➢ **weißer Phosphor** white phosphorus
  (ordinary, yellow, regular)
**phosphorhaltig/phosphorig/Phosphor...** *adj/adv*
  phosphorous
**Phosphorigsäure/phosphorige Säure/**
  **Phosphonsäure P(OH)$_3$** phosphorous acid
**Phosphorsalzperle/Boraxperle** borax bead
**Phosphorsäure H$_3$PO$_4$** phosphoric acid
**photoallergen** photoallergenic
**Photoatmung/Lichtatmung/Photorespiration**
  photorespiration
**Photoelektrode** photoelectrode
**Photoelement** photo cell

**Photoionisations-Detektor (PID)**
photo-ionization detector (PID)
**Photolithographie (lichtoptische Lithographie)**
photolithography (photooptic lithography)
**Photonenstromdichte**
photosynthetic photon flux (PPF)
**Photonik** photonics
**Photopolymerisation** photopolymerization
**Photoreaktivierung** photoreactivation
**Photorespiration/Photoatmung/**
**Lichtatmung** photorespiration
**Photosensibilisierung** photosensibilization
**Photosynthese** photosynthesis
**Photosyntheseprodukt** photosynthetic product,
photosynthate
**photosynthetisch** photosynthetic
**photosynthetisch aktive Strahlung**
photosynthetically active radiation (PAR)
**photosynthetisieren** photosynthesize
**Phthalsäure** phthalic acid
**Phyllochinon (Vitamin K$_1$)**
phylloquinone, phytonadione
**Physik** physics
➢ **Experimentalphysik** experimental physics
➢ **Kernphysik** nuclear physics
➢ **Polymerphysik** polymer physics
➢ **Teilchenphysik** particle physics
➢ **theoretische Physik** theoretical physics
➢ **Umweltphysik** environmental physics
**physikalische Karte** physical map
**physikalische Sicherheit(smaßnahmen)**
physical containment
**Physiker** physicist
**Physiologe** physiologist
**Physiologie** physiology
**physiologisch** physiological
**physisch** physical
**Phytansäure** phytanic acid
**Phytinsäure** phytic acid
**Phytoalexin** phytoalexin
**Phytol** phytol
**Phytosterin** phytosterol
**Pigment** pigment
**Pigmentfarbstoff** pigment dye
**Pigmentierung** pigmentation
**Pikrinsäure** picric acid
**Pilotanlage** pilot plant
**Pilotmaßstab/Pilotanlagen-Größe** pilot scale
**Pilzbekämpfungsmittel/Fungizid** fungicide
**Pimelinsäure** pimelic acid
**Pinole/Dorn** mandrel
**Pinzette** tweezers, forceps (syn pincers, tongs)

➢ **Arterienklemme** artery forceps,
artery clamp (hemostat)
➢ **Deckglaspinzette** cover glass forceps
➢ **Gewebepinzette** tissue forceps
➢ **Knorpelpinzette** cartilage forceps
➢ **Membranpinzette** membrane forceps
➢ **Mikropinzette, anatomische/Splitterpinzette**
microdissection forceps, microdissecting forceps
➢ **Präparierpinzette/Sezierpinzette/anatomische**
**Pinzette** dissection tweezers, dissecting forceps
➢ **Präzisionspinzette** high-precision tweezers
➢ **Probennahmepinzette** specimen tweezers
➢ **Sezierpinzette/Präparierpinzette/anatomische**
**Pinzette** dissection tweezers, dissecting forceps
➢ **Spitzpinzette** sharp-point tweezers,
fine-tip tweezers
➢ **Uhrmacherpinzette** watchmaker forceps,
jeweler's forceps
➢ **Umkehrpinzette/Klemmpinzette** reverse-action
tweezers (self-locking tweezers)
**pinzieren/entspitzen** pinch off, tip
**Piperazin** piperazine
**Piperidin** piperidine
**Piperin** piperine
**Pipette** pipet, pipette (*Br*); pipettor
➢ **Ausblaspipette** blow-out pipet
➢ **Filterpipette** filtering pipet
➢ **Kapillarpipette** capillary pipet
➢ **Messpipette** graduated pipet, measuring pipet
➢ **Mikroliterpipette** micropipet
➢ **Mikroliterpipette (Kolbenhubpipette)**
micropipet, pipettor
➢ **Pasteurpipette** Pasteur pipet
➢ **Saugkolbenpipette** piston-type pipet
➢ **Saugpipette** suction pipet (patch pipet)
➢ **serologische Pipette** serological pipet
➢ **Tropfpipette/Tropfglas** dropper, dropping pipet
➢ **Vollpipette/volumetrische Pipette**
transfer pipet, volumetric pipet
**Pipettenflasche** dropping bottle, dropper vial
**Pipettensauger** pipet filler, pipet aspirator
**Pipettenspitze** pipet tip
**Pipettenständer** pipette rack, pipette support;
(für Mikropipetten) pipettor stand
**Pipettierball/Pipettierbällchen** pipet bulb,
rubber bulb
➢ **Peleusball** safety pipet filler, safety pipet ball
**pipettieren** pipet
**Pipettierhilfe** pipet aid, pipetting aid, pipet helper
**Pipettierhütchen/Pipettenhütchen/**
**Gummihütchen** pipeting nipple,
rubber nipple, teat (*Br*)
**Pipettierpumpe** pipet pump

Pistill (*zu Mörser*) pestle
Placebo/Plazebo/Scheinarznei placebo
Plancksches Wirkungsquantum Planck constant
(Planck's unit/Planck's element of action)
Plangitter plane lattice
Plan-Hohlspiegel/Plankonkav
plano-concave mirror
Planschliff (glatte Enden) flat-flange ground
joint, flat-ground joint, plane-ground joint
Planspiegel plane mirror, plano-mirror
Plaque plaque (*siehe*: Zahnbelag;
*siehe*: Lysehof/Aufklärungshof)
Plasmastrahlanregung *spectr*
plasma-jet excitation
Plasmensäure plasmenic acid
Plasmin/Fibrinolysin plasmin, fibrinolysin
Plast (veraltet für: Kunststoff)
plastic, synthetic material/polymer
Plastifizieren/Plastifikation plastification,
plastication
plastifizieren/plastisch machen (weichmachen/
erweichen) plastify, plasticize, plasticate
Plastifiziermittel/Plastifikator plasticating agent
Plastifizierung/Weichmachen/Erweichen
plastification, plasticization, plastication
Plastifizierzeit plasticating time
Plastik/Kunststoff plastic
Plastikator peptizer
Plastikfolie (less than 0.25 mm) film;
plastic film (more than 0.25 mm) sheet,
plastic sheet; (Frischhaltefolie) plastic wrap
(household wrap)
Plastilin plasticine
Plastination plastination
> Ganzkörperplastination
whole mount plastination
Plastizierleistung (kg/h) plasticizing capacity
Plastizität (Formbarkeit/Verformbarkeit)
plasticity; moldability
Plastizitäts-Retentionsindex
plasticity retention index (PRI)
Plastomer/Elastomer (DDR: Elaste)
(Gummi/Weichgummi) elastomer
Plastzement plastic binder
Platin (Pt) platinum
Platine *electr/tech* board, circuit board,
printed circuit board (PCB);
*mech* blank; mounting plate
Platte (Plättchen/Scheibe: z.B. Halbleiter) wafer;
(Schlitten/Walze) platen
Plattenausstrichmethode
streak-plate method/technique
Plattengel slab gel
Plattform platform

Plattformwagen/-karren dolly
Plattierung/Plattieren *micb* plating (plating out)
Platzhalter spacer
plektonemische Windung plectonemic winding
Pleochroismus pleochroism
Plotter/Kurvenzeichner plotter
Plus~/Minus-Verbindung
(Rohrverbindungen etc.) male/female joint;
*electr* plus/minus connection
Poissonsche Verteilung/Poisson Verteilung
Poisson distribution
pökeln (Fleisch) cure;
(sauer einlegen: Gurken/Hering etc.) pickle
Pökeln (Fleisch) curing; (in Salzlake oder Essig
einlegen: Gurken/Hering etc.) pickling
Pol pole; *electr* (Plus~/Minuspol:
Anschlussklemme) terminal
polar polar
> unpolar apolar
Polarisationsfilter/‚Pol-Filter'/Polarisator
polarizing filter, polarizer
Polarisationsmikroskop polarizing microscope
Polarisator polarizer
Polarisierbarkeit polarizability
polarisiertes Licht polarized light
> linear polarisiertes Licht plane-polarized light
> zirkular polarisiertes Licht
circularly polarized light
Polen (bei elektr. Feld oberhalb $T_g$)
pole, poling
Polgewebe *text* pole fabric
polieren polish
Polieren polishing
Poliermittel polishing agent
Polierrot jeweller's rouge,
jeweller's red (powdered hematite)
Politur polish
Polyacrylamid polyacrylamide
Polyaddition polyaddition;
addition polymerization
Polyalkohol/Polyol polyol
Polyanion polyanion
Polybase polybase
Polycarbonat polycarbonate
polycyclisch polycyclic
Polydispersitätsindex (PDI)
polydispersity index (PDI)
Polyelektrolyt polyelectrolyte
Polyester polyester
Polyesterbildung polyesterification
Polyethylen polyethylene, polythene (*Br*)
Polyfilseide polyfilament
Polyinsertion insertion polymerization
Polyion polyion

**Polykation** polycation
**Polykondensation** polycondensation;
condensation polymerization
**polykristallin** polycrystalline
**Polymer (Polymerisat)** polymer
➤ **amorph** amorphous
➤ **anorganisches Polymer** inorganic polymer
➤ **ataktisches Polymer** atactic polymer
➤ **Blockpolymer** block polymer
➤ **Copolymer** copolymer
➤ **ditaktisches Polymer** ditactic polymer
➤ **Doppelstrangpolymer** double-strand polymer
➤ **duktil** ductile
➤ **einheitlich** uniform ('monodisperse')
➤ **festes Polymer** strong polymer
➤ **flüssigkristallines Hauptketten-Polymer**
main-chain liquid crystalline polymer
➤ **flüssigkristallines Polymer** liquid crystalline
polymer
➤ **flüssigkristallines Seitenketten-Polymer**
side-chain liquid crystalline polymer (SCLCP)
➤ **Folienpolymer** sheet polymer
➤ **Funktionspolymer** functional polymer
➤ **gebundenes Polymer** bound polymer
➤ **gefülltes Polymer** filled polymer
➤ **gepoltes Polymer** poled polymer
(for NLO devices)
➤ **Halb-Leiterpolymer** semiladder polymer,
step-ladder polymer
➤ **halbsteif** semirigid
➤ **Heteroketten-Polymer** heterochain polymer
➤ **heterotaktisches Polymer** heterotactic polymer
➤ **Hochpolymer** high polymer
➤ **Homoketten-Polymer** homochain polymer
➤ **Homopolymer** homopolymer
➤ **hyperverzweigtes Polymer**
hyperbranched polymer (HBP)
➤ **intrinsisch leitfähiges Polymer**
intrinsic conducting polymer (ICP)
➤ **irregulär/unregelmäßig** irregular
➤ **isotaktisches Polymer** isotactic polymer
➤ **Kammpolymer** comb polymer
➤ **Kettenpolymer** catena polymer
➤ **kristallines Polymer** crystalline polymer
➤ **lebend** living
➤ **Leiterpolymer** ladder polymer
➤ **leitfähiges Polymer** conductive polymer
➤ **lichtaktives Polymer** photonic polymer
➤ **lichtleitfähiges Polymer**
photoconductive polymer
➤ **lineares Polymer** linear polymer
➤ **mesomorph** mesomorphic, mesomorphous
➤ **modifiziertes Polymer** modified polymer
➤ **monotaktisches Polymer** monotactic polymer

➤ **Netzpolymer/Gitterpolymer**
network polymer, lattice polymer
➤ **optisches Polymer** optical polymer
➤ **Parkettpolymer/Flächenpolymer/**
**Schichtpolymer/Schichtebenen-P.** parquet
polymer, layer polymer, phyllo polymer
➤ **Pfropfpolymer** graft polymer
➤ **Phantompolymer/Exotenpolymer**
phantom polymer
➤ **regulär/regelmäßig** regular
➤ **Ringpolymer** cyclic polymer
➤ **Röhrenpolymer** polymer tube
➤ **schlafendes Polymer** sleeping polymer
➤ **Segmentpolymer** block polymer
➤ **Seitenkettenpolymer** side-chain polymer
➤ **selbstverstärkendes Polymer**
self-reinforcing polymer
➤ **Sequenzpolymer** sequential polymer
➤ **Sperrschichtpolymer** barrier polymer
➤ **sprödes Polymer** brittle polymer
➤ **steifes Polymer** rigid polymer
➤ **stereoreguläres Polymer**
stereoregular polymer
➤ **Sternpolymer** star polymer, radial polymer
➤ **Strukturpolymer** structural polymer
➤ **Styrolpolymere** styrenics
➤ **syndiotaktisches Polymer** syndiotactic polymer
➤ **taktisches Polymer** tactic polymer
➤ **uneinheitlich** non-uniform ('polydisperse')
➤ **vernetztes Polymer** crosslinked polymer
➤ **verstärktes Polymer** reinforced polymer
➤ **verzweigtes Polymer** branched-chain polymer
➤ **Vorläuferpolymer** precursor polymer
➤ **Vorpolymer** prepolymer
➤ **weiches Polymer** soft polymer,
non-rigid polymer
**Polymerasekettenreaktion**
polymerase chain reaction (PCR)
**Polymerblend/Polymergemisch** polymer blend
**Polymerchemie/makromolekulare Chemie**
polymer chemistry, macromolecular chemistry
**Polymerfaser** polymer fiber
➤ **optische Polymerfaser**
polymer optical fiber (POF)
**Polymergemisch** polymer blend
**Polymergerüst** polymer backbone
**Polymerisat** polymerization product,
polymerizate
**Polymerisatfaser** polymeride fiber
**Polymerisation** polymerization
➤ **Additionspolymerisation**
addition polymerization
➤ **anionische Polymerisation**
anionic polymerization

➤ **aromatische Polymerisation**
   aromatic polymerization
➤ **Autopolymerisation** self-polymerization
➤ **Blockpolymerisation** block polymerization
➤ **Copolymerisation** copolymerization
➤ **Cyclopolymerisation/cyclisierende**
   **Polymerisation** cyclopolymerization
➤ **Dispersionspolymerisation**
   dispersion polymerization
➤ **drucklose Polymerisation**
   pressureless polymerization
➤ **elektrochemische Polymerisation**
   electrochemical polymerization
➤ **Emulsionspolymerisation**
   emulsion polymerization
➤ **Fällungspolymerisation** precipitation
   polymerization, precipitative polymerization
➤ **Festphasenpoymerisation**
   solid-state polymerization
➤ **Gasphasenpolymerisation**
   gas-phase polymerization
➤ **Gleichgewichtspolymerisation** equilibrium
   polymerization, reversible polymerization
➤ **Grenzflächenpolymerisation**
   interfacial polymerization
➤ **Gruppentransferpolymerisation**
   group-transfer polymerization
➤ **Homopolymerisation** homopolymerization
➤ **hydrolytische Polymerisation**
   hydrolytic polymerization
➤ **Iniferpolymerisation** inifer polymerization
➤ **ionische Polymerisation** ionic polymerization
➤ **Kaltpolymerisation/**
   **Tieftemperaturpolymerisation**
   cold polymerization
➤ **katalytische Polymerisation**
   catalytic polymerization
➤ **kationische Polymerisation**
   cationic polymerization
➤ **Kettenwachstumspolymerisation** chain-growth
   polymerization, chain-reaction polymerization
➤ **Kondensationspolymerisation/kondensative**
   **Polymerisation/kondensierende**
   **Polymerisation** condensation polymerization,
   condensed polymerization
➤ **Koordinationspolymerisation**
   coordination polymerization
➤ **koordinative Polymerisation**
   coordinative polymerization
➤ **lebende Polymerisation** living polymerization
➤ **Lösungspolymerisation** solvent polymerization
➤ **Masse-Polymerisation/**
   **Substanzpolymerisation** bulk polymerization,
   mass polymerization

➤ **Metathesepoymerisation**
   metathesis polymerization
➤ **Nachpolymerisation** postpolymerization
➤ **Perlpoymerisation** bead polymerization
➤ **Pfropfpolymerisation** graft polymerization
➤ **Phasentransferpolymerisation**
   phase-transfer polymerization
➤ **Photopolymerisation** photopolymerization
➤ **Plasmapolymerisation** plasma polymerization
➤ **Polyinsertion** insertion polymerization
➤ **Popcorn-Polymerisation**
   popcorn polymerization
➤ **quasilebende Polymerisation**
   quasiliving polymerization
➤ **radikalische Polymerisation**
   radical polymerization
➤ **Radikalkettenpolymerisation**
   radical-chain polymerization
➤ **Ringöffnungspolymerisation**
   ring-opening polymerization
➤ **‚Sackgassen'-Polymerisation**
   dead-end polymerization
➤ **spontane Polymerisation**
   spontaneous polymerization
➤ **Strahlenpolymerisation**
   radiation polymerization, radiation-induced
   polymerization, radiolytic polymerization
➤ **Stufenpolymerisation** stepwise polymerization,
   step polymerization
➤ **Stufenwachstumspolymerisation** step-growth
   polymerization, step-reaction polymerization
➤ **Substanzpolymerisation/Masse-Polymerisation**
   bulk polymerization, mass polymerization
➤ **Suspensionspolymerisation**
   suspension polymerization
➤ **Terpolymerisation** terpolymerization
➤ **thermische Polymerisation**
   thermic polymerization
➤ **topochemische Polymerisation/**
   **gitterkontrollierte Polymerisation** topochemical
   polymerization, lattice-controlled polymerization
➤ **unsterbliche Polymerisation**
   immortal polymerization
**Polymerisationsabbruch**
   polymerization termination
**Polymerisationsansatz** polymerization recipe
**Polymerisationsbedingungen**
   polymerizing conditions
**Polymerisationsgeschwindigkeit**
   polymerization rate
**Polymerisationsgrad** degree of polymerization (DP)
**Polymerisationshilfsmittel** polymerization additive
**Polymerisationsspinnen** polymerization spinning
**polymerisieren** polymerize

> anpolymerisieren/pfropfen graft
> auspolymerisieren polymerize to completion
  (run to completion)
Polymerkette polymer chain
Polymerknäuel polymer coil
Polymerlegierung/Kunststofflegierung
  polymer alloy
Polymerschmelze polymer melt
Polymerschnitzel polymer chip(s)
Polymertensid polysoap
Polymerwerkstoff polymeric material
Polymorphie polymorphism
Polymorphismus/Pleomorphismus/
  Mehrgestaltigkeit polymorphism,
  pleomorphism
Polynucleotid/Polynukleotid polynucleotide
polynuklear/mehrkernig polynuclear
Polyolefin/Polyalken (Polyalkylen)
  polyolefin, polyhydric
Polyolefinfaser polyolefin fiber
Polyradikal polyradical
Polyreaktion polymerization
Polysaccharid/Mehrfachzucker
  polysaccharide, multiple sugar
> Alginat alginate
> Cellulose cellulose
> Glykogen glycogen
> Pektin pectin
> Pullulan pullulan
> Stärke starch
> Strukturpolysaccharid
  structural polysaccharide
Polysäure polyacid
Polyterpene polyterpenes
'Pool' (Gesamtheit einer Stoffwechselsubstanz)
  pool (whole quantity of a particular substance:
  body substance/metabolite etc)
poolen/vereinigen/zusammenbringen pool,
  combine, accumulate
Porenwasser pore water; (sedimentär
  gebundenes W.) connate water
Porenweite (Filter/Gitter etc.) pore size, mesh size
porig/porös/durchlässig porous
Poromer(e) poromeric(s)
Poroplast foamed plastic
porös/porig/durchlässig porous
Porosität/Durchlässigkeit porosity
Portionierung portioning
Portlandzement portland cement
Porzellan porcelain, china
Porzellanschale porcelain dish
Positronenemissionstomographie (PET)
  positron emission tomography (PET)
Posten/Partie (Waren) lot

Potential (*auch*: Potenzial) potential
> elektrotonisches Potential electrotonic potential
> Gleichgewichtspotential equilibrium potential
> Halbstufenpotential/Halbwellenpotential
  half-wave potential
> Halbzellenpotential half-cell potential
> Ionenpotential ion potential
> Ionisationsenergie/Ionisierungspotential
  (Ionisierungsarbeit/Ablösungsarbeit)
  ionization energy, ionization potential
> Löslichkeitspotential solute potential
> Membranpotential membrane potential
> Redoxpotential redox potential
  (oxidation-reduction potential)
> Ruhepotential resting potential
> Schwellenpotential
  (kritisches Membranpotential)
  threshold potential (firing level)
> Standardpotential/Normalpotential standard
  potential, standard electrode potential
> Strömungspotential streaming potential
> Summenpotential gross potential
> Umkehrpotential reversal potential
> Wasserpotential/Hydratur/Saugkraft
  water potential
Potentialdifferenz/Spannung
  potential difference, voltage
Potentialfläche (eines Moleküls)
  potential-energy surface
Potentialschwelle potential barrier
potentiell potential
Potenzgesetz/Potentfließgesetz power law
Pottasche/Kaliumcarbonat $K_2CO_3$
  potash, potassium carbonate
'Potter' (Glashomogenisator) Potter-Elvehjem
  homogenizer (glass homogenizer)
präbiotische Synthese prebiotic synthesis
Prägedruck valley printing, spanishing
Prägen stamping
prägen/formen die
Präkursor/Vorläufer precursor
prall/schwellend/turgeszent turgescent
Prallblech/Prallplatte/Ablenkplatte
  (Strombrecher z.B. an Rührer von
  Bioreaktoren) baffle plate
Präparat preparation; *med/pharm* (Droge/
  Wirkstoff) preparation, drug;
  (*Lebewesen:* preserved specimen)
> mikroskopisches Präparat microscopical
  preparation, microscopic mount
> Retardpräparat/Depotpräparat *med/pharm*
  controlled-release drug/preparation,
  sustained-release drug/preparation,
  delayed-action drug/preparation

**Präparation** *anat* dissection
**präparativ** preparative
**präparative Chemie** preparative chemistry
**Präparator/Tierpräparator** taxidermist
**Präparierbesteck** dissecting instruments
   (dissecting set)
**präparieren** *allg* prepare; *anat* dissect;
   *micros* mount
**Präpariernadel** dissecting needle, probe
**Präparierpinzette/Sezierpinzette/anatomische**
   **Pinzette** dissection tweezers, dissecting forceps
**Präparierschale** dissecting dish, dissecting pan
**Präschmelztemperatur** pre-melting temperature
**Prävalenz** prevalence, prevalency
**Prävention** prevention
**Präzipitat/Niederschlag/Sediment/Fällung**
   deposit, sediment, precipitate
**Präzipitation/Fällung** precipitation
**präzipitieren/fällen/ausfällen** precipitate
**präzis/genau** precise, exact
**Präzision/Genauigkeit** precision, exactness
**Pregnenolon** pregnenolone
**Prenylierung** prenylation
**Prephensäure (Prephenat)** prephenic acid
**Prepreg (Monomer-imprägniertes**
   **Glasfasergewebe)**
   prepreg (**preimpreg**nated fiber), preform
**Pressen** *polym* press molding
> **Kaltpressen/Kaltpressverfahren**
   cold molding, cold press molding,
   cold liquid resin press molding
> **Kompressionspressen (Wärme&Druck)**
   compression molding (CM)
> **Warmpressen/Heißpressen** hot press molding
**Pressling** pressed piece/article/item; pellet;
   *polym* molding, molded piece
**Pressluft** compressed air, pressurized air
**Pressluftatmer**
   compressed air breathing apparatus
**Pressmassen** molding materials,
   compression-molding compounds
**Pressspan** flakeboard
**Pressspritzen/Pressspritzverfahren/**
   **Transferpressen** transfer molding,
   plunger molding
**Pressstempel/Pressform/Prägestempel/**
   **Prägestock** die, press die
**prillen** prill
**Primärstruktur (Proteine)** primary structure
**Primer** *gen* primer
**Priorität** priority; (Rangfolge/Vorrang:
   funktionelle Gruppen) seniority
**Prioritätsregel** priority rule
**Prisma** prism

**Proband/Propositus** propositus
**Probe** (Versuch/Untersuchung/Test/Prüfung)
   assay, test, trial, examination, exam,
   investigation; *chem* proof, check (die Probe
   machen); (Teilmenge eines zu untersuchenden
   Stoffes) *chem/med/microb* sample; specimen
> **Beilstein-Probe** Beilstein's test
> **Blindprobe** negative control, blank, blank test
> **Flammenprobe/Leuchtprobe** flame test
> **Gegenprobe** countertest, countercheck,
   control, duplicate test
> **Glührohrprobe** combustion tube test,
   ignition tube test
> **Heparprobe/Heparreaktion** hepar reaction,
   hepar test
> **Kreuzprobe** *immun* cross-matching
> **Lötrohrprobe** blowpipe assay/test/proof
> **Marshsche Probe** Marsh test
> **Probensubstanz/Untersuchungsmaterial** assay
   material, test material, examination material
> **Ringprobe (auf Nitrat)** brown-ring test
> **Stichprobe** sample, spot sample, aliquot
> **Tüpfelprobe** spot test
> **Vorprobe** preliminary test, crude test
> **Wasserprobe** water sample
**Probealarm/Probe-Notalarm**
   drill, emergency drill
**Probefläschchen/Probegläschen** sample vial,
   specimen vial; (größer:) specimen jar;
   (mit Schraubverschluss) screw-cap vial
**Probekörper/Prüfkörper/Prüfling** test specimen
**Probelauf** trial run ('experimental experiment')
**Probenahmevorrichtung** sampling device
**Probenehmer/Probenentnahmegerät** sampler
**Probengeber** dispenser
**Probenkonzentrator** sample concentrator
**Probennahme/Probeentnahme**
   sample-taking, sampling, taking a sample
**Probennahmepinzette** specimen tweezers
**Probennahmevorrichtung** sampling device
**Probenverwaltung** sample custody
**Probenvorbereitung** sample preparation
**probieren/versuchen** try, attempt
**Probierstein** touchstone
**Problemabfall** hazardous waste
**Problemfall** problematic case;
   (verzwickte Lage) quandary
**Produkt** product
> **Abbauprodukt** degradation product
> **Ausgangsprodukt** primary product,
   initial product
> **Begleitprodukt** side product
> **Hauptprodukt** main product
> **Ionenprodukt** ion product

- Löslichkeitsprodukt solubility product
- Nebenprodukt by-product, residual product, side product
- Nettoproduktion net production
- Reaktionszwischenprodukt reaction intermediate
- Rohprodukt (unaufgereinigt) crude product
- Spaltprodukt *chem* cleavage product, breakdown product; *nucl* fission product
- Stoffwechselabbauprodukt/Katabolit catabolite
- Stoffwechselprodukt/Metabolit metabolite
- Stoffwechselsyntheseprodukt/Anabolit anabolite
- Zersetzungsprodukt degradation product
- Zwischenprodukt (Zwischenform) intermediate (product), intermediate form

Produkthaftung product liability
Produkthemmung product inhibition
Produktionsrückstände (Abfälle) scrap
Produktivität productivity
Produktreinheit product purity
Produzent/Erzeuger/Hersteller producer
produzieren/erzeugen/herstellen produce, manufacture, make
Proenzym/Zymogen proenzyme, zymogen
Profil profile, pattern
Profilfaser profile fiber
Profilziehen/Pultrusion pultrusion
Progesteron progesterone
Prognose prognosis
projizieren/abbilden project
Proliferation proliferation
proliferieren proliferate
Prolin proline
Propagation/Fortpflanzungsreaktion (*polym* Wachstum) propagation
- Querwachstum cross-propagation
- Selbstwachstum self-propagation
propagieren (polym wachsen) propagate
Propellerpumpe vane-type pump
prophylaktisch prophylactic
Prophylaxe prophylaxis
Propionaldehyd propionic aldehyde, propionaldehyde
Propionsäure (Propionat) propionic acid (propionate)
proportionaler Schwellenwert *math/stat* proportional truncation
Proportionalitätsgrenze proportionality limit
Proportionalzählrohr *rad/nucl* proportional counting tube, proportional counter
Prostaglandin prostaglandin
Prostansäure prostanoic acid

prosthetische Gruppe prosthetic group
Protein/Eiweiß protein
- Begleitprotein/Chaperon/ molekulares Chaperon chaperone protein, chaperone, molecular chaperone
- Einzellerprotein single-cell protein (SCP)
- Eisen-Schwefel-Protein iron-sulfur protein
- Faserproteine/fibrilläre Proteine/ Skleroproteine fibrous proteins, scleroproteins
- Fusionsprotein fusion protein
- Gerüsteiweiß/Stützeiweiß structural protein, fibrous protein
- gezielte Konstruktion von Proteinen protein engineering
- globuläres Protein/Kugelprotein/ Sphäroprotein globular protein
- Hüllprotein coat protein
- integrale Proteine (intrinsische Proteine) integral proteins (intrinsic proteins)
- Kanalprotein/Tunnelprotein *neuro* channel protein
- Katabolitaktivatorprotein catabolite activator protein (CAP)
- Nährstoffprotein nutrient protein
- Nichtstrukturprotein nonstructural protein
- Onkoprotein/onkogenes Protein oncogenic protein
- periphere (extrinsische) Proteine peripheral (extrinsic) proteins
- Primärstruktur primary structure
- Quartärstruktur quarternary structure
- rekombiniertes Protein/rekombinantes Protein recombinant protein
- Ribonucleoprotein/Ribonukleoprotein ribonuclear protein
- Schlepperprotein/Trägerprotein carrier protein
- Sekretionsprotein/Sekretprotein/ sekretorisches Protein secretory protein
- Sekundärstruktur secondary structure
- Signalprotein/Sensorprotein signal protein
- Skleroprotein scleroprotein
- Speicherprotein storage protein
- Strukturprotein/Struktureiweiß structural protein
- Tertiärstruktur tertiary structure
- Trägerprotein/Schlepperprotein carrier protein
- Transmembranprotein transmembrane protein
- Transportprotein transport protein
proteinartig/proteinhaltig/Protein.../aus Eiweiß bestehend/Eiweiß... proteinaceous
Proteinmarkierung/Protein-Tagging protein tagging
Proteinsynthese protein synthesis
proteolytisch/eiweißspaltend proteolytic

**Prothrombin** prothrombin, thrombinogen
**Protokoll/Aufzeichnungen** protocol, record,
  minutes
**Protokollheft/Laborjournal** laboratory notebook
**Protokollierung** recordkeeping
**Protolyse** protolysis (with proton transfer)
**Protonenfalle** proton trap
**Protonengradient** proton gradient
**protonenmotorische Kraft** proton motive force
**Protonenpumpe** proton pump
**Protonensäure (Brønstedt)** protic acid
**Protonensonde** proton microprobe
**Protoonkogen** proto-oncogene
**proximal/ursprungsnah** proximal
**Prozentsatz/prozentualer Anteil** percentage
**prozessieren/weiterverarbeiten** process
**Prozessierung/Verarbeitung** processing
**Prozesssteuerung/Prozess-Kontrolle**
  process control
**Prüfbarkeit** testability
**Prüfbericht** test report
**Prüfdaten** test data
**prüfen/untersuchen/testen/probieren/analysieren**
  investigate, examine, test, try, assay, analyze
**Prüfgas** probe gas, tracer gas; (Kalibrierung)
  calibration gas; (zu prüfendes Gas) test gas
**Prüfgerät/Prüfer** tester, testing device/apparatus,
  checking instrument
**Prüflabor** testing laboratory
**Prüfling (Probekörper/Prüfkörper)** test specimen
**Prüfmittel** testing device
**Prüfprotokoll** case report form (CRF),
  case record form
**Prüfsumme** check sum
**Prüfung (Untersuchung/Test/Probe/Analyse)**
  investigation, examination (exam), test, trial,
  assay, analysis; testing
➢ **Bestätigungsprüfung** verification assay
➢ **Kunststoffprüfung** testing of plastics
➢ **Qualitätsprüfung/Qualitätskontrolle/**
  **Qualitätsüberwachung** quality control (QC)
➢ **Sicherheitsüberprüfung/Sicherheitskontrolle**
  safety check, safety inspection
➢ **Überprüfung** check-up, examination,
  inspection, reviewal; verification, control
➢ **Umweltverträglichkeitsprüfung (UVP)**
  environmental impact assessment (EIA)
➢ **Werkstoffprüfung** materials testing
➢ **zerstörungsfreie Prüfung**
  nondestructive testing (NDT)
**Prüfverfahren** testing procedure; audit procedure
**Pseudobruch (Craze)** craze
**Psychrometer (ein Luftfeuchtigkeitsmessgerät)**
  psychrometer,
  wet-and-dry-bulb hygrometer

**psychrophil** psychrophilic
  (thriving at low temperatures)
**Puffer** buffer
**Pufferkapazität** buffering capacity
**Pufferlösung** buffer solution
**puffern** buffer
➢ **ungepuffert** unbuffered
**Pufferung** buffering
**Pufferzone** buffer zone
**Pullulan** pullulan
**Puls** pulse
**Pulsation** pulsation
➢ **cyclische Pulsation (beim Schmelzbruch)**
  draw resonance
**Puls-Feld-Gelelektrophorese/**
  **Wechselfeld-Gelelektrophorese**
  pulsed field gel electrophoresis (PFGE)
**pulsieren** pulsate, throb, beat
**Pulsmarkierung** pulse labeling, pulse chase
**Pulspolarographie/Puls-Polarographie**
  pulse polarography
➢ **differentielle Pulspolarographie**
  differential pulse polarography (DPP)
**Pultrusion** pultrusion
**Pulver/Puder** pulver, powder
➢ **Knallpulver** fulminating powder
➢ **Schießpulver** gunpowder
➢ **Schwarzpulver** black powder
➢ **Sprengpulver** blasting powder
**Pulverbeschichten** powder coating
**pulverförmig** pulverized, powdery, powdered;
  (staubartig) dustlike
**pulverisieren** pulverize
**Pulverisierung** pulverization
**Pulverlöscher** powder fire extinguisher
**Pulvermetallurgie** powder metallurgy
**Pulverspatel** powder spatula
**Pumpe** pump
➢ **Abgabepuls** discharge stroke
➢ **Absaugpumpe/Saugpumpe** aspirator pump,
  vacuum pump
➢ **Ansaughöhe** suction head
➢ **Ansaugpuls** suction stroke
➢ **Ansaugtiefe** suction lift
➢ **Balgpumpe** bellows pump
➢ **Diffusionspumpe** diffusion pump,
  condensation pump
➢ **Direktverdrängerpumpe**
  positive displacement pump
➢ **Dispenserpumpe** dispenser pump,
  dispensing pump
➢ **Dosierpumpe** dosing pump,
  proportioning pump, metering pump
➢ **Drehkolbenpumpe** rotary piston pump
➢ **Drehschieberpumpe** rotary vane pump

> **Druckpumpe/doppeltwirkende Pumpe**
  double-acting pump
> **Fasspumpe** barrel pump, drum pump
> **Filterpumpe** filter pump
> **Förderhöhe** discharge head
> **Förderleistung/Saugvermögen** flow rate
> **Förderpumpe** feed pump
> **Gesamtförderhöhe** total static head
> **Handpumpe** hand pump
> **Hilfspumpe** booster pump, accessory pump,
  back-up pump
> **Ionenpumpe** ion pump
> **Kolbenpumpe** piston pump,
  reciprocating pump
> **Kreiselpumpe/Zentrifugalpumpe**
  impeller pump, centrifugal pump
> **Kreislaufpumpe** circulating pump, circulator
> **Laufradpumpe** impeller pump
> **manuelle Vakuumpumpe**
  hand-operated vacuum pump
> **Mehrkanal-Pumpe** multichannel pump
> **Membranpumpe** diaphragm pump
> **peristaltische Pumpe** peristaltic pump
> **Pipettierpumpe** pipet pump
> **Propellerpumpe** vane-type pump
> **Protonenpumpe** proton pump
> **Quetschpumpe (Handpumpe für Fässer)**
  squeeze-bulb pump (hand pump for barrels)
> **Saugpumpe/Vakuumpumpe** suction pump,
  aspirator pump, vacuum pump
> **Schlauchpumpe** tubing pump;
  (größere Durchmesser) hose pump
> **Schneckenantriebspumpe**
  progressing cavity pump
> **selbstansaugend** prime
> **Spritzenpumpe** syringe pump
> **Taumelscheibenpumpe** wobble-plate pump,
  rotary swash plate pump
> **Umwälzpumpe** circulation pump
> **Vakuumpumpe** vacuum pump
> **Verdrängungspumpe/Kolbenpumpe (HPLC)**
  displacement pump
> **Verstärkerpumpe** booster pump, back-up pump
> **Wärmepumpe** heat pump
> **Wasserpumpe** water pump
> **Wasserstrahlpumpe** water pump, filter pump,
  vacuum filter pump
> **Zahnradpumpe** gear pump
> **Zentrifugalpumpe/Kreiselpumpe**
  centrifugal pump, impeller pump
> **Zusatzpumpe/Hilfspumpe** booster pump,
  accessory pump, back-up pump
**Pumpenantrieb** pump drive

**Pumpenkopf** pump head
**Pumpenöl** pump oil
**Pumpenzange/Wasserpumpenzange**
  water pump pliers, slip-joint adjustable
  water pump pliers (adjustable-joint pliers)
**Punktanguss** pin gate, pinpoint gating
**Punktdiagramm** dot diagram
**Punktfehler/Punktdefekt (Kristalle)** point defect
**Punktgitter (Kristalle)** point lattice
**Punktmutation** point mutation
**Punktschweißen** point welding
**Purin** purine
**Putrescin/Putreszin** putrescine
**putzen** clean, cleanse,
**Putzkolonne/Reinigungstrupp**
  cleaning squad(ron)
**Putzmittel** cleaning agent
**Putzschwamm** cleaning pad, scrubber, sponge
**Putztuch/Putzlappen** (cleaning) rag, cloth
**Putzzeug** cleaning utensils
**PVC (Polyvinylchlorid)** polyvinyl chloride
> **Hart-PVC** rigid PVC (PVC-U)
> **Weich-PVC** flexible PVC (PVC-P)
**Pyknometerflasche** specific gravity bottle
**Pyran** pyran
**Pyrethrin** pyrethrin
**Pyrethrinsäure** pyrethric acid
**Pyridin** pyridine
**Pyridoxin/Pyridoxol/Adermin/Vitamin B$_6$**
  pyridoxine, adermine, vitamin B$_6$
**Pyrimidin** pyrimidine
**Pyrit/Schwefelkies FeS$_2$** pyrite
**Pyroelektrizität** pyroelectricity
**Pyrogallol/1,2,3-Trihydroxybenzol**
  pyrogallol, 1,2,3-trihydroxybenzene
**Pyrolyse/Thermolyse/thermische Zersetzung**
  pyrolysis, thermolysis
**Pyrolysebenzin** pyrolysis gasoline
**Pyrometer** pyrometer
> **Pyropter/optisches Pyrometer**
  optical pyrometer
**Pyrometrie** pyrometry
**Pyrophor/pyrophorer Stoff** pyrophoric substance
**Pyrotechnik/Feuerwerkerei** pyrotechnics
> **Leuchtsatz** illuminating charge
> **Mischung/Satzmischung** composition
> **Satz** charge
> **Sprengsatz** blasting charge
  (blasting composition)
> **Treibsatz** propellant charge, propulsion charge
> **Verstärkersatz** intensifying charge
> **Zündsatz** priming charge,
  ignition charge, igniter

**pyrotechnische Erzeugnisse**
**(Feuerwerkskörper etc.)** pyrotechnics
**Pyroxen** pyroxene
**Pyrrol** pyrrole
**Pyrrolidin** pyrrolidine

**Q**

**Quadratsäure/**
**3,4-Dihydroxycyclobut-3-en-1,2-dion**
squaric acid
**Qualitätsbeurteilung/Qualitätsbewertung**
quality assessment
**Qualitätsfaktor/Bewertungsfaktor** quality factor
**Qualitätskennzeichen** quality indicator
**Qualitätskontrolle/Qualitätsprüfung/**
**Qualitätsüberwachung** quality control (QC)
**Qualitätsmerkmal** sign of quality
**Qualitätssicherung** quality assurance (QA)
**Qualitätssicherungshandbuch (EU-CEN)**
quality manual
**Qualitätszertifikat** certificate of performance
**Qualm** (dense) smoke; (Dämpfe) smoke
**qualmen** smoke, emit smoke/fumes
**Quant** quantum
**Quantelung** quantization
➢ **Richtungsquantelung** directional quantization,
space quantization
**Quantenausbeute** quantum yield
**Quantenmechanik/Wellenmechanik**
quantum mechanics, wave mechanics
**Quantensprung** quantum jump
**Quantenzahl** quantum number
➢ **Bahndrehimpuls-Quantenzahl**
orbital angular momentum quantum number
➢ **Hauptquantenzahl** principal quantum number,
primary quantum number
➢ **Magnetquantenzahl/Orientierungsquantenzahl**
magnetic quantum number
➢ **Nebenquantenzahl/azimutale Quantenzahl**
secondary quantum number
➢ **Spinquantenzahl** spin quantum number
**quantifizieren** *med/chem* quantify, quantitate
**Quantifizierung** *med/chem*
quantification, quantitation
**Quantil/Fraktil** *stat* quantile, fractile
**Quantität** quantity
**Quartärstruktur (Proteine)** quarternary structure
**Quartil/Viertelswert** *stat* quartile
**Quarz** quartz
➢ **Chalcedon** chalcedony
➢ **Faserquarz** fibrous quartz
➢ **Milchquarz** milk quartz
➢ **Opal** opal

➢ **Rauchquarz** smoky quartz
➢ **Rosenquarz** rose quartz
➢ **Schwingquarz** quartz oscillator,
crystal oscillator, quartz-crystal oscillator,
quartz resonator, piezoelectric quartz, piezoid
**Quarzelektrode** quartz electrode
**Quarzglas** quartz glass
**Quarzgut (milchig-trübes Quarzglas)** fused quartz
**Quarzit** quartz rock, quartzite
**Quarzitschiefer** quartz slate
**Quarzküvette** quartz cuvette
**Quarz-Mikrowaage (QMW)˙**
quartz microbalance (QMB)
**Quarzstaub/Kieselpuder** fumed silica
**Quarzthermometer** quartz thermometer
**Quasikristall** quasi-crystal
**Quecksilber (Hg)** mercury
➢ **Entquickung (Beseitigung von Quecksilber)**
demercuration
**Quecksilber-(I)/einwertiges Quecksilber**
mercurous, mercury(I) …
**Quecksilber-(I)-chlorid/Kalomel** mercurous
chloride, calomel, mercury subchloride
**Quecksilber-(II)/zweiwertiges Quecksilber**
mercuric, mercury(II) …
**Quecksilber-(II)-chlorid/Sublimat**
mercuric chloride, sublimate, mercury
dichloride, corrosive mercury chloride
**Quecksilberdampflampe** mercury vapor lamp
**Quecksilberfalle** mercury trap, mercury well
**Quecksilberthermometer**
mercury-in-glass thermometer
**Quecksilbertropfelektrode**
dropping mercury electrode (DME)
**Quecksilbervergiftung/Merkurialismus**
mercury poisoning
**Quelle** source; origin
**quellen (Wasseraufnahme)** soak, steep
➢ **anschwellen** swell
➢ **hervorquellen** emanate
**Quellenspannung/elektromotorische Kraft**
source voltage, electromotive force,
electric pressure
**Quellwasser** springwater
**Querpolarisation** cross-polarization
**Querschnitt** cross section
➢ **Durchgangsquerschnitt** *tech* cross-sectional area
➢ **Einfangquerschnitt** capture cross section
➢ **Stoßquerschnitt** *nucl* collision cross section
➢ **Streuquerschnitt** scattering cross section
➢ **Wirkungsquerschnitt/Nutzquerschnitt**
effective cross section
**Querstrombank** laminar flow workstation,
laminar flow hood, laminar flow unit

**Querstromfiltration** cross-flow filtration
**quervernetzendes Agens** crosslinker,
  crosslinking agent
**quervernetzt** cross-linked
**Quervernetzung** crosslink, crosslinking;
  crosslinkage
**Querwelle/Transversalwelle** transverse wave
**quetschen** squeeze, pinch
**Quetschhahn** pinchcock
➢ **Schraubquetschhahn**
  screw compression pinchcock
**Quetschpräparat** *micros* squash (mount)
**Quetschpumpe (Handpumpe für Fässer)**
  squeeze-bulb pump (hand pump for barrels)
**Quetschventil** pinch valve
**Quetschwalze (Folienextrudieren)**
  squeeze roller (nip or pinch rolls)
**Quirlen/Nassrühren (Keramik)** blunging
**Quotient/Verhältnis** ratio, relation

**R**

**R-Sätze (Gefahrenhinweise)**
  R phrases (Risk phrases)
**Racemat/racemische Verbindung** racemate
**Racemisierung** racemization
**Radikal** radical
➢ **freies Radikal** free radical
➢ **Makroradikal** macroradical
➢ **Polyradikal** polyradical
**Radikalfalle** radical trap
**Radikalfänger** radical scavenger
**Radikalion** radical ion
**radioactiv (Atomzerfall)** radioactive
  (nuclear disintegration)
**radioaktive Abfälle** radioactive waste,
  nuclear waste
**radioaktive Markierung** radiolabelling
**radioaktiver Marker** radioactive marker
**Radioaktivität** radioactivity
**radiofunktionelle Nomenklatur**
  radiofunctional nomenclature
**Radioimmunassay/Radioimmunoassay**
  radioimmunoassay
**Radioimmunelektrophorese**
  radioimmunoelectrophoresis
**Radiokarbonmethode/Radiokohlenstoffmethode/**
  **Radiokohlenstoffdatierung**
  radiocarbon method, radiocarbon dating
**Radionuklid/radioaktives Nuklid** radionuclide
**Raffinerie** refinery
**Raffineriegas** refinery gas

**Rakel/Rakelmesser/Schabeisen/**
  **Abstreichmesser** scraper, wiper blade,
  spreading knife, coating knife, doctor knife
**Raketentreibstoff** rocket fuel, rocket propellant
**Rand** edge, margin; (eines Gefäßes) rim, edge
**Randbeschnitt** edge trimming
**randomisieren** *stat* randomize
**Randomisierung** *stat* randomization
**Randverteilung** *stat* marginal distribution
**Rangkorrelationskoeffizient** *stat*
  rank correlation coefficient
**Rangmaßzahlen** *stat* rank statistics,
  rank order statistics
**Rangordnung/Rangfolge/Stufenfolge/**
  **Hierarchie** order of rank, ranking, hierarchy
**ranzig** rancid
**Ranzigkeit** rancidity
**Raoult'sches Gesetz** Raoult's law
**Rasierklinge** razor blade
**Raspel** rasp; (Haushaltsraspel) grater
**Raster** grid, screen, raster
**Rasterelektronenmikroskop (REM)**
  scanning electron microscope (SEM)
**Raster-Kalorimetrie** scanning calorimetry
**Rasterkraftmikroskopie**
  atomic force microscopy (AFM)
**Rastermethode** grid method
**Rastermutation** frameshift mutation
**rastern** scan, screen
**Rastertunnelmikroskopie**
  scanning tunneling microscopy (STM)
**Rasteruntersuchung/Reihenuntersuchung** *med*
  screening
**Rasterverschiebung** *gen* frameshift
**Ratsche/Rätsch** ratchet (ratchet wrench)
**Ratschen-Klemme/Ratschen-Absperrklemme**
  **(Schlauchklemme)** ratchet clamp
**Rauch** (sichtbar) smoke;
  (Dämpfe/meist schädlich) fume
**Rauchabzug** (Raumentlüftung) fume extraction;
  (Abzug) fume hood;
  (Abzugskanal) flue, flue duct
**räuchern** (Fleisch/Fisch) smoke;
  (desinfizieren) fumigate
**rauchend (Säure)** fuming (acid)
**Rauchentwicklung** smoke generation;
  development of smoke
**Räucherkautschuk/Smoked Sheet (geräucherte**
  **Rohkautschukplatte)** smoked sheet (rubber)
➢ **gerippte Räucherkautschukplatte**
  ribbed smoked sheet (RSS)
**Rauchfang** chimney, flue
**rauchfrei** *adj* non-smoking
**Rauchgas-Reinigung** flue-gas purification

**Rauchgase** (sichtbarer Qualm) smoke gas;
(Abluft aus Feuerung mit Schwebstoffen)
flue gases; (Dämpfe) fumes
**Rauchmelder** smoke detector
**Rauchquarz** smoky quartz
**Rauchschranke/Rauchschutzwand** smoke barrier
**Rauchschutzwand** smoke barrier
**Rauchschwaden** clouds of smoke/fumes
**Rauchverbot** ban on smoking, smoking ban
**Rauchvergiftung** smoke poisoning
**Rauchzug** flue, flue duct
**Raum (Länge-Breite-Höhe)** room, compartment;
space; (Platz) place; (Gebiet/Gegend/Region/
Zone) area, region, zone, territory
➤ **Kühlraum/Gefrierraum** cold-storage room,
cold store, 'freezer'
➤ **Lebensraum/Lebenszone/Biotop**
life zone, biotope
➤ **Reinraum** clean room (auch: Reinstraum)
➤ **Sicherheitsraum/Sicherheitslabor (S1-S4)**
biohazard containment (laboratory)
(classified into biosafety containment classes)
**Raumdichte** bulk density, volume density,
volumetric density
**Raumfahrtindustrie** aerospace industry
**Raumgitter** space lattice
**Raumgruppe (Kristalle)** space group
**Raumheizung** space heating
**Rauminhalt (Volumen)** capacity (volume)
**räumlich** spatial, of space;
(dreidimensional) three-dimensional
**Räumlichkeit(en)** premises, location
**Raumstruktur/räumliche Struktur**
three-dimensional structure, spatial structure
**Raumtemperatur** room temperature,
ambient temperature
**Rauschanalyse/Fluktuationsanalyse**
noise analysis, fluctuation analysis
**Rauschen** *tech/electro/neuro* noise
**Rauschfilter** noise filter
**Rauschgelb/Auripigment/Arsentrisulfid As$_2$S$_3$**
Kings' yellow, orpiment, auripiment,
arsenic trisulfide
**Rauschminderung** noise reduction
**Rauschmittel/Rauschgift/Rauschdroge**
psychoactive/psychotropic drug
**Rauschrot/Rubinrot/Realgar/Arsendisulfid As$_4$S$_4$**
red arsenic sulfide, red orpiment, arsenic ruby,
realgar, (red) arsenic tetrasulfide
**Rauschthermometer** noise thermometer
**Rayleigh-Streuung** Rayleigh scattering
**Reagenz (***jetzt:* **Reagens/pl Reagentien)** reagent;
(Reaktand) reactant
**Reagenzglas** test tube, glass tube, assay tube

**Reagenzglasbürste** test tube brush
**Reagenzglashalter** test tube holder
**Reagenzglasständer/Reagenzglasgestell**
test tube rack
**Reagenzienflasche** reagent bottle
**Reagenzlösung** reagent solution
**reagieren** react
**Reaktand/Reaktionsteilnehmer (Ausgangsstoff/
Ausgangsmaterial)** reactant (starting material)
**Reaktion** *chem* reaction;
*ethol* (bedingte/unbedingte R.) response
(conditioned/unconditioned r.)
➤ **AAA Reaktion von A und B ergibt ...**
gives, yields, forms, affords, results in,
produces, provides, furnishes, fashions
➤ **Additionsreaktion** addition reaction
➤ **Austauschreaktion** exchange reaction
➤ **Biosynthesereaktion**
biosynthetic reaction (anabolic reaction)
➤ **chemische Reaktion** chemical reaction
➤ **Dominoreaktion/Kaskadenreaktion**
cascade reaction
➤ **Durchgeh-Reaktion** runaway reaction
➤ **Einschiebereaktion/Einschiebungsreaktion/
Insertionsreaktion** insertion reaction
➤ **Eintopfreaktion** one-pot reaction
➤ **Elementarreaktion** elementary reaction
➤ **Eliminierungs-Reaktion** elimination reaction
➤ **endergon/endergonisch/energieverbrauchend**
endergonic, endothermic
➤ **Enzymreaktion** enzymatic reaction
➤ **exergon/exergonisch/energiefreisetzend**
exergonic, exothermic
➤ **Folgereaktion/Sukzessivreaktion/
Konsekutivreaktion** successive reaction,
consecutive reaction
➤ **Fragmentierungsreaktion**
fragmentation reaction
➤ **Gegenreaktion** counterreaction
➤ **gekoppelte Reaktion** coupled reaction
➤ **geschwindigkeitsbegrenzende(r) Schritt/
Reaktion** rate-limiting step/reaction
➤ **geschwindigkeitsbestimmende(r) Schritt/
Reaktion** rate-determining step/reaction
➤ **Gleichgewichtsreaktion** equilibrium reaction
➤ **Hauptreaktion** main reaction,
principal reaction
➤ **heftige Reaktion** vigorous reaction,
violent reaction
➤ **Hinreaktion** direct reaction, forward reaction
➤ **Immunreaktion** immune reaction
➤ **Kaskadenreaktion/Dominoreaktion**
cascade reaction
➤ **Kernreaktion** nuclear reaction

> **Kettenreaktion** chain reaction
> **Kondensationsreaktion/Dehydrierungsreaktion**
  condensation reaction, dehydration reaction
> **Konkurrenzreaktion** competing reaction
> **Konsekutivreaktion/Folgereaktion**
  consecutive reaction
> **Kupplungsreaktion** coupling reaction
> **Namensreaktion** name reaction
> **Nebenreaktion** *chem* side reaction
> **Austauschreaktion** exchange reaction
> **nullter/erster/zweiter.. Ordnung**
  **(Reaktionskinetik)**
  zero-order/first-order/second-order..
> **oszillierende Reaktion/schwingende Reaktion**
  oscillating reaction, oscillatory reaction
  (clock reaction)
> **Polymerasekettenreaktion (PCR)**
  polymerase chain reaction (PCR)
> **Polymerisationsreaktion** polymerization reaction
> **Redoxreaktion** redox reaction, reduction-
  oxidation reaction, oxidation-reduction reaction
> **Rückreaktion** back reaction, reverse reaction
> **schwingende Reaktion/oszillierende Reaktion**
  oscillating reaction, oscillatory reaction
  (clock reaction)
> **Sekundärreaktion** secondary reaction, subsidiary
  reaction (between resultants of a reaction)
> **selbsttragende Reaktion**
  self-propagating reaction
> **sequentielle Reaktion/Kettenreaktion**
  sequential reaction, chain reaction
> **Simultanreaktion/Parallelreaktion**
  simultaneous reaction, parallel reaction
> **Substitutionsreaktion** substitution reaction
> **Sukzessivreaktion/Folgereaktion**
  successive reaction
> **Tandemreaktion** tandem reaction
> **Teilreaktion** partial reaction;
  (electrode potentials:) half-reaction
> **umkehrbare Reaktion** reversible reaction
> **unimolekulare Reaktion** unimolecular reaction
> **unvollständige Reaktion** incomplete reaction
> **Verbrennungsreaktion** combustion reaction
> **Verdrängungsreaktion** *biochem*
  displacement reaction
> **vollständige Reaktion** complete reaction
> **Zerfallsreaktion/Zersetzungsreaktion**
  decomposition reaction
> **zusammengesetzte Reaktion**
  combination reaction
> **Zweisubstratreaktion/Bisubstratreaktion**
  bisubstrate reaction
> **Zwischenreaktion** intermediate reaction
**Reaktionsenthalpie** reaction enthalpy

**Reaktions-Extrusion** reactive extrusion (REX)
**Reaktionsfolge** reaction sequence,
  reaction pathway
**reaktionsfreudig** highly reactive
**Reaktionsfreudigkeit** reactivity
**Reaktionsführung** reaction control
**Reaktionsgefäß** reaction vessel
**Reaktionsgeschwindigkeit/**
  **Reaktionsrate** reaction velocity, reaction rate
**Reaktionsgießen/Reaktionsgießverfahren**
  reaction casting, reaction molding
**Reaktionsgift** reaction poison
**Reaktionsgleichung** chemical equation
**Reaktionsgrad (Copolymerisationsparameter)**
  reactivity ratio
**Reaktionsharze (Präpolymere)**
  thermosetting resins (reaction polymers)
**Reaktionskette** reaction pathway
**Reaktionskinetik** reaction kinetics
**Reaktionsklebstoff/Reaktivklebstoff** reactive
  adhesive, reaction adhesive, reaction glue
**Reaktionsnorm** norm of reaction
**Reaktionsordnung** reaction order
**Reaktionspfeil (in chem. Reaktionsgleichungen)**
  arrow, reaction arrow
> **Doppelpfeil** double arrow
> **Gleichgewichtspfeile** equilibrium arrows
> **Halbpfeil** fish hook
> **Wanderung/Pfeilschieben** arrow pushing
**Reaktionsschaumstoffgießen** reaction foaming
**Reaktionsschritt** reaction step
**Reaktionssequenz** reaction sequence,
  reaction order
**Reaktionsspritzguss/Reaktionsspritzgießverfahren**
  **(RSG)** reaction injection molding (RIM)
**Reaktionsverlauf** course of a reaction;
  (im R.) during/in the course of the reaction
**Reaktionswärme/Wärmetönung** heat of reaction
**Reaktionswasser** water resulting from a
  condensation reaction
**Reaktionsweg** reaction pathway
**Reaktionszwischenprodukt**
  reaction intermediate
**Reaktivfarbstoff** reactive dye
**Reaktor** reactor; (Bioreaktor) bioreactor
> **Airliftreaktor/pneumatischer Reaktor**
  airlift reactor, pneumatic reactor
> **Atomreaktor/Kernreaktor** nuclear reactor
> **Blasensäulen-Reaktor** bubble column reactor
> **Chargenreaktor/Chargenkessel**
  batch reactor (BR)
> **Druckumlaufreaktor** pressure cycle reactor
> **Druckwasserreaktor**
  pressurized-water reactor (PWR)

➢ **Durchflussreaktor** flow reactor
➢ **Düsenumlaufreaktor/Umlaufdüsen-Reaktor**
nozzle loop reactor, circulating nozzle reactor
➢ **Fedbatch-Reaktor/Fed-Batch-Reaktor/**
**Zulaufreaktor** fedbatch reactor, fed-batch reactor
➢ **Festbettreaktor** fixed bed reactor,
solid bed reactor
➢ **Festphasenreaktor** solid phase reactor
➢ **Filmreaktor** film reactor
➢ **Fließbettreaktor/Wirbelschichtreaktor/**
**Wirbelbettreaktor** fluidized bed reactor,
moving bed reactor
➢ **Füllkörperreaktor/Packbettreaktor**
packed bed reactor
➢ **Gärtassenreaktor** tray reactor
➢ **gasgekühlter Hochtemperaturreaktor**
high-temperature gas-cooled reactor (HTGR)
➢ **Kernreaktor** nuclear reactor
➢ **Kugelbettreaktor** bead-bed reactor
➢ **Leichtwasserreaktor** light water reactor (LWR)
➢ **Lochbodenkaskadenreaktor/**
**Siebbodenkaskadenreaktor** sieve plate reactor
➢ **Mammutpumpenreaktor/Airliftreaktor**
airlift reactor
➢ **Mammutschlaufenreaktor** airlift loop reactor
➢ **Membranreaktor** membrane reactor
➢ **Packbettreaktor/Füllkörperreaktor**
packed bed reactor
➢ **Pfropfenströmungsreaktor/**
**Kolbenströmungsreaktor** plug-flow reactor (PFR)
➢ **Rohrreaktor/Röhrenreaktor/Tubularreaktor**
tubular reactor
➢ **Rohrschlaufenreaktor** tubular loop reactor
➢ **Rührkammerreaktor**
fermentation chamber reactor, compartment
reactor, cascade reactor, stirred tray reactor
➢ **Rührkaskadenreaktor**
stirred cascade reactor (SCR)
➢ **Rührkesselreaktor** stirred-tank reactor (STR)
➢➢ **homogen kontinuierlicher Rührkesselreaktor**
homogeneous continuous stirred-tank reactor
(HCSTR)
➢➢ **segregierter kontinuierlicher**
**Rührkesselreaktor (Durchflusskessel)**
segregated continuous stirred-tank reactor
(SCSTR)
➢ **Rührschlaufenreaktor/Umwurfreaktor**
stirred loop reactor
➢ **Säulenreaktor/Turmreaktor** column reactor
➢ **Schlaufenradreaktor** paddle wheel reactor
➢ **Schlaufenreaktor/Umlaufreaktor** loop reactor
➢ **Schneller Brüter-Reaktor** fast breeder reactor
➢ **Schwerwasserreaktor** heavy water
reactor (HWR)

➢ **Siebbodenkaskadenreaktor/**
**Lochbodenkaskadenreaktor** sieve plate reactor
➢ **Siedewasserreaktor** boiling water reactor (BWR)
➢ **Strahlreaktor** jet reactor
➢ **Strahlschlaufenreaktor/Strahl-**
**Schlaufenreaktor** jet loop reactor
➢ **Strömungsrohr (Kolbenfluss)**
continuous plug-flow reactor
➢ **Strömungsrohrreaktor** tubular-flow reactor
➢ **Tauchflächenreaktor** immersing surface reactor
➢ **Tauchkanalreaktor** immersed slot reactor
➢ **Tauchstrahlreaktor** plunging jet reactor,
deep jet reactor, immersing jet reactor
➢ **Tropfkörperreaktor/Rieselfilmreaktor**
trickling filter reactor
➢ **Turmreaktor/Säulenreaktor** column reactor
➢ **Umlaufdüsen-Reaktor/Düsenumlaufreaktor**
nozzle loop reactor, circulating nozzle reactor
➢ **Umlaufreaktor/Umwälzreaktor/**
**Schlaufenreaktor** loop reactor,
circulating reactor, recycle reactor
➢ **Umwurfreaktor/Rührschlaufenreaktor**
stirred loop reactor
➢ **Versuchsreaktor** experimental reactor
➢ **Wirbelschichtreaktor/Wirbelbettreaktor/**
**Fließbettreaktor** fluidized bed reactor,
moving bed reactor
➢ **Zulaufreaktor/Fedbatch-Reaktor/Fed-Batch-**
**Reaktor** fedbatch reactor, fed-batch reactor
**Realgar/Rauschrot/Rubinrot/Arsendisulfid As$_4$S$_4$**
red arsenic sulfide, red orpiment, arsenic ruby,
realgar, (red) arsenic tetrasulfide
**Realgitter** real lattice
**Realkristall** real crystal, nonideal crystal,
imperfect crystal
**Reannealing/Annealing/Doppelstrangbildung/**
**Reassoziation/Renaturierung** reannealing,
annealing, reassociation, renaturation (of DNA)
**Rearrangement/Umordnung/Neuordnung**
rearrangement (DNA/genes/genome)
**Reassoziationskinetik** reassociation kinetics
**Rechen** rake; grid, screen;
(der Kläranlage) grate, bar screen
**rechtsdrehend/dextrorotatorisch**
**(+)** dextrorotatory (clockwise)
➢ **linksdrehend/levorotatorisch**
**(–)** levorotatory (counterclockwise)
**rechtsgängig** right-handed
**rechtshändig** right-handed, dextral
**Rechtsmedizin/Gerichtsmedizin/Forensik/**
**forensische Medizin** forensics, forensic medicine
**Recken** stretching
**Recktemperatur/Verstreckungstemperatur**
stretching temperature

**Redestillation/mehrfache Destillation**
repeated distillation, cohobation
**redestillieren/umdestillieren**
**(nochmal destillieren)** redistill
**Redoxpaar** redox couple
**Redoxpotential** redox potential
(oxidation-reduction potential)
**Redoxreaktion** redox reaction,
reduction-oxidation reaction,
oxidation-reduction reaction
**Reduktion** reduction
**Reduktionsmittel** reducing agent, reductant
**Redundanz** redundancy
**reduzieren** reduce
**Reduzierstück (Laborglas/Schlauch)** reducer,
reducing adapter, reduction adapter
**Reduzierventil/Druckreduzierventil/**
**Druckminderventil/Druckminderungsventil**
**(für Gasflaschen)**
pressure-relief valve, gas regulator
**Reflexion/Rückstrahlung** reflection
**Reflexionsspektroskopie/Remissionsspektroskopie**
reflectance spectroscopy
**Reflexionspektrum/Remissionspektrum**
reflectance spectrum
**Reformatbenzin** reformed gasoline
**Reformieren petro** reforming
**Refraktion/Brechung** refraction
**Refraktometer** refractometer
**Regel** rule
**Regeleinheit/Steuereinheit** control unit
**Regelgerät/Steuergerät** control unit,
control system
**Regelglied** control element, control unit
**Regelgröße** controlled variable, controlled
condition, process variable
**Regelkreis** feedback system,
feedback control system
**regelmäßig** regular
➢ **unregelmäßig** irregular
**regeln/kontrollieren** regulate, control
**Regelspannung** control voltage
**Regelstrecke** control system of a process
**Regeltechnik/Regelungstechnik** control technology
➢ **Mess- und Regeltechnik**
instrumentation and control
**Regelung (Regulierung/Kontrolle)** control,
regulation; (Vereinbarung) arrangement
**Regelungsprozess** regulatory procedure
**Regeneratcellulose/regenerierte Cellulose**
regenerated cellulose
**Regeneratfaser** semisynthetic fiber
**Regeneratgummi** reclaimed rubber,
regenerated rubber

**regenerieren** regenerate
**Regenerierung/Regeneration** regeneration
**Regenmesser** pluviometer, rain gauge
**Regenwasser** rainwater
**Regioisomerie** regioisomerism
➢ **Kopf-Kopf** head-to-head
➢ **Kopf-Schwanz** head-to-tail
➢ **Lockerstelle** weak link
➢ **Schwanz-Schwanz** tail-to-tail
**Regler (Reglersubstanz)** regulator; (Schalter/
Knopf) control, adjustment knob/button
**Regressionsanalyse** *stat* regression analysis
**Regressionskoeffizient** *stat* regression
coefficient, coefficient of regression
**regressiv/zurückbildend/zurückentwickelnd**
regressive
**Regulationsmechanismus** regulatory mechanism
**Regulierungsbehörde** regulatory agency
**Rehydratation/Rehydratisierung** rehydration
**Reibkraftmikroskopie**
friction force microscopy (FFM),
lateral force microscopy (LFM)
**Reibmühle** attrition mill
**Reibschale/Mörser (*siehe auch dort*)** mortar
**Reibschweißen** friction welding
**Reibungskoeffizient** frictional coefficient,
friction coefficeint
**Reichweite (Strahlung)** range
**reif** mature, ripe
➢ **unreif** unripe, immature
**Reif/Raureif** rime, hoarfrost, white frost
**Reife** maturity, ripeness
➢ **Unreife** immaturity, immatureness
**Reifen** *n* maturing, ripening;
*tech* (Fahrzeuge) tire
**reifen** *vb* mature, ripen
**Reifung** maturation
**Reihe** row; series
➢ **Alkoholreihe/aufsteigende Äthanolreihe**
graded ethanol series
➢ **chaotrope Reihe** chaotropic series
➢ **eluotrope Reihe (Lösungsmittelreihe)**
eluotropic series
➢ **Hofmeistersche Reihe/lyotrope Reihe**
Hofmeister series, lyotropic series
➢ **mixotrope Reihe** mixotropic series
➢ **Transformationsreihe** transformation series
➢ **Versuchsreihe** experimental series
**rein** (pur) neat, pure; (sauber) clean;
(ohne Zusatz) pure
**rein darstellen** isolate
**Reinchemikalie** pure chemical
**Reindarstellung** isolation
**Reindichte** true density

Reinheit (ohne Zusätze) purity; pureness
➤ Produktreinheit product purity
➤ Sortenreinheit purity of variety, variety purity
Reinheitsgebot purity law, purity requirement
Reinheitsgrad purity, degree of purity,
  level of purity, percentage of purity
Reinheitsgrade, chemische
  purity grades, chemical grades
➤ chemisch rein chemically pure (CP);
  laboratory (lab)
➤ pro Analysis (pro analysi = p.a.)
  reagent, reagent-grade, analytical reagent
  (AR), analytical grade
➤ reinst (purissimum, puriss.) pure
➤ roh (crudum, crd.) crude
➤ technisch technical
Reinigbarkeit cleanability
reinigen (säubern) cleanse, clean up, tidy (up);
  (aufbereiten) clean, purify; refine; purge
Reiniger cleaner
Reinigung (Saubermachen) cleaning, cleansing;
  (Dekontamination/Dekontaminierung/
  Entseuchung) decontamination;
  (Reindarstellung) purification; refinement
➤ Kleiderreinigung cleaning
  (cleansing of fabrics); cleaner
➤ Reinigung ohne Zerlegung von Bauteilen
  cleaning in place (CIP)
➤ Trockenreinigung dry cleaning; dry cleaner
Reinigungsbad rinsing bath
Reinigungsbeize acid derust
Reinigungskraft (Reinigungskräfte)/
  Reinigungspersonal
  cleaner(s), cleaning personnel
Reinigungskraft/Renigungsvermögen
  detergency
Reinigungslösung cleaning solution;
  (Detergens-Lösung) detergent solution
Reinigungsmittel cleanser, cleaning agent,
  cleansing agnet; (Detergens) detergent
Reinigungsmöglichkeit(en) cleanability
Reinigungstuch (Papier) cleansing tissue
Reinigungsverfahren (Aufreinigung)
  purification procedure, purification technique
Reinlichkeit cleanliness, neatness
Reinmetall pure metal
Reinraum/Reinstraum clean room, cleanroom
Reinraumhandschuhe cleanroom gloves
Reinraumwerkbank clean-room bench
reinst lab/chem highly pure (superpure/ultrapure)
Reinstoff/Reinsubstanz pure substance
Reinststoff extrapure substance
Reißdehnung/Bruchdehnung
  elongation at break, elongation-to-break,
  extension at break, fracture elongation

Reißwolle reprocessed wool, reclaimed wool
  (incl. shoddy and mungo)
Reiz/Stimulus irritation, stimulus
reizbar irritable
Reizbarkeit irritability
reizempfänglich irritable, excitable, sensitive
reizen (negativ: irritieren) irritate;
  (anregen/stimulieren) excite, stimulate
Reizgas irritant gas
Reizschwelle stimulus threshold
Reizumwandlung stimulus transduction
Reizung/Stimulation irritation, stimulation
Rekaleszenz recalescence
rekombinieren recombine
rekombiniert/rekombinant recombinant (adv, adj)
rekombinierte DNA-Technologie
  (Methoden mit Hilfe rekombinierter DNA)/
  rekombinante DNA-Technologie
  recombinant DNA technology
rekombiniertes Protein/rekombinantes Protein
  recombinant protein
rekonstituieren reconstitute
Rekonstitution reconstitution
Rektifikation rectification
Relais electr relay
relative Häufigkeit relative frequency
Relaxation relaxation
Relaxationszeit relaxation time
relaxieren polym relax
relaxiert/entspannt (Konformation) relaxed
Relaxin relaxin
renaturieren renature; (Annealing/Reannealing)
  gen anneal, reanneal, reassociate (of DNA)
Renaturierung renaturation, renaturing;
  (Annealing/Reannealing) gen annealing,
  reannealing, reassociation (of DNA)
Renin renin (angiotensinogen » angiotensin)
Rennin/Labferment/Chymosin
  rennin, lab ferment, chymosin
Rennkraftstoff racing fuel
Reparatur repair, restoration
Reparaturenzym repair enzyme
Reparaturmechanismus repair mechanism
reparieren repair, fix, mend, restore
Repellens (pl Repellentien) repellent
Repetiereinheit /Wiederholungseinheit
  (Strukturelement) repeating unit, repeat unit
➤ konfigurative Repetiereinheit
  configurational repeating unit
➤ konstitutive Repetiereinheit (KRE)
  constitutional repeating unit (CRU)
➤ Stereorepetiereinheit stereorepeating unit
Replikation replication
Replikationsblase gen replication bubble,
  replication eye

Replikationsgabel *gen* replication fork
reprimieren/unterdrücken/hemmen *gen/med/*
*tech* repress, control, suppress, subdue
Reprimierung/Unterdrückung/Hemmung
repression, control, suppression
Reproduktion reproduction
Reproduzierbarkeit reproducibility
reproduzieren reproduce
Reprographie reprography
Reptation reptation
Repulsionskonformation repulsion conformation
Reservestoff reserve material, storage material,
food reserve
Resinol resinol, resole
Resist *electr* resist
resistent resistant
Resistenz resistance
Resit resite
Resitol resitole
Resol resol (a single-stage resin)
Resonanz (chem. Bindung/
phys Mitschwingung) resonance
Resonanzeffekt/Mesomerieeffekt
(R-/M-Effekt) resonance effect
Resonanzeinfang resonance capture
Resonanzenergie/Mesomerieenergie
resonance energy
Resonanz-Ionisations-Massenspektrometrie
(RIMS) resonance ionization mass
spectrometry (RIMS)
Resonanz-Ionisations-Spektroskopie (RIS)
resonance ionization spectroscopy (RIS)
Resonanzstruktur/mesomere Grenzstruktur/
Grenzformel/kanonische Formel
resonance structure, resonating structure,
canonical formula
resonanzverstärkte Multiphotonenionisation
resonance-enhanced multiphoton ionization
(REMPI)
resorbieren resorb
Resorcin/1,3-Dihydroxybenzol
resorcinol, resorcin, 1,3-benzenediol
Resorption resorption
Ressource/Rohstoffquelle resource
Rest (z. B. Aminosäuren-Seitenkette)
rest, residue; (Rückstand) residue
➢ unveränderter Rest/invarianter Rest *math*
invariant residue
➢ variabler Rest *math* variable residue
Restentropie residual entropy
Restfeuchte residual dampness,
($H_2O$) residual humidity
restituieren/wiederherstellen restitute
Restitution/Wiederherstellung restitution

Restöl/Rückstandsöl residual oil
Restriktionsendonuclease
restriction endonuclease
Restriktionsenzym restriction enzyme
Restriktionsfragmentlängenpolymorphismus
restriction fragment length polymorphism
(RFLP)
Restrisiko residual risk
Restwärme residual heat
Retardierung *med/pharm* sustained release,
controlled release
Retardpräparat/Depotpräparat *med/pharm*
depot drug, sustained-release drug,
controlled-release drug
Reten retene
Retention hold-up, retention
Retentionsfaktor *chromat* retention factor
Retentionszeit/Verweildauer/Aufenthaltszeit
retention time
Retinal retinal, retinene
Retinol (Vitamin A) retinol
Retinsäure retinic acid
Retorte retort
Retrosynthese retrosynthesis
Rettung rescue, help
Rettungsdienst rescue service, lifesaving service
Rettungshubschrauber rescue helicopter
Rettungswagen/Sanitätswagen ambulance
reverse Transkriptase/Revertase/
Umkehrtranskriptase reverse transcriptase
reversibel/umkehrbar reversible
Reversibilität/Umkehrbarkeit reversibility
reversible Elektrode/umkehrbare Elektrode
reversible electrode
Reversion/Umkehrung reversion
Reversosmose/Umkehrosmose reverse osmosis
Reversphase/Umkehrphase reversed phase
Revertase/Umkehrtranskriptase/
reverse Transkriptase reverse transcriptase
Revolver/Objektivrevolver *micros*
nosepiece, nosepiece turret
Revolverlochzange revolving punch pliers
Reynold'sche Zahl/Reynolds-Zahl/
Reynoldsche Zahl Reynold's number
Rezeptor/Empfänger receptor
Rezeptur *pharm* formula
reziprokes Gitter reciprocal lattice
Reziprokschüttler reciprocating shaker
RF-Wert *chromat* RF-value
(retention factor; ratio of fronts)
Rheologie/Fließkunde rheology
Rheometer rheometer
➢ Couette-Rheometer Couette rheometer
➢ Spaltrheometer slit rheometer

**Rheopexie** rheopexy
**Rhodopsin/Sehpurpur** rhodopsin, rose-purple
**Riboflavin/Lactoflavin (Vitamin B₂)**
  riboflavin, lactoflavin (vitamin $B_2$)
**Ribonuclease/Ribonuklease** ribonuclease
**Ribonucleinsäure/Ribonukleinsäure (RNA/RNS)**
  ribonucleic acid (RNA)
**Ribonucleoprotein/Ribonukleoprotein**
  ribonuclear protein
**Ribosom** ribosome
**Ribosonde/RNA-Sonde** riboprobe
**Ribozym** ribozyme
**Richtigkeit** *stat* (Genauigkeit) correctness,
  exactness, accuracy; (Qualitätskontrolle) trueness
**Richtlinie(n)** guideline(s); rules of conduct,
  EU *jur.* Directive(s); instructions, directions,
  regulations, rules, policy, standards
➢ **allgemeine Richtlinie** general policy
➢ **einheitliche Richtlinie** uniform rules/standards
➢ **internationale Richtlinie**
  international standards
**Richtungsquantelung** directional quantization,
  space quantization
**Richtwert** (Näherungszahl) approximate value;
  (Richtzahl) index number, index figure,
  guiding figure
**riechbar** smellable,
  perceptible to one's sense of smell
**riechen** smell
**Riechschwelle/Geruchsschwellenwert**
  odor threshold, olfactory threshold
**Riechstoffe/Geruchsstoff** fragrances
**Riefe(n)** groove(s)
**Riegel/Verriegelung (elektr. Sicherung)**
  interlock, fail safe circuit
**Rieselfelder (Abwasser-Kläranlage)**
  sewage fields, sewage farm
**Rieselfilm** falling liquid film
**Rieselfilmreaktor/Tropfkörperreaktor**
  trickling filter reactor
**Rieselhilfe/Antibackmittel/**
  **Anticakingmittel** anticaking agent
**rieseln** trickle
**Riffelung/Riefen (z.B. Schlauchverbinder)**
  flutings (e.g., tube connections)
**Ring (einer zyklischen Verbindung)** ring
➢ **gespannter Ring** strained ring
**Ringbildung/Catenation** catenation
**Ringblende** *micros* disk diaphragm
  (annular aperture)
**Ringerlösung/Ringer-Lösung** Ringer's solution
**Ringform** *chem* ring form, ring conformation
**Ringformel** ring formula
**ringförmig/cyclisch (zyklisch)** annular, cyclic
**Ringkabelschuh** cable lug, terminal

**Ringkolben** tubular plunger
**Ringmarke (Laborglas etc.)** graduation
**Ringöffnungspolymerisation**
  ring-opening polymerization
**Ringprobe (auf Nitrat)** brown-ring test
**Ringschluss** *chem* (Ringbildung) ring closure,
  ring formation, cyclization;
  (Zirkularisierung) circularization
**Ringschlussmetathese** ring-closing
  metathesis (RCM)
**Ringschlüssel** box wrench, box/ring spanner (*Br*)
**Ringsilicat/Cyclosilicat** cyclic silicate,
  cyclosilicate
**Ringspaltung** *chem* ring cleavage
**Ringstruktur** ring structure
**Ringumlagerungsmetathese**
  ring-rearrangement metathesis (RRM)
**Rippenglas/geripptes Glas/geriffeltes Glas**
  ribbed glass
**Rippenplatte** ribbed panel
**Risiko (*pl* Risiken)/Gefahr** risk, danger; hazard
➢ **Berufsrisiko** occupational hazard
➢ **Brandrisiko** fire hazard
➢ **Gesundheitsrisiko** health hazard
➢ **Kontaktrisiko (Gefahr bei Berühren)**
  contact hazard
➢ **Krebsrisiko** cancer risk
➢ **Sicherheitsrisiko** safety risk, safety hazard
➢ **Wiederholungsrisiko** recurrence risk
**Risikoabanalyse/Risikostudie** risk analysis
**Risikoabschätzung** risk assessment
**Riss/Fissur/Furche/Einschnitt** fissure;
  (Spalte) crevice
➢ **Sternriss (im Glas)** star-crack
**Rissausbreitung/Rissaufweitung/**
  **Rissfortpflanzung** crack propagation
**Rissbildung** crack formation
**Risswachstum** crack growth
**Ritzhärte** *geol/min* scratching hardness;
  (Mohs-Härte/Mohssche Härte) Mohs' hardness;
  (sklerometrische Härte) sclerometric hardness
**RNA/RNS (Ribonucleinsäure/Ribonukleinsäure)**
  RNA (ribonucleic acid)
➢ **Boten-RNA/Messenger-RNA/mRNA**
  messenger RNA (mRNA)
➢ **heterogene Kern-RNA**
  heterogeneous nuclear RNA (hnRNA)
➢ **kleine nukleäre-RNA (snRNA)**
  small nuclear RNA (snRNA)
➢ **ribosomale RNA (rRNA)** ribosomal RNA (rRNA)
➢ **Transfer-RNA/tRNA** transfer RNA (tRNA)
**roh** raw, crude
**Rohabwasser** raw sewage
**Rohdichte** bulk density, apparent density,
  gross density

**Rohessigsäure** pyroacetic acid
**Rohextrakt** crude extract
**Rohfaser** crude fiber
**Rohfestigkeit/Aufbaufestigkeit (Kautschuke)**
green strength
**Rohling** billet
**Rohöl** crude oil, petroleum
**Rohprodukt (unaufgereinigt)** crude product
**Rohr/Röhre** pipe, tube;
(Rohre/Rohrleitungen) pipes, plumbing
**Röhrchen** vial, tube
➤ **Gärröhrchen/Einhorn-Kölbchen**
fermentation tube
➤ **Glasröhrchen** glass tube,
glass tubing (Glasrohre)
➤ **Kulturröhrchen** culture tube
➤ **Siederöhrchen** ebullition tube
➤ **Trockenröhrchen** drying tube
➤ **Zentrifugenröhrchen** centrifuge tube
➤ **Zündröhrchen/Glühröhrchen** ignition tube
**Rohrleitung** conduit, pipe, duct, tube;
(Rohrleitungen in einem Gebäude) plumbing
**Rohrleitungssystem** (Lüftung) ductwork,
airduct system; (Wasser) plumbing system
**Rohrmolch** pipe pig, pipe pigging device
**Rohrofen** tube furnace
**Rohrschelle** pipe clamp, pipe clip
**Rohrverbinder/Rohrverbindung(en)**
pipe fitting(s), fittings
**Rohrzange** wipe wrench (rib-lock pliers/
adjustable-joint pliers)
**Rohrzucker/Rübenzucker/Saccharose/**
**Sukrose/Sucrose** cane sugar, beet sugar,
table sugar, sucrose
**Rohschlamm** raw sludge
**Rohstoff** raw material, resource
**Rohstoffquelle/Ressource** resource
**Rohzucker** raw sugar, crude sugar
(unrefined sugar)
**rollen** roll
**Rollerflasche** roller bottle
**Rollrand (Glas: Ampullen etc.)** beaded rim
**Rollrandflasche** beaded rim bottle
**Rollrandgläschen/Rollrandflasche**
(mit Bördelkappenverschluss) crimp-seal vial;
*allg* beaded rim bottle
➤ **Bördelkappe** crimp seal
➤ **Verschließzange für Bördelkappen** cap crimper
**Röntgenabsorptionsspektroskopie**
X-ray absorption spectroscopy
**Röntgenbeugung** X-ray diffraction

**Röntgenbeugungsdiagramm/**
**Röntgenbeugungsaufnahme/**
**Röntgendiagramm** X-ray diffraction pattern
**Röntgenbeugungsmethode**
X-ray diffraction method
**Röntgenbeugungsmuster**
X-ray diffraction pattern
**Röntgendiffraktometrie**
X-ray diffractometry (XRD)
**Röntgenemissionsspektroskopie**
X-ray emission spectroscopy (XES)
**Röntgenfluoreszenzspektroskopie (RFS)/**
**Röntgenfluoreszenzanalyse (RFA)**
X-ray fluorescence spectroscopy (XRF)
**Röntgenkleinwinkelstreuung**
small-angle X-ray scattering (SAXS)
**Röntgenkristallographie** X-ray crystallography
**Röntgenmikroskopie** X-ray microscopy
**Röntgenschürze/Bleischürze** X-ray apron,
lead apron
**Röntgenstrahl** X-ray
**Röntgenstrahl-Mikroanalyse** X-ray microanalysis
**Röntgenstrukturanalyse** X-ray structural
analysis, X-ray structure analysis
**Röntgenweitwinkelstreuung/**
**Weitwinkel-Röntgenstreuung (WWR)**
wide-angle X-ray scattering (WAXS)
**Rosenquarz** rose quartz
**Rost** rust
➤ **Rotrost** red rust
➤ **Weißrost** white rust (zinc hydroxide)
**rösten/rötten (Flachsrösten)** retting
**Rostentferner/Rostlöser/Rostentfernungsmittel/**
**Entrostungsmittel** rust remover,
rust-removing agent
**Röstofen** roasting furnace, roaster
**Rostschutzmittel** rust inhibitor, antirust agent,
anticorrosive agent
**Rotation** rotation
➤ **freie Rotation** free rotation
**Rotationsbarriere** rotational barrier
**Rotationsbewegung** rotational motion
**Rotationsgießen/Rotationsguss/**
**Rotationsformen/Rotationsgussverfahren**
*polym* rotational casting/molding, rotomolding
**Rotationsisomer/Rotamer** rotamer
**Rotationsreibschweißen** spin welding
**Rotationssinn/Drehsinn** rotational sense,
sense of rotation
**Rotationsverdampfer** rotary evaporator,
rotary film evaporator (*Br*), 'rovap'
**Rote Liste** Red Data Book
**Rotenon** rotenone

rotglühend  red-hot, red-glowing
**Rotor** rotor
➤ **Ausschwingrotor** *centrif* swing-out rotor,
  swinging-bucket rotor, swing-bucket rotor
➤ **Festwinkelrotor** *centrif* fixed-angle rotor
➤ **Trommelrotor** *centrif* drum rotor,
  drum-type rotor
➤ **Vertikalrotor** *centrif* vertical rotor
➤ **Winkelrotor** *centrif* angle rotor,
  angle head rotor
**rötten/rösten (Flachsrösten)** retting
**Roving/Glasfaserstrang (parallele Spinnfäden)**
  roving
**Rübenzucker/Rohrzucker/Sukrose/Sucrose**
  beet sugar, cane sugar, table sugar, sucrose
**Rubin** ruby
**rückbilden** degenerate, regress
**Rückbildung** degeneration, regression
**Rückextraktion/Strippen** back extraction,
  stripping
**Rückfluss** reflux; (Druckströmung/
  Druckrückströmung) pressure flow,
  pressure back flow, back flow
**Rückflusskühler** reflux condenser
**Rückflusssperre/Rücklaufsperre/Rückstauventil**
  backflow prevention, backstop (valve)
**Rückführbarkeit/Rückverfolgbarkeit** traceability
**rückgebildet/abortiv/rudimentär/verkümmert**
  abortive
**Rückgewinnung** recovery, reclamation
**Rückhaltung** retention, retainment
**Rückhaltevermögen** retainment capacity,
  retainability, retention efficiency
**Rückkopplung** feedback
➤ **negative Rückkopplung/**
  **Rückkopplungshemmung/Endprodukthemmung**
  feedback inhibition, end-product inhibition
**Rückkopplungshemmung/**
  **Endprodukthemmung** feedback inhibition,
  end-product inhibition
**Rückkopplungsschleife** feedback loop
**Rücklauf/Rückfluss/Reflux** reflux
**Rücklaufsperre** backstop
**Rückmischen/Rückmischung/**
  **Rückvermischung** backmixing
**Rückprall-Elastizität/Rückprallelastizität/**
  **Rückprallvermögen** resilience, impact
  resilience, rebound elasticity
**Rückprallhärte** rebound hardness
**Rückreaktion** back reaction, reverse reaction
**Rückschlagschutz** bump tube
**Rückschlagventil** backstop valve, check valve

**Rückspülen/Rückspülung** *chromat* backflushing
**Rückstand** residue;
  (abgesetzte Teilchen) bottoms, heel
**Rückstandsöl/Restöl** residual oil
**Rückstauschutz** backdraft preventer/protection
**Rückstellkraft** directing force, reaction force,
  restoring force
**Rückstoß** recoil (return motion)
**Rückstoßelektron/Compton-Elektron**
  recoil electron
**Rückstoßstrahlung** recoil radiation
**Rückstrahlvermögen/Albedo** albedo
**Rückstreuung** backscatter
**Rückströmsperre** backflow preventer/protection,
  backstop, non-return valve
**Rücktitration** back titration
**Rückverfolgbarkeit** trackability
**Ruggli-Zieglersches Verdünnungsprinzip**
  Ruggli-Ziegler dilution principle
**Ruhemasse/Ruhmasse** rest mass
**ruhen** rest, lie dormant
**ruhend** resting, quiescent, dormant
**Ruhemasse/invariante Masse** rest mass,
  invariant mass, intrinsic mass, proper mass
**Ruhepotential** resting potential
**Ruhestoffwechsel/Grundstoffwechsel**
  basal metabolism
**Rührbehälter/Rührkessel** agitator vessel
**Rühren** stirring, agitation; (Umwirbeln) swirling
➤ **stetiges Rühren** continuous stirring
**rühren** stir, agitate; (umrühren) stir;
  (umwirbeln) swirl
**Rührer/Rührwerk** stirrer, impeller, agitator
➤ **Ankerrührer** anchor impeller
➤ **Axialrührer mit profilierten Blättern**
  profiled axial flow impeller
➤ **Blattrührer** blade impeller, flat-blade paddle
  impeller, two flat-blade paddle impeller
➤ **exzentrisch angeordneter Rührer**
  off-center impeller
➤ **Gitterrührer** gate impeller
➤ **Hohlrührer** hollow stirrer
➤ **Kreuzbalkenrührer** crossbeam impeller
➤ **Kreuzblattrührer** four flat-blade paddle impeller
➤ **Magnetrührer** magnetic stirrer
➤ **Mehrstufen-Impuls-Gegenstrom (MIG) Rührer**
  multistage impulse countercurrent impeller
➤ **Propellerrührer** propeller impeller
➤ **Rotor-Stator-Rührsystem** rotor-stator impeller,
  Rushton-turbine impeller
➤ **Schaufelrührer/Paddelrührer** paddle stirrer,
  paddle impeller

> **Scheibenrührer/Impellerrührer**
  flat-blade impeller
> **Scheibenturbinenrührer** disk turbine impeller
> **Schneckenrührer** screw impeller
> **Schrägblattrührer** pitched blade impeller,
  pitched-blade fan impeller, pitched-blade paddle
  impeller, inclined paddle impeller, pitched-blade
  paddle impeller, inclined paddle impeller
> **Schraubenrührer** marine screw impeller
> **Schraubenspindelrührer** pitch screw impeller
> **Schraubenspindelrührer mit unterschiedlicher
  Steigung** variable pitch screw impeller
> **selbstansaugender Rührer mit Hohlwelle** self-
  inducting impeller with hollow impeller shaft
> **Stator-Rotor-Rührsystem** stator-rotor impeller,
  Rushton-turbine impeller
> **Turbinenrührer** turbine impeller
> **Wendelrührer** helical ribbon impeller
> **zweistufiger Rührer** two-stage impeller
**Rührerblatt** stirrer blade
**Rührerlager (Rührwelle)** stirrer bearing
**Rührerschaft/Rührerwelle** stirrer shaft
**Rührerwelle** impeller shaft
**Rührfisch/'Fisch'/Rührstab/Rührstäbchen/
  Magnetrührstab/Magnetrührstäbchen**
  stirring bar, stir bar, 'flea'
**Rührgerät/Mixer** stirrer, mixer
**Rührhülse** stirrer gland
**Rührkessel/Rührbehälter** agitator vessel
**Rührstab (Glasstab)** stirring rod
**Rührstäbchen/Rührstab/Magnetrührstab/
  Magnetrührstäbchen/Rührfisch/‚Fisch'**
  stirring bar, stirrer bar, stir bar, 'flea'
**Rührstäbchenentferner/Rührstabentferner/
  Magnetrührstabentferner** stirring bar
  extractor, stirring bar retriever, 'flea' extractor
**Rührverschluss** stirrer seal
**Rührwelle** stirrer shaft
**Rührwerk** impeller
**Rumpfelektron** inner electron,
  inner-shell electron, core electron
**Rundfilter** round filter, filter paper disk, 'circles'
**Rundkolben/Siedegefäß** round-bottomed flask,
  round-bottom flask,
  boiling flask with round bottom
**Rundlochplatte** dot blot, spot blot
**Rundschüttler/Kreisschüttler** circular shaker,
  orbital shaker, rotary shaker
**Ruß** soot; black
> **Acetylenruß** acetylene black
> **Flammruß/Ofenruß** furnace black
> **Inaktivruß/inaktiver Ruß** inert black
> **Industrieruß** carbon black
> **Kanalruß** channel black

> **Lampenruß** lampblack
> **Thermalruß** thermal black
**rußend/rußig** smoking, forming soot, sooty
**rutschen** skid
> **nicht-rutschend/Antirutsch ...
  (Gerät auf Unterlage)** nonskid, skid-proof
**rutschfest/rutschsicher** slip resistant; nonskid,
  skid-proof, antiskid
**Rüttelbewegung
  (schnell hin und her/rauf-runter)**
  rocking motion (side-to-side/up-down)
**rütteln** shake, vibrate
**Rüttelsieb** shaking screen
**Rüttler** vibrator

**S**

**S-Sätze (Sicherheitsratschläge)** S phrases
  (Safety phrases)
**Saatgutbeizmittel** dressing agent
  (pesticides/fungicides)
**Saattechnik** *polym* seeding technique
**Säbelkolben/Sichelkolben** saber flask,
  sickle flask, sausage flask
**Saccharimeter** saccharimeter
**Saccharose/Sucrose (Rübenzucker/
  Rohrzucker)** sucrose (beet sugar/cane sugar)
**Sachkundiger** expert, authority
**Sachverständigengutachten/Expertise**
  expertise, expert opinion
**Sachverständiger/Sachkundiger**
  expert, specialist, authority
**Sackkammer/Sackraum (Staubabscheider)**
  baghouse (fabric filter dust collector)
**Sägebock-Formel/Sägebock-Projektion
  (Darstellung von Konformations-Isomeren)**
  sawhorse projection, andiron formula
**Sägemehl** sawdust
**Sagittalebene (parallel zur Mittellinie)**
  median longitudinal plane
**Sagittalschnitt** sagittal section,
  median longisection
**Salbe** ointment
**Salbengrundlage** ointment base
**Salbentopf/Medikamententopf (Apotheke)**
  gallipot
**Salicylsäure (Salicylat)** salicylic acid (salicylate),
  1-hydroxybenzoic acid
**Salinität/Salzgehalt** salinity, saltiness
**Salmiak/Ammoniumchlorid NH$_4$Cl**
  ammonium chloride (sal ammoniac/salmiac)
**Salmiakgeist/Ammoniumhydroxid NH$_4$OH
  (Ammoniaklösung)** ammonium hydroxide,
  ammonia water (ammonia solution)

**Salpeter/Kalisalpeter/Kaliumnitrat KNO$_3$**
   saltpeter, otassium nitrate
**Salpetersäure HNO$_3$** nitric acid
**Salpetersäureanhydrid/Distickstoffpentoxid N$_2$O$_5$**
   nitric acid anhydride, nitrogen pentaoxide
**salpetrige Säure/Salpetrigsäure HNO$_2$** nitrous acid
**Salz** salt
➤ **Bittersalz/Magnesiumsulfat MgSO$_4$**
   Epsom salts, epsomite, magnesium sulfate
➤ **Blutlaugensalz/Kaliumhexacyanoferrat**
   prussiate
➤ **Doppelsalz** double salt
➤ **Gallensalze** bile salts
➤ **gemischtes Salz** mixed salt(s)
➤ **Glauber-Salz/Glaubersalz**
   **(Natriumsulfathydrat)** Glauber salt
   (crystalline sodium sulfate decahydrate)
➤ **Hirschhornsalz/Ammoniumcarbonat (NH$_4$)$_2$CO$_3$**
   hartshorn salt, ammonium carbonate
➤ **Iodsalz** iodized salt
➤ **Kochsalz NaCl** table salt, common salt
➤ **Komplexsalz** complex salt
➤ **Leitsalz** conducting salt
➤ **Meersalz** sea salt
➤ **Mohrsches Salz** Mohr's salt,
   ammonium iron(II) sulfate hexahydrate
   (ferrous ammonium sulfate)
➤ **Nährsalz** nutrient salt
➤ **Steinsalz (Halit)/Kochsalz/Tafelsalz/**
   **Natrium chlorid NaCl** rock salt (halite),
   common salt, table salt, sodium chloride
**Salzbrücke (Ionenpaar)** salt bridge (ion pair)
**Salzeffekt** salt effect
**salzen** salt
**Salzgehalt/Salzigkeit** salinity, saltiness
**salzhaltig** salt-containing, salt-bearing;
   salty, saline
**salzig** salty, saline
**Salzigkeit** saltiness; (Geschmack) salty taste
**Salzlager/Saline** salt deposit, saline
**Salzlake/Salzlauge** brine; pickle (nutritional)
**Salzperlen** salt beads
**Salzschmelze** molten salt, salt melt, fused salt
**Salzsole** salt brine, brine solution
**Salzwasser** saltwater
**Sammelbegriff/Sammelname** generic name
**Sammelbehälter/Sammelgefäß**
   storage container; sump
**Sammelgel** *electrophor* stacking gel
**Sammelglas (Behälter)** specimen jar
**Sammellinse** *micros* collecting lens, focusing lens
➤ **parallel-richtende Sammellinse** collimating lens
**sammeln** collect, put/come/bring together
**Sammlung/Kollektion** collection

**Sandstrahlgebläse** sandblasting apparatus
**Sandstrahlreinigung** sandblasting
**Sanduhrdiagram** hour glass diagram
**Sandwich-Platte** sandwich panel
**Sandwich-Schäumverfahren/Sandwich-**
   **Schaumspritzgießverfahren** sandwich foam
   process, foam sandwich molding
**Sandwich-Spritzgießen/Verbundspritzgießverfahren**
   sandwich molding
**sanitäre Einrichtungen** sanitary facilities,
   sanitary installations
**Sanitärzubehör** sanitary supplies/equipment,
   plumbing supplies/equipment
**Sanitäter** first-aid attendant, nurse
**Sanitätsbedarf** medical supplies
**Sanitätsdienst** medical service
**Sanitätskasten** first-aid kit
**Sanitätspersonal** medical personnel
**Sanitätswagen/Rettungswagen** ambulance
**Saphir** sapphire
**Sarcosin** sarcosine
**Satelliten-Infrarot-Spektrometrie (SIRS)**
   satellite infrared spectrometry (SIRS)
**Satin** satin, satin weave
➤ **Baumwollsatin** sateen
**satt/gesättigt** full, having eaten enough,
   saturated
**Sattdampf/gesättigter Dampf** saturated steam
**sättigen (gesättigt)** saturate (saturated)
**Sättigung** saturation; *text* (Buntheit/Buntkraft/
   Reinheit) chroma, saturation
➤ **ungesättigter Zustand** unsaturation
**Sättigungsbereich/Sättigungszone**
   range of saturation, zone of saturation
**Sättigungskinetik** saturation kinetics
**Sättigungsspektroskopie**
   saturation spectroscopy
**Sättigungsverlust/Sättigungsdefizit**
   saturation deficit
**Satz/Garnitur** set
**Satzkultur/diskontinuierliche Kultur/**
   **Batch-Kultur** batch culture
**Satzverfahren** batch process
**säubern** clean, cleanse, tidy up; mop up
**Säuberungsaktion** cleanup
**sauer/azid** acid, acidic
**Sauergas (mehr als 1% H$_2$S)** sour gas, acid gas
**säuerlich** acidic
**Sauerstoff (O)** oxygen
➤ **Disauerstoff/Dioxygen/**
   **molekularer Sauerstoff O$_2$** dioxygen
➤ **flüssiger Sauerstoff** liquid oxygen
➤ **Luftsauerstoff** atmospheric oxygen
**Sauerstoffalterung** oxygen ag(e)ing

Sauerstoffanreicherung oxygenation
Sauerstoffbedarf oxygen demand
➤ biologischer Sauerstoffbedarf (BSB)
biological oxygen demand (BOD)
➤ chemischer Sauerstoffbedarf (CSB)
chemical oxygen demand (COD)
sauerstoffbedürftig/aerob aerobic
sauerstoffbeladen oxygen-enriched; oxygenated
sauerstofffrei oxygen-free
sauerstoffgesättigt oxygenated
sauerstoffhaltig containing oxygen; oxygenated
Sauerstoffindex (Entzündbarkeit) polym
limiting oxygen index (LOI)
Sauerstoffpartialdruck oxygen partial pressure
Sauerstoffschuld/Sauerstoffverlust/
Sauerstoffdefizit oxygen debt
Sauerstofftransferrate
oxygen transfer rate (OTR)
Säuerung acidification
Säuerungsmittel acidifier, acidulant
Saugball/Pipettierball/Pipettierbällchen
pipet bulb, rubber bulb
saugen suck, suction, draw
➤ absaugen (Flüssigkeit) draw off, suction off,
siphon off, evacuate
➤ aufsaugen absorb, take up, soak up
➤ einsaugen suck in, draw in
➤ trockensaugen suck dry
➤ staubsaugen vacuum-clean
➤ vollsaugen become saturated,
completely soaked
saugfähig absorbent
Saugfähigkeit absorbency
Saugfiltration suction filtration
Saugflasche/Filtrierflasche suction flask,
filter flask, filtering flask, vacuum flask,
aspirator bottle
Saugfüßchen suction-cup feet
Saugheber siphon
Saugkissen
(zum Aufsaugen von verschütteten
Chemikalien)
spill containment pillow
Saugkolbenpipette piston-type pipet
Saugkraft suction force
Saugluftabzug forced-draft hood
Saugnapf/Saugscheibe suction disk
Saugpapier (Löschpapier) absorbent paper,
bibulous paper (for blotting dry)
Saugpipette suction pipette (patch pipette)
Saugpumpe/Vakuumpumpe aspirator pump,
vacuum pump
Saugspannung suction tension;
(Boden) soil-moisture tension
Saugventil suction valve

Säule pillar, column; (des Mikroskops) pillar
Säulenchromatographie
column chromatography
➤ Normaldruck-Säulenchromatographie
gravity column chromatography
Säulenfüllung/Säulenpackung chromat
column packing
Säulenreaktor/Turmreaktor column reactor
Säulenwirkungsgrad chromat column efficiency
Saum/Rand seam, border, edge, fringe
Säure acid
➤ Abietinsäure abietic acid
➤ Acetessigsäure (Acetacetat)/3-Oxobuttersäure
acetoacetic acid (acetoacetate),
acetylacetic acid, diacetic acid
➤ N-Acetylmuraminsäure N-acetylmuramic acid
➤ Aconitsäure (Aconitat) aconitic acid (aconitate)
➤ Acrylsäure/Propensäure (Acrylat)
acrylic acid (acrylate), propenoic acid
➤ Adenylsäure (Adenylat)
adenylic acid (adenylate)
➤ Adipinsäure (Adipat)/Hexandisäure
adipic acid (adipate)
➤ Akkusäure/Akkumulatorsäure accumulator
acid, storage battery acid (electrolyte)
➤ ‚aktivierte Essigsäure'/Acetyl-CoA
acetyl CoA, acetyl coenzyme A
➤ Alginsäure (Alginat) alginic acid (alginate)
➤ Allantoinsäure allantoic acid
➤ Ameisensäure (Format) formic acid (formate)
➤ Aminosäure amino acid
➤ anorganische Säure inorganic acid
➤ Anthranilsäure/2-Aminobenzoesäure
anthranilic acid, 2-aminobenzoic acid
➤ Äpfelsäure (Malat) malic acid (malate)
➤ Arachidonsäure arachidonic acid,
icosatetraenoic acid
➤ Arachinsäure/Arachidinsäure/Eicosansäure
arachic acid, arachidic acid, icosanic acid
➤ Arsensäure $H_3AsO_4$
arsenic acid, arsenic(V) acid
➤ Ascorbinsäure (Ascorbat) ascorbic acid
(ascorbate)
➤ Asparaginsäure (Aspartat) asparagic acid,
aspartic acid (aspartate)
➤ Azelainsäure/Nonandisäure azelaic acid,
nonanedioic acid
➤ Barbitursäure barbituric acid
➤ Behensäure/Docosansäure behenic acid,
docosanoic acid
➤ Beizsäure pickling acid
➤ Benzoesäure (Benzoat) benzoic acid (benzoate)
➤ Bernsteinsäure/Butandisäure (Succinat)
succinic acid, butanedioic acid (succinate)
➤ binäre Säure binary acid

> **Blausäure/Cyanwasserstoff HCN** hydrogen cyanide, hydrocyanic acid, prussic acid
> **Borsäure (Borat)** boric acid (borate)
> **Borwasser (gelöste Borsäure)** boric acid solution
> **Brennsäure** *metal* pickling acid
> **Brenzsäure/Pyrosäure** pyroacid
> **Brenztraubensäure (Pyruvat)** pyruvic acid (pyruvate), 2-oxopropanoic acid
> **Bromsäure HBrO$_3$** bromic acid, hydrogen trioxobromate
> **Buttersäure/Butansäure (Butyrat)** butyric acid, butanoic acid (butyrate)
> **Caprinsäure/Decansäure (Caprinat/Decanat)** capric acid, decanoic acid (caprate/decanoate)
> **Capronsäure/Hexansäure (Capronat/Hexanat)** caproic acid, capronic acid, hexanoic acid (caproate/hexanoate)
> **Caprylsäure/Octansäure (Caprylat/Octanat)** caprylic acid, octanoic acid (caprylate/octanoate)
> **Carbonsäuren/Karbonsäuren (Carbonate/Karbonate)** carboxylic acids (carbonates)
> **Cerotinsäure/Hexacosansäure** cerotic acid, hexacosanoic acid
> **Chinasäure** chinic acid, kinic acid, quinic acid (quinate)
> **Chinolsäure** chinolic acid
> **chlorige Säure HClO$_2$** chlorous acid
> **Chlorogensäure** chlorogenic acid
> **Chlorsäure HClO$_3$** chloric acid
> **Cholsäure (Cholat)** cholic acid (cholate)
> **Chorisminsäure (Chorismat)** chorismic acid (chorismate)
> **Chromschwefelsäure** chromic-sulfuric acid mixture for cleaning purposes
> **Cinnamonsäure/Zimtsäure (Cinnamat)** cinnamic acid
> **Citronensäure/Zitronensäure (Citrat/Zitrat)** citric acid (citrate)
> **Crotonsäure/Transbutensäure** crotonic acid, α-butenic acid
> **Cyansäure HOCN** cyanic acid
> **Cyanursäure** cyanuric acid, tricarbimide
> **Cyanwasserstoff/Blausäure HCN** hydrogen cyanide
> **Cyanwasserstoffsäure (wässrige Lsg. der Blausäure)** hydrocyanic acid
> **Cysteinsäure** cysteic acid
> **dithionige Säure H$_2$S$_2$O$_4$** dithionous acid
> **dischweflige Säure H$_2$S$_2$O$_5$** disulfurous acid
> **Dithionsäure H$_2$S$_2$O$_6$** dithionic acid
> **Dünnsäure** dilute acid

> **einwertige/einprotonige Säure** monoprotic acid
> **Eisessig** glacial acetic acid
> **Ellagsäure** ellagic acid, gallogen
> **Erucasäure/Δ$^{13}$-Docosensäure** erucic acid, (Z)-13-docosenoic acid
> **Essigsäure/Ethansäure (Acetat)** acetic acid, ethanoic acid (acetate)
> **Ferulasäure** ferulic acid
> **Fettsäure (*siehe auch dort*)** fatty acid
> **Flechtensäure** lichen acid
> **Fluoroschwefelsäure/Fluorsulfonsäure HSO$_3$F** fluorosulfonic acid
> **Fluorwasserstoffsäure/Flusssäure HF** hydrofluoric acid, phthoric acid
> **Flusssäure/Fluorwasserstoffsäure HF** hydrofluoric acid, phthoric acid
> **Folsäure (Folat)/Pteroylglutaminsäure** folic acid (folate), pteroylglutamic acid
> **Fulminsäure/Blausäureoxid/Knallsäure HCNO** fulminic acid
> **Fumarsäure (Fumarat)** fumaric acid (fumarate)
> **Galakturonsäure** galacturonic acid
> **Gallussäure (Gallat)** gallic acid (gallate)
> **gamma-Aminobuttersäure** gamma-aminobutyric acid
> **Gelbbrennsäure/Scheidewasser (konz. Salpetersäure)** aquafortis (nitric acid used in metal etching)
> **Gentisinsäure/2,5-Dihydroxybenzoesäure (DHB)** gentisic acid, 2,5-dihydroxybenzoic acid
> **Geraniumsäure** geranic acid
> **Gerbsäure (Tannat)** tannic acid (tannate)
> **Gibberellinsäure** gibberellic acid
> **Glucarsäure/Zuckersäure** glucaric acid, saccharic acid
> **Gluconsäure (Gluconat)** gluconic acid (gluconate)
> **Glucuronsäure (Glukuronat)** glucuronic acid (glucuronate)
> **Glutaminsäure (Glutamat)/2-Aminoglutarsäure** glutamic acid (glutamate), 2-aminoglutaric acid
> **Glutarsäure (Glutarat)** glutaric acid (glutarate)
> **Glycyrrhetinsäure** glycyrrhetinic acid
> **Glykolsäure (Glykolat)** glycolic acid (glycolate)
> **Glyoxalsäure (Glyoxalat)** glyoxalic acid (glyoxalate)
> **Glyoxylsäure (Glyoxylat)** glyoxylic acid (glyoxylate)
> **Goldsäure** auric acid
> **Guanylsäure (Guanylat)** guanylic acid (guanylate)
> **Gulonsäure (Gulonat)** gulonic acid (gulonate)
> **Halogenwasserstoffsäure** halogen acid

> **Harnsäure (Urat)** uric acid (urate)
> **Homogentisinsäure** homogentisic acid
> **Huminsäure** humic acid
> **Hyaluronsäure** hyaluronic acid
> **Hypochlorigsäure/hypochlorige Säure/ Monooxochlorsäure (Bleichsäure) HClO** hypochlorous acid
> **Hypophosphorigsäure/hypophosphorige Säure/Phosphinsäure $H_3PO_2$** phosphinic acid, hypophosphorous acid
> **Hypophosphorsäure/Hypodiphosphorsäure/ Diphosphor(IV)säure/ Hexaoxodiphosphorsäure $H_4P_2O_6$** hypophosphoric acid, diphosphoric(IV) acid
> **Hyposalpetrigsäure/hyposalpetrige Säure/ untersalpetrige Säure/Diazendiol $H_2N_2O_2$** hyponitrous acid
> **Ibotensäure** ibotenic acid
> **Iminosäure** imino acid
> **Indolessigsäure** indolyl acetic acid, indoleacetic acid (IAA)
> **Iodsäure $HIO_3$** iodic acid, hydrogen trioxoiodate
> **Iodwasserstoffsäure HI** hydroiodic acid, hydrogen iodide
> **Isocyansäure HNCO** isocyanic acid (carbimide)
> **Isovaleriansäure** isovaleric acid
> **Jasmonsäure** jasmonic acid
> **Kaffeesäure** caffeic acid
> **Ketosäure** keto acid
> **Kieselsäure** silicic acid
> **Knallsäure/Fulminsäure/Blausäureoxid HCNO** fulminic acid
> **Kohlensäure (Karbonat/Carbonat) $H_2CO_3$** carbonic acid (carbonate)
> **Kojisäure** kojic acid
> **Königswasser** aqua regia
> **Laktat (Milchsäure)** lactate (lactic acid)
> **Laurinsäure/Dodecansäure (Laurat/Dodecanat)** lauric acid, decylacetic acid, dodecanoic acid (laurate/dodecanate)
> **Lävulinsäure** levulinic acid
> **Lignocerinsäure/Tetracosansäure** lignoceric acid, tetracosanoic acid
> **Linolensäure** linolenic acid
> **Linolsäure** linolic acid, linoleic acid
> **Liponsäure/Thioctsäure (Liponat)** lipoic acid (lipoate), thioctic acid
> **Lipoteichonsäure** lipoteichoic acid
> **Litocholsäure** litocholic acid
> **Lötsäure** soldering acid
> **Lysergsäure** lysergic acid
> **Magensäure** stomach acid, gastric acid
> **Magische Säure** magic acid ($HSO_3F/SbF_5$)
> **Makrosäure** macroacid

> **Maleinsäure (Maleat)** maleic acid (maleate)
> **Malonsäure (Malonat)** malonic acid (malonate)
> **Mandelsäure/Phenylglykolsäure** mandelic acid, phenylglycolic acid, amygdalic acid
> **Mannuronsäure** mannuronic acid
> **mehrbasige Säure** polybasic acid, polyprotic acid
> **Mellitsäure/Benzolhexacarbonsäure** mellitic acid, hexacarboxyl benzene
> **Metakieselsäure $(H_2SiO_3)_n$** metasilicic acid
> **Mevalonsäure (Mevalonat)** mevalonic acid (mevalonate)
> **Milchsäure (Laktat)** lactic acid (lactate)
> **monobasige Säure** monobasic acid, monoprotic acid
> **Muraminsäure** muramic acid
> **Myristinsäure/Tetradecansäure (Myristat)** myristic acid, tetradecanoic acid (myristate/tetradecanate)
> **Nervonsäure/Δ15-Tetracosensäure** nervonic acid, (Z)-15-tetracosenoic acid, selacholeic acid
> **Neuraminsäure** neuraminic acid
> **Nikotinsäure (Nikotinat)** nicotinic acid (nicotinate), niacin
> **Nitriersäure (Salpetersäure+Schwefelsäure/1:2)** nitrating acid, mixed acid
> **Nitrolsäure** nitrolic acid
> **Nitronsäure** nitronic acid
> **Normalsäure** standard acid
> **Oktansäure** octanoic acid
> **Ölsäure/Δ⁹-Octadecensäure (Oleat)** oleic acid, (Z)-9-octadecenoic acid (oleate)
> **organische Säure** organic acid
> **Orotsäure** orotic acid
> **Orsellinsäure** orsellic acid, orsellinic acid
> **Orthokieselsäure $H_4SiO_4$** orthosilicic acid
> **Osmiumsäure/Osmiumtetroxid/ Osmiumtetraoxid $OsO_4$** osmic acid, osmium tetr(a)oxide, osmium oxide, osmic acid anhydride
> **Oxalbernsteinsäure (Oxalsuccinat)** oxalosuccinic acid (oxalosuccinate)
> **Oxalsäure (Oxalat)** oxalic acid (oxalate)
> **Oxoglutarsäure (Oxoglutarat)** oxoglutaric acid (oxoglutarate)
> **Palmitinsäure/Hexadecansäure (Palmat/ Hexadecanat)** palmitic acid, hexadecanoic acid (palmate/hexadecanate)
> **Palmitoleinsäure/Δ⁹-Hexadecensäure** palmitoleic acid, (Z)-9-hexadecenoic acid
> **Pantoinsäure** pantoic acid
> **Pantothensäure (Pantothenat)** pantothenic acid (pantothenate)
> **Pektinsäure (Pektat)** pectic acid (pectate)
> **Penicillansäure** penicillanic acid

➤ **Pentansäure/Valeriansäure (Pentanat/Valeriat)** pentanoic acid, valeric acid (pentanoate/valeriate)
➤ **Perameisensäure** performic acid
➤ **Perchlorsäure** perchloric acid
➤ **Persäuren** peroxy acids, peroxo acids (inorg.), peracids
➤ **Phosphatidsäure** phosphatidic acid
➤ **Phosphinsäure/Phosphonigsäure/ Hypophosphorigsäure/hypophosphorige Säure** $H_3PO_2$ hypophosphorous acid, phosphinic acid
➤ **Phosphorigsäure/phosphorige Säure/ Phosphonsäure P(OH)$_3$** phosphorous acid
➤ **Phosphorsäure (Phosphat)** phosphoric acid (phosphate)
➤ **Phthalsäure** phthalic acid
➤ **Phytansäure** phytanic acid
➤ **Phytinsäure** phytic acid
➤ **Pikrinsäure (Pikrat)** picric acid (picrate)
➤ **Pimelinsäure** pimelic acid
➤ **Plasmensäure** plasmenic acid
➤ **Polykieselsäure $(H_2SiO_3)_n \cdot H_2O$** metasilicic acid
➤ **Polysäure** polyacid
➤ **Prephensäure (Prephenat)** prephenic acid (prephenate)
➤ **Propionsäure (Propionat)** propionic acid (propionate)
➤ **Prostansäure** prostanoic acid
➤ **Protonensäure (Brønstedt)** protic acid
➤ **Pseudosäure** pseudo acid
➤ **Pyrethrinsäure** pyrethric acid
➤ **Pyrosäure/Brenzsäure** pyroacid
➤ **Quadratsäure/ 3,4-Dihydroxycyclobut-3-en-1,2-dion** squaric acid
➤ **rauchend** fuming
➤ **Retinsäure** retinic acid
➤ **Ricinolsäure** ricinic acid, ricinoleic acid
➤ **Salicylsäure (Salicylat)** salicylic acid (salicylate), 1-hydroxybenzoic acid
➤ **Salpetersäure HNO$_3$** nitric acid
➤ **Salpetrige Säure HNO$_2$** nitrous acid
➤ **Salzsäure/Chlorwasserstoffsäure** hydrochloric acid
➤ **Schleimsäure/Mucinsäure/ *m*-Galactarsäure** mucic acid
➤ **Schwefelsäure $H_2SO_4$** sulfuric acid
➤ **Schweflige Säure/Schwefligsäure $H_2SO_3$** sulfurous acid
➤ **Sebacinsäure/Decandisäure** sebacic acid, decanedioic acid
➤ **Selenigsäure $H_2SeO_4$** selenous acid
➤ **Selensäure $H_2SeO_3$** selenic acid
➤ **Shikimisäure (Shikimat)** shikimic acid (shikimate)

➤ **Sialinsäure (Sialat)** sialic acid (sialate)
➤ **Sinapinsäure** sinapic acid
➤ **Sorbinsäure (Sorbat)** sorbic acid (sorbate)
➤ **Stearinsäure/Octadecansäure (Stearat/Octadecanat)** stearic acid, octadecanoic acid (stearate/octadecanate)
➤ **Stickstoffwasserstoffsäure HN$_3$** hydrogen azide, hydrazoic acid, hydronitric acid, (di)azoimide
➤ **Suberinsäure/Korksäure/Octandisäure** suberic acid, octanedioic acid
➤ **Sulfanilsäure** sulfanilic acid, *p*-aminobenzenesulfonic acid
➤ **Sulfoxylsäure/Hyposulfitsäure/ Schwefel(II)säure $H_2SO_2$** sulfoxylic acid, hyposulfurous acid
➤ **Supersäure** superacid
➤ **Teichonsäure** teichoic acid
➤ **Teichuronsäure** teichuronic acid
➤ **Terephthalsäure** terephthalic acid, 1,4-benzenedicarboxylic acid
➤ **Uridylsäure** uridylic acid
➤ **Urocaninsäure (Urocaninat)/Imidazol-4- acrylsäure** urocanic acid (urocaninate)
➤ **Uronsäure (Urat)** uronic acid (urate)
➤ **Usninsäure** usnic acid
➤ **Valeriansäure/Pentansäure (Valeriat/Pentanat)** valeric acid, pentanoic acid (valeriate/pentanoate)
➤ **Vanillinsäure** vanillic acid
➤ **Wasserstoffsäure/sauerstofffreie Säure** hydracid (an acid without O atoms)
➤ **Weinsäure (Tartrat)** tartaric acid (tartrate)
➤ **Zimtsäure/Cinnamonsäure (Cinnamat)** cinnamic acid
➤ **Zitronensäure/Citronensäure (Zitrat/Citrat)** citric acid (citrate)
➤ **Zuckersäure/Aldarsäure (Glucarsäure)** saccharic acid, aldaric acid (glucaric acid)
➤ **zweiwertige/zweiprotonige Säure** diprotic acid
**Säure-Basen-Gleichgewicht** acid-base balance
**Säure-Basen-Titration/Neutralisationstitration** acid-base titration
**Säureamid** acid amide
**Säureanhydrid** acid anhydride
**Säureaufschluss** acid digestion, digestion by acid
**Säureballon** acid carboy
**Säurebehandlung** acid treatment
**säurebeständig** acid-proof, acid-fast
**säurebildend/säurehaltig** acidic
**Säurebildung** acidification
**Säureester** acid ester
**säurefest** acid-fast
**Säurefestigkeit** acid-fastness

**Säuregrad/Säuregehalt/Azidität**
  acidity, degree of acidity
**Säurenkappenflasche**
  acid bottle (with pennyhead stopper)
**saurer Regen/Niederschlag**
  acid rain, acid deposition
**Säurerest** acid residue
**Säureschrank** acid storage cabinet
**Säureschutzhandschuhe** acid gloves,
  acid-resistant gloves
**Säurestärke** acid strength
**Säureverätzung** acid burn
**Säurezahl (SZ)** acid number, acid value
**Scatchard-Diagramm** Scatchard plot
**Schäbe** *text* shive
**schaben** scrape
**Schaber** scraper
**Schablone** *tech* template; (Zeichenschablone
  für Formeln etc.) stencil
**Schaden** damage, defect
**schadhaft** damaged, defective
**Schädigung** damage, defect
**schädlich** harmful, causing damage, damaging
➤ **unschädlich** harmless, not harmful; inactive
**Schädlingsbekämpfung/Schädlingskontrolle**
  pest control
➤ **biologische Schädlingsbekämpfung**
  biological pest control
➤ **integrierte Schädlingsbekämpfung/**
  **integrierter Pflanzenschutz**
  integrated pest management (IPM)
**Schädlingsbekämpfungsmittel/Pestizid/Biozid**
  pesticide, biocide
**Schädlingsbekämpfungsmittelresistenz/**
  **Pestizidresistenz** pesticide resistance
**Schadstoff** pollutant, harmful substance,
  contaminant
**Schadstoffbelastung** pollution level,
  level of contamination
**schadstoffhaltig** contaminated, polluted
**Schale** *allg/chem* shell (*siehe auch:* Atomschale);
  husk, coat, cover; bowl; (Flachbehälter) tray
➤ **Atomschale** atomic shell
➤ **Außenschale (Atomschalen)** outer shell
➤ **Eindampfschale/Abdampfschale**
  evaporating dish
➤ **Elektronenschale/Elektronenhülle**
  electron shell
➤ **Hydratationsschale (Hydrathülle/Wasserhülle)**
  hydration shell
➤ **Kugelschale (Atomschalen)** spherical shell
➤ **Laborschale** laboratory/lab tray
➤ **Nebenschale/Unterschale (Atomschalen)**
  subshell

➤ **Petrischale** Petri dish
➤ **Porzellanschale** porcelain dish
➤ **Präparierschale** dissecting dish, dissecting pan
➤ **Reibschale/Mörser** mortar
➤ **Unterschale/Nebenschale (Atomschalen)**
  subshell
➤ **Vielfachschale/Multischale** *micb* multiwell plate
➤ **Waagschale** scalepan, weigh tray,
  weighing tray, weighing dish
**schälen** peel; (abschälen) peel off
**Schalengießverfahren** slush molding
**Schälfestigkeit/Ablösefestigkeit** peel resistance
**Schall** (Geräusch) sound; (Widerhall) resonance,
  echo, reverberation
**schallabsorbierend** sound-absorbing
**schallabsorbierende Werkstoffe/schallschluckende**
  **Materialien** sound-absorbing materials
**Schalldämpfung** sound damping;
  (Abschwächung) sound attenuation
**Schallwellen** sound waves
**Schaltanlage** switchboard
**'Schaltbrettmodell'**
  (eigentlich: Rückfalt-Modell: Faltenmizelle)
  switchback model (folded-chain lamellas)
**Schalter** switch
**Schalthebel** control lever; *electr* switch lever
**Schaltkreis/Schaltsystem** circuit (neural circuit)
➤ **integrierter Schaltkreis** integrated circuit
**Schalttafel** control panel, switchboard
**Schaltung/Schaltkreis** circuit, wiring
➤ **gedruckte Schaltung** printed wiring (circuit)
**Schamotte/Schamotteton (feuerfester Ton)**
  fireclay
**scharf** sharp; (Geschmack/Geruch) acrid,
  pungent, hot; (pikant/würzig) spicy;
  *micro/photo* in focus, sharp
**scharfe Gegenstände (scharfkantige/spitze G.)**
  sharps
**Schärfe** *micro/photo* sharpness, focus
➤ **Sehschärfe** visual acuity
➤ **Unschärfe** *micro/photo* blurredness, blur,
  obscurity, unsharpness
**Scharfeinstellung** focussing
**schärfen (Messer/Scheren)** sharpen
**Schärfentiefe/Tiefenschärfe** depth of focus,
  depth of field
**Scharfstellung/Akkommodation** *opt*
  accommodation
**Scharnier/Schloss/Schlossleiste** hinge
**Schaschlik-Struktur** shish-kebab structure
**Schatten** *allg* shade; (eines bestimmten
  Gegenstandes) shadow
**schattieren** shade
**schattig** shady

schätzen/annehmen estimate, assume
Schätzfehler *stat* error of estimation
Schätzung/Annahme estimate, estimation,
assumption
Schätzverfahren *stat* method of estimation
Schätzwert estimate
Schaufel shovel; scoop
➤ Messschaufel measuring scoop
➤ Radschaufel paddle, vane
➤ Turbinenschaufel blade, bucket
Schaufelmischer blade mixer
Schaufelrad/Laufrad paddle wheel,
bucket wheel, blade wheel
Schaukelbewegung see-saw motion
Schaukelvektor/bifunktionaler Vektor
shuttle vector, bifunctional vector
Schaum (*pl* Schäume) foam; froth (fein:
auf Flüssigkeit); lather (Seifenschaum)
➤ Feuerlöschschaum fire foam
➤ Hartschaum hard foam, rigid foam
➤ Integralschaum integral foam
➤ Latexschaum latex foam
➤ Seifenschaum/Seifenwasser suds
➤ Strukturschaum/Integralschaum structural
foam, integral foam (integral skin foam)
➤ Weichschaum soft foam, flexible foam
schäumbar foamable, expandable
Schäumbarkeit foamability
Schaumbeton foam concrete
Schaumbildner (Flammschutz) intumescent agent
Schaumbrecher-Aufsatz/Spritzschutz-Aufsatz
(Rückschlagsicherung) *dest*
antisplash adapter, splash-head adapter
Schaumdämpfer/Schaumbremse/
Schaumverhütungsmittel
antifoaming agent, defoamer, foam inhibitor;
(Gerät) antifoam controller
Schaumdichte foam density
Schäumen *n* foaming; (sehr fein) frothing
schäumen *vb* foam; lather
Schäumer/Schaumbildner foamer, foaming agent
Schaumgießen foam pouring; foam molding
Schaumgips foam plaster
Schaumgummi foam rubber, foamed rubber,
plastic foam, foam
Schaumhemmer anti-foaming agent
Schaumlöscher foam fire extinguisher
Schaumregulator foam regulator
Schaumspritzen (Auftrageverfahren:
Sprühverfahren) polym spray foaming
Schaumspritzgießen *polym*
foam injection molding
Schaumsprühen foam spraying

Schaumstoff foamed plastic, plastic foam
➤ geschlossenzelliger Schaumstoff
closed-cell foam, unicellular foam
➤ offenzelliger/offenporiger Schaumstoff
open-cell foam, interconnecting-cell foam
➤ Reaktionsschaumstoff reaction foam
Scheibe disk, disc (*Br*); (Platte) plate, saucer
➤ Berstscheibe/Sprengscheibe/Sprengring/
Bruchplatte bursting disk
➤ Fensterscheibe/Glasscheibe pane
➤ Frontscheibe (Sicherheitswerkbank) sash
➤ Schutzscheibe/Schutzschirm
protective screen/shield, workshield
➤ Sichtscheibe viewing window
➤ Unterlegscheibe washer
➤ Wählscheibe/Einstellscheibe dial
scheibenförmig disk-shaped
Scheibenmühle plate mill
Scheibenversprüher disk atomizer
Scheide/Umhüllung sheath
scheiden/trennen/abtrennen separate
scheidenförmig sheathed
Scheidetrichter separatory funnel
Scheidewand/Septe/Septum/Membran dividing
wall, cross-wall, partition, dissepiment, septum
Scheidewasser/Gelbbrennsäure
(konz. Salpetersäure) aqua fortis
(conc. nitric acid used in metal etching)
Scheidung/Trennung separation
Scheindreherbindung *text* mock leno weave
Scheitelpunkt apex, peak (highest among other
high points), vertex, summit
Scheitelwert/Höchstwert/Maximum peak value,
maximum (value)
Schellack (aus: *Laccifer lacca*) shellac,
(Rohschellack) lac
Schelle/Klemme clip, clamp, band clamp
Schenkel *chem/biochem/immun* arm
Scherbänder *polym* shear bands
Schere scissors
➤ Blechschere sheet-metal shears, plate shears
➤ chirurgische Schere surgical scissors
➤ Drahtschere wire shears, wire cutters
➤ Drahtseilschere/Kabelschere
wire cable shears, cable shears
➤ Irisschere/Listerschere iris scissors
➤ Präparierschere dissecting scissors
➤ spitze Schere sharp point scissors
➤ stumpfe Schere blunt point scissors
➤ Verbandsschere bandage scissors
scheren shear, cut, clip
Scheren shearing;
(Stutzen/Beschneiden) clipping

**Scherfestigkeit/Schubfestigkeit (Holz)**
shear strength, shearing strength
**Scherfließen** shear flow
**Schergefälle/Schergradient** shear gradient
**Schergeschwindigkeit** shear rate
**Scherkraft** shear force; shear stress
(shear force per unit area)
**Schermodul (Torsionsmodul)** shear modulus,
torsion modulus, modulus of rigidity
**Schernachgiebigkeit** shear compliance
**Scherrate** shear rate, rate of shear
**Scherspannung/Schubspannung** shear stress,
shearing stress (shear force per unit area)
**Scherspeichermodul** shear storage modulus,
in-phase modulus, elastic modulus
**Scherströmung/Scherfließen** shear flow
**Scherverdünnung** shear thinning,
pseudoplasticity
**Scherverlustmodul** shear loss modulus,
90°/out-of-phase modulus, viscous modulus
**Scherverzähung/Dilatanz** shear thickening,
dilatancy
**Scheuerbürste (Schrubbbürste)** scrubbing brush
**Scheuerfestigkeit** abrasion resistance
**Scheuermittel** scouring agent, abrasive
**scheuern** scrub, scour; (reiben) rub
**Schicht** layer, story, stratum, sheet
**Schichtenbildung** stratification
(act/process of stratifying)
**Schichtgitter** layer lattice
**Schichtglas** laminated glass
**Schichtkristall** composite crystal,
multilayer crystal
**Schichtpressen** press molding
**Schichtstoff/Schichtstoffplatte** laminated board,
laminated panel; (Plastik) laminated plastic
**Schichtstoffharz** laminating resin
**Schichtstoffpressplatte** laminated pressboard
**Schichtung** stratification (state of being
stratified), layering
➤ **Schiebefenster/Frontschieber/verschiebbare
Sichtscheibe (Abzug/Werkbank)** sash (> hood)
**Schieberplatte (Spritzgießen)** sliding plate
**Schieberventil** slide valve
**schief** oblique
**Schiene** *med* splint
**Schießbaumwolle** nitrocotton, guncotton
(12.4–13% N); pyroxylin (11.2–12.4% N)
**Schießofen** Carius furnace, bomb furnace,
bomb oven, tube furnace
**Schießpulver** gunpowder
**Schießrohr/Bombenrohr/Einschlussrohr**
bomb tube, Carius tube
**Schießstoff/Schießmittel** low explosive

**Schild (Schutzschild)** shield, screen
(protective shield/screen)
**schillern** opalesce
**Schirm/Blende (Sichtschirm/Sichtblende)** visor
**Schlacke** *tech/metal/geol* cinders, slag, dross,
scoria
**schlagen** (hauen) beat, hit, strike;
(beim kochen) bump
**Schlagfestigkeit** impact resistance
**Schlagpressen/Kaltschlagverfahren**
impact molding
**Schlagwetter/schlagende Wetter/
Grubengas** firedamp, mine damp, mine gas
**Schlagzähigkeit** impact strength
**Schlagzähmacher** *polym* impact modifier,
toughening agent
**Schlamm/Aufschlämmung** slurry
**Schlämmkreide** prepared chalk, drop chalk
**Schlangenkühler** coil condenser,
coil distillate condenser, coiled-tube
condenser, spiral condenser
**Schlankheit/Schlankheitsverhältnis (Länge zu
Durchmesser: Fasern)** *polym* aspect ratio
**Schlauch** tube, tubing; hose
➤ **Gartenschlauch** garden hose
➤ **Hochdruckschlauch** high-pressure tubing
(mit größerem Durchmesser: hose)
**Schlauchfolie/Blasfolie** tubular film, 'bubble'
**Schlauchklemme/Quetschhahn** tubing
clamp, pinch clamp, pinchcock clamp;
(Schlauchschelle: Installationen zur
Schlauchbefestigung) hose clamp, hose
connector clamp
**Schlauchkupplung** tubing connection,
tube coupling
**Schlauchpumpe** tubing pump
**Schlauch-Rohr-Verbindungsstück**
pipe-to-tubing adapter
**Schlauchschelle** tube clip, hose clip;
(Abrutschsicherung/Befestigung an
Verbindungsstück) hose/tubing bundle
**Schlauchsperre** (tube) compressor clamp
**Schlauchtülle (z. B. am Gasreduzierventil)**
tubing/hose attachment socket, tubing/
hose connection gland
**Schlauchventil (Klemmventil)** (tubing) pinch valve
**Schlauchverbinder/Schlauchverbindung(en)**
tubing connector (for connecting tubes),
tube coupling, fittings
**Schlauchverschlussklemme** *dial* tubing closure
**Schlaufe** *tech/gen/biochem* loop
**Schlaufenradreaktor** paddle wheel reactor
**Schlaufenreaktor/Umlaufreaktor** loop reactor,
circulating reactor, recycle reactor

**Schleifen/Abschleifen (Oberfkächen)** grinding
**Schleifenkonformation/Knäuelkonformation**
loop conformation, coil conformation
**Schleifer/Schleifmaschine** grinder,
grinding machine
**Schleifhärte** *geol/min* abrasive hardness
**Schleifschärfe** abrasivity
**Schleifstein/Abziehstein** sharpening stone,
grindstone, honing stone
**Schleim** mucus, slime, ooze;
mucilage (speziell pflanzlich)
**Schleimharze/Gummiharze/Gummen**
gums, gum resins
**Schleimhautreizung** irritation of the mucosa
**schleimig** slimy, mucilaginous, glutinous
**Schleimsäure/Mucinsäure** mucic acid
**Schlempe** dried distillers' solubles;
(Brennereischlempe) vinasse
**Schlenk-Kolben/Schlenkkolben (Rundkolben
mit seitlichem Hahn)** Schlenk flask
**Schlenk-Rohr/Schlenkrohr
(mit seitlichem Hahn)** Schlenk tube
**Schleppdampfdestillation** distillation by steam
entrainment
**Schlepperprotein/Trägerprotein** carrier protein
**Schleppförderer** drag conveyor
**Schleppgas** *chromat* carrier gas
**Schleppmittel** (Gas/Flüssigkeit) *chromat* carrier;
*dest* entrainer, separating agent
**Schleppströmung** drag flow
**Schleuder** *tech* spinner; (Zentrifuge) centrifuge
**schleudern** *tech* spin; (zentrifugieren) centrifuge
**Schleuse** sluice; lock
➤ **Ionenschleuse** gated ion channel
➤ **Luftschleuse** airlock
➤ **Notschleuse** escape lock
➤ **Personalschleuse** personnel lock,
personnel sluice
➤ **Vakuumschleuse** vacuum lock
**schleusen** sluice, channel
**Schleusenraum** sluice room
**Schlichte** *text* size, sizing material; finish;
lubricant
➤ **Entschlichtung (Entfernung von Schlichtemittel)**
desizing
**Schlick** sludge; mud; *geol* warp, mud
**Schlicker** slimes, schlich
**Schliere** streak, ream, striation
**Schlierenbildung** streak formation, streaking,
striation
**schlierenfrei** free from streaks, free from reams
**schlierig** streaky, streaked
**Schließfach** locker
**Schliff** ground joint

➤ **festgebackener Schliff** jammed joint,
stuck joint, caked joint, 'frozen' joint
➤ **Kegelschliff (N.S. = Normalschliff)**
ground-glass joint, tapered ground joint
(S.T. = standard taper)
➤ **Kugelschliff** spherical ground joint
➤ **Planschliff (glatte Enden)** flat-flange ground
joint, flat-ground joint, plane-ground joint
**Schliff-Fett** lubricant for ground joints
**Schliffgerät** ground-glass equipment
**Schliffhülse („Futteral"/Einsteckstutzen)**
socket, ground socket, ground-glass socket
(female: ground-glass joint)
**Schliffkern (Steckerteil)** cone, ground cone,
ground-glass cone (male: ground-glass joint)
**Schliffklammer/Schliffklemme (Schliffsicherung)**
joint clip, ground-joint clip, ground-joint clamp
**Schliffkolben** ground-jointed flask
**Schliffkugel** ball (male: spherical joint)
**Schliffpfanne** socket (female: spherical joint)
**Schliffstopfen** ground-glass stopper,
ground-in stopper, ground stopper
**Schliffverbindung/Glasschliffverbindung**
ground joint, ground-glass joint;
(Kegelschliffverbindung) tapered joint
➤ **Manschette** sleeve, joint sleeve
**schlimmster anzunehmender Fall**
worst-case scenario
**Schlitten/Platte/Walze** platen
**Schloss (Verschluss)** lock
**Schloss-Schlüssel-Prinzip** lock-and-key principle
**Schlucken** *n* swallowing
**schlucken** *vb* swallow
**Schluff** *geol* silt
**Schlüssel** key; (Schraubenschlüssel/
Schraubschlüssel) wrench, spanner (*Br*)
**Schlüsselenzym/Leitenzym** key enzyme
**Schlüssel-Schloss-Prinzip/
Schloss-Schlüssel-Prinzip**
lock-and-key principle
**Schlussventil** cutoff valve
**Schmalz** grease, melted fat;
(Schweineschmalz/Schweinefett) lard
**Schmälzmittel (Gleitfähigmachung/Umhüllung
von Glasfasern)** size, sizing material;
oversprays (spinning oil, lubricant)
**schmelzbar** fusible
**Schmelzbruch/Schmelzebruch** melt fracture
(elastic turbulence: surface roughness,
sharkskin, orange peel, matte)
**Schmelzdraht** *electr* fusible wire
**Schmelzdruck** melting pressure
**Schmelze** melt
**Schmelzefluss/Schmelzfluss** melt flow

**Schmelzelektrolyse/Schmelzflusselektrolyse**
molten-salt electrolysis
**schmelzen/aufschmelzen** *chem/gen* melt
➤ **umschmelzen/wieder einschmelzen** remelt
**Schmelzenthalpie** enthalpy of fusion
**Schmelzentropie** entropy of melting
**schmelzflüssig** fused, fusible, molten
**schmelzgesponnen** melt-spun
**schmelzgesponnener Elementarfaden**
melt-spun filament
**Schmelzindex** melt flow index (MFI),
melt flow rate (MFR)
**Schmelzklebstoff** melt adhesive
**Schmelzkurve** *chem/gen* melting curve
**Schmelzling** ingot (zone melting)
**Schmelzmittel** flux, fluxing agent
**Schmelzofen** melting furnace, smelting furnace
**Schmelzplombe** *electr* fusible plug
**Schmelzpunkt** *chem* melting point
**Schmelzspinnen (Erspinnen aus der Schmelze)**
melt spinning
**Schmelztemperatur** melting temperature
**Schmelztiegel** crucible
**Schmelzwärme** heat of fusion
**Schmelzwasser** meltwater
**Schmieden** forging
**schmieren** lubricate, grease, oil
**Schmierfett/Schmiere** grease, lubricating grease
➤ **Apiezonfett** apiezon grease
➤ **Silikon-Schmierfett** silicone grease
**Schmiermittel/Schmierstoff/Schmiere**
lubricant, lube
**Schmieröl** lubricating oil, lube oil
**Schmierseife** soft soap
**Schmierung** lubrication
**Schmirgel** emery
**Schmirgelleinen** emery cloth
**schmirgeln** grind/polish/rub with emery; sand
**Schmirgelpapier** sandpaper, emery paper (*Br*)
**schmoren (Kabel etc.)** scorch
**Schmorpfanne/Kasserole** stewpan
**Schmutz/Dreck** dirt, filth
**schmutzig/dreckig** dirty, filthy
**Schmutzstoffe** pollutants
**Schnalle** buckle
**Schnappdeckel/Schnappverschluss**
snap cap, push-on cap
**Schnappdeckelglas/Schnappdeckelgläschen**
snap-cap bottle, snap-cap vial
**Schnappriegel/Schnappschloss** latch
**Schnappverbindung** snap-in joint
**Schnauze/Mundstück** spout

**Schneckenantriebspumpe**
progressing cavity pump
**Schneckenkolben** screw piston
**Schneebesen** whisk
**Schneidbrenner** cutting torch
**Schneide (Grat: Messer etc.)**
edge, cutting edge (of blade etc.)
**schneiden** cut
**Schneidmühle** cutting-grinding mill,
shearing machine
**Schneidwerkzeug** cutting tool
**Schnellfärbung** *micros* quick-stain
**Schnellgefrieren** rapid freezing
**Schnellkupplung (z. B. Schlauchverbinder)**
quick-disconnect fitting, self-sealing coupling
**Schnellscan-Detektor** fast-scanning detector
(FSD), fast-scan analyzer
**Schnellschuss (Reaktor-Schnellschuss)** *rad/nucl*
scram, SCRAM (safety control rod axe man:
emergency reactor shutdown)
**Schnellspannverschluss** quick-release clamp (seal)
**Schnellverbindung (Rohr/Glas/Schläuche etc.)**
quick-fit connection
**Schnellverdampfer (GC)** flash vaporizer
**schnellwachsend** fast-growing, rapid-growing
**Schnitt** cut, section
➤ **Dünnschnitt** thin section
➤ **Gefrierschnitt** frozen section
➤ **Hirnschnitt/Querschnitt** transverse section,
cross section
➤ **Querschnitt** cross section
➤ **Sagittalschnitt (parallel zur Mittelebene)**
sagittal section, median longisection
➤ **Schnellschnitt** quick section
➤ **Semidünnschnitt** semithin section
➤ **Serienschnitte** *micros/anat* serial sections
➤ **Ultradünnschnitt** ultrathin section
**Schnittdicke** thickness of section,
section thickness
**Schnittfläche/Schnittebene** cutting face,
cutting plane
**schnittig/geschnitten/eingeschnitten** cut, incised
**Schnittstelle** *electr* interface; *gen* cleavage site
**Schnittverletzung** *med* cut, incision
**Schnittwunde** *med* cut, incision; slash wound
➤ **klaffende tiefe Schnittwunde** gash
**Schnur** string
**Schockgefrieren** shock freezing
**Schockwelle/Stoßwelle** shock wave
**schonend** gentle, mild; careful
**schöpfen** scoop (up/out), draw
**Schöpfer/Schöpfgefäß/Schöpflöffel** dipper, scoop

**Schöpfkelle** ladle
**Schorf (Wundschorf)/Grind** *zool/med* scab
**schorfig/Schorf** ... scurfy, scabby, furfuraceous
**Schorfwunde** scab lesion
  (crustlike disease lesion)
**Schornstein** stack, smokestack
➤ **Abzugschornstein** exhaust stack
**Schrank** cabinet, cupboard
**Schraubdeckel/Schraubkappe** screw-cap,
  screwtop
**Schraubdeckelgläschen** screw-cap vial
**Schraube** screw; (Spirale/Helix) spiral, helix
➤ **Bügelmessschraube** outside micrometer
➤ **Daumenschraube** thumbscrew
➤ **Einstellschraube** adjustment screw,
  tuning screw
➤ **Feinjustierschraube/Feintrieb** *micros*
  fine adjustment knob
➤ **Flügelschraube** thumbscrew
➤ **Grobjustierschraube/Grobtrieb** *micros*
  coarse adjustment knob
➤ **Inbusschraube** socket screw,
  socket-head screw
➤ **Justierschraube/Justierknopf/Triebknopf**
  *micros* adjustment knob,
  focus adjustment knob
➤ **Mikrometerschraube** *micros* micrometer
  screw, fine-adjustment, fine-adjustment knob
➤ **Rändelschraube** knurled screw,
  knurled thumbscrew
➤ **Stellschraube** adjusting screw, setting screw,
  adjustment knob, fixing screw
**Schraubenbolzen/Bolzen** bolt
**Schraubenschlüssel** wrench, screw wrench;
  spanner (*Br*)
➤ **Engländer/Rollgabelschlüssel**
  adjustable wrench
➤ **Gabelschlüssel/Maulschlüssel**
  open-end wrench, open-end spanner (*Br*)
➤ **Kreuzschlüssel** spider wrench,
  spider spanner (*Br*)
➤ **Ringschlüssel** ring spanner wrench,
  box wrench, box/ring spanner (*Br*)
➤ **Sechskant-Steckschlüssel**
  hex nutdriver (wrench)
➤ **Sechskant-Stiftschlüssel** hex socket wrench
➤ **Stiftschlüssel** socket wrench, box spanner
**Schraubflasche** screw-cap bottle
**Schraubgewinde** screw thread
**Schraubgewindeverschluss** threaded top
**Schraubgläschen** screw-cap vial, screw-cap jar
**schraubig/spiralig/helical** spiraled, helical,
  spirally twisted, contorted

**Schraubkappe/Schraubkappenverschluss**
  screw-cap, screw cap, screwtop
**Schraubklemme** screw clam, pinch clamp
**Schraubstock** vise, vice (*Br*)
**Schraubverschluss/Schraubdeckel**
  screwtop (threaded top)
**Schraubzwinge** screw clamp
**Schreckstoff** (Abschreckstoff) deterrent,
  repellent; (Alarmstoff/Alarm-Pheromon)
  alarm substance, alarm pheromone
**Schreiber (Gerät zur Aufzeichnung)**
  recorder; plotter
**Schreibkraft** secretarial help,
  secretarial assistant, typist
**Schreibkreide/Tafelkreide/Schulkreide**
  (Calciumsulfat) blackboard chalk, school chalk
**Schreibpapier** bond paper
**Schrittmacher** pacemaker (*siehe*: Sinusknoten)
**Schrittmotor/Schrittantriebsmotor/**
  **Steppermotor** stepper
**Schrumpffolie** shrink film, shrink wrap,
  shrink foil, shrinking foil
**Schrumpfung/Schwund (Nachschrumpfung)**
  shrinkage
**Schub** *aer* thrust
**Schubfestigkeit/Scherfestigkeit (Holz)**
  shear strength, shearing strength
**Schubkraft/Vortriebkraft** thrust, forward thrust
**Schublehre** slide caliper, caliper square
**Schubschleuder** pusher centrifuge
**Schubspannung/Scherspannung** shear stress,
  shearing stress
**Schuppenparaffin** scale wax
**Schurwolle (von lebenden Schafen)**
  shear wool/shorn wool (fleece wool)
**Schürze** apron
➤ **Gummischürze** rubberized apron
**Schuss** *text* filling; woof; (Einspritzvorgang) shot
**Schussfaden** filling thread
**Schussgarn** woof
**Schussköper** *text* filling twill
**Schussmasse/Schussgewicht (eingespritzte**
  **Materialmenge: Spritzguss)** shot weight
**Schussvolumen** shot volume; charge
**Schüttdichte** *polym* bulk density (BD) (powder
  density), bulk packed density; apparent density
**Schüttelbad** shaking water bath,
  water bath shaker
**Schüttelflasche/Schüttelkolben** shaker bottle,
  shake flask
**Schütteln** shaking
**schütteln** *vb* shake
➤ **rollen** roll

**Schüttelwasserbad** shaking water bath (reciprocating), water bath shaker
**schütten** pour; (vollschütten) fill; (verschütten) spill; (ausschütten) pour out, empty out
**Schüttgut** bulk goods
**Schüttgutbehälter** bulk container
**Schüttler** shaker
➤ **Drehschüttler (rotierend)** shaker with spinning/rotating motion
➤ **Federklammer (für Kolben)** (four-prong) flask clamp
➤ **Inkubationsschüttler** shaking incubator, incubating shaker, incubator shaker
➤ **Kreisschüttler/Rundschüttler** circular shaker, orbital shaker, rotary shaker
➤ **Reziprokschüttler/Horizontalschüttler/ Hin- und Herschüttler (rütteln)** reciprocating shaker (side-to-side motion)
➤ **Rundschüttler/Kreisschüttler** circular shaker, orbital shaker, rotary shaker
➤ **Rüttler (hin und her/rauf-runter)** rocker, rocking shaker (side-to-side/up-down)
➤ **Taumelschüttler** nutator, nutating mixer, 'belly dancer' (shaker with gyroscopic, i.e., threedimensional circular/orbital & rocking motion)
➤ **Überkopfmischer** mixer/shaker with spinning/ rotating motion (vertically rotating 360°)
➤ **Vortexmischer/Vortexschüttler/Vortexer** vortex shaker, vortex
➤ **Wippschüttler** rocking shaker (see-saw motion)
**Schüttsintern** powder sintering
**Schüttung** filling
**Schüttvolumen** bulk volume
**Schutz** protection; cover; screen, shield
**Schutzanstrich** protective coating
**Schutzanzug (Ganzkörperanzug)** coverall (one-piece suit), boilersuit, protective suit
**Schutzbelag** protective covering
**Schutzbrille** (einfach) safety spectacles; (ringsum geschlossen) goggles, safety goggles
**Schutzcreme (Gewebeschutzsalbe/ Arbeitsschutzsalbe)** barrier cream
**schützen** protect
**Schutzgas** protective gas, shielding gas (in welding)
**Schutzglas/Sicherheitsglas** safety glass
**Schutzgruppe (chem Synthese)** protective group, protecting group
**Schutzhandschuhe** protective gloves
**Schutzhaube** protective hood/cover/cap; (Staub) dust cover
**Schutzhelm** safety helmet; hard hat
**Schutzimpfung** protective immunization, vaccination

**Schutzkittel/Schutzmantel** protective coat, protective gown
**Schutzkleidung** protective clothing
**Schutzmaßnahme** protective/precautionary measure
**Schutzring/Stoßschutz (Prellschutz für Messzylinder)** bumper guard
**Schutzsäule/Vorsäule** guard column, precolumn
**Schutzscheibe/Schutzschirm/Schutzschild** protective screen/shield, workshield
**Schutzversuch/Schutzexperiment** protection assay, protection experiment
**Schutzvorhang** protective curtain
**Schutzvorrichtung** guard, protective device
**Schutzzone** protection zone
**Schwächungskoeffizient** $\mu$ attenuation coefficient
**Schwaden** vapor, fume(s)
➤ **Rauchschwaden** clouds of smoke
**Schwalbenschwanzbrenner/Schlitzaufsatz für Brenner** wing-tip (for burner), burner wing top
**Schwalbenschwanzverbindung** *micros* dovetail connection
**Schwamm** sponge
**Schwammgummi** sponge rubber
**schwammig** spongy
**Schwammstopfen** sponge stopper
**Schwanenhals** gooseneck
**Schwanenhalskolben** swan-necked flask, S-necked flask, gooseneck flask
**schwanken** (fluktuieren) fluctuate; (variieren) variate
**Schwankung** (Fluktuation) fluctuation; (Variation) variation
**Schwanz (z.B. des Fettmoleküls)** tail
**Schwanz-an-Schwanz** tail-to-tail
**Schwanzbildung/Signalnachlauf** *chromat* tailing
**Schwanzwachstum/endständiges Wachstum** tail growth
**Schwarzbeize/Eisenbeize** black liquor, black mordant, iron acetate liquor, iron liquor
**Schwarzpulver** black powder
**Schwebedichte/Schwimmdichte** buoyant density
**schweben (schwebend)** float (floating), suspend (suspended)
**Schwebeteilchen** suspended particle
**Schwebstoff(e)** suspended substance, suspended matter, particles in suspension
**Schwefel (S)** sulfur
➤ **Rohschwefel/gediegener Schwefel** brimstone
**Schwefelblüte/Schwefelblume** flowers of sulfur
**schwefelhaltig** sulfurous, sulfur-containing
**Schwefelkies/Pyrit FeS$_2$** pyrite

**Schwefelkohlenstoff/Kohlenstoffdisulfid/
Kohlendisulfid CS$_2$** carbon disulfide
**Schwefelkreislauf** sulfur cycle
**schwefeln (z.B. Fässer)** sulfurize (e.g. vats)
**Schwefeln/Schwefelung (z.B. Fässer)**
sulfuring (e.g. vats)
**Schwefelsäure H$_2$SO$_4$** sulfuric acid
➤ **Chromschwefelsäure** chromic-sulfuric acid
mixture for cleaning purposes
➤ **Oleum/rauchende Schwefelsäure (konz. H$_2$SO$_4$
+ SO$_3$)** oleum, fuming sulfuric acid
➤ **Thioschwefelsäure H$_2$S$_2$O$_3$** thiosulfuric acid
**Schwefelspender** sulfur donor
**Schwefelverbindung/schwefelhaltige
Verbindung** sulfur compound
**Schwefelwasserstoff H$_2$S** hydrogen sulfide
**schweflig** sulfurous
**schweflige Säure/Schwefligsäure H$_2$SO$_3$**
sulfurous acid
➤ **dischweflige Säure H$_2$S$_2$O$_5$** disulfurous acid
**Schweiß** sweat, perspiration
**Schweißbrenner/Schweißgerät** blowpipe,
welding torch, torch
**schweißen** *vb* weld
**Schweißen** *n* welding
➤ **autogenes Schweißen** autogenous welding
➤ **Nahtschweißen** seam welding
➤ **Punktschweißen** spot welding, point welding
**Schweißgerät** welding tool/set/apparatus; sealer
➤ **Folienschweißgerät** wrapfoil heat sealer
**Schweißmittel/Schweißmasse** welding flux
**Schweißraupe** bead
**Schweißstab** welding rod, filler rod
**Schweißung** welding
**Schweißwulst** flash (upset)
**Schwelbrennverfahren**
thermal waste recycling technology
**schwelen (verschwelen)** smolder, smoulder,
burn slowly, carbonize at low temperature
**Schwelen/Schwelung (Verschwelung)**
smoldering, smouldering (carbonization)
**Schwelle (z.B. Reizschwelle/
Geschmacksschwelle etc.)** threshold
**schwellen/anschwellen/turgeszent** swell,
swelling, turgescent
**schwellend/prall/turgeszent** turgescent
**Schwelleneffekt** threshold effect
**Schwellenkonzentration** threshold concentration
**Schwellenmerkmal** threshold trait
**Schwellenpotential (kritisches Membranpotential)**
threshold potential (firing level)
**Schwellenstrom** threshold current
**Schwellenwert** threshold value,
threshold limit value (TLV); truncation

**Schwellenwertselektion/Kappungsselektion/
Auslesezüchtung** truncation selection
**Schwellung** swelling; (Turgeszenz) turgescence
**Schwellungsgrad** turgidity
**Schwellverhalten (Hohlkörperblasen)** swelling
**Schwelteer** carbonization tar
(smoldered at low temperature)
**Schwelung** smoldering, carbonization at low
temperature
**schwenken (Flüssigkeit in Kolben)** swirl
**Schwerbenzin** heavy gasoline
**Schwerefeld** gravitational field
**Schwerelosigkeit** weightlessness
**Schweresinn** gravitational sense
**schwerflüchtig** nonvolatile
➤ **flüchtig** volatile
**schwergewicht/schwergewichtig adj/adv**
heavyweight
**Schwerion** heavy ion
**Schwerkraft** gravity, gravitational force
**Schwerkraftfiltration** gravity filtration
**schwerlöslich** of low solubility
**Schwermetall** heavy metal
**Schwermetallbelastung**
heavy metal contamination
**Schwermetallvergiftung** heavy metal poisoning
**Schweröl** heavy oil
**Schwerspat/Baryt** barite (barium sulfate)
**Schwerwasserreaktor** *nucl*
heavy water reactor (HWR)
**Schwimmdichte/Schwebedichte**
buoyant density
**Schwimmer (z.B. am Flüssigkeitsstandregler)**
float
**Schwimmerschalter** float switch
**Schwimmhaut** web (thin sheet:
severe molding defect)
**Schwimmständer/Schwimmgestell/
Schwimmer (für Eiswanne)** floating rack
**Schwindung** shrinkage;
(Zusammenziehen) contraction
**schwindungsfrei/schwundfrei** shrink-free
**Schwingbewegung** vibrational motion
**schwingen (in Resonanz)** resonate
**schwingende Reaktion/oszillierende
Reaktion** oscillating reaction, oscillatory
reaction (clock reaction)
**Schwingphase** swing phase, suspension phase
**Schwingquarz** quartz oscillator, crystal oscillator,
quartz-crystal oscillator, quartz resonator,
piezoelectric quartz, piezoid
**Schwingung** oscillation, vibration
➤ **Deformationsschwingung (IR)**
deformation vibration, bending vibration

> Oberschwingung (IR) overtone
> Streckschwingung (IR) stretching vibration
> Wippschwingung (IR) wagging vibration
Schwingungsbewegung vibrational motion
Schwingungsfreiheitsgrad
    vibrational degree of freedom
Schwingungsspektrum vibrational spectrum
Schwitzen *n* sweating, perspiration, hidrosis
> Ausschwitzen *polym* exudation, bleed through
schwitzen *vb* sweat, perspire
Schwitzwasser condensation water
    (condensed moisture)
Schwund/Schwindung shrinkage
Sebacinsäure/Decandisäure sebacic acid,
    decanedioic acid
Sechskant-Steckschlüssel hex nutdriver
Sechskant-Stiftschlüssel hex socket wrench
Sechskantstopfen hex-head stopper,
    hexagonal stopper
sedentär/niedergelassen sedentary
Sediment sediment; *centrif* (Pellet) pellet
Sedimentationsgeschwindigkeitsanalyse
    *biochem* sedimentation analysis
Sedimentationskoeffizient
    sedimentation coefficient
Sedimentgestein sedimentary rock
Segelleinen/Segeltuch canvas
Segmentdichteverteilung
    segmental density distribution
segmentieren segment
Segmentierung segmentation
Segmentkette jointed chain, freely jointed chain
Segmentpolymer block polymer
Segmentrotation segmental rotation
Segregation/Aufspaltung segregation
Segregationslinie segregation line
segregieren/aufspalten segregate
Sehfeldblende/Gesichtsfeldblende
    field stop (a field diaphragm)
Sehpurpur/Rhodopsin rose-purple, rhodopsin
Seide silk (fibroin/sericin)
> Acetatseide/Acetatrayon acetate silk,
    acetate rayon
> Kunstseide (Rayon) artificial silk, rayon
> Kupferseide/Kuoxamseide/Cuoxamseide/
    Cuprofaser cuprammonium
    silk/rayon/fiber (CUP)
> Viskoseseide/Viskoserayon viscose silk,
    viscose rayon
> Zellstoffseide cellulose silk
seiden/Seiden... silken
seidenartig/seidenhaarig/seidig silky, sericeous,
    sericate
Seidenfaden silk suture

Seidengummi/Seidenleim/Sericin silk gum,
    sericin
Seidenlaus/Seidenflocke fibrillation (pilling)
Seife soap
> ein Stück Seife a bar of soap
> Flüssigseife liquid soap,
> Kernseife (fest) curd soap (domestic soap)
> Schmierseife soft soap
Seifenschaum/Seifenwasser suds
Seifenspender (Flüssigseife) soap dispenser
    (liquid soap)
Seifenstein (Speckstein: Abart von Talk)
    soapstone; (Sodastein: festes NaOH-Ätznatron
    mit Soda-Spuren)
soda rock (Saponit) saponite
Seigern/Seigerung *metal* liquation
Seigerschlacke liquation slag
Seiher/Abtropfsieb colander
Seil rope
Seilwinde winch (for rope/cable/chains etc.)
Seitenachse lateral axis, lateral branch
Seitenarm/Tubus (Kolben etc.) sidearm,
    tubulation
Seitenkette *chem* side chain
Seitenkettenpolymer side-chain polymer
Seitenschneider diagonal cutter, diagonal pliers,
    diagonal cutting nippers
seitlich/lateral lateral
Sekantenmodul secant modulus
Sekret secretion
Sekretion secretion
Sekretionsprotein/Sekretprotein/
    sekretorisches Protein secretory protein
sekretorisch secretory
Sekundärantwort secondary response
> immunologische Sekundärantwort secondary
    immune response, anamnestic response
Sekundärinfekt/Sekundärinfektion
    secondary infection
Sekundärionen-Massenspektrometrie (SIMS)/
    Ionenstrahl-Mikroanalyse
    secondary-ion mass spectrometry (SIMS)
Sekundärreaktion secondary reaction, subsidiary
    reaction (between resultants of a reaction)
Sekundärstoffwechsel secondary metabolism
Sekundärstruktur (Proteine) secondary structure
Sekundenkleber superglue, crazy glue
selbstabgleichend self-balancing
selbstansaugend (Pumpe) self-priming
Selbstassoziierung/Selbstzusammenbau/
    spontaner Zusammenbau
    (molekulare Epigenese) self-assembly
selbstbeschleunigend self-accelerating,
    autoaccelerating

**Selbstbeschleunigung** autoacceleration
**selbstdichtend** self-sealing
**selbsteinstellend** self-adjusting
**selbstentzündlich** spontaneously ignitable,
self-ignitable, autoignitable
**Selbstentzündung** spontaneous ignition,
self-ignition, autoignition
**Selbstenzündungstemperatur** spontaneous
ignition temperature (SIT)
**selbsterhaltend** self-sustaining
**selbsterlöschend** self-extinguishing
**Selbsthaftung** (inherent) tack
**selbsthärtend (Harze/Polymere)** self-curing
**Selbstinkompatibilität** self-incompatibility
**selbstklebend** self-adhesive, self-adhering,
gummed
**selbstlöschend** self-extinguishing;
self-quenching
**Selbstmord-Substrat** suicide substrate
**Selbstorganisation** self-organization
**selbstregulierend/selbsteinstellend**
self-regulating, self-adjusting
**selbstreinigend** self-cleaning, self-cleansing,
self-purifying
**Selbstreinigung** self-cleansing, self-purification
**selbstschmierend** self-lubricating
**Selbstschmierfähigkeit** self-lubricating ability
**Selbstschutz** self-protection
**selbsttätig/automatisch** self-acting, automatic
**selbsttragend** self-supporting;
(selbsttragende Reaktion) self-propagate
(self-propagating reaction)
**Selbstvergiftung** self-poisoning, autopoisoning
**selbstverlaufend (Harz/Kunststoffmasse etc.)**
self-levelling
**selbstverlöschend** self-extinguishing
**selbstvernetzend** self-crosslinking
**selbstverschließend** self-locking
**selbstverstärkend** self-reinforcing
**Selbstverstärkung** self-reinforcement
**selbstverzehrend** self-consuming, sacrificial
**selbstvulkanisierend** self-vulcanizing
**selbstzersetzend** self-decomposing,
autodecomposing
**Selbstzersetzung** spontaneous decomposition,
autodecomposition
**selbstzündend** self-igniting
**Selbstzusammenbau/Spontanzusammenbau/**
**Selbstassoziierung/spontaner Zusammenbau**
**(molekulare Epigenese)** self-assembly
**selektieren/auslesen** select
**Selektionsdruck** selective pressure,
selection pressure
**Selektionsnachteil** selective disadvantage

**Selektionsvorteil** selective advantage
**Selektionswert/Selektionskoeffizient**
selection coefficient, coefficient of selection
**selektiv** selective
**Selektivität** selectivity
**Selen (Se)** selenium
**Selenigsäure $H_2SeO_4$** selenous acid
**Selensäure $H_2SeO_3$** selenic acid
**selten/rar** scarce, rare
**Seltene Erden (Oxide der Seltenerdmetalle)**
rare earths
➢ **Ceriterden** cerite earths
➢ **Yttererden** yttrium earths
**Seltenerdmetalle** rare-earth metals
**Seltenheit/Rarität** scarcity, rarity
**Semidünnschnitt** semithin section
**Semi-interpenetrierendes Netzwerk**
semi-interpenetrating network (SIPN)
**semikristallin/teilcrystallin** semicrystalline
**Senfgas RNCS** mustard gas
**Senföl** mustard oil
**sengen** singe
**Sengen** *n* singeing
**Senke/Verbrauchsort (von Assimilaten)**
sink (importer of assimilates)
**Senkgrube/Sickergrube** sump, cesspit,
cesspool (*Br* soakaway)
**sensibilisieren** sensitize
**Sensibilisierung** sensitization
**Sensitivität/Empfindlichkeit** sensitivity
**sensorisch** sensory
**Separationsmittel (Formguss)** parting agent,
parting compound, mold release agent
**Sepsis/Septikämie/Blutvergiftung** sepsis,
septicemia, blood poisoning
**Septum (*pl* Septen)** septum (*pl* septa or septums)
**sequentielle Reaktion/Kettenreaktion**
sequential reaction, chain reaction
**Sequenz** sequence
**Sequenzierung** *gen* sequencing
**Sequenzierungsautomat** *gen* sequencer;
sequenator
**Sequenzpolymer** sequential polymer
**Sequenzregel (Chiralität)** sequence rule
**Sequenzwiederholung (DNA/RNA)**
repeat, repetition
**Serienschnitte** serial sections
**Serin** serine
**Serizin/Sericin** sericin, silk gelatin, silk glue
**Serologie** serology
**serologisch** serologic(al)
**serös** serous
**Serotonin/Enteramin/5-Hydroxytryptamin**
serotonin, 5-hydroxytryptamine

**Serum (*pl* Seren)** serum (*pl* sera or serums)
**Servierwagen** service cart, service trolley (*Br*)
**Sesquiterpene (C₁₅)** sesquiterpenes
**Sesselform (Cycloalkane)** *chem*
 chair conformation
**Sexualhormon** sex hormone
**sezernieren/abgeben (Flüssigkeit)**
 secrete (excrete)
**sezieren** dissect
**Seziernadel** dissecting needle (teasing needle);
 (Stecknadel) dissecting pin
**Sezierpinzette** dissecting forceps
**Shikimisäure (Shikimat)**
 shikimic acid (shikimate)
**Shore-Härte** Shore hardness (SH)
**Sialinsäure (Sialat)** sialic acid (sialate)
**sicher** *tech* safe; (*personal protection*) secure
➤ **unsicher** (gefährlich) unsafe;
 (*personal protection*) insecure
**sicherer Umgang** safe handling
**Sicherheit** *tech* safety;
 (*personal protection*) security
➤ **Arbeitsplatzsicherheit** occupational safety,
 workplace safety
➤ **Betriebssicherheit** safety of operation
➤ **erhöhte Sicherheit** increased safety
➤ **Laborsicherheit** laboratory safety, lab safety
**Sicherheitbestimmungen** safety regulations
**Sicherheitsbeauftragter** safety officer
➤ **biologischer Sicherheitsbeauftragter/**
 **Beauftragter für biologische Sicherheit**
 biosafety officer
**Sicherheitsbehälter** (Abfallbox zur Entsorgung
 von Nadeln/Skalpellklingen/Glas etc.) sharps
 collector; (Sicherheitskanne) safety vessel,
 safety container, safety can
**Sicherheitsbestimmungen** safety regulations
**Sicherheitsdaten** safety data
**Sicherheitsdatenblatt** safety data sheet;
 U.S.: Material Safety Data Sheet (MSDS)
**Sicherheitsglas** safety glass
**Sicherheitsingenieur** safety engineer
**Sicherheitskennzeichnung** safety labeling
**Sicherheitsmaßnahmen/**
 **Sicherheitsmaßregeln** security measures,
 safety measures, containment
➤ **biologische Sicherheitsmaßnahmen**
 biological containment
➤ **physikalische/technische**
 **Sicherheitsmaßnahmen** physical containment
**Sicherheitsmerkmal** safety feature
**Sicherheitspersonal** security personnel, security
**Sicherheitsraum/Sicherheitsbereich/**
 **Sicherheitslabor (S1-S4)** biohazard

containment (laboratory) (classified into
 biosafety containment classes)
**Sicherheitsrichtlinien** safety guidelines
**Sicherheitsrisiko** safety risk, safety hazard
**Sicherheitsrohr (Laborglas)** guard tube
**Sicherheitsschrank** safety cabinet
**Sicherheitsspielraum** margin of safety
**Sicherheitsstufe** (Laborstandard) physical
 containment level; (Risikostufe) risk class,
 security level, safety level
➤ **biologische Sicherheitsstufe**
 (Laborstandard) biological containment level;
 (Risikostufe) biosafety level
➤ **Sicherheitsstufe für Tierhaltungseinheit**
 animal containment level
**Sicherheitsüberprüfung/Sicherheitskontrolle**
 safety check, safety inspection
**Sicherheitsvektor** containment vector
**Sicherheitsventil** security valve,
 security relief valve
**Sicherheitsverhaltensmaßregeln** safety policy
**Sicherheitsvorkehrungen/**
 **Sicherheitsvorbeugemaßnahmen/**
 **Absicherungen** safety precautions,
 safety measures, safeguards
**Sicherheitsvorrichtung** safety device
**Sicherheitsvorschriften** safety instructions,
 safety protocol, safety policy
**Sicherheitswerkbank** clean bench, safety cabinet
➤ **biologische Sicherheitswerkbank**
 biosafety cabinet
➤ **mikrobiologische Sicherheitswerkbank (MSW)**
 microbiological safety cabinet (MSC)
**sichern/absichern** secure
**Sicherung** securing, safeguarding; safety device;
 *electr* fuse, circuit breaker
➤ **rausfliegen/durchbrennen (auslösen)** *electr*
 trip, blow (fuse/circuit breaker)
**Sicherungskasten** *electr* fuse box, fuse cabinet,
 cutout box
**Sicht** sight, view
**sichtbar** visible
➤ **unsichtbar** invisible
**Sichtfenster/Sichtscheibe** viewing window
➤ **verschiebbare Sichtfenster/Schiebefenster/**
 **Frontschieber (Abzug/Werkbank)** sash (of hood)
**Sichtgerät** visualizer, visual indicator, viewing
 unit, display unit
**Sichtschutz/Visier** visor (*Br* vizor), face visor
**Sieb** sieve, sifter, strainer
➤ **Molekularsieb/Molekülsieb/Molsieb**
 molecular sieve
➤ **Seiher/Abtropfsieb** colander
**Siebanalyse** sieve analysis, screen analysis

**Siebbodenkaskadenreaktor/**
**Lochbodenkaskadenreaktor** sieve plate reactor
**Siebdurchgang/Siebunterlauf/Unterkorn**
sievings, screenings, siftings; undersize
**sieben** sieve, sift, screen; (abseihen) strain
**Siebgut** sieve material, sieving material,
material to be sieved
**Siebmaschine (Schüttler)** sieve shaker
**Siebnummer** mesh size, mesh
**Siebplatte** sieve plate, perforated plate
**Siebrückstand/Siebüberlauf/Überkorn**
sieve residue, screenings; oversize
**Siebtuch** straining cloth; (Mull/Gaze) cheesecloth
**Siebung** screening, siftage,
size separation by screening
**Siedebereich** boiling range
**Siedegefäß** boiling flask
**Siedekapillare** *dest* capillary air bleed,
boiling capillary, air leak tube
**sieden** (leicht kochen) simmer; (kochen) boil
**Sieden/Aufwallen** ebullition; boiling
**siedend** (leicht kochend) simmering, ebullient;
(kochend) boiling
> **höhersiedend** less volatile
(boiling/evaporating at higher temp.)
**Siedepunkt** boiling point
> **Gefrierpunkt/Erstarrungspunkt** freezing point
**Siedepunktbestimmung**
boiling point determination
**Siedepunkterhöhung** boiling point elevation
> **ebullioskopische Konstante** ebullioscopic
constant, boiling point constant
**Siedepunkterniedrigung** boiling point
depression, lowering of boiling point
**Siederöhrchen** ebullition tube
**Siedestab** bumping rod, bumping stick,
boiling rod, boiling stick
**Siedestein/Siedesteinchen** boiling stone,
boiling chip, antibumping granule
**Siedeverzug (durch Überhitzung)** defervescence,
delay in boiling (due to superheating)
**Siegel** seal
**Signalband/Warnband** warning tape
**Signalprotein/Sensorprotein** signal protein
**Signal-Rausch-Verhältnis**
signal-to-noise ratio (S/N ratio)
**Signalsequenz/Signalpeptid** signal sequence,
signal peptide
**Signalstoff** signal substance
**Signalübertragung** signal transduction
**Signalwandler** signal transducer
**Signifikanzniveau/Irrtumswahrscheinlichkeit**
significance level,
level of significance (error level)

**Signifikanztest** *stat* significance test,
test of significance
**Silan/Siliciumwasserstoff/Siliciumhydrid/**
**Monosilan SiH$_4$** silane, silicomethane,
silicohydride, monosilane
**Silber (Ag)** silver
**Silber(I)...** argentous, silver(I)
**Silber(II)...** argentic, silver(II)
**Silberglanz/Argentit/Silbersulfid Ag$_2$S**
silver glance, argentite, argyrite, silver sulfide
**silberhaltig/silberführend** argentiferous
**Silbermonoxid/Silber(I,III)-oxid AgO**
silver monoxide
**Silbernitrat AgNO$_3$** silver nitrate
**Silberoxid/Silber(I)-oxid Ag$_2$O** silver oxide
**Silberputzmittel** silver cleansing agent
**silbrig** silvery, argentine
**Silicat** silicate
> **Blattsilicat/Phyllosilicat** sheet silicate,
phyllosilicate
> **Gerüstsilicat/Tektosilicat** framework silicate,
tectosilicate
> **Gruppensilicat/Sorosilicat** sorosilicate
> **Inselsilicat/Nesosilicat** nesosilicate
(orthosilicate)
> **Kettensilicat/Bandsilicat/Inosilicat**
chain silicate, inosilicate (metasilicate)
> **Ringsilicat/Cyclosilicat** cyclic silicate,
cyclosilicate
**Silicium/Silizium (Si)** silicon
**Siliciumcarbid/Carborundum SiC** silicon carbide,
Carborundum™
**Siliciumchip** silicon chip
**Siliciumdioxid SiO$_2$ ('Kieselsäure')**
silica, silicon dioxide
**Siliciumplatte/Siliciumplättchen/**
**Siliciumscheibe** silicon wafer
**Siliciumwasserstoff/Silan/Siliciumhydrid/**
**Monosilan SiH$_4$** silicohydride, silane,
silicomethane, monosilane
**Silicon/Silikon/Poly(organylsiloxan)**
silicone (silicoketone)
**Silicon-Schmierfett** silicone grease
**Silicongummi/Silikonkautschuk** silicone rubber
**Siliconkautschuk (Methylsiliconkautschuk) MQ**
silicone rubber
**Siliconklebstoff** silicone adhesive
**Siliconöl** silicone oil
**Silicose/Silikose** *med* silicosis
**Silikat (***siehe***: Silicat)** silicate
**Silizium (***siehe***: Silicium)** silicon
**Sinapinalkohol** sinapic alcohol
**Sinapinsäure** sinapic acid
**Singulettzustand** singulet condition

**Sinterglas** fritted glass
**sintern** *vb* sinter, sintering
**Sintern** sintering
> **Schüttsintern** powder sintering
> **Wirbelsintern (Auftrageverfahren:
  Sprühverfahren)** *polym* fluidized bed coating,
  fluidized bed dip coating, fluidized bed sintering
**Siphon** siphon; siphon trap
**SIP-Sterilisation (ohne Zerlegung/Öffnung
  der Bauteile)** sterilization in place (SIP)
**Sirohäm** siroheme
**Sitosterin/Sitosterol** sitosterol
**Skala (*pl* Skalen)** scale
**Skalierbarkeit** scalability
**Skalierung** scaling
**Skalpell** scalpel
**Skalpellklinge** scalpel blade
**Skatol** scatol, skatole
**Skelett/Gerüst** skeleton, backbone
**Skelettisomerie/Gerüstisomerie/Rumpfisomerie**
  skeletal isomerism
**sklerifiziert** sclerified
**Sklerifizierung** sclerification
**Skleroprotein** scleroprotein
**sklerotisch** sclerotic
**sklerotisiert** sclerotized, hardened
**Sklerotisierung** sclerotization, hardening
**Skorbut** scurvy
**Slop-Wachs** slop wax
**Smaragd** emerald
**SMC-Formmasse (vorimprägnierte Galsfaser)**
  sheet molding compound (SMC)
**smektisch** smectic
**Smogverordnung** smog ordinance
**Sockelleiste** baseboard, washboard
**Soda Na$_2$CO$_3$** soda, sodium carbonate
**Sodaauszug** soda extraction;
  (Sodaextrakt) soda extract
**Sodalith** sodalite
**Sodbrennen** heartburn, acid indigestion
**Sofortmaßnahme** immediate measure
  (instant action)
**Sog/Zug (Wasserleitung)** tension, suction, pull
**Sol** *chem* sol
**Solanin** solanine
**Solarenergie/Sonnenenergie** solar energy
**Solarzelle** solar cell, photovoltaic cell
**Sole/Salzsole** brine (salt water)
**Solifluktion** solifluction
**Soll (Plan/Leistung/Produktion)** target, quota
**Sollfrequenz** nominal frequency
**Soll-Leistung** nominal output, rated output
**Sollwert** nominal value, rated value,
  desired value, set point

> **Istwert** actual value, effective value
**Sollwertgeber** set-point adjuster, setting device
**Sollwertkorrektur** set-point correction
**Solubilisierung/Solubilisation** solubilization
**Solvatation** solvation
**Solvatationskraft** solvating power
**Solvathülle** solvation shell
**Solvationenpaar** loose ion pair
**solvatisieren** solvate
**solvatisierter Stoff (Ion/Molekül)** solvate
**Solvens/Lösungsmittel** solvent; dissolver
**Sonde (Mikrosonde)** probe, microprobe
> **heterologe Sonde** heterologous probe
> **Protonensonde** proton microprobe
**Sondergenehmigung** special license,
  special permit
**Sondermüll/Sonderabfall** hazardous waste
**Sondermülldeponie** hazardous waste dump
**Sondermüllentsorgung** hazardous waste disposal
**Sondermüllentsorgungsanlage**
  hazardous wastes treatment plant
**Sondermüllverbrennungsanlage**
  hazardous waste incineration plant
**Sonifikation/Beschallung/Ultraschallbehandlung**
  sonification, sonication
**Sonneneinstrahlung** insolation
**Sonnenenergie/Solarenergie** solar energy
**Sonnenstrahlung** solar radiation
**Sonogramm** sonogram
**Sonographie/Ultraschalldiagnose** sonography,
  ultrasound, ultrasonography
**Sorbens (*pl* Sorbentien)** sorbent
**Sorbinsäure (Sorbat)** sorbic acid (sorbate)
**Sorbit/Sorbitol** sorbitol
**Sorte** sort, type, kind, variety, cultivar;
  (Kunststoffe: Einstellungen/Qualitäten) grades
**Sortenreinheit** purity of variety, variety purity
**sortieren** sort
**Spachtel** trowel; (Schaber) scraper
**Spachtelmesser/Kittmesser** putty knife
**spaltbar** *min* cleavable, crackable;
  *nucl* fissionable
**Spaltbarkeit** *min* cleavage; *nucl* fissionability
**Spaltbruchstück/Spaltfragment** fission fragment
**Spalte** crevice, crack
**spalten** cleave, break, open, crack, split,
  break down; *nucl* fission
**Spaltfusion** cleavage fusion
**Spaltprodukt** *chem* cleavage product,
  breakdown product; *nucl* fission product
**Spaltrheometer** slit rheometer
**Spaltung** cleavage, breakage, opening, cracking,
  splitting, breakdown; (Furchung) cleavage;
  *nucl* fission(ing)

**Span** sliver
**Spanne (Messspanne)** range
**spannen** stretch, tighten;
    (einspannen) clamp, fix into
**Spannfutter (Bohrer)** chuck, collet chuck
**Spannschloss** turnbuckle
**Spannung** (Potentialdifferenz) *electr* potential
    difference, voltage; (Stress/Belastungszustand)
    *phys/tech/mech* stress
➢ **Ablenkungsspannung** deflection voltage
➢ **Beschleunigungsspannung (EM)** *micros*
    accelerating voltage
➢ **Dehnspannung** dilatational stress;
    off-set yield stress, proof stress
➢ **Dehnungs-Spannungs-Beziehung**
    strain-stress relation
➢ **Deviatorspannung** deviatoric stress
➢ **Durchschlagspannung** breakdown voltage
➢ **Entspannung** relaxation
➢ **Gitterspannung** *electr* grid voltage
➢ **Grenzflächenspannung** surface tension
➢ **Hochspannung** high voltage
➢ **Kippspannung** sweep voltage
➢ **Oberflächenspannung** surface tension
➢ **Quellenspannung/elektromotorische Kraft**
    source voltage, electromotive force,
    electric pressure
➢ **Regelspannung** control voltage
➢ **Saugspannung** suction tension;
    (Boden) soil-moisture tension
➢ **Scherspannung/Schubspannung** shear stress,
    shearing stress (shear force per unit area)
➢ **Streckspannung/Fließspannung**
    (,Yield-Spannung') yield stress, yield strength
➢ **Überspannung** overpotential, overvoltage;
    overtension
➢ **Zugspannung** tensile stress, engineering
    stress; (Wasserkohäsion) water tension;
    (bei 100% Dehnung) tensile strength (TS)
**Spannungs-Dehnungs-Verhalten**
    stress-strain behavior
**Spannungsdoppelbrechung** *polym*
    stress birefringence
**Spannungsentlastung** stress relief
**Spannungsintensitätsfaktor** *polym*
    stress intensity factor, fracture toughness
**Spannungsklemme** voltage clamp
**Spannungskonzentrator** stress concentrator
**Spannungsmessgerät** voltmeter
**Spannungsprüfer (Schraubenzieher)**
    neon screwdriver (*Br*), neon tester (*Br*),
    voltage tester screwdriver
**Spannungsreihe (der Metalle)/Normalpotentiale**
    standard electrode potentials (tabular series),

standard reduction potentials,
    electrochemical series (of metals)
➢ **galvanische Spannungsreihe/**
    **elektromotorische Spannungsreihe**
    galvanic series, electromotive series
**Spannungsrelaxation** *polym* stress relaxation
**Spannungsriss** stress crack
**Spannungsrissbildung** crazing
**Spannungsrisskorrosion (umweltbedingte)**
    environmental stress cracking
**Spannungstensor** stress tensor
**Spannungsverhärtung** *polym* strain hardening
**Spannungsweichmachung** stress softening
**Spannweite** *stat* range
**Spannzange (Kabelbinder)** tensioning tool,
    tensioning gun (cable ties/wrap-it-ties)
**Spanplatte** flakeboard, chipboard
**Sparflamme** pilot flame, pilot light
**sparsam** economical, thrifty; adv sparingly
**Spartein** sparteine
**Spatel** spatula
➢ **Kolbenwischer/Gummiwischer**
    **(zum mechanischen Loslösen von**
    **Kolbenrückständen)** policeman, rubber
    policeman (rod with rubber or Teflon tip)
➢ **Kolbenwischer/Gummiwischer**
    **(zum mechanischen Loslösen von**
    **Kolbenrückständen)** policeman
    (rod with rubber or Teflon tip)
➢ **Löffelspatel** scoop, scoopula
➢ **Mundspatel/Zungenspatel** tongue depressor
➢ **Pulverspatel** powder spatula
➢ **Wägespatel** weighing spatula
**spatelförmig** spathulate, spatulate
**Spatelspitze** tip/point of a spatula
**Spätfolgen** *med* late sequelae
**Spätschaden** delayed damage
**Speckstein/Seifenstein/Steatit** soapstone, steatite
**Speichel** saliva
**Speicher** (Lager) storage; (Lagerhaus)
    storehouse, warehouse; (Reservoir) reservoir,
    storage basin; comp memory
**Speichermodul** storage modulus
**speichern/anreichern/akkumulieren** store, save,
    accumulate
**Speicherprotein** storage protein
**Speichertank** storage tank
**Speicherung** storage
**Spektralanalyse** spectral analysis,
    spectrum analysis
**Spektralfarben** spectral colors
**Spektrallinienduplett/Doppellinie** *spectr*
    spectral doublet
**Spektrometrie** spectrometry

➤ **Elektronenstoß-Spektrometrie**
electron-impact spectrometry (EIS)
➤ **Flugzeit-Massenspektrometrie (FMS)**
time-of-flight mass spectrometry (TOF-MS)
➤ **Ionen-Fallen-Spektrometrie** ion trap spectrometry
➤ **Ionenstreuspektrometrie/
Ionenstreuungsspektrometrie (ISS)**
ion-scattering spectrometry (ISS)
➤ **Massenspektrometrie (MS)**
mass spectrometry (MS)
➤ **Photoelektronenspektrometrie**
photoelectron spectrometry (PES)
➤ **Rutherford-Rückstreuungs-Spektrometrie/
Rutherford-Rückstreu-Spektrometrie (RRS)**
Rutherford backscattering spectrometry (RBS)
➤ **Satelliten-Infrarot-Spektrometrie (SIRS)**
satellite infrared spectrometry (SIRS)
➤ **Sekundärionen-Massenspektrometrie (SIMS)/
Ionenstrahl-Mikroanalyse** secondary-ion mass
spectrometry (SIMS)
➤ **Vorwärts-Rückstoß-Spektrometrie (VRS)**
forward-recoil spectrometry (FRS/FRES)
**Spektroskop** spectroscope
**Spektroskopie** spectroscopy
➤ **Atom-Absorptionsspektroskopie (AAS)**
atomic absorption spectroscopy (AAS)
➤ **Atom-Emissionsspektroskopie (AES)**
atomic emission spectroscopy (AES)
➤ **Atom-Fluoreszenzspektroskopie (AFS)**
atomic fluorescence spectroscopy (AFS)
➤ **Auger-Elektronenspektroskopie (AES)**
Auger electron spectroscopy (AES)
➤ **Dielektrische Spektroskopie**
dielectric spectroscopy
➤ **Elektronen-Energieverlust-Spektroskopie**
electron energy loss spectroscopy (EELS)
➤ **Elektronen-Spinresonanz-Spektroskopie
(ESR)/elektronenparamagnetische Resonanz**
electron spin resonance spectroscopy (ESR),
electron paramagnetic resonance (EPR)
➤ **Flammenemissionsspektroskopie (FES)**
flame atomic emission spectroscopy (FES),
flame photometry
➤ **Infrarot-Spektroskopie/IR-Spektroskopie**
infrared spectroscopy
➤ **Ionenverlustspektroskopie**
ion loss spectroscopy (ILS)
➤ **Kernspinresonanz-Spektroskopie/
kernmagnetische Resonanzspektroskopie**
nuclear magnetic resonance spectroscopy,
NMR spectroscopy
➤ **Massenspektroskopie (MS)**
mass spectroscopy (MS)
➤ **Mikrowellenspektroskopie**
microwave spectroscopy

➤ **photoakustische Spektroskopie (PAS)/
optoakustische S.**
photoacoustic spectroscopy (PAS)
➤ **Reflexionsspektroskopie/
Remissionsspektroskopie**
reflectance spectroscopy
➤ **Resonanz-Ionisationsspektroskopie (RIS)**
resonance ionization spectroscopy (RIS)
➤ **Röntgenabsorptionsfeinstrukturspektroskopie**
extended X-ray absorption fine structure
(spectroscopy) (EXAFS)
➤ **Röntgenabsorptionskantenspektroskopie**
X-ray absorption near-edge spectroscopy
(XANES)
➤ **Röntgenabsorptionsspektroskopie**
X-ray absorption spectroscopy (XAS)
➤ **Röntgenemissionsspektroskopie** X-ray
emission spectroscopy (XES)
➤ **Röntgenfluoreszenzspektroskopie (RFS)**
X-ray fluorescence spectroscopy (XFS)
➤ **Röntgenphotoelektronenspektroskopie (RPS)**
X-ray photoelectron spectroscopy (XPS)
➤ **Sättigungsspektroskopie** saturation spectroscopy
➤ **UV-Spektroskopie** ultraviolet spectroscopy,
UV spectroscopy
➤ **zeitaufgelöste Spektroskopie**
time-resolved spectroscopy
**Spektrum (*pl* Spektren)**
spectrum (*pl* spectra/spectrums)
➤ **Absorptionsspektrum** absorption spectrum,
dark-line spectrum
➤ **Bandenspektrum/Molekülspektrum
(Viellinienspektrum)** band soectrum,
molecular spectrum
➤ **elektromagnetisches Spektrum**
electromagnetic spectrum
➤ **Flammenspektrum** flame spectrum
➤ **Funkenspektrum** spark spectrum
➤ **Lichtbogenspektrum** arc spectrum
➤ **Linienspektrum/Atomspektrum** line spectrum
➤ **Reflexionspektrum/Remissionspektrum**
reflectance spectrum
➤ **Rotationsspektrum** rotational spectrum
➤ **Schwingungsspektrum** vibrational spectrum
➤ **Umkehrspektrum** reversal spectrum
**Spender** (für Flüssigseife etc.) dispenser
(liquid detergent etc.); (Donor) donor
**Spermidin** spermidine
**Spermin** spermine
**Sperrbereich** restricted area, off-limits area,
forbidden zone, exclusion area, prohibited area
**Sperrfilter** cutoff filter; *micros* selective filter,
barrier filter, stopping filter, selection filter
**Sperrflüssigkeit** barrier fluid

**Sperrgebiet** restricted area, off-limits area, forbidden zone, exclusion area, prohibited area
**Sperrholz** plywood
**Sperrholzplatte** plywood board
**sperrig (groß/dick)** bulky
**Sperrigkeit** bulkiness
**Sperrrelais** *electr* interlocking relay
**Sperrschicht** barrier layer
**Sperrschichtpapier** barrier-coated paper
**Sperrschichtpolymer** barrier polymer
**Sperrventil/Kontrollventil** check valve, non-return valve, control valve
**Spezialisierung** specialization
**Spezialität** specialty
**speziell (zu einem bestimmten Zweck bestimmt)** dedicated
**spezifisch** specific
➤ **unspezifisch** nonspecific
**spezifische Wärme** specific heat
**spezifisches Gewicht** specific gravity
**Spezifität** specificity
**spezifizieren** specify
**Sphärolit** spherulite
**Sphäroprotein/globuläres Protein** globular protein
**Sphinganin** sphinganine
**Sphingosin** sphingosine
**Spiegel** mirror; *physiol* level
➤ **Blutzuckerspiegel (erhöhter/erniedrigter)** blood sugar level (elevated/reduced)
➤ **Hohlspiegel** concave mirror
➤ **Planspiegel** plane mirror, plano-mirror
➤ **Plan-Hohlspiegel/Plankonkav** plano-concave mirror
➤ **Wölbspiegel/Zerstreuungsspiegel/ konvexer Spiegel** convex mirror
**Spiegelbild** mirror image
**Spiegelbild-Isomerie/optische Isomerie** optical isomerism
**Spiegelglas** mirror glass
**Spiegelung** mirror-imaging; reflection
**spiegelverkehrt/spiegelbildlich** mirror-inverted
**Spießglanzbutter/Antimontrichlorid SbCl₃** antimony trichloride, antimonous chloride
**Spin** spin
➤ **Aufspaltung (NMR)** splitting
➤ **Entkopplung (NMR)** decoupling
➤ **Kopplung (NMR)** coupling
➤ **Quantenzahl** quantum number
➤ **Umkehr (NMR)** flipping
**Spind/Schließfach** locker
**Spindel/Zapfen/Stift/Achse** pivot
**Spindeldiagramm** spindle diagram
**Spinentkopplung (NMR)** spin decoupling

**Spinnbarkeit** spinnability
**Spinndüse** spinneret
**Spinne/Eutervorlage/Verteilervorlage** *dest* multi-limb vacuum receiver adapter, cow receiver adapter, 'pig' (receiving adapter for three/four receiving flasks)
**Spinnen** *polym* spinning
➤ **Dispersionspinnen** dispersion spinning
➤ **Extruderspinnen** extruder spinning
➤ **Faserspinnen** fiber spinning
➤ **Gelspinnen** gel spinning
➤ **Kabelspinnen** tow spinning
➤ **Lösungsspinnen** solution spinning
➤ **Multifilamentspinnen/Mehrfadenspinnen** multifilament spinning
➤ **Nassspinnen** wet spinning
➤ **Ordnen** parallelizing
➤ **Polymerisationspinnen** polymerization spinning
➤ **Pressspinnen** extrusion spinning
➤ **Schmelzspinnen** melt spinning
➤ **Spulenspinnen** bobbin spinning
➤ **Trockenspinnen** dry spinning
➤ **Verziehen** thinning
➤ **Zusammendrehen** twisting
**spinnen** *vb* spin
**Spinnerflasche/Mikroträger** *micb* spinner flask
**Spinnextrusion** spinning extrusion
**Spinnfaden** strand
**Spinnfaser (Stapelfaser/synth)** staple fiber
**Spinnkabel** tow
**Spinnkopf** spinneret
**Spinnlösung** *polym* spinning solution, dope
**Spinnroving** spun roving
**Spinnspule (Bobine)** bobbin
**Spinnverfahren** spinning
**Spinquantenzahl** spin quantum number
**Spinthariskop** spinthariscope
**Spinumkehr (NMR)** flipping
**Spirale/Helix** spiral, helix
**spiralig** spiral, spiraled, twisted, helical
**spiralig aufgewickelt** spirally coiled
**Spiralwindung** spiral winding, coiling
**Spiritus** spirit
**Spiritusbrenner/Spirituslampe** alcohol burner
**spitz** acute, sharp, pointed, sharp-pointed
**spitz zulaufen (spitz zulaufend)** taper (tapering/tapered), attenuate
**Spitze** point, tip, spike; (Gipfel/Scheitelpunkt/Höhepunkt) apex, summit, peak
**Spitzkolben** pear-shaped flask (small, pointed)
**Spitzpinzette** sharp-point tweezers, sharp-pointed tweezers
**Spleißen** *gen* splicing

➤ **alternatives Spleißen** alternative splicing
➤ **differentielles Spleißen** differential splicing
**spleißen** *gen* splice
**Spleißfaser** fibrillated fiber
**Splitter** splinter; (Glassplitter) bits of broken glass
**Splitterfäden/Spaltfäden** split fiber
**splitterfrei (Glas)** shatterproof (safety glass)
**splittern** shatter
**Spontanzusammenbau/Selbstzusammenbau**
self-assembly
**Sprechanlage** intercom, intercom system
➤ **Wechselsprechanlage/Gegensprechanlage**
two-way intercom, two-way radio
**Spreitung** spreading
**sprengen** blast, burst, detonate, blowing up;
sprinkle
**Sprenggelatine** blasting gelatine
**Sprengkapsel/Zündkapsel** blasting cap
**Sprengkraft** explosive force, explosive power
**Sprengladung** explosive charge, blasting charge
**Sprengsatz** blasting charge (blasting composition)
**Sprengstoff (Explosivstoff)** explosive,
blasting agent
➤ **brisanter Sprengstoff** high explosive
➤ **hochbrisanter Sprengstoff** high energy
explosive (HEX)
➤ **Schießstoff/Schießmittel** low explosive
➤ **verpuffender Sprengstoff** low explosive
**Sprengung/Detonation (Explosion)** blast, burst,
detonation (explosion)
**sprießen** sprout, grow, bud
**springen** jump, spring, bound, leap
**Sprinkleranlage (Beregnungsanlage/**
**Berieselungsanlage: Feuerschutz)**
fire sprinkler system
**Spritzartikel** injection-molded part
**Spritzbarkeit** *polym* extrudability
**Spritzblasen/Spritzblasformen/**
**Spritzgießblasen** injection blow molding
**Spritze** syringe, hypodermic syringe; (Injektion)
shot, injection; *med* hypodermic injection
➤ **Kanüle/Hohlnadel** needle, syringe needle
➤ **Luer T-Stück** Luer tee
➤ **Luerhülse** female Luer hub (lock)
➤ **Luerkern** male Luer hub (lock)
➤ **Luerlock/Luerverschluss** Luer lock
➤ **Luerspitze** Luer tip
➤ **Nadeladapter** syringe connector
➤ **Spritzenkolben/Stempel/Schieber** syringe
piston, syringe plunger
**spritzen** (verspritzen/herumspritzen: auch
versehentlich) splash, splatter; (injizieren) inject
**Spritzen/Spritzfleck** splash; splatter

**Spritzenkolben/Stempel/Schieber**
syringe piston, syringe plunger
**Spritzennadel/Spritzenkanüle** syringe needle,
syringe cannula
**Spritzenpumpe** syringe pump
**Spritzenvorsatzfilter/Spritzenfilter** syringe filter
**Spritzer (verspritzte Chemikalie)**
splash (chemical); spatter
**spritzfest** splash-proof
**Spritzflasche** wash bottle, squirt bottle
➤ **Enghals...** narrow-mouth(ed) ...
➤ **Weithals...** wide-mouth(ed) ...
**Spritzfleck** splash; spatter
**Spritzform** (Spritzgießform) injection mold;
(Gussform/Strangpressform) die,
mold (in: die casting)
**spritzgießen** injection mold
**Spritzgießen/Spritzguss (Spritzgießverfahren)**
injection molding
**Spritzgießverfahren/Spritzgussverfahren**
injection molding process
➤ **Reaktionsspritzgießverfahren (RSG)**
reaction injection molding (RIM)
**Spritzgrat** flash
**Spritzguss** injection mold, injection molding
**Spritzkolben** piston, plunger; injection ram
**Spritzkopf/Extruderspritzkopf/Extruderkopf**
**(Zylinderkopf)** *polym* die, die head,
extruder head
**Spritzprägen** compression injection molding
**Spritzpressen/Spritzpressverfahren/**
**Transferpressen** *polym* transfer molding,
resin transfer molding (RTM), plunger molding
**Spritzquellung** die swell
**Spritzschutzadapter/Spritzschutzaufsatz/**
**Schaumbrecher-Aufsatz (Rückschlagsicherung:**
**Reitmeyer-Aufsatz)** *dest* splash protector,
antisplash adapter, splash-head adapter
**spröd(e)** brittle
**Sprödbruch** brittle fracture
**Sprödwerden/Versprödung** embrittlement
**Sprossung/Knospung** sprouting, budding;
(Hefe) budding
**Sprudel** carbonated mineral water (for drinking)
**sprudeln** bubble
**Sprüh-Beschichten** spray-coating
**Sprühdose/Druckgasdose** spray can, aerosol can
**sprühen** spray
**Sprühflasche** spray bottle
**Sprühgerät/Zerstäuber** atomizer
**Sprühkolonne** *dest* spray column
**Sprühkristallisation/Prillen/Prillieren**
prill, prilling

Sprühtrocknung/Zerstäubungstrocknung
  spray drying (for granular beads)
Sprühverfahren (Aufsprühen) *polym*
  spray coating
Sprung (Glas/Keramik etc.) crack
Sprungtemperatur transition temperature
Spülbecken sink
Spülbürste dishwashing brush
Spüle sink; (Abtropfbrett) drainboard, dish board
Spule spool, coil
Spüleimer dishwashing bucket, dishpan
spülen/abspülen wash; clean
➤ ausspülen rinse
➤ Geschirr spülen wash the dishes
Spülgas purge gas
Spülicht (Rückstand vom Schmutz~/
  Spülwasser) slops
Spülküche washup room
Spüllappen dishwashing cloth, dishcloth,
  dishrag
Spülmaschine dishwasher, dishwashing machine
Spülmaschinenreiniger dishwasher detergent
Spülmittel detergent
➤ Geschirrspülmittel dishwashing detergent
Spülschwamm dishwashing pad; (Topfkratzer/
  Topfreiniger) scouring pad, pot cleaner
Spültisch sink, sink unit
Spülventil (Inertgas) T-purge (gas purge device)
Spülvorrichtung (z.B. Inertgas) purge assembly,
  purge device
Spülwanne dishwashing tub
Spülwasser/Abwaschwasser dishwater
Spundschlüssel (für Fässer) plug wrench
  (bung removal)
Spur/Überrest (meist *pl* Überreste) trace,
  remainder (meist *pl* remains)
Spurenanalyse trace analysis
Spurenelement/Mikroelement trace element,
  microelement, micronutrient
Spurenmetall trace metal
sputtern/besputtern
  (Vakuumzerstäubung) sputter
Sputtern/Besputtern/Besputterung
  (Metallbedampfung) sputtering
Stäbchen rod
Stabdiagramm bar diagram, bar graph
stabil stable
➤ instabil/nicht stabil unstable (instable)
Stabilisator stabilizer
stabilisieren stabilize
Stabilisierung stabilization
Stabilisierungsmittel stabilizer, stabilizing agent
Stab-Kugel-Modell/Kugel-Stab-Modell *chem*
  stick-and-ball model, ball-and-stick model

Stadium (*pl* Stadien) stage
Stadtgas town gas
Stahl steel
➤ Baustahl construction steel, structural steel,
  engineering steel
➤ beruhigter Stahl killed steel
➤ Betonstahl (Bewehrungsstahl)
  rebar steel (reinforcing steel)
➤ Blockstahl/Ingotstahl ingot steel
➤ Edelstahl high-grade steel, high-quality steel
➤ entkohlter Stahl decarburized steel
➤ Flussstahl plain carbon steel
➤ Gussstahl cast steel
➤ halbberuhigter Stahl semikilled steel
➤ Herdfrischstahl open-hearth steel
➤ Kohlenstoffstahl/Carbonstahl carbon steel
➤ legierter Stahl alloy steel
➤ niedriggekohlter Stahl/kohlenstoffarmer Stahl
  low-carbon steel
➤ normalgeglühter Stahl normalized steel
➤ Rohstahl crude steel
➤ rostfreier Stahl stainless steel
➤ Sauerstoffblasstahl/sauerstoffgefrischter
  Konverterstahl basic-oxygen steel
➤ Schnellarbeitsstahl high-speed steel
➤ unberuhigter Stahl rimmed steel,
  rimming steel
➤ Walzstahl rolled steel
➤ Weichstahl soft steel
➤ Werkzeugstahl tool steel
Stahlbeton reinforced concrete (RC),
  ferroconcrete; steel concrete
  (conctrete reinforced with steel)
Stahlbürste wire brush
Stahleisen steel iron
Stahlerzeugung steelmaking
Stahlflasche (Gasflasche) steel cylinder
  (gas cylinder)
Stahlgießen steel casting
Stahlgießerei steel foundry
Stahlguss (GS) steel casting; cast steel
Stahlschmelze steel melt (molten steel)
Stahlsorte steel grade
Stahlverteiler (Gießwanne über Kokillen/Form)
  tundish (reservoir in top part of a mold)
Stahlwerk steelplant
Stahlwerkspfanne/Stahlpfanne steel ladle
Stahlwolle steel wool
Stamm/Namensstamm parent
Stammform/Urform primitive form, basic form,
  parent form
Stammlösung stock solution
Stammname parent name

**Standard** standard; (Typus) type
**Standardabweichung stat** standard deviation,
  standard deviation of the means,
  root-mean-square deviation
**Standardbedingung** standard condition
**Standardbildungsenthalpie**
  standard enthalpy of formation
**Standardelektrode** standard electrode
**Standardfehler/mittlerer Fehler** *stat*
  standard error (standard error of the mean
**standardisieren/vereinheitlichen** standardize
**Standardisierung/Vereinheitlichung**
  standardization
**Standardlösung** standard solution
**Standardpotential/Normalpotential** standard
  potential, standard electrode potential
**Standardtisch** *micros* plain stage
**Standardverfahren** standard procedure
**Ständer** stand, rack
**Standflasche/Laborstandflasche** lab bottle,
  laboratory bottle
**Standort** habitat, place of growth *sensu stricto*;
  site, location (*see*: Fundort)
**Stange** pole
**Stanniol (Aluminiumfolie/Alufolie)**
  tinfoil (aluminum foil)
**Stapel** stack
**Stapelfaser** staple fiber
**Stapelkräfte** stacking forces
**stapeln** stack
**Stapelung** stacking
**Stärke (Polysaccharid)** starch
➢ **modifizierte Stärke** modified starch
**Stärkekorn** starch granule
**Starkionendifferenz** strong ion difference (SID)
**Starterion** ionic initiator
**Startzeit (Polyurethan Reaktionsspritzguss)**
  creaming time
**stationäre Phase** stationary phase,
  stabilization phase
**stationärer Zustand/gleichbleibender Zustand**
  steady state
**Statistik** statistics
**statistische Abweichung** statistical deviation
**statistische Auswertung** statistical evaluation
**statistische Verteilung** statistical distribution
**statistischer Fehler** statistical error
**Stativ/Bunsenstativ** support stand, ring stand,
  retort stand, stand
**Stativklemme** support clamp
**Stativplatte** support base
**Stativring** ring (for support stand/ring stand)
**Stativstab** support rod
**Staub** dust

➢ **Feinstaub** mist, fine dust, fines
➢ **Grobstaub** dust (coarse)
➢ **Inertstaub** inert dust
**staubdicht** dustproof
**Staubexplosion** dust explosion
**staubig** dusty
**Staubkorn** dust particle
**Staublunge/Staublungenerkrankung/**
  **Pneumokoniose** pneumoconiosis
**staubsaugen** vacuum-clean
**Staubsauger** vacuum cleaner, vacuum,
  vacuum sweeper
**Staubschutz** dust cover
**Staubschutzmaske (Partikelfilter)** dust mask,
  particulate respirator (U.S. safety levels N/R/P
  according to regulation 42 CFR 84)
**Staubwischen** dusting
**stauchen** compress
**Stauchung** compression
**stauen** congest; stop; accumulate, pile up,
  build up; (verstauen) stow away
**Staupunkt** *dest* loading point
**Stauraum** storage, stowage
**Stearinsäure/Octadecansäure**
  **(Stearat/Octadecanat)** stearic acid,
  octadecanoic acid (stearate/octadecanate)
**stechen** sting, pierce, puncture
**stechend/beizend/ätzend (Geruch)** pungent
**Stechheber** thief, thief tube, sampling tube
  (pipet); plunging siphon
**Steckdose** outlet, socket, wall (socket);
  receptacle; jack (mains electricity supply Br)
➢ **Mehrfachsteckdose** outlet strip
➢ **Stecker in Steckdose stecken**
  plug in (plug into the wall)
➢ **Wandsteckdose** wall outlet
**Stecker** *electr/tech* plug (male/female),
  jack (female), connector, coupler
➢ **Bananenstecker** banana plug
➢ **Flachstecker** flat plug
➢ **Mehrfachstecker/Vielfachstecker**
  **(Mehrfachsteckdose)** oulet strip
➢ **Netzstecker** power plug
➢ **Stecker einstecken/reinstecken** plug in, connect
➢ **Stecker herausziehen** unplug, disconnect
➢ **Zwischenstecker/Adapter** adapter
**Steckschlüssel** socket wrench, box spanner
**Steckschlüsseleinsatz/Stecknuss/Nuss**
  socket, chuck, nut
**Steckverbindung/Steckvorrichtung** *tech/*
  *electr* coupler, fitting; plug connection
➢ **Gleitverbindung** slip-joint connection
➢ **Hochdruck-Steckverbindung**
  compression fitting

Steg/Abquetschfläche (hervorstehende Kante nach Guss) land (of mold)

Stehkolben/Siedegefäß Florence boiling flask, Florence flask (boiling flask with flat bottom)

Steifheitskonstante (elastische Steifheit/Voigt-Elastizitätskonstante) elastic stiffness tensor

Steifigkeit/Steife stiffness

Steifigkeitsmodul stiffness modulus

Steigrohr riser tube, riser pipe, riser, chimney; dip tube

Stein stone, rock; (Gestein) rock
➤ Bimsstein pumice rock
➤ Kalkstein limestone
➤ Probierstein touchstone
➤ Schleifstein/Abziehstein sharpening stone, grindstone, honing stone
➤ Siedestein/Siedesteinchen boiling stone, boiling chip
➤ Speckstein/Seifenstein/Steatit soapstone, steatite
➤ Tonstein claystone
➤ Weinstein/Tartarus (Kaliumsalz der Weinsäure) tartar
➤ Ziegelstein brick
➤ Zündstein/Feuerstein/Flintstein/Flint flint, flint stone

Steinkohle bituminous coal, soft coal (siehe unter: Kohle)

Steinkohlenteer coal tar

Steinsalz (Halit)/Kochsalz/Natrium chlorid rock salt (halite), table salt, sodium chloride

Steinwolle rock wool

Steinzeug glazed ware, vitrified clay

Stellantrieb/Stellmotor actuator

Stellglied controlling element, adjuster, actuator

Stellgröße adjustable variable, control value, action control

Stellschraube adjusting screw, setting screw, adjustment knob, fixing screw

Stellungsisomerie/Positionsisomerie position isomerism, positional isomerism

Stempel (formgebend) force, plunger; (Extrusion/Gießen/Formen) punch; (Positiv-Werkzeug: Formwerkzeug) plug

Stereoisomer stereoisomer

Stereoisomerie stereoisomerism

Stereokautschuk stereo rubber

stereoselektiv stereoselective

Stereospezifität stereospecificity

steril (desinfiziert) sterile, disinfected; (unfruchtbar) sterile, infertile

sterile Werkbank sterile bench

Sterilfilter sterile filter

Sterilfiltration sterile filtration

Sterilisation/Sterilisierung sterilization, sterilizing

sterilisierbar sterilizable

Sterilisierbarkeit sterilizability

sterilisieren (keimfrei machen) sterilize, sanitize; (sterilisieren/unfruchtbar machen) sterilize

Sterilität sterility
➤ Unfruchtbarkeit infertility

Sterin/Sterol sterol

sterisch/räumlich steric, sterical, spacial

sterische Hinderung/sterische Behinderung steric hindrance

Sternriss (im Glas) star-crack

Stetigförderer conveyor
➤ Druckstetigförderer pressure conveyor

Stetigkeit constancy, presence degree

Steuergerät control unit, control gear, controller

steuern (in eine Richtung lenken) steer, steering; (regulieren) regulate, control

Steuerung control

Steuerungsmechanismus regulatory mechanism

Steuerungstechnik control engineering

Steulichtschirm photo diffusing screen

Stiban $SbH_3$ stibane, stibine, antimonous hydride

Stichflamme explosive flame, sudden flame

Stichprobe sample, spot sample, aliquot
➤ Teilstichprobe subsample
➤ Zufallsstichprobe random sample, sample taken at random

Stichprobenerhebung sampling

Stichprobenfunktion stat sample function, sample statistic

Stichprobenumfang stat sample size

Stichverletzung (Nadel etc.) med stick injury (needle)

stickig stifling, stuffy

Stickoxide $NO_x$ nitrogen oxides
➤ Distickstoffmonoxid/Lachgas $N_2O$ dinitrogen oxide, nitrous oxide, nitrogen monoxide
➤ Distickstoffpentoxid/Salpetersäureanhydrid $N_2O_5$ nitrogen pentaoxide, nitric acid anhydride
➤ Distickstofftetroxid $N_2O_4$ nitrogen peroxide, dinitrogen tetroxide
➤ Stickstoffdioxid $NO_2$ nitrogen dioxide
➤ Stickstoffmonoxid NO nitrogen oxide, nitric oxide
➤ Stickstofftrioxid/Distickstofftrioxid/Stickstoff(III)-oxid $N_2O_3$ nitrogen trioxide/nitrogen sesquioxide

Stickstoff (N) nitrogen
➤ Distickstoff $N_2$ dinitrogen
➤ Flüssigstickstoff liquid nitrogen
➤ Kalkstickstoff/Calciumcyanamid CaNCN nitrolim(e), calcium cyanamide

> mit Stickstoff versetzt nitrogenated
Stickstoffdioxid NO₂ nitrogen dioxide
stickstoffhaltig/stickstoffenthaltend/Stickstoff...
  nitrogen-containing, nitrogenous
stickstoffhaltige Base nitrogenous base
Stickstoffkreislauf nitrogen cycle
Stickstoffmangel nitrogen deficiency
Stickstoffmonoxid NO nitrogen oxide, nitric oxide
Stickstoffsenfgas/Stickstofflost/N-Lost
  nitrogen mustard
Stickstofftrioxid/Distickstofftrioxid/
  Stickstoff(III)-oxid N₂O₃ nitrogen trioxide/
  nitrogen sesquioxide
Stickstoffverbindung nitrogenous compound,
  nitrogen-containing compound
Stickstoffwasserstoffsäure HN₃ hydrogen azide,
  hydrazoic acid, hydronitric acid, (di)azoimide
Stift (Metallstift) tack; (Nadel) pin; (Nagel) nail;
  electr (Stecker/Anschluss) pin, (Kontakt) lead
Stilben (Diphenylethylen) stilbene
Stilett stylet, stiletto
Stilllegung closure, closing, closedown,
  shutdown, decommissioning, abandoning,
  abandonment
Stöchiometrie stoichiometry
stöchiometrisch stoichiometric(al)
Stockpunkt setting point, solidification point;
  (oil) pour point
Stoff(e) substance, matter; material; (Gewebe)
  fabric, textile; cloth; (Wirkstoff) agent
Stoffaustausch mass exchange,
  substance exchange
Stofffluss material flow, chemical flow
Stoffhandschuhe fabric gloves
Stoffkreislauf ecol nutrient cycle
> Kohlenstoffkreislauf carbon cycle
> Mineralstoffkreislauf mineral cycle
> Phosphorkreislauf phosphorus cycle
> Sauerstoffkreislauf oxygen cycle
> Schwefelkreislauf sulfur cycle
> Stickstoffkreislauf nitrogen cycle
> Wasserkreislauf water cycle, hydrologic cycle
Stoffmenge amount of substance (quantity)
Stoffmengenanteil/Molenbruch mole fraction
Stoffname substance name
Stoffübergang/Massenübergang/Stofftransport/
  Massentransport/Massentransfer mass transfer
Stoffübergangszahl/Stofftransportkoeffizient/
  Massentransferkoeffizient
  mass transfer coefficient
Stoffwechsel/Metabolismus metabolism
> Arbeitsstoffwechsel/Leistungsstoffwechsel
  active metabolism
> Betriebsstoffwechsel maintenance metabolism

> Energiestoffwechsel energy metabolism
> Grundstoffwechsel/Ruhestoffwechsel
  basal metabolism
> intermediärer Stoffwechsel/
  Zwischenstoffwechsel intermediary metabolism
> Leistungsstoffwechsel/Arbeitsstoffwechsel
  active metabolism
> Primärstoffwechsel primary metabolism
> Sekundärstoffwechsel secondary metabolism
> Synthesestoffwechsel/Anabolismus
  synthetic reactions/metabolism, anabolism
> Zellstoffwechsel cellular metabolism
> Zwischenstoffwechsel/intermediärer
  Stoffwechsel intermediary metabolism
Stoffwechselabbauprodukt/Katabolit catabolite
Stoffwechselprodukt/Metabolit metabolite
Stoffwechselrate/Stoffwechselintensität/
  Stoffumsatz/Metabolismusrate
  rate of metabolism, metabolic rate
> Arbeitsumsatz/Leistungsumsatz
  active metabolic rate
> Grundstoffwechselrate/Basalumsatz
  basal metabolic rate (BMR)
> Standardstoffwechselrate
  standard metabolic rate
Stoffwechselsyntheseprodukt/
  Anabolit anabolite
Stoffwechselumsatz metabolic turnover
Stoffwechselweg metabolic pathway,
  metabolic shunt
Stopfbuchse (Rührer: Wellendurchführung)
  stuffing gland, packing box seal
Stopfdichte polym compacted bulk density;
  (Tabletten) tablet/pellet density
Stopfen/Korken/Stöpsel stopper, cork; bung (Br)
> Achtkantstopfen octa-head stopper,
  octagonal stopper
> Gummistopfen/Gummistöpsel rubber stopper,
  rubber bung (Br)
> Hohlstopfen/Hohlglasstopfen hollow stopper
> kalter Stopfen polym cold slug
> Schliffstopfen ground-glass stopper,
  ground-in stopper, ground stopper
> Schwammstopfen sponge stopper
> Sechskantstopfen hex-head stopper,
  hexagonal stopper
> Wattestopfen cotton stopper
stopfen/korken/stöpseln vb stopper, cork
Stöpsel/Stopfen stopper, bung (Br)
Storchschnabelzange needle-nose pliers,
  snipe-nose pliers, snipe-nosed pliers
> gebogene Storchschnabelzange
  dip needle-nose pliers
Störfall incident (accident, breakdown)

**Störfallverordnung** hazardous incident ordinance, industrial accident directive, statutory order on hazardous incidents
**Störgröße** disturbance value, disturbance variable, interference factor
**Störung** disturbance, interference, disruption; (Perturbation) perturbation
**Stoß** blow, impact, collision, shove, stroke; *electr* surge; (Schweißnaht) joint
**Stoßaktivierung** collision activation
**Stößel/Pistill (und Mörser)** pestle (and mortar)
**stoßen** push, shove; thrust; (umstoßen/umkippen/umwerfen) tip over; (dranstoßen) bump (into), knock (into); (mit dem Fuß/Bein/Körper) kick over (knock over); (Sieden/Überhitzung/Siedeverzug) bumping
**Stoßenergie** impact energy
**stoßfest** shockproof, shock-resistant
**Stoßfestigkeit** shock resistance
**Stoßkraft/Stoßlast** impact strength, impact load (force)
**Stoßquerschnitt** *nucl* collision cross section
**Stoßverbindung** butt joint
**Strahl** (einzel) ray; (gebündelt) beam; jet
> **Elektronenstrahl** electron beam
> **Extrusionsstrahl** extrusion beam/jet
> **Kanalstrahlen** canal rays (positive rays)
> **Kathodenstrahl (Elektronenstrahl)** cathode ray/beam (electron beam)
> **Lichtstrahl** beam of light
> **Neutronenstrahl** neutron beam
> **Röntgenstrahl** X-ray
> **Sonnenstrahl** ray (of sunshine), sunbeam
> **Wasserstrahl** jet of water
**Strahldüse** jet nozzle
**strahlen** shine; radiate
**Strahlenabschirmung** radiation shielding
**Strahlenbehandlung** radiation treatment
**Strahlenbelastung** exposure
**Strahlenbiologie** radiation biology
**Strahlenbrechung/Refraktion** *opt* refraction
**Strahlendiagramm** *opt* ray diagram
**Strahlendosis** radiation dose, radiation dosage
**Strahlenexposition** radiation exposure
**Strahlengang** path of rays, course of beam; light path, ray path; (Absorptionsspektrometrie) beam path
**Strahlengefährdung** radiation hazard
**Strahlenkrankheit** radiation sickness
**Strahlenpass** radiation passport
**Strahlenpegel** radiation level
**Strahlenquelle** radiation source
**Strahlenschaden (*pl* Strahlenschäden)/Strahlenschädigung** radiation hazard(s), radiation injury

**Strahlenschutz** radiation control, radiation protection, protection from radiation
**Strahlenschutzbeauftragter** radiation protection officer, radiation safety officer (RSO)
**Strahlenschutzmaßnahmen** radiation protection measures
**Strahlenschutzplakette** film badge
**Strahlenschutzverordnung** radiation protection regulations/legislation/act
**strahlensicher** radiation-proof
**Strahlentherapie** radiation therapy, radiotherapy
**stahlenundurchläßig (Röntgenstrahlen)** radiopaque
**Strahlenverlauf** ray trajectory
**Strahlenvernetzung** radiation crosslinking, radiation-induced crosslinking
**Strahlenwarnzeichen/Strahlenzeichen/Flügelrad/Trefoil (Warnzeichen für Radioaktivität)** radiation warning symbol, trefoil
**Strahler** (Licht) light, illuminator, beamer; (Wärme) radiator, heater
> **Punktstrahler/Spot** spotlight, spot
**Strahlreaktor** *biot* jet reactor
**Strahlung** radiation
> **Ausstrahlung/Emission/Ausstoss** emission
> **Bestrahlung** irradiation
> **Bremsstrahlung** bremsstrahlung (continuous low-energy X-rays)
> **Čerenkov-Strahlung/Tscherenkow-Strahlung** Cherenkov radiation
> **Direktstrahlung** direct radiation
> **elektromagnetische Strahlung/Wellenstrahlung** electromagnetic radiation
> **Erdstrahlung/Bodenstrahlung/terrestrische Strahlung** terrestrial radiation
> **Gammastrahlung/$\gamma$-Strahlung** gamma radiation
> **Globalstrahlung** global radiation
> **Hintergrundsstrahlung** background radiation
> **Höhenstrahlung/kosmische Strahlung** cosmic radiation
> **ionisierende Strahlung** ionizing radiation
> **Kernstrahlung** nuclear radiation
> **Korpuskularstrahlung/Teilchenstrahlung/Partikelstrahlung** corpuscular radiation, particle radiation
> **kosmische Strahlung** cosmic radiation
> **Mikrowellenstrahlung** microwave radiation
> **photosynthetisch aktive Strahlung** photosynthetically active radiation (PAR)
> **radioaktive Strahlung** radioactive radiation
> **Sonneneinstrahlung** insolation
> **Sonnenstrahlung** solar radiation

> Streustrahlung scattered radiation, diffuse radiation
> Synchrotronstrahlung synchrotron radiation, magnetobremsstrahlung
> Teilchenstrahlung/Korpuskelstrahlung/ Partikelstrahlung corpuscular radiation, particle radiation
> Vernichtungsstrahlung annihilation radiation
> Wärmestrahlung thermal radiation
> zulässige Strahlung permissible radiation
Strahlungsdichte radiance
Strahlungsenergie radiant energy
Strahlungsfeld radiation field
Strahlungsflussdichte/Bestrahlungsstärke irradiance
Strahlungsintensität radiation intensity
Strahlungsschweißen radiation welding
Strahlungsvermögen/Emissionsvermögen (Wärmeabstrahlvermögen) emissivity
Strahlungswärme radiant heat
Straintest (Dehnung unter konst. Last) strain test
Strang (pl Stränge) cord; gen strand
Strangaufweitung (Extrudieren) parison swell, die swell, jet swell
Strangpresse/Extruder extruder
strangpressen/extrudieren polym extrude
Strangpressen/Extrudieren/Extrusion polym extrusion (extrusion molding)
Strangpresskolben extrusion plunger
Streckblasformen/Streckblasverfahren stretch blow molding
strecken (in die Länge ziehen) elongate, extend; (ausziehen/recken) draw down (after extrusion)
Strecken elongation, extension; polym (Ziehen/Verstrecken) drawing
Streckform (Folien) polym drape assist
Streckformen/Streckziehen/Ziehformen polym stretch forming, stretching; (Folien) drape forming
Streckgrenze (Fließgrenze) polym yield point, elongation at yield
Streckmittel/Streckungsmittel/Verschnittmittel polym extender
Streckschwingung (IR) stretching vibration
Streckspannung/Fließspannung ('Yield-Spannung') yield stress, yield strength
Streckung/Verlängerung elongation, extension
Streckverhältnis/Ziehverhältnis draw ratio
Streichen/Streichbeschichten spread coating, spreading
> Deckstrich top coating
> Grundstrich (Haftvermittlung) anchor coating

> Schlussstrich (Versiegelung) finishing coating
Streichverfahren (Auftrageverfahren) polym spread coating
Stress/Belastungszustand/Spannung phys stress
stressen/belasten stress
stressig/anstrengend stressful
Stretchfolie stretch film/foil
Streu litter
Streudiagramm scatter diagram (scattergram/scattergraph/scatterplot)
streuen/verstreuen/ausstreuen/verteilen scatter, spread, distribute; sprinkle
Streuer shaker; dredger
Streufaktor scattering factor
Streulicht scattered light, stray light
Streulichtmessung/Nephelometrie nephelometry
Streulichtschirm photo diffusing screen
Streuquerschnitt scattering cross section
Streustrahlung scattered radiation, diffuse radiation
Streuung (Lichtstreuung) optical diffusion, dispersion, dissipation, scattering (light); (Ausbreitung) dispersal, dissemination; (Verstreuen/Verteilung) scattering, spreading, distribution
Streuungskoeffizient/Streukoeffizient scattering coefficient
Streuungsverhalten stat scedasticity, heterogeneity of variances
Streuverlust electr leakage
Streuwinkel scattering angle
Strichdiagramm line diagram
Strichliste tally chart
stringente Bedingungen/ strenge Bedingungen stringent conditions
Stringenz (von Reaktionsbedingungen) stringency (of reaction conditions)
Stroboskop stroboscope, strobe, strobe light
Strom (Flüssigkeit) stream, flow; (Volumen pro Zeit) flow rate
> Elektrizität colloquial/general electricity, power, juice; (Ladung/Zeit) current
> Stromstärke current, electric current, amperage, amps
stromaufwärts upstream
> strangaufwärts gen upstream
Stromausfall electricity failure, power failure; power outage
Strombrecher (z. B. an Rührer von Bioreaktoren) baffle
Stromdichte electr current density
strömen stream, flow

**Stromgerät** power supply
**Stromkabel** power cord, electric cord,
  electrical cord, power cable, electric cable
**Stromkontakt** power lead
**Stromkreis** electric circuit, electrical circuit
**Stromleiter** current carrier; conductor
**Stromleitung/Hauptstromleitung** mains (*Br*)
**Strommessgerät/Amperemeter (Stromstärke)**
  ammeter
**Stromquelle/Stromzufuhr** *electr* power supply
**Stromschlüssel (Salzbrücke)** **electrolyt** salt bridge
**Strömung** (Flüssigkeit) current, flow;
  *electr* (Strömung) flux
➤ **Couette-Strömung** Couette flow
➤ **Druckströmung/Druckfluss/**
  **Druckrückströmung/Rückfluss** pressure flow,
  pressure back flow, back flow
➤ **Kolbenströmung** ram flow
➤ **Konvektionsströmung/Konvektionsstrom**
  convection current
➤ **Konzentrationsströmung** density current
➤ **laminare Strömung/Schichtströmung**
  laminar flow
➤ **Leckströmung** leakage flow
➤ **Luftströmung (Luftstrom)** air current, airflow,
  current of air, air stream; (Luftgeschwindigkeit:
  Sicherheitswerkbank) air speed
➤ **Massenströmung (Wasser)** mass flow, bulk flow
➤ **Scherströmung/Scherfließen** shear flow
➤ **Schichtströmung/laminare Strömung**
  laminar flow
➤ **Schleppströmung** drag flow
➤ **turbulente Strömung** turbulent flow
➤ **viscometrische Strömung** viscometric flow
➤ **Wirbelstrom (Vortex-Bewegung)** eddy current
**Strömungsdynamik** fluid dynamics
**Strömungsmechanik/Strömungslehre**
  fluid mechanics
**Strömungsmesser** current meter, flowmeter
**Strömungsmuster** flow pattern
**Strömungspotential** streaming potential
**Strömungsrohr (Kolbenfluss)**
  continuous plug-flow reactor
**Strömungswiderstand** flow resistance,
  resistance to flow; drag resistance
**Stromversorgung** electric power supply,
  power supply, mains (*Br*)
**Stromzähler** electric meter
**Strontium (Sr)** strontium
**Strudel** eddy, swirl
**strudeln** whirl, swirl, eddy
**Struktur** structure;
  (Textur/Faser/Fibrillenanordnung: Holz) grain

➤ **Feinstruktur/Feinbau** fine structure
➤ **Haarnadelstruktur** hairpin, hairpin loop
➤ **kreuzförmige Struktur** cruciform structure
➤ **Kristallstruktur** crystal structure,
  crystalline structure
➤ **Lamellenstruktur** lamellar structure
➤ **Primärstruktur (Proteine)** primary structure
➤ **Quartärstruktur (Proteine)**
  quarternary structure
➤ **Raumstruktur/räumliche Struktur**
  three-dimensional structure, spatial structure
➤ **Resonanzstruktur/mesomere Grenzstruktur**
  resonance structure, resonating structure
➤ **Ringstruktur** ring structure
➤ **Schaschlik-Struktur** shish-kebab structure
➤ **Sekundärstruktur (Proteine)**
  secondary structure
➤ **Tertiärstruktur (Proteine)** tertiary structure
➤ **Ultrastruktur** ultrastructure
**Strukturanalyse** structural analysis
**Strukturaufklärung** structure elucidation
**Strukturformel** structural formula
**Strukturprotein/Struktureiweiß** structural protein
**Strukturschaum/Integralschaum** structural
  foam, integral foam (integral skin foam)
**Stufe** (einer Treppe) step, stair; (Leiter) rung;
  (Niveau) level; (Rang) rank, position; *chem*
  stage, tray; *math* degree, order, rank
**Stufenfolge/Rangordnung/Rangfolge/**
  **Hierarchie** order of rank, ranking, hierarchy
**Stufengradient** step gradient
**stufenlos (regulierbar/regelbar/einstellbar etc.)**
  variable (variably adjustable)
**stufenlos regelbar** continually variable,
  infinitely variable
**stufenlos regulierbar** continuously adjustable,
  variably adjustable
**Stufenpolymerisation** stepwise polymerization
**Stufenreaktion** *polym* stepwise reaction
**Stufenschalter** step switch
**Stufenwachstum** step growth, stepwise growth
**Stufenwachstumspolymerisation** step-growth
  polymerization, step-reaction polymerization
**Stufenwiderstand** step resistance
**Stufung** zonation; grading, staggering
**stumpf** obtuse, blunt
**Stumpfschweißen** butt welding
**Stütze** support, prop
**stützen** support, prop up
**Stutzen (Anschlussstutzen/Rohrstutzen)**
  nozzle, socket; connecting piece, connector
➤ **Ansatzstutzen (Kolben)** side tubulation,
  side arm; (Schlauch) hose connection

> **Ausgussstutzen (Kanister)**
nozzle (attachable/detachable)
> **Beschickungsstutzen (Kolben)**
delivery tube (flask)
> **Gewindestutzen** threaded socket
(connector/nozzle)
> **Hülse/Schliffhülse („Futteral"/Einsteckstutzen)**
socket (female: ground-glass joint)
> **Olive (meist geriffelter Ansatzstutzen:**
**Schlauch/Kolben)** barbed hose connection
(flask: side tubulation/side arm)
**Styrol (Styren)** styrene
**Styrolharz/Styrenharz** styrene resin
**Styrolpolymere** styrenics
**Styropor®** styrofoam
**Suberinsäure/Korksäure/Octandisäure**
suberic acid, octanedioic acid
**subletal** sublethal
**Sublimat** sublimate
**Sublimation** sublimation
**sublimieren** sublimate, sublime
**Subsistenz** subsistence
**Substantivfarbstoff** substantive dye
**Substantivität** substantivity
**Substanzeinwaage** weighed-in substance,
weighed-in quantity
**Substanzgemisch** substance mixture
**Substituent** substituent
> **ranghöchster Substituent** principal substituent
**substituieren (ersetzen)** substitute (replace)
**Substitution** substitution; replacement
> **Basensubstitution/Basenaustausch**
base substitution
> **cine-Substitution** cine substitution
> **elektrophile Substitution** electrophilic substitution
> **nukleophile Substitution**
nucleophilic substitution
> **radikalische Substitution** radical substitution
> **tele-Substitution** tele substitution
**Substitutionsisomerie** substitutional isomerism
**Substitutionsname** substitutive name
**Substitutionsreaktion** substitution reaction
**substitutive Nomenklatur/**
**Substitutionsnomenklatur**
substitutive nomenclature
**substraktive Nomenklatur**
subtractive nomenclature
**Substrat** substrate
> **Folgesubstrat** following substrate
> **Leitsubstrat** leading substrate
**Substraterkennung** substrate recognition
**Substrathemmung/**
**Substratüberschusshemmung**
substrate inhibition

**Substratkonstante ($K_s$)** substrate constant
**Substratsättigung** substrate saturation
**Substratspezifität** substrate specificity
**Succinylcholin** succinylcholine
**Suchtest** *gen/med* screening, screening test
**Suchmittel/Droge** drug
**Sud/Absud/Abkochung/etwas Gekochtes/**
**Siedendes/Gesottenes** decoction, extract,
essence, extracted liquor; brew, stock, broth
**Sulfanilsäure** sulfanilic acid,
$p$-aminobenzenesulfonic acid
**Sulfat** sulfate
**Sulfation/Sulfatation** sulfation
**sulfatisieren** sulfatize
**Sulfatlauge/Sulfatablauge/Sulfatkochlauge**
sulfate liquor
**Sulfid** sulfide
**Sulfierkolben** sulfonation flask
**Sulfit** sulfite
**Sulfonierung/Sulfonieren** sulfonation
**Sulfoxylsäure/Hyposulfitsäure/Schwefel(II)säure**
$H_2SO_2$ sulfoxylic acid, hyposulfurous acid
**Summe** sum, total
**Summenformel/Elementarformel/empirische F./**
**Verhältnisformel** empirical formula
**Summenhäufigkeit/kumulative Häufigkeit** *stat*
cumulative frequency
**Summenpotential** gross potential
**Summenregel** sum rule
**Sumpf (Rückstand in Dest.-Blase)** *dest* bottoms
**Superfilament** superfil
**Superhelix** superhelix, supercoil
**Supersäure** superacid
**superspiralisiert/superhelikal/**
**überspiralisiert** supercoiled
**superstark/verstärkt/Hochleistungs...**
heavy-duty, superior performance
**Suppression/Unterdrückung** suppression
**supprimieren/unterdrücken/zurückdrängen**
suppress
**supraleitend** superconductive
**Supraleiter** superconductor
**Supraleitfähigkeit** superconductivity
**suspendieren (schwebende Teilchen in**
**Flüssigkeit)** suspend
**Suspension** suspension; (Aufschlämmung) slurry
**Suspensionstechnik (IR-Spektroskopie)**
mull technique
**süß** sweet
**Süße** sweetness
**Süßstoff** nonnutritive sweetener
**Süßungsmittel** sweetener
**Süßwasser** freshwater
**Symmetrie** symmetry

➢ **Asymmetrie** asymmetry
➢ **Dissymmetrie (Chiralität/Drehsinn)**
  dissymmetry (chirality/handedness)
**symmetrisch** symmetric(al)
➢ **asymmetrisch** asymmetric(al)
➢ **dissymmetrisch/chiral**
  dissymmetric(al), chiral
➢ **zentralsymmetrisch** centrosymmetric(al)
**Synärese** syneresis
**Synthese** synthesis
➢ **Biosynthese** biosynthesis
➢ **Chemosynthese** chemosynthesis
➢ **Halbsynthese** semisynthesis
➢ **Neusynthese/de-novo Synthese**
  de-novo-synthesis
➢ **Photosynthese** photosynthesis
**synthesefaserverstärkter Kunststoff (SFK)**
  synthetic fiber-reinforced plastic (SFRP)
**Synthesegas** synthesis gas, syngas
**Synthesezellstoff/Synthesepulpe**
  synthetic wood pulp (SWP)
**synthetisches Erdgas/künstliches Erdgas**
  synthetic natural gas,
  substitute natural gas (SNG)
**synthetisieren** synthesize
**Systemanalyse** systems analysis
**Systematik/Taxonomie** systematics, taxonomy
**systematisch/taxonomisch** systematic,
  taxonomic
**systematischer Name** systematic name
**systemisch** systemic
**Szintillationsgläschen** scintillation vial
**Szintillationszähler ("Blitz"zähler)**
  scintillation counter, scintillometer
➢ **Flüssigszintillationszähler**
  liquid scintillation counter (LSC)
**szintillieren/funkeln/Funken sprühen/glänzen**
  scintillate

**T**

**Tabellenkalkulation** spreadsheet calculation
**Tablet** tray
**Tablette** pharm/med tablet; tech pellet
➢ **Manteltablette/Filmtablette/Dragée**
  coated tablet
**Tafelkreide/Schreibkreide** blackboard chalk,
  school chalk
**Tagebau** geol open-pit mine
**Takt** cycle time, stroke, time
**Taktgeber** clock, clock generator, timing
  generator; pulse generator; synchronizer
**Taktizität** tacticity
**Taktrate** clock frequency

**Taktung** cycle timing
**Taktzeit** cycle time
**Talg** med sebaceous matter, sebum;
  zool tallow (extracted from animals),
  suet (from abdominal cavity of ruminants)
**Talg... /talgig** sebaceous, tallowy
**Talgdrüse** sebaceous gland
**Talk/Talkstein** min talc
**Talkpulver/Talkum** talcum powder
**tamponieren** tampon, plug, pack
**Tandemreaktion** tandem reaction
**Tangentenmodul** tangential modulus
**Tangentialschnitt** tangential section
**Tank/Kessel** tank, vessel
**Tannat (Gerbsäure)** tannate (tannic acid)
**Tannin (Gerbstoff)** tannin (tanning agent)
**Tantal (Ta)** tantalum
➢ **Tantal(III)...** tantalous, tantalum(III)
➢ **Tantal(V)...** tantalic, tantalum(V)
**Tantal(V)-chlorid/Tantalpentachlorid TaCl$_5$**
  tantalum chloride, tantalic chloride,
  tantalum pentachloride
**Tantal(V)-oxid/Tantalpentoxid Ta$_2$O$_5$**
  tantalum oxide, tantalic oxide,
  tantalum pentoxide
**Tara (Gewicht des Behälters/der Verpackung)**
  tare (weight of container/packaging)
**Tarieren** n taring (determining weight of
  container/packaging in order to substract
  from gross weight)
**tarieren** vb tare
**Tasche** pocket; (Vertiefung: Elektrophorese-Gel)
  well, depression (at top of gel)
**Taschenlampe** flashlight, torch (Br)
**Tastatur** (groß) keyboard, (klein) keypad
**Taste** key, button, knob, push-button
**tasten** feel, touch, palpate
**Tastkopf** micros probe, probing head
**Tau** dew; (Seil) rope
**taub** (gefühllos) numb; (gehörlos) deaf
**Taubheit** (Gefühllosigkeit) numbness;
  (Gehörlosigkeit) deafness
**Tauchbad** immersion bath
**tauchfähig (Pumpe)** submersible
**Tauchflächenreaktor** immersing surface reactor
**Tauchgießen/Tauchgussverfahren** polym
  dip molding, dipping
**Tauchkanalreaktor** immersed slot reactor
**Tauchpumpen-Wasserbad/**
  **Einhängethermostat** immersion circulator
**Tauchsieder** immersion heater, 'red rod' (Br)
**Tauchstrahlreaktor** plunging jet reactor,
  deep jet reactor, immersing jet reactor
**Tauchtank** dip tank

**Tauchverfahren (Giessen)** *polym* dip molding
**Taumelbewegung, dreidimensionale** nutation, gyroscopic motion (threedimensional circular/orbital & rocking motion)
**taumeln** tumble, sway, stagger; nutate (gyroscopic motion); wobble; (Bakterien) tumble
**Taumelschüttler** nutator, nutating mixer, 'belly dancer' (shaker with gyroscopic, i.e., threedimensional circular/orbital & rocking motion)
**Taupunkt** dew point
**Taurin** taurine
**Täuschung** deception, delusion; illusion
**tautomere Umlagerung** tautomeric shift
**Tautomerie** tautomerism, dynamic allotropy
**Tauwerk** cordage
**Technik** (einzelnes Verfahren/Arbeitsweise) technique, technic;
(Technologie: Wissenschaft) technology
➤ **Umweltverfahrenstechnik** environmental process engineering
**Technikfolgenabschätzung** technology assessment
➤ **US-Büro für Technikfolgenabschätzung** OTA (Office of Technology Assessment)
**technisch** technic(al); (Laborchemikalie) lab grade
**Technische Anweisung Lärm (TALärm)** Technical Instructions on Noise Reduction
**Technische Anweisung Luft (TALuft)** Technical Instructions on Air, Clean Air Act
**technischer Assistent (technische Assistentin)/Laborassistent (Laborassistentin)/Laborant (Laborantin)** laboratory technician, lab technician, technical lab assistant
**Technischer Überwachungsverein (TÜV)** technical inspection agency/authority, technical supervisory association
**Techno-Kunststoffe/technische Kunststoffe** technoplastics, technical plastics, engineering plastics
**Technologie** technology
**technologisch** technologic(al)
**Teer** tar
**teerig** tarry
**Teerpech** tar pitch
**Teersand/Ölsand** tar sand, oil sand
**Teichonsäure** teichoic acid
**Teichuronsäure** teichuronic acid
**Teil** (des Ganzen) moiety, part, section; (Anteil/Hälfte) moiety
**Teilchen/Partikel** particle; corpuscle
**Teilchenbeschleuniger** particle accelerator
**Teilchendichte** particle density
**Teilchenfluenz** particle fluence

**Teilchenflussdichte** particle flux density
**Teilchengröße (Bodenpartikel)** particle size, soil texture
**Teilchenstrahlung/Korpuskelstrahlung/Partikelstrahlung** corpuscular radiation, particle radiation
**teilen** divide, fission, separate
**Teilerhebung** *stat* partial survey
**Teilkorrelationskoeffizient** *stat* partial correlation coefficient
**Teilmenge/Portion/Fraktion** portion, fraction
**Teilmengenauswahl** *stat* subset selection
**Teilreaktion** partial reaction; (electrode potentials:) half-reaction
**Teilstichprobe** *stat* subsample
**Teilung** division, fission, separation
**Teleskop-Effekt (beim Verstrecken)** *polym* necking
**Teleskopzylinder** telescope cylinder
**Tellermühle** disk mill
**Tellur (Te)** tellurium
➤ **Tellur(IV)...** tellurous, tellurium(IV)
➤ **Tellur(VI)...** telluric, tellurium(VI)
**Temperatur** temperature
➤ **Arbeitstemperatur** operating temperature
➤ **Ceiling-Temperatur (Beginn der Depolymerisation)** ceiling temperature
➤ **Durchbiegetemperatur bei Belastung** heat deflection temperature (HDT), heat distortion point, deflection temperature under load (DTUL), heat deflection under load (HDUL)
➤ **Einfrierstemperatur** $T_F$ freezing-in temperature
➤ **Einsatztemperatur/Arbeitstemperatur** operating temperature
➤ **Erweichungstemperatur** $T_E$ softening temperature; distortion temperature
➤ **Fließtemperatur** flow temperature
➤ **Floor-Temperatur** floor temperature
➤ **Gebrauchstemperatur** service temperature
➤ **Glastemperatur/Glasumwandlungstemperatur (Glasübergangstemperatur)** $T_g$ glass transition temperature
➤ **Härtungstemperatur** curing temperature; setting temperature
➤ **Klärtemperatur** clearing temperature
➤ **Körpertemperatur** body temperature
➤ **kritische Lösungstemperatur** consolute temperature, critical solution temperature
➤ **Lösungstemperatur** solution temperature
➤ **obere kritische Lösungstemperatur** upper critical solution temperature (UCST)
➤ **Phasenübergangstemperatur** phase transition temperature

> **Präschmelztemperatur**
  pre-melting temperature
> **Raumtemperatur** room temperature,
  ambient temperature
> **Recktemperatur/Verstreckungstemperatur**
  stretching temperature
> **Schmelzpunkt** melting point
> **Schmelztemperatur** melting temperature
> **Siedepunkt** boiling point
> **Sprungtemperatur** transition temperature
> **Torsionssteifheitstemperatur**
  torsional stiffness temperature (TST)
> **Umgebungstemperatur** ambient temperature
> **untere kritische Lösungstemperatur**
  lower critical solution temperature (LCST)
> **Verstreckungstemperatur/Recktemperatur**
  stretching temperature
> **Vorzugstemperatur** cardinal temperature
> **Zündpunkt/Zündtemperatur** ignition point,
  kindling temperature, flame temperature, flame
  point, spontaneous-ignition temperature (SIT)
**temperaturabhängig** temperature-dependent
**Temperaturempfindlichkeit**
  sensitivity to temperature
**Temperaturfühler** temperature sensor
**Temperaturgradient** temperature gradient
**Temperaturregler** temperature controller
**Temperaturschwankung**
  fluctuation of temperature
**Tempereisen/Temperguss** malleable iron,
  malleable cast iron, wrought iron
**Temperglühofen** malleable annealing furnace
**Temperierbecher** cooling beaker, chilling beaker,
  tempering beaker (jacketed beaker)
**temperieren** bring to a moderate temperature;
  to have an agreeable temperature
**tempern** temper; *polym* anneal
**Tensid** tenside (surfactant/surface-active
  substance); detergent
> **amphoter/Amphotensid** amphoteric
> **anionisch/Aniotensid** anionic
> **kationisch/Katiotensid/Invertseife** cationic
> **nichtionisch/Niotensid** nonionic
> **oberflächenaktiv** surface-active
**teratogen/Missbildungen**
  **verursachend** teratogenic
**Teratogenese/Missbildungsentstehung**
  teratogenesis, teratogeny
**Teratologie (Lehre von Missbildungen)** teratology
**Teratom** teratoma
**Terephthalsäure** terephthalic acid,
  1,4-benzenedicarboxylic acid
**Terminus/Ende (Molekülende)** terminus

**Terpen (*pl* Terpene)** terpene(s)
> **Diterpene (C$_{20}$)** diterpenes
> **Hemiterpene (C$_5$)** hemiterpenes
> **Monoterpene/Terpene (C$_{10}$)**
  monoterpenes, terpenes
> **Polyterpene** polyterpenes
> **Sesquiterpene (C$_{15}$)** sesquiterpenes
> **Triterpene (C$_{30}$)** triterpenes
**Terpentin (Exsudat von *Pinus* u. *Larix* spp.)**
  turpentine (oleoresin, i.e., resin & essential oils
  from *Pinus* & *Larix* spp.)
**Terpentinharz (Kolophonium)**
  *general*: pitch (resin from conifers); rosin,
  colophony (resin after distilling turpentine)
**Terpentinharzöl** rosin oil
**Terpentinöl (eingeschränkt: Terpentin)** turpentine
  oil (in a restricted sense: turpentine)
**Tertiärstruktur (Proteine)** tertiary structure
**Test (Prüfung/Bestimmungsmethode)** test,
  examination, assay; (Untersuchung) investigation
**Testkette (Diffusion in der Schmelze)** tracer
**Testosteron** testosterone
**Testverfahren** test procedure, testing procedure
**Tetrachlorkohlenstoff/Tetrachlormethan CCl$_4$**
  carbon tetrachloride, tetrachloromethane
**tetraedrisch** tetrahedral
**Textil (*pl* Textilien)** textile(s)
**Textilfaser** textile fiber
**Textilstoff** fabric
**Textilverbundstoff/Faserverbundstoff**
  bonded fabric
**texturiert** textured
**Thallium (Tl)** thallium
> **Thallium(III)...** thallic, thallium(III)
> **Thallium(I)...** thallous, thallium(I)
**Thebain** thebaine
**Thein/Koffein** theine, caffeine
**Theobromin** theobromine
**Theophyllin** theophylline
**theoretisch** theoretic, theoretical
**Theorie** theory
**Thermalruß** thermal black
**thermisches Kracken (Erdöl)** thermal cracking
**Thermistor** thermistor, thermal resistor
  (heat-variable resistor)
**Thermoanalyse/thermische Analyse**
  thermal analysis
**Thermochromie (Thermotropie)**
  thermochromism
**Thermodynamik** thermodynamics
> **0.Hauptsatz** zeroth law of thermodynamics
> **1.Hauptsatz (Energieerhaltungssatz)**
  first law of thermodynamics

> 2.Hauptsatz (Entropiesatz)
second law of thermodynamics
> 3.Hauptsatz (Nernstsches Wärmetheorem)
third law of thermodynamics
**Thermoelement** thermocouple
**Thermoelement-Schutzrohr/Thermohülse**
thermowell (for thermocouples)
**Thermoelementsonde** thermocouple probe
**Thermoformen/Warmformen** thermoforming
**Thermogravimetrie (TG)** thermogravimetry (TG)
(= thermogravimetric analysis)
**thermomechanische Analyse**
thermomechanical analysis (TMA)
**Thermometer** thermometer
> **Bimetallthermometer** bimetallic thermometer
> **Dampfdruckthermometer**
vapor pressure thermometer
> **Gasthermometer** gas thermometer
> **Pyrometer/Hitzemessgerät** pyrometer
> **Quarzthermometer** quartz thermometer
> **Quecksilberthermometer**
mercury-in-glass thermometer
> **Rauschthermometer** noise thermometer
**Thermoregulation** thermoregulation
**Thermoskanne/Thermosflasche** thermos
**Thermospray** thermospray
**Thermostat** thermostat
**Theta-Lösungsmittel** theta solvent
**Theta-Zustand** theta-state
**Thiamin (Vitamin B₁)** thiamine (vitamin $B_1$)
**Thioalkohole/Thiole/Mercaptane** thio alcohols,
thiols, mercaptans
**Thiocyansäure/Rhodansäure HSCN**
thiocyanic acid, rhodanic acid
**Thioharnstoff** thiourea
**Thioschwefelsäure $H_2S_2O_3$** thiosulfuric acid
**Thixotropie** thixotropy
**Thorium (Th)** thorium
**Thoriumdioxid/Thorium(IV)-oxid $ThO_2$**
thoria, thorium dioxide
**Threonin** threonine
**Thrombin** thrombin
**Thymin** thymine
**Thymindimer** thymine dimer
**Tiefenätzung** deep etching
**Tiefenschärfe/Schärfentiefe** *opt* depth of focus,
depth of field
**Tieffeldverschiebung (NMR)** low-field shift
**Tiefkühlfach (des Kühlschranks)**
deep-freeze compartment
**Tiefkühltruhe** deep-freeze, deep freezer (chest)
**Tiefkühlung** deep freeze

**Tieftemperaturrektifikation/**
**Tieftemperatur-Rektifikation** *nucl*
low-temperature rectification (LTR)
**Tiefziehen** deep drawing
**Tiefziehpresse** deep-draw press
**Tiegel/Schmelztiegel** crucible
> **Filtertiegel** filter crucible
> **Glasfiltertiegel** glass-filter crucible,
sintered glass crucible
> **Gooch-Tiegel** Gooch crucible
> **Porzellanfiltertiegel**
porous porcelain filter crucible
**Tiegeldreieck** crucible triangle
**Tiegelofen** crucible furnace
**Tiegelzange** crucible tongs
**tierisch** animal; (bestialisch/animalisch) bestial;
(brutal) brutal
**tierisches Eiweiß** animal protein
**tierisches Fett** animal fat
**Tiermodell** animal model
**Tinktur** tincture
**Tinte** ink
**Tisch** table
> **Arbeitstisch** worktable
> **Drehtisch** *micros* rotating stage
> **höhenverstellbare Plattform (Labor)**
laboratory jack
> **Kreuztisch** *micros* mechanical stage
> **Laborarbeitstisch** lab bench
> **Labortisch/Labor-Werkbank**
laboratory/lab table, laboratory/lab bench,
laboratory/lab workbench
> **Objekttisch** *micros* stage, microscope stage
> **Spültisch** sink, sink unit
> **Standardtisch** *micros* plain stage
> **Wägetisch** weighing table
**Tischzentrifuge** tabletop centrifuge,
benchtop centrifuge
**Titan (Ti)** titanium
> **Titan(III)...** titanous, titanium(III)
> **Titan(IV)...** titanic, titanium(IV)
**Titandioxid/Titan(IV)-oxid (Titanweiß) $TiO_2$**
titania, titanium dioxide (titanium white)
**Titer** titer
**Titration** titration
> **amperometrische Titration/Amperometrie**
amperometric titration
> **coulometrische Titration/Coulometrie**
coulometric titration
> **Endpunktverdünnungsmethode**
**(Virustitration)** end-point dilution technique
> **Fällungstitration** precipitation titration
> **Fließinjektions-Titration** flow-injection titration

> konduktometrische Titration/Konduktometrie
  conductometric titration
> Leitfähigkeitstitration/konduktometrische
  Titration/Konduktometrie
  conductometric titration
> Oszillometrie/oszillometrische Titration/
  Hochfrequenztitration oscillometry,
  high-frequency titration
> photometrische Titration photometric titration
> Redoxtitration redox titration
> Rücktitration back titration
> Säure-Basen-Titration/Neutralisationstitration
  acid-base titration
> Trübungstitration turbidimetric titration
Titrationskurve titration curve
Titrationsmittel/Titrant titrant
titrieren titrate
Tochterion daughter ion
Tochternuklid daughter nuclide
Tocopherol/Tokopherol (Vitamin E)
  tocopherol (vitamin E)
tödlich/letal deadly, fatal, lethal
Toleranzbereich tolerance range
Toleranzgrenze tolerance limit
Toluidin toluidine, aminotoluene
Toluol/Toluen (Methylbenzol) toluene
Tomographie tomography
> Einzelphotonen-
  Emissionscomputertomographie single-photon
  emission computed tomography (SPECT)
Ton *acust* tone, sound; *geol* clay
> Blähton expanded shale
> feuerfester Ton/Schamotteton fireclay
> gebrannter Ton calcined clay
Tondreieck/Drahtdreieck clay triangle,
  pipe clay triangle
Tonerde argillaceous earth
  (alumina, aluminum oxide)
> Aktivtonerden activated alumina
Tongeschirr pottery
Tongut (Irdengut und Steingut)
  nonsintered earthenware
Tonmergel clay marl
Tonminerale clay minerals
Tonschiefer slate
Tonstein claystone
Tönung/Schattierung (Farbton) hue
Tonware (Tonzeug und Tongut) earthenware
Tonzeug (Sinterzeug und Porzellan)
  sintered earthenware
Topas topaz
Topferde potting soil (potting mixture:
  soil & peat a.o.)
Topfkratzer/Topfreiniger scouring pad,
  pot cleaner

Topflappen potholder
Topfzeit/Verarbeitungsdauer/Gebrauchsdauer
  *polym* pot life
Topizität topicity
topogen topogenic, topogenous
Torsion/Drehung torsion
Torsionsbiegefestigkeit torsional fatigue strength
Torsionsmodul/Schermodul torsion modulus,
  shear modulus, modulus of rigidity
Torsionspendel/Drehpendel torsion pendulum
Torsionssteifheitstemperatur
  torsional stiffness temperature (TST)
Torsionswinkel torsional angle
Tortuositätsfaktor tortuosity factor
tot dead
Totenkopf (Giftzeichen) skull and crossbones
Totraum deadspace, headspace
Totvolumen (Spritze/GC) dead volume,
  deadspace volume, holdup (volume)
Totzeit/Durchflusszeit (GC) holdup time
Towgarn tow
Toxikologie toxicology
Toxin/Gift toxin
toxisch/giftig toxic, poisonous
> cytotoxisch/zellschädigend cytotoxic
> embryotoxisch embryotoxic
> fetotoxisch fetotoxic
> hepatotoxisch/leberschädigend hepatotoxic
> hochgiftig highly toxic
> mindergiftig moderately toxic
> neurotoxisch neurotoxic
> phytotoxisch/pflanzenschädlich phytotoxic
> sehr giftig extremely toxic (T+)
Toxizität/Giftigkeit toxicity, poisonousness
träg/träge *chem* inert;
  (Reaktion/dickflüssig/schleppend) sluggish
Trage/Krankentrage/Krankenbahre stretcher
Träger carrier
Trägerelektrophorese carrier electrophoresis
Trägergas/Schleppgas (GC)
  carrier gas (an inert gas)
Trägerharz (Konditionieren) binder resin
Trägermaterial/Trägersubstanz support
Trägermolekül carrier molecule
Trägerplatte platen
Trägerprotein/Schlepperprotein carrier protein
Trägerschicht support layer
Trägersubstanz carrier
Trägheit inertia; (Reaktion) sluggishness
Trägheitskraft inertial force
Trägheitsmoment moment of inertia
Trägheitsradius/Gyrationsradius/
  Trägheitshalbmesser radius of gyration
Traglast carrying capacity

Tran/Fischöl train oil, fish oil (also from whales)
> **Lebertran** cod-liver oil
**Tränengas** tear gas
**Tränenreizstoff (Tränengas)** lachrymator, lacrimator (tear gas)
**tränken/einweichen (durchfeuchten)** soak, drench, steep
**Transadenylierung** transadenylation
**Transaminierung** transamination
**Transferöse** transfer loop
**Transformation** transformation
**Transformatorenöl** transformer oil
**transformieren** transform
**Transkript** transcript
**Transkription** transcription
**Translation** translation
**Transmetallierung** transmetalation
**Transparenzverstärker** *polym* clarifier
**Transphosphorylierung** transphosphorylation
**Transplantat** transplant, graft
**transplantieren** transplant
**transponierbar** transposable
**Transport** transport, transportation
> **aktiver Transport** active transport, uphill transport
> **durch eine Membran hindurch** membrane trafficking
> **erleichterter Transport** facilitated transport
> **Gefahrguttransport** transport of dangerous goods, transport of hazardous materials
> **gekoppelter Transport** coupled transport, co-transport
> **Krankentransport** ambulance service
> **Membrantransport** membrane transport
**Transportband/Förderband** conveyor belt
**Transportfahrzeug** transport vehicle
**transportieren** transport
**Transportprotein** transport protein
**Transportwagen/Transportkarren** bogie
**Transversalwelle/Querwelle** *phys* transverse wave
**Traubenzucker/Glukose/Glucose/Dextrose** grape sugar, glucose, dextrose
**Treber/Biertreber** brewers' grains
**Treibgas (z.B. für Sprühflaschen)** propellant
**Treibhaus** greenhouse, hothouse
**Treibhauseffekt** greenhouse effect
**Treibmittel** *tech/polym* blowing agent (foaming/sponging/aerating); *polym* (for bags) inflating agent; (z.B. in Druckflaschen) propellant (pressure can); (Gärmittel/Gärstoff) leavening, raising agent
**Treibsatz (pyrotechnisch)** propellant charge, propelling charge, propulsion charge

**Treibsatzmischung (Pyrotechnik)** propellant composition, propulsion composition
**Treibstoff/Kraftstoff** fuel; (Raketen/Düsen) propellant; (Benzin) gas, petrol (*Br*)
> **Dieselkraftstoff** diesel fuel
> **Düsentreibstoff** jet fuel
> **fester Kraftstoff** solid fuel
> **Flugbenzin** aviation fuel, aviation gasoline
> **gasförmiger Vergaserkraftstoff** liquefied petroleum gas
> **hochklopffester Kraftstoff** high-octane fuel
> **klopffester Kraftstoff** antiknock fuel
> **Motorkraftstoff** engine fuel
> **Raketentreibstoff** rocket fuel, rocket propellant
> **Rennkraftstoff** racing fuel
> **Turbinenkraftstoff** turbine fuel
> **verbleiter Kraftstoff** leaded fuel
> **Vergasertreibstoff** carburetor fuel
**Treibstoffalkohol/Gasohol** gasohol
**Trennblech/Quersteg/Flügel** flight, vane
**Trenndüsenverfahren** *nucl* separation-nozzle process
**trennen** separate; divide; (lösen/entkuppeln/auskuppeln) separate, disconnect
**Trennfaktor/Separationsfaktor** *analyt* separation factor
**Trenngel** separating gel (running gel)
**Trenngrenze/Ausschlussgrenze (Teilchentrennung)** cutoff
**Trennkammer** *chromat* (DC) developing chamber, developing tank (TLC)
**Trennleistung** separation efficiency (column efficiency)
**Trennmethode** separation method
**Trennmittel** *polym* release agent, separating agent, antisize
**Trennsäule** separating column, fractionating column, fractionator
**Trennschärfe** *chromat* resolution, separation accuracy
**Trennstufe** *chromat* (HPLC) plate
**Trennung** separation
**Trennungsgang** *chem/analyt* analytical (separation) procedure
**Trennverfahren/Trennmethode** separation technique, separation procedure, separation method
**Trennwirkungsgrad** separation efficiency
**Trester/Treber (*siehe auch dort*)** (Fruchtpressrückstand/Traubenpressrückstand) marc; (Malzrückstand) draff
**Treteimer (Mülleimer)** step-on pail

Trichter funnel
➤ **Analysentrichter** analytical funnel
➤ **Einfülltrichter** addition funnel
➤ **Filternutsche/Nutsche (Büchner-Trichter)**
  nutsch, nutsch filter, filter funnel,
  suction funnel, suction filter, vacuum filter
  (Buechner funnel)
➤ **Fülltrichter** filling funnel
➤ **Glastrichter** glass funnel
➤ **Heißwassertrichter** hot-water funnel
  (double-wall funnel)
➤ **Hirsch-Trichter** Hirsch funnel
➤ **Kurzhalstrichter/Kurzstieltrichter**
  short-stem funnel, short-stemmed funnel
➤ **Pulvertrichter** powder funnel
➤ **Scheidetrichter** separatory funnel
➤ **Tropftrichter** dropping funnel
➤ **Zulauftrichter** addition funnel
**Trichterrohr** funnel tube
**Triebkraft** *phys/mech* **(Antrieb)** propulsive force
**Trifluoressigsäure** trifluoroacetic acid
**Trimmblock** *micros* trimming block
**Trinkbrunnen/Trinkfontäne**
  fountain (for drinking water)
**Trinkwasser** drinking water
**Trinokularaufsatz/Tritubus** *micros*
  trinocular head
**Tripelpunkt/Dreiphasenpunkt** triple point
**Trisauerstoff/Ozon** ozone
**tritiieren/mitTritium markieren** tritiate
**Tritium H-3** tritium
**Trittschall** impact sound
**Trittschalldämmung** impact sound insulation
**trittschallgedämpft** impact sound-reduced
**Trivialname (unsystematisch)** trivial name
  (not systematic)
**trocken** dry, arid
**Trockenbatterie** *electr* dry cell, dry cell battery
**Trockenblotten** dry blotting
**Trockendestillation** dry distillation
**Trockeneis (CO₂)** dry ice
**Trockenextrakt** dry extract
**Trockenfestigkeit (Fasern)** dry strength
**Trockengestell** drying rack
**Trockengewicht (*sensu stricto*: Trockenmasse)**
  dry weight (*sensu stricto*: dry mass)
**Trockengut** dry product, dry substance
**Trockenlauf/Probelauf** test run
**trockenlaufen** *chromat* run dry
**Trockenlegung** drainage
**Trockenlöscher** dry chemical fire extinguisher
**Trockenmasse/Trockensubstanz** dry mass,
  dry matter

**Trockenmittel/Sikkativ** siccative, desiccant,
  drying agent, dehydrating agent
**Trockenofen** drying oven
**Trockenpistole/Röhrentrockner** drying pistol
**Trockenreinigung** dry cleaning; dry cleaner
**Trockenrohr/Trockenröhrchen** drying tube
**Trockenschrank** drying cabinet, drying oven
**Trockenspinnen** dry spinning
**Trockensubstanz** dry matter
**Trockenturm/Trockensäule** drying tower,
  drying column
**trocknen** dry
➤ **austrocknen** desiccate
➤ **eintrocknen** dry up, dehydrate
**Trocknungsverlust** loss on drying
**Trog/Wanne** trough
**Trogkneter** trough kneader
**Trommel/Zylinder** drum, barrel
**Trommelgießmaschine** drum casting machine
**Trommelmischer** barrel mixer, drum mixer
**Trommelmühle** drum mill, tube mill, barrel mill
**Trommelzentrifuge** basket centrifuge,
  bowl centrifuge
**Tropäolin** tropeolin
**Tröpfcheninfektion** droplet infection
**Tropfen** *n* drop
**tropfen** *vb* drip
**Tropfenfänger** drip catcher, drip catch; splash
  trap, antisplash adapter (distillation apparatus);
  (Reitmeyer-Aufsatz: Rückschlagschutz: Kühler/
  Rotationsverdampfer etc.) splash adapter,
  antisplash adapter, splash-head adapter
**tropfenweise** dropwise, drop by drop
**Tropfflasche** drop bottle, dropping bottle
**Tropfglas/Tropfpipette** dropper
**Tropfkörper (Tropfkörperreaktor/**
  **Rieselfilmreaktor)** trickling filter
**Tropfpunkt** dropping point, drop point
**Tropftrichter** dropping funnel (addition funnel)
**Trub (trüber Rückstand/Niederschlag bei der**
  **Fermentation)** lees, dregs (bottoms/sediment)
**trüb (Flüssigkeit)** cloudy, turbid
**Trübe/Trübheit/Trübung (Flüssigkeit/Kunststoff)**
  cloudiness, turbidity; haze
**Trübungsmittel/Trubstoffbildner**
  **(Getränkeherstellung)** opacifier
**Trübungspunkt** cloud point
**Trübungstitration** turbidimetric titration
**Trümmergestein (klastisches Gestein)**
  fragmental rock (clastic rock)
**Trypsin** trypsine
**Tryptophan** tryptophan
**Tscherenkow-Strahlung/Čerenkov-Strahlung**
  Cherenkov radiation

tuberös tuberous, tuberal
Tubocurarin tubocurarine
tubulär tubular
Tubus *micros* tube, body tube;
   (Steckhülse für Okular) draw tube
Tülle (ausgießen) nozzle, spout; (Fassung)
   socket; (Schlauchtülle) hose connection gland
Tumor/Wucherung/Geschwulst tumor
Tumornekrosefaktor (TNF)
   tumor necrosis factor (TNF)
Tungöl (Holzöl, *Aleurites fordii/*
   *Euphorbiaceae*) tung oil
Tunnelmikroskopie tunneling microscopy
Tüpfelplatte spot plate
Tüpfelprobe spot test
tupfen/abtupfen dab, swab
Tupfer pad, gauze pad; (Abstrichtupfer) swab;
   (Wattebausch) cotton pledget
Tupferklemme sponge forceps
Turbidimetrie/Trübungsmessung turbidimetry
Turbinenkraftstoff turbine fuel
turbulente Strömung turbulent flow
Turbulenzdiffusion/Wirbeldiffusion
   eddy diffusion
Turgor/hydrostatischer Druck turgor,
   hydrostatic pressure
Turgordruck turgor pressure
Türkis turquoise
Turmalin tourmaline
Turmreaktor column reactor

U

Übelkeit/Übelsein nausea, sickness, illness
übelriechend/stinkend fetid, smelly,
   smelling bad, malodorous, stinking
Überdauerung persistance, survival
Überdosis overdose
Überdrehung overwinding
Überdruck positive pressure
Überdruckventil pressure valve,
   pressure relief valve; safety valve
Überdüngung overfertilization
Überempfindlichkeit hypersensitivity
Überexpression *gen* high-level expression,
   overexpression
Überfluss excess
überführen transfer
Überführung transfer
Überfunktion overactivity, hyperactivity
Übergabe handing over, delivery
Übergang/Entwicklungsübergang transition,
   developmental transition

Übergangsdipolmoment
   transition dipole moment
Übergangselemente/Nebengruppenelemente
   transition elements
Übergangskomplex transition complex
Übergangskonstante transition constant
Übergangsmetall transition metal
Übergangsphase transition phase
Übergangsstück (Laborglas) adapter, connector
➤ Expansionsstück expansion adapter,
   transition piece
➤ Reduzierstück reducing adapter,
   reduction adapter
Übergangstemperatur transition temperature
Übergangszustand (Enzymkinetik)
   transition state
Übergitter/Überstruktur (Kristalle) superlattice
übergreifen *med* spread (e.g., disease/epidemic)
überhitzen overheat, superheat
Überhitzen/Überhitzung overheating,
   superheating
überhitzter Dampf/Heißdampf
   superheated steam
überkochen (*auch*: überlaufen) boil over
Überkorn (Siebrückstand) oversize
überkritisch (Gas/Flüssigkeit)
   supercritical (gas/fluid)
Überlagerung superposition
Überlappung overlap
Überlappungskonzentration
   overlap concentration
überlasten *tech/electr* overload
Überlastung *tech/electr* overload
Überlauf overflow, overrun;
   (Abflusskanal) spillway
Überlaufgrat (Spritzgießen) flashing
überprüfen check, examine, confirm, inspect,
   review; verify, control
Überprüfung check-up, examination, inspection,
   reviewal; verification, control
überragen protrude, project, stand/stick out,
   rise over
übersättigt supersaturated
überschreiten exceed
Überschuhe/Überziehschuhe
   (Einweg-Überschuhe) shoe covers,
   shoe protectors (disposable)
Überschuss (Menge) excess
überschüssig in excess (of)
Überschussproduktion surplus production
Überschwingen (aufheizen) overswing
Überspannung overpotential, overvoltage;
   overtension

**Überspannungsfilter/Überspannungsschutz**
surge suppressor
**überspiralisiert/superspiralisiert/superhelikal**
supercoiled
**Überspiralisierung** supercoiling
**Überstand** *chem* supernatant
**übersteuern** overshoot
**Überstruktur/Übergitter (Kristalle)** superlattice
**Übertrag** carryover, carry forward
**übertragbar** transmissible, communicable
**Übertragbarkeit** transferability
**übertragen** transfer, transmit (e.g., a disease)
**Überträger/Überträgerstoff/Transmitter**
transmitter; (Vektor) vector
**Übertragung** *phys/tech* transmission, transfer
**Übertragungsrate (im Datentransfer)**
throughput rate, transfer rate
**überwachen** monitor, survey, supervise
**Überwachung** monitoring, surveillance,
supervision, surveyance
**Überwachungskamera** monitoring camera
**Überwurfmutter/Überwurfschraubkappe**
**(z. B. am Rotationsverdampfer)** swivel nut,
coupling nut, mounting nut, cap nut,
sleeve nut, coupling ring
**Überzug** coating
**Ubichinon** ubichinone
**ubiqitär/weitverbreitet/überall verbreitet**
ubiquitous, widespread,
existing everywhere
**Ubiquinon/Coenzym Q** ubiquinone, coenzyme Q
**Uhrglas/Uhrenglas** watch glass, clock glass
**Uhrmacherpinzette** watchmaker forceps,
jeweler's forceps
**Ultradünnschnitt** *micros* ultrathin section
**Ultrafiltration** ultrafiltration
**Ultrakryomikrotom/Ultragefriermikrotom**
ultracryomicrotome
**Ultramikrotom** ultramicrotome
**Ultraschall** ultrasound, ultrasonics
**Ultraschall... /den Ultraschall betreffend**
ultrasonic
**Ultraschalldiagnose/Sonographie** ultrasound,
ultrasonography, sonography
**Ultraschallschweißen** ultrasonic welding
**Ultrastruktur** ultrastructure
**Ultrazentrifugation** ultracentrifugation
**Ultrazentrifuge** ultracentrifuge
**Umdrehungen pro Minute (UpM)**
revolutions per minute (rpm)
**Umesterung** transesterification
**Umfang** girth
**Umformmaschine/Warmformmaschine**
forming machine

**Umformverhalten** forming behavior
**umfüllen (Chemikalie)** transfer (a chemical);
decant (in case of a liquid)
**Umgang (Verhalten)** handling
**Umgebung** surroundings, environs,
environment, vicinity
**Umgebungsdruck** ambient pressure
**Umgebungstemperatur** ambient temperature
**Umkehr-Gaschromatographie**
inverse gas chromatography (IGC)
**Umkehrbarkeit/Reversibilität** reversibility
> **Nichtumkehrbarkeit/Irreversibilität**
irreversibility
**Umkehrosmose/Reversosmose** reverse osmosis
**Umkehrphase/Reversphase**
reversed phase, reverse phase
**Umkehrphasenchromatographie**
reversed phase chromatography,
reverse-phase chromatography (RPC)
**Umkehrpinzette/Klemmpinzette**
reverse-action tweezers
(self-locking tweezers)
**Umkehrpotential** reversal potential
**umkippen (Gewässer)** turn over,
become oxygen-deficient, turn anaerobic
**Umkristallisation** recrystallization; (fraktionierte
Kristallisation) fractional crystallization
**umkristallisieren** recrystallize
**umlagern/umordnen** *chem* rearrange
**Umlagerung/Umordnung** *chem* rearrangement
> **tautomere Umlagerung** tautomeric shift
**Umlaufdüsen-Reaktor/Düsenumlaufreaktor**
nozzle loop reactor, circulating nozzle reactor
**Umlaufreaktor/Umwälzreaktor/Schlaufenreaktor**
loop reactor, circulating reactor, recycle reactor
**Umlenkung** deflection
**Umluft** forced air, recirculating air;
air circulation
**Umluftofen** forced-air oven
**ummanteln (ummantelt)** jacket (jacketed)
**Ummantelung** cladding
**Umordnung/Rearrangement** rearrangement
**umrechnen** convert
**Umrechnungstabelle** conversion table
**Umriss** contour, outline
**Umsatz** turnover
**Umsatzgeschwindigkeit/Umsatzrate**
turnover rate, rate of turnover
**Umsatzzeit** turnover period
**umschmelzen/wieder einschmelzen** remelt
**Umschmelzmetall** secondary metal
**umsetzen** turn, convert, transfer, process;
*metabol* metabolize; (verkaufen) sell, turn over

**Umsetzung** transformation, change, reaction
➤ **chemische Umsetzung** chemical transformation, chemical reaction, chemical change
**umstimmen** reorient, reorientate
**Umverpackung** overpacking, overwrap, secondary packaging
**Umwälzkühler/Kältethermostat/Kühlthermostat** refrigerated circulating bath
**Umwälzpumpe** circulation pump
**Umwälzthermostat/Badthermostat** circulating bath
**umwandeln** convert; (transformieren) transform
**Umwandlung** conversion; (Transformation) transformation
➤ **thermische Umwandlung** thermal transition
**Umwandlungsgestein/metamorphes Gestein** metamorphic rock
**Umwandlungs-Zeit-Kurve** conversion-time curve
**Umwelt** environment
**Umweltanalyse** environmental analysis
**Umweltanalytik** environmental analytics
**Umweltaudit/Öko-Audit** environmental audit
**Umweltbedingungen** environmental conditions
**Umweltbelastung** environmental burden, environmental load
**Umweltchemie** environmental chemistry
**umweltgerecht** environmentally compatible
**Umweltkriminalität** environmental crime
**Umweltmedizin** environmental medicine
**Umweltmesstechnik** environmental monitoring technology
**Umweltpolitik** environmental politics
**Umweltrecht** environmental law
**Umweltschutz** environmental protection; pollution control
**Umweltschützer** environmentalist
**Umweltschutzpapier** recycled paper
**Umweltsünder** person who litters or commits an environmental crime
**Umweltverfahrenstechnik** environmental process engineering
**Umweltverhältnisse** environmental conditions
**Umweltverschmutzer** polluter
**Umweltverschmutzung** environmental pollution
**umweltverträglich** environmentally compatible, environmentally friendly
**Umweltverträglichkeit** environmental compatibility
**Umweltverträglichkeitsprüfung (UVP)** environmental impact assessment (EIA)
**Umweltwiderstand** environmental resistance
**Umweltwissenschaft** environmental science
**Umweltzerstörung** environmental degradation
**unbedenklich** safe, without risk, unrisky

**unbesetzt** empty, unoccupied
**Unbestimmtheitsrelation/Unschärferelation (Heisenbergsche)** uncertainty principle (indeterminancy principle)
**unbeweglich/bewegungslos/fixiert** nonmotile, immotile, immobile, motionless, fixed
**undicht/leck** leaking, leaky; pervious
➤ **undicht sein** leak (doesn't close tightly)
**Undichtigkeit** leak, leakiness
**undurchlässig/impermeabel** impervious, impenetrable; impermeable
**Undurchlässigkeit/Impermeabilität** imperviousness, impermeability
**Uneinheitlichkeit** nonuniformity
**unempfindlich** insensitive
**Unfall** accident
➤ **Arbeitsunfall** occupational accident
➤ **Betriebsunfall** industrial accident, accident at work
➤ **größter anzunehmender Unfall** worst-case accident
➤ **Zwischenfall** incident
**Unfallgefahr** danger of accident
**unfallträchtig** hazardous
**Unfallverhütung** prevention of accidents
**Unfallversicherung** accident insurance
**ungebraucht** unused, fresh, clean, virgin
**ungefährlich** (sicher) not dangerous, harmless (safe); (nicht gesundheitsgefährdend) nonhazardous
**ungelöst** undissolved
**ungeordnet** random
**ungepuffert** unbuffered
**ungesättigt** unsaturated
➤ **doppelt ungesättigt** diunsaturated
➤ **einfach ungesättigt** monounsaturated
➤ **mehrfach ungesättigt** polyunsaturated
**ungleich/nicht identisch/anders** unequal, different
**Ungleichgewicht** imbalance, disequilibrium
**ungleichmäßig** irregular, non-uniform
**unimolekulare Reaktion** unimolecular reaction
**Unkrautbekämpfung/Unkrautvernichtung** weed control
**Unkrautbekämpfungsmittel/ Unkrautvernichtungsmittel/Unkrautvernichter/ Herbizid** herbicide, weed killer
➤ **Nachauflauf-Herbizid/Nachauflaufherbizid** post-emergence herbicide
➤ **selektives Herbizid** selective herbicide
➤ **Totalherbizid/Breitbandherbizid** nonselective herbicide, total weedkiller
➤ **Vorauflauf-Herbizid/Vorauflaufherbizid** pre-emergence herbicide
**unlöslich** insoluble

Unlöslichkeit insolubility
unnatürlich unnatural
unpolar apolar
unregelmäßig/irregulär/anomal irregular,
  anomalous
Unregelmäßigkeit/Anomalie irregularity,
  anomaly
unreif unripe, immature
Unreife immaturity, immatureness
unscharf *micro/photo* not in focus, out of focus,
  blurred
Unschärfe *micro/photo* blurredness, blur,
  obscurity, unsharpness
Unschärferelation/Unbestimmtheitsrelation
  (Heisenbergsche) uncertainty principle
  (indeterminancy principle)
unsicher/gefährlich unsafe
unspezifisch nonspecific
unterbrechen interrupt
Unterbrecher/Trennschalter *electr*
  circuit breaker
Unterbrechung interruption
Unterdruck negative pressure
unterdrückbar suppressible
unterdrücken suppress
Unterdrückung suppression
Untereinheit subunit
Unterfunktion/Insuffizienz hypofunction,
  insufficiency
➤ Überfunktion hyperfunction, hyperactivity
untergärig bottom fermenting
➤ obergärig top fermenting
untergetaucht/submers submerged, submersed
untergliedern (untergliedert) subdivide(d)
Untergliederung subdivision
Unterkorn (Siebdurchgang) undersize
unterkühlen undercool, supercool
unterkühlte Flüssigkeit undercooled liquid,
  supercooled liquid
Unterkühlung undercooling, supercooling
unterlegen inferior, put underneath
Unterlegenheit inferiority; defeat
Unterlegscheibe washer
Unterorbital subjacent orbital
unterordnen subordinate, submit
Unterphase (flüssig-flüssig) lower phase
Unterschale/Nebenschale (Atomschalen)
  subshell
Unterscheidungsmerkmal
  differentiating characteristic
Unterseite underside, undersurface
untersuchen/prüfen/testen/analysieren
  investigate, examine, test, assay, analyze;
  probe

Untersuchung/Prüfung/Test/Probe/Analyse
  investigation, examination (exam), study,
  search, test, trial, assay, analysis
➤ medizinische/ärztliche Untersuchung medical
  examination, medical exam, medical checkup,
  physical examination, physical
➤ Wasseruntersuchung water analysis
Untersuchungsgerät testing equipment/
  apparatus
Untersuchungslösung test solution,
  solution to be analyzed
Untersuchungsmedium/Prüfmedium/
  Testmedium assay medium
Untertagebau *geol* underground mine
unterteilt/kompartimentiert divided, subdivided,
  compartmentalized
Unterteilung subdivision
Untertritt *text* godet
unterweisen instruct, train, teach
Unterweisung instruction(s), training,
  teaching; briefing
unvermischbar immiscible
Unvermischbarkeit immiscibility
unverschmiert/schmutzfrei smudge-free
unverschmutzt uncontaminated
unverträglich/inkompatibel incompatible
Unverträglichkeit/Inkompatibilität
  incompatibility
Unverträglichkeitreaktion/
  Inkompatibilitätreaktion
  incompatibility reaction
unverzerrt/unverfälscht *math/stat* unbiased
unverzweigt (Kette) *chem* unbranched (chain)
unvollkommen imperfect
Unvollkommenheit imperfection
unvorsichtig careless, incautious, unwary
Unwucht unbalanced state
unwuchtig unbalanced
unzerbrechlich unbreakable
Uracil uracil
Uran (U) uranium
➤ Uran(VI) ... uranic, uranium(VI)
➤ Uran(IV) ... uranous, uranium(IV)
Urandioxid/Uran(IV)-oxid $UO_2$ uranium dioxide,
  uranous oxide, urania, yellowcake
Urantrioxid/Uran(VI)-oxid $UO_3$ uranium trioxide,
  uranic oxide
Uraninit uraninite
Uranpecherz (Pechblende/Uraninit)
  pitchblende, uraninite
Urformen *polym* molding
Uridin uridine
Uridylsäure uridylic acid
Urin/Harn urine
urinieren/harnlassen/harnen urinate

**Urocaninsäure (Urocaninat)/Imidazol-4-acrylsäure**
urocanic acid (urocaninate)
**Uronsäure (Urat)** uronic acid (urate)
**Urotropin (Hexamethylentetramin)** urotropine
**Ursprung** origin
**ursprünglich** (originär) original, basic, simple,
primitive; (urtümlich) pristine
**ursprungsgleich/homolog** homologous
**Ursubstanz** original material
**Usninsäure** usnic acid
**UV-Spektroskopie** ultraviolet spectroscopy,
UV spectroscopy

**V**

**Vakuum** vacuum
**Vakuumaufdampfung** vacuum deposition
(metalization)
**Vakuumdestillation** vacuum distillation,
reduced-pressure distillation
**Vakuumdrehfilter/Vakuumtrommeldrehfilter**
*micb* rotary vacuum filter
**Vakuumeindampfer** vacuum concentrator
**Vakuumfalle** vacuum trap
**vakuumfest** vacuum-proof
**Vakuumfiltration** vacuum filtration,
suction filtration
**Vakuumformen** vacuum forming
**Vakuumofen** vacuum furnace
**Vakuumpumpe** vacuum pump
**Vakuumsaugverfahren** *polym*
straight-vacuum forming
**Vakuumverteiler (mit Hähnen)** vacuum manifold
**Vakuumvorlage** *dest* vacuum receiver
**Vakzination/Vakzinierung/Impfung** vaccination
**Vakzine/Impfstoff** vaccine
(Impfstofftypen *siehe* Impfstoff)
**Valenz** valence, valency
➤ **dreiwertig** trivalent (tervalent)
➤ **einwertig** univalent
➤ **fünfwertig** pentavalent
➤ **mehrwertig** multivalent, polyvalent
➤ **vierwertig** tetravalent
➤ **zweiwertig** bivalent, divalent
**Valenzband** valence band
**Valenzbindung** valence bond
**Valenzelektron (Außenelektron)** bonding
electron, valence electron (outer-shell electron)
**Valenzgitter** valence lattice
**Valenzkraft** valence force
**Valenz-Kraftfeld-Methode**
valence force-field (VFF) method
**Valenzschwingung** valence vibration
**Valenzstrich** valence line, valence dash

**Valenzstruktur-Theorie** valence-bond theory
**Valenztautomerie** valence tautomerism
**Valeriansäure/Baldriansäure/Pentansäure**
**(Valeriat/Pentanat)** valeric acid, pentanoic acid
(valeriate/pentanoate)
**Validierung** validation
**Valin** valine
**Vanadium (V)** vanadium
➤ **Vanadium(III)…** vanadous, vanadium(III)
➤ **Vanadium(V)…** vanadic, vanadium(V)
**Vanillinsäure** vanillic acid
**Variabilität/Veränderlichkeit/Wandelbarkeit**
(*auch*: Verschiedenartigkeit) variability
**Variabilitätsrückgang** decay of variability
**Varianz/mittlere quadratische Abweichung/**
**mittleres Abweichungsquadrat** *stat*
variance, mean square deviation
➤ **additive genetische Varianz**
additive genetic variance
➤ **Dominanzvarianz** dominance variance
➤ **Umweltvarianz** environmental variance
**Varianzanalyse** analysis of variance (ANOVA)
**Varianzheterogenität/Heteroskedastizität** *stat*
heteroscedasticity
**Varianzhomogenität/Varianzgleichheit/**
**Homoskedastizität** *stat* homoscedasticity
**Variationsbreite** *stat* range of variation,
range of distribution
**Variationskoeffizient** *stat* coefficient of variation
**Vaselin/Vaseline/Petrolatum/Rohvaselin** vaseline,
petrolatum, petroleum wax, petroleum jelly
**Vektor** vector
**Ventil** valve, vent
➤ **Abschaltventil/Absperrventil** shut-off valve
➤ **Abzweigventil** *chromat* split valve
➤ **Ausatemventil (an Atemschutzgerät)**
exhalation valve
➤ **Ausgleichsventil** relief valve
(pressure-maintaining valve)
➤ **Auslaufventil** plug valve
➤ **Begrenzungsventil** limit valve
➤ **Dosierventil** metering valve
➤ **Drosselventil** throttle valve
➤ **Druckluftventil** pneumatic valve
➤ **Druckminderventil/Druckminderungsventil/**
**Druckreduzierventil** pressure-relief valve
(gas regulator, gas cylinder pressure regulator)
➤ **Druckregelventil** pressure control valve
➤ **Einspritzventil** injection valve, syringe port
➤ **Entlüftungsventil** purge valve,
pressure-compensation valve
➤ **Fassventil (Entlüftung)** drum vent
➤ **Flügelhahnventil** butterfly valve
➤ **hydraulisch vorgesteuert** pilot-operated

> **Kegelventil** cone valve, mushroom valve, pocketed valve
> **Kugelventil** ball valve
> **Lufteinlassventil** air inlet valve, air bleed
> **Magnetventil (Zylinderspule)** solenoid valve
> **Membranventil** diaphragm valve
> **Nadelventil** needle valve
> **Quetschventil** pinch valve
> **Reduzierventil/Druckminderventil/ Druckminderungsventil/Druckreduzierventil (für Gasflaschen)** pressure-relief valve (gas regulator, gas cylinder pressure regulator)
> **Regelventil** control valve
> **Rückflusssperre/Rücklaufsperre/ Rückstauventil** backflow prevention, backstop (valve)
> **Rückschlagventil** check valve, backstop valve
> **Saugventil** suction valve
> **Schieberventil** slide valve
> **Schlauchventil (Klemmventil)** (tubing) pinch valve
> **Schlussventil** cutoff valve
> **Sicherheitsventil** security valve, security relief valve
> **Sperrventil/Kontrollventil** check valve, control valve, non-return valve
> **Spülventil (Inertgas)** T-purge (gas purge device)
> **Überdruckventil** pressure valve, pressure relief valve
> **Verdrängerventil** positive-displacement valve
> **Zulaufventil/Beschickungsventil** delivery valve
**Ventilation** ventilation
**Ventilationsvolumen** ventilation volume
**Ventilator** fan
**ventilieren/belüften/entlüften/durchlüften/ Rauch abziehen lassen** ventilate, vent
**Veränderlichkeit/Wandelbarkeit/Variabilität** variability
**verändern** change, modify, vary
**Veränderung** change, modification, variation
**verankern (befestigen)** anchor (fasten/attach)
**Verankerung** anchorage
**Verarbeitbarkeit** processability; (Verformbarkeit) plasticity
**verarbeiten** process, processing, treat
**Verarbeitung** processing, treatment
**Verarbeitungsdauer/Topfzeit** pot life
**verarbeitungsfähig** machineable, machinable
**Verarbeitungshilfe** processing aid
**Verarbeitungsschwindung** processing shrinkage
**veraschen** incinerate, reduce to ashes
**Veraschung** ashing
**verätzen** (chemicals/alkali/acid) burn; *med* cauterize

**Verätzung** (chemicals/alkali/acid) burn, caustic burn; *med* cauterization
**Verätzungsgefahr** caustic hazard
**verbacken/festgebacken/festgesteckt (Schliff/ Hahn)** jammed, seized-up, stuck, 'frozen', caked
**Verband** (Vereinigung) association, union, federation, society; *med* dressing, bandage
**Verbandskasten** first-aid box, first-aid kit
**Verbandsschrank** first-aid cabinet
**Verbandstisch** instrument table
**Verbandszeug** bandaging material, dressing material
**verbinden** connect, bond, link; join; *med* (einen Verband anlegen) dress, bandage
**Verbinder** (Adapter) fitting(s), adapter; (Kupplung) coupling, coupler
**verbindlich** obligatory, binding, mandatory, compulsory
**Verbindung** *allg/tech* connection, bond, linkage; joint; *chem* compound
> **chemische Verbindung** (chemical) compound
> **cyclische Verbindung/Ringverbindung** cyclic compound
> **Dreiwegverbindung** three-way connection
> **Einlagerungsverbindung/interstitielle Verbindung** interstitial compound, intercalation compound, insertion compound
> **Einschlussverbindung/Inklusionsverbindung** *chem* inclusion compound; host-guest complex
> **energiereiche Verbindung** high energy compound
> **Flanschverbindung** flange connection, flange coupling, flanged joint
> **gefalzte Überlappungsverbindung/ gefalzter Überlappstoß** joggle-lap joint
> **Gelenkverbindung** hinged joint, swivel joint, articulated joint
> **Hochdruck-Steckverbindung** compression fitting
> **Käfigeinschlussverbindung/Clathrate** cage-like inclusion compound, clathrate
> **Klebeverbindung** bonded joint, adhesive joint, adhesive bonding
> **Kohlenstoffverbindung** carbon compound
> **Koordinationsverbindung/Komplexverbindung** coordination compound, complex compound
> **Muffenverbindung (Rohr)** spigot
> **Organosiliziumverbindungen** organosilicon compounds
> **Organozinnverbindungen/zinnorganische Verbindungen** organotin compounds
> **Plus~/Minus-Verbindung** (Rohrverbindungen etc.) male/female joint; *electr* plus/minus connection
> **Racemat/racemische Verbindung** racemate

> Ringverbindung/cyclische Verbindung
  cyclic compound
> Rohrverbinder/Rohrverbindung(en)
  pipe fitting(s), fittings
> Schliffverbindung/Glasschliffverbindung
  ground joint, ground-glass joint;
  (Kegelschliffverbindung) tapered joint
> Schnappverbindung snap-in joint
> Schnellverbindung (Rohr/Glas/Schläuche etc.)
  quick-fit connection
> Schlauch-Rohr-Verbindungsstück
  pipe-to-tubing adapter
> Schwalbenschwanzverbindung *micros*
  dovetail connection
> Schwefelverbindung/schwefelhaltige
  Verbindung sulfur compound
> Steckverbindung/Steckvorrichtung *tech/electr*
  coupler, fitting; plug connection
> Stickstoffverbindung nitrogenous compound,
  nitrogen-containing compound
> Stoßverbindung butt joint
> topologische Verbindung topological bonding
Verbindungsmuffe (Kupplung: Rohr/Schlauch etc.)
  fittings, couplings, couplers
Verbindungsschnur *electr* connecting cord
Verbindungsstück (von Bauteilen)
  coupling, coupler
verblassen fade
verbleit leaded
verbleiter Kraftstoff leaded fuel
Verbot prohibition, ban
> Rauchverbot! No Smoking!
verboten forbidden, prohibited
> strengstens verboten strictly forbidden,
  strictly prohibited
> Zutritt verboten!/Betreten verboten!
  off-limits!, Do Not Enter!, No Entrance!,
  No Trespassing!
verbotenes Band forbidden band
Verbrauch consumption, use, usage
Verbraucher/Konsument consumer, user
Verbraucherschutz consumer protection
Verbrauchsmaterial consumable goods,
  consumables
verbrennen combust, incinerate, burn
Verbrennung combustion, incineration; *med* burn
> chemische Verbrennung chemical burn
Verbrennungsenthalpie enthalpy of combustion
Verbrennungsofen combustion furnace
Verbrennungsrohr (Glas) incinerating tube
Verbrennungswärme/Verbrennungsenthalpie
  combustion heat, heat of combustion
Verbrühung/Verbrühungsverletzung
  scald, scalding

Verbund *tech* composite;
  composite construction; compound
Verbundfaser bonded fiber
Verbundfolie/Mehrschichtfolie composite foil/film
Verbundglas laminated glass
Verbundplatte composite panel,
  composite board
Verbundsicherheitsglas laminated safety glass
Verbundwachsfolie barrier wrap
Verbundwerkstoff/Kompositwerkstoff
  composite material
> Faser-Verbundwerkstoff
  fiber composite material
> faserverstärkter Verbundwerkstoff
  fiber-reinforced composite material
> Schicht-Verbundwerkstoff
  laminated composite material
> Teilchen-Verbundwerkstoff particle-reinforced
  composite material
verchromen (verchromt) chrome-plate(d)
verchromtes Messing chrome-plated brass
Verdacht (auf eine Erkrankung) suspicion
  (of a disease)
Verdachtsstoff *med* suspected toxin
verdampfen evaporate, vaporize
Verdampferkolben evaporating flask
Verdampfungsenthalpie enthalpy of vaporization
Verdampfungs-Lichtstreudetektor evaporative
  light scattering detector (ELSD)
Verdampfungswärme heat of vaporization
Verdau (enzymatischer) digest (enzymatic)
> Doppelverdau double digest
> einfacher Verdau single digest
> Partialverdau partial digest
verdauen digest
verdaulich digestible
Verdaulichkeit/Bekömmlichkeit digestibility
Verdauungsenzym digestive enzyme
verderblich perishable; (Früchte: leicht
  verderblich) highly perishable
verdichten compress, condense; compact;
  concentrate; thicken
Verdichtung/Kompression compression,
  condensation
verdicken thicken; swell
Verdickung thickening; *med* swelling
Verdickungsmittel/Verdickungszusatz
  thickening agent
Verdopplungszeit (Generationszeit)
  doubling time (generation time)
verdrahten wire, connect by wire/cable
> fest verdrahten hard-wire
Verdrahtung wiring

**Verdrahtungsplatte** wiring board (WB)
➢ **gedruckte Verdrahtungsplatte**
   printed wiring board (PWB)
**verdrängen** displace; dislodge
**Verdrängerventil** positive-displacement valve
**Verdrängungspumpe/Kolbenpumpe (HPLC)**
   displacement pump
**Verdrängungsreaktion** *biochem*
   displacement reaction
**Verdrillen/Verdrillung** twist, twisting;
   *electr* transposition
**verdünnbar** dilutable
**verdünnen** dilute, thin down
**Verdünner/Verdünnungsmittel/Diluent/**
   **Diluens** thinner, diluent
**verdünnte Lösung** dilute solution
**Verdünnung** dilution, thinning down
➢ **Isotopenverdünnung** isotopic dilution
➢ **Mischregel (Mischungskreuz)** dilution rule
➢ **unendliche Verdünnung** infinite dilution
**Verdünnungsausstrich** dilution streak,
   dilution streaking
**Verdünnungsenthalpie** enthalpy of dilution
**Verdünnungsmittel** dilutent
**Verdünnungsreihe** dilution series
**Verdünnungswärme** heat of dilution
**verdunsten** evaporate, vaporize
**Verdunstung** evaporation, vaporization
**Verdunstungsbrenner** evaporation burner
**Verdunstungskälte/Verdunstungsabkühlung**
   evaporative cooling
**Verdunstungswärme** heat of vaporization
**veredeln** refine, improve, process, finish
**Veredlung** refinement, improvement,
   (secondary) processing, finishing
**Veredlungsprozess** refinement process
**Vereinbarung** agreement
**verengen/einschnüren** constrict
**Verengung/Enge/Einschnürung** constriction
**vererbbar** transmissible, heritable
**verestern** esterify
**Veresterung** esterification
**verethern/etherifizieren** etherify
**Verfahren** procedure, process, method,
   practice, technique
**Verfahrenstechnik** process engineering
➢ **biologische Verfahrenstechnik/**
   **Bioingenieurwesen/Biotechnik** bioengineering
**Verfahrensvorschrift** procedural guidelines
**Verfallsdatum** expiration date
**verfaulen (verfault)/zersetzen (zersetzt)** foul,
   rot (rotten), decompose(d), decay(ed)
**Verfestigung/Verfestigen** hardening,
   strengthening; solidification

**Verfestigung durch Verformung/**
   **Kaltverfestigung** strain hardening
**verflochten** interwoven, intertwined, entangled
**verflüchtigen** volatilize
**Verflüchtigung** volatilization
**verflüssigen** liquefy, liquify
**Verflüssiger** liquefier
**Verflüssigung** liquefaction
**Verformung/Formänderung/Deformation**
   deformation
**Verformungsenergie/Deformationsenergie**
   deformation energy
**Verformungsgrenze/Deformationsgrenze**
   deformation limit
**Verformungswiderstand/Deformationswiderstand**
   deformation resistance
**verfügbar** available
**Verfügbarkeit** availability
**vergällen/denaturieren (z.B. Alkohol)** denature
➢ **unvergällt** pure (not denatured)
**vergären/fermentieren** ferment
**Vergärung/Fermentation** fermentation
**Vergasertreibstoff** carburetor fuel
**Vergießen (Kunststoff)** casting
**vergiften** poison, intoxicate;
   (durch Tiergift) envenom
**Vergiftung** (Intoxikation) poisoning, intoxication;
   (durch Tiergift) envenomation, envenomization
**Vergiftungszentrale/Entgiftungszentrale**
   poison control center
**Vergleich** comparison; reference
**Vergleichselektrode/Bezugselektrode**
   reference electrode
**Vergleichsgas (GC)** reference gas
**Vergleichspräzision** reproducibility
**Vergleichssubstanz** comparative substance
**vergolden** gilding
**Vergossene(s)/Übergelaufene(s)** spillage, spill
**vergrößern** magnify, enlarge
**Vergrößerung** magnification, enlargement
➢ **x-fache Vergrößerung**
   magnification at x diameters
**Vergrößerungsglas** magnifying glass,
   magnifier, lens
**Vergussharz** casting resin; embedding resin;
   potting resin
**Vergussmasse** sealing compound;
   embedding compound; insulating compound;
   potting compound; filling compound
**Vergüten** *n* **(Stahl)** hardening (heat-treatment);
   tempering
**vergüten** *vb* improve, refine; harden; temper
**Verhakung** entanglement
**Verhaltensregeln** rules of conduct

**Verhältnis** (Quotient/Proportion) ratio, quotient, proportion; (Beziehung) relationship
**Verhältnisskala/Ratioskala** *stat* ratio scale
**Verhärtung** hardening
**Verharzung** resinification
**verholzt/lignifiziert** lignified
**Verholzung/Lignifizierung** lignification, sclerification
**verhütten** *metal* smelt
**Verhüttung** *metal* smelting
**Verhütung** (Verhinderung: Unfälle/Vorsorge) prevention (provision); (Kontrazeption) contraception
**verjüngen/regenerieren** rejuvenate, regenerate
**Verjüngung/Regeneration** rejuvenation, regeneration
**verkabeln** wire sth., connect by wire/cable
➢ **fest verdrahten** hard-wire
**Verkabelung** *electr* wiring, electrical wiring; (Leitungen) circuitry
**verkalken (verkalkt)** calcify (calcified)
**Verkalkung/Kalkeinlagerung/Kalzifizierung/Calcifikation** calcification
**verkappen** cap
**Verkernung** medullation
**verketten** catenate; concatenate
**Verkettung** concatenation
**Verklappung (auf See)** dumping (sea sea)
**Verkleinerung** *photo* (size) reduction
**verknüpfen** bond, couple, tie; link
**verkohlen** char, carbonize
**Verkohlung/Verkohlen** charring, carbonization
**Verkokung** coking; carbonization, carbonizing
**verkümmert/abortiv/rudimentär/rückgebildet** abortive
**verlagert/ektopisch (an unüblicher Stelle liegend)** ectopic
**Verlagerung/Dislokation** dislocation
**Verlängerung** elongation; (Ausdehnung) extension
**Verlängerungskabel/Verlängerungsschnur** *electr* extension cord (power cord)
**Verlängerungsklemme** extension clamp
**Verlangsamungsphase/Bremsphase/Verzögerungsphase** deceleration phase
**Verlauf** course; (Verlauf: z. B. einer Krankheit) course (of a disease), progress, development, trend; (einer Kurve) path, course, trend
**verleimen** glue together; (verkleben) stick together
**verletzen** injure
**verletzlich** vulnerable
**Verletzung** injury
➢ **tödliche Verletzung** fatal injury

**Verlustfaktor** loss factor
**Verlustleistung** power loss
**Verlustmodul** loss modulus
**Verlustwinkel** loss angle
**Verlustwärme** dissipated heat
**Verlustzahl/Verlustziffer** loss factor, dielectric loss index
**Vermahlung** grinding, milling
**vermehren/fortpflanzen/reproduzieren** propagate, reproduce
**Vermehrung** (Vervielfältigung/Multiplikation) mulplication; (Fortpflanzung/Reproduktion) propagation, reproduction; (Amplifikation/Vervielfältigung) amplification
**Vermeidung** avoidance
**vermischbar** miscible
➢ **unvermischbar** immiscible
**Vermischbarkeit** miscibility
➢ **Unvermischbarkeit** immiscibility
**vermischen** mix
**Vermischung** mix, mixing
**vermitteln** mediate; arrange between
**Vermittler/Mediator** mediator
**vermodern/modern** rot, decay, decompose, putrefy
**vermuten/annehmen** hunch, guess, assume
**Vermutung/Annahme** hunch, guess, assumption
**vernachlässigbar** negligible
**Vernachlässigung** negligence
**Vernässung** waterlogging
**Vernebler** nebulizer
**vernetzen** interconnect, network; interlace; *polym* crosslink; (härten) cure
**vernetzend** crosslinking
➢ **selbst-vernetzend** self-crosslinking
**vernetzt** netted, interconnected, meshy, reticulate; interlaced; *polym* crosslinked; (gehärtet) cured
**Vernetzung** interconnection, mesh, network, networking, webbing, crosslinking; (Vulkanisation) vulcanization; (Härten) cure, curing
**Vernetzungsdichte** *polym* crosslink density
**Vernetzungsstelle/Netzstelle** *polym* junction
**vernichten** destroy, eliminate
**Vernichtung** destruction, elimination
**Vernichtungsstrahlung** annihilation radiation
**veröden** *med* obliterate; (Landschaft) become desolate, become deserted, obliterate
**Verödung** obliteration; desolation
**Verordnung** ordinance, decree
➢ **Arbeitsstättenverordnung (ArbStättV)** Workplace Safety Ordinance, Working Site Ordinance
➢ **Arbeitsstoffverordnung (AStoffV)** Ordinance on Occupational Substances

> Gefahrgutverordnung (GefahrgutV)
Hazardous Materials Transportation Ordinance
> Gefahrstoffverordnung (GefStoffV)
Ordinance on Hazardous Substances
> Gentechnik-Sicherheitsverordnung (GenTSV)
Genetic Engineering Safety Ordinance
> Smogverordnung German smog ordinance
> Störfallverordnung (StörfallV)
Statutory Order on Hazardous Incidents,
Industrial Accidents Directive
> Strahlenschutzverordnung (StSV)
Radiation Protection Ordinance
> Trinkwasserverordnung (TrinkwV)
Drinking Water Ordinance,
Safe Drinking Water Ordinance
Verpackung packaging;
(mit Folie/Papier) wrapping
> Blisterverpackung blister packaging
> in vitro-Verpackung in vitro packaging
> Skinverpackung skin packaging
> Umverpackung overpacking, overwrap,
secondary packaging
Verpackungsflasche packaging bottle
Verpackungsgläser packaging glasses
Verpackungsklebeband packaging tape
Verpackungsmittel packaging material
verpuffen deflagrate
Verpuffung deflagration
Verputz (innen/außen) finish
verriegeln bolt, bar, interlock
Verriegelung bolt(ing), barring, interlock
Versagen failure; (Bruch) fracture
Versagenskurve failure curve
Versalzung (Boden) salinization
Versauerung acidification
Verschalung cladding
verschäumbar foamable, expandable
Verschäumen foaming
verschicken send, ship
Verschiebung shift
> bathochrome Verschiebung bathochromic shift
> chemische Verschiebung spectros
chemical shift
> Hochfeldverschiebung spectros high-field shift
> Leserasterverschiebung frameshift
> Tieffeldverschiebung spectros low-field shift
Verschleiß (Abnutzung) wear, attrition, erosion;
(Abrieb) abrasion
verschleißen (abnutzen) wear (out), erode;
(abreiben) abrade
verschleißfest resistant to wear
Verschleißteile expendable parts
Verschleppung displacement; (zeitlich)
protraction, delay, procrastination

> Kreuzkontamination chromat
carry-over, cross-contamination
> Übertragung med transmission, spreading;
protraction (through neglect)
verschließbar lockable; sealable
verschließen lock; (mit Deckel) cap;
(mit Stopfen) stopper; (zustopfen) plug
verschlossen closed, sealed
> hermetisch hermetically
verschlucken swallow
Verschluss lock; closure; (Deckel) cap, lid, cover;
seal (air-tight)
> selbstdichtender Verschluss
self-sealing lock/cap/lid
Verschlusskappe seal, cap, closure
Verschlussklammer/Verschlussclip
(Dialysierschlauch)
clamping closure (dialysis tubing)
Verschluss-Scheibe electrophor
gate (gel-casting)
verschmelzen/fusionieren fuse
Verschmelzung/Fusion fusion
verschmoren scorch
verschmutzen (verschmutzt) pollute(d),
contaminate(d)
> beschmutzt/fleckig allg dirty, stained (fleckig)
> unverschmutzt unpolluted, uncontaminated
Verschmutzung pollution, contamination
> Lärmverschmutzung noise pollution
> Luftverschmutzung air pollution
> Umweltverschmutzung environmental pollution
> Wasserverschmutzung water pollution
Verschmutzungsgrad amount of pollution,
degree of contamination
Verschnitt/Blend blend
verschütten spill; (ausschütten) pour out,
empty out; (überlaufen) overflow, run over
Verschütten spill; (Ausschütten) pouring out,
emptying out; (Überlaufen) overflow, run over
verseifen saponify
Verseifung saponification
versetzen (mit)/hinzufügen/dazugeben add;
dislocate
Versetzung (Kristalldefekt) dislocation
verseucht contaminated, poisoned, polluted;
(mit Mikroorganismen/Ungeziefer etc.) infested
Verseuchung contamination, pollution; (mit
Mikroorganismen/Ungeziefer etc.) infestation
Verseuchungsgefahr risk of contamination
Versiegelungsmasse
sealant (sealing compound/material)
Versorgung tech/mech/electr supply
Versorgungsanschluss (Zubehörteil/Armatur)
fixture

**Versorgungseinrichtungen** utilities
**Versorgungsleitung** supply line, utility line, service line
**verspritzen** splash, squirt, spatter
**Versprödung/Sprödwerden** embrittlement
**Verständigung/Kommunikation** communication
**verstärken** *tech* amplify; (fest/solide) enhance; *neuro* (Reiz) reinforce, amplify (stimulus)
**Verstärker** *polym* reinforcing agent; *tech* amplifier; metabol enhancer
**Verstärkerfolie (Autoradiographie)** intensifying screen (autoradiography)
**Verstärkerpumpe** booster pump, back-up pump
**Verstärkersatzmischung (Pyrotechnik)** intensifying composition
**verstärkter Kunststoff (*siehe*: faserverstärkter Kunststoff)** reinforced plastic (RP)
**Verstärkung** reinforcement; *tech/electr* amplification
**Verstärkungskaskade** amplification cascade
**Verstärkungsstoff** reinforcing agent; booster (substance)
**versteifen (versteift)** stiffen(ed)
**Versteifung** stiffening
**verstellbar (einstellbar)** adjustable; variable
**verstellen** adjust, regulate, move, shift; (falsch einstellen) set the wrong way; (herumdrehen an) tamper with
**verstopfen (verstopft)** clog(ged), block(ed)
**verstrahlen/verstrahlt (radioaktiv)** radioactively contaminate(d)
**Verstrahlung (radioaktiv)** radioactive contamination
**verstrecken** stretch, draw, strain
**Verstreckungstemperatur/Recktemperatur** stretching temperature
**Verstreckungsverhältnis** draw ratio, strain ratio
**verstreuen** (ausstreuen) spread, scatter, disseminate; (verstreut liegen) intersperse, disperse
**Versuch** experiment, test, trial; (Ansatz) attempt; (Bemühung) endeavor
➤ **Blindversuch/Blindprobe** negative control, blank, blank test
➤ **Doppelblindversuch** double blind assay, double-blind study
➤ **Feldversuch/Freilanduntersuchung/ Freilandversuch** field study, field investigation, field trial
➤ **Isotopenversuch** isotope assay
➤ **Schutzversuch/Schutzexperiment** protection assay, protection experiment
➤ **Tierversuch** animal experiment
➤ **Triplettbindungsversuch** triplet binding assay

➤ **Vorversuch** pretrial, preliminary experiment
**versuchen** try, attempt; (bemühen) endeavor
**Versuchsanlage/Pilotanlage** pilot plant
**Versuchsanordnung/Versuchsaufbau** experiment setup, experimental arrangement
**Versuchsbedingungen** experimental conditions
**Versuchsdurchführung** performing an experiment, performance of an experiment
**Versuchsreaktor** experimental reactor
**Versuchsreihe** experimental series, trial series
**Versuchsverfahren** experimental procedure/ protocol, experimental method
**Verteidigung** defense
**verteilen** distribute; diffuse; spread
**Verteiler** distributor; diffuser; manifold; (Substanz auf eine Oberfläche) spreader
➤ **Gasverteiler/Luftverteiler (Düse in Reaktor)** *biot* sparger
**Verteilerrohr/Verteilerstück** manifold
**Verteilung** partitioning, distribution
➤ **Affinitätsverteilung** affinity partitioning
➤ **Altersverteilung** age distribution
➤ **bimodale Verteilung** bimodal distribution
➤ **Binomialverteilung** binomial distribution
➤ **Gauß-Verteilung/Normalverteilung/Gauß'sche Normalverteilung** Gaussian distribution (Gaussian curve/normal probability curve)
➤ **Gegenstromverteilung** countercurrent distribution
➤ **Häufigkeitsverteilung** frequency distribution (FD)
➤ **Lognormalverteilung/logarithmische Normalverteilung** lognormal distribution, logarithmic normal distribution
➤ **nicht-zufallsgemäße Verteilung** nonrandom disjunction
➤ **Normalverteilung** normal distribution
➤ **Poissonsche Verteilung/Poisson Verteilung** Poisson distribution
➤ **Randverteilung** marginal distribution
➤ **statistische Verteilung** statistical distribution
➤ **Varianzquotientenverteilung/F-Verteilung/ Fisher-Verteilung** variance ratio distribution, F-distribution, Fisher distribution
➤ **wahrscheinlichste Verteilung** most probable distribution
**Verteilung** *chem/stat* distribution; (Zerstreuung) dispersion, spreading; *gen* disjunction
**Verteilungsfunktion** *stat* distribution function
➤ **Massen-Verteilungsfunktion** mass-distribution function
➤ **Zahlen-Verteilungsfunktion** number-distribution function
**Verteilungsgesetz** partition law

**Verteilungskoeffizient** *chromat*
partition coefficient, distribution constant
**Verteilungsmuster** distribution pattern
**vertikale Luftführung (Vertikalflow-Biobench)**
vertical air flow (clean bench with vertical
air curtain)
**Vertikalrotor** *centrif* vertical rotor
**vertilgen** devour; (einverleiben) engulf
**verträglich/kompatibel/tolerant**
compatible, tolerant
➤ **unverträglich/inkompatibel/intolerant**
incompatible, intolerant
**Verträglichkeit/Kompatibilität/Toleranz**
compatibility, tolerance
➤ **Unverträglichkeit/Inkompatibilität/Intoleranz**
incompatibility, intolerance
**Verträglichkeitsmacher** compatibilizer
**Vertrauensintervall/Konfidenzintervall** *stat*
confidence interval
**Vertreter** representative, rep;
(Verkauf) sales representative
**verunreinigen** contaminate, pollute
**verunreinigt/schmutzig/unsauber**
impure, contaminated, polluted
**Verunreinigung/Kontamination**
impurity, contamination
**Vervielfältigung/Vermehrung/Amplifikation**
multiplication, amplification
**verwachsen/angewachsen** *allg* fused, coalescent
**Verwachsung** *allg* fusion; coalescence,
symphysis
**verwandt** akin, related; (zugehörig) *gen* cognate
**Verweilzeit/Verweildauer/Aufenthaltszeit/**
**Verweildauer** residence time;
(Retentionszeit) retention time
**verwendbar** usable
➤ **nicht verwendbar** nonusable
➤ **wiederverwendbar** reusable
**Verwendbarkeitsdauer/Nutzungsdauer**
working life
**Verwendung** use, usage
➤ **Weiterverwendung** continued use/usage
➤ **Wiederverwendung** reuse
**verwerfen** *chem* discard, dispose of
**Verwerfung/Werfen/Wölbung/Verziehen/**
**Verkrümmung** warp
**verwerten** *metabol/ecol* utilize
**Verwertung** *metabol/ecol* utilization
**verwesen/zersetzen** putrefy, rot, decompose
**Verwesung/Zersetzung** putrefaction, rotting,
decomposition
**Verwindung (Fasern)** convolution
**verwittern** *geol* weather; *bot* waste
**Verwitterung** *geol* weathering

**Verwitterungsbeständigkeit**
weathering resistance, durability
**verzerrt/verfälscht** *math/stat* biased
**Verzerrung/Verfälschung** distortion; *math/stat* bias
**Verzinken** zinc plating, galvanization,
electrogalvanizing
**verzinktes Eisen** galvanized iron
**verzögern** delay, retard
**Verzögerung** delay, retardation
**Verzögerungseffekt** delayed effect
**verzuckern** saccharify
**Verzuckerung** saccharification
**Verzug** warpage
➤ **Siedeverzug (durch Überhitzung)**
defervescence, delay in boiling
(due to superheating)
➤ **Zündverzug/Zündverzögerung/verzögerte**
**Zündung** delayed ignition, ignition delay
**verzweigen, sich** branch out, ramify
**verzweigt** branched, ramified
➤ **unverzweigt** unbranched; unramified
**verzweigtkettig** *chem* branched-chained
**Verzweigung** *chem* (Moleküle) branching
➤ **Hyperverzweigung** hyperbranching
➤ **Kurzketten-Verzweigung** short-chain branching
➤ **Langketten-Verzweigung** long-chain branching
**Verzweigungsindex** branching index
**Verzweigungspunkt** branching point
**Verzweigungsstelle** branch site
**Verzweigungsverhältnis** branching ratio
**Vesikel nt/Bläschen** vesicle
**vesikulär/bläschenartig** vesicular, bladderlike
**Vestibül** vestibule, vestibulum
**Vibrationsbewegung** vibrating motion
**Vibrationsenergie** vibrational energy,
vibration energy
**Vibrationsschweißen** vibration welding
**vibrieren** vibrate
**Vicat-Erweichungspunkt (VSP)**
Vicat softening point
**Viehfutter** animal feed
**Vielfachmessgerät/Universalmessgerät/**
**Multimeter** *electr* multimeter
**Vielfachschale/Multischale** *micb* multiwell plate
**Vielfachzucker/Polysaccharid** multiple sugar,
polysaccharide
**Vielfalt/Vielfältigkeit/Vielgestaltigkeit/**
**Mannigfaltigkeit** diversity
**Vielkanalanalysator (VKA)** multichannel analyzer
**Vielkanalgerät** multichannel instrument
**Vielkristall** polycrystal
**vielschichtig/mehrschichtig** multilayered
**Vierfuß (für Brenner)** quadrupod
**Vierkantflasche** square bottle

Viertelswert/Quartil *stat* quartile
vierwertig *chem* tetravalent
Vigreux-Kolonne Vigreux column
Virialkoeffizient virial coefficeint
Virostatikum virostatic
viruzid virucidal, viricidal
viskoelastisch viscoelastic
Viskoelastizität viscoelasticity
viskometrische Strömung viscometric flow
viskos/viskös/zähflüssig/dickflüssig viscous,
  viscid (glutinous consistency)
Viskosefaser (CV) viscose fiber
Viskoseseide/Viskoserayon viscose silk,
  viscose rayon, rayon
Viskoseverfahren viscose process
  (xanthate process)
Viskosimeter /Viskometer viscometer
  (viscosimeter)
➢ Brookfield-Viskosimeter Brookfield viscometer
➢ Couette-Rotationsviskosimeter
  Couette rotary viscometer
➢ Dehnviskosimeter/Dehnungsviskosimeter
  extensional viscometer
➢ Kapillarviskosimeter capillary viscometer
➢ Kegel-Platte-Viskosimeter cone-plate
  viscometer, cone-and-plate viscometer
➢ Kugelfallviskosimeter ball viscometer
➢ Ostwald-Viskosimeter Ostwald viscometer
➢ Rotationsviskosimeter rotational viscometer
➢ Ubbelohde-Viskosimeter
  Ubbelohde viscometer (dilution v.)
Viskosität (Dickflüssigkeit/Zähflüssigkeit)
  viscosity, viscousness
➢ Dehnviskosität (Querviskosität)
  extensional viscosity
➢ Grenzviskosität limiting viscosity,
  intrinsic viscosity
➢ inhärente Viskosität inherent viscosity
➢ intrinsische Viskosität intrinsic viscosity (IV)
➢ kinematische Viskosität kinematic viscosity
➢ Newtonsche Viskosität Newtonian viscosity
➢ Nullviskosität/ruhende
  stationäre Viskosität zero-shear viscosity,
  viscosity at rest, stationary viscosity
➢ reduzierte Viskosität reduced viscosity
➢ relative Viskosität relative viscosity
➢ scheinbare Viskosität apparent viscosity
➢ Scherviskosität shear viscosity
➢ spezifische Viskosität specific viscosity
➢ Strukturviskosität non-Newtonian viscosity
➢ Volumenviskosität bulk viscosity
Viskositätsbrechen/Visbreaking (Erdöl)
  visbreaking, viscosity breaking

Viskositätskoeffizient/Zähigkeitskoeffizient
  coefficient of viscosity
Viskositätsverhältnis/relative Viskosität
  viscosity ratio, relative viscosity
Viskositätszahl viscosity number
Vitalfarbstoff vital dye, vital stain
Vitalfärbung/Lebendfärbung vital staining
Vitalität/Lebenskraft vitality
Vitalkapazität vital capacity
Vitamin(e) vitamin(s)
➢ Ascorbinsäure (Vitamin C) ascorbic acid
➢ Biotin (Vitamin H) biotin
➢ Carnitin (Vitamin T) carnitine (vitamin $B_T$)
➢ Carotin/Caroten/Karotin (Vitamin A Vorläufer)
  carotin, carotene (vitamin A precursor)
➢ Cholecalciferol/Calciol (Vitamin $D_3$)
  cholecalciferol
➢ Citrin (Hesperidin) (Vitamin P)
  citrin (hesperidin)
➢ Cobalamin/Kobalamin (Vitamin $B_{12}$) cobalamin
➢ Ergocalciferol/Ergocalciol (Vitamin $D_2$)
  ergocalciferol
➢ Folsäure/Pteroylglutaminsäure
  (Vitamin $B_9$ Familie) folic acid, folacin,
  pteroyl glutamic acid
➢ Gadol/3-Dehydroretinol (Vitamin $A_2$)
  gadol, 3-dehydroretinol
➢ Menachinon (Vitamin $K_2$) menaquinone
➢ Menadion (Vitamin $K_3$) menadione
➢ Pantothensäure (Vitamin $B_3$) pantothenic acid
➢ Phyllochinon/Phytomenadion (Vitamin $K_1$)
  phylloquinone, phytonadione
➢ Pyridoxin/Pyridoxol/Adermin (Vitamin $B_6$)
  pyridoxine, adermine
➢ Retinol (Vitamin A) retinol
➢ Riboflavin/Lactoflavin (Vitamin $B_2$)
  riboflavin, lactoflavin
➢ Thiamin/Aneurin (Vitamin $B_1$)
  thiamine, aneurin
➢ Tocopherol/Tokopherol (Vitamin E) tocopherol
Vitaminmangel vitamin deficiency
Vliesstoff/Vlies fleece
➢ Glasfaservliesstoff glass nonwoven
Vliesstoff/Vlies nonwoven (non-woven),
  nonwoven fabric, fleece
Voigt-Kelvin-Element Voigt-Kelvin element
voll aufdrehen (Wasserhahn etc.) full blast
Volldünger complete fertilizer
vollgesogen (mit Wasser) waterlogged
vollgestellt/zugestellt (Schränke/Abzug etc.)
  cluttered
Vollgummi solid rubber
Vollkornmehl whole-grain fluor
Vollmedium complete medium

**Vollpipette/volumetrische Pipette** transfer pipet, volumetric pipet
**vollsaugen** become saturated, completely soaked
**Voltammetrie** voltammetry
➢ **cyclische Voltammetrie/Cyclovoltammetrie** cyclic voltammetry
➢ **lineare Voltammetrie** linear scan voltammetry, linear sweep voltammetry
➢ **Stripping-Analyse/Inversvoltammetrie** stripping analysis, stripping voltammetry
**Volumen** volume
➢ **Atemminutenvolumen (AMV)** minute respiratory volume
➢ **Atemzugvolumen** tidal volume
➢ **Atomvolumen** atomic volume
➢ **ausgeschlossenes Volumen** excluded volume
➢ **besetztes Volumen** occupied volume
➢ **freies Volumen** free volume
➢ **Molvolumen/molares Volumen** molar volume
➢ **Nennvolumen** nominal volume
➢ **Oberflächen-Volumen-Verhältnis** surface-to-volume ratio
➢ **Rauminhalt (Volumen)** capacity (volume)
➢ **Schüttvolumen** bulk volume
➢ **Totvolumen (Spritze/GC)** dead volume, deadspace volume, holdup (volume)
➢ **Ventilationsvolumen** ventilation volume
**Volumenanteil (Volumenbruch)** volume fraction
**Volumenfließindex** melt volume index (MVI), melt volume rate
**Voluminosität (Bausch)** *text* bulkiness
**Vorarbeiten** preparatory work
**Vorauflaufbehandlung** *agr* pre-emergence treatment
**Voraussage** prediction
**Voraussagemodell** predictive model
**voraussagend** predictive
**Vorbehandlung** pretreatment, preparation
**Vorbereitung** preparation
➢ **Probenvorbereitung** sample preparation
**Vorbestrahlung** preirradiation
**Vorderseite (Gerät etc.)** front side, front, face
**vorderseitig (bauchseitig)** front side, ventral
**Vordruck/Eingangsdruck**
**(Hochdruck: Gasflasche)** initial pressure, initial compression, high pressure
**Vorfilter** prefilter
**Vorfluter** recipient; discharge; (Gewässer: Abwassergraben etc.) drainage ditch, outfall ditch, receiving water
**Vorformling/Rohling (Extrusion)** *polym* parison, preform
➢ **Prepreg (vorimprägnierter Vorformling)** prepreg

**Vorgarn** *text* roving; sliver
**vorgereinigt** precleaned
**vorherrschen** predominate
**Vorhersage/Prognose** prognosis
**vorimprägniert** *polym* prepregged
**Vorkehrung** precaution, provision, measure
**Vorkehrungen treffen** take precautions (precautionary measures)
**Vorkommen** occurrence, presence
**Vorkondensat** precondensate
**Vorkonzentrat** preconcentrate
**vorkühlen** prechill
**Vorkühler (Kälte)** precooler
**Vorlage (Destillation)** distillation receiver adapter, receiving flask adapter
➢ **Vakuumvorlage** vacuum receiver
**Vorlagekolben** recovery flask, receiving flask, receiver flask (collection vessel)
**Vorlauf (Destillation)** forerun; forshot (alcohol)
**Vorläufer/Präkursor** precursor
**Vorläuferpolymer** precursor polymer
**Vormischung** premix; premixing
**Vorpolymer** prepolymer
**Vorprobe** preliminary test, crude test
**Vorrat** stock, store, supply (*meist pl* supplies), provisions, reserve
**Vorratskammer** storage chamber
**Vorratsschrank** storage cabinet; (Schränkchen) cupboard
**Vorraussage** prediction
**Vorraussagemodell** predictive model
**vorraussagend** predictive
**vorreinigen** prepurify
**Vorreinigung** precleaning
**Vorrichtung** device
**Vorsäule (HPLC)** guard column
**Vorschaltdrossel** *electr* ballast, choke
**Vorschaltgerät** *electr* ballast unit; (Starter: Leuchtstoffröhren) starter
**Vorschrift(en) (Anweisungen)** instructions, specifications, directions, prescription; (Regeln) policy, rule
**Vorschub** *micros* advance
**Vorsicht** caution, cautiousness, care, carefulness, precaution; (Vorsicht!) caution! (careful!)
**vorsichtig** cautious, careful
**Vorsichtsmaßnahme/**
**Vorsichtsmaßregel** precaution, precautionary measure, safety warning
**Vorsorge** provision
**Vorsorgemaßnahme** provisional measure, precautionary measure
**Vorsorgeuntersuchung** preventive medical checkup
**Vorstoß** *lab/chem* adapter

Vorstreckung prestretching
Vortex/Mixer/Mixette/Küchenmaschine
vortex, mixer
Vortex-Bewegung (Schüttler:
kreisförmig-vibrierende Bewegung)
vortex motion, whirlpool motion
Vortexmischer/Vortexschüttler/Vortexer
(für Reagenzgläser etc.) vortex shaker, vortex
Vortrieb/Anschub thrust
Vorverstärker preamplifier
Vorversuch pretrial, preliminary experiment
Vorwärmer preheater
Vorwärtsmutation forward mutation
Vorwärts-Rückstoß-Spektrometrie (VRS)
forward-recoil spectrometry (FRS/FRES)
Vorzugsadsorption preferential adsorption
Vorzugssolvatation preferential solvation
Vorzugstemperatur cardinal temperature
Vulkanasche volcanic ash
Vulkanfiber vulcanized fiber
Vulkanisat vulcanized rubber
Vulkanisation vulcanizing, vulcanization;
(Härten) curing, cure
➢ Anvulkanisation/Scorch scorch, scorching,
prevulcanization
➢ Bleimantelvulkanisation lead press cure,
lead press technique
➢ Dampfrohrvulkanisation
steam pipe vulcanization
➢ Flüssigkeitsbadvulkanisation (LCM-Verfahren)
liquid curing medium method (LCM)
➢ Heißluftvulkanisation hot-air vulcanizing
➢ Heißvulkanisation heat vulcanizing (hot cure)
➢ Kaltvulkanisation/Vulkanisation bei
Raumtemperatur cold vulcanizing (cold cure),
room temperature vulcanizing (RTV)
➢ Ultra-Hoch-Frequenz-Vulkanisation (UHF)
ultrahigh-frequency vulcanizing
➢ Wirbelbett-Vulkanisation
fluidized-bed vulcanizing
Vulkanisationsaktivator vulcanization activator,
vulcanization initiator
Vulkanisationsbeschleuniger
vulcanization accelerator
Vulkanisationschemikalien vulcanizing agents
Vulkanisationsinhibitor vulcanization inhibitor,
vulcanizing inhibitor
Vulkanisationsverzögerer/Antiscorcher
vulcanizing retarder, antiscorcher,
antiscorching agent
Vulkanisationsverzögerung
retardation of vulcanization
vulkanisieren vulcanize; (härten) cure
Vulkanisierofen curing oven

W

Waage scale (weight), balance (mass)
➢ Analysenwaage analytical balance
➢ Balkenwaage beam balance
➢ Dichtewaage density balance
➢ Federzugwaage/Federwaage
spring balance, spring scales
➢ Feinwaage/Präzisionswaage precision balance
➢ Gasdichtewaage gas density balance
➢ Halbmikrowaage semimicro-scales,
semimicro-balance
➢ Kontrollwaage checkweighing scales
➢ Laborwaage laboratory balance
➢ Läuferwaage steelyard/lever scales (balance)
➢ Mikrowaage microbalance
➢ Quarz-Mikrowaage (QMW)
quartz microbalance (QMB)
➢ Tafelwaage pan balance
➢ Tischwaage bench scales
➢ Wasserwaage level
Waagschale scalepan, balance pan, weigh tray,
weighing tray, weighing dish
Wachs wax
➢ Bienenwachs beeswax
➢ Dichtungswachs sealing wax
➢ Erdölwachs/Erdölparaffin petroleum wax
➢ mineralisches Wachs mineral wax
➢ Paraffinwachs paraffin wax
➢ Petrolatum/Rohvaselin/Vaselin/Vaseline
petrolatum, petroleum wax,
petroleum jelly, vaseline
➢ Plastilin plasticine
➢ Slop-Wachs slop wax
➢ Wollwachs wool wax
wachsartig waxy, wax-like, ceraceous
wachsen grow; thrive; (mit Wachs behandeln) wax
Wachsfüßchen (Plastilinfüßchen an
Deckgläschen) *micros* wax feet,
plasticine supports on edges of coverslip
Wachspapier wax paper
Wachstum growth
➢ endständiges Wachstum/Schwanzwachstum
tail growth
➢ Kettenwachstum chain growth
➢ Kopfwachstum/kopfseitiges Wachstum
head growth
➢ Schwanzwachstum/endständiges Wachstum
tail growth
➢ Stufenwachstum step growth, stepwise growth
Wachstumsfaktor growth factor
wachstumsfördernd growth-stimulating
Wachstumsgeschwindigkeit/Wachstumsrate/
Zuwachsrate growth rate

**wachstumshemmend** growth-retarding, growth-inhibiting
**Wachstumshemmer/Wuchshemmer/ Wuchshemmstoff** growth inhibitor
**Wachstumskurve** growth curve
**Wachstumsleistung** growth rate (vigor)
**Wächter/Wachmann** guard, security guard
**Wägebürette** weight buret, weighing buret
**Wägeglas/Wägeflasche** weighing bottle
**Wägelöffel** weighing spoon
**wägen/wiegen** weigh
**Wägepapier** weighing paper
**Wägeschiffchen** weighing boat, weighing scoop
**Wägespatel** weighing spatula
**Wägetisch** weighing table, balance table
**Wägung** weighing
**Wählscheibe/Einstellscheibe** dial
**wahrnehmen/empfinden (Reiz)** perceive
**Wahrnehmung/Empfindung/Perzeption (Reiz)** perception
**Wahrscheinlichkeit** probability, likelihood
**Wahrscheinlichkeitsfunktion** likelihood function
**Walden-Umkehr/Walden Umkehrung** Walden inversion
**walken** tumble, mill, drum; *text* full, mill, pile
**Walrat** spermaceti
**Walratöl** spermaceti oil, sperm oil
**Walze/Rolle/Zylinder** barrel, roll, drum, cylinder
**walzen** roll, mill
**walzenförmig** cylindrical
**Walzstahl** rolled steel
**Wandeffekt** wall effect
**Wanderung/Migration** *chromat/electrophor* migration
**Wanderungsgeschwindigkeit/ Migrationsgeschwindigkeit** *chromat/ electrophor* migration speed (velocity)
**Wandler/Umwandler** transducer, converter
**Wandschrank** wall cabinet, cupboard
**Wandtafel** wall chart
**Wanne** tub; *electrophor* reservoir, tray
**Wannenform (Cycloalkane)***chem* boat conformation
**Wannen-Stapel** *micb* multi-tray
**Ware(n)** ware, articles, products, goods
**Warenkontrolle** inspection, checking of goods
**Warenlager** stockroom, repository, warehouse
**Warenzeichen/Markenbezeichnung** brand name, trade name; (eingetragenes Warenzeichen) registered trademark
**Wärme/Hitze** warmth, heat
➤ **Abwärme** waste heat
➤ **Atomwärme** atomic heat
➤ **Bildungswärme** heat of formation

➤ **Erwärmung** warming
➤ **globale Erwärmung** global warming
➤ **Hydrationswärme** heat of hydration
➤ **Lösungswärme** heat of solution
➤ **Mischungswärme** heat of mixing
➤ **Reaktionswärme/Wärmetönung** heat of reaction
➤ **Restwärme** residual heat
➤ **spezifische Wärme** specific heat
➤ **Strahlungswärme** radiant heat
➤ **Umwandlungswärme/latente Wärme** heat of transition, latent heat
➤ **Verbrennungswärme** heat of combustion
➤ **Verdünnungswärme** heat of dilution
➤ **Verdunstungswärme** heat of evaporation, heat of vaporization
➤ **Verlustwärme** dissipated heat
**Wärmeabgabe** heat loss, heat output
**wärmeabgebend/wärmefreisetzend (exotherm)** liberating heat (exothermic/exothermal)
**Wärmeabstrahlung** heat dissipation
**wärmeaufnehmend (endotherm)** absorbing heat (endothermic)
**Wärmeaustausch** heat exchange
**Wärmeaustauscher** heat exchanger
**Wärmebehandlung** heat treatment
**wärmebeständig/hitzebeständig/thermostabil** heat-stable
**Wärmedurchgang** heat transmission, heat transfer
**Wärmedurchgangszahl (C)** thermal conductance
**Wärmeeintrag** heat input
**Wärmefluss/Wärmestrom** heat flow
**Wärmeformbeständigkeit** deflection temperature
**Wärmefreisetzungsrate** heat release rate (HRR)
**wärmehärtend/heißhärtend/thermohärtend** hot-curing, thermocuring
**Wärmeisolierung** thermal insulation
**Wärmekapazität** heat capacity, thermal capacity
**wärmeleitend** heat-conducting
**Wärmeleitfähigkeit** heat conductivity, thermal conductivity
**Wärmeleitfähigkeitsdetektor/ Wärmeleitfähigkeitsmesszelle (WLD)** thermal conductivity detector (TCD)
**Wärmeleitung** heat conduction
**Wärmemenge/Wärmeinhalt** heat content
**Wärmeofen** heating oven, heating furnace (more intense)
**Wärmepumpe** heat pump
**Wärmeregler** thermoregulator
**Wärmeschrank** incubator
**Wärmeschrumpfen** heat-shrinking

**Wärmestabilisator/Thermostabilisator**
heat stabilizer
**Wärmestau** heat build-up
**Wärmestrahlung** thermal radiation
**wärmesuchend/thermophil** thermophilic
**Wärmetauscher** heat exchanger
**Wärmetönung** heat tone, heat tonality;
heat of reaction, heat effect
**Wärmeträgeröl** thermal oil, heat transfer oil
**Wärmetransport** heat transport
**Wärmeübergang** heat transfer
**Wärmeübertragung** heat transmission
**wärmeunständig/thermolabil** heat-labile
**Wärmeverlust** heat loss
**Wärmezufuhr** heat supply, addition of heat
**Warmformen/Thermoformen** thermoforming
**Warmgasschweißen/Heißgasschweißen**
(**HG-Schweißen**) hot gas welding
**Warmschweißen** thermal welding
**Warnband** warning tape
**warnen** warn
**warnend** warning, precautionary
**Warnetikett** warning label
**Warnruf/Alarm** alarm
**Warnschild** danger sign, warning sign
**Warntafel** warning sign
**Warnung** warning, caution
**Warnzeichen/Warnhinweis** warning,
warning sign, precaution sign
**Wartezeit** waiting time/period; (Verzögerung) delay
**Wartung/Instandhaltung** maintenance, servicing
**wartungsarm** low-maintenance
**Wartungsdienst** maintenance service
**wartungsfrei** maintenance-free, service-free
**Wartungshandbuch** service manual
**Wartungsmonteur** maintenance worker,
maintenance man
**Wartungspersonal** maintenance personnel
**Wartungsvertrag** maintenance contract
**waschbar/abwaschbar** washable
**Waschbecken** wash basin
**Wäsche** washing; clothes, linen;
(schmutzige Kleider) laundry
**Wascheinrichtung** washing facilities
**Wäscherei** laundry
➤ **Schnellwäscherei** laundrette
**Waschgold/Flussgold (alluvial)** placer gold
**Waschlösung/Waschlauge** wash solution
**Waschmittel** detergent
**Waschraum/Toilette** washroom, lavatory
**Waschwirkung/Waschkraft** detergency
**Wasser** water
➤ **Abwasser** wastewater

➤ **Bidest** double distilled water
➤ **Brauchwasser/Betriebswasser**
(**nicht trinkbares Wasser**) process water,
service water; (Industrie-Brauchwasser)
industrial water (nondrinkable water)
➤ **Brunnenwasser** well water
➤ **destilliertes Wasser** distilled water
➤ **entionisiertes Wasser** deionized water
➤ **gereinigtes Wasser/aufgereinigtes Wasser/**
**aufbereitetes Wasser** purified water
➤ **Grundwasser** ground water
➤ **Haftwasser** film water, retained water
➤ **Hahnenwasser/Leitungswasser** tap water
➤ **hartes Wasser** hard water
➤ **Königswasser (HNO$_3$/HCl - 1:3)** aqua regia
➤ **Kristallisationswasser** water of crystallization
➤ **Kristallwasser** crystal water,
water of crystallization
➤ **Leitungswasser** tap water
➤ **Meerwasser** seawater, saltwater
➤ **Mineralwasser** mineral water
➤ **Peptonwasser** peptone water
➤ **Porenwasser** pore water;
(sedimentär gebundenes W.) connate water
➤ **Quellwasser** springwater
➤ **salziges Wasser** saline water
➤ **Salzwasser** saltwater
➤ **Scheidewasser/Gelbbrennsäure**
(**konz. Salpetersäure**) aqua fortis
(conc. nitric acid used in metal etching)
➤ **schweres Wasser D$_2$O** heavy water
➤ **Selterswasser/Sprudel** soda water
➤ **Süßwasser** freshwater
➤ **trinkbares Wasser** potable water
➤ **Trinkwasser** drinking water, potable water
➤ **Warmwasser** hot water
➤ **weiches Wasser** soft water
**Wasserabscheider** water separator, water trap
**wasserabstoßend/wasserabweisend**
water-repellent, water-resistant
**Wasseraktivität/Hydratur** water activity
**wasseranziehend/hygroskopisch**
(**Feuchtigkeit aufnehmend**) hygroscopic
**Wasseraufbereitung** water purification
**Wasseraufbereitungsanlage** water purification
plant/facility, water treatment plant/facility
**Wasseraufnahme** water uptake
**Wasserbad** water bath
**Wasserdampf** water vapor
**Wasserdampfdestillation** hydrodistillation
**Wasserdestillierapparat** water still
**wasserdicht/wasserundurchlässig** watertight,
waterproof

**Wassereinlagerung/Wasseranlagerung/**
  **Hydratation** hydration
**Wasserenthärter** water softener
**Wasserenthärtung** water softening
**wasserentziehend/dehydrierend** dehydrating
**Wasserentzug** dehydration
**Wasserfarbe** watercolor; (Anstrichfarbe)
  water paint, water-based paint
**wasserfest** waterproof
**wasserfrei** free from water; moisture-free;
  anhydrous
**Wassergefahrenklasse (WGK)**
  water hazard class
**Wassergehalt** water content
**Wasserglas $M_2Ox(SiO_2)_x$** water glass,
  soluble glass
**Wassergüte/Wasserqualität** water quality
**Wasserhahn** faucet
**Wasserhärte** water hardness
➢ **bleibende Härte/permanente Härte**
  permanent hardness
➢ **Gesamthärte** total hardness
➢ **Karbonathärte/Carbonathärte/vorübergehende**
  **Härte/temporäre Härte** carbonate hardness,
  temporary hardness
**Wasserhülle/Hydrationsschale** *chem*
  hydration shell
**Wasserkapazität** moisture capacity,
  water-holding capacity of soil
**wasserleitend** water-conducting
**wasserlöslich** water-soluble
**Wasserlöslichkeit** water solubility
**Wassermantel (Kühler)** water jacket
**Wasserpotential/Hydratur/Saugkraft**
  water potential
**Wasserprobe** water sample
**Wasserpumpe** water pump
**Wasserpumpenzange/Pumpenzange**
  water pump pliers, slip-joint adjustable
  water pump pliers (adjustable-joint pliers)
**wasserreaktiv** water reactive
**Wassersättigung** water saturation
**Wassersättigungsdefizit**
  water saturation deficit (WSD)
**Wassersäule** water column, column of water
**Wasserschieber/Wasserabzieher**
  squeegee (for floors)
**Wassersog** water tension, water suction
**wasserspaltend/hydrolytisch** hydrolytic
**Wasserspaltung/Hydrolyse** hydrolysis
**Wasserstoff (H)** hydrogen
**Wasserstoffbrücke/Wasserstoffbrückenbindung**
  hydrogen bond

**Wasserstoffelektrode** hydrogen electrode
**Wasserstoffion (Proton)** hydrogen ion (proton)
**Wasserstoffperoxid $H_2O_2$** hydrogen peroxide
**Wasserstoffsäure/sauerstofffreie Säure**
  hydracid (an acid without O atoms)
**Wasserstrahl** jet of water
**Wasserstrahlpumpe** water pump, filter pump,
  vacuum filter pump
**Wasserstress** water stress
**Wasserströmung** water flow
**wasserundurchlässig** watertight, waterproof
**Wasserundurchlässigkeit** watertightness,
  waterproofness
**wasserunlöslich** insoluble in water
**Wasserunlöslichkeit** water-insolubility
**Wasseruntersuchung/Wasseranalyse**
  water analysis
**Wasserverbrauch** water consumption,
  water usage
**Wasserverlust** water loss
**Wasserverschmutzung** water pollution
**Wasserversorgung** water supply
**Wasserwaage** level
**Wasserzufuhr** water supply
**Wasserzulauf/Wasserzapfstelle**
  **(Wasserhahn)** water outlet
**wässrig** aqueous
➢ **nichtwässrig** nonaqueous
**Watte** absorbent cotton; (Baumwolle) cotton
➢ **Glaswatte** glass bat, wadding
➢ **Zellstoffwatte** wood wool
**Wattebausch/Baumwoll-Tupfer** cotton ball,
  cotton pad
**Wattestopfen** cotton stopper
**Wechselbeziehung** interrelation, interrelationship
**Wechselfeld-Gelelektrophorese/**
  **Puls-Feld-Gelelektrophorese**
  pulsed field gel electrophoresis (PFGE)
**Wechselsprechanlage/Gegensprechanlage**
  two-way intercom, two-way radio
**Wechselstrom** alternating current (AC)
**Wechselvorlage** *chromat* fraction cutter;
  ('Spinne'/Eutervorlage/Verteilervorlage) *dest*
  multi-limb vacuum receiver adapter,
  cow receiver adapter, 'pig' (receiving adapter
  for three/four receiving flasks)
**Wechselwirkung** interaction
➢ **kurzreichende Wechselwirkung**
  short-range interaction
➢ **langreichende Wechselwirkung**
  long-range interaction
**Wechselwirkungsparameter**
  interaction parameter

Wechselzahl $k_{cat}$ (katalytische Aktivität)
  turnover number
Weckamin analeptic amine
wegführend/ausführend/ableitend efferent
Wegwerf.../Einweg.../Einmal... disposable
Wegwerfgesellschaft throwaway society
Weichfaser soft fiber
Weichlot soft solder
weichmachen/plastifizieren soften (esp. foods),
  plasticize (plastics a.o.)
Weichmachen/Plastifizieren softening
  (esp. foods), plasticization (plastics a.o.)
Weichmacher/Plastifikator softener (esp. in
  foods), plasticizer (in plastics a.o.),
  plasticizing agent
➢ Polymerweichmacher polymer(ic) plasticizer
Weichmachung plasticization; plastification
➢ äußere Weichmachung external plasticization
➢ innere Weichmachung internal plasticization
Wein wine
Weingeist spirit of wine (rectified spirit: alcohol)
Weinsäure/Weinsteinsäure (Tartrat)
  tartaric acid (tartrate)
Weinstein/Tartarus (Kaliumsalz der Weinsäure)
  tartar
Weissbruch *polym* stress whitening
Weissenberg-Effekt (Lösungen) rock climbing
weißglühend white-glowing, incandescent
Weißmetall white metal
Weißrost white rust (zinc hydroxide)
Weißtöner/Aufhellungsmittel (optischer
  Aufheller) *chem* whitener, whitening agent,
  brightener, brightening agent, clearant, clearing
  agent (optical brightener); bleaching agent
Weißtünche/weiße Wandfarbe whitewash
Weiterbildung continuing education
weiterleiten forward; refer; redirect;
  (fortleiten) pass on, propagate
Weiterleitung/Fortleitung propagation
Weiterreißfestigkeit/Weiterreißwiderstand
  tear propagation resistance
Weiterreißkraft tear propagation force
weiterverarbeiten/prozessieren process, finish
Weiterverarbeitung/Prozessierung
  processing, finishing
Weithals ... wide-mouthed, widemouthed,
  wide-neck, widenecked
Weithalsfass wide-mouth vat, wide-neck vat
Weithalsflasche wide-mouth flask,
  wide-neck bottle
weitverbreitet/ubiquitär (überall verbreitet)
  widespread, ubiquitous (existing everywhere)
Weitwinkel *micros* widefield

Weitwinkel-Röntgenstreuung (WWR)/
  Röntgenweitwinkelstreuung
  wide-angle X-ray scattering (WAXS)
Welle *phys* wave; *tech/mech* shaft, spindle
➢ elektromagnetische Welle
  electromagnetic wave
➢ Longitudinalwelle/Längswelle longitudinal wave
➢ Mikrowelle microwave
➢ stehende Welle stationary wave
➢ Transversalwelle/Querwelle transverse wave
➢ wandernde Welle progressive wave
Wellendichtung (Rotor) shaft seal
wellenförmig undular, undulating
Wellenfunktion wave function
Wellenlänge wavelength
Wellenmechanik/Quantenmechanik
  wave mechanics, quantum mechanics
Wellenzahl (IR) wavenumber
Welle-Teilchen-Dualismus wave-corpuscle
  duality, wave-particle parallelism
Wellpappe corrugated board
Wellplatte corrugated panel
Werfen/Verwerfung/Wölbung/Verziehen/
  Verkrümmung warp
Werk/Fabrik factory, plant, manufacturing plant
Werkbank (Labor-Werkbank)
  bench, workbench (lab bench)
➢ Fallstrombank
  vertical flow workstation/hood/unit
➢ Handschuhkasten/Handschuhschutzkammer
  glove box
➢ Labor-Werkbank laboratory bench, lab bench
➢ Querstrombank laminar flow workstation,
  laminar flow hood, laminar flow unit
➢ Reinraumwerkbank clean-room bench
➢ Saugluftabzug forced-draft hood
➢ Sicherheitswerkbank clean bench
➢ sterile Werkbank sterile bench
Werkstatt workshop, 'shop'
Werkstoff material
Werkstoffbeanspruchung material stress
Werkstoffermüdung material fatigue
Werkstoffkunde/Materialkunde material science,
  materials science
Werkstoffprüfung materials testing
Werkstück workpiece; work
Werkstückkasten/Teilekasten tote-tray
Werkzeug tools; (zur Formgebung beim
  Spritzgießen etc.) mold; (Pressstempel) die
Werkzeuganguss/Angusssteg gate
Werkzeugkasten tool box
Werkzeugtrennmittel/Formentrennmittel/
  Gleitmittel releasing agent, mold-releasing
  agent, mold lubricant

**Wertigkeit** valency
➢ **Bindungswertigkeit/Kovalenz/**
**Atomwertigkeit/Bindigkeit/Bindungszahl**
covalence, auxiliary valence
➢ **dreiwertig** trivalent (tervalent)
➢ **einwertig** univalent
➢ **fünfwertig** pentavalent
➢ **mehrwertig** multivalent, polyvalent
➢ **vierwertig** tetravalent
➢ **zweiwertig** bivalent, divalent
**Wertigkeitszustand** valence state
**Weste, kugelsichere** bulletproof vest
**wetterbeständig** weatherproof
**Whiskerharz** whisker resin
**whiskerverstärkter Kunststoff (WK)**
whisker-reinforced plastic (WRP)
**Wichtungsfaktor** weighting factor
➢ **Gewebewichtungsfaktor/Gewebe-**
**Wichtungsfaktor** tissue weighting factor $(W_T)$
**Wickelgerät/Wickelanlage** winder
**Widerstand** resistance; *hydro/aer* drag
➢ **Oberflächenwiderstand** surface resistivity
➢ **spezifischer Widerstand** resistivity
**widerstandsfähig** resistive, resistant, hardy
**Widerstandsfähigkeit** resistance, resistivity,
hardiness
**Widerstandsheizung** resistive heating
**Widerstandsthermometer**
resistance thermometer
**Wiederarbeitung** reprocessing (of nuclear fuel)
**Wiederaufbereitung** regeneration
**wiederaufladbar** rechargeable
**wiederaufladen** recharge
**Wiederaufnahme** *physiol* re-uptake
**wiederbeleben** resuscitate, revive, revitalize;
regenerate
**Wiederbelebung** (Reanimation) resuscitation;
(Katalysator) regeneration
➢ **kardiopulmonale Reanimation**
cardiopulmonary resuscitation (CPR)
➢ **Mund-zu-Mund Beatmung**
mouth-to-mouth resuscitation/respiration
**Wiederbelebungsversuch**
attempt at resuscitation
**Wiedereinfang** recapture
**wiedergewinnbar/rückgewinnbar/aufbereitbar**
retrievable, recoverable
**wiedergewinnen/rückgewinnen/aufbereiten**
retrieve, recover
**Wiedergewinnung** retrieval, recovery
**Wiederholbarkeit** repeatability
**Wiederholung** repeat, repetition; recurrence
**Wiederholungsrisiko** recurrence risk
**wiederverwenden** reuse

**Wiederverwendung** reuse
**wiederverwerten** recycle
**Wiederverwertung** recycling
**Wiederverwertungsreaktion/**
**Wiederverwertungsstoffwechselwege**
salvage reaction, salvage pathway
**wiegen** weigh
➢ **abwiegen (eine Teilmenge)** weigh out
➢ **auswiegen (genau wiegen)** weigh out precisely
➢ **einwiegen (nach Tara)**
weigh in (after setting tare)
**Wildlederimitat** polysuede
**willkürlich** *generell* arbitrary, random;
*med/psych* voluntary
**Winde/Kurbel** winch
**winden** wind, twist, coil
**Windfrischverfahren (Stahl)** converter process,
Bessemer process
**Windkessel** air chamber, air receiver, air vessel,
surge chamber
**Windmesser/Anemometer** air meter,
anemometer
**Windung** (Spirale) twist, coil, spiral (a series
of loops); Krümmung/Biegung winding,
contortion, turn, bend; (Bewegung) spiral
movement, spiral coiling
**Winkel** angle
**Winkelbeschleunigung (rad/s²)**
angular acceleration
**Winkelgeschwindigkeit (rad/s)** angular velocity
**Winkelrohr/Winkelstück/Krümmer (Glas/Metall**
**etc. zur Verbindung)** bend, elbow, elbow
fitting, ell, bent tube, angle connector
**Winkelrotor** *centrif* angle rotor, angle head rotor
**Wippbewegung** see-saw motion, rocking motion
**Wippe/Schwinge/Rüttler** rocker
**Wippschwingung (IR)** wagging vibration
**Wirbel** whirl, swirl, spin; eddy, vortex
**Wirbelbett/Wirbelschicht/Fließbett** fluidized bed
**Wirbeldiffusion** eddy diffusion
**Wirbelschicht/Wirbelbett/Fließbett** fluidized bed
**Wirbelschichtreaktor/Wirbelbettreaktor**
fluidized bed reactor
**Wirbelsintern (Auftrageverfahren: Sprühverfahren)**
*polym* fluidized bed coating, fluidized bed dip
coating, fluidized bed sintering
**Wirbelstrom** eddy current
**wirken** act, work, be effective, causing an effect,
take effect
**Wirkprinzip** principle (of action)
**wirksam** effective
**Wirksamkeit** effect, effectiveness, efficacy,
activity; strength, potency
**Wirkschwelle** no adverse effect level (NOAEL)

**Wirkstoff/Wirksubstanz** active ingredient, active principle, active component
**Wirkstofffreigabe** drug release
> **kontrollierte Wirkstofffreigabe** controlled drug release
**Wirkstoffliefersystem/Arzneistoffliefersystem/Wirkstoffapplikationssystem/Arzneistoffapplikationssystem (in vivo Transport- und Dosiersystem)** drug delivery system
**Wirkstofflieferung/Wirkstoffabgabe** drug delivery
**Wirkung** effect, action
**Wirkungsgrad** efficiency
**Wirkungsquerschnitt/Nutzquerschnitt** effective cross section
**Wirkungsspezifität** specificity of action
**Wirkungsweise/Mechanismus** mode of action, mechanism
**Wirtsgitter** host lattice
**Wirtsmolekül** host molecule
**wischen** wipe
**Wischer** wipe, wiper
> **Fensterwischer/Fensterabzieher** squeegee (for windows)
> **Wasserschieber/Wasserabzieher** squeegee (for floors)
**Wischtest/Wischprobe** wipe test
**Wischtuch/Wischlappen** cloth, wiping cloth, rag; (Wischtücher) wipes
**Wittscher Topf** Witt jar
**WLF-Gleichung** Williams-Landel-Ferry equation (WFL)
**Wölbung/Verwerfung/Werfen/Verziehen/Verkrümmung** warp; (Koeffizient der Wölbung) *stat* kurtosis
**Wolfram (W)** tungsten
**Wolkenimpfung** *meteo/ecol* cloud seeding
**Wolle** wool
> **Baumwolle** cotton
> **Mungo (Kunstwolle/Reißwolle aus Tuchlumpen/gewalkten Tuchen)** mungo
> **Neuwolle (unverarbeitete Wolle)** virgin wool (new wool)
> **Reisswolle** reprocessed wool, reclaimed wool (*incl.* shoddy and mungo)
> **Schurwolle (von lebenden Schafen)** shear wool, shorn wool (fleece wool)
**Wollfett** wool fat, wool grease
**Wollfettalkohol** wool alcohol; (kommerziell) degras
**Wollwachs** wool wax
**Woulff'sche Flasche** Woulff bottle
**Wuchs** growth, habit
**Wuchshemmer/Wachstumshemmer/Wuchshemmstoff** growth inhibitor

**Wuchsstoff (Pflanzenwuchsstoff)/Phytohormon** growth regulator, phytohormone, growth substance
**Wundbenzin** surgical spirit, medical-grade petroleum spirit
**Wunde** wound
> **Schnittwunde** cut
>> **klaffende tiefe Schnittwunde** gash
**Wundheilung** wound healing
**Wundsalbe/Wundheilsalbe** healing ointment, wound healing ointment
**Würze** spice, condiment, seasoning, flavor(ing); (Bier) wort

## X

**Xanthan** xanthan
**Xanthangummi** xanthan gum
**Xanthen** xanthene, methylene diphenylene oxide
**Xanthin/2,6-Dioxopurin** xanthine
**Xanthogensäure** xanthogenic acid, xanthic acid, xanthonic acid, ethoxydithiocarbonic acid
**Xenobiotikum (*pl* Xenobiotika)** xenobiotic (*pl* xenobiotics)
**Xerogel** xerogel
**Xylit** xylitol/xylite
**Xylol/Xylen/Dimethylbenzol** xylene, dimethylbenzene
**Xylose** xylose
**Xylulose** xylulose

## Y

**Youngscher Modul/Elastizitätsmodul/Zugmodul** Young's modulus, modulus of elasticity, tensile modulus
**Ysopöl (*Hyssopus officinalis/Lamiaceae*)** hyssop oil
**Yttererde (aus Xenotim)** yttrium earth (ore), yttrium mineral ore (from xenotime)
**Yttererden (oxidische Erze)** yttrium earths
**Yttrium (Y)** yttrium

## Z

**zäh** tough, rigid; tenacious; (viskös) viscous; (klebrig) tacky
**Zähbruch** tough fracture, ductile fracture
**zähflüssig/dickflüssig/viskos/viskös** viscous, viscid
**Zähflüssigkeit/Dickflüssigkeit/Viskosität** viscosity, viscousness

**Zähigkeit** toughness, rigidity; *polym*
(Festigkeit/relative Reißfestigkeit) tenacity
(tensile strength)

**Zahlenmittel** number average

**Zahlenmittel-Kettenlänge (Polymerisationsgrad)**
number-average chain length (degree of
polymerization)

**Zähler** (Messgerät) meter; *rad* counter,
counting device; *math* numerator

**Zählkammer** counting chamber

**Zählplatte** counting plate

**Zählrohr** *rad/nucl* counting tube, counter

➤ **Gaszählrohr** gas counter

➤ **Geiger-Müller-Zählrohr/Geiger-Müller-Zähler**
*rad/nucl* Geiger-Müller counter

➤ **Proportionalzählrohr** *rad/nucl* proportional
counting tube, proportional counter

**Zählung** count; enumeration

**Zahnradpumpe** gear pump

**Zahnstein** tartar

**Zäh-Spröd-Übergang** rubber-glass transition

**Zange** plier, pliers; (Labor: Haltezangen) tongs

➤ **Becherglaszange** beaker clamp

➤ **Beißzange/Kneifzange** pliers, nippers (*Br*)

➤ **Crimpzange/Aderendhülsenzange**
**(Quetschzange)** crimping pliers, crimper

➤ **Eckrohrzange** rib joint pliers, rib-lock pliers

➤ **Extraktionszange** *dent* extraction forceps

➤ **Flachzange** flat-nosed pliers

➤ **Greifzange** grippers

➤ **Gripzange** Vise-Grip® pliers

➤ **Kneifzange** cutting pliers

➤ **Knochenzange** bone-cutting forceps,
bone-cutting shears

➤ **Kolbenzange** flask tongs

➤ **Kombizange** combination pliers,
linesman pliers; (verstellbar) slip-joint pliers

➤ **Lochzange** punch pliers

➤ **Mehrzweckzange** utility pliers

➤ **Monierzange/Rabitzzange** end nippers

➤ **Pumpenzange/Wasserpumpenzange**
water pump pliers, slip-joint adjustable
water pump pliers

➤ **Revolverlochzange** revolving punch pliers

➤ **Rohrzange** pipe wrench, griplock pliers (*US*),
channellock pliers (*US*)

➤ **Seitenschneider** diagonal pliers

➤ **Sicherungsringzange** snap-ring pliers,
circlip pliers

➤ **Spitzzange** longnose pliers, long-nose pliers

➤ **Spitzzange, gebogen** bent longnose pliers,
bent long-nose pliers

➤ **Storchschnabelzange** needle-nose pliers,
snipe-nose pliers, snipe-nosed pliers

➤ **Storchschnabelzange, gebogen**
dip needle-nose pliers

➤ **Telefonzange/Kabelzange** linesman pliers

➤ **Tiegelzange** crucible tongs

**Zäpfchen** *pharm* suppository

**Zapfen** pivot, journal; (Fasszapfen) faucet

**zapfen (Latex an Bäumen)** tap

**Zapfenlager** journal bearing

**Zapfhahn/Fasshahn** spigot

**Zeche/Grube/Mine/Berwerk** *geol* mine

**Zeiger** pointer; indicator

**Zeigerwerte** indicator value

**Zeit-Temperatur-Überlagerung**
time-temperature superposition

**zeitaufgelöst** time-resolved

**zeitaufgelöste Spektroskopie** time-resolved
spectroscopy

**Zeitfestigkeit/Kriechfestigkeit/**
**Zeitstandfestigkeit/Dauerstandfestigkeit**
creep strength, creep resistance

**Zeitgeber** Zeitgeber, synchronizer

**Zeitschaltuhr/Zeitschalter** timer

**Zeitstandzugfestigkeits-Prüfung**
test of creep rupture strength

**Zeitzünder** time fuse

**Zellaufschluss** (Öffnen der Zellmembran) cell
lysis; (Zellfraktionierung) cell fractionation;
(Zellhomogenisierung) cell homogenization

**Zellbildung/Nukleierung (in Schaumstoffen)**
nucleation

**Zellchemie/Zytochemie/Cytochemie** cytochemistry

**Zelle** cell

➤ **Brennstoffzelle** fuel cell

➤ **Einheitszelle (***nicht:*** Elementarzelle)** unit cell

➤ **Elektrolysezelle/Elektrolysierzelle** cell

➤ **Elementarzelle** elementary cell, lattice unit

➤ **Halbzelle/galvanisches Halbelement** half-cell,
half element (single-electrode system)

➤ **Knopfzelle (Batterie)** coin cell,
button cell (button battery)

➤ **Primärzelle/Primärelement** primary cell

➤ **Sekundärzelle/Sekundärelement/**
**reversibles Element** reversible cell

➤ **Solarzelle** solar cell, photovoltaic cell

**Zellenspannung (galvanisch)** cell voltage

**zellfreies Proteinsynthesesystem** cell-free
protein synthesizing system

**Zellgift/Zytotoxin/Cytotoxin** cytotoxin

**Zellglas/Cellulosehydrat (Regeneratcellulose)**
cellulose film, cellulose hydrate, cellophane

**Zellgummi/Mossgummi** cellular rubber,
expanded rubber

**zellig** cellular

➤ **nicht zellig/azellulär** acellular, noncellular

**Zellmembran/Plasmamembran/Plasmalemma** (outer) cell membrane, biological membrane, unit membrane, plasmalemma
**Zellobiose/Cellobiose** cellobiose
**Zellplasma/Zytoplasma/Cytoplasma** cytoplasm
**zellschädigend/zytopathisch/cytopathisch (zytotoxisch)** cytopathic (cytotoxic)
**Zellsortierung** cell sorting
**Zellstoff** wood pulp
➢ **Kraftzellstoff/Sulfatzellstoff** sulfate pulp
**Zellstofffaser** pulp fiber
**Zellstoffgarn** cellulose yarn
**Zellstoffseide** cellulose silk
**Zellstoffwatte** wood wool
**Zellstoffwechsel** cellular metabolism
**zelltötend/zytozid** cytocidal
**zellulär** cellular
**Zellulose/Cellulose** cellulose
**Zement** cement
➢ **Beton** concrete
➢ **feuerfester Zement** refractory cement
➢ **Hochofenzement** blast-furnace cement
➢ **Plastzement** plastic binder
➢ **Portlandzement** portland cement
**Zementierung** cementation
**Zentil/Perzentil/Prozentil** *stat* centile, percentile
**Zentralatom** central atom
**Zentralfeld-Näherung** central field approximation
**zentralsymmetrisch** centrosymmetric(al)
**zentrieren** center
**zentrifugal** centrifugal
**Zentrifugalextraktor** centrifugal extractor
**Zentrifugalkraft** centrifugal force
**Zentrifugat** centrifugate
**Zentrifugation** centrifugation
➢ **analytische Zentrifugation** analytical centrifugation
➢ **Dichtegradientenzentrifugation** density gradient centrifugation
➢ **Differentialzentrifugation/ differentielle Zentrifugation** differential centrifugation ('pelleting')
➢ **isopyknische Zentrifugation** isopycnic centrifugation, isodensity centrifugation
➢ **präparative Zentrifugation** preparative centrifugation
➢ **Ultrazentrifugation** ultracentrifugation
➢ **Zonenzentrifugation** zonal centrifugation
**Zentrifuge** centrifuge
➢ **Hochgeschwindigkeitszentrifuge** high-speed centrifuge, high-performance centrifuge
➢ **Kammerzentrifuge** multichamber centrifuge, multicompartment centrifuge
➢ **Kühlzentrifuge** refrigerated centrifuge
➢ **Mikrozentrifuge** microfuge

➢ **Röhrenzentrifuge** tubular bowl centrifuge
➢ **Schälschleuder** knife-discharge centrifuge, scraper centrifuge
➢ **Siebkorbzentrifuge** screen basket centrifuge
➢ **Siebschleuder** screen centrifuge
➢ **Tischzentrifuge** tabletop centrifuge, benchtop centrifuge (multipurpose c.)
➢ **Trommelzentrifuge** basket centrifuge, bowl centrifuge
➢ **Ultrazentrifuge** ultracentrifuge
➢ **Vollmantelzentrifuge/Vollwandzentrifuge** solid-bowl centrifuge
**Zentrifugenröhrchen** centrifuge tube
**Zentrifugenröhrchenständer** centrifuge tube rack
**zentrifugieren** centrifuge, spin
**zentripetal** centripetal
**Zentripetalkraft** centripetal force
**Zeolith** zeolite
**Zer (***siehe***: Cer)** cerium
**zerbrechen** break, shatter; collapse
**zerbrechlich** fragile; (Vorsicht, zerbrechlich!) Fragile! Handle with care!
**Zerfall** (Abbau/Zusammenbruch) breakdown; (Zersetzung/Verrottung/Verfaulen) decay, disintegration, decomposition
➢ **Alpha-Zerfall/Alphazerfall/α-Zerfall** *nucl/rad* alpha decay
➢ **Beta-Zerfall/Betazerfall/β-Zerfall** *nucl/rad* beta decay
➢ **Gamma-Zerfall/Gammazerfall/γ-Zerfall** *nucl/rad* gamma decay
➢ **radioaktiver Zerfall** *nucl/rad* radioactive decay, radioactive disintegration
**zerfallen** decay, disintegrate, decompose, fall apart
**Zerfallsenergie** *nucl* decay energy
**Zerfallskonstante** *nucl* decay constant
**Zerfallsreihe/Zerfallskette** decay series, decay chain, disintegration series, transformation series
**Zerfaserungsmaschine/Stoffauflöser** defibrator (separating into fibrous components)
**Zerfließen/Zerschmelzen/Zergehen** deliquescence
**zerfließend/zerfließlich/zerschmelzend/ zergehend** deliquescent
**zerfressen** eat away, corrode
**zerkleinern** reduce (to small pieces); break up
**zermahlen** (grob) grind, (fein) pulverize; (im Mörser) triturate
**Zermahlen** (grob) grinding; (fein: Pulverisierung) pulverization; (im Mörser) trituration
**zermalmen** crush; (zermahlen) grind
**zerreiben** rub, grind; (im Mörser) triturate

**Zerreißfestigkeit/Reißfestigkeit/ Zugfestigkeit (Holz)** tensile strength
**zersetzen** disintegrate, decay, decompose, degrade
**Zersetzer/Destruent/Reduzent** decomposer
**Zersetzung** disintegration, decomposition, decay, degradation
**Zersetzungsprodukt** disintegration product, decomposition product, degradation product, decay product
**Zersetzungstemperatur** *chem* decomposition temperature, disintegration temperature
**zerstäuben** atomize; spray
**Zerstäuber/Sprühgerät (z. B. für DC)** atomizer, sprayer; (Wasserzerstäuber) humidifier, mist blower
**Zerstäuberdüse** spray nozzle
**zerstörungsfreie Prüfung** nondestructive testing (NDT), nondestructive examination
**zerstoßen** crush
**Zerstrahlung/Annihilation** annihilation
**zerstreuen/dispergieren** scatter, disperse
**Zerstreuung/Dispergierung** scattering, dispersion
**Ziegel/Ziegelstein** brick
**Ziehen/Strecken** pull, drawing
**Ziehklinge** draw blade, (Schabhobel) scraper, (Rakel) drawing knife; spokeshave
**Ziehpressen/Tiefziehen** swaging
**Ziehverfahren** *polym* drawing
**Ziehverhältnis/Streckverhältnis** draw ratio
**Zimm-Plot/Diagramm** Zimm plot
**Zimtaldehyd/Cinnamaldehyd** cinnamic aldehyde, cinnamaldehyde
**Zimtalkohol/Cinnamylalkohol** cinnamic alcohol, cinnamyl alcohol
**Zimtsäure/Cinnamonsäure (Cinnamat)** cinnamic acid
**Zink (Zn)** zinc
➤ **Verzinken** zinc plating, galvanization, electrogalvanizing
**Zinkblende** zinc blende, sphalerite, blackjack
**Zinkfinger** *gen* zinc finger
**Zinn (Sn)** tin
**Zinn(II)** ... stannous, tin(II)
**Zinn(IV)** ... stannic, tin(IV)
**Zinngeschrei** tin cry
**Zinnkies** tin pyrites, stannite
**Zinnober HgS** cinnabar, red mercuric sulfide
**Zinnpest** tin pest
**Zinnstein/Kassiterit** tin stone, cassiterite
**Zippverschluss** zip-lip seal, zipper-top
**Zippverschlussbeutel** zip-lip bag, zipper-top bag
**Zirconium (Zr)** zirconium

**Zirconiumdioxid ZrO$_2$** zirconia (zirconium oxide/ zirconium dioxide)
**Zirkon/Zirconiumsilicat ZrSiO$_4$** zircon (zirconium orthosilicate)
**zirkular/zirkulär/kreisförmig/rund** circular, round
**Zirkularchromatographie** circular chromatography
**Zirkulardichroismus/Circulardichroismus** circular dichroism
**Zirkularisierung/Ringschluss** circularization
**zirkulieren** circulate
**zirkulierend/Zirkulations ...** circulating, circulatory
**Zitronensäure/Citronensäure (Zitrat/Citrat)** citric acid (citrate)
**Zitrullin/Citrullin** citrulline
**Zonenreinigung (durch Zonenschmelzen)** zone refining
**Zonenschmelze(n)** zone melting, zone refining
**Zonensedimentation** zone sedimentation, zonal sedimentation, band sedimentation
**Zonierung** zonation
**Zubehör** accessories, supplies; (Kleinteile an Geräten etc.) fittings, fixing
**Zubehörlager** supplies storage, supplies 'shop', 'supplies'
**Zubehörlieferant** supplier, accessories supplier, vendor
**Zubehörteile (Kleinteile/Passteile)** fittings
**Zuber** tub
**Zubereitung/Herstellung** preparation
**züchten** (kultivieren/aufziehen) *bot/micb* breed, cultivate, grow; *zool* raise, rear
➤ **anzüchten (einer Kultur)** establish, start (a culture)
➤ **Kristalle züchten** grow crystals
**Züchtung/Kultivierung** breed, breeding, cultivation, growing; raising, rearing
**Zucker** sugar
➤ **Aminozucker** amino sugar
➤ **Blutzucker** blood sugar
➤ **brauner Zucker** brown sugar
➤ **Doppelzucker/Disaccharid** double sugar, disaccharide
➤ **Einfachzucker/einfacher Zucker/Monosaccharid** single sugar, monosaccharide
➤ **Fruchtzucker/Fruktose** fruit sugar, fructose
➤ **gebleichter Zucker** bleached sugar
➤ **Holzzucker/Xylose** wood sugar, xylose
➤ **Invertzucker** invert sugar
➤ **Isomeratzucker/Isomerose** high fructose corn syrup
➤ **Kandiszucker** rock candy
➤ **Malzzucker/Maltose** malt sugar, maltose

> **Milchzucker/Laktose** milk sugar, lactose
> **reduzierender Zucker** reducing sugar
> **Rohrohrzucker** crude cane sugar (unrefined)
> **Rohrzucker/Rübenzucker/Saccharose/**
  **Sukrose/Sucrose** cane sugar, beet sugar,
  table sugar, sucrose
> **Rohzucker** raw sugar, crude sugar
  (unrefined sugar)
> **Traubenzucker/Glukose/Glucose/Dextrose**
  grape sugar, glucose, dextrose
> **Verzuckerung** saccharification
> **Vielfachzucker/Polysaccharid** multiple sugar,
  polysaccharide
**Zuckeralkohole** sugar alcohols
**Zuckeraustauschstoff** sugar substitute
**zuckerbildend** sacchariferous, saccharogenic
**zuckerhaltig** sugar-containing, sugary,
  sacchariferous
**Zuckerkrankheit/Diabetes mellitus**
  diabetes mellitus
**Zuckerraffination** sugar refining
**Zuckerrohr** sugar cane
**Zuckerrohrfaser** cane fiber
**Zuckerrübe** sugar beet
**Zuckersäure/Aldarsäure** saccharic acid, aldaric acid
**zuckerspaltend** saccharolytic
**Zufall** chance; accident; coincidence
**zufällig** by chance, at random; (aus Versehen)
  accidentally
**Zufallsabweichung** *stat* random deviation
**Zufallsauslese** random screening
**Zufallsereignis** random event
**Zufallsfehler** *stat* random error
**Zufallskonformation/ungeordnete Konformation**
  random walk conformation, random coil
  conformation, random flight conformation
**Zufallsstichprobe/Zufallsprobe** *stat* random
  sample, sample taken at random
**Zufallsvariable** *stat* random variable
**Zufallsverteilung** *stat* random distribution
**Zufallszahl** *stat* random number
**Zufluss** influx, inflow; supply; inlet; tributary,
  affluent
**Zufuhr** feed, supply; influx
**Zufuhröffnung** inlet opening
**Zug** *tech/mech* strain, drag; (Sog) tension,
  suction, pull
**Zugang** access, admission, admittance, entry
**Zugdehnung** stress-strain
**zugehörig/verwandt (Nucleotid/tRNA)**
  cognate (nucleotide/tRNA)
**Zugfestigkeit/Zerreißfestigkeit/Reißfestigkeit**
  **(Holz)** tensile strength
**Zugkraft** tensile force

> **feinheitsbezogene Zugkraft** tenacity
**Zugluft** draft
**Zugnachgiebigkeit** tensile compliance
**Zugschlagzähigkeit** tensile impact strength
**Zugspannung** tensile stress, engineering stress;
  (Wasserkohäsion) water tension;
  (bei 100% Dehnung) tensile strength (TS)
**Zugwalze** puller, tension roll
**Zulassung/Lizenz/Erlaubnis** admission, licence,
  permit; registration
**Zulauf** inlet, feed, feed inlet; intake, supply;
  (process) inflow; (eintretende Flüssigkeit)
  feed (incoming fluid); (Eintrittsstelle einer
  Flüssigkeit) inlet
**Zulaufschlauch** feed tube
**Zulauftrichter** addition funnel
**Zulaufventil/Beschickungsventil** delivery valve
**Zulaufverfahren/Fedbatch-Verfahren**
  **(semi-diskontinuierlich)** fed-batch process,
  fed-batch procedure
**Zuleitung** feed, inlet
**Zuleitungsrohr** inlet pipe
**Zulieferung** supply, shipment
**Zuluft** input air
**zumischen** admix, add
**Zunahme** gain, increase, increment
**Zündbarkeit** ignitability
**zünden** ignite, fire, spark; start
**Zünder** igniter, primer; fuse
> **elektrischer Zünder** electric fuse
> **Erschütterungszünder** concussion fuse
> **Zeitzünder** time fuse
**Zündflamme** pilot flame, pilot light
  (from a pilot burner)
**Zündfunke** ignition spark, trigger spark
**Zündkapsel** blasting cap
**Zündpunkt/Zündtemperatur/**
  **Entzündungstemperatur** ignition point,
  kindling temperature, flame temperature, flame
  point, spontaneous-ignition temperature (SIT)
**Zündquelle** ignition source
**Zündröhrchen/Glühröhrchen** ignition tube
**Zündsatz** priming charge, ignition charge,
  igniter
**Zündsatzmischung** priming composition,
  ignition composition
**Zündschnur** fuse
**Zündstein/Feuerstein/Flintstein/Flint** flint,
  flint stone
**Zündsteuerung/Zündungssteuerung**
  ignition control
**Zündstoff/Brandstoff** incendiary
**Zündung** ignition
> **Fehlzündung** misfire, misfiring, backfiring

➤ **Frühzündung** early ignition
➤ **Spätzündung** late ignition
➤ **verzögerte Zündung/Zündverzögerung/**
  **Zündverzug** delayed ignition, ignition delay
**Zündverzug/Zündverzögerung/verzögerte**
  **Zündung** delayed ignition, ignition delay
**Zündvorrichtung** ignition device
**zunehmen** gain, increase; gain weight
**zurücksetzen** reset
**zusammenbacken/verbacken/verklumpen** cake
**Zusammenbacken/Verbacken/Verklumpen**
  caking
**Zusammenbau/Assemblierung** *chem/gen*
  assembly
➤ **Selbstzusammenbau/Selbstassoziierung/**
  **spontaner Zusammenbau (molekulare**
  **Epigenese)** self-assembly
**Zusammenbruch/Abbau/Zerfall** breakdown; *ecol*
  (population) crash
**zusammengesetzt** compound
**Zusammenhang/Verhältnis/Verbindung** relation,
  correlation, interrelationship, connection
**zusammensetzen** compose, put together,
  combine, assemble
**Zusammensetzung** composition, combination,
  assembly
**Zusatz/Zusatzstoff/Additiv** additive
➤ **Lebensmittelzusatzstoff** food additive
**Zusatzpumpe** booster pump, back-up pump
**Zuschlag** *metal* addition
**zusetzen/hinzufügen** add
**zuspitzen (zugespitzt)** taper(ed)
**Zustand** state, condition
➤ **Aggregatzustand** state of aggregation,
  physical state
➤ **angeregter Zustand/Anregungszustand**
  excited state
➤ **Belastungszustand** stress
➤ **Elektronenzustand** electron state
➤ **fester Zustand** solid state
➤ **Funktionszustand** working order,
  operating condition
➤ **gasförmiger Zustand/Gaszustand**
  gaseous state
➤ **Gelzustand** gel state
➤ **Gesundheitszustand** health, state of health,
  physical condition
➤ **glasförmiger Zustand/Glaszustand**
  vitreous state, glassy state
➤ **gleichbleibender Zustand/stationärer Zustand**
  steady state
➤ **Gleichgewichtszustand** equilibrium state
➤ **Grenzzustand** limiting condition, limiting state
➤ **Grundzustand** ground state

➤ **gummiartiger Zustand** rubbery state
➤ **Normzustand (Normtemperatur 0°C &**
  **Normdruck 1 bar)** STP (s.t.p./NTP)
  (standard temperature & pressure)
➤ **plastischer Zustand** plastic state
➤ **Sättigungszustand** saturation
➤ **Singulettzustand** singulet condition
➤ **stationärer Zustand/gleichbleibender Zustand**
  steady state
➤ **Übergangszustand (Enzymkinetik)**
  transition state
➤ **ungesättigter Zustand** unsaturation
**Zuständigkeit** responsibility; competence,
  jurisdiction
**Zustandsänderung** change of state
**Zustandsdiagramm/Phasendiagramm**
  phase diagram
**Zustandsgleichung** equation of state
**Zustandsgröße** parameter of state,
  variable of state
**zustöpseln** stopper
**Zutritt/Zugang** access, admission,
  admittance, entry
➤ **für Unbefugte verboten!**
  off-limits to unauthorized personnel
➤ **nur für Befugte** authorized personnel only
**zutrittsberechtigt** have admission, have access,
  having permitted access
**Zutrittsbeschränkung** restricted access,
  access control
**Zutrittsverweigerung** denial of access
**zuverlässig** reliable
**Zuverlässigkeit** reliability
**Zuwachs** increase, increment
**zweiatomig** diatomic
**zweibasig** dibasic
**Zweiblockcopolymer** diblock copolymer
**Zweifelsfall (im)** in case of doubt
**zweihals ...** two-necked ...
**Zweihalskolben** two-neck flask
**Zweikomponentenkleber**
  two-component adhesive
**Zweistoffgemisch** binary mixture
**Zweistofflegierung/binäre Legierung**
  binary alloy
**Zweistoffsystem/Zweikomponentensystem**
  binary system
**Zweisubstratreaktion/Bisubstratreaktion**
  bisubstrate reaction
**zweiteilig** dimeric
**Zweiwalzenmühle** two-roll mill
**zweiwertig/bivalent/divalent** bivalent, divalent
**Zweiwertigkeit** bivalence, divalence
**zweizählig/dimer** dimerous

**Zwilling (Kristall)** twin (crystal)
> **Kontaktzwilling/Berührungszwilling** contact twin
**Zwillingsfaserstoff** biconstituent fiber
**Zwinge** clamp, vise, vice (Br)
**Zwirn/Garn** twine, twisted yarn
**Zwischenbild** *micros* intermediate image
**Zwischenfall** incident (Unfall: accident)
**Zwischengitter** interstitial lattice
**Zwischengitteratom/interstitielles Atom**
  interstitial atom
**Zwischengitterfehlstelle** interstitial defect
**Zwischengitterlücke** interstitial hole
**Zwischengitterpaar** interstitial pair
**Zwischengitterplatz** interstice, interstitial site,
  interstitial lattice site
**Zwischengitterverbindung** interstitial compound
**Zwischenlager** interim storage, temporary storage
**Zwischenphase** interphase; intermediary phase
**Zwischenprodukt** (Zwischenform) intermediate
  (product), intermediate form
**Zwischenreaktion** intermediate reaction
**Zwischenschicht** interlayer
**Zwischensequenz/Spacer** *gen* spacer
**Zwischenstadium/Zwischenstufe**
  intermediate state, intermediate stage
**Zwischenstecker/Adapter** adapter
**Zwischenstufe/Übergangsform** intergrade,
  intermediate, intermediary form,
  transitory form, transient
**Zwitterion** zwitterion (*not translated!*)
**Zwitterkontakt** *electr* hermaphroditic contact
**zyklisch/ringförmig** (*siehe*: cyclisch) cyclic
**Zyklisierung/Ringschluss**
  (*siehe*: Cyclisierung) *chem* cyclization
**Zyklus/Cyclus** cycle
**Zylinder** cylinder; (Hahn) barrel (stopcock barrel);
  (Trommel) drum, barrel
> **Extrusionszylinder** extruder barrel
> **Glaszylinder** glass cylinder
> **Messzylinder** graduated cylinder
> **Mischzylinder** volumetric flask
**Zylinderglas/Becherglas** beaker
**zylindrisch/cylindrisch/walzenförmig**
  cylindric, cylindrical
**Zymogen/Proenzym (Enzymvorstufe)**
  zymogen, proenzyme (enzyme precursor)
**Zytidin/Cytidin** cytidine
**Zytochemie/Cytochemie/Zellchemie**
  cytochemistry
**Zytochrom/Cytochrom** cytochrome
**Zytokin/Cytokin** cytokine (biological response
  mediator)
**Zytologie/Cytologie/Zellenlehre/Zellbiologie**
  cytology, cell biology

**zytolytisch/cytolytisch** cytolytic
**Zytostatikum/Cytostatikum**
  (meist *pl* Zytostatika/Cytostatika)
  cytostatic agent, cytostatic
**zytotoxisch/cytotoxisch** cytotoxic
**Zytotoxizität/Cytotoxizität** cytotoxicity

English – German

# English – German

© Springer-Verlag GmbH Deutschland, ein Teil von Springer Nature 2018
T. C. H. Cole, *Wörterbuch der Chemie / Dictionary of Chemistry*,
https://doi.org/10.1007/978-3-662-56331-1_2

# A

**aberration** Aberration, Abweichung
**abherent/abhesive** *n* **(nonadhesive/abhesion
agent/release agent)**
Abhäsivmittel, Trennmittel
**abietic acid** Abietinsäure
**ablative** ablativ, abtragend, abschmelzend
**abortive** abortiv, verkümmert, rudimentär,
rückgebildet
**abrasion** Abrieb, Abreiben, Verschleiß; Scheueren,
Abschürfen, Abschürfung, Abschaben
**abrasion resistance** Abriebfestigkeit;
Scheuerfestigkeit, Abriebwiderstand
**abrasive** abreibend, abschleifend,
schmirgelartig, Schleif...
**abrasive hardness** *geol/min* Schleifhärte
**abrasive wear/wear debris** Abrieb,
Reibungsverschleiß
**abrasivity** Schleifschärfe
**abraum salts (waste salts)** Abraumsalze
**absorb (take up/soak up)** absorbieren, saugen,
aufsaugen; aufnehmen
**absorbance/absorbancy (extinction:
optical density)** Absorbanz (Extinktion)
**absorbance index/absorptivity** Absorptionsindex
**absorbed dose (Gy)** Energiedosis
**absorbed dose rate (Gy/s)** Energiedosisleistung
**absorbency** Absorptionsvermögen,
Absorptionsfähigkeit, Aufnahmefähigkeit;
Saugfähigkeit
**absorbent** *adj/adv* absorbierend,
absorptionsfähig, saugfähig; aufnahmefähig
**absorbent** *n* **(absorbant)** Absorbens,
Absorptionsmittel, Aufsaugmittel
**absorbent cotton** Watte
**absorbent paper/bibulous paper
(for blotting dry)** Saugpapier ('Löschpapier')
**absorbing rod** *nucl* Absorberstab
**absorption** Absorption; (attenuation/stabilization:
damping) Dämpfung
**absorption coefficient** Absorptionskoeffizient
**absorption spectrum/dark-line spectrum**
Absorptionsspektrum
**absorptive** absorbierend, aufsaugend
**abundance sensitivity** *ms*
Nachbarmassentrennung
**accelerate** beschleunigen
**accelerating voltage (EM)** *micros*
Beschleunigungsspannung
**acceleration** Beschleunigung
**acceleration of gravity** Erdbeschleunigung
**acceleration phase** Beschleunigungsphase,
Anfahrphase

**accelerator** Beschleuniger (z. B. Vulkanisation)
➤ **circular accelerator** *nucl/rad*
Kreisbeschleuniger
➤ **linear accelerator** *nucl/rad* Linearbeschleuniger
**accelerator mass spectrometry (AMS)**
Beschleuniger-Massenspektrometrie
**acceptor** Akzeptor
**access/admission/admittance/entry**
Zutritt, Zugang
➤ **authorized personnel only** nur für Befugte
➤ **denial of access** Zutrittsverweigerung
➤ **have access/having permitted access/
have admission** zutrittsberechtigt
➤ **off-limits to unauthorized personnel**
für Unbefugte (Zutritt) verboten!
➤ **restricted access/access control**
Zutrittsbeschränkung
**accessible** zugänglich
**accessibility** Akzessibilität, Zugänglichkeit
**accessories/supplies** Zubehör; Ausrüstung;
(fittings/fixing) Kleinteile an Geräten etc.
**accessory pigment** akzessorisches Pigment
**accident** Unfall
➤ **chemical spill** Chemikalienverschüttung,
Auslaufen/Verschüttung von Chemikalien;
Chemikalienkatastrophe
➤ **industrial accident/accident at work**
Betriebsunfall
➤ **occupational accident** Arbeitsunfall
**accident insurance** Unfallversicherung
**accident prevention** Unfallverhütung
**accidental release** störungsbedingter Austritt
(unerwartetes Entweichen von Prozessstoffen)
**accidentally** aus Versehen, zufällig
**acclimation/acclimatization** Eingewöhnung
**accommodation** *opt* Akkommodation,
Scharfstellung
**accumulate/pile up/build up** stauen
**accumulation** Anhäufung, Kumulation
**accumulator acid/storage battery acid
(electrolyte)** Akkusäure, Akkumulatorsäure
**accuracy of measurement/precision of
measurement/measurement precision**
Messgenauigkeit
**accurate mass** exakte Masse
**acetaldehyde/acetic aldehyde/ethanal**
Acetaldehyd, Ethanal
**acetate (acetic acid/ethanoic acid)** Acetat,
Azetat (Essigsäure/Ethansäure)
**acetate rayon** Acetatseide, Acetatrayon
**acetate staple fiber** Azetatfaser,
Azetatstapelfaser
**acetic acid/ethanoic acid (acetate)** Essigsäure,
Ethansäure (Acetat)

acetic anhydride/ethanoic anhydride/
acetic acid anhydride Essigsäureanhydrid
acetoacetic acid (acetoacetate)/acetylacetic acid/
diacetic acid Acetessigsäure (Acetacetat),
3-Oxobuttersäure
acetone/dimethyl ketone/2-propanone
Aceton (Azeton), Propan-2-on, 2-Propanon,
Dimethylketon
acetyl CoA/acetyl coenzyme A
'aktivierte Essigsäure', Acetyl-CoA
acetylene/ethyne/ethine $C_2H_4$ Acetylen, Ethin
acetylene black Acetylenruß
achievement/performance Leistung
achromatic achromatisch
acid/acidic *adj/adv* azid, acid, sauer
acid *n* Säure
➢ abietic acid Abietinsäure
➢ accumulator acid/storage battery acid
(electrolyte) Akkusäure, Akkumulatorsäure
➢ acetic acid/ethanoic acid (acetate) Essigsäure,
Ethansäure (Acetat)
➢ acetoacetic acid (acetoacetate)/acetylacetic
acid/diacetic acid Acetessigsäure (Acetacetat),
3-Oxobuttersäure
➢ acetyl CoA/acetyl coenzyme A Acetyl-CoA,
'aktivierte Essigsäure'
➢ *N*-acetylmuramic acid *N*-Acetylmuraminsäure
➢ aconitic acid (aconitate) Aconitsäure (Aconitat)
➢ acrylic acid/propenoic acid (acrylate)
Acrylsäure (Acrylat), Propensäure
➢ adenylic acid (adenylate)
Adenylsäure (Adenylat)
➢ adipic acid (adipate)/hexanedioic acid
Adipinsäure (Adipat), Hexandisäure
➢ alginic acid (alginate) Alginsäure (Alginat)
➢ allantoic acid Allantoinsäure
➢ amino acid Aminosäure
➢ anthranilic acid/2-aminobenzoic acid
Anthranilsäure, 2-Aminobenzoesäure
➢ aquafortis (nitric acid used in metal etching)
Scheidewasser, Gelbbrennsäure
(konz. Salpetersäure)
➢ arachic acid/arachidic acid/icosanic acid
Arachinsäure, Arachidinsäure, Eicosansäure
➢ arachidonic acid/icosatetraenoic acid
Arachidonsäure
➢ arsenic acid/arsenic(V) acid $H_3AsO_4$ Arsensäure
➢ ascorbic acid (ascorbate)
Ascorbinsäure (Ascorbat)
➢ asparagic acid/aspartic acid (aspartate)
Asparaginsäure (Aspartat)
➢ auric acid Goldsäure
➢ azelaic acid/nonanedioic acid Azelainsäure,
Nonandisäure

➢ behenic acid/docosanoic acid Behensäure,
Docosansäure
➢ benzoic acid (benzoate) Benzoesäure (Benzoat)
➢ binary acid binäre Säure
➢ boric acid (borate) Borsäure (Borat)
➢ bromic acid/hydrogen trioxobromate $HBrO_3$
Bromsäure
➢ butyric acid/butanoic acid (butyrate)
Buttersäure, Butansäure (Butyrat)
➢ caffeic acid Kaffeesäure
➢ capric acid/decanoic acid (caprate/decanoate)
Caprinsäure, Decansäure (Caprinat/Decanat)
➢ caproic acid/capronic acid/hexanoic
acid (caproate/hexanoate) Capronsäure,
Hexansäure (Capronat/Hexanat)
➢ caprylic acid/octanoic acid (caprylate/
octanoate) Caprylsäure, Octansäure
(Caprylat/Octanat)
➢ carbonic acid (carbonate) Kohlensäure
(Karbonat/Carbonat)
➢ carboxylic acids (carbonates) Carbonsäuren,
Karbonsäuren (Carbonate/Karbonate)
➢ cerotic acid/hexacosanoic acid
Cerotinsäure, Hexacosansäure
➢ chinic acid/kinic acid/quinic acid (quinate)
Chinasäure
➢ chinolic acid Chinolsäure
➢ chloric acid $HClO_3$ Chlorsäure
➢ chlorogenic acid Chlorogensäure
➢ chlorous acid $HClO_2$ chlorige Säure
➢ cholic acid (cholate) Cholsäure (Cholat)
➢ chorismic acid (chorismate)
Chorisminsäure (Chorismat)
➢ chromic(VI) acid $H_2CrO_4$ Chromsäure
➢ chromic-sulfuric acid mixture for cleaning
purposes Chromschwefelsäure
➢ cinnamic acid Cinnamonsäure,
Zimtsäure (Cinnamat)
➢ citric acid (citrate) Zitronensäure,
Citronensäure (Zitrat/Citrat)
➢ crotonic acid/α-butenic acid
Crotonsäure, Transbutensäure
➢ cyanic acid HOCN Cyansäure
➢ cyanuric acid/tricarbimide Cyanursäure
➢ cysteic acid Cysteinsäure
➢ diacid zweibasige Säure
(zweiprotonige/zweiwertige)
➢ diprotic acid
zweiwertige/zweiprotonige Säure
➢ disulfurous acid $H_2S_2O_5$ dischweflige Säure
➢ dithionic acid/hyposulfuric acid $H_2S_2O_6$
Dithionsäure
➢ dithionous acid $H_2S_2O_4$ dithionige Säure
➢ ellagic acid/gallogen Ellagsäure

- ➢ **erucic acid/(Z)-13-docosenoic acid** Erucasäure, $\Delta^{13}$-Docosensäure
- ➢ **fatty acid** Fettsäure
- ➢ **ferulic acid** Ferulasäure
- ➢ **fluorosulfonic acid HSO$_3$F** Fluoroschwefelsäure, Fluorsulfonsäure
- ➢ **folic acid (folate)/pteroylglutamic acid** Folsäure (Folat), Pteroylglutaminsäure
- ➢ **formic acid (formate)** Ameisensäure (Format)
- ➢ **fumaric acid (fumarate)** Fumarsäure (Fumarat)
- ➢ **galacturonic acid** Galakturonsäure
- ➢ **gallic acid (gallate)** Gallussäure (Gallat)
- ➢ **gamma-aminobutyric acid (GABA)** Aminobuttersäure, $\gamma$-Aminobuttersäure
- ➢ **gentisic acid** Gentisinsäure
- ➢ **geranic acid** Geraniumsäure
- ➢ **gibberellic acid** Gibberellinsäure
- ➢ **glacial acetic acid** Eisessig
- ➢ **glucaric acid/saccharic acid** Glucarsäure, Zuckersäure
- ➢ **gluconic acid (gluconate)/dextronic acid** Gluconsäure (Gluconat)
- ➢ **glucuronic acid (glucuronate)** Glucuronsäure (Glukuronat)
- ➢ **glutamic acid (glutamate)/2-aminoglutaric acid** Glutaminsäure (Glutamat), 2-Aminoglutarsäure
- ➢ **glutaric acid (glutarate)** Glutarsäure (Glutarat)
- ➢ **glycolic acid (glycolate)** Glykolsäure (Glykolat)
- ➢ **glycyrrhetinic acid** Glycyrrhetinsäure
- ➢ **glyoxalic acid (glyoxalate)** Glyoxalsäure (Glyoxalat)
- ➢ **glyoxylic acid (glyoxylate)** Glyoxylsäure (Glyoxylat)
- ➢ **guanylic acid (guanylate)** Guanylsäure (Guanylat)
- ➢ **gulonic acid (gulonate)** Gulonsäure (Gulonat)
- ➢ **homogentisic acid** Homogentisinsäure
- ➢ **humic acid** Huminsäure
- ➢ **hyaluronic acid** Hyaluronsäure
- ➢ **hydrochloric acid HCl** Salzsäure, Chlorwasserstoffsäure
- ➢ **hydrofluoric acid/phthoric acid HF** Fluorwasserstoffsäure, Flusssäure
- ➢ **hydrogen cyanide/hydrocyanic acid/ prussic acid** Blausäure, Cyanwasserstoff
- ➢ **hydroiodic acid/hydrogen iodide HI** Iodwasserstoffsäure
- ➢ **hypochlorous acid HClO** Hypochlorigsäure, hypochlorige Säure, Monooxochlorsäure (Bleichsäure)
- ➢ **hyponitrous acid H$_2$N$_2$O$_2$** Hyposalpetrigsäure, hyposalpetrige Säure, untersalpetrige Säure, Diazendiol

- ➢ **hypophosphoric acid/diphosphoric(IV) acid H$_4$P$_2$O$_6$** Hypophosphorsäure, Hypodiphosphorsäure, Diphosphor(IV)säure, Hexaoxodiphosphorsäure
- ➢ **hyposulfuric acid/dithionic acid H$_2$S$_2$O$_6$** Dithionsäure
- ➢ **ibotenic acid** Ibotensäure
- ➢ **imino acid** Iminosäure
- ➢ **indolyl acetic acid/indoleacetic acid (IAA)** Indolessigsäure
- ➢ **isovaleric acid** Isovaleriansäure
- ➢ **jasmonic acid** Jasmonsäure
- ➢ **keto acid** Ketosäure
- ➢ **kojic acid** Kojisäure
- ➢ **lactic acid (lactate)** Milchsäure (Laktat)
- ➢ **lauric acid/decylacetic acid/dodecanoic acid** Laurinsäure, Dodecansäure (Laurat, Dodecanat) (laurate/dodecanate)
- ➢ **levulinic acid** Lävulinsäure
- ➢ **lichen acid** Flechtensäure
- ➢ **lignoceric acid/tetracosanoic acid** Lignocerinsäure, Tetracosansäure
- ➢ **linolenic acid** Linolensäure
- ➢ **linolic acid/linoleic acid** Linolsäure
- ➢ **lipoic acid (lipoate)/thioctic acid** Liponsäure, Dithiooctansäure, Thioctsäure, Thioctansäure (Liponat)
- ➢ **lipoteichoic acid** Lipoteichonsäure
- ➢ **litocholic acid** Litocholsäure
- ➢ **lysergic acid** Lysergsäure
- ➢ **macroacid** Makrosäure
- ➢ **magic acid (HSO$_3$F/SbF$_5$)** magische Säure
- ➢ **maleic acid (maleate)** Maleinsäure (Maleat)
- ➢ **malic acid (malate)** Äpfelsäure (Malat)
- ➢ **malonic acid (malonate)** Malonsäure (Malonat)
- ➢ **mandelic acid/phenylglycolic acid/ amygdalic acid** Mandelsäure, Phenylglykolsäure
- ➢ **mannuronic acid** Mannuronsäure
- ➢ **mellitic acid/hexacarboxyl benzene** Mellitsäure, Benzolhexacarbonsäure
- ➢ **metasilicic acid (H$_2$SiO$_3$)$_n$** Metakieselsäure
- ➢ **mevalonic acid (mevalonate)** Mevalonsäure (Mevalonat)
- ➢ **mixed acid/nitrating acid (nitric acid+sulfuric acid/1:2)** Nitriersäure
- ➢ **monoprotic acid** einprotonige Säure, einbasige Säure (einwertig)
- ➢ **mucic acid** Schleimsäure, Mucinsäure, $m$-Galactarsäure
- ➢ **muramic acid** Muraminsäure
- ➢ **myristic acid/tetradecanoic acid (myristate/tetradecanate)** Myristinsäure, Tetradecansäure (Myristat)
- ➢ **neuraminic acid** Neuraminsäure

- **nicotinic acid (nicotinate)/niacin** Nikotinsäure, Nicotinsäure (Nikotinat)
- **nitrating acid/mixed acid (nitric acid+ sulfuric acid/1:2)** Nitriersäure
- **nitric acid $HNO_3$** Salpetersäure
- **nitrolic acid** Nitrolsäure
- **nitronic acid** Nitronsäure
- **nitrous acid $HNO_2$** salpetrige Säure, Salpetrigsäure
- **nonoic acid** Nonansäure
- **nucleic acid** Nukleinsäure, Nucleinsäure
- **octanoic acid** Octansäure, Octylsäure
- **orotic acid** Orotsäure
- **orthosilicic acid $H_4SiO_4$** Orthokieselsäure, Monokieselsäure
- **osmic acid/osmium tetraoxide/osmium tetroxide/osmium oxide/osmic acid anhydride $OsO_4$** Osmiumsäure, Osmiumtetroxid, Osmiumtetraoxid
- **oxalic acid (oxalate)** Oxalsäure (Oxalat)
- **oxoglutaric acid (oxoglutarate)** Oxoglutarsäure (Oxoglutarat)
- **palmitic acid/hexadecanoic acid (palmate/hexadecanate)** Palmitinsäure, Hexadecansäure (Palmat/Hexadecanat)
- **pantothenic acid (vitamin $B_5$)** Pantothensäure
- **pectic acid (pectate)** Pektinsäure (Pektat) pentanoic acid/valeric acid (pentanoate/ valeriate) -Pentansäure, Valeriansäure, Baldriansäure (Pentanat/Valeriat)
- **peracids (peroxy acids/peroxo acids)** Persäuren
- **perchloric acid** Perchlorsäure
- **performic acid** Perameisensäure
- **phosphatidic acid** Phosphatidsäure
- **phosphinic acid/hypophosphorous acid $H_3PO_2$** Phosphinsäure, Hypophosphorigsäure, hypophosphorige Säure
- **phosphoric acid (phosphate)** Phosphorsäure (Phosphat)
- **phosphorous acid** phosphorige Säure
- **phthalic acid** Phthalsäure
- **phytanic acid** Phytansäure
- **phytic acid** Phytinsäure
- **pickling acid** Beizsäure
- **picric acid (picrate)** Pikrinsäure (Pikrat)
- **pimelic acid** Pimelinsäure
- **plasmenic acid** Plasmensäure
- **polyacid** Polysäure
- **polyprotic acid/polybasic acid** mehrprotonige Säure, mehrbasige Säure
- **polysilicic acid** Polykieselsäure
- **prephenic acid (prephenate)** Prephensäure (Prephenat)

- **propionic acid (propionate)** Propionsäure (Propionat)
- **prostanoic acid** Prostansäure
- **protic acid** Protonensäure (Brønstedt)
- **pyrethric acid** Pyrethrinsäure
- **pyroacetic acid** Rohessigsäure
- **pyroacid** Pyrosäure, Brenzsäure
- **pyruvic acid (pyruvate)/2-oxopropanoic acid** Brenztraubensäure (Pyruvat)
- **retinic acid** Retinsäure
- **ricinic acid/ricinoleic acid** Ricinolsäure
- **saccharic acid/aldaric acid (glucaric acid)** Zuckersäure, Aldarsäure (Glucarsäure)
- **salicylic acid/1-hydroxybenzoic acid (salicylate)** Salicylsäure (Salicylat)
- **sebacic acid/decanedioic acid** Sebacinsäure, Decandisäure
- **selenic acid $H_2SeO_3$** Selensäure
- **selenous acid $H_2SeO_4$** Selenigsäure
- **shikimic acid (shikimate)** Shikimisäure (Shikimat)
- **sialic acid (sialate)** Sialinsäure (Sialat)
- **silicic acid** Kieselsäure
- **sinapic acid** Sinapinsäure
- **soldering acid** Lötsäure
- **sorbic acid (sorbate)** Sorbinsäure (Sorbat)
- **squaric acid/3,4-dihydroxycyclobut-3-ene-1,2-dione** Quadratsäure
- **standard acid** Normalsäure
- **stearic acid/octadecanoic acid (stearate/ octadecanate)** Stearinsäure, Octadecansäure (Stearat/Octadecanat)
- **stomach acid/gastric acid** Magensäure
- **suberic acid/octanedioic acid** Suberinsäure, Korksäure, Octandisäure
- **succinic acid/butanedioic acid (succinate)** Bernsteinsäure, Butandisäure (Succinat)
- **sulfanilic acid/p-aminobenzenesulfonic acid** Sulfanilsäure
- **sulfoxylic acid/hyposulfurous acid $H_2SO_2$** Sulfoxylsäure, Hyposulfitsäure, Schwefel(II)säure
- **sulfuric acid $H_2SO_4$** Schwefelsäure
- **sulfurous acid $H_2SO_3$** schweflige Säure, Schwefligsäure
- **superacid** Supersäure
- **tannic acid (tannate)** Gerbsäure (Tannat)
- **tartaric acid (tartrate)** Weinsäure, Weinsteinsäure (Tartrat)
- **teichoic acid** Teichonsäure
- **teichuronic acid** Teichuronsäure
- **terephthalic acid/1,4-benzenedicarboxylic acid** Terephthalsäure
- **thiocarbonic acids** Thiocarbonsäuren

> **thiocyanic acid/rhodanic acid HSCN**
  Thiocyansäure, Rhodansäure
> **thiosulfuric acid H₂S₂O₃** Thioschwefelsäure
> **uric acid (urate)** Harnsäure (Urat)
> **uridylic acid** Uridylsäure
> **urocanic acid (urocaninate)** Urocaninsäure
  (Urocaninat), Imidazol-4-acrylsäure
> **uronic acid (urate)** Uronsäure (Urat)
> **usnic acid** Usninsäure
> **valeric acid/pentanoic acid (valeriate/
  pentanoate)** Valeriansäure, Baldriansäure,
  Pentansäure (Valeriat/Pentanat)
**acid amide** Säureamid
**acid anhydride** Säureanhydrid
**acid-base balance** Säure-Basen-Gleichgewicht
**acid-base titration** Säure-Basen-Titration,
  Neutralisationstitration
**acid bottle (with pennyhead
  stopper)** Säurenkappenflasche
**acid burn** Säureverätzung
**acid carboy** Säureballon
**acid deposition/acid rain** saurer Niederschlag,
  saurer Regen
> **dry deposition** Trockendeposition
> **wet deposition** Nassdeposition
**acid derust** Reinigungsbeize
**acid egg** Druckbirne
**acid ester** Säureester
**acid-fast** säurefest
**acid-fastness** Säurefestigkeit
**acid gloves/acid-resistant gloves**
  Säureschutzhandschuhe
**acid-proof/acid-fast** säurebeständig
**acid rain/acid deposition** saurer Regen,
  Niederschlag
**acid storage cabinet** Säureschrank
**acid strength** Säurestärke
**acid treatment** Säurebehandlung
**acidic** sauer, säuerlich; säurebildend, säurehaltig
**acidulant** Ansäuerungsmittel
**acidification** Säuerung; Säurebildung;
  Versauerung
**acidifier/acidulant** Säuerungsmittel
**acidify** ansäuern
**acidity** Acidität, Azidität, Säuregrad, Säuregehalt
**acidosis** Azidose, Acidose (Blutübersäuerung)
**aconitic acid (aconitate)** Aconitsäure (Aconitat)
**acquire** erwerben; (record) erfassen, aufnehmen
**acquiring/acquisation/recording** Erfassung
  (Aufnahme von Ergebnissen etc.)
**acquisition** Erwerb(ung), Anschaffung
**acridine dye** Acridinfarbstoff
**acrolein/propenal** Acrolein, Propenal,
  Acrylaldehyd

**acrylic acid/propenoic acid** Acrylsäure,
  Propensäure
**acrylic fiber** Acrylfaser
**acrylic glass** Acrylglas, Plexiglas
**acrylic resin** Acrylharz
**acrylonitrile/propenonitrile** Acrylnitril,
  Acrylsäurenitril, Vinylcyanid, Propennitril
**act** (work/be effective/causing an effect/take
  effect) wirken; (effect/contact/attack/interact)
  einwirken
**actinic** aktinisch
**actinic radiation** aktinische Strahlung
  (photochemische/chem. wirksame Strahlung)
**actinides (actinoids)** Actinide (Actinoide)
**actinium (Ac)** Actinium
**actinometry** Aktinometrie
**activate** aktivieren, in Gang setzen
**activated alumina** Aktivtonerden
**activated atom/excited atom** angeregtes Atom
**activated carbon** Aktivkohle
**activated sludge** Belebtschlamm,
  Rücklaufschlamm
**activated state** aktivierter Zustand
**activation** Aktivierung
> **enthalpy of activation** Aktivierungsenthalpie
> **entropy of activation** Aktivierungsentropie
**activation energy/energy of activation**
  Aktivierungsenergie
**active filler/reinforcing agent** aktiver/
  verstärkender Füllstoff (Harzträger)
**active ingredient/active principle/
  active component** Wirkstoff, Wirksubstanz
**active metabolic rate** Arbeitsumsatz,
  Leistungsumsatz
**active metabolism** Leistungsstoffwechsel,
  Arbeitsstoffwechsel
**active transport/uphill transport** aktiver Transport
**actual value/effective value** Istwert
**actuator** Stellantrieb, Stellmotor
**acute/sharp/pointed/sharp-pointed** spitz
**acyclic** acyclisch
**acylation/acidylation** Acylierung
**adapter (fittings)** Adapter, Passstück,
  Zwischenstück, Manschette; Zwischenstecker;
  (connector: glass) *lab/chem* Vorstoß,
  Übergangsstück (Laborglas); (for filter funnel)
  Filtervorstoß
> **anticlimb adapter** *dist* Kriechschutzadapter
> **antisplash adapter/splash-head adapter**
  Tropfenfänger, Schaumbrecher-Aufsatz,
  Spritzschutz-Aufsatz (Rückschlagsicherung)
> **bend/bent adapter** Krümmer (Laborglas)
> **cone adapter/screwthread adapter**
  Kernadapter, Gewindeadapter

➢ **cow receiver adapter/'pig'/**
**multi-limb vacuum receiver adapter**
(receiving adapter for three/four receiving
flasks) Eutervorlage, Verteilervorlage, 'Spinne'
➢ **distillation receiver adapter/**
**receiving flask adapter** Vorlage
➢ **expansion adapter** Expansionsstück (Laborglas)
➢ **offset adapter**
Übergangsstück mit seitlichem Versatz
➢ **pipe-to-tubing adapter**
Schlauch-Rohr-Verbindungsstück
➢ **receiver adapter** Destilliervorstoß
➢ **reducer/reducing adapter/reduction adapter**
Reduzierstück (Laborglas, Schlauch)
➢ **septum-inlet adapter** Septum-Adapter
➢ **splash adapter/antisplash adapter/**
**splash-head adapter** Tropfenfänger
(Reitmeyer-Aufsatz: Rückschlagschutz:
Kühler/Rotationsverdampfer etc.)
➢ **syringe connector** Nadeladapter
➢ **tubing adapter** Schlauchadapter
➢ **two-neck (multiple) adapter** Zweihalsaufsatz
➢ **vacuum adapter** Vakuumvorstoß
➢ **vacuum-filtration adapter**
Vakuumfiltrationsvorstoß
**adapter for filter funnel** Filtervorstoß
**adapter ring** Passring, Einsatzring
**add** zusetzen, hinzufügen, versetzen (mit),
dazugeben
**addition** Addition, Zusatz, Hinzufügung;
*metal* Zuschlag
**addition compound (of two compounds)/**
**additive compound (saturation of multiple**
**bonds)** Additionsverbindung
**addition funnel** Einfülltrichter, Zulauftrichter
**addition polymerization** Additionspolymerisation
**additive** Zusatz, Zusatzstoff, Additiv
➢ **chain cleavage additive** Kettenabbrecher
➢ **food additive** Lebensmittelzusatzstoff
➢ **plastic additive** Kunststoffhilfsstoff,
Kunststoffzusatzstoff
➢ **polymerization additive**
Polymerisationshilfsmittel
➢ **slip additive (internal lubricant)**
Gleitmittel, Slipmittel
**additive compound**
**(saturation of multiple bonds)**
Additionsverbindung
**adduct** Addukt
**adduct ion** *ms* Adduktion, Addukt-Ion,
Anlagerungs-Ion
**adenine** Adenin
**adenosine** Adenosin
**adenylate cyclase** Adenylatcyclase,
Adenylylcyclase

**adenylic acid (adenylate)**
Adenylsäure (Adenylat)
**adhere (stick/cling)** kleben, ankleben,
haften, anhaften; anheften
**adherence** Kleben, Ankleben, Anhaften
**adherend** Fügeteil
**adherend surface** Fügefläche
**adherent** klebend, anklebend, anhaftend
**adhesion/adhesive power** Adhäsion, Haften,
Haftung, Anheftung; Haftvermögen; Griffigkeit
**adhesion tension** Adhäsionsspannung,
Haftspannung
**adhesive** *adj/adv* haftend, klebend
**adhesive** *n* (glue/gum/paste) Kleber, Klebstoff,
Leim; Haftmittel, Bindemittel; (cement) Kitt,
Kittsubstanz
➢ **bioadhesive** Bioklebstoff
➢ **contact adhesive/contact bond adhesive**
Kontaktkleber, Kontaktklebstoff, Haftkleber
➢ **filling adhesive** Füllkitt
➢ **general-purpose adhesive** Alleskleber
➢ **high-temperature adhesive**
Hochtemperaturkleber
➢ **hot-melt adhesive** Schmelzkleber,
Schmelzklebstoff
➢ **laminating adhesive** Laminierkleber,
Kaschierklebstoff
➢ **melt adhesive** Schmelzklebstoff
➢ **multiplecomponent adhesive**
Mehrkomponentenkleber
➢ **nonstructural adhesive** Klebstoff für
minderbeanspruchte Verbindungen
➢ **plastic adhesive/plastic-bonding adhesive**
Kunststoffkleber, Kunststoffklebstoff
➢ **pressure-sensitive adhesive** druckreaktiver
Klebstoff (Haftkleber/Kontaktkleber)
➢ **reactive adhesive/reaction adhesive/**
**reaction glue** Reaktionsklebstoffe,
Reaktivklebstoff
➢ **resin adhesive** Harzkleber
➢ **room-temperature setting adhesive**
bei Raumtemperatur verfestigender Klebstoff
➢ **rubber-based adhesive** Kautschuk-Klebstoff
➢ **self-adhesive/self-adhering/gummed**
selbstklebend
➢ **silicone adhesive** Siliconklebstoff
➢ **single-component adhesive**
Einkomponentenklebstoff,
Einkomponentenkleber
➢ **solvent adhesive/solvent-based adhesive**
Kleblack, Lösemittelkleber, Lösungsmittelkleber
➢ **solvent-activated adhesive**
lösemittelaktivierter Klebstoff
➢ **structural adhesive** Konstruktionsklebstoff,
Montageleim, Baukleber

> **two-component adhesive**
Zweikomponentenklebstoff,
Zweikomponentenkleber
**adhesive bonding** Klebebondieren;
Klebverbindung
**adhesive capacity/bonding capacity**
Bindungsvermögen, Haftvermögen
**adhesive failure** Adhäsionsbruch, Klebebruch
**adhesive film** Klebfolie (Klebfilm)
**adhesive joint** Klebverbindung
**adhesive lacquer** Klebelack
**adhesive powder** Haftpulver
**adhesive power/bonding power** Klebkraft
**adhesive primer** Haftgrundierung, Haftprimer
**adhesive strip/band-aid/sticking plaster/**
**patch** *med* Pflaster, Heftpflaster (Streifen)
**adhesive tape** Klebeband, Klebestreifen
**adhesiveness** Haften, Anhaften; Klebrigkeit
**adhesivity** Haftfähigkeit, Adhäsionsvermögen,
Klebefähigkeit
**adiabatic** adiabatisch
**adipic acid (adipate)/hexanedioic acid**
Adipinsäure (Adipat), Hexandisäure
**adjacent** benachbart, angrenzend
**adjective dye (requiring mordant)**
adjektiver Farbstoff, beizenfärbender Farbstoff,
Beizenfarbstoff
**adjust** (regulate/move/shift) einstellen, regulieren,
justieren; anpassen; (focus: fine/coarse)
justieren, fokussieren (Scharfeinstellung des
Mikroskops: fein/grob); (equalize) abgleichen;
(set the wrong way) falsch einstellen;
(tamper with) herumdrehen an, verstellen
**adjustable (variable)** einstellbar, verstellbar,
regulierbar, justierbar
**adjustable variable/control value/**
**action control** Stellgröße
**adjusted mean** bereinigter Mittelwert,
korrigierter Mittelwert
**adjusting screw/setting screw/adjustment knob/**
**fixing screw** Stellschraube
**adjustment** Anpassung, Angleichung;
Einstellung, Regulierung; (focus adjustment/
focus: fine/coarse) Justierung, Fokussierung
(Scharfeinstellung des Mikroskops: fein/grob);
*math/stat* Bereinigung
**adjustment knob/focus adjustment knob/**
**adjustment screw** *micros* Einstellknopf,
Einstellschraube, Justierschraube,
Justierknopf; Triebknopf
**adjustment screw/tuning screw** Einstellschraube
**adjuvant** Adjuvans, Hilfsmittel
**admission (licence/permit)** Zulassung, Lizenz,
Erlaubnis; Aufnahme

**admix** beimischen, zumischen,
beimengen, zusetzen
**admixture** Beimischung, Beimengung, Zusatz
**adrenaline/epinephrine** Adrenalin, Epinephrin
**adsorbent** Adsorptionsmittel, Adsorbens,
adsorbierende Substanz
**adsorption** Adsorption, Haftung
**adsorption isotherm** Adsorptionsisotherme
**adsorptive/adsorbate**
Adsorptiv, Adsorbat, Adsorpt
**adulterant** Beimischung
**adulterate (make impure by mixture)**
zumischen, verdünnen; (wine) verschneiden,
panschen; verfälschen
**advantage** Vorteil, Nutzen
**aeolotropic/eolotropic/anisotropic** anisotrop
**aerate** belüften, durchlüften
**aeration** Belüftung, Durchlüftung, Ventilation
**aeration tank/aerator** Belebtschlammbecken,
Belebungsbecken, Belüftungsbecken
(Kläranlage)
**aerobic** aerob; sauerstoffbedürftig
> **anaerobic** anaerob
**aerosol** Aerosol
**aerospace industry** Raumfahrtindustrie
**afferent/rising** aufsteigend
**affinity** Affinität
**affinity blotting** Affinitäts-Blotting
**affinity chromatography**
Affinitätschromatographie
**affinity constant** Affinitätskonstante
**affinity partitioning** Affinitätsverteilung
**affix/attach** fixieren, befestigen, fest machen
**afterglow** nachleuchten, nachglimmen
**after-ripening** Nachreifen
**aftertreatment/posttreatment** Nachbehandlung
**agar** Agar
**agar diffusion test**
Diffusionstest, Agardiffusionstest
**agar medium** Agarnährboden
**agar plate** Agarplatte
**agarose** Agarose
**agate** *min* Achat
**agate mortar** Achatmörser
**age** *vb* altern
**agency/department** Amt, Behörde
**agent** Agens, Agenz (*pl* Agentien), Wirkstoff
**aging/ageing** Alterung
> **chemical aging** chemische Alterung
> **heat aging** thermische Alterung
> **hydrolytic aging** Hydrolysealterung
> **light aging** Lichtalterung
> **physical aging** physikalische Alterung
**aging process/ageing process** Alterungsprozeß

**aging resistance/ageing resistance**
Alterungsbeständigkeit

**aging resistant/ageing resistant/nonaging/
nonageing** alterungsbeständig

**aging strain/ageing strain** Alterungsspannung

**agitator vessel** Rührkessel, Rührbehälter

**air** *vb* **(the room)/ventilate/aerate** lüften,
durchlüften (einen Raum)

**air** *n* Luft

➤ **compressed air/pressurized air**
Druckluft, Pressluft

➤ **exclusion of air (air-tight)**
Luftausschluss, Luftabschluss

➤ **forced air/recirculating air (air circulation)**
Umluft

➤ **hot air** Heißluft

➤ **input air** Zuluft

➤ **liquefaction of air** Luftverflüssigung

➤ **liquid air** flüssige Luft

➤ **pressurized air** Druckluft

**air bath** Luftbad

**air bubble** Luftblase

➤ **small air bubble** Luftbläschen

**air capacity** Luftkapazität

**air capillary** Luftkapillare

**air chamber/air receiver/air vessel/
surge chamber** Windkessel

**air circulation** Luftumwälzung, Luftzirkulation

**air condenser** Luftkühler

**air cooler/air condenser** Luftkühler

**air current/airflow/current of air/air stream**
Luftstrom, Luftströmung

**air curtain/air barrier** Luftvorhang,
Luftschranke (z. B. an Vertikalflow-Biobench)

**air-cushion foil** Luftpolster-Folie

**air dryer** Luftentfeuchter (Gerät)

**air-drying** Lufttrocknen

**air duct/air conduit/airway**
Luftkanal, Lüftungskanal

**air filter** Luftfilter

**air flow** Luftführung

➤ **vertical air flow
(clean bench with vertical air curtain)**
vertikale Luftführung (Vertikalflow-Biobench)

**air humidity/atmospheric moisture
(absolute/relative)** Luftfeuchtigkeit
(absolute/relative)

**air inlet valve/air bleed** Lufteinlassventil

**air jet** Luftstrahl

**air knife** Rakel, Rakelmesser, Schabeisen;
(Abstreichmesser) Luftrakel

**air meter/anemometer** Windmesser, Anemometer

**air pollutant** Luftschadstoff

**air pollution** Luftverschmutzung,
Luftverunreinigung

**air pressure** Luftdruck

**air reactive** luftreaktiv

**air recirculation** Luftrückführung

**air-sensitive** luftempfindlich

**air shaft/air duct/ventilating shaft, duct/
vent shaft, duct** Lüftungsschacht, Luftschacht

**air speed** Luftströmung, Luftgeschwindigkeit
(Sicherheitswerkbank); air velocity
(ausgedrückt als Vektor)

**air supply** Luftzufuhr

**air threshold value/atmospheric threshold value**
Luftgrenzwert

**air valve** Luftventil

**airborne** luftgetragen

**airborne dust** Flugstaub; (flue dust)
Flugstaub von Abgasen

**airlift loop reactor** Mammutschlaufenreaktor

**airlift reactor/pneumatic reactor**
Airliftreaktor, pneumatischer Reaktor
(Mammutpumpenreaktor)

**airlock** Luftschleuse

**airtight/airproof** luftdicht

**aisle/corridor** Gang, Flur, Korridor

**alanine (A)** Alanin

**alarm /alert** Warnruf, Alarm

➤ **false alarm** falscher Alarm

➤ **fire alarm** Feueralarm

**alarm signal** Alarmsignal

**alarm siren/air-raid siren** Alarmsirene

**alarm substance/alarm pheromone**
Schreckstoff, Alarmstoff, Alarm-Pheromon

**alarm system** Alarmanlage

**albedo** Rückstrahlvermögen, Albedo

**alcohol** Alkohol

➤ **cinnamic alcohol/cinnamyl alcohol**
Zimtalkohol, Cinnamylalkohol

➤ **denatured alcohol/methylated spirit**
denaturierter Alkohol, Brennspiritus

➤ **dihydroxy alcohol/dihydric alcohol/diol**
zweiwertiger Alkohol, Diol

➤ **ethyl alcohol/ethanol
(grain alcohol/spirit of wine)** Ethylalkohol,
Ethanol, Äthanol (Weingeist)

➤ **gasohol** Treibstoffalkohol, Gasohol

➤ **grain alcohol** Getreidealkohol, Gärungsalkohol;
Kornbranntwein

➤ **industrial alcohol** Industriealkohol,
technisches Alkohol

➤ **isoamyl alcohol/isopentyl alcohol/
3-methylbutan-1-ol** Isoamylalkohol,
Isopentylalkohol, Methylbutanol,
3-Methylbutan-1-ol

➤ **isopropyl alcohol/isopropanol/
1-methyl ethanol (rubbing alcohol)**
Isopropylalkohol, Propan-2-ol

> **methanol/methyl alcohol (wood alcohol)**
  Methylalkohol, Methanol (Holzalkohol)
> **polyhydroxy alcohol/polyol**
  mehrwertiger Alkohol, Polyol
> **polyol** Polyalkohol, Polyol
> **propanol/n-propyl alcohol** Propylalkohol,
  Propan-1-ol
> **propenol/allyl alcohol** Propenol,
  Prop-2-en-1-ol, Allylalkohol
> **rubbing alcohol** Desinfektionsalkohol,
  Alkohol für äußerliche Behandlung
  (meist Isopropanol/vergälltest Ethanol)
> **sinapic alcohol** Sinapinalkohol
> **sugar alcohols** Zuckeralkohole
> **thio alcohols/thiols/mercaptans** Thioalkohole,
  Thiole, Mercaptane
> **triol/trihydric alcohol** dreiwertiger Alkohol
**alcohol burner** Spiritusbrenner, Spirituslampe
**aldehyde** Aldehyd
> **acetaldehyde/acetic aldehyde/ethanal**
  Acetaldehyd, Ethanal
> **anisic aldehyde/anisaldehyde** Anisaldehyd
> **benzaldehyde/butanal** Benzaldehyd, Butanal
> **cinnamic aldehyde/cinnamaldehyde**
  Zimtaldehyd
> **formaldehyde/methanal**
  Formaldehyd, Methanal
> **glutaraldehyde/1,5-pentanedione**
  Glutaraldehyd, Glutardialdehyd, Pentandial
> **propionaldehyde/propanal**
  Propionaldehyd, Propanal
**alert** Alarm, Alarmzustand, Alarmbereitschaft,
  Alarmsignal, Warnung
**alginate** Alginat
**alginic acid (alginate)** Alginsäure (Alginat)
**align/tune** ausrichten, auf Linie bringen;
  abgleichen
**aligned/eclipsed** gedeckt, verdeckt, ekliptisch (180°)
**alignment** Ausrichtung,
  Aufstellung (in einer Linie); Abgleich
**aliphatic hydrocarbon (straight-chain)**
  aliphatischer Kohlenwasserstoff
**aliquot** Aliquote, aliquoter Teil (Stoffportion als
  Bruchteil einer Gesamtmenge);
  (sample/spot sample) Stichprobe
**alive** lebendig; (living) lebend
**alkali blotting** Alkali-Blotting
**alkali burn** Alkaliverätzung, Basenverätzung
**alkali elements** Alkalielemente
**alkali metals** Alkalimetalle
**alkaline/basic** basisch, alkalisch
**alkaline-earth elements** Erdalkalielemente
**alkaline-earth metals/earth alkali metals**
  Erdalkalimetalle

**alkaliproof** alkalibeständig, laugenbeständig
**alkalization/alkalinization** Alkalisierung
**alkalize/alkalinize** alkalisieren
**alkaloids** Alkaloide
**alkanes/paraffins** Alkane,
  Paraffinkohlenwasserstoffe
**alkenes/olefins** Alkene, Olefinkohlenwasserstoffe
**alkyd resins** Alkydharze
**alkylation** Alkylierung
**alkynes/acetylenes** Alkine
**all-clear** Entwarnung
**all-purpose/general-purpose/utility...**
  Allzweck ..., Allgemeinzweck..., Mehrzweck...
**allantoic acid** Allantoinsäure
**Allen wrench** Inbusschlüssel
**allergen/sensitizer** Allergen
**allergic** allergisch
**allergy** Allergie
**alligator clip/alligator connector clip**
  Krokodilklemme
**Allihn condenser/bulb condenser** Kugelkühler
**allomerism** Allomerie
**allosteric interaction**
  allosterische Wechselwirkung/Interaktion
**allowed band (AO)** erlaubtes Band
**alloy** *vb* legieren
**alloy** *n* Legierung
> **binary alloy**
  Zweistofflegierung, binäre Legierung
> **brass (copper + zinc)** Messing (Kupfer + Zink)
> **bronze (copper + tin)** Bronze (Kupfer + Zinn)
> **fusible alloy** leicht schmelzende Legierung,
  niedrigschmelzende Legierung
> **metal alloy** Metalllegierung
> **polymer alloy/plastic alloy** Polymerlegierung,
  Kunststofflegierung
**alloy steel** legierter Stahl, Legierstahl
**alternate** alternierend, abwechselnd
**alternating copolymer** alternierendes Copolymer
**alternating current (AC)** Wechselstrom
**alternating field gel electrophoresis**
  Wechselfeld-Gelelektrophorese
**alum/potash alum/aluminum potassium sulfate**
  Alaun, Kaliumaluminiumsulfat, Kalialaun
**alumina mortar** Aluminiumoxid-Mörser
**aluminum/aluminium (Al)** Aluminium
**aluminum foil** Aluminiumfolie, Alufolie
**amber (a.o. *Pinites succinifera*)** Bernstein
**amber glass** Braunglas
**ambient pressure** Umgebungsdruck
**ambient temperature** Umgebungstemperatur
**ambulance** Rettungswagen, Sanitätswagen
**ambulance service** Krankentransport

American Chemical Society (ACS)
Amerikanische Chemische Gesellschaft
Ames-test Ames-Test
amethyst Amethyst
amidation Amidierung
amide Amid
amination Aminierung
amine Amin
amino acid(s) Aminosäure(n)
➤ alanine (A) Alanin
➤ arginine (R) Arginin
➤ asparagine (N) Asparagin
➤ aspartic acid (D) Asparaginsäure
➤ cysteine (C) Cystein
➤ glutamic acid (E) Glutaminsäure
➤ glutamine (Q) Glutamin
➤ glycine (G) Glycin
➤ histidine (H) Histidin
➤ isoleucine (I) Isoleucin
➤ leucine (L) Leucin
➤ lysine (K) Lysin
➤ methionine (M) Methionin
➤ phenylalanine (F) Phenylalanin
➤ proline (P) Prolin
➤ serine (S) Serin
➤ threonine (T) Threonin
➤ tryptophan (W) Tryptophan
➤ tyrosine (Y) Tyrosin
➤ valine (V) Valin
➤ essential amino acids essentielle Aminosäuren
➤ nonessential amino acids
nicht-essentielle Aminosäuren
aminoacylation Aminoacylierung
amino resins/aminoplasts Aminoharze
amino sugar Aminozucker
ammeter Strommessgerät, Amperemeter
(Stromstärke)
ammonia Ammoniak
ammoniacal ammoniakalisch
ammonium chloride (sal ammoniac/salmiac)
NH$_4$Cl Salmiak, Ammoniumchlorid
ammonium hydroxide/ammonia water
(ammonia solution) Salmiakgeist,
Ammoniumhydroxid (Ammoniaklösung)
ammonium sulfate (NH$_4$)$_2$SO$_4$ Ammonsulfat,
Ammoniumsulfat
amorphous amorph; formlos, gestaltlos;
ohne Kristallform, nicht kristallin
amount of pollution/degree of contamination
Verschmutzungsgrad
amount of substance (quantity) Stoffmenge
amperometric titration amperometrische
Titration, Amperometrie
amphiphilic amphiphil

amplification Amplifikation, Vervielfältigung,
Vermehrung, Verstärkung
amplification cascade Verstärkungskaskade
amplifier/booster Verstärker
amplify amplifizieren, vervielfältigen,
vermehren; (boost) verstärken
ampule/ampoule Ampulle (Glasfläschchen)
➤ prescored ampule/ampoule
vorgeritzte Spießampulle
anabolism/synthetic reactions/synthetic
metabolism Aufbau, Synthesestoffwechsel
anabolite Anabolit, Stoffwechselsyntheseprodukt
anaerobic anaerob
anaerobic fermentation anaerobe Dissimilation,
anaerobe Gärung
anaerobic respiration anaerobe Atmung
analeptic amine Weckamin
analog/analogue Analogon (pl Analoga)
analog-to-digital converter (ADC)
Analog-Digital-Wandler
analogize analogisieren
analogous analog, funktionsgleich
analogy Analogie
analysis (pl analyses) Analyse
➤ analysis of variance (ANOVA) Varianzanalyse
➤ blowpipe analysis Lötrohrprobe, Lötrohranalyse
➤ cost-benefit analysis Kosten-Nutzen-Analyse
➤ crystal-structure analysis/diffractometry
Kristallstrukturanalyse, Diffraktometrie
➤ data analysis Datenanalyse
➤ elementary analysis Elementaranalyse
➤ environmental analysis Umweltanalyse
➤ flow injection analysis (FIA)
Fließinjektionanalyse (FIA)
➤ fluctuation analysis/noise analysis
Fluktuationsanalyse, Rauschanalyse
➤ fluorescence analysis/fluorimetry
Fluoreszenzanalyse, Fluorimetrie
➤ gel retention analysis/band shift assay
Gelretentionsanalyse
➤ gravimetry/gravimetric analysis
Gewichtsanalyse, Gravimetrie
➤ neutron activation analysis (NAA)
Neutronenaktivierungsanalyse (NAA)
➤ noise analysis/fluctuation analysis
Rauschanalyse, Fluktuationsanalyse
➤ regression analysis stat Regressionsanalyse
➤ sieve analysis/screen analysis Siebanalyse
➤ structural analysis Strukturanalyse
➤ systems analysis Systemanalyse
➤ thermal analysis Thermoanalyse,
thermische Analyse
➤ thermomechanical analysis (TMA)
thermomechanische Analyse

> trace analysis Spurenanalyse
> volumetric analysis Maßanalyse, Volumetrie, volumetrische Analyse
> X-ray microanalysis Röntgenstrahl-Mikroanalyse
> X-ray structural analysis/X-ray structure analysis Röntgenstrukturanalyse

analysis of variance (ANOVA) Varianzanalyse
analyte Analyt, zu analysierender Stoff
analytic(al) analytisch
analytical balance Analysenwaage
analytical centrifugation analytische Zentrifugation
analytical chemistry analytische Chemie
analytical funnel Analysentrichter
analytical mill Analysenmühle
analytical (separation) procedure Trennungsgang
analyze analysieren
analyzer Analysator
anchimeric assistance anchimere Beschleunigung
anchor vb (fasten/attach) verankern (befestigen)
anchor coating Grundstrich (Haftvermittlung)
anchor impeller Ankerrührer
anchorage Verankerung
anchoring group Ankergruppe
ancillary unit of equipment Hilfseinrichtung (Apparat der nicht direkt mit dem Produkt in Berührung kommt)
anelasticity Anelastizität
anesthesia Narkose
> general anesthesia Vollnarkose
angle Winkel
angle of attack Anstellwinkel
angle rotor/angle head rotor centrif Winkelrotor
angular acceleration (rad/s²) Winkelbeschleunigung
angular aperture micros Öffnungswinkel
angular momentum Drehmoment; Drehimpuls
> intrinsic angular momentum Eigendrehimpuls
> orbital angular momentum Bahndrehimpuls, Orbitaldrehimpuls
angular strain/angle strain Winkelspannung
angular velocity (rad/s) Winkelgeschwindigkeit
anhydrite (anhydrous calcium sulfate) $CaSO_4$ Anhydrit
anhydrous (free from water/moisture-free) wasserfrei
animal breeding Tierzucht, Tierzüchten
animal containment level Sicherheitsstufe für Tierhaltungseinheit
animal experiment Tierversuch
animal fat tierisches Fett
animal feed Viehfutter

animal laboratory/animal lab Tierlabor
animal model Tiermodell
animal protein tierisches Eiweiß
animal unit Tierhaltungseinheit (DIN)
animate(d) beleben (belebt)
anion Anion
anion exchanger (strong: SAX/weak: WAX) Anionenaustauscher (starker/schwacher)
anionic anionsch
anionic polymerization anionische Polymerisation
anisic aldehyde/anisaldehyde Anisaldehyd
anneal tempern; (glass) ausglühen
annealing/reannealing/reassociation/renaturation (of DNA) Doppelstrangbildung, Annealing, Reannealing, Reassoziation
annealing furnace Glühofen
annihilation Annihilation, Paarvernichtung (Zerstrahlung)
annual limit of intake (ALI) nucl Grenzwert der Jahresaktivitätszufuhr
annular/cyclic ringförmig, cyclisch (zyklisch)
anode Anode (Pluspol/positive Elektrode)
> sacrificial anode/galvanic anode Opferanode, Aktivanode, Schutzanode, selbstverzehrende Anode
anodic sludge Anodenschlamm
anodization/anodic oxidation Eloxierung
anodize/anodically oxidize/oxidize by anodization (electrolytic oxidation) eloxieren
anolyte Anolyt, Anodenflüssigkeit
> catholyte Katholyt, Kathodenflüssigkeit
ANOVA (analysis of variance) Varianzanalyse
Anschütz head Anschütz-Aufsatz
antacid adv/adj Säure neutralisierend/bindend
antacid n Antazidum (Magensäure bindendes Mittel)
antagonism Antagonismus
anthracene Anthracen
anthracene oil Anthracenöl
anthracite/hard coal Anthrazit, Kohlenblende
anthranilic acid/2-aminobenzoic acid Anthranilsäure, 2-Aminobenzoesäure
anthraquinone Anthrachinon, Anthracen-9,10-dion
antiag(e)ing agent Alterungsschutzmittel
antibacterial/bactericidal antibakteriell, bakterizid
antibiotic(s) Antibiotikum (pl Antibiotika)
> broad-spectrum antibiotic Breitspektrumantibiotikum
antibiotic(s) resistance Resistenz gegen Antibiotika
antiblocking agent (PVC) Antiblockmittel

antibonding electron antibindendes Elektron
antibumping granule/boiling stone/boiling chip
Siedestein, Siedesteinchen
anticaking agent Anticakingmittel, Rieselhilfe,
Antibackmittel
anticlimb adapter *dist* Kriechschutzadapter
antidote/antitoxin/antivenin Antidot, Gegengift,
Gegenmittel (tierische Gifte)
antifeeding agent/antifeeding compound/
feeding deterrent Fraßhemmer,
fraßverhinderndes Mittel
antifoam/antifoaming agent/defoamer/
defoaming agent/defrother Entschäumer,
Antischaummittel
antifoam controller Schaumdämpfer,
Schaumbremse,
Schaumverhütungsmittel (Gerät)
antifoaming agent/defoamer/foam inhibitor
Schaumhemmer, Schaumverhütungsmittel
antifogging agent Antibeschlagmittel,
Beschlagverhinderungsmittel, Klarsichtmittel
antifouling agent/paint Antifouling
Anstrichfarbe, bewuchsbehinderndes Mittel
antigenic *adv/adj* antigen
antigenicity Antigenität
antiknock/antiknocking agent Antiklopfmittel
antiknock fuel klopffester Kraftstoff
antimatter Antimaterie
antimicrobial antimikrobiell, keimtötend
antimony (Sb) Antimon
➤ antimonic/stibic/stibnic/antimony(V)
Antimon(V)...
➤ antimonous/stibious/stibnous/antimony(III)
Antimon(III)...
antimony trichloride/antimonous chloride SbCl₃
Antimontrichlorid, Spießglanzbutter
antimony trisulfide Sb₂S₃ Antimontrisulfid,
Antimonglanz
antiozidant Antioxidans (*pl* Antioxidantien),
Oxidationsinhibitor
antiozonant Antiozonans (*pl* Antiozonantien),
Ozonschutzmittel
antiparticle Antiteilchen
antiperspirant Antiperspirans, Antitranspirant,
Antihidrotikum, Antischweißmittel,
schweißhemmendes Mittel
antiscorching agent Antiscorcher,
Vulkanisationsverzögerer
antiscratch kratzfest
antiseize Gleitmittel
antisettling agent/sedimentation inhibitor
Absetzverhinderungsmittel, Antiabsetzmittel,
Schwebemittel

antiskinning agent (paints/plastics etc.)
Hautverhinderungsmittel
antislip Gleitschutz
antisplash adapter/splash-head adapter *dist*
Schaumbrecher-Aufsatz, Spritzschutz-Aufsatz
(Rückschlagsicherung)
antistat/antistatic/antistatic agent Antistatikum
antistick coating Antihaftbeschichtung
apatite Apatit
aperture/opening/orifice Apertur (Blende),
Öffnung, Mündung
aperture protection factor (open bench)
Schutzfaktor für die Arbeitsöffnung (Werkbank)
apex/peak (highest among other high points)/
vertex/summit Scheitelpunkt
apiezon grease Apiezonfett
apoenzyme Apoenzym
apolar unpolar
➤ polar polar
apothecary mortar Apotheker-Mörser
apparatus (*pl* apparatuses) Apparat, Gerät
apparent anscheinend, scheinbar,
augenscheinlich
apparent density/gross density Rohdichte,
Schüttdichte
apparent viscosity scheinbare Viskosität
appearance Erscheinung; Auftritt;
Erscheinungsbild, Erscheinungsform
appearance energy *ms* Auftrittsenergie (AE)
appliance Gerät, Anwendung
➤ electric appliance Elektrogerät
application Antrag; Anwendung; Nutzen;
Applikation, Auftrag, Auftragung;
*chromat* Auftragung, Applikation
application procedure (e.g., coating)
Auftrageverfahren
application rod Auftragestab, Applikator
applied chemistry angewandte Chemie
apply/deliver *chem* applizieren, auftragen
apportioning/proportioning Dosierung,
Dosieren (im Verhältnis/anteilig)
apprentice/trainee (on-the-job) Lehrling
approach *n* Zugang, Annäherung; Verfahren;
Ansatz; Vorgehensweise; (method) Methode
approach *vb* (e.g., a value) erreichen,
sich annähern, näherkommen,
annähern (z. B. einen Wert)
approval Genehmigung, Zulassung
➤ subject to approval/requiring permission,
authorization genehmigungspflichtig
approximate value Richtwert, Näherungszahl
approximation *math* Näherung
apron Schürze
➤ rubberized apron Gummischürze

**aqua fortis (conc. nitric acid used in metal etching)**
Gelbbrennsäure, Scheidewasser
(konz. Salpetersäure)
**aqua regia (HNO₃/HCl 1:3)** Königswasser
**aquamarine** Aquamarin
**aquarium/fishtank** Aquarium
**aqueous** wässrig
➤ **nonaqueous** nichtwässrig
**aqueous solution** wässrige Lösung
**arabinose** Arabinose, Gummizucker
**arachic acid/arachidic acid/icosanic acid**
Arachinsäure, Arachidinsäure, Eicosansäure
**arachidonic acid/icosatetraenoic acid**
Arachidonsäure
**aragonite** Aragonit
**aramids (aromatic polyamids)** Aramide
**arbitrary/random** willkürlich
**arborol** Arborol
**arc discharge** Bogenentladung
**arc flame** Bogenflamme
**arc furnace** Lichtbogenofen
**arc lamp** Bogenlampe
**arc resistance** Lichtbogenfestigkeit,
Lichtbogenbeständigkeit
**arc spectrum** Lichtbogenspektrum
**areometer** Aräometer (Densimeter/Senkwaage)
**argentic/silver(II)** Silber(II)...
**argentiferous** silberhaltig, silberführend
**argentous/silver(I)** Silber(I)...
**argillaceous** tonartig, tonig, lehmig
**argillaceous earth (alumina/luminum oxide)**
Tonerde
**arginine (R)** Arginin
**arithmetic growth** arithmetisches Wachstum
**arithmetic mean** *stat* arithmetisches Mittel
**arm** Arm; *chem/biochem/immun* Schenkel;
*micros* Trägerarm
**aroma** Aroma (*pl* Aromen);
(fragrance/pleasant odor) Duft, Wohlgeruch
**aromatic** *adj/adv* aromatisch;
(fragrant/pleasant in odor) duftend
**aromatic hydrocarbon** Aromat,
aromatischer Kohlenwasserstoff
**aromatics** *chem* Aromaten, aromatische
Verbindungen; aromatische Substanzen
(*auch*: Pflanzen/Gewürze)
**aromaticity** Aromatizität
**aromatization** Aromatisierung
**aromatize (*food, also:* flavor)**
*chem/food* aromatisieren
**arrangement** Regelung, Vereinbarung;
(set-up: experiment) Ansatz
(Versuchsansatz/Versuchsaufbau)

**arrest** (stop/lock in place/position) arretieren,
feststellen; (fixate) feststellen, fixieren
**arrow** Pfeil; (reaction arrow in chem. equations)
Reaktionspfeil
➤ **double-headed arrow/double arrow**
Doppelpfeil, Mesomeriepfeil, Resonanzpfeil
➤ **equilibrium arrows** Gleichgewichtspfeile
➤ **fish hook** Halbpfeil
**arrow-pushing (flipping of bonds)** Wanderung,
Pfeil(e)schieben (klappen/umklappen von
Elektronenpaaren)
**arsane/arsine/arsenous hydride/**
**hydrogen arsenide AsH₃** Arsan
**arsenic (As)** Arsen
➤ **arsenic/arsenic(V)** Arsen(V)...
➤ **arsenous/arsenic(III)** Arsen(III)...
➤ **butter of arsenic/arsenous chloride AsCl₃**
Arsenbutter, Arsentrichlorid
**arsenic acid/arsenic(V) acid H₃AsO₄** Arsensäure
**arsenic tetrasulfide (red)/red orpiment/**
**red arsenic sulfide/arsenic ruby/realgar As₄S₄**
Arsendisulfid, Rauschrot, Rubinrot, Realgar
**arsenic trioxide As₂O₃** Arsentrioxid, Arsenik
**arsenic trisulfide/Kings' yellow/orpiment/**
**auripiment As₂S₃** Arsentrisulfid, Rauschgelb,
Auripigment
**arsine AsH₃** Arsenwasserstoff, Arsan, Monoarsan
**artery forceps/artery clamp** Arterienklemme
**artifact/artefact** Artefakt
**artificial** künstlich
**artificial colors/artificial coloring**
künstliche Farbstoffe
**artificial fiber/man-made fiber/polyfiber**
Chemiefaser
**artificial flavor/artificial flavoring**
künstlicher Geschmackstoff
**artificial light(ing)** künstliche Beleuchtung
**artificial resin/synthetic resin**
Kunstharz, Syntheseharz
**artificial respiration** künstliche Beatmung
**artificial silk/rayon** Kunstseide (Rayon)
**artificial wood/polymer wood**
Kunstholz, Polymerholz
**asbestos** Asbest
➤ **blue asbestos/crocidolite** Blauasbest,
Krokydolith
➤ **white asbestos/chrysotile/Canadian asbestos**
Weißasbest, Chrysotil
**asbestos board** Asbestplatte
**asbestos fiber-reinforced plastic (AFRP)**
asbestfaserverstärkter Kunststoff (AFK)
**asbestosis** Asbestose, Asbeststaublunge,
Bergflachslunge
**ascending** aufsteigend

ascorbic acid (ascorbate) (vitamin C)
Ascorbinsäure (Ascorbat)
ash Asche
ashing Veraschung
ashless (quantitative filter) aschefrei
(quantitativer Filter)
asparagic acid/aspartic acid (aspartate)
Asparaginsäure (Aspartat)
asparagine/aspartamic acid (N) Asparagin
aspartic acid (D) Asparaginsäure
aspect ratio Achsenverhältnis; polym
Schlankheit, Schlankheitsverhältnis
(Länge zu Durchmesser: Fasern)
asphalt Asphalt
➢ deasphalting Entasphaltisierung,
Entasphaltieren
asphyxiant erstickend
(chem. Gefahrenbezeichnung)
asphyxiate ersticken ($O_2$-Mangel)
asphyxiation Ersticken, Atemlähmung
aspirate ansaugen, saugen, abziehen
aspiration Ansaugen, Saugen; Einsaugen
aspirator bottle/suction flask/vacuum flask
Saugflasche, Filtrierflasche
aspirator pump/vacuum pump Saugpumpe,
Vakuumpumpe
as-rolled walzhart
assay vb (test/try/examine/investigate)
probieren, versuchen, untersuchen,
testen, prüfen
assay n (test/trial/examination/exam/
investigation) Probe, Versuch, Untersuchung,
Test, Prüfung
➢ isotope assay Isotopenversuch
assay balance Justierwaage, Prüfwaage,
Analysenwaage
assay material/test material/examination
material Probe, Probensubstanz,
Untersuchungsmaterial
assay sensitivity Nachweisempfindlichkeit
assembly Assemblierung, Zusammenbau
➢ disassembly/dismantling/dismantlement/
takedown (of equipment) Abbau (einer
Apparatur); (stripping) Demontage
➢ molecule assembly Molekülverbund
➢ purge assembly/purge device
Spülvorrichtung (z.B. Inertgas)
➢ self-assembly Selbstassoziierung,
Selbstzusammenbau, Spontanzusammenbau,
spontaner Zusammenbau (molekulare
Epigenese)
assess erfassen, bewerten
assessment Erfassung, Bewertung

assignment/direction(s)/directive/instructions
Anweisung
assimilate n Assimilat
assimilate vb assimilieren
assimilation/anabolism Assimilation
assimilatory assimilatorisch
astatine (At) Astat
astringent adv/adj (styptic) adstringent
astringent n (styptic) Adstringens
asymmetric(al) asymmetrisch
asymmetry Asymmetrie
atactic polymer ataktisches Polymer
atmosphere Atmosphäre
atmospheric atmosphärisch, Luft...
atmospheric moisture Luftfeuchtigkeit
atmospheric nitrogen Luftstickstoff
atmospheric oxygen Luftsauerstoff
atmospheric pressure atmosphärischer Luftdruck
atmospheric pressure chemical ionization (APCI)
Atmosphärendruck-Chemische Ionisation
atmospheric pressure ionization (API)
Atmosphärendruck-Ionisation
atmospheric pressure photoionization (APPI)
Atmosphärendruck-Photoionisation
atom Atom
atomic atomar, Atom...
atomic absorption spectroscopy (AAS)
Atom-Absorptionsspektroskopie (AAS)
atomic bomb Atombombe
atomic bond Atombindung
atomic core Atomrumpf
atomic distance/interatomic distance
Atomabstand, Kernabstand
atomic emission detector (AED)
Atomemissionsdetektor (AED)
atomic emission spectroscopy (AES)
Atom-Emissionsspektroskopie (AES)
atomic fluorescence spectroscopy (AFS)
Atom-Fluoreszenzspektroskopie (AFS)
atomic force microscopy (AFM)
Rasterkraftmikroskopie
atomic heat Atomwärme
atomic mass Atommasse
atomic mass number Massenzahl,
Nukleonenzahl (Neutronen~ & Protonenzahl)
atomic nucleus Atomkern
atomic number/proton number
Atomzahl, Atomnummer, Ordnungszahl,
Kernladungszahl, Protonenzahl
atomic orbital (AO) Atomorbital
➢ linear combination of atomic orbitals (LCAO)
Linearkombination von Atomorbitalen
atomic radius Atomradius
atomic ray Atomstrahl

atomic shell Atomschale
atomic spectrum Atomspektrum
atomic volume Atomvolumen
atomic weight Atomgewicht
atomization Atomisierung, Atomisieren,
Zerstäuben, Zerstäubung, Vernebelung
atomize/spray zerstäuben, sprühen, vernebeln
atomizer/sprayer Zerstäuber, Sprühgerät,
Vernebelungsgerät, Atomisator (z. B. für DC);
(humidifier/mist blower) Wasserzerstäuber
ATP (adenosine triphosphate)
ATP (Adenosintriphosphat)
atropine Atropin
atropisomerism Atropisomerie
attachment Befestigung Anheftung;
(extension piece) Ansatzstück (Glas);
(fixture/cap/top) Aufsatz (auf ein Gerät)
attack Angriff
> electrophilic attack electrophiler Angriff
> nucleophilic attack nucleophiler Angriff
attempt Versuch, Bemühung; Ansatz
attempt at resuscitation
Wiederbelebungsversuch
attenuate attenuieren, abschwächen (die Virulenz
vermindern: mit herabgesetzter Virulenz)
attenuation Attenuation, Attenuierung,
Abschwächung
attractant Attraktans (pl Attraktantien),
Lockmittel, Lockstoff
attrition Abrieb
attrition mill Reibmühle
audibility Hörbarkeit
audit Audit, Prüfung (Sachverständigenprüfung)
audit procedure Prüfverfahren
aufbau principle phys chem Aufbauprinzip
Auger electron spectroscopy (AES)
Auger-Elektronenspektroskopie (AES)
auric Gold(III)...
auric acid Goldsäure
auriferous goldhaltig, goldführend
aurous Gold(I)...
austenitic austenitisch
authenticity Authentizität, Echtheit, Zuverlässigkeit
authentification Beglaubigung, Bestätigung
(der Echtheit)
authorization procedure
Genehmigungsverfahren
authorized personnel only
Zutritt/Zugang nur für Befugte
autoacceleration Selbstbeschleunigung
autocatalysis Autokatalyse
autoclavable autoklavierbar
autoclave n Autoklav
autoclave vb autoklavieren

autoclave bag Autoklavierbeutel
autoclave tape/autoclave indicator tape
Autoklavier-Indikatorband
autogenous autogen
autogenous welding polym
autogenes Schweißen
autohesion Autohäsion, Eigenklebrigkeit,
Konfektionsklebrigkeit
autoignition/self-ignition/
spontaneous ignition Selbstentzündung
autologous autolog
autolysis Autolyse
automated gain control (AGC) ms
automatische Verstärkungsregelung
autoprotolysis Autoprotolyse
autoradiography/radioautography
Autoradiographie
auto-shutoff automatische Abschaltung
(elektronische Geräte)
auxiliary complexing agent Hilfskomplexbildner
auxiliary drug/adjuvant Hilfsstoff, Adjuvans
auxiliary electrode Hilfselektrode
auxins Auxine
availability Verfügbarkeit
available verfügbar
available power Blindleistung
average (mean) Durchschnitt (Mittelmaß)
average yield Durchschnittsertrag
averaging Mittelwertbildung
aviation fuel/aviation gasoline Flugbenzin
avoidance Vermeidung
awareness Bewusstheit
axe Axt
> fire axe Brandaxt
azelaic acid/nonanedioic acid Azelainsäure,
Nonandisäure
azeotrope/azeotropic mixture/constant-boiling
mixture Azeotrop, azeotropes Gemisch
azeotropic azeotrop
azeotropic distillation Azeotropdestillation,
azeotrope Destillation
azide Azid
azo coupling Azokupplung
azo dye/azo pigment Azofarbstoff
azurite Azurit

B

back extraction/stripping Rückextraktion,
Strippen
back pressure relief Rückdruckentlastung
back reaction/reverse reaction Rückreaktion
back titration Rücktitration

**backbiting reaction** Backbiting Reaktion
(intramolekulare Übertragungsreaktion/
Ringschluss)
**backbone (carbon backbone)** Grundgerüst,
Hauptkette (Kohlenstoffgrundgerüst)
**backcrossing/backcross** Rückkreuzung
**backdraft preventer/backdraft protection**
Rückstauschutz
**backflash** Rückschlag
**backflow preventer/backflow protection/**
**backstop/non-return valve**
Rückströmsperre
**backflow prevention/backstop (valve)**
Rückflusssperre, Rücklaufsperre, Rückstauventil
**backflush/backflushing** *chromat* Rückspülen,
Rückspülung (der Säule)
**backflushing** *chromat* Rückspülen, Rückspülung
**background** Hintergrund
**background radiation** Hintergrundsstrahlung
**backmixing** Rückmischen, Rückmischung,
Rückvermischung
**backscatter** Rückstreuung, Reflexion
**backstop** Rücklaufsperre
**backstop valve/check valve**
**(backflow prevention)** Rückschlagventil,
Rückflusssperre, Rücklaufsperre, Rückstauventil
**backwashing** Rückspülen, Rückspülung
**bacterial** bakteriell
**bacteriocidal/bactericidal/antibacterial**
bakterizid, antibakteriell;
(antimicrobial) keimtötend
**badge** Kennzeichen, Abzeichen,
Marke, Banderole
➤ **film badge/film badge dosimeter**
Filmdosimeter, Filmplakette, Röntgenplakette,
Strahlenschutzplakette
**badging (e.g., in hazardous goods transport)**
Bezettelung (Transportfahrzeuge/Gefahrgut)
**baffle** Prall..., Ablenk...; Strombrecher
(z. B. an Rührer von Bioreaktoren)
**baffle plate** Prallblech, Prallplatte,
Ablenkplatte (Strombrecher z. B. an Rührer
von Bioreaktoren)
**baffle-plate impact mill/impeller breaker**
Pralltellermühle
**bagasse (from sugar cane)** Bagasse
**bagging** Eintüten (in Tüten/Säcke einfüllen)
**baghouse (fabric filter dust collector)**
Sackkammer, Sackraum (Staubabscheider)
**bakelite** Bakelit
**baking** Backen, Brennen, Einbrennen;
(heat treatment) Hitzebehandlung
**baking powder** Backpulver

**baking soda/sodium hydrogencarbonate**
$NaHCO_3$ Natron (doppeltkohlensaures),
Natriumhydrogencarbonat, Natriumbicarbonat
**baking varnish/baking enamel** Einbrennlack,
Einbrennemaille
**balance** *vb* wiegen, wägen; (balance out)
ausbalancieren, ausgleichen;
(a chemical equation) einrichten
**balance** *n* Bilanz (Energiebilanz/
Stoffwechselbilanz); (equilibrium)
Gleichgewicht; (scales) Waage
➤ **acid-base balance** Säure-Basen-Gleichgewicht
➤ **analytical balance** Analysenwaage
➤ **beam balance** Balkenwaage
➤ **ecological balance/ecological equilibrium**
ökologisches Gleichgewicht
➤ **laboratory balance** Laborwaage
➤ **precision balance** Feinwaage, Präzisionswaage
➤ **quartz microbalance (QMB)**
Quarz-Mikrowaage (QMW)
**balanced equation** 'eingerichtete' Gleichung
**balanced steel/semikilled steel**
halbberuhigter Stahl
**ball** Ball, Kugel;
(male: spherical joint) Schliffkugel
**ball-and-socket joint/socket joint/**
**spheroid joint** Kugelgelenk
**ball-and-stick model/**
**stick-and-ball model (molecules)**
Kugel-Stab-Modell, Stab-Kugel-Modell
**ball bearing** Kugellager (Achsen~, Rührer etc.)
**ball-joint connection** Gelenkkupplung
**ball mill/bead mill** Kugelmühle
**ball valve** Kugelventil
**ball viscometer** Kugelfallviskosimeter
**ballast group** Ballastgruppe (*chem* Synthese)
**ballast unit/starter (Starter: Leuchtstoffröhren)**
*electr* Vorschaltgerät
**ballast/choke** *electr* Vorschaltdrossel
**balsam (oleoresin)** Balsam (Weichharze)
**band** (MO) Band; *chromat/electrophor* Bande
➤ **allowed band (MO)** erlaubtes Band
➤ **energy band** Energieband
➤ **conduction band** Leitungsband,
Leitfähigkeitsband
➤ **forbidden band** verbotenes Band
➤ **main band** *chromat/electrophor* Hauptbande
➤ **satellite band** Satellitenbande
➤ **valence band** Valenzband
**band-aid (adhesive strip)/sticking plaster/**
**patch** *med* Pflaster, Heftpflaster (Streifen)
**band broadening** *chromat* Bandenverbreiterung
**band gap (MO)** Bandabstand
**band head (MO)** Bandkopf

**band model/energy-band model/band theory**
Bändermodell (Bändertheorie),
Energiebändermodell
**band spectrum/molecular spectrum**
Bandenspektrum, Molekülspektrum
(Viellinienspektrum)
**bandage scissors** Verbandsschere
**bandaging material/dressing
material** Verbandszeug
**banded/fasciate** gebändert, breit gestreift
**bandwidth** *phys* Bandbreite
**bar diagram/bar graph** Stabdiagramm
**bar graph spectrum** Strichspektrum,
Linienspektrum
**barbed/fluted/serrated (e.g., tubing adapters)**
geriffelt (z. B. Schlauchadapter)
**barbed hose connection (flask: side
tubulation, side arm)** Olive (meist
geriffelter Ansatzstutzen: Schlauch-,
Kolbenverbindungsstück)
**barbituric acid** Barbitursäure
**barite (barium sulfate)** Schwerspat, Baryt
**barometer** Luftdruckmessgerät, Barometer
**barrel** (drum/vat/tub/keg/tun) Fass; (stopcock
barrel) Zylinder (Hahn); cask (Holzfass);
(roll/cylinder) Walze, Rolle, Zylinder
**barrel mixer/drum mixer** Trommelmischer
**barrel opener** Fassöffner
**barrel pump/drum pump** Fasspumpe
**barricade** Absperrung, Sperre, Barrikade
**barricade tape** Absperrband, Markierband
**barrier/barricade** Absperrung, Barriere,
Sperre, Barrikade
**barrier-coated paper** Sperrschichtpapier
**barrier coating** Barriereschicht
**barrier cream** Schutzcreme
(Gewebeschutzsalbe/Arbeitsschutzsalbe)
**barrier fluid** Sperrflüssigkeit
**barrier function** Barrierefunktion
**barrier layer** Sperrschicht, Grenzschicht,
Randschicht
**barrier plastic** Sperrschicht-Kunststoff
**barrier property** Sperreigenschaft
**barrier wrap** Verbundwachsfolie
**base** (foundation) Grundlage, Unterlage,
Basis; *chem* Base
➢ **conjugated base** konjugierte Base,
korrespondierendeBase
➢ **nitrogenous base (purines/pyrimidines)**
stickstoffhaltige Base, 'Base'
➢ **stacked bases** gestapelte Basen
➢ **strong base** starke Base
➢ **weak base** schwache Base
**base analogue/base analog** Basenanalogon
(*pl* Basenanaloga)

**base chemicals (general reactants)**
Basischemikalien, Grundchemikalien
**base composition/base ratio**
Basenzusammensetzung
**base deficit** Basendefizit
**base excess** Basenüberschuss
**base lattice (crystal lattice)** Basisgitter
**base material** (starting material/raw material)
Grundstoff, Rohstoff; (ground substance/
matrix) Grundsubstanz, Grundgerüst, Matrix
**base metabolic rate/basal metabolic rate**
Grundumsatz, Basalumsatz,
Grundstoffwechselrate, basale
Stoffwechselrate
**base metal** Grundmetall; unedles Metall,
Nicht-Edelmetall, Unedelmetall
**base pair** Basenpaar
**base peak (BP)** *ms* Basispeak
**base-stacking** Basenstapelung
**base substitution** Basensubstitution,
Basenaustausch
**base unit** Basiseinheit
**basic/alkaline** basisch, alkalisch
**basic anhydride** Basenanhydrid
**basic building block** Grundbaustein
**basic number/characteristic number** Kennzahl
**basic-oxygen process (BOP)/Linz-Donawitz
process** Sauerstoffaufblasverfahren,
Sauerstoffaufblas-Konverterstahlprozess
**basic-oxygen steel** Sauerstoffblasstahl,
sauerstoffgefrischter Konverterstahl
**basic research** Grundlagenforschung
**basicity** Basizität, Baseität
**basket centrifuge/bowl centrifuge**
Trommelzentrifuge
**baster** Fettgießer (große 'Pipette'),
Ölabscheidepipette
**batch** Charge (Produktionsmenge/-einheit:
in einem Arbeitsgang erzeugt), Partie, Posten,
Füllung, Ladung, Los, Menge; kleine Stückzahl
**batch culture** Satzkultur, diskontinuierliche
Kultur, Batch-Kultur
**batch distillation** diskontinuierliche Destillation,
Chargendestillation
**batch number** Chargen-Bezeichnung, Chargen-B.
**batch operation/batch process** diskontinuierliche
Arbeitsweise/Verfahren, Satzverfahren
**batch process** Satzverfahren
**batch reactor (BR)** Chargenreaktor,
Chargenkessel
**bath** Bad
➢ **circulating bath** Umwälzthermostat,
Badthermostat
➢ **refrigerated circulating bath** Kältethermostat,
Kühlthermostat, Umwälzkühler

bath gas *ms* Puffergas
bathochromic bathochrom, farbvertiefend
bathochromic shift Farbvertiefung,
  bathochrome Verschiebung
battery Batterie
> coin cell, button cell (button battery)
  Knopfzelle
> dry cell battery/dry cell Trockenbatterie
> lead storage battery/lead-acid accumulator
  Bleiakkumulator, Blei-Säure-Akkumulator
> storage battery/secondary cell/accumulator
  Sekundärbatterie, Sekundärelement,
  Akkumulator
bauxite Bauxit
bead *vb* (flange/seam/edge) bördeln
bead *n* Kugel, Kügelchen, Perle;
  (beaded rim/bead/flange) Bördelrand;
  (in welding) Schweißraupe
bead-bed reactor Kugelbettreaktor (Bioreaktor)
bead mill (shaking motion) Schwing-Kugelmühle
beaded rim Bördelrand,
  Rollrand (Glas: Ampullen etc.)
beaded rim bottle Rollrandgläschen,
  Rollrandflasche
beading (of a liquid on the walls of a container)
  Perlen (einer Flüssigkeit auf einer festen
  Oberfläche)
beaker Becherglas, Zylinderglas (ohne Griff)
beaker brush Becherglasbürste
beaker clamp Becherglasklammer, ~zange
beaker tongs Becherglaszange
beam *n* Balken; opt/nucl Strahl, Bündel
> electron beam Elektronenstrahl
> ion beam/ionic beam Ionenstrahl
> neutron beam Neutronenstrahl
beam balance Balkenwaage
beam of light Lichtstrahl, Lichtbündel
beamer Strahler
bearing(s) *tech* Lager (Zapfen-/Wellen-/Achsen-),
  Lagerung, Lagerschale
> ball bearing Kugellager (Achsenlager,
  Rührer etc.)
beat/hit/strike schlagen, hauen
beeswax Bienenwachs
beet sugar/cane sugar/table sugar/sucrose
  Rübenzucker, Rohrzucker, Sukrose, Sucrose
behenic acid/docosanoic acid Behensäure,
  Docosansäure
Beilstein's test Beilstein-Test, Beilstein-Probe
bell metal Glockenmetall, Glockenbronze
bell-shaped curve (Gaussian curve)
  Glockenkurve (Gauß'sche Kurve)
bellows Balg
bellows pump Balgpumpe
belt Band, Riemen

bench/workbench (lab bench)
  Werkbank (Labor-Werkbank/Laborbank)
> clean bench/safety cabinet
  Sicherheitswerkbank
> cleanroom bench Reinraumwerkbank
> forced-draft hood Saugluftabzug
> fume hood Rauchabzug, Abzug
> laboratory/lab bench Labor-Werkbank
> laminar flow workstation/laminar flow hood/
  laminar flow unit Querstrombank
> sterile bench sterile Werkbank
bench grinder Doppelschleifer
bench row Laborzeile
bench-scale/lab-scale *adj* im Labormaßstab
bench scales Tischwaage
benchtop Arbeitsfläche (auf der Laborbank)
bend/elbow/elbow fitting/ell/bent tube/
  bent adapter/angle connector Winkelrohr,
  Winkelstück, Krümmer (Glas, Metall etc.
  zur Verbindung)
bending vibration/deformation
  vibration Deformationsschwingung
beneficiation/ore dressing
  Erz~/Mineralaufbereitung (Verfahren),
  Erzanreicherung
beneficial (useful) nützlich
benign benigne, gutartig
benignity/benign nature Benignität, Gutartigkeit
bent tube/angle connector Winkelrohr,
  Winkelstück, Krümmer (Glas/Metall etc. zur
  Verbindung)
benzene Benzol, Benzen
benzene ring Benzolring, Benzenring
benzofuran/coumarone Benzofuran, Cumaron
benzoic acid (benzoate) Benzoesäure (Benzoat)
benzoin/benjamin gum/gum Benjamin (*Styrax
  benzoin/Styracaceae*) Benzoin, Benzoeharz
benzopyrene Benzpyren, Benzopyren
benzoquinone Benzochinon
benzoylation Benzoylierung
benzylic cleavage Benzylspaltung
berl saddle (column packing) *dist*
  Berlsattel (Füllkörper)
beta-barrel beta-Rohr, beta-Faß
beta-sheet/beta-pleated sheet beta-Faltblatt
betaine/lycine/oxyneurine/trimethylglycine
  Betain
bevel (metal/glass/cannulas etc.)
  abkanten, abschrägen
beveled/bevelled abgeschrägt,
  abgekantet (Kanülenspitze/Pinzette etc.)
beveled edge abgeschrägte Kante
  (Schweiß-/Klebeverbindungen)
biased *math/stat* verzerrt, verfälscht
bibulous paper (for blotting dry) Löschpapier

**bifunctional/dual-function** bifunktionell, Doppelfunktions...

**bifunctional vector/shuttle vector** bifunktionaler Vektor, Schaukelvektor

**big bang** Urknall

**bile** Galle, Gallflüssigkeit

**bile salts** Gallensalze

**billet** Rohling

**billion** $10^9$ Milliarde

**bimetallic thermometer** Bimetallthermometer

**bimodal distribution/two-mode distribution** bimodale Verteilung

**binary** binär, zweizählig, zweigliedrig, aus zwei Einheiten bestehend

**binary alloy** Zweistofflegierung, binäre Legierung

**binary acid** binäre Säure

**binary compound** binäre Verbindung

**binary mixture** Zweistoffgemisch

**binary system** Zweistoffsystem, Zweikomponentensystem

**binder/binding agent/absorbent/ absorbing agent** Bindemittel, Saugmaterial (saugfähiger Stoff)

**binder resin** Trägerharz (Konditionieren)

**binding** Bindung

➤ **cooperative binding** kooperative Bindung

**binding curve** Bindungskurve

**binding electron** Bindungselektron

**binding energy/bond energy** Bindungsenergie

**Bingham body/plastic body** Bingham-Körper, plastischer Körper

**binoculars** Binokular

**binodal** Binodale

**binomial distribution** Binomialverteilung

**binomial formula** binomische Formel

**bioadhesive** Bioklebstoff

**bioassay/biological assay** biologischer Test

**bioavailability** Bioverfügbarkeit

**biochemical oxygen demand/ biological oxygen demand (BOD)** biochemischer Sauerstoffbedarf, biologischer Sauerstoffbedarf (BSB)

**biochemistry** Biochemie

**biocide** Biozid

**biodegradability** biologische Abbaubarkeit

**biodegradable** biologisch abbaubar

**biodegradation** biologischer Abbau, Biodegradation

**bioengineering/bioprocess engineering** Biotechnik, biologische Verfahrenstechnik, Bioingenieurwesen

**bioequivalence** Bioäquivalenz

**biogenic** biogen

**biohazard** Biogefährdung, biologische Gefahr, biologisches Risiko; biologische Gefahrenquelle; (biohazardous substance) biologischer Gefahrstoff

**biohazard containment (laboratory) (classified into biosafety containment classes)** Sicherheitslabor, Sicherheitsraum, Sicherheitsbereich (S1-S4)

**biohazardous substance** biologischer Gefahrenstoff

**biohazardous waste** Abfall mit biologischem Gefährdungspotential

**bioindicator/indicator species** Bioindikator, Indikatorart, Zeigerart, Indikatororganismus

**bioinorganic** bioanorganisch

**biolistics/microprojectile bombardment** Biolistik

**biologic(al)/biotic** biologisch, biotisch

**biological containment** biologische Sicherheitsmaßnahmen, Sicherheitsmaßregeln

**biological containment level** biologische Sicherheitsstufe

**biological equilibrium** biologisches Gleichgewicht

**biological oxygen demand/biochemical oxygen demand (BOD)** biologischer Sauerstoffbedarf, biochemischer Sauerstoffbedarf (BSB)

**biological pest control** biologische Schädlingsbekämpfung

**biological warfare agent** biologischer Kampfstoff

**biology lab technician/biological lab assistant** BTA (biologisch-technischer Assistent)

**bioluminescence** Biolumineszenz

**biomass** Biomasse

**biomedicine** Biomedizin

**bionics** Bionik

**biophysics** Biophysik

**bioplastic** Biokunststoff

**biopolymer (biological polymer)** Biopolymer

**bioreactor (see: reactors)** Bioreaktor

**biosafety cabinet** biologische Sicherheitswerkbank

**biosafety level** biologische Sicherheitsstufe/Risikostufe

**biosafety officer** biologischer Sicherheitsbeauftragter, Beauftragter für biol. Sicherheit

**bioscience (mostly pl biosciences)/life science (mostly pl life sciences)** Biowissenschaft(en)

**biostatistics** Biostatistik

**biosynthesis** Biosynthese

**biosynthesize** biosynthetisieren

**biosynthetic(al)** biosynthetisch

**biosynthetic reaction (anabolic reaction)** Biosynthesereaktion

biotechnology Biotechnologie
biotin (vitamin H) Biotin
biotransformation/bioconversion
  Biotransformation, Biokonversion
bipolymer (*see also*: copolymer) Bipolymer
birefringence/double refraction Doppelbrechung
birefringent/double-refracting doppelbrechend
bismuth (Bi) Bismut (früher: Wismut)
bisubstrate reaction Zweisubstratreaktion,
  Bisubstratreaktion
bit (of a tool: key) Maul (Öffnung am
  Schraubenschlüssel); (drill bit/drill:
  on a dental drill: bur) Bohrer, Bohrspitze,
  Bohraufsatz
bitter bitter
bitter almond oil Bittermandelöl
bitterness Bitterkeit
bitters Bitterstoffe
bitumen (asphaltene) Bitumen (Asphalten)
bituminous coal/soft coal Steinkohle,
  bituminöse Kohle
bivalence/divalence *chem* Zweiwertigkeit
bivalent/divalent *chem* zweiwertig,
  bivalent, divalent
black Ruß
➤ acetylene black Acetylen-Ruß
➤ carbon black Industrieruß
➤ channel black Kanalruß (Gasruß)
➤ furnace black Flammruß, Ofenruß
➤ inert black Inaktivruß, inaktiver Ruß
➤ lampblack Lampenruß
➤ thermal black Thermalruß
black mica/biotite Magnesiaglimmer, Biotit
black phosphorus ($\beta$-black)
  schwarzer Phosphor
black powder (an explosive) Schwarzpulver
blackbody infrared radiative dissociation
  (BIRD) Blackbody-Infrared-Radiative-
  Dissociation, Schwarzkörperstrahlung-
  induzierte Dissoziation
blackdamp/choke damp (after mine explosion)
  $CO_2/N_2$ matte Wetter; Nachschwaden;
  Nachdampf (nach Grubenexplosion)
bladderlike/bladdery/vesicular blasenartig,
  blasenförmig
blade Klinge, Blatt, Schneide (Messer);
  Spreite; (bucket) Turbinenschaufel
blade impeller/flat-blade paddle impeller/
  two flat-blade paddle impeller Blattrührer
blade mixer Schaufelmischer
blank Blindwert; Lücke; Rohling, Stanzteil,
  Fassonteil
blast *n* (burst/detonation: explosion)
  Sprengung, Detonation (Explosion)

blast *vb* (burst/detonate/blowing up) sprengen
blast drawing (fibers) Düsenblasverfahren
blast furnace Hochofen
blast-furnace cement Hochofenzement
blast-furnace slag Hochofenschlacke
blasting cap Sprengkapsel, Zündkapsel
blasting charge (blasting composition)
  Sprengsatz
blasting gelatine Sprenggelatine
blasting powder Sprengpulver
bleach *n* Bleiche (Bleichmittel)
bleach *vb* bleichen, ausbleichen (aktiv:
  weiss machen, aufhellen)
bleach liquor Bleichlauge, Bleichlösung
bleached sugar gebleichter Zucker
bleaching Ausbleichen, Bleichen
bleaching agent Bleichmittel
bleaching assistant Bleichhilfsmittel
bleaching powder/chloride of lime Bleichpulver,
  Bleichkalk, Chlorkalk
bleed *n* (bleeding) Bluten;
  *polym* Ausblühen (Farbstoffe)
bleed *vb* bluten; (spotting: TLC) durchschlagen,
  bluten; ausblühen
bleed through/exudation *polym* Ausschwitzen
blend *vb* mischen, mixen; vermischen,
  vermengen
blend *n* Blend, Mischung, Verschnitt
➤ fiber blend Mischfasergewebe (Hybridgewebe)
➤ polymer blend/polyblend (polymer alloy)
  Kunststoff-Blend (Polymerlegierung)
blender (vortex) Mixer, Mixgerät; Mixette,
  Küchenmaschine (Vortex)
blister gas (bromlost) blasenziehendes
  Kampfgas (Bromlost)
bloating/gas Blähungen, Flatulenz
blob Klümpchen
block copolymer Blockcopolymer
block polymer Blockpolymer, Segmentpolymer
block polymerization Blockpolymerisation
blocked/clogged/choked (drain) verstopft (Abfluss)
blocking point Blockpunkt, Blocktemperatur
blocking reagent Blockierungsreagenz
blood agar Blutagar
blood clotting factor Blutgerinnungsfaktor
blood plasma Blutplasma
blood poisoning Blutvergiftung, Sepsis
blood substitute Blut-Ersatz
blood sugar Blutzucker
blood sugar level (elevated/reduced)
  Blutzuckerspiegel (erhöhter/erniedrigter)
blot blotten (klecksen/Flecken machen/beflecken)
blot hybridization Blothybridisierung
blotting/blot transfer Blotten, Blotting

> affinity blotting Affinitäts-Blotting
> alkali blotting Alkali-Blotting
> capillary blotting Diffusionsblotting
> dry blotting Trockenblotten
> genomic blotting genomisches Blotting
blow/impact/collision/shove/stroke Stoß
blow forming/blow molding Blasen, Blasformen
blow molding Blasformen
blow-out pipet Ausblaspipette
blower/fan Gebläse (Föhn)
blowing agent (foaming/expanding/
  sponging/aerating) Blähmittel, Treibmittel
blown film Blasfolie (Schlauchfolie)
blowpipe/welding torch Schweißbrenner,
  Schweißgerät
blowpipe assay/blowpipe test/
  blowpipe proof/blowpipe analysis
  Lötrohrprobe, Lötrohranalyse
blowtorch Lötlampe, Gebläselampe,
  Gebläsebrenner
blowup n Explosion
blue asbestos/crocidolite Blauasbest, Krokydolith
blunging Quirlen, Nassrühren (Keramik)
blush anlaufen
blushing Anlaufen
board/circuit board/printed circuit board (PCB)
  Platine
boat conformation (cycloalkanes) Wannenform,
  Bootkonformation
bobbin text Spule, Spinnspule (Bobine);
  electr Spule, Induktionsrolle
body (soma) Körper; (dead body/corpse)
  Leichnam; (female fitting/female) weibliche
  Kupplung, Körper
boghead coal Boghead-Kohle, Algenkohle
bogie Transportwagen, Transportkarren
boil kochen, sieden
> bring to a boil/boil up/come to a boil
  aufkochen
> simmer leicht kochen
boil down einkochen, verkochen
boil off auskochen, abkochen (durch kochen
  abdampfen)
boil over überkochen (auch: überlaufen)
boiler scale/incrustation Kesselstein
boiling kochend, siedend
boiling flask Siedegefäß
boiling point Siedepunkt
> freezing point Gefrierpunkt, Erstarrungspunkt
boiling point depression/
  lowering of boiling point
  Siedepunkterniedrigung
boiling point determination
  Siedepunktbestimmung

boiling point elevation Siedepunkterhöhung
boiling range Siedebereich
boiling stone/boiling chip
  Siedestein, Siedesteinchen
boiling water reactor (BWR) Siedewasserreaktor
bolt vb (bar/interlock) verriegeln
bolt n Bolzen, Schraubenbolzen
> bolt(ing)/barring/interlock Verriegelung
bomb calorimeter Kalorimeterbombe,
  Bombenkalorimeter, Verbrennungsbombe
bomb tube/Carius tube/sealing tube
  Bombenrohr, Schießrohr, Einschlussrohr
bond vb (couple/tie) binden, verbinden;
  (link) verknüpfen
bond n (linkage) Bindung
> atomic bond Atombindung
> carbon bond Kohlenstoffbindung
> chemical bond chemische Bindung
> conjugated bond konjugierte Bindung
> dative bond/coordinate bond/semipolar
  bond/dipolar bond dative Bindung,
  koordinative Bindung, halbpolare Bindung,
  Donator-Akzeptor-Bindung
> delocalized bond delokalisierte Bindung
> double bond Doppelbindung
> electron-pair bond Elektronenpaarbindung
> heteropolar bond heteropolare Bindung
> high energy bond energiereiche Bindung
> homopolar bond/nonpolar bond
  homopolare Bindung
> hydrophilic bond hydrophile Bindung
> hydrophobic bond hydrophobe Bindung
> ionic bond Ionenbindung
> multiple bond Mehrfachbindung
> nonpolar bond unpolare Bindung
> peptide bond/peptide linkage Peptidbindung
> single bond Einfachbindung
> triple bond Dreifachbindung
bond angle Bindungswinkel
bond cleavage Bindungsspaltung
bond isomerism Bindungsisomerie
bond order Bindungsgrad
bond paper/stationery Schreibpapier
bond strength/bonding strength/pull strength
  Haftfestigkeit (Klebkraft), Bindefähigkeit
bonded fabric Faserverbundstoff,
  Textilverbundstoff
bonded fiber Verbundfaser
bonded glass joint Glasverklebung
bonded joint/adhesive joint/
  adhesive bonding Klebeverbindung
bonded phase gebundene Phase
bonded-phase chromatography
  Festphasenchromatographie

**bonding** Bindung, Verbinden, Zusammenfügen;
(joining) Fügeverfahren; (laminating)
Kaschieren (Textilien/Textil-Schaum)
**bonding capacity/adhesive capacity**
Bindungsvermögen, Haftvermögen
**bonding electron/valence electron
(outer-shell electron)** bindendes Elektron,
Valenzelektron (Außenelektron)
**bonding number** Bindungszahl
**bonding power/bonding capacity** Bindekraft,
Bindevermögen
**bonding resin/adhesive resin** Klebharz
**bonding strength/bond strength/pull strength**
Haftfestigkeit (Klebkraft), Bindefähigkeit
**bone** Knochen
**bone ash** Knochenasche
**bone black** Knochenschwarz, Beinschwarz
**bony** knöchern, Knochen...
**booster** Verstärker; (substance) Verstärkungsstoff
**booster pump/accessory pump/back-up pump**
Zusatzpumpe, Hilfspumpe, Verstärkerpumpe
**borane BH$_3$** Boran, Borwasserstoff
**borax/sodium tetraborate** Borax,
Natriumtetraborat decahydrat
**borax bead** Boraxperle, Phosphorsalzperle
**bore** Bohrung (Ergebnis: Loch etc.)
**boric acid (borate)** Borsäure (Borat)
**boric acid solution** Borwasser (gelöste Borsäure)
**boron (B)** Bor
**boron fiber-reinforced plastic (BFRP)**
borfaserverstärkter Kunststoff (BFK)
**borosilicate glass** Borosilicatglas
**bottle** Flasche
➤ **beaded rim bottle** Rollrandgläschen,
Rollrandflasche
➤ **drop bottle/dropping bottle** Tropfflasche
➤ **dropping bottle/dropper vial** Pipettenflasche;
Tropfflasche
➤ **gas bottle/gas cylinder/compressed-gas
cylinder** Gasflasche
➤ **gas washing bottle** Gaswaschflasche
➤ **lab bottle/laboratory bottle** Laborstandflasche,
Standflasche
➤ **packaging bottle** Verpackungsflasche
➤ **roller bottle** Rollerflasche
➤ **screw-cap bottle** Schraubflasche
➤ **spray bottle** Sprühflasche
➤ **square bottle** Vierkantflasche
➤ **wide-mouthed bottle** Weithalsflasche
➤ **Woulff bottle** Woulff'sche Flasche
**bottle brush** Flaschenbürste
**bottle cart (barrow)/bottle pushcart/
cylinder trolley (Br)** Flaschenwagen
**bottle shelf/bottle rack** Flaschenregal

**bottle with faucet (carboy with spigot)**
Ballon (für Flüssigkeiten)
**bottleneck** *stat* Engpass, Flaschenhals
**bottom fermenting** untergärig
**bottoms** (deposit: sediment/precipitate/
settlings/heel) Rückstand, abgesetzte Teilchen,
Bodenkörper; *dist* Sumpf (Rückstand in
Dest.-Blase)
**bouffant cap** Haarschutzhaube (für Labor)
**bound polymer** gebundenes Polymer
**boundary layer** Grenzschicht
**bowl** Schale, Schüssel
**box** Schachtel; (crate) Kasten, Kiste
**brackish water (somewhat salty)** Brackwasser
**Bragg angle/glancing angle** Glanzwinkel
**braking fluid** Bremsflüssigkeit
**branch/split** Abzweig, Verzweigung, Gabelung
**branch off/fork/bifurcate** abzweigen
**branch out/ramify** sich verzweigen
**branch site** Verzweigungsstelle
**branched (ramified)** verzweigt
**branched-chain(ed)** *chem* verzweigtkettig
**branched-chain polymer** verzweigtes Polymer
**branching** Abzweigung; *chem* Verzweigung
➤ **hyperbranching** Hyperverzweigung
**branching index** Verzweigungsindex
**branching point** Verzweigungspunkt
**branching ratio** Verzweigungsverhältnis
**brand** Marke (Ware/Handel)
**brand name/trade name** Markenbezeichnung,
Warenzeichen
**brass (copper + zinc)** Messing
**Bravais lattice** Bravais-Gitter
**brazing (metal joints)** Hartlöten
**brazing alloy** Hartlot
**break/shatter (glass)** zerbrechen, zerspringen
**breakage/fracture** Bruch
**breakdown** Zusammenbruch, Abbau, Zerfall
**breakdown field strength** Durchschlagfeldstärke
**breakdown voltage** Durchschlagspannung
**breaking pressure (valve)** Öffnungsdruck (Ventil)
**breakpoint** Bruchstelle
**breath** Atem
**breathe/respire** atmen
➤ **breathe in/inhale** einatmen
➤ **breathe out/exhale** ausatmen
**breathing (respiration)** Atmung
**breathing apparatus/respirator**
Atemschutzgerät, Atemgerät
**breathing protection/respiratory protection**
Atemschutz
**breed** *n* (breeding/cultivation/growing)
Züchtung, Kultivierung

**breed** *vb* **(cultivate/grow)** züchten, kultivieren, aufziehen

**breeder/breeder reactor** Brüter, Brüterreaktor

**breeze (coke particles)** Koksstaub, Feinkoks; Grus, Kohlenstaub, Kohlestaub

**bremsstrahlung (continuous low-energy X-rays)** Bremsstrahlung

**brew** *vb* brauen; kochen, aufbrühen

**brew** *n* Bräu, Gebräu; Sud, Brühe

**brewers' grains** Treber, Biertreber

**brewers' yeast** Bierhefe, Brauhefe

**brewing** Brauen

**bright (luminous)** lichtstark

**brightener/brightening agent/clearant/clearing agent (optical brightener)** Aufheller, Aufhellungsmittel (optischer Aufheller)

**brightfield microscopy** Hellfeld-Mikroskopie

**bright stock (petroleum)** Brightstock

**brimstone** Rohschwefel, gediegener Schwefel

**brine** Lake; (pickle) Salzlake, Salzlauge; (salt water) Sole, Salzsole

**Brinell hardness** Brinellhärte

**brisance** Brisanz, Sprengkraft

**British Standard Pipe (BSP) thread/fittings** Britisches Standard-Gewinde

**brittle** spröd, spröde, brüchig; zerbrechlich

**brittle failure/brittle fracture** sprödes Versagen, Sprödbruch, Trennbruch

**brittle polymer** sprödes Polymer

**brittleness** Sprödigkeit, Brüchigkeit; Zerbrechlichkeit

**broad-spectrum antibiotic** Breitspektrumantibiotikum

**bromic acid/hydrogen trioxobromate** $HBrO_3$ Bromsäure

**bromination** Bromierung

**bromine (Br)** Brom

**bronze (copper + tin)** Bronze

**Brookfield viscometer** Brookfield-Viskosimeter

**broom** Besen, Kehrbesen; (fiber) Ginster

**brown paper/kraft** Packpapier

**brown-ring test** Ringprobe (auf Nitrat)

**brown sugar** brauner Zucker

**brush** Bürste

➤ **beaker brush** Becherglasbürste

➤ **bottle brush** Flaschenbürste

➤ **dishwashing brush** Spülbürste

➤ **flask brush** Kolbenbürste

➤ **funnel brush** Trichterbürste

➤ **wire brush** Drahtbürste, Stahlbürste

**brush coating** Bürstenstreichverfahren (Auftrageverfahren)

**bubble** *vb* sprudeln, brodeln, 'blubbern'

**bubble** *n* Gasblase, Luftblase, Seifenblase; (vesicle) Bläschen, Vesikel; *polym* Lunker, Hohlraum, Vakuole (Fehler)

➤ **small air bubble** Luftbläschen

**bubble column reactor** Blasensäulen-Reaktor

**bubble counter/bubbler/gas bubbler** Blasenzähler

**bubble trap** Blasenfänger

**bubble tube (slightly bowed glass tube/vial in spirit level)** Libelle (Glasröhrchen der Wasserwaage)

**bucket (plastic)/pail (metal)** Eimer

**bucking circuit** *electr* Kompensationskreis, Kompensationsschaltung

**buckling load** Knicklast

**buckling strength** Knickfestigkeit

**Buechner funnel/Buchner funnel** Büchner-Trichter (Schlitzsiebnutsche)

**buffer** *n* Puffer

**buffer** *vb* puffern

**buffer gas** Puffergas

**buffer solution** Pufferlösung

**buffer zone** Pufferzone

**buffering** Pufferung

**buffering capacity** Pufferkapazität

**bug (error/defect)** Fehler, Defekt

**builder (of detergents)** Builder, Waschhilfsmittel; Gerüstsubstanz, Aufbaustoff

**building block/unit** Baustein, Bauelement; Fragment, Teilstruktur

➤ **basic building block (monomeric unit)** Grundbaustein

**building cleaners** Gebäudereinigungspersonal

**building code/building regulations** Bauvorschriften

**building evacuation plan** Gebäudeevakuierungsplan

**buildup** Aufbau, Zuwachs, Ansteigen, Anreicherung

**buildup factor** Aufbaufaktor, Zuwachsfaktor

**buildup time** Einschwingzeit

**bulb-to-bulb distillation** Kugelrohrdestillation

**bulk** Umfang, Volumen, Größe, Masse, Menge; Großteil, Hauptteil; Mehrheit

**bulk cargo** Bulkladung (Transport)

**bulk consumer** Großverbraucher

**bulk container** Schüttgutbehälter

**bulk delivery/bulk shipment** Großlieferung

**bulk density (BD) (powder density: bulk packed density)** Schüttdichte; (volume density/volumetric density) Raumdichte; (apparent density/gross density) Rohdichte

**bulk diffusion** Massendiffusion, Gesamtduffusion

**bulk factor** Füllfaktor, Verdichtungsgrad

**bulk flow/mass flow** Massenströmung (Wasser)
**bulk goods** Schüttgut, Massengut
**bulk modulus/compression modulus**
Kompressionsmodul
**bulk molding compound (BMC)** BMC-Formmasse
**bulk package** Großpackung
**bulk plastics/volume plastics**
Standardkunststoff, Massenkunststoff,
Massenplast (Konsumkunststoffe)
**bulk polymerization/mass polymerization**
Masse-Polymerisation,
Substanzpolymerisation
**bulk storage** Schüttgutlagerung
**bulk viscosity** Volumenviskosität
**bulk volume** Schüttvolumen
**bulkiness** Sperrigkeit; Voluminosität (Bausch)
**bulking agent** Füllstoff, Füllmittel
**bulking sludge** Blähschlamm
**bulky** sperrig (groß/dick), unhandlich;
massig, wuchtig
**bull horn** Megaphon, Megafon
**bulletproof glass** Panzerglas
**bulletproof vest** kugelsichere Veste
**bump (into)/knock (into)** dranstoßen
**bump tube** Rückschlagschutz
**bumper guard** Schutzring, Stoßschutz
(Prellschutz für Messzylinder)
**bumping** Stoßen (Sieden/Überhitzung/
Siedeverzug)
**bumping rod/bumping stick/boiling rod/**
**boiling stick** Siedestab
**bundle/bunch/lashing/packaging**
(larger quantities of items fastened together)
Gebinde
**bunker fuel oil** Bunkeröl
**Bunsen burner/Bunsen flame burner**
Bunsenbrenner
**buoyancy** Auftrieb (in Wasser)
**buoyant density** Schwimmdichte, Schwebedichte
**burden/load** Last, Belastung
**buret /burette (Br)** Bürette
➢ **weight buret/weighing buret** Wägebürette
**buret clamp** Bürettenklemme
**burn vb** brennen; (chemicals/alkali/acid) verätzen
➢ **burn through/out** durchbrennen
**burn n (caustic burn: chemicals/alkali/acid)**
Verätzung (Chemikalien/Alkali/Säure);
(burn wound) Brandverletzung, Brandwunde,
Verbrennung
➢ **respiratory tract burn/(alkali/acid) caustic burn**
**of the respiratory tract** Atemwegsverätzung
**burner/flame (oven)** Brenner, Flamme (Ofen)
➢ **alcohol burner** Spiritusbrenner, Spirituslampe
➢ **Bunsen burner/flame burner** Bunsenbrenner

➢ **cartridge burner** Kartuschenbrenner
➢ **evaporation burner** Verdunstungsbrenner
➢ **gas burner** Gasbrenner, Gaskocher
➢ **oxyacetylene burner (torch)** Acetylenbrenner
(Schneidbrenner/Schweißbrenner)
➢ **wing-tip (for burner)/burner wing top**
Schwalbenschwanzbrenner, Schlitzaufsatz
für Brenner
**burning/burn-up/burn-off** Abbrand
**burnt smell** Brandgeruch
**bursting disk** Berstscheibe, Sprengscheibe,
Sprengring, Bruchplatte
**bush/bushing** Buchse; (guide bushing)
Führungsbuchse (Rührwelle etc.)
**butanone/methyl ethyl ketone (MEK)**
2-Butanon, Methylethylketon
**butene/butylene** Buten, Butylen
**butt joint** Stoßverbindung, Stumpfstoß
**butter of arsenic/arsenous chloride AsCl$_3$**
Arsenbutter, Arsentrichlorid
**butterfly valve** Flügelhahnventil
**button** Knopf; (control) Regler
**butyric acid/butanoic acid (butyrate)**
Buttersäure, Butansäure (Butyrat)
**by-product/residual product/side product**
Nebenprodukt

**C**

**cabinet/cupboard** Schrank
**cable** Kabel
➢ **coaxial cable** Coaxialkabel
➢ **mains cable (Br)/power cable** Netzkabel
➢ **optical fiber cable/glass fiber cable**
Lichtleitfaserkabel, Glasfaserkabel
**cable connector** Kabelverbinder
**cable drum** Kabeltrommel
**cable lug** Kabelöse, Kabelschuh;
(terminal) Ringkabelschuh
**cable sheathing** Kabelumhüllung,
Kabelummantelung
**cable stripping knife** Kabelmesser
**cable tie/wrap-it tie/wrap-it tie cable**
Kabelbinder, Spannband
➢ **tensioning tool/tensioning gun (cable ties/**
**wrap-it-ties)** Spannzange (Kabelbinder)
**cadmium (Cd)** Cadmium
**caffeic acid** Kaffeesäure
**caffeinate** koffeinieren
➢ **decaffeinate** entkoffeinieren
**caffeine/theine** Koffein, Thein
**cage-like inclusion compound/clathrate**
Käfigeinschlussverbindung, Clathrate

**cage mill/bar disintegrator** Käfigmühle,
Schleudermühle, Desintegrator,
Schlagkorbmühle
**cake** *n* Klumpen, Kruste (fest verbackener
Niederschlag)
**cake** *vb* klumpen, verklumpen, verbacken,
zusammenbacken (Präzipitat/Kruste:
fest verbackender Niederschlag)
**caking** Zusammenbacken, Verbacken,
Verklumpen; (sticking) Anbacken
➢ **anticaking agent** Anticakingmittel,
Rieselhilfe, Antibackmittel
**calamitic** calamitisch, kalamitisch
**calamitic liquid crystal (LC)**
calamitisches Flüssigkristall
**calcareous** kalkartig, kalkhaltig, kalkig, Kalk...
**calcareous rock** Kalkgestein
**calciferol/ergocalciferol (vitamin D$_2$)** Calciferol,
Ergocalciferol
**calcification** Verkalkung, Kalkbildung,
Kalkeinlagerung, Kalzifizierung, Calcifikation
➢ **decalcification** Entkalkung, Dekalzifizierung
**calcify (calcified)** verkalken (verkalkt)
➢ **decalcify** entkalken, dekalzifizieren
**calcination** Kalzinierung, Brennen, Rösten
**calcine** *vb* kalzinieren, glühen, brennen, rösten
**calcine** *n* Röstgut, Abbrand
**calcined clay** gebrannter Ton
**calcined ore** Rösterz
**calcite CaCO$_3$** Calcit, Kalkspat
(Calciumcarbonat: „Kalk")
**calcium (Ca)** Kalzium, Calcium
**calcium carbonate CaCO$_3$**
Calciumcarbonat („Kalk")
**calcium fluorite/fluorspar/fluorite CaF$_2$**
Calciumfluorid, Flussspat, Fluorit
**calculate** rechnen, berechnen
**calculation** Berechnung
**calender** Kalander; Glättwerk (Walzenglättwerk/
Glättmaschine)
**calendering** Kalandrieren; Glätten; Auswalzen
**calibrate/adjust (Maße/Gewichte)/standardize/
gage/gauge** eichen, kalibrieren
**calibrating instrument/calibrator** Eichgerät
**calibrating mark** Eichmarke
**calibrating solution** Eichlösung
**calibrating standard/standard (measure)**
Eichmaß
**calibration (adjustment/adjusting/
standardization)** Kalibrierung, Eichung
**calibration curve** Eichkurve
**calibration gas** Prüfgas (Kalibrierung)

**caliper gage (gauge *Br*)** Messschieber
(*siehe:* Schublehre)
**calomel electrode** Kalomelelektrode
**caloric value** Brennwert
**calorie (= 1 cal)** Kalorie; (Calorie = 1 kcal)
**calorimeter** Kalorimeter
➢ **bomb calorimeter** Kalorimeterbombe,
Bombenkalorimeter, Verbrennungsbombe
➢ **scanning calorimeter** Raster-Kalorimeter
**calorimetry** Kalorimetrie, Brennwertbestimmung
➢ **differential scanning calorimetry (DSC)**
Differentialkalorimetrie,
Leistungsdifferenzkalorimetrie
➢ **power-compensated differential scanning
calorimetry (PCDSC)** dynamische
Differenz-Leistungs-Kalorimetrie
(DDLK), Leistungskompensations-
Differentialkalorimetrie
➢ **scanning calorimetry** Raster-Kalorimetrie
**camber** *n* Wölbung, Bauch, Ausbauchung,
Balligkeit, Krümmung; (crown/crowning:
Walze) Bombage, Bombierung
**camber** *vb* **(crown)** bombieren (Walze/Profil)
**camouflage** Tarnung
**canal/duct/tube** Kanal (zum Weiterleiten
von Flüssigkeiten)
**canal rays (positive rays)** Kanalstrahlen
**cancer (malignant neoplasm/carcinoma)**
Krebs (malignes Karzinom)
**cancer causing/oncogenic/oncogenous**
krebserzeugend, onkogen, oncogen
**cancer risk** Krebsrisiko
**cancer suspect agent/suspected carcinogen**
krebsverdächtige Substanz
**cancerous** krebsartig
**cane fiber** Zuckerrohrfaser
**cane sugar/beet sugar/table sugar/sucrose**
Rohrzucker, Rübenzucker, Saccharose,
Sukrose, Sucrose
**cannel coal/kennel coal/candle coal/cannelite**
Cannelkohle, Kännelkohle, Kerzenkohle,
Kandelit
**cannula (*pl* cannulas or cannulae)** Kanüle
**canonical** kanonisch
**canvas** Segelleinen, Segeltuch; Plane
**caoutchouc/rubber (mainly *cis*-1,4-polyisoprene)**
Kautschuk
**cap** *n* **(top/lid)** Kappe (Verschluss/Deckel)
**cap** *vb* verkappen
**cap crimper** Bördelkappen-Verschließzange,
Verschließzange für Bördelkappen
**capacitance (C)** elektrische Kapazität
**capacitative current** kapazitiver Strom

capacitor Kondensator
capacity Kapazität; Fassungsvermögen;
(volume) Rauminhalt (Volumen)
capacity factor Kapazitätsfaktor,
Verteilungsverhältnis
capillarity Kapillarität, Kapillarwirkung
capillary Kapillare, Haargefäß
capillary air bleed/boiling capillary/
air leak tube *dist* Siedekapillare
capillary blotting Diffusionsblotting
capillary breaking/capillary fracture (fibers)
Kapillarbruch
capillary chromatography (CC)
Kapillarchromatographie
capillary column Kapillarsäule
(Trennkapillare: GC)
capillary die/capillary nozzle (extruder)
Kapillardüse
capillary electrode Kapillarelektrode
capillary electrophoresis (CE)
Kapillarelektrophorese
capillary pipet/capillary pipette Kapillarpipette
capillary tube/capillary tubing Kapillarrohr,
Kapillarröhrchen
capillary viscometer Kapillarviskosimeter
capillary zone electrophoresis (CZE)
Kapillar-Zonenelektrophorese
capric acid/decanoic acid (caprate/decanoate)
Caprinsäure, Decansäure (Caprinat/Decanat)
caproic acid/capronic acid/hexanoic acid
(caproate/hexanoate) Capronsäure,
Hexansäure (Capronat/Hexanat)
caprylic acid/octanoic acid (caprylate/octanoate)
Caprylsäure, Octansäure (Caprylat/Octanat)
capto-dative capto-dativ
capture *vb* einfangen, anlagern
capture *n* Einfang, Anlagerung
➤ electron capture Elektroneneinfang
➤ recapture Wiedereinfang
caramel sugar Karamelzucker
caramelization Karamelisation, Karamelsierung
carbohydrate Kohlenhydrat
carbon (C) Kohlenstoff
carbon backbone Kohlenstoffgerüst (lineare Kette)
carbon black (*see also:* black) Industrieruß
carbon bond Kohlenstoffbindung
carbon brush *tech* Kohlebürste (Motor)
carbon compound Kohlenstoffverbindung
carbon cycle Kohlenstoffkreislauf
carbon dating/radiocarbon method/
radiocarbon dating Radiokarbonmethode,
Radiokohlenstoffmethode,
Radiokohlenstoffdatierung

carbon dioxide $CO_2$ Kohlendioxid
carbon disulfide $CS_2$ Schwefelkohlenstoff,
Kohlenstoffdisulfid
carbon fiber (CF) Carbonfaser, Kohlenstofffaser
carbon fiber-reinforced carbon (CFC)
kohlenstofffaserverstärkter Kohlenstoff (KFK)
carbon fiber-reinforced plastic (CFRP)
kohlenstofffaserverstärkter Kunststoff (CFK)
carbon monoxide CO Kohlenmonoxid
carbon source Kohlenstoffquelle
carbon steel Kohlenstoffstahl, Carbonstahl
carbon suboxide $C_3O_2$ Kohlensuboxid
carbon tetrachloride/
tetrachloromethane $CCl_4$
Tetrachlorkohlenstoff, Tetrachlormethan
carbonaceous kohlenstoffhaltig; kohleartig
carbonate *vb* mit Kohlensäure versetzen
carbonate hardness/temporary hardness
Karbonathärte, Carbonathärte,
vorübergehende Härte, temporäre Härte
carbonated mineral water
(for drinking: "soda" water) Sprudel
carbonic acid (carbonate) Kohlensäure
(Karbonat/Carbonat)
carbonization Karbonisation; Verschwelung;
*paleo/geol* (coalification) Inkohlung,
Carbonifikation
carbonize/carburize verkohlen, verschwelen,
carbonisieren, karbonisieren
Carborundum™/silicon carbide SiC
Carborundum, Siliciumcarbid
carboxylic acids (carbonates) Carbonsäuren,
Karbonsäuren (Carbonate/Karbonate)
carboy/canister Ballonflasche, Ballon,
Kanister (Behälter)
carburetion Karburierung
carburetor fuel Vergasertreibstoff
carburize/carbonize verkohlen, verschwelen,
carbonisieren, karbonisieren; aufkohlen
carcinogen Karzinogen
carcinogenic (Xn) krebserzeugend, karzinogen,
kanzerogen, carcinogen, krebserregend
carcinoma Karzinom
cardboard/paperboard/fiberboard Karton,
Kartonpapier (feste Pappe); (pasteboard)
Pappe, Pappdeckel, Karton
cardinal temperature Vorzugstemperatur
cardiopulmonary resuscitation (CPR)
kardiopulmonale Reanimation
careless/incautious/unwary unvorsichtig
cargo Frachtgut, Ladung
cargo tank Frachtkessel

Carius furnace/bomb furnace/bomb oven/
tube furnace Schießofen
Carius tube/bomb tube/sealing tube
Bombenrohr, Schießrohr, Einschlussrohr
carnelian *min* Karneol
carnitine (vitamin B$_T$) Carnitin (Vitamin T)
carnauba wax/Brazil wax Carnaubawachs,
Hartwachs
carob gum/locust bean gum Karobgummi,
Johannisbrotkernmehl
carotin/carotene (vitamin A precursor) Carotin,
Caroten, Karotin (Vitamin A Vorläufer)
carotinoids Karotinoide, Carotinoide
carrageenan/carrageenin (Irish moss extract)
Carrageen, Carrageenan
carriage Schlitten
carrier Träger; *chromat* Trägersubstanz;
Schleppmittel; (shipper) Spediteur
carrier electrophoresis Trägerelektrophorese,
Elektropherografie
carrier gas (an inert gas) *chromat* Trägergas,
Schleppgas (GC)
carrier molecule Trägermolekül
carrier protein Trägerprotein, Schlepperprotein
carry off (drain/discharge) ableiten
carrying capacity Traglast; Belastungsfähigkeit,
Grenze der ökologischen Belastbarkeit,
Kapazitätsgrenze, Umweltkapazität,
Tragfähigkeit (Ökosystem)
carryover/carry forward Übertrag;
(cross-contamination) *chromat* -
Verschleppung, Kreuzkontamination
cartilage Knorpel
cartilage forceps Knorpelpinzette
cartilaginous knorpelig
cartridge Kassette, Patrone, Kartusche,
Patrone; Filterkerze
cartridge burner Kartuschenbrenner
cascade Kaskade, Kascade
cascade reaction Kaskadenreaktion,
Dominoreaktion
cascade system Kaskadensystem (Enzyme)
case hardening *metal* Oberflächenhärtung,
Einsatzhärtung
case report form (CRF)/case record form
Prüfprotokoll
casein Casein
cast film Gießfolie
cast iron Gusseisen
cast metal Gussmetall
cast molding/casting *polym* Gießling,
Gussteil (gegossenes Werkstück)
cast resin/casting resin Gießharz

casters/castors Rollfüße, Laufrollen,
Rollen (Wagen)
casting Gießen, Gießverfahren, Guss;
Gussstück, Gussteil, Formgussstück;
Vergießen (Kunststoff)
casting compound Gießmasse
casting resin Gießharz; Vergussharz
catabolic katabolisch, abbauend;
(degradative reactions) katabol, catabol
catabolite Katabolit, Stoffwechselabbauprodukt
catalysis Katalyse
> contact catalysis/surface catalysis
Kontaktkatalyse
> heterogeneous catalysis heterogene Katalyse
> homogeneous catalysis homogene Katalyse
> phase-transfer catalysis (PTC)
Phasentransferkatalyse (heterogene K.)
> photocatalysis Photokatalyse
> photochemical catalysis
photochemische Katalyse
catalyst Katalysator
> cocatalyst Cokatalysator
> Ziegler-Natta catalyst Ziegler-Natta Katalysator
catalyst performance Katalysatorleistung
catalyst poison/catalytic poison Katalysatorgift,
Katalytgift, Kontaktgift (Katalyseinhibitor)
catalyst poisoning Katalysatorvergiftung
catalyst support Katalysatorträger, Kontaktträger
catalytic (catalytical) katalytisch
catalytic antibody katalytischer Antikörper
catalytic converter (automobile exhaust)
Katalysator
catalytic cracking Katkracken
catalytic performance katalytische Leistung
catalytic poison Katalysatorgift, Katalytgift,
Kontaktgift (Katalyseinhibitor)
catalytic polymerization katalytische
Polymerisation
catalytical unit/unit of enzyme activity (katal)
katalytische Einheit, Einheit der Enzymaktivität
catalyze katalysieren
catecholamine Katecholamin
categorization Kategorisierung, Einstufung
categorize kategorisieren, einstufen
catena polymer (linear) Kettenpolymer
catenane/concatenate Catenan, Concatenat
catenate/concatenate *vb* verketten
catenation Catenation, Ringbildung;
Kettenbildung, Verkettung
cathode Kathode, Katode (Minuspol,
negative Elektrode)
cathode ray (electron beam) Kathodenstrahl
(Elektronenstrahl)

**cathode sputtering/cathodic sputtering**
Kathodenzerstäubung
**cathodic protection/sacrificial**
**protection** Kathodenschutz, kathodischer/
galvanischer Korrosionsschutz
**catholyte** Katholyt, Kathodenflüssigkeit
**cation** Kation
**cation exchange capacity (CAC)**
Kationenaustauschkapazität (KAK)
**cation exchanger (strong: SCX/weak: WCX)**
Kationenaustauscher (starker/schwacher)
**cationic** kationisch
**cationic polymerization**
kationische Polymerisation
**caustic (corrosive/mordant)** ätzend, beizend,
korrosiv
**caustic agent** Ätzmittel (Beizmittel)
**caustic embrittlement** Laugenrissigkeit,
Laugensprödigkeit
**caustic hazard** Verätzungsgefahr
**caustic lime/quicklime/unslaked lime CaO**
Calciumoxid, Branntkalk, gebrannter Kalk
**caustic potash/potassium hydroxide KOH**
Ätzkali, Kaliumhydroxid
**caustic soda/sodium hydroxide NaOH** Ätznatron,
Natriumhydroxid
**causticity** Kaustizität, Ätzkraft, Beizkraft
**cauterization** *med* Ätzen, Ätzung, Verätzung;
Ätzverfahren
**causticize** kaustifizieren; merzerisieren
**cauterize** *vb med* ätzen, verätzen
**caution** (cautiousness/care/carefulness/
precaution) Vorsicht;
(danger!) Gefahr, Lebensgefahr!
**cautious/careful** vorsichtig
**cavitation** Kavitation, Hohlraumbildung
**cavity** (chamber/ventricle) Höhle, Kammer,
Ventrikel (kleine Körperhöhle); (lumen/
void/airspace) Hohlraum, Höhlung, Lumen;
*polym* (mold/die) Kavität, Hohlform, Gesenk
(Formwerkzeug)
**ceiling temperature** *polym* Ceiling-Temperatur
(Beginn der Depolymerisation) (meist nicht
übersetzt), Gipfeltemperatur
➢ **floor temperature** Floor-Temperatur
**celestine SrSO$_4$** Cölestin
**cell** Zelle; Elektrolysezelle, Elektrolysierzelle;
elektrochemisches Element, Zelle
➢ **coin cell/button cell (button battery)**
Knopfzelle (Batterie)
➢ **corrosion element/corrosion cell (galvan.)**
Korrosionselement
➢ **Daniell cell** Daniell-Element

➢ **dry cell/dry cell battery** *electr* Trockenbatterie
➢ **electrolytic cell** elektrolytische Zelle,
Elektrolysezelle
➢ **elementary cell/lattice unit** Elementarzelle
➢ **fuel cell** Brennstoffzelle
➢ **galvanic cell** galvanisches Element
➢ **galvanic half-cell** galvanisches Halbelement
➢ **half cell/half element (single-electrode system)**
Halbelement (galvanisches), Halbzelle
➢ **local cell (corrosion)** Lokalelement
➢ **photo cell** Photoelement
➢ **primary cell** Primärelement, Primärzelle
➢ **reversible cell** reversibles Element,
Sekundärelement, Sekundärzelle
➢ **solar cell/photovoltaic cell** Solarzelle
➢ **storage cell** *electr* Akkumulatorzelle;
Speicherelement
➢ **unit cell** Einheitszelle (nicht: Elementarzelle)
**cell count/germ count** Keimzahl (Anzahl von
Mikroorganismen)
**cell extract** Zellextrakt
**cell fractionation** Zellfraktionierung
**cell-free extract** zellfreier Extrakt
**cell-free protein synthesizing system** zellfreies
Proteinsynthesesystem
**cell holder** *analyt* Küvettenhalter
**cell homogenization** Zellhomogenisation,
Zellhomogenisierung
**cell membrane (outer)/plasma**
**membrane/unit membrane/ectoplast/**
**plasmalemma** Zellmembran,
Plasmamembran, Ektoplast, Plasmalemma
**cell voltage** Zellenspannung (galvanisch)
**cellobiose** Zellobiose, Cellobiose
**cellophane** Cellophan
**cellular** zellulär, zellig
**cellular metabolism** Zellstoffwechsel
**cellular respiration** Zellatmung
**cellular rubber/expanded rubber/foam rubber/**
**foamed rubber/sponge rubber**
Moosgummi, Zellgummi
**celluloid** Celluloid, Zelluloid (Zellhorn)
**cellulose** Cellulose, Zellulose
➢ **native cellulose** native Cellulose
**cellulose acetate** Celluloseacetat, Acetylcellulose
**cellulose acetate rayon** Celluloseacetatseide,
Acetatseide
**cellulose film/cellulose hydrate/cellophane**
Zellglas, Cellulosehydrat (Regeneratcellulose),
Cellophan
**cellulose lacquer** Celluloselack
**cellulose nitrate** Cellulosenitrat
**cellulose nitrate lacquer** Cellulosenitratlack,
Nitrolack

cellulose silk Zellstoffseide
cellulose yarn Zellstoffgarn
cellulosic fiber Cellulosechemiefaser
cement Zement; (adhesive) Kitt, Kittsubstanz
   (Kleber/Klebstoff)
➢ blast-furnace cement Hochofenzement
➢ bonding cement Klebkitt
➢ multicomponent cement (multiple-component
   adhesive) Mehrkomponentenkleber
➢ portland cement Portlandzement
➢ refractory cement feuerfester Zement
cement solvent Kleblöser
cementation Zementierung
cemented needle (syringe needle)
   geklebte Injektionsnadel
center vb zentrieren
centile/percentile stat Zentil, Perzentil, Prozentil
central atom Zentralatom
central field approximation Zentralfeld-Näherung
centrifugal zentrifugal
centrifugal casting/molding polym
   Schleudergießen, Schleuderguss,
   Schleudergussverfahren
centrifugal extractor Zentrifugalextraktor
centrifugal force Zentrifugalkraft
centrifugal grinding mill Zentrifugalmühle,
   Fliehkraftmühle, Rotormühle
centrifugal molding Schleudergussverfahren,
   Schleudergießen
centrifugal pump/impeller pump
   Zentrifugalpumpe, Kreiselpumpe
centrifugate n Zentrifugat
centrifugation Zentrifugation
➢ analytical centrifugation analytische
   Zentrifugation
➢ density gradient centrifugation
   Dichtegradientenzentrifugation
➢ differential centrifugation ('pelleting')
   Differentialzentrifugation, differentielle
   Zentrifugation
➢ equilibrium centrifugation/equilibrium
   centrifuging Gleichgewichtszentrifugation
➢ isopycnic centrifugation/isodensity
   centrifugation isopyknische Zentrifugation
➢ preparative centrifugation präparative
   Zentrifugation
➢ ultracentrifugation Ultrazentrifugation
➢ zonal centrifugation Zonenzentrifugation
centrifuge vb (spin) zentrifugieren
centrifuge n Zentrifuge
➢ basket centrifuge/bowl centrifuge
   Trommelzentrifuge
➢ high-speed centrifuge/high-performance
   centrifuge Hochgeschwindigkeitszentrifuge

➢ knife-discharge centrifuge/scraper centrifuge
   Schälschleuder
➢ microfuge Mikrozentrifuge
➢ multichamber centrifuge/multicompartment
   centrifuge Kammerzentrifuge
➢ pusher centrifuge Schubschleuder
➢ refrigerated centrifuge Kühlzentrifuge
➢ screen basket centrifuge Siebkorbzentrifuge
➢ screen centrifuge Siebschleuder
➢ solid-bowl centrifuge Vollmantelzentrifuge,
   Vollwandzentrifuge
➢ tabletop centrifuge/benchtop centrifuge
   (multipurpose centrifuge) Tischzentrifuge
➢ tubular bowl centrifuge Röhrenzentrifuge
➢ ultracentrifuge Ultrazentrifuge
centrifuge tube Zentrifugenröhrchen
centrifuge tube rack Zentrifugenröhrchenständer
centripetal zentripetal
centripetal force Zentripetalkraft
centrosymmetric(al) zentralsymmetrisch
ceramic fiber Keramikfaser
ceramic filter Tonfilter
ceramic membrane Keramikmembran
ceramics Keramik
ceramoplastic Keramikkunststoff
cerite earths Ceriterden (oxidische Erze)
ceric Cer(IV)..., Cerium(IV)...
ceric hydroxide Ce(OH)$_4$ Cer(IV)hydroxid,
   Cerium(IV)hydroxid
cerium (Ce) Cer (früher: Zer), Cerium
cerotic acid/hexacosanoic acid Cerotinsäure,
   Hexacosansäure
cerous Cer(III)..., Cerium(III)...
cerous hydroxide Ce(OH)$_3$ Cer(III)hydroxid,
   Cerium(III)hydroxid
certificate of performance Qualitätszertifikat
certification Zertifizierung, Bescheinigung,
   Beglaubigung (amtliche)
cesium (Cs) Cäsium
cesium chloride gradient Cäsiumchloridgradient
cetane number/cetane rating Cetanzahl (CaZ)
CFCs (chlorofluorocarbons/
   chlorofluorinated hydrocarbons) FCKW
   (Fluorchlorkohlenwasserstoffe)
chain vb anketten (Gasflaschen etc.)
chain n (branched/unbranched)
   Kette (verzweigte/unverzweigte)
➢ branched-chain verzweigtkettig
➢ closed-chain (ring) geschlossenkettig
   (ringförmig)
➢ daisy-chain
   mehrere Gegenstände aneinander ketten
➢ jointed chain/freely jointed chain
   Segmentkette

➢ **long-chain** langkettig
➢ **main chain** Hauptkette
➢ **network chain** Netzkette
➢ **open-chain/straight-chain** offenkettig, geradkettig
➢ **short-chain** kurzkettig
➢ **side chain** Seitenkette
➢ **straight-chain/open-chain** geradkettig, offenkettig
➢ **unbranched** unverzweigt
**chain branching** Kettenverzweigung
**chain breaking** Kettenabbruch
**chain carrier** Kettenträger (Radikalstelle/Ion)
**chain clamp** Kettenklammer
**chain cleavage additive** Kettenabbrecher
**chain entanglement** Kettenverhakung
**chain extender** Kettenverlängerer
**chain form/open-chain form** Kettenform
**chain formula/open-chain formula** Kettenformel
**chain growth/chain propagation** Kettenwachstum
**chain-growth polymerization/ chain-reaction polymerization** Kettenwachstumspolymerisation
**chain initiation** Kettenstart, Initiation
**chain initiator** Kettenstarter, Initiator
**chain isomerism** Kettenisomerie
**chain length** Kettenlänge
**chain link/chain unit/chain segment** Kettenglied, Kettensegment
**chain molecule** Kettenmolekül
**chain propagation reaction** Kettenwachstumsreaktion
**chain reaction** Kettenreaktion
**chain scission/chain cleavage** Kettenspaltung
**chain silicate/inosilicate (metasilicate)** Kettensilicat, Bandsilicat, Inosilicat
**chain termination/chain breaking** Kettenabbruch
**chain terminator (chain-breaking antioxidant/ primary antioxidant)** Kettenabbrecher
**chain transfer** Kettentransfer, Kettenübertragung
**chair conformation (cycloalkanes)** Sesselform
**chalcedony (quartz)** Chalcedon
**chalcocite $Cu_2S$** Kupferglanz
**chalcogen** Chalkogen
**chalcopyrite $CuFeS_2$** Chalcopyrit, Kupferkies
**chalk** Kreide
➢ **blackboard chalk/school chalk (calcium sulfate)** Tafelkreide, Schreibkreide, Schulkreide
➢ **precipitated chalk** gefällte Kreide, präzipitierte Kreide (gefälltes Calciumcarbonat)
➢ **prepared chalk/drop chalk** Schlämmkreide
**chalking** Kalken, Kreiden; (plastics) Kreiden, Abkreiden, Auskreiden; weiße Abscheidung

**chamber process** Kammerverfahren, Bleikammerverfahren ($H_2SO_4$)
**chamfer *n*** Fase, Anfasung, Abschrägung, Abschärfung, Schrägkante
**chamfer *vb*** abkanten, anfasen
**change of enthalpy/enthalpy change** Enthalpieänderung
**change of entropy** Entropieänderung (reduzierte Wärme)
**change of state** Zustandsänderung
**changing room/changing cubicle** Umkleidekabine
**channel** Kanal
**channel black** Kanalruß (Gasruß)
**channel protein** Kanalprotein, Tunnelprotein
**chaos theory** Chaostheorie
**chaotropic agent** chaotrope Substanz
**chaotropic series** chaotrope Reihe
**chaperone protein/chaperone/ molecular chaperone** Chaperon, molekulares Chaperon, Begleitprotein
**char/carbonize** verkohlen, ankohlen, verschwelen
**characteristic curve** Kennlinie
**characteristic value (descriptor)** Kennwert
**charcoal** Holzkohle
**charcoal filter** Kohlefilter
**charge *n*** (electric[al] charge) Ladung (Elektrizitätsmenge); (Pyrotechnik/ Feuerwerkerei) Satz; (refill) Aufladung
➢ **discharge *n* *electr*** Entladung; *tech* (outflow/ efflux/draining off) Ausfluss, Abfluss; Ableitung (von Flüssigkeiten); *med* (secretion/flux) Ausfluss
➢ **energy charge** Energieladung
➢ **explosive charge/blasting charge (blasting composition)** Sprengladung, Sprengsatz
➢ **electron charge/unit charge** Elementarladung (eines Elektrons)
➢ **elementary charge** Elementarladung
➢ **nuclear charge** Kernladung
➢ **partial charge** Partialladung
➢ **surface charge** Oberflächenladung
**charge *vb*** (feed/load/deliver) beschicken, speisen, eintragen; (refill) laden, aufladen
➢ **discharge *vb* *electr*** entladen; *tech* (drain/ lead out/lead away/carry away) ausführen, wegführen, ableiten (Flüssigkeit)
➢ **recharge *vb*** wiederaufladen, auffüllen, wiederauffüllen, nachladen
**charge carrier** Ladungsträger
**charge cloud** Ladungswolke
**charge density** Ladungsdichte
**charge number (*z*)** Ladungszahl

charge permutation reaction
Ladungsveränderungsreaktion
charge separation *electr* Ladungstrennung
charge site *ms* ladungstragende Stelle,
Ladungsort
charge-stripping reaction (CSR)
Ladungsabstraktion
charge transfer Ladungsübertragung
charge-transfer reaction
Ladungsaustauschreaktion
charged geladen
➢ multiply charged mehrfach geladen
➢ uncharged (neutral) ungeladen,
ladungsfrei (neutral)
charger *electr* Ladegerät
charring/carbonization Verkohlung, Verkohlen
check *vb* (examine/confirm/inspect/review)
überprüfen, bestätigen, inspizieren; (control)
nachprüfen
check sum Prüfsumme
check-up/examination/inspection/reviewal
Überprüfung, Inspektion
check valve (backstop valve) Rückschlagventil;
(control valve/non-return valve) Sperrventil,
Kontrollventil
checkweighing scales Kontrollwaage
cheesecloth (gauze) Mull (Gaze)
chelate *n* Chelat, Komplex
chelate *vb* komplexieren
chelating agent/chelator Chelatbildner,
Komplexbildner
chelation/chelate formation Chelatbildung,
Komplexbildung
chemical *adj/adv* chemisch
chemical(s) Chemikalie(n)
➢ existing chemicals/existing substances
Altstoffe
➢ fine chemicals Feinchemikalien
➢ new chemicals/substances Neustoffe
chemical accident Chemieunfall
chemical bond chemische Bindung
chemical burn chemische Verbrennung
chemical cabinet/chemical safety cabinet
Chemikalienschrank
chemical compound chemische Verbindung
chemical coupling chemische Kopplung
chemical energy chemische Energie
chemical engineer Chemieingenieur,
chemischer Ingenieur
chemical engineering technische Chemie,
Chemietechnik, Chemieingenieurwesen
chemical equation chemische Gleichung,
Reaktionsgleichung
chemical fume hood/'hood' Chemikalienabzug

chemical ionization Chemiionisation
chemical lab assistant Chemielaborant
chemical milling chemisches Fräsen
(Formätzen/Konturätzen)
chemical noise chemisches Rauschen
chemical oxygen demand (COD)
chemischer Sauerstoffbedarf (CSB)
chemical potential chemisches Potential
chemical reaction/transformation/
chemical change chemische Reaktion,
chemische Umsetzung
chemical-resistant chemikalienfest
chemical shift *spectros* chemische Verschiebung
chemical stockroom counter
Chemikalienausgabe
chemical technology/chemical engineering
chemische Technologie
chemical transformation/chemical reaction/
chemical change chemische Umsetzung
chemical vapor deposition (CVD)
Gasphasenabscheidung
chemical warfare agent chemischer Kampfstoff
chemical waste Chemieabfall (*pl* Chemieabfälle)
chemical weapon Chemiewaffe, chemische Waffe
chemical weathering chemische Verwitterung
chemical worker Chemiearbeiter; (industry)
Chemikant (chem. Facharbeiter)
chemically pure (CP) chemisch rein
chemiluminescence Chemolumineszenz,
Chemolumineszenz
chemiosmosis Chemiosmose
chemiosmotic hypothesis/theory
chemiosmotische Hypothese/Theorie
chemisorption Chemisorption,
chemische Adsorption
chemist Chemiker; *Br auch:* Apotheker; Apotheke
chemistry Chemie
➢ analytical chemistry analytische Chemie
➢ biochemistry Biochemie
➢ combinatorial chemistry
kombinatorische Chemie
➢ computational chemistry Computerchemie
➢ coordination chemistry Koordinationschemie
➢ food chemistry Lebensmittelchemie
➢ geochemistry Geochemie, geologische Chemie
➢ inorganic chemistry anorganische Chemie
➢ medicinal chemistry medizinische Chemie
➢ nuclear chemistry Kernchemie, Nuklearchemie
➢ organic chemistry organische Chemie,
'Organik'
➢ petrochemistry Petrochemie, Erdölchemie
➢ pharmaceutical chemistry pharmazeutische
Chemie, Arzneimittelchemie
➢ physical chemistry Physikalische Chemie

➤ **plastics chemistry** Kunststoffchemie
➤ **polymer chemistry** Polymerchemie
➤ **soft chemistry** sanfte Chemie
➤ **solid-state chemistry** Festphasenchemie
➤ **sustainable chemistry** nachhaltige Chemie
➤ **theoretical chemistry** theoretische Chemie
**chemoaffinity hypothesis**
  Chemoaffinitäts-Hypothese
**chemoinformatics/computational chemistry**
  Chemoinformatik
**chemometrics** Chemometrie, Chemometrik
**chemosetting** Reaktionshärten
**chemostat** Chemostat
**chemosynthesis** Chemosynthese
**chemotherapy** Chemotherapie
**Cherenkov radiation** Tscherenkow-Strahlung,
  Čerenkov-Strahlung
**chert** *geol* Chert, Kieselschiefer
**chest freezer** Kühltruhe, Gefriertruhe;
  (upright freezer) Gefrierschrank
**chew/masticate** kauen, zerkauen
**chewing gum** Kaugummi (*m*)
**chief association** Hauptassoziation
**chimney/flue** Schornstein, Rauchfang
**chinic acid/kinic acid/quinic acid (quinate)**
  Chinasäure
**chinine/quinine** Chinin
**chinolic acid** Chinolsäure
**chinoline/quinoline** Chinolin
**chinone** Chinon
**chip** *n* Chip; Plättchen, Scheibchen;
  Splitter, Span, Schnitzel
**chip/chipping (glass)** anschlagen, Ecke abschlagen
**chipboard (wood)** Holzspanplatte
**chiral/dissymmetrical** chiral, dissymmetrisch
**chiral chromatography** enantioselektive
  Chromatographie
**chirality (dissymmetry/handedness)**
  Chiralität (Dissymmetrie/Drehsinn)
**chitinous** chitinös
**chloric acid** $HClO_3$ Chlorsäure
**chlorinate** chlorieren
**chlorinated hydrocarbon** chlorierter
  Kohlenwasserstoff, Chlorkohlenwasserstoff
**chlorinated rubber** Chlorkautschuk
**chlorination** Chlorierung
**chlorine (Cl)** Chlor
➤ **oxoacids of chlorine** Chlorsauerstoffsäuren
➤➤ **chloric acid** $HClO_3$ Chlorsäure
➤➤ **chlorous acid** $HClO_2$ chlorige Säure
➤➤ **hypochlorous acid** $HClO$ Hypochlorigsäure,
  hypochlorige Säure, Bleichsäure,
  Monooxochlorsäure
➤➤ **perchloric acid** $HClO_4$ Perchlorsäure

**chlorine bleach** Chlorbleiche
**chloroacetic acid** Chloressigsäure
**chloroacetophenone C.A.P./**
  **phenacyl chloride (a tear gas)**
  chemische Keule, Weißkreuz,
  Chloracetophenon
**chlorobenzene** Chlorbenzol, Chlorobenzen
**chlorofluorocarbons/**
  **chlorofluorinated hydrocarbons (CFCs)**
  Fluorchlorkohlenwasserstoffe (FCKW)
**chloroform/trichloromethane** $HCCl_3$
  Chloroform, Trichlormethan
**chlorogenic acid** Chlorogensäure
**chlorophyll** Chlorophyll
**chlorous acid** $HClO_2$ chlorige Säure
**chocolate agar** Schokoladenagar, Kochblutagar
**cholecalciferol (vitamin D₃)**
  Cholecalciferol, Calciol
**cholesteric** cholesterisch
**cholesterol** Cholesterin, Cholesterol
**cholic acid (cholate)** Cholsäure (Cholat)
**cholinergic** cholinerg
**chopped glass fiber**
  Glas-Kurzfasern (geschnitten)
**chopped-fiber mat/chopped strand mat**
  Faserschnittmatte
**chord modulus** Chordmodul
**chorismic acid (chorismate)**
  Chorisminsäure (Chorismat)
**chroma/saturation** *text* Buntheit, Buntkraft,
  Reinheit
**chromaffin/chromaffine/chromaffinic**
  chromaffin
**chromatogram** Chromatogramm
**chromatograph** Chromatograph
**chromatography** Chromatographie
➤ **affinity chromatography (AC)**
  Affinitätschromatographie
➤ **bonded-phase chromatography (BPC)**
  Festphasenchromatographie
➤ **capillary chromatography (CC)**
  Kapillarchromatographie
➤ **chiral chromatography**
  enantioselektive Chromatographie
➤ **circular chromatography/circular paper**
  **chromatography** Zirkularchromatographie,
  Rundfilterchromatographie
➤ **column chromatography**
  Säulenchromatographie (SC)
➤ **electrochromatography (EC)**
  Elektrochromatographie (EC)
➤ **flash-chromatography** Blitzchromatographie,
  Flash-Chromatographie
➤ **gas chromatography (GC)** Gaschromatographie

> gas-liquid chromatography (GLC)
  Gas-flüssig-Chromatographie
> gas-solid chromatography (GSC)
  Gas-fest-Chromatographie
> gel filtration/molecular sieving
  chromatography/gel permeation
  chromatography Gelfiltration,
  Molekularsiebchromatographie,
  Gelpermeations-Chromatographie
> gel permeation chromatography/
  molecular sieving chromatography
  Gelpermeationschromatographie,
  Molekularsiebchromatographie
> gravity column chromatography
  Normaldruck-Säulenchromatographie
> immunoaffinity chromatography (IAC)
  Immunaffinitätschromatographie
> inverse gas chromatography (IGC)
  Umkehr-Gaschromatographie
> ion chromatography (IC)/ion-exchange
  chromatography (IEX) Ionenchromatographie,
  Ionenaustauschchromatographie
> ion-pair chromatography (IPC)
  Ionenpaarchromatographie (IPC)
> liquid chromatography (LC)
  Flüssigkeitschromatographie
> liquid-liquid chromatography (LLC)
  Flüssig-flüssig-Chromatographie
> liquid-solid chromatography (LSC)
  Flüssig-fest-Chromatographie
> medium-pressure liquid chromatography
  (MPLC) Mitteldruckflüssigkeitschromatographie
> paper chromatography (PC)
  Papierchromatographie
> partition chromatography/
  liquid-liquid chromatography (LLC)
  Verteilungschromatographie,
  Flüssig-flüssig-Chromatographie
> preparative chromatography
  präparative Chromatographie
> reversed phase chromatography/
  reverse-phase chromatography (RPC)
  Umkehrphasenchromatographie
> salting-out chromatography (SOC)
  Aussalzchromatographie
> size exclusion chromatography (SEC)
  Ausschlusschromatographie,
  Größenausschlusschromatographie (SEC)
> supercritical fluid chromatography (SFC)
  überkritische Fluidchromatographie,
  superkritische Fluid-Chromatographie,
  Chromatographie mit überkritischen
  Phasen (SFC)

> thin-layer chromatography (TLC)
  Dünnschichtchromatographie (DC)
chrome alum/ammonium chromic sulfate
  Chromalaun
chrome green Chromgrün
chrome-plate(d) verchromen (verchromt)
chrome-plated brass verchromtes Messing
chrome red PbOPbCrO$_4$ Chromrot,
  Chromzinnober, basisches Bleichromat
chrome yellow/lead chromate PbCrO$_4$
  Chromgelb, Königsgelb
chromic/chromium(III) Chrom(III)...
chromic chloride CrCl$_3$ Chrom(III)chlorid,
  Chromtrichlorid
chromic acid H2CrO$_4$ Chromsäure
chromic-sulfuric acid mixture for cleaning
  purposes Chromschwefelsäure
chromium (Cr) Chrom
chromium mordant Chrombeize
chromize inchromieren
chromizing Inchromierung, Inchrimieren
chromogenic chromogen, farbbildend,
  farberzeugend
chromous/chromium(II) Chrom(II)...
chromous chloride CrCl$_2$ Chrom(II)chlorid,
  Chromdichlorid
chromyl chloride/chromium oxychloride CrO$_2$Cl$_2$
  Chromylchlorid, Chrom-dichlorid-dioxid,
  Chrom(VI)oxychlorid
chronic/chronical chronisch
churn heftig bewegen/schütteln,
  aufwühlen, aufwirbeln
chymosin/lab ferment/rennin
  Chymosin, Labferment, Rennin
chymotrypsine Chymotrypsin
cinder Abbrand (Rückstand beim Rösten);
  (slag/dross/scoria) Schlacke
cinder wool Schlackenwolle
cinnabar/red mercuric sulfide HgS Zinnober
cinnamic acid Zimtsäure,
  Cinnamonsäure (Cinnamat)
cinnamic alcohol/cinnamyl alcohol Zimtalkohol,
  Cinnamylalkohol
cinnamic aldehyde/cinnamaldehyde
  Zimtaldehyd, Cinnamaldehyd
circuit Schaltkreis, Schaltsystem;
  (wiring) Schaltung, Schaltkreis
circuit breaker *electr* Unterbrecher, Trennschalter
circuitry *electr* Leitungen, Verkabelung
circular/round zirkular, zirkulär, kreisförmig, rund
circular chromatography/circular paper
  chromatography Zirkularchromatographie,
  Rundfilterchromatographie

**circular dichroism** Circulardichroismus,
Zirkulardichroismus
**circular shaker/orbital shaker/rotary shaker**
Rundschüttler, Kreisschüttler
**circularization** Zirkularisierung, Ringschluss
**circularly polarized light**
zirkular polarisiertes Licht
**circulate** zirkulieren
**circulating/circulatory** zirkulierend,
Zirkulations...
**circulating bath** Umwälzthermostat,
Badthermostat
➤ **refrigerated circulating bath** Kältethermostat,
Kühlthermostat, Umwälzkühler
**circulating nozzle reactor** Umlaufdüsen-Reaktor
**circulating pump/circulator** Kreislaufpumpe,
Umwälzpumpe
**circulator** Thermostat, Wasserbad
➤ **immersion circulator** Einhängethermostat,
Tauchpumpen-Wasserbad
**cissing** Scheckigkeit; *polym* Fischauge,
Blasenbildung (Silikonkrater)
**citric acid (citrate)** Zitronensäure, Citronensäure
(Zitrat/Citrat)
**citrulline** Citrullin, Zitrullin
**cladding** Ummantelung, Verschalung
**clamp** *vb* **(fix/attach/mount)** einspannen
**clamp** *n* Klammer; (vise/vice Br) Zwinge;
(Kegelschliffsicherung) clip (for ground joint)
Klemme
➤ **beaker clamp** Becherglaszange
➤ **chain clamp** Kettenklammer
➤ **compressor clamp/tube compressor clamp**
Schlauchsperre
➤ **extension clamp** Verlängerungsklemme
➤ **four-prong flask clamp** Federklammer
(für Kolben)
➤ **hemostatic forceps/artery clamp**
Gefäßklemme, Arterienklemme, Venenklemme
➤ **hook clamp** Hakenklemme (Stativ)
➤ **round jaw clamp** Klemme mit runden Backen
➤ **voltage clamp** Spannungsklemme
**clamp connector** Einspannklemme
**clamp holder/'boss'/clamp 'boss'**
**(rod clamp holder)** Kreuzklemme,
Doppelmuffe, Muffe (Stativ)
**clamping closure (dialysis tubing)**
Verschlussklammer, Verschlussclip
(Dialysierschlauch)
**clarification/purification** Klärung
(z. B. absetzen/entfernen von Schwebstoffen
aus einer Flüssigkeit)
**clarifier** *polym* Transparenzverstärker, Aufheller

**clarify/clear/straighten out/adjust** bereinigen
**clarifying filtration** Klärfiltration
**class frequency/cell frequency** *stat*
Klassenhäufigkeit, Besetzungszahl,
absolute Häufigkeit
**classification/classifying** Klassifikation,
Klassifizierung, Gliederung, Einteilung,
Gruppeneinteilung
**classify** klassifizieren, gliedern, einteilen
**classifying/classification** Klassifikation,
Klassifizierung, Gliederung, Einteilung,
Gruppeneinteilung
**clathrate/cage compound/enclosure compound/**
**cagelike inclusion compound** Clathrate,
Käfigeinschlussverbindung
**clay** Ton; Knete
➤ **calcined clay** gebrannter Ton
➤ **fireclay** Schamotte, Schamotteton
(feuerfester Ton)
➤ **modeling clay** Modellierknete
**clay marl** Tonmergel
**clay minerals** Tonminerale
**clay triangle/pipe clay triangle**
Tondreieck, Drahtdreieck
**claystone** Tonstein
**clean** *adv/adj* **(pure)** rein, sauber
**clean** *vb* (cleanse/tidy up) putzen, säubern;
(purify) reinigen, aufbereiten
**Clean Air Act (***US***)**
Gesetz zur Reinhaltung der Luft
**clean bench/safety cabinet**
Sicherheitswerkbank
**clean room/cleanroom** Reinraum, Reinstraum
**clean up/tidy up** aufräumen, sauber machen;
(mop up: e.g., floor) aufputzen
**cleanability** Reinigbarkeit;
Reinigungsmöglichkeit(en)
**cleaner** Reiniger; (cleaning personnel)
Reinigungkraft (Reinigungskräfte),
Reinigungspersonal
**cleaning/cleansing** Reinigung, Putzen,
Saubermachen
**cleaning agent** Putzmittel
**cleaning in place (CIP)** Reinigung ohne
Zerlegung von Bauteilen
**cleaning pad/scrubber/sponge** Putzschwamm
**cleaning solution** Reinigungslösung
**cleaning squad(ron)** Putzkolonne,
Reinigungtrupp
**cleaning utensils** Putzzeug
**cleanliness/neatness** Reinlichkeit
**cleanroom** Reinraum, Reinstraum
**cleanroom bench** Reinraumwerkbank

**cleanroom gloves** Reinraumhandschuhe
**cleanse/clean up/tidy (up)** reinigen, säubern
**cleanser/cleaning agent** Reinigungsmittel;
(detergent) Detergens
**cleansing tissue** Reinigungstuch (Papier)
**cleanup** Säuberungsaktion
**clear** *vb* **(clarify/purify)** klären (z. B. absetzen/
entfernen von Schwebstoffen aus einer
Flüssigkeit)
**clear glass** Klarglas
**clearance** Clearance, Klärung; Abstand (Geräte/
Möbel etc.); Räumung, Ausverkauf
**cleared** geklärt
**clearing temperature** Klärtemperatur
**cleavable/crackable** spaltbar
**cleavage/breakage/opening/cracking/splitting/
breakdown** Spaltung; Spaltbarkeit
**cleavage fusion** Spaltfusion
**cleavage product/breakdown product**
Spaltprodukt
**cleave/break/open/crack/split/break down**
spalten
**cling wrap/cling foil** Frischhaltefolie
**clinically tested** klinisch getestet, geprüft
**clip/clamp/band clamp** Schelle, Klemme
➢ **alligator clip/alligator connector clip**
Krokodilklemme
➢ **joint clip/joint clamp/ground-joint clip/
ground-joint clamp** Schliffklammer,
Schliffklemme (Schliffsicherung)
**clock/clock generator/timing generator/
impulser** Taktgeber, Impulsgeber
**clock frequency** Taktrate
**clog(ged)/block(ed)** verstopfen (verstopft)
**close-packed** dichtgepackt (z. B. Kristalle)
**closed/sealed** verschlossen
**closed-cell foam/unicellular foam**
geschlossenzelliger Schaumstoff
**closed-chain (ring)** geschlossenkettig
(ringförmig)
**clot** *n* **(e.g., blood clot)** Gerinnsel (z. B. Blut)
**clot** *vb* gerinnen, koagulieren
**cloth/wiping cloth/rag (wipes)** Wischtuch,
Wischlappen
**cloth tape** Gewebeband, Textilband (einfach)
**clothing/apparel** Bekleidung, Kleidung
**clotting** Gerinnung, Koagulierung
**clotting factor** Gerinnungsfaktor
**cloud** Wolke
**cloud chamber** *phys* Nebelkammer
**cloud point** Trübungspunkt
**cloud seeding** *meteo/ecol* Wolkenimpfung
**cloudiness/turbidity** Trübe, Trübheit, Trübung
(Flüssigkeit/Kunststoff)

**clouds of smoke/fumes** Rauchschwaden
**cloudy/turbid** trüb (Flüssigkeit)
**clump/lump** *n* Klumpen; (cake) Kruste:
fest verbackender Niederschlag
**clump/lump** *vb* klumpen, verklumpen,
fest verbacken, zusammenbacken: Präzipitat
**clutch/coupling/coupler/attachment** Kupplung
**cluttered** vollgestellt, zugestellt (Schränke/
Abzug etc.)
**coacervate** Koazervat
**coacervation** Koazervation
**coagulability** Koagulierbarkeit,
Gerinnungsfähigkeit
**coagulable** koagulierbar, gerinnungsfähig,
gerinnbar
**coagulate** *n* **(coagulum)** Koagulat
**coagulate** *vb* koagulieren, gerinnen
**coagulating agent/coagulator**
Koagulierungsmittel, Gerinnungsmittel
**coagulation** Koagulation, Koagulieren,
Koagulierung, Gerinnung
**coagulative nucleation**
Koagulations-Keimbildung
**coal** Kohle
➢ **anthracite/hard coal** Anthrazit, Kohlenblende
➢ **bituminous coal/soft coal** Steinkohle,
bituminöse Kohle
➢ **forge coal** Schmiedekohle
➢ **lean coal** Magerkohle
➢ **low-volatile bituminous coal (***US***)/
low-volatile coking steam coal (***Br***)** Esskohle
➢ **medium-volatile bituminous coal (***US***)/
medium-volatile coking steam coal (***Br***)**
Fettkohle
➢ **subbituminous coal** Glanzbraunkohle,
subbituminöse Kohle
**coal gas** Kohlengas
**coal hydrogenation** Kohlenhydrierung
**coal liquefaction** Kohlenverflüssigung
**coal tar** Kohlenteer, Steinkohlenteer
**coal tar pitch** Kohlenteerpech,
Steinkohlenteerpech
**coalesce** zusammenfließen, verschmelzen,
miteinander verschmelzen
**coalescence** Koaleszenz, Vereinigung,
Verschmelzung; (symphysis) Verwachsung
**coalification** Inkohlung
**coarse fiber** Grobfaser
**coarse-grain/coarse-grained** grobkörnig,
grobfaserig
**coat** Mantel, Haut, Hülle, Überzug; Anstrich;
Beschichtung; (gown) Kittel
➢ **laboratory coat/labcoat** Laborkittel,
Labormantel

> **protective coat/protective gown**
  Schutzkittel, Schutzmantel
> **protein coat** Proteinhülle
**coat protein** Hüllprotein
**coated paper/varnished paper** Lackpapier
**coating** Überzug, Beschichtung;
  Futter; Auftrageverfahren
**coating compound** Überzugsmasse,
  Überzugsstoff, Beschichtungsmasse
**coaxial cable** Coaxialkabel
**cobalamin (vitamin B$_{12}$)** Cobalamin, Kobalamin
**cobalt (Co)** Kobalt, Cobalt
**cobaltic** Kobalt(III)..., Cobalt(III)...
**cobaltous** Kobalt(II)..., Cobalt(II)...
**cocaine** Kokain
**cocatalyst** Cokatalysator
**cock** Hahn (Gashahn/Wasserhahn/Absperrhahn)
> **draincock** Ablasshahn, Ablaufhahn
> **glass stopcock** Glashahn
> **pinchcock** Quetschhahn
> **screw compression pinchcock**
  Schraubquetschhahn
> **single-way cock** Einweghahn
> **stopcock** Absperrhahn, Sperrhahn
> **three-way cock/T-cock/three-way tap**
  Dreiweghahn, Dreiwegehahn
**code/encode** codieren, kodieren
**coefficient of association** stat
  Assoziationskoeffizient
**coefficient of coincidence** Coinzidenzfaktor,
  Koinzidenzfaktor
**coefficient of expansion** Ausdehnungskoeffizient,
  Ausdehnungszahl
**coefficient of variation** stat Variationskoeffizient
**coefficient of viscosity** Viskositätskoeffizient,
  Zähigkeitskoeffizient
**coenzyme** Coenzym, Koenzym
**coercive force** Koerzitivkraft
**coercivity** Koerzitivität
**coextrusion** Koextrusion, Coextrusion,
  Mehrschichtextrusion, Vielschichtextrusion
**coherence** Kohärenz
**coherent light** kohärentes Licht
**cohesion** Kohäsion, Bindekraft
**cohesion energy density (CED)**
  Kohäsionsenergiedichte
**cohesion failure (fiber/adhesive joint)**
  Kohäsionsbruch (Faser/Klebeverbindungen)
**cohesion strength (fiber)** Kohäsionsfestigkeit
**cohesive** kohäsiv, zusammenhaltend
**cohesive energy density (CED)**
  Kohäsionsenergiedichte,
  kohäsive Energiedichte
**cohesive force** Kohäsionskraft

**coil** vb wickeln, aufrollen, winden;
  (coil up) aufwinden, aufwickeln
**coil** n Knäuel; Rolle; Wickel, Spule,
  Wicklung, Windung; Rohrschlange
> **unperturbed coil** ungestörtes Knäuel
**coil condenser/coil distillate condenser/**
  **coiled-tube condenser/spiral**
  **condenser** Schlangenkühler; (Dimroth type)
  Dimroth-Kühler
**coil conformation/loop conformation**
  Knäuelkonformation, Schleifenkonformation
**coil distillate condenser/coil condenser/**
  **coiled-tube condenser** Schlangenkühler
**coiling** Aufwinden
**coin cell/button cell (button battery)**
  Knopfzelle (Batterie)
**coinage metals** Münzmetalle
**coir (coconut fiber)** Kokosfaser
**coke** Koks
> **blast-furnace coke** Hüttenkoks, Hochofenkoks
> **foundry coke** Gießereikoks
> **petroleum coke** Petrolkoks
> **semicoke** Halbkoks, Schwelkoks
**coke breeze** Koksgrus
**coke oven** Kokereiofen
**coke-oven gas** Kokereigas
**coking** Verkokung
**coking coal** Kokskohle
**colander** Seiher, Abtropfsieb
**colchicine** Colchicin, Kolchizin
**cold adhesive** Kaltklebstoff, Kaltkleber
**cold cure (cold vulcanizing)/**
  **room temperature vulcanizing (RTV)**
  Kalthärten, Härten bei Raumtemperatur
**cold-curing** kalthärtend
**cold drawing/cold stretching** Kaltverstreckung
**cold finger (finger-type condenser)** Kühlfinger
**cold flow** Kaltfluss, kalter Fluss
**cold hardening** Kaltaushärtung, Kaltaushärten,
  Kalthärten
**cold molding** Kaltpressen, Kaltpressverfahren
**cold polymerization** Kaltpolymerisation,
  Tieftemperaturpolymerisation
**cold resistance** Kälteresistenz
**cold-resistant gloves** Kälteschutzhandschuhe
**cold room ('walk-in refrigerator')/**
  **cold-storage room/cold store/'freezer'**
  Kühlraum, Gefrierraum
**cold-sensitive** kälteempfindlich, kältesensitiv
**cold shock** Kälteschock
**cold spray** Kälte-Spray
**cold sterilization** Kaltsterilisation
**cold storage/deep freeze** Kühlraum,
  Kühlkammer, Kühlhaus

cold-storage room/cold store/'freezer'
Kühlraum, Gefrierraum
cold store Kühlhaus
cold trap/cryogenic trap Kühlfalle
cold vulcanizing (cold cure)/
room temperature vulcanizing (RTV)
Kaltvulkanisation, V. bei Raumtemperatur
cold-worked kaltverarbeitet
cold-working Kaltverarbeitung
colinearity Colinearität, Kolinearität
collaboration/cooperation Zusammenarbeit
collagen Kollagen
collapsible core Faltkern
collector slit ms Austrittsspalt, Kollektorspalt
colligative properties kolligative Eigenschaften
(konzentrationsabhängig)
collimator Kollimator
collision Kollision, Stoß
collision activation Stoßaktivierung
collision cross section nucl Stoßquerschnitt
collision gas Stoßgas
collision-induced dissociation (CID)
stoßinduzierte Dissoziation,
stoßaktivierter Zerfall
collision quadrupole Stoßquadrupol
collodion Kollodium
collodion cotton Kollodiumwolle
colloid Kolloid
colloidal kolloidal
colloidal solution Kolloidlösung,
kolloidale Lösung
colophony/rosin (Pinus spp.) Kolophonium
color/shade/tint/tone/pigmentation/
coloration Färbung, Farbton, Pigmentation
color change Farbumschlag, Farbänderung
color-matching Farbanpassung
color vision Farbensehen
colorfast farbstabil
colorfastness Farbstabilität
column Säule; Kolonne, Turm (Bioreaktor)
➤ capillary column Kapillarsäule
(Trennkapillare: GC)
➤ distillation column/distilling column
Destillierkolonne
➤ drying column/drying tower
Trockensäule, Trockenturm
➤ guard column/precolumn (HPLC)
Schutzsäule, Vorsäule
➤ open tubular column Kapillarsäule (offene)
➤ packed distillation column Füllkörperkolonne
➤ plate column dist Bodenkolonne
➤ spinning band column Drehbandkolonne
➤ spray column dist Sprühkolonne

➤ stripping column dist Abtriebsäule,
Abtreibkolonne
➤ Vigreux column Vigreux-Kolonne
➤ water column (column of water) Wassersäule
column chromatography Säulenchromatographie
column efficiency chromat Säulenwirkungsgrad
column packing chromat
Säulenfüllung, Säulenpackung;
Füllkörper (für Destillierkolonnen)
column reactor Säulenreaktor, Turmreaktor
comb polymer Kammpolymer
combinatorial entropy Kombinationsentropie
(Konfigurationsentropie)
combust/incinerate/burn verbrennen
combustibility/flammability Brennbarkeit
combustible/flammable brennbar
combustion (incineration) Verbrennung
➤ enthalpy of combustion
Verbrennungsenthalpie
➤ heat of combustion Verbrennungswärme
combustion furnace Verbrennungsofen
combustion gases Brandgase
combustion heat/heat of combustion
Verbrennungswärme, Verbrennungsenthalpie
combustion tube/ignition tube Glühröhrchen
combustion tube test/ignition tube test
Glührohrprobe
comestible/eatable/edible genießbar, essbar
commercial product Handelsform
comminute zerreiben, pulverisieren; zerkleinern,
zersplittern, zerstückeln
comminution Zerreibung, Pulverisierung;
Zerkleinerung, Zersplitterung; Abnutzung
commissioning/certification (of a lab upon
completion) Abnahme (eines Labors nach
Fertigstellung)
commodity plastic (bulk plastic/volume plastic)
Standardkunststoff, Massenkunststoff,
Massenplast
compact vb kompaktieren, verdichten, stopfen
compacted bulk density Stopfdichte
compactness/denseness Dichte
compaction Kompaktieren, Kompaktierung,
Verdichten, Verdichtung; Kornvergrößerung,
Stückigmachen
comparative substance Vergleichssubstanz
comparison (reference) Vergleich
compartmenta(liza)tion/sectionalization/
division Fächerung, Kompartimentierung,
Unterteilung
compatibility Kompatibilität, Verträglichkeit;
(tolerance) Toleranz

compatibilizer Verträglichkeitsmacher; Phasenvermittler

compatible kompatibel, verträglich; (tolerant) tolerant

➢ incompatible/intolerant unverträglich, inkompatibel, intolerant

compensation point Kompensationspunkt

compete konkurrieren, in Wettstreit stehen

competence Kompetenz, Fähigkeit, Zuständigkeit

competing reaction Konkurrenzreaktion

competition Kompetition, Konkurrenz, Wettbewerb

competitive kompetitiv, konkurrierend

competitive inhibition kompetitive Hemmung, Konkurrenzhemmung

complementary komplementär

complementation Komplementation

complete fertilizer Volldünger

complete reaction vollständige Reaktion

complex Komplex

➢ inclusion complex/inclusion compound (host-guest complex) Einschlussverbindung, Inklusionsverbindung

➢ transition complex Übergangskomplex

complex compound/coordination compound Komplexverbindung, Koordinationsverbindung

complex ion Komplexion

complex salt Komplexsalz

complexing/chelation/chelate formation Komplexbildung, Chelatbildung

complexing agent/chelating agent/chelator Komplexbildner, Chelatbildner

➢ auxiliary complexing agent Hilfskomplexbildner

complexity Komplexität

compliance Einhaltung; polym Nachgiebigkeit, Komplianz

➢ compression compliance Kompressionsnachgiebigkeit

➢ shear compliance Schernachgiebigkeit

➢ tensile compliance Zugnachgiebigkeit

component/constituent Komponente, Bestandteil

compose/put together/combine/assemble zusammensetzen

composite Mischung, Zusammensetzung, Verbund

➢ nanocomposite Nanocomposite

composite construction Verbund

composite crystal/multilayer crystal Schichtkristall

composite foil/film Verbundfolie, Mehrschichtfolie

composite material Kompositwerkstoff, Verbundwerkstoff

composite metal Verbundmetall

composite panel/composite board Verbundplatte

composition/combination/assembly Zusammensetzung; (Pyrotechnik/ Feuerwerkerei) Mischung, Satzmischung

compound adj/adv zusammengesetzt, verbunden

compound n chem Verbindung; tech Masse (Formmasse/Spachtelmasse etc.)

➢ addition compound (of two compounds)/ additive compound (saturation of multiple bonds) Additionsverbindung

➢ additive compound (saturation of multiple bonds) Additionsverbindung

➢ cage-like inclusion compound/clathrate Käfigeinschlussverbindung, Clathrate

➢ carbon compound Kohlenstoffverbindung

➢ casting compound Gießmasse

➢ chemical compound chemische Verbindung

➢ coating compound Überzugsmasse, Überzugsstoff, Beschichtungsmasse

➢ coordination compound/complex compound Koordinationsverbindung, Komplexverbindung

➢ cyclic compound cyclische Verbindung, Ringverbindung

➢ high-energy compound energiereiche Verbindung

➢ inclusion compound (host-guest complex) Einschlussverbindung, Inklusionsverbindung

➢ intermetallic compound intermetallische Verbindung

➢ interstitial compound Zwischengitterverbindung, interstitielle Verbindung

➢ labeled compound nucl/rad markierte Verbindung, Markersubstanz

➢ molding compound Formmasse, Pressmasse, Spritzgussmasse, Abgussmasse

➢ nitrogenous compound/nitrogen-containing compound Stickstoffverbindung

➢ organosilicon compounds Organosiliziumverbindungen

➢ organotin compounds Organozinnverbindungen, zinnorganische Verbindungen

➢ parent compound/parent molecule (backbone) Grundkörper (Strukturformel)

➢ parting agent/parting compound/mold release agent Separationsmittel (Formguss)

compound microscope zusammengesetztes Mikroskop

**compounding** Mischen, Vermischen;
*polym* Compoundieren, Aufbereiten,
Formmassenaufbereitung
**compreg** Kunstharzpressholz
**compress/contract** stauchen; (condense/
compact/concentrate/thicken) verdichten;
zusammendrücken; zusammengezogen
**compressed air/pressurized air**
Druckluft, Pressluft
**compressed air breathing apparatus**
Pressluftatmer
**compressed gas/pressurized gas** Druckgas
**compressibility** Kompressionsfähigkeit,
Komprimierbarkeit, Kompressibilität,
Zusammendrückbarkeit
➢ **incompressibility** Inkompressibilität,
Nichtkomprimierbarkeit
**compression** Kompression, Stauchung;
(condensation) Verdichtung
**compression cock** Quetschhahn
**compression compliance**
Kompressionsnachgiebigkeit
**compression coupling** Klemmkupplung,
Druckkupplung
**compression fitting** Konusverschraubung
(Hochdruck-Steck-Schraubverbindung)
**compression heat** Kompressionswärme,
Verdichtungswärme
**compression injection molding** Spritzprägen
**compression modulus** Kompressionsmodul
**compression molding (CM)**
Kompressionsformen, Kompressionsguss
(Wärme&Druck)
**compression ratio** Kompressionsverhältnis,
Verdichtungsgrad
**compression seal** Druckverschluss
**compressive strength** Druckfestigkeit, Stauchhärte
**compressor clamp/tube compressor clamp**
Schlauchsperre
**Compton edge** *spectr* Compton-Kante
**computational chemistry** Computerchemie
**computed tomography (CT)**
Computertomographie
**concatenate** verketten
**concatenation** Verkettung
**concentrate** *n* Konzentrat
**concentrate** *vb* konzentrieren; verdichten,
eindicken; (accumulate/fortify) anreichern
**concentration** Konzentration, Eindickung,
Anreicherung
➢ **inhibitory concentration** Hemmkonzentration
➢ **limiting concentration** Grenzkonzentration
➢ **median lethal concentration (LC$_{50}$)**
mittlere letale Konzentration (LC$_{50}$)

➢ **osmolarity/osmotic concentration** Osmolarität,
osmotische Konzentration
**concentration gradient** Konzentrationsgefälle,
Konzentrationsgradient
**concrete** Beton
➢ **ferroconcrete** Stahlbeton
➢ **foam concrete** Schaumbeton
➢ **iron concrete** Eisenbeton
➢ **ready-mixed concrete** Fertigbeton, Frischbeton,
Transportbeton
➢ **reinforced concrete (RC)** Stahlbeton
➢ **steel concrete** Stahlbeton
**concussion fuse** Erschütterungszünder
**condensate** Kondensat
**condensation** Kondensation
➢ **polycondensation (condensation polymerization)**
Polykondensation
**condensation polymerization/condensed**
**polymerization** Kondensationspolymerisation,
kondensative Polymerisation, kondensierende
Polymerisation
**condensation pump/diffusion pump**
Diffusionspumpe
**condensation reaction/dehydration reaction**
Kondensationsreaktion, Dehydrierungsreaktion
**condensation water (condensed moisture)**
Kondensationswasser, Schwitzwasser
**condense** kondensieren; verflüssigen;
konzentrieren
**condenser** Kühler; *opt* Kondensator
➢ **air condenser** Luftkühler
➢ **Allihn condenser** Kugelkühler
➢ **coil condenser/coil distillate condenser/**
**coiled-tube condenser/spiral condenser**
Schlangenkühler;
(Dimroth type) Dimroth-Kühler
➢ **cold finger (finger-type condenser)** Kühlfinger
➢ **jacketed coil condenser** Intensivkühler
➢ **Liebig condenser** Liebigkühler
➢ **reflux condenser** Rückflusskühler
➢ **suspended condenser/cold finger**
Einhängekühler, Kühlfinger
**condenser jacket** Kühlmantel
**condensing point** Kondensationspunkt
**condition** *n* Bedingung, Zustand, Beschaffenheit
**condition** *vb* konditionieren
**conditional lethal** bedingt letal, konditional letal
**conditioning** Konditionieren; *med/chromat*
Konditionierung
**conduct/transport/translocate/lead**
leiten (Elektrizität/Flüssigkeiten)
**conductance** Leitfähigkeit
**conductance diagram** Leitkennlinie
**conducting** leitend

conducting salt Leitsalz, leitendes Salz
conduction/conductance/transport/
   translocation Leitung
conduction band Leitungsband,
   Leitfähigkeitsband
conductive leitfähig, leitend
➤ nonconductive nichtleitend
conductivity Leitfähigkeit, Leitvermögen
➤ ionic conductivity Ionenleitfähigkeit
➤ photoconductivity Lichtleitfähigkeit
➤ superconductivity Supraleitfähigkeit,
   Supraleitung
➤ thermal conductivity Wärmeleitfähigkeit
conductivity improver Leitfähigkeitsverbesserer
conductivity meter Leitfähigkeitsmessgerät
conductometric titration Leitfähigkeitstitration,
   konduktometrische Titration, Konduktometrie
conductor Leiter, Stromleiter; electr Phase
➤ nonconductor Nichtleiter
conduit (pipe/duct/tube) Rohr, Röhre; Kanal;
   (conduit pipe) Rohrleitung, Leitungsrohr
cone/ground cone/ground-glass cone
   (male: ground-glass joint)
   Schliffkern (Steckerteil)
cone adapter/screwthread adapter Kernadapter,
   Gewindeadapter
cone-plate viscometer/cone-and-plate
   viscometer Kegel-Platte-Viskosimeter
cone valve/mushroom valve/pocketed valve
   Kegelventil
confidence interval stat Konfidenzintervall,
   Vertrauensintervall, Vertrauensbereich
confidence level stat Konfidenzniveau,
   Konfidenzwahrscheinlichkeit
confidence limit stat Konfidenzgrenze,
   Vertrauensgrenze, Mutungsgrenze
configuration Konfiguration
configurational isomer Konfigurations-Isomer,
   Konfigurationsisomer
configurational isomerism
   Konfigurations-Isomerie
configurational repeating unit konfigurative
   Repetiereinheit (Strukturelement)
confirm/verify/validate/authentify bestätigen,
   vergewissern
confirmation/verification/validation/
   authentification Bestätigung, Vergewisserung
confirmatory data analysis
   konfirmatorische Datenanalyse
confluence Zusammenfluss
confluent zusammenfließen
confocal laser scanning microscopy
   konfokale Laser-Scanning Mikroskopie
conformation Konformation

➤ boat conformation Wannenform,
   Bootkonformation (Cycloalkane)
➤ chair conformation Sesselform (Cycloalkane)
➤ coil conformation/loop conformation
   Knäuelkonformation, Schleifenkonformation gen
➤ loop conformation/coil conformation
   Schleifenkonformation, Knäuelkonformation
➤ random walk conformation/random coil
   conformation/random flight conformation
   Zufallskonformation, ungeordnete
   Konformation
➤ relaxed relaxiert, entspannt
➤ ring conformation Ringform
➤ staggered gestaffelt (0°/120°)
conformational energy Konformationsenergie
conformational isomer Konformations-Isomer
conformational isomerism
   Konformations-Isomerie
conformer/conformational isomer Konformer,
   Konformationsisomer
congeal kongelieren, erstarren lassen (gefrieren)
congelation/congealing Erstarren (Gefrieren);
   erstarrte Masse
congener Congener, Kongener
congeneric gleichartig, verwandt
congenial kongenial, verwandt, gleichartig
congest stauen, verstopfen
conglomerate vb sich zusammenballen,
   ansammeln
conglomerate n Gemisch, Anhäufung;
   geol Konglomerat; Trümmergestein
conglutinate zusammenleimen/kitten/kleben;
   verkleben
conical socket Kegelhülse
conjugate konjugieren
conjugated bond konjugierte Bindung
conjugated double bond
   konjugierte Doppelbindung
connect (to/with)/bond/link
   verbinden, anschließen
connecting cord electr Verbindungsschnur;
   (extension cord) Verlängerungsschnur
connection (bond/linkage) Verbindung;
   electr Anschluss, Leitung
consecutive reaction Konsekutivreaktion,
   Folgereaktion
conserve/preserve (store/keep) konservieren,
   präservieren, haltbar machen, erhalten
consist (of) konsistieren, beschaffen sein,
   bestehen (aus)
consistency Konsistenz, Beschaffenheit
consolute temperature/critical solution
   temperature kritische Lösungstemperatur
constancy/presence degree Stetigkeit

constant *n* Konstante
constant proportions konstante Proportionen
constituent Komponente, Bestandteil
constitutional formula Konstitutionsformel
constitutional isomer Konstitutions-Isomer
constitutional isomerism Konstitutions-Isomerie
constitutional repeating unit (CRU) konstitutive
  Repetiereinheit (Strukturelement) (KRE)
constitutional unit *polym* konstitutive Einheit
constitutive name Konstitutionsname
constrict verengen, einschnüren
constriction Verengung, Enge, Einschnürung
construction/structure/body plan/anatomy
  Aufbau (Struktur)
consumable goods/consumables
  Verbrauchsmaterial
contact *n* (exposure) Kontakt, Berührung,
  Kontakt (z. B. mit Chemikalien)
contact *vb* Kontakt haben, berühren,
  in Verbindung bringen, in Berührung bringen
contact acid Kontaktsäure
contact adhesive/impact adhesive/
  pressure-sensitive adhesive Haftkleber,
  Kontaktkleber, Kontaktklebstoff (durch
  Andrücken)
contact allergen Kontaktallergen
contact catalysis/surface catalysis
  Kontaktkatalyse
contact cooling Kontaktkühlung
contact element/electrical contact/contact
  Kontaktelement
contact hazard Kontaktrisiko (Gefahr bei Berühren)
contact inhibition Kontaktinhibition,
  Kontakthemmung
contact insecticide Kontaktinsektizid
contact ion pair/tight ion pair Kontaktionenpaar
contact lube Leitöl
contact pesticide Kontaktpestizid
contact poison Kontaktgift, Berührungsgift
contact process (H$_2$SO$_4$ production)
  Kontaktverfahren
contact time Einwirkzeit
contact twin (crystals) Kontaktzwilling,
  Berührungszwilling
contagion/infection Ansteckung, Infektion
contagious/infectious ansteckend,
  ansteckungsfähig, infektiös
contain enthalten, fassen, umfassen,
  einschließen; zurückhalten, begrenzen,
  (a chemical spill etc.) eindämmen
container (large)/receptacle (small) Behälter,
  Behältnis, Kanister
containment Einschließung, Einschluss;
  Eindämmung; Sicherheitsbehälter (eines
  Reaktors)

➤ biohazard containment (laboratory)
  (classified into biosafety containment
  classes) Sicherheitslabor, Sicherheitsraum,
  Sicherheitsbereich (S1–S4)
➤ biological containment biologische
  Sicherheit(smaßnahmen)
containment level Einschlussgrad
  (physikalische/biologische Sicherheit)
➤ biological containment level Biologische
  Sicherheit(smaßnahmen)
➤ physical containment level Sicherheitsstufe
  (Laborstandard), Laborsicherheitsstufe
containment vector Sicherheitsvektor
contaminant Verseuchungsstoff, Schadstoff,
  Verunreinigung
contaminate (pollute) kontaminieren,
  verunreinigen; belasten (belastet/verschmutzt);
  verseuchen
contamination Kontamination, Verunreinigung;
  (pollution) Belastung, Verschmutzung;
  Verseuchung
continued use/usage Weiterverwendung
continuity tester *electr* Durchgangsprüfer
continuous plug-flow reactor Strömungsrohr
  (Kolbenfluss)
continuous run/operation/duty (long-term/
  permanent run/operation) Dauerbetrieb,
  Dauerleistung, Non-Stop-Betrieb
continuous stirring stetiges Rühren
continuous use Dauernutzung
continuous-flow fast atom bombardment
  (CF-FAB) Continuous-Flow-FAB
continuous working temperature/
  long-term service temperature
  Dauergebrauchstemperatur
continuously adjustable/variably adjustable
  stufenlos regulierbar
contort drehen, verdrehen
contour/outline Umriss
contour length (displacement length)
  Konturlänge
contract *vb* kontrahieren, zusammenziehen
contrast *vb* kontrastieren
contrast agent Kontrastmittel
contrast staining/differential staining *micros*
  Kontrastfärbung, Differentialfärbung
control *n* Kontrolle; Steuerung;
  (regulation) Regelung, Regulierung
control *vb* (check/inspect/supervise)
  kontrollieren, überwachen, beaufsichtigen
control element/control unit Regelglied
control engineering Steuerungstechnik
control knob/button Regler (Schlater/Knopf)
control lever Schalthebel

control panel Bedienfeld; (switchboard)
Schalttafel
control system Kontrollsystem;
(of a process) Regelstrecke
control technology Regeltechnik,
Regelungstechnik
control unit Regeleinheit, Steuereinheit;
(control system) Regelgerät, Steuergerät
control valve Regelventil
control voltage Regelspannung
controlled area Kontrollbereich,
kontrollierter Bereich
controlled drug release/controlled release
system kontrollierte Wirkstofffreigabe
controlled variable/controlled condition/
process variable Regelgröße
controlling element/adjuster/actuator Stellglied
controlling instrument/control instrument/
monitoring instrument Kontrollgerät
convection current Konvektionsströmung,
Konvektionsstrom
convection oven Konvektionsofen
➢ gravity convection oven Konvektionsofen
mit natürlicher Luftumwälzung
convenience foods vorgefertigte/bequeme
Lebensmittel (nicht gleich: Fertiggerichte)
conversion Konvertierung, Umwandlung
conversion dynode Konversionsdynode
conversion table Umrechnungstabelle
conversion-time curve Umwandlungs-Zeit-Kurve
convert konvertieren, umwandeln; umrechnen
conveyor/conveying system Förderer,
Fördergerät, Förderanlage, Fördersystem;
Stetigförderer
➢ pressure conveyor Druckstetigförderer
conveyor belt Förderband, Transportband;
Gurtband
convolution Verwindung (Fasern)
cook/boil kochen
cooker/boiler Kocher
cool vb (chill/refrigerate) kühlen; (let cool)
erkalten lassen
➢ let cool erkalten (lassen)
➢ supercool unterkühlen
cool down (get cooler) abkühlen
cool-down period/cooling time (autoclave)
Abkühlzeit, Abkühlphase, Fallzeit
coolant (allg/direkt) Kältemittel, Kühlflüssigkeit,
Kühlmittel; (cooling water) Kühlwasser;
(lubricant) Kühlschmierstoff, Kühlschmiermittel
cooler Kühlbox
cooling beaker/chilling beaker/tempering beaker
(jacketed beaker) Temperierbecher
cooling coil/condensing coil Kühlschlange
cooling pack/cooling unit Kühlakku, Kälteakku

cooling water Kühlwasser
cooperate/collaborate kooperieren,
zusammenarbeiten
cooperation/collaboration Kooperation,
Zusammenarbeit
cooperative binding kooperative Bindung
cooperativity Kooperativität
coordinate koordinieren
coordinate bond/dative bond/semipolar
bond/dipolar bond koordinative Bindung,
dative Bindung, halbpolare Bindung,
Donator-Akzeptor-Bindung
coordination Koordination
coordination compound/complex compound
Koordinationsverbindung, Komplexverbindung
coordination isomerism Koordinationsisomerie
coordination number (CN) Koordinationszahl (KZ)
coordination polymerization
Koordinationspolymerization
copolymer Copolymer
➢ alternating copolymer
alternierendes Copolymer
➢ block copolymer Blockcopolymer
➢ graded copolymer/tapered copolymer
Gradientencopolymer
➢ graft copolymer Pfropfcopolymer
➢ periodic copolymer periodisches Copolymer
➢ random copolymer statistisches Copolymer
mit Bernoulli-Statistik
➢ segmented copolymer/segment copolymer
Segmentcopolymer, segmentiertes
Copolymer
➢ statistical copolymer statistisches Copolymer
copolymerization Copolymerisation
copper (Cu) Kupfer
copper(I)/cuprous Kupfer(I)...
copper(II)/cupric Kupfer(II)...
copper filings Kupferspäne, Kupferfeilspäne
copper grid Kupfernetz
copper grid mesh Kupferdrahtnetz
copper oxide black/cupric oxide/
copper monoxide CuO Kupfer(II)-oxid
copper oxide red/cuprous oxide/
copper suboxide $Cu_2O$ Kupfer(I)-oxid
copper sulfate/copper vitriol/cupric sulfate $CuSO_4$
Kupfersulfat, Kupfervitriol
coprecipitate mitfällen
coprecipitation Mitfällung
copy number Kopienzahl
cord Leine, Schnur, Kordel, Strick, Strang, Seil
cordage Tauwerk
core n (center) Kern, Zentrum (Mark/Core);
(earth's core) Erdinnere; Kabelkern, Seele
core vb entkernen
core enzyme Core-Enzym, Kernenzym

cork Kork
cork-borer Korkbohrer
cork ring Korkring
corned gepökelt, eingesalzen;
(corned beef) gepökeltes Rindfleisch
corner frequency Grenzfrequenz
cornsteep liquor Maisquellwasser
corona discharge Koronaentladung
corona surface treatment
Korona-Oberflächenbehandlung
corpuscular radiation/particle
radiation Teilchenstrahlung,
Korpuskelstrahlung, Partikelstrahlung
correctness/exactness/accuracy *stat*
Richtigkeit, Genauigkeit
correlation coefficient Korrelationskoeffizient
corresponding states
übereinstimmende Zustände
corrode korrodieren, ätzen
corrodible korrodierbar, ätzbar
corrosion Korrosion, Ätzen, Ätzung
corrosion cell (galvan.) Korrosionselement
corrosionproof korrosionsbeständig
corrosive *adv/adj* korrosiv, korrodierend,
zerfressend, angreifend, (C) ätzend
corrosive *n* Korrosionsmittel, Ätzmittel
corrosiveness Korrosivität, Korrosionsvermögen,
Ätzkraft; Aggressivität
corrosivity Korrosivität
corrugated board Wellpappe
corrugated panel Wellplatte
cortisol/hydrocortisone Cortisol, Kortisol,
Hydrocortison
cortisone Cortison, Kortison
corundum $Al_2O_3$ Korund
cosmic radiation Höhenstrahlung,
kosmische Strahlung
co-spinning Verspinnen (Hybidfaser)
cost-benefit analysis Kosten-Nutzen-Analyse
cost-efficient production preisgünstige
Produktion
cotton Baumwolle; (absorbent cotton) Watte
cotton ball/cotton pad Wattebausch,
Baumwoll-Tupfer
cotton fiber Baumwollfaser
cotton gloves Baumwollhandschuhe
cotton stopper Wattestopfen
Couette flow Couette-Strömung
Couette rheometer Couette-Rheometer
Couette rotary viscometer
Couette-Rotationsviskosimeter
coulometric titration coulometrische Titration,
Coulometrie
count Zählung

counterbalance/counterpoise Gegengewicht
countercurrent Gegenstrom
countercurrent distribution Gegenstromverteilung
countercurrent electrolysis Gegenstromelektrolyse
countercurrent electrophoresis
Gegenstromelektrophorese,
Überwanderungselektrophorese
countercurrent extraction Gegenstromextraktion
countercurrent immunoelectrophoresis/
counterelectrophoresis
Überwanderungsimmunelektrophorese,
Überwanderungselektrophorese
counterelectrode/counter electrode
Gegenelektrode
counterion (rarely: gegenion) Gegenion
counterpressure Gegendruck
counterreaction Gegenreaktion
counterselection Gegenselektion, Gegenauslese
countershading Gegenschattierung
counterstain *n* (counterstaining) *micros*
Gegenfärbung
counterstain *vb micros* gegenfärben
countertop/benchtop Arbeitsplatte, Arbeitsfläche
(Labor-/Werkbank), Tischoberfläche (Labortisch)
counting chamber Zählkammer
counting plate Zählplatte
counting tube/counter rad/nucl Zählrohr
couple/join/link koppeln, aneinander
festmachen, verbinden
coupled reaction gekoppelte Reaktion
coupled transport/co-transport
gekoppelter Transport
coupler/fitting Steckverbindung,
Steckvorrichtung
coupling (linkage) Kopplung; (coupler)
Kupplung, Verbinder, Verbindungsstück
(von Bauteilen); (bonding/anchoring)
Haftvermittlung; (spin: NMR) Kopplung
➢ fixed coupling starre Kupplung
coupling agent/bonding agent/anchoring
agent Haftmittel, Haftvermittler
coupling reaction *chem* Kupplungsreaktion
covalence/auxiliary valence Kovalenz,
Atomwertigkeit, Bindungswertigkeit,
Bindigkeit, Bindungszahl
covalent bond Kovalenzbindung,
kovalente Bindung
covariance analysis Kovarianzanalyse
cover value Deckungswert
coverage percentage/coverage level
Deckungsgrad
coverall (one-piece suit)/boilersuit/
protective suit Schutzanzug
(Ganzkörperanzug), Arbeitsschutzanzug

coverglass/coverslip *micros* Deckglas
coverglass forceps Deckglaspinzette
cow receiver adapter/'pig'/multi-limb vacuum
    receiver adapter (receiving adapter for three/
    four receiving flasks) *dist* Eutervorlage,
    Verteilervorlage, 'Spinne'
crack *n* Spalt; Riss, Sprung (Glas/Keramik etc.)
crack *vb* (break down/open) *chem* spalten, öffnen
crack arrester Rissfänger, Rissstopper
crack nucleus Risskeim
crack propagation Rissausbreitung,
    Rissaufweitung, Rissfortpflanzung
cracking/opening *chem* Öffnen;
    (petroleum) Kracken, Cracken
➢ catalytic cracking Katkracken
➢ fluid catalytic cracking (FCC)
    katalytisches Fließbettkracken
➢ hydrocracking Hydrokracken
➢ petroleum cracking Erdölkracken
➢ steam cracking Steamkracken
➢ thermal cracking thermisches Kracken
crash helmet Sturzhelm
cratering (film/plastic parts) Kraterbildung
craze Craze (Pseudobruch);
    (precursor to crack) Haarriss
craze growth Haarrisswachstum
crazed haarrissig (mit Haarrissen)
crazing Craze-Bildung, Spannungsrissbildung;
    (under tensile loading) Haarrissbildung
cream Kreme, Salbe
➢ barrier cream Gewebeschutzsalbe,
    Arbeitsschutzsalbe
cream of tartar/potassium hydrogentartrate
    Weinstein, weinsaures Kalium,
    Kaliumhydrogentartrat
creaming time *polym* Startzeit (Polyurethan
    Reaktionsspritzguss)
creatine Kreatin
creep *n* Kriechen, Fließen
creep failure/creep fracture Kriechbruch;
    Zeitstandbruch
creep resistance Kriechfestigkeit
creep strain Kriechdehnung
creep strength/creep resistance Zeitfestigkeit,
    Kriechfestigkeit; Zeitstandfestigkeit,
    Dauerstandfestigkeit
creep stress Kriechspannung,
    Kriechbeanspruchung;
    Zeitstandbeanspruchung
creep test (fluoride detection)
    Kriechprobe (Fluoridnachweis)
creep viscosity Kriechviskosität, Kriechzähigkeit
crêpe/crêpe rubber Krepp, Crêpe, Kreppgummi,
    Kreppkautschuk

cresol (methyl phenol/cresyl alcohol) Kresol
crevice/crack Spalte
crimp *n* (crimping/rippling/wrinkling) Kräuselung
crimp *vb* bördeln, kräuseln
crimp rigidity/crimp stability/crimp resistance
    Kräuselbeständigkeit
crimp seal Bördelkappe (für Rollrandgläschen/
    Rollrandflasche)
crimped glass fiber Kräuselglasfaser
crimper Verschließzange
➢ cap crimper Bördelkappen-Verschließzange,
    Verschließzange für Bördelkappen
crimp-seal vial Rollrandgläschen,
    Rollrandflasche (mit Bördelkappenverschluss)
critical density kritische Dichte
critical mass kritische Masse
critical point kritischer Punkt
critical point drying (CPD)
    Kritisch-Punkt-Trocknung
criticality Kritikalität
crop/crop yield/harvest Ernteertrag
cross/crossbreed/breed/interbreed
    kreuzen, züchten
cross-contamination Kreuzkontamination
cross-flow filtration Kreuzstrom-Filtration,
    Querstromfiltration
cross linker/crosslinking agent
    quervernetzendes Agens
cross-matching Kreuzprobe
cross-metathesis (CM) Kreuzmetathese
cross-polarization Querpolarisation
cross-propagation Querwachstum
cross-sectional area Durchgangsquerschnitt
cross reaction Kreuzreaktion
cross section Querschnitt
➢ capture cross section Einfangquerschnitt
➢ collision cross section Stoßquerschnitt
➢ effective cross section Wirkungsquerschnitt,
    Nutzquerschnitt
➢ scattering cross section Streuquerschnitt
cross sectional area Durchgangsquerschnitt
cross termination *polym* Kreuzabbruch
crossbeam impeller Kreuzbalkenrührer
crosshairs Fadenkreuz
crossing/cross/crossbre(e)d/breed/
    crossbreeding/interbreeding;
    (Kreuzungsprodukt) cross/breed
    Kreuzung, Züchtung
crosslink *n* (crosslinking) Quervernetzung
crosslink *vb* quervernetzen
crosslink density *polym* Vernetzungsdichte
crosslinkage Quervernetzung
crosslinked quervernetzt
crosslinked polymer vernetztes Polymer

**crosslinker/crosslinking agent**
  quervernetzendes Agens
**crosslinking** *adj/adv* vernetzend
**crosslinking** *n* Vernetzung
➢ **radiation crosslinking** Strahlenvernetzung
➢ **self-crosslinking** selbstvernetzend
**crosslinking agent** Härter, Vulkanisierungsmittel
**crotonic acid/α-butenic acid**
  Crotonsäure, Transbutensäure
**crowbar/jimmy** Brecheisen
**crown cap** Kronenkorken
**crown ether** Kronenether
**crown glass** Kronglas
**crucible** Tiegel, Schmelztiegel
➢ **filter crucible** Filtertiegel
➢ **glass-filter crucible** Glasfiltertiegel
➢ **Gooch crucible** Gooch-Tiegel
➢ **porcelain filter crucible** Porzellanfiltertiegel
**crucible adapter** Tiegeleinsatztulpe, Tulpe
**crucible furnace** Tiegelofen, Tiegelschmelzofen
**crucible induction furnace**
  Induktionstiegelschmelzofen
**crucible tongs** Tiegelzange
**crucible triangle** Tiegeldreieck
**cruciform** kreuzförmig
**cruciform structure** kreuzförmige Struktur
**crude** roh (crudum/crd.)
**crude cane sugar (unrefined)** Rohrohrzucker
**crude extract** Rohextrakt
**crude fiber** Rohfaser
**crude oil/petroleum** Rohöl, Erdöl
➢ **topped crude** getopptes Rohöl, Topped Crude
  (nach Entfernen flüchtiger Anteile)
**crude product** Rohprodukt (unaufgereinigt)
**crumb structure** Krümelstruktur
**crumple/crease/wrinkle** knittern
**crush** zermalmen, zerstoßen; (grind) zermahlen
**crushed ice** zerstoßenes Eis
**crusher** Mühle (grob)
**crust (earth's crust)** Erdkruste, Erdrinde
**cryolite/Greenland spar Na$_3$AlF$_6$** Kryolite
**cryoprotectant** Gefrierschutzmittel,
  Frostschutzmittel
**cryoprotection** Gefrierschutz
**cryoscopy** Kryoskopie
**cryosection/frozen section** Gefrierschnitt
**cryostat** Kryostat
**cryostat section** *micros* Kryostatschnitt
**cryoultramicrotome** Kryo-Ultramikrotom
**cryoultramicrotomy** Kryo-Ultramikrotomie
**crypt/cavity/cave** Höhlung
**crystal** Kristall

➢ **calamitic liquid crystal (LC)** calamitisches
  Flüssigkristall
➢ **composite crystal/multilayer crystal**
  Schichtkristall
➢ **ideal crystal/perfect crystal** Idealkristall
➢ **juxtaposition twins** Ergänzungszwillinge
  (Kristalle)
➢ **liquid crystal (LC)** Flüssigkristall
➢ **monocrystal** Monokristall, Einkristall
➢ **polycrystal** Vielkristall
➢ **quasi-crystal** Quasikristall
➢ **real crystal/nonideal crystal/imperfect crystal**
  Realkristall
➢ **rock crystal** Bergkristall
➢ **seed crystal/crystal nucleus** Impfkristall,
  Impfling, Keim, Keimkristall
➢ **small crystal/crystallite** Kriställchen
**crystal bridge/interlamellar bridge (tie
  molecules)** Kristallbrücke
**crystal class/crystallographic class** Kristallklasse,
  Symmetrieklasse
**crystal defect/lattice defect** Kristallbaufehler,
  Gitterfehler
**crystal face** Kristallfläche, Kristallebene
**crystal field** Kristallfeld
**crystal-field theory** Kristallfeldtheorie
**crystal growth** Kristallzüchtung
**crystal habit** Kristalltracht
**crystal imperfection/crystal defect** Kristallfehler
**crystal lattice** Kristallgitter
**crystal nucleus/crystallization nucleus/embryo**
  Kristallkeim
**crystal structure/crystalline structure**
  Kristallstruktur
**crystal-structure analysis/diffractometry**
  Kristallstrukturanalyse, Diffraktometrie
**crystal water/water of crystallization**
  Kristallwasser
**crystalline** kristallin
➢ **amorphous (non-crystalline)**
  nicht kristallin (ohne Kristallform)
➢ **liquid crystalline** flüssigkristallin
➢ **polycrystalline**
➢ **semicrystalline** semikristallin, teilkristallin
**crystalline polymer** kristallines Polymer
**crystallinity** Kristallinität
**crystallite** Kristallit, Kriställchen
**crystallizability** Kristallierbarkeit
**crystallization** Kristallisation
➢ **fractional crystallization** fraktionierte
  Kristallisation
➢ **recrystallization** Umkristallisation

**crystallization nucleus/crystal nucleus/embryo**
Kristallisationskern, Kristallisationskeim
**crystallize** kristallisieren
➤ **recrystallize** umkristallisieren, rekristallisieren
**crystallography** Kristallographie, Kristallkunde
**cull (uninjected molding resin)** *polym*
Ausschuss; Abfall
**cullet/glass cullet** Bruchglas
**cultivate** kultivieren
**cultivatible/arable** kultivierbar
**culture** *n* Kultur
**culture** *vb* kultivieren
**culture bottle** Kulturflasche
**culture dish** Kulturschale
**culture flask** Kulturkolben
**culture tube** Kulturröhrchen
**cumene/isopropylbenzene** Cumen, Cumol
**cumulative double bond** kumulierte
Doppelbindung
**cumulative effect** Anreicherungseffekt,
Gesamtwirkung
**cumulative frequency** *stat* Summenhäufigkeit,
kumulative Häufigkeit
**cumulative poison** Summationsgift,
kumulatives Gift
**cupel metal** Kapelle
**cupellation** Kupellation (Treibprozess/
Treibverfahren)
**cupola** Kupolofen, Kuppelofen
**cuprammonium silk/cuprammonium rayon/
fiber (CUP)** Kupferseide, Kuoxamseide,
Cuoxamseide, Cuprofaser
**cupric...** Kupfer(II)...
**cupric oxide/black copper oxide/copper
monoxide CuO** Kupfer(II)-oxid
**cuprous...** Kupfer(I)...
**cuprous oxide/red copper oxide/
copper suboxide Cu$_2$O** Kupfer(I)-oxid
**curd** geronnene Milch
**curd soap (domestic soap)** Kernseife
(feste Natronseife)
**curdle/coagulate** gerinnen, koagulieren
**cure** *vb* (heal *med*) heilen; (vulcanize chem/
polym) härten, aushärten, vulkanisieren;
(meat) pökeln (Fleisch)
**cure** *n* (healing *med*) Heilung;
*polym* Härten, Aushärten, Härtung,
Aushärtung, Vulkanisieren
➤ **air cure** Lufthärtung, Lufthärten
➤ **full cure** Durchhärtung, Durchhärten
➤ **hot-curing/thermocuring** Wärmehärten,
Heißhärten, Thermohärten
➤ **radiation curing** Strahlungshärtung,
Strahlungshärten
➤ **self-curing** Selbsthärtung, Selbsthärten

**cure-in-place** *polym* an Ort und Stelle aushärten
**cure shrinkage** Härtungsschrumpfung
**cure time/curing time/setting time/setting
period** Härtezeit, Härtungszeit, Aushärtezeit,
Aushärtungszeit, Abbindezeit
**curing** *adj/adv* härtend, aushärtend
**curing** *n* Härten, Härtung
➤ **air-curing** lufthärtend
➤ **cold-curing** kalthärtend
➤ **hot-curing/heat-curing/thermocuring**
wärmehärtend, heißhärtend, thermohärtend
➤ **moisture-curing** feuchtigkeitshärtend,
nasshärtend
➤ **postcuring/postvulcanization** Nachvernetzung,
Nachvulkanisation
➤ **rapid-curing/fast-curing** schnellhärtend
➤ **self-curing** selbsthärtend
**curing agent** Härter, Härtemittel, Vernetzer,
Aushärtungskatalysator
**curing oven** Vulkanisierofen
**curing period** *polym* Härtezeit, Abbindezeit
**curing temperature/setting temperature**
Härtungstemperatur
**curing time/curing period/(cure) setting time**
Härtezeit, Härtungszeit, Aushärtezeit,
Aushärtungszeit, Abbindezeit
**current** (flow) Strömung (Flüssigkeit);
(electric current/amperage/amps: charge/time)
Stromstärke (Strom, Elektrizität: Ladung/Zeit)
➤ **air current/airflow/current of air/air stream**
Luftströmung (Luftstrom)
➤ **density current** Konzentrationsströmung
➤ **eddy current** Wirbelstrom (Vortex-Bewegung)
**current carrier/conductor** Stromleiter
**current density** Stromdichte
**current meter/flowmeter** Strömungsmesser
**cut** adv (incised) schnittig, geschnitten,
eingeschnitten
**cut** *n* Schnitt; (slash wound) Schnittwunde;
med (incision) Schnitt, Schnittverletzung
**cut** *vb* schneiden, trennen
**cut-resistant gloves** Schnittschutz-Handschuhe
**cutaneous respiration/breathing (integumentary
respiration)** Hautatmung
**cutoff** Schluss, Ende; abrupte Beendigung;
Trennung; Trenngrenze, Ausschlussgrenze
(Teilchentrennung)
**cutoff filter** Sperrfilter
**cutoff valve** Schlussventil, Absperrventil
**cutting face/cutting plane** Schnittfläche,
Schnittebene
**cutting fluid** Schneidflüssigkeit
**cutting-grinding mill/shearing machine**
Schneidmühle

cutting mill/cutting-grinding mill/shearing
  machine Schneidmühle
cutting tool Schneidwerkzeug
cutting torch Schneidbrenner
cuvette/spectrophotometer tube
  Küvette (für Spektrometer)
cyanation Cyanierung
cyanic acid HOCN Cyansäure
cyanuric acid/tricarbimide Cyanursäure
cyanogen/dicyan/oxalonitrile $C_2N_2$ Dicyan,
  Cyanogen, Cyan, Oxalsäuredinitril
cyanogen chloride CNCl Cyanogenchlorid,
  Chlorcyan
cycle Zyklus, Cyclus; Ring; Takt; Kreislauf
➤ carbon cycle Kohlenstoffkreislauf
➤ dual cycle Doppelkreislauf
➤ duty cycle (machine/equipment)
  Arbeitszyklus (Gerät)
➤ fuel cycle *nucl* Brennstoffkreislauf
➤ futile cycle *biochem* Leerlauf-Zyklus,
  Leerlaufcyclus
➤ mineral cycle Mineralstoffkreislauf
➤ nitrogen cycle Stickstoffkreislauf
➤ nutrient cycle Nahrungskreislauf,
  Nährstoffkreislauf, Stoffkreislauf
➤ oxygen cycle Sauerstoffkreislauf
➤ phosphorus cycle Phosphorkreislauf
➤ sulfur cycle Schwefelkreislauf
➤ urea cycle Harnstoffzyklus, Harnstoffcyclus
➤ water cycle/hydrologic cycle Wasserkreislauf
cycle time (stroke/time) Takt; Taktzeit; (running
  time) Laufzeit (Gerät: für eine 'Runde')
cycle timing Taktung
cyclic cyclisch, zyklisch, ringförmig
cyclic compound cyclische Verbindung,
  Ringverbindung
cyclic hydrocarbon (closed ring) cyclischer
  Kohlenwasserstoff, Cyclokohlenwasserstoff
cyclic polymer Ringpolymer
cyclic process Kreisprozess
cyclic silicate/cyclosilicate Ringsilicat,
  Cyclosilicat
cyclic voltammetry cyclische Voltammetrie,
  Cyclovoltammetrie
cycling/circulation/recirculation/recirculating
  Kreislaufführung
cyclization Cyclisierung, Zyklisierung,
  Ringschluss
cyclize zum Ring schließen
cylinder Zylinder; (gas bottle) Druckflasche
➤ gas cylinder Druckgasflasche
➤ glass cylinder Glaszylinder
cylinder pressure gauge
  Flaschendruckmanometer

cylindric/cylindrical zylindrisch, cylindrisch,
  walzenförmig
cysteamine Cysteamin
cysteic acid Cysteinsäure
cysteine (C) Cystein
cystine Cystin
cytidine Cytidin, Zytidin
cytidine triphosphate Cytidintriphosphat
cytochemistry Cytochemie, Zytochemie,
  Zellchemie
cytochrome Cytochrom, Zytochrom
cytocidal zelltötend, zytozid
cytokine (biological response mediator)
  Cytokin, Zytokin
cytolytic cytolytisch, zytolytisch
cytopathic (cytotoxic) cytopathisch, zytopathisch,
  zellschädigend (zytotoxisch)
cytoplasm Cytoplasma, Zytoplasma, Zellplasma
cytoplasmic cytoplasmatisch, zytoplasmatisch
cytosine Cytosin
cytostatic agent/cytostatic Cytostatikum,
  Zytostatikum (meist *pl* Zytostatika/Cytostatika)
cytotoxic cytotoxisch, zellschädigend
cytotoxicity Cytotoxizität, Zytotoxizität
cytotoxin Zellgift, Zytotoxin, Cytotoxin

**D**

dab/swab tupfen, abtupfen
Dalton's laws Dalton'sche Gesetze
➤ 1. Dalton/law of partial pressures
  Gesetz der Partialdrücke
➤ 2. Dalton/law of multiple proportions
  Gesetz der multiplen Proportionen
damage *n* Schaden; Schädigung
damage *vb* schädigen; (hurt) schaden
damage response curve Schädigungskurve
damaged/defective schadhaft
damp *adv/adj* feucht
damp/dampen *vb* dämpfen, abschwächen;
  (deaden) schlucken (Schall)
damper Dämpfer, Schieber; Klappe;
  Befeuchter; Schalldämpfer
damping Dämpfung (von Schwingungen/
  z. B. Waage)
danger/hazard/risk/chance Gefahr, Gefährdung,
  Risiko
➤ extreme danger höchste Gefahr
➤ out of danger/safe/secure außer Gefahr
➤ public danger
  öffentliche Gefahr/Gefährdung/Risiko
danger allowance/hazard bonus Gefahrenzulage
danger area/danger zone Gefahrenbereich,
  Gefahrenzone

**danger class/category of risk/class of risk**
Gefahrenklasse
**danger of accident** Unfallgefahr
**danger of life/life threat** Lebensgefahr
**danger sign/warning sign** Warnschild
**danger zone** Gefahrenzone
**dangerous (risky)** gefährlich, riskant
➢ **not dangerous/harmless (safe)**
ungefährlich (sicher)
**dangerous for the environment (N = nuisant)**
umweltgefährlich
**dangerous goods/hazardous materials**
Gefahrgut, Gefahrgüter
(gefährliche Frachtgüter)
**dangerous substance/hazardous substance/**
**hazardous material** Gefahrstoff
**Daniell cell** Daniell-Element
**dansylation** Dansylierung
**darkfield microscopy** Dunkelfeld-Mikroskopie
**darkroom** Dunkelkammer
**dashpot** *polym* Dämpfer, Dämpfervorrichtung
**data** Daten
**data acquisition** Datenerfassung,
Datenaufnahme, Datenermittlung
**data analysis** Datenanalyse
**data processing** Datenverarbeitung
**data sheet** Datenblatt, Merkblatt (für
Chemikalien etc.)
**datalogger** Datenerfassungsgerät,
Messwertschreiber, Registriergerät
**dative** dativ (Bindung)
**dative bond/coordinate bond/semipolar**
**bond/dipolar bond** dative Bindung,
koordinative Bindung, halbpolare Bindung,
Donator-Akzeptor-Bindung
**daughter ion** Tochterion
**daughter nuclide** Tochternuklid
**dead-end filtration** Kuchenfiltration
**dead-end polymerization**
'Sackgassen'-Polymerisation
**dead space/headspace** Totraum
**dead stop** völliger Stillstand; fester Anschlag
**dead time** Totzeit, Trennzeit, Sperrzeit
**dead volume/deadspace volume/holdup**
**(volume)** Totvolumen (Spritze/GC)
**dead weight** Totlast, Eigenlast, Eigengewicht
**deaden** dämpfen, abschwächen, schlucken (Schall)
**deadly/fatal/lethal** tödlich, letal
**deadspace/headspace** Totraum
**deamidation/deamidization/**
**desamidization** Desamidierung
**deamination/desamination** Desaminierung
**deaerate** entlüften, entgasen
**deasphalting** Entasphaltisierung, Entasphaltieren

**debond (disbond)** auftrennen (Schweiß-/
Klebnaht)
**Deborah number** Debora-Zahl
**deburr** börkeln, abgraten; entgraten
**deburring** Börkeln, Abgraten; Entgraten
**decaf** koffeinfreier Kaffee
**decaffeinate** entkoffeinieren
**decaffeinated** koffeinfrei
**decalcification** Entkalkung, Dekalzifizierung
**decalcify** entkalken, dekalzifizieren
**decant** dekantieren, umfüllen, umgießen,
vorsichtig abgießen
**decantation** Dekantieren, Umfüllen,
vorsichtiges Abgießen
**decanter** Dekanter, Abklärflasche, Dekantiergefäß
**decarbonate** Kohlensäure entziehen
**decarburization** Entkohlung; Frischen
**decarburize** entkohlen; frischen
**decarburized steel** entkohlter Stahl
**decay** *vb* **(disintegrate/decompose/**
**fall apart)** zerfallen, zersetzen,
verrottung, verfaulen
**decay** *n* **(disintegration/decomposition)**
Zerfall, Zersetzung, Verrottung, Verfaulen;
(rot/putrefaction) Fäulnis
➢ **alpha decay** *nucl/rad* Alpha-Zerfall,
Alphazerfall, $\alpha$-Zerfall
➢ **beta decay** *nucl/rad* Betazerfall, Beta-Zerfall,
$\beta$-Zerfall
➢ **gamma decay** *nucl/rad* Gamma-Zerfall,
Gammazerfall, $\gamma$-Zerfall
**decay of variability** Variabilitätsrückgang
**decay product** Zerfallsprodukt,
Zersetzungsprodukt
**decay series/decay chain/disintegration**
**series/transformation series** Zerfallsreihe,
Zerfallskette
**deceleration phase/retardation phase**
Verlangsamungsphase, Bremsphase,
Verzögerungsphase
**deception/delusion** Täuschung
**decerating agent (for removing paraffin)**
*micros* Entparaffinierungsmittel
**deceration (paraffin removal)** Entparaffinierung
**decline phase/phase of decline/death phase**
Absterbephase
**decoct** abkochen, absieden; (digest: by heat/
solvents) digerieren
**decoction** Abkochung, Absud, Dekokt
**decoloration/bleaching** Entfärbung
**decolorizing agent** Entfärber, Entfärbungsmittel
**decompose** zersetzen
**decomposer** Zersetzer; Destruent, Reduzent

**decomposition (breakdown)** Zersetzung, Zerfall, Abbau, Verrottung, Verfaulen (Zusammenbruch)

**decomposition temperature/disintegration temperature** Zersetzungstemperatur

**decompress** dekomprimieren, den Druck wegnehmen

**decompression** Dekompression, Druckausgleich

**decontaminate** dekontaminieren, reinigen, entseuchen

**decontamination** Dekontamination, Dekontaminierung, Reinigung, Entseuchung

**decouple/uncouple/release** entkoppeln

**decoupling/uncoupling/release** Entkopplung

**decrepitation** Dekrepitieren, Dekrepitation

**dedifferentiation** Dedifferenzierung, Entdifferenzierung

**deep-draw press** Tiefziehpresse

**deep drawing** Tiefziehen

**deep etching** Tiefenätzung

**deep freeze** *n* Tiefkühlung; (deep freezer: chest) Tiefkühltruhe

**deep-freeze** *vb* tiefkühlen, tiefgefrieren

**deep-freeze compartment** Tiefkühlfach (des Kühlschranks)

**deep-freeze gloves** Tiefkühlhandschuhe, Kryo-Handschuhe

**deep freezer/deep-freeze/'cryo'** Tiefkühltruhe, Gefriertruhe; Tiefkühlschrank

**deep freezing/deep freeze** Tiefkühlung

**defective** schadhaft

**defervescence/delay in boiling (due to superheating)** Siedeverzug (durch Überhitzung)

**defibrate** defibrieren, zerfasern

**defibrator (separating into fibrous components)** Zerfaserungsmaschine, Stoffauflöser

**deficiency** Mangel, Defizienz

**deficient/lacking** mangelnd, Mangel.., defizient

**deflagrate** verpuffen; rasch abbrennen (lassen)

**deflagration** Verpuffung

**deflate** entleeren, ablassen (Gas/Luft ablassen/ herauslassen)

**deflation** Entleeren, Entleerung, Ablassen (Gas/Luft)

**deflect** ablenken, ableiten (umleiten)

**deflecting current** Ablenkstrom

**deflection** Ablenkung, Umlenkung; (dip/flexure) Durchbiegung

**deflection temperature** Wärmeformbeständigkeit

**deflection voltage** Ablenkungsspannung

**defoaming agent/antifoaming agent** Schaumdämpfungsmittel, Schaumdämpfer, Entschäumer

**defoliant** Entlaubungsmittel

**deform (distort/strain)** deformieren, verformen

**deformation (distortion/strain)** Deformation, Deformierung, Verformung, Formänderung

**deformation energy** Deformationsenergie, Verformungsenergie

**deformation limit** Deformationsgrenze, Verformungsgrenze

**deformation resistance** Deformationswiderstand, Verformungswiderstand

**deformation to fracture** Bruchverformung

**deformation vibration/bending vibration (IR)** Deformationsschwingung

**defrost** abtauen (Kühl-/Gefrierschrank)

**degas/degasify/outgas/devolatilize** entgasen, ausgasen

**degassing/gasing-out/devolatilization (extruder)** Entgasen, Entgasung

**degeneracy** Degeneration; Entartung

**degenerate** (IR) degenerieren; (AO) entarten, entartet; (regress) rückbilden

**degenerate matter** entartete Materie

**degenerate state (AO)** entarteter Zustand

**degeneration/degeneracy** Degeneration; Entartung

➢ **regression** Rückbildung

**degradability/decomposability** Abbaubarkeit

➢ **biodegradability** biologische Abbaubarkeit

➢ **enzymatic degradability** enzymatische Abbaubarkeit

➢ **photodegradability** Lichtabbaubarkeit

**degradation (decomposition/breakdown)** Abbau (Zersetzung/Zerfall/Zusammenbruch)

➢ **biodegradation** Biodegradation, biologischer Abbau

➢ **environmental degradation** Umweltzerstörung

➢ **Hofmann degradation** Hofmann-Abbau

➢ **photodegradation** Lichtabbau, photochemischer Abbau

➢ **thermal degradation** Wärmeabbau, Wärmezersetzung, thermischer Abbau

**degradation product** Abbauprodukt; Zersetzungsprodukt

**degrade/decompose/break down** abbauen, zersetzen

**degras** Degras

**degrease** entfetten

**degree of crystallization** Kristallisationsgrad

**degree of cure** Härtungsgrad

**degree of degeneracy** Entartungsgrad (IR)

**degree of dissociation** Dissoziationsgrad

**degree of freedom (df)** *stat* Freiheitsgrad

**degree of hardness** Härtegrad

**degree of ionization** Ionisationsgrad

**degree of orientation** Orientierungsgrad

**degree of polymerization (DP)**
Polymerisationsgrad
**degum** entgummieren, degummieren
**degumming** Entgummieren, Degummieren
**dehumidifier** Entfeuchter (Gerät)
**dehumidify** entfeuchten
**dehydrate** dehydratisieren, entwässern;
eintrocknen
**dehydrating** dehydrierend, wasserentziehend
**dehydration** Dehydratation, Entwässerung;
Wasserentzug
**dehydrogenate** dehydrieren, dehydrogenisieren,
Wasserstoff entziehen
**dehydrogenation** Dehydrierung,
Dehydrogenierung, Wasserstoffabspaltung
**deice** enteisen
**de-icing salt** Auftausalz, Tausalz; Streusalz
**de-icing spray/defroster** Defroster-Spray,
Entfroster-Spray, Enteisungsspray
**deinitiator (preventive antioxidant/**
**secondary antioxidant)** *polym* Desinitiator
**de-inking** Entfärben, Deinking;
Druckfarbenentfernung
**deionize** entionisieren
**deionized water** entionisiertes Wasser
**deionizing** Entionisierung
**deiron** enteisen
**delaminate** delaminieren (aufblättern/aufspalten)
**delamination** Delaminierung (Aufblätterung/
Aufspaltung)
**delay** *n* **(retardation)** Verzögerung
**delay** *vb* **(retard)** verzögern
**delayed damage** Spätschaden
**delayed effect** Verzögerungseffekt
**delayed ignition** verzögerte Zündung,
Zündverzug
**deliberate release** absichtliche Freisetzung
**deliberate release experiment/environmental**
**release experiment** Freisetzungsexperiment
**deliquescence** Zerfließen, Zerschmelzen,
Zergehen
**deliquescent** zerfließend, zerfließlich,
zerschmelzend, zergehend
**delivery** Lieferung, Auslieferung; (handing in/
dropoff) Abgabe, Einreichung (Ergebnisse etc.);
Beschickung, Zuführung
**delivery pressure/discharge pressure** Lieferdruck
**delivery tube (flask)** Beschickungsstutzen
(Kolben)
**delivery valve** Zulaufventil, Beschickungsventil
**delocalized orbital** delokalisiertes Orbital
**demanding (having high requirements or**
**demands)** anspruchsvoll

**demercuration** Entquickung (Beseitigung von
Quecksilber)
**demethylation** Demethylierung,
Desmethylierung
**demineralization** Entmineralisierung,
Demineralisation
**demister** Entfeuchter
**demount/disassemble/dismantle/strip/**
**take apart** demontieren
**demulcent** *adv/adj* reizlindernd
**demulcent** *n* Milderungsmittel, Demulcens
**demulgator/demulsifier** Demulgator,
Dismulgator, Emulsionsbrecher,
Emulsionsspalter
**demulsification** Demulgieren, Dismulgieren,
Brechen/Spalten einer Emulsion; Entmischung
**demulsify** demulgieren, eine Emulsion brechen/
spalten; entmischen
**den/denier (fiber unit: 1 den = 1 g/9000 m)**
Denier (1 den = 0.111 tex)
**denaturation/denaturing** Denaturierung
**denature** denaturieren; vergällen (z. B. Alkohol)
**denatured alcohol/methylated spirit**
denaturierter Alkohol, Brennspiritus
**denatured egg white** denaturiertes Eiweiß
**denaturing gel** denaturierendes Gel
**dendrimer** Dendrimer (Kaskadenmolekül)
**dendritic growth** dendritisches Wachstum
**dendritic polymer (star polymer)** dendritisches
Polymer (Sternpolymer)
**dendritic structure** Dendritstruktur,
dendritische Struktur
**denier (fiber unit: 1 den = 1 g/9000 m)**
Denier (1 den = 0.111 tex)
**dense (mass per volume)** dicht (Masse pro
Volumen)
**densimetry/density measurement**
Dichtebestimmung
**density (mass per volume)** Dichte (Masse pro
Volumen)
➢ **apparent density/gross density** Rohdichte,
Schüttdichte
➢ **buoyant density** Schwimmdichte, Schwebedichte
➢ **cohesion energy density**
Kohäsionsenergiedichte
➢ **compacted bulk density** Stopfdichte
➢ **crosslink density** Vernetzungsdichte
➢ **current density** Stromdichte
➢ **foam density** Schaumdichte
➢ **mass density** Massendichte
➢ **number density (of entities)/number**
**concentration** Partikeldichte, Teilchendichte
➢ **optical density/absorbance** optische Dichte,
Absorption

> tablet density/pellet density Stopfdichte
> vapor density Dampfdichte
density balance Dichtewaage
density current Konzentrationssströmung
density distribution Dichteverteilung
density gradient Dichtegradient
density gradient centrifugation
Dichtegradientenzentrifugation
denticity (of ligands) Zähnigkeit
deodorant Desodorierungsmittel, Deodorans,
Desodorans, Deodorant
deodorize desodorieren
deodorizing Desodorierung, Geruchsmaskierung
deoxidant Deoxidationsmittel
deoxidize desoxidieren, reduzieren, Sauerstoff
entfernen; beruhigen (Stahl)
deoxyribonucleic acid (DNA)
Desoxyribonucleinsäure,
Desoxyribonukleinsäure (DNS, DNA)
dephlegmation/fractional distillation
Dephlegmation, fraktionierte D.,
fraktionierte Kondensation
dephosphorylate dephosphorylieren
dephosphorylation Dephosphorylierung
deplete erschöpfen; leeren, entleeren;
(strip/downgrade) abreichern
depletion Erschöpfung; Entleerung;
(stripping/downgrading) Abreicherung
depolarization Depolarisation
depolarize depolarisieren
depolymerization Depolymerisation
deposit *n* (sediment/precipitate) Präzipitat,
Niederschlag, Sediment, Fällung; Ablagerung
deposit *vb* (sediment/precipitate) präzipitieren,
niederschlagen, sedimentieren, fällen,
abscheiden; ablagern
deposition Deposition, Ablagerung, Absetzung,
Ausfällung, Abscheidung; Sedimentbildung
> acid deposition/acid rain saurer Niederschlag,
saurer Regen
> dry deposition Trockendeposition,
trockene Deposition, Trockenablagerung
> metal deposition *chem* Metallabscheidung;
*micros* Metallaufdampfung
> wet deposition Nassdeposition,
nasse Deposition, Nassablagerung
depression/basin Depression, Erniedrigung,
Senkung, Vertiefung, Mulde
deprotect entschützen, entfernen von
Schutzgruppen, deblockieren
deprotection Entschützen, Entfernen von
Schutzgruppen
deproteinized (DP) entproteinisiert
depth of focus/depth of field Tiefenschärfe,
Schärfentiefe
depurination Depurinisierung

deregister/sign out (schriftlich 'austragen')
abmelden
derivation Abstammung, Abzweigung;
*math* Herleitung, Ableitung
derivative Abkömmling, Derivat
derivatization Derivatisation, Derivatisierung
derivatize derivatisieren, in ein Derivat überführen
derive abstammen; *math* herleiten, ableiten
dermal/dermic/dermatic dermal, Haut...
desalinate entsalzen
desalination (desalting) Entsalzen, Entsalzung
desalt/desalinate entsalzen
desalter (petroleum) Entsalzung,
Entsalzungsanlage
desalting/desalination Entsalzen, Entsalzung
descale entkalken (ein Gerät ~), Kesselstein
entfernen
descending (TLC) absteigend (DC)
description Beschreibung
descriptor Deskriptor
deshield (NMR) entschirmen
deshielding (NMR) Entschirmung, Entschirmen
desiccant Trockenmittel, Trocknungsmittel
desiccate (dry up/dry out) trocknen, entfeuchten,
austrocknen, entwässern
desiccation Austrocknung, Entwässerung
desiccation avoidance
Austrocknungsvermeidung
desiccator Exsikkator
> vacuum desiccator Vakuumexsikkator
design Entwurf, Plan, Design
design-basis accident *nucl* Auslegungsstörfall,
Auslegungsunfall
desilylation Desilylierung
desizing Entschlichtung (Entfernung von
Schlichtemittel)
desorb desorbieren
desorption Desorption
desorption atmospheric pressure chemical
ionization (DAPCI) Desorptions-
Atmosphärendruck-Chemische Ionisation
desorption electrospray (DESI) *ms*
Desorptions-Elektrospray
destroy/eliminate zerstören, vernichten
destruction/elimination Zerstörung,
Vernichtung
destructive distillation Zersetzungsdestillation
desulfurization/desulfuration Entschwefelung
desulfurize/desulfur entschwefeln
detach/separate/disconnect lösen, ablösen,
loslösen
detachment/separation/disconnection
Ablösung, Loslösung
detect/prove entdecken, aufklären; nachweisen
detectability Nachweisbarkeit

detectable nachweisbar
detection/proof Entdeckung, Aufklärung; Nachweis
detection limit/limit of detection (LOD) Nachweisgrenze
detection method Nachweismethode
detection threshold Nachweisschwelle
detector/sensor Detektor, Nachweisgerät, Suchgerät, Prüfgerät; (*tech*: z. B. Temperaturfühler); (sensor) Fühler, Sensor, Melder, Messfühler, Sensor
➢ atomic emission detector (AED) Atomemissionsdetektor (AED)
➢ Daly detector Daly-Detektor
➢ electron capture detector (ECD) Elektroneneinfangdetektor
➢ evaporative light scattering detector (ELSD) Verdampfungs-Lichtstreudetektor
➢ fast-scanning detector (FSD)/ fast-scan analyzer Schnellscan-Detektor
➢ flame-ionization detector (FID) Flammenionisationsdetektor (FID)
➢ flame-photometric detector (FPD) Flammenphotometrischer Detektor (FPD)
➢ infrared absorbance detector (IAD) Infrarot-Absorptionsdetektor
➢ infrared detector (ID) Infrarotdetektor
➢ ion trap detector (ITD) Ioneneinfangdetektor
➢ nuclear track detector Kernspurdetektor
➢ photo-ionization detector (PID) Photoionisations-Detektor (PID)
➢ post-acceleration detector (PAD) *ms* Nachbeschleunigungsdetektor
➢ semiconductor detector Halbleiterdetektor, Halbleiterzähler
➢ thermoionic detector (TID) Thermoionischer Detektor (TID)
➢ track detector Spurdetektor
detent/fix arretieren, feststellen
deter abschrecken, abhalten
detergency Reinigungskraft, Renigungsvermögen; Waschwirkung, Waschkraft
detergent Detergens, Reinigungsmittel, Waschmittel; Spülmittel
➢ dishwashing detergent Geschirrspülmittel
deteriorate zersetzen, verschlechtern, verfallen, verderben
deterioration Zerfall, Degenerierung, Verfall, Verderb
determination Determinierung, Determination, Bestimmung
determine/identify *chem* bestimmen; ermitteln, feststellen
deterrent/repellent Schreckstoff, Abschreckstoff
detonate/explode detonieren, explodieren

detonator Sprengzünder, Zündstoff; Sprengkapsel, Zündkapsel
detoxification Entgiftung
detoxify entgiften
detrimental schädlich
deuterate deuterieren, mit Deuterium markieren
develop/emerge/unfold entwickeln, entstehen
developer *photo* Entwickler
developing chamber/developing tank (TLC) *chromat* Trennkammer (DC)
developmental stage/developmental phase Entwicklungsstadium (*pl* Entwicklungsstadien), Entwicklungsphase
deviate from... abweichen von...
deviation Abweichung
➢ standard deviation Standardabweichung
➢ statistical deviation statistische Abweichung
deviatoric stress Deviatorspannung
devolatilization (degassing/gasing-out: extruder) Entgasen, Entgasung
dewax entwachsen
dew Tau
dew point Taupunkt
Dewar flask/Dewar vessel/dewar Dewargefäß, Dewar-Gefäß
dewater entwässern (Entfernen von Wasser)
dewatering Entwässern, Entfernung von Wasser
dewdrop Tautropfen
dextrorotatory (+) (clockwise) rechtsdrehend, dextrorotatorisch
diacid zweibasige Säure (zweiprotonige/zweiwertige)
diagnosis Diagnose
diagnostic diagnostisch
diagnostic kit Diagnostikpackung (DIN)
diagnostics Diagnostik
diagram (plot/graph) Diagramm (auch: Kurve)
➢ bar diagram/bar graph Stabdiagramm
➢ dot diagram Punktdiagramm
➢ histogram/strip diagram Histogramm, Streifendiagramm
➢ phase diagram Phasendiagramm
dial Wählscheibe, Einstellscheibe; (face) Zifferblatt; (scale/reading) Anzeige (an einem Gerät)
dialysis Dialyse
➢ differential dialysis Differentialdialyse
➢ electrodialysis Elektrodialyse
dialyze dialysieren
dialyzing membrane Dialysiermembran
diamagnetism Diamagnetismus
diamond Diamant
diamond cutter Diamantschleifer
diamond drill Diamantbohrer

**diamond knife** Diamantmesser
**diaphragm** Diaphragma, Membran,
  Scheidewand; Blende
**diaphragm pressure regulator**
  Membrandruckminderer
**diaphragm pump** Membranpumpe
**diaphragm valve** Membranventil
**diarrhea** Diarrhö
**diastereoisomerism** Diastereoisomerie,
  Diastereomerie
**diatomaceous earth** Kieselerde, Diatomeenerde;
  (kieselguhr) Kieselgur
**diatomic** zweiatomig
**diatropic** diatrop
**dibasic** zweibasig
**diblock copolymer** Zweiblockcopolymer
**dicer/dicing cutter** Granulator (Würfel); *polym*
  (cube dicer) Würfelschneider
**dichlorodiphenyltrichloroethane (DDT)**
  Dichlordiphenyltrichlorethan (DDT)
**dichlorodiphenyltrichloroethylene (DDE)**
  Dichlordiphenyldichlorethylen (DDE)
**dichroism** Dichroismus
➤ **circular dichroism** Zirkulardichroismus,
  Circulardichroismus
**dicyanogen/oxalonitrile/ethane dinitrile CNCN**
  Cyan, Dicyan
**dideoxynucleotide** Didesoxynucleotid,
  Didesoxynukleotid
**die** *vb* prägen, formen
**die** *n* Düse (formgebende Düse am Extruder);
  Werkzeug (Pressstempel); (mold/mould
  [*Br*]/casting mold) Gießform, Gussform;
  (matrix) Gesenk (Matrize), Spritzform,
  Strangpressform; (of injection molding
  machine) Spritzgusswerkzeug
**diecast** in Kokille gießen; unter Druck vergießen
**dielectric** dielektrisch, nichtleitend
**dielectric constant/permittivity**
  Dielektrizitätskonstante, Permittivität
**dielectric loss** dielektrischer Verlust
**dielectric spectroscopy** dielektrische Spektroskopie
**dielectrics** Dielektrika
**diene rubber** Dienkautschuk
**dienophile** Dienophil
**diesel fuel** Dieselkraftstoff
**diet/food/feed/nutrition** Kost, Essen, Speise,
  Nahrung, Diät
**dietary** Diät..., diät, die Diät betreffend
**dietary fat** Nahrungsfett
**dietary fiber** Ballaststoffe (diätisch)
**dietetic** diätetisch
**dietetics** Diätetik
**differential centrifugation ('pelleting')**
  Differentialzentrifugation, differentielle
  Zentrifugation

**differential diagnosis** Differentialdiagnose
**differential dialysis** Differentialdialyse
**differential display (Form of RT-PCR)**
  differentieller Display (Form der RT-PCR)
**differential equation** Differentialgleichung
**differential interference**
  Differential-Interferenz (Nomarski)
**differential pulse polarography (DPP)**
  differentielle Pulspolarografie
**differential scanning calorimetry (DSC)**
  Differentialkalorimetrie,
  Leistungsdifferenzkalorimetrie
**differential staining/contrast staining**
  Differentialfärbung, Kontrastfärbung
**differential thermal analysis (DTA)**
  Differentialthermoanalyse,
  Differenzthermoanalyse (DTA)
**diffract** *opt/phys* beugen, brechen
**diffraction** *opt/phys* Diffraktion, Beugung, Brechung
➤ **electron backscatter diffraction (EBSD)**
  Elektronenrückstreuung
➤ **electron diffraction** Elektronenbeugung
➤ **low-energy electron diffraction (LEED)**
  Beugung langsamer (niederenergetischer)
  Elektronen
➤ **neutron diffraction** Neutronenbeugung,
  Neutronendiffraktometrie
➤ **X-ray diffraction** Röntgenbeugung
**diffraction grating** Beugungsgitter
**diffraction pattern** Beugungsmuster
**diffraction spectrum** Beugungsspektrum,
  Gitterspektrum
**diffractometry** Diffraktometrie
➤ **X-ray diffractometry (XRD)**
  Röntgendiffraktometrie
**diffuse** *vb* diffundieren; zerstäuben, zerstreuen,
  sich ausbreiten
**diffuse flux** diffuser Fluss
**diffuser** Diffusor, Verteiler, Diffusionsapparat,
  Zerstäuber(düse)
**diffusion coefficient** Diffusionskoeffizient
**diffusion-limited aggregation (DLA)**
  diffusionsbegrenzte Aggregation
**diffusion pump/condensation pump**
  Diffusionspumpe
**digest** *n* **(enzymatic)** Verdau (enzymatischer)
**digest** *vb* verdauen, aufschließen, zersetzen,
  abbauen
**digester/digestor** Kocher, Digerierkolben;
  (sludge digester/sludge digestor) Faulbehälter,
  Faulturm
**digestibility** Verdaulichkeit, Bekömmlichkeit
**digestible** verdaulich, aufschließbar, zersetzbar,
  abbaubar
**digestion** Verdauung; Aufschluss, Zersetzung,
  Abbau; Digerieren; (degradative metabolism/

catabolism) Stoffwechsel-Abbau; (sludge) Ausfaulen
➤ **enzymatic digestion** enzymatischer Abbau
**digestive enzyme** Verdauungsenzym
**digitize** digitalisieren
**digitizer** Digitalisiergerät
**dihydroxy alcohol/diol** zweiwertiger Alkohol, Diol
**dilatability** Dehnbarkeit, Ausdehnbarkeit (Dehnung)
**dilatable** dehnbar, ausdehnbar, ausweitbar
**dilatation/dilation (dilatation strain/bulk strain)** Dilatation, Dehnung, Erweiterung, Ausdehnung, Expansion
**dilatational stress** Dehnspannung
**dilate** ausdehnen, dehnen, ausweiten, erweitern
**dilation** Dehnung, Ausdehnung, Ausweitung
**diluent** Verdünner, Verdünnungsmittel, Diluent, Diluens
**dilutable** verdünnbar
**dilute (thin down)** verdünnen
**dilute acid** Dünnsäure
**dilute solution** verdünnte Lösung
**dilutent** Verdünnungsmittel
**dilution** verdünnte Lösung; (thinning down) Verdünnung
➤ **enthalpy of dilution** Verdünnungsenthalpie
➤ **heat of dilution** Verdünnungswärme
➤ **infinite dilution** unendliche Verdünnung
➤ **isotopic dilution** Isotopenverdünnung
**dilution rate** Durchflussrate, Verdünnungsrate
**dilution rule** Mischregel, Mischungsregel, Kreuzmischungsregel (Mischungskreuz/ „Andreaskreuz")
**dilution series** Verdünnungsreihe
**dilution shake culture** Verdünnungs-Schüttelkultur
**dilution streak/dilution streaking** Verdünnungsausstrich
**dimensional change** Größenänderung
**dimensional stability (resistance to deformation)** Formfestigkeit, Formbeständigkeit, Formänderungsfestigkeit
**dimensionally stable** formbeständig
**dimensions (height/width/depth)** Abmessungen (Höhe/Breite/Tiefe)
**dimer** Dimer
**dimeric** dimer, zweiteilig, zweigliedrig
**dimerization** Dimerisierung
**dimerize** dimerisieren
**dimerous** dimer, zweizählig, zweigliedrig
**dimethylbenzene/xylene** Dimethylbenzol, Dimethylbenzen, Xylol, Xylen
**dinitrogen N$_2$** Distickstoff

**dinitrogen oxide/nitrous oxide/nitrogen monoxide N$_2$O** Distickstoffmonoxid, Lachgas
**dinitrogen tetroxide/nitrogen peroxide N$_2$O$_4$** Distickstofftetroxid
**diode** Diode
**diode array detection (DAD)** Diodenarray-Nachweis, Diodenmatrixnachweis
**diopter (D)** Dioptrie (Einheit)
**dioptric** dioptrisch
**dioxygen O$_2$** Disauerstoff, Dioxygen, molekularer Sauerstoff
**dip coating** Tauchbeschichtung
**dip stick** Messlatte, Peilstab
**dip tank** Tauchtank
**dip trap (glass tube)** U-Krümmer, U-Rohrkrümmer (Schwanenhals)
**dip tube** Steigrohr
**diphasic** diphasisch
**dipolar bond/coordinate bond/dative bond/ semipolar bond** Donator-Akzeptor-Bindung, koordinative Bindung, dative Bindung, halbpolare Bindung
**dipole moment** Dipolmoment
**dipper/scoop** Schöpfer, Schöpfgefäß, Schöpflöffel
**dipping** Tauchen, Eintauchen
**diprotic acid** zweiwertige/zweiprotonige Säure
**direct** *vb* dirigieren, hinführen, leiten, lenken (Substituenten)
**direct blotting electrophoresis/direct transfer electrophoresis** Blotting-Elektrophorese, Direkttransfer-Elektrophorese
**direct current (DC)** Gleichstrom
**direct dye** Direktfarbstoff; direktziehender Farbstoff
**direct inlet** Direkteinlass
**direct reaction/forward reaction** Hinreaktion
**direct-reading instrument** Ablesegerät
**direct transfer electrophoresis/direct blotting electrophoresis** Direkttransfer-Elektrophorese, Blottingelektrophorese
**directing force/reaction force/restoring force** Rückstellkraft
**directional quantization/space quantization** Richtungsquantelung
**dirt/filth** Dreck, Schmutz
**dirty (allg)/stained (fleckig)** verschmutzt, beschmutzt, fleckig; (filthy) dreckig, schmutzig
**disassemble (take equipment apart)** abbauen (Apparatur/Experimentiergerät), auseinander nehmen
**disassembly/dismantling/dismantlement/ takedown (of equipment)** Abbau (einer Apparatur); (stripping) Demontage

disc *see*: disk

discard/dispose of *chem* verwerfen, entsorgen, aussondern

discharge *vb electr* entladen; *tech* (drain/lead out/lead away/carry away) ausführen, wegführen, ableiten (Flüssigkeit)

discharge *n electr* Entladung; *tech* (outflow/efflux/draining off) Ausfluss, Abfluss; Ableitung (von Flüssigkeiten); *med* (secretion/flux) Ausfluss

➤ arc discharge Bogenentladung

➤ corona discharge Koronaentladung

➤ gas discharge Gasentladung

➤ glow discharge/luminous discharge Glimmentladung

➤ silent discharge stille Entladung

➤ spark discharge Funkenentladung

discharge head (pump) Förderhöhe

discharge pipe Abflussrohr, Ausflussrohr, Auslaufrohr, Austrittsrohr

discharge pressure Förderdruck, Lieferdruck

discharge stroke (pump) Abgabepuls, Druckhub, Förderhub

discolor entfärben

discoloration Farbverlust, Entfärbung, Verfärbung, Farbveränderung

disconnect lösen, unterbrechen, trennen, abklemmen; (disassemble) auseinandernehmen (Glas-/Versuchsaufbau)

discotic (disk-like) diskotisch, scheibenartig

discotic LC discotisches Flüssigkristall

disease/illness Krankheit

disease-causing/pathogenic krankheitserregend, pathogen

disease-causing agent/pathogen Krankheitserreger

disentangle entflechten, entwirren

disentanglement Entflechtung, Entwirrung, Entwickelung; Herauslösung

disequilibrium/imbalance Ungleichgewicht

dish towel Geschirrhandtuch

dishboard Geschirrablage (Spüle/Spültisch)

dishes Geschirr

dishwasher/dishwashing machine Spülmaschine

dishwasher detergent Spülmaschinenreiniger

dishwashing brush Spülbürste

dishwashing cloth/dishcloth/dishrag Spüllappen

dishwashing detergent Geschirrspülmittel

dishwashing pad Spülschwamm

dishwashing tub Spülwanne

dishwater Abwaschwasser, Spülwasser

disinfect (disinfecting) desinfizieren (desinfizierend)

disinfectant Desinfektionsmittel

disinfection Desinfizierung, Desinfektion

disinhibition Enthemmung, Disinhibition

disintegrate/decay/decompose/degrade auflösen, aufspalten; zerkleinern, zertrümmern; zersetzen

disintegration/decay/decomposition/degradation Auflösung, Aufspaltung; Zerkleinerung, Zertrümmern; Zersetzung

disk/disc (*Br*) Scheibe

➤ bursting disk Berstscheibe, Sprengscheibe, Sprengring, Bruchplatte

disk atomizer Scheibenversprüher

disk electrophoresis Diskelektrophorese, diskontinuierliche Elektrophorese

disk filter Scheibenfilter

disk-like/discotic (mesophase) scheibenartig, diskotisch

disk mill Tellermühle

disk-shaped scheibenförmig

disk turbine impeller Scheibenturbinenrührer

dislocate dislozieren, verlagern

dislocation Dislokation, Verlagerung; (crystal defect) Versetzung (Kristalldefekt)

disordered ungeordnet

dispenser Ausgießer, Dosierspender, Probengeber; (e.g., for liquid detergent etc.) Spender (Flüssigseife etc.)

dispenser pump/dispensing pump Dispenserpumpe

dispersal/dissemination Streuung, Ausbreitung, Zerstreuung

disperse dispergieren; streuen, verstreuen, ausbreiten, zerstreuen

disperse dye Dispersionsfarbstoff

dispersion Dispersion, Dispergierung; Feinverteilung; (spreading) Zerstreuung; (colloid) Dispersion, Kolloid

dispersion force (London force) Dispersionskraft

dispersity Dispersität, Dispersionszustand, Dispersionsgrad

displace verdrängen, verlagern, verschieben; verschleppen

displacement Verdrängung, Verlagerung, Verschiebung; Verschleppung

displacement pump Verdrängungspumpe, Kolbenpumpe (HPLC)

displacement reaction Verdrängungsreaktion

display *n* (monitor) Bildschirm, Monitor; (dial/scale/reading) Anzeige (an einem Gerät)

display *vb* (show/read) anzeigen

disposable Einweg..., Einmal..., Wegwerf...

disposable gloves/single-use gloves Einweghandschuhe, Einmalhandschuhe

disposable syringe Einwegspritze

disposal Entsorgung, Entfernen, Beseitigung
➤ improper disposal unsachgemäße Entsorgung
disposal firm Entsorgungsfirma,
Entsorgungsunternehmen
disposal site (waste) Deponie (Müll/Abfall)
dispose of/remove entsorgen, entfernen,
beseitigen
disposition Disposition, Veranlagung, Anfälligkeit
disproportionation Disproportionierung
disrupt unterbrechen, lösen, trennen
(z. B. chem. Bindungen)
disruption Unterbrechung, Lösen, Trennen,
Trennung (z. B. chem. Bindungen)
dissect sezieren, präparieren
dissecting dish/dissecting pan Präparierschale
dissecting forceps Sezierpinzette
dissecting instruments (dissecting set)
Präparierbesteck
dissecting microscope Präpariermikroskop
dissecting needle (teasing needle/probe)
Seziernadel, Präpariernadel
dissecting pin (Stecknadel) Seziernadel
dissecting scissors Präparierschere, Sezierschere
dissection Sezierung, Präparation
dissection equipment (dissecting set)
Sezierbesteck
dissection tweezers/dissecting forceps
Präparierpinzette, Sezierpinzette,
anatomische Pinzette
disseminate/disperse/spread/release ausstreuen
dissemination/dispersal/spreading/
releasing Ausstreuung
dissimilation/catabolism Dissimilation
dissimilatory dissimilatorisch
dissipate verteilen, ableiten, abführen
(z. B. Wärme)
dissipated heat Verlustwärme
dissipation Dissipation, Ableitung, Abfuhr,
Abgabe, Verteilung, Verbrauch, Verlust,
Zerstreuung
dissipation factor dielektrischer Verlustfaktor
dissociate dissoziieren, sich aufspalten, zerfallen
dissociation Dissoziation; Zerfall
dissociation constant ($K_i$) Dissoziationskonstante
dissociation rate Dissoziationsgeschwindigkeit
dissoluble lösbar, auflösbar
dissolution Auflösung; (disintegration/
decomposition/digestion) Zerfall, Aufschluss
dissolution rate Auflösungsgeschwindigkeit
dissolve lösen, auflösen (in einem
Lösungsmittel), in Lösung gehen; (disintegrate/
decompose/break up/digest) aufschließen
dissolved gelöst (lösen), aufgelöst
dissymmetric(al)/chiral dissymmetrisch, chiral

dissymmetry (chirality/handedness)
Dissymmetrie (Chiralität/Drehsinn)
distill/distil/still destillieren; (alcohol) brennen
➤ redistil(l)/rerun redestillieren, erneut
destillieren, wiederholt destillieren,
umdestillieren (nochmal destillieren)
distillable destillierbar
distilland/material to be distilled
Destillationsgut, Destilliergut
distillate Destillat
distillation Destillation
➤ azeotropic distillation Azeotropdestillation,
azeotrope Destillation
➤ batch distillation diskontinuierliche
Destillation, Chargendestillation
➤ bulb-to-bulb distillation Kugelrohrdestillation
➤ continuous distillation
kontinuierliche Destillation
➤ dephlegmation/fractional distillation
Dephlegmation, fraktionierte Destillation,
fraktionierte Kondensation
➤ destructive distillation Zersetzungsdestillation
➤ dry distillation trockene Destillation
➤ equilibrium distillation
Gleichgewichtsdestillation
➤ extractive distillation Extraktivdestillation,
extrahierende Destillation
➤ flash distillation Entspannungs-Destillation,
Flash-Destillation
➤ reaction distillation Reaktionsdestillation
➤ reflux distillation Rückfluss-Destillation,
Rücklauf-Destillation, Reflux
➤ fractional distillation fraktionierte Destillation,
fraktionierende Destillation
➤ hydrodistillation Wasserdampfdestillation
➤ molecular distillation molekulare Destillation,
Moleculardestillation
➤ repeated distillation/cohobation Redestillation,
mehrfache Destillation
➤ short-path distillation Kurzwegdestillation
➤ simple distillation Gleichstromdestillation
➤ spinning band distillation
Drehband-Destillation
➤ steam distillation Trägerdampfdestillation
➤ straight-end distillation einfache,
direkte Destillation
➤ vacuum distillation/reduced-pressure
distillation Vakuumdestillation
distillation analysis Siedeanalyse
distillation by ascent aufsteigende Destillation
distillation by descent absteigende Destillation
distillation by steam entrainment
Schleppdampfdestillation
distillation column Destillierkolonne

distillation flask Destillierkolben
distillation head Destillieraufsatz
distillation receiver adapter/
  receiving flask adapter Vorlage
distillation residue Destillierrückstand
distillation stage Destillieraufsatz
distilled water destilliertes Wasser, Aqua dest.
distillers' solubles (dried) Schlempe
distillery Destillationsanlage; (Alkohol/
  Branntwein/Spiritus) Brennerei
distilling apparatus/still Destilliergerät,
  Destillationsapparatur
distilling column Destillierkolonne
distilling flask/destillation flask/'pot'
  Destillierkolben, Destillationskolben;
  retort (Retorte)
distort verzerren, verfälschen
distortion Verzerrung, Verfälschung
distribute verteilen, verbreiten
distributer Verteiler
distribution chem/stat Verteilung; Verbreitung
➤ binomial distribution Binomialverteilung
➤ countercurrent distribution
  Gegenstromverteilung
➤ frequency distribution (FD)
  Häufigkeitsverteilung
➤ lognormal distribution/logarithmic normal
  distribution/LN distribution Lognormalverteilung,
  logarithmische Normalverteilung
➤ marginal distribution stat Randverteilung
distribution function Verteilungsfunktion
distribution pattern Verteilungsmuster
distributor Verteiler
disturbance (interference/disruption) Störung
disturbance value/disturbance variable/
  interference factor Störgröße
disulfide bond/disulfide bridge/disulfhydryl
  bridge Disulfidbindung, Disulfidbrücke
disulfurous acid $H_2S_2O_5$ dischweflige Säure
diterpenes $(C_{20})$ Diterpene
dithionic acid $H_2S_2O_6$ Dithionsäure
dithionous acid $H_2S_2O_4$ dithionige Säure
diunsaturated doppelt ungesättigt
divalence/divalency Zweiwertigkeit, Bivalenz
divalent zweiwertig, bivalent
diverge divergieren, abweichen,
  auseinander laufen
divergence Divergenz, Abweichung
diversity Diversität, Vielfalt, Vielfältigkeit,
  Vielgestaltigkeit, Mannigfaltigkeit
divert abzweigen, umleiten
divide (compartmentalize) gliedern, einteilen;
  classify (klassifizieren); (fission/separate) teilen
divided (parted/partite: divided into
  parts) geteilt; gegliedert, unterteilt;

(subdivided/compartmentalized) unterteilt,
  kompartimentiert
dividing wall/cross-wall/partition/dissepiment/
  septum Scheidewand, Septe, Septum,
  Membran
division (compartmentalization) Gliederung,
  Einteilung; (fission/separation) Teilung
DNA (deoxyribonucleic acid) DNA,
  DNS (Desoxyribonucleinsäure/
  Desoxyribonukleinsäure)
DNA fingerprinting/DNA profiling genetischer
  Fingerabdruck, DNA-Fingerprinting
DNA footprint DNA-Fußabdruck,
  DNA-Footprint
DNA sequencer DNA-Sequenzierungsautomat
DNA sequencing DNA-Sequenzierung
docimasy Dokimasie, Dokimastik
docking protein Andockprotein, Docking-Protein
doctor knife Abstreifmesser, Rakel
dolomite $CaMg(CO_3)_2$ Dolomit
domain Domäne (Tertiärstruktur)
dominance variance Dominanzvarianz
donate spenden, überlassen, abgeben, liefern
donicity/donor number Donizität, Donorzahl
donor Donor, Donator, Spender
dopamine Dopamin
dopant/dope/doping agent Dotierungsmittel
dope n Dope, Stoff (Droge); Zusatzstoff
dope vb dopen, dotieren
doping Dopen, Dotieren, Dotierung
dorsal rückseitig, dorsal
dosage Dosierung, Dosieren, Zumessen,
  Zuteilung, Verabreichung, Dosis
dosage compensation Dosiskompensation
dosage effect Dosiseffekt
dose vb (give a dose)/measure out/meter/
  proportion dosieren, zumessen, zuteilen
dose n (dosage) Dosis; (meter/proportion)
  Dosieren, Dosierung
➤ absorbed dose (Gy) Energiedosis
➤ collective dose Kollektivdosis
➤ cumulative dose kumulierte Dosis
➤ effective dose (ED) Effektivdosis, effektive Dosis
➤ ion dose Ionendosis
➤ lethal dose letale Dosis, Letaldosis,
  tödliche Dosis
➤ local dose Ortsdosis
➤ median effective dose $(ED_{50})$ mittlere effektive
  Dosis $(ED_{50})$, mittlere wirksame Dosis
➤ median lethal dose $(LD_{50})$
  mittlere letale Dosis $(LD_{50})$
➤ organ committed dose Organ-Folgedosis
➤ organ dose Organdosis
➤ overdose Überdosis
➤ single dose Einzeldosis

> skin dose Hautdosis

dose equivalent (Sv)
  Äquivalentdosis, Dosisäquivalent
> ambient dose equivalent
  Umgebungs-Äquivalentdosis
> directional dose equivalent
  Richtungs-Äquivalentdosis
> personal dose equivalent
  Personen-Äquivalentdosis
dose rate Dosisleistung
dose-response curve Dosis-Wirkungskurve,
  Dosis-Effekt-Kurve
dosimeter/radiation dosimeter (see also:
  detector) Dosimeter, Dosismessgerät
> electronic personal dosimeter (EPD)
  elektronisches Personendosimeter
> film badge/film badge dosimeter
  Filmdosimeter, Filmplakette, Röntgenplakette,
  Strahlenschutzplakette
> finger ring dosimeter/ring dosimeter
  Fingerringdosimeter
> Fricke dosimeter Fricke-Dosimeter
> optically stimulated luminescence (OSL)
  dosimeter optisch stimulierte Lumineszenz-
  Dosimeter, OSL-Dosimeter
> pen dosimeter/pocket dosimeter
  Füllhalterdosimeter, Stabdosimeter
> phosphate glass dosimeter (PGD)
  Phosphatglasdosimeter
> radiophotoluminescence
  glass dosimeter (RPLGD)
  Radiophotolumineszenz-Glasdosimeter
> solid-state dosimeter (SStD)
  Festkörperdosimeter
> thermoluminescence dosimeter (TLD)
  Thermolumineszenz-Dosimeter
dosimetry Dosimetrie
dosing device Dosiergerät
dosing pump/proportioning pump/
  metering pump Dosierpumpe
dot blot/spot blot Rundlochplatte
dot diagram Punktdiagramm
double-acting doppeltwirkend
double-acting pump Druckpumpe, Saugpumpe,
  doppeltwirkende Pumpe
double arrow Doppelpfeil (Reaktionspfeil)
double-burner hot plate Doppelkochplatte
double blind assay/double-blind study/
  double-blind trial Doppelblindversuch
double bond Doppelbindung
> conjugated double bond
  konjugierte Doppelbindung
> cumulative double bond
  kumulierte Doppelbindung

> isolated double bond isolierte Doppelbindung
double digest gen/biochem Doppelverdau
double-distilled doppelt destilliert (Bidest)
double distilled water Bidest
double-headed arrow/double arrow Doppelpfeil,
  Mesomeriepfeil, Resonanzpfeil
double-headed intermediate doppelköpfiges,
  janusköpfiges Zwischenprodukt
double helix Doppelhelix
double layer/bilayer Doppelschicht
double refraction Doppelbrechung
double resonance Doppelresonanz
double salt Doppelsalz
double strand Doppelstrang
double sugar/disaccharide Doppelzucker,
  Disaccharid
doublet spectr Duplett (Spektrallinienduplett/
  Doppellinie)
doubling (film) Dublieren; Kaschieren (Folien)
doubling time (generation time)
  Verdopplungszeit (Generationszeit)
down regulation Herabregulation
downblend nucl abreichern
downblended nucl abgereichert
downblending nucl Abreichern, Abreicherung
downpipe Fallrohr
downstream nach, hinter, nachgeschaltet
downstroke Abwärtshub
downtime Auszeit, Stillstandszeit
  (Betriebsstillstand/Anlagenstillstand)
draff Trester, Treber (Malzrückstand)
draft (Br draught) Zugluft; Luftzug, Durchzug
  (Luft); Entwurf, Muster, vorläufige Fassung
drag n Widerstand (Strömung/Luft)
drag conveyor Schleppförderer
drag flow Fließdruck, Hauptfluss,
  Schleppströmung
drag force Widerstand, Widerstandskraft;
  Schleppkräfte; aero Rücktriebkraft
drag resistance Strömungswiderstand
drain n Ablauf; (of the sink) Abguss (an der
  Spüle); (drainage) Entleeren, Entleerung
  (Flüssigkeit); Dränung, Drainage;
  Trockenlegung, Entwässerung
> blocked drain verstopftes Waschbecken
  (~abfluss)
drain vb (discharge) ablaufen lassen, ablassen;
  entwässern, drainieren, Flüssigkeit ablassen,
  leer laufen lassen
pour s.th. down the drain in den Abguss schütten
drainage/draining Dränung, Drainage, Ablassen,
  Ablaufen; Trockenlegung, Entwässerung
drainboard Ablauf, Ablaufbrett, Abtropfbrett
  (Platte an der Spüle)

draincock (faucet/spigot) Ablasshahn,
Ablaufhahn
draining rack Abtropfgestell
draw blade/(cabinet) scraper Ziehklinge;
(drawing knife) Rakel
draw off/suction off/siphon off/evacuate
(liquids) absaugen
draw ratio/strain ratio Streckverhältnis,
Ziehverhältnis, Verstreckungsverhältnis
draw resonance cyclische Pulsation (beim
Schmelzbruch)
drawing Strecken (Ziehen/Verstrecken);
Ziehverfahren
dress *med* verbinden, einen Verband anlegen;
(coat/treat with fungicides/pesticides) beizen
(Saatgut)
dressing agent (pesticides/fungicides)
Saatgutbeizmittel
dried distillers' solubles Schlempe
drift tube *ms* Driftröhre, Driftzelle, Flugrohr
drill *vb* bohren
drill *n* (machine) Bohrmaschine; (drilling/bore)
Bohrung (Prozess/Vorgang); (emergency drill)
Probealarm, Probe-Notalarm
➤ emergency drill Probealarm, Probe-Notalarm
➤ fire drill Feueralarmübung, Feuerwehrübung
drill core/core *geol/paleo* Bohrkern, Kern
drilling fluid/drilling mud Bohrflüssigkeit,
Bohrschlamm
drinking water/potable water Trinkwasser
drip *n* Tropfen
drip *vb* tropfen
drip catcher/drip catch/splash trap/antisplash
adapter (distillation apparatus) Reitmeyer-
Aufsatz, Tropfenfänger Rückschlagschutz
(an Kühler/Rotationsverdampfer etc.)
drive *n* Antrieb, Trieb
drive belt Antriebsriemen
drive shaft Antriebswelle
drive system/drive unit Antriebssystem
drop *n* Tropfen
drop bottle/dropping bottle Tropfflasche
drop by drop tropfenweise
drop chalk/prepared chalk Schlämmkreide
droplet nucleation Tröpfchen-Keimbildung
dropper Tropfglas, Tropfenglas, Tropfer,
Tropfflasche, Tropffläschchen; Tropfenzähler;
(dropping pipet) Tropfpipette, Tropfglas
dropping bottle/dropper vial Pipettenflasche;
Tropfflasche
dropping electrode Tropfelektrode
dropping funnel (addition funnel) Tropftrichter
dropping mercury electrode (DME)
Quecksilbertropfelektrode

dropping pipet/dropper Tropfpipette, Tropfglas
dropping point/drop point Tropfpunkt
dropwise/drop by drop tropfenweise
dross (scum/skimmings from surface of molten
metals) Metallschaum, Krätze, Gekrätz; (slag/
scoria) Schlacke
drug (medicine/medication) Droge; Arznei,
Arzneimittel, Medizin; Suchtmittel, Droge
➤ non-prescription drug nicht
verschreibungspflichtiges Arzneimittel
➤ over-the-counter drug frei erhältliches
Medikament (nicht verschreibungspflichtig)
➤ prescription drug
verschreibungspflichtiges Arzneimittel
drug delivery Wirkstofflieferung, Wirkstoffabgabe
drug delivery system Wirkstoffliefersystem,
Arzneistoffliefersystem,
Wirkstoffapplikationssystem,
Arzneistoffapplikationssystem
(in vivo Transport- und Dosiersystem)
drug design zielgerichtete 'Konstruktion' neuer
Medikamente (am Computer)
drug release Wirkstofffreigabe
drum/barrel Trommel, Zylinder; Fass
drum casting machine Trommelgießmaschine
drum mill/tube mill/barrel mill Trommelmühle
drum rotor/drum-type rotor *centrif* Trommelrotor
drum vent Fassventil (Entlüftung)
drum wrench Fassschlüssel (zum Öffnen von
Fässern)
dry *adv/adj* trocken
dry *vb* trocknen
dry blotting Trockenblotten
dry cell/dry cell battery *electr* Trockenbatterie
dry chemical fire extinguisher Trockenlöscher
dry-clean (Textilien) chemisch reinigen
dry cleaning/dry cleaner Trockenreinigung
dry deposition trockene Deposition,
Trockendeposition, Trockenablagerung
dry distillation Trockendestillation
dry extract Trockenextrakt
dry ice ($CO_2$) Trockeneis
dry mass/dry matter Trockenmasse,
Trockensubstanz
dry matter Trockensubstanz
dry powder/dry-powder fire-extinguishing
agent Trockenlöschmittel
dry product/dry substance Trockengut
dry spinning Trockenspinnen
dry strength (fibers) Trockenfestigkeit
dry weight (*sensu stricto*: dry mass)
Trockengewicht (*sensu stricto*: Trockenmasse)
drying bed Trockenbeet (Kläranlage)
drying cabinet/drying oven Trockenschrank

drying oil trocknendes Öl
drying oven Trockenofen
drying pistol Trockenpistole, Röhrentrockner
drying rack Trockengestell
drying tower/drying column Trockenturm,
  Trockensäule
drying tube Trockenrohr, Trockenröhrchen
dryness Trockenheit
dual cycle Doppelkreislauf
duct (passageway) Ausführgang, Ausführkanal
duct tape (polycoated cloth tape) Panzerband,
  Gewebeband, Gewebeklebeband, Duct
  Gewebeklebeband, Universalband,
  Vielzweckband
ductile fracture/tough fracture (ductile failure)
  duktiler Bruch, Zähbruch; Gleitbruch,
  Verschiebungsbruch
ductwork/airduct system Rohrleitungssystem
  (Lüftung)
dulcify süßen, versüßen
dumbbell Hantel
dumbbell orbital Hantelorbital
dummy Attrappe (Leerpackung)
dumping (at sea) Verklappung (auf See)
dumpster Müllcontainer
dunk tank (for chemicals) Auffangbecken,
  Auffangbehälter
duplicable/duplicatable nachvollziehbar
duplicate/repeat vb nachvollziehen, wiederholen
durability Beständigkeit, Dauerhaftigkeit,
  Festigkeit, Stabilität, Haltbarkeit;
  Verwitterungsbeständigkeit
durable beständig, dauerhaft, fest, stabil, haltbar;
  verwitterungsbeständig
dust Staub
➢ airborne dust Flugstaub
➢ coarse dust Grobstaub
➢ fine dust Feinstaub
➢ flue dust Flugstaub (von Abgasen)
➢ inert dust Inertstaub
dust cover Staubschutz, Schutzhaube (gegen Staub)
dust explosion Staubexplosion
dust mask (respirator) Grobstaubmaske
➢ particulate respirator (U.S. safety levels
  N/R/P according to regulation 42 CFR 84)
  Staubschutzmaske (partikelfilternde Masken)
  (DIN FFP)
dust-mist mask Feinstaubmaske
dust particle Staubkorn
dusting Staubwischen
dustproof staubdicht
dusty staubig
duty cycle (machine/equipment)
  Arbeitszyklus (Gerät)
dyad Dyade

dye vb (add color/add pigment) färben,
  einfärben; (stain) anfärben, kontrastieren
dye n (colorant/pigment/dyestuff)
  Farbstoff, Pigment
➢ acridine dye Acridinfarbstoff
➢ adjective dye (requiring mordant) adjektiver
  Farbstoff, beizenfärbender Farbstoff,
  Beizenfarbstoff
➢ azo dye Azofarbstoff
➢ direct dye Direktfarbstoff; direktziehender
  Farbstoff
➢ disperse dye Dispersionsfarbstoff
➢ fluorescent dye Fluoreszenzfarbstoff
➢ ingrain dye Echtfarbe; Entwicklungsfarbstoff
  (auf der Faser erzeugter Azofarbstoff)
➢ leuco dye Leukofarbstoff
➢ metallized dye Metallkomplexfarbstoff
➢ natural dye Naturfarbstoff
➢ reactive dye Reaktivfarbstoff
➢ substantive dye (without mordant)
  Substantivfarbstoff
➢ supravital dye/supravital stain
  Supravitalfarbstoff
➢ synthetic dye Synthesefarbstoff
➢ vat dye Küpenfarbstoff
➢ vital dye/vital stain Vitalfarbstoff/
  Lebendfarbstoff
dye fast farbecht
dyeability Färbbarkeit, Einfärbbarkeit;
  (stainability) Anfärbbarkeit
dyeable färbbar, einfärbbar; (stainable) anfärbbar
dyeing (coloring) Einfärben, Einfärbung;
  (staining) Anfärbung
dyeing assistant Färbehilfsmittel,
  Färbereihilfsmittel
dyestuff Farbstoff
dynamic isomerism dynamische Isomerie
dynamic light scattering
  dynamische Lichtstreuung
dynamic testing dynamisches Testverfahren
dynamics Dynamik
dynamite Dynamit
dynein Dynein
dynorphin Dynorphin
dysfunction Dysfunktion, Funktionsstörung
dystectic mixture dystektisches Gemisch

E

ear muffs/hearing protectors Hörschützer,
  Gehörschützer, Ohrenschützer
earplugs Ohrenstöpsel, Gehörschutzstöpsel
earth alkali metals/alkaline-earth metals
  Erdalkalimetalle

**earth alkaline** erdalkalisch

**earthenware** Tonware (Tonzeug und Tongut)

**easily soluble/readily soluble** leichtlöslich

**easy-care** *text* pflegeleicht

**eat into/corrode** *vb chem* ätzen, korrodieren

**ebonite/hard rubber/vulcanite** Ebonit, Hartgummi

**ebullioscopic constant/boiling point constant** ebullioskopische Konstante

**ebullition** Sieden, Aufwallen

**ebullition tube** Siederöhrchen

**ecological** ökologisch

**ecological balance/ecological equilibrium** ökologisches Gleichgewicht

**ecological chemistry/ecochemistry** ökologische Chemie, Ökochemie

**ectopic** ektopisch, verlagert (an unüblicher Stelle liegend)

**eczema** Ekzem

**eddy (swirl)** Wirbel, Strudel

**eddy current** Wirbelstrom (Vortex-Bewegung)

**eddy diffusion** Turbulenzdiffusion, Wirbeldiffusion

**edge** (margin) Rand; (cutting edge: of blade etc.) Schneide (Grat: Messer etc.)

➤ **cutting edge (of blade etc.)** Schneide (Grat: Messer etc.)

**edibility/edibleness** Essbarkeit

**edible/eatable** essbar

**effect/action** Wirkung; (impact) Einwirkung

**effective** wirksam

**effective cross section** Wirkungsquerschnitt, Nutzquerschnitt

**effectiveness** Wirksamkeit

**efferent** ausführend, wegführend, ableitend (Flüssigkeit)

**effervesce** sprudeln, brausen, schäumen; moussieren

**effervescence** Sprudeln, Brausen, Schäumen; Moussieren

**effervescent** sprudelnd, brausend, schäumend; moussierend

**effervescent powder** Brausepulver

**effervescent tablet** Brausetablette

**efficiency** Wirkungsgrad, Nutzleistung

**effloresce/bloom** ausblühen; auskristallisieren; auswittern

**efflorescence/blooming** Effloreszenz, Ausblühen, Ausblühung; Beschlag

**effluent** *adv/adj* ablaufend, ausfließend, herausfließende, ausströmend

**effluent** *n* Ablauf, Ausfluss (herausfließende Flüssigkeit)

**efflux** Ausstrom

**effuse** (Gas) ausströmen; (Flüssigkeit) ausgießen, vergießen

**effusion** (Gas) Ausströmen, Effusion; (Flüssigkeit) Ausgießen, Vergießen

**egest/excrete** ausscheiden (Exkrete/Exkremente)

**egestion/excretion** Ausscheidung (Exkretion)

**egg white/egg albumen** Eiweiß (Ei)

**egress** Fluchtweg

**eject** auswerfen, ausstoßen, ejizieren, ausschleudern

**ejection** Auswurf, Auswerfen, Ausstoßen, Ejizieren, Ausschleudern

**ejector (knock out)** Auswerfer, Ausstoßer, Auswurfvorrichtung, Ausdrückvorrichtung

**elastic deformation** elastische Deformation/ Deformierung/Verformung

**elastic dumbbell** elastische Hantel

**elastic fiber** elastische Faser

**elastic force** Federkraft

**elastic stiffness tensor** Steifheitskonstante (elastische Steifheit/Voigt-Elastizitätskonstante)

**elastic strain** elastische Beanspruchung

**elasticity** Elastizität; Federkraft, Federung, Nachgiebigkeit, Spannkraft

**elastomer** Elastomer, Plastomer (DDR: Elaste) (Gummi/Weichgummi: leicht vernetzte Synthesekautschuke)

➤ **pourable elastomer** Gießelastomer

➤ **thermoplastic elastomer (TPE) (non-network)** thermoplastisches Elastomer, Elastoplast

**elbow/elbow fitting/ell (lab glass/tube fittings)** Winkelrohr, Winkelstück, Knie, Krümmer (Glas/Metall etc. zur Verbindung)

**electret** Elektret

**electric(al)** elektrisch

**electric appliance** Elektrogerät

**electric arc** Flammenbogen, elektrischer Lichtbogen

**electric capacitance (Farad)** elektrische Kapazität

**electric circuit/electrical circuit** Stromkreis

**electric conductance (Siemens)** elektrischer Leitwert

**electric field poling** Feldpolung

**electric kettle** Wasserkocher

**electric meter** Stromzähler

**electric potential (Volt)** elektrische Potentialdifferenz, Spannung

**electric power supply/power supply/mains (***Br***)** Stromversorgung; Netzteil

**electric resistance (Ohm)** elektrischer Widerstand

**electric tape/insulating tape/friction tape** Elektro-Isolierband

**electrical appliance/electrical device** Elektrogerät

**electrical conductance** Leitwert/elektrischer

electrical fixture(s)/electricity outlet
elektrische(r) Anschluss
electrician Elektriker
electricity (power/juice) Elektrizität, Strom
electricity failure/power failure Stromausfall
electrification Aufladung
➤ static electrification elektrostatische Aufladung
electrify elektrisieren, aufladen; elektrifizieren;
einen elektrischen Schlag versetzen
electrocardiogram Elektrokardiogramm (EKG)
electrochemical polymerization
elektrochemische Polymerisation
electrochemistry Elektrochemie
electrochromatography (EC)
Elektrochromatographie (EC)
electrochromic effect elektrochromer Effekt
electrocoating elektrophoretische Lackierung
electrocute durch elektrischen Strom töten
electrocyclic reaction elektrocyclische Reaktion
electrode Elektrode
➤ auxiliary electrode Hilfselektrode
➤ calomel electrode Kalomelelektrode
➤ capillary electrode Kapillarelektrode
➤ counterelectrode/counter electrode
Gegenelektrode
➤ dropping electrode Tropfelektrode
➤ dropping mercury electrode (DME)
Quecksilbertropfelektrode
➤ glass electrode Glaselektrode
➤ hydrogen electrode Wasserstoffelektrode
➤ ion-selective electrode (ISE) ionenselektive
Elektrode
➤ photoelectrode Photoelektrode
➤ membrane electrode Membranelektrode
➤ normal hydrogen electrode/standard hydrogen
electrode Normalwasserstoffelektrode
➤ precipitating electrode Niederschlagselektrode
➤ quartz electrode Quarzelektrode
➤ reference electrode Bezugselektrode,
Vergleichselektrode
➤ standard electrode Standardelektrode
➤ standard hydrogen electrode
Normalwasserstoffelektrode
electrodeposition elektrochemische
Abscheidung (Beschichtung), Galvanisierung,
Elektroplattieren, elektro. Emaillieren
electrodialysis Elektrodialyse
electro-endosmosis/electro-osmotic flow (EOF)
Elektroosmose, Elektroendosmose
electroforming Galvanoplastik
electrofuge Elektrofug, elektrofuge Gruppe
electrogenic elektrogen
electroluminescence Elektrolumineszenz
electrolysis Elektrolyse

➤ molten-salt electrolysis Schmelzelektrolyse,
Schmelzflusselektrolyse
electrolyte Elektrolyt
electrolytic cell elektrolytische Zelle,
Elektrolysezelle
electrolytic separation elektrolytische
Dissoziation
electromagnetic radiation
elektromagnetische Strahlung
electromagnetic spectrum
elektromagnetisches Spektrum
electromagnetic wave elektromagnetische Welle
electrometallurgy Elektrometallurgie
electromotive force (emf/E.M.F.)
elektromotorische Kraft (EMK)
electron Elektron
➤ binding electron Bindungselektron
➤ bonding electron Valenzelektron
➤ free electron freies Elektron
➤ inner electron/inner-shell electron
Rumpfelektron
➤ odd electron ungepaartes Elektron,
einsames Elektron
➤ outer electron Außenelektron
➤ paired electron gepaartes Elektron
➤ recoil electron Rückstoßelektron,
Compton-Elektron
➤ single electron Einzelelektron
➤ valence electron/valency electron
Valenzelektron
electron acceptor Elektronenakzeptor,
Elektronenacceptor (Elektrophil);
Elektronenempfänger, Elektronenraffer
electron affinity Elektronenaffinität
electron backscatter diffraction (EBSD)
Elektronenrückstreuung
electron beam Elektronenstrahl
electron capture Elektroneneinfang
electron capture detector (ECD)
Elektroneneinfangdetektor
(Elektronenanlagerungsspektroskopie)
electron capture ionization (ECI)
Elektroneneinfangionisation
electron carrier Elektronenüberträger
electron charge/unit charge Elementarladung
(eines Elektrons)
electron cloud Elektronenwolke
electron deficiency Elektronenmangel
electron density Elektronendichte
electron diffraction Elektronenbeugung
electron-donating elektronenspendend,
elektronenschiebend
electron-donating group elektronenspendende/
elektronenschiebende Gruppe

**electron donor** Elektronendonor,
Elektronenspender (Nucleophil)
**electron energy loss spectroscopy (EELS)**
Elektronen-Energieverlust-Spektroskopie,
Energieverlust-Spektroskopie
**electron excess** Elektronenüberschuss
**electron fugacity** Elektronenfugazität
**electron gas** Elektronengas
**electron hole** Defektelektron
**electron impact** Elektronenstoß
**electron-impact ionization (EI)**
Elektronenstoß-Ionisation
**electron-impact spectrometry (EIS)**
Elektronenstoß-Spektrometrie
**electron ionization (EI)** Elektronenionisation
**electron micrograph** elektronenmikroskopisches
Bild, elektronenmikroskopische Aufnahme
**electron microprobe** Elektronenmikrosonde,
Mikrosonde
**electron microprobe analysis (EMPA)**
Elektronenstrahl-Mikrosondenanalyse (EMA),
Elektronenstrahl-Mikroanalyse (ESMA)
**electron microscopy (EM)** Elektronenmikroskopie
**electron multiplier** Elektronenvervielfacher
**electron orbit** Elektronenbahn
**electron pair** Elektronenpaar
**electron-pair bond** Elektronenpaarbindung
**electron paramagnetic resonance**
paramagnetische Elektronenspinresonanz
**electron probe microanalysis (EPMA)**
Elektronenstrahl-Mikroanalyse (ESMA),
Elektronenstrahl-Mikrosondenanalyse (EMA)
**electron resonance** Elektronenresonanz
**electron scattering** Elektronenstreuung
**electron shell** Elektronenschale, Elektronenhülle
**electron spectroscopy for chemical analysis**
**(ESCA)/X-ray photoelectron spectroscopy (XPS)**
Röntgenphotoelektronspektroskopie (RPS)
**electron spin** Elektronenspin
(Elektroneneigendrehimpuls)
**electron spin resonance spectroscopy (ESR)/**
**electron paramagnetic resonance (EPR)**
Elektronen-Spinresonanzspektroskopie (ESR),
elektronenparamagnetische Resonanz (EPR)
**electron state** Elektronenzustand
**electron transfer** Elektronenübertragung,
Elektronenübergang, Elektronentransfer
**electron transport** Elektronentransport
**electron-transport chain**
Elektronentransportkette
**electron tube** Elektronenröhre
**electron volt** Elektronvolt, Elektronenvolt
**electron waves** Elektronenwellen

**electron-withdrawing** elektronenziehend,
elektronenentziehend, elektonenabziehend
**electron-withdrawing group**
elektronenziehende Gruppe
**electronegative** elektronegativ
**electronegativity** Elektronegativität
**electroneutral (electrically silent)** elektroneutral
**electronic** elektronisch
**electronic formula** Elektronenformel
**electrophilic attack** electrophiler Angriff
**electrophoresis** Elektrophorese
➢ **alternating field gel electrophoresis**
Wechselfeld-Gelelektrophorese
➢ **capillary electrophoresis (CE)**
Kapillarelektrophorese
➢ **capillary zone electrophoresis (CZE)**
Kapillar-Zonenelektrophorese
➢ **carrier electrophoresis** Trägerelektrophorese,
Elektropherografie
➢ **countercurrent electrophoresis**
Gegenstromelektrophorese,
Überwanderungselektrophorese
➢ **direct transfer electrophoresis/direct blotting**
**electrophoresis** Direkttransfer-Elektrophorese,
Blottingelektrophorese
➢ **disk electrophoresis** Diskelektrophorese,
diskontinuierliche Elektrophorese
➢ **field inversion gel electrophoresis (FIGE)**
Feldinversions-Gelelektrophorese
➢ **free electrophoresis (carrier-free**
**electrophoresis)** freie Elektrophorese
➢ **gel electrophoresis** Gelelektrophorese
➢ **isotachophoresis (ITP)** Isotachophorese,
Gleichgeschwindigkeits-Elektrophorese
➢ **pulsed field gel electrophoresis (PFGE)**
Puls-Feld-Gelelektrophorese,
Wechselfeld-Gelelektrophorese
➢ **temperature gradient gel electrophoresis**
Temperaturgradienten-Gelelektrophorese
➢ **zone electrophoresis** Zonenelektrophorese
**electrophoretic** elektrophoretisch
**electrophoretic mobility** elektrophoretische
Mobilität
**electroplaque** Elektroplaque (pl Elektroplaques,
slang: Elektroplaxe)
**electroplate** elektroplatieren, elektrochemisch
beschichten, galvanisieren
**electroplating/electrodeposition** Elektroplating,
elektrochemische Beschichtung,
Galvanotechnik, Elektroplattierung
**electropolish** elektropolieren
**electroporation** Elektroporation
**electropositive** elektropositiv

**electropositivity** Elektropositivität
**electroprecipitation** Elektroabscheidung
**electroretinogram** Elektroretinogramm (ERG)
**electrosmog** Elektrosmog
**electrospray** Elektrospray
**electrospray ionization (ESI)**
  Elektrospray-Ionisation
**electrostatic attraction**
  elektrostatische Anziehung
**electrostatic charging/electrification**
  elektrostatische Aufladung
**electrostatic repulsion**
  elektrostatische Abstoßung
**electrostatics** Elektrostatik
**electrostriction** Elektrostriktion
**electrotonic potential** elektrotonisches Potential
**electrowinning** elektrolytische Metallgewinnung
  (Elektrometallurgie)
**element** Element (hier v.a. Elemente mit
  unterschiedlicher Schreibweise)
➢ **alkali elements** Alkalielemente
➢ **alkaline-earth elements** Erdalkalielemente
➢ **aluminum/aluminium (*Br*) (Al)** Aluminium
➢ **antimony (Sb)** Antimon
➢ **arsenic (As)** Arsen
➢ **astatine (At)** Astat
➢ **bismuth (Bi)** Bismut
➢ **boron (B)** Bor
➢ **bromine (Br)** Brom
➢ **cadmium (Cd)** Cadmium
➢ **calcium (Ca)** Calcium, Kalzium
➢ **carbon (C)** Kohlenstoff
➢ **cerium (Ce)** Cer
➢ **cesium;caesium (*Br*) (Cs)** cäsium
➢ **chalcogen** Chalkogen
➢ **chlorine (Cl)** Chlor
➢ **chromium (Cr)** Chrom
➢ **cobalt (Co)** Cobalt
➢ **contact element/electrical contact/contact**
  Kontaktelement
➢ **control element/control unit** Regelglied
➢ **controlling element/adjuster/actuator**
  Stellglied
➢ **copper (Cu)** Kupfer
➢ **corrosion element/corrosion cell (galvan.)**
  Korrosionselement
➢ **fluorine (F)** Fluor
➢ **gold (Au)** Gold
➢ **half element/half cell (single-electrode system)**
  Halbelement (galvanisches), Halbzelle
➢ **halogen** Halogen
➢ **hydrogen (H)** Wasserstoff
➢ **iodine (I)** Iod

➢ **iron (Fe)** Eisen
➢ **lead (Pb)** Blei
➢ **local element (galvan.)** Lokalelement
➢ **magnesium (Mg)** Magnesium
➢ **main-group elements** Hauptgruppenelemente
➢ **manganese (Mn)** Mangan
➢ **Maxwell element** Maxwell-Körper
➢ **mercury (Hg)** Quecksilber
➢ **molybdenum (Mo)** Molybdän
➢ **neodymium (Nd)** Neodym
➢ **niobium (Nb)** Niob
➢ **nitrogen (N)** Stickstoff
➢ **noble gases** Edelgase
➢ **oxygen (O)** Sauerstoff
➢ **periodic table (of the elements)**
  Periodensystem (der Elemente)
➢ **phosphorus (P)** Phosphor
➢ **platinum (Pt)** Platin
➢ **potassium (K)** Kalium
➢ **rare-earth metals** Seltenerdmetalle
➢ **selenium (Se)** Selen
➢ **silicon (Si)** Silicium
➢ **silver (Ag)** Silber
➢ **sodium (Na)** Natrium
➢ **sulfur/sulphur (*Br*) (S)** Schwefel
➢ **tantalum (Ta)** Tantal
➢ **tellurium (Te)** Tellur
➢ **thallium (Tl)** Thallium
➢ **thermocouple** Thermoelement
➢ **tin (Sn)** Zinn
➢ **trace element/microelement/micronutrient**
  Spurenelement, Mikroelement
➢ **transition elements** Übergangselemente,
  Nebengruppenelemente
➢ **tungsten (W)** Wolfram
➢ **unit cell** Einheitszelle (nicht: Elementarzelle)
➢ **uranium (U)** Uran
➢ **vanadium (V)** Vanadium
➢ **Voigt-Kelvin element** Voigt-Kelvin-Element
➢ **Wismut, heute: Bismut (Bi)** bismuth
➢ **yttrium (Y)** Yttrium
➢ **zinc (Zn)** Zink
➢ **zirconium (Zr)** Zirconium
**elementary analysis** Elementaranalyse
**elementary cell/lattice unit (unit cell)**
  Elementarzelle
**elementary charge** Elementarladung
**elementary lattice** Elementargitter
**elementary particle** Elementarteilchen
**elementary reaction** Elementarreaktion
**eliminate** eliminieren, entfernen, beseitigen;
  (eradicate/extirpate) ausmerzen, ausrotten

**elimination** Elimination, Eliminierung; Beseitigung, Entfernung

**elimination reaction** Eliminierungs-Reaktion

**ELISA (enzyme-linked immunosorbent assay)** ELISA (enzymgekoppelter Immunadsorptionstest, enzymgekoppelter Immunnachweis)

**ell/elbow/elbow fitting/bend/bent tube/ angle connector** Krümmer (gebogenes Rohrstück), Winkelrohr, Winkelstück (Glas/Metal etc. zur Verbindung)

**ellagic acid/gallogen** Ellagsäure

**elongate/extend** verlängern, ausdehnen, strecken (in die Länge ziehen)

**elongation/extension** Verlängerung, Ausdehnung, Strecken, Streckung

**elongation at break/elongation-to-break/ extension at break/elongation at rupture/ fracture elongation** Dehnung bei Bruch, Dehnung bei Höchstzugkraft, Bruchdehnung, Reißdehnung

**elongation at yield** Dehnung bei Streckspannung

**elongation factor** Elongationsfaktor

**eluate** *n* Eluat

**elucidate** verdeutlichen, klar machen; (Strukturen/Zusammenhänge) aufklären

**elucidation** Verdeutlichung, Aufklärung; (Strukturen/Zusammenhänge) Aufklärung

**eluent/eluant** Elutionsmittel, Eluens (Laufmittel)

**eluotropic series** eluotrope Reihe (Lösungsmittelreihe)

**elute (sometimes: eluate)** eluieren, herausspülen, auswaschen; (extract) extrahieren

**eluting strength (eluent strength)** Elutionskraft

**elution** Elution, Eluieren

**elutriation** Elutriation, Aufstromklassierung; Abschlämmen, Abschwemmen, Ausschlämmen

**eluviation** Auswaschung (feste Bodenbestandteile in Suspension)

**emanate** hervorquellen

**emanation** Emanation, Ausstrahlen, Aussendung, Ausströmung; (auch alte Bezeichnung für Radon)

**embed** *micros* einbetten

**embedded specimen** Einbettungspräparat

**embedding** *micros* Einbettung

**embolism** Embolie (Obstruktion der Blutbahn)

**embolus** Embolus

**emboly/invagination** Embolie, Invagination, Einfaltung, Einstülpung

**embrittlement** Versprödung, Sprödwerden

**embryotoxic** embryotoxisch

**emerald** Smaragd

**emerge** hervorkommen, herauskommen, auftauchen, auftreten; austreten, ausfallen

**emergence** Auftauchen; Emergenz; (Strahlung) Austritt

**emergency** Notfall

**emergency call (emergency number)** Notruf (Notfallnummer)

**emergency escape mask** Fluchtgerät, Selbstretter (Atemschutzgerät)

**emergency evacuation plan** Notfall-Evakuierungsplan, Notfall-Fluchtplan

**emergency evacuation route/ emergency escape route** Notfall-Fluchtweg

**emergency exit** Notausgang

**emergency generator/standby generator** Notstromaggregat

**emergency level/alert level** Alarmstufe

**emergency number** Notruf, Notfallnummer

**emergency provisions** Notfallvorkehrungen

**emergency response** Notfalleinsatz

**emergency response plan (ERP)** Notfalleinsatzplan

**emergency response team** Notfalleinsatztruppe

**emergency room** Ambulanz, Notaufnahme

**emergency service** Notdienst, Hilfsdienst

**emergency shower/safety shower** Notdusche, Notbrause

➢ **quick drench shower/deluge shower** 'Schnellflutdusche'

**emergency shutdown** Notabschaltung

**emergency ward (clinic)** Notaufnahme, Unfallstation (Krankenhaus)

**emergent light** ausgestrahltes Licht

**emery** Schmirgel

**emery cloth** Schmirgelleinen

**emetic** Brechmittel, Emetikum

**emission** Emission, Ausstoss, Ausstrahlung

**emissive** emittierend, Emissions..., ausstrahlend

**emissivity** Emissivität, Strahlungsvermögen, Ausstrahlungsvermögen, Emissionsvermögen (Wärmeabstrahlvermögen), Aussendung

**emissivity coefficient (absorptivity coefficient)** Emissionskoeffizient

**emit** emittieren, aussenden; ausstrahlen, verströmen, ausstoßen

**emollient** *n* Emollient, Erweichungsmittel, erweichendes Mittel; linderndes Mittel

**emollient** *adj/adv* erweichend, weichmachend; lindernd, beruhigend

**emphysema** Emphysem, Aufblähung

**empiric(al)** empirisch

**empirical formula** empirische Formel, Summenformel, Elementarformel, Verhältnisformel

**empty** leer; (unoccupied) unbesetzt

**empty out** entleeren, ausleeren, auskippen

**emulsifiable** emulgierbar

**emulsification** Emulgierung, Emulsionsbildung

**emulsifier/emulsifying agent** Emulgator, Emulgierungsmittel

**emulsify** emulgieren

**emulsion** Emulsion

**enamel** Emaille, Email, Schmelzglas; Glasur

**enantiomere** Enantiomer

**enantiomeric excess (ee)** Enantiomerenüberschuss

**enbalm** einbalsamieren

**encapsulant/sealant** Einschlussmittel, Einschlussmedium

**encapsulate** einkapseln, verkapseln; einschließen, einbetten

**encapsulation** Einkapselung, Einkapseln; Einschließen, Einschluss, Einbettung, Einbetten

**encode/code** kodieren, codieren; verschlüsseln, chiffrieren; kennzeichnen

**encrusting** krustenbildend

**end group** Endgruppe

**end-group analysis/terminal residue analysis (determination of endgroups)** Endgruppenanalyse, Endgruppenbestimmung

**end point/point of neutrality** Äquivalenzpunkt (Titration)

**end-point determination** Endpunktsbestimmung

**end product** Endpunkt

**end-product inhibition/feedback inhibition** Endprodukthemmung, Rückkopplungshemmung

**endanger/imperil** gefährden

**endangered/in danger/at risk** gefährdet

**endangerment/imperilment** Gefährdung

**endergonic/energy-demanding** endergon, energieverbrauchend

**endorphin** Endorphin, Endomorphin

**endothermic (absorbing heat)** endotherm (wärmeaufnehmend); (endergonic) endergon, endergonisch, energieverbrauchend

**endurance (persistence/hardiness/perseverance)** Ausdauer, Dauerhaftigkeit, Dauerfestigkeit

**endurance limit** Dauerstandfestigkeitsgrenze, Dauerfestigkeit, Haltbarkeitsgrenze

**energetic** energetisch, energiereich

**energetics** Energetik

**energize** Energie zuführen, erregen, aktivieren, einschalten; speisen; unter Strom setzen, unter Spannung stehen, Spannung anlegen

**energy** Energie

➤ **activation energy/energy of activation** Aktivierungsenergie

➤ **appearance energy (MS)** Auftrittsenergie (AE)

➤ **binding energy/bond energy** Bindungsenergie

➤ **chemical energy** chemische Energie

➤ **conformational energy** Konformationsenergie

➤ **deformation energy** Deformationsenergie, Verformungsenergie

➤ **electric energy** elektrische Energie

➤ **endothermic (absording heat)** endotherm (wärmeaufnehmend); (endergonic) endergon, endergonisch, energieverbrauchend

➤ **excitation energy** Anregungsenergie

➤ **exothermic/exothermal (liberating heat)** exotherm (wärmeabgebend/wärmefreisetzend); (exergonic) exergonisch, energiefreisetzend

➤ **free energy/available energy** freie Energie

➤ **geothermal energy** geothermische Energie

➤ **heat energy** Wärmeenergie, thermische Energie

➤ **impact energy** Stoßenergie

➤ **interchange energy** Austauschenergie

➤ **internal energy** innere Energie

➤ **intrinsic energy** innere Energie, Eigenenergie

➤ **ionization energy/ionization potential** Ionisationsenergie, Ionisierungspotential (Ionisierungsarbeit, Ablösungsarbeit)

➤ **kinetic energy** Bewegungsenergie, kinetische Energie

➤ **lattice energy** Gitterenergie

➤ **law of conservation of energy** Energieerhaltungssatz

➤ **maintenance energy** Erhaltungsenergie

➤ **minimum ignition energy** Mindestzündenergie

➤ **nuclear binding energy** Kernbindungsenergie

➤ **nuclear energy/atomic energy** Kernenergie, Atomenergie, Atomkraft

➤ **potential energy/latent energy** Lageenergie, potentielle Energie

➤ **radiant energy** Strahlungsenergie

➤ **resonance energy** Resonanzenergie

➤ **separation energy** Ablösungsarbeit, Abtrennarbeit

➤ **solar energy** Solarenergie, Sonnenenergie

➤ **vibrational energy/vibration energy** Vibrationsenergie

**energy balance/energy budget** Energiebilanz, Energiegleichgewicht

**energy band** Energieband

**energy barrier** Energiebarriere

**energy charge** Energieladung

**energy conversion** Energiekonversion, Energieumwandlung

**energy demand** Energiebedarf

**energy density** Energiedichte

**energy dissipation** Energiedissipation, Energieabgabe, Energieableitung, Energieverlust

energy drop Energieabfall
energy efficiency Energiewirkungsgrad
energy expenditure Energieaufwand
energy flux/energy flow Energiefluss
energy flux density Energieflussdichte
energy gain Energiegewinn
energy gap Energielücke, verbotenes Band;
(band gap) Bandlücke
energy level Energieniveau
energy loss Energieverlust
energy minimization Energieminimierung
energy output Energieabgabe
energy profile Energieprofil
energy release Energieabgabe,
Energiefreisetzung
energy requirement Energiebedarf
energy-rich/high-energy energiereich
energy-saving lightbulb Energiesparlampe
energy source Energiequelle
energy state Energiezustand
energy supply Energiezufuhr, Energiezuführung;
Energieangebot; Energieversorgung
energy transfer Energieübergang,
Energieübertragung, Energietransfer
energy transformation Energietransformation,
Energieumwandlung
energy uptake Energieaufnahme
energy yield Energieausbeute
engine fuel Motorkraftstoff
engine oil Motoröl, Motorenöl
engineering plastics/technical plastics
Konstruktionskunststoffe, technische Kunststoffe
engulf vertilgen; einverleiben
enhanced nucleation verstärkte Keimbildung
enhancer Verstärker; gen (sequence) Enhancer,
Verstärker(sequenz)
enrich (concentrate/accumulate/fortify)
anreichern
enrichment (concentration/accumulation/
fortification) Anreicherung
➤ downblending *nucl* Abreichern, Abreicherung
➤ filter enrichment Anreicherung durch Filter
➤ isotope enrichment Isotopenanreicherung
entanglement Verflechtung, Verhakung,
Verwickelung
➤ disentanglement Entflechtung, Entwirrung,
Entwickelung; Herauslösung
enthalpy Enthalpie
enthalpy of activation Aktivierungsenthalpie
enthalpy of bonding Bindungsenthalpie
enthalpy of combustion Verbrennungsenthalpie
enthalpy of dilution Verdünnungsenthalpie
enthalpy of formation Bildungsenthalpie
enthalpy of fusion Schmelzenthalpie

enthalpy of mixing Mischungsenthalpie
enthalpy of solution Lösungsenthalpie
enthalpy of vaporization Verdampfungsenthalpie
entrainer/separating agent *dist* Schleppmittel
entropy Entropie
➤ combinatorial entropy Kombinationsentropie
(Konfigurationsentropie)
➤ residual entropy Restentropie
entropy of activation Aktivierungsentropie
entropy of formation Bildungsentropie
entropy of melting Schmelzentropie
entropy of mixing Mischungsentropie
entropy of solution Lösungsentropie
entropy of transition Phasenübergangsentropie
envelope/jacket Hülle (z. B. Wasser), Mantel
envenomation/envenomization
Vergiftung (durch Tiergift)
environment Umwelt, Umgebung
environmental analysis Umweltanalyse
environmental analytics Umweltanalytik
environmental audit Umweltaudit, Öko-Audit
environmental burden/environmental load
Umweltbelastung
environmental chemistry Umweltchemie
environmental compatibility
Umweltverträglichkeit
environmental conditions Umweltbedingungen,
Umweltverhältnisse
environmental crime Umweltkriminalität
environmental degradation Umweltzerstörung
environmental factors Umweltfaktoren
environmental impact assessment (EIA)
Umweltverträglichkeitsprüfung (UVP)
environmental law Umweltrecht
environmental medicine Umweltmedizin
environmental monitoring
technology Umweltmesstechnik
environmental physics Umweltphysik
environmental politics Umweltpolitik
environmental pollution Umweltverschmutzung
environmental process engineering
Umweltverfahrenstechnik
environmental protection (nature protection/
conservation/preservation) Naturschutz;
(pollution control) Umweltschutz
environmental requirements Umweltansprüche
environmental resistance Umweltwiderstand
environmental science Umweltwissenschaft
environmental stress cracking
Spannungsrisskorrosion (umweltbedingte)
environmental variance Umweltvarianz
environmentalist Umweltschützer
environmentally compatible/
environmentally friendly umweltgerecht,
umweltverträglich

enzymatic coupling Enzymkopplung
enzymatic degradability
  enzymatische Abbaubarkeit
enzymatic degradation enzymatischer Abbau
enzymatic digestion enzymatischer Abbau
enzymatic inhibition/repression of enzyme/
  inhibition of enzyme Enzymhemmung
enzymatic pathway enzymatische Reaktionskette
enzymatic reaction Enzymreaktion
enzymatic specificity/enzyme
  specificity Enzymspezifität
enzyme Enzym, Ferment
enzyme activity (katal) Enzymaktivität
enzyme-immunoassay/enzyme immunassay (EIA)
  Enzymimmunoassay, Enzymimmuntest
  (EMIT-Test)
enzyme kinetics Enzymkinetik
enzyme-linked immunosorbent assay (ELISA)
  enzymgekoppelter Immunadsorptionstest,
  enzymgekoppelter Immunnachweis (ELISA)
enzyme-linked immunotransfer blot (EITB)
  enzymgekoppelter Immunoelektrotransfer
epidemic Epidemie, Seuche
epidemiologic(al) epidemiologisch
epidemiology Epidemiologie
epidermal/cutaneous epidermal, Haut..,
  die Haut betreffend
epidermis Epidermis, Oberhaut
epigenetic epigenetisch
epiillumination/incident illumination Auflicht,
  Auflichtbeleuchtung
epimerization Epimerisierung
epinephrine/adrenaline Epinephrin, Adrenalin
epithelium Epithel (pl Epithelien)
epitope/antigenic determinant Epitop,
  Antigendeterminante
epoxidation Epoxidation, Epoxidierung
epoxy resins Epoxidharze
Epsom salts/epsomite/magnesium sulfate
  MgSO$_4$ Bittersalz, Magnesiumsulfat
equal/same/identical gleich, identisch
  (völlig gleich/ein und dasselbe)
equalization (adjustment/balancing/balance)
  Abgleich
equate gleichsetzen mit; math gleichen
equation Gleichung
➢ balanced equation 'eingerichtete' Gleichung
➢ chemical equation chemische Gleichung,
  Reaktionsgleichung
equation of state (EOS) Zustandsgleichung
equation of the xth order Gleichung xten Grades
equilibration Äquilibrierung
equilibrium Gleichgewicht

➢ biological equilibrium
  biologisches Gleichgewicht
➢ disequilibrium (imbalance) Ungleichgewicht
➢ ion equilibrium/ionic steady state
  Ionengleichgewicht
➢ steady-state equilibrium Fließgleichgewicht,
  dynamisches Gleichgewicht
equilibrium arrows (chem. reaction)
  Gleichgewichtspfeile
equilibrium centrifugation/equilibrium
  centrifuging Gleichgewichtszentrifugation
equilibrium constant Gleichgewichtskonstante
equilibrium dialysis Gleichgewichtsdialyse
equilibrium distillation
  Gleichgewichtsdestillation
equilibrium polymerization/reversible
  polymerization Gleichgewichtspolymerisation
equilibrium potential Gleichgewichtspotential
equilibrium state Gleichgewichtszustand
equip ausrüsten, ausstatten, einrichten,
  bestücken
equipartition theorem/e. principle/
  law of equipartition Gleichverteilungssatz
equipment (appliances/device) Ausrüstung,
  Ausstattung, Gerät; Ausrüstungsgegenstände;
  Betriebsanlage
➢ ancillary unit of equipment Hilfseinrichtung
  (Apparat der nicht direkt mit dem Produkt
  in Berührung kommt)
➢ testing equipment/apparatus
  Untersuchungsgerät
equipment design Gerätekonstruktion
equipment probe Gerätesonde
equipment room Geräteraum
equipotential surface Äquipotentialfläche
equivalent mass (weight)/Gram equivalent
  Äquivalentmasse (~gewicht)
equivalent weight/Gram equivalent
  Äquivalentgewicht
eradicate/eliminate/extirpate ausrotten,
  ausmerzen
eradication/elimination/extirpation med
  Ausrottung, Ausmerzung (z. B. Schädlinge)
ergocalciferol (vitamin D$_2$) Ergocalciferol,
  Ergocalciol
ergodicity nucl/rad Ergodizität
ergotamine Ergotamin
Erlenmeyer flask Erlenmeyer Kolben
erroneous/mistaken/flawed fehlerhaft, falsch,
  irrtümlich
error (mistake) Fehler, Irrtum
➢ root-mean-square error (RMS error) mittlerer
  quadratischer Fehler, Normalfehler

> **statistical error** statistischer Fehler
> **systematic error/bias**
  systematischer Fehler, Bias
**error in measurement/measuring mistake**
  Messfehler
**error limit/limit of error** Fehlergrenze
**error margin/margin of error** Fehlerspanne,
  Fehlerbereich
**error of estimation** *stat* Schätzfehler
**erucic acid/(Z)-13-docosenoic acid**
  Erucasäure, $\Delta^{13}$-Docosensäure
**escape** *n* Entweichen ('passiv');
  Austritt, Abzug, Ablauf
**escape** *vb* fliehen, entkommen;
  *chem* entweichen (Gas etc.), abziehen,
  austreten
**escape hatch** Ausstiegsluke (Flucht),
  Rettungsluke
**escape lock** Notschleuse
**escape route/egress** Fluchtweg
**escape shaft** Notschacht
  (Flucht~/Rettungsschacht)
**eserine/physostigmine** Eserin, Physostigmin
**ESR (electron spin resonance)**
  ESR (Elektronenspinresonanz)
**essence** *chem/pharm* Essenz, Auszug, Extrakt;
  elementarer Bestandteil; flüchtiger Stoff
**essential amino acids** essentielle Aminosäure
**essential oil/ethereal oil** ätherisches Öl
**establish** herstellen (Kontakt/Gleichgewicht);
  (start a culture) anzüchten (einer Kultur)
**establishing growth/starting growth**
  **(of a culture)** Anzüchtung (einer Kultur)
**establishment phase** Eingewöhnungsphase
**esterification** Veresterung
**esterify** verestern
**estimate** *n* **(estimation/assumption)** Schätzung,
  Annahme; Schätzwert
**estimate** *vb* **(assume)** schätzen, annehmen,
  überschlagen
**estradiol/progynon** Östradiol
**estrogen** Östrogen
**estrone** Östron, Estron
**etch** *vb* *metal/tech/micros* ätzen (*siehe:*
  Gefrierätzen)
**etchant** *metal/tech/micros* Ätzmittel; Beizmittel
**etching** *metal/tech/micros* Ätzen, Ätzung,
  Ätzverfahren (*siehe:* Gefrierätzen)
> **deep etching** Tiefenätzung
**etching fluid** Ätzflüssigkeit
**ethanol/ethyl alcohol/alcohol** Äthanol, Ethanol,
  Äthylalkohol, Ethylalkohol, 'Alkohol'
**ether/diethyl ether/ethoxyethan** Ether, Äther,
  Diethylether, Ethoxy-ethan

> **crown ether** Kronenether
> **extract with ether/shake out with ether**
  ausäthern, ausethern
> **petroleum ether** Petrolether, Petroläther
**ether trap** Etherfalle
**ethereal oil/essential oil** ätherisches Öl
**etherify** verethern, etherifizieren
**ethyl alcohol/ethanol (grain alcohol/**
  **spirit of wine)** Ethylalkohol, Ethanol,
  Äthanol (Weingeist)
**ethylene** Äthylen, Ethylen
**ethyne/ethine/acetylene $C_2H_4$** Ethin, Acetylen
**etiological agent** Krankheitsverursacher
  (Wirkstoff/Agens/Mittel)
**etiology** Krankheitsursache, Ätiologie
**eutectic point** eutektischer Punkt
**eutrophic** eutroph (nährstoffreich)
**eutrophicate** eutrophieren
**eutrophication** Eutrophierung
**evacuate/drain/discharge** evakuieren, entleeren,
  luftleer pumpen, entlüften, herauspumpen
**evacuation plan** Evakuierungsplan
**evaluate/analyze (e.g., results)** auswerten
  (z. B. von Ergebnissen), bewerten
**evaluation/analysis (e.g., of results)** Auswertung
  (z. B. von Ergebnissen)
**evaporate/vaporize** verdunsten, abdampfen,
  eindampfen, verdampfen, abdunsten, abrauchen
**evaporating dish** Abdampfschale,
  Eindampfschale
**evaporating flask** Verdampferkolben
**evaporation (vaporization)** Verdunstung,
  Eindunsten
> **flash evaporation** Entspannungsverdampfung,
  Stoßverdampfung, Blitzverdampfung,
  Schnellverdampfung
> **heat of evaporation/heat of vaporization**
  Verdunstungswärme, Verdampfungswärme
> **reduce by evaporation (evaporate completely)/**
  **boil down** eindampfen (vollständig)
**evaporation burner** Verdunstungsbrenner
**evaporative cooling** Verdunstungskälte,
  Verdunstungsabkühlung
**evaporative light scattering detector (ELSD)**
  Verdampfungs-Lichtstreudetektor
**evaporator/concentrator** Evaporator,
  Eindampfer, Verdampfer, Abdampfvorrichtung
**evaporimeter/evaporation gauge/evaporation**
  **meter** Evaporimeter, Verdunstungsmesser
**evaporite (a sedimentary rock)** Evaporite,
  Eindampfungsgestein, Verdampfungsgestein
  (Sediment)
**even-electron rule** Regel der Erhaltung gerader
  Elektronenanzahl

**evert/evaginate/protrude/turn inside out**
  ausstülpen
**evolution of gas** Gasentwicklung
**evolved gas analysis (EGA)**
  Emissionsgasthermoanalyse
**exalbuminous** eiweißlos
**examination material/assay material/test material**
  Probensubstanz, Untersuchungsmaterial
**examination under a microscope/**
  **usage of a microscope** Mikroskopieren
**exceed** überschreiten, übersteigen
**exception/special case** Ausnahme, Sonderfall
**exceptional permission/**
  **special permission** Ausnahmegenehmigung,
  Sondergenehmigung
**excess** Überfluss; Überschuss (Menge)
➤ **in excess (of)** überschüssig
**excess electron** Überschuss-Elektron
**excess energy** Überschussenergie
**excess heat** Restwärme, Überschusswärme
**exchange** *vb* austauschen
**exchange** *n* Austausch
➤ **gas exchange/gaseous interchange/**
  **exchange of gases** Gasaustausch
➤ **heat exchange** Wärmeaustausch
➤ **ion exchange** Ionenaustausch
➤ **mass exchange/substance exchange**
  Stoffaustausch
**exchange reaction** Austauschreaktion
**exchangeability** Austauschbarkeit
**exchangeable** austauschbar; (replaceable)
  auswechselbar
**excimer** Excimer
**excipient (binder)** *pharm* Bindemittel
**excise** herausschneiden, exzidieren
**excision** Excision, Exzision, Herausschneiden
**excitability/irritability/sensitivity** Erregbarkeit
**excitable** anregbar; (irritable/sensitive) erregbar
**excitation** Anregung; (irritation) Erregung, Irritation
**excitation energy** Anregungsenergie
**excitation temperature** Anregungstemperatur
**excitatory** anregbar; exzitatorisch, erregend
**excite** (irritate) erregen; (stimulate) reizen,
  anregen, stimulieren
**excited** angeregt
**excited state** *chem/med/physiol* erregter
  Zustand, angeregter Zustand,
  Anregungszustand
**exciter** Erreger (Fluoreszenzmikroskopie); Treiber
**exciter filter** Erregerfilter
  (Fluoreszenzmikroskopie)
**excluded volume** ausgeschlossenes Volumen,
  Ausschlussvolumen
**exclusion** Exclusion, Exklusion, Ausschluss

**exclusion of air (air-tight)** Luftausschluss,
  Luftabschluss
**exclusion principle** Ausschlussprinzip
**excreta/excretions** Ausscheidungen, Exkrete,
  Exkremente
**excrete** ausscheiden, sezernieren,
  abgeben (Flüssigkeit)
**excretion** Exkret, Exkretion; *pl* Ausscheidungen,
  Exkrete, Exkremente
**exergonic/energy-releasing** exergon,
  energiefreisetzend
**exert pressure** Druck ausüben
**exhalation (expiration)** Ausatmung, Ausatmen,
  Expiration, Exhalation
**exhalation valve** Ausatemventil
  (am Atemschutzgerät)
**exhale/breathe out** ausatmen
**exhaust** *vb* abblasen, entlüften; ausstoßen,
  emittieren; verbrauchen, erschöpfen
**exhaust** *n* (exhaust air/waste air/extract air)
  Abluft; Abgas; Auspuffabgas
**exhaust air** Abluft
**exhaust duct** Abluftschacht
**exhaust gas** Abgas; Auspuffgas
**exhaust emission** Abgasemission
**exhaust fumes** Abgase
**exhaust stack** Abzugschornstein, Abluftkamin,
  Abluftschacht
**exhaust steam** Abdampf
**exhaust system/off-gas system**
  Ablufteinrichtung, Abluftsystem
**exhausted** verbraucht, erschöpft
**exhaustive** erschöpfend, gesamt, ganzheitlich
**existing/extant** bestehend, existierend
**existing chemicals/existing substances/**
  **legacy materials** Altstoffe
**exit** *n* Ausgang; (release) Austritt;
  (egress) (Fluchtweg)
**exit slit** Austrittsspalt
**exit velocity (hood)** Ausströmgeschwindigkeit,
  Austrittsgeschwindigkeit (Sicherheitswerkbank)
**exogenic/exogenous** exogen
**exothermic/exothermal (liberating heat)**
  exotherm (wärmeabgebend/wärmefreisetzend);
  (exergonic) exergonisch, energiefreisetzend
**expand** expandieren, erweitern, ausdehnen;
  *polym* schäumen
**expandability** Ausdehnbarkeit
  (Erweiterung/Expansion)
**expandable (foam)** schäumbar
**expansion** Expansion, Erweiterung, Ausdehnung;
  (dilation/dilatation) Dilatation, Ausweitung
**expansion adapter/transition piece (glass)**
  Expansionsstück

**expansion tissue** mechanisches Gewebe,
Expansionsgewebe
**expansivity** Dehnbarkeit
**expendable parts** Verschleißteile
**experiment** *vb* experimentieren
**experiment** *n* **(test/trial)** Experiment, Versuch
➤ **performing an experiment/performance of an experiment** Versuchsdurchführung
**experiment setup/experimental arrangement**
Versuchsanordnung, Versuchsaufbau
**experimental conditions** Versuchsbedingungen
**experimental physics** Experimentalphysik
**experimental procedure/experimental method**
Versuchsverfahren
**experimental series/trial series** Versuchsreihe
**experimental setup/experiment setup/experimental arrangement**
Versuchsanordnung, Versuchsaufbau
**expert/specialist/authority** Sachverständiger,
Sachkundiger, Gutachter, Begutachter
**expert opinion/expertise** Gutachten, Expertise;
(certificate) Begutachtung
**expertise** Fachkenntnis, Sachkenntnis,
Expertenwissen; (expert opinion:
examination/inspection) Gutachten,
Sachverständigengutachten, Expertise,
Begutachtung
**expiration** Ablauf, Verfall; *med* (exhalation)
Ausatmung, Ausatmen, Expiration, Exhalation
**expiration date** Ablaufdatum, Verfallsdatum
**expire** ablaufen, ungültig werden;
(exhale/breathe out) ausatmen
**expired (outdated)** abgelaufen (Haltbarkeitsdatum)
**explode** explodieren
**exploit** ausbeuten (Rohstoffe), gewinnen, abbauen
**explorative data analysis** explorative Datenanalyse
**explosion** Explosion
➤ **dust explosion** Staubexplosion
➤ **gas explosion** Gasexplosion
**explosion hazard/hazard of explosion**
Explosionsgefahr
**explosion limit** Explosionsgrenze
(untere = UEG/obere = OEG)
**explosionproof** explosionsgeschützt,
explosionssicher
**explosive** *adj/adv* explosiv, explosionsfähig; (E)
explosionsgefährlich (Gefahrenbezeichnungen)
**explosive** *n* Explosivstoff;
(blasting agent) Sprengstoff
➤ **black powder** Schwarzpulver
➤ **blasting powder** Sprengpulver
➤ **gunpowder** Schießpulver
➤ **high energy explosive (HEX)**
hochbrisanter Sprengstoff

➤ **high explosive** brisanter Sprengstoff
➤ **low explosive** Schießstoff, Schießmittel,
verpuffender Sprengstoff
**explosive charge/blasting charge** Sprengladung
**explosive flame/sudden flame** Stichflamme
**explosive force/explosive power** Sprengkraft
**expose** *vb* **(to hazardous chemical/radiation)**
aussetzen, exponieren (einem Schadstoff/
einer Strahlung aussetzen); belichten
(z. B. Film/Pflanzen)
➤ **to be exposed (to chemicals)** ausgesetzt sein,
exponiert sein
**exposure** Exposition, Exponierung,
Ausgesetztsein, Gefährdung (durch eine
Chemikalie); Strahlenbelastung; (to light)
Belichtung (z. B. Film, Pflanzen)
➤ **maximum permissible exposure/maximum permissible workplace concentration**
MAK-Wert (maximale
Arbeitsplatz-Konzentration)
➤ **permissible exposure limit (PEL)**
zulässige/erlaubte Belastungsgrenze
➤ **whole-body exposure** Ganzkörperbestrahlung
**exposure level** Belastung (Konzentration eines
Schadstoffes)
**exposure limit** Belastungsgrenze (Chemikalien)
**exposure time/duration of exposure/contact time** Expositionsdauer, Einwirkungsdauer,
Einwirkungszeit, Einwirkzeit
**express** *gen* exprimieren
**expression** *gen* Expression
**expressivity** Expressivität
**exsiccate** austrocknen
**exsiccation** Austrocknung
**extend (expand/elongate)** dehnen, ausdehnen,
verlängern
**extended X-ray absorption fine structure (spectroscopy) (EXAFS)**
Röntgenabsorptionsfeinstrukturspektroskopie
**extender** Streckmittel, Streckungsmittel,
Verschnittmittel, Füllstoff
**extensibility (expansivity)** Dehnbarkeit,
Ausdehnbarkeit (Verlängerung)
**extensible/expandable** dehnbar, dehnungsfähig,
verlängerbar
**extension (expansion/elongation)** Dehnung,
Ausdehnung, Verlängerung
**extension clamp** Verlängerungsklemme
**extension cord (power cord)** *electr*
Verlängerungskabel, Verlängerungsschnur
**extensional viscometer** Dehnviskosimeter,
Dehnungsviskosimeter
**extensional viscosity** Dehnviskosität
(Querviskosität)

**extensometer/strain gauge/strain gage**
Dehnungsmesser, Dehnungsmessgerät
**external (extrinsic)** äußerlich, von außen, extern
**external thread** Außengewinde (Schraube etc.)
**extinction** Extinktion, Auslöschung; Aussterben
**extinction coefficient/absorptivity**
Extinktionskoeffizient
**extinguish/put out** löschen (Feuer)
**extinguisher** Löscher, Löschmittel, Löschgerät
➢ **dry chemical fire extinguisher** Trockenlöscher
➢ **foam fire extinguisher/foam extinguisher**
Schaumlöscher, Schaumfeuerlöscher
➢ **powder fire extinguisher** Pulverlöscher
**extract** *vb* extrahieren, herauslösen, entziehen,
gewinnen; absaugen
➢ **extract with ether/shake out with ether**
ausäthern, ausethern
**extract** *n* Extrakt, Auszug
➢ **alcoholic extract** alkoholischer Auszug
➢ **alkaline extract** alkalischer Auszug
➢ **aqueous extract** wässriger Auszug
➢ **cell extract** Zellextrakt
➢ **cell-free extract** zellfreier Extrakt
➢ **crude extract** Rohextrakt
➢ **soda extract** Sodaextrakt, Sodaauszug
**extraction** Extraktion, Extrahieren, Extrahierung;
*chem* Auszug; (Luft/Gase: z. B. Sauglüftung)
Abzug, Absaugung; Entzug; Gewinnung
➢ **back extraction/stripping** Rückextraktion,
Strippen
➢ **continuous extraction** kontinuierliche
Extraktion
➢ **countercurrent extraction**
Gegenstromextraktion
➢ **fractionation** Fraktionierung
➢ **ion-pair extraction** Ionenpaar-Extraktion
➢ **liquid-liquid extraction (LLE)**
Flüssig-Flüssig-Extraktion
➢ **fume extraction** Rauchabzug (Raumentlüftung)
➢ **selective extraction** selektive Extraktion
➢ **simultaneous distillation-extraction**
simultane Destillation/Extraktion
➢ **solid-liquid extraction (SLE)**
Fest-Flüssig-Extraktion
➢ **solid-phase extraction (SPE)**
Festphasenextraktion
➢ **solid-state microextraction (SPME)**
Festphasenmikroextraktion
➢ **solvent extraction** Lösungsmittel-Extraktion
➢ **supercritical fluid extraction (SCFE)**
Fluidextraktion, Destraktion,
Hochdruckextraktion (HDE)
➢ **thermodesorption (TDS)** Thermodesorption
**extraction flask** Extraktionskolben
**extraction forceps** Extraktionszange (Zähne)

**extraction thimble** Extraktionshülse
**extractive distillation** Extraktivdestillation,
extrahierende Destillation
**extrapolate** extrapolieren (hochrechnen)
**extrapure substance** Reinststoff
**extreme danger**
höchste Gefahr/Gefährdung/Risiko
**extremely flammable (F+)** hochentzündlich
**extremely toxic (T+)** sehr giftig
**extrudability** Spritzbarkeit
**extrudate** Extrudat
**extrude** extrudieren, strangpressen
**extruded/extrusion-molded** extrudiert,
stranggepresst
**extruder** Extruder, Strangpresse
**extrusion** Extrusion, Extrudieren, Ausstoßen,
Spritzen; *polym* Strangpressen
**extrusive rock** Eruptivgestein (*sensu stricto*:
Ergussgestein/Vulkanit)
**exudate/exudation/secretion** Exsudat,
Absonderung, Abscheidung ('Ausschwitzung')
**exudation** Absonderung, Abscheidung; *polym*
(bleed through) Ausschwitzen
**exude/secrete/discharge** absondern,
abscheiden (Flüssigkeiten)
**eye-wash (station/fountain)** Augendusche

**F**

**fabric** (textile: cloth/tissue) Stoff, Gewebe,
Textilstoff; Bau, Gefüge, Struktur; *geol* Textur
➢ **bonded fabric** Textilverbundstoff,
Faserverbundstoff
➢ **bonded fiber fabric** Faservlies
➢ **glass nonwoven** Glasfaservliesstoff
➢ **nonwoven fabric/fleece** Vliesstoff
➢ **pole fabric** Polgewebe
➢ **rubberized fabric (rubber skin)** Gummihaut
➢ **strapping fabric** Bindevlies
➢ **woven glass filament fabric**
Glasfilamentgewebe
**fabric gloves** Stoffhandschuhe
**fabricate** fabrizieren, anfertigen, herstellen;
zs.bauen; erfinden, fälschen
**fabricated data** gefälschte Daten
**fabrication** Fabrikation, Anfertigung, Herstellung;
Zusammenbau; (faking/falsification)
'Erfindung', Fälschung
**face mask** Gesichtsmaske
**face seal** Gleitringdichtung (Rührer)
**face value** Nennwert, Nominalwert
**face velocity (not same as 'air speed' at face
of hood)** Lufteintrittsgeschwindigkeit,
Einströmgeschwindigkeit (Sicherheitswerkbank)
**faceshield** Gesichtsschutz, Gesichtsschirm

**facies** *geol* Fazies
**facilitated transport** erleichterter Transport
**factice/factis/vulcanized oil (rubber substitute)** Faktis (*pl* Faktisse), Ölkautschuk
**factory/plant/manufacturing plant** Werk, Fabrik; Betriebsanlage
**facultative/optional** fakultativ, beliebig, möglich; zufällig
**fade** verblassen, ausbleichen, bleichen (passiv/z. B. Fluoreszenzfarbstoffe)
**fading** Ausbleichen, Bleichen (passiv/z. B. Fluoreszenzfarbstoffe)
**faience** Fayence
**fail safe** folgeschadensicher
**failure** Versagen, Störung; Ausfall; Fehler, Defekt; (fracture) Bruch; Riss; Schadenfall, Zwischenfall
➢ **electricity failure/power failure** Stromausfall
**failure curve** Versagenskurve
**failure load** Bruchlast, Bruchgrenze, Bruchbelastung
**faint/become unconscious/pass out/ black out** ohnmächtig werden
**fake/falsify/forge/fabricate** fälschen
**falling liquid film** Rieselfilm
**false alarm** falscher Alarm
**false-positive (false-negative)** falschpositiv (falschnegativ)
**false report** Fehlermeldung, Falschmeldung
**fan/blower/ventilator** Lüfter, Ventilator; Fächer
**Faraday cage** Faradaykäfig
**fasciation** Fasziation, Verbänderung
**fast-atom bombardment (FAB)** *spectr* Beschuss mit schnellen Atomen (MS)
**fast breeder reactor** Schneller Brüter-Reaktor
**fast-growing/rapid-growing** schnellwachsend
**fast-scanning detector (FSD)/ fast-scan analyzer** Schnellscan-Detektor
**fasten (to)** befestigen, fest machen, anschließen, verbinden
**fat** Fett
➢ **animal fat** tierisches Fett, Tierfett
➢ **dietary fat** Nahrungsfett
➢ **hydrogenated fat** gehärtetes Fett
➢ **low-fat** fettarm
➢ **vegetable fat** pflanzliches Fett, Pflanzenfett
➢ **wool fat/wool grease** Wollfett
**fat droplet** Fetttröpfchen, Fett-Tröpfchen
**fat hardening/hydrogenation of fat** Fetthärtung, Fetthydrierung
**fat-soluble** fettlöslich
**fat solvent** Fettlöser
**fat storage/fat reserve** Fettspeicher, Fettreserve
**fatal injury** tödliche Verletzung
**fatigue** *vb* (tiring/become tired) ermüden

**fatigue** *n* (tiring) Ermüdung
➢ **flex fatigue** Biegeermüdung
➢ **material fatigue** Materialermüdung, Werstoffermüdung
**fatigue failure** Ermüdungsbruch, Dauerbruch
**fatigue resistance** Ermüdungswiderstand, Ermüdungsbeständigkeit
**fatty** fettig; (adipose) fettartig, fetthaltig, Fett...
**fatty acid** Fettsäure
➢ **monounsaturated fatty acid** einfach ungesättigte Fettsäure
➢ **polyunsaturated fatty acid** mehrfach ungesättigte Fettsäure
➢ **saturated fatty acid** gesättigte Fettsäure
➢ **unsaturated fatty acid** ungesättigte Fettsäure
**faucet** Wasserhahn, Zapfen (z. B. Fass~); Muffe (Röhrenleitung)
**fedbatch culture** Zulaufkultur, Fedbatch-Kultur (semi-diskontinuierlich)
**fedbatch process/fed-batch procedure** Zulaufverfahren, Fedbatch-Verfahren (semi-diskontinuierlich)
**fedbatch reactor/fed-batch reactor** Fedbatch-Reaktor, Fed-Batch-Reaktor, Zulaufreaktor
**feed** *n* Futter; (inlet) Zuleitung; (supply/influx) Zufuhr; Speisung, Beschickung, Zuführung; Beschickungsgut, Ladung
**feed** *vb* füttern; (feed on something/ingest) etwas zu sich nehmen, fressen, sich von etwas ernähren, leben von; einspeisen, beschicken, zuführen
**feed pump** Förderpumpe
**feed rate** Vorschub
**feed tube** Zulaufschlauch
**feedback** Rückkopplung
**feedback inhibition/end-product inhibition** negative Rückkopplung, Rückkopplungshemmung, Endprodukthemmung
**feedback loop** Rückkopplungsschleife
**feedback system/feedback control system** Regelkreis
**feeding** Beschickung, Einspeisung, Zuführung; (nourishing) Fütterung, Füttern (z. B. eines Tieres); Ernährung
**feedstock/charging stock** Beschickungsgut, Einsatzmaterial, Schüttgut
**feel** *vb* (sense/perceive) empfinden, fühlen, spüren; (touch/palpate) tasten
**feeler gage/feeler gauge (Br)** Fühlerlehre
**Fehling's solution** Fehlingsche Lösung
**feldspar** Feldspat
**felsic** felsisch, salisch
➢ **mafic** mafisch
**felsic rock** felsisches Gestein

felsite Felsit
felt Filz
felt-tip pen/felt-tipped pen Filzstift,
Filzschreiber
felty/felt-like/tomentose filzig
female mold = cavity/impression (matrix) *polym*
Gesenk, Matrize (Formwerkzeuge)
ferment *vb* fermentieren, gären, vergären
fermentation Fermentation, Gärung, Vergärung
➤ anaerobic fermentation anaerobe
Dissimilation, anaerobe Gärung
➤ bottom fermenting untergärig
fermentation chamber reactor/compartment
reactor/cascade reactor/stirred tray
Rührkammerreaktor reactor
fermentation tank Gärbottich, Gärbütte
fermentation tube/bubbler Gärröhrchen,
Einhorn-Kölbchen
fermenter/fermentor (*see also*: reactor)
Fermenter, Gärtank
Fernbach flask Fernbachkolben
ferric/iron(III)/ironic Eisen(III)…
ferric oxide/red iron oxide $Fe_2O_3$ Eisen(III)-oxid
ferroconcrete Stahlbeton
ferrous/iron(II)/ironous Eisen(II)…
ferrous oxide/black iron oxide/
iron monoxide FeO Eisen(II)-oxid
ferrous scrap/iron scrap Eisenschrott
ferrule *chromat* Dichtkonus, Schneidring
fertile fertil, fruchtbar, fortpflanzungsfähig
fertility Fertilität, Fruchtbarkeit,
Fortpflanzungsfähigkeit
fertilization Düngung
fertilize (fecundate) fruchtbar machen,
befruchten; (manure) düngen
fertilizer/plant food/manure Dünger,
Düngemittel
ferulic acid Ferulasäure
fetid/smelly/smelling bad/malodorous/
stinking übelriechend, stinkend
fetotoxic fetotoxisch
fiber Faser
fiber (s) Faser(n)
➤ aramid (aromatic polyamide) Aramid
➤ artificial fiber/man-made fiber/polyfiber
Chemiefaser
➤ asbestos Asbest
➤ bicomponent fiber/bico fiber/composite fiber/
heterofil(s) Bikomponentenfaser
➤ biconstituent fiber Zwillingsfaserstoff
➤ blue asbestos/crocidolite Blauasbest,
Krokydolith
➤ bonded fiber Verbundfaser
➤ cane fiber Zuckerrohrfaser

➤ carbon fiber (CF) Carbonfaser,
Kohlenstofffaser
➤ casein Casein
➤ ceramic fiber Keramikfaser
➤ chopped glass fiber Glas-Kurzfasern
(geschnitten)
➤ coarse fiber Grobfaser
➤ cotton fiber Baumwollfaser
➤ crude fiber Rohfaser
➤ dietary fiber Ballaststoffe (dietatisch)
➤ fibrillated fiber Spleißfaser
➤ fineness Feinheit
➤ flax Flachs
➤ graphite fiber Grafitfaser
➤ half-linen (HF) Halbleinen
➤ hard fiber Hartfaser
➤ high modulus fiber Hochmodulfaser,
Hochnassmodulfaser (HWM-Faser)
➤ high-performance fiber Hochleistungsfaser
➤ hollow fiber Hohlfaser
➤ hybrid fiber Hybidfaser
➤ industrial fiber/technical fiber Industriefaser,
technische Faser
➤ leaf fibers Blattfasern
➤ linen (LI) Leinen
➤ linters Linters
➤ man-made fiber/manufactured fiber
Chemiefaser
➤ metal fibers Metallfasern
➤ microfiber Mikrofaser
➤ milled glass fiber Glas-Kurzfasern (gemahlen)
➤ mineral fibers Mineralfasern
➤ plant fiber (*Br*)/vegetable fiber (*US*)
Pflanzenfaser
➤ polymer optical fiber (POF)
optische Polymerfaser
➤ polyolefin fiber Polyolefinfaser
➤ protein fibers Proteinfasern
➤ pulp fiber Zellstofffaser
➤ sclerenchyma Sklerenchym
➤ semisynthetic fiber Regeneratfaser
➤ short fiber (chopped fiber) Kurzfaser
➤ short glass fiber (chopped strands)
Kurzglasfaser
➤ silk (fibroin/sericin) Seide
➤ soft fiber Weichfaser
➤ spandex fiber Elastan-Faser
➤ split fiber Splitterfaden, Spaltfaden
➤ stem fiber/bast fiber Bastfaser
➤ synthetic fiber Kunstfaser, Synthesefaser
➤ textile fiber Textilfaser
➤ virgin fiber Primarfaser, native Faser,
Frischfaser
➤ viscose fiber Viskosefaser (CV)

> vulcanized fiber Vulkanfiber
> whisker Fadenkristall, Haarkristall,
  fadenformiger Einkristall, Whisker
> zein fiber Zeinfaser
fiber blend Mischfasergewebe (Hybridgewebe)
fiber composite material Faser-Verbundwerkstoff,
  Faser-Kompositwerkstoff
fiber core Faserseele, Faserkern
fiber distribution Faserverteilung
fiber drawing Faserziehen, Fadenziehen
fiber dust Faserabrieb, Faserstaub
fiber-like faserartig
fiber optic illumination Kaltlichtbeleuchtung
fiber optics Faseroptik, Glasfaseroptik,
  Fiberglasoptik, Lichtleitertechnik
fiber orientation Faserausrichtung
fiber paste glasfaserarmierter Füllspachtel,
  Faserspachtel
fiber-plastic composite Faser-Kunststoff-Verbund
  (FKV), Faser-Verbund-Kunststoff
fiber-reinforced faserverstärkt
fiber-reinforced composite material
  faserverstärkter Verbundwerkstoff/
  Kompositwerkstoff
fiber-reinforced plastic (RP/FRP)
  faserverstärkter Kunststoff (FK)
fiber reinforcement Faserverstärkung
fiber sheet (fibrous web) Faserbahn
fiber sheeting endlos Faserbahn
fiber spinning Faserspinnen
fiber strand/fiber bunch Faserstrang, Faserbündel
fiber structure/fibrous structure Faserstruktur
fiberboard Faserstoffplatte
fiberglass Fiberglas, Glasfaser, Faserglas
fibrillated fiber Spleißfaser
fibrillation Fibrillieren, Spleißen;
  text (pilling) Seidenlaus, Seidenflocke
fibrin Blutfaserstoff, Fibrin
fibrous (stringy) faserig, fasrig;
  faserförmig, gefasert
fibrous composite material Faserverbundwerkstoff
fibrous proteins/scleroproteins Faserproteine,
  fibrilläre Proteine, Skleroproteine
fibrous quartz Faserquarz
Fick diffusion equation Ficksche
  Diffusionsgleichung
field capacity/field moisture capacity/
  capillary capacity Feldkapazität (Boden)
field desorption (FD) Felddesorption (FD)
field diaphragm opt/micros Feldblende,
  Leuchtfeldblende, Kollektorblende
field emitter Feldemitter
field-flow fractionation (FFF)
  Feldfluss-Fraktionierung (FFF)

field-free region (FFR) feldfreie Region
field inversion gel electrophoresis (FIGE)
  Feldinversions-Gelelektrophorese
field ionization Feldionisation
field lens micros Feldlinse
field strength Feldstärke
field study/field investigation/field trial
  Feldversuch, Freilanduntersuchung,
  Freilandversuch
field theory Feldtheorie
figure/design Maserung, Fladerung
filament (thread) Faden; Elementarfaden;
  polym/text Endlosfaden; electr Glühwendel
  (z. B. Glühbirne), Glühfaden
> glass filament Glasfilament (Glasseiden)
> melt-spun filament
  schmelzgesponnener Elementarfaden
> monofilament/monofil Einzelfaser
> multifilament/multifil Multifilament
  (Mehrfaden)
> polyfilament/polyfil Polyfilseide
> superfilament/superfil Superfilament
filament tape Filamentband
filings (metal ~) Feilspäne (Metall-)
fill factor Fülldichte
fill-in reaction/filling in reaction Auffüllreaktion
fill level Füllstand (z. B. Flüssigkeit eines Gefäßes)
filler Füllmittel, Füllstoff (auch: Füllmaterial/
  Verpackung); Spachtel, Kitt
> active filler/reinforcing agent
  aktiver/verstärkender Füllstoff (Harzträger)
> inactive filler/inert filler (extender) inaktives
  Füllmittel, inaktiver Füllstoff (Extender)
> plastic filler Kunststoffspachtel
filling Füllung, Füllmasse, Schüttung; text Schuss
filling adhesive Füllkitt
filling funnel Fülltrichter
filling material Füllmaterial
filling thread Schussfaden
film (less than 0.25 mm) Film, Folie
film badge/film badge dosimeter Filmdosimeter,
  Filmplakette, Röntgenplakette,
  Strahlenschutzplakette
film blowing Folienblasen (dünn)
  (Schlauchfolienblasen, S.extrudieren)
film casting/sheet casting (cast film extrusion)
  Foliengießen
film former/film-forming agent Filmbildner
film reactor Filmreaktor
film water/retained water Haftwasser
film wrap (transparent film/foil)/cling wrap
  Klarsichtfolie (Einwickelfolie, auch: Haushaltsfolie)
filter vb (pass through) filtrieren, passieren;
  (percolate/strain) kolieren

**filter** *n* Filter
➤ **ashless quantitative filter**
  aschefreier quantitativer Filter
➤ **ceramic filter** Tonfilter
➤ **cut-off filter** Sperrfilter
➤ **disk filter** Scheibenfilter
➤ **exciter filter** Erregerfilter
  (Fluoreszenzmikroskopie)
➤ **folded filter/plaited filter/fluted filter** Faltenfilter
➤ **fritted glass filter** Glasfritte
➤ **HEPA-filter (high-efficiency particulate**
  **and aerosol air filter)** HOSCH-Filter
  (Hochleistungsschwebstofffilter)
➤ **membrane filter** Membranfilter
➤ **noise filter** Rauschfilter
➤ **nutsch filter/nutsch/filter funnel/suction**
  **funnel/suction filter/vacuum filter**
  **(Buechner funnel)** Filternutsche, Nutsche
  (Büchner-Trichter)
➤ **particle filter** Partikelfilter
➤ **polarizing filter/polarizer** Polarisationsfilter,
  „Pol-Filter", Polarisator
➤ **prefilter** Vorfilter
➤ **ribbed filter/fluted filter** Rippenfilter
➤ **rotary vacuum filter** Vakuumdrehfilter,
  Vakuumtrommeldrehfilter
➤ **round filter/filter paper disk/'circles'** Rundfilter
➤ **selective filter/barrier filter/stopping filter/**
  **selection filter** *micros* Sperrfilter
➤ **sterile filter** Sterilfilter
➤ **syringe filter** Spritzenvorsatzfilter, Spritzenfilter
**filter adapter** Filterstopfen; (Guko)
  Filtermanschette, Guko
**filter aid** Filterhilfsmittel
**filter cake/filtration residue/sludge**
  Filterkuchen, Filterrückstand
**filter candle/filter cartridge** Filterkerze
**filter cartridge** Filterkartusche
  (an Atemschutzmaske)
**filter crucible** Filtertiegel
**filter disk** Filterblatt, Filterblättchen
**filter disk method** Filterblättchenmethode
**filter enrichment** Anreicherung durch Filter,
  Filteranreicherung
**filter flask/filtering flask/vacuum flask**
  Filtrierkolben, Filtrierflasche, Saugflasche
**filter funnel/suction funnel/suction filter/**
  **vacuum filter** Filternutsche, Nutsche
**filter mask** Filtermaske
**filter paper** Filterpapier
**filter press** Filterpresse
**filter pump** Filterpumpe
**filter screen** Filterblende (Schirm)
**filtering (filtration)** Filtrierung, Filtrieren

**filtering pipet** Filterpipette
**filtering rate** Filtrierrate, Filtrationsrate
**filtrate** *n* Filtrat
**filtrate** *vb* klären, filtrieren
**filtration** Filtration, Filtrierung, Klärung
➤ **clarifying filtration** Klärfiltration
➤ **cross-flow filtration** Kreuzstrom-Filtration,
  Querstromfiltration
➤ **dead-end filtration** Kuchenfiltration
➤ **gravity filtration** Schwerkraftsfiltration
  (gewöhnliche Filtration)
➤ **microfiltration** Mikrofiltration
➤ **nanofiltration** Nanofiltration
➤ **pressure filtration** Druckfiltration
➤ **sterile filtration** Sterilfiltration
➤ **suction filtration** Saugfiltration
➤ **ultrafiltration** Ultrafiltration
➤ **vacuum filtration/suction filtration**
  Vakuumfiltration
**filtration residue/filter cake/sludge**
  Filterrückstand, Filterkuchen
**findings/result** Befund
**fine adjustment** Feinjustierung, Feineinstellung
**fine chemicals** Feinchemikalien
**fine dust/mist** Feinstaub (alveolengängig)
**fine structure** Feinstruktur, Feinbau
**fine tuning** Feinabstimmung, Feineinstellung,
  Feinabgleich
**fineness** Feinheit
**fines** Feinstoffe, Feingut, Feinanteile;
  Feinstkorn, Unterkorn, feinste Kornfraktionen,
  Feinpulvriges
**finger cot** Fingerling (Schutzkappe)
**fingerprint** Fingerabdruck
**fingerprinting/genetic fingerprinting/**
  **DNA fingerprinting** Fingerprinting,
  genetischer Fingerabdruck
**finger ring dosimeter/ring dosimeter**
  Fingerringdosimeter
**finish** *n* Oberflächenzustand/-beschaffenheit;
  Beschichtungsschlussauftrag; Appretur(mittel);
  Ausrüstung; Deckanstrich;
  Verputz (innen/außen); (finishes) Avivagen
**finish** *vb* fertigstellen, zu Ende führen;
  fertigbearbeiten; die Oberfläche behandeln;
  lackieren; *text* appretieren, ausrüsten
**finishing** Endbearbeitung, Nachbearbeitung;
  *text* Ausrüstung
**finishing coating** *text* Schlussstrich (Versiegelung)
**finishing paint** Deckfarbe, Decklack
**fire** *vb* feuern; (bake/burn) brennen,
  glühen (Keramik)
**fire** *n* Feuer; (blaze/burning) Brand
  (*siehe auch:* Flamm...)

> put out a fire/quench a fire Feuer löschen
> source of fire Brandherd
fire alarm Feueralarm; Feuermelder
fire-alarm system Feueralarmanlage
fire axe Brandaxt
fire blanket Löschdecke, Feuerlöschdecke
fire brigade/fire department Feuerwehr
fire classification Brandarten
fire code Feuerschutzvorschriften
fire control Brandschutz
fire drill Feueralarmübung, Feuerwehrübung
fire engine/fire truck Feuerlöschfahrzeug
fire-escape Feuerleiter (Nottreppe)
fire extinguisher Feuerlöscher, Feuerlöschgerät, Löschgerät
> dry chemical fire extinguisher Trockenlöscher
> foam fire extinguisher/foam extinguisher Schaumlöscher, Schaumfeuerlöscher
> powder fire extinguisher Pulverlöscher
fire-extinguishing agent Löschmittel, Feuerlöschmittel
fire-extinguishing powder Pulverlöschmittel, Löschpulver
fire fighting Brandbekämpfung, Feuerbekämpfung
fire foam Feuerlöschschaum, Löschschaum
fire hazard Brandrisiko, Feuergefahr
fire hose Feuerwehrschlauch
fire polished feuerpoliert
fire protection/fire prevention (fire control/ fireproofing) Feuerschutz, Brandschutz, Brandverhütung
fire resistance class Feuerwiderstandsklasse
fire-resistant feuerbeständig
fire-retardant/flame-retardant feuerhemmend, flammenhemmend
fire risk/fire hazard Brandgefahr
fire sprinkler system Sprinkleranlage (Beregnungsanlage/Berieselungsanlage: Feuerschutz)
fire station Feuerwache
fire wall/fire barrier Brandmauer, Feuerschutzwand
fireclay Schamotte, Schamotteton (feuerfester Ton)
firedamp/mine damp/mine gas Schlagwetter, schlagende Wetter, Grubengas
firefighter/fireman Feuerwehrmann
fireproof/flameproof feuerfest, feuersicher
fireproofing agent (fire retardant) Feuerschutzmittel (zur Imprägnierung)
fireproofing curtain/fire curtain Feuerschutzvorhang
fireworks Feuerwerk
firm/tight fest
firmness/stability Festigkeit; (toughness) Zähigkeit

first aid Erste Hilfe, Erstbehandlung, Nothilfe
first law of thermodynamics 1. Hauptsatz (der Thermodynamik) (Energieerhaltungssatz)
first run/forerun dist Vorlauf
first-aid attendant/nurse Sanitäter
first-aid box/first-aid kit Verbandskasten
first-aid cabinet/medicine cabinet Erste-Hilfe-Kasten, Verbandsschrank, Medizinschrank, Medizinschränkchen
first-aid kit Erste-Hilfe-Kasten, Erste-Hilfe-Koffer, Sanitätskasten
first-aid supplies Erste-Hilfe Ausrüstung
first-aider Ersthelfer
Fischer projection/Fischer formula/ Fischer projection formula Fischer-Projektion, Fischer-Formel, Fischer-Projektionsformel
fish hook (in chemical equation) Halbpfeil (Reaktionspfeil in chem. Reaktionsgleichungen)
fission/fissioning n nucl Spaltung, Teilung
fission vb nucl spalten
fission fragment Spaltfragment, Spaltbruchstück
fission product nucl Spaltprodukt
fissionable nucl spaltbar
fissure Riss, Fissur, Furche, Einschnitt; (crevice) Spalte
fitness/suitability Fitness, Eignung
fitted (well fitted) passend (gut passend) (z. B. Verschluss/Stopfen etc.)
fitting(s) (adapter/coupler) Verbinder, Adapter; Passstück, Passteil(e), Zubehörteile (Kleinteile); (couplings/couplers) Verbindungsmuffe (Kupplung: Rohr/Schlauch etc.); (fixtures/ mountings; instruments; connections) Armatur(en) (Hähne im Labor, an der Spüle etc.)
> compression fitting Hochdruck-Steckverbindung
fix fixieren (mit Fixativ härten); reparieren
fixation Fixierung, Fixieren
fixative/fixer Fixiermittel, Fixativ
fixed bed reactor/solid bed reactor Festbettreaktor (Bioreaktor)
fixed coupling starre Kupplung
fixed-angle rotor centrif Festwinkelrotor
fixing bolt Haltebolzen
fixture Anschluss, Versorgungsanschluss (Zubehörteil, Armatur); (mounting/support/ holding) Halterung
> electrical fixture(s)/electricity outlet elektrische(r) Anschluss
> service fixtures/service outlets Versorgungsanschlüsse (Wasser/Strom/Gas)
fizz tablet/fizz tab/fizzy tablet (effervescent tablet) Brausetablette
fizzy zischend, sprudelnd, moussierend

**flakeboard** Pressspan; (chipboard) Spanplatte
**flame** *n* Flamme (siehe auch: Feuer...)
**flame** *vb* abflammen, 'flambieren' (sterilisieren)
**flame arrestor** Flammensperre,
 Flammenrückschlagsicherung
**flame atomic emission spectroscopy (FES)/**
 **flame photometry**
 Flammenemissionsspektroskopie (FES)
**flame coloration** Flammenfärbung
**flame ionization** Flammenionisation
**flame laminating** Flammkaschieren
**flame retardancy/fire retardancy**
 Flammschutzeigenschaft
**flame retardant** *adv/adj* flammwidrig
**flame retardant** *n* (flame retarder/fire retardant)
 Flammschutzmittel
**flame spectroscopy** Flammenspektroskopie
**flame spectrum** Flammenspektrum
**flame test** Flammenprobe, Leuchtprobe,
 Leuchttest
**flame-ionization detector (FID)**
 Flammenionisationsdetektor (FID)
**flame-photometric detector (FPD)**
 Flammenphotometrischer Detektor (FPD)
**flame-resistant** flammbeständig, flammwidrig
**flame-retardant** *adv/adj* flammwidrig,
 flammenhemmend, feuerhemmend;
 (selbsterlöschend) self-extinguishing
**flameproof/flame-retardant** feuerfest,
 feuersicher, flammsicher, flammfest
 (schwer entflammbar)
**flammability** Entflammbarkeit, Brennbarkeit,
 Entzündbarkeit
**flammable** entflammbar, brennbar;
 (R10) entzündlich
 ➢ **extremely flammable (F+)** hoch entzündlich
 ➢ **hardly flammable/flame-resistant**
 schwer entzündlich
 ➢ **highly flammable** leicht brennbar;
 (F) leicht entzündlich
**flange** *n* Flansch
**flange** *vb* flanschen
**flange connection/flange coupling/**
 **flanged joint** Flanschverbindung
**flare** *n* (flaring off) Abfackelung
**flare** *vb* (burn off) abfackeln
**flare gas** Fackelgas
**flare-up** Aufflackern, Auflodern, Aufflammen
**flash** *vb* blitzen, aufblitzen; entflammen;
 plötzlich verdampfen/ausdampfen; blinken
 ➢ **deflash (flash-trim)** *polym* entgraten,
 abgraten, entbutzen
**flash** *n* (light/lightning/spark) Blitz, Lichtblitz;
 Austrieb (überfließende Formmasse), Grat,
 Butzen (Gussteile: Spritzhaut/Spritzgrat/

Austrieb) Spritzgrat; (upset: welding)
 Schweißwulst; (flashlight) Blitzlicht
**flash arrestor** Flammschutzfilter
**flash chamber** Butzenkammer
**flash chromatography** Flash-Chromatographie,
 Blitzchromatographie
**flash distillation** Entspannungs-Destillation,
 Flash-Destillation
**flash evaporation** Entspannungsverdampfung,
 Stoßverdampfung, Blitzverdampfung,
 Schnellverdampfung
**flash-free** gratfrei
**flash photolysis** Blitzlichtphotolyse
**flash point** Flammpunkt
**flash steam** entspannter Dampf
**flash vaporizer (GC)** Schnellverdampfer
**flashing** Gratbildung (Formteile), Überlaufgrat
 (Spritzgießen)
 ➢ **deflashing** Entgraten, Abgraten;
 Butzenabschlag
**flashlight/torch (Br)** Taschenlampe; Blitzlicht
**flask** Kolben
 ➢ **boiling flask** Siedegefäß
 ➢ **culture flask** Kulturkolben
 ➢ **culture media flask** Nährbodenflasche
 ➢ **delivery flask** Beschickungskolben
 ➢ **distilling flask/destillation flask/'pot'**
 Destillierkolben, Destillationskolben
 ➢ **Erlenmeyer flask** Erlenmeyer Kolben
 ➢ **evaporating flask** Verdampferkolben
 ➢ **extraction flask** Extraktionskolben
 ➢ **Fernbach flask** Fernbachkolben
 ➢ **filter flask/filtering flask/vacuum flask**
 Filtrierkolben, Filtrierflasche, Saugflasche
 ➢ **Florence boiling flask/Florence flask**
 **(boiling flask with flat bottom)** Stehkolben,
 Siedegefäß
 ➢ **ground-jointed flask** Schliffkolben
 ➢ **Kjeldahl flask** Birnenkolben, Kjeldahl-Kolben
 ➢ **narrow-mouthed flask/narrow-necked flask**
 Enghalskolben
 ➢ **pear-shaped flask (small/pointed)** Spitzkolben
 ➢ **recovery flask/receiving flask/receiver flask**
 **(collection vessel)** Vorlagekolben
 ➢ **rotary evaporator flask**
 Rotationsverdampferkolben
 ➢ **round-bottomed flask/round-bottom flask/**
 **boiling flask with round bottom** Rundkolben,
 Siedegefäß
 ➢ **saber flask/sickle flask/sausage flask**
 Säbelkolben, Sichelkolben
 ➢ **Schlenk flask** Schlenk-Kolben, Schlenkkolben
 (Rundkolben mit seitlichem Hahn)
 ➢ **shake flask** Schüttelkolben
 ➢ **sidearm flask** Seitenhalskolben

> **spinner flask** *micb* Spinnerflasche, Mikroträger
> **swan-necked flask/S-necked flask/**
> **gooseneck flask** Schwanenhalskolben
> **three-neck flask/three-necked flask**
> Dreihalskolben
> **tissue culture flask** Gewebekulturflasche,
> Zellkulturflasche
> **two-neck flask/two-necked flask**
> Zweihalskolben
> **volumetric flask** Messkolben, Mischzylinder
> **wide-mouthed flask/wide-necked flask**
> Weithalskolben
**flask brush** Kolbenbürste
**flask clamp** Kolbenklemme; (four-prong)
Federklammer (für Kolben: Schüttler/Mischer)
**flask tongs** Kolbenzange
**flat bed gel/horizontal gel** horizontal
angeordnetes Plattengel
**flat-blade impeller** Scheibenrührer, Impellerrührer
**flat-flange ground joint/flat-ground joint/**
**plane-ground joint** Planschliff (glatte Enden)
**flat plug** Flachstecker
**flat-plug connector** Flachsteckverbinder
**flat-plug socket** Flachsteckhülse
**flattening agent** (mat finish in paints)
Mattierungsmittel; (sheetings) Antiblockmittel
**flavonoid(s)** Flavonoid(e)
**flavor** Flavor; (flavoring) Geschmackstoff(e);
(taste: pleasant) Aroma (*pl* Aromen);
Wohlgeschmack; (aromatic substance)
Aromastoff
> **artificial flavor/artificial flavoring**
> künstlicher Geschmackstoff
> **off-flavor** Aromafehler, Geschmacksfehler
**flavor enhancer (e.g., monosodium**
**glutamate MSG)** Geschmacksverstärker
(z. B. Natriumglutamat)
**flavoring agent/aromatic substance** Aromastoff
**flax** Flachs
**'flea'/stir bar/stirrer bar/stirring bar/**
**bar magnet** 'Fisch', Rührfisch (Magnetstab/
Magnetstäbchen, Magnetrührstab)
**fleaker (Corning/Pyrex)** Becherglaskolben
(spezielles Produkt von Corning/
Pyrex mit Ausgussöffnung)
**fleece** Vliesstoff, Vlies
**fleshy** fleischig
**flex** *vb* biegen, beugen
**flex crack resistance** Biegerissfestigkeit
**flex cracking** Biegerissbildung
**flex fatigue** Biegeermüdung
**flex life (flexing fatigue life)** Dauerbiegefestigkeit
**flexibility (pliability)** Flexibilität, Biegsamkeit;
Elastizität
**flexibilizer** Flexibilisator, Schlagzähmacher

**flexible (pliable)** biegsam
**flexural creep modulus** Biegekriechmodul
**flexural fatigue strength** Biegewechselfestigkeit
**flexural impact behavior** Schlagbiegeverhalten
**flexural modulus** Biegemodul
**flexural strength** Biegefestigkeit
**flexural stress** Biegespannung
**flexure** Biegung
**flight** Flug; (vane) Trennblech, Quersteg, Flügel;
(of extuder screw) Gang (der Extruderschnecke)
**flight tube (TOF-MS)** Driftröhre
**flint/flint stone** Zündstein, Feuerstein, Flintstein,
Flint
**flint glass** Flintglas
**flip (state/energy)** kippen, umkippen, umklappen
**flipping (NMR)** Spinumkehr
**float** *n* Schwimmer
(z. B. am Flüssigkeitsstandregler);
Schwebekörper, Schwimmkörper
**float** *vb* **(floating)/suspend (suspended)**
schweben (schwebend), flottieren,
aufschwimmen, treiben
**floater/float** Schwimmer
(z. B. am Flüssigkeitsstandregler);
Schwebekörper, Schwimmkörper
**floating (of pigments)** Ausschwimmen
**floating rack (for ice bath)** Schwimmständer,
Schwimmgestell, Schwimmer (für Eiswanne)
**flocculant** Flockungsmittel, Ausflockungsmittel,
Flocker, Flockulant
**flocculate** ausflocken, flocken; koagulieren,
sich zusammenballen
**flocculation** Flokkulation, Flockung,
Flockenbildung, Ausflockung; Ausfällung
**flocculent** flockig, flockenartig
**flocking** Flockung
**flood/flush** fluten; ausschwämmen
**flooding (pigments)** Ausblühen
**floor (ground)** Boden, Fußboden
**floor covering** Bodenbelag
**floor drain** Bodenabfluss, Bodenablauf
**floor polish** Fußbodenpflegemittel,
Fußbodenpoliturfloor drain
**Bodenabfluss** Bodenablauf
**floor temperature** *polym* Floor-Temperatur
**floor tile** Bodenfliese
**floor wax** Bodenwax, Fußbodenwachs,
Bohnerwachs
**flooring** Bodenbelag
**Florence boiling flask/Florence flask**
**(boiling flask with flat bottom)**
Stehkolben, Siedegefäß
**floridean starch** Florideenstärke
**Flory-Huggins theory** Flory-Huggins Theorie
**Flory's distribution** Flory-Verteilung

**flotation** Flotation, Schwimmen, Schweben
**flour bleaching** Mehlbleichung
**flow** *vb* fließen
**flow** *n* **(flowing)** Fluss, Fließen
➢ **cold flow** Kaltfluss, kalter Fluss
➢ **Couette flow** Couette-Strömung
➢ **direction of flow** Fließrichtung
➢ **drag flow** Fließdruck, Hauptfluss, Schleppströmung
➢ **electro-osmotic flow (EOF)/ electro-endosmosis** Elektroosmose, Elektroendosmose
➢ **energy flow/energy flux** Energiefluss
➢ **laminar flow** laminare Strömung, Schichtströmung
➢ **leakage flow** Leckfluss, Leckströmung
➢ **mass flow/bulk flow** Massenströmung (Wasser)
➢ **material flow/chemical flow** Stofffluss
➢ **melt flow** Schmelzefluss
➢ **membrane flow** Membranfluss
➢ **Newtonian flow** Newtonsches Fließen
➢ **non-Newtonian flow** nicht-Newtonsches Fließen
➢ **plug flow** Kolbenfluss, Pfropffließen
➢ **Poiseuille flow/pressure flow** Poiseuille-Strömung, laminare Rohrströmung
➢ **ram flow** Kolbenströmung
➢ **shear flow** Scherfließen
➢ **turbulent flow** turbulente Strömung
➢ **viscometric flow** viskometrische Strömung
**flow control valve (metering valve/ proportioning valve)** Dosierventil
**flow curve** Fließkurve
**flow cytometry** Durchflusszytometrie, Durchflusscytometrie
**flow exponent/pseudoplasticity index** Fließexponent
**flow injection** Fließinjektion
**flow injection analysis (FIA)** Fließinjektionanalyse (FIA)
**flow-injection titration** Fließinjektions-Titration
**flow molding (flow-molding process/ procedure: intrusion molding)** Fließgießen, Fließgussverfahren, Intrusionsverfahren
**flow pattern** Strömungsmuster
**flow rate** (volume per time) Strom; Durchflussrate (Durchflussgeschwindigkeit); Fließgeschwindigkeit; (pump) Förderleistung, Saugvermögen; *chromat* (mobile-phase velocity) Durchlaufgeschwindigkeit (Säule)
**flow reactor** Durchflussreaktor (Bioreaktor)
**flow regulator** Flussregler
**flow resistance/resistance to flow** Strömungswiderstand

**flow temperature** Fließtemperatur
**flowable/fluid** fließfähig
**flowers of sulfur** Schwefelblüte, Schwefelblume
**fluctuate** fluktuieren, schwanken
**fluctuation** Fluktuation, Schwankung
**fluctuation analysis/noise analysis** Fluktuationsanalyse, Rauschanalyse
**fluctuation of temperature** Temperaturschwankung
**fluctuation test** Fluktuationstest
**flue/flue duct** Rauchabzug (Abzugskanal), Rauchzug; (chimney) Schornstein, Kamin
**flue dust** Flugstaub (von Abgasen)
**flue gases/fumes** Rauchgase; Abluft aus Feuerung mit Schwebstoffen
**fluence** Fluenz, Flussrate
**fluent/fluid** flüssig
**fluffy** flockig, locker
**fluid/liquid** *adj/adv* flüssig
**fluid/liquid** *n* Flüssigkeit
➢ **barrier fluid** Sperrflüssigkeit
➢ **braking fluid** Bremsflüssigkeit
➢ **etching fluid** Ätzflüssigkeit
➢ **hydraulic fluid** Hydraulikflüssigkeit, Druckflüssigkeit
➢ **Newtonian fluid/liquid** Newtonsche Flüssigkeit
➢ **non-Newtonian fluid/liquid** nicht-Newtonsche Flüssigkeit
➢ **soldering fluid/soldering liquid** Lötwasser
➢ **supercritical fluid** überkritische Flüssigkeit
**fluid bed reactor** Fließbettreaktor
**fluid catalytic cracking (FCC)** katalytisches Fließbettkracken
**fluid dynamics** Strömungsdynamik
**fluid mechanics** Strömungsmechanik, Strömungslehre
**fluidextract** Flüssigextrakt, flüssiger Extrakt, Fluidextrakt
**fluidity** Fluidität, Fließfähigkeit
**fluidization** Fluidisierung, Verflüssigung
**fluidize** fluidisieren, verflüssigen
**fluidized bed** Fließbett, Wirbelschicht, Wirbelbett
**fluidized-bed reactor/moving bed reactor** Fließbettreaktor, Wirbelschichtreaktor, Wirbelbettreaktor
**fluidized-bed vulcanizing** Wirbelbett-Vulkanisation
**fluoresce** fluoreszieren
**fluorescence** Fluoreszenz
**fluorescence analysis/fluorimetry** Fluoreszenzanalyse, Fluorimetrie
**fluorescence marker** Fluoreszenzsonde, Fluoreszenzmarker

**fluorescence photobleaching recovery/ fluorescence recovery after photobleaching (FRAP)** Fluoreszenzerholung nach Lichtbleichung

**fluorescence quenching** Fluoreszenzlöschung

**fluorescence resonance energy transfer/Förster resonance energy transfer (FRET)** Förster-Resonanzenergietransfer (FRET), Fluoreszenz-Resonanzenergietransfer

**fluorescence spectroscopy** Fluoreszenzspektroskopie, Spektrofluorimetrie

**fluorescent** fluoreszierend

**fluorescent dye** Leuchtfarbe (Farbstoff)

**fluorescent tube** Leuchtstoffröhre, Leuchtstofflampe ('Neonröhre')

**fluorescer (optical whitener)** fluoreszierender Stoff, Weißtöner (optischer Aufheller)

**fluoridation** Fluoridierung

**fluorinate** fluorieren

**fluorinated hydrocarbon** Fluorkohlenwasserstoff

**fluorinating agent** Fluorierungsmittel

**fluorination** Fluorierung

> **electrofluorination** Elektrofluorierung

**fluorine (F)** Fluor

**fluorosulfonic acid HSO$_3$F** Fluoroschwefelsäure, Fluorsulfonsäure

**fluorspar/fluorite CaF$_2$** Flussspat, Fluorit, Calciumfluorid

**flush** *vb* spülen, durchspülen, fluten

**flutings (e.g., tube connections)** Riffelung, Riefen (z. B. Schlauchverbinder)

**flux** (light/energy) Fluss (Licht, Energie; Volumen pro Zeit pro Querschnitt); *electr* Strömung

> **fluxing agent/fusion reagent** Flussmittel, Flussmasse, Schmelzmittel, Zuschlag

**fluxing agent (flux)/fusion reagent** Flussmittel, Schmelzmittel, Zuschlag

**fly ash** Filterstaub

**flywheel** Schwungrad

**foam** *vb* (lather) schäumen; (foam onto a surface) aufschäumen

**foam** *n* Schaum (*pl* Schäume); (froth) feiner Schaum (z. B. auf Flüssigkeiten); (lather) Seifenschaum

> **closed-cell foam/unicellular foam** geschlossenzelliger Schaumstoff

> **hard foam/rigid foam** Hartschaum

> **open-cell foam/interconnecting-cell foam** offenzelliger/offenporiger Schaumstoff

> **soft foam/flexible foam** Weichschaum

> **structural foam/integral foam** Strukturschaum, Integralschaum

> **syntactic foam** syntaktischer Schaum (Schaumstoffe)

**foam baking** Schaumstofflaminieren, Schaumstoffkaschieren

**foam breaker** Schaumbrecher

**foam concrete** Schaumbeton

**foam core** Schaumkern, Schaumstoffkern

**foam density** Schaumdichte, Schaumstoffverdichtungsgrad

**foam fire extinguisher/foam extinguisher** Schaumlöscher, Schaumfeuerlöscher

**foam fire-extinguishing agent** Schaumlöschmittel

**foam inhibitor** Schaumhemmer, Schaumdämpfer, Schaumverhütungsmittel

**foam injection molding** *polym* Schaumspritzgießen

**foam killer** Entschäumungsmittel, Entschäumer, Schaumbrecher

**foam lamination** Schaumstofflaminieren, Schaumstoffkaschieren

**foam molding** Schaumgießen, Formschäumen

**foam plaster** Schaumgips

**foam pouring** Schaumgießen

**foam regulator** Schaumregulator

**foam rubber/foamed rubber/plastic foam/foam** Schaumgummi

**foam spraying** Schaumsprühen

**foamability** Schäumbarkeit

**foamable/expandable** schäumbar, aufschäumbar, verschäumbar

**foamed latex rubber** Latexschaum(gummi)

**foamed plastic/plastic foam** Poroplast, Schaumstoff

**foamer/foaming agent** Schäumer, Schaumbildner

**foaming** Schäumen, Verschäumen

**foaming agent** Treibmittel, Blähmittel, Schaummittel, Schaumbildner, Schäumer

**foaming-in** Hinterschäumung

**focus (focussing)** fokussieren, scharf einstellen

> **in focus/sharp** scharf

> **not in focus/out of focus/blurred** unscharf

**focus formation** Fokusbildung

**focus-forming unit (ffu)** fokusbildende Einheit

**focussing** Fokussierung, Scharfeinstellung

**fog** Nebel

**foggy** nebelig

**foil** Folie

> **air-cushion foil** Luftpolster-Folie

> **aluminum foil** Aluminiumfolie, Alufolie

> **cling wrap/cling foil** Frischhaltefolie

> **composite foil/film** Verbundfolie, Mehrschichtfolie

> **gold foil/gold leaf** Blattgold

> **plastic foil/film** Plastikfolie, Kunststofffolie (dünn)

➤ **shrink foil/shrinking foil** Schrumpffolie
(zum 'Einschweißen')
➤ **tinfoil (aluminum foil)** Stanniol
(Aluminiumfolie/Alufolie)
**fold (plication/wrinkle)** Falte
**folded (pleated/plicate/plicated)** faltig, gefaltet
**folded filter/plaited filter/fluted filter** Faltenfilter
**folded micelle** Faltenmizelle, Faltungsmizelle
**folding** Faltung
➤ **unfolding** Entfaltung, Dekonvolution
**folding rule** Gliedermaßstab
**foliate (coat s.th. with foil)** folieren
**foliated gypsum/selenite/spectacle stone**
Marienglas (Gips)
**foliation** Folierung
**folic acid (folate)/folacin/pteroyl glutamic acid
(vitamin B₂ family)** Folsäure (Folat),
Pteroylglutaminsäure
**following substrate** Folgesubstrat
**food** Nahrung, Essen; (feed) Fressen;
(diet/nourishment/nutrition) Ernährung,
Nahrung; meal (Mahlzeit)
**food additive** Lebensmittelzusatzstoff
**food chain** *ecol* Nahrungskette
**food chemistry** Lebensmittelchemie
**food crop/forage plant/food plant**
Nahrungspflanze
**food crop production** Nahrungspflanzenanbau
**food inspection** Lebensmittelüberwachung,
Lebensmittelkontrolle
**food poisoning** Lebensmittelvergiftung,
Nahrungsmittelvergiftung
**food preservation** Nahrungsmittelkonservierung
**food preservative**
Lebensmittelkonservierungsstoff
**food quality** Lebensmittelqualität
**food quality control** Lebensmittelkontrolle,
Lebensmittelprüfung
**food quantity** Nahrungsmenge
**food source/nutrient source** Nahrungsquelle
**food value/nutritive value** Nährwert
**food web** *ecol* Nahrungsgefüge, Nahrungsnetz
**foodstuff/nutrients** Lebensmittel
**fool's gold/pyrite FeS₂**
Katzengold, Narrengold, Pyrit
**footprinting** Fußabdruckmethode
**forbidden/prohibited** unerlaubt, verboten
**forbidden band** verbotenes Band
**force** Kraft; *polym* (plunger)
Stempel (formgebend)
➤ **centrifugal force** Zentrifugalkraft
➤ **centripetal force** Zentripetalkraft
➤ **coercive force** Koerzitivkraft
➤ **cohesive force** Kohäsionskraft

➤ **directing force/reaction force/restoring force**
Rückstellkraft
➤ **dispersion force (London force)**
Dispersionskraft
➤ **drag force** Widerstand, Widerstandskraft;
Schleppkräfte; aero Rücktriebkraft
➤ **electromotive force (emf/E.M.F.)**
elektromotorische Kraft (EMK)
➤ **gravitational force/gravity** Schwerkraft
➤ **inertial force** Trägheitskraft
➤ **nuclear force** Kernkraft (Kernkräfte)
➤ **propulsive force** Antriebskraft, Triebkraft
➤ **proton motive force** protonenmotorische Kraft
➤ **reactive force** Gegenkraft, Rückwirkungskraft
➤ **repellent force/repelling force/repulsion force**
Abstoßungskraft
➤ **shear force** Scherkraft; Schubkraft
➤ **spring force** Federkraft
➤ **suction force** Saugkraft
➤ **tensile force** Zugkraft
➤ **valence force** Valenzkraft
**force at break/'breaking force'** Höchstzugkraft
**force at rupture** Bruchkraft
**force microscopy (FM)** Kraftmikroskopie
**force open** gewaltsam öffnen
**forced air/recirculating air (air circulation)** Umluft
**forced-air oven** Umluftofen
**forced-draft hood** Saugluftabzug
**forceps** Pinzette, Zange, Klemme
(*siehe:* tweezers)
➤ **artery forceps/artery clamp (hemostat)**
Arterienklemme
➤ **bone-cutting forceps/bone-cutting shears**
Knochenzange
➤ **cover glass forceps** Deckglaspinzette
➤ **dissection tweezers/dissecting forceps**
Sezierpinzette, anatomische Pinzette
➤ **extraction forceps** Extraktionszange (Zähne)
➤ **membrane forceps** Membranpinzette
➤ **sponge forceps** Tupferklemme
➤ **watchmaker forceps/jeweler's forceps**
Uhrmacherpinzette
**foreign** fremd; artfremd (Eiweiss)
**foreign body/foreign matter/foreign substance
(contaminant/impurity)** Fremdkörper,
Fremdstoff
**forensic** forensisch, gerichtsmedizinisch
**forensics/forensic medicine** Forensik, forensische
Medizin, Gerichtsmedizin, Rechtsmedizin
**forerun (foreshot: alcohol)** *dist* Vorlauf
**forge/ironworks/iron smelting plant** Schmiede;
Glühofen; Eisenwerk, Eisenhütte
**forge coal** Schmiedekohle
**forgeability** Schmiedbarkeit

forgeable schmiedbar
forging Schmieden
forklift Hubstapler, Gabelstapler
form factor Formfaktor
formal charge Formalladung
formaldehyde/methanal Formaldehyd, Methanal
formic acid (formate) Ameisensäure (Format)
forming/forming procedures (molding) Formen,
Formung, Formverfahren
forming behavior Umformverhalten
formula Formel; *pharm* Rezeptur
➢ binomial formula binomische Formel
➢ chain formula/open-chain formula
Kettenformel
➢ constitutional formula Konstitutionsformel
➢ electronic formula Elektronenformel
➢ empirical formula Summenformel,
Elementarformel, Verhältnisformel,
empirische Formel
➢ Haworth projection/Haworth formula
Haworth-Projektion, Haworth-Formel
➢ ionic formula Ionenformel
➢ line formula Strichformel
➢ molecular formula Molekularformel,
Molekülformel
➢ perspective formula Perspektivformel
➢ projection formula Projektionsformel
➢ ring formula Ringformel
➢ sawhorse projection/formula
Sägebock-Formel, Sägebock-Projektion
➢ stoichiometric formula
stöchiometrische Formel
➢ structural formula/atomic formula Strukturformel
formula mass Formelmasse
formulary Formelsammlung;
(pharmacopoeia) Arzneimittel-Rezeptbuch,
Pharmakopöe, amtliches Arzneibuch
Förster resonance energy transfer (FRET)
Förster-Resonanzenergietransfer (FRET),
Fluoreszenz-Resonanzenergietransfer
➢ time-resolved Förster resonance energy
transfer (TR-FRET) zeitaufgelöster Förster-
Resonanzenergietransfer, zeitaufgelöster
Fluoreszenz-Resonanzenergietransfer
fortification Verstärkung, Anreicherung
fortify verstärken, aufkonzentrieren, anreichern
forward reaction Hinreaktion, Vorwärtsreaktion
forward-recoil spectrometry (FRS/FRES)
Vorwärts-Rückstoß-Spektrometrie (VRS)
fossil fuels fossile Brennstoffe
fossilization Fossilisierung, Versteinerung
fossilize fossilisieren, versteinern
foul *adv/adj* (rotten/decaying/decomposing)
faul, modernd

foul *vb* (rot-rotten/decompose(d)/decay(ed))
verfaulen (verfault), zersetzen (zersetzt)
foundry *metal* Gießerei
foundry iron Gießereiroheisen
fountain (for drinking water) Trinkbrunnen,
Trinkfontäne
Fourier transform ion cyclotron
resonance (FT-ICR) Fourier-Transform-
Ionenzyklotronresonanz
fraction Fraktion; Teil, Anteil; Bruchteil
fraction collector Fraktionssammler
fraction cutter Wechselvorlage
fractional crystallization fraktionierte
Kristallisation
fractional precipitation fraktionierte Fällung
fractionate fraktionieren
fractionating column/fractionator
Fraktioniersäule
fractionation Fraktionierung
➢ field-flow fractionation (FFF)
Feldfluss-Fraktionierung (FFF)
➢ precipitating fractionation Fällfraktionierung
➢ temperature rising elution fractionation (TREF)
Lösefraktionierung
fractionator Fraktionierer
fracture Bruch; Fraktur
➢ brittle fracture/brittle failure Sprödbruch,
Trennbruch, sprödes Versagen
➢ capillary fracture/capillary breaking (fibers)
Kapillarbruch
➢ deformation to fracture Bruchverformung
➢ ductile fracture/tough fracture Zähbruch,
duktiler Bruch
➢ freeze-fracture/freeze-fracturing/cryofracture
*micros* Gefrierbruch
➢ melt fracture (elastic turbulence)
Schmelzbruch, Schmelzebruch
➢ resistance to fracture Bruchfestigkeit
➢ tough fracture/ductile fracture Zähbruch,
duktiler Bruch
fragile zerbrechlich
fragment Fragment, Bruchstück
➢ fission fragment Spaltfragment,
Spaltbruchstück
➢ molecular fragment Molekülfragment,
Molekülbruchstück
fragment ion (MS) Bruchstückion, Fragmention,
Fragment-Ion
fragmental rock (clastic rock) Trümmergestein
(klastisches Gestein)
fragmentation Fragmentierung,
Zerfall in Bruchstücke
fragmentation pathway Fragmentierungsweg
fragmentation pattern Fragmentierungsmuster

fragrance (scent/pleasant smell) angenehmer Duft, Geruch; (perfume: stronger scent) angenehmer Geruchsstoff; (fragrances/ fragrant substances) Riechstoffe

fragrant duftend (angenehm)

frameshift Leserasterverschiebung, Rasterverschiebung

framework silicate/tectosilicate Gerüstsilicat, Tektosilicat

free electron freies Elektron

free electrophoresis (carrier-free electrophoresis) freie Elektrophorese

free energy freie Energie

free-floating/pendulous frei schwebend

free from streaks/free from reams schlierenfrei

free radical freies Radikal

free rotation freie Rotation

free volume freies Volumen

freeze frieren, einfrieren, gefrieren; erstarren
➢ quickfreeze schnellgefrieren

freeze-dry/lyophilize gefriertrocknen, lyophilisieren

freeze-drying/lyophilization Gefriertrocknung, Lyophilisierung

freeze-etch gefrierätzen

freeze-etching Gefrierätzung

freeze-fracture/freeze-fracturing/ cryofracture micros Gefrierbruch

freeze preservation/cryopreservation Gefrierkonservierung, Kryokonservierung

freeze storage Gefrierlagerung

freezer Kühltruhe, Gefriertruhe, Gefrierschrank

freezer compartment/freezing compartment/ freezer Kühlfach, Gefrierfach (im Kühlschrank)

freezing Gefrieren, Frieren, Einfrieren; Erstarren

freezing-in temperature $T_F$ Einfriertemperatur

freezing microtome/cryomicrotome Gefriermikrotom

freezing point Gefrierpunkt, Erstarrungspunkt
➢ boiling point Siedepunkt

freezing point depression Gefrierpunktserniedrigung

freezing point elevation Gefrierpunktserhöhung

frequency Frequenz (Hertz); (of occurrence/ abundance) Häufigkeit, Frequenz

frequency distribution (FD) Häufigkeitsverteilung

frequency histogram Häufigkeitshistogramm

frequency ratio stat relative Häufigkeit, relative Frequenz

'fresh mass' (fresh weight) 'Frischmasse' (Frischgewicht)

fresh weight (sensu stricto: fresh mass) Frischgewicht (sensu stricto: Frischmasse)

freshwater Süßwasser

Freund's adjuvant Freundsches Adjuvans

friable zerreibbar; brökelig, krümelig, mürbe

friability Zerreibbarkeit; Bröckeligkeit

friction Reibung

friction force microscopy (FFM)/lateral force microscopy (LFM) Reibkraftmikroskopie

frictional coefficient/friction coefficeint Reibungskoeffizient

fringe field Streufeld

fringed micelle Fransenmizelle

frit n Fritte

frit vb (sinter) fritten (sintern)

fritted glass Sinterglas

fritted glass filter Glasfritte

frock Kittel, Arbeitskittel; (lab coat) Laborkittel

frontier orbital Grenzorbital, Frontorbital

fronting/bearding chromat Bartbildung, Signalvorlauf, Bandenvorlauf

frost/rime frost/white frost Frost

frost-resistant/frost hardy frostbeständig, frostresistent

frost-tender/susceptible to frost frostempfindlich

frosted matt

frosted-end slide micros Mattrand-Objektträger

frostproof frostsicher

frothing Frothing, Schäumen (sehr fein)

fructose (fruit sugar) Fruktose, Fructose (Fruchtzucker)

fruit acid (α-hydroxy acids) Fruchtsäure

fruit essence Fruchtessenz

fruit press/juice press (e.g., for making juice) Kelter

fruit pulp Fruchtmark, Obstpulpe, Fruchtmus

fruit sugar/fructose Fruchtzucker, Fruktose

fruiting/bearing fruit/fructiferous fruchtend, fruchttragend

fruity taste Fruchtgeschmack

fucose/6-deoxygalactose Fukose, Fucose, 6-Desoxygalaktose

fuel n Treibstoff, Kraftstoff; Brennermaterial
➢ antiknock fuel klopffester Kraftstoff
➢ aviation fuel/aviation gasoline Flugbenzin
➢ carburetor fuel Vergasertreibstoff
➢ diesel fuel Dieselkraftstoff
➢ engine fuel Motorkraftstoff
➢ fossil fuels fossile Brennstoffe
➢ high-octane fuel hochklopffester Kraftstoff
➢ jet fuel Düsentreibstoff
➢ leaded fuel verbleiter Kraftstoff
➢ nuclear fuel Kernbrennstoff
➢ racing fuel Rennkraftstoff
➢ rocket fuel/rocket propellant Raketentreibstoff
➢ solid fuel fester Kraftstoff
➢ turbine fuel Turbinenkraftstoff

**fuel cell** Brennstoffzelle
**fuel cycle** *nucl* Brennstoffkreislauf
**fuel element/fuel assembly/**
   **fuel bundle** *nucl* Brennelement
**fuel equivalence** Brennäquivalent
**fuel oil/heating oil** Heizöl
**fuel rod** *nucl* Brennstab
**fugacious** *chem* flüchtig
**fugacity** Fugazität, Flüchtigkeit
**fugitive** unecht, vergänglich, kurzlebig;
   flüchtig; (unstable) unbeständig
**full blast** voll aufdrehen (Wasserhahn etc.)
**full cure** Durchhärtung
**full-face respirator** Atemschutzvollmaske,
   Gesichtsmaske
**full-facepiece respirator**
   Vollsicht-Atemschutzmaske
**full-mask (respirator)** Vollmaske,
   Atemschutz-Vollmaske
**full width at half-maximun (fwhm)/half intensity**
   **width** *math/stat* Halbwertsbreite
**fulminating powder** Knallpulver
**fulminic acid HCNO** Fulminsäure, Blausäureoxid,
   Knallsäure
**fumaric acid (fumarate)** Fumarsäure (Fumarat)
**fume (fumes: irritating/offensive/often**
   **particulate)** Rauch, (dichte) Dämpfe (meist
   schädlich)
➢ **exhaust fumes** Abgase
**fume extraction** Rauchabzug (Raumentlüftung)
**fume hood** Abzug, Rauchabzug, Dunstabzugshaube
**fumed silica** Quarzstaub, Kieselpuder
**fumigant** Fumigans, Begasungsmittel,
   Ausräucherungsmittel
**fumigate** ausräuchern, begasen, beräuchern
**fumigation** Begasung
**fuming** *adv/adj* (e.g., acid) rauchend (z. B. Säure)
**fuming** *n* Abrauchen
**functional food** funktionelle Nahrung
**functional group** funktionelle Gruppe
**functional plastic** Funktionskunststoff
**functional polymer** Funktionspolymer
**functional unit/module** Funktionseinheit, Modul
**functionality** Funktionalität
**functionalization** Funktionalisieren
**fungicide** Fungizid, Pilzbekämpfungsmittel
**funnel** Trichter
➢ **addition funnel** Zulauftrichter
➢ **analytical funnel** Analysentrichter
➢ **dropping funnel** Tropftrichter
➢ **filling funnel** Fülltrichter
➢ **filter funnel/suction funnel/suction filter/**
   **vacuum filter** Filternutsche, Nutsche
➢ **glass funnel** Glastrichter

➢ **Hirsch funnel** Hirsch-Trichter
➢ **hot-water funnel (double-wall funnel)**
   Heißwassertrichter
➢ **powder funnel** Pulvertrichter
➢ **separatory funnel** Scheidetrichter
➢ **short-stem funnel/short-stemmed funnel**
   Kurzhalstrichter, Kurzstieltrichter
**funnel brush** Trichterbürste
**funnel tube** Trichterrohr
**furan** Furan
**furnace** Ofen; Hochofen, Schmelzofen; Heizkessel
➢ **annealing furnace** Glühofen
➢ **arc furnace** Lichtbogenofen
➢ **blast furnace** Hochofen
➢ **combustion furnace** Verbrennungsofen
➢ **crucible furnace** Tiegelofen
➢ **induction furnace/inductance furnace**
   Induktionsofen
➢ **open-hearth furnace (a reverberatory furnace)**
   Herdofen (Siemens-Martin-Ofen)
➢ **muffle furnace/retort furnace** Muffelofen
➢ **reverberatory furnace** Flammofen
➢ **roasting furnace/roasting oven/roaster** Röstofen
➢ **smelting furnace** Schmelzofen
**furnace black** Flammruß, Ofenruß (Gasruß)
**furnishings (pieces of equipment/fixtures/**
   **fittings/fitments)** Einrichtung, Ausstattung,
   Mobiliar (Möbel etc.), Einrichtungsgegenstände
**fuse** *vb* fusionieren, verschmelzen
**fuse** *n* (explosive/detonating fuse) Zünder,
   Lunte, Zündschnur; *electr* (circuit breaker
   electr) Sicherung
➢ **concussion fuse** Erschütterungszünder
➢ **electric fuse** elektrischer Zünder
➢ **time fuse** Zeitzünder
**fuse box/fuse cabinet/cutout box**
   Sicherungskasten
**fused** (fusible/molten) schmelzflüssig;
   (coalescent) verwachsen, angewachsen
**fused quartz** Quarzgut (milchig-trübes Quarzglas)
**fusel oil** Fuselöl
**fusible** schmelzbar; schmelzflüssig
**fusible alloy** leicht schmelzende Legierung,
   niedrigschmelzende Legierung
**fusible plug** *electr* Schmelzplombe
**fusible wire** *electr* Schmelzdraht
**fusion** Fusion, Verschmelzung; *polym* Gelieren,
   Gelatinieren
**fusion point (melting point)** Fließpunkt
   (Schmelzpunkt)
**fusion protein** Fusionsprotein
**fusion tube/melting tube** Abschmelzrohr
**futile cycle** *biochem* Leerlauf-Zyklus,
   Leerlaufcyclus

# G

**gadol/3-dehydroretinol (vitamin A$_2$)**
Gadol, 3-Dehydroretinol

**gage/gauge (Br)** Nornalmaß, Eichmaß; Umfang,
Inhalt; Maßstab, Norm; Messgerät, Anzeiger,
Messer; Stärke, Dicke; Abstand, Spurbreite

**gage lathe/gauge lathe** Präzisionswerkbank

**gage point/gauge point** Körner

**gage ring/gauge ring** *electr* Passring

**gain/increase** *n* **(increment)** Zunahme,
Steigerung, Vergrößerung, Verstärkung

**gain/increase** *vb* zunehmen, steigern, vergrößern

**gaiter** Gamasche
(Schutzkleidung: Bein/Fuß bis zum Knie)

**galactosamine** Galaktosamin

**galactose** Galaktose

**galactosemia** Galaktosämie

**galacturonic acid** Galakturonsäure

**galena/galenite PbS** Galenit, Bleiglanz

**gallic acid (gallate)** Gallussäure (Gallat)

**gallipot** Salbentopf, Medikamententopf (Apotheke)

**galvanic anode** Opferanode

**galvanic battery** galvanische Kette

**galvanic cell** galvanisches Element

**galvanic current** galvanischer Strom

**galvanic deposit** galvanische Abscheidung

**galvanic half-cell** galvanisches Halbelement

**galvanic protection** galvanischer Schutz

**galvanic series/electromotive series**
galvanische Spannungsreihe,
elektromotorische Spannungsreihe

**galvanization/electroplating** Galvanisation

**galvanize/electroplate** galvanisieren

**galvanized iron** verzinktes Eisen

**galvanostegy** Galvanostegie

**gamma-aminobutyric acid (GABA)**
Aminobuttersäure, γ-Aminobuttersäure

**ganglioside** Gangliosid

**gangue/gangue mineral**
**(worthless vein matter)** *geol*
Gangart (Ganggestein/Gangmineral)

**ganoine** Ganoin

**gap** Lücke, Spalt

**gape** klaffen, offen stehen

**garbage** Müll

**garbage can/dustbin (Br)** Mülleimer

**garbage chute/waste chute** Müllschacht

**garden hose** Gartenschlauch

**gas** Gas

➢ **asphyxiant gas** Erstickungsgas

➢ **calibration gas** Prüfgas (Kalibrierung)

➢ **carrier gas (an inert gas) (GC)** Trägergas,
Schleppgas

➢ **coke-oven gas** Kokereigas

➢ **compressed gas/pressurized gas** Druckgas

➢ **electron gas** Elektronengas

➢ **evolution of gas** Gasentwicklung

➢ **exhaust gas** Abgas; Auspuffgas

➢ **firedamp/mine damp/mine gas** Schlagwetter,
schlagende Wetter, Grubengas

➢ **flare gas** Fackelgas

➢ **flue gases/fumes** Rauchgase

➢ **general gas law** Gasgleichung

➢ **ideal gas/perfect gas** ideales Gas

➢ **inert gas** Inertgas

➢ **irritant gas** Reizgas

➢ **liquefied natural gas (LNG)** Flüssiggas
(verflüssigtes Erdgas: $CH_4$)

➢ **liquefied petroleum gas** gasförmiger
Vergaserkraftstoff

➢ **laughing gas/nitrous oxide** Lachgas
(Distickstoffoxid/Dinitrogenoxid)

➢ **liquid gas/liquefied gas** Flüssiggas

➢ **marsh gas** Sumpfgas

➢ **measuring gas/sample gas** Messgas

➢ **mine gas** Grubengas; (firedamp) Schlagwetter

➢ **mustard gas RNCS** Senfgas

➢ **natural gas** Erdgas

➢ **noble gases (rare gases)** Edelgase

➢ **oxyhydrogen (gas)/detonating gas ($2 \times H_2 + O_2$)**
Knallgas

➢ **perfect gas/ideal gas** ideales Gas

➢ **probe gas/tracer gas** Prüfgas

➢ **producer gas** Generatorgas

➢ **propellant (pressure can)** Treibmittel, Treibgas
(z. B. in Sprühflaschen/Druckflaschen)

➢ **protective gas/shielding gas (in welding)**
Schutzgas

➢ **purge gas** Spülgas

➢ **quenching gas** Löschgas

➢ **reference gas (GC)** Vergleichsgas

➢ **refinery gas** Raffineriegas

➢ **sewer gas** Faulschlammgas

➢ **sludge gas/sewage gas (methane)**
Faulgas, Klärgas

➢ **smoke gas** Rauchgase (sichtbarer Qualm)

➢ **sour gas (>1% $H_2S$)** Sauergas

➢ **synthesis gas/syngas** Synthesegas

➢ **synthetic natural gas/substitute natural gas
(SNG)** synthetisches Erdgas,
künstliches Erdgas

➢ **tear gas** Tränengas

➢ **test gas** Prüfgas (zu prüfendes Gas)

➢ **town gas** Stadtgas

➢ **tracer gas/probe gas** Prüfgas

➢ **water gas** Wassergas

**gas balance (dasymeter)** Gaswaage

gas bottle (gas cylinder/compressed-gas cylinder) Gasflasche
gas bottle cart/gas cylinder trolley (*Br*) Gasflaschen-Transportkarren
gas bubble Gasblase
gas burner Gasbrenner, Gaskocher
gas carburizing Gasaufkohlung
gas cartridge Gaspatrone, Gaskartusche
gas chromatography Gaschromatographie
➢ headspace gas chromatography Dampfraum-Gaschromatographie
➢ inverse gas chromatography (IGC) Umkehr-Gaschromatographie
gas cleaning/pas purification Gasreinigung
gas cock/gas tap Gashahn
gas collecting tube/gas sampling bulb/ gas sampling tube Gasprobenrohr, Gassammelrohr, Gasmaus
gas constant Gaskonstante
gas counter Gaszählrohr
gas cylinder Druckgasflasche
gas cylinder pressure regulator Gasdruckreduzierventil, Druckminderventil, Druckminderungsventil, Reduzierventil (für Gasflaschen)
gas density Gasdichte
gas density balance Gasdichtewaage
gas detector/gas monitor Gaswächter, Gaswarngerät; (gas leak detector) Gasdetektor, Gasspürgerät
gas discharge Gasentladung
gas-discharge tube Gasentladungsröhre
gas exchange/gaseous interchange/ exchange of gases Gasaustausch
gas explosion Gasexplosion
gas flowmeter Gasdurchflusszähler, Gasströmungsmesser
gas injection technique (GIT) Gas-Injektions-Technik (GIT), Gas-Innen-Drucktechnik (GID)
gas leak detector Gasdetektor, Gasspürgerät, Gasprüfer, Gastester
gas leakage Gasaustritt (Leck)
gas lighter Gasanzünder
gas-liquid chromatography Gas-Flüssig-Chromatographie
gas line (natural gas line) Gasleitung (Erdgasleitung)
gas mask Gasmaske
gas measuring bottle Gasmessflasche
gas outlet Gasaustritt, Gasausgang, Gasabgang (aus Geräten)
gas-phase polymerization Gasphasenpolymerisation
gas poisoning Gasvergiftung
gas purifier Gasreiniger

gas regulator/gas cylinder pressure regulator Gasdruckreduzierventil, Druckminderventil, Druckminderungsventil, Reduzierventil (für Gasflaschen)
gas sampling bulb/gas sampling tube Gassammelrohr, Gas-Probenrohr, Gasmaus
gas scrubbing Gaswäsche
gas separator Gasabscheider
gas supply Gaszufuhr
gas tap/gas cock Gashahn
gas thermometer Gasthermometer
gas washing bottle Gaswaschflasche
gaseous gasförmig
gaseous state gasförmiger Zustand, Gaszustand
gasification Vergasung
➢ hydrogasification hydrierende Vergasung, Wasserstoffvergasung
gash klaffende tiefe Schnittwunde
gasket Manschette, Dichtung, Dichtungsmanschette, Abdichtung
➢ rubber gasket Gummidichtung(sring)
gasohol Gasohol, Treibstoffalkohol
gasoline/gas/petrol (*Br*) Benzin
➢ antiknock gasoline klopffestes Benzin
➢ aviation gasoline/avgas Flugbenzin
➢ cracked gasoline Krackbenzin, Spaltbenzin
➢ heavy gasoline Schwerbenzin
➢ high-octane gasoline Hochoctanbenzin, hochoctaniges Benzin
➢ leaded gasoline verbleites Benzin
➢ light gasoline Leichtbenzin
➢ polymer gasoline Polymerisatbenzin
➢ pyrolysis gasoline Pyrolysebenzin
➢ reformed gasoline Reformatbenzin
➢ straight-run gasoline Straight-Run-Benzin, Destillatbenzin, Rohbenzin
➢ unleaded gasoline unverbleites Benzin
gasoline canister Benzinkanister, Kraftstoffkanister
gasproof gasdicht
gastight/impervious to gas gasundurchlässig
gastightness/imperviousness to gas/ gas impermeability Gasundurchlässigkeit
gastric lavage/gastric irrigation Magenspülung
gastricsin (pepsin C) Gastricsin (Pepsin C)
gate (gating) Angussöffnung, Angussbohrung, Angusssteg, Werkzeuganguss; (between sprue and mold) Anschnitt, Anbindung; (gel-casting) Verschluss-Scheibe
gate impeller Gitterrührer
gauge/gage Nornalmaß, Eichmaß; Umfang, Inhalt; Maßstab, Norm; Messgerät, Anzeiger, Messer; Stärke, Dicke; Abstand, Spurbreite
gauge lathe Präzisionswerkbank

**gauge point** Körner
**gauge ring** *electr* Passring
**gauging** Messung; Eichung
**Gaussian curve** Gauß-Kurve, Gauß'sche Kurve
**Gaussian distribution (Gaussian curve/**
**normal probability curve)** Gauß-Verteilung,
Normalverteilung, Gauß'sche Normalverteilung
**gauze** Gaze, Mull
**gauze bandage** Mullbinde, Gazebinde
**GC (gas chromatography)**
GC (Gaschromatographie)
**gear pump** Zahnradpumpe
**Geiger counter** Geiger-Zähler
**Geiger-Müller counter** Geiger-Müller-Zähler
**gel** *vb* gelieren
**gel** *n* Gel
➤ **denaturing gel** denaturierendes Gel
➤ **flat bed gel/horizontal gel**
horizontal angeordnetes Plattengel
➤ **hydrogel** Hydrogel
➤ **native gel** natives Gel
➤ **lyogel** Lyogel
➤ **running gel/separating gel** Trenngel
➤ **silica gel** Kieselgel, Silicagel
➤ **slab gel** *electrophor*
hochkant angeordnetes Plattengel
➤ **stacking gel** *electrophor* Sammelgel
➤ **xerogel** Xerogel
**gel caster** *electrophor* Gelgießstand,
Gelgießvorrichtung
**gel chamber** *electrophor* Gelkammer
**gel coat** Gelschicht
**gel comb** *electrophor* Gelkamm
**gel effect/Trommsdorff effect/Norris-Smith**
**effect** Geleffekt (Trommsdorff-Norrish)
**gel electrophoresis** Gelelektrophorese
**gel filtration/molecular sieving chromatography/**
**gel permeation chromatography** Gelfiltration,
Molekularsiebchromatographie,
Gelpermeations-Chromatographie
**gel permeation chromatography/molecular**
**sieving chromatography**
Gelpermeationschromatographie,
Molekularsiebchromatographie
**gel point** Gelpunkt
**gel retention analysis/gel retention assay/**
**band shift assay/electrophoretic mobility**
**shift assay (EMSA)** Gelretentionsanalyse,
Gelretentionstest
**gel-sol-transition** Gel-Sol-Übergang
**gel spinning** *polym* Gelspinnen
**gel state** Gelzustand
**gel tray** *electrophor* Gelträger, Geltablett
**gelatin/gelatine** Gelatine
➤ **blasting gelatine** Sprenggelatine

**gelatinizing agent** Gelbildner
**gelatinous/gel-like** gelartig, gallertartig, gelatinös
**gelation** Gelieren, Gelatinieren
**gelling (fusion)** Gelieren, Gelatinieren (Gießen)
**gelling agent** Geliermittel
**gelling point** Gelierpunkt
**geminal coupling (NMR)** geminale Kopplung
**gene** Gen, Erbfaktor
**gene technology (***sensu lato***)** Gentechnologie,
Gentechnik, Genmanipulation
**general chemistry** allgemeine Chemie
**general gas law** Gasgleichung
**general policy** allgemeine Richtlinie
**general-purpose adhesive** Alleskleber
**generate (form/develop)** bilden (entwickeln)
(z. B. Gase/Dämpfe)
**generation (formation/development)** Bildung
(Entwicklung) (z. B. Gase/Dämpfe)
**generation period** Generationsdauer
**generation time (doubling time)** Generationszeit
(Verdopplungszeit)
**generic drug** Generica, Generika, Fertigarzneimittel
**generic name** Sammelbegriff, Sammelname;
ungeschützter Name (einer Substanz)
**genetic analysis** Erbanalyse
**genetic code** genetischer Code
**genetic engineering/gene technology**
Gentechnik, Gentechnologie, Genmanipulation
**genetic marker** genetischer Marker
**genetic screening** genetischer Suchtest
**genetically engineered** gentechnisch verändert
**genetically engineered organism/**
**genetically modified organism (GMO)**
gentechnisch veränderter Organismus (GVO)
**genetically modified microorganism (GMM)**
gentechnisch veränderter Mikroorganismus
(GVM)
**genetics/transmission genetics (study of**
**inheritance)** Genetik, Vererbungslehre
**gentisic acid/2,5-dihydroxybenzoic acid (DHB)**
Gentisinsäure, 2,5-Dihydroxybenzoesäure
**gentle/mild** schonend
**geochemistry** Geochemie, geologische Chemie
**geothermal energy** geothermische Energie
**geranic acid** Geraniumsäure
**geranyl acetate** Geranylacetat
**germ/embryo** Keim, Keimling, Embryo
**germ-free/aseptic/sterile** keimfrei, steril
**germinability** Keimfähigkeit
**germinate/sprout** keimen
**germination** Keimung
**getter film** Getter, Getterstoff, Fangstoff
(Vakuumröhren)
**gettering** Getterung, Gettern
**gibberellic acid** Gibberellinsäure

gibberellin(s) Gibberellin(e)
Gibbs phase rule Gibbssches Phasengesetz
gilding vergolden
girdle/belt/cingulum Gürtel, Gurt, Cingulum
girth Umfang
glacial acetic acid Eisessig
glancing angle/Bragg angle Glanzwinkel
glass Glas
➤ acrylic glass Acrylglas
➤ amber glass Braunglas
➤ bits of broken glass Glassplitter
➤ borosilicate glass Borosilicatglas
➤ chip/chipping anschlagen, Ecke abschlagen
➤ clear glass Klarglas
➤ fiberglass Fiberglas, Glasfaser, Faserglas
➤ flint glass Flintglas
➤ fritted glass Sinterglas
➤ heat-resistant glass hitzebeständiges Glas
➤ laminated glass Schutzglas, Sicherheitsglas,
Schichtglas, Verbundglas
➤ laminated safety glass Verbundsicherheitsglas
➤ metallic glass metallisches Glas, Metallglas,
Glasmetall (amorphes Metall)
➤ milk glass Milchglas
➤ mirror glass Spiegelglas
➤ optical glass optisches Glas
➤ photochromic glass photochromes Glas
➤ photosensitive glass phototropes Glas
➤ plate glass Flachglas
➤ quartz glass Quarzglas
➤ ribbed glass Rippenglas, geripptes Glas,
geriffeltes Glas
➤ safety glass Schutzglas, Sicherheitsglas
➤ tempered glass/resistance glass Hartglas
➤ tempered safety glass
Einscheibensicherheitsglas (ESG)
➤ textile glass Textilglas, textile Glasfaser
➤ water glass/soluble glass $M_2O \times (SiO_2)_x$
Wasserglas
➤ window glass Fensterglas
glass bat/wadding Glaswatte
glass bead Glasperle, Glaskügelchen
glass blower/glassblower Glasbläser
glass braid Glasgeflecht
glass ceramic Glaskeramik
glass cutter Glasschneider
glass cylinder Glaszylinder
glass electrode Glaselektrode
glass fiber (GF) (ISO)/fiberglass Glasfaser,
Faserglas
➤ chopped glass fiber Glas-Kurzfasern
(geschnitten)
➤ milled glass fiber Glas-Kurzfasern (gemahlen)
glass fiber laminate (fiberglass laminate)
Glasfaserlaminat, Glasfaserschichtstoff

glass fiber laser/fiber laser Glasfaserlaser
glass fiber mat/fiberglass mat/fiberglass
matting Glasfasermatte, Glasfaservlies
glass fiber reinforcement/fiberglass
reinforcement Glasfaserverstärkung
glass fiber-bonded nonwoven
Glasfaserverbundstoff
glass fiber-mat-reinforced glasmattenverstärkt
glass fiber-mat-reinforced thermoplastic
glasmattenverstärkter Thermoplast (GMT)
glass fiber-reinforced glasfaserverstärkt
glass fiber-reinforced plastic (GRP/GFRP)/
fiber reinforced plastic (FRP)
Glasfaserkunststoff,
glasfaserverstärkter Kunststoff (GFK)
glass filament Glasfilament (Glasseiden)
glass filament yarn Glasfilamentgarn
glass funnel Glastrichter
glass homogenizer (Potter-Elvehjem homogenizer;
Dounce homogenizer) Glashomogenisator
('Potter'; Dounce)
glass marker Glasschreiber, Glasmarker
glass mortar Glasmörser
glass nonwoven Glasfaservliesstoff
glass pestle Glasstößel, Glaspistill
(Homogenisator)
glass pressure vessel Druckbehälter aus Glas
glass-reinforced plastics (GRP)
glasverstärkte Kunststoffe
glass rod Glasstab
glass roving Glasroving
glass scrap/shattered glass/broken glass
Glasbruch
glass staple fiber Glasstapelfaser
glass stirring rod Glasrührstab
glass stopcock Glashahn
glass strand/strand Glasspinnfaden
glass transition polym Glasumwandlung,
Glasübergang
glass transition temperature ($T_g$) Glastemperatur,
Glasumwandlungstemperatur
(Glasübergangstemperatur)
glass tube/glass tubing Glasrohr, Glasröhre,
Glasröhrchen
glass-tube cutting pliers
Glasrohrschneider (Zange)
glass tubing cutter Glasrohrschneider
glass vessel Glasbehälter
glass wool Glaswolle
glassblower Glasbläser
glassblower's workshop ('glass shop')
Glasbläserei
glassine paper/glassine Pergamin
(durchsichtiges festes Papier)
glasslike/glassy/vitreous glasartig, glasig

glassmaker Glashersteller
glassware Glasgeschirr; (glasswork) Glaswaren, Glassachen
glasswork/glazing Glaserei (Handwerk)
glassy/made out of glass/vitreous gläsern, aus Glas
Glauber salt (crystalline sodium sulfate decahydrate) Glauber-Salz, Glaubersalz (Natriumsulfathydrat)
glaze n Glasur, Lasur; Glätte, Hochglanz
glaze vb verglasen; glätten, polieren; glasieren, mit Glasur überziehen; (Farbe/Lack) lasieren; (Papier) satinieren
glazed paper Glanzpapier (glanzbeschichtetes Papier), Firnispapier, satiniertes Papier
glazed ware/vitrified clay Steinzeug
glazier (one who sets glass) Glaser
glazier's putty Fensterkitt
glazier's workshop/glass shop Glaserei (Werkstatt)
GLC (gas-liquid chromatography) GFC (Gas-Flüssig-Chromatographie)
glide angle/gliding angle aer Gleitwinkel
global radiation Globalstrahlung
global warming globale Erwärmung
globular globulär
globular protein globuläres Protein, Kugelprotein, Sphäroprotein
gloss Glanz
glove box/dry-box Handschuhkasten, Handschuhschutzkammer
glove liners Handschuhinnenfutter
gloves Handschuhe
➤ acid gloves/acid-resistant gloves Säureschutzhandschuhe
➤ cleanroom gloves Reinraumhandschuhe
➤ cold-resistant gloves Kälteschutzhandschuhe
➤ cotton gloves Baumwollhandschuhe
➤ cut-resistant gloves Schnittschutz-Handschuhe
➤ deep-freeze gloves Tiefkühlhandschuhe, Kryo-Handschuhe
➤ disposable gloves/single-use gloves Einweg-, Einmalhandschuhe
➤ heat defier gloves/heat-resistant gloves Hitzehandschuhe
➤ insulated gloves Isolierhandschuhe
➤ oven gloves Hoch-Hitzehandschuhe, Ofenhandschuhe
➤ protective gloves/gauntlets Schutzhandschuhe
➤ sleeve gauntlets Ärmelschoner, Stulpen
➤ work gloves Arbeitshandschuhe
glow n Glut, Glühen; Leuchten, Hitze
glow vb glühen, glimmen; leuchten, strahlen
glow discharge Glimmentladung

glow lamp electr Glimmlampe
glowing wire Glühdraht
glucagon Glukagon, Glucagon
glucaric acid/saccharic acid Glucarsäure, Zuckersäure
glucocorticoid Glucocorticoid
glucocorticoids Glukokortikoide
gluconeogenesis Gluconeogenese
gluconic acid (gluconate)/dextronic acid Gluconsäure (Gluconat)
glucosamine Glukosamin, Glucosamin
glucose (grape sugar) Glukose, Glucose (Traubenzucker)
glucosuria/glycosuria Glukosurie, Glycosurie
glucuronic acid (glucuronate) Glucuronsäure (Glukuronat)
glue n Leim (see also: adhesive); Klebstoff, Kleber
➤ blood albumin glue Serumalbuminkleber
➤ superglue/crazy glue Sekundenkleber
➤ wood glue Holzleim
glue vb leimen
➤ glue together verleimen; (stick together) verkleben
glue film/film adhesive/adhesive film Klebfolie (Klebfilm)
gluey klebrig; zähflüssig (Masse)
glutamic acid (E) (glutamate)/ 2-aminoglutaric acid Glutaminsäure (Glutamat), 2-Aminoglutarsäure
glutamine (Q) Glutamin
glutaraldehyde/1,5-pentanedione Glutaraldehyd, Glutardialdehyd, Pentandial
glutaric acid (glutarate) Glutarsäure (Glutarat)
glutathione Glutathion
gluten Gluten
glutinosity Klebrigkeit
glutinous (having the quality of glue: gummy) klebrig
glyceraldehyde/dihydroxypropanal Glyzerinaldehyd, Glycerinaldehyd
glycerol/glycerin/1,2,3-propanetriol Glyzerin, Glycerin, Propantriol, 1,2,3-Propantriol
glycine (G)/glycocoll Glyzin, Glycin, Glykokoll
glycocoll/glycine Glykokoll, Glycin, Glyzin
glycogen Glykogen
glycol (ethylene glycol/1,2-ethanediol) Glycol, Diglycol, Diethylenglycol, Ethylenglycol, 1,2-Ethandiol
glycol aldehyde/glycolal/hydroxyaldehyde Glykolaldehyd, Hydroxyacetaldehyd
glycolic acid (glycolate) Glykolsäure (Glykolat)
glycosaminoglycan/mucopolysaccharide Glykosaminoglykan

glycosidic bond/glycosidic linkage
glykosidische Bindung
glycyrrhetinic acid Glycyrrhetinsäure
glyoxalic acid (glyoxalate)
Glyoxalsäure (Glyoxalat)
glyoxylate cycle Glyoxalatcyclus
glyoxylic acid (glyoxylate)
Glyoxylsäure (Glyoxylat)
glyphosate Glyphosat
goggles/safety goggles Schutzbrille,
Augenschutzbrille (ringsum geschlossen)
gold (Au) Gold
➢ auric Gold(III)…
➢ aurous Gold(I)…
➢ fool's gold/pyrite FeS$_2$
Katzengold, Narrengold, Pyrit
➢ gilding vergolden
➢ mosaic gold/tin bronze/tin(IV) sulfide SnS$_2$
Musivgold, Mosaikgold (Zinndisulfid)
➢ placer gold Waschgold, Seifengold,
Flussgold (alluvial)
➢ refined gold Feingold
➢ white gold Weißgold
gold foil/gold leaf Blattgold
gold-labelling Goldmarkierung
Gooch crucible Gooch-Tiegel
Good Laboratory Practice (GLP)
Gute Laborpraxis
Good Manufacturing Practice (GMP)
Gute Industriepraxis, Gute Herstellungspraxis
(GHP) (Produktqualität)
Good Work Practices (GWP) Gute Arbeitspraxis
gooseneck Schwanenhals
grade n Güte, Klasse, Stufe, Qualität; polym
Sorte (Kunststoffe: Einstellungen/Qualitäten)
grade vb sortieren, einteilen,
klassieren; einstufen
graded copolymer/tapered copolymer
Gradientencopolymer
graded ethanol series Alkoholreihe,
aufsteigende Äthanolreihe
gradient chem Gefälle, Gradient
gradient gel electrophoresis
Gradienten-Gelelektrophorese
grading/staggering Stufung
graduate/graduated cylinder Mensur,
Messzylinder
graduated graduiert, mit einer
Gradeinteilung versehen
graduated cylinder/graduate Messzylinder,
Mensur (Messbehälter: z. B. auch Reagierkelch)
graduated pipet/measuring pipet Messpipette
graduation Abstufung, Staffelung; Graduierung,
Gradeinteilung, Gradstrich, Teilstrich;
Ringmarke (Laborglas etc.)

graft n Pfropf, Pfropfung; Transplantat
graft vb anpolymerisieren, pfropfen
graft copolymer Pfropfcopolymer
graft polymer Pfropfpolymer
graft polymerization Pfropfpolymerisation
grain (granule/particle) Korn; Körnung,
Faserorientierung
grain alcohol Getreidealkohol, Gärungsalkohol;
Kornbranntwein
grain-size class Kornklasse
gram atom Grammatom
gram equivalent Grammäquivalent
gram molecular weight Grammmol,
Grammmolgewicht
Gram stain/Gram's method Gram-Färbung
granular granulär, körnig
granulate(s) Granulat(e)
granulation Granulation, Körnigkeit
granulator/pelletizer Granulator
granules/pellets polym Granulat(e)
grape sugar/glucose/dextrose Traubenzucker,
Glukose, Glucose, Dextrose
graph (plot/chart/diagram)
graphische Darstellung
➢ nomograph Nomogramm
graph paper/metric graph paper
Millimeterpapier
graphite Grafit
graphite fiber Grafitfaser
graphite furnace Grafitofen
graphitization Graphitbildung
grasping claws/clasper(s)/clasps Haltezange,
Klasper
grater Reibe (Reibeisen)
gravel Kies
gravimetry/gravimetric analysis Gravimetrie,
Gewichtsanalyse
gravitation Gravitation, Schwerefeld
gravitational field Schwerefeld
gravitational sense Schweresinn
gravity (gravitational force) Schwerkraft
➢ specific gravity spezifisches Gewicht
gravity column chromatography
Normaldruck-Säulenchromatographie
gravity filtration Schwerkraftsfiltration
(gewöhnliche Filtration)
grease vb schmieren, einfetten
grease n (lubricating grease) Schmierfett,
Schmiere
➢ apiezon grease Apiezonfett
➢ silicone grease Silikon-Schmierfett
green coke/raw coke Grünkoks
green strength (rubber) Rohfestigkeit,
Aufbaufestigkeit (Kautschuke)

**greenhouse/hothouse/forcing house**
Gewächshaus, Treibhaus
**greenhouse effect** Treibhauseffekt
**greycast iron** Grauguss (graues Gusseisen)
**grid** (screen/raster) Raster; *electr* (power grid)
Netz (Verteilungs~); *micros* Gitter (Netz/
Gitternetz/Probenträgernetz für EM)
➤ **power grid** *electr* Verteilungsnetz
**grid method** Rastermethode
**grid voltage** *electr* Gitterspannung
**grime (soot/smut/dirt adhering or embedded**
**in a surface)** dicker, festsitzender Schmutz
(auf Oberflächen)
**grind** (crush) mahlen, zermahlen (grob);
(pulverize) mahlen, zerkleinern; schmirgeln
**grinder** Mühle (mittel); (grinding machine)
Schleifer, Schleifmaschine
**grinding** Zermahlen (grob); (milling) Vermahlung;
Schleifen, Abschleifen (Oberflächen)
**grinding balls** Mahlkugeln (Mühle)
**grinding jar** Mahlbecher (Mühle)
**grindings** Abrieb, Gemahlenes
**grindstone** Schleifstein, Reibstein
**grip** (grasp/handle) Griff; (handgrips) Griffe
(z. B. Tragegriffe); (nonskid/skidproof property)
Rutschfestigkeit
**gripper(s)** Greifer, Greifzange
**grist** Mahlgut; Malzschrot; Feinheit
**grit** Korn, Schrot, Kies, Grus, Grobstaub,
Grobsand; Körnung; Abrieb; Sandfanggut
**grit chamber (sewage treatment plant)**
Sandfang
**grits (coarsely ground hulled grain)** Grieß, Schrot
**gritty** körnig, sandig
**groove** Kerbe, Falz, Fuge; Nute, Rinne,
Furche; Riefe
**gross potential** Summenpotential
**gross weight** Bruttogewicht
**ground** *n* *electr* Erde, Erdung;
*geol* Erde, Erdboden, Boden
**ground** *vb* **(earth Br)** *electr* erden
**ground fault** Erdfehler, Erdschluss
**ground fault current (leakage current)**
Erdschlussstrom, Fehlerstrom
**ground-glass equipment** Schliffgerät
**ground-glass joint/tapered ground joint**
**(S.T. = standard taper)**
Kegelschliff (N.S. = Normalschliff)
**ground-glass stopper/ground-in stopper/**
**ground stopper** Schliffstopfen
**ground joint (ground-glass joint)** Schliff,
Schliffverbindung, Glasschliffverbindung
➤ **flat-flange ground joint/flat-ground joint/**
**plane-ground joint** Planschliff (glatte Enden)

**ground-jointed flask** Schliffkolben
**ground state** Grundzustand
**grounded/earthed (Br)** *electr* geerdet
**groundwater** Grundwasser
**group** Gruppe
➤ **anchoring group** Ankergruppe
➤ **ballast group** Ballastgruppe (*chem* Synthese)
➤ **electron-donating group**
elektronenspendendeGruppe,
elektronenschiebende Gruppe
➤ **electron-withdrawing group**
elektronenziehende Gruppe
➤ **end group** Endgruppe
➤ **functional group** funktionelle Gruppe
➤ **headgroup** Kopfgruppe
➤ **leaving group/coupling-off group**
Austrittsgruppe, Abgangsgruppe,
austretende Gruppe
➤ **linkage group** Kopplungsgruppe
➤ **neighboring group** Nachbargruppe
➤ **pendant group** Seitengruppe
➤ **prosthetic group** prosthetische Gruppe
➤ **protective group/protecting group**
Schutzgruppe (*chem* Synthese)
➤ **space group** Raumgruppe (Kristalle)
**group effect** Gruppeneffekt
➤ **neighboring-group effect**
Nachbargruppeneffekt (anchimer/synartetisch)
**group reagent** Gruppenreagens
**group-transfer polymerization**
Gruppentransferpolymerisation
**group-transfer reaction** Gruppentransferreaktion
**grouping of classes** *stat* Klassierung
**grow** (thrive) wachsen; (cultivate) züchten,
kultivieren
**grow crystals** Kristalle züchten
**grow up** aufwachsen
**growth** Wachstum
➤ **arithmetic growth** arithmetisches Wachstum
➤ **chain growth/chain propagation** Kettenwachstum
➤ **crack growth** Risswachstum
➤ **craze growth** Haarrisswachstum
➤ **dendritic growth** dendritisches Wachstum
➤ **step growth/stepwise growth** Stufenwachstum
**growth curve** Wachstumskurve
**growth factor** Wachstumsfaktor
**growth inhibitor** Wachstumshemmer,
Wuchshemmer, Wuchshemmstoff
**growth period** Wachstumsperiode
**growth phase** Wachstumsphase
**growth rate** Wachstumsgeschwindigkeit,
Wachstumsrate, Zuwachsrate
**growth rate (vigor)** Wachstumsleistung

**growth regulator/phytohormone/growth substance** Wuchsstoff (Pflanzenwuchsstoff), Phytohormon
**growth-retarding/growth-inhibiting** wachstumshemmend
**growth-stimulating** wachstumsfördernd
**growth vigor** Wuchskraft
**guaiazulene** Guajazulen
**guanidine** Guanidin
**guanine** Guanin
**guanosine** Guanosin
**guanosine triphosphate** Guanosintriphosphat (GTP)
**guanylic acid (guanylate)** Guanylsäure (Guanylat)
**guar gum/guar flour (cluster bean)** (*Cyamopsis tetragonoloba*/Fabaceae) Guar-Gummi, Guarmehl
**guard** *n* (custodian) Aufseher, Wächter; (security guard) Wächter, Wachmann; (protective device) Schutzvorrichtung
**guard** *vb* bewachen, beschützen, sichern
**guard column/precolumn (HPLC)** Schutzsäule, Vorsäule
**guard tube** Sicherheitsrohr (Laborglas)
**guest molecule** Gastmolekül
**guide** *n tech/mech* Führung, Leitvorrichtung
**guide number** Leitzahl
**guide pin/leader pin** Führungssäule (Kolbenspritzgießen)
**guideline** Leitlinie, Richtlinie(n)
**gulonic acid (gulonate)** Gulonsäure (Gulonat)
**gum** *vb* gummieren
**gum** *n* Gummi (nt/pl Gummen) (Lebensmittel~/ Pflanzensaft~/Polysaccharidgummen etc.)
**gum arabic/acacia gum (*Acacia senegal*/ Fabaceae etc.)** Gummi arabicum, Gummiarabikum, Arabisches Gummi, Acacia Gummi
**gum resin (resinous gum)** Gummiharz
**gum rosin/pine resin** Balsamharz
**gumming** Gummierung; (gummed surface) klebende Fläche
**gummous (resembling/composed of gum)** gummiartig, aus Gummi (Pflanzengummen)
**gummy/gummatous (viscous/sticky)** gummös, gummiartig, klebrig; gummihaltig
**gums/gum resins** Schleimharze, Gummiharze, Gummen
**gunk (filthy/sticky/greasy matter)** Schmiere, klebriges Zeug, schmierige Pampe
**gunpowder** Schießpulver
**gutta-percha (a.o. *Palaquium gutta* & *Payena* spp./Sapotaceae)** Guttapercha (*trans*-1,4-Polyisopren)

**gypsum (selenite) $CaSO_4 \times 2H_2O$** Gips
**gypsum board (ceiling)** Gipsplatte (Deckenbeschalung)

**H**

**half cell/half element (single-electrode system)** Halbelement (galvanisches), Halbzelle (Einzelelektrode)
**half-cell potential** Halbzellenpotential
**half-drying oil** halbtrocknendes Öl
**half-life** Halbwertszeit; (Enzyme) Halblebenszeit
**half-mask (respirator)** Halbmaske
**half-reaction (electrode potentials)** Teilreaktion
**half-value layer (HVL)/half-value thickness** *rad/nucl* Halbwertsschicht, Halbwertsdicke
**half-wave potential** Halbstufenpotential, Halbwellenpotential
**halide** Halogenid
➤ **metal halide** Metallhalogenid
**hallucinogen** Halluzinogen
**hallucinogenic** halluzinogen
**hallway/hall/corridor** Flur, Korridor
**haloform** Haloform, Trihalogenmethan
**halogen** Halogen
➤ **astatine (At)** Astat
➤ **bromine (Br)** Brom
➤ **chlorine (Cl)** Chlor
➤ **fluorine (F)** Fluor
➤ **iodine (I)** Iod (*früher:* Jod)
**halogen acid** Halogenwasserstoffsäure
**halogenated hydrocarbon** halogenierter Kohlenwasserstoff, Halogenkohlenwasserstoff
**halogenation** Halogenierung
**halve** halbieren
**hammer mill** Hammermühle
**hand mill** Handmühle
**hand motion (handshaking motion)** Handbewegung
**hand-operated vacuum pump** manuelle Vakuumpumpe
**hand pump** Handpumpe
**handedness** Drehsinn
**handle** Griff, Schaft
**handling** Handhabung, Hantieren, Gebrauch, Umgang (Verhalten)
**handtooled (e.g., glass)** handgearbeitet
**hapticity** Haptizität
**hard board/molded fiber board** Hartfaserplatte
**hard coal/anthracite** Glanzkohle, Anthrazit
**hard-drying oil** Harttrockenöl
**hard fiber** Hartfaser
**hard foam/rigid foam** Hartschaum
**hard resin/hardened resin** Hartharz (Resina)

hard rubber/vulcanite/ebonite Hartgummi, Ebonit
hard water hartes Wasser
harden härten; *polym* (cure); vulcanize
 (vulkanisieren); (temper) härten (von Stahl)
hardenable härtbar
hardening/strengthening Härten, Verfestigung,
 Verfestigen; Verhärtung;
 *polym* (curing) Aushärten
hardly flammable/flame-resistant
 schwer entzündlich
hardness (toughness) Härte
➢ abrasive hardness *geol/min* Schleifhärte
➢ ball indentation hardness Kugeldruckhärte
➢ degree of hardness Härtegrad
➢ international rubber hardness degree (IRHD)
 Internationaler Gummihärtegrad
➢ permanent hardness bleibende Härte,
 permanente Härte
➢ rebound hardness Rückprallhärte
➢ scratching hardness *geol/min* Ritzhärte
➢ total hardness Gesamthärte (Wasser)
hardy/persistent/enduring ausdauernd
 (widerstandsfähig); winterfest, winterhart
Hardy-Weinberg law (Hardy-Weinberg
 equilibrium) Hardy-Weinberg-Gesetz
 (Hardy-Weinberg-Gleichgewicht)
harmful (causing damage/damaging) schädlich;
 (detrimental to one's health) (Xn: nocent)
 gesundheitsschädlich
harmless/not harmful/not dangerous (safe)
 unschädlich, ungefährlich (sicher)
hartshorn salt/ammonium carbonate $NH_4HCO_3$
 Hirschhornsalz, Ammoniumcarbonat
Haworth projection/Haworth formula
 Haworth-Projektion, Haworth-Formel
hazard (source of danger) Gefahrenquelle
➢ biohazard biologische Gefahr,
 biologisches Risiko, Biogefährdung
➢ contact hazard Kontaktrisiko
 (Gefahr bei Berühren)
➢ fire hazard Brandrisiko, Feuergefahr
➢ health hazard Gesundheitsrisiko
➢ occupational hazard Berufsrisiko;
 Gefahr am Arbeitsplatz
hazard bonus Gefahrenzulage
hazard code Gefahrencode,
 Gefahrenkennziffer
hazard diamond Gefahrendiamant
hazard icon/hazard symbol/hazard sign/
 hazard warning symbol Gefahrensymbol,
 Gefahrenwarnsymbol
hazard label Gefahrzettel
hazard rating/hazard class/hazard level
 Gefahrenstufe, Gefahrenklasse, Risikostufe

hazard warning sign/hazard sign/warning sign/
 danger signal Gefahrenwarnzeichen
hazard warnings Gefahrenbezeichnungen,
 Gefährlichkeitsmerkmale
➢ asphyxiant erstickend
➢ carcinogenic (Xn) krebserzeugend, karzinogen,
 kanzerogen
➢ corrosive (C) ätzend
➢ dangerous for the environment (N = nuisant)
 umweltgefährlich
➢ explosive (E) explosionsgefährlich
➢ extremely flammable (F+) hochentzündlich
➢ extremely toxic (T+) sehr giftig
➢ flammable (R10) entzündlich
➢ harmful/nocent (Xn) gesundheitsschädlich
➢ hazardous material gefährlicher Stoff
➢ highly flammable (F) leicht entzündlich
➢ irritant (Xi) reizend
➢ lachrymatory tränend (Tränen hervorrufend)
➢ moderately toxic mindergiftig
➢ mutagenic (T) erbgutverändernd, mutagen
➢ nocent/harmful (Xn) gesundheitsschädlich
➢ nuisant (N)/dangerous for the environment
 umweltgefährlich
➢ oncogenic onkogen
➢ oxidizing (O)/pyrophoric brandfördernd
➢ radioactive radioaktiv
➢ sensitizing sensibilisierend
➢ teratogenic teratogen
➢ toxic (T) toxisch, giftig
➢ toxic to reproduction (T)
 fortpflanzungsgefährdend, reproduktionstoxisch
hazardous gefährlich, gesundheitsgefährdend,
 unfallträchtig
➢ nonhazardous nicht gesundheitsgefährdend
hazardous material gefährlicher Stoff
hazardous material class Gefahrenstoffklasse
hazardous materials regulations
 Gefahrenstoffverordnung,
 Gefahrgutbestimmungen
hazardous materials safety cabinet
 Gefahrstoffschrank
hazardous waste Problemabfall, Sondermüll,
 Sonderabfall
hazardous waste disposal
 Sondermüllentsorgung
hazardous waste dump Sondermülldeponie
hazardous waste incineration plant
 Sondermüllverbrennungsanlage
hazardous waste treatment plant
 Sondermüllentsorgungsanlage
haze Trübe, Trübheit, Trübung
 (Flüssigkeit/Kunststoff)
head cover Kopfbedeckung

head growth Kopfwachstum, kopfseitiges Wachstum

head plate Kopfplatte

head-to-head (regioisomerism) Kopf-Kopf, Kopf-an-Kopf

head-to-tail (regioisomerism) Kopf-Schwanz

headgroup Kopfgruppe

headspace Gasraum, Dampfraum, Headspace

headspace gas chromatography Dampfraum-Gaschromatographie

healing ointment/wound healing ointment Wundsalbe, Wundheilsalbe

health Gesundheit; (state of health/physical condition) Gesundheitszustand

health care/medical welfare Gesundheitsfürsorge

health certificate Gesundheitsattest, Gesundheitszeugnis (ärztliches Attest)

health education Gesundheitserziehung

health hazard Gesundheitsrisiko

health-threatening gesundheitsbedrohend

healthy gesund

hearing protection Gehörschutz

heartburn/acid indigestion Sodbrennen

heat vb heizen; erhitzen; (heat up) erhitzen, aufheizen; beheizen; (warm/warm up) erwärmen
➤ overheat überhitzen

heat n Hitze
➤ atomic heat Atomwärme
➤ combustion heat/heat of combustion Verbrennungswärme
➤ compression heat Kompressionswärme, Verdichtungswärme
➤ dissipated heat Verlustwärme
➤ endothermic (absorbing heat) endotherm (wärmeaufnehmend); (endergonic) endergon, endergonisch, energieverbrauchend
➤ exothermic/exothermal (liberating heat) exotherm (wärmeabgebend/wärmefreisetzend); (exergonic) exergonisch, energiefreisetzend
➤ radiant heat Strahlungswärme
➤ residual heat Restwärme
➤ specific heat spezifische Wärme
➤ waste heat Abwärme

heat accumulation Wärmespeicherung; Wärmestau, Wärmestauung

heat aging/heat ageing thermische Alterung

heat build-up Wärmestau

heat capacity/thermal capacity Wärmekapazität, Wärmeaufnahmevermögen

heat conduction Wärmeleitung

heat conductivity/thermal conductivity Wärmeleitfähigkeit

heat content Wärmemenge, Wärmeinhalt; Enthalpie

heat defier gloves/heat-resistant gloves Hitzehandschuhe

heat deflection temperature (HDT)/heat distortion under load (HDUL)/heat distortion point/deflection temperature under load (DTUL) Durchbiegetemperatur bei Belastung

heat dissipation Wärmeabstrahlung

heat distortion temperature/ heat deflection temperature (HDT) Formbeständigkeitstemperatur, Formbeständigkeit in der Wärme

heat emission Wärmeabgabe, Wärmeabstrahlung

heat energy Wärmeenergie, thermische Energie

heat evolution Wärmeentwicklung, Hitzeentwicklung

heat exchange Wärmeaustausch

heat exchanger Wärmetauscher, Wärmeaustauscher

heat flow Wärmefluss, Wärmestrom

heat-flux differential scanning calorimetry (HFDSC) dynamische Differenz-Wärmestrom-Kalorimetrie (DDWK)

heat gun Heißluftpistole

heat input Wärmeeintrag

heat loss Wärmeverlust; (heat output) Wärmeabgabe

heat of atomization Atomisierwärme

heat of combustion Verbrennungswärme

heat of dilution Verdünnungswärme

heat of evaporation/heat of vaporization Verdunstungswärme, Verdampfungswärme

heat of formation Bildungswärme

heat of fusion Schmelzwärme

heat of hydration Hydrationswärme

heat of mixing Mischungswärme

heat of reaction Reaktionswärme, Wärmetönung

heat of solution/heat of dissolution Lösungswärme, Lösungsenthalpie

heat of transition/latent heat Umwandlungswärme, latente Wärme

heat of vaporization/heat of evaporation Verdampfungswärme, Verdunstungswärme

heat-proof wärmebeständig, temperaturbeständig, wärmefest, thermisch stabil

heat pump Wärmepumpe

heat radiation Wärmestrahlung, thermische Strahlung, Temperaturstrahlung

heat release rate (HRR) Wärmefreisetzungsrate

heat-resistant/heat-stable hitzebeständig, hitzestabil

heat sealing Heißsiegeln, Heißkleben, Heißverschweißen

heat shock Hitzeschock
heat shock protein Hitzeschockprotein
heat shock reaction/heat shock response
Hitzeschockreaktion
heat-shrinking Wärmeschrumpfen
heat sink Wärmesenke, Wärmeableiter
heat source Wärmequelle
heat stabilizer Wärmestabilisator,
Thermostabilisator
heat-stable/heat-resistant hitzestabil,
hitzebeständig
heat supply/addition of heat Wärmezufuhr
heat-tolerant hitzeverträglich
heat tone/heat tonality (heat of reaction/
heat effect) Wärmetönung
heat transfer Wärmeübergang, Wärmedurchgang
heat transmission/heat transfer
Wärmeübertragung, Wärmedurchgang
heat transport Wärmetransport
heat treatment/baking Wärmebehandlung,
Hitzebehandlung, Backen
heat value (calorific power) Heizwert; (heating
value) Brennwert
heat vulcanizing (hot cure) Heißvulkanisation
heatable beheizbar
heater/heating system Heizer, Heizgerät,
Heizapparat, Heizung
➢ resistive heater Widerstandsheizung
heating (warming) Erwärmung, Erhitzung;
(heater) Heizung, Beheizung
➢ overheating/superheating Überhitzen,
Überhitzung
heating bath Heizbad
heating coil Heizschlange, Heizwendel
heating element Heizelement
heating mantle Heizhaube, Heizmantel, Heizpilz
heating oven/heating furnace
(more intense) Wärmeofen
heating tape/heating cord Heizband, Heizbandage
heating-up period Aufheizperiode
heavy-duty/superior performance superstark,
verstärkt, Hochleistungs...
heavy ion Schwerion
heavy metal Schwermetall
heavy metal contamination
Schwermetallbelastung
heavy metal poisoning Schwermetallvergiftung
heavy oil Schweröl
heavy water $D_2O$ schweres Wasser
heavy water reactor (HWR) *nucl*
Schwerwasserreaktor
heavyweight *adj/adv* schwergewicht,
schwergewichtig
helical ribbon impeller Wendelrührer

helice (column packing) *dist* Wendel (Füllkörper)
helix (*pl* helices or helixes)/spiral Helix, Spirale
(*pl* Helices)
➢ double helix Doppelhelix
helmet Helm
hemadsorption inhibition test (HAI test)
Hämadsorptionshemmtest (HADH)
hemagglutination inhibition test (HI test)
Hämagglutinationshemmtest (HHT)
hematite $Fe_2O_3$ Hämatit, Roteisenstein, Eisenglanz
heme Häm
hemiacetal Halbacetal, Hemiacetal
hemicyclic hemizyklisch, hemicyclisch
hemiterpenes ($C_5$) Hemiterpene
hemoglobin Hämoglobin
hemorrhagic blutzersetzend, hämorrhagisch
hemostatic forceps/artery clamp Gefäßklemme,
Arterienklemme, Venenklemme
HEPA-filter (high-efficiency particulate
and aerosol air filter) HOSCH-Filter
(Hochleistungsschwebstofffilter)
hepar reaction/hepar test Heparreaktion,
Heparprobe
heparin Heparin
hepatotoxic hepatotoxisch, leberschädigend
herbal drug Pflanzendroge
herbicide/weedkiller Herbizid,
Unkrautvernichtungsmittel, Unkrautvernichter,
Unkrautbekämpfungsmittel
➢ nonselective herbicide/total weedkiller
Totalherbizid, Breitbandherbizid
➢ post-emergence herbicide Nachauflauf-
Herbizid, Nachauflaufherbizid
➢ pre-emergence herbicide Vorauflauf-Herbizid,
Vorauflaufherbizid
➢ selective herbicide selektives Herbizid
hereditary/heritable erblich, hereditär
hereditary information/genetic information
Erbinformation
hereditary material (genome) Erbträger,
Erbsubstanz, Erbgut (Genom)
heredity/inheritance/transmission
(of hereditary traits) Vererbung
heritability Erblichkeitsgrad, Heritabilität
hermaphroditic contact *electr* Zwitterkontakt
hermetic(al) hermetisch (verschlossen)
heterochain polymer Heteroketten-Polymer
heterocyclic heterozyklisch, heterocyclisch
heterodetic heterodet, heterodetisch
heterogeneity Heterogenität, Ungleichartigkeit,
Verschiedenartigkeit, Andersartigkeit
heterogeneous (consisting of dissimilar parts)
heterogen, ungleichartig, verschiedenartig,
andersartig

**heterogeneous catalysis** heterogene Katalyse
**heterogeneous nucleation**
heterogene Keimbildung
**heterogenetic** heterogenetisch, genetisch
unterschiedlichen Ursprungs
**heterogenous (of different origin)** heterogen,
unterschiedlicher Herkunft
**heterogeny** Heterogenie, unterschiedlicher
Herkunft
**heterolactic fermentation** heterofermentative
Milchsäuregärung
**heterologous** heterolog
**heteropolar bond** heteropolare Bindung
**heteropolymer** Heteropolymer
**heteroscedasticity** *stat* Varianzheterogenität,
Heteroskedastizität
**heterotactic polymer** heterotaktisches Polymer
**heterotroph/heterotrophic** heterotroph
**heterotypic** heterotypisch
**high density lipoprotein (HDL)**
Lipoprotein hoher Dichte
**high energy bond** energiereiche Bindung
**high-energy collision-induced dissociation**
Hochenergie-Stoßaktivierung
**high energy compound** energiereiche Verbindung
**high energy explosive (HEX)** hochbrisanter
Sprengstoff
**high explosive** brisanter Sprengstoff
**high-field shift (NMR)** Hochfeldverschiebung
**high fructose corn syrup** Isomeratzucker,
Isomerose
**high-grade steel/high-quality steel** Edelstahl
**high-molecular** hochmolekular
**high-octane fuel** hochklopffester Kraftstoff
**high-performance** hochleistungs...
**high-performance fiber** Hochleistungsfaser
**high-precision tweezers** Präzisionspinzette
**high pressure** Hochdruck
**high-pressure liquid chromatography/high
performance liquid chromatography (HPLC)**
Hochdruckflüssigkeitschromatographie,
Hochleistungsflüssigkeitschromatographie
**high-pressure tubing** Hochdruckschlauch; (high-
pressure hose) H. mit größerem Durchmesser
**high-resolution...** hochauflösend, hochaufgelöst
**high-speed centrifuge/high-performance
centrifuge** Hochgeschwindigkeitszentrifuge
**high-speed stirrer** Hochgeschwindigkeitsrührer
**high-temperature gas-cooled reactor (HTGR)**
gasgekühlter Hochtemperaturreaktor
**high-throughput** Hochdurchsatz
**high voltage** Hochspannung
**high voltage electron microscopy (HVEM)**
Höchstspannungselektronenmikroskopie,
Hochspannungselektronenmikroskopie

**highest occupied molecular orbital (HOMO)**
höchstes unbesetztes Molekülorbital
**highly flammable (F)** leicht entzündlich,
leicht brennbar
**highly ignitable** hochentzündlich
**highly pure (superpure/ultrapure)** reinst
**highly toxic** hochgiftig
**highly volatile/light** leicht flüchtig
(niedrig siedend)
**Hill equation (Hill plot)** Hill-Gleichung
(Hill-Auftragung)
**hinge** Gelenk, Scharnier, Schloss, Schlossleiste
**hinged joint/swivel joint/articulated joint**
Gelenkverbindung
**Hirsch funnel** Hirsch-Trichter
**histamine** Histamin
**histidine (H)** Histidin
**histogram/strip diagram** *stat* Histogramm,
Streifendiagramm
**histone** Histon
**Hofmann degradation** Hofmann-Abbau
**Hofmann elimination** Hofmann-Eliminierung
**Hofmeister series/lyotropic series**
Hofmeistersche Reihe, lyotrope Reihe
**hoist/lifting platform** Hebebühne
**holdup/retention** Retention
**holdup time (GC)** Totzeit, Durchflusszeit
**hole** Lücke (Band)
**hollow casting/hollow molding/slush casting**
Hohlgießen, Hohlgussverfahren
**hollow fiber** Hohlfaser
**hollow impeller shaft** Hohlwelle (Rührer)
**hollow sphere** Hohlkugel
**hollow stirrer** Hohlrührer
**hollow stopper** Hohlstopfen, Hohlglasstopfen
**holoenzyme** Holoenzym
**homochain polymer** Homoketten-Polymer
**homodetic** homodet, homodetisch
**homogeneity (with same kind of constituents)**
Homogenität, Einheitlichkeit, Gleichartigkeit
**homogeneous (having same kind of
constituents)** homogen (einheitlich/gleichartig)
**homogeneous catalysis** homogene Katalyse
**homogeneous continuous stirred-tank reactor
(HCSTR)** homogen kontinuierlicher
Rührkesselreaktor
**homogeneous nucleation** homogene
Keimbildung
**homogenization** Homogenisation,
Homogenisierung
**homogenize** homogenisieren
**homogenizer** Homogenisator
**homogenous (of same origin)** homogen
(gleicher Herkunft)
**homogentisic acid** Homogentisinsäure

**homoiosmotic/homeosmotic** homoiosmotisch
**homolactic fermentation**
  homofermentative Milchsäuregärung
**homologize** homologisieren
**homologous** homolog, ursprungsgleich
**homology** Homologie
**homolysis** Homolyse, homolytische Spaltung
**homolytic** homolytisch
**homonymous/homonymic** homonym
**homopolar bond/nonpolar bond**
  homopolare Bindung
**homopolymer** Homopolymer
**homopolymerization** Homopolymerisation
**homoscedasticity** *stat* Varianzhomogenität,
  Varianzgleichheit, Homoskedastizität
**homoserine** Homoserin
**hood** Kapuze; (bouffant cap) Haarschutzhaube
  (für Labor); (fume hood/fume cupboard: Br)
  Abzug, Dunstabzugshaube
➤ **clean-room bench** Reinraumwerkbank
➤ **forced-draft hood** Saugluftabzug
➤ **fume hood** Rauchabzug, Abzug
➤ **laminar flow hood (workstation/unit)**
  Querstrombank
➤ **sash** Schiebefenster, Frontscheibe,
  Frontschieber, verschiebbare Sichtscheibe
  (Abzug/Werkbank)
➤ **walk-in hood** begehbarer Abzug
**hook clamp** Hakenklemme (Stativ)
**hook up/wire to/(make) contact** *electr*
  anschließen
**Hooke number** Hooke-Zahl
**Hookean bodies** Hookesche Körper
**hoop** *n* Reifen, Band, Ring
**hoop stress** Tangentialspannung,
  Umfangsspannung
**hopper (feeder)** Einfülltrichter
  (an Großapparat)
**horizontal gel/flat bed gel** horizontal
  angeordnetes Plattengel
**hormonal** hormonal, hormonell
**hormone** Hormon
**horn silver/argentum cornu (chlorargyrite/**
  **silver chloride)** Hornsilber (Chlorargyrit/
  Silberchlorid)
**hornblende** Hornblende
**hose** (größerer/längerer) Schlauch
**hose attachment socket/hose connection gland**
  Schlauchtülle (z. B. am Gasreduzierventil)
**hose clamp/hose connector clamp**
  Schlauchklemme, Schlauchschelle
  (Installationen: zur Schlauchbefestigung)
**hose connection** Schlauchverbindung; (barbed/
  male) Olive; (flask) Schlauch-Ansatzstutzen
**hose connection gland** Tülle, Schlauchtülle

**host lattice** Wirtsgitter
**host molecule** Wirtsmolekül
**hot air** Heißluft
**hot-air gun** Heißluftgebläse, Labortrockner, Föhn
**hot-air vulcanizing** Heißluftvulkanisation
**hot-curing (thermocuring)** heißhärtend,
  wärmehärtend, thermohärtend
**hot-curing agent (catalyst)** Heißhärter (Katalysator)
**hot plate** Heizplatte, Kochplatte; elektrischer
  Kochplatte (meist transportabel)
➤ **double-burner hot plate** Einfachkochplatte
➤ **stirring hot plate** Magnetrührer mit Heizplatte
**hot water** Warmwasser
**hot-water funnel (double-wall funnel)**
  Heißwassertrichter
**hour glass diagram** Sanduhrdiagram
**household brush** Handbesen, Handfeger
**household waste/trash** Haushaltsmüll,
  Haushaltsabfälle
**housing (shell/case/casing)** Gehäuse
**Huckel rule/Hückel theory** Hückel-Regel,
  Aromatenregel
**hue** Farbton, Tönung, Schattierung, Nuance
**humectant** Anfeuchter, Netzmittel,
  Benetzungsmittel; Feuchthaltemittel
**humic acid** Huminsäure
**humic substances** Huminstoffe
**humid/damp/moist** feucht
**humidifier/mist blower** Wasserzerstäuber,
  Sprühgerät
**humidify/prewet** anfeuchten
**humidity/dampness/moisture** Feuchtigkeit
**humification** Humifizierung, Humifikation,
  Humusbildung
**humify** humifizieren
**humus** *geol* Humus
**hunch** *n* **(guess/assumption)** Vermutung,
  Annahme
**hunch** *vb* **(guess/assume)** vermuten, annehmen
**Hund's rule** Hund-Regel, Hund'sche Regel
**husk/coat/cover** Hülle, Schale
**hyaluronic acid** Hyaluronsäure
**hybrid** *adj/adv* hybrid; (crossbred) durch
  Kreuzung erzeugt
**hybrid** *n* Hybrid(e)
**hybrid fiber** Hybidfaser
**hybrid orbital** Hybridorbital
**hybridization** Hybridisierung
**hybridization incubator** Hybridisierungsinkubator
**hybridization oven** Hybridisierungsofen
**hybridize** hybridisieren
**hydracid (an acid without O atoms)**
  Wasserstoffsäure, sauerstofffreie Säure
**hydrate** Hydrat

**hydration (solvation)** Hydratation, Hydratisierung, Solvation (Wassereinlagerung/Wasseranlagerung)

**hydration shell** Hydrathülle, Wasserhülle, Hydratationsschale

**hydraulic fluid** Hydraulikflüssigkeithydraulic oil

**Hydrauliköl** Drucköl

**hydrazine $H_2NNH_2$** Hydrazin

**hydric** hydrisch

**hydroboration** Hydroborierung

**hydrocarbon** Kohlenwasserstoff

➤ **alicyclic hydrocarbon** alicyclischer Kohlenwasserstoff

➤ **aliphatic hydrocarbon (straight-chain)** aliphatischer Kohlenwasserstoff

➤ **aromatic hydrocarbon** Aromat, aromatischer Kohlenwasserstoff

➤ **chlorinated hydrocarbon** Chlorkohlenwasserstoff, chlorierter Kohlenwasserstoff

➤ **chlorofluorocarbons/chlorofluorinated hydrocarbons (CFCs)** Fluorchlorkohlenwasserstoffe (FCKW)

➤ **cyclic hydrocarbon (closed ring)** cyclischer Kohlenwasserstoff, Cyclokohlenwasserstoff

➤ **fluorinated hydrocarbon** Fluorkohlenwasserstoff

➤ **halogenated hydrocarbon** halogenierter Kohlenwasserstoff, Halogenkohlenwasserstoff

**hydrochloric acid HCl** Salzsäure, Chlorwasserstoffsäure

**hydrocolloid** Hydrokolloid

**hydrocracking** Hydrokracken

**hydrocyanic acid** Cyanwasserstoffsäure (wässrige Lsg. der Blausäure)

**hydrodistillation** Wasserdampfdestillation

**hydrodynamics** Hydrodynamik

**hydrofining** Hydrofining, Hydroraffination, Wasserstoffraffination

**hydrofluoric acid/phthoric acid HF** Fluorwasserstoffsäure, Flusssäure

**hydroforming** Hydroforming, Hydroformieren

**hydrogasification** hydrierende Vergasung, Wasserstoffvergasung

**hydrogel** Hydrogel

**hydrogen (H)** Wasserstoff

**hydrogen azide/hydrazoic acid/hydronitric acid/(di)azoimide $HN_3$** Stickstoffwasserstoffsäure

**hydrogen bond** Wasserstoffbrücke, Wasserstoffbrückenbindung

**hydrogen cyanide/hydrocyanic acid/prussic acid HCN** Blausäure, Cyanwasserstoff

**hydrogen electrode** Wasserstoffelektrode

**hydrogen fluoride HF** Fluorwasserstoff, Fluoran, Hydrogenfluorid

**hydrogen ion (proton)** Wasserstoffion (Proton)

**hydrogen isocyanide HNC** Isocyanwasserstoff, Isoblausäure

**hydrogen peroxide $H_2O_2$** Wasserstoffperoxid

**hydrogen sulfide $H_2S$** Schwefelwasserstoff

**hydrogenate** hydrieren, hydrogenieren

**hydrogenation** Hydrierung (Wasserstoffanlagerung)

**hydrogenolysis destructive hydrogenation)** Hydrogenolyse, hydrogenolytische Spaltung

**hydrohalogenation** Hydrohalogenierung

**hydroiodic acid/hydrogen iodide** Iodwasserstoffsäure

**hydroliquefaction** Kohlehydrierung, Kohlenverflüssigung durch Hydrierung

**hydrology** Hydrologie

**hydrolysis** Hydrolyse, Wasserspaltung

**hydrolytic** hydrolytisch, wasserspaltend

**hydrolytic ageing** Hydrolysealterung

**hydromechanics** Hydromechanik

**hydrometallurgy** Hydrometallurgie, Nassmetallurgie

**hydrophilic (water-attracting/water-soluble)** hydrophil (wasseranziehend/wasserlöslich)

**hydrophilic bond** hydrophile Bindung

**hydrophilicity (water-attraction/water-solubility)** Hydrophilie (Wasserlöslichkeit)

**hydrophobic (water-repelling/water-insoluble)** hydrophob (wasserabweisend/wasserabstoßend/nicht wasserlöslich)

**hydrophobic bond** hydrophobe Bindung

**hydrophobicity (water-insolubility)** Hydrophobie (Wasserabweisung/Wasserunlöslichkeit)

**hydroponics (soil-less culture/solution culture)** Hydrokultur

**hydroquinone/$p$-dihydroxybenzene** Hydrochinon, Benzol-1,4-diol, $p$-Dihydroxybenzol

**hydrorefining** hydrierende Raffination, Druckwasserstoffraffination

**hydroscopic** hydroskopisch

**hydrostatic pressure/turgor** hydrostatischer Druck, Turgor

**hydrotreating (petroleum)** Hydrotreating

**hydroxyapatite** Hydroxyapatit

**hydroxylation** Hydroxylierung

**hydroxyproline** Hydroxyprolin

**hygiene** Hygiene

➤ **industrial hygiene** Arbeitshygiene

➤ **occupational hygiene** Arbeitsplatzhygiene

**hygienic** hygienisch

**hygienic conditions** Hygienebedingungen

**hygrograph** Feuchtigkeitsschreiber, Hygrograph

**hygrometer** Luftfeuchtigkeitsmessgerät, Feuchtigkeitsmesser, Hygrometer

**hygroscopic** wasseranziehend, hygroskopisch (Feuchtigkeit aufnehmend)

**hyperbranched polymer (HBP)** hyperverzweigtes Polymer
**hyperbranching** Hyperverzweigung
**hyperchromicity/hyperchromic effect/ hyperchromic shift** Hyperchromizität
**hyperfunction/hyperactivity** Überfunktion
**hypergolic propellant (self-igniting)** Hypergol
**hypersensitivity (allergy)** Hypersensibilität, Überempfindlichkeit (Allergie)
**hypertension** Hochdruck, Bluthochdruck
**hyphenation** Kopplung
**hypochlorite** Hypochlorit
**hypochlorous acid HClO** Hypochlorigsäure, hypochlorige Säure, Monooxochlorsäure (Bleichsäure)
**hypodermic needle** Nadel, Kanüle, Hohlnadel (Spritze)
**hypodermic syringe** Injektionsspritze
**hypofunction/insufficiency** Unterfunktion, Insuffizienz
**hyponitrous acid $H_2N_2O_2$** Hyposalpetrigsäure, hyposalpetrige Säure, untersalpetrige Säure, Diazendiol
**hypophosphoric acid/diphosphoric(IV) acid $H_4P_2O_6$** Hypophosphorsäure, Hypodiphosphorsäure, Diphosphor(IV)säure, Hexaoxodiphosphorsäure
**hypophosphorous acid/phosphinic acid $H_3PO_2$** Phosphinsäure, Hypophosphorigsäure, hypophosphorige Säure
**hyposulfuric acid/dithionic acid $H_2S_2O_6$** Dithionsäure
**hypothesis** Hypothese
**hypothetic/hypothetical** hypothetisch
**hypoxia** Hypoxie, Sauerstoffmangel

**I**

**ibotenic acid** Ibotensäure
**ice** Eis
➤ **crushed ice** zerstoßenes Eis
➤ **dry ice ($CO_2$)** Trockeneis
**ice bath/ice-bath** Eisbad
**ice bucket** Eisbehälter
**ice maker** Eismaschine
**ice nucleus** Eiskeim
**ice point** Eispunkt
**Iceland spar (birefringent/pure calcite)** Islandspat, Isländischer Doppelspat, Doppelspat
**ideal crystal/perfect crystal** Idealkristall
**ideal gas/perfect gas** ideales Gas
**ideal lattice** Idealgitter
**ideal liquid** ideale Flüssigkeit
**identical** identisch

**identification** Identifikation, Bestimmung
**identification limit** Nachweisgrenze, Erfassungsgranze
**identify** identifizieren, bestimmen
**identity** Identität
**identity by state (IBS)** identisch aufgrund von Zufällen
**identity period (polymer units)** Identitätsperiode
**idler/idle roll** Spannrolle, Tragrolle; freilaufende Rolle/Walze
**idling reaction** Leerlaufreaktion
**igneous rock** Eruptivgestein, Erstarrungsgestein, Massengestein (*sensu lato*: Magmagestein/ Magmatit)
**ignitability** Zündbarkeit, Entzündbarkeit
**ignitable** entzündbar
➤ **highly ignitable** hochentzündlich
**ignite** (inflame) anbrennen, entzünden, entflammen; (fire/spark/start) zünden; (strike/start a fire) anzünden
**igniter/primer (fuse)** Zünder
**ignition** Zündung; Anzünden, Entzünden
➤ **delayed ignition** verzögerte Zündung, Zündverzug
➤ **early ignition** Frühzündung
➤ **late ignition** Spätzündung
**ignition control** Zündsteuerung, Zündungssteuerung
**ignition delay** Zündverzug, Zündverzögerung
**ignition device** Zündvorrichtung
**ignition point/kindling temperature/ flame temperature/flame point/ spontaneous-ignition temperature (SIT)** Zündpunkt, Zündtemperatur, Entzündungstemperatur
**ignition source** Zündquelle
**ignition spark/trigger spark** Zündfunke
**ignition tube** Zündröhrchen, Glühröhrchen
**illuminance** Beleuchtungsstärke
**illuminate** beleuchten
**illuminating charge** Leuchtsatz
**illuminating composition (pyrotechnics)** Leuchtsatzmischung
**illumination** Beleuchtung
➤ **epiillumination/incident illumination** Auflicht, Auflichtbeleuchtung
➤ **fiber optic illumination** Kaltlichtbeleuchtung
➤ **Koehler illumination** Köhlersche Beleuchtung
➤ **transillumination/transmitted light illumination** Durchlicht, Durchlichtbeleuchtung
**illuminator** Strahler, Beleuchtung
**imbalance/disequilibrium** Ungleichgewicht
**imbibe/hydrate** imbibieren, hydratieren
**imbibition/hydration** Imbibition, Hydratation
**imidazole** Imidazol

imino acid Iminosäure
imitation leather/artificial leather Kunstleder
immaturity/immatureness Unreife
immediate danger/imminent danger akute
Gefahr (Gefährdung/Risiko)
immediate measure (instant action)
Sofortmaßnahme
immersed slot reactor Tauchkanalreaktor
immersing surface reactor Tauchflächenreaktor
immersion bath Tauchbad
immersion circulator Tauchpumpen-Wasserbad,
Einhängethermostat
immersion heater/'red rod' (Br) Tauchsieder
imminent danger drohende Gefahr
(Gefährdung/Risiko)
immiscibility Unvermischbarkeit
immiscible unvermischbar
immission (injection/admission/introduction)
Immission, Einwirkung
immobile/fixed/motionless immobil, fixiert,
bewegungslos
immobility/motionlessness Immobilität,
Bewegungslosigkeit
immobilization Immobilisation; Immobilisierung,
Ruhigstellung, Unbeweglichmachen
immobilize (to make immobile) immobilisieren
immortal polymerization unsterbliche
Polymerisation
immune immun
immunization/vaccination Immunisierung, Impfung
immunize/vaccinate immunisieren, impfen
immunoaffinity chromatography
Immunaffinitätschromatographie
immunodiffusion Immundiffusion,
Gelpräzipitationstest, Immunodiffusionstest
immunoelectron microscopy (IEM)
Immun-Elektronenmikroskopie
immunofluorescence chromatography
Immunfluoreszenzchromatographie
immunofluorescence microscopy
Immunfluoreszenzmikroskopie
immunogold-silver staining (IGSS)
Immunogold-Silberfärbung (IGSS)
immunolabeling Immunmarkierung
immunology Immunologie
immunoradiometric assay (IRMA)
immunoradiometrischer Assay
immurement technique biot Einschlussverfahren
impact Aufprall, Zusammenprall; Schlag, Stoß,
Wucht; Belastung, Druck; heftige Einwirkung
impact energy Stoßenergie
impact ionization Stoßionisation
impact mill Prallmühle
impact modifier/toughening agent polym
Schlagzähmacher

impact molding Schlagpressen,
Kaltschlagverfahren
impact resilience/rebound elasticity
Rückprall-Elastizität
impact resistance Schlagfestigkeit
impact-resistant stoßfest
impact sound Trittschall
impact sound insulation Trittschalldämmung
impact sound-reduced trittschallgedämpft
impact strength Schlagzähigkeit; (impact load:
force) Stoßkraft, Stoßlast
impact test Aufschlagtest
impeller Rührwerk
➤ anchor impeller Ankerrührer
➤ crossbeam impeller Kreuzbalkenrührer
➤ disk turbine impeller Scheibenturbinenrührer
➤ flat-blade impeller Scheibenrührer,
Impellerrührer
➤ four flat-blade paddle impeller Kreuzblattrührer
➤ gate impeller Gitterrührer
➤ marine screw impeller Schraubenrührer
➤ multistage impulse countercurrent impeller
Mehrstufen-Impuls-Gegenstrom (MIG) Rührer
➤ pitch screw impeller Schraubenspindelrührer
➤ profiled axial flow impeller Axialrührer mit
profilierten Blättern
➤ propeller impeller Propellerrührer
➤ self-inducting impeller with hollow impeller
shaft selbstansaugender Rührer mit
Hohlwelle
➤ stator-rotor impeller/Rushton-turbine impeller
Stator-Rotor-Rührsystem
➤ turbine impeller Turbinenrührer
➤ two-stage impeller zweistufiger Rührer
impeller pump Laufradpumpe; (centrifugal
pump) Kreiselpumpe, Zentrifugalpumpe
impeller shaft Rührerwelle
imperfect unvollkommen; (flawed/defect) defekt,
fehlerhaft
imperfection Unvollkommenheit; (flaw/defect)
Defekt, Fehler
impermeability/imperviousness Impermeabilität,
Undurchlässigkeit
impermeable/impenetrable/impervious
undurchlässig, impermeabel
implosion Implosion
impregnate imprägnieren, tränken, durchtränken
impregnating agent Imprägniermittel,
Imprägnierungsmittel
impregnating resin Imprägnierharz, Tränkharz
impregnation (permeation) Imprägnierung,
Tränkung
impregnation bath Tränkbad
improper disposal unsachgemäße Entsorgung

**impulse** Impuls, Stoß, Erregung, Anregung, Antrieb; *electr* Stromstoß
**impure (contaminated/polluted)** verunreinigt, schmutzig, unsauber
**impurity/contamination** Verunreinigung, Kontamination
**inactive** inaktiv
**inactive filler/inert filler (extender)** inaktives Füllmittel, inaktiver Füllstoff (Extender)
**inanimate/lifeless/nonliving** unbelebt
**incendiary** Zündstoff, Brandstoff
**incendiary gel** Zündgel
**incident** *n* Zwischenfall; (accident) Unfall; (breakdown) Störfall
**incident illumination/epiillumination** Auflicht, Auflichtbeleuchtung
**incident light** einfallendes Licht
**incidental release** Austritt bei üblichem Betrieb
**incinerate** (burn/combust) verbrennen; (reduce to ashes) veraschen, einäschern
**incinerating tube** Verbrennungsrohr (Glas)
**incineration** Verbrennung, Veraschung, Einäscherung, Verglühen
**incineration dish** Glühschälchen
**incinerator** Verbrennungsanlage, Verbrennungsofen
**incision (cut)** Einschnitt
**inclination** Neigung; Neigungswinkel; Schräge, geneigte Ebene
**inclusion** Einschluss; (intercalation) Einlagerung
**inclusion compound/inclusion complex (host-guest complex)** Einschlussverbindung, Inklusionsverbindung
**incoherent scattering/Compton scattering** Compton Streuung
**incompatibility** Unverträglichkeit, Inkompatibilität
**incompatibility reaction** Unverträglichkeitreaktion, Inkompatibilitätreaktion
**incompatible/intolerant** unverträglich, inkompatibel, intolerant
**incomplete reaction** unvollständige Reaktion
**incompressibility** Inkompressibilität, Nichtkomprimierbarkeit
**incorporation** Inkorporation (Aufnahme in den Körper)
**increase** Zunahme, Steigerung, Vergrößerung, Vermehrung; (increment) Zuwachs
**increased safety** erhöhte Sicherheit
**incubate (brood/breed)** inkubieren (brüten/bebrüten)
**incubation** Inkubation (Bebrütung/Bebrüten)
**incubation period** Inkubationszeit
**incubation room** Brutraum

**incubator** Brutschrank, Wärmeschrank
**indene** Inden
**indentation/notch** Kerbe
**index number/indicator** Kennzahl, Kennziffer; (index figure/guiding figure) Richtwert, Richtzahl
**indican/indoxyl sulfate** Indikan, Indoxylsulfat
**indicator** Indikator, Anzeiger; (recording instrument/monitor) Anzeigegerät
➤ **acid-base indicator** Säure-Base-Indikator
➤ **alizarin yellow** Alizaringelb
➤ **bromocresol green** Bromkresolgrün
➤ **bromophenol blue** Bromphenolblau
➤ **bromothymol blue** Bromthymolblau
➤ **cresol red** Kresolrot
➤ **dimethyl yellow** Dimethylgelb
➤ **litmus** Lackmus
➤ **metal indicator** Metall-Indikator
➤ **methyl violet** Methylviolett
➤ **methyl orange** Methylorange
➤ **methyl red** Methylrot
➤ **mixed indicator** Mischindikator, Indikatorgemisch
➤ **neutralization indicator** Neutralisations-Indikator
➤ **nitrophenol** Nitrophenol
➤ **phenolphthalein** Phenolphthalein
➤ **phenol red** Phenolrot
➤ **redox indicator** Redox-Indikator
➤ **thymol blue** Thymolblau
➤ **universal indicator** Universalindikator
**indicator value** Zeigerwerte
**indolyl acetic acid/indoleacetic acid (IAA)** Indolessigsäure
**induce** induzieren, veranlassen, bewirken, auslösen, fördern
**induced fit (enzymes)** induzierte Passform
**induced vomiting** provoziertes Erbrechen
**inducible** induzierbar, auslösbar, herbeiführbar
**induction** Induktion, Auslösung, Herbeiführung
**induction furnace/inductance furnace** Induktionsofen
**induction period** Induktionszeit; (start-up period) Anlaufperiode, Startperiode
**induction valve/aspirator valve** Ansaugventil
**inductively coupled plasma (ICP)** induktiv gekoppeltes Plasma
**inductively coupled plasma mass spectrometry (ICP-MS)** induktiv gekoppelte Plasma-Massenspektrometrie
**industrial** industriell
**industrial accident/accident at work** Betriebsunfall
**industrial accident directive/statutory order on hazardous incidents** Störfallverordnung

**industrial diamond** Industriediamant
**industrial fiber/technical fiber** Industriefaser,
  technische Faser
**industrial gases/manufactured gases**
  Industriegase, technische Gase
**industrial hygiene** Arbeitshygiene
**industrial waste** Industriemüll, Industrieabfall
**industrial water** Industrie-Brauchwasser
**inert** träg, träge, reaktionsträge
**inert black** Inaktivruß, inaktiver Ruß
**inert dust** Inertstaub
**inert gas** Inertgas
➤ **noble gas/rare gas** Edelgas
**inertia** Trägheit
**inertial force** Trägheitskraft
**infect** infizieren, anstecken
**infection** Infektion, Ansteckung
**infectious** infektiös, ansteckend
**infectious disease** Infektionskrankheit
**infectious dose (ID$_{50}$ = 50% infectious dose)**
  Infektionsdosis
**infectious waste** infektiöser Abfall
**infectivity** Infektionsvermögen,
  Ansteckungsfähigkeit
**infinite dilution** unendliche Verdünnung
**inflame/ignite** entzünden, entflammen,
  anbrennen
**inflammable** entflammbar (dampfförmige Stoffe)
**inflammation** Entzündung; (act of inflaming)
  Entflammung (Entzündung dampfförmiger
  entzündlicher Stoffe)
**inflammed/inflammatory** entzündlich
**inflatant** Blähmittel, Treibmittel
  (Polymerfolienverarbeitung)
**inflate** aufblasen, mit Luft/Gas füllen
**inflating agent (for bags)** Treibmittel
**influx/inflow** Einstrom, Einströmen,
  Zustrom, Zufluss
**infrared absorbance detector (IAD)**
  Infrarot-Absorptionsdetektor
**infrared detector (ID)** Infrarotdetektor
**infrared spectroscopy** Infrarot-Spektroskopie,
  IR-Spektroskopie
**infuse** infundieren; ziehen lassen,
  aufgießen (Tee)
**infusion** Infusion; Aufguss
**ingest** einnehmen, aufnehmen,
  etwas zu sich nehmen
**ingestion/food intake** Nahrungsaufnahme
**ingot** Barren, Block, Rohblock, Massel,
  Gussblock, Gießmassel; Schmelzling; Kokille
**ingot iron (<0.05% carbon)** Flusseisen
**ingot of gold** Goldbarren
**ingot of steel** Stahlblock

**ingot mold** *metal* Kokille (Gussform/Blockform/
  Barrenform)
**ingot steel** Blockstahl, Ingotstahl
**ingrain dye** Echtfarbe; Entwicklungsfarbstoff
  (auf der Faser erzeugter Azofarbstoff)
**ingredient** Bestandteil, Inhaltsstoff; Zutat
**ingression** Einströmen, Einwanderung
**inhalable** atembar
**inhalation/inspiration** Einatmung, Einatmen,
  Inspiration, Inhalation
**inhale (breathe in)** inhalieren, einatmen
**inherent viscosity** inhärente Viskosität
**inhibit** inhibieren, hemmen
**inhibition** Inhibition, Hemmung
➤ **aggressive inhibition behavior**
  Angriffshemmung, Aggressionshemmung
➤ **allosteric inhibition** allosterische Hemmung
➤ **competitive inhibition** kompetitive Hemmung,
  Konkurrenzhemmung
➤ **contact inhibition** *cyt* Kontakthemmung
➤ **end-product inhibition** Endprodukthemmung
➤ **feedback inhibition** Rückwärtshemmung,
  Rückkopplungshemmung
➤ **feed-forward inhibition/reciprocal inhibition**
  *neuro* Vorwärtshemmung
➤ **irreversible inhibition** irreversible Hemmung
➤ **noncompetitive inhibition** nichtkompetitive
  Hemmung
➤ **reciprocal inhibition** reziproke Hemmung,
  gegenseitige Hemmung
➤ **reversible inhibition** reversible Hemmung
➤ **substrate inhibition** Substratinhibition
➤ **suicide inhibition** Suizidhemmung
➤ **uncompetitive inhibition** unkompetitive
  Hemmung
**inhibition zone** Hemmzone
**inhibitor (inhibitory substance)** Inhibitor,
  Hemmstoff
**inhibitory** hemmend, inhibierend, inhibitorisch
**inhibitory concentration** Hemmkonzentration
**inifer (initiation & chain transfer)** Inifer
**iniferter (initiation & chain transfer &
  termination)** Iniferter
**initial distribution** *stat* Ausgangsverteilung
**initial pressure/initial compression/high
  pressure** Vordruck, Eingangsdruck
  (Hochdruck: Gasflasche)
**initial velocity (vector)/initial rate**
  Anfangsgeschwindigkeit ($v_0$: Enzymkinetik)
**initial weight/amount weighed/weighed
  amount/weighted quantity** Einwaage
**initiate/actuate** initiieren, auslösen
**initiation/actuation** Initiierung, Auslösung
**inject** injizieren, einspritzen; (shoot) spritzen

**injection** Injektion, Einspritzung; (shot) Injektion, Spritze (eine I./S. geben/bekommen)
**injection blow molding** Spritzblasen, Spritzblasformen, Spritzgießblasen
**injection mold** *vb* spritzgießen
**injection molding** Spritzgießen, Spritzguss (Spritzgießverfahren)
**injection port/syringe port** Einspritzblock
**injection ram (piston/plunger)** Spritzkolben
**injection valve/injection port/syringe port** Einspritzventil (Einspritzblock)
**injector** Einspritzer
**injure** verletzen
**injurious** schädlich; (i. to health) gesundheitsschädlich
**injury** Verletzung
➢ **needle stick injury** Nadel-Stichverletzung
➢ **occupational injury** Berufsverletzung
➢ **radiation injury** Strahlenverletzung, Strahlenschaden, Verstrahlung
**ink** Tinte
**inlet (supplying/feeding)** Zuleitung, Zulauf; (incurrent aperture) Einströmöffnung
**inlet opening** Zufuhröffnung
**inlet pipe** Zuleitungsrohr
**inlet system** Einlasssystem
**inlet valve** Einlassventil
**inlet velocity (hood)** Einströmgeschwindigkeit, Eintrittsgeschwindigkeit (Sicherheitswerkbank)
**inner electron/inner-shell electron/ core electron** Rumpfelektron
**inoculate** inokulieren, einimpfen, impfen
**inoculating needle** Impfnadel
**inoculating wire** Impfdraht
**inoculation** Impfung, Inokulation, Einimpfung; (vaccination) Vakzination; (immunization) Immunisierung
**inoculum/vaccine** Impfstoff, Inokulum, Inokulat, Vakzine
**inorganic acid** anorganische Säure
**inorganic chemistry** anorganische Chemie
**inosine** Inosin
**inositol** Inosit, Inositol
**input** Eingabe; Eintrag; *electr* Eingang
**input air** Zuluft
**insatiability** Unersättlichkeit
**insatiable** unersättlich
**insecticide** Insektenbekämpfungsmittel, Insektenvernichtungsmittel, Insektizid
**insensitive** unempfindlich
**insert** *n* (inset) Einsatz; Einlage (Gefäß etc.); (leaflet/slip: package) Beipackzettel
**insert** *vb* **(inserted)** inserieren (inseriert), hineinstecken, einlegen, einschieben

**insertion polymerization** Polyinsertion
**insertion reaction** Einschiebereaktion, Einschiebungsreaktion, Insertionsreaktion
**insolation** Sonneneinstrahlung
**insolubility** Unlöslichkeit
**insoluble** unlöslich
➢ **insoluble in water** wasserunlöslich
**inspection** Inspektion; (on-site inspection) Begehung, Besichtigung (z. B. Geländebegehung); (checking of goods) Warenkontrolle Abnahme); (commissioning/certification) Abnahme (eines Labors nach Fertigstellung)
**inspection log** Inspektions-Logbuch
**inspiration/inhalation** Inspiration, Inhalation, Einatmung, Einatmen
**inspire** inspirieren, einatmen
**install** installieren; anschließen; (set up) einrichten (Experiment etc.)
**installation(s)** Installation(en), Installierung; Einbau, Anschluss; Anlage, Einrichtung, Betriebseinrichtung
**instrument (equipment/set/apparatus; appliance)** Instrument, Gerät, Werkzeug, Anlage, Apparat, technische Vorrichtung
**instrument display** Instrumentenanzeige
**instrument reading** abgelesener Wert
**instrumental analysis** Instrumentalanalyse
**instrumental error** Gerätefehler
**instrumentation and control** Mess- und Regeltechnik
**insulate** *tech* isolieren, abschirmen, dämmen
**insulated gloves** Isolierhandschuhe
**insulating material** Dämmstoff
**insulating panel** Dämmplatte
**insulating tape (*see also:* duct tape)** Isolierband; (electric tape/friction tape) Elektro-Isolierband
**insulation** Isolation, Abschirmung, Dämmung
**intake pipe (induction pipe/suction pipe)** Ansaugrohr
**integral foam/integral skin foam/ self-skinning foam** Integralschaum, Integralschaumstoff
**integral proteins (intrinsic proteins)** integrale Proteine (intrinsische Proteine)
**integrated circuit** integrierter Schaltkreis
**integrated pest management (IPM)** integrierte Schädlingsbekämpfung, integrierter Pflanzenschutz
**integrierter** Pflanzenschutz
**intensifying charge** Verstärkersatz (Pyrotechnik/Feuerwerkerei)
**intensifying composition** Verstärkersatzmischung (Pyrotechnik)

**intensifying screen (autoradiography)**
Verstärkerfolie (Autoradiographie)
**interaction** Interaktion, Wechselwirkung
**interaction parameter**
Wechselwirkungsparameter
**intercalate** interkalieren, einlagern
**intercalating agent** interkalierendes Agens
**intercalation** Interkalation, Einlagerung;
Einschiebungsreaktion
**intercalation agent/intercalating agent**
interkalierendes Agens
**intercalation compound** Einlagerungsverbindung
**interchange energy** Austauschenergie
**interchangeable (replaceable)** austauschbar
(ersetzbar), gegeneinander austauschbar
**intercom/intercom system** Sprechanlage
**interconnect/network** vernetzen
**interconnection/mesh/network/networking/**
**webbing/crosslinking** Vernetzung
**interdisciplinary research** interdisziplinäre
Forschung
**interface** Grenzfläche; Trennungsfläche;
*electr* Schnittstelle; Nahtstelle
**interfacial polymerization**
Grenzflächenpolymerisation
**interfacial surface tension**
Grenzflächenspannung
**interference assay** Interferenzassay
**interference microscopy** Interferenz-Mikroskopie,
Interferenzmikroskopie
**intergrade (intermediary form/transitory form/**
**transient)** Zwischenstufe, Übergangsform
**interim storage/temporary storage**
Zwischenlager
**interlayer** Zwischenschicht
**interlock/fail safe circuit** Riegel, Verriegelung
(elektr. Sicherung)
**interlocking relay** *electr* Sperrrelais
**intermediary phase** Zwischenphase
**intermediate (intermediate product/**
**intermediate form)** Zwischenprodukt,
Zwischenstadium, Zwischenform
**intermediate bulk container (IBC)**
Großpackmittel
**intermediate density lipoprotein (IDL)**
Lipoprotein mittlerer Dichte
**intermediate image** *micros* Zwischenbild
**intermediate product/intermediate form**
Zwischenprodukt, Zwischenform
**intermediate reaction** Zwischenreaktion
**intermediate state/intermediate stage**
Zwischenstadium, Zwischenstufe
**intermeshing** ineinandergreifend,
ineinanderkämmend

**intermetallic compound** intermetallische
Verbindung
**intermolecular** intermolekular,
zwischenmolekular
**intermolecular interactions** intermolekulare
Wechselwirkungen
**internal (intrinsic)** innerlich, von innen, intern
**internal fittings (built-in elements/structural**
**additions)** Einbauten
**internal mixer** Innenmischer
**internal pressure** Binnendruck, Innendruck
**internal thread/female thread (tubes/pipes/**
**fittings)** Innengewinde
**international standards** internationale
Standards, internationale Richtlinie(n)
**International Unit (IU)/SI unit (fr: Système**
**Internationale)** Internationale Maßeinheit,
SI Einheit
**international unit system/SI unit system**
**(fr: Système Internationale)** internationales
Maßeinheitensystem, SI Einheitensystem
**interpenetrating network (IPN)**
Durchdringungsnetzwerk, interpenetrierendes
Netzwerk
**interphase (intermediary phase)** Interphase,
Zwischenphase
**interpolate** interpolieren; einfügen
**interrelation/interrelationship** Wechselbeziehung
**interruption** Unterbrechung
**intersect** kreuzen, schneiden, sich kreuzen, sich
überschneiden
**intersperse** einstreuen, hier und da einfügen;
vermischen, durchsetzen (mit), versetzen (mit)
**interstice/interstitial site/interstitial lattice site**
Zwischengitterplatz
**interstitial atom** Zwischengitteratom,
interstitielles Atom
**interstitial compound** Zwischengitterverbindung,
interstitielle Verbindung
**interstitial defect** Zwischengitterfehlstelle
**interstitial hole** Zwischengitterlücke
**interstitial lattice** Zwischengitter
**interstitial lattice site/interstice/**
**interstitial site** Zwischengitterplatz
**interstitial pair** Zwischengitterpaar
**interval** Intervall; Abstand
**interval scale** *stat* Intervallskala
**interwoven/intertwined/entangled** verflochten
**intrinsic angular momentum** Eigendrehimpuls
**intrinsic energy** innere Energie, Eigenenergie
**intrinsic factor/hemopoietic factor** Intrinsic-
Faktor, hämopoetischer Faktor
**intrinsic mobility** Eigenbeweglichkeit
**intrinsic pressure** Binnendruck

**intrinsic viscosity (IV)** intrinsische Viskosität, Grenzviskosität

**introfier (lowers interfacial tension/wetting accelerator)** Durchtränkungsbeschleuniger, Imprägnierungsbeschleuniger (das Eindringen von Flüssigkeiten erleichterndes Netzmittel)

**intrusion** Intrusion, Eindringen

**intrusive rock** Intrusivgestein, Plutonit

**intumescence** Anschwellen, Anschwellung, Aufblähung; Aufschäumung

**intumescent** anschwellend; aufschäumend

**intumescent agent** Schaumbildner (Flammschutz)

**intumescent paint** Dämmschichtbildner (Flammschutz)

**invariant residue** *math* unveränderter Rest, invarianter Rest

**inventory (stock)** Inventar, Bestand
> **to make an inventory** eine Bestandsaufnahme machen

**inverse gas chromatography (IGC)** Umkehr-Gaschromatographie

**inversion** Inversion, Umkehr, Umkehrung, Invertierung
> **Walden inversion/inversion of configuration** Walden-Umkehr, Konfigurationsumkehr

**inversion point** Umkehrpunkt; (change of polymorphic forms) Umwandlungspunkt

**invert soap** Invertseife

**invert sugar** Invertzucker

**inverted** invers, invertiert, umgekehrt

**inverted microscope** Umkehrmikroskop, Inversmikroskop

**inverter** *electr* Wechselrichter, DC/AC-Wandler, Inverter

**invertible** umkehrbar

**investigate (examine/test/try/assay/analyze)** untersuchen, prüfen, testen, probieren, analysieren

**investigation (examination/exam)/study/search/ test/trial/assay/analysis)** Untersuchung, Prüfung, Test, Probe, Analyse

**iodic acid/hydrogen trioxoiodate HIO₃** Iodsäure

**iodination** Iodierung (mit Iod reagieren/ substituieren)

**iodine (I)** Iod (früher: Jod)

**iodine number/iodine value** Iodzahl (IZ)

**iodine tincture** Iodtinktur, Iodlösung

**iodization** Iodierung, Iodieren (mit Iod/Iodsalzen versehen)

**iodize** iodieren (mit Iod/Iodsalzen versehen)

**iodized salt** Iodsalz

**iodoacetic acid** Iodessigsäure

**ion** Ion
> **analog ion** analoges Ion
> **anion** Anion
> **cation** Kation
> **cluster ion** Clusterion, Cluster-Ion
> **complex ion** Komplexion
> **counterion/(*rarely*: gegenion)** Gegenion
> **daughter ion** Tochterion
> **diagnostic ion** Schlüsselfragment, Schlüsselbruchstück, diagnostisches Ion
> **fragment ion (MS)** Bruchstückion
> **molecular ion (MS)** Molekülion
> **odd-electron ion** Radikalion, Radikal-Ion
> **parent ion (MS)** Mutterion, Ausgangsion, Elternion
> **precursor ion** Vorläuferion, Vorläufer-Ion
> **product ion** Produktion, Produkt-Ion
> **radical ion** Radikalion
> **reference ion** Referenzion, Referenz-Ion
> **zwitterion (*not translated!*)** Zwitterion

**ion activity** Ionenaktivität

**ion associate** Ionenassoziat

**ion beam/ionic beam** Ionenstrahl

**ion channel** Ionenkanal

**ion cyclotron resonance (ICR)** Ionenzyklotron-Resonanz, Ionencyclotronresonanz

**ion dose/exposure (C/kg)** Ionendosis

**ion dose rate/exposure rate (A/kg)** Ionendosisleistung

**ion energy loss spectrum** Ionenenergieverlustspektrum

**ion equilibrium/ionic steady state** Ionengleichgewicht

**ion exchange** Ionenaustausch

**ion-exchange chromatography (IEX)** Ionenaustauschchromatographie

**ion-exchange resin** Ionenaustauscherharz

**ion exchanger** Ionenaustauscher
> **anion exchanger (strong: SAX/weak: WAX)** Anionenaustauscher (starker/schwacher)
> **cation exchanger (strong: SCX/weak: WCX)** Kationenaustauscher (starker/schwacher)

**ion exclusion** Ionenausschluss

**ion funnel** Ion Funnel (Ionentrichter)

**ion gate** Ionengatter, Ionensperre

**ion lattice** Ionengitter

**ion loss spectroscopy (ILS)** Ionenverlustspektroskopie

**ion mobility** Ionenbeweglichkeit, Ionenmobilität

**ion mobility spectrometry (IMS)** Ionenmobilitätsspektrometrie

**ion pair** Ionenpaar

**ion-pair chromatography (IPC)** Ionenpaarchromatographie (IPC)

**ion-pair extraction** Ionenpaar-Extraktion
**ion-pair formation** Ionenpaarbildung
**ion pore** Ionenpore
**ion product** Ionenprodukt
**ion pump** Ionenpumpe
**ion retardation** Ionenverzögerung, Ionenretardierung
**ion-scattering spectrometry (ISS)** Ionenstreuspektrometrie, Ionenstreuungsspektrometrie (ISS)
**ion-selective electrode (ISE)** ionenselektive Elektrode
**ion source** Ionenquelle
**ion spray** Ionenspray
**ion transport** Ionentransport
**ion trap detector (ITD)** Ioneneinfangdetektor (MS)
**ion trap spectrometry** Ionen-Fallen-Spektrometrie
**ion yield** Ionenausbeute
**ionic** ionisch
**ionic bond** Ionenbindung
**ionic conductivity** Ionenleitfähigkeit
**ionic coupling** Ionenkopplung
**ionic current/ion current** Ionenstrom
**ionic formula** Ionenformel
**ionic impact/ionization impact** Ionisationsstoß
**ionic initiator** Starterion
**ionic microprobe analyzer (IMPA)** Ionenstrahl-Mikrosonde
**ionic mobility (i.e., their velocity)** Ionenmobilität, Ionengeschwindigkeit
**ionic polymerization** ionische Polymerisation
**ionic probe microanalysis (IPMA)/**
    **secondary-ion mass spectrometry (SIMS)** Ionenstrahl-Mikroanalyse, Sekundärionen-Massenspektrometrie (SIMS)
**ionic radius** Ionenradius
**ionic strength** Ionenstärke
**ionization** Ionisation
➢ **adiabatic ionization** adiabatische Ionisation
➢ **ambient ionization** Ionisation in der Umgebung (z. B. DART, DESI,...)
➢ **associative ionization** assoziative Ionisation
➢ **atmospheric pressure ionization (API)** Atmosphärendruck-Ionisation
➢ **atmospheric pressure photoionization (APPI)** Atmosphärendruck-Photoionisation
➢ **charge exchange ionization** Ladungsaustausch-Ionisation
➢ **chemical ionization** Chemiionisation
➢ **cold-spray ionization (CSI)** Kaltspray-Ionisation
➢ **desorption chemical ionization (DCI)** Desorptions-Chemische Ionisation
➢ **electron capture ionization (ECI)** Elektroneneinfangionisation

➢ **electrospray ionization (ESI)** Elektrospray-Ionisation
➢ **field ionization (FI)** Feldionisation
➢ **multiphoton ionization (MUPI)** Multiphotonenionisation, Multiphotonen-Ionisation
➢ **resonance-enhanced multiphoton ionization (REMPI)** resonante Multiphotonenionisation
➢ **surface ionization (SI)** Oberflächenionisation
➢ **thermal ionization** Thermoionisation, thermische Ionisation
**ionization chamber** Ionisationskammer
**ionization energy/ionization potential** Ionisationsenergie, Ionisierungspotential (Ionisierungsarbeit, Ablösungsarbeit)
**ionize** ionisieren
**ionizing radiation** ionisierende Strahlen, ionisierende Strahlung
**ionophore** Ionophor
**ionophoresis** Ionophorese, Iontophorese
**iron (Fe)** Eisen; ferrous/ironous/iron(II) = Eisen(II)...; ferric/ironic/iron(III) = Eisen(III)...
➢ **cast iron** Gusseisen
➢ **deiron** enteisen
➢ **foundry iron** Gießereiroheisen
➢ **galvanized iron** verzinktes Eisen
➢ **greycast iron** Grauguss (graues Gusseisen)
➢ **malleable iron/malleable cast iron/ wrought iron** Tempereisen, Temperguss
➢ **pig iron** Roheisen, Masseleisen
**iron acetate liquor/iron liquor/black liquor/ black mordant** Eisenbeize, Schwarzbeize
**iron concrete** Eisenbeton
**iron foundry** Eisengießerei
**iron ore** Eisenerz
**iron oxide** Eisenoxid
➢ **black iron oxide/ferrous oxide/ iron monoxide FeO** Eisen(II)-oxid
➢ **brown iron oxide** Eisenoxidbraun
➢ **red iron oxide/ferric oxide $Fe_2O_3$** Eisen(III)-oxid
**iron-regulating factor (IRF)** eisenregulierender Faktor
**iron scrap** Alteisen, Eisenschrott
**iron smelting plant/ironworks/forge** Eisenhütte, Eisenwerk, Schmiede; Glühofen
**iron sponge/sponge iron (*also for:* ferric oxide)** Eisenschwamm
**iron-sulfur protein** Eisen-Schwefel-Protein
**ironic/iron(III)/ferric** Eisen(III)...
**ironous/iron(II)/ferrous** Eisen(II)...
**irradiance/fluence rate/irrradiation intensity/ radiant-flux density** Bestrahlungsintensität, Bestrahlungsstärke, Bestrahlungsdichte, Strahlungsflussdichte

irradiance/fluence rate/radiation intensity/
  radiant-flux density Bestrahlungsintensität,
  Bestrahlungsdichte
irradiate bestrahlen
irradiation Bestrahlung; Strahlenexposition
irradiation dosage Bestrahlungsdosis
irregular irregulär, unregelmäßig; (nonuniform)
  ungleichmäßig; (anomalous) unregelmäßig,
  irregulär, anomal
irregular/non-uniform/anomalous unregelmäßig,
  irregulär, anomal
irregularity Irregularität, Unregelmäßigkeit;
  (anomaly) Anomalie; (non-uniformity)
  Ungleichmäßigkeit
irreversibility Nichtumkehrbarkeit, Irreversibilität
irreversible inhibition irreversible Hemmung
irrigate bewässern, beregnen
irrigation Beregnung, Bewässerung
irritant adv/adj (Xi) reizend
irritant n Reizstoff
irritant gas Reizgas
irritate irritieren, reizen (negativ)
irritation Irritation; (stimulus) Stimulus,
  Reiz; (stimulation) Reizung, Stimulation
irritation of the mucosa Schleimhautreizung
isoamyl alcohol/isopentyl alcohol/
  3-methylbutan-1-ol Isoamylalkohol,
  Isopentylalkohol, Methylbutanol,
  3-Methylbutan-1-ol
isocyanic acid (carbimide) HNCO Isocyansäure
isocyanide/isonitrile Isocyanid (Isonitril)
isoelectric focusing isoelektrische Fokussierung,
  Isoelektrofokussierung
isoelectric point isoelektrischer Punkt
isolate isolieren, darstellen, rein darstellen;
  (separate) abtrennen, absondern
isolated double bond isolierte Doppelbindung
isolation Isolierung, Reindarstellung
isolator Isolator
isoleucine (I) Isoleucin
isomer n Isomer
➤ cis/trans isomers (geometrical isomers)
  cis/trans-Isomere (geometrische Isomere)
➤ configurational isomer Konfigurations-Isomer
➤ conformational isomer Konformations-Isomer
➤ constitutional isomer Konstitutions-Isomer
➤ diastereoisomer Diastereoisomer, Diastereomer
➤ optical isomer
  Spiegelbild-Isomer, optisches Isomer
➤ regioisomer Regioisomer
➤ rotamer Rotationsisomer, Rotamer
➤ stereoisomer Stereoisomer
isomeric adv/adj isomer
isomerism (isomery) Isomerie
➤ atropisomerism Atropisomerie

➤ bond isomerism Bindungsisomerie
➤ chain isomerism Kettenisomerie
➤ cis/trans isomerism cis/trans-Isomerie
  (geometrische Isomerie)
➤ configurational isomerism
  Konfigurations-Isomerie
➤ conformational isomerism
  Konformations-Isomerie
➤ constitutional isomerism
  Konstitutions-Isomerie
➤ coordination isomerism Koordinationsisomerie
➤ diastereoisomerism Diastereoisomerie,
  Diastereomerie
➤ dynamic isomerism dynamische Isomerie
➤ optical isomerism Spiegelbild-Isomerie,
  optische Isomerie
➤ position isomerism/positional isomerism
  Positionsisomerie, Stellungsisomerie
➤ regioisomerism Regioisomerie
➤ skeletal isomerism Skelettisomerie,
  Gerüstisomerie, Rumpfisomerie
➤ stereoisomerism Stereoisomerie
➤ substitutional isomerism
  Substitutionsisomerie
➤ tautomerism Tautomerie
isomerization Isomerisation, Isomerisierung
isomerize isomerisieren
isomerous isomer, gleichzählig
isomorphic isomorph
isomorphism Isomorphie
isopentyl alcohol/isoamyl alcohol/
  3-methylbutan-1-ol Isopentylalkohol,
  Isoamylalkohol, Methylbutanol,
  3-Methylbutan-1-ol
isoprene Isopren
isopropyl alcohol/isopropanol/
  1-methyl ethanol (rubbing alcohol)
  Isopropylalkohol, Propan-2-ol
isopycnic centrifugation/isodensity
  centrifugation isopyknische Zentrifugation
isosmotic isosmotisch
isosterism Isosterie
isotachophoresis (ITP) Isotachophorese,
  Gleichgeschwindigkeits-Elektrophorese
isotactic isotaktisch
isotacticity (IC) Isotaktizität
isotherm Isotherme
isothermal isotherm
isothiocyanic acid Isothiocyansäure
isotonic isotonisch
isotonicity Isotonie
isotope Isotop
➤ unstable isotope/radioisotope/
  radioactive isotope instabiles Isotop,
  Radioisotop, Radionuclid, radioaktives Isotop

isotope assay Isotopenversuch
isotope enrichment Isotopenanreicherung
isotopic composition Isotopenzusammensetzung
isotopic dilution Isotopenverdünnung
isotopic labeling Isotopenmarkierung
isotopic tracer Leitisotop, Indikatorisotop
isotopically pure isotopenrein
isotropic isotrop, einfachbrechend
isotypic isotyp
isovaleric acid Isovaleriansäure
isozyme/isoenzyme Isozym, Isoenzym
issue point/issuing/supplies issuing
    Ausgabe (Material~)
iteration Iteration, Wiederholung
iterative iterativ, wiederholend
ivory Elfenbein

# J

jack Heber, Hebevorrichtung, Hebebock;
    *electr* Klinke, Schaltklinke (weibl. Stecker);
    Anschlussdose, Steckdose, Buchse
jack-knife Klappmesser
jacket *n* (insulation) Mantel, Ummantelung,
    Umhüllung, Hülle, Wicklung, Umwicklung,
    Verkleidung; Manschette, Tropfschutz
jacket *vb* (jacketed) ummanteln, verkleiden
    (ummantelt/verkleidet)
jacketed coil condenser Intensivkühler
jacketing Ummantelung, Verkleidung;
    Mantelmaterial
jammed (seized-up/stuck/'frozen'/caked)
    verbacken, festgebacken, festgesteckt (Schliff/
    Hahn)
jammed joint/stuck joint/caked joint/
    'frozen' joint festgebackener Schliff
jar Becher
➤ grinding jar Mahlbecher (Mühle)
jasmonic acid Jasmonsäure
jaw crusher/jaw breaker Backenbrecher
jelly Gelee; (gelatin/gel) Gallerte, Gelatine
jet Strahl; (nozzle) Düse
➤ air jet Luftstrahl
jet flame (jetting flame) Stichflamme
jet fuel Düsentreibstoff
jet loop reactor Strahlschlaufenreaktor,
    Strahl-Schlaufenreaktor
jet nozzle Strahldüse
jet of water Wasserstrahl
jet reactor Strahlreaktor
jeweller's rouge/red (powdered hematite)
    Polierrot
joint Verbindung; Fuge; Naht, Nahtstelle;
    (articulation) Gelenk; Verbindungsstück; (hinge)
    Scharnier; (welding joint) Schweißstoß, Stoß

➤ adhesive joint/adhesive bonding
    Klebeverbindung
➤ ball-and-socket joint/spheroid joint
    Kugelgelenk
➤ bonded glass joint Glasverklebung
➤ bonded joint Klebeverbindung
➤ butt joint Stoßverbindung
➤ flanged joint/flange connection/flange
    coupling Flanschverbindung
➤ flat-flange ground joint/flat-ground joint/
    plane-ground joint Planschliff (glatte Enden)
➤ hinged joint/swivel joint/articulated joint
    Gelenkverbindung
➤ jammed joint/stuck joint/caked joint/
    'frozen' joint festgebackener Schliff
➤ joggle lap joint gefalzte
    Überlappungsverbindung, gefalzter
    Überlappstoß
➤ lap joint Überlappungsverbindung,
    Überlappstoß
➤ male/female joint Plus~/Minus-Verbindung
    (Rohrverbindungen etc.)
➤ plane-ground joint (flat-flange ground joint/
    flat-ground joint) Planschliffverbindung
➤ scarf joint Schäftung, Schaftverbindung,
    Schaftstoß
➤ snap-in joint Schnappverbindung
➤ spherical ground joint Kugelschliff
➤ strap joint Laschenverbindung, Riemenstoß
➤ tapered joint/tapered ground joint (S.T. =
    standard taper) Kegelschliffverbindung,
    Kegelschliff (N.S. = Normalschliff)
joint clip/joint clamp/ground-joint clip/
    ground-joint clamp Schliffklammer,
    Schliffklemme (Schliffsicherung)
joint surface Fügefläche
jointed chain/freely jointed chain Segmentkette
jug (container) Krug, Kanne, Kännchen; (pitcher)
    … mit Griff
juicy saftig
jump/spring/bound/leap springen
junction Abzweig, Netzstelle; *polym*
    Vernetzungsstelle
juxtapose nebeneinanderstellen
juxtaposition Nebeneinanderstellen
juxtaposition twins (crystals)
    Juxtapositionszwillinge, Ergänzungszwillinge

# K

kaolin (china clay) Kaolin (Porzellanerde)
keratinize (cornify) keratinisieren (verhornen)
kerogen Kerogen
kerosene Kerosin
ketene Keten

keto acid Ketosäure
ketoaldehyde/aldehyde ketone Ketoaldehyd
ketone Keton
➤ acetone/dimethyl ketone/2-propanone
Aceton (Azeton), Propan-2-on, 2-Propanon,
Dimethylketon
ketone body (acetone body) Ketonkörper
ketonize ketonisieren
ketonuria/acetonuria Ketonurie
key Schlüssel; (button/knob/push-button) Taste,
Knopf, Griff; (plug) Küken; (stopcock key/plug)
Hahnküken
key enzyme Schlüsselenzym, Leitenzym
key reaction Schlüsselreaktion
keyboard (große) Tastatur
keypad (kleine) Tastatur
kieselguhr (loose/porous diatomite;
diatomaceous/infusorial earth) Kieselgur
kiln/kiln oven Brennofen, Kalzinierofen,
Trockenofen; (for drying grain/lumber/tobacco)
Darre, Darrofen
kiln-dry darren, dörren, im Ofen trocknen
Kimwipes (Kimberley-Clark cleanroom wipes)
Kimwipes (Kimberley-Clark Reinraum
Wischtücher)
kindle anzünden, entzünden, sich entzünden
kindling temperature (flame temperature/
ignition point/flame point/spontaneous-
ignition temperature SIT) Zündpunkt,
Zündtemperatur, Entzündungstemperatur
kinematic viscosity kinematische Viskosität
kinetic energy Bewegungsenergie, kinetische
Energie
kinetics (zero-/first-/second-order...)
Kinetik (nullter/erster/zweiter... Ordnung)
➤ reaction kinetics Reaktionskinetik
➤ reassociation kinetics Reassoziationskinetik
Kingdon trap Kingdon-Falle
Kipp generator Kippscher Apparat,
'Kipp', Gasentwickler
kitchen tissue (kitchen paper towels)
Küchenrolle, Haushaltsrolle, Tücherrolle,
Küchentücher, Haushaltstücher
kitchen towel Küchenhandtuch
Kjeldahl flask Kjeldahl-Kolben, Birnenkolben
knead kneten
kneader/kneading machine *polym* Kneter,
Knetmaschine, Knetwerk
knife Messer; Rakel
knife coating Rakeln, Rakelstreichverfahren
knife-discharge centrifuge/scraper centrifuge
Schälschleuder
knife switch *electr* Messerschalter
knot *vb* (tie) knüpfen

Koch's postulate Koch's Postulat, Koch'sches
Postulat
Kofler hot-block Kofler'scher Heizblock
kojic acid Kojisäure
kraft paper starkes Packpapier
Kuhn length Kuhn-Länge

L

lab (*see also:* laboratory) Labor (*pl* Labors),
Laboratorium (*pl* Laboratorien)
lab bench Laborarbeitstisch
lab bottle Laborstandflasche, Standflasche
lab chemical Laborchemikalie
lab cleanup Laborreinigung
lab coat Laborkittel
lab conditions Laborbedingungen
lab counter Laborbank
lab courtesy Labor-Anstandsregeln
lab diary/lab manual/log book Labortagebuch
lab etiquette Laboretikette, Laborgepflogenheiten,
Laborbenimmregeln, Labor'knigge'
lab experiment/lab test Laborversuch, Labortest
lab gossip Labortratsch
lab head Laborleiter
lab jack Hebestativ, Hebebühne (fürs Labor);
höhenverstellbare Plattform
lab notes/lab documentation
Laboraufzeichnungen
lab procedure Laborverfahren
lab reagent/bench reagent Laborreagens
lab report Laborbericht
lab-scale *adv/adj* labortechnisch, im
Labormaßstab
lab scale *n* (laboratory scale) Labormaßstab
lab space/lab working space Laborplatz,
Laborarbeitsplatz
lab standard Laborstandard
lab stool Laborhocker
lab technique Labortechnik
lab tray Laborschale
lab worker Laborarbeiter, Laborant(in)
label Markierung, Marke; Kennzeichen;
(tag) Etikett, Beschriftungsetikett
labeled markiert; mit Aufschrift (Etikett)
labeled compound *nucl/rad* markierte
Verbindung, Markersubstanz
labeling (labelling) Markieren, Markierung,
Kennzeichnung; Beschriftung; (tagging)
Etikettierung
labeling requirement Kennzeichnungspflicht
labile labil, instabil, unbeständig
laboratory (lab) Labor (*pl* Labors),
Laboratorium (*pl* Laboratorien)

➢ animal laboratory/animal lab Tierlabor
➢ research laboratory Forschungslabor
laboratory aide/lab aide Laborgehilfe
laboratory apron/lab apron Laborschürze
laboratory balance/lab balance/
laboratory scales/lab scales Laborwaage
laboratory bench/lab bench Labor-Werkbank,
Laborarbeitstisch
laboratory bottle/lab bottle Laborstandflasche,
Standflasche
laboratory brush/lab brush Laborbürste
laboratory cart/lab pushcart (*Br* trolley)
Laborwagen, Laborschiebewagen
laboratory chemical/lab chemical
Laborchemikalie
laboratory cleanup/lab cleanup Laborreinigung
laboratory coat/labcoat Laborkittel, Labormantel
laboratory conditions/lab conditions
Laborbedingungen
laboratory counter/lab counter Laborbank
laboratory diagnostics/lab diagnostics
Labordiagnostik
laboratory diary Labortagebuch
laboratory equipment/lab equipment Laborgerät
laboratory experiment/lab experiment/
laboratory test/lab test Laborversuch,
Labortest
laboratory facilities/lab facilities
Laboreinrichtung, Laborausstattung
laboratory findings/laboratory results
Laborbefund
laboratory furniture/lab furniture Labormöbel
laboratory gossip/lab gossip Labortratsch
laboratory head/lab head Laborleiter
laboratory jack/lab-jack Hebestativ, Hebebühne
(fürs Labor); höhenverstellbare Plattform
laboratory manual Laborhandbuch;
Labortagebuch
laboratory notebook/lab notebook Laborjournal,
Protokollheft
laboratory notes/lab notes/
laboratory documentation/lab
documentation Laboraufzeichnungen
laboratory personnel/lab personnel
Laborpersonal
laboratory procedure/lab procedure
Laborverfahren
laboratory protection plate
Laborschutzplatte (Keramikplatte)
laboratory protocol/lab protocol Laborprotokoll
laboratory reagent/lab reagent/bench reagent
Laborreagens
laboratory report/lab report Laborbericht
laboratory safety/lab safety Laborsicherheit

laboratory safety officer
Laborsicherheitsbeauftragter
laboratory-scale/lab-scale *adv/adj*
labortechnisch, im Labormaßstab
laboratory scale/lab scale *n* Labormaßstab
laboratory space/lab space/laboratory
working space Laborplatz, Laborarbeitsplatz
laboratory standard/lab standard Laborstandard
laboratory suite Laboratoriumstrakt, Labortrakt
laboratory table/laboratory bench/laboratory
workbench Labortisch, Labor-Werkbank
laboratory technician/lab technician/
technical lab assistant technischer Assistent
(technische Assistentin), Laborassistent
(Laborassistentin), Laborant (Laborantin)
laboratory technique/lab technique Labortechnik
laboratory tray/lab tray Laborschale
laboratory unit Laboratoriumseinheit
laboratory worker/lab worker Laborant(in),
Laborarbeiter
laborious mühselig, schwer, arbeitsam
labware/laboratory supplies/lab supplies
Laborbedarf
lac Rohschellack
➢ shellac Schellack
lachrymator/lacrimator (tear gas) Augenreizstoff,
Tränenreizstoff (Tränengas)
lachrymatory tränend (Tränen hervorrufend)
lacking/missing/wanting fehlend
lacquer *vb* (varnish) lackieren
lacquer *n* (solution forming film after evaporation
of solvent) Lack, Firnis, Farblack; (varnish)
Lasur
➢ cellulose lacquer Celluloselack
➢ cellulose nitrate lacquer Nitrolack,
Cellulosenitratlack
➢ collodion Kollodium
➢ resin lacquer/resin varnish Harzlack
lacquer coating/lacquer finish (enameling)
Lackierung; Lackschicht, Lacküberzug
lacquer remover/paint remover/varnish remover/
paint stripper Lackentferner
lactamide Laktamid, Lactamid, Milchsäureamid
lactate (lactic acid) Laktat (Milchsäure)
lactation Laktation
lactic acid (lactate) Milchsäure (Laktat)
lactic acid fermentation/lactic fermentation
Laktatgärung, Milchsäuregärung
lactose (milk sugar) Laktose, Lactose
(Milchzucker)
ladder sequencing Leitersequenzierung
ladle Schöpfkelle
lake Farblack; (dye) Beizenfarbstoff
lamellar structure Lamellenstruktur

laminar cleavage Blätterbruch
laminar flow (lamellar flow/streamline flow)
laminare Strömung, Schichtströmung
laminar flow workstation/laminar flow hood/
laminar flow unit Querstrombank
laminate *n* (laminated plastic/composite) Laminat
laminate *vb* laminieren; kaschieren
laminated board/laminated panel Schichtstoff,
Schichtstoffplatte
laminated composite material Schicht-
Verbundwerkstoff, Schicht-Kompositwerkstoff
laminated glass Schichtglas, Verbundglas,
Schutzglas, Sicherheitsglas
laminated paper Hartpapier
laminated plastic Kunststofflaminat
(Schichtstoff/Schichtstoffplatte aus Plastik)
laminated pressboard Schichtpressstoffplatte,
Schichtstoffpressplatte
laminated safety glass Verbundsicherheitsglas
laminating Laminieren; Kaschieren
(Verbundwerkstoffe)
laminating adhesive Laminierkleber,
Kaschierklebstoff
laminating film Kaschierfolie
laminating resin Laminierharz, Schichtstoffharz
lamination coating Kaschieren (Beschichtung)
lampblack Lampenruß
lancet Lanzette
land (of mold) Abquetschfläche, Steg
(hervorstehende Kante nach Guss)
landfill Deponie; (sanitary landfill)
Müllgrube (geordnet)
lanosterol Lanosterin, Lanosterol
lanthanides (lanthanoids) Lanthanide
(Lanthanoide)
lanthanum (La) Lanthan
lanthionine Lanthionin
lard Schmalz, Schweineschmalz, Schweinefett
large scale Großmaßstab
laser ablation Laserabtragung, Laserverdampfung
laser-induced liquid bead ion desorption (LILBID)
Laser-induzierte Ionendesorption aus der
Flüssigphase
laser microprobe mass spectrometry (LMMS)
Laser-Mikrosonden-Massenspektrometrie
latch Schnappriegel, Schnappschloss
late ignition Spätzündung
late sequelae *med* Spätfolgen
latency Latenz
latency period/latent period (incubation period)
Latenzzeit (Inkubationszeit)
latent latent, verborgen, unsichtbar, versteckt

latent phase/incubation phase/establishment
phase/lag phase Latenzphase,
Adaptationsphase, Anlaufphase,
Inkubationsphase, lag-Phase
lateral lateral, seitlich
lateral axis/lateral branch Seitenachse
lateral magnification Lateralvergrößerung,
Seitenverhältnis, Seitenmaßstab,
Abbildungsmaßstab micros
latex (*pl* latices/latexes) Latex (*m/pl* Lattices/
Latizes); Milchsaft, Kautschukmilch
latex compounding Latexmischen
latex foam Latexschaum
latex foam rubber Latexschaumgummi,
Schaumgummi
latex paint Latexfarbe
latex tube/lactifer/lacticifer Milchsaftröhre,
Milchröhre
lattice Gitter
➤ base lattice Basisgitter
➤ Bravais lattice Bravais-Gitter
➤ commensurate lattice kommensurables Gitter
➤ crystal lattice Kristallgitter
➤ elementary lattice Elementargitter
➤ host lattice Wirtsgitter
➤ ideal lattice Idealgitter
➤ incommensurate lattice inkommensurables
Gitter
➤ interstitial lattice Zwischengitter
➤ ion lattice Ionengitter
➤ layer lattice Schichtgitter
➤ metal lattice/metallic lattice Metallgitter
➤ plane lattice Plangitter
➤ point lattice Punktgitter
➤ real lattice Realgitter
➤ reciprocal lattice reziprokes Gitter
➤ space lattice Raumgitter
➤ superlattice Supergitter, Übergitter,
Überstruktur
➤ theory of lattices Gittertheorie
➤ valence lattice Valenzgitter
lattice defect Gitterstörung, Gitterfehler
lattice energy Gitterenergie
lattice sampling/grid sampling *stat*
Gitterstichprobenverfahren
lattice site Gitterplatz
laughing gas/nitrous oxide $N_2O$ Lachgas,
Distickstoffoxid, Dinitrogenoxid
laundrette Schnellwäscherei
lauric acid/decylacetic acid/
dodecanoic acid (laurate/dodecanate)
Laurinsäure, Dodecansäure (Laurat/Dodecanat)
lavatory Waschraum, Toilette

law (act/statute) Gesetz
law of combining ratios Gesetz der konstanten
Proportionen (Mischungsverhältnisse)
law of conservation of energy
Energieerhaltungssatz
law of conservation of matter/law of the
conservation of mass Gesetz von der
Erhaltung der Masse, Massenerhaltungssatz
law of constant proportions/law of definite
proportions Gesetz der konstanten
Proportionen (Mischungsverhältnisse)
law of equipartition/equipartition theorem/
equipartition principle Gleichverteilungssatz
law of equivalent proportions/law of equivalent
proportions Gesetz der äquivalenten
Proportionen
law of mass action Massenwirkungsgesetz
law of multiple proportions (Dalton 2.)
Gesetz der multiplen Proportionen
law of partial pressures (Dalton 1.)
Gesetz der Partialdrücke
law of thermodynamics Hauptsatz
(der Thermodynamik)
laxative Abführmittel
layer/story/stratum/sheet Schicht
layer lattice Schichtgitter
$LD_{50}$ (median lethal dose)
$LD_{50}$ (mittlere letale Dosis)
LDL (low density lipoprotein) LDL
(Lipoproteinfraktion niedriger Dichte)
leach auslaugen (Boden)
leachate Lauge (Bodenauslaugung)
leaching Auslaugung (Boden); Auswaschung
(gelöste Mineralien)
➢ ore leaching Erzlaugung
lead *n* Stift, Kontakt; Ganghöhe (Steigung);
electr Kontakt, (pigtail lead) Anschlussleitung
lead (Pb) Blei
lead accumulator/lead-acid battery
Bleiakkumulator
lead apron Bleischürze
lead-chamber process ($H_2SO_4$ production)
Bleikammerverfahren
lead citrate Bleicitrat
lead dioxide/brown lead oxide/
lead superoxide $PbO_2$ Bleioxid
lead glass Bleiglas
lead oxide (yellow)/lead suboxide $Pb_2O$ Bleioxid
lead press cure/lead press technique
Bleimantelvulkanisation
lead ring (for Erlenmeyer) Gewichtsring,
Stabilisierungsring, Beschwerungsring,
Bleiring (für Erlenmeyerkolben)
leaded verbleit

leaded fuel verbleiter Kraftstoff
leaded gasoline verbleites Benzin
leading substrate Leitsubstrat
leaf fiber Blattfaser
leak *vb* (not closing tightly) undicht sein;
(leak out/bleed) auslaufen (Flüssigkeit)
leak *n* (leakage) Leck, Leckage;
(leakiness) Undichtigkeit
leak rate Leckagerate
leakage Leck, Auslauf, Austritt, Leckage;
*electr* Streuverlust
leakage current (creepage) Kriechstrom
leakage current circuit breaker/surge protector
(fuse) FI-Schalter (Fehlerstromschutzschalter)
leakage flow Leckfluss, Leckströmung
leakiness Undichtigkeit
leaking/leaky undicht, leck; läuft aus
leakproof/leaktight (sealed tight) leckfrei,
lecksicher, dicht
leaky undicht, leck; läuft aus
lean mager, fettarm
lean coal Magerkohle
least significant difference/critical difference *stat*
Grenzdifferenz
leather Leder
➢ imitation leather/artificial leather Kunstleder
leavening/raising agent
Treibmittel (Gärmittel/Gärstoff)
leaving group/coupling-off group
Austrittsgruppe, Abgangsgruppe,
austretende Gruppe
leaving molecule Abgangsmolekül
lecithin Lecithin
lectin Lektin
lees (fermentation dregs/sediment)
Trub, Geläger, Bodensatz
left-hand/left-handed/sinistral linkshändig;
linksgängig
lehr (glass-cooling oven) Kühlofen
length constant Längskonstante
lens (*also*: lense) Linse; (magnifying glass) Lupe,
Vergrößerungsglas
lens tissue/lens paper *micros* Linsenpapier,
Linsenreinigungspapier
lesion Läsion, Schädigung, Verletzung, Störung
less volatile/heavy (boiling/evaporating at higher
temp.) schwer flüchtig (höhersiedend)
lethal/deadly letal, tödlich
➢ conditional lethal bedingt letal,
konditional letal
lethal dose letale Dosis, Letaldosis, tödliche Dosis
lethality Letalität
leucine (L) Leucin
levan Lävan

**level switch** Niveauschalter
**leveling** nivellieren, einebnen,
planieren, gleichmachen
**leverage mechanism** Hebelmechanismus
**levorotatory (–) (counterclockwise)** linksdrehend,
levorotatorisch
**levulinic acid** Lävulinsäure
**liability** Haftung
**liability insurance** Haftpflichtversicherung
**liable** haftpflichtig
**liberate (release/set free)** freisetzen
(Wärme/Energie/Gase etc.)
**liberation (release/set free)** Freisetzung
(Wärme/Energie/Gase etc.)
**licensing** Lizensierung, Genehmigung,
Zulassung
**lichen acid** Flechtensäure
**lid/cover/top** Deckel
**Liebig condenser** Liebigkühler
**life** Leben; (service life: of a machine/equipment)
Laufzeit, Lebenszeit
➢ **service life** Laufzeit (Gerät/Lebenszeit)
➢ **working life** Nutzungsdauer
**life cycle assessment/life cycle analysis (LCA)**
Ökobilanz
**life size** Lebensgröße
**life span** Lebensdauer
**life-threatening** lebensgefährlich
**lifeform/organism** Lebewesen, Organismus
**lifeless/inanimate/dead** leblos, tot
**lifetime** Lebenszeit; Funktionsdauer
**lift** Heben, Hochhalten; Hub, Hubhöhe,
Förderhöhe, Steighöhe; Aufzug, Fahrstuhl;
(buoyancy) Auftrieb
**ligament** Ligament, Band
**ligand** Ligand
**ligand blotting** Liganden-Blotting
**ligand field** Ligandenfeld
**ligand field theory** Ligandenfeldtheorie
(LF-Theorie)
**ligand group orbitals (LGOs)**
Ligandengruppenorbitale
**ligation** Ligation, Verknüpfung
**light** Licht; (illuminator/beamer) Strahler (Licht)
➢ **artificial light(ing)** künstliche Beleuchtung
➢ **beam of light** Lichtstrahl, Lichtbündel
➢ **circularly polarized light**
zirkular polarisiertes Licht
➢ **coherent light** kohärentes Licht
➢ **emergent light** ausgestrahltes Licht
➢ **incident light** einfallendes Licht
➢ **plane-polarized light** linear polarisiertes Licht
➢ **polarized light** polarisiertes Licht
➢ **scattered light/stray light** Streulicht

**light aging/light ageing** Lichtalterung
**light barrier** Lichtschranke
**light beam welding** Lichtstrahlschweißen
**light bulb/lightbulb/incandescent lamp**
Glühbirne, Glühlampe
**light-emitting diode (LED)** Leuchtdiode
**light metal** Leichtmetall
**light microscope (compound microscope)**
Lichtmikroskop
**light oil** Leichtöl
**light permeability** Lichtdurchlässigkeit
**light quantum (photon)** Lichtquant (Photon)
**light repair** Lichtreparatur
**light scattering** Lichtstreuung
➢ **dynamic light scattering** dynamische
Lichtstreuung
➢ **static light scattering** statische Lichtstreuung
**light-sensitive/photosensitive/sensitive to light**
lichtempfindlich (leicht reagierend)
**light sensitivity/sensitivity to light/**
**photosensitivity** Lichtempfindlichkeit
**light source** Lichtquelle
**light stabilizer/light-stability agent**
Lichtschutzmittel
**light stimulus** Lichtreiz
**light water reactor (LWR)** *nucl*
Leichtwasserreaktor
**lightfast** lichtecht, lichtbeständig
**lightfastness** Lichtechtheit, Lichtbeständigkeit
**lightweight** leichtgewicht(ig)
**lignification/sclerification** Verholzung,
Lignifizierung
**lignified** verholzt, lignifiziert
**lignin** Lignin
**lignite** Lignit, Weichbraunkohle &
Mattbraunkohle
**lignoceric acid/tetracosanoic acid**
Lignocerinsäure, Tetracosansäure
**ligroin (petroleum spirit)** Ligroin
**likelihood function** Wahrscheinlichkeitsfunktion
**lime** *vb* (calcify) kalken
**lime** *n* Kalk
➢ **air-slaked lime**
durch feuchte Luft gelöschter Kalk
➢ **caustic lime/calcium oxide CaO** Branntkalk
➢ **fat lime** Fettkalk
➢ **slaked lime/calcium hydroxide Ca(OH)$_2$** Ätzkalk,
Löschkalk, gelöschter Kalk
➢ **soda lime** Natronkalk
**lime-feldspar** Kalkfeldspat
**lime marl** Kalkmergel
**limestone** Kalkstein
**limestone deposit** Kalkablagerung
**liminal value** Grenzwert, Schwellenwert

liming Kalkung
limit Grenze, Begrenzung; (limiting value) Grenzwert, Schwellenwert
limit of detection (LOD)/detection limit Bestimmungsgrenze, Nachweisgrenze
limit of quantification (LOQ) Quantifizierungsgrenze
limit of resolution *opt* Auflösungsgrenze
limit valve/limiting valve Begrenzungsventil
limited capacity control system (LCCS) limitiertes Kapazitätskontrollsystem
limiting concentration Grenzkonzentration
limiting factor begrenzender Faktor, limitierender Faktor, Grenzfaktor
limiting oxygen index (LOI) *polym* Sauerstoffindex (Entzündbarkeit)
limiting value/limit Grenzwert, Schwellenwert
limiting valve Begrenzungsventil
limiting viscosity/intrinsic viscosity Grenzviskosität, grundmolare Viskosität (Staudinger-Index)
limonene Limonen
limp schlaff (welk)
limy/limey/calcareous kalkig, kalkartig, kalkhaltig
line *vb* (coat/cover/laminate) beschichten, überziehen, füttern
line diagram Strichdiagramm
line formula Strichformel
line spectrum Linienspektrum, Atomspektrum
linear combination of atomic orbitals (LCAO) Linearkombination von Atomorbitalen
linear scan voltammetry/linear sweep voltammetry lineare Voltammetrie
lined/coated/covered/laminated beschichtet
linen (LI) Leinen
lines Leitungen; Anschlüsse (Gas~/Strom~/Wasser~)
Lineweaver-Burk plot/double-reciprocal plot Lineweaver-Burk-Diagramm
linewidth *spectr* Linienbreite
lining (coat/coating/covering/lamination) Futter, Futterstoff, Fütterung, Auskleidung; Beschichtung, Isolationsschicht
link *n* Verbindung, Anschluss; Verkettung, Verknüpfung; Zusammenfügung
link (up to) verbinden, anschließen; verketten, verknüpfen; zusammenfügen
linkage group Kopplungsgruppe
linolenic acid Linolensäure
linolic acid/linoleic acid Linolsäure
linseed oil Leinöl
linseed oil varnish Leinölfirnis
lint Lint; Fussel(n)
linters Linters

lip seal/lip-type seal/lip gasket Lippendichtung (Wellendurchführung)
lipid Lipid
lipid bilayer Lipiddoppelschicht (biol. Membran)
lipofection Lipofektion
lipoic acid (lipoate)/thioctic acid Liponsäure, Dithiooctansäure, Thioctsäure, Thioctansäure (Liponat)
lipophilic lipophil
lipoteichoic acid Lipoteichonsäure
liquation *metal* Seigern, Seigerung
liquation slag Seigerschlacke
liquefaction Verflüssigung
liquefaction of air Luftverflüssigung
liquefied natural gas (LNG) Flüssiggas (verflüssigtes Erdgas)
liquefied petroleum gas gasförmiger Vergaserkraftstoff
liquefier Verflüssiger
liquefy/liquify verflüssigen
liquid *adv/adj* flüssig, liquid
liquid *n* Flüssigkeit
➤ etching fluid Ätzflüssigkeit
➤ hydraulic fluid Hydraulikflüssigkeit, Druckflüssigkeit
➤ ideal liquid ideale Flüssigkeit
➤ Newtonian liquid Newtonsche Flüssigkeit
➤ non-Newtonian liquid nicht-Newtonsche Flüssigkeit
➤ soldering liquid/soldering liquid Lötwasser
➤ supercritical liquid überkritische Flüssigkeit
➤ undercooled liquid/supercooled liquid unterkühlte Flüssigkeit
liquid air flüssige Luft
liquid chromatography (LC) Flüssigkeitschromatographie
liquid crystal (LC) Flüssigkristall
➤ calamitic liquid crystal calamitisches Flüssigkristall
➤ cholesteric liquid crystal cholesterisches Flüssigkristall
➤ discotic liquid crystal discotisches Flüssigkristall
➤ lyotropic liquid crystal lyotropisches Flüssigkristall
➤ mesogen mesogen
➤ nematic fadenförmig, nematisch
➤ smectic smektisch
➤ thermotropic liquid crystal thermotropisches Flüssigkristall
liquid crystal display Flüssigkristallanzeige
liquid crystalline flüssigkristallin
liquid curing medium method (LCM) Flüssigkeitsbadvulkanisation (LCM-Verfahren)

liquid gas/liquefied gas Flüssiggas
liquid nitrogen Flüssigstickstoff,
 flüssiger Stickstoff
liquid oxygen Flüssigsauerstoff,
 flüssiger Sauerstoff
liquid soap/liquid detergent Flüssigseife
liquid state flüssiger Zustand
liquidus temperature Liquidustemperatur
liquify/liquefy verflüssigen
litharge/massicot/lead protooxide/lead oxide
 (yellow monoxide) PbO Bleioxid, Bleiglätte
lithium (Li) Lithium
lithotroph(ic) lithotroph
lithotrophy Lithotrophie
litmus (lichen blue) Lackmus
litmus paper Lackmuspapier
litocholic acid Litocholsäure
litter Streu, Abfall, Müll
litter bin/trash can/waste container
 Abfallbehälter
living polymerization lebende Polymerisation
lixiviation (extraction/separation of a soluble
 substance from otherwise insoluble matter)
 Auslaugung, Herauslösen, Extrahieren
lixivium Lauge, Extrakt
load n Last, Belastung, Beladung, Traglast,
 Beanspruchung; (freight) Fracht (Flüssigkeit,
 Abwasser)
load vb füllen, auffüllen, beladen, belasten,
 beanspruchen
load factor Belastungsfaktor, Lastfaktor
loadable belastbar
loading Füllen, Laden, Beladen, Beschicken;
 (strain) Belastung, Beanspruchung
loading agent Füllstoff (auch: Füllmaterial/
 Verpackung)
loading point dist Staupunkt
loam Lehm
local anesthetic Lokalanästhetikum
local cell (corrosion) Lokalelement
local-field theory lokale Feldtheorie
localized orbital lokalisiertes Orbital
locant Lokant, Stellungsbezeichnung (Ziffer)
locate orten
lock vb verschließen
lock n Schloss, Verschluss; Schleuse
➢ airlock Luftschleuse
➢ escape lock Notschleuse
➢ padlock Vorhängeschloss (für Laborspind etc.)
lock-and-key principle Schlüssel-Schloss-Prinzip,
 Schloss-Schlüssel-Prinzip
lockable verschließbar
locker Spind, Schließfach
locking bolt/locking pin Arretierbolzen

locking mechanism Arretiervorrichtung
locking screw Arretierschraube
locomotion Lokomotion, Bewegung
 (Ortsveränderung)
locust bean gum/carob gum (Ceratonia siliqua/
 Fabaceae) Johannisbrotsamengummi,
 Johannisbrotkernmehl, Karobgummi
lod score (,logarithm of the odds ratio') Lod-Wert
log off ausloggen
log on einloggen
log paper Logarithmuspapier,
 Logarithmenpapier
logarithmic logarithmisch
logarithmic phase (log-phase)
 logarithmische Phase
logbook Arbeitstagebuch
lognormal distribution/logarithmic normal
 distribution Lognormalverteilung,
 logarithmische Normalverteilung
lognormal distribution/logarithmic
 normal distribution/LN distribution
 Lognormalverteilung, logarithmische
 Normalverteilung
lone pair (of electrons) freies Elektronenpaar,
 einsames Elektronenpaar, nichtbindendes
 Elektronenpaar
long-chain langkettig
long-chain branching Langketten-Verzweigung
long-distance heat(ing) Fernwärme
long-distance transport Ferntransport
long-lived/long-living langlebig
long-range interaction langreichende
 Wechselwirkung
long-term experiment Langzeitversuch
long-term run/operation Dauerbetrieb,
 Dauerleistung, Non-Stop-Betrieb
longevity Langlebigkeit
longisection/longitudinal section/long section
 Längsschnitt
longitudinal wave Longitudinalwelle, Längswelle
loop Schlaufe
loop conformation/coil conformation
 Schleifenkonformation, Knäuelkonformation
loop reactor/circulating reactor/recycle reactor
 Umlaufreaktor, Umwälzreaktor, Schlaufenreaktor
loose ion pair Solvationenpaar
loss angle Verlustwinkel
loss factor Verlustfaktor; (dielectric loss index)
 Verlustzahl, Verlustziffer
loss modulus Verlustmodul
loss of pressure/pressure drop Druckverlust
loss on drying Trocknungsverlust
loss on ignition/ignition loss Glühverlust
lost-cure technique Schmelzkern-Verfahren

**lot** Anteil; Artikel, Posten, Partie (Waren);
(unit) Charge (Produktionsmenge/-einheit)
**lot number/unit number** Chargen-Bezeichnung,
Chargen-B.
**low active waste (LAW)** schwach radioaktiver
Abfall
**low-boiling/light** niedrigsiedend
**low density lipoprotein (LDL)**
Lipoprotein niedriger Dichte
**low-energy electron diffraction (LEED)** Beugung
langsamer (niederenergetischer) Elektronen
**low explosive** Schießstoff, Schießmittel,
verpuffender Sprengstoff
**low-field shift (NMR)** Tieffeldverschiebung
**low-fat** fettarm
**low-fog plastics** Kunststoff mit geringem
Fogging-Effekt
**low-grade** niederwertig (minderwertig)
**low-melting** niedrigschmelzend
**low-molecular** niedermolekular
**low-noise** geräuscharm
**low pressure** Niederdruck
**low-resolution...** niedrig aufgelöst
**low-shrinkage** schrumpfarm
**low-temperature rectification (LTR)** *nucl* -
Tieftemperaturrektifikation,
Tieftemperatur-Rektifikation
**low-voltage lamp/illuminator (spotlight)**
Niedervoltleuchte
**lower critical solution temperature (LCST)**
untere kritische Lösungstemperatur
**lower phase** Unterphase (flüssig-flüssig)
**lowest occupied molecular orbital (LUMO)**
niedrigstes unbesetztes Molekülorbital
**LSE (least squares estimation)** MSQ-Schätzung
(Methode der kleinsten Quadrate)
**lube oil/lubricating oil** Schmieröl
**lube stock** Schmierölausgangsstoff
**lubricant/lubricating agent/lube** Schmiermittel,
Schmierstoff, Schmiere, Gleitmittel;
(for ground joints) Schliff-Fett
**lubricate/grease/oil** schmieren, einfetten,
einschmieren
**lubricating oil/lube oil** Schmieröl
**lubrication (oiling/greasing)** Schmierung,
Schmieren, Einfetten, Einschmieren
**lubricity/oiliness** Schmierfähigkeit
**Luer female hub (lock)/female Luer hub**
Luerhülse
**Luer lock** Luerlock, Luerverschluss
**Luer male hub (lock)/male Luer hub** Luerkern
**Luer tee** Luer T-Stück
**Luer tip** Luerspitze
**lug** *electr* Kabelschuh, Ansatz, Öhr

**lukewarm** lauwarm
**lumber industry/timber industry** Holzwirtschaft
**luminesce** lumineszieren
**luminescence** Lumineszenz
**luminescent** lumineszent, lumineszierend
**luminescent screen** Leuchtschirm
**luminiferous** leuchtend, Licht erzeugend
**luminophore (phosphor)** Leuchtstoff,
Luminophor ('Phosphor')
**luminosity** Leuchtkraft; (light intensity)
Lichtstärke, Lichtintensität
**luminous** leuchtend, strahlend, Leucht...
**luminous flux** Lichtstrom (Lumen)
**luminous intensity** Leuchtstärke
**luminous paint** Leuchtfarbe
**luminous substance** Leuchtstoff
**luster** Glanz
**luster terminal (insulating screw joint)**
Lüsterklemme
**lute** Kitt, Dichtungskitt, Dichtungsmasse;
Gummiring (Flaschen etc.)
**lye (alkaline solution)** Lauge
**lyogel** Lyogel
**lyophilic** lyophil
**lyophilization/freeze-drying** Lyophilisierung,
Lyophilisation, Gefriertrocknung
**lyophilize/freeze-dry** lyophilisieren,
gefriertrocknen
**lyophobic** lyophob
**lyotrope** *n* Lyotrop
**lyotropic** lyotrop
**lyotropic liquid crystal (LC)**
lyotropisches Flüssigkristall
**lyotropic series/Hofmeister series**
lyotrope Reihe, Hofmeistersche Reihe
**lysate** Lysat
**lyse** lysieren
**lysergic acid** Lysergsäure
**lysine (K)** Lysin
**lysis** Lyse
**lysosome** Lysosom
**lysozyme** Lysozym
**lytic** lytisch

**M**

**maceral (petrologic components of coal)**
Mazeral, Maceral (Kohle-Gefügebestandteile)
**macerate** mazerieren
**maceration** Mazeration
**machinability** Bearbeitbarkeit,
Verarbeitungsfähigkeit, Verarbeitbarkeit
**machineable/machinable** bearbeitbar,
verarbeitungsfähig, verarbeitbar

macroacid Makrosäure
macroanion Makroanion
macrobase Makrobase
macrocation Makrokation
macrohomogenisation Makrohomogenisierung
macroion Makroion
macromolecule Makromolekül
macronutrients Kernnährelemente
macroporous großporig
macroradical Makroradikal
macroreticular resin/macroporous resin
   Ionenaustauscherharz mit Kanalstruktur
macroscopic makroskopisch
mafic mafisch
➢ felsic felsisch, salisch
magic acid (HSO$_3$F/SbF$_5$) magische Säure
magic angle spinning (MAS: NMR)
   Rotation um den magischen Winkel
magnesia/mangesium oxide MgO
   Magnesia, Magnesiumoxid
➢ milk of magnesia/magnesium hydroxide
   Mg(OH)$_2$ Magnesiamilch
magnesium (Mg) Magnesium
magnetic field Magnetfeld
magnetic flux magnetischer Fluss
magnetic inductance (Henry)
   magnetischer Leitwert, Eigeninduktivität
magnetic quantum number Magnetquantenzahl,
   Orientierungsquantenzahl
magnetic resonance imaging (MRI)/
   nuclear magnetic resonance imaging
   Kernspintomographie (KST),
   Magnetresonanztomographie (MRT)
magnetic sector magnetisches Sektorfeld
magnetic stirrer Magnetrührer
magnetism Magnetismus
magnetite Fe$_3$O$_4$ Magnetit, Magneteisenstein
magnification (enlargement) Vergrößerung
magnification at x diameters x-fache
   Vergrößerung
magnify (enlarge) vergrößern
magnifying glass/magnifier/lens
   Vergrößerungsglas
main band chromat/electrophor Hauptbande
main-chain liquid crystalline polymer (MCLCP)
   flüssigkristallines Hauptketten-Polymer
main-group elements Hauptgruppenelemente
main product Hauptprodukt
main reaction/principal reaction Hauptreaktion
main series/principal series Hauptserie
mains (Br) Stromleitung, Hauptstromleitung
mains cable (Br)/power cable Netzkabel
mains connection (Br)/power supply
   (electric hookup) Netzanschluss
maintenance (servicing) Wartung, Instandhaltung

maintenance coefficient (m)
   Erhaltungskoeffizient
maintenance contract Wartungsvertrag
maintenance costs Instandhaltungskosten
maintenance energy Erhaltungsenergie
maintenance-free wartungsfrei
maintenance personnel Wartungspersonal
maintenance service Wartungsdienst
malachite Malachit
male männlich (Stecker/Kupplung/Verbinder)
male Luer hub (lock) Luerkern
male mold/plug polym Stempel, Patrize
   (Formwerkzeuge)
maleic acid (maleate) Maleinsäure (Maleat)
malfunction (functional disorder)
   Funktionsstörung; Dysfunktion
malfunction report Fehleranzeige
malic acid (malate) Äpfelsäure (Malat)
malignancy/malignant nature Malignität,
   Bösartigkeit
malignant maligne, bösartig
➢ benign gutartig, benigne
malleable geschmeidig, malleabel
malleable annealing furnace Temperglühofen
malleable iron/malleable cast iron/
   wrought iron Tempereisen, Temperguss
malonic acid (malonate) Malonsäure (Malonat)
malt Malz
malt sugar/maltose Malzzucker, Maltose
maltose (malt sugar) Maltose (Malzzucker)
management Betriebsführung
mandatory investigation Pflichtuntersuchung
mandatory registration/obligation to register
   Anmeldepflicht
mandatory report/mandatory registration/
   compulsory registration/obligation to register
   Meldepflicht, Anmeldepflicht
mandelic acid/phenylglycolic acid/
   amygdalic acid Mandelsäure,
   Phenylglykolsäure
mandrel Pinole, Dorn; polym Kern (Herstellung
   von Hohlartikeln: entfernbar)
manganese (Mn) Mangan
manganese dioxide MnO$_2$ Mangandioxid,
   Manganoxid, Braunstein
manganic/manganese(III) Mangan(III)...
manganous/manganese(II) Mangan(II)...
manifest Frachtliste, Frachtdokument, Manifest
manifest document Ladeverzeichnis,
   Ladungsdokument (Warenverzeichnis)
manifold Verteiler, Verzweigung (Krümmer/
   Rohrverzweigung), Verteilerrohr,
   Verteilerstück
man-made (artificial/synthetic) naturfern,
   künstlich, synthetisch

**man-made fiber/manufactured fiber** Chemiefaser
**mannitol** Mannit
**mannuronic acid** Mannuronsäure
**mantle** Mantel, Umhüllung; (earth's mantle) Erdmantel
**manual** (handbook/guide) Leitfaden, Handbuch; (instructions) Anleitung (Gebrauchsanweisung); Bestimmungsbuch
**manual operation** Handbedienung (Gerät)
**manufacture (manufacturing/preparation/production)** Herstellung, Fertigung, Erzeugung, Produktion; (ready-made/industrial) Konfektionierung
**manufacturer** (producer) Hersteller, Produzent; (manufacturing company/firm) Herstellerfirma
**manufacturer catalog** Herstellerkatalog
**manufacturer's specifications** Herstellerangaben
**manufacturing process/procedure** Herstellungsverfahren
**mar resistance** Kratzfestigkeit
**marble CaCO₃** Marmor
**margin of safety** Sicherheitsspielraum
**marginal distribution** *stat* Randverteilung
**marine screw impeller** Schraubenrührer
**mark** *n* (label/caption/legend) Markierung, Kennzeichnung, Beschriftung
**mark** *vb* (label) markieren, kennzeichnen, beschriften
**marker** Marker, Markierstift; (genetic/radioactive) Marker, Markersubstanz (genetischer/radioaktiver)
**marking/labeling** Kennzeichnung
**marl** Mergel
**marsh gas** Sumpfgas
**Marsh test** Marshsche Probe
**mash** Maische
**mash kettle** Maischpfanne
**mash liquor** Maischwasser
**mash tub** Maischbottich
**mashing** Maischen, Einmaischen
**mask/face mask/protection mask** Maske, Mundschutz (Atemschutzmaske)
➢ **dust mask (respirator)** Grobstaubmaske
➢ **dust-mist mask** Feinstaubmaske
➢ **emergency escape mask** Fluchtgerät, Selbstretter (Atemschutzgerät)
➢ **face mask/protection mask** Gesichtsmaske, Atemschutzmaske
➢ **filter mask** Filtermaske
➢ **full-face respirator** Atemschutzvollmaske, Gesichtsmaske
➢ **full-facepiece respirator** Vollsicht-Atemschutzmaske
➢ **full-mask (respirator)** Vollmaske
➢ **gas mask** Gasmaske

➢ **half-mask (respirator)** Halbmaske
➢ **mist mask/mist respirator mask** Feinstaubmaske
➢ **particulate respirator (U.S. safety levels N/R/P according to regulation 42 CFR 84)** Staubschutzmaske (Partikelfilternde Masken) (DIN FFP)
➢ **particulate respirator (U.S. safety levels N/R/P according to regulation 42 CFR 84)** Staubschutzmaske (Partikelfilternde Masken) (DIN FFP)
➢ **protection mask/face mask/respirator mask/respirator** Atemmaske, Atemschutzmaske
➢ **surgical mask** Operationsmaske, chirurgische Schutzmaske
**masking tape** Kreppband, Maler-Krepp
**mass** Masse; (bulk) Fülle
➢ **accurate mass** exakte Masse
➢ **biomass** Biomasse
➢ **critical mass** kritische Masse
➢ **dry mass/dry matter** Trockenmasse, Trockensubstanz
➢ **‚fresh mass' (fresh weight)** ‚Frischmasse' (Frischgewicht)
➢ **law of mass action** Massenwirkungsgesetz
➢ **law of the conservation of mass** Gesetz von der Erhaltung der Masse, Massenerhaltungssatz
➢ **molar mass (‚molar weight')** Molmasse, molare Masse (‚Molgewicht')
➢ **molecular mass (‚molecular weight')** Molekülmasse (‚Molekulargewicht')
➢ **nominal mass** Nennmasse, Nominalmasse, nominelle Masse
➢ **number average molar mass** zahlenmittlere Molmasse (Mn) (Zahlenmittel des Molekulargewichts)
➢ **rest mass/invariant mass** Ruhemasse, Ruhmasse
➢ **weight average molar mass** Durchschnitts-Molmasse ($M_w$) (gewichtsmittlere Molmasse/Gewichtsmittel des Molekulargewichts)
**mass action** Massenwirkung
➢ **law of mass action** Massenwirkungsgesetz
**mass action constant** Massenwirkungskonstante
**mass-average molar mass/weight-average molar mass ($M_w$)** Durchschnitts-Molmasse (gewichtsmittlere Molmasse, Gewichtsmittel des Molekulargewichts)
**mass defect** Massendefekt, Massedefekt
➢ **negative mass defect** negativer Massendefekt, Massenüberschuss
**mass density (mass concentration/mass per unit volume)** Massendichte, spezifische Masse, volumenbezogene Masse

**mass-distribution function** *stat*
Massen-Verteilungsfunktion
**mass exchange/substance exchange**
Stoffaustausch
**mass filter** Massenfilter
**mass flow/bulk flow** Massenströmung (Wasser)
**mass fraction (weight fraction)** Massenanteil
(Massenbruch)
**mass gain** Massenzuwachs
**mass gate** *ms* massenselektive Sperre,
Massengatter
**mass limit** Massengrenze
**mass loss** Masseverlust, Massenverlust,
Masseschwund
**mass range** Massenbereich
**mass ratio** Massenverhältnis
**mass resolution** Massenauflösung
**mass-resolving power**
Massenauflösungsvermögen
**mass-selective axial ejection**
massenselektiver axialer Auswurf
**mass-selective detector**
massenselektiver Detektor
**mass spectrograph** Massenspektrograph
**mass spectrometer/mass spec**
Massenspektrometer
**mass spectrometry (MS)**
Massenspektrometrie (MS)
➢ **accelerator mass spectrometry (AMS)**
Beschleuniger-Massenspektrometrie
➢ **inductively coupled plasma mass
spectrometry (ICP-MS)** induktionsgekoppelte
Plasma-Massenspektrometrie
➢ **matrix-assisted laser desorption/
ionization–time-of-flight mass spectrometry
(MALDI-TOF)** Matrix-unterstützte-
Laser-Desorption-Ionisierung mit
Flugzeitmassenspektrometer-Detektion
➢ **membrane introduction mass spectrometry
(MIMS)** Membraneinlass-Massenspektrometrie
➢ **neutralization-reionization mass spectrometry
(NR-MS)** Neutralisations-Reionisations-
Massenspektrometrie
➢ **resonance ionization mass spectrometry (RIMS)**
Resonanz-Ionisations-Massenspektrometrie
(RIMS)
➢ **secondary-ion mass spectrometry (SIMS)**
Sekundärionen-Massenspektrometrie
➢ **spark source mass spectrometry (SSMS)**
Funken-Massenspektrometrie (FMS)
➢ **tandem mass spectrometry (MS/MS or MS²)**
Tandem-Massenspektrometrie (MS/MS)
➢ **thermal ionization-mass spectrometry (TIMS)**
Thermionen-Massenspektrometer (TIMS)

**mass-to-charge ratio (***m/z, say:* **m over z) (MS)**
Masse-Ladungsverhältnis, Masse-zu-Ladungs-
Verhältnis (bei *m/z, sprich:* em-zett)
**mass transfer** Stoffübergang, Massenübergang,
Stofftransport, Massentransport,
Massentransfer
**mass transfer coefficient** Stoffübergangszahl,
Stofftransportkoeffizient,
Massentransferkoeffizient
**master batch** Masterbatch, Grundmischung,
Vormischung
**masticate** mastizieren, kneten; kauen,
zerkauen; zerkleinern
**mastication** Mastizieren, Mastikation;
Kauen, Zerkauen; Zerkleinern
**masticator (plasticator)** Mastiziermaschine,
Mastikator, Kneter, Knetmaschine, Gummikneter
(Plastifiziermaschine/Plastikator); Mahlmaschine;
(masticating agent) Mastiziermittel
**masticatory** *med/pharm* Kaumasse, Kaumittel
**material** Material, Werkstoff
**material fatigue** Materialermüdung,
Werstoffermüdung
**material flow/chemical flow** Stofffluss
**Material Safety Data Sheet (MSDS)**
Sicherheitsdatenblatt (Merkblatt)
**material science/materials science**
Materialkunde, Werkstoffkunde
**material shortage** Materialmangel
**material stress** Werkstoffbeanspruchung
**materials technology/materials engineering**
Materialtechnik
**materials testing** Materialprüfung,
Werkstoffprüfung
➢ **nondestructive testing (NDT)**
zerstörungsfreie Prüfung
**matrix (***pl* **matrices)** Matrix (*pl* Matrizes(Matrizen)
**matrix-assisted laser desorption ionization
(MALDI)** matrixassistierte Laser-
Desorptionsionisation (MALDI)
**matte (of metal sulfides)** Stein, Lech
**maturation (ripening)** Reifung
**mature** *adv/adj* **(ripe)** reif
**mature** *vb* **(ripen)** reifen
**maturity (ripeness)** Reife
➢ **immaturity/immatureness** Unreife
**maximum permissible workplace concentration/
maximum permissible exposure** MAK-Wert
(maximale Arbeitsplatz-Konzentration)
**maximum rate** Maximalgeschwindigkeit
(Vmax Enzymkinetik/Wachstum)
**maximum tolerated dose (MTD)**
maximal verträgliche Dosis
**maximum yield** Höchstertrge

**Maxwell element** Maxwell-Körper
**meal** Mehl, Pulver, Gemahlenes
**mealy/farinaceous** mehlig
**mean (average)** Mittel, Mittelwert,
Durchschnittswert
➤ **adjusted mean** bereinigter Mittelwert,
korrigierter Mittelwert
➤ **arithmetic mean** arithmetisches Mittel
➤ **quadratic mean** Quadratmittel (Mittelwert)
➤ **regression to the mean** Regression zum
Mittelwert
**mean-field theory** mittlere Kraftfeld-Theorie,
Mean-Field-Theorie (Flory-Huggins)
**mean-square error** mittlerer quadratischer Fehler
**mean value/mean/arithmetic mean/**
**average** *stat* Mittelwert, Mittel,
arithmetisches Mittel, Durchschnittswert
**measurability** Messbarkeit
**measurable** messbar
**measure** *n* Maß, Maßnahme
**measure** *vb* messen, abmessen
**measured value** Messwert
**measurement (test/testing/reading/recording)**
Messung, Messen, Maß; Abmessung,
Ausmessung, Vermessung
➤ **accuracy/precision of measurement/**
**measurement precision** Messgenauigkeit
**measurement result/result of measurement/**
**experimental result** Messergebnis
**measuring apparatus/measuring**
**instrument** Messgerät
**measuring cup** Messbecher
**measuring gas/sample gas** Messgas
**measuring procedure** Messverfahren
**measuring scoop** Messschaufel
**measuring unit/measuring device** *math*
Messglied (Größe)
**meat tenderizer** Fleischzartmacher
**mechanic** *n* Mechaniker
**mechanical** mechanisch, maschinell
**mechanical pulp** Holzstoff (mechanischer
Holzstoff/Pulpe)
**mechanical stage** *micros* Kreuztisch
**median effective dose (ED$_{50}$)** mittlere effektive
Dosis (ED$_{50}$), mittlere wirksame Dosis
**median lethal concentration (LC$_{50}$)**
mittlere letale Konzentration (LC$_{50}$)
**median lethal dose (LD$_{50}$)** mittlere letale Dosis (LD$_{50}$)
**median longitudinal plane** Sagittalebene
(parallel zur Mittellinie)
**median value** *stat* Medianwert, Zentralwert
**mediate** vermitteln

**medical examination/medical exam/**
**medical checkup/physical examination/**
**physical** medizinische Untersuchung, ärztliche
Untersuchung
**medical gloves** medizinische Handschuhe,
OP-Handschuhe
**medical lab technician/medical lab assistant**
MTLA (medizinisch-technische(r)
LaborassistentIn)
**medical personnel** Sanitätspersonal
**medical service** Sanitätsdienst
**medical supplies** Medizinalbedarf,
Sanitätsbedarf
**medical surveillance/health surveillance**
medizinische Überwachung, ärztliche
Überwachung
**medical technician/medical assistant (***auch***:**
**Sprechstundenhilfe: doctor's assistant)**
MTA (medizinisch-technische(r) AssistentIn)
**medication** Medizin, Medikament, Arznei,
Arzneimittel
**medicinal chemistry** medizinische Chemie
**medicinal herbs** Heilkräuter
**medicinal plant** Drogenpflanze, Arzneipflanze,
Heilpflanze
**medicine** Medizin; (medication/drug) Arznei,
Arzneimittel, Medizin
**medicine chest** Arzneikasten
**medulla/pith/core** Mark
**melamine-formaldehyde resins (MF)**
Melamin-Formaldehyd-Harze
**mellitic acid/hexacarboxyl benzene**
Mellitsäure, Benzolhexacarbonsäure
**melt** *n* Schmelze
**melt** *vb* **(plasticate)** schmelzen, aufschmelzen
➤ **remelt** umschmelzen, wieder einschmelzen
**melt adhesive** Schmelzklebstoff
**melt extruder/hot melt extruder**
Schmelzeextruder
**melt flow** Schmelzefluss, Schmelzfluss
**melt fracture (elastic turbulence: surface**
**roughness/sharkskin/orange peel/**
**matte)** Schmelzbruch, Schmelzebruch
**melt index/melt flow index (MFI)/**
**melt flow rate (MFR)** Schmelzindex
**melt spinning** Schmelzspinnen (Erspinnen
aus der Schmelze)
**melt-spun** schmelzgesponnen
**melt volume index (MVI)/melt volume rate**
Volumenfließindex
**meltability** Schmelzbarkeit
**melted** geschmolzen

**melting curve** Schmelzkurve
**melting furnace/smelting furnace** Schmelzofen
**melting point** Schmelzpunkt
**melting pressure** Schmelzdruck
**melting temperature** Schmelztemperatur
**meltwater** Schmelzwasser
**membrane** Membran
> **ceramic membrane** Keramikmembran
> **dialyzing membrane** Dialysiermembran
> **mucous membrane/mucosa** Schleimhaut,
  Schleimhautepithel
**membrane-bound** membrangebunden
**membrane capacitance** Membrankapazität
**membrane chromatography (MC)**
  Membranchromatographie
**membrane conductance** Membranleitfähigkeit
**membrane electrode** Membranelektrode
**membrane filter** Membranfilter
**membrane flow** Membranfluss
**membrane flux** Membrandurchfluss
**membrane forceps** Membranpinzette
**membrane length constant (space constant)**
  Membranlängskonstante (Raumkonstante)
**membrane potential** Membranpotential
**membrane reactor** Membranreaktor (Bioreaktor)
**membrane transport** Membrantransport
**membranous** membranös
**menadione (vitamin K$_3$)** Menadion
**menaquinone (vitamin K$_2$)** Menachinon
**meniscus** Meniskus
**mercerization** Merzerisieren, Merzerisierung,
  Merzerisation
**mercerize** *text* merzerisieren, laugen
**mercuric/mercury(II)...** Quecksilber-(II),
  zweiwertiges Quecksilber
**mercuric chloride/sublimate/mercury dichloride/
  corrosive mercury chloride**
  Quecksilber-(II)-chlorid, Sublimat
**mercurous/mercury(I)...** Quecksilber-(I),
  einwertiges Quecksilber
**mercurous chloride/calomel/mercury subchloride**
  Quecksilber-(I)-chlorid, Kalomel
**mercury (Hg)** Quecksilber; (mercury(I)/
  mercurous) Quecksilber-(I), einwertiges
  Quecksilber; (mercury(II)/mercuric)
  Quecksilber-(II), zweiwertiges Quecksilber
**mercury-in-glass thermometer**
  Quecksilberthermometer
**mercury poisoning** Quecksilbervergiftung,
  Merkurialismus
**mercury trap/mercury well** Quecksilberfalle
**mercury-vapor lamp** Quecksilberdampflampe
**mers** Mere

**mesh** Masche (Netz/Sieb), Drahtgeflecht;
  Gitterstoff; Maschenweite
**mesh screen** Maschensieb
**mesh size/mesh** Siebnummer
**meshy** maschig
**mesitylene (1,3,5-trimethylbenzene)**
  Mesityle (1,3,5-Trimethylbenzol)
**mesogen** mesogen
**mesomerism** Mesomerie
**mesomorphic/mesomorphous** mesomorph
**mesomorphism** Mesomorphismus
**mesomorphy** Mesomorphie
**mesophase** Mesophase
> **nematic** fadenförmig, nematisch
> **rod-like/calamitic** stäbchenartig, kalamitisch
> **smectic** smektisch
**mesotrophic** mesotroph (mittlerer
  Nährstoffgehalt)
**metabolic derangement/metabolic
  disturbance** Stoffwechselstörung
**metabolic pathway/metabolic shunt**
  Stoffwechselweg
**metabolic pattern** Stoffwechselmuster
**metabolic rate** Metabolismusrate,
  Stoffwechselrate, Energieumsatzrate
**metabolic scope/index of metabolic
  expansibility** Stoffwechselspektrum,
  metabolisches Spektrum
**metabolic turnover** Stoffwechselumsatz
**metabolism** Metabolismus, Stoffwechsel
**metabolite** Metabolit, Stoffwechselprodukt
**metal** Metall
> **alkali metals** Alkalimetalle
> **alkaline-earth metals/earth alkali metals**
  Erdalkalimetalle
> **base metal** Grundmetall; unedles Metall,
  Nicht-Edelmetall, Unedelmetall
> **bell metal** Glockenmetall, Glockenbronze
> **coinage metals** Münzmetalle
> **heavy metals** Schwermetalle
> **light metals** Leichtmetalle
> **noble metals** edles Metalle
  (*siehe:* precious metal)
> **nonferrous metal** Buntmetall
> **nonmetals** Nichtmetalle
> **precious metal** Edelmetall
> **pure metal** Reinmetall
> **rare-earth metals** Seltenerdmetalle
> **secondary metal** Umschmelzmetall
> **semimetals/metalloid** Halbmetalle
> **semiprecious metal** Halbedelmetall
> **trace metal** Spurenmetall
> **transition metal** Übergangsmetall
> **type metal** Letternmetall, Schriftmetall
> **white metal** Weißmetall

**metal alloy** Metalllegierung
➤ **brass (copper + zinc)** Messing (Kupfer + Zink)
➤ **bronze (copper + tin)** Bronze (Kupfer + Zinn)
**metal cladding** Metallummantelung,
  Metallumhüllung
**metal deposition** *chem* Metallabscheidung;
  *micros* Metallaufdampfung
**metal fiber-reinforced plastic (MFRP)**
  metallfaserverstärkter Kunststoff (MFK)
**metal fibers** Metallfasern
**metal foil** Metallfolie
**metal halide** Metallhalogenid
**metal lattice/metallic lattice** Metallgitter
**metal-oxide-semiconductor field-effect**
  **transistor (MOSFET)**
  Metall-Oxid-Halbleiter-Feldeffekttransistor
**metal recovery** Metallrückgewinnung
**metal science (metallurgy)**
  Metallkunde (Metallurgie)
**metal whisker-reinforced plastic (MWRP)**
  metallwhiskerverstärkter Kunststoff (MWK)
**metalation (attaching a metal atom to a**
  **carbon atom)** Metallierung (Ankopplung von
  Metallatomen an organischen Kohlenstoff)
**metalescence** Metallglanz
**metalescent** metallig glänzend
**metallic** metallisch
**metallic bond** metallische Bindung
**metallic conductor** metallischer Leiter
**metallic glass** metallisches Glas, Metallglas,
  Glasmetall (amorphes Metall)
**metallic lattice** Metallgitter
**metallic luster/metallic lustre** Lüster (Metallglanz)
**metallic state** metallischer Zustand,
  Metallzustand
**metallicity** Metallizität, metallische Eigenschaft,
  metallischer Charakter
**metalliferous** erzhaltig, erzführend, metallhaltig,
  metallführend
**metallization** Metallisierung, Metallisation;
  Metallbelag
**metallize** metallisieren; metallbeschichten
**metallized dye** Metallkomplexfarbstoff
**metallizing** Metallbeschichten;
  *micros* (TEM) Metallbeschattung
**metallocene** Metallocen
**metalloid** *adj* metallähnlich
**metalloid/semimetal** Metalloid, Halbmetall
**metallothionein** Metallothionein
**metallurgical** metallurgisch
**metallurgy (science & technology of metals)**
  Metallurgie, Hüttenkunde, Hüttenwesen
➤ **electrometallurgy** Elektrometallurgie
➤ **hydrometallurgy** Hydrometallurgie,
  Nassmetallurgie

➤ **powder metallurgy** Pulvermetallurgie
  (Metallkeramik/Sintermetallurgie)
**metalware** Metallgegenstände
**metalworking** Metallbearbeitung
**metamorphic rock** Umwandlungsgestein,
  metamorphes Gestein
**metasilicic acid ($H_2SiO_3)_n$** Metakieselsäure
**metaphosphoric acid ($HPO_3)_n$**
  Metaphosphorsäure
**metastate** Metazustand
**metathesis** Metathese
➤ **ring-opening metathesis (ROM)**
  ringöffnende Metathese
**metathesis polymerization**
  Metathesepolymerisation
**meter/measuring apparatus/measuring**
  **instrument** Zähler, Messinstrument,
  Messgerät, Messer
**metering valve** Dosierventil
**metering zone** Zumesszone, Dosierzone,
  Ausbringungszone, Ausstoßzone, Meteringzone
**methane** Methan
**methanogenic** methanbildend, methanogen
**methanol/methyl alcohol (wood alcohol)**
  Methylalkohol, Methanol (Holzalkohol)
**methionine (M)** Methionin
**method** Methode
**method of estimation** *stat* Schätzverfahren
**methroxate** Methroxat
**methylate** methylieren
**methylation** Methylierung, Methylieren
**metric scale** metrische Skala
**metrological** messtechnisch
**metrology (measuring techniques)** Messtechnik
**mevalonic acid (mevalonate)** Mevalonsäure
  (Mevalonat)
**mica** Glimmer
**micellation** Micellierung
**micelle** Micelle (Mizelle)
➤ **folded micelle** Faltenmicelle, Faltungsmicelle
➤ **fringed micelle** Fransenmicelle
**Michaelis constant/Michaelis-Menten constant**
  Michaeliskonstante,
  Halbsättigungskonstante ($K_M$)
**Michaelis-Menten equation**
  Michaelis-Menten-Gleichung
**micro scale** Mikromaßstab
**microbalance** Mikrowaage
**microbial metal-ore leaching/microbial leaching**
  **of metal ores** mikrobielle Erzlaugung
**microbiological safety cabinet (MSC)**
  mikrobiologische Sicherheitswerkbank (MSW)
**microcarrier** Mikroträger
**microchannel plate (MCP)** MCP-Detektor,
  Mikrokanalplatte

**microdissection forceps/microdissecting forceps** anatomische Mikropinzette, Splitterpinzette

**micro-environment** Mikroumwelt

**microfiber** Mikrofaser

**microfiltration** Mikrofiltration

**microforceps** Mikropinzette

**microfuge** Mikrozentrifuge

**micrograph/microscopic picture/ microscopic image** mikroskopische Aufnahme, mikroskopisches Bild

**microhomogenisation** Mikrohomogenisierung

**microinjection** Mikroinjektion

**micromanipulation** Mikromanipulation

**micromanipulator** Mikromanipulator

**micrometer** Messschraube

➢ **outside micrometer** Bügelmessschraube

**micrometer screw/fine-adjustment/ fine-adjustment knob** Mikrometerschraube

**microorganism/microbe** Mikroorganismus (*pl* Mikrorganismen), Mikrobe

**micropipet** Mikropipette; (pipettor) Mikroliterpipette (Kolbenhubpipette)

**micropipet tip** Mikropipettenspitze

**microprobe** Mikrosonde

**microprocedure** Mikroverfahren

**microscope** Mikroskop

➢ **compound microscope** zusammengesetztes Mikroskop

➢ **confocal microscope** Konfokalmikroskop

➢ **course microscope** Kursmikroskop

➢ **inverted microscope** Umkehrmikroskop, Inversmikroskop

➢ **light microscope (compound microscope)** Lichtmikroskop

➢ **phase contrast microscope** Phasenkontrastmikroskop

➢ **polarizing microscope** Polarisationsmikroskop

➢ **scanning electron microscope (SEM)** Rasterelektronenmikroskop (REM)

➢ **stereo microscope** Stereomikroskop

**microscope accessories** Mikroskopzubehör

**microscope depression slide/concavity slide/ cavity slide** Objektträger (mit Vertiefung)

**microscope illuminator** Mikroskopierleuchte

**microscopic/microscopical** mikroskopisch

**microscopic image/microscopic picture/ micrograph** mikroskopisches Bild, mikroskopische Aufnahme

**microscopic mount/microscopical preparation** mikroskopisches Präparat

**microscopic procedure** Mikroskopierverfahren

**microscopy** Mikroskopie

➢ **atomic force microscopy (AFM)** Rasterkraftmikroskopie

➢ **brightfield microscopy** Hellfeld-Mikroskopie

➢ **confocal microscopy** konfokale Mikroskopie, Konfokalmikroskopie

➢ **force microscopy (FM)** Kraftmikroskopie

➢ **friction force microscopy (FFM)/lateral force microscopy (LFM)** Reibkraftmikroskopie

➢ **high voltage electron microscopy (HVEM)** Höchstspannungselektronenmikroskopie, Hochspannungselektronenmikroskopie

➢ **immunofluorescence microscopy** Immunfluoreszenzmikroskopie

➢ **interference microscopy** Interferenz-Mikroskopie, Interferenzmikroskopie

➢ **phase contrast microscopy** Phasenkontrastmikroskopie

➢ **polarizing microscopy** Polarisationsmikroskopie

➢ **scanning electron microscopy (SEM)** Rasterelektronenmikroskopie (REM)

➢ **scanning probe microscopy (SPM)** Rastersondenmikroskopie (RSM)

➢ **scanning tunneling microscopy (STM)** Rastertunnelmikroskopie (RTM)

➢ **transmission electron microscopy (TEM)** Transmissionselektronenmikroskopie, Durchstrahlungselektronenmikroskopie

**microscopy accessories** Mikroskopierzubehör

**microtome** Mikrotom

➢ **freezing microtome/cryomicrotome** Gefriermikrotom

➢ **rotary microtome** Rotationsmikrotom

➢ **sliding microtome** Schlittenmikrotom

➢ **ultramicrotome** Ultramikrotom

**microtome blade** Mikrotommesser

**microtome chuck** Mikrotom-Präparatehalter, Objekthalter (Spannkopf)

**microtomy** Mikrotomie

**microtubule** Mikrotubulus, Mikroröhre

**microwave** Mikrowelle

**microwave oven** Mikrowellenofen, Mikrowellengerät

**microwave radiation** Mikrowellenstrahlung

**microwave spectroscopy** Mikrowellenspektroskopie

**microwave synthesis** Mikrowellen-Synthese

**midparent value** Elternmittelwert

**migration** *chromat/electrophor* Wanderung, Migration

**migration speed (velocity)** *chromat/electrophor* Wanderungsgeschwindigkeit, Migrationsgeschwindigkeit

milk Milch
milk glass Milchglas
milk of magnesia/magnesium hydroxide
Mg(OH)$_2$ Magnesiamilch
milk sugar (lactose) Milchzucker (Laktose)
milkiness Milchigkeit
milky/opaque milchig, opak
mill vb (route) fräsen
mill n Mühle; (Holz/Metall/Plastik) Fräsen
➤ analytical mill Analysenmühle
➤ attrition mill Reibmühle
➤ ball mill/bead mill Kugelmühle
➤ bead mill (shaking motion)
Schwing-Kugelmühle
➤ cage mill/bar disintegrator Käfigmühle,
Schleudermühle, Desintegrator,
Schlagkorbmühle
➤ centrifugal grinding mill Zentrifugalmühle,
Fliehkraftmühle, Rotormühle
➤ coffee mill/coffee grinder Kaffeemühle
➤ cutting mill/cutting-grinding mill/
shearing machine Schneidmühle
➤ disk mill Tellermühle
➤ drum mill/tube mill/barrel mill Trommelmühle
➤ grinding jar Mahlbecher (Mühle)
➤ hammer mill Hammermühle
➤ hand mill Handmühle
➤ impact mill Prallmühle
➤ mixer mill Mischmühle
➤ mortar grinder mill Mörsermühle
➤ plate mill/disk mill/disk attrition mill
Scheibenmühle
➤ pulverizer Mühle (fein), Pulverisiermühle
➤ two-roll mill Zweiwalzenmühle
mill tailings Aufbereitungsabgänge, Tailings
milled glass fiber Glas-Kurzfasern (gemahlen)
mine geol Mine, Grube, Zeche, Bergwerk
mine gas Grubengas; (firedamp) Schlagwetter
mineral cycle Mineralstoffkreislauf
mineral fertilizer/inorganic fertilizer
Mineraldünger
mineral fibers Mineralfasern
mineral oil Mineralöl
mineral soil Mineralboden
mineral spring Mineralquelle
mineral water Mineralwasser
mineral wax mineralisches Wachs
mineral wool (mineral cotton) Mineralfasern
(speziell: Schlackenfasern)
mineral(s) Mineral (pl Mineralien);
Mineralstoffe
mineralization Mineralisation, Mineralisierung
mineralogy Mineralogie
minerotrophic minerotroph

minimal inhibitory concentration/minimum
inhibitory concentration (MIC)
minimale Hemmkonzentration (MHK)
minimum ignition energy Mindestzündenergie
mining waste geol Abraum
mining waste dump Abraumhalde
miniprep/minipreparation Miniprep,
Minipräparation
mirror image Spiegelbild
mirror-imaging Spiegelung
mirror-inverted spiegelverkehrt, spiegelbildlich
misch metal (95% mixed rare-earth metals)
Mischmetall
miscibility Mischbarkeit, Vermischbarkeit
➤ immiscibility Unvermischbarkeit
miscibility gap Mischungslücke
miscible mischbar, vermischbar
➤ immiscible unvermischbar
misfire/backfire fehlzünden
misfire/misfiring/backfiring Fehlzünden,
Fehlzündung
mismatch Fehlpaarung (Basen)
mist feiner/leichter Nebel; (fine dust/fines)
Feinstaub
mist mask/mist respirator mask Feinstaubmaske
misty leicht nebelig
mix n (mixing) Mischung; (mixing) Vermischung
mix vb mischen, vermischen
mixed acid/nitrating acid
(nitric acid+sulfuric acid/1:2) Nitriersäure
mixed-bed filter/mixed-bed ion exchanger
Mischbettfilter, Mischbettionenaustauscher
mixed-function oxidase
mischfunktionelle Oxidase
mixed oxide (MOX, nuclear fuel)
Mischoxid (Brennelemente)
mixed phase Mischphase
mixed salt(s) gemischtes Salz
mixer Mixer, Mischer
➤ Banbury mixer (internal mixer) Banbury-
Mischer (Innenmischer mit Stempel)
➤ barrel mixer/drum mixer Trommelmischer
➤ blade mixer Schaufelmischer
➤ blender/vortex Mixette, Küchenmaschine (Vortex)
➤ internal mixer Innenmischer
➤ mixer with spinning/rotating motion
(vertically rotating 360°) Überkopfmischer
➤ roller wheel mixer Drehmischer
➤ tumbling mixer/tumbler Fallmischer
mixer mill Mischmühle
mixing Mischen, Vermischung, Durchmischung
➤ backmixing Rückmischen, Rückmischung,
Rückvermischung
➤ enthalpy of mixing Mischungsenthalpie

➤ **entropy of mixing** Mischungsentropie
➤ **heat of mixing** Mischungswärme
➤ **premixing** Vormischen
**mixing drum** Mischtrommel
**mixing ratio** Mischungsverhältnis
**mixotropic series** mixotrope Reihe
**mixture** Mischung, Gemenge, Gemisch
➤ **azeotropic mixture/azeotrope/constant-boiling mixture** Azeotrop, azeotropes Gemisch
➤ **binary mixture** Zweistoffgemisch
➤ **dystectic mixture** dystektisches Gemisch
➤ **substance mixture** Substanzgemisch
**mobility shift experiment** Gelretardationsexperiment
**mock-up** *n* Attrappe, Nachbildung, Model
**modal value** *stat* Modalwert
**mode** Modus, Art und Weise, Modalwert
**mode of action/mechanism** Wirkungsweise, Mechanismus
**model building** Modellbau
**modeling clay** Modellierknete
**moderately concentrated/semidilute** mäßig konzentriert
**moderately toxic** mindergiftig
**moderator** *nucl* Moderator, Bremssubstanz
**modified** modifiziert
**modifier** Modifikator
**module** Modul, Funktionseinheit
**modulus** Modul (*pl* Moduln), Funktionseinheit
➤ **bulk modulus/compression modulus** Kompressionsmodul
➤ **chord modulus** Chordmodul
➤ **elastic modulus/tensile modulus/ Young's modulus/modulus of elasticity** Elastizitätsmodul, Zugmodul, Youngscher Modul
➤ **flexural creep modulus** Biegekriechmodul
➤ **flexural modulus** Biegemodul
➤ **loss modulus** Verlustmodul
➤ **secant modulus** Sekantenmodul
➤ **shear loss modulus/90°, out-of-phase modulus/viscous modulus** Scherverlustmodul
➤ **shear modulus (torsion modulus/modulus of rigidity)** Schermodul (Torsionsmodul)
➤ **shear storage modulus/in-phase modulus/ elastic modulus** Scherspeichermodul
➤ **stiffness modulus** Steifigkeitsmodul
➤ **storage modulus** Speichermodul
➤ **tangential modulus** Tangentenmodul
➤ **tensile modulus/Young's modulus/ elastic modulus/modulus of elasticity** Elastizitätsmodul, Zugmodul, Youngscher Modul
**modulus of elasticity/elastic modulus/tensile modulus/Young's modulus** Elastizitätsmodul, Zugmodul, Youngscher Modul

**Mohr's salt/ammonium iron(II) sulfate hexahydrate (ferrous ammonium sulfate)** Mohrsches Salz
**Mohs' hardness** Mohs-Härte, Mohssche Härte
**moiety** Teil (Anteil/Hälfte); (part/section) Teil (des Ganzen)
**moisten/humidify/dampen** befeuchten; benetzen
**moistening/humidification/dampening** Befeuchtung; Benetzung
**moistness/dampness** Feuchte
**moisture** Feuchtigkeit, Feuchte
**moisture capacity/water-holding capacity** Wasserkapazität, Wasserhaltevermögen
**moisture-proof** feuchtigkeitsundurchlässig
**molar heat/molar heat capacity** Molwärme, molare Wärmekapazität
**molar mass ('molar weight') (in g/mol)** Molmasse, molare Masse ('Molgewicht')
➤ **mass-average molar mass ($M_w$)** Durchschnitts-Molmasse (gewichtsmittlere Molmasse)
➤ **non-uniform with respect to molar mass** molekularuneinheitlich
➤ **number-average molar mass ($M_n$)** zahlenmittlere Molmasse
➤ **relative molar mass ($M_r$)** relative Molmasse
**molar volume** Molvolumen, molares Volumen
**mold** *vb* formen, modellieren; gießen; kneten; schimmeln
**mold** *n* Gießform, Gussform; Guss(stück); Werkzeug, Formwerkzeug (zur Formgebung beim Spritzgießen etc.)
➤ **bar mold** Schieberwerkzeug
➤ **demold/eject** entformen (aus der Form lösen)
➤ **female mold = cavity/impression (matrix)** *polym* Gesenk, Matrize
➤ **hand mold** Handwerkzeug, Handform
➤ **injection mold** *n* (injection molding) Spritzguss; Spritzgießform, Spritzform
➤ **male mold = plug** Stempel
**mold release agent (parting agent/parting compound)** Separationsmittel (Formguss)
**moldability** Formbarkeit, Verformbarkeit, Plastizität, Pressbarkeit
**moldable** formbar, verformbar, verpressbar
**molding** Urformen (Gießen/Gießverfahren/ Blasen/Blasverfahren); (forming procedure) Formverfahren; (molded piece) Pressling
**molding compound** Formmasse, Pressmasse, Spritzgussmasse, Abgussmasse
➤ **bulk molding compound (BMC)** BMC-Formmasse
➤ **plastic molding compound** Kunststoffmasse, Kunststoffformmasse
➤ **sheet molding compound (SMC)** SMC-Formmasse (vorimprägnierte Glasfaser)

> **thick molding compound (TMC)**
TMC-Formmasse
**molding resin** Pressharz
**molding temperature** Umformtemperatur,
Verformungstemperatur; Urformtemperatur
**mole** (abbr. mol) Mol
**mole fraction (amount fraction/number fraction)**
Molenbruch, Stoffmengenanteil
**molecular** molekular
**molecular biology** Molekularbiologie
**molecular formula** Molekularformel, Molekülformel
**molecular fragment** Molekülfragment,
Molekülbruchstück
**molecular ion (MS)** Molekülion
**molecular leak** Molekularleck
**molecular mass ("molecular weight")**
Molekülmasse ("Molekulargewicht")
> **absolute molecular mass ($M_f$)** absolute
Molekülmasse, Molekülgewicht
> **number-average molecular mass ($M_n$)**
zahlenmittlere Molekülmasse (Zahlenmittel des
Molekulargewichts)
> **relative molecular mass ($M_r$)**
Molekulargewicht, relative Molekülmasse
(relative Molmasse, Molgewicht,
Äquivalentgewicht, Formelgewicht)
> **weight-average molecular mass ($M_w$)**
Durchschnitts-Molekülmasse
(gewichtsmittleres Mittel des
Molekulargewichts)
**molecular orbital (MO)** Molekülorbital
**molecular peak** Molekülpeak
**molecular ray** Molekularstrahl, Molekülstrahl
**molecular sieve** Molekularsieb, Molekülsieb,
Molsieb
**molecular sieving chromatography/**
**gel permeation chromatography/gel filtration**
Molekularsiebchromatographie,
Gelpermeationschromatographie, Gelfiltration
**molecular weight (relative molecular mass;**
*see:* **molecular mass and molar mass)**
Molekulargewicht, Molgewicht,
Äquivalentgewicht, Formelgewicht
**molecular-weight distribution**
Molekulargewichtsverteilung,
Molmassenverteilung
**molecularity** Molekularität, Molekülzustand
**molecule** Molekül (Molekel)
> **carrier molecule** Trägermolekül
> **leaving molecule** Abgangsmolekül
> **macromolecule** Makromolekül
> **parent molecule/parent compound (backbone)**
Grundkörper (Strukturformel)
> **tagged molecule** markiertes Molekül

> **tailored molecule** maßgeschneidertes Molekül,
gezielt konstruiertes/aufgebautes Molekül
**molecule assembly** Molekülverbund
**molten** geschmolzen, schmelzflüssig, flüssig
**molten salt/salt melt** Salzschmelze,
geschmolzenes Salz
**molten-salt electrolysis** Schmelzelektrolyse,
Schmelzflusselektrolyse
**molybdenum (Mo)** Molybdän
> **molybdenous/molybdenum(II)...** Molybdän(II)...
> **molybdic/molybdenum(III)... /molybdenum(VI)...**
Molybdän(III)..., Molybdän(VI)...
**moment** Moment
> **dipole moment** Dipolmoment
**moment of force** Kraftmoment
**moment of inertia** Trägheitsmoment
**moment of momentum/angular momentum**
Impulsmoment, Drehimpuls
**momentum** Moment; Impuls; Triebkraft
> **angular momentum** Drehmoment; Drehimpuls
> **intrinsic angular momentum** Eigendrehimpuls
> **orbital angular momentum** Bahndrehimpuls,
Orbitaldrehimpuls
**momentum conservation** Impulserhaltung
**momentum conservation law** Impulserhaltungssatz
**monatomic** monatomar, einatomig
**monaxial** einachsig
**monitor** *n* Anzeige; Anzeiger, Anzeigegerät
**monitor** *vb* **(survey/supervise/control)**
überwachen; abhören, mithören; kontrollieren
**monitoring (surveillance/supervision/**
**surveyance)** Überwachung
**monitoring camera** Überwachungskamera
**monitoring protocol** Arbeitsvorschrift/
Arbeitsanweisung für die Überwachung
**monobasic** einbasig
**monocrystal** Monokristall, Einkristall
**monofilament** Einzelfaser
**monogenic** monogen
**monolayer/monofilm (monomolecular**
**surface film)** Monolayer, Monoschicht,
Monomolekularfilm
**monolith/chip** Monolith, Chip (integrierte
Schaltung/Schaltkreis)
**monolithic floor** monolithischer Fußboden
(Labor: Stein/Beton aus einem Guß)
**monolithic integrated circuit**
Halbleiterblockschaltung
**monomer anion** Monomeranion
**monomer cation** Monomerkation
**monomer molding/casting** *polym*
Monomergießen, Monomergussverfahren
**monomer(ic) unit** Monomereinheit
**monomolecular/unimolecular (reaction)**
monomolekular, unimolekular (Reaktion)

**monoprotic acid**
 einwertige/einprotonige Säure
**monoterpenes/terpenes (C$_{10}$)**
 Monoterpene, Terpene
**monounsaturated** einfach ungesättigt
**monounsaturated fatty acid**
 einfach ungesättigte Fettsäure
**mordant** Beize, Beizenfärbungsmittel
**morphologic/morphological** morphologisch
**morphology** Morphologie
**mortar** Mörser, Reibschale
➢ **agate mortar** Achatmörser
➢ **alumina mortar** Aluminiunoxid-Mörser
➢ **apothecary mortar** Apotheker-Mörser
➢ **glass mortar** Glasmörser
➢ **porcelain mortar** Porzellanmörser
**mortar grinder mill** Mörsermühle
**mosaic gold/tin(IV) sulfide** Musivgold,
 Mosaikgold (Zinndisulfid)
**mother board** Hauptplatine
**mother liquor** Mutterlauge
**motion** Bewegung
➢ **rocking motion (side-to-side/up-down)**
 Rüttelbewegung (schnell hin und her/
 rauf-runter)
➢ **spinning/rotating motion**
 Drehbewegung (rotierend)
**motion sensor/movement detector**
 Bewegungsmelder, Bewegungssensor
**mount** Präparat (Objektträger); Einbettung
➢ **microscopic mount/microscopical preparation**
 mikroskopisches Präparat
**mountant/mounting medium** Einbettungsmittel,
 Einschlussmittel
**mouth (opening/orifice)** Mund, Öffnung;
 Mündung; Eingang, Zugang
**mouth wash/mouthwash** Mundspülung,
 Mundwasser
**mouth-to-mouth resuscitation/respiration**
 Mund-zu-Mund Beatmung
**MS (mass spectroscopy)**
 MS (Massenspektroskopie)
**mucic acid** Schleimsäure, Mucinsäure,
 m-Galactarsäure
**mucilage** Schleim (speziell pflanzlich)
**mucin** Mucin
**mucous membrane/mucosa** Schleimhaut,
 Schleimhautepithel
**mucus/slime/ooze** Schleim
**muff** Muffe, Flanschstück
**muffle furnace/retort furnace** Muffelofen
**muffs/ear muffs/hearing protectors**
 Gehörschützer
**mulch** *n* Mulch
**mulch** *vb* mulchen

**mulching** Mulchung, Mulchen
**mull (IR/Raman)** Aufschlämmung
**mull technique (IR spectroscopy)**
 Suspensionstechnik
**multichamber centrifuge/multicompartment**
 **centrifuge** Kammerzentrifuge
**multichannel instrument** Vielkanalgerät
**multichannel pump** Mehrkanal-Pumpe
**multicomponent adhesive (or cement)**
 Mehrkomponentenkleber
**multienzyme complex/multienzyme system**
 Multienzymkomplex, Multienzymsystem,
 Enzymkette
**multilayer** *adv/adj* mehrschichtig
**multilayer film** Mehrschichtfolie
**multilayered** vielschichtig, mehrschichtig
**multi-limb vacuum receiver adapter**
 Wechselvorlage (‚Spinne'/Eutervorlage/
 Verteilervorlage)
**multimeter** *electr* Multimeter, Vielfachmessgerät,
 Universalmessgerät
**multinucleate(d)** vielkernig, mehrkernig
**multiple bond** Mehrfachbindung
**multiple sugar/glycan/polysaccharide**
 Vielfachzucker, Glykan, Polysaccharid
**multiplet signal (NMR)** Multiplett-Signal
**multiplication** Multiplikation; Vermehrung,
 Vervielfältigung
**multistage/multistep** mehrstufig
**multistage impulse countercurrent impeller**
 Mehrstufen-Impuls-Gegenstrom (MIG) Rührer
**multivalent/polyvalent** mehrwertig
**multiwell plate** *micb* Vielfachschale, Multischale
**municipal solid waste (MSW)** kommunaler Müll
**muramic acid** Muraminsäure
**murein** Murein
**muscarine** Muscarin
**mushroom poisoning/mycetism** Pilzvergiftung
**mustard gas RNCS** Senfgas
**mustard oil** Senföl
**mutability** Mutabilität, Mutierbarkeit,
 Mutationsfähigkeit
**mutagen** Mutagen, mutagene Substanz
**mutagenesis** Mutagenese
**mutagenic** (T) mutagen, erbgutverändernd;
 mutationsauslösend
**mutagenicity** Mutagenität
**mutant** Mutante
**mutarotation** Mutarotation
**mutate** mutieren
**mutation** Mutation
**mycotoxin** Mykotoxin
**myristic acid/tetradecanoic acid**
 **(myristate/tetradecanate)** Myristinsäure,
 Tetradecansäure (Myristat)

# N

**nacre/mother-of-pearl** Perlmutt, Perlmutter
**nail polish** Nagellack
**nail polish remover** Nagellackentferner
**name** Name
➤ **brand name/trade name** Markenbezeichnung, Warenzeichen
➤ **constitutive name** Konstitutionsname
➤ **generic name** Sammelbegriff, Sammelname; ungeschützter Name (einer Substanz)
➤ **parent name** Stammname
➤ **semisystematic name/semitrivial name** Halbtrivialname, halbsystematischer Name
➤ **substance name** Stoffname
➤ **substitutive name** Substitutionsname
➤ **systematic name** systematischer Name
➤ **trade name** Warenzeichen, Markenbezeichnung
➤ **trivial name (not systematic)** Trivialname (unsystematisch)
**name reaction** Namensreaktion
**name tag** Namensetikett, Namensschildchen
**nameplate** Registerschild, Leistungsschild, offiziell zugelassene Kapazität (z. B. einer Anlage)
**nano range** Nanobereich
**nanocomposite** Nanocomposite
**nanofiber** Nanofaser
**nanofiltration** Nanofiltration
**nanoparticle** Nanoteilchen, Nanopartikel
**nanorod** Nanostab, Nanostäbchen
**nanoscale** im Nanobereich, im Nanomaßstab
**nanotechnology** Nanotechnologie
**nanotube** Nanoröhre, Nanoröhrchen
**nanowheel** Nanorad
**nanowire** Nanodraht
**naphthalene** Naphthalen (Naphthalin)
**narcotic drug/psychoactive drug (mind-altering)** Rauschdroge
**narrow-mouthed (narrowmouthed/ narrow-neck/narrownecked)** Enghals...
**narrow-mouthed bottle** Enghalsflasche
**narrow-mouthed flask/narrow-necked flask** Enghalskolben
**nascent** naszierend, nascierend (in statu nascendi)
**National Institute of Occupational Safety and Health (NIOSH) [part of CDC]** Amerikanisches Bundesamt für Arbeitsplatzsicherheit und Gesundheitsschutz
**National Pipe Taper (NPT)** U.S. Rohrgewindestandard
**native (not denatured)** nativ (nicht-denaturiert)
**native egg white** Eiklar, natives Eiweiss
**native gel** natives Gel

**natural** natürlich
➤ **near-natural** naturnah
**natural balance** Naturhaushalt (natürliches Gleichgewicht)
**natural colors/natural coloring** natürliche Farbstoffe
**natural flavor/natural flavoring** natürlicher Geschmackstoff
**natural gas** Erdgas
➤ **synthetic natural gas/substitute natural gas (SNG)** synthetisches Erdgas, künstliches Erdgas
**natural product** Naturstoff
**natural product chemistry** Naturstoffchemie
**natural resins** Naturharze
**natural rubber (NR)/Indian rubber/caoutchouc** Naturkautschuk, natürliches Gummi
**natural sciences/science** Naturwissenschaften
**natural scientist/scientist** Naturwissenschaftler(in)
**nature protection/nature conservation/ nature preservation** Naturschutz
**near-natural** naturnah
**neat/pure** rein, pur
**neatness (in cleaning-up)** Sauberkeit, Reinheit, Ordentlichkeit, Aufräumen
**neatsfoot oil** Klauenöl, Rinderklauenöl
**nebulizer** Vernebler, Nebelgerät
**neck** Hals; *micros* Tubusträger
**necking** *polym* Halsbildung, Teleskop-Effekt (beim Verstre cken)
**necrosis** Nekrose
**necrotic** nekrotisch
**needle** Nadel; (syringe needle) Kanüle, Hohlnadel, Injektionsnadel
➤ **cemented needle (syringe needle)** geklebte Nadel
➤ **hypodermic needle** Nadel (Kanüle/Hohlnadel: Spritze), Spritzennadel
➤ **removable needle** abnehmbare Nadel
➤ **syringe needle/syringe cannula** Kanüle, Hohlnadel, Injektionsnadel, Spritzennadel, Spritzenkanüle
**needle file** Nadelfeile
**needle valve** Nadelventil, Nadelreduzierventil (Gasflasche/Hähne)
**negative control/blank/blank test** Blindversuch, Blindprobe
**negative pressure** Unterdruck
**negative staining/negative contrasting** Negativkontrastierung
**negligence** Vernachlässigung
**negligible** vernachlässigbar
**neighboring group** Nachbargruppe

neighboring-group effect/neighboring-group participation Nachbargruppeneffekt (anchimer/synartetisch)

nematic nematisch, fadenförmig

neodymium (Nd) Neodym

neon screwdriver (Br)/neon tester (Br)/ voltage tester screwdriver Spannungsprüfer (Schraubenzieher)

nephelometry Nephelometrie, Streulichtmessung

Nernst equation Nernst-Gleichung, Nernstsche Gleichung

nerve (of rubber: firmness/strength/elasticity) Qualität (der physikal. Eigenschaften von Gummi: Festigkeit/Stärke/Elastizität)

nervonic acid/(Z)-15-tetracosenoic acid/selacholeic acid Nervonsäure, $\Delta^{15}$-Tetracosensäure

nesosilicate (orthosilicate) Nesosilicat, Inselsilicat

net primary production (NPP) Nettoprimärproduktion

net production Nettoproduktion

net weight Nettogewicht

netted (interconnected/meshy/reticulate) vernetzt

network Netzwerk, Netz
> interpenetrating network (IPN) Durchdringungsnetzwerk, interpenetrierendes Netzwerk
> power network Versorgungsnetz
> semi-interpenetrating network (SIPN) Semi-interpenetrierendes Netzwerk

network chain Netzkette

network polymer/lattice polymer Netzpolymer, Gitterpolymer

neuraminic acid Neuraminsäure

neuropeptide Neuropeptid

neurosecretory neurosekretorisch

neurotoxic neurotoxisch

neurotransmitter Neurotransmitter

neutral fats Neutralfette

neutralization Neutralisation

neutralize neutralisieren

neutron activation analysis (NAA) Neutronenaktivierungsanalyse (NAA)

neutron beam Neutronenstrahl

neutron diffraction Neutronenbeugung, Neutronendiffraktometrie

neutron reflectometry Neutronenreflektometrie

neutron scattering Neutronenstreuung

new chemicals/new substances Neustoffe

Newman projection Newman-Projektion (Darstellung von Konformations-Isomeren)

Newtonian flow Newtonsches Fließen

Newtonian fluid/liquid Newtonsche Flüssigkeit

Newtonian viscosity Newtonsche Viskosität

nexin Nexin

Nichrome wire Nichromdraht

nick Kerbe, Schlitz, Bruchstelle, Einzelstrangbruch

nickel (Ni) Nickel
> nickelic Nickel(III)...
> nickelous/nickel Nickel(II)...

nickel arsenide/niccolite NiAs Nickelarsenid, Nickelin, Rotnickelkies

nickel glance $Ni_2AsS$ Nickelglanz

nickel plating Vernickeln, Vernickelung (Nickelüberzug)

nickel silver (nickel brass) Neusilber

nickelic Nickel(III)...

nicotinamide Nikotinsäureamid, Nicotinsäureamid

nicotine Nikotin, Nicotin

nicotinic acid (nicotinate)/niacin Nikotinsäure, Nicotinsäure (Nicotinat)

niobium (Nb) Niob

nip roll (blow film line) Abquetschwalze, Abzugswalze

nitrate n Nitrat

nitrate vb nitrieren

nitrating acid/mixed acid (nitric acid+sulfuric acid/1:2) Nitriersäure

nitration/nitrification Nitrierung

nitric acid $HNO_3$ Salpetersäure

nitrification Nitrifikation, Nitrifizierung

nitrify nitrieren

nitrile rubber Nitrilkautschuk (Butadien-Acrylnitril)

nitrite Nitrit

nitrobenzene Nitrobenzol

nitrocellulose/cellulose nitrate Nitrocellulose, Cellulosenitrat

nitrocotton/guncotton (12.4–13% N) Schießbaumwolle

nitrogen (N) Stickstoff
> dinitrogen $N_2$ Distickstoff
> liquid nitrogen Flüssigstickstoff, flüssiger Stickstoff

nitrogen-containing/nitrogenous stickstoffhaltig, stickstoffenthaltend, Stickstoff...

nitrogen cycle Stickstoffkreislauf

nitrogen deficiency Stickstoffmangel

nitrogen dioxide $NO_2$ Stickstoffdioxid

nitrogen fixation Stickstofffixierung

nitrogen-fixing bacteria stickstofffixierende Bakterien

nitrogen indicator Stickstoffzeiger

nitrogen mustard Stickstoffsenfgas, Stickstofflost, N-Lost

nitrogen oxide/nitric oxide NO Stickstoffmonoxid
nitrogen oxide removal Entstickung
nitrogen oxides $NO_x$ Stickoxide
 ➢ dinitrogen oxide/nitrous oxide/nitrogen
monoxide $N_2O$ Distickstoffmonoxid, Lachgas
 ➢ dinitrogen tetroxide/nitrogen peroxide $N_2O_4$
Distickstofftetroxid
 ➢ nitrogen dioxide $NO_2$ Stickstoffdioxid
 ➢ nitrogen oxide/nitric oxide NO
Stickstoffmonoxid
 ➢ nitrogen pentaoxide/nitric acid anhydride $N_2O_5$
Distickstoffpentoxid, Salpetersäureanhydrid
 ➢ nitrogen peroxide/dinitrogen tetroxide $N_2O_4$
Distickstofftetroxid
 ➢ nitrogen trioxide/nitrogen sesquioxide $N_2O_3$
Stickstofftrioxid, Distickstofftrioxid,
Stickstoff(III)-oxid
nitrogen pentaoxide/nitric acid anhydride $N_2O_5$
Distickstoffpentoxid, Salpetersäureanhydrid
nitrogen peroxide/dinitrogen tetroxide $N_2O_4$
Distickstofftetroxid
nitrogen trioxide/nitrogen sesquioxide $N_2O_3$
Stickstofftrioxid, Distickstofftrioxid,
Stickstoff(III)-oxid
nitrogenated mit Stickstoff versetzt
nitrogenous base stickstoffhaltige Base, ‚Base'
(Purine/Pyrimidine)
nitrogenous compound/nitrogen-containing
compound Stickstoffverbindung
nitroglycerin/glycerol trinitrate Nitroglycerin,
Glycerintrinitrat
nitrolic acid Nitrolsäure
nitronic acid Nitronsäure
nitrous acid $HNO_2$ salpetrige Säure,
Salpetrigsäure
nitrous oxide/nitrogen monoxide/
laughing gas $N_2O$ Distickstoffoxid,
Dinitrogenoxid, Stickstoff(I)-oxid, Lachgas
NLO (nonlinear optics) NLO (nichtlineare Optik)
NLO devices NLO-Materialien
no adverse effect level (NOAEL) Wirkschwelle
no observed effect level (NOEL)
höchste Dosis ohne beobachtete Wirkung
No Smoking! Rauchverbot!
NOAEL (no adverse effect level) Wirkschwelle
noble gas configuration Edelgaskonfiguration
noble gases (rare gases) Edelgase
node (AO) Knoten
NOEL (no observed effect level)
höchste Dosis ohne beobachtete Wirkung
noise Lärm, Rauschen
noise analysis/fluctuation analysis
Rauschanalyse, Fluktuationsanalyse
noise filter Rauschfilter
noise level Geräuschpegel, Lärmpegel

noise pollution Lärmverschmutzung
noise protection Lärmschutz
noise reduction Rauschminderung
noise thermometer Rauschthermometer
nomenclature Nomenklatur, Bezeichnungssystem
 ➢ additive nomenclature additive Nomenklatur
 ➢ conjunctive nomenclature
konjunktive Nomenklatur
 ➢ radiofunctional nomenclature
radiofunktionelle Nomenklatur
 ➢ replacement nomenclature ("a"-nomenclature)
Austauschnomenklatur („a"-N.)
 ➢ substitutive nomenclature substitutive
Nomenklatur, Substitutionsnomenklatur
 ➢ subtractive nomenclature
substraktive Nomenklatur
nominal frequency Sollfrequenz
nominal mass Nennmasse, Nominalmasse
nominal output/rated output Soll-Leistung
nominal scale Nominalskala
nominal value/rated value/desired value/
set point Sollwert
nominal volume Nennvolumen
nomograph Nomogramm
non-Newtonian fluid/non-Newtonian liquid
nicht-Newtonsche Flüssigkeit
non-Newtonian viscosity Strukturviskosität
non-overlapping nicht-überlappend
non-prescription drug
nicht verschreibungspflichtiges Arzneimittel
nonaqueous nichtwässrig
 ➢ aqueous wässrig
nonbonding electron nichtbindendes Elektron
nonbreakable/unbreakable/crashproof
bruchsicher
noncombustible/nonflammable nicht brennbar,
nicht verbrennbar
noncompetitive inhibition
nichtkompetitive Hemmung
nonconductive/nonconducting/
non-conducting nichtleitend
nonconductor Nichtleiter
nondestructive testing (NDT)
zerstörungsfreie Prüfung
nondrip (e.g., latex paint) nichttropfend
nondrying nichttrocknend
nondrying oil nichttrocknendes Öl
nonessential nichtessentiell
nonferrous metal Buntmetall
nonflammable/incombustible nicht
entflammbar, nicht entzündlich, nicht brennbar
nonhazardous ungefährlich, nicht
gesundheitsgefährdend
noninflammable/incombustible nicht
entflammbar, nicht brennbar

nonionic nichtionisch
nonlinear optics (NLO) nichtlineare Optik
nonmetals Nichtmetalle
nonmotile/immotile/immobile/motionless/
  fixed unbeweglich, bewegungslos, fixiert
nonnutritive sweetener Süßstoff
nonoic acid Nonansäure
nonrandom disjunction nicht-zufallsgemäße
  Verteilung
nonsaturation kinetics Nichtsättigungskinetik
nonsintered earthenware Tongut
  (Irdengut und Steingut)
nonskid/nonslip/skid-proof griffig, rutschfest;
  nicht-rutschend, Antirutsch...
nonsmoking rauchfrei
nonspecific unspezifisch
nonstructural adhesive Klebstoff für
  minderbeanspruchte Verbindungen
nonstructural protein Nichtstrukturprotein
nonuniform (‚polydisperse') uneinheitlich
nonuniform with respect to molar mass
  molekularuneinheitlich
nonuniformity Uneinheitlichkeit
nonusable nicht verwendbar
nonviscous nicht viskos, nicht viskös
➢ viscous/viscid (glutinous consistency) viskos,
  viskös, zähflüssig, dickflüssig
nonvolatile nicht flüchtig (schwerflüchtig)
➢ volatile flüchtig
nonwoven (non-woven)/nonwoven fabric/fleece
  Vliesstoff, Vlies; (bonded fiber fabric) Faservlies
➢ bonded fiber fabric Faservlies
➢ glass nonwoven Glasfaservliesstoff
norepinephrine/noradrenaline Norepinephrin,
  Noradrenalin
norm (standard) Norm (Standard)
norm of reaction Reaktionsnorm
normal density/standard density (20°C/760 Torr)
  Normdichte
normal distribution stat Normalverteilung
normal hydrogen electrode/
  standard hydrogen electrode
  Normalwasserstoffelektrode
normalize normalisieren;
  (to temper metals) normalglühen
notation/scoring stat Bonitur
notch Kerbe
notched (nicked) kerbig, gekerbt
notched impact strength/notch-impact strength
  (impact strength/notched: ISN)
  Kerbschlagzähigkeit
notification Benachrichtigung,
  Inkenntnissetzung
➢ obligation to notify/notifiable/reportable
  anzeigepflichtig

nozzle (socket/connecting piece/connector)
  Stutzen (Anschlussstutzen/Rohrstutzen);
  (spout) Tülle (ausgießen)
➢ pin gate nozzle Punktangussdüse
➢ spray nozzle Zerstäuberdüse
nozzle loop reactor/circulating nozzle reactor
  Umlaufdüsen-Reaktor, Düsenumlaufreaktor
nuclear nukleär, nucleär, kern...
nuclear binding energy Kernbindungsenergie
nuclear chain reaction Kernkettenreaktion
nuclear charge Kernladung
nuclear chemistry Kernchemie, Nuklearchemie
nuclear disintegration Atomzerfall, Kernzerfall
nuclear energy/atomic energy Kernenergie,
  Atomenergie, Atomkraft
nuclear facility/nuclear installation
  kerntechnische Anlage
nuclear fission Kernspaltung
nuclear force/nuclear power Kernkraft
nuclear fuel Kernbrennstoff
➢ spent nuclear fuel (SNF) abgebrannter
  Kernbrennstoff
nuclear fusion Kernverschmelzung, Kernfusion
nuclear magnetic resonance (NMR)
  kernmagnetische Resonanz, Kernspinresonanz
nuclear magnetic resonance spectroscopy
  (NMR spectroscopy)
  Kernspinresonanz-Spektroskopie,
  kernmagnetische Resonanzspektroskopie
nuclear particles Kernpartikel
nuclear physics Kernphysik
nuclear power/atomic power Kernkraft, Atomkraft
nuclear power plant Kernkraftwerk
nuclear radiation/atomic radiation Kernstrahlung
nuclear reaction Kernreaktion
nuclear reaction analysis (NRA)
  Kernreaktionsanalyse, Nuklearreaktionsanalyse
nuclear reactor Atomreaktor, Atommeiler,
  Kernreaktor
nuclear recoil Kernrückstoß
nuclear research Kernforschung
nuclear spallation Kernsplitterung,
  Kernzersplitterung
nuclear spin Kernspin, Kerndrehimpuls
nuclear technology/nuclear engineering
  Kerntechnik, Kerntechnologie
nuclear track Kernspur
nuclear transformation/(nuclear) transmutation
  Kernumwandlung
nuclear transition Kernübergang
nuclear waste Atommüll
nucleating agent Keimbildner, Nukleirungsmittel
nucleation (formation of nuclei) Kernbildung,
  Nukleation, Nukleierung, Keimbildung,
  Zellbildung

> coagulative nucleation
Koagulations-Keimbildung
> droplet nucleation Tröpfchen-Keimbildung
> enhanced nucleation verstärkte Keimbildung
> heterogeneous nucleation heterogene
Keimbildung
> homogeneous nucleation homogene
Keimbildung
nucleic acid Nucleinsäure, Nukleinsäure
nucleophilic attack nukleophiler Angriff
nucleoside Nukleosid, Nucleosid
nucleotide Nukleotid, Nucleotid
nucleotide-pair substitution
Nukleotidpaaraustausch
nucleus Nucleus, Nukleus; Kern; Zellkern; Keim
nuclide Nuklid
> daughter nuclide Tochternuklid
> granddaughter nuclide Enkelnuklid
> instable nuclide unstabiles Nuklid
> parent nuclide Mutternuklid
> radionuclide Radionuklid, radioaktives Nuklid
> stable nuclide stabiles Nuklid
> tracer nuclide Leitnuklid
null method Nullabgleichmethode
numb taub, gefühllos
number average Zahlenmittel
number-average molar mass (Mn)
zahlenmittlere Molmasse (Zahlenmittel des
Molekulargewichts)
number density (of entities)/number
concentration Partikeldichte, Teilchendichte
number fraction/amount fraction/mole
fraction Stoffmengenanteil, Molenbruch
number of plates/plate number
dest/chromat Bodenzahl
number of revolutions
(rpm = revolutions per minute)
Drehzahl (UpM = Umdrehungen pro Minute)
numbness Taubheit, Gefühllosigkeit
nurse Sanitäter, Krankenpfleger, Pfleger,
Krankenschwester
> company nurse Betriebssanitäter
nurture/feed ernähren, nähren, füttern
nutate (gyroscopic motion)/wobble taumeln
nutation/gyroscopic motion
(three-dimensional circular/orbital & rocking
motion) dreidimensionale Taumelbewegung
nutator/nutating mixer/'belly dancer'
(shaker with gyroscopic, i.e., three-
dimensional circular, orbital & rocking motion)
Taumelschüttler
nutrient Nahrung, Nährstoff
nutrient agar Nähragar
nutrient broth Nährbouillon, Nährbrühe
nutrient budget Nährstoffhaushalt

nutrient cycle Nahrungskreislauf,
Nährstoffkreislauf, Stoffkreislauf
nutrient deficiency/food shortage
Nahrungsmangel, Nährstoffarmut
nutrient-deficient/oligotroph(ic) nährstoffarm
nutrient demand/nutrient requirement
Nährstoffbedarf
nutrient protein Nährstoffprotein
nutrient-rich/eutroph/eutrophic nährstoffreich,
eutroph
nutrient salt Nährsalz
nutrient solution/culture solution Nährlösung
nutrient table/food composition table
Nährwert-Tabelle
nutrient uptake Nährstoffaufnahme
nutrition Nahrung, Ernährung; (nutrition
science/nutrition studies/dietetics)
Ernährungswissenschaft, Diätetik
nutritional deficit Nährstoffmangel
nutritional requirements Nahrungsbedarf
(pl Nahrungsbedürfnisse)
nutritious/nutritive nahrhaft, nährend, nutritiv
nutritive ratio/nutrient ratio Nährstoffverhältnis
nutsch/nutsch filter/filter funnel/suction funnel/
suction filter/vacuum filter (Buchner funnel/
Buechner funnel) Filternutsche, Nutsche
(Büchner-Trichter)
nylon rope trick Nylonfadentrick

O

occlusion Okklusion, Einschluss; Aufsaugen,
Einsaugung
occupational accident Arbeitsunfall
occupational disease Berufskrankheit
occupational hazard Berufsrisiko; Gefahr am
Arbeitsplatz
occupational hygiene Arbeitsplatzhygiene
occupational injury Berufsverletzung
occupational medicine Arbeitsmedizin
occupational protection/workplace protection/
safety provisions (for workers) Arbeitsschutz
occupational safety (workplace safety)
Arbeitsplatzsicherheit
Occupational Safety and Health Administration
(OSHA) [Dept. of Labor]
Amerikanische Bundesministrialbehörde
für Arbeitsplatzsicherheit und
Gesundheitsschutz
occupational safety code
Arbeitsplatzsicherheitsvorschriften
occupied besetzt
occupied volume besetztes Volumen
occupy besetzen
occurrence/presence Vorkommen

ocher Ocker
octa-head stopper/octagonal stopper
Achtkantstopfen
octane number/octane rating Oktanzahl
octanoic acid Oktansäure
octet Oktett
octet gap Oktettlücke
octet rule Oktettregel
odd electron ungepaartes Elektron,
einsames Elektron
odor *allg* Geruch; (pleasant smell) Duft,
Wohlgeruch
odor threshold/olfactory threshold
Riechschwelle, Geruchsschwellenwert
odorfree geruchsfrei
odoriferous *allg* riechend, einen Geruch
ausströmend; (pleasant) wohlriechend, duftend
odorless/scentless geruchlos
off-center exzentrisch
off-flavor Aromafehler, Geschmacksfehler
offset adapter Adapter/Übergangsstück mit
seitlichem Versatz
offset screwdriver Winkelschrauber
offset strain abgesetzte Dehnung
offset yield point/offset yield strength
Dehngrenze, technische Streckgrenze
offset yield stress/proof stress Dehnspannung
oil Öl
➤ ben oil/benne oil Behenöl
➤ bitter almond oil Bittermandelöl
➤ bunker fuel oil Bunkeröl
➤ canola oil (rapeseed oil) Speise-Rapsöl, Rüböl
➤ castor oil/ricinus oil Rizinusöl
➤ coconut oil Kokosöl
➤ cod-liver oil Lebertran
➤ corn oil Maisöl
➤ cotton oil Baumwollsaatöl
➤ crude oil/petroleum Erdöl
➤ drying oil trocknendes Öl
➤ essential oil/ethereal oil ätherisches Öl
➤ fusel oil Fuselöl
➤ half-drying oil halbtrocknendes Öl
➤ hard-drying oil Harttrockenöl
➤ hydraulic oil Hydrauliköl, Drucköl
➤ linseed oil Leinöl
➤ lubricating oil/lube oil Schmieröl
➤ mineral oil Mineralöl
➤ mustard oil Senföl
➤ neatsfoot oil Klauenöl, Rinderklauenöl
➤ non-drying oil nicht trocknendes Öl
➤ olive oil Olivenöl
➤ semidrying oil langsam trocknendes Öl,
teiltrocknendes Öl
➤ silicone oil Silikonöl

➤ soybean oil Sojaöl
➤ thermal oil/heat transfer oil Wärmeträgeröl
➤ transformer oil Transformatorenöl
➤ tung oil (*Aleurites fordii*/Euphorbiaceae)
Tungöl (Holzöl)
➤ turpentine oil Terpentinöl
➤ waste oil/used oil Altöl
oil bath Ölbad
oil-extended (OE) ölverstreckt (Kautschuk)
oil lacquer/oil varnish Öllack
oil paint Ölfarbe
oil pollution Ölverschmutzung, Ölpest
oil-reactive ölreaktiv
oil reservoir *geol* Ölvorkommen,
ölführende Schicht
oil rig Bohrinsel, Bohrplattform
oil shale Ölschiefer, Erdölschiefer, Brandschiefer
oil slick Ölteppich
oil-soluble öllöslich
oil spill Ölkatastrophe
oil varnish Ölfirnis
oil well Ölquelle
oiliness Fettigkeit, fettig-ölige Beschaffenheit;
(lubricity) Schmierfähigkeit
oilseed Ölsaat
oilskin(s) Ölzeug
oily ölig
ointment Salbe
ointment base Salbengrundlage
oleic acid/(Z)-9-octadecenoic acid (oleate)
Ölsäure, $\Delta^9$-Octadecensäure (Oleat)
oleoresins (resin & essential oils) Oleoharze
oleum/fuming sulfuric acid (conc. $H_2SO_4 + SO_3$)
Oleum, rauchende Schwefelsäure
olfactometry Olfaktometrie
olfactory sense Geruchssinn, olfaktorischer Sinn
oligomer Oligomer
oligomerous oligomer
oligonucleotide Oligonucleotid, Oligonukleotid
oligosaccharide Oligosaccharid
oligotrophic/nutrient-deficient oligotroph,
nährstoffarm
olivine Olivin
oncogenic/oncogenous onkogen, oncogen,
krebserzeugend
oncogenic protein Onkoprotein, onkogenes
Protein
oncogenicity Onkogenität
oncology Onkologie
oncotic pressure onkotischer Druck,
kolloidosmotischer Druck
one-pot reaction Eintopfreaktion
onset/start (of a reaction) Einsetzen, Beginn
(einer Reaktion)

opacity Opazität, Trübung, (Licht)
Undurchsichtigkeit
opal Opal
opalesce schillern
opaque opak
open-cell foam/interconnecting-cell foam
offenzelliger Schaumstoff, offenporiger
Schaumstoff
open-hearth furnace (a reverberatory furnace)
Herdofen (Siemens-Martin-Ofen)
open-hearth refining Herdfrischen
open-pit mine *geol* Tagebau
open tubular column Kapillarsäule (offene)
opening (aperture/orifice/mouth/entrance)
Öffnung, Mund, Mündung
operate/handle/work *tech/mech* bedienen
operating conditions (Geräte)/
working conditions (Personen)
Arbeitsbedingungen
operating instructions Betriebsvorschrift;
(manual) Bedienungsanleitung,
Gebrauchsanleitung (Handbuch)
operating pressure Betriebsdruck
operating procedure Arbeitsverfahren;
Funktionsweise; Arbeitsanweisung
➢ standard operating procedure (SOP)
Standard-Arbeitsanweisung
operating range (Geräte)/work area/
working range (Personen) Funktionsbereich,
Arbeitsbereich
operating temperature Arbeitstemperatur
operation Betrieb, Tätigkeit, Verfahren,
Arbeitsweise, Prozess; Inbetriebsetzung,
Handhabung, Bedienung
➢ batch operation/batch process
diskontinuierliche Arbeitsweise/Verfahren,
Satzverfahren
➢ continuous operation (long-term/permanent
operation) Dauerbetrieb, Dauerleistung,
Non-Stop-Betrieb
➢ manual operation Handbedienung (Gerät)
➢ permanent operation/permanent run
Dauerbetrieb, Dauerleistung, Non-Stop-Betrieb
➢ putting into operation/startup/starting-up
Inbetriebnahme
➢ safety of operation Betriebssicherheit
➢ sequence of operation Arbeitsablauf
➢ unit operation Grundoperation
(Verfahrenstechnik)
operational Betriebs..., Arbeits..., Funktions...;
betriebsbereit
operational permission Betriebserlaubnis
operations worker Arbeiter, Handwerker

operator Maschinist, Bediener,
Bedienungsperson, Durchführender
opiate Opiat; Opiumpräparat; Schlafmittel
opsonization Opsonierung, Opsonisation,
Opsonisierung
optical brightening agent (OBA) optischer
Aufheller
optical density/absorbance optische Dichte,
Absorption
optical diffusion (dispersion/dissipation/
scattering: light) Streuung (Lichtstreuung)
optical fiber Lichtleitfaser
optical fiber cable/glass fiber cable
Lichtleitfaserkabel, Glasfaserkabel
optical isomer Spiegelbild-Isomer,
optisches Isomer
optical isomerism Spiegelbild-Isomerie,
optische Isomerie
optical pumping (lasers) optisches Pumpen
optical pyrometer Pyropter, optisches Pyrometer
optical refraction optische Brechung, Refraktion,
Lichtbrechung
optical resolution Auflösung
(optische Auflösung)
optical rotatory dispersion (ORD)
optische Rotationsdispersion
optical specificity optische Spezifität
optics Optik
➢ fiber optics Faseroptik, Glasfaseroptik,
Fiberglasoptik, Lichtleitertechnik
➢ nonlinear optics (NLO) nichtlineare Optik
optoelectronics Optoelektronik, Elektrooptik
orange peel (shark skin: surface roughness)
Orangenschale; *polym* Apfelsinenschalenhaut
orange peel effect Apfelsinenschaleneffekt;
Spritznarben (Lackierung)
orbit Bahn, Orbit (Umlaufbahn: Himmelskörper/
Satellit)
➢ in orbit auf einer Umlaufbahn
orbital Orbital (Wellenfunktion eines Elektrons)
➢ antibonding orbital antibindendes Orbital
➢ atomic orbital (AO) Atomorbital
➢ bonding orbital bindendes Orbital
➢ delocalized orbital delokalisiertes Orbital
➢ dumbbell orbital Hantelorbital
➢ frontier orbital Grenzorbital, Frontorbital
➢ highest occupied molecular orbital (HOMO)
höchstes unbesetztes Molekülorbital
➢ hybrid orbital Hybridorbital
➢ ligand group orbitals (LGOs)
Ligandengruppenorbitale
➢ linear combination of atomic orbitals (LCAO)
Linearkombination von Atomorbitalen
➢ localized orbital lokalisiertes Orbital

> lowest occupied molecular orbital (LUMO)
niedrigstes unbesetztes Molekülorbital
> molecular orbital (MO) Molekülorbital
> nonbonding orbital nichtbindendes Orbital
> overlapping orbitals Überlappungsorbitale,
überlappende Orbitale
> spherical orbital Kugelorbital
> subjacent orbital Unterorbital
orbital angular momentum Bahndrehimpuls,
Orbitaldrehimpuls
orbital angular momentum quantum number
Bahndrehimpuls-Quantenzahl
orbital degeneracy Bahnentartung
orbital electron Hüllenelektron, Orbitalelektron
orbital overlap Orbitalüberlappung
orbital shaker/rotary shaker/circular shaker
Rundschüttler, Kreisschüttler
orbital wave function Wellenbahnfunktion
order Ordnung; Auftrag, Bestellung; (rank) Stufe
order of rank/ranking/hierarchy Stufenfolge,
Rangordnung, Rangfolge, Hierarchie
order statistics Ordnungsstatistik
ordinal scale *stat* Ordinalskala
ordinance/decree Verordnung
ore Erz
> calcined ore Rösterz
> iron ore Eisenerz
ore dressing/beneficiation
Erz~/Mineralaufbereitung (Verfahren),
Erzanreicherung
ore leaching Erzlaugung
organic organisch
organic acid organische Säure
organic chemistry organische Chemie, ,Organik'
organic matter organische Substanz, organisches
Material
organosilicon compounds
Organosiliziumverbindungen
organotin compounds Organozinnverbindungen,
zinnorganische Verbindungen
orientation (orientational behavior) Orientierung,
Orientierungsverhalten
orientation hardening *polym*
Ausrichtungshärtung, Orientierungshärten
orifice Öffnung; Düse
ornithine Ornithin
orotic acid Orotsäure
orpiment/Kings' yellow/arsenic trisulfide $As_2S_3$
Auripigment, Rauschgelb, Arsentrisulfid
> red orpiment/red arsenic sulfide/arsenic
ruby/realgar/(red) arsenic tetrasulfide $As_4S_4$
Rauschrot, Rubinrot, Realgar, Arsendisulfid
Orsat rubber expansion bag Orsatblase
orsellic acid/orsellinic acid Orsellinsäure

orthosilicic acid $H_4SiO_4$ Orthokieselsäure
oscillate oszillieren, schwingen
oscillating reaction/oscillatory reaction
(clock reaction) oszillierende Reaktion,
schwingende Reaktion
oscillation/vibration Oszillation, Schwingung
oscillator (IR) Oszillator
oscillometry/high-frequency titration
Oszillometrie, oszillometrische Titration,
Hochfrequenztitration
osmic acid/osmium tetraoxide/
osmium tetroxide/osmium oxide/
osmic acid anhydride $OsO_4$ Osmiumsäure,
Osmiumtetroxid, Osmiumtetraoxid
osmiophilic osmiophil (färbbar mit
Osmiumfarbstoffen)
osmium (Os) Osmium
osmium tetraoxide/osmium tetroxide/
osmium oxide/osmic acid anhydride/
osmic acid Osmiumtetroxid, Osmiumsäure
osmolarity (osmotic concentration)
Osmolarität (osmotische Konzentration)
osmometry Osmometrie
> vapor phase osmometry/vapor pressure
osmometry (VPO) Dampfdruckosmometrie
osmosis Osmose
> reverse osmosis Reversosmose,
Umkehrosmose
osmotic osmotisch
osmotic pressure osmotischer Druck
osmotic shock osmotischer Schock
Ostwald viscometer Ostwald-Viskosimeter
OTA (Office of Technology Assessment)
US-Büro für Technikfolgenabschätzung
out-of-phase (MO) phasenverschoben
outer electron/outer-shell electron
Außenelektron
outer shell Außenschale (Atomschalen)
outfit Ausrüstung
outlet Ablauf, Ausfluss, Ableitung, Auslauf,
Austritt (Austrittstelle einer Flüssigkeit/Gas);
(socket/wall socket) Steckdose
outlet pressure Hinterdruck
outlet strip Mehrfachsteckdose,
Steckdosenleiste
outlier *stat* Ausreißer
output Ausstoß, Durchsatz (,Leistung');
Ausgabe; *electr* Ausgang
output rate Durchsatzleistung, Durchsatzrate
outside temperature/exterior temperature
Außentemperatur
oven (furnace) Ofen
> curing oven Vulkanisierofen
> drying oven Trockenofen

> forced-air oven Umluftofen
> heating oven/heating furnace (more intense) Wärmeofen
> microwave oven Mikrowellenofen, Mikrowellengerät
> roasting furnace/roasting oven/roaster Röstofen

oven drying/kiln drying/kilning Ofentrocknung
oven gloves Hoch-Hitzehandschuhe, Ofenhandschuhe
over-the-counter drug frei erhältliches Medikament (nicht verschreibungspflichtig)
overactivity/hyperactivity Überfunktion
overalls Arbeitskittel, Overall (Einteiler)
overburden/capping geol Abraum
overdose Überdosis
overexpression/high level expression Überexpression
overfertilization Überdüngung
overflow/overrun Überfließen, Überschwemmung; Überlauf; Überschuss; (spillway)
overheat überhitzen
overheating/superheating Überhitzen, Überhitzung
overlap (orbitals) Überlappung
overlap concentration Überlappungskonzentration
overload vb tech/electr überlasten
overload n tech/electr Überlastung
overpacking Umverpackung
overpotential/overvoltage Überspannung
override außer Kraft setzen
overshoot übersteuern
oversize Überkorn (Siebrückstand)
oversprays (spinning oil/lubricant) Schmälzmittel (Gleitfähigmachung/Umhüllung von Glasfasern)
overswing Überschwingen (aufheizen)
overtone (IR) Oberschwingung
overwinding Überdrehung
oxalic acid (oxalate) Oxalsäure (Oxalat)
oxaloacetic acid (oxaloacetate) Oxalessigsäure (Oxalacetat)
oxalosuccinic acid (oxalosuccinate) Oxalbernsteinsäure (Oxalsuccinat)
oxidation Oxidation
oxidation number Oxidationszahl, Oxidationsstufe
oxidation-reduction reaction/oxidoreduction Redoxreaktion
oxidation state Oxidationszustand
oxidative oxidativ
oxidative phosphorylation/carrier-level phosphorylation oxidative Phosphorylierung
oxidimetry Oxidimetrie

oxidize oxidieren
oxidizer Oxidans, Oxidationsmittel
oxidizing oxidierend; (O) (pyrophoric) brandfördernd
oxidizing agent/oxidant/oxidizer Oxidationsmittel, Oxidans
oxidoreduction/oxidation-reduction reaction Redoxreaktion
oxoacid(s) Oxosäure(n), Sauerstoffsäure(n)
oxoacids of chlorine Chlorsauerstoffsäuren
> chloric acid $HClO_3$ Chlorsäure
> chlorous acid $HClO_2$ chlorige Säure
> hypochlorous acid $HClO$ Hypochlorigsäure, hypochlorige Säure, Bleichsäure, Monooxochlorsäure
> perchloric acid $HClO_4$ Perchlorsäure
oxoglutaric acid (oxoglutarate) Oxoglutarsäure (Oxoglutarat)
oxyacetylene burner (torch) Acetylenbrenner (Schneidbrenner/Schweißbrenner)
oxygen (O) Oxygen, Sauerstoff
> atmospheric oxygen Luftsauerstoff
> biological oxygen demand (BOD) biologischer Sauerstoffbedarf (BSB)
> chemical oxygen demand (COD) chemischer Sauerstoffbedarf (CSB)
> dioxygen $O_2$ Disauerstoff, Dioxygen, molekularer Sauerstoff
> limiting oxygen index (LOI) polym Sauerstoffindex (Entzündbarkeit)
> liquid oxygen Flüssigsauerstoff
oxygen ag(e)ing Sauerstoffalterung
oxygen cycle Sauerstoffkreislauf
oxygen debt Sauerstoffschuld, Sauerstoffverlust, Sauerstoffdefizit
oxygen demand Sauerstoffbedarf
oxygen-enriched/oxygenated sauerstoffbeladen
oxygen-free sauerstofffrei
oxygen partial pressure Sauerstoffpartialdruck
oxygen transfer rate (OTR) Sauerstofftransferrate
oxygenate mit Sauerstoff sättigen/anreichern, oxygenieren
oxygenated sauerstoffgesättigt, sauerstoffbeladen
oxygenation Sauerstoffanreicherung, Oxygenierung
oxyhydrogen (gas)/detonating gas ($2 \times H_2 + O_2$) Knallgas
ozone/trioxygen $O_3$ Ozon
ozonation Ozonierung
ozonization Ozonisierung
ozonolysis Ozonolyse

**P**

**pack/package** Abpackung
**packaging** Verpackung
➤ **blister packaging** Blisterverpackung
➤ **in vitro packaging** in vitro-Verpackung
➤ **skin packaging** Skinverpackung
**packaging bottle** Verpackungsflasche
**packaging glasses** Verpackungsgläser
**packaging material** Packmaterial,
  Verpackungsmittel
**packaging tape** Verpackungsklebeband
**packed bed reactor** Füllkörperreaktor,
  Packbettreaktor
**packed distillation column** Füllkörperkolonne
**packing** Verpacken, Verpackung; Dichtung,
  Abdichtung; Dichtungsmaterial; Füllung,
  Füllmaterial
**packing box (seal)** Stopfbüchse (Dichtung)
**packing density** Packungsdichte
**packing nut** Dichtungsmutter
**packing sleeve** Dichtungsmuffe
**pad** (gauze pad) Tupfer; (swab/pledget [cotton]/
  tampon) Bausch, Wattebausch, Tupfer, Tampon
**paddle (vane)** Radschaufel
**paddle stirrer/paddle impeller** Schaufelrührer,
  Paddelrührer
**paddle wheel (bucket wheel/blade wheel)**
  Schaufelrad, Laufrad
**paddle wheel reactor** Schlaufenradreaktor
**padlock** Vorhängeschloss (für Laborspind etc.)
**pail opener** Eimeröffner
**paint** Farbe, Lack, Tünche
**paint brush** Malpinsel
**paint remover** Farbentferner, Lackentferner
**paint stripper** Lackentferner, Abbeize
**pair production** *nucl* Paarbildung
**paired electron/twin electron**
  gepaartes Elektron
**pale** bleich, blass, fahl
**paleness** Bleiche, Blässe, bleiche Farbe
**palindrome/inverted repeat** Palindrom,
  umgekehrte Repetition, umgekehrte
  Wiederholung
**palladium (Pd)** Palladium
**palmitic acid/hexadecanoic acid**
  **(palmate/hexadecanate)** Palmitinsäure,
  Hexadecansäure (Palmat/Hexadecanat)
**palmitoleic acid/(Z)-9-hexadecenoic acid**
  Palmitoleinsäure, $\Delta^9$-Hexadecensäure
**pan** Pfanne; Schüssel, Schale, Wanne
**pan balance** Tafelwaage
**pantoic acid** Pantoinsäure
**pantothenic acid (pantothenate)**
  Pantothensäure (Pantothenat)

**paper** Papier
➤ **absorbent paper/bibulous paper**
  **(for blotting dry)** Saugpapier (,Löschpapier')
➤ **barrier-coated paper** Sperrschichtpapier
➤ **bibulous paper (for blotting dry)** Löschpapier
➤ **bond paper/stationery** Schreibpapier
➤ **brown paper/kraft** Packpapier
➤ **construction paper** Bastelpapier
➤ **filter paper** Filterpapier
➤ **glassine paper/glassine**
  Pergamin (durchsichtiges festes Papier)
➤ **glazed paper** Glanzpapier (glanzbeschichtetes
  Papier), Firnispapier, satiniertes Papier
➤ **graph paper/metric graph paper**
  Millimeterpapier
➤ **kraft paper** starkes Packpapier
➤ **laminated paper** Hartpapier
➤ **litmus paper** Lackmuspapier
➤ **log paper** Logarithmuspapier,
  Logarithmenpapier
➤ **parchment paper** Pergamentpapier
➤ **photographic paper** Fotopapier
➤ **recycled paper** Umweltschutzpapier
➤ **squared paper** kariertes Papier
➤ **synthetic paper** künstliches Papier,
  Synthesepapier
➤ **waste paper** Altpapier
➤ **wax paper** Wachspapier
➤ **weighing paper** Wägepapier
➤ **wrapping paper** Einpackpapier
**paper chromatography** Papierchromatographie
**paper electrophoresis** Papierelektrophorese
**paper towel** Papierhandtuch
**para rubber (*Hevea brasiliensis/*
  *Euphorbiaceae*)** Parakautschuk
**paraffin wax** Paraffinwachs
**parallelizing** *n polym* Ordnen
**parameter** Parameter; *math* (dimensionless
  group/quantity/number) Kenngröße, Parameter
**parameter of state/variable of state**
  Zustandsgröße
**paranemic** paranemisch
**parathion** Parathion (E 605)
**parchment** Pergament
**parchment paper** Pergamentpapier
**parent** Stamm, Namensstamm
**parent compound/parent molecule**
  **(backbone)** Grundkörper (Strukturformel)
**parent ion (MS)** Mutterion, Ausgangsion
**parent material/raw material** Ausgangsmaterial,
  Ausgangsstoff
**parent name** Stammname
**parent nucleus** Mutterkern
**parent nuclide** Mutternuklid
**parent structure (molecule)** Grundgerüst

**parent substance** Ausgangssubstanz, Muttersubstanz, Grundstoff
**parison (preform)** Vorformling, Rohling, Blasrohling, Blasschlauch (Vorformling)
**parison swell/die swell/jet swell** Strangaufweitung (Extrudieren)
**partial** unvollständig, partial, Teil…
**partial charge** Partialladung
**partial correlation coefficient** *stat* Teilkorrelationskoeffizient
**partial digest** Partialverdau
**partial load** Teillast, Teilbelastung
**partial oxidizing** Anoxidieren
**partial pressure** Partialdruck
**partial reaction** Teilreaktion
**partial survey** *stat* Teilerhebung
**partial synthesis** Partialsynthese, Teilsynthese
**particle** Partikel, Teilchen
**particle accelerator** Teilchenbeschleuniger
**particle density** Teilchendichte
**particle filter** Partikelfilter
**particle fluence** *rad/nucl* Teilchenfluenz
**particle flux density** Teilchenflussdichte
**particle-induced X-ray emission (PIXE)** partikelinduzierte Röntgenemission
**particle physics** Teilchenphysik
**particle-reinforced composite material** Teilchen-Verbundwerkstoff/Kompositwerkstoff
**particle size** Teilchengröße; (grain size) Korngröße
**particulate respirator** Partikelfilter-Atemschutzmaske
**particulate rubber** Krümelkautschuk
**parting agent/parting compound/mold release agent** Separationsmittel (Formguss)
**partition** Abteilung, Abteil, Abtrennung, Trennwand (räumlich); Abteilen
**partition chromatography/liquid-liquid chromatography (LLC)** Verteilungschromatographie, Flüssig-flüssig-Chromatographie
**partition coefficient/distribution constant** *chromat* Verteilungskoeffizient
**partition law** Verteilungsgesetz
**partition wall** Trennwand (Gebäude)
**PAS stain (periodic acid-Schiff stain)** PAS-Anfärbung (Periodsäure/Schiff-Reagens)
**passage** (opening/outlet/port/conduit/duct) Durchlass; Passage; *electr* (throughput) Durchgang
**passivate** passivieren
**passivation** Passivierung
**passivity** Passivität
**paste** Paste, Brei, Kleister
**paste solder** Lötpaste

**pasteboard** Klebekarton
**Pasteur effect** Pasteur-Effekt
**Pasteur pipet** Pasteurpipette
**pasteurize** pasteurisieren
**pasteurizing/pasteurization** Pasteurisierung, Pasteurisieren
**pastil/pastille** Pastille
**pasty/paste-like** pastös
**patch** *n* Flicken
**patching** Patching, Verklumpung
**path difference** *opt* Gangunterschied
**pathogenic (causing or capable of causing disease)** pathogen, krankheitserregend
**pathological (altered or caused by disease)** pathologisch, krankhaft
**pathway (reactions/metabolic)** Weg (Reaktions-/Stoffwechselwege), (biochemische) Reaktionskette
➢ **enzymatic pathway** enzymatische Reaktionskette
➢ **fragmentation pathway** Fragmentierungsweg
➢ **metabolic pathway** Stoffwechselweg
➢ **reaction pathway** Reaktionskette, Reaktionsweg
➢ **salvage pathway** Wiederverwertungsstoffwechselweg
**patina** Patina
**pattern** (design) Muster, Musterung, Zeichnung; (sample/model) Vorlage/Modell
**pattern formation** Musterbildung
**PCR (polymerase chain reaction)** PCR (Polymerasekettenreaktion)
**peak** Peak, Signal
**peak intensity** Signalintensität
**peak value/maximum (value)** Scheitelwert, Höchstwert, Maximum
**peak width** Peak-Breite
**pear-shaped flask (small/pointed)** Spitzkolben
**pearl** Perle
➢ **nacre/mother-of-pearl** Perlmutt, Perlmutter
**pearl white/bismuth white** Perlweiß, Wismutweiß
**pearlescence** Perlglanz
**pectic acid (pectate)** Pektinsäure (Pektat)
**pectin** Pektin
**peel** schälen, lösen, abziehen, abheben, abschälen
**peel off** abpellen, abschälen, ablösen
**peel resistance** Ablösefestigkeit, Schälfestigkeit, Schälwiderstand
**peel test** Ablöseversuch, Schälversuch
**peg** Stift, Dübel
**pellet** Pellet; Kügelchen, Körnchen; Pille, Mikrodragée, Granulatkorn; *spectr* Pressling, Tablette

**pelletize** pelletisieren, granulieren; zu Pellets formen; körnen
**pelletizing die (extruder)** Granulierdüse
**pendant** überhängend, überstehend
**pendant group** Seitengruppe
**penetrating power** Eindringvermögen
**penetration hardness/impression depth hardness** Eindringtiefehärte
**penicillanic acid** Penicillansäure
**pentanoic acid/valeric acid (pentanoate/ valeriate) -Pentansäure,** Valeriansäure, Baldriansäure (Pentanat/Valeriat)
**pentavalent** fünfwertig
**pepsin (pepsin A)** Pepsin (Pepsin A)
**peptide** Peptid
**peptide bond/peptide linkage** Peptidbindung
**peptide chain** Peptidkette
**peptidoglycan/mucopeptide** Peptidoglykan, Mukopeptid
**peptidyl transferase** Peptidyltransferase
**peptizer (chemical plasticizer)** Peptisator, Plastikator
**peptone** Pepton
**peptone water** Peptonwasser
**peptonize** peptonisieren
**peracids (peroxy acids/peroxo acids)** Persäuren
**perceive** perzipieren, sinnlich wahrnehmen, empfinden (Reiz)
**percentage** Prozentsatz, prozentualer Anteil
**percentage by weight** Gewichtsprozent
**perceptible/sensible** empfindbar
**perception** Wahrnehmung, Empfindung, Perzeption (Reiz)
**perchloric acid** $HClO_4$ Perchlorsäure
**percolate** (flow through) durchfließen; (seep through) durchsickern
**percolation** (flowing through/flux) Durchfluss; (seepage) Durchsickern
**perennial** mehrjährig, ausdauernd
**perforate(d)** perforieren (perforiert/löcherig)
**performance audit** Leistungsaudit, Leistungsprüfung, Tauglichkeitsprüfung
**performance criteria** Leistungskriterien (Geräte etc.)
**performance factor** Gütefaktor
**performance range** Leistungsbereich
**performance value/performance coefficient** Leistungszahl
**performic acid** Perameisensäure
**perfume/scent** Parfüm, Parfum, Duftstoff, Duftnote
**period/row** Periode, Reihe (Periodensystem)
**periodic acid-Schiff stain (PAS stain)** Periodsäure-Schiff-Reagens (PAS-Anfärbung)

**periodic copolymer** periodisches Copolymer
**periodic table (of the elements)** Periodensystem (der Elemente)
**periodic(al)** periodisch
**periodicity** Periodizität
**peripheral (extrinsic)** peripher (extrinsisch)
**peristaltic pump** peristaltische Pumpe
**peritectic** peritektisch
**perlite** Perlit, Perlstein
**permanent hardness** bleibende Härte, permanente Härte
**permanent marker (water-resistant)/sharpie** wischfester, wasserfester Markierstift
**permanent mount/slide** *micros* Dauerpräparat
**permanent run/operation** Dauerbetrieb, Dauerleistung, Non-Stop-Betrieb
**permanent white (precipitated** $BaSO_4$**)** Permanentweiß, Barytweiß
**permeability** Permeabilität, Durchlässigkeit
➢ **impermeability/imperviousness** Impermeabilität, Undurchlässigkeit
➢ **semipermeability** Halbdurchlässigkeit, Semipermeabilität
**permeable/pervious** permeabel, durchlässig
➢ **impermeable/impenetrable/impervious** impermeabel, undurchlässig
➢ **semipermeable** halbdurchlässig, semipermeabel
**permeation** Permeation, Durchdringung
**permissible exposure limit (PEL)** zulässige/erlaubte Belastungsgrenze
**permissible radiation** zulässige Strahlung
**permissible workplace exposure** zulässige/ maximale Arbeitsplatzkonzentration
**permission** Erlaubnis
**permissivity/permissive conditions** Permissivität
**permit** *n* Zulassung, Lizenz, Erlaubnis
➢ **requiring official permit/permit required** genehmigungsbedürftig, genehmigungspflichtig
**permittivity** Permittivität; Dielektrizitätskonstante
➢ **relative permittivity** ($\varepsilon$) relative Permittivität
**permselectivity** Permselektivität (Ionenaustausch nur in einer Richtung)
**permutation** Permutation, Umlagerung, Umordnung
**persist** persistieren, verharren, ausdauern
**persistence** Persistenz, Beharrlichkeit, Ausdauer; (survival) Überdauerung, Überleben
**persistence length** Persistenzlänge
**personal dose equivalent** Personen-Dosisäquivalent
**perspective formula** Perspektivformel
**perturbation** Perturbation, Störung

perturbed gestört
perturbed coil gestörtes Knäuel
pervaporation Pervaporation
(Verdunstung durch Membranen)
pervious/permeable durchlässig, permeabel;
undicht
perviousness/permeability Durchlässigkeit,
Permeabilität
pest(s) Schädling(e), Ungeziefer
pest control Schädlingsbekämpfung,
Schädlingskontrolle
➢ biological pest control biologische
Schädlingsbekämpfung
pesticide/biocide
Schädlingsbekämpfungsmittel, Pestizid, Biozid
pesticide accumulation Pestizidanreicherung
pesticide residue Pestizidrückstand
pesticide resistance
Schädlingsbekämpfungsmittelresistenz,
Pestizidresistenz
pestle (and mortar) Stößel, Pistill (und Mörser)
PET (positron emission tomography)
PET (Positronenemissionstomographie)
Petri dish Petrischale
petrochemistry Petrochemie, Erdölchemie
petrolatum/petroleum wax/petroleum jelly/
vaseline Petrolatum, Rohvaselin(e)
petroleum/crude oil Petroleum, Erdöl
petroleum cracking Erdölkracken
petroleum ether Petrolether, Petroläther
petroleum jelly/vaseline Petrolatum, Vaseline
petroleum wax Erdölwachs, Erdölparaffin
petrology Gesteinskunde, Petrologie
pewter (a gray alloy) Pewter; Zinnasche; Zinngefäß
pH scale pH-Skala
phaeomelanin Phäomelanin
pharmaceutical pharmazeutisch
pharmaceutical chemistry pharmazeutische
Chemie, Arzneimittelchemie
pharmaceutical company Pharmaunternehmen
pharmaceutical sales representative
Pharmareferent
pharmacist/pharmaceutical scientist
Pharmaceut, Apotheker
pharmacognosy Drogenkunde, Pharmakognosie,
pharmazeutische Biologie
pharmacology Pharmakologie
pharmacopoeia/formulary Pharmakopöe,
Arzneimittel-Rezeptbuch, amtliches Arzneibuch
pharmacy Pharmazie, Arzneilehre, Arzneikunde;
(apothecary/drugstore) Apotheke
phase (layer) Phase (nicht mischbare
Flüssigkeiten)
phase boundary Phasengrenze
phase contrast Phasenkontrast

phase contrast microscopy
Phasenkontrastmikroskopie
phase diagram Zustandsdiagramm,
Phasendiagramm
phase ring/phase annulus Phasenring
phase rule Phasengesetz
phase separation Phasentrennung
phase shifting Phasenverschiebung
phase space Phasenraum
phase-transfer catalysis (PTC)
Phasentransferkatalyse (heterogene Katalyse)
phase transition Phasenübergang
phase transition temperature
Phasenübergangstemperatur
phase variation Phasenveränderung
phenanthrene Phenanthren
phenol-formaldehyde resin (PF)/phenolic
resin (Bakelite) Phenol-Formaldehyd Harz,
Phenolharz (Bakelit)
phenolic resins Phenol-Harze
phenolic rubbers Phenoplaste
phenylalanine (F) Phenylalanin
pheophytin Phäophytin
phlogistic med entzündlich
phlogiston theory Phlogistontheorie
phorbol ester Phorbolester
phosgene/carbonyl chloride COCl$_2$ Phosgen,
Carbonyldichlorid
phosphane/phosphine/hydrogen phosphide/
phosphoreted hydrogen PH$_3$ Phosphan
phosphate Phosphat
phosphatidic acid Phosphatidsäure
phosphatidylcholine Phosphatitylcholin
phosphinic acid/hypophosphorous acid H$_3$PO$_2$
Phosphinsäure, Hypophosphorigsäure,
hypophosphorige Säure
phosphodiester bond Phosphodiesterbindung
phosphoric acid (phosphate) H$_3$PO$_4$
Phosphorsäure (Phosphat)
phosphorous adj/adv phosphorhaltig,
phosphorig, Phosphor...
phosphorous acid P(OH)$_3$ Phosphorigsäure,
phosphorige Säure, Phosphonsäure
phosphorus (P) Phosphor
phosphorus cycle Phosphorkreislauf
photo cell Photoelement
photoacoustic spectroscopy (PAS)
photoakustische Spektroskopie (PAS),
optoakustische Spektroskopie
photoallergenic photoallergen
photobleaching Lichtbleichung
photocatalysis Photokatalyse
photochemical catalysis
photochemische Katalyse
photoconductive lichtleitfähig

**photoconductivity** Lichtleitfähigkeit
**photoconductor/optical waveguide/**
  **optic fiber waveguide** Lichtleiter
**photodegradability** Lichtabbaubarkeit
**photodegradation** Lichtabbau,
  photochemischer Abbau
**photoelectrode** Photoelektrode
**photoelectron** Photoelektron
**photoelectron spectrometry (PES)**
  Photoelektronenspektrometrie
**photographic laboratory** Fotolabor
**photographic paper** Fotopapier
**photographic plate** Fotoplatte
**photoionization** Photoionisation
**photoionization detector (PID)** Photoionisations-
  Detektor (PID)
**photoirradiation** Lichtbestrahlung
**photolithography (photooptic lithography)**
  Photolithographie (lichtoptische Lithographie)
**photometric titration** photometrische Titration
**photomultipier** Fotovervielfacher
**photonic polymer** lichtaktives Polymer
**photonics** Photonik
**photooptical** lichtoptisch, fotooptisch
**photoperception** Lichtwahrnehmung
**photopolymerization** Photopolymerisation
**photoreactivation** Photoreaktivierung
**photoresist/photoresistor** Fotowiderstand
**photorespiration** Photorespiration,
  Photoatmung, Lichtatmung
**photosensibilization** Photosensibilisierung
**photostability** Lichtbeständigkeit
**photostable/light-fast/nonfading** lichtbeständig,
  lichtecht
**photosynthesis** Photosynthese, Fotosynthese
**photosynthesize** photosynthetisieren,
  fotosynthetisieren
**photosynthetic** photosynthetisch,
  fotosynthetisch
**photosynthetic photon flux (PPF)**
  Photonenstromdichte
**photosynthetic product/photosynthate**
  Photosyntheseprodukt
**photosynthetically active radiation (PAR)**
  photosynthetisch aktive Strahlung
**phthalic acid** Phthalsäure
**phthoric acid/hydrofluoric acid HF** Flusssäure,
  Fluorwasserstoffsäure
**phylloquinone/phytonadione (vitamin K$_1$)**
  Phyllochinon, Phytomenadion
**physical** physisch
**physical aging/physical ageing**
  physikalische Alterung
**physical chemistry** physikalische Chemie

**physical containment** physikalische/technische
  Sicherheit(smaßnahmen)
**physical containment level** Sicherheitsstufe
  (Laborstandard), Laborsicherheitsstufe
**physical map** physikalische Karte
**physical state** Aggregatzustand
**physical work** körperliche Arbeit
**physically handicapped** körperbehindert
**physician's white coat/white coat** Medizinerkittel
**physicist** Physiker
**physics** Physik
  ➢ **environmental physics** Umweltphysik
  ➢ **nuclear physics** Kernphysik
  ➢ **theoretical physics** Theoretische Physik
**phytanic acid** Phytansäure
**phytic acid** Phytinsäure
**phytosterol** Phytosterin
**phytotoxic** pflanzenschädlich, phytotoxisch
**pickle** pökeln (sauer einlegen: Gurken/
  Hering etc.), gelbbrennen
**pickling** Pökeln (in Salzlake oder Essig einlegen:
  Gurken/Hering etc.); (dipping: metal etching)
  Gelbbrennen
**pickling acid** *metal* Beizsäure, Brennsäure
**picric acid (picrate)** Pikrinsäure (Pikrat)
**pictograph (for hazard labels)** Bilddiagramm,
  Begriffszeichen
**pig** *metal*(bar/ingot of cooled metal) Metallblock,
  Metallbarren; rad (outermost container of lead
  for radioactive materials) Bleiblock; *dist* (cow
  receiver adapter/multi-limb vacuum receiver
  adapter: receiving adapter for three/four
  receiving flasks) Eutervorlage, Verteilervorlage,
  ,Spinne'
**pig iron** Roheisen, Masseleisen
**pigment** Pigment, Farbe, Farbstoff
**pigment dye** Pigmentfarbstoff
**pigmentation** Pigmentierung, Färbung;
  Pigmentierung
**pigtail lead** *electr* Anschlussleitung
**pilot flame/pilot light (from a pilot burner)**
  Sparflamme; auch: Zündflamme
**pilot-operated (valve)** hydraulisch vorgesteuert
  (Ventil)
**pilot plant** Versuchsanlage, Pilotanlage
**pilot scale** Pilotmaßstab, Pilotanlagen-Größe
**pilot wire** *electr* Messader, Prüfader, Prüfdraht;
  Steuerleitung; Hilfsleiter
**pimelic acid** Pimelinsäure
**pin** Nadel; *electr* Stift (Stecker/Anschluss);
  (dowel/wall plug) Dübel
**pinch** kneifen, klemmen, quetschen
  ➢ **pinch off/tip** pinzieren, entspitzen
**pinch clamp** Schraubklemme

pinch valve/tubing pinch valve Quetschventil,
Schlauchventil (Klemmventil)
pinchcock Quetschhahn
pinchcock clamp Schlauchklemme
pinewood chip/chip of pinewood Kienspan
pipe (tube) Rohr, Röhre; (pipes/plumbing) Rohre,
Rohrleitungen
pipe clamp/pipe clip Rohrschelle
pipe cleaner Pfeifenreiniger, Pfeifenputzer
pipe extrusion Rohrextrusion
pipe fitting(s)/fittings Rohrverbinder,
Rohrverbindung(en)
pipe-to-tubing adapter
Schlauch-Rohr-Verbindungsstück
pipe wrench (rib-lock pliers/
adjustable-joint pliers) Rohrzange
piperazine Piperazin
piperidine Piperidin
piperine Piperin
pipet vb pipettieren
pipet/pipette (Br) Pipette
> blow-out pipet Ausblaspipette
> capillary pipet/capillary pipette Kapillarpipette
> dropping pipet/dropper Tropfpipette, Tropfglas
> filtering pipet Filterpipette
> graduated pipet Messpipette
> micropipet Mikropipette; (pipettor)
Mikroliterpipette (Kolbenhubpipette)
> Pasteur pipet Pasteurpipette
> piston-type pipet Saugkolbenpipette
> serological pipet serologische Pipette
> suction pipet (patch pipet) Saugpipette
> transfer pipet/volumetric pipet Vollpipette,
volumetrische Pipette
pipet aid/pipetting aid/pipet helper Pipettierhilfe
pipet ball Pipettierball
> safety pipet filler/safety pipet ball
Peleusball (Pipettierball)
pipet brush Pipettenbürste
pipet bulb/rubber bulb Saugball, Pipettierball,
Pipettierbällchen
pipet filler/pipet aspirator Pipettensauger
> safety pipet filler/safety pipet ball
Peleusball (Pipettierball)
pipet pump Pipettierpumpe
pipet rack/pipet support Pipettenständer
pipet tip Pipettenspitze
pipeting nipple/rubber nipple/teat (Br)
Pipettierhütchen, Pipettenhütchen,
Gummihütchen
pipette (Br)/pipet (US) Pipette
pipettor/micropipet Pipette, Mikropipette
pipettor stand Ständer für Mikropipetten,
Mikropipettenständer

piston/plunger (e.g., of syringe) Kolben
(Stempel/Schieber: Spritze/Pumpe etc.)
piston pump/reciprocating pump Kolbenpumpe
piston-type pipet Saugkolbenpipette
pitch vb (start fermentation by adding some
substance) anstelle (Gärung)
pitch n Neigung, Gefälle; Höhe; Grad, Stufe;
Ganghöhe; Pech; (resin from conifers)
Terpentinharz
pitch screw impeller Schraubenspindelrührer
pitchblende Pechblende
pitched blade impeller/pitched-blade fan
impeller/pitched-blade paddle impeller/
inclined paddle impeller Schrägblattrührer
pitcher Becherglas, Zylinderglas; Krug
(mit Griff)
pitching yeast Anstellhefe, Stellhefe, Impfhefe
pivot Spindel, Zapfen, Stift, Achse; Drehpunkt,
Drehzapfen, Drehbolzen
pivoted drehbar (um eine Achse), gelagert
pixel Bildpunkt, Rasterpunkt
placard Anschlagzettel (Gefahrgutkennzeichnung
etc.); Kennzeichen für Fahrzeuge/Container
placebo Placebo, Plazebo, Scheinarznei
placer gold Waschgold, Seifengold, Flussgold
(alluvial)
plait point kritischer Mischungspunkt
Planck constant (Planck's unit/Planck's element
of action) Plancksches Wirkungsquantum
plane (flat/level surface) Ebene, ebene Fläche
> focal plane Brennebene
plane-ground joint (flat-flange ground joint/
flat-ground joint) Planschliffverbindung
plane lattice Plangitter
plane mirror/plano-mirror Planspiegel
plane-polarized light linear polarisiertes Licht
planetary screw extruder/
planetary gear extruder Walzenextruder
(Planetwalzenextruder)
plano-concave mirror Plan-Hohlspiegel,
Plankonkav
plant chemical/phytochemical
Pflanzeninhaltsstoff
plant fiber/vegetable fiber Pflanzenfaser
plant pigment Pflanzenfarbstoff
plant protection Pflanzenschutz
plant-protective agent (pesticide)
Pflanzenschutzmittel
(Schädlingsbekämpfungsmittel/Pestizid)
plaque Hof, Lysehof, Aufklärungshof, Plaque
plasma-jet excitation spectr
Plasmastrahlanregung
plasmenic acid Plasmensäure
plasmin/fibrinolysin Plasmin, Fibrinolysin
plaster Mörtel, Verputz; Tünche; Pflaster

**plaster of Paris (POP)/calcined gypsum**
Gips (für Gipsverband)
**plastic** *adj/adv* Kunststoff…, Plastik…;
(moldable/workable) formbar
**plastic** *n* **(synthetic material/polymer)**
Kunststoff (Plastik/Plaste)
➢ **ablative plastic** ablativer Kunststoff
➢ **bioplastic** Biokunststoff
➢ **ceramoplastic** Keramikkunststoff
➢ **commodity plastic/bulk p./volume p.**
Standardkunststoff, Massenkunststoff,
Massenplast
➢ **crosslinked plastic** vernetztes Kunststoff
➢ **functional plastic** Funktionskunststoff
➢ **glass-reinforced plastics (GRP)**
glasverstärkte Kunststoffe
➢ **high-performance plastic (specialty p.)**
Hochleistungskunststoff
➢ **impact-modified plastics** schlagzähe Kunststoff
(schlagzäh ausgerüstete)
➢ **low-fog plastics** Kunststoff mit geringem
Fogging-Effekt
➢ **metal fiber-reinforced plastic (MFRP)**
metallfaserverstärkter Kunststoff (MFK)
➢ **reaction plastic** Reaktionskunststoff
➢ **reinforced plastics (RP)** verstärkte Kunststoffe
(*siehe:* faserverstärkte K.)
➢ **self-reinforcing plastic** selbstverstärkender
Kunststoff
➢ **synthetic fiber-reinforced plastic (SFRP)**
Synthesefaserverstärkter Kunststoff (SFK)
➢ **technical plastics/engineering plastics**
technische Kunststoffe
➢ **testing of plastics** Kunststoffprüfung
**plastic additive** Kunststoffhilfsstoff,
Kunststoffzusatzstoff
**plastic adhesive/plastic-bonding adhesive**
Kunststoffklebstoff, Kunststoffkleber
**plastic alloy** Kunststofflegierung
**plastic bag** Kunststoffbeutel, Plastiktasche
**plastic binder** Plastzement
**plastic-coated (plasticized)** kunststoffbeschichtet
(Überzug)
**plastic coating** Kunststoffbeschichtung,
Kunststoffüberzug; Kunststoffauflage
**plastic composite film** Kunststoffverbundfolie
**plastic container** Kunststoffbehälter
**plastic-encapsulated** kunststoffverkappt
**plastic encapsulation** Kunststoffeinkapselung
**plastic filler** Kunststoffspachtel
**plastic film (< 0.25 mm)** Plastikfilm, Plastikfolie
**plastic foil/film** Plastikfolie, Kunststofffolie
(dünn)
**plastic glue/synthetic resin glue** Kunststoffleim
**plastic insulation** Kunststoffisolierung

**plastic liner (liner sheet)**
Kunststoffdichtungsbahn (z. B. Abdichtung
für Teiche/Deponien etc.)
**plastic lining** Kunststoffauskleidung
**plastic material** Kunststoffwerkstoff
**plastic molding** Kunststoffformen,
Kunststoffformteil
**plastic molding compound** Kunststoffmasse,
Kunststoffformmasse
**plastic packaging** Kunststoffverpackung
**plastic pail** Plastikeimer
**plastic semiproduct/semifinished plastic**
Kunststoffhalbzeug
**plastic-sheathed/plastic-coated**
kunststoffummantelt (beschichtet/Überzug)
**plastic sheet (more than 0.25 mm)** Plastikfolie,
Kunststofffolie (fest/stark)
**plastic solder** Kunststofflot, Plastiklot
**plastic state** plastischer Zustand
**plastic waste** Kunststoffabfälle, Kunststoffschrott
**plastic wrap** Kunststoffumhüllung (Folie);
(household wrap) Plastikfolie (Frischhaltefolie)
**plasticating agent** Plastifiziermittel, Plastifikator
**plasticating time** Plastifizierzeit
**plasticator** Plastikator, Plastifikator,
Plastifiziermaschine; Mastikator,
Mastiziermaschine; Mastitiermittel
**plasticine** Plastilin, Knete, Knetmasse
**plasticity (moldability/deformability)** Plastizität,
Formbarkeit, Verformbarkeit;
Formänderungsvermögen, Verformungsfähigkeit,
Deformationfähigkeit; (workability) Pressbarkeit
**plasticity retention index (PRI)**
Plastizitäts-Retentionsindex
**plasticization/plastification** Weichmachung
**plasticizer** Weichmacher
**plasticizing** Plastizierung
**plasticizing capacity (kg/h)** Plastizierleistung
**plastics engineering** Kunststofftechnik
**plastics processing** Kunststoffverarbeitung
**plastification/plasticization/plastication**
Plastifizierung, Plastifizieren, Plastifikation,
Weichmachen, Erweichen
**plastify/plasticize/plasticate** plastifizieren,
plastisch machen (weichmachen/erweichen)
**plastifying (softening by contact heat)**
Erweichen (Kontaktwärme)
**plastination** Plastination
➢ **whole mount plastination** Ganzkörperplastination
**plastisol** Plastisol
**plate** Teller; *chromat* (HPLC) Trennstufe;
*dist/chromat* Boden
**plate column** *dist* Bodenkolonne
**plate efficiency** *dist* Bodenwirkungsgrad
**plate height** *dist* Bodenhöhe

**plate mill/disk mill/disk attrition mill**
Scheibenmühle

**plate-out** *polym* Ausblühen; Beschlagbildung
(auf Oberfläche des Formwerkzeugs)

**platen** Schlitten, Platte, Walze; Trägerplatte;
Aufspannplatte; Formträgerplatte

**platform** Plattform

**plating** Beschichtung, Belag, Aufbringen,
Plattieren

➤ **electroplating/electrodeposition**
**(galvanization/electrogalvanizing)**
Elektroplating, elektrochemische Beschichtung,
Galvanotechnik, Elektroplattierung

➤ **nickel plating** Vernickeln, Vernickelung
(Nickelüberzug)

➤ **zinc plating** Verzinken

**plating bath** *electr* Galvanisierelektrolyt,
Elektrolytflüssigkeit

**platinum (Pt)** Platin

➤ **platinic/platinum(IV)** Platin(IV)...

**pleasant smell/fragrance/scent/odor**
angenehmer Geruch, Duft

**pleated sheet/α-sheet** Faltblatt, α-Faltblatt

**plectonemic winding** plektonemische Windung

**plenum** (*pl* **plena**) Luftkammer (Schacht:
z. B. Abzug)

**pleochroism** Pleochroismus

**plot** *vb* planen, entwerfen; auftragen, ,plotten';
aufzeichnen, registrieren

**plotter** Plotter, Kurvenzeichner, Kurvenschreiber

**plug** *vb* verschließen, zustopfen

**plug** *n* Stöpsel; Stempel (Formwerkzeuge);
*electr/tech* (jack/connector/coupler) Stecker

➤ **flat plug** Flachstecker

➤ **power plug** Netzstecker

**plug connection** Steckverbindung,
Steckvorrichtung

**plug flow** Pfropffließen, Kolbenfluss

**plug-flow reactor (PFR)**
Pfropfenströmungsreaktor,
Kolbenströmungsreaktor

**plug valve** Auslaufventil

**plug wrench (bung removal)** Spundschlüssel
(für Fässer)

**plumbago/graphite** Graphit

**plumber** Klempner, Installateur

**plumbing system** Rohrleitungssystem (Wasser)

**plunger** Tauchkörper; Anpassstück; Stichleitung

**plunger injection** Kolbeninjektion

**plunging jet reactor/deep jet reactor/**
**immersing jet reactor** Tauchstrahlreaktor

**plunging siphon** Stechheber

**pluviometer/rain gauge** Regenmesser

**ply** *vb* biegen, falten; (fiber) duplieren, dublieren,
fachen, in Strähnen legen

**ply** *n* Lage, Schicht, Falte

➤ **multi-ply** viellagig, mehrfach; mehrfach gewebt

➤ **two-ply** zweilagig, zweifach; doppelt/zweifach
gewebt

**plywood** Sperrholz

**plywood board** Sperrholzplatte

**pneumatic** pneumatisch, luftbetrieben,
druckluftbetrieben, Luft..., Druck..., Preßluft...

**pneumatic valve** Druckluftventil

**pneumoconiosis** Staublunge,
Staublungenerkrankung, Pneumokoniose

**point defect (crystal)** Punktfehler, Punktdefekt

**point group** Punktgruppe,
Punktsymmetriegruppe

**point lattice (crystals)** Punktgitter

**point mutation** Punktmutation

**point of light** Lichtpunkt

**point source** Punktquelle

**point welding/spot welding** Punktschweißen

**Poiseuille flow/pressure flow** Poiseuille-
Strömung, laminare Rohrströmung

**poison** *vb* **(intoxicate)** vergiften

**poison** *n* **(toxin)** Gift (Toxin)

➤ **catalyst poison/catalytic poison**
Katalysatorgift, Katalytgift, Kontaktgift
(Katalyseinhibitor)

➤ **cumulative poison** Summationsgift,
kumulatives Gift

➤ **reaction poison** Reaktionsgift

➤ **respiratory poison** Atmungsgift

**poison cabinet** Giftschrank

**poison control center/poison control clinic**
Vergiftungszentrale, Entgiftungszentrale,
Entgiftungsklinik

**poison information center**
Giftinformationszentrale

**poisoning (intoxication)** Vergiftung (Intoxikation)

**poisonous (toxic)** giftig (toxisch)

**poisonous materials/poisonous substances**
Giftstoffe

**poisonousness/toxicity** Giftigkeit, Toxizität

**Poisson distribution** Poissonsche Verteilung,
Poisson Verteilung

**polar** polar

**polar growth** polares Wachstum

**polarity** Polarität

**polarizability** Polarisierbarkeit

**polarized light** polarisiertes Licht

**polarizer** Polarisator

**polarizing filter/polarizer** Polarisationsfilter,
,Pol-Filter', Polarisator

**polarizing microscopy** Polarisationsmikroskopie

pole Stange; *phys* (poling) Polen (bei elektr. Feld
 oberhalb $T_g$)
**poled polymer (for NLO devices)**
 gepoltes Polymer
**policeman/rubber policeman (scraper rod
 with rubber or Teflon tip)** Gummischaber,
 Gummiwischer, Kolbenwischer (zum Loslösen
 von festgebackenen Rückständen im Kolben)
**policy/rule** Vorschrift(en), Regel(n)
**polish** *n* Politur
**polish** *vb* polieren, glätten, schleifen
**polishing** Polieren, Glätten, Schleifen
**polishing agent** Poliermittel
**pollutant (harmful substance/contaminant)**
 Schadstoff, Schmutzstoffe
**pollutants** Schmutzstoffe
**pollute (contaminate)** verschmutzen,
 verunreinigen, belasten; beflecken
**polluter** Umweltverschmutzer
**pollution (contamination)** Verschmutzung,
 Verunreinigung (Kontamination)
➤ **air pollution** Luftverschmutzung,
 Luftverunreinigung
➤ **amount of pollution/degree of contamination**
 Verschmutzungsgrad
➤ **environmental pollution**
 Umweltverschmutzung
➤ **noise pollution** Lärmverschmutzung
➤ **water pollution** Wasserverschmutzung
**pollution control** Umweltschutz
**pollution level** Schadstoffbelastung
**polyacid** Polysäure
**polyacrylamide** Polyacrylamid
**polyaddition (addition polymerization)**
 Polyaddition
**polyadenylation** Polyadenylierung
**polyanion** Polyanion
**polybase** Polybase
**polybasic** mehrbasig
**polybasic acid** mehrbasige Säure
**polycarbonate** Polycarbonat
**polycation** Polykation
**polycondensation (condensation
 polymerization)** Polykondensation
**polycrystal** Vielkristall
**polycrystalline** polykristallin
**polycyclic** polycyclisch
**polydispersity index (PDI)**
 Polydispersitätsindex (PDI)
**polyelectrolyte (polysalt/polyion)** Polyelektrolyt
**polyester** Polyester
**polyester surface coating resin** Lackpolyester
**polyesterification** Polyesterbildung

**polyethylene/polythene (*Br*)** Polyethylen
**polyfilament** Polyfilseide
**polyhydroxy alcohol/polyol**
 mehrwertiger Alkohol, Polyol
**polyion** Polyion
**polymer** Polymer (Polymerisat)
➤ **amorphous** amorph
➤ **atactic polymer** ataktisches Polymer
➤ **barrier polymer** Sperrschichtpolymer
➤ **biopolymer (biological polymer)** Biopolymer
➤ **bipolymer (*see also:* copolymer)** Bipolymer
➤ **block polymer** Blockpolymer
➤ **bound polymer** gebundenes Polymer
➤ **branched-chain polymer** verzweigtes Polymer
➤ **brittle polymer** sprödes Polymer
➤ **catena polymer (linear)** Kettenpolymer
➤ **cauliflower polymer** Blumenkohlpolymer
➤ **comb polymer** Kammpolymer
➤ **conductive polymer** leitfähiges Polymer
➤ **copolymer** Copolymer
➤ **crosslinked polymer** vernetztes Polymer
➤ **crystalline polymer** kristallines Polymer
➤ **cyclic polymer** Ringpolymer
➤ **dendritic polymer (star polymer)** dendritisches
 Polymer (Sternpolymer)
➤ **ditactic polymer** ditaktisches Polymer
➤ **double-strand polymer** Doppelstrangpolymer
➤ **ductile** duktil
➤ **filled polymer** gefülltes Polymer
➤ **foamed polymer** geschäumtes Polymer
➤ **functional polymer** Funktionspolymer
➤ **graft polymer** Pfropfpolymer
➤ **heterochain polymer** Heteroketten-Polymer
➤ **heteropolymer** Heteropolymer
➤ **heterotactic polymer** heterotaktisches Polymer
➤ **high polymer** Hochpolymer
➤ **homochain polymer** Homoketten-Polymer
➤ **homopolymer** Homopolymer
➤ **hyperbranched polymer (HBP)**
 hyperverzweigtes Polymer
➤ **inorganic polymer** anorganisches Polymer
➤ **intrinsic conducting polymer (ICP)** intrinsisch
 leitfähiges Polymer
➤ **isotactic polymer** isotaktisches Polymer
➤ **ladder polymer** Leiterpolymer
➤ **linear polymer** lineares Polymer
➤ **liquid crystalline polymer** flüssigkristallines
 Polymer
➤ **living** lebend
➤ **modified polymer** modifiziertes Polymer
➤ **monotaktisches Polymer** monotactic polymer
➤ **network polymer/lattice polymer** Netzpolymer,
 Gitterpolymer

➢ **optical polymer** optisches Polymer
➢ **parquet polymer/layer polymer/phyllo polymer** Parkettpolymer, Flächenpolymer, Schichtpolymer, Schichtebenen-Polymer
➢ **phantom polymer** Phantompolymer, Exotenpolymer
➢ **photoconductive polymer** lichtleitfähiges Polymer
➢ **photonic polymer** lichtaktives Polymer
➢ **phyllo polymer/parquet polymer/ layer polymer** Parkettpolymer, Flächenpolymer, Schichtpolymer, Schichtebenen-Polymer
➢ **poled polymer (for NLO devices)** gepoltes Polymer
➢ **precursor polymer** Vorläuferpolymer
➢ **prepolymer** Vorpolymer, Präpolymer
➢ **reinforced polymer** verstärktes Polymer
➢ **rigid polymer** steifes Polymer
➢ **self-reinforcing polymer** selbstverstärkendes Polymer
➢ **semiladder polymer/step-ladder polymer** Halb-Leiterpolymer
➢ **semirigid** halbsteif
➢ **sequential polymer** Sequenzpolymer
➢ **sheet polymer** Folienpolymer
➢ **side-chain liquid crystalline polymer (SCLCP)** flüssigkristalline Seitenketten-Polymer
➢ **side-chain polymer** Seitenkettenpolymer
➢ **sleeping polymer** schlafendes Polymer
➢ **soft polymer/non-rigid polymer** weiches Polymer
➢ **star polymer (dendritic polymer)** Sternpolymer (dendritisches Polymer)
➢ **stereoregular polymer** stereoreguläres Polymer
➢ **strong polymer** festes Polymer
➢ **structural polymer** Strukturpolymer
➢ **styrenics** Styrolpolymere
➢ **syndiotactic polymer** syndiotaktisches Polymer
➢ **tactic polymer** taktisches Polymer
➢ **unsaturated polymer** ungesättigtes Polymer
**polymer alloy** Polymerlegierung, Kunststofflegierung
**polymer alloy/plastic alloy** Polymerlegierung, Kunststofflegierung
**polymer backbone** Polymergerüst
**polymer blend/polyblend (polymer alloy)** Kunststoff-Blend (Polymerlegierung)
**polymer chain** Polymerkette
**polymer chemistry** Polymerchemie
**polymer chemistry/macromolecular chemistry** Polymerchemie, makromolekulare Chemie
**polymer chip(s)** Polymerschnitzel
**polymer coil** Polymerknäuel
**polymer fiber** Polymerfaser

**polymer melt** Polymerschmelze
**polymer optical fiber (POF)** optische Polymerfaser
**polymer optical waveguide** Kunststoff-Lichtwellenleiter
**polymer physics** Polymerphysik
**polymer plasticizer** Polymerweichmacher
**polymer tube** Röhrenpolymer
**polymerase chain reaction (PCR)** Polymerasekettenreaktion
**polymeric material** Polymerwerkstoff
**polymeric plasticizer** Polymerweichmacher
**polymerization** Polymerisation, Polyreaktion; Kunststoffsyntheseverfahren
➢ **addition polymerization** Additionspolymerisation
➢ **anionic polymerization** anionische Polymerisation
➢ **aromatic polymerization** aromatische Polymerisation
➢ **bead polymerization** Perlpoymerisation
➢ **block polymerization** Blockpolymerisation
➢ **bulk polymerization/mass polymerization** Substanzpolymerisation, Masse-Polymerisation
➢ **catalytic polymerization** katalytische Polymerisation
➢ **cationic polymerization** kationische Polymerisation
➢ **chain-growth polymerization/ chain-reaction polymerization** Kettenwachstumspolymerisation
➢ **cold polymerization** Kaltpolymerisation, Tieftemperaturpolymerisation
➢ **condensation polymerization/condensed polymerization** Kondensationspolymerisation, kondensative Polymerisation, kondensierende Polymerisation
➢ **coordination polymerization** Koordinationspolymerisation, koordinative Polymerisation
➢ **copolymerization** Copolymerisation
➢ **cyclopolymerization** Cyclopolymerisation, cyclisierende Polymerisation
➢ **dead-end polymerization** ‚Sackgassen'-Polymerisation
➢ **degree of polymerization (DP)** Polymerisationsgrad
➢ **depolymerization** Depolymerisation
➢ **dispersion polymerization** Dispersionspolymerisation
➢ **electrochemical polymerization** elektrochemische Polymerisation
➢ **emulsion polymerization** Emulsionspolymerisation

➢ **equilibrium polymerization/reversible polymerization** Gleichgewichtspolymerisation
➢ **gas-phase polymerization** Gasphasenpolymerisation
➢ **graft polymerization** Pfropfpolymerisation
➢ **group-transfer polymerization** Gruppentransferpolymerisation
➢ **homopolymerization** Homopolymerisation
➢ **hydrolytic polymerization** hydrolytische Polymerisation
➢ **immortal polymerization** unsterbliche Polymerisation
➢ **inifer polymerization** Iniferpolymerisation
➢ **insertion polymerization** Polyinsertion
➢ **interfacial polymerization** Grenzflächenpolymerisation
➢ **ionic polymerization** ionische Polymerisation
➢ **isomerization polymerization** Isomerisations-Polymerisation
➢ **living polymerization** lebende Polymerisation
➢ **matrix polymerization/template polymerization** Matrixpolymerisation (Template-Effekt)
➢ **metathesis polymerization** Metathesepolymerisation
➢ **phase-transfer polymerization** Phasentransferpolymerisation
➢ **photopolymerization** Photopolymerisation
➢ **plasma polymerization** Plasma-Polymerisation
➢ **popcorn polymerization** Popcorn-Polymerisation
➢ **postpolymerization** Nachpolymerisation
➢ **precipitation polymerization/precipitative polymerization** Fällungspolymerisation
➢ **pressureless polymerization** drucklose Polymerisation
➢ **quasiliving polymerization** quasilebende Polymerisation
➢ **radiation polymerization/radiation-induced polymerization/radiolytic polymerization** Strahlenpolymerisation
➢ **radical polymerization** radikalische Polymerisation
➢ **radical-chain polymerization** Radikalkettenpolymerisation
➢ **reversible polymerization/equilibrium polymerization** Gleichgewichtspolymerisation
➢ **ring-opening polymerization** Ringöffnungspolymerisation
➢ **runaway polymerization** unkontrollierte Polymerisation, Kettenreaktions-Polymerisation (Durchgehreaktion)
➢ **self-polymerization** Autopolymerisation
➢ **solid-state polymerization** Festphasenpoymerisation

➢ **solvent polymerization** Lösungspolymerisation
➢ **spontaneous polymerization** spontane Polymerisation
➢ **step-growth polymerization/ step-reaction polymerization** Stufenwachstumspolymerisation
➢ **stepwise polymerization/step polymerization** Stufenpolymerisation
➢ **suspension polymerization** Suspensionspolymerisation
➢ **terpolymerization** Terpolymerisation
➢ **thermic polymerization** thermische Polymerisation
**polymerization additive** Polymerisationshilfsmittel
**polymerization product/ polymerizate** Polymerisat, Polymerisationsprodukt
**polymerization rate** Polymerisationsgeschwindigkeit
**polymerization spinning** Polymerisationsspinnen
**polymerization termination** Polymerisationsabbruch
**polymerize** polymerisieren
**polymerize to completion (run to completion)** auspolymerisieren
**polymorphism/pleomorphism** Polymorphie, Polymorphismus, Pleomorphismus, Mehrgestaltigkeit
**polynuclear** polynuklear, mehrkernig
**polynucleotide** Polynucleotid, Polynukleotid
**polyol** Polyalkohol, Polyol
**polyolefin (polyhydric)** Polyolefin, Polyalken (Polyalkylen)
**polyprotic acid/polybasic acid** mehrprotonige Säure, mehrbasige Säure
**polyradical** Polyradikal
**polysaccharide (multiple sugar/glycan)** Polysaccharid (Mehrfachzucker/Glykan)
➢ **cellulose** Cellulose
➢ **glycogen** Glykogen
➢ **pectin** Pektin
➢ **starch** Stärke
➢ **structural polysaccharide** Strukturpolysaccharid
**polysalt (polyelectrolyte complex/ polyion complex)** Polyelektrolyt
**polysoap** Polymertensid
**polysulfide rubber** Polysulfid-Kautschuk
**polyterpene(s)** Polyterpen(e)
**polyterpene resins** Polyterpenharze
**polyunsaturated** mehrfach ungesättigt
**polyunsaturated fatty acid** mehrfach ungesättigte Fettsäure
**polyvinyl chloride PVC** Polyvinylchlorid

pool *n* (whole quantity of a particular substance: body substance, metabolite etc) ‚Pool' (Gesamtheit einer Stoffwechselsubstanz)

pool *vb* (combine/accumulate) poolen, vereinigen, zusammenbringen

porcelain/china Porzellan

porcelain dish Porzellanschale

porcelain enamel Emaille, Email

porcelain mortar Porzellanmörser

pore size/mesh size Porenweite (Filter/Gitter etc.)

pore water Porenwasser

porin Porin

poromeric(s) Poromer(e)

porosity Porosität, Durchlässigkeit

porous porös, porig, durchlässig

port Eingang, Anschluss (Gerät)

portion/fraction Teilmenge, Portion, Fraktion

portioning Portionierung

portland cement Portlandzement

position Lage (in Bezug), Position

position isomerism/positional isomerism Positionsisomerie, Stellungsisomerie

positive-displacement pump Direktverdrängerpumpe

positive pressure Überdruck

positive-displacement valve Verdrängerventil

positron emission tomography (PET) Positronenemissionstomographie (PET)

post cure (postcuring) Nachhärten

post-cure nachhärten

post-emergence treatment agr Nachauflaufbehandlung

postcuring/postvulcanization Nachvernetzung, Nachvulkanisation

postpolymerization Nachpolymerisation

postprecipitation Nachfällung

postprocessing (PP) Nachverarbeitung

posttreatment examination/follow-up (exam)/ reexamination after treatment Nachuntersuchung

postvulcanization/postcuring Nachvulkanisation, Nachvernetzung

pot cleaner (scouring pad) Topfkratzer, Topfreiniger

pot life *polym* Topfzeit, Verarbeitungsdauer, Gebrauchsdauer

potable water trinkbares Wasser

potash/potassium carbonate K₂CO₃ Pottasche, Kaliumcarbonat

potash alum/aluminum potassium sulfate/ alum Kalialaun, Kaliumaluminiumsulfat, Alaun

potassium (K) Kalium

potassium cyanide KCN Cyankali, Zyankali, Kaliumcyanid

potassium hydroxide solution Kalilauge, Kaliumhydroxidlösung

potassium permanganate Kaliumpermanganat

potential *adv/adj* potentiell

potential *n* Potential (auch: Potenzial)

➤ electrotonic potential elektrotonisches Potential

➤ equilibrium potential Gleichgewichtspotential

➤ gross potential Summenpotential

➤ half-wave potential Halbstufenpotential/ Halbwellenpotential

➤ half-cell potential Halbzellenpotential

➤ ion potential Ionenpotential

➤ ionization potential/ionization energy Ionisationsenergie/Ionisierungspotential (Ionisierungsarbeit/Ablösungsarbeit)

➤ membrane potential Membranpotential

➤ redox potential (oxidation-reduction potential) Redoxpotential

➤ resting potential Ruhepotential

➤ reversal potential Umkehrpotential

➤ solute potential Löslichkeitspotential

➤ standard potential/standard electrode potential Standardpotential, Normalpotential

➤ streaming potential Strömungspotential

➤ threshold potential (firing level) Schwellenpotential (kritisches Membranpotential)

➤ water potential Wasserpotential, Hydratur, Saugkraft

potential barrier Potentialschwelle

potential difference/voltage Potentialdifferenz, Spannung

potential energy Lageenergie, potentielle Energie

potential-energy surface Potentialfläche, Potentialenergieoberfläche

potholder Topflappen

Potter-Elvehjem homogenizer (glass homogenizer) ‚Potter' (Glashomogenisator)

pottery Tongeschirr

pound *n* nicht gleich Pfund, sondern 453,6 g

pound *vb* (reduce to powder or pulp by beating) zerstoßen, zerstampfen; zermalmen

pour schütten; gießen; (pour out/empty out) ausschütten, ausgießen; (pour off/decant) abgießen, dekantieren (ablassen)

pour-plate method/technique Plattengussverfahren, Gussplattenmethode

pourable elastomer Gießelastomer

pouring/casting Gießen

pouring ring Ausgießring

pouring spout Gießschnauze (an Gefäß)

powder Pulver, Puder

➤ black powder Schwarzpulver

> **blasting powder** Sprengpulver
> **dry powder/dry-powder fire-extinguishing agent** Trockenlöschmittel
> **fire-extinguishing powder** Pulverlöschmittel, Löschpulver
> **fulminating powder** Knallpulver
> **gunpowder** Schießpulver
> **talcum powder** Talkpulver, Talkum
**powder coating** Pulverbeschichten
**powder fire extinguisher** Pulverlöscher
**powder funnel** Pulvertrichter
**powder metallurgy** Pulvermetallurgie (Metallkeramik/Sintermetallurgie)
**powder sintering** Schüttsintern
**powder spatula** Pulverspatel
**power** *vb* betreiben, antreiben, versorgen; mit Strom versorgen
> **power down** ausschalten, abschalten; herunterfahren
> **power up** einschalten, anschalten; hochfahren
**power** *n*
   phys (P/W) Leistung; electr Elektrizität, Strom
> **adhesive power/bonding power** Klebkraft
> **available power** Blindleistung
> **bonding power/bonding capacity** Bindekraft
> **calorific power/heat value** Heizwert
> **cohesive power** Kohäsionskraft
> **explosive force/explosive power** Sprengkraft
> **nuclear power/atomic power** Kernkraft, Atomkraft
> **penetrating power** Eindringvermögen
> **resolving power** *opt* Auflösungsvermögen
> **solvating power** Solvatationskraft
> **stopping power** *nucl* Bremsvermögen
**power-compensated differential scanning calorimetry (PCDSC)** dynamische Differenz-Leistungs-Kalorimetrie (DDLK), Leistungskompensations-Differentialkalorimetrie
**power control** Leistungsregelung
**power cord (electric cord/electrical cord/ power cable/electric cable)** Stromkabel
**power down** abschalten (Computer: herunterfahren)
**power grid** Verteilungsnetz, Versorgungsnetz, elektrisches ‚Netz‘
**power input** Aufnahmeleistung
**power law** Potenzgesetz, Potenzfließgesetz
**power lead** Stromkontakt
**power loss** Verlustleistung
**power network** Versorgungsnetz
**power outage** Stromausfall
**power output/rated power output** Nennleistung, Ausgangsleistung, Nominalleistung; Leistungsabgabe

**power plug** Netzstecker
**power screwdriver** Elektroschrauber
**power supply** Stromquelle, Stromzufuhr; Stromgerät
**power supply unit** Netzgerät, Netzteil, Stromgerät
**power switch** Netzschalter
**power up** anschalten, hochfahren, anfahren (Reaktor, Computer)
**preamplifier** Vorverstärker
**prebiotic synthesis** präbiotische Synthese
**precaution/precautionary measure/ safety warning** Vorkehrung, Vorsichtsmaßnahme, Vorsichtsmaßregel
> **take precautions (precautionary measures)** Vorkehrungen treffen
**precautionary measure (protective measure)** Schutzmaßnahme, Vorsichtsmaßnahme (Vorkehrung)
**prechill** vorkühlen
**precious metal** Edelmetall
**precipitant/precipitating agent** Fällungsmittel
**precipitate** *n* Präzipitat, Fällung, Ausfällung
**precipitate** *vb* präzipitieren, ausfällen, fällen; (deposit/sediment/settle) niederschlagen, absetzen; (crystals) ausschieden
**precipitated chalk** gefällte Kreide, präzipitierte Kreide (gefälltes Calciumcarbonat)
**precipitating electrode** Niederschlagselektrode
**precipitating fractionation** Fällfraktionierung
**precipitation** Fällen, Fällung, Ausfällen, Ausfällung, Präzipitation; (deposit/sediment) Niederschlag (*auch: meteo*)
> **coprecipitation** Mitfällung
> **fractional precipitation** fraktionierte Fällung
> **postprecipitation** Nachfällung
**precipitation titration** Fällungstitration
**precise/exact** präzis, genau
**precision (exactness/accuracy)** Präzision, Genauigkeit
**precision balance** Feinwaage, Präzisionswaage
**precision of measurement/ measurement precision** Messgenauigkeit
**precleaned** vorgereinigt
**precleaning** Vorreinigung
**precoat** vorbeschichten
**precoated plate** *chromat* Fertigplatte
**precompounded** vorimprägniert, vorbeharzt
**preconcentrate** Vorkonzentrat
**precondensate** Vorkondensat
**precooler** Vorkühler (Kälte)
**precursor** Präkursor, Vorläufer
**prediction** Voraussage, Vorhersage
**predictive** vorraussagend
**predictive model** Voraussagemodell

**predisposition** Prädisposition, Veranlagung

**predominate** vorherrschen

**pre-emergence treatment** Vorauflaufbehandlung

**preferential adsorption** Vorzugsadsorption

**preferential solvation** Vorzugssolvatation

**prefilter** Vorfilter

**pregnenolone** Pregnenolon

**preheater** Vorwärmer

**preheating time/rise time (autoclave)** Anheizzeit, Steigzeit

**preirradiation** Vorbestrahlung

**preliminary test/crude test** Vorprobe, Vorversuch

**pre-melting temperature** Präschmelztemperatur

**premix** Vormischung

**premixing** Vormischen

**prenylation** Prenylierung

**preparation** Vorbereitung; Zubereitung, Herstellung; *med/pharm* Präparat, Droge, Wirkstoff; (preserved specimen) Präparat

**preparation process/procedure (manufacturing process/procedure)** Herstellungsverfahren, Vorbereitungsverfahren

**preparative** präparativ

**preparative centrifugation** präparative Zentrifugation

**preparative chemistry** präparative Chemie

**preparative chromatography** präparative Chromatographie

**preparatory treatment** Vorbehandlung

**preparatory work** Vorarbeiten

**prepare** präparieren, vorbereiten, richten; anfertigen, herstellen, zubereiten

**prephenic acid** Prephensäure (Prephenat)

**prepolymer** Vorpolymer, Präpolymer

**prepreg (preimpregnated fiber)/preform** Prepreg (Monomer-imprägniertes Glasfasergewebe), vorimprägnierter Vorformling/Rohling, harzvorimprägniertes Halbzeug

**prepregged** *polym* vorimprägniert

**prepurify** vorreinigen

**prescored ampule/ampoule** vorgeritzte Spießampulle

**prescribed work procedure/prescribed operating procedure** Arbeitsanweisung, Arbeitsvorschrift

**prescription** Vorschrift, Verordnung; (order) Anweisung

**prescription drug** verschreibungspflichtiges Arzneimittel

**preservation** Bewahrung, Erhaltung, Preservierung, Konservierung; (storage) Aufbewahrung

**preservative** Konservierungsstoff, Konservierungsmittel

**preserve/keep/maintain** bewahren, erhalten, preservieren

**press** *n* Presse; Druckmaschine

**press** *vb* pressen, zusammendrücken; ausdrücken; (fruit/grapes) keltern

**press molding** *polym* Pressen, Formpressen; Schichtpressen

**pressed density** Pressdichte

**pressure** Druck (*pl* Drücke)

➢ **air pressure** Luftdruck

➢ **ambient pressure** Umgebungsdruck

➢ **atmospheric pressure** atmosphärischer Luftdruck

➢ **blood pressure** Blutdruck

➢ **breaking pressure** Öffnungsdruck (Ventil)

➢ **counterpressure** Gegendruck

➢ **high pressure** Hochdruck

➢ **hydrostatic pressure** hydrostatischer Druck

➢ **initial pressure/initial compression/ high pressure** Vordruck, Eingangsdruck (Hochdruck: Gasflasche)

➢ **internal pressure** Innendruck

➢ **loss of pressure (pressure drop)** Druckverlust

➢ **low pressure** Niederdruck

➢ **negative pressure** Unterdruck

➢ **oncotic pressure** onkotischer Druck, kolloidosmotischer Druck

➢ **operating pressure** Betriebsdruck

➢ **osmotic pressure** osmotischer Druck

➢ **outlet pressure** Hinterdruck

➢ **oxygen partial pressure** Sauerstoffpartialdruck

➢ **partial pressure** Partialdruck

➢ **positive pressure** Überdruck

➢ **reduced pressure** erniedrigter Druck

➢ **selective pressure/selection pressure** Selektionsdruck

➢ **standard pressure** Normaldruck, Normdruck

➢ **supply pressure (HPLC)** Eingangsdruck

➢ **turgor pressure** Turgordruck

➢ **vapor pressure** Dampfdruck

➢ **working pressure/delivery pressure** Arbeitsdruck, Hinterdruck (Druckausgleich)

**pressure bag process** Drucksackverfahren (Pressen)

**pressure bandage/compression dressing** *med* Druckverband

**pressure bottle** Druckflasche

**pressure control valve** Druckregelventil

**pressure conveyor** Druckstetigförderer

**pressure cooker** Dampfkochtopf

**pressure cycle reactor** Druckumlaufreaktor

**pressure drop** Druckabfall

**pressure equalization** Druckausgleich

pressure filtration Druckfiltration
pressure flow/pressure back flow/back flow
Druckströmung, Druckfluss, Druckrückströmung,
Rückfluss; *polym* (Poiseuille flow) Poiseuille-
Strömung, laminare Rohrströmung
pressure flow-drag/flow ratio Drosselquotient
pressure-flow theory/hypothesis
Druckstromtheorie, Druckstromhypothese
pressure fluctuation Druckschwankung
pressure gauge/pressure gage/gauge/gage
Druckmesser, Manometer
pressure head Staudruck, Druckhöhe; Fließdruck,
Druckgefälle; Förderhöhe
pressure protection device
Druckentlastungseinrichtung
pressure regulator Druckregler, Druckminderer
(Gasflasche)
pressure relief valve (gas regulator/
gas cylinder pressure regulator)
Reduzierventil, Druckminderventil,
Druckminderungsventil, Druckreduzierventil
(für Gasflaschen), Gasdruckreduzierventil
pressure resistant druckfest
pressure rise/pressure increase Druckanstieg
pressure-sensitive druckempfindlich
pressure-sensitive adhesive Haftkleber,
Kontaktkleber, druckreaktiver Klebstoff
pressure-swing adsorption (PSA) Druck-Umkehr-
Adsorption (Gastrennung)
pressure-tight druckdicht
pressure transducer Druckumwandler
pressure tubing Druckschlauch
pressure valve/pressure relief valve
(safety valve) Druckventil, Überdruckventil
pressure vessel Druckbehälter
pressurize unter Druck setzen
pressurized air Druckluft
pressurized-water reactor (PWR)
Druckwasserreaktor
pressurizer Druckerzeuger; Druckanlage
prestrain Vorbeanspruchung
prestress Vorspannung
prestretch/prestretching Vorstreckung
pretreat vorbehandeln
pretreatment (preparation) Vorbehandlung
pretrial (preliminary experiment) Vorversuch
prevalence/prevalency Prävalenz
prevention Prävention; (provision) Verhütung
(Verhinderung: Unfälle/Vorsorge)
prevention of accidents Unfallverhütung
preventive medical checkup
Vorsorgeuntersuchung
preventive medicine Präventivmedizin
prevulcanization Anvulkanisation, Anvulkanisieren,
Vorvulkanisieren, Vorvernetzung

prill *vb* prillen
prill/prilling Prillen, Prillieren,
Sprühkristallisation; metal Metallkönig,
Regulus (Metallklümpchen)
primary product (initial product)
Ausgangsprodukt
primary quantum number Hauptquantenzahl
primary settling tank Vorklärbecken
primary structure Primärstruktur (Proteine)
prime *vb* vorbereiten; (Farbe) grundieren;
(pump) vorpumpen, anlassen (auch:
selbstansaugend)
primer *n* Zünder, Zündvorrichtung;
Initialzündmittel; Primer, Grundierung,
Grundiermittel, Grundiermasse,
Spachtelmasse
➤ adhesive primer Haftgrundierung, Haftprimer
➤ application of primer (paint) Grundieren
➤ apply primer grundieren
primer coat Grundierschicht
priming charge/ignition charge/
igniter (pyrotechnics) Zündsatz
priming composition/ignition composition
Zündsatzmischung
primitive form/basic form/parent form
Stammform, Urform
principal quantum number Hauptquantenzahl
printed circuit board (PCB) Leiterplatte, Platine
printed wiring (circuit) gedruckte Schaltung/
Schaltkreis
printed wiring board (PWB) gedruckte
Verdrahtungsplatte
priority rule Prioritätsregel
prism Prisma
pristine ursprünglich (urtümlich)
probability/likelihood Wahrscheinlichkeit
probe *vb* prüfen, testen, untersuchen, analysieren
probe *n* Sonde, Fühler; (microprobe) Mikrosonde
➤ probing head Tastkopf
➤ thermocouple probe Thermoelementsonde
probe gas/tracer gas Prüfgas
procedure/technique Verfahren
process *vb* (processing/treat) verarbeiten; (finish)
weiterverarbeiten, prozessieren; aufbereiten;
metabol (process/metabolize) umsetzen
process control Prozesssteuerung,
Prozess-Kontrolle
process engineering Verfahrenstechnik
process line Fertigungsstraße, Fertigungslinie
process water/service water/industrial water
(nondrinkable water) Betriebswasser,
Brauchwasser (nicht trinkbares Wasser)
processability Verarbeitbarkeit
processing (treatment) Prozessierung, Verarbeitung;
(finishing) Weiterverarbeitung; Aufbereitung

**processing aid(s)** Verarbeitungshilfe, Fabrikationshilfsmittel
**processing shrinkage** Verarbeitungsschwindung
**procuring/procurement/supply** Beschaffung
**produce** *vb* **(manufacture/make)** produzieren, erzeugen, herstellen
**producer** Produzent, Erzeuger, Hersteller
**producer gas** Luftgas, Generatorgas
**product** Produkt; Erzeugnis, Ware; Ergebnis, Resultat
**product inhibition** Produkthemmung
**product liability** Produkthaftung
**product-moment correlation coefficient** Maßkorrelationskoeffizient, Produkt-Moment-Korrelationskoeffizient
**product purity** Produktreinheit
**production costs/manufacturing costs** Herstellungskosten
**productivity** Produktivität
**proenzyme/zymogen** Proenzym, Zymogen
**professional association (organization)** Berufsverband
**profile (pattern)** Profil
**progesterone** Progesteron
**progestin** Progestin
**prognosis** Vorhersage, Prognose
**progressing cavity pump** Schneckenantriebspumpe
**prohibition/ban** Verbot
**proinsulin** Proinsulin
**project** *vb opt* projizieren, abbilden
**projection formula** Projektionsformel
**proliferate** proliferieren
**proliferation** Proliferation
**proline (P)** Prolin
**proof** *n* (check) *chem* Probe, Versuch, Untersuchung, Test, Prüfung; (57% alcohol/vol. = 100° proof) Normalstärke, Proof
**proof pressure** Prüfdruck
**proof pressure test** Dichtheitsprüfung unter Druck
**proof stress** Dehngrenze; Prüfbeanspruchung
**proofreading** Korrekturlesen
**propagate** propagieren (polym wachsen); neuro weiterleiten, fortleiten; (reproduce) fortpflanzen, vermehren, reproduzieren
➢ **self-propagate (self-propagating reaction)** selbsttragend (selbsttragende Reaktion)
**propagation** Propagation, Fortpflanzungsreaktion (polym Wachstum); (reproduction) Fortpflanzung, Vermehrung, Reproduktion
➢ **cross-propagation** Querwachstum
➢ **self-propagation** Selbstwachstum
**propanol/n-propyl alcohol** Propylalkohol, Propan-1-ol

**propellant (pressure can)** Treibmittel, Treibgas (z. B. in Sprühflaschen/Druckflaschen)
**propellant charge/propelling charge/propulsion charge (pyrotechnics)** Treibsatz (pyrotechnisch)
**propellant composition/propulsion composition** Treibsatzmischung (Pyrotechnik)
**propeller impeller** Propellerrührer
**propenal/acrolein** Propenal, Acrolein, Acrylaldehyd
**propenol/allyl alcohol** Propenol, Prop-2-en-1-ol, Allylalkohol
**property** Eigenschaft, Merkmal, Vermögen
**prophylactic** prophylaktisch
**prophylaxis** Prophylaxe
**propionic acid (propionate)** Propionsäure (Propionat)
**propionic aldehyde/propionaldehyde** Propionaldehyd
**proportional truncation** *stat* proportionaler Schwellenwert
**proportional valve/P valve** Proportionalventil
**proportionality limit** Proportionalitätsgrenze
**propositus** Proband, Propositus
**propulsion** Antrieb, Trieb, Voranbringen (Fortbewegung)
**propulsive force** Antriebskraft, Triebkraft
**n-propyl alcohol/propanol** Propylalkohol, Propan-1-ol
**prostaglandin(s)** Prostaglandin(e)
**prostanoic acid** Prostansäure
**prosthetic group** prosthetische Gruppe
**protect (protected)** schützen (geschützt)
**protection (cover/screen/shield)** Schutz
➢ **deprotection** Entschützen, Entfernen von Schutzgruppen
**protection assay/protection experiment** Schutzversuch, Schutzexperiment
**protection mask/face mask/respirator mask/ respirator** Atemmaske, Atemschutzmaske
**protective clothing** Schutzkleidung
➢ **workers' protective clothing** Arbeitsschutzkleidung
**protective coat/protective gown** Schutzkittel, Schutzmantel
**protective coating** Schutzanstrich
**protective covering** Schutzbelag
**protective curtain** Schutzvorhang
**protective gas/shielding gas (in welding)** Schutzgas
**protective gloves/gauntlets** Schutzhandschuhe
**protective group/protecting group** Schutzgruppe (*chem* Synthese)
**protective hood** Schutzhaube
**protective measure/precautionary measure** Schutzmaßnahme

**protective screen/protective shield/workshield**
Schutzscheibe, Schutzschirm, Schutzschild
**protein** Protein, Eiweiß
**protein engineering** gezielte Konstruktion von
Proteinen
**protein fibers** Proteinfasern
**protein synthesis** Proteinsynthese
**protein tagging** Proteinmarkierung,
Protein-Tagging
**proteinaceous** proteinartig, proteinhaltig,
Protein..., aus Eiweiß bestehend, Eiweiß...
**proteolytic** proteolytisch, eiweißspaltend
**prothrombin/thrombinogen** Prothrombin
**protic acid** Protonensäure (Brønstedt)
**protocol (record/minutes)** Protokoll,
Aufzeichnungen; Sitzungsbericht; genormte
Verfahrensvorschrift
**protolysis (with proton transfer)** Protolyse
**proton affinity** Protonenaffinität
**proton gradient** Protonengradient
**proton microprobe** Protonensonde
**proton motive force** protonenmotorische Kraft
**proton pump** Protonenpumpe
**proton shift (NMR)** Protonenverschiebung
**proton trap** Protonenfalle
**protonation** Protonierung
**proto-oncogene** Protoonkogen
**protraction (delay/procrastination: through
neglect)** Verschleppung
**protrude (project/stand out/stick out/rise over)**
herausragen, überragen, hervorstehen
**provisional measure/precautionary
measure** Vorsorgemaßnahme
**proximal** proximal, ursprungsnah
**Prussian blue/iron(III) hexacyanoferrate(II)**
$Fe_4[Fe(CN)_6]_3$ Berliner Blau, Turnbulls Blau
**prussiate/prussiate of potash** Blutlaugensalz,
Kaliumhexacyanoferrat
> **red prussiate of potash/potassium
hexacyanoferrate(III) $K_3[Fe(CN)_6]$** rotes
Blutlaugensalz, Kaliumhexacyanoferrat(III)
> **yellow prussiate of potash/potassium
hexacyanoferrate(II) $K_4[Fe(CN)_6]$** gelbes
Blutlaugensalz, Kaliumhexacyanoferrat(II)
**pseudo acid** Pseudosäure
**psychoactive drug/psychotropic drug**
Rauschmittel, Rauschgift, Rauschdroge
**psychrometer/wet-and-dry-bulb hygrometer**
Psychrometer (ein Luftfeuchtigkeitsmessgerät)
**psychrophilic (thriving at low temperatures)**
psychrophil
**public danger** öffentliche Gefahr
**puckered** faltig; *text* gekräuselt; (Molekülstruktur)
gewinkelt
**pull/drawing** Ziehen, Strecken

**pulley** Flaschenzug, Seilrolle
**pullulan** Pullulan
**pulmonary edema** Lungenödem
**pulp** Pulpe, Zellstoff
> **mechanical pulp** Holzstoff (mechanischer
Holzstoff/Pulpe)
> **rayon pulp** Kunstfaserzellstoff
> **synthetic wood pulp (SWP)** Synthesezellstoff,
Synthesepulpe
> **virgin pulp** Primärfaserstoff, Frischfaserstoff
> **wood pulp** Holzschliff, Zellstoff
**pulp fiber** Zellstofffaser
**pulpwood** Papierholz
**pulsate/throb/beat** pulsieren
**pulsation** Pulsation
**pulse** Puls, Impuls, Stoß; Pulsieren; *electr*
Stromstoß, Inpuls
**pulse counter** Impulszähler
**pulse current *electr*** Impulsstrom, Stoßstrom
**pulse generator** Impulsgenerator, Taktgeber
**pulse labeling/pulse chase** Pulsmarkierung
**pulse polarography** Pulspolarografie
**pulsed field gel electrophoresis (PFGE)**
Wechselfeld-Gelelektrophorese,
Puls-Feld-Gelelektrophorese
**pulsed gas-discharge lamp**
Impulsentladungslampe
**pultrusion** Profilziehen, Pultrusion
**pulver/powder** Pulver, Puder
**pulverization** Pulverisierung; Zerstäubung
**pulverize** pulverisieren, fein zermahlen; zerstäuben
**pulverizer** Mühle (fein), Pulverisiermühle,
Zerkleinerer; Zerstäuber
**pumice** Bims
**pumice rock** Bimsstein
**pump** Pumpe
> **aspirator pump/vacuum pump**
Absaugpumpe, Saugpumpe
> **barrel pump/drum pump** Fasspumpe
> **bellows pump** Balgpumpe
> **centrifugal pump/impeller pump**
Zentrifugalpumpe, Kreiselpumpe
> **circulation pump** Umwälzpumpe
> **condensation pump/diffusion pump**
Diffusionspumpe
> **diaphragm pump** Membranpumpe
> **diffusion pump/condensation pump**
Diffusionspumpe
> **dispenser pump/dispensing pump**
Dispenserpumpe
> **displacement pump** Verdrängungspumpe,
Kolbenpumpe (HPLC)
> **dosing pump/proportioning pump/metering
pump** Dosierpumpe

> **double-acting pump** Druckpumpe,
  Saugpumpe, doppeltwirkende Pumpe
> **feed pump** Förderpumpe
> **filter pump** Filterpumpe
> **gear pump** Zahnradpumpe
> **hand-operated vacuum pump**
  manuelle Vakuumpumpe
> **hand pump** Handpumpe
> **heat pump** Wärmepumpe
> **hose pump** Schlauchpumpe
> **impeller pump/centrifugal pump**
  Laufradpumpe, Kreiselpumpe,
  Zentrifugalpumpe
> **ion pump** Ionenpumpe
> **multichannel pump** Mehrkanal-Pumpe
> **peristaltic pump** peristaltische Pumpe
> **pipet pump** Pipettierpumpe
> **piston pump/reciprocating pump** Kolbenpumpe
> **positive displacement pump**
  Direktverdrängerpumpe
> **prime** selbstansaugend
> **progressing cavity pump**
  Schneckenantriebspumpe
> **proton pump** Protonenpumpe
> **rotary piston pump** Drehkolbenpumpe
> **rotary vane pump** Drehschieberpumpe
> **squeeze-bulb pump (hand pump for barrels)**
  Quetschpumpe (Handpumpe für Fässer)
> **suction head** Ansaughöhe
> **suction lift** Ansaugtiefe
> **suction pump/aspirator pump/vacuum pump**
  Saugpumpe, Vakuumpumpe
> **suction stroke** Ansaugpuls
> **syringe pump** Spritzenpumpe
> **total static head** Gesamtförderhöhe
> **tubing pump** Schlauchpumpe
> **turbomolecular pump** Turbomolekularpumpe
> **vacuum pump** Vakuumpumpe
> **vane-type pump** Propellerpumpe
> **water pump (filter pump/vacuum filter pump)**
  Wasserstrahlpumpe, Wasserpumpe
> **wobble-plate pump/rotary swash plate pump**
  Taumelscheibenpumpe
**pump drive** Pumpenantrieb
**pump head** Pumpenkopf
**pump oil** Pumpenöl
**punch** Stempel (Extrusion/Gießen/Formen);
  Stanzwerkzeug; Patrize; Lochstanze
**punching** Stanzen; Lochstanzen
**puncture** *n* Einstich, Loch; Durchschlag,
  Durchstoß; (needle biopsy) Punktion
**puncture** *vb* ein Loch stechen, durchstechen,
  durchschlagen, platzen; (tap) punktieren
**puncture resistance** *tech/mech*
  Durchstoßfestigkeit

**puncture strength/dielectric strength** *electr*
  Durchschlagfestigkeit, dielektrische Festigkeit
**pungency** Schärfe; stechender Geruch
**pungent** scharf, stechend, beizend, ätzend (Geruch)
**pure** rein (ohne Zusatz); reinst (purissimum/
  puriss.); (not denatured) unvergällt
> **highly pure (superpure/ultrapure)** reinst
> **not denatured** unvergällt
**pure chemical** Reinchemikalie
**pure metal** Reinmetall
**pure substance** Reinstoff, Reinsubstanz
**purge** *n* Reinigung, Säuberung, Befreiung;
  Klärung, Klärflasche
**purge** *vb* reinigen, säubern, befreien;
  klären; entlüften
**purge-and-trap technique** Purge-and-Trap (PUT)
  Verfahren
**purge assembly/purge device** Spülvorrichtung
  (z. B. Inertgas)
**purge gas** Spülgas
**purge valve/pressure-compensation valve/
  venting valve** Entlüftungsventil
**purification** Reinigung, Aufreinigung;
  Reindarstellung
**purification procedure/purification technique**
  Reinigungsverfahren (Aufreinigung)
**purified water** gereinigtes Wasser,
  aufgereinigtes Wasser, aufbereitetes Wasser
**purify** reinigen, aufreinigen
**purine** Purin
**purity** Reinheit (ohne Zusätze); (degree of
  purity/level of purity/percentage of purity)
  Reinheitsgrad
**purity grades/chemical grades**
  chemische Reinheitsgrade
**purity law/purity requirement** Reinheitsgebot
**purity of variety/variety purity** Sortenreinheit
**pushbutton** Bedienknopf, Drucktaste
**pusher centrifuge** Schubschleuder
**putrefaction/rotting/decomposition** Verwesung,
  Zersetzung
**putrefy/rot/decompose** verwesen, zersetzen
**putrescine** Putrescin, Putreszin
**putting into operation/startup/starting-up**
  Inbetriebnahme
**putty** Kitt, Spachtelmasse (Fensterkitt etc.)
**putty knife** Spachtelmesser, Kittmesser
**pyran** Pyran
**pyrethric acid** Pyrethrinsäure
**pyrethrin** Pyrethrin
**pyridine** Pyridin
**pyridoxine/adermine (vitamin B$_6$)** Pyridoxin,
  Pyridoxol, Adermin
**pyrimidine** Pyrimidin
**pyrite FeS$_2$** Eisenkies, Schwefelkies, Pyrit

pyroacetic acid Rohessigsäure
pyroacid Pyrosäure, Brenzsäure
pyroelectricity Pyroelektrizität
pyrolysis/thermolysis Pyrolyse, Thermolyse,
    thermische Zersetzung
pyrometer Pyrometer, Hitzemessgerät
➤ optical pyrometer
    Pyropter, optisches Pyrometer
pyrometry Pyrometrie
pyrophoric substance Pyrophor, pyrophorer Stoff
pyrotechnical pyrotechnisch
pyrotechnics Pyrotechnik, Feuerwerkerei;
    pyrotechnische Erzeugnisse (Feuerwerkskörper
    etc.)
pyroxene Pyroxen
pyroxylin (11.2–12.4% N) Schießbaumwolle
pyrrole Pyrrol
pyrrolidine Pyrrolidin
pyruvic acid (pyruvate)/2-oxopropanoic acid
    Brenztraubensäure (Pyruvat)

Q

quadratic mean Quadratmittel (Mittelwert)
quadrillion $10^{15}$ Billiarde
quadrivalent/tetravalent vierwertig
quadrupod (for burner) Vierfuß (für Brenner)
quality (property) Qualität, Beschaffenheit,
    Eigenschaft
quality assessment Qualitätsbeurteilung,
    Qualitätsbewertung
quality assurance (QA) Qualitätssicherung
quality control (QC) Qualitätskontrolle,
    Qualitätsprüfung, Qualitätsüberwachung
quality factor Qualitätsfaktor, Bewertungsfaktor
quality indicator Qualitätskennzeichen
quality manual Qualitätssicherungshandbuch
    (EU-CEN)
quantification/quantitation Quantifizierung
quantify/quantitate quantifizieren
quantile/fractile stat Quantil, Fraktil
quantitative ratio/relative proportions
    Mengenverhältnis
quantity Quantität; (amount/number)
    Menge (Anzahl), Größe
quantity to be measured Messgröße
quantization Quantisierung; Quantelung
➤ space quantization Richtungsquantelung
quantum Quant
quantum jump Quantensprung
quantum mechanics/wave mechanics
    Quantenmechanik, Wellenmechanik
quantum number Quantenzahl

➤ magnetic quantum number
    Magnetquantenzahl, Orientierungsquantenzahl
➤ orbital angular momentum quantum number
    Bahndrehimpuls-Quantenzahl
➤ primary quantum number/principal quantum
    number Hauptquantenzahl
➤ secondary quantum number
    Nebenquantenzahl, azimutale Qquantenzahl
➤ spin quantum number Spinquantenzahl
quantum yield Quantenausbeute
quarantine Quarantäne
quarternary structure (proteins) Quartärstruktur
quartile stat Quartil, Viertelswert
quartz Quarz
➤ amethyst Amethyst
➤ chalcedony Chalcedon
➤ fibrous quartz Faserquarz
➤ fused quartz Quarzgut (milchig-trübes Quarzglas)
➤ milk quartz Milchquarz
➤ opal Opal
➤ rose quartz Rosenquarz
➤ smoky quartz Rauchquarz
quartz cuvette Quarzküvette
quartz electrode Quarzelektrode
quartz glass Quarzglas
quartz microbalance (QMB) Quarz-Mikrowaage
    (QMW)
quartz oscillator/crystal oscillator/quartz-crystal
    oscillator/quartz resonator/piezoelectric
    quartz/piezoid Quarz > Schwingquarz
quartz rock/quartzite Quarzit
quartz slate Quarzitschiefer
quartz thermometer Quarzthermometer
quasi-crystal Quasikristall
quench quenchen; (Koks) löschen;
    metallurg abschrecken
quenching gas Löschgas
quick-disconnect fitting Schnellkupplung
    (z. B. Schlauchverbinder)
quick drench shower/deluge shower
    ‚Schnellflutdusche' (Notdusche)
quick-fit connection Schnellverbindung
    (Rohr/Glas/Schläuche etc.)
quick-release clamp (seal) Schnellspannklemme,
    Schnellspannverschluss
quick section Schnellschnitt
quick-stain micros Schnellfärbung
quickfreeze schnellgefrieren
quicklime/caustic lime/unslaked lime CaO
    Calciumoxid, Branntkalk, gebrannter Kalk
quiescent ruhend, untätig; unterdrückt; ruhig, still
quinones/benzoquinones Chinone,
    Benzochinone

## R

**R phrases (Risk phrases)** R-Sätze
  (Gefahrenhinweise)
**racemate** Racemat, racemische Verbindung
**racemization** Racemisierung
**racing fuel** Rennkraftstoff
**radial polymer/star polymer** Sternpolymer
**radiance** Strahlungsdichte, Radianz
**radiant** strahlend
**radiant energy** Strahlungsenergie
**radiant heat** Strahlungswärme
**radiate** strahlen, ausstrahlen, leuchten
**radiation** Strahlung
  ➢ **actinic radiation** aktinische Strahlung
    (photochemische/chem. wirksame Strahlung)
  ➢ **annihilation radiation** Vernichtungsstrahlung
  ➢ **background radiation** Hintergrundsstrahlung
  ➢ **Cherenkov radiation** Tscherenkow-Strahlung,
    Čerenkov-Strahlung
  ➢ **corpuscular radiation** Teilchenstrahlung,
    Korpuskularstrahlung
  ➢ **direct radiation** Direktstrahlung
  ➢ **electromagnetic radiation** elektromagnetische
    Strahlung, Wellenstrahlung
  ➢ **gamma radiation** Gammastrahlung, γ-Strahlung
  ➢ **global radiation** Globalstrahlung
  ➢ **heat radiation** Wärmestrahlung, thermische
    Strahlung, Temperaturstrahlung
  ➢ **ionizing radiation** ionisierende Strahlen,
    ionisierende Strahlung
  ➢ **microwave radiation** Mikrowellenstrahlung
  ➢ **nuclear radiation** Kernstrahlung
  ➢ **photosynthetically active radiation (PAR)**
    photosynthetisch aktive Strahlung
  ➢ **polarized radiation** polarisierte Strahlung
  ➢ **radioactive radiation** radioaktive Strahlung
  ➢ **scattered radiation/diffuse radiation**
    Streustrahlung
  ➢ **solar radiation** Sonnenstrahlung
  ➢ **synchrotron radiation/**
    **magnetobremsstrahlung** Synchrotronstrahlung
  ➢ **thermal radiation** Wärmestrahlung
  ➢ **terrestrial radiation** Erdstrahlung,
    Bodenstrahlung, terrestrische Strahlung
**radiation biology** Strahlenbiologie
**radiation control/radiation protection/**
  **protection from radiation** Strahlenschutz
**radiation crosslinking/radiation-induced**
  **crosslinking** Strahlenvernetzung
**radiation dosage/irradiation dosage**
  Bestrahlungsdosis
**radiation dose/radiation dosage** Strahlendosis
**radiation grafting** strahlenchemische Pfropfung

**radiation hazard** Strahlengefährdung; (radiation
  injury) Strahlenschäden, Strahlenschädigung
**radiation hazards/radiation injury**
  Strahlenschäden
**radiation incident** Strahlenvorfall
**radiation intensity** Strahlungsintensität
**radiation level** Strahlenbelastung, Strahlenpegel
**radiation passport** Strahlenpass
**radiation polymerization/radiation-induced**
  **polymerization** Strahlenpolymerisation
**radiation-proof** strahlensicher
**radiation protection** Strahlenschutz
**radiation protection measures**
  Strahlenschutzmaßnahmen
**radiation safety officer (RSO)/radiation protection**
  **officer** Strahlenschutzbeauftragter (SSB)
**radiation shielding** Strahlenabschirmung
**radiation sickness** Strahlenkrankheit
**radiation source** Strahlenquelle
**radiation therapy/radiotherapy** Strahlentherapie,
  Bestrahlungstherapie
**radiation treatment** Strahlenbehandlung
**radiation warning symbol/trefoil**
  Strahlenwarnzeichen, Strahlenzeichen,
  Flügelrad, Trefoil (Warnzeichen für
  Radioaktivität)
**radiation weighting factor (w_R)**
  Strahlungswichtungsfaktor
**radiation welding** Strahlungsschweißen
**radiator (heater)** Heizkörper, Strahler (Wärme);
  (eines Motors) Kühler
**radical** Radikal
  ➢ **free radical** freies Radikal
  ➢ **macroradical** Makroradikal
  ➢ **polyradical** Polyradikal
**radical-chain polymerization**
  Radikalkettenpolymerisation
**radical ion** Radikalion
**radical polymerization** radikalische Polymerisation
**radical scavenger** Radikalfänger
**radical trap** Radikalfalle
**radioactive (nuclear disintegration)**
  radioaktiv (Atomzerfall)
**radioactive contamination**
  Verstrahlung (radioaktiv)
**radioactive decay/radioactive disintegration**
  radioaktiver Zerfall
**radioactive marker** radioaktiver Marker
**radioactive radiation** radioaktive Strahlung
**radioactive waste/nuclear waste** radioaktive
  Abfälle
**radioactively contaminated** atomar/radioaktiv
  verstrahlt, atomar/radioaktiv verseucht
**radioactivity** Radioaktivität

**radiocarbon method/radiocarbon dating**
Radiokarbonmethode, Radiokohlenstoffmethode,
Radiokohlenstoffdatierung
**radiochemistry** Radiochemie
**radiofrequency/radio frequency (RF)** Radiofrequenz
**radioimmunoassay** Radioimmunassay,
Radioimmunoassay
**radioimmunoelectrophoresis**
Radioimmunelektrophorese
**radioisotope/radioactive isotope/unstable**
**isotope/radionuclide** Radioisotop, radioaktives
Isotop, instabiles Isotop, Radionuclid
**radiolabeling/radiolabelling**
radioaktive Markierung
**radiolytic polymerization/**
**radiation-induced polymerization/radiation**
**polymerization** Strahlenpolymerisation
**radionuclide** Radionuklid, radioaktives Nuklid
**radiopaque** stahlenundurchläßig
(Röntgenstrahlen)
**radiopaque contrast medium**
positives Röntgenkontrastmittel
**radius of gyration** Trägheitsradius,
Gyrationsradius, Trägheitshalbmesser
**rain gauge** Niederschlagsmesser
**rainwater** Regenwasser
**ram flow** Kolbenströmung
**rancid** ranzig
**rancidity** Ranzigkeit
**random** zufällig, wahllos, willkürlich, ungeordnet
**random coil** statistisches Knäuel
**random copolymer** statistisches Copolymer mit
Bernoulli-Statistik
**random deviation** *stat* Zufallsabweichung
**random distribution** *stat* Zufallsverteilung
**random error** zufälliger Fehler, Zufallsfehler
**random event** Zufallsereignis
**random number** *stat* Zufallszahl
**random sample/sample taken at random** *stat*
Zufallsstichprobe, Zufallsprobe
**random screening** Zufallsauslese
**random variable** Zufallsvariable, Zufallsgröße
**random walk conformation/random**
**coil conformation/random flight**
**conformation** Zufallskonformation,
ungeordnete Konformation
**random-walk statistics** Irrflug-Statistik
**randomization** Randomisierung
**randomize** randomisieren
**randomizer** *polym* Isomerisierungsmittel
**randomly distributed** zufallsverteilt, statistisch
verteilt
**range** Bereich; Messbereich; Gebiet, Abstand;
Spielraum; Reichweite (Strahlung);
Spanne (Mess~); *stat* Spannweite

**range of measurement** Messbereich
**range of saturation/zone of saturation**
Sättigungsbereich, Sättigungszone
**range of variation/range of distribution** *stat*
Variationsbreite
**Raney nickel** Raney-Nickel
**rank** *vb* **(classify)** einordnen, einstufen,
klassifizieren
**rank correlation coefficient** *stat*
Rangkorrelationskoeffizient
**rank statistics/rank order statistics**
Rangmaßzahlen
**Raoult's law** Raoult'sches Gesetz
**rapid freezing** Schnellgefrieren
**rapid-hardening** schnellbindend, schnellhärtend
**rare-earth metals** Seltenerdmetalle
**rare earths** Seltene Erden
(Oxide der Seltenerdmetalle)
**Raschig ring (column packing)**
Raschig-Ring (Glasring)
**rash (skin rash/skin eruptions)**
Ausschlag, Hautausschlag
**ratchet** Knarre; (ratchet wrench) Ratsche, Rätsch
**ratchet clamp** Ratschen-Klemme,
Ratschen-Absperrklemme (Schlauchklemme)
**rate constant (enzyme kinetics)**
Geschwindigkeitskonstante
**rate-determining step/reaction**
geschwindigkeitsbestimmende(r) Schritt/
Reaktion
**rate-limiting step/reaction**
geschwindigkeitsbegrenzende(r) Schritt/Reaktion
**rated output** (rated amperage output)
Nennstrom, Nominalstrom; (rated power
output) Nennleistung, Nominalleistung
**ratio (quotient/proportion/relation)** Verhältnis,
Quotient, Proportion
**ratio scale** *stat* Verhältnisskala, Ratioskala
**raw (crude)** roh
**raw material/resource** Rohstoff
**raw rubber** Rohkautschuk
**raw sewage** Rohabwasser
**raw sludge** Rohschlamm
**raw sugar/crude sugar (unrefined sugar)** Rohzucker
**ray** (beam/jet) Strahl;
(of sunshine/sunbeam) Sonnenstrahl
➢ **atomic ray** Atomstrahl
➢ **cathode ray (electron beam)**
Kathodenstrahl (Elektronenstrahl)
➢ **X-ray** Röntgenstrahl
**ray diagram** Strahlendiagramm
**ray trajectory** Strahlenverlauf
**Rayleigh scattering** Rayleigh-Streuung
**rayon** Kunstseide
➢ **acetate rayon** Acetatseide, Acetatrayon

➢ **cuprammonium silk/cuprammonium rayon (CUP)** Kupferseide, Kuoxamseide, Cuoxamseide, Cuprofaser
➢ **viscose rayon/viscose silk/rayon** Viskoseseide, Viskoserayon
**rayon pulp** Kunstfaserzellstoff
**razor blade** Rasierklinge
**react** reagieren; (let react) reagieren lassen
**reactance/relative impedance** Reaktanz, Blindwiderstand
**reactant** Reaktand, Reaktionsteilnehmer, Ausgangsstoff
**reaction (zero-order/first-order/second-order..)** Reaktion (nullter/erster/zweiter.. Ordnung); Umsetzung
➢ **addition reaction** Additionsreaktion
➢ **back reaction/reverse reaction** Rückreaktion
➢ **biosynthetic reaction (anabolic reaction)** Biosynthesereaktion
➢ **bisubstrate reaction** Zweisubstratreaktion, Bisubstratreaktion
➢ **chain reaction** Kettenreaktion
➢ **chemical reaction** chemische Reaktion
➢ **combination reaction** zusammengesetzte Reaktion
➢ **combustion reaction** Verbrennungsreaktion
➢ **competing reaction** Konkurrenzreaktion
➢ **complete reaction** vollständige Reaktion
➢ **condensation reaction/dehydration reaction** Kondensationsreaktion, Dehydrierungsreaktion
➢ **consecutive reaction** Konsekutivreaktion, Folgereaktion
➢ **counterreaction** Gegenreaktion
➢ **coupled reaction** gekoppelte Reaktion
➢ **coupling reaction** Kupplungsreaktion
➢ **course of a reaction** Reaktionsverlauf
➢ **cross-reaction** Kreuzreaktion
➢ **decomposition reaction** Zerfallsreaktion, Zersetzungsreaktion
➢ **displacement reaction** Verdrängungsreaktion
➢ **electrocyclic reaction** elektrocyclische Reaktion
➢ **electrophilic reaction** elektrophile Reaktion
➢ **elementary reaction** Elementarreaktion
➢ **endothermic (endergonic)** endotherm, endergon, endergonisch, energieverbrauchend
➢ **enzymatic reaction** Enzymreaktion
➢ **equilibrium reaction** Gleichgewichtsreaktion
➢ **exchange reaction** Austauschreaktion
➢ **exothermic/exothermal (exergonic)** exotherm, exergonisch, energiefreisetzend
➢ **forward reaction** Hinreaktion, Vorwärtsreaktion
➢ **fragmentation reaction** Fragmentierungsreaktion
➢ **half-reaction (electrode potentials)** Teilreaktion

➢ **hydrolysis reaction** Hydrolyse
➢ **incomplete reaction** unvollständige Reaktion
➢ **insertion reaction** Einschiebereaktion, Einschiebungsreaktion, Insertionsreaktion
➢ **intermediate reaction** Zwischenreaktion
➢ **key reaction** Schlüsselreaktion
➢ **name reaction** Namensreaktion
➢ **nonreversible reaction** nichtreversible Reaktion, nichtumkehrbare Reaktion
➢ **nuclear reaction** Kernreaktion
➢ **nucleophilic reaction** nukleophile Reaktion
➢ **one-pot reaction** Eintopfreaktion
➢ **oscillating reaction/oscillatory reaction (clock reaction)** schwingende Reaktion, oszillierende Reaktion
➢ **parallel reaction** Parallelreaktion
➢ **partial reaction** Teilreaktion
➢ **polymerase chain reaction (PCR)** Polymerasekettenreaktion (PCR)
➢ **polymerization reaction** Polymerisationsreaktion
➢ **rate-determining reaction** geschwindigkeitsbestimmende Reaktion
➢ **rate-limiting reaction** geschwindigkeitsbegrenzende Reaktion
➢ **redox reaction/reduction-oxidation reaction/ oxidation-reduction reaction** Redoxreaktion
➢ **reverse reaction/back reaction** Rückreaktion
➢ **reversible reaction** reversible Reaktion, umkehrbare Reaktion
➢ **runaway reaction** Durchgeh-Reaktion
➢ **secondary reaction/subsidiary reaction (between resultants of a reaction)** Sekundärreaktion
➢ **self-propagating reaction** selbsttragende Reaktion
➢ **sequential reaction/chain reaction** sequentielle Reaktion, Kettenreaktion
➢ **side reaction** Nebenreaktion
➢ **simultaneous reaction** Simultanreaktion
➢ **stepwise reaction** *polym* Stufenreaktion
➢ **successive reaction** Sukzessivreaktion, Folgereaktion
➢ **unimolecular reaction (monomolecular reaction)** unimolekulare Reaktion
➢ **vigorous reaction/violent reaction** heftige Reaktion
**reaction adhesive** Reaktionsklebstoff, Reaktivklebstoff
**reaction casting/reaction molding** Reaktionsgießen, Reaktionsgießverfahren
**reaction constant** Reaktionskonstante
**reaction control** Reaktionsführung
**reaction distillation** Reaktionsdestillation
**reaction enthalpy** Reaktionsenthalpie

reaction foam Reaktionsschaumstoff
reaction foaming Reaktionsschaumstoffgießen
reaction injection molding (RIM)
    Reaktionsspritzguss,
    Reaktionsspritzgießverfahren (RSG)
reaction intermediate Reaktionszwischenprodukt
reaction kinetics Reaktionskinetik
reaction mechanism Reaktionsmechanismus
reaction molding/reaction casting
    Reaktionsgießen, Reaktionsgießverfahren
reaction order Reaktionsordnung
reaction pathway Reaktionskette, Reaktionsweg
reaction plastic Reaktionskunststoff
reaction poison Reaktionsgift
reaction rate Reaktionsgeschwindigkeit,
    Reaktionsrate
reaction resin Reaktionsharz,
    Zweikomponentenharz
reaction sequence/reaction order/
    reaction pathway Reaktionssequenz,
    Reaktionsablauf, Reaktionsfolge
reaction step Reaktionsschritt
reaction time Reaktionsdauer
reaction velocity Reaktionsgeschwindigkeit
reaction vessel Reaktionsgefäß
reactive reaktiv, reaktionsfreudig, reaktionsfähig
reactive adhesive/reaction adhesive/
    reaction glue Reaktionsklebstoff,
    Reaktivklebstoff
reactive dye Reaktivfarbstoff, Reaktionsfarbstoff
reactive force Gegenkraft, Rückwirkungskraft
reactive group Reaktivgruppe, reaktive Gruppe
reactive intermediate reaktives Zwischenprodukt,
    reaktive Zwischenstufe
reactive site reaktives Zentrum
reactivity Reaktivität, Reaktionsfähigkeit,
    Reaktionsvermögen, Reaktionsfreudigkeit,
    Reaktionsbereitschaft
reactivity ratio Reaktionsgrad
    (Copolymerisationsparameter)
reactor/bioreactor Reaktor, Bioreaktor
➤ airlift loop reactor Mammutschlaufenreaktor
➤ airlift reactor/pneumatic reactor Airliftreaktor,
    pneumatischer Reaktor
➤ bead-bed reactor Kugelbettreaktor (Bioreaktor)
➤ bioreactor Bioreaktor
➤ bubble column reactor Blasensäulen-Reaktor
➤ column reactor Säulenreaktor, Turmreaktor
➤ continuous plug-flow reactor Strömungsrohr
    (Kolbenfluss)
➤ fedbatch reactor/fed-batch reactor Fedbatch-
    Reaktor, Fed-Batch-Reaktor, Zulaufreaktor
➤ film reactor Filmreaktor
➤ fixed bed reactor/solid bed reactor
    Festbettreaktor (Bioreaktor)

➤ flow reactor Durchflussreaktor (Bioreaktor)
➤ fluidized bed reactor/moving bed reactor
    Fließbettreaktor, Wirbelschichtreaktor,
    Wirbelbettreaktor
➤ immersed slot reactor Tauchkanalreaktor
➤ immersing surface reactor Tauchflächenreaktor
➤ jet reactor Strahlreaktor
➤ loop reactor/circulating reactor/recycle
    reactor Umlaufreaktor, Umwälzreaktor,
    Schlaufenreaktor
➤ membrane reactor Membranreaktor
➤ nozzle loop reactor/circulating nozzle reactor
    Umlaufdüsen-Reaktor, Düsenumlaufreaktor
➤ packed bed reactor Packbettreaktor,
    Füllkörperreaktor
➤ paddle wheel reactor Schlaufenradreaktor
➤ plug-flow reactor (PFR)
    Pfropfenströmungsreaktor,
    Kolbenströmungsreaktor
➤ plunging jet reactor/deep jet reactor/
    immersing jet reactor Tauchstrahlreaktor
➤ pressure cycle reactor Druckumlaufreaktor
➤ sieve plate reactor Siebbodenkaskadenreaktor,
    Lochbodenkaskadenreaktor
➤ solid phase reactor Festphasenreaktor
➤ tray reactor Gärtassenreaktor
➤ trickling filter reactor Tropfkörperreaktor,
    Rieselfilmreaktor
➤ tubular-flow reactor Strömungsrohrreaktor
➤ tubular reactor Rohrreaktor, Röhrenreaktor,
    Tubularreaktor
reactor poison Reaktorgift, Neutronengift
read (record) lesen, ablesen, messen
read in (scan data) einlesen (Daten)
read out (data) auslesen (Daten)
readability (scales/balance)
    Ablesbarkeit (Waage)
readable lesbar, ablesbar
reading (meter/equipment) Ablesung, Ablesen
reading accuracy Ablesegenauigkeit
reading error (false reading) Ablesefehler
reading frame Leseraster, Leserahmen
readout Ablesung, Ablesen (Gerät/Messwerte);
    Ausgabe, Auslesen
ready-made gebrauchsfertig
ready-mixed concrete Fertigbeton, Frischbeton,
    Transportbeton
ready-mixed paint gebrauchsfertige
    Anstrichfarbe
ready-to-use gebrauchsfertig
ready-to-use solution/test solution
    Gebrauchslösung, gebrauchsfertige Lösung,
    Fertiglösung
reagent/reagent-grade/analytical reagent (AR)/
    analytical grade pro Analysis (pro analysi = p.a.)

reagent *n* Reagenz (jetzt: Reagens/pl
Reagentien); (reagent-grade/analytical
reagent AR/analytical grade reagent)
pro Analysis (pro analysi = p.a.)
reagent bottle Reagenzienflasche
reagent gas Reaktandgas
reagent grade analysenrein, zur Analyse
reagent solution Reagenzlösung
real crystal/nonideal crystal/imperfect crystal
Realkristall
real lattice Realgitter
real time Echtzeit
realgar/red orpiment/red arsenic sulfide/
arsenic ruby/(red) arsenic tetrasulfide As4S4
Rauschrot, Rubinrot, Realgar, Arsendisulfid
reaming Schlieren, Streifenbildung, Schlierenbildung
reannealing/annealing/reassociation/
renaturation (of DNA) Reannealing, Annealing,
Doppelstrangbildung, Reassoziation,
Renaturierung
rearrange umlagern, umordnen, neu ordnen
rearrangement Rearrangement, Umlagerung,
Umordnung, Neuordnung
reassociation kinetics Reassoziationskinetik
rebar steel (reinforcing steel) Betonstahl,
Bewehrungsstahl
rebound *vb* zurückprallen, rückfedern, abprallen
recalescence Rekaleszenz
recapture Wiedereinfang
recarburizer Aufkohlungsmittel, kohlender Zusatz
receiver Empfänger, Empfangsgerät; Hörer;
Behälter, Gefäß; (receiving vessel/collection
vessel) Auffanggefäß
receiver adapter Destilliervorstoß
reception Rezeption
receptive empfänglich
receptor Rezeptor, Empfänger
receptor-down regulation
Rezeptor-Ausdünnungsregulation
recharge *n* Wiederaufladung, Wiederaufladen,
Auffüllen, Nachladung
recharge *vb* wiederaufladen, auffüllen,
wiederauffüllen, nachladen
rechargeable wiederaufladbar
reciprocal lattice reziprokes Gitter
reciprocating screw (extruder) Recipro-Schnecke,
Schubschnecke
reciprocating shaker (side-to-side motion)
Reziprokschüttler, Horizontalschüttler,
Hin- und Herschüttler (rütteln)
reclaim *vb* zurückgewinnen, rückgewinnen,
regenerieren, zurückerhalten
reclaim *n* (reclaimed rubber/
regenerated rubber) Regeneratgummi

recognition site affinity chromatography
Erkennungssequenz-Affinitätschromatographie
recoil *vb* zurückfedern, zurückprallen,
zurückschnellen, abprallen
recoil *n* (return motion) Rückstoß, Rückprall,
Rückschlag, Abprall
➢ nuclear recoil Kernrückstoß
recoil atom Rückstoßatom
recoil electron Rückstoßelektron,
Compton-Elektron
recoil radiation Rückstoßstrahlung
recombinant *adv/adj* rekombiniert, rekombinant
recombine rekombinieren
recommendation Empfehlung
recommended daily allowance (RDA)
empfohlener täglicher Bedarf
reconstitute rekonstituieren, wiederherstellen
reconstitution Rekonstitution, Wiederherstellung
record *n* Aufzeichnung(en); Dokument, Urkunde,
Protokoll, Niederschrift, Liste, Verzeichnis
record *vb* (register) aufnehmen, aufschreiben,
registrieren
recorder (plotter) Schreiber (Gerät zur Aufzeichnung)
recording/registration Aufnahme, Aufschreiben,
Registration
recordkeeping Protokollierung, Verwahrung/
Verwaltung von Aufzeichnung(en)
recover erholen; wiedergewinnen,
rückgewinnen, zurückbekommen; aufbereiten
recovery Erholung; (reclamation)
Rückgewinnung, Wiedererlangung;
Gewinnung, (aus Ölquellen) Förderung
➢ metal recovery Metallrückgewinnung
➢ solvent recovery Lösemittelrückgewinnung,
Lösungsmittelrückgewinnung
recovery flask/receiving flask/receiver flask
(collection vessel) Vorlagekolben
recrystallization Umkristallisation,
Rekristallisation
recrystallize umkristallisieren, rekristallisieren
rectification Rektifikation;
Gegenstromdestillation; Gleichrichtung
rectifier Rektifizierapparat, Rektifiziersäule;
Gleichrichter
rectify rektifizieren, destillieren; gleichrichten;
korrigieren, eichen, richtig stellen
recycle recyceln, wiederverwerten
recycled paper Umweltschutzpapier
recycling Recycling, Wiederverwertung
recycling plant/waste recycling plant
Müllverwertungsanlage
Red Data Book Rote Liste
red-hot/red-glowing rotglühend

red lead oxide/red lead/minium $Pb_3O_4$ Bleioxid,
Tribleitetraoxid, Bleimennige, Mennige

red orpiment/red arsenic sulfide/arsenic ruby/
realgar/(red) arsenic tetrasulfide $As_4S_4$
Rauschrot, Rubinrot, Realgar, Arsendisulfid

red phosphorus (amorphous) roter Phosphor

red prussiate of potash/potassium
hexacyanoferrate(III) $K_3[Fe(CN)_6]$
rotes Blutlaugensalz

redistil/redistill/rerun redestillieren,
erneut destillieren, wiederholt destillieren,
umdestillieren (nochmal destillieren)

redox couple Redoxpaar

redox potential (oxidation-reduction potential)
Redoxpotential

redox reaction/reduction-oxidation reaction/
oxidation-reduction reaction Redoxreaktion

redox titration Redoxtitration

reduce reduzieren; (to small pieces) zerkleinern;
(concentrate) einengen, konzentrieren; (lower)
erniedrigen, herabsetzen

reduce by evaporation (evaporate completely)/
boil down eindampfen (vollständig)

reduced pressure erniedrigter Druck

reduced viscosity reduzierte Viskosität

reducer/reducing adapter/reduction adapter
Reduzierstück (Laborglas/Schlauch)

reducing reduzierend

reducing adapter/reduction adapter
Reduzierstück

reducing agent/reductant Reduktionsmittel

reducing sugar reduzierender Zucker

reduction Reduktion; Verkleinerung

redundancy Redundanz; Überfluss;
Überflüssigkeit; (Unnötige) Wiederholung

reference book Nachschlagewerk

reference electrode Referenzelektrode,
Bezugselektrode, Vergleichselektrode

reference gas (GC) Vergleichsgas

reference input/reference value/command reference
input Führungsgröße (Sollwert der Regelgröße)

reference point Bezugspunkt; (index mark)
Ablesemarke

reference temperature Bezugstemperatur

reference value Bezugswert

refill wiederauffüllen, nachfüllen, auffüllen

refillable nachfüllbar

refine vervollkommnen; (purify/improve/process/
finish) reinigen, verbessern, verfeinern;
veredeln; (petroleum/sugar) raffinieren; (metal)
frischen, garen, läutern, seigern

refined (free from impurities) raffiniert; geläutert;
Fein..., Frisch...

refined copper Feinkupfer, Rafiinatkupfer,
Garkupfer

refined gold Feingold

refined iron Feineisen, Frischeisen, Qualitätseisen

refined lead Feinblei, Raffinatblei, Reinblei

refined steel Edelstahl

refined sugar Raffinade, Zuckerraffinade,
Raffinadezucker, Feinzucker

> unrefined sugar Rohzucker

refinement (improvement/processing/finishing)
Reinigung, Aufreinigung, Verbesserung,
Verfeinerung; Veredlung; (petroleum/sugar)
Raffinieren, Raffination, Raffinierung; (metal)
Frischen, Läuterung, Seigern, Sintern

refinement process Veredlungsprozess

refinery Raffinerie; (metals) Hütte

refinery gas Raffineriegas

refining/refinement (improvement/processing/
finishing) Reinigung, Aufreinigung, Verbesserung,
Verfeinerung; Veredlung; (petroleum/sugar)
Raffinieren, Raffination, Raffinierung; (metal)
Frischen, Läuterung, Seigern, Sintern

> hydrorefining hydrierende Raffination,
Druckwasserstoffraffination

refining process Raffinierverfahren;
(metal) Frischverfahren

reflect reflektieren, zurückstrahlen, zurückwerfen;
widerspiegeln

reflectance Reflexion; Reflexionsvermögen,
Remission; Reflexionsgrad

reflectance spectroscopy
Reflexionsspektroskopie, Remissionsspektroskopie

reflectance spectrum Reflexionspektrum,
Remissionspektrum

reflected light Reflexlicht, Auflicht

reflection Reflexion, Reflektierung,
Rückstrahlung; Widerspiegelung

reflux n Rückfluss, Rücklauf, Reflux

reflux vb am Rückflusskühler kochen,
unter Rückfluss erhitzen/kochen, refluxen

reflux condenser Rückflusskühler

reformed gasoline Reformatbenzin

reforming petro Reformieren;
Reforming-Verfahren

refract brechen; analysieren

refracting angle Brechungswinkel,
Refraktionswinkel

refraction Refraktion, Brechung,
Strahlenbrechung; Lichtbrechung;
Refraktionsvermögen

refractive brechend, strahlenbrechend;
lichtbrechend

refractive index/index of refraction
Brechungsindex, Brechungskoeffizient,
Brechzahl

refractivity Brechungsvermögen,
Refraktionsvermögen

**refractometer** Refraktometer, Brechzahlmesser
**refractoriness** Hochtemperaturbeständigkeit, Feuerfestigkeit
**refractory** refraktär; hitzebeständig, feuerbeständig, feuerfest, hochtemperaturbeständig; schwer schmelzbar
**refractory cement** feuerfester Zement
**refractory ceramics** Feuerfestkeramik
**refractory materials** Feuerfestmaterialien
**refrigerant** Kältemittel, Kühlflüssigkeit, Kühlmittel
**refrigerate** kühlen, kühl stellen, in den Kühlschrank stellen
**refrigerated centrifuge** Kühlzentrifuge
**refrigerated chiller with immersion probe** Eintauchkühler (mit Kühlsonde)
**refrigerated circulating bath** Kältethermostat, Kühlthermostat, Umwälzkühler
**refrigerator (fridge)/icebox** Kühlschrank
**refuse** *n* Abfall, Müll
**regenerate** regenerieren; (regrow/grow back/reestablish) nachwachsen
**regenerated cellulose** Regeneratcellulose, regenerierte Cellulose
**regeneration** Regenerierung, Regeneration; Wiederaufbereitung
**regioisomerism** Regioisomerie, Stellungsisomerie
> **tail-to-tail** Schwanz-Schwanz
> **weak link** Lockerstelle
**regression analysis** Regressionsanalyse
**regression coefficient/coefficient of regression** Regressionskoeffizient
**regression to the mean** Regression zum Mittelwert
**regressive** regressiv, zurückbildend, zurückentwickelnd
**regrind** *n* **(from waste polymer)** Regenerat
**regular** regulär, regelmäßig
**regulate/control** regeln, regulieren, steuern, kontrollieren; (switch) schalten
**regulator** Regler, Verstellknopf; Reglersubstanz, Regler; (switch) Schalter
**regulatory agency** Regulierungsbehörde
**regulatory mechanism** Regulationsmechanismus, Steuerungsmechanismus
**regulatory procedure/process** Reglungsverfahren, Reglungsprozess
**regulus/metal regulus** König, Metallkönig; Speise (flüssiges Gussmetall)
> **lead regulus** Bleikönig
**rehydrate** rehydrieren
**rehydration** Rehydratation, Rehydratisierung
**reinforce (amplify)** verstärken

**reinforced concrete (RC)** Stahlbeton
**reinforced plastics (RP)** verstärkte Kunststoffe (*siehe:* faserverstärkte K.)
**reinforced polymer** verstärktes Polymer
**reinforcement** Verstärkung
**reject** *n* **(molding)** Ausschuss, Abfall
**rejuvenate/regenerate** verjüngen, regenerieren
**relation/correlation/interrelationship/connection** Zusammenhang, Verhältnis, Verbindung
**relative density (specific gravity)** relative Dichte (Dichteverhältnis/Dichtezahl/spezifisches Gewicht)
**relative frequency** relative Häufigkeit
**relative molar mass** relative Molmasse
**relative molecular mass (*M*r)** relative Molmasse, relative Molekülmasse/Molekulargewicht
**relative permittivity (ε)** relative Permittivität, Dielektrizitätskonstante
**relative viscosity** relative Viskosität
**relax** relaxieren, entspannen, lockern; erschlaffen
**relaxation** Relaxation, Entspannung, Lockerung; Erschlaffung
**relaxed (conformation)** relaxiert, entspannt
**relay** *electr* Relais
**release** *n* Freisetzung, Entweichen; Abgabe; Auslösung
**release** *vb* auslösen; freisetzen; entweichen lassen
**release agent/releasing agent/separating agent/antisize** *polym* Trennmittel, Gleitmittel
**releaser** Auslöser
**reliability** Zuverlässigkeit
**reliable** zuverlässig
**relief valve (pressure-maintaining valve)** Ausgleichsventil
**relieve/vent** ablassen (Druck reduzieren)
**remanence (magnetic)** Remanenz (magnetisch)
**remelt** umschmelzen, wieder einschmelzen
**remelt metal** Umschmelzmetall
**remote control** Fernbedienung, Fernsteuerung
**removable needle (syringe needle)** abnehmbare Nadel (Injektionsnadel)
**removal** Beseitigung, Entfernung; (withdrawal/ taking out) Entnahme
**remove** beseitigen, entfernen; (withdraw/take out) entnehmen
**renaturation/renaturing** Renaturierung
**renature** renaturieren
**rendered fat** ausgelassenes Fett, Schmalz
**renin (angiotensinogen » angiotensin)** Renin
**rennin/lab ferment/chymosin** Rennin, Labferment, Chymosin
**reorient/reorientate** umstimmen
**repair (fix/mend/restore)** reparieren, instand setzen, wiederherstellen

repair/restoration Reparatur, Instandsetzung,
Wiederherstellung
repair enzyme Reparaturenzym
repair mechanism Reparaturmechanismus
repeat n (repetition) Wiederholung
repeatability Wiederholbarkeit
repeated distillation/cohobation Redestillation,
mehrfache Destillation
repeating unit/repeat unit Repetiereinheit,
Wiederholungseinheit (Strukturelement)
repel abstoßen; (reject: turn away) abschrecken,
quenchen, löschen
repellent n Repellens (pl Repellentien)
repellent adj/adv (also: repellant) abstoßend
repellent force/repelling force/repulsion force
Abstoßungskraft
replace ersetzen, austauschen, auswechseln;
vertreten
replaceable ersetzbar, austauschbar, auswechselbar
replacement Ersatz, Austausch; Ersetzen,
Austauschen
replacement bulb/replacement lamp
Ersatzbirnchen
replacement parts (spare parts) Ersatzteile
replenish nachfüllen, wiederbefüllen
replication Replikation
reportable (by law)/subject to registration
meldepflichtig
repress/control/suppress/subdue reprimieren,
unterdrücken, hemmen
repression/control/suppression/subduction
Reprimierung, Unterdrückung, Hemmung
reprocess wieder aufbereiten
reprocessed wool/reclaimed wool
(incl. shoddy and mungo) Reißwolle
reprocessing (of nuclear fuel) Wiederarbeitung,
Wiederaufbereitung
reproduce reproduzieren, wiederholen; kopieren,
nachmachen; wiedergeben
reproducibility Reproduzierbarkeit;
Vergleichspräzision
reprography Reprographie
reptation Reptation
repugnance/repugnancy Widerwille,
Widerwärtigkeit, Abneigung, Abstoßung
repugnant unangenehm, abweisend, widerlich,
widerwärtig, abstoßend
repugnant substance unangenehmer/
abweisender Geruchsstoff
repulsion Abstoßung
repulsion conformation Repulsionskonformation
rescue/help Rettung, Bergung, Befreiung
rescue service/lifesaving service Rettungsdienst
research Forschung, Untersuchung, Erforschung

research laboratory Forschungslabor
research scientist/natural scientist Naturforscher
researcher/research scientist/research worker/
investigator Forscher
resemble sich gleichen, gleichartig sein
reserve material/storage material/
food reserve Reservestoff
reservoir/storage basin Speicher, Reservoir
reset zurücksetzen
residence time Verweilzeit, Verweildauer,
Aufenthaltszeit, Verweildauer
residence time distribution (RTD)
Verweilzeitverteilung (im Extruder)
residual zurückbleibend, übrigbleibend, Rest...
residual dampness/($H_2O$) residual humidity
Restfeuchte
residual entropy Restentropie
residual gas analyzer (RGA) ms
Restgasanalysator
residual heat Restwärme
residual life/residual lifetime/
residual running time Restlaufzeit
residual oil Rückstandsöl, Restöl
residual product/side product/by-product
Nebenprodukt
residue (bottoms/heel) Rest, Rückstand;
abgesetzte Teilchen
resilience/impact resilience/rebound elasticity
Rückprall-Elastizität, Rückprallelastizität,
Rückprallvermögen
resilient (elastic/rebounding) federnd, elastisch
resin (raw materials for plastics fabrication)
Harz (im Engl. sensu lato: Rohmaterial
für Rohstoffe für Kunststoffe/Lacke etc.),
ungeformte Kunststoffmasse (vor Ausrüstung)
(Harz, Kunstharz-Rohstoff)
➢ amino resins/aminoplasts Aminoharze
➢ artificial resin/synthetic resin Kunstharz,
Syntheseharz
➢ colophony (Pinus spp.) Kolophonium
➢ hard resin/hardened resin Hartharz (Resina)
➢ ion-exchange resin Ionenaustauscherharz
➢ laminating resin Laminierharz, Schichtstoffharz
➢ low-shrinkage schrumpfarm
➢ melamine-formaldehyde resin (MF)
Melamin-Formaldehyd Harz
➢ natural resins Naturharze
➢ oil-reactive ölreaktiv
➢ oil-soluble öllöslich
➢ oleoresins Oleoharze
➢ phenol-formaldehyde resins (PF)
Phenol-Formaldehyd-Harze
➢ phenolic resins Phenolharze
➢ pitch (resin from conifers) Terpentinharz

➤ **soft resin** Weichharz
➤ **styrene resin** Styrolharz, Styrenharz
➤ **thermosetting resin** Reaktionsharz
(Präpolymer)
➤ **urea-formaldehyde resins (UF)**
Harnstoff-Formaldehyd-Harze
**resin acids** Harzsäuren, Resinolsäuren
**resin adhesive** Harzkleber
**resin cure** Harzvernetzung
**resin ester/ester gum/resiante** Harzester, Resine
**resin hardener** Harzhärter
**resin-impregnated/impregged** Harz imprägniert,
harzimprägniert; kunstharzimprägniert
**resin lacquer/resin varnish** Harzlack
**resin oil** Harzöl
**resin oil varnish** Harzölfirnis
**resin rubber** Harzgummi
**resin vulcanization/cure** Harzvulkanisation
**resinate** *vb* harzen, mit Harz imprägnieren
**resiniferous** harzhaltig; harzabsondernd
**resinification** Verharzung
**resinify** mit Harz behandeln, harzig machen;
(Öl) harzig werden
**resinol/resole** Resinol
**resinous** harzig, Harz...
**resinous coating** Harzüberzug
**resinous gum/gum resin** Gummiharz
**resist** Abdeckung, Isolierung, Schutzschicht;
Schutzlack, Deckmittel; *electr* Resist
**resist coating** Abdeckschicht, Schutzschicht
**resistance** Resistenz, Beständigkeit, Widerstand;
(resistivity/hardiness) Widerstandsfähigkeit
**resistance temperature detector (RTD)**
Widerstands-Temperatur-Detektor
**resistance thermometer**
Widerstandsthermometer
**resistance to acids** Säurebeständigkeit
**resistance to fracture** Bruchfestigkeit
**resistance to peeling** Abziehwiderstand
**resistance to wear** Verschleißfestigkeit
**resistant** beständig, resistent
**resistant to wear** verschleißfest
**resistive (resistant/hardy)** widerstandsfähig
**resistive heating** Widerstandsheizung
**resistivity** spezifischer Widerstand;
Durchgangswiderstand; (hardiness)
Widerstandsfähigkeit
**resite** Resit
**resitole** Resitol
**resol (a single-stage resin)** Resol
**resolution** Lösung, Auflösung; Zerlegung,
Zerteilung; *chromat* (separation accuracy)
Trennschärfe
➤ **high-resolution...** hochaufgelöst
➤ **limit of resolution** Auflösungsgrenze

➤ **low-resolution...** niedrig aufgelöst
➤ **optical resolution** optische Auflösung
**resolve** lösen, auflösen, analysieren; zerlegen,
zerteilen
**resolving power** *opt* Auflösungsvermögen
**resonance** *chem* (Bindungen/Formeln) Resonanz,
Mesomerie; *phys* Resonanz, Mitschwingung
(echo/reverberation) Schall (Widerhall)
**resonance capture** Resonanzeinfang
**resonance effect** Resonanzeffekt (R-Effekt),
Mesomerieeffekt (M-Effekt)
**resonance energy** Resonanzenergie
(Mesomerieenergie)
**resonance-enhanced multiphoton**
**ionization (REMPI)** resonanzverstärkte
Multiphotonenionisation
**resonance ionization mass spectrometry (RIMS)**
Resonanz-Ionisations-Massenspektrometrie
(RIMS)
**resonance ionization spectroscopy (RIS)**
Resonanz-Ionisationsspektroskopie
**resonance structure/resonating structure**
Resonanzstruktur, mesomere Grenzstruktur
**resonate** schwingen (in Resonanz)
**resonating structure** Resonanzstruktur
**resorb** resorbieren, aufsaugen
**resorbent** resorbierend, aufsaugend
**resorcinol/resorcin/1,3-benzenediol** Resorcin,
1,3-Dihydroxybenzol
**resorption** Resorption, Aufsaugung
**resource** Rohstoff, Ressource; Rohstoffquelle
**respiration** Respiration, Atmung
➤ **aerobic respiration** aerobe Atmung
➤ **anaerobic respiration** anaerobe Atmung
➤ **cellular respiration** Zellatmung
➤ **cutaneous respiration/cutaneous breathing/**
**integumentary respiration** Hautatmung
**respirator/breathing apparatus** Atemschutzgerät,
Atemgerät; Beatmungsgerät
➤ **full-face respirator** Atemschutzvollmaske,
Gesichtsmaske
➤ **full-facepiece respirator**
Vollsicht-Atemschutzmaske
➤ **half-mask (respirator)** Halbmaske
➤ **mist respirator mask** Feinstaubmaske
➤ **particulate respirator (U.S. safety levels**
**N/R/P according to regulation 42 CFR 84)**
Staubschutzmaske (partikelfilternde Masken)
(DIN FFP)
**respiratory chain/electron transport chain**
Atmungskette, Elektronentransportkette,
Elektronenkaskade (Endoxydation)
**respiratory poison** Atmungsgift
**respiratory protection/breathing protection**
Atemschutz

**respiratory quotient** Atmungsquotient,
respiratorischer Quotient
**respiratory system** Atemwege
**respiratory toxin/fumigants** Atemgifte,
Fumigantien
**respiratory tract burn (alkali/acid)/caustic burn of
the respiratory tract** Atemwegsverätzung
**respond** antworten, reagieren
**response** Antwort (auf Reiz), Reaktion
**response time** Anlaufzeit, Reaktionszeit,
Ansprechzeit (z. B. Messgerät etc.)
**responsibility** Verantwortung, Haftung,
Zuständigkeit
**rest** *n* Rest (z. B. Aminosäuren-Seitenkette);
(residue) Rückstand
**rest mass/invariant mass** Ruhemasse,
Ruhmasse
**resting (quiescent/dormant)** ruhend
**resting period/quiescent period/dormancy period**
Ruhephase, Ruheperiode
**resting potential** Ruhepotential
**restitute** restituieren, wiederherstellen
**restitution** Restitution, Wiederherstellung
**restock** auffüllen, aufstocken, nachfüllen
(Vorräte/Lager)
**restricted access/access control**
Zutrittsbeschränkung
**restriction enzyme** Restriktionsenzym
**restriction fragment length polymorphism (RFLP)**
Restriktionsfragmentlängenpolymorphismus
**restriction site** Restriktionsschnittstelle
**resuscitation** Wiederbelebung, Reanimation
➢ **attempt at resuscitation**
Wiederbelebungsversuch
**resuspend** wiederaufschlämmen
**retaining ring** Sprengring, Überwurfring
**retainment capacity/retainability/
retention efficiency** Rückhaltevermögen
**retardation** Verzögerung, Verlangsamung
**retene** Reten
**retention factor** *chromat* Retentionsfaktor
**retention time** Retentionszeit, Verweildauer,
Aufenthaltszeit
**reticular** netzförmig, netzartig
**reticular structure** Netzstruktur
**retinal/retinene** Retinal
**retinic acid** Retinsäure
**retinol (vitamin A)** Retinol
**retort** Retorte
**retrievable/recoverable** wiedergewinnbar,
rückgewinnbar, aufbereitbar
**retrieval/recovery** Wiedergewinnung
**retrieve/recover** wiedergewinnen, rückgewinnen,
aufbereiten

**retrosynthesis** Retrosynthese
**retting** rötten, rösten (Flachsrösten)
**re-uptake** Wiederaufnahme
**reusable…** Mehrweg…, wiederverwendbar
**reuse** *n* Wiederverwendung
**reuse** *vb* wiederverwenden
**reverberatory furnace** Flammofen
**reversal potential** Umkehrpotential
**reversal spectrum** Umkehrspektrum
**reverse-action tweezers (self-locking tweezers)**
Umkehrpinzette, Klemmpinzette
**reverse osmosis** Reversosmose,
Umkehrosmose
**reversed phase/reverse phase** Reversphase,
Umkehrphase
**reversed phase chromatography/reverse-phase
chromatography (RPC)**
Umkehrphasenchromatographie
**reversibility** Reversibilität, Umkehrbarkeit
➢ **irreversibility** Nichtumkehrbarkeit,
Irreversibilität
**reversible** reversibel, umkehrbar
**reversible electrode** reversible Elektrode,
umkehrbare Elektrode
**reversible inhibition** reversible Hemmung
**reversible polymerization/equilibrium
polymerization** Gleichgewichtspolymerisation
**reversion** Reversion, Umkehrung
**revert** umkehren, sich zurückverwandeln
**revolutions per minute (rpm)/
number of revolutions** Umdrehungen pro
Minute (UpM)
**Reynold's number** Reynold'sche Zahl,
Reynolds-Zahl
**RF-value (retention factor/ratio of fronts)**
*chromat* RF-Wert
**RFLP (restriction fragment
length polymorphism)** RFLP
(Restriktionsfragmentlängenpolymorphismus)
**rheological behavior** Fließverhalten,
rheologisches Verhalten
**rheology** Rheologie, Fließkunde
**rheometer** Rheometer
➢ **Couette rheometer** Couette-Rheometer
➢ **slit rheometer** Spaltrheometer
**rheopexy** Rheopexie
**rhodopsin/rose-purple** Rhodopsin, Sehpurpur
**ribbed filter/fluted filter** Rippenfilter
**ribbed glass** Rippenglas, geripptes Glas,
geriffeltes Glas
**ribbed panel** Rippenplatte
**ribbed smoked sheet (RSS)** gerippte
Räucherkautschukplatte, Smoked Sheet

riboflavin/lactoflavin (vitamin B₂) Riboflavin, Lactoflavin

ribonucleic acid (RNA) Ribonucleinsäure, Ribonukleinsäure (RNA/RNS)

ricinic acid/ricinoleic acid Ricinolsäure

right-handed/dextral rechtshändig; rechtsgängig

rigid steif, starr; biegesteif

rigid plastic starr-plastisch

rigidity Steifheit, Starrheit, Starre, Steifigkeit, Biegefestigkeit

rim/edge Rand (z. B. eines Gefäßes)

rime/hoarfrost/white frost Reif, Raureif

rimmed steel/rimming steel unberuhigter Stahl

ring (for support stand/ring stand) Stativring

ring cleavage Ringspaltung

ring-closing metathesis (RCM) Ringschlussmetathese

ring closure/ring formation/cyclization Ringschluss (Ringbildung)

ring form/ring conformation Ringform

ring formula Ringformel

ring-opening metathesis (ROM) ringöffnende Metathese

ring-opening metathesis polymerization (ROMP) ringöffnende Metathesepolymerisation

ring-opening polymerization Ringöffnungspolymerisation

ring-rearrangement metathesis (RRM) Ringumlagerungsmetathese

ring stand/ringstand/support stand/retort stand/stand Bunsenstativ, Stativ

ring structure Ringstruktur

Ringer's solution Ringerlösung, Ringer-Lösung

rinse ausspülen, ausschwenken, nachspülen

rinsing bath Reinigungsbad

riser/riser tube/riser pipe/chimney Steigrohr

risk/danger Risiko (pl Risiken), Gefahr

➤ cancer risk Krebsrisiko

➤ recurrence risk Wiederholungsrisiko

risk assessment Risikoabschätzung

risk class/security level/safety level Sicherheitsstufe, Risikostufe

risk of contamination Verseuchungsgefahr

roast rösten; (calcine) ausglühen

roasting furnace/roasting oven/roaster Röstofen

rock Gestein, Stein

➤ extrusive rock Eruptivgestein (sensu stricto: Ergussgestein/Vulkanit)

➤ fragmental rock (clastic rock) Trümmergestein (klastisches Gestein)

➤ igneous rock Eruptivgestein, Erstarrungsgestein, Massengestein (sensu lato: Magmagestein/Magmatit)

➤ intrusive rock Intrusivgestein, Plutonit

➤ metamorphic rock Umwandlungsgestein, metamorphes Gestein

➤ sedimentary rock Sedimentgestein

rock candy Kandiszucker

rock climbing Weissenberg-Effekt (Lösungen)

rock crystal Bergkristall

rock salt (halite)/common salt/table salt/sodium chloride (NaCl) Steinsalz (Halit), Kochsalz, Tafelsalz, Natrium chlorid

rock wool Steinwolle

rocker/rocking shaker (side-to-side/up-down) Wippe, Schwinge, Rüttler (hin und her/rauf-runter)

rocket fuel/rocket propellant Raketentreibstoff

rocking motion (side-to-side/up-down) Rüttelbewegung (schnell hin und her/rauf-runter)

rocking shaker (see-saw motion) Wippschüttler

rod Stab, Stange, Stäbchen

rod clevis Bügelschaft

rod-like/calamitic (mesophase) stäbchenartig, kalamitisch

roll n Galette

roll vb rollen

roller bottle Rollerflasche

roller wheel mixer Drehmischer

room temperature (ambient temperature) Raumtemperatur

room-temperature setting adhesive bei Raumtemperatur verfestigender Klebstoff

room temperature vulcanized rubber (RTV rubber) Kaltvulkanisat

root-mean-square error (RMS error) mittlerer quadratischer Fehler, Normalfehler

root-mean-square value (RMS value) quadratisches Mittel, quadratischer Mittelwert, Effektivwert; Quadratmittel

rope Seil, Strick, Strang

rope cleat Seilklampe

rose-purple/rhodopsin Sehpurpur, Rhodopsin

rose quartz Rosenquarz

rosin Tepentinharz

rosin oil Terpentinharzöl

rot (decay/decompose/disintegrate) faulen, verfaulen; (putrefy) modern, vermodern

rotamer Rotamer, Rotationsisomer

rotary evaporator/rotary film evaporator (Br)/rotovap/'rovap' Rotationsverdampfer

rotary evaporator flask Rotationsverdampferkolben

rotary microtome Rotationsmikrotom

rotary-piston meter Drehkolbenzähler

rotary-piston pump Drehkolbenpumpe

rotary vacuum filter Vakuumdrehfilter, Vakuumtrommeldrehfilter

**rotary vane pump** Drehschieberpumpe
**rotating stage** *micros* Drehtisch
**rotation** Rotation, Umdrehung, Drehbewegung
**rotation speed adjustment** Drehzahlregelung
**rotational barrier** Rotationsbarriere
**rotational excitation** Rotationsanregung
**rotational motion** Rotationsbewegung
**rotational sense/sense of rotation** Rotationssinn, Drehsinn
**rotational spectrum** Rotationsspektrum
**rotational viscometer** Rotationsviskosimeter
**rotenone** Rotenon
**rotor** Rotor
**rotovap/'rovap'/rotary evaporator/rotary film evaporator (Br)** Rotationsverdampfer
**rotting/decaying/putrefying/decomposing** faulend, verfaulend, moderig
**roughening** Aufrauen, Aufrauhen
**round-bottomed flask/round-bottom flask/boiling flask with round bottom** Rundkolben, Siedegefäß
**round filter/filter paper disk/'circles'** Rundfilter
**roving** Roving, Glasfaserstrang (parallele Spinnfäden); Vorgarn
**rubber** Gummi (m/pl Gummis), Kautschuk
➢ **caoutchouc (mainly *cis*-1,4-polyisoprene)** Kautschuk
➢ **cellular rubber/expanded rubber** Zellgummi, Mossgummi
➢ **chlorinated rubber** Chlorkautschuk
➢ **cold rubber** Kaltkautschuk
➢ **comminuted rubber** pulverisiertes Gummi
➢ **crepe** Kreppgummi, Kreppkautschuk
➢ **crumb rubber** Krümelgummi
➢ **diene rubber** Dienkautschuk
➢ **foam rubber/foamed rubber/plastic foam/foam** Schaumgummi
➢ **general-purpose rubber** Allzweck-Kautschuk
➢ **hard rubber/vulcanite/ebonite** Hartgummi
➢ **killed rubber** totplastizierter Kautschuk, totmastizierter Kautschuk
➢ **latex-sprayed rubber** Sprühkautschuk
➢ **natural rubber (NR)/Indian rubber/caoutchouc** Naturkautschuk, natürliches Gummi
➢ **nitrile rubber** Nitrilkautschuk (Butadien-Acrylnitril)
➢ **para rubber (*Hevea brasiliensis/Euphorbiaceae*)** Parakautschuk
➢ **particulate rubber** Krümelkautschuk
➢ **phenolic rubbers** Phenoplaste
➢ **polysulfide rubber** Polysulfid-Kautschuk
➢ **raw rubber** Rohkautschuk
➢ **reclaimed rubber/regenerated rubber** Regeneratgummi
➢ **resin rubber** Harzgummi

➢ **ribbed smoked sheet (RSS)** gerippte Räucherkautschukplatte
➢ **scrap rubber** Altgummi
➢ **silicone rubber** Silicongummi, Silikonkautschuk
➢ **smoked sheet** Räucherkautschuk, Smoked Sheet (geräucherte Rohkautschukplatte)
➢ **solid rubber** Vollgummi
➢ **specialty rubber** Spezial-Kautschuk
➢ **sponge rubber (open cell)** Schwammgummi
➢ **stereo rubber** Stereokautschuk
➢ **synthetic rubber (SR)/artificial rubber (elastomer)** Synthesekautschuk (Elastomer), Kunstkautschuk, synthetisches Gummi
**rubber band/elastic (Br)** Gummiband, Gummi
**rubber blanket coating** Auftrageverfahren mit Gummirakel
**rubber boots** Gummistiefel
**rubber droplets (in latex)** Kautschukkügelchen, Kautschuktröpfchen (in Latex)
**rubber elasticity** Gummi-Elastizität
**rubber-glass transition** Zäh-Spröd-Übergang
**rubber nipple (pipeting nipple)** Gummihütchen (Pipettierhütchen)
**rubber ring (e.g., flask support)** Gummiring
**rubber septum** Gummiseptum
**rubber sleeve** Gummimanschette (für Laborglas)
**rubber stopper/rubber bung (Br)** Gummistopfen, Gummistöpsel
**rubber tube** Gummischlauch
**rubber tubing** Gummischlauch; Gunmmischlauchleitung
**rubber washer** Gummidichtungsring, Gummidichtungsscheibe, Gummi-Unterlegscheibe
**rubberized fabric (rubber skin)** Gummihaut
**rubberlike** kautschukartig, gummiartig
**rubbery** gummiartig
**rubbery state** gummiartiger Zustand
**rubbing alcohol** Desinfektionsalkohol, Alkohol für äußerliche Behandlung (meist Isopropanol/vergälltest Ethanol)
**ruby** Rubin
**Ruggli-Ziegler dilution principle** Ruggli-Zieglersches Verdünnungsprinzip
**rules of conduct** Verhaltensregeln
**run dry** leerlaufen, trockenlaufen
**runaway (reaction/reactor)** Durchgehen
**runaway reaction** Durchgeh-Reaktion
**runner (feed system for injection molding)** Verteiler, Angussverteiler, Angusskanal, Angusstunnel, Verteilerrohr (Spritzgießen)
**running gel/separating gel** Trenngel
**rust** *n* Rost
➢ **red rust** Rotrost
➢ **white rust (zinc hydroxide)** Weißrost

**rust inhibitor/antirust agent/anticorrosive agent**
Rostschutzmittel
**rust remover/rust-removing agent** Rostentferner,
Rostlöser, Rostentfernungsmittel,
Entrostungsmittel
**Rutherford backscattering spectrometry (RBS)**
Rutherford-Rückstreuungs-Spektrometrie,
Rutherford-Rückstreu-Spektrometrie (RRS)

**S**

**S phrases (Safety phrases)** S-Sätze
(Sicherheitsratschläge)
**saber flask/sickle flask/sausage flask**
Säbelkolben, Sichelkolben
**saccharic acid/aldaric acid (glucaric acid)**
Zuckersäure, Aldarsäure (Glucarsäure)
**sacchariferous/saccharogenic** zuckerbildend
**saccharification** Verzuckerung
**saccharify** verzuckern
**saccharimeter** Saccharimeter
**saccharolytic** zuckerspaltend
**sacrificial anode** Opferanode, Aktivanode,
Schutzanode, selbstverzehrende Anode
**sacrificial layer/coating** Opferschicht
**sacrificial protection/cathodic protection**
Kathodenschutz, kathodischer/galvanischer
Korrosionsschutz
**saddle (berl saddles)** *dist* Sattelkörper (Berlsättel)
**safe** *adj/adv* sicher; (without risk/unrisky)
unbedenklich
**safe handling** sicherer Umgang
**safelight** Dunkelkammerlampe (Rotlichtlampe)
**safety** Sicherheit
➤ **increased safety** erhöhte Sicherheit
➤ **laboratory safety/lab safety** Laborsicherheit
➤ **occupational safety/workplace safety**
Arbeitsplatzsicherheit
➤ **safety of operation** Betriebssicherheit
**safety cabinet** Sicherheitsschrank; (clean bench)
Sicherheitswerkbank
**safety check/safety inspection**
Sicherheitsüberprüfung, Sicherheitskontrolle
**safety cutter** Sicherheitsmesser
**safety data** Sicherheitsdaten
**safety data sheet** Sicherheitsdatenblatt
(U.S.: Material Safety Data Sheet – MSDS)
**safety device** Sicherheitsvorrichtung
**safety engineer** Sicherheitsingenieur
**safety feature** Sicherheitsmerkmal
**safety glass (laminated glass)** Schutzglas,
Sicherheitsglas
**safety guidelines** Sicherheitsrichtlinien
**safety helmet (hard hat/hardhat)**
Schutzhelm

**safety instructions/safety protocol/safety policy**
Sicherheitsvorschriften
**safety labeling** Sicherheitskennzeichnung
**safety measures (safeguards)**
Sicherheitsvorkehrungen, Absicherungen
**safety measures/safeguards**
Sicherheitsvorkehrungen, Absicherungen
**safety of operation** Betriebssicherheit
**safety officer** Sicherheitsbeauftragter
**safety pipet filler/safety pipet ball** Peleusball
(Pipettierball)
**safety policy** Sicherheitsverhaltensmaßregeln
**safety precautions/safety measures/**
**safeguards** Sicherheitsvorkehrungen,
Sicherheitsvorbeugemaßnahmen,
Absicherungen
**safety regulations** Sicherheitbestimmungen
**safety risk/safety hazard** Sicherheitsrisiko
**safety spectacles** (einfache) Schutzbrille
**safety valve** Sicherheitsventil
**safety vessel/safety container/safety can**
Sicherheitsbehälter; Sicherheitskanne
**sagittal section/median longisection**
Sagittalschnitt (parallel zur Mittelebene)
**sal/sal dammar (*Shorea robusta/***
**Dipterocarpaceae)** Salharz
**salicylic acid/1-hydroxybenzoic acid (salicylate)**
Salicylsäure (Salicylat)
**saline/salty** *adv/adj* salzig, salzhaltig
**saline** Kochsalzlösung; Sole, Salzlake;
(physiological saline solution) physiologische
Kochsalzlösung; (salina/salt deposit) Salzlager,
Salzlagerstätte, Saline; (saltworks) Salzwerk,
Salzquelle, Salzsee; Siedepfanne, Sudpfanne
**saline water** salziges Wasser
**salinity/saltiness** Salinität, Salzgehalt, Salzigkeit
**salinization** Versalzung (Boden)
**salt** *vb* salzen
➤ **salt in** einsalzen
➤ **salt out** aussalzen
**salt** *n* Salz
➤ **anhydrous salt** wasserfreies Salz
➤ **bile salts** Gallensalze
➤ **complex salt** Komplexsalz
➤ **conducting salt** Leitsalz
➤ **dissociated salt** dissoziiertes Salz
➤ **double salt** Doppelsalz
➤ **Epsom salts/epsomite/magnesium sulfate**
Bittersalz, Magnesiumsulfat
➤ **Glauber salt (crystalline sodium sulfate**
**decahydrate)** Glauber-Salz, Glaubersalz
(Natriumsulfathydrat)
➤ **hartshorn salt/ammonium carbonate**
Hirschhornsalz, Ammoniumcarbonat
➤ **iodized salt** Iodsalz

➢ **Mohr's salt/ammonium iron(II) sulfate hexahydrate (ferrous ammonium sulfate)** Mohrsches Salz
➢ **rock salt (halite)/common salt/table salt/ sodium chloride NaCl** Steinsalz (Halit), Kochsalz, Tafelsalz, Natrium chlorid
➢ **sea salt** Meersalz
➢ **table salt/common salt NaCl** Kochsalz
**salt bath** *metal* Salzbad, Salzschmelze
**salt beads** Salzperlen
**salt bridge** Stromschlüssel; (ion pair) Salzbrücke (Ionenpaar)
**salt cake (impure/industrial sodium sulfate)** Rohsulfat, technisches/unaufgereinigtes Natriumsulfat
**salt deposit/saline** Salzlager, Salzlagerstätte, Saline
**salt glaze** Salzglasur
**salt melt** Salzschmelze
**salt mine** Salzbergwerk
**salt water** Salzwasser
**saltern** Saline, Salzgarten, Salzwerk
**saltiness** Salzigkeit
**salting in** Einsalzen, Einsalzung
**salting out** Aussalzen, Aussalzung
**salting-out chromatography** Aussalzchromatographie
**saltpeter/potassium nitrate KNO₃** Salpeter, Kalisalpeter, Kaliumnitrat
**saltwater** *adv/adj* Salzwasser...
**saltworks** Salzwerk
**salty/saline** salzig; salzhaltig
**salvage reaction/salvage pathway** Wiederverwertungsreaktion, Wiederverwertungsstoffwechselwege
**sample** Muster, Probe (Teilmenge eines zu untersuchenden Stoffes); (specimen) Probe, Warenprobe; (spot sample/aliquot) Stichprobe
➢ **subsample** Teilstichprobe
**sample concentrator** Probenkonzentrator
**sample custody** Probenverwaltung
**sample function/sample statistic** Stichprobenfunktion
**sample holder** Probenhalter
**sample preparation** Probenvorbereitung
**sample size** *stat* Fallzahl; Stichprobenumfang
**sample-taking/taking a sample** Probennahme, Probeentnahme
**sample turret** Probenkarussell
**sample vial/specimen vial** Probefläschchen, Probegläschen, Probengefäß
**sampler** Probenehmer, Probenentnahmegerät
**sampling** Probe, Probieren; Auswahlverfahren; Prüfung, Erhebung; Stichprobenerhebung

**sampling device** Probennahmevorrichtung
**sandblasting** Sandstrahlen, Sandstrahlreinigung
**sandpaper/emery paper (*Br*)** Schmirgelpapier
**sandwich panel** Sandwich-Platte
**sanitary facilities/sanitary installations** sanitäre Einrichtungen
**sanitary measure** Hygienemaßnahme
**sanitary sewer** Abwasserkanal
**sanitary supplies (sanitary equipment/plumbing supplies/equipment)** Sanitärzubehör
**sanitize** keimfrei machen, sterilisieren
**saponification** Saponifikation, Verseifung
**saponify** verseifen
**saponite** Saponit
**sapphire** Saphir
**saprogenic** saprogen, fäulniserregend
**sarcosine** Sarcosin
**sash (*see also:* hood)** Schiebefenster, Frontscheibe, Frontschieber, verschiebbare Sichtscheibe (Abzug/Werkbank)
**satellite band** Satellitenbande
**satellite infrared spectrometry (SIRS)** Satelliten-Infrarot-Spektrometrie (SIRS)
**satiate** übersättigen
**satiation** Übersättigung
**satin/sateen** Baumwollsatin, Atlas
**satin white** Satinweiß, Glanzweiß
**saturate (saturated)** sättigen (gesättigt)
➢ **diunsaturated** doppelt ungesättigt
➢ **monounsaturated** einfach ungesättigt
➢ **polyunsaturated** mehrfach ungesättigt
➢ **supersaturated** übersättigt
➢ **unsaturated** ungesättigt
**saturated fatty acid** gesättigte Fettsäure
**saturated solution** gesättigte Lösung
**saturation** Sättigung, Absättigung, Sättigungszustand
➢ **unsaturation** ungesättigter Zustand
**saturation deficit** Sättigungsverlust, Sättigungsdefizit
**saturation hybridization** Sättigungshybridisierung
**saturation kinetics** Sättigungskinetik
**saturation spectroscopy (laser)** Sättigungsspektroskopie
**sawhorse projection/andiron formula** Sägebock-Formel, Sägebock-Projektion (Darstellung von Konformations-Isomeren)
**scab** Schorf (Wundschorf), Grind
**scab lesion (crustlike disease lesion)** Schorfwunde
**scaffold** Gerüst, Gestell
**scaffolding/framework/stroma/reticulum** Gerüst
**scalability** Skalierbarkeit

**scald** *vb* verbrühen
**scald/scalding** Verbrühung,
Verbrühungsverletzung
**scalding loss** Abbrand
**scale** *vb* verkrusten; Kesselstein bilden;
entzundern
**scale/scales** *n* Skala (*pl* Skalen), Maßstab;
(scales for weighing) Waage; Schuppe;
Kesselstein; Zunder
➢ **bench scales** Tischwaage
➢ **checkweighing scales** Kontrollwaage
➢ **steelyard/lever scales (balance)** Läuferwaage
**scale error** Maßstabfehler
**scale formation** Kesselsteinbildung; *metal*
Zunderbildung
**scale-up/scaling up** Maßstabsvergrößerung
**scale wax** Schuppenparaffin
**scalepan/balance pan/weigh tray/weighing tray/
weighing dish** Waagschale
**scaling** Skalierung
**scalpel** Skalpell
**scalpel blade** Skalpellklinge
**scan** *vb* **(screen)** scannen, absuchen,
durchsuchen, kritisch prüfen; rastern, abtasten,
einlesen
**scanner** Scanner, Abtaster, Einlesegerät
**scanning calorimetry** Raster-Kalorimetrie
**scanning electron microscopy (SEM)**
Rasterelektronenmikroskopie (REM)
**scanning force microscopy (SFM)**
Rasterkraftmikroskopie (RKM)
**scanning probe microscopy (SPM)**
Rastersondenmikroskopie (RSM)
**scanning transmission X-ray microscopy (STXM)**
Transmissionsrasterröntgenmikroskopie
**scanning tunneling microscopy (STM)**
Rastertunnelmikroskopie (RTM)
**scar/cicatrix/cicatrice** Narbe, Wundnarbe,
Cicatricula
**scarce/rare** selten, rar
**scarcity/rarity** Seltenheit, Rarität
**scatol/skatole** Skatol
**scatter** (disperse) zerstreuen, dispergieren;
(spread/distribute/sprinkle) streuen,
verstreuen, ausstreuen, verteilen
**scatter diagram (scattergram, scattergraph,
scatterplot)** Streudiagramm
**scattered light/stray light** Streulicht
**scattered radiation/diffuse radiation**
Streustrahlung
**scattering** (dispersion) Zerstreuung,
Dispergierung; (spreading/distribution)
Streuung, Verstreuen, Verteilung
➢ **electron scattering** Elektronenstreuung

➢ **incoherent scattering/Compton scattering**
Compton Streuung
➢ **light scattering** Lichtstreuung
➢ **neutron scattering** Neutronenstreuung
➢ **Rayleigh scattering** Rayleigh-Streuung
➢ **small-angle light scattering (SALS)**
Kleinwinkelstreuung
➢ **small-angle neutron scattering (SANS)**
Neutronenkleinwinkelstreuung
➢ **small-angle X-ray scattering (SAXS)**
Röntgenkleinwinkelstreuung
➢ **wide-angle X-ray scattering (WAXS)**
Röntgenweitwinkelstreuung, Weitwinkel-
Röntgenstreuung (WWR)
➢ **X-ray scattering (XS)** Röntgenstreuung
**scattering angle** Streuwinkel
**scattering coefficient** Streuungskoeffizient/
Streukoeffizient
**scattering cross section** Streuquerschnitt
**scattering factor** Streufaktor
**scavenger** Fänger, Fängersubstanz
➢ **radical scavenger** Radikalfänger
**scedasticity/heterogeneity of variances** *stat*
Streuungsverhalten
**scent** Geruch, Wohlgeruch, Duft;
(odiferous substances) Duftstoffe
**scentless** geruchlos
**schist (metamorphic)** Schiefer (metamorphisches
Schiefergestein)
**Schlenk flask** Schlenk-Kolben, Schlenkkolben
(Rundkolben mit seitlichem Hahn)
**Schlenk tube** Schlenk-Rohr, Schlenkrohr
(mit seitlichem Hahn)
**scientific** naturwissenschaftlich
**scintillate** szintillieren, funkeln,
Funken sprühen, glänzen
**scintillation** Szintillation, Lichtblitz
**scintillation counter/scintillometer**
Szintillationszähler („Blitz'zähler)
**scintillation vial** Szintillationsgläschen
**scission** Schnitt, Spaltung
➢ **incision** Schnitt, Einschnitt
**sclerification** Sklerifizierung
**sclerified** sklerifiziert
**sclerometric hardness** sklerometrische Härte
**scleroprotein** Skleroprotein
**sclerotic/hard** sklerotisch, hart
**sclerotization/hardening** Sklerotisierung
**sclerotized/hardened** sklerotisiert
**scoop** *vb* **(draw)** schöpfen, schaufeln
**scoop** *n* Schöpfkelle, Schöpfer, Schaufel; Löffel
➢ **measuring scoop** Messschaufel
**scoopula** Löffelspatel

**scorch** *vb* versengen, verbrennen, anbrennen; schmoren (Kabel etc.), verschmoren; (char) durchschmoren; polym anvulkanisieren, vorvernetzen

**scorch** *n* (scorching: prevulcanization) Vorvernetzung, Anspringen einer Vernetzung, Anvulkanisation, Scorch

**scour** scheuern, schrubben; säubern, polieren

**scouring agent/abrasive** Scheuermittel

**scouring pad/pot cleaner** Topfkratzer, Topfreiniger

**scram/SCRAM** *rad/nucl* Schnellschuss, Reaktorschnellschuss

**scrap** Abfall (Abfälle), Ausschuss, Produktionsrückstände, Schrott, Bruch

**scrap metal** Altmetall, Metallschrott

**scrap rubber** Altgummi; Gummiabfälle, Vulkanisatabfälle

**scrape** schaben, kratzen

**scraper** Schaber, Kratzer (Gerät zum Abkratzen/ Schabeisen); Schabhobel; (wiper blade/ spreading knife/coating knife/doctor knife/ doctor blade) Rakel, Rakelmesser, Schabeisen, Abstreichmesser

**scraps/shavings** Krümel

**scratch** kratzen

**scratch hardness/scratch resistance** Kratzfestigkeit

**scratching hardness** *geol/min* Ritzhärte

**scratchproof** kratzbeständig, kratzfest

**screen** *n* Schirm, Schutzschirm; (wire-screen/grate) Gitter; (projection) Leinwand (Projektions~)

**screen** *vb* abschirmen, beschirmen, verdecken, tarnen; sichten; (size) sieben, klassieren (nach Korngröße)

**screen basket centrifuge** Siebkorbzentrifuge

**screen centrifuge** Siebschleuder

**screening** Durchmustern, Durchtesten; *med* (screening test) Rasteruntersuchung, Reihenuntersuchung, Suchtest; (siftage/size separation by screening) Siebung

**screening length/correlation length** ξ Abschirmlänge, Korrelationslänge

**screening test** Suchtest

**screw** Schraube; (extruder) Schnecke
- ➤ **adjusting screw/adjustment screw/tuning screw/setting screw/adjustment knob/ fixing screw** Stellschraube, Einstellschraube

**screw-base socket** Gewindefassung

**screw-cap/screw cap/screwtop** Schraubkappe, Schraubdeckel, Schraubkappenverschluss

**screw-cap bottle** Schraubflasche

**screw-cap vial/screw-cap jar** Schraubgläschen, Schraubdeckelgläschen, Probefläschchen/ Probegläschen mit Schraubverschluss

**screw clamp/pinch clamp** Schraubklemme, Schraubzwinge

**screw compression pinchcock** Schraubquetschhahn

**screw impeller** Schneckenrührer

**screw thread/worm thread** Schraubgewinde, Schneckengewinde

**screwdriver** Schraubenzieher

**screwtop (threaded top)** Schraubverschluss, Schraubdeckel

**scrub/scour** scheuern, schrubben

**scrubber** (scrubbing brush/scrub brush) Bürste, Scheuerbürste, Schrubbbürste, Schrubber; (for removal of impurities from gas) Skrubber, Rieselturm (zur Gasreinigung)

**scum** Schwimmschlamm, Abschaum, modriger Oberflächenfilm

**scurfy/scabby/furfuraceous** schorfig, Schorf...

**sea salt** Meersalz

**seal** *vb* versiegeln, plombieren; fest verschließen; (seal off: make tight/make leakproof/insulate) abdichten; abriegeln

**seal** *n* Siegel, Verschluss; Dichtung; (sealing) Abdichtung; (cap/closure) Verschlusskappe; (gasket) Manschette
- ➤ **compression seal** Druckverschluss
- ➤ **crimp seal** Bördelkappe (für Rollrandgläschen/ Rollrandflasche)
- ➤ **face seal (impeller)** Gleitringdichtung (Rührer)
- ➤ **lip seal/lip-type seal/lip gasket** Lippendichtung (Wellendurchführung)
- ➤ **quick-release seal (clamp)** Schnellspannklemme, Schnellspannverschluss
- ➤ **shaft seal** Wellendichtung (Rotor)
- ➤ **stirrer seal** Rührverschluss
- ➤ **zip seal/zip-lip/zip-lip seal/zipper-top** Zippverschluss, Druckleistenverschluss

**seal ring** Dichtungsring

**sealability** Abdichtbarkeit

**sealable** verschließbar

**sealant (sealing compound/material)** Dichtungsmasse, Dichtungsmittel, Dichtungsmaterial, Dichtstoff, Abdichtmasse, Versiegelungsmasse, Abdichtmasse, Abdichtungsmasse

**sealer** Verschließvorrichtung, Verschließgerät, Schweißgerät; Absperrgrund
- ➤ **wrapfoil heat sealer** Folienschweißgerät

**sealing apparatus/machine (welding apparatus)** Einschweißgerät, Schweißgerät

**sealing foil/liner/barrier foil** Abdichtfolie, Abdichtungsfolie

**sealing tape** Dichtungsband

**sealing wax** Dichtungswachs, Siegelwachs

**sealless** dichtungsfrei, ohne Dichtung (Pumpe)

**seam** (border/edge/fringe) Saum, Rand;
(suture/raphe) Fuge, Naht, Verwachsungslinie
**seam sealant/joint filler** Fugendichtungsmasse
**seamless** nahtlos, fugenlos
**season** *vb* altern, reifen; (store) lagern,
ablagern (Holz); appretieren
**season cracking** Alterungsriss, Aufreißen
**seasoning** Alterung, Altern, Reifung; Ablagerung
**seawater/saltwater** Meerwasser
**sebaceous/tallowy** Talg..., talgig
**sebacic acid/decanedioic acid** Sebacinsäure,
Decandisäure
**secant modulus** Sekantenmodul
**second law of thermodynamics** Entropiesatz,
2.Hauptsatz der Thermodynamik
**secondary electron (Auger electron)**
Sekundärelektron (Auger-Elektron)
**secondary electron multiplier (SEM)**
Sekundärelektronenvervielfacher (SEV)
**secondary-ion mass spectrometry (SIMS)**
Sekundärionen-Massenspektrometrie (SIMS),
Ionenstrahl-Mikroanalyse
**secondary metabolism** Sekundärstoffwechsel
**secondary metal** Umschmelzmetall
**secondary quantum number** Nebenquantenzahl,
azimutale Qquantenzahl
**secondary reaction/subsidiary reaction (between
resultants of a reaction)** Sekundärreaktion
**secondary response** Sekundärantwort
**secondary series/subordinate series** Nebenserie
**secondary structure** Sekundärstruktur (Proteine)
**secrecy agreement**
Geheimhaltungsvereinbarung
**secrete** ausscheiden; (excrete) sezernieren,
abgeben (Flüssigkeit)
**secretion** Sekret; Sekretion, Ausscheidung;
Freisetzung
**secretory** sekretorisch
**secretory protein** Sekretionsprotein,
Sekretprotein, sekretorisches Protein
**section** Schnitt, Abschnitt, Teil
➢ **cross section** Querschnitt
➢ **frozen section** Gefrierschnitt
➢ **intersection** Schnitt, Schnittpunkt, Kreuzung
➢ **semithin section** Semidünnschnitt
➢ **serial sections** Serienschnitte
➢ **thin section/microsection** Dünnschnitt
➢ **ultrathin section** Ultradünnschnitt
**section modulus** Widerstandsmoment,
Rückkehrmoment
**sector instrument** *ms* Sektorfeldgerät
**secure** *adj/adv* **(personal protection)** sicher;
geschützt, in Sicherheit
**secure** *vb* sichern, absichern

**securing/safeguarding** Sicherung, Befestigung
**security (personal protection)** Sicherheit;
Garantie, Gewähr
**security measures/safety measures/containment**
Sicherheitsmaßnahmen, Sicherheitsmaßregeln
**security personnel/security** Sicherheitspersonal
**security valve/security relief valve**
Sicherheitsventil
**sediment** *n* **(deposit/precipitate)** Sediment,
Präzipitat, Niederschlag, Fällung
**sediment** *vb* **(deposit/precipitate)** sedimentieren,
präzipitieren, niederschlagen, fällen,
abscheiden, absitzen, ausfallen
**sedimentary rock** Sedimentgestein
**sedimentation** Sedimentation, Absetzen,
Ausfällen; Ablagerung
**sedimentation analysis**
Sedimentationsgeschwindigkeitsanalyse
**sedimentation coefficient**
Sedimentationskoeffizient
**seed** *vb* impfen, animpfen; beimpfen
**seed crystal/crystal nucleus** Impfkristall,
Impfling, Keim, Keimkristall
**seeding technique** *polym* Saattechnik
**seep** sickern
**seepage** Versickern, Einsickern, Durchsickern
**seepage loss** Versickerungsverlust
**seepage water** Sickerwasser
**segment** *vb* segmentieren
**segmental density distribution**
Segmentdichteverteilung
**segmental diffusion** Kettensegmentdiffusion
**segmental rotation** Segmentrotation
**segmentation** Segmentierung
**segmented copolymer/segment copolymer**
Segmentcopolymer, segmentiertes Copolymer
**segregate** segregieren, aufspalten; (separate out/
reseparate) entmischen, absondern, trennen;
seigern
**segregated continuous stirred-tank reactor
(SCSTR)** segregierter kontinuierlicher
Rührkesselreaktor (Durchflusskessel)
**segregation** Segregation, Aufspaltung;
(separation/reseparation) Entmischung
**select** selektieren, auswählen, auslesen
**selected ion flow-tube (SIFT)** Flussreaktor für
(massen)selektierte Ionen
**selection** Selektion, Auslese, Auswahl
**selection coefficient/coefficient of selection**
Selektionswert, Selektionskoeffizient
**selective** selektiv, auswählend
**selective filter/barrier filter/stopping filter/
selection filter** *micros* Sperrfilter

**selective pressure/selection pressure**
Selektionsdruck
**selectivity** Selektivität, Unterscheidung;
Trennschärfe
**selenic acid $H_2SeO_3$** Selensäure
**selenium (Se)** Selen
**selenous acid $H_2SeO_4$** Selenigsäure
**self-accelerating/autoaccelerating**
selbstbeschleunigend
**self-acting/automatic** selbsttätig, automatisch
**self-adhesive/self-adhering/gummed**
selbstklebend
**self-adjusting** selbsteinstellend
**self-assembly** Selbstzusammenbau,
Spontanzusammenbau, Selbstassoziierung,
spontaner Zusammenbau (molekulare
Epigenese)
**self-avoiding walk (SAW)**
kreuzungsfreie Wanderung
**self-balancing** selbstabgleichend
**self-cleaning (self-cleansing/self-purifying)**
selbstreinigend
**self-cleansing (self-purification)** Selbstreinigung
**self-consuming/sacrificial** selbstverzehrend
**self-consistent field (SCF)** Eigenfeld,
selbstkonsistentes Feld
**self-contained** in sich geschlossen, selbständig,
autonom, kompakt, unabhängig
**self-crosslinking** selbstvernetzend
**self-curing (resins/polymers)**
selbsthärtend (Harze/Polymere)
**self-decomposing/autodecomposing**
selbstzersetzend
**self-extinguishing** selbstlöschend,
selbsterlöschend, selbstverlöschend
**self-igniting** selbstzündend
**self-inducting impeller with hollow impeller
shaft** selbstansaugender Rührer mit Hohlwelle
**self-levelling** selbstverlaufend
(Harz/Kunststoffmasse etc.)
**self-locking** selbstverschließend
**self-lubricating** selbstschmierend
**self-lubricating ability** Selbstschmierfähigkeit
**self-organization** Selbstorganisation
**self-poisoning/autopoisoning** Selbstvergiftung
**self-polymerization** Autopolymerisation
**self-priming** selbstansaugend (Pumpe)
**self-propagate (self-propagating reaction)**
selbsttragend (selbsttragende Reaktion)
**self-propagation** Selbstwachstum
**self-protection** Selbstschutz
**self-quenching** selbstlöschend
**self-regulating/self-adjusting** selbstregulierend,
selbsteinstellend

**self-reinforcement** Selbstverstärkung
**self-reinforcing** selbstverstärkend
**self-reinforcing plastic** selbstverstärkender
Kunststoff
**self-sealing** selbstdichtend
**self-sealing lock/cap/lid**
selbstdichtender Verschluss
**self-supporting** selbsttragend
**self-sustaining** selbsterhaltend
**self-tolerance** Selbsttoleranz, Eigentoleranz
**self-vulcanizing** selbstvulkanisierend
**semicoke** Halbkoks, Schwelkoks
**semiconductor** Halbleiter
**semiconductor detector** Halbleiterdetektor,
Halbleiterzähler
**semiconductor wafer** Halbleiterscheibe
**semiconservative replication**
semikonservative Replikation
**semicrystalline** semikristallin, teilcrystallin
**semidilute solution** halbverdünnte Lösung
**semidry** halbtrocken
**semidrying oil** langsam trocknendes Öl,
teiltrocknendes Öl
**semifinished goods/semifinished product/semi**
Halbzeug
**semigloss** halbmatt
**semi-interpenetrating network (SIPN)**
semi-interpenetrierendes Netzwerk
**semiladder polymer/step-ladder polymer**
Halb-Leiterpolymer
**semimetals** Halbmetalle
**semimicro batch** Halbmikroansatz
**semimicro procedure/method**
Halbmikroverfahren, Halbmikromethode
**semimicro scale** Halbmikromaßstab
**semimicro-scales/semimicro-balance**
Halbmikrowaage
**semipermeability** Halbdurchlässigkeit,
Semipermeabilität
**semipermeable** halbdurchlässig, semipermeabel
**semiprecious metal** Halbedelmetall
**semirigid** halbstarr, halbsteif
**semisynthesis** Halbsynthese
**semisynthetic** halbsynthetisch
**semisynthetic fiber** Regeneratfaser
**semisystematic name/semitrivial name**
Halbtrivialname, halbsystematischer Name
**semithin section** Semidünnschnitt
**sensibility/sensitiveness** Empfindbarkeit
**sensitive** sensitiv, leicht reagierend, empfindlich
**sensitiveness/touchiness** Empfindlichkeit,
Gekränktsein
**sensitivity** Sensitivität, Empfindlichkeit
**sensitivity to pain** Schmerzempfindlichkeit

**sensitivity to temperature**
Temperaturempfindlichkeit
**sensitization** Sensibilisierung (Allergisierung)
**sensitize** sensibilisieren
**sensitizing** sensibilisierend
(Gefahrenbezeichnung)
**sensor** (detector) Fühler, Sensor, Detektor
(*tech*: z. B. Temperaturfühler); (probe)
Messfühler
**sensory** sensorisch
**separate** scheiden, trennen, abtrennen;
(fractionate) auftrennen, trennen, fraktionieren;
(release) ablösen; (disconnect) trennen, lösen,
entkuppeln, auskuppeln
**separating column/fractionating column/
fractionator** Trennsäule
**separating gel (running gel)** Trenngel
**separation** Scheidung, Trennung; (partition)
Abtrennung; Ablösung, Ablösen; (fractionation)
Auftrennung, Trennung, Fraktionierung
**separation accuracy** *chromat* Trennschärfe
**separation efficiency (column efficiency)**
Trennleistung, Trennwirkungsgrad
**separation energy** Ablösungsarbeit,
Abtrennarbeit
**separation factor** *analyt* Trennfaktor,
Separationsfaktor
**separation method** Trennmethode
**separation technique/separation procedure/
separation method** Trennverfahren,
Trennmethode
**separator (precipitator/settler/trap/catcher/
collector)** Abscheider
**separatory funnel** Scheidetrichter
**sepsis/septicemia/blood poisoning**
Sepsis, Septikämie, Blutvergiftung
**septic tank** Faulbehälter (Abwässer)
**septum** (*pl* septa or septums) Septum
(*pl* Septen), Scheidewand, Membran
**septum-inlet adapter** Septum-Adapter
**sequela(e)** Folge, Folgeerscheinung,
Folgezustand
➤ **late sequelae** Spätfolgen
**sequence** Sequenz; Aufeinanderfolge,
Folge, Reihe, Reihenfolge, Serie
**sequence of operation** Arbeitsablauf
**sequence rule** Sequenzregel (Chiralität)
**sequencer/sequenator (apparatus)** *gen*
Sequenzierungsautomat
**sequencing** Sequenzierung
**sequential** sequentiell, aufeinander folgend
**sequential reaction/chain reaction**
sequentielle Reaktion, Kettenreaktion
**sequester** absondern, sequestrieren

**sequestration (hold in solution by coordination)**
Sequestrierung (Chelatisierung)
**serial sections** *micros* Serienschnitte
**sericin (silk gum/ silk gelatin/silk glue)**
Sericin (Seidengummi/Seidenleim)
**serine (S)** Serin
**serologic(al)** serologisch
**serological pipet** serologische Pipette
**serology** Serologie
**serotonin/5-hydroxytryptamine** Serotonin,
Enteramin, 5-Hydroxytryptamin
**serous** serös
**serpentine** Serpentin
**serum** (*pl* sera or serums) Serum (*pl* Seren)
**service** Dienst, Dienstleistung, Arbeit; Betrieb,
Bedienung, Wartung, Kundendienst
**service cart/service trolley (*Br*)** Servierwagen
**service duct/service line** Leitungskanal
**service fixtures/service outlets**
Versorgungsanschlüsse (Wasser/Strom/Gas)
**service-free** wartungsfrei
**service hatch** Durchreiche
**service life (of a machine/equipment)**
Laufzeit (Gerät), Lebenszeit, Nutzungsdauer
**service manual** Wartungshandbuch
**service regulations/job regulations/
official regulations** Dienstvorschrift
**service temperature** Gebrauchstemperatur,
Betriebstemperatur, Arbeitstemperatur
**serviceability** Brauchbarkeit, gute
Verwendbarkeit; Betriebsfähigkeit;
Wartungszugänglichkeit
**serviceable** brauchbar, betriebsfähig,
betriebsbereit, einsatzfähig, verwendbar,
tauglich; wartungsfähig
**servicing** Wartung, Pflege
**sesame oil** Sesamöl
**sesquiterpene (C$_{15}$)** Sesquiterpen
**set** *n* Satz, Garnitur; (instrument/equipment/
apparatus) Gerät, Anlage, Apparat
**set** *vb* (turn solid) abbinden (fest/steif werden);
(freeze) erstarren; (curdle/coagulate) gerinnen,
koagulieren
**set point** Sollwert; Bezugspunkt, Festpunkt
**set-point adjuster/setting device** Sollwertgeber;
Stelleinrichtung
**set-point correction** Sollwertkorrektur
**set up** aufbauen, aufstellen, montieren,
zusammenbauen
**setting** Abbinden, Verfestigen (hart/fest/steif
werden); (freezing) Erstarren
**setting point** Erstarrungspunkt, Stockpunkz;
Gerinnungspunkt
**setting temperature** Härtungstemperatur

**setting time** Erstarrungsdauer, Abbindezeit; (autoclave) Ausgleichzeit, thermisches Nachhinken

**setting up** (assemble the equipment) aufbauen (Experiment); (paint) Anhärten, Antrocknen; *polym* Anvulkanisieren, Anspringen

**settings (adjustment)** Einstellungen (eines Geräts)

**settle (sediment/deposit)** absetzen; (establish) besiedeln, etablieren

**settle out** absetzen, ausfallen

**settling tank** Klärbecken, Absetzbecken

**setup (of an experiment)** Aufbau (eines Experiments)

**sewage** Abwasser
> **raw sewage** Rohabwasser

**sewage sludge (esp.: excess sludge from digester)** Faulschlamm (speziell: ausgefaulter Klärschlamm)

**sewage system/sewer system** Kanalisation, Kanalisationssystem, Abwassersystem

**sewage treatment** Abwasseraufbereitung

**sewage treatment plant** Klärwerk, Kläranlage, Abwasseraufbereitungsanlage

**sewer/sanitary sewer** Abwasserkanal, Kloake, Kanal

**sewer gas** Faulschlammgas

**shading** Beschattung

**shadow** Schatten (eines bestimmten Gegenstandes)

**shadowcasting (rotary shadowing in TEM)** Beschattung (Schrägbedampfung bei TEM)

**shaft (spindle)** Schaft, Welle

**shaft seal (of stirrer/impeller)** Wellendichtung (Rotor)

**shake** schütteln; (vibrate) rütteln
> **shake out** ausschütteln

**shake flask** Schüttelkolben

**shaker** Schüttler
> **circular shaker/orbital shaker/rotary shaker** Rundschüttler, Kreisschüttler
> **incubating shaker/incubator shaker/shaking incubator** Inkubationsschüttler
> **reciprocating shaker (side-to-side motion)** Reziprokschüttler, Horizontalschüttler, Hin- und Herschüttler (rütteln)
> **rocking shaker (see-saw motion)** Wippschüttler
> **shaker with spinning, rotating motion (vertically rotating 360°)** Überkopfmischer, Drehschüttler (rotierend)
> **vortex shaker/vortex** Vortexmischer, Vortexschüttler, Vortexer

**shaker bottle/shake flask** Schüttelflasche, Schüttelkolben

**shaker with spinning/rotating motion** Drehschüttler (rotierend)

**shaking** Schütteln, Rütteln

**shaking incubator/incubating shaker/ incubator shaker** Inkubationsschüttler

**shaking out** Ausschütteln, Ausschüttelung

**shaking screen** Rüttelsieb

**shaking water bath (reciprocating)/water bath shaker** Schüttelbad, Schüttelwasserbad

**shakle** Schäkel

**shale (sedimentary)** Schieferton
> **expanded shale** Blähton

**shark skin (orange peel: surface roughness)** Haifischhaut (Apfelsinenschalenhaut)

**sharp** scharf, spitz; (pungent/acrid) beißend (Geruch/Geschmack)

**sharp-point tweezers/sharp-pointed tweezers/ fine-tip tweezers** Spitzpinzette

**sharpen** schärfen (Messer/Scheren)

**sharpening stone/grindstone/honing stone** Schleifstein, Abziehstein

**sharpness (focus)** *micros/opt* Schärfe

**sharp bend (glass tube)** 90°-Krümmer, Kniestück

**sharps** scharfe Gegenstände (scharfkantig/spitz)

**sharps collector** Sicherheitsbehälter (Abfallbox zur Entsorgung von Nadeln/Skalpellklingen/ Glas etc.)

**shatter** splittern, zersplittern, zerschmettern, zertrümmern

**shattering power** Brisanz

**shatterproof (safety glass)** splitterfrei (Glas), bruchsicher

**shatterproof glass** Sicherheitsglas

**sheaf/bundle** Garbe (Licht/Funke etc.)

**shear** *vb* verschieben, einer Scherung aussetzen; einer Schubwirkung aussetzen; (cut/clip) scheren, schneiden, abschneiden

**shear** *n* Scherung, Schub

**shear action** Scherwirkung, Schubwirkung

**shear bands/deformation bands** *polym* Scherbänder

**shear compliance** Schernachgiebigkeit, reziproker Schubmodul

**shear crack** Scherriss

**shear deformation** Scherdeformation, Scherverformung, Schubdeformation

**shear flow** Scherfließen, Scherströmung

**shear force** Scherkraft; Schubkraft

**shear gradient** Schergefälle, Schergradient

**shear loss modulus (90°, out-of-phase modulus/ viscous modulus)** Scherverlustmodul

shear modulus (torsion modulus/
modulus of rigidity) Schermodul
(Torsionsmodul)
shear rate/rate of shear Scherrate,
Schergeschwindigkeit
shear storage modulus/in-phase modulus/elastic
modulus Scherspeichermodul
shear strain Scherbeanspruchung,
Scherverformung, Schubbeanspruchung
shear strength/shearing strength Scherfestigkeit,
Schubfestigkeit
shear stress/shearing stress (shear force per unit
area) Scherspannung, Schubspannung
shear thickening/dilatancy Scherverzähung
(Fließverfestigung), Dilatanz
shear thinning/pseudoplasticity
Scherverdünnung
shear viscosity Scherviskosität
shear wool/shorn wool (fleece wool)
Schurwolle (von lebenden Schafen)
shear yielding Scherfluss, Scherstreckung
(Abgleiten von Polymerketten bei
Beanspruchung)
shearing Scheren, Scherung
shearing action Scherwirkung, Schubwirkung,
Schubeffekt
sheath Scheide, Umhüllung
sheathed scheidenförmig, umhüllt
sheet Bogen, Blatt, (dünne) Platte; Schicht;
(more than> 0.25 mm) Folie
sheet blowing Folienblasen (dick)
(Schlauchfolienblasen, S.extrudieren)
sheet metal Blech
sheet molding compound (SMC)
SMC-Formmasse (vorimprägnierte Glasfaser)
sheet of glass (pane) Glasplatte, Glasscheibe
sheet silicate/phyllosilicate Blattsilicat,
Phyllosilicat
sheeting(s) Folie (endlos Bahn); Bahnenmaterial,
Folienbahn
shell Schale; Muschel; Schutzhülle,
Ummantelung
shell lime Muschelkalk
shellac (from: *Laccifer lacca*) Schellack
sherardizing Sherardisieren, Sherard-Verzinken
shield *n* (screen: protective shield) Schild,
Abschirmung, Schutz (Schutzschild)
shield *vb* (from radiation) abschirmen
(von Strahlung)
shielding (from radiation) Abschirmung
(von Strahlung)
shift Verschiebung
➢ bathochromic shift bathochrome Verschiebung

➢ chemical shift spectros
chemische Verschiebung
➢ high-field shift (NMR) Hochfeldverschiebung
➢ low-field shift (NMR) Tieffeldverschiebung
➢ phase shifting Phasenverschiebung
➢ proton shift (NMR) Protonenverschiebung
➢ tautomeric shift tautomere Umlagerung
shikimic acid (shikimate)
Shikimisäure (Shikimat)
shish-kebab structure Schaschlik-Struktur
shock absorption Stoßdämpfung
shock freezing Schockgefrieren
shock pressure resistant druckstoßfest
shock resistance Stoßfestigkeit
shock volatilization Schockverdampfung
shock wave Schockwelle, Stoßwelle, Druckwelle
shockproof/shock-resistant stoßfest, stoßsicher
shoddy Reißwolle (aus Strickwaren u.a.)
shoe covers/shoe protectors (disposable)
Überschuhe, Überziehschuhe (Einweg~)
Shore hardness (SH) Shore-Härte
short-chain kurzkettig
short-chain branching Kurzketten-Verzweigung
short-circuit *vb* kurzschließen
short circuit *n* (short-circuiting/short)
Kurzschluss
short fiber (chopped fiber) Kurzfaser
short glass fiber (chopped strands) Kurzglasfaser
short-path distillation/flash distillation
Kurzwegdestillation, Molekulardestillation
short-range interaction kurzreichende
Wechselwirkung
short-stem funnel/short-stemmed funnel
Kurzhalstrichter, Kurzstieltrichter
shortstopping agent/stopper Abstoppmittel
shower Dusche
➢ emergency shower/safety shower Notdusche
➢ quick drench shower/deluge shower
‚Schnellflutdusche' (Notdusche)
shred zerfetzen, zerreißen, in Fetzen reißen
shredder Reißwolf; Aktenwolf;
Schneidemaschine
shrink schwinden, schrumpfen; einlaufen
(Textilien/Stoffe)
shrink coating Aufschrumpfen
shrink film/shrink wrap/shrink foil/shrinking foil
Schrumpffolie (zum ‚Einschweißen')
shrink-free schwindungsfrei, schwundfrei
shrinkage Schrumpfung, Schwund, Schwindung;
Abnahme, Einlaufen; Nachschrumpfung
shrinkage cavity/shrinkhole *polym*
Lunker, Hohlraum, Vakuole (Fehler)
shrinkproof schrumpffest, schrumpffrei

**shutdown** Abschaltung, Abstellen; *nucl* Herunterfahren
**shutoff** Abschaltung, Absperrung
➤ **auto-shutoff** automatische Abschaltung (elektronische Geräte)
**shutoff nozzle (extruder)** Verschlussdüse, Absperrventil
**shutoff valve** Abschaltventil, Absperrventil
**shuttle vector/bifunctional vector** Schaukelvektor, bifunktionaler Vektor
**sialic acid (sialate)** Sialinsäure (Sialat)
**siccative/desiccant/drying agent/dehydrating agent** Trockenmittel, Sikkativ
**side chain** *n* **(of a molecule)** Seitenkette
**side effect(s)** Nebenwirkung(en)
**side product** Begleitprodukt; (by-product/ residual product) Nebenprodukt
**side reaction** Nebenreaktion
**side tubulation/side arm (flask/hose connection)** Olive, Ansatzstutzen (Schlauch/Kolben)
**sidearm (tubulation)** Seitenarm, Tubus (Kolben etc.)
**sidearm flask** Seitenhalskolben
**side-chain** Seitenkette
**side-chain liquid crystalline polymer (SCLCP)** flüssigkristallines Seitenketten-Polymer
**sieve** *vb* **(sift/screen)** sieben
**sieve** *n* **(sifter/strainer)** Sieb
➤ **molecular sieve** Molekularsieb, Molekülsieb, Molsieb
**sieve analysis/screen analysis** Siebanalyse
**sieve material/sieving material/ material to be sieved** Siebgut
**sieve plate (perforated plate)** Siebplatte
**sieve plate reactor** Siebbodenkaskadenreaktor, Lochbodenkaskadenreaktor
**sieve residue/oversize** Siebrückstand, Siebüberlauf, Überkorn
**sieve shaker** Siebmaschine (Schüttler)
**sievings/screenings/siftings/undersize** Siebdurchgang, Siebunterlauf, Unterkorn
**sift** sieben
**siftage (size separation by screening)** Siebung
**siftings** Siebdurchgang
**signal protein** Signalprotein, Sensorprotein
**signal substance** Signalstoff
**signal-to-noise ratio (S/N ratio)** Signal-Rausch-Verhältnis, Signal-zu-Rausch-Verhältnis; Rauschspannungsabstand
**signal transducer** Signalwandler
**signal transduction** Signalübertragung
**significance level/level of significance (error level)** Signifikanzniveau, Irrtumswahrscheinlichkeit
**significance test/test of significance** *stat* Signifikanztest

**silane/silicomethane/silicohydride/ monosilane SiH$_4$** Silan, Siliciumwasserstoff, Siliciumhydrid, Monosilan
**silica/silicon dioxide SiO$_2$** Siliciumdioxid (,Kieselsäure')
**silica gel** Kieselgel, Kieselsäuregel, Silicagel
**silicate** Silicat (Silikat)
➤ **chain silicate/inosilicate (metasilicate)** Kettensilicat, Bandsilicat, Inosilicat
➤ **cyclic silicate/cyclosilicate** Ringsilicat, Cyclosilicat
➤ **framework silicate/tectosilicate** Gerüstsilicat, Tektosilicat
➤ **nesosilicate (orthosilicate)** Inselsilicat, Nesosilicat
➤ **sheet silicate/phyllosilicate** Blattsilicat, Phyllosilicat
**siliceous** kieselsäurehaltig
**silicic acid H$_4$SiO$_4$** Kieselsäure
➤ **metasilicic acid (H$_2$SiO$_3$)$_n$** Metakieselsäure
➤ **orthosilicic acid H$_4$SiO$_4$** Orthokieselsäure, Monokieselsäure
➤ **polysilicic acid** Polykieselsäure
**silicohydride/silane/silicomethane/ monosilane SiH$_4$** Siliciumwasserstoff, Silan, Siliciumhydrid, Monosilan
**silicon (Si)** Silicium, Silizium
**silicon carbide/Carborundum™ SiC** Siliciumcarbid, Carborundum
**silicon chip** Siliciumchip
**silicon wafer** Siliciumplatte, Siliciumplättchen, Siliciumscheibe
**silicone (silicon ketone/silicoketone)** Silicon (Siliciumketon), Silikon, Poly(organylsiloxan)
**silicone adhesive** Siliconklebstoff
**silicone grease** Silicon-Schmierfett, Siliconfett
**silicone oil** Siliconöl
**silicone resin** Siliconharz
**silicone rubber** Silicongummi, Siliconkautschuk (Methylsiliconkautschuk) MQ
**silk (fibroin/sericin)** Seide; Seidenstoff, Seidengewebe
➤ **acetate silk/acetate rayon** Acetatseide, Acetatrayon
➤ **artificial silk/rayon** Kunstseide (Rayon)
➤ **cuprammonium silk/cuprammonium rayon (CUP)** Kupferseide, Kuoxamseide, Cuoxamseide, Cuprofaser
➤ **raw silk** Rohseide
➤ **viscose silk/viscose rayon/rayon** Viskoseseide, Viskoserayon
**silk gum/sericin** Seidengummi, Seidenleim, Sericin
**silk suture** Seidenfaden
**silken** seiden, Seiden...

**silky/sericeous/sericate** seidenartig,
seidenhaarig, seidig
**silt** *geol* Schluff
**silver (Ag)** Silber
> **argentic/silver(II)** Silber(II)...
> **argentous/silver(I)** Silber(I)...
> **horn silver/argentum cornu
(chlorargyrite/silver chloride)**
Hornsilber (Chlorargyrit/Silberchlorid)
> **nickel silver (nickel brass)** Neusilber
**silver glance/argentite/argyrite Ag$_2$S** Silberglanz,
Argentit, Silbersulfid
**silver monoxide AgO** Silbermonoxid,
Silber(I,III)-oxid
**silver nitrate AgNO$_3$** Silbernitrat
> **toughened silver nitrate (95% silver nitrate/5%
potassium nitrate: warts treatment)** Höllenstein,
Lapis infernalis (95% Silbernitrat/5% Kaliumnitrat)
**silver oxide Ag$_2$O** Silberoxid, Silber(I)-oxid
**simmer (boil gently)** leicht kochen, köcheln (auf
kleiner Flamme)
**simmering/ebullient** leicht kochend, siedend
**simple distillation** Gleichstromdestillation
**sinapic acid** Sinapinsäure
**sinapic alcohol** Sinapinalkohol
**singe** sengen
**singeing** Sengen
**single/solitary** einzeln, solitär
**single bond** Einfachbindung
**single-burner hot plate** Einfachkochplatte
**single-cell protein (SCP)** Einzellerprotein
**single digest (enzymatic)** einfacher Verdau
**single dose** Einzeldosis
**single electron** Einzelelektron
**single-electron transfer (SET)**
Einelektronenübertragung,
Ein-Elektron-Transfer
**single-necked...** einhals...
**single-photon emission computed
tomography (SPECT)** Einzelphotonen-
Emissionscomputertomographie
**single strand** Einzelstrang
**single-stranded** einsträngig
**single sugar/monosaccharide** Einfachzucker,
einfacher Zucker, Monosaccharid
**single thread** eingängig
**single-use (disposable)** Einmal..., Einweg...,
Wegwerf...
**single-use gloves/disposable
gloves** Einmalhandschuhe
**single-way cock** Einweghahn
**singulet condition** Singulettzustand
**sink** Spülbecken, Spüle, Abflussbecken, Ausguss;
(importer of assimilates) Senke, Verbrauchsort
(von Assimilaten); (sink unit) Spültisch

**sinter** sintern
**sinter density** Sinterdichte
**sintered earthenware** Tonzeug (Sinterzeug
und Porzellan)
**sintering** Sintern
**siphon** Siphon, Saugheber
**sitosterol** Sitosterin, Sitosterol
**size** *vb* abmessen; (cut into discreet length:
tubing) ablängen; *tech* leimen, grundieren;
(Stoff) appretieren, schlichten
**size** *n* **(dressing: sizing material)** *text* Schlichte,
Schlichtemittel; Schmälzmittel
(Gleitfähigmachung/Umhüllung von
Glasfasern)
**size exclusion chromatography (SEC)**
Größenausschlusschromatographie,
Ausschlusschromatographie
**skeletal isomerism** Skelettisomerie,
Gerüstisomerie, Rumpfisomerie
**skeleton/backbone** Skelett, Gerüst
**skew (conformation)** versetzt (alles zwischen
gedeckt und gestaffelt)
**skid** rutschen
**skid-proof (non-skid)** nicht-rutschend,
Antirutsch...
**skim off (scoop off/up)** abschöpfen
**skimming agent** Abschäummittel
**skimming device** Abschäumer, Abschöpfgerät
**skimmings** Skimmings
**skin** Haut; (cutis) Kutis, Cutis (eigentliche Haut;
Epidermis & Dermis)
**skin care** Hautpflege
**skin care product** Hautpflegemittel
**skin-dry** angetrocknet
**skin-irritant** hautreizend
**skin irritation** Hautreizung
**skin ointment** Hautsalbe
**skin packaging** Skinverpackung
**skinning** Hautbildung (Oberflächen)
**skive** aufspalten
**skull and crossbones** Totenkopf (Giftzeichen)
**slab gel** *electrophor* hochkant angeordnetes
Plattengel
**slack heap** Abraumhalde (z. B. Kohlestaub)
**slack wax** Gatsch, Paraffingatsch,
Paraffin-Gatsch
**slag** Schlacke
> **blast-furnace slag** Hochofenschlacke
> **liquation slag** Seigerschlacke
**slaked lime Ca(OH)$_2$** Ätzkalk, Löschkalk,
gelöschter Kalk, Calciumhydroxid
**slash wound** Schnittwunde
**slate** Tonschiefer
**sleet/glaze/frozen rain** Eisüberzug, überfrorene
Nässe, gefrorener Regen

**sleeve (joint sleeve)** Manschette für
  Schliffverbindungen
**sleeve gauntlets** Ärmelschoner, Stulpen
**slice** Scheibe, Scheibchen, dünne Platte
**slide** Schieber, Schlitten; Rutsche; *photo* Dia;
  *geol* Rutsch; *micros* Objektträger
➤ **frosted-end slide** Mattrand-Objektträger
➤ **microscope depression slide/concavity slide/**
  **cavity slide** Objektträger mit Vertiefung
**slide caliper/caliper square** Schublehre
**slide valve** Schieberventil
**sliding microtome** Schlittenmikrotom
**sliding plate** Schieberplatte (Spritzgießen)
**slime** Schleim
**slimes/schlich** Schlicker
**slimy (mucilaginous/glutinous)** schleimig
**slip** *n* Gleiten, Rutschen;
  Gleitfähigkeit, Schlupf, Slip
**slip** *vb* gleiten, rutschen; abrutschen,
  ausrutschen
**slip additive (internal lubricant)**
  Gleitmittel, Slipmittel
**slip agent** Gleitmittel, Schmiermittel, Slipmittel;
  (slip depressant: abherent for polyolefins;
  antiblocking agent) Antiblockmittel
**slip depressant** Antiblockmittel
**slip flow** Gleitströmung, Schlüpfströmung,
  viskose Strömung
**slip-joint connection** Gleitverbindung
**slip plane (crystal slip)** Gleitebene, Gleitfläche
**slip point** Fließschmelzpunkt
**slip resistance** Rutschfestigkeit; Gleitwiderstand
**slip resistant (nonskid/skid-proof/antiskid)**
  rutschfest, rutschsicher
**slip stream** Seitenstrom, Abstrom
**slippery** rutschig
**slit** Schlitz, Spalt
**slit rheometer** Spaltrheometer
**sliver** *n* Span; Splitter; *text* Vorgarn;
  (top) Faserbänder (aus Stapelfasern)
**sliver** *vb* abspalten, zersplittern
**slop** *vb* herumspritzen, herumpantschen
**slop wax** Slop-Wachs
**sloppy** schlampig, schnuddelig
**slops** Spülicht
  (Rückstand vom Schmutz~/Spülwasser)
**slow-growing (crystals)** langsamwachsend
**sludge/sapropel** Schlick; Faulschlamm, Sapropel;
  (sewage sludge) Klärschlamm
**sludge gas/sewage gas (methane)** Faulgas,
  Klärgas
**sluggish** träg, träge, schleppend (reagierend/
  dickflüssig)
**sluggishness** Trägheit (Reaktion), Dickflüssigkeit

**sluice** *n* Schleuse
**sluice** *vb* **(channel)** schleusen
**slurry** *n* Aufschlämmung, Schlamm, Suspension
**slurry** *vb* aufschlämmen
**slurry-packing technique** *chromat*
  Einschlämmtechnik
**small-angle light scattering (SALS)**
  Kleinwinkelstreuung
**small-angle neutron scattering (SANS)**
  Neutronenkleinwinkelstreuung
**small-angle X-ray scattering (SAXS)**
  Röntgenkleinwinkelstreuung
**small scale** Kleinmaßstab
**small-scale application** Kleinanwendung
**smear** n *med/micros* Abstrich
**smear** *vb* schmieren
**smectic** smektisch
**smell** *vb* riechen
**smell** *n* **(odor/scent)** Geruch, Duft
➤ **acid (acidic)** sauer (säuerlich)
➤ **acrid/pungent** beißend, stechend,
  ätzend, scharf
➤ **bad** schlecht, übel, übelriechend
➤ **bitter almond** bittere Mandeln,
  Bittermandelgeruch
➤ **burnt** brenzlig, Brandgeruch
➤ **fragrant** wohlriechend, süß duftend
➤ **fruity** fruchtartig
➤ **penetrating** durchdringend
➤ **pleasant** angenehm
➤ **putrid** faulig, modrig
➤ **pungent/acrid** stechend, beißend, scharf
➤ **rancid** ranzig
➤ **sharp** scharf
➤ **spicy** würzig
➤ **sulfurous** schweflig
➤ **sweet/mellow** süßlich, lieblich
➤ **unpleasant smell** unangenehmer Geruch
**smellable (perceptible to one's sense of smell)**
  riechbar
**smelly/smelling bad/malodorous/stinking/fetid**
  übelriechend, stinkend
**smelt** *metal* verhütten, schmelzen, einschmelzen
**smelting (heating/reduction of oxide ores)**
  Verhüttung, Verhütten, Erzschmelzen
**smelting furnace** Schmelzofen
**smelting plant/smeltery (ore/metals)**
  Hütte, Schmelzhütte, Hüttenwerk
**smock/gown** Arbeitskittel
**smog ordinance** Smogverordnung
**smoke** Rauch (sichtbar), Qualm
➤ **clouds of smoke/fumes** Rauchschwaden
**smoke barrier** Rauchschranke, Rauchschutzwand
**smoke detector** Rauchmelder

**smoke gas** Rauchgase (sichtbarer Qualm)
**smoke generation (development of smoke)**
Rauchentwicklung
**smoke poisoning** Rauchvergiftung
**smoked sheet (rubber)** Räucherkautschuk,
Smoked Sheet (geräucherte
Rohkautschukplatte)
**smoking/forming soot/sooty** rußend, rußig
**smoky quartz** Rauchquarz
**smoldering/smouldering (carbonization)**
Schwelen, Schwelung (Verschwelung)
**smother the flames** Flammen ersticken
**smudge-free** unverschmiert, schmutzfrei
**snagging** entgraten (durch Handschleifen)
**snap cap (push-on cap)** Schnappdeckel,
Schnappverschluss
**snap-cap bottle/snap-cap vial**
Schnappdeckelglas, Schnappdeckelgläschen
**snap-in joint** Schnappverbindung
**snow/crushed ice** Eisschnee (fürs Eisbad)
**soak** tränken, durchtränken, einweichen
(durchfeuchten); einwirken lassen (in einer
Flüssigkeit); (steep) quellen (Wasseraufnahme)
**soak up** (absorb/take up/suck up) aufsaugen,
absorbieren; (drench/steep) tränken,
einweichen, einweichen lassen (durchfeuchten)
**soaking up/absorption** Aufsaugen, Absorption
**soap** Seife
➤ **bar of soap** Stück Seife
➤ **curd soap (domestic soap)** Kernseife
(feste Natronseife)
➤ **soft soap/potash soap/potassium soap**
Schmierseife (Kaliumseife)
**soap dispenser (liquid soap)**
Seifenspender (Flüssigseife)
**soapstone/steatite (massive fine-grained talc)**
Seifenstein (Speckstein: Abart von Talk), Steatit
**socket** Tülle (Fassung); (female:
ground-glass joint) Hülse, Schliffhülse
(‚Futteral‘, Einsteckstutzen); (female: spherical
joint) Schliffpfanne; (chuck) Nuss, Stecknuss,
Steckschlüsseleinsatz; (ferrule) Hülse, Ring;
*electr* (receptacle) Fassung, Steckbuchse
➤ **female (spherical joint)** Schliffpfanne
➤ **ground socket/ground-glass socket (female:
ground-glass joint)** Schliffhülse („Futteral",
Einsteckstutzen)
➤ **threaded socket (connector/nozzle)**
Gewindestutzen
**socket joint/ball-and-socket joint/spheroid joint**
Kugelgelenk
**socket screw/socket-head screw** Inbusschraube
**socket wrench/box spanner** Stiftschlüssel,
Steckschlüssel

**soda/sodium carbonate Na₂CO₃** Soda,
kohlensaures Natrium
➤ **baking soda/sodium hydrogencarbonate
NaHCO₃** Natron (doppeltkohlensaures),
Natriumhydrogencarbonat, Natriumbicarbonat
➤ **caustic soda/sodium hydroxide NaOH**
Ätznatron, Natriumhydroxid
**soda cellulose/alkali cellulose** Natroncellulose,
Alkalicellulose
**soda extract** Sodaextrakt, Sodaauszug
**soda extraction** Sodaauszug
**soda-feldspar (albite)** Natronfeldspat (Albit)
**soda glass** Natronglas
**soda lime** Natronkalk
**soda-lime glass/alkali-lime glass (crown glass)**
Kalk-Soda-Glas (Kronglas)
**soda water** Selterswasser, Sodawasser, Sprudel
**sodium (Na)** Natrium
**sodium dodecyl sulfate (SDS)**
Natriumdodecylsulfat
**sodium hydroxide NaOH** Natriumhydroxid
**sodium hydroxide solution** Natronlauge,
Natriumhydroxidlösung
**sodium hypochlorite NaOCl** Natriumhypochlorit
**soft fiber** Weichfaser
**soft foam/flexible foam** Weichschaum
**soft polymer/non-rigid polymer** weiches Polymer
**soft resin** Weichharz
**soft soap** Schmierseife
**soft solder** Weichlot
**soft water** weiches Wasser
**soften** weichmachen, erweichen; enthärten,
aufweichen; (plasticize: plastics a.o.)
plastifizieren
**softener** Weichmacher, Weichspülmittel,
Weichspüler; Enthärtungsmittel, Enthärter;
(plasticizer: in plastics a.o./plasticizing agent)
Plastifikator
**softening** Weichmachen, Enthärtung;
(plasticization: plastics a.o.) Plastifizieren
**softening point** Erweichungspunkt
**softening temperature/distortion temperature TE**
Erweichungstemperatur
**softness** Weichheit, Geschmeidigkeit
**soggy** aufgeweicht, durchnässt, durchweicht
**soil (ground/earth)** Erdreich, Erdboden, Erde
**soil decontamination** Bodensanierung
**soil salinization** Bodenversalzung
**soil skeleton (inert quartz fraction)** Bodenskelett
**soil-moisture tension** Saugspannung
**sol** Sol
**solanine** Solanin
**solar cell/photovoltaic cell** Solarzelle
**solar energy** Solarenergie, Sonnenenergie

**solar power** Solarstrom
**solar radiation** Sonnenstrahlung
**solder** *n* Lot, Lötmittel, Lötmetall, Lötmasse
**solder** *vb* löten
**solder glass** Lötglas
**soldering acid** Lötsäure
**soldering fluid/soldering liquid** Lötwasser
**soldering flux/solder flux** Lötflussmittel
**soldering iron** Lötkolben
**soldering wire** Lötdraht
**solenoid valve** Magnetventil (Zylinderspule)
**solid/firm** fest
**solid/solid matter** Festkörper, Feststoff
**solid-bowl centrifuge** Vollmantelzentrifuge,
  Vollwandzentrifuge
**solid fuel** fester Kraftstoff
**solid phase (bonded phase)** Festphase;
  Bodenkörer
**solid-phase extraction (SPE)**
  Festphasenextraktion
**solid phase reactor** Festphasenreaktor
**solid rubber** Vollgummi
**solid state** fester Zustand
**solid-state chemistry** Festphasenchemie
**solid-state microextraction (SPME)**
  Festphasenmikroextraktion
**solid-state reaction** Festkörperreaktion
**solidify** fest werden (lassen), erstarren
**solifluction** Solifluktion
**solubility** Löslichkeit
➢ **insolubility** Unlöslichkeit
➢ **limit of solubility** Löslichkeitsgrenze
➢ **of low solubility** schwerlöslich
**solubility product** Löslichkeitsprodukt
**solubilization** Solubilisierung, Solubilisation,
  Löslichkeitsvermittlung
**solubilizer/solutizer** Lösungsvermittler,
  Löslichkeitsvermittler
**soluble** löslich
➢ **easily soluble/readily soluble** leichtlöslich
➢ **insoluble** unlöslich
➢ **of low solubility** schwerlöslich
➢ **readily soluble** leichtlöslich
➢ **sparingly soluble/barely soluble** kaum löslich,
  wenig löslich
**solute** gelöster Stoff
**solute potential** Löslichkeitspotential
**solution** Lösung
➢ **aqueous solution** wässrige Lösung
➢ **buffer solution** Pufferlösung
➢ **calibrating solution** Eichlösung
➢ **colloidal solution** Kolloidlösung, kolloidale
  Lösung
➢ **critical solution** kritische Lösung
➢ **dilute solution** verdünnte Lösung

➢ **Fehling's solution** Fehlingsche Lösung
➢ **ready-to-use solution/test solution**
  Gebrauchslösung, gebrauchsfertige Lösung,
  Fertiglösung
➢ **reagent solution** Reagenzlösung
➢ **Ringer's solution** Ringerlösung, Ringer-Lösung
➢ **saline** Kochsalzlösung
➢ **saturated solution** gesättigte Lösung
➢ **spinning solution/dope** Spinnlösung,
  Erspinnlösung
➢ **standard solution** Standardlösung
➢ **stock solution** Stammlösung, Vorratslösung
➢ **supercritical solution** überkritische Lösung
➢ **supersaturated solution** übersättigte Lösung
➢ **test solution/solution to be analyzed**
  Untersuchungslösung
➢ **undersaturated solution** untersättigte Lösung
➢ **unsaturated solution** ungesättigte Lösung
➢ **volumetric solution (a standard analytical
  solution)** Maßlösung
➢ **wash solution** Waschlösung, Waschlauge
**solution molding/solution casting** *polym*
  Lösungsgießen, Lösungsgussverfahren
**solution temperature** Lösungstemperatur
**solvable** löslich, lösbar; auflösbar
**solvate** *n* Solvat, solvatisierter Stoff (Ion/Molekül)
**solvate** *vb* solvatisieren
**solvating power** Solvatationskraft
**solvation** Solvatation, Solvatisierung
**solvation shell** Solvathülle
**solve** *math* lösen, auflösen
**solvent** Lösungsmittel, Lösemittel; *chromat*
  (mobile phase/eluant) Fließmittel; (dissolver)
  Solvens, Lösungsmittel
➢ **mobile solvent/eluent/eluant (mobile phase)**
  Laufmittel, Elutionsmittel, Fließmittel, Eluent
  (mobile Phase)
**solvent-activated adhesive** lösemittelaktivierter
  Klebstoff
**solvent adhesive/solvent-based adhesive**
  Lösemittelkleber, Lösungsmittelkleber, Kleblack
**solvent-based adhesive** Kleblack,
  Lösemittelkleber, Lösungsmittelkleber
**solvent extraction** Solventextraktion,
  Flüssig-flüssig-Extraktion
**solvent front** Lösemittelfront, Lösungsmittelfront;
  Fließmittelfront, Laufmittelfront
**solvent recovery** Lösemittelrückgewinnung,
  Lösungsmittelrückgewinnung
**solvent resistance** Lösemittelbeständigkeit
**sonicate** beschallen, mit Schallwellen behandeln
**sonification/sonication** Sonifikation, Sonikation,
  Beschallung, Ultraschallbehandlung
**sonogram** Sonogramm

**sonography/ultrasound/ultrasonography**
Sonographie, Ultraschalldiagnose
**soot (black)** Ruß
**sorbent** Sorbens (*pl* Sorbentien), Absorbens,
absorbierender Stoff, Absorptionsmittel,
Sorptionsmittel
**sorbic acid (sorbate)** Sorbinsäure (Sorbat)
**sorbitol** Sorbit, Sorbitol
**sorosilicate** Gruppensilicat, Sorosilicat
**sound** Schall, Geräusch; (noise) Laut, Ton
**sound-absorbing** schallabsorbierend,
schallschluckend, geräuschdämpfend
**sound-absorbing material** Schallschluckstoff,
schallabsorbierende Werkstoffe,
schallschluckende Materialien
**sound damping/sound attenuation**
Schalldämpfung (Abschwächung)
**sound insulation** Schallisolierung
**sound-proof** schallundurchlässig
**sound proofing (deadening)** Schalldämmung,
Schallisolation
**sound waves** Schallwellen
**sour gas (more than 1% H$_2$S)** Sauergas
**source** Quelle, Herkunft; Produktionsort
**source of danger** Gefahrenherd
**source of error** Fehlerquelle
**source of fire** Brandherd
**source voltage/electromotive force/
electric pressure** Quellenspannung,
elektromotorische Kraft
**space** Raum; Platz; (distance) Abstand
**space charge effects** Raumladungseffekte
**space-filling model** *chem* Kalottenmodell
**space group (crystal lattice)** Raumgruppe,
Raumsymmetriegruppe (Kristallgitter)
**space heating** Raumheizung
**space lattice** Raumgitter
**space quantization** Richtungsquantelung
**space restrictions** Platzbeschränkung, Platznot
(z. B. im Labor)
**spacer** Platzhalter, Abstandhalter, Abstandshalter,
Distanzstück; Zwischensequenz, Spacer
**spaghetti tubing** dünner Isolierschlauch
**spandex fiber** Elastan-Faser
**sparger** Zerstäuber, Sprenkler
**sparingly soluble/barely soluble** kaum löslich,
wenig löslich
**spark** Funke; (ignition) Zündfunke; Entladung
**spark arrester/spark killer** Funkenfänger,
Funkenlöscher
**spark discharge** Funkenentladung
**spark spectrum** Funkenspektrum
**sparkle** funkeln, glitzern; Funken sprühen
**sparteine** Spartein
**spatial/of space** räumlich

**spatula** Spatel
➤ **powder spatula** Pulverspatel
➤ **scoop spatula/scoopula** Rinnnenspatel,
einfacher rinnenförmiger Löffelspatel
➤ **weighing spatula** Wägespatel
**specific** spezifisch, speziell, bestimmt
➤ **unspecific/nonspecific** unspezifisch,
unbestimmt
**specific gravity** spezifisches Gewicht
**specific gravity bottle** Pyknometerflasche
**specific heat** spezifische Wärme
**specific viscosity** spezifische Viskosität
**specifications/specs** Spezifizierung,
Spezifikation, technische Beschreibung
**specificity** Spezifität
**specificity of action** Wirkungsspezifität
**specify** spezifizieren, einzeln angeben, einzeln
benennen; bestimmen, festsetzen
**specimen (sample)** Exemplar, Probe; Muster
(Vorlage/Modell); Warenprobe
**specimen jar** Probefläschchen, (größeres)
Probegläschen; Sammelglas, Sammelgefäß
**specimen tweezers** Probennahmepinzette
**speckled/patched/spotted/spotty** fleckig
**spectacle eyepiece/high-eyepoint ocular** *micros*
Brillenträgerokular
**spectacles/pair of s.** Brille
**spectral analysis** Spektralanalyse
**spectral band/spectral line** Spektralbande,
Spektrallinie
**spectral colors** Spektralfarben
**spectral skewing** Intensitätsverfälschung,
-verzerrung in Spektren
**spectrometry** Spektrometrie
➤ **electron-impact spectrometry (EIS)**
Elektronenstoß-Spektrometrie
➤ **forward-recoil spectrometry (FRS/FRES)**
Vorwärts-Rückstoß-Spektrometrie (VRS)
➤ **ion trap spectrometry**
Ionen-Fallen-Spektrometrie
➤ **ion-scattering spectrometry (ISS)**
Ionenstreuspektrometrie,
Ionenstreuungsspektrometrie (ISS)
➤ **mass spectrometry (MS)**
Massenspektrometrie (MS)
➤ **photoelectron spectrometry (PES)**
Photoelektronenspektrometrie
➤ **satellite infrared spectrometry (SIRS)**
Satelliten-Infrarot-Spektrometrie (SIRS)
➤ **secondary-ion mass spectrometry (SIMS)**
Sekundärionen-Massenspektrometrie
➤ **time-of-flight mass spectrometry (TOF-MS)**
Flugzeit-Massenspektrometrie (FMS)
**spectroscope** Spektroskop

**spectroscopy** Spektroskopie
➤ **atomic absorption spectroscopy (AAS)**
Atom-Absorptionsspektroskopie (AAS)
➤ **atomic emission spectroscopy (AES)**
Atom-Emissionsspektroskopie (AES)
➤ **atomic fluorescence spectroscopy (AFS)**
Atom-Fluoreszenzspektroskopie (AFS)
➤ **Auger electron spectroscopy (AES)**
Auger-Elektronenspektroskopie (AES)
➤ **dielectric spectroscopy** dielektrische
Spektroskopie
➤ **electron energy-loss spectroscopy (EELS)**
Elektronen-Energieverlust-Spektroskopie
➤ **electron spectroscopy for chemical analysis
(ESCA) = X-ray photoelectron spectroscopy
(XPS)** Röntgenphotoelektronspektroskopie (RPS)
➤ **electron spin resonance spectroscopy
(ESR)/electron paramagnetic resonance (EPR)**
Elektronen-Spinresonanzspektroskopie (ESR),
elektronenparamagnetische Resonanz (EPR)
➤ **flame atomic emission spectroscopy
(FES)/flame photometry**
Flammenemissionsspektroskopie (FES)
➤ **infrared spectroscopy** Infrarot-Spektroskopie,
IR-Spektroskopie
➤ **mass spectroscopy (MS)**
Massenspektroskopie (MS)
➤ **microwave spectroscopy**
Mikrowellenspektroskopie
➤ **photoacoustic spectroscopy (PAS)**
photoakustische Spektroskopie (PAS),
optoakustische Spektroskopie
➤ **reflectance spectroscopy**
Reflexionsspektroskopie,
Remissionsspektroskopie
➤ **resonance enhanced multiphoton ionization
spectroscopy (REMPI)** resonanzverstärkte
Multiphotonenionisationsspektroskopie
➤ **resonance ionization spectroscopy (RIS)**
Resonanz-Ionisationsspektroskopie
➤ **saturation spectroscopy (laser)**
Sättigungsspektroskopie
➤ **ultraviolet spectroscopy/UV spectroscopy**
UV-Spektroskopie
➤ **X-ray absorption spectroscopy (XAS)**
Röntgenabsorptionsspektroskopie
➤ **X-ray emission spectroscopy (XES)**
Röntgenemissionsspektroskopie
➤ **X-ray fluorescence spectroscopy
(XRF)/X-ray fluorescence analysis**
Röntgenfluoreszenzspektroskopie (RFS),
Röntgenfluoreszenzanalyse (RFA)
➤ **X-ray photoelectron spectroscopy (XPS) =
electron spectroscopy for chemical analysis
(ESCA)** Röntgenphotoelektronspektroskopie
(RPS)

**spectrum** (*pl* **spectra/spectrums**)
Spektrum (*pl* Spektren)
➤ **absorption spectrum/dark-line spectrum**
Absorptionsspektrum
➤ **arc spectrum** Lichtbogenspektrum
➤ **band spectrum/molecular spectrum**
Bandenspektrum, Molekülspektrum
(Viellinienspektrum)
➤ **diffraction spectrum** Beugungsspektrum,
Gitterspektrum
➤ **electromagnetic spectrum**
elektromagnetisches Spektrum
➤ **reflectance spectrum** Reflexionsspektrum,
Remissionsspektrum
➤ **rotational spectrum** Rotationsspektrum
➤ **vibrational spectrum** Schwingungsspektrum
**speed (rate)** Geschwindigkeit; (vector: velocity)
**spermaceti** Walrat
**spermaceti oil/sperm oil** Walratöl
**spermidine** Spermidin
**spermine** Spermin
**sphere** Kugel, kugelförmiger Körper, Sphäre
**spherical ground joint** Kugelschliff
**spherical orbital** Kugelorbital
**spherical shell** Kugelschale (Atomschalen)
**spherule** Kügelchen
**spherulite** Sphärolit
**sphinganine** Sphinganin
**sphingosine** Sphingosin
**spice/condiment/seasoning/flavor(ing)** Würze
**spigot** (plug of a cask) Zapfen; (faucet) Hahn,
Zapfhahn, Fasshahn (Leitungen/Behälter/
Kanister)
**spill** *n* Verschütten, Ausschütten, Überlaufen;
Pfütze
➤ **chemical spill** Chemikalienverschüttung,
Auslaufen/Verschüttung von Chemikalien;
Chemikalienkatastrophe
➤ **oil spill** Ölkatastrophe
**spill** *vb* verschütten
**spill containment pillow** Saugkissen (zum
Aufsaugen von verschütteten Chemikalien)
**spillage/spill** Vergossene(s), Übergelaufene(s)
**spin** *n* Spin
**spin** *vb* spinnen, schleudern;
(centrifuge) zentrifugieren
**spin decoupling (NMR)** Spinentkopplung
**spin quantum number** Spinquantenzahl
**spin-spin splitting (NMR)** Spin-Spin-Aufspaltung
**spindle diagram** Spindeldiagramm
**spinnability** Spinnbarkeit
**spinner** Schleuder; (centrifuge) Zentrifuge
**spinner flask** *micb* Spinnerflasche, Mikroträger
**spinneret** Spinndüse, Spinnkopf
**spinning** Spinnen, Erspinnen; Spinnverfahren

> **magic angle spinning (MAS)** Rotation um den magischen Winkel (NMR)
> **polymerization spinning** Polymerisationspinnen
> **solution spinning** Lösungsspinnen

**spinning band column** Drehbandkolonne
**spinning band distillation** Drehband-Destillation
**spinning motion/rotating motion** Drehbewegung (rotierend)
**spinning solution/dope** *polym* Spinnlösung, Erspinnlösung
**spinthariscope** Spinthariskop
**spiral** *n* (coil) Spirale, Gewinde; (helix) Helix, Schraube, Spirale
**spiral** *adv/adj* (spiraled/twisted/helical) spiralig, schraubig, helical
**spiral movement/spiral coiling/spiral winding** Krümmung, Biegung, Windung (Bewegung), Spiralwindung
**spirally coiled** spiralig aufgewickelt
**spirit** Spiritus, Destillat, Geist; Beize; (spirits) Spirituosen, Alkohol, hochprozentiger Alkohol; Alkoholtinktur
> **methylated spirit (denatured alcohol)** Brennspiritus (denaturierter Alkohol)
> **petroleum spirit** Lösungsbenzin
> **wood spirit/wood alcohol/pyroligneous spirit/pyroligneous alcohol (chiefly: methanol)** Holzgeist

**spirit of wine (rectified spirit: alcohol)** Weingeist
**spirocyclic** spirocyclisch
**splash** *n* (chemical) Spritzen; Spritzer (verspritzte Chemikalie); Spritzfleck
**splash** *vb* (splatter/squirt) spritzen, verspritzen, herumspritzen (auch versehentlich)
**splash adapter/splash guard/splash trap/antisplash adapter/splash-head adapter** Tropfenfänger, Reitmeyer-Aufsatz (Rückschlagschutz: Kühler, Rotationsverdampfer etc.)
**splash-proof** spritzfest
**splash protector/splash guard/splash trap/antisplash adapter/splash-head adapter** Spritzschutzadapter, Spritzschutzaufsatz, Schaumbrecher-Aufsatz (Rückschlagsicherung: Reitmeyer-Aufsatz)
**splatter/spatter/splash** spritzen, verspritzen, herumspritzen (auch versehentlich)
**splice** spleißen
**splicing** Spleißen
**splinter** Splitter; (bits of broken glass) Glassplitter
**split** *n* Spaltung; Abzweig
**split** *vb* spalten, aufspalten, abspalten; zerlegen
**split valve** *chromat* Abzweigventil

**splitting** Aufspaltung; Zerlegung, Zerlegen
**sponge** Schwamm
**sponge forceps** Tupferklemme
**sponge rubber** Schwammgummi; (cellular rubber/expanded rubber: foam rubber/foamed rubber) Moosgummi, Zellgummi
**sponge stopper** Schwammstopfen
**spongy** schwammig
**spontaneous decomposition/autodecomposition** Selbstzersetzung
**spontaneous ignition (self-ignition/autoignition)** Selbstentzündung
**spontaneous ignition temperature (SIT)** Selbstenzündungstemperatur
**spontaneous inflammation** Selbstentzündung
**spontaneously flammable/self-igniting** selbstentzündend
**spontaneously ignitable/self-ignitable/autoignitable** selbstentzündlich
**spool/coil** Spule
**spoon/scoop** Löffel
**spot (stain)** Fleck
**spot plate** Tüpfelplatte
**spot remover/stain remover** Fleckenentferner
**spot test** Tüpfelprobe
**spotlight/spot** Strahler, Punktstrahler, Spot
**spotted/mottled** gefleckt
**spout** Schnauze, Mundstück; Ausguss (Ansatz zum Ausgießen einer Flüssigkeit); (nozzle/lip/ pouring lip) Ausgießschnauze
**spray** sprühen
**spray bottle** Sprühflasche
**spray can/aerosol can** Sprühdose, Druckgasdose
**spray column** *dist* Sprühkolonne
**spray nozzle** Zerstäuberdüse
**spread (scatter/disseminate)** streuen, ausstreuen, verstreuen; verstreichen, gleichmäßig auf einer Fläche verteilen
**spread-plate method/technique** Spatelplattenverfahren
**spreading** Ausbreitung, Propagation; Spreitung
**spring** Feder, Sprungfeder; Quelle, Brunnen
**spring balance/spring scales** Federzugwaage, Federwaage
**spring force** Federkraft
**spring hook/snap hook** Karabinerhaken
**springwater** Quellwasser
**sprinkle** besprühen; berieseln, besprengen
**sprinkle irrigation** Berieselung
**sprinkler/sprinkler irrigation system** Beregnungsanlage, Berieselungsanlage, Sprinkler
**sprue (gate/gating)** Anguss, Angusskegel
**spur** Sporn
**spurred** gespornt

**sputter (EM)** sputtern, besputtern
(Vakuumzerstäubung)
**sputtering (EM)** Sputtern, Besputtern,
Besputterung, Kathodenzerstäubung
(Metallbedampfung)
**sputtering unit/appliance (EM)**
Besputterungsanlage
**square bottle** Vierkantflasche
**squaric acid/3,4-dihydroxycyclobut-3-ene-1,2-
dione** Quadratsäure
**squeegee** Abstreicher, Rakel (Gummi), Abzieher,
Gummiwischer
**squeeze (pinch)** quetschen, zusammendrücken,
zusammenpressen; (squeeze out) auspressen
**squeeze-bulb pump (hand pump for barrels)**
Quetschpumpe (Handpumpe für Fässer)
**St. Andrew's cross** Andreaskreuz (Gefahrenzeichen)
**stability** Stabilität
**stabilization** Stabilisierung
**stabilize** stabilisieren
**stabilizer** Stabilisator; (stabilizing agent)
Stabilisierungsmittel
**stable** stabil
➢ **dimensionally stable (resistant to deformation)**
formbeständig
➢ **heat-stable/heat-resistant** hitzestabil,
hitzebeständig
➢ **photostable/light-fast/nonfading**
lichtbeständig, lichtecht
➢ **unstable (instable)** instabil, nicht stabil
**stack** *n* Stapel; (smokestack) Schornstein
**stacked (stack)** gestapelt (stapeln)
**stacked bases** gestapelte Basen
**stacked membranes** Membranstapel
**stacking** Stapelung
**stacking forces** Stapelkräfte
**stacking gel** *electrophor* Sammelgel
**stage** Stadium (*pl* Stadien); Stufe; Bühne;
*micros* Tisch
➢ **mechanical stage** Kreuztisch
➢ **microscope stage** Objekttisch
➢ **rotating stage** *micros* Drehtisch
**staggered (non-eclipsed: 0°/120°)** gestaffelt
**stagnancy** Stagnation, Stillstand
**stagnant** stagnierend, stehend, stillstehend,
unbeweglich
**stain** *n* Fleck, Makel; Schmutzfleck; (staining/
color/dyeing) Färben, Färbung, Einfärbung;
Kontrastierung; Färbemittel; Beize, Beizen
**stain** *vb* beschmutzen, beflecken, besudeln; (dye/
color) färben, einfärben; kontrastieren; (bleed)
abfärben; (wood) beizen; (stained) bunt,
bemalt; befleckt, fleckig, besudelt
**stain remover** Fleckenentferner,
Fleckentfernungsmittel

**stain-resistant** Schmutz abweisend,
fleckenbeständig
**stainable** färbbar, einfärbbar
**stainability** Färbbarkeit
**staining** Färbung, Färben
(durch Farbstoffzugabe); Beizen
**staining dish/staining jar/staining tray**
Färbeglas, Färbetrog, Färbewanne,
Färbekasten
**staining method/technique** Färbemethode,
Färbetechnik
**staining tray** Färbegestell
**stainless steel** rostfreier Stahl
**stainless-steel sponge** Edelstahlschrubber
**stainproof** fleckenbeständig, Schmutz abweisend
**stamping** Prägen
**stance phase** Stemmphase
**stand** (rack) Ständer; (ring stand/ringstand/
support stand/retort stand) Bunsenstativ,
Stativ
**standard** Standard, Normalwert; (type) Typus
**standard acid** Normalsäure
**standard conditions** Standardbedingungen
**standard deviation/standard deviation
of the means/root-mean-square deviation**
Standardabweichung
**standard electrode** Standardelektrode
**standard electrode potentials (tabular series)/
standard reduction potentials/electrochemical
series (of metals)** Spannungsreihe
(der Metalle), Normalpotentiale
**standard enthalpy of formation**
Standardbildungsenthalpie
**standard error (standard error of the means)**
Standardfehler, mittlerer Fehler
**standard hydrogen electrode**
Normalwasserstoffelektrode
**standard measure** Normalmaß
**standard operating procedure (SOP)**
Standard-Arbeitsanweisung
**standard potential/standard electrode potential**
Standardpotential, Normalpotential
**standard pressure** Normaldruck, Normdruck
**standard procedure** Standardverfahren
**standard solution** Standardlösung
**standard taper (S.T.)** Normalschliff (NS)
**standard-taper glassware**
Normschliffglas (Kegelschliff)
**standard temperature** Normtemperatur (0°C)
**standardization** Standardisierung,
Vereinheitlichung, Normung, Normierung
**standardize** normen (normieren),
standardisieren, vereinheitlichen; (gage/gauge)
standardisieren, eichen, kalibrieren (Maße/
Gewichte)

**standardized** standardisiert
**standby** Bereitschaft (Gerät); Not...,
Hilfs..., Reserve..., Ersatz...
**standby mode** Bereitschaftsstellung,
Wartebetrieb, Wartestellung
**standby unit** Notaggregat
**stannic/tin(IV)** Zinn(IV)...
**stannous/tin(II)** Zinn(II)...
**staple fiber** Stapelfaser (kurzgeschnittene
Chemiefasern), Spinnfaser (synth. Stapelfaser)
**star-crack (in glass)** Sternriss
**star polymer/radial polymer** Sternpolymer
**starburst polymer** Dendrimer (Kaskadenmolekül)
**starch** Stärke (Polysaccharid)
➢ **floridean starch** Florideenstärke
➢ **modified starch** modifizierte Stärke
**starch granule** Stärkekorn
**start (prepare/mix/make/set up)**
ansetzen (z. B. eine Lösung)
**start up/power up** anfahren, hochfahren
(Reaktor)
**starting material/basic material/base material/
source material/primary material**
Ausgangsmaterial, Ausgangsstoff;
(preparation) Präparat
**state** Status, Zustand
➢ **activated state** aktivierter Zustand
➢ **change of state** Zustandsänderung
➢ **degenerate state (AO)** entarteter Zustand
➢ **electron state** Elektronenzustand
➢ **energy state** Energiezustand
➢ **equation of state (EOS)** Zustandsgleichung
➢ **equilibrium state** Gleichgewichtszustand
➢ **excited state chem/med/physiol**
erregter Zustand, angeregter Zustand,
Anregungszustand
➢ **gaseous state** gasförmiger Zustand,
Gaszustand
➢ **gel state** Gelzustand
➢ **ground state** Grundzustand
➢ **identity by state (IBS)**
identisch aufgrund von Zufällen
➢ **intermediate state/intermediate stage**
Zwischenstadium, Zwischenstufe
➢ **liquid state** flüssiger Zustand
➢ **oxidation state** Oxidationszustand
➢ **parameter of state/variable of state**
Zustandsgröße
➢ **physical state** Aggregatzustand
➢ **solid state** fester Zustand
➢ **steady state** stationärer Zustand,
gleichbleibender Zustand
➢ **transition state** Übergangszustand
(Enzymkinetik)

➢ **unbalanced state** Unwucht
➢ **valence state** Wertigkeitszustand
➢ **vitreous state/glassy state**
glasförmiger Zustand, Glaszustand
**state of aggregation/physical state**
Aggregatzustand
**static** *n* **(static charge)** statische Elektrizität, Ladung
**static current** Ruhestrom
**static electricity** statische Elektrizität
**static electrification** elektrostatische Aufladung
**static friction** Haftreibung
**static light scattering** statische Lichtstreuung
**stationary phase/adsorbent** *chromat*
stationäre Phase
**stationary wave** stehende Welle
**statistic (statistic value)** Kennzahl,
statistische Maßzahl
**statistical deviation** statistische Abweichung
**statistical distribution** statistische Verteilung
**statistical error** statistischer Fehler
**statistical evaluation** statistische Auswertung
**statistics** Statistik
**stator-rotor impeller/Rushton-turbine impeller**
Stator-Rotor-Rührsystem
**steady state** stationärer Zustand,
gleichbleibender Zustand
**steady-state equilibrium** Fließgleichgewicht,
dynamisches Gleichgewicht
**steam (water vapor)** Dampf (Wasserdampf)
➢ **exhaust steam** Abdampf
➢ **flash steam** entspannter Dampf
➢ **saturated steam** Sattdampf, gesättigter Dampf
➢ **superheated steam** überhitzter Dampf,
Heißdampf
➢ **unsaturated steam** ungesättigter Dampf
➢ **wet steam** Nassdampf
**steam bath** Dampfbad
**steam cracking** Steamkracken
**steam distillation** Trägerdampfdestillation
**steam pipe vulcanization**
Dampfrohrvulkanisation
**steam reforming** Dampfreformierung
**stearic acid/octadecanoic acid (stearate/
octadecanate)** Stearinsäure, Octadecansäure
(Stearat/Octadecanat)
**steel** Stahl
➢ **alloy steel** legierter Stahl, Legierstahl
➢ **basic-oxygen steel** Sauerstoffblasstahl,
sauerstoffgefrischter Konverterstahl
➢ **Bessemer steel** Bessemerstahl, Windfrischstahl
➢ **capped steel** gedeckter Stahl, gedeckt
vergossener Stahl
➢ **carbon steel** Kohlenstoffstahl, Carbonstahl
➢ **cast steel** Gussstahl

➤ **construction steel/structural steel** Baustahl
➤ **crude steel** Rohstahl
➤ **decarburized steel** entkohlter Stahl
➤ **effervescent steel/effervescing steel**
unruhiger Stahl, unberuhigter Stahl
➤ **engineering steel** Baustahl
➤ **eutectoid steel** eutektoider Stahl
➤ **forged steel** Schmiedestahl
➤ **high-carbon steel** Hartstahl
➤ **high-grade steel/high-quality steel** Edelstahl
➤ **high-speed steel** Schnellarbeitsstahl
➤ **ingot steel** Blockstahl, Ingotstahl
➤ **killed steel** beruhigter Stahl
➤ **low-carbon steel** kohlenstoffarmer Stahl,
niedriggekohlter Stahl
➤ **mild steel/low-carbon steel**
kohlenstoffarmer Stahl
➤ **normalized steel** normalgeglühter Stahl
➤ **plain carbon steel** Flussstahl
➤ **rebar steel (reinforcing steel)**
Betonstahl, Bewehrungsstahl
➤ **refined steel** Edelstahl
➤ **rimmed steel/rimming steel** unberuhigter Stahl
➤ **rolled steel** Walzstahl
➤ **semikilled steel/balanced steel**
halbberuhigter Stahl
➤ **soft steel** Weichstahl
➤ **stainless steel** rostfreier Stahl
➤ **tool steel** Werkzeugstahl
**steel casting** Stahlgießen, Stahlguss
**steel cylinder (gas cylinder)** Stahlflasche
(Gasflasche)
**steel grade** Stahlsorte
**steel iron** Stahleisen
**steel ladle** Stahlpfanne, Stahlwerkspfanne
**steel melt (molten steel)** Stahlschmelze
**steelmaking** Stahlerzeugung
**steelplant** Stahlwerk
**steelyard/lever scales (balance)** Läuferwaage
**steep** *vb* eintauchen, einweichen, durchtränken,
durchdringen
**steer/steering** steuern (in eine Richtung lenken)
**stem fiber/bast fiber** Bastfaser
**step gradient** Stufengradient
**step growth/stepwise growth** Stufenwachstum
**step-growth polymerization/step-reaction**
**polymerization**
Stufenwachstumspolymerisation
**step resistance** Stufenwiderstand
**step switch** Stufenschalter
**stepper** Schrittmotor, Schrittantriebsmotor,
Steppermotor
**stepwise polymerization/step polymerization**
Stufenpolymerisation
**stepwise reaction** Stufenreaktion

**stereo microscope** Stereomikroskop
**stereo rubber** Stereokautschuk
**stereoisomer** Stereoisomer
**stereoisomerism** Stereoisomerie
**stereoregular polymer** stereoreguläres Polymer
**stereorepeating unit** Stereorepetiereinheit
**stereoselectivity** Stereoselektivität
**stereospecificity** Stereospezifität
**steric/sterical/spacial** sterisch, räumlich
**steric hindrance** sterische Hinderung,
sterische Behinderung
**sterile** steril; (disinfected) desinfiziert;
(infertile) unfruchtbar
**sterile bench** sterile Werkbank
**sterile filter** Sterilfilter
**sterile filtration** Sterilfiltration
**sterility/infertility** Sterilität, Unfruchtbarkeit
**sterilizability** Sterilisierbarkeit
**sterilizable** sterilisierbar
**sterilization (sterilizing)** Sterilisation,
Sterilisierung
**sterilization in place (SIP)** SIP-Sterilisation
(ohne Zerlegung/Öffnung der Bauteile)
**sterilize** sterilisieren
**sterilize/sanitize** sterilisieren, keimfrei machen
**sterol** Sterin, Sterol
**stibane/stibine/antimonous hydride SbH$_3$** Stiban
**stick/adhere** kleben
**stick-and-ball model/ball-and-stick model**
Stab-Kugel-Modell, Kugel-Stab-Modell
**stick injury (needle)** Stichverletzung (Nadel etc.)
**stickiness/tack** Klebrigkeit
**sticky (glutinous/viscid)** klebrig (glutinös)
**sticky end/cohesive end/protruding end/**
**protruding extension** klebriges Ende,
kohäsives Ende, überhängendes Ende
**stiffen** versteifen, verstärken; starr machen;
verdicken (Flüssigkeiten)
**stiffened** versteift
**stiffening** Versteifung, Verstärkung
**stiffness** Steifigkeit, Steife
**stiffness modulus** Steifigkeitsmodul
**stifling/stuffy** stickig
**stilbene** Stilben (Diphenylethylen)
**still** *n dist* Destillierapparat; Destillierkolben
**still pot/boiler/distillation boiler flask/reboiler**
Destillierblase, Blase (Destillierrundkolben)
**stillhead (distillation head)** Destillieraufsatz,
Destillationsaufsatz, Destillierbrücke
**stimulate/excite** anregen
**stimulation/excitation** Anregung
**sting** *vb* stechen, beißen, brennen
**stir** rühren, umrühren; (agitate) schütteln,
aufrühren, aufwühlen; (swirl) umwirbeln,
herumwirbeln

stir bar/stir-bar/stirrer bar/stirring bar/bar
magnet/'flea' Magnetstab, Magnetstäbchen,
Magnetrührstab, ‚Fisch', Rühr'fisch'
stirred cascade reactor (SCR)
Rührkaskadenreaktor
stirred loop reactor Rührschlaufenreaktor,
Umwurfreaktor
stirred-tank reactor (STR) Rührkesselreaktor
stirrer (impeller/agitator) Rührer, Rührwerk;
(mixer) Rührgerät, Mixer
➢ hollow stirrer Hohlrührer
➢ magnetic stirrer Magnetrührer
stirrer bearing Lagerhülse (Glasaussatz),
Rührerlager (Rührwelle)
stirrer blade Rührerblatt
stirrer gland Rührhülse
stirrer seal Rührverschluss
stirrer shaft Rührerschaft, Rührerwelle, Rührwelle
stirring Rühren
➢ continuous stirring stetiges Rühren
stirring bar/stirrer bar/stir bar/'flea'
Rührstäbchen, Rührstab, Magnetrührstab,
Magnetrührstäbchen, Rührfisch, ‚Fisch'
stirring bar extractor/stirring bar retriever/
'flea' extractor Rührstäbchenentferner,
Rührstabentferner, Magnetrührstabentferner,
Magnetstabentferner (zum ‚Angeln' von
Magnetstäbchen)
stirring hot plate Magnetrührer mit Heizplatte
stirring rod Rührstab (Glasstab)
stochastic stochastisch
stock/store/supply (meist pl supplies)/
provisions/reserve Vorrat; Lager; Lagerbestand
stock solution Stammlösung, Vorratslösung
stockkeeping/storekeeping (warehousing)
Lagerhaltung
stockroom (storage room/repository/
warehouse) Lagerraum, Warenlager
stockroom manager Lagerverwalter
stoichiometric(al) stöchiometrisch
stoichiometric formula stöchiometrische Formel
stoichiometry Stöchiometrie
stomach acid/gastric acid Magensäure
stomach juice/gastric juice Magensaft,
Magenflüssigkeit
stone/rock Stein
stoneware Steingut
stop/limit/detent Anschlag, Arretierung
(Endpunkt/Sperre/Stop)
stop lever/arresting lever/locking lever/
blocking lever/catch/safety catch Arretierhebel
stopcock Absperrhahn, Sperrhahn
➢ glass stopcock Glashahn
stopper vb (cork) stopfen, stöpseln; zustöpseln,
mit Stöpsel verschließen (korken)

stopper n (cork) (Br bung) Stopfen, Stöpsel
(Korken)
➢ hex-head stopper/hexagonal stopper
Sechskantstopfen
➢ octa-head stopper/octagonal stopper
Achtkantstopfen
➢ rubber stopper/rubber bung (Br)
Gummistopfen, Gummistöpsel
stopping power nucl Bremsvermögen
storability/durability/shelf life Haltbarkeit
storable/durable/lasting haltbar
storage Lager; (preservation) Speicherung,
Aufbewahrung; (warehousing) Lagerung
(Waren/Gerät/Chemikalien); (stowage) Stauraum
storage battery/secondary cell/accumulator
Sekundärbatterie, Sekundärelement,
Akkumulator
storage cabinet Vorratsschrank
storage capacity Lagerkapazität
storage cell electr Akkumulatorzelle;
Speicherelement
storage chamber Vorratskammer
storage container Sammelbehälter,
Sammelgefäß
storage modulus Speichermodul
storage protein Speicherprotein
storage tank Lagertank, Speichertank
store vb (keep/save/preserve) aufbewahren;
(save/accumulate) speichern, anreichern,
akkumulieren
stored waveform inverse Fourier transform
(SWIFT) inverse Fourier-Tranformation der
gespeicherten Wellenform
storehouse/warehouse Lagerhaus, Speicher
storeroom/storage room Abstellraum,
Abstellkammer
stoving polym Einbrennen
STP (s.t.p./NTP) (standard/normal temperature &
pressure) Normzustand (Normtemperatur 0°C
& Normdruck 1 bar)
straight-chain/open-chain geradkettig, offenkettig
straight-end distillation einfache/direkte
Destillation
straight-run gasoline Straight-Run-Benzin,
Destillatbenzin, Rohbenzin
straight-vacuum forming polym
Vakuumsaugverfahren
strain vb belasten, dehnen, spannen;
deformieren, verformen, verziehen;
(filter) abseihen
strain n Belastungsursache; Verdehnung; (drag)
Zug; micb Stamm
➢ aging strain/ageing strain Alterungsspannung
➢ angular strain/angle strain Winkeldehnung,
Winkelbeanspruchung

> **elastic strain** elastische Beanspruchung
> **offset strain** abgesetzte Dehnung
> **prestrain** Vorbeanspruchung
> **shear strain** Scherbeanspruchung,
  Scherverformung, Schubbeanspruchung
> **stress-strain** Zugdehnung
> **tensile strain ($\varepsilon$)/engineering strain/
  Cauchy elongation ($\Delta l/l$)** berechnete Dehnung,
  Nenndehnung (Cauchy-Dehnung)
> **true strain** wahre Dehnung (Hencky-Dehnung)
**strain hardening** Kaltverfestigung, Verfestigung
  durch Verformung; Spannungsverhärtung,
  Verfestigung durch Verformung
**strain-stress relation**
  Dehnungs-Spannungs-Beziehung
**strain test** Straintest (Dehnung unter
  konst. Last)
**strain viscosity/extensional
  viscosity** Dehnviskosität
**strained ring** gespannter Ring
  (einer zyklischen Verbindung)
**straining cloth** Siebtuch
**strand** Strang (*pl* Stränge); Spinnfaden
> **double strand** Doppelstrang
> **fiber strand** Faserstrang
> **single strand** Einzelstrang
**stratification** (state of being stratified: layering)
  Schichtung; (act/process of stratifying)
  Schichtenbildung
**stray field *ms*** Streufeld
**streak/ream/striation** Schliere
> **free from streaks/free from reams**
  schlierenfrei
**streak formation/streaking/striation**
  Schlierenbildung
**streaky/streaked** schlierig
**stream *n* (flow)** Strom (Flüssigkeit)
**stream *vb* (flow)** strömen
**streaming potential** Strömungspotential
**stress *vb*** stressen, belasten
**stress *n*** Stress, Belastungszustand; Spannung;
  (strain/load) Beanspruchung (siehe auch:
  Belastung)
> **deviatoric stress** Deviatorspannung
> **dilatational stress** Dehnspannung
> **flexural stress** Biegespannung
> **hoop stress** Tangentialspannung,
  Umfangsspannung
> **material stress** Werkstoffbeanspruchung
> **offset yield stress/proof stress** Dehnspannung
> **prestress** Vorspannung
> **proof stress** Dehngrenze; Prüfbeanspruchung
> **shear stress/shearing stress (shear force per
  unit area)** Scherspannung, Schubspannung
> **strain-stress** Dehnungs-Spannungs

> **tensile stress ($\sigma$)/engineering stress
  (force/cross-section area)** Zugspannung
> **water stress** Wasserstress
> **yield stress/yield strength** Streckspannung,
  Fließspannung (‚Yield-Spannung')
**stress birefringence** Spannungsdoppelbrechung
**stress concentrator** Spannungskonzentrator
**stress crack** Spannungsriss
**stress intensity factor/fracture toughness *polym***
  Spannungsintensitätsfaktor
**stress relaxation** Spannungsrelaxation
**stress relief** Spannungsentlastung
**stress softening** Spannungsweichmachung
**stress-strain** Zugdehnung
**stress-strain behavior**
  Spannungs-Dehnungs-Verhalten
**stress tensor** Spannungstensor
**stress whitening *polym*** Weissbruch
**stressed** belastet
> **unstressed** unbelastet
**stressful** stressig, anstrengend
**stretch *vb*** strecken, spannen, dehnen;
  (draw/strain) verstrecken
**stretch film/foil** Dehnfolie, Stretchfolie
**stretcher** Trage, Krankentrage, Krankenbahre
**stretching** Strecken, Streckung, Spannen,
  Ziehen, Dehnen, Recken
> **prestretching** Vorstreckung
**stretching temperature** Verstreckungstemperatur,
  Recktemperatur
**stretching vibration (IR)** Streckschwingung
**strictly forbidden/strictly prohibited**
  strengstens verboten
**striker (e.g., ignite gas)** Anzünder (Gas)
**string** Schnur, Bindfaden, Band, Kordel
**stringency (of reaction conditions)**
  Stringenz (von Reaktionsbedingungen)
**stringent conditions** stringente Bedingungen,
  strenge Bedingungen
**stripping analysis/stripping voltammetry**
  Stripping-Analyse, Inversvoltammetrie
**stripping column *dist*** Abtriebsäule,
  Abtreibkolonne
**stripping section *dist***
  Abtriebsteil (Unterteil der Säule)
**stroboscope/strobe/strobe light** Stroboskop
**stroke** Schlag; Hub, Kolbenhub; Hubhöhe; Takt
**strong ion difference (SID)** Starkionendifferenz
**strontium (Sr)** Strontium
**structural adhesive** Konstruktionsklebstoff,
  Montageleim, Baukleber
**structural analysis** Strukturanalyse
**structural foam/integral foam
  (integral skin foam)**
  Strukturschaum, Integralschaum

**structural formula/atomic formula**
Strukturformel
**structural isomer** Strukturisomer
**structural material** Konstruktionswerkstoff
**structural polysaccharide** Strukturpolysaccharid
**structural protein** Strukturprotein,
Struktureiweiß; (fibrous protein) Gerüsteiweiß,
Stützeiweiß
**structure (constitution)** Struktur
➢ **cruciform structure** kreuzförmige Struktur
➢ **crumb structure** Krümelstruktur
➢ **crystal structure/crystalline structure**
Kristallstruktur
➢ **dendritic structure** Dendritstruktur,
dendritische Struktur
➢ **fine structure** Feinstruktur, Feinbau
➢ **lamellar structure** Lamellenstruktur
➢ **primary structure (proteins)** Primärstruktur
➢ **quarternary structure (proteins)**
Quartärstruktur
➢ **resonance structure/resonating structure**
Resonanzstruktur, mesomere Grenzstruktur
➢ **reticular structure** Netzstruktur
➢ **ring structure** Ringstruktur
➢ **secondary structure (proteins)**
Sekundärstruktur
➢ **shish-kebab structure** Schaschlik-Struktur
➢ **tertiary structure (proteins)** Tertiärstruktur
➢ **three-dimensional structure/spatial structure**
Raumstruktur, räumliche Struktur
➢ **ultrastructure** Ultrastruktur
**structure elucidation** Strukturaufklärung
**stupefacient adv/adj (stupefying/narcotic/
anesthetic)** betäubend, narkotisch,
anästhetisch
**stupefacient n (narcotic/narcotizing agent/
anesthetic/anesthetic agent)**
Betäubungsmittel, Narkosemittel,
Anästhetikum
**stupefaction/narcosis/anesthesia**
Betäubung, Narkose, Anästhesie
**stupefy/narcotize/anesthetize**
betäuben, narkotisieren, anästhesieren
**stylet/stiletto** Stilett
**styptic/hemostatic (astringent)**
blutstillend (adstringent)
**styrene** Styrol, Styren
**styrene resin** Styrolharz, Styrenharz
**styrenics** Styrolpolymere
**styrofoam** Styropor®
**subbituminous coal** Glanzbraunkohle,
subbituminöse Kohle
**suberic acid/octanedioic acid** Suberinsäure,
Korksäure, Octandisäure
**subjacent orbital** Unterorbital

**sublethal (not quite fatal)** subletal
**sublimate n** Sublimat
**sublimate vb (sublime)** sublimieren
**sublimation** Sublimation
**submerged/submersed** untergetaucht, submers
**submerged injection process (SIP)**
Sauerstoffeinblasverfahren (Stahl)
**submersible (pump)** tauchfähig
**subordinate/submit** unterordnen
**subsample stat** Teilstichprobe
**subset selection stat** Teilmengenauswahl
**subshell** Unterschale, Nebenschale
(Atomschalen)
**subsistence** Subsistenz
**substance** Substanz
➢ **alarm substance (alarm pheromone)**
Schreckstoff, Alarmstoff (Alarm-Pheromon)
➢ **amount of substance (quantity)** Stoffmenge
➢ **biohazardous substance** biologischer
Gefahrenstoff
➢ **comparative substance** Vergleichssubstanz
➢ **dangerous substance/hazardous substance**
Gefahrstoff
➢ **extrapure substance** Reinststoff
➢ **existing substances/existing chemicals/
legacy materials** Altstoffe
➢ **foreign substance (contaminant/impurity)**
Fremdkörper, Fremdstoff
➢ **inhibitory substance/inhibitor** Hemmstoff
➢ **luminous substance** Leuchtstoff
➢ **new substances/new chemicals** Neustoffe
➢ **parent substance** Ausgangssubstanz,
Muttersubstanz, Grundstoff
➢ **poisonous substances** Giftstoffe
➢ **pure substance** Reinstoff, Reinsubstanz
➢ **signal substance** Signalstoff
➢ **substitute substance** Ersatzstoff,
Austauschstoff
➢ **suspended substance** Schwebstoff(e)
**substance mixture** Substanzgemisch
**substance name** Stoffname
**substantive dye** Substantivfarbstoff,
Direktfarbstoff
**substantivity** Substantivität
**substitute vb** substituieren; (replace) ersetzen,
austauschen, auswechseln; (substitute A for B)
A anstelle von B einsetzen, B ersetzen durch A
**substitute n (replacement)** Ersatz;
(substitute substance/material) Ersatzstoff,
Austauschstoff
**substitute name** Ersatzname
**substitute substance/substitute material**
Ersatzstoff, Austauschstoff
**substitution** Substitution, Austausch;
Einsetzung, Ersatz

➤ **base substitution** Basensubstitution, Basenaustausch
➤ **cine substitution** cine-Substitution
➤ **electrophilic substitution** elektrophile Substitution
➤ **nucleophilic substitution** nukleophile Substitution
➤ **nucleotide-pair substitution** Nukleotidpaaraustausch
➤ **radical substitution** radikalische Substitution
➤ **tele substitution** tele-Substitution
**substitution reaction (displacement reaction)** Substitutionsreaktion (Verdrängungsreaktion)
**substitutional isomerism** Substitutionsisomerie
**substitutive name** Substitutionsname
**substitutive nomenclature** Substitutionsnomenklatur
**substrate** *chem* Substrat; *micb* Nährboden
➤ **following substrate** Folgesubstrat
➤ **leading substrate** Leitsubstrat
**substrate constant (KS)** Substratkonstante
**substrate inhibition** Substrathemmung, Substratüberschusshemmung
**substrate-level phosphorylation** Substratkettenphosphorylierung
**substrate recognition** Substraterkennung
**substrate saturation** Substratsättigung
**substrate specificity** Substratspezifität
**subunit** Untereinheit, Komponente
**succinic acid/butanedioic acid (succinate)** Bernsteinsäure, Butandisäure (Succinat)
**succinylcholine** Succinylcholin
**suck-back** Einsaugen (Rückschlag bei Wasserstrahlpumpe etc.)
**suck in/draw in** einsaugen
**sucrose (beet sugar/cane sugar)** Saccharose, Sucrose (Rübenzucker/Rohrzucker)
**suction** *n* Saugen, Ansaugen; Sog, Unterdruck; Saugwirkung, Saugleistung, Absaugen, Aufsaugen
**suction** *vb* saugen; absaugen, aufsaugen
**suction cup/suction disk** Saugnapf, Saugscheibe
**suction filter/vacuum filter** Nutsche, Filternutsche
**suction filtration** Saugfiltration
**suction flask/filter flask/filtering flask/ vacuum flask/aspirator bottle** Saugflasche, Filtrierflasche
**suction force** Saugkraft
**suction funnel/suction filter/vacuum filter (Büchner-Trichter)** Filternutsche, Nutsche (Buchner funnel)
**suction head** Ansaughöhe
**suction lift** Ansaugtiefe

**suction pipet (patch pipet)** Saugpipette
**suction pump/aspirator pump/vacuum pump** Saugpumpe, Vakuumpumpe
**suction stroke (pump)** Ansaugpuls, Saughub
**suction tube** Ansaugrohr
**suction valve** Saugventil
**suctorial** Saug...
**suds** Seifenschaum, Seifenwasser; Schaum
**sudsing** schäumend
**sudsing agent** Schäumer, Schäumungsmittel
**sudsy** schaumig
**suffocate** ersticken
**suffocation** Ersticken
**suffuse** übergießen, überströmen; (Licht) durchfluten
**sugar** Zucker
➤ **amino sugar** Aminozucker
➤ **blood sugar** Blutzucker
➤ **cane sugar/beet sugar/table sugar/sucrose** Rohrzucker, Rübenzucker, Saccharose, Sukrose, Sucrose
➤ **double sugar/disaccharide** Doppelzucker, Disaccharid
➤ **fruit sugar/fructose** Fruchtzucker, Fruktose
➤ **grape sugar/glucose/dextrose** Traubenzucker, Glukose, Glucose, Dextrose
➤ **invert sugar** Invertzucker
➤ **malt sugar/maltose** Malzzucker, Maltose
➤ **milk sugar/lactose** Milchzucker, Laktose
➤ **multiple sugar/polysaccharide** Vielfachzucker, Polysaccharid
➤ **raw sugar/crude sugar (unrefined sugar)** Rohzucker
➤ **single sugar/monosaccharide** Einfachzucker, einfacher Zucker, Monosaccharid
➤ **wood sugar/xylose** Holzzucker, Xylose
**sugar alcohols** Zuckeralkohole
**sugar beet** Zuckerrübe
**sugar cane** Zuckerrohr
**sugar-containing/sugary/sacchariferous** zuckerhaltig
**sugar refining** Zuckerraffination
**sugar substitute (non-carbohydrate sweetener)** Zuckeraustauschstoff
**suicide inhibition** Suizidhemmung
**suicide substrate** Selbstmord-Substrat
**sulfanilic acid/*p*-aminobenzenesulfonic acid** Sulfanilsäure
**sulfate** Sulfat
**sulfate liquor** Sulfatlauge, Sulfatablauge, Sulfatkochlauge
**sulfate pulp** Kraftzellstoff, Sulfatzellstoff
**sulfation** Sulfation, Sulfatation

**sulfatize** sulfatisieren
**sulfide** Sulfid
**sulfite** Sulfit
**sulfonation** Sulfonierung, Sulfonieren
**sulfonation flask** Sulfierkolben
**sulfoxylic acid/hyposulfurous acid $H_2SO_2$**
Sulfoxylsäure, Hyposulfitsäure,
Schwefel(II)säure
**sulfur (S)** Schwefel
➤ **flowers of sulfur** Schwefelblüte
**sulfur compound** Schwefelverbindung,
schwefelhaltige Verbindung
**sulfur cycle** Schwefelkreislauf
**sulfur donor** Schwefelspender
**sulfuric acid $H_2SO_4$** Schwefelsäure
➤ **oleum/fuming sulfuric acid (conc. $H_2SO_4 + SO_3$)**
Oleum, rauchende Schwefelsäure
**sulfuricants** Sulfurikanten
**sulfuring (e.g., vats)** Schwefeln, Schwefelung
(z. B. Fässer)
**sulfurize (e.g., vats)** schwefeln (z. B. Fässer)
**sulfurous (sulfur-containing)** schweflig,
schwefelhaltig
**sulfurous acid $H_2SO_3$** schweflige Säure,
Schwefligsäure
**sum rule** Summenregel
**sump** Sammelbehälter, Sammelgefäß; (cesspit/
cesspool/soakaway Br) Senkgrube, Sickergrube
**sunblock/sunblock cream** Sonnenschutzcreme
**sunscreen/sunscreen agent** Sonnenschutzmittel,
Lichtschutzmittel
**superacid** Supersäure
**supercoiled** superspiralisiert, superhelikal,
überspiralisiert
**supercoiling** Superspiralisierung,
Überspiralisierung
**superconductive** supraleitend
**superconductivity** Supraleitfähigkeit,
Supraleitung
**superconductor** Supraleiter
**supercool** unterkühlen
**supercooling** Unterkühlung
**supercritical (gas/fluid)** überkritisch
(Gas/Flüssigkeit); *nucl* superkritisch
**supercritical fluid/liquid** überkritische Flüssigkeit
**supercritical fluid chromatography (SFC/SCFC)**
überkritische Fluidchromatographie,
superkritische Fluid-Chromatographie,
Chromatographie mit überkritischen Phasen
**supercritical fluid extraction (SFE/SCFE)**
Fluidextraktion, Destraktion,
Hochdruckextraktion (HDE)
**superfil** Superfilament
**superglue/crazy glue (e.g., ethyl-2-cyanoacrylate)**
Sekundenkleber

**superheat** überhitzen
**superheating** Überhitzen, Überhitzung
**superhelix/supercoil** Superhelix
**superior** höher, höher stehend, besser;
(dominant) überlegen, vorherrschend,
dominant
**superiority/dominance** Überlegenheit, Dominanz
**superlattice** Supergitter, Übergitter, Überstruktur
**supernatant** Überstand
**superposition** Überlagerung
**supersaturated** übersättigt
**supersaturated solution** übersättigte Lösung
**supple** geschmeidig; (elastic) biegsam, elastisch
**supplies storage/supplies 'shop'/'supplies'**
Zubehörlager
**supply** *n* Versorgung; (influx) Zufuhr; (shipment/
delivery/consignment) Lieferung, Zulieferung
**supply** *vb* liefern; (feed/pipe in/let in) zuleiten
**supply line/utility line/service line**
Versorgungsleitung
**supply pressure (HPLC)** Eingangsdruck
**supplying/feeding/inlet** Zuleitung
**support** *n* Stütze, Träger; Unterstützung;
Stativ; Trägermaterial, Trägersubstanz
**support** *vb* stützen, unterstützen, tragen, helfen
**support base** Stativplatte
**support clamp** Stativklemme
**support layer** Trägerschicht
**support rod** Stativstab
**support stand/ring stand/retort stand/stand**
Stativ, Bunsenstativ
**suppress** supprimieren, unterdrücken,
zurückdrängen
**suppressible** supprimierbar, unterdrückbar
**suppression** Suppression, Unterdrückung
**supravital dye/supravital stain**
Supravitalfarbstoff
**supravital staining** Supravitalfärbung
**surface** Oberfläche
➤ **adherend surface** Klebefläche, Haftgrund,
Fügefläche
➤ **equipotential surface** Äquipotentialfläche
➤ **interface** Grenzfläche; Trennungsfläche; *electr*
Schnittstelle; Nahtstelle
➤ **joint surface** Fügefläche
➤ **potential-energy surface** Potentialfläche,
Potentialenergieoberfläche
➤ **undersurface/underside** Unterseite
➤ **upper surface/upperside** Oberseite
**surface-active** grenzflächenaktiv,
oberflächenaktiv
**surface charge** Oberflächenladung
**surface finish** Oberflächengüte,
Oberflächenfinish
**surface finishing** Oberflächenvered(e)lung

**surface fracture energy/critical strain release rate**
Oberflächenbruchenergie
**surface ionization (SI)** Oberflächenionisation
**surface labeling** Oberflächenmarkierung
**surface resistivity** Oberflächenwiderstand
**surface runoff** Oberflächenabfluss
**surface tension** Oberflächenspannung,
Grenzflächenspannung
**surface-to-volume ratio**
Oberflächen-Volumen-Verhältnis
**surface treatment** Oberflächenbehandlung
**surfactant (surface-active substance/agent)**
oberflächenaktive Substanz,
Entspannungsmittel; (detergent) Tensid
➢ **amphoteric** amphoter (Amphotensid)
➢ **anionic** anionisch (Aniotensid)
➢ **cationic** kationisch (Katiotensid/Invertseife)
➢ **nonionic** nichtionisch (Niotensid)
➢ **surface-active** oberflächenaktiv
**surge** *n* Woge, Welle; Spannungsstoß
**surge** *vb* plötzlich ansteigen, emporschnellen
**surge suppressor/surge protector**
Überspannungsfilter, Überspannungsschutz
**surgical instruments** OP-Besteck
**surgical mask** Operationsmaske, chirurgische
Schutzmaske
**surplus production** Überschussproduktion
**survey** *vb math/stat* erheben
**survey** *n math/stat* Erhebung
**susceptibility** Empfindlichkeit, Anfälligkeit
**suspected toxin** Verdachtsstoff
**suspend** suspendieren (schwebende Teilchen in
Flüssigkeit); (slurry) aufschlämmen
**suspended condenser/cold finger**
Einhängekühler, Kühlfinger
**suspended particle** Schwebeteilchen
**suspended substance/suspended matter**
Schwebstoff(e)
**suspension (slurry)** Suspension, Aufschlämmung
**sustained off-resonance irradiation (SORI)**
anhaltende nichtresonante Einstrahlung
**sustained yield** Nachhaltigkeit, nachhaltiger
Ertrag
**suture needle** chirurgische Nadel
**swab** *med* Abstrich
➢ **to take a swab** einen Abstrich machen
**swallow** *vb* schlucken
**swallowing** Schlucken
**swan-necked flask/S-necked flask/**
**gooseneck flask** Schwanenhalskolben
**sweat/perspire** schwitzen
**sweating/perspiration/hidrosis** Schwitzen
**sweep** kehren, fegen; absuchen; scannen,
abtasten

**sweep voltage** Kippspannung
**sweetener** Süßstoff, Süßungsmittel
➢ **nonnutritive sweetener** Süßstoff
**sweetness** Süße
**swell (turgescent)** schwellen, anschwellen
(turgeszent)
**swelling** Schwellen, Schwellung,
Schwellverhalten (Hohlkörperblasen)
**swelling index/swelling number (coal)**
Blähgrad, Blähzahl
**swing-out rotor/swinging-bucket rotor/**
**swing-bucket rotor** Ausschwingrotor
**swing phase/suspension phase** Schwingphase
**swirl** schwenken (Flüssigkeit in Kolben),
wirbeln
**switch** Schalter; Weiche; Umstellung, Wechsel
**switch lever** *electr* Schalthebel
**switchback model (folded-chain lamellas)**
'Schaltbrettmodell', eigentlich: Rückfalt-Modell
(Faltenmizelle)
**switchboard** Schaltanlage, Schalttafel
**swivel** sich drehen, schwenken; drehbar,
schwenkbar
**swivel head (ball of a joint)** Gelenkkopf
**swivel nut/coupling nut/mounting nut/**
**cap nut/sleeve nut/coupling ring**
Überwurfmutter, Überwurfschraubkappe
(z. B. am Rotationsverdampfer)
**symmetric(al)** symmetrisch
**symmetry** Symmetrie
➢ **asymmetry** Asymmetrie
➢ **dissymmetry (chirality/handedness)**
Dissymmetrie (Chiralität/Drehsinn)
**synartesis** Synartese
**synartetic** synartetisch
**synchronizer/Zeitgeber** Taktgeber, Zeitgeber
**syndiotactic polymer** syndiotaktisches Polymer
**syneresis** Synärese
**synthesis** Synthese, Darstellung
➢ **biosynthesis** Biosynthese
➢ **chemosynthesis** Chemosynthese
➢ **de-novo-synthesis** Neusynthese,
de-novo Synthese
➢ **semisynthesis** Halbsynthese
**synthesis gas/syngas** Synthesegas
**synthesize** synthetisieren, künstlich herstellen;
(prepare) herstellen, darstellen
**synthetic** synthetisch; (having same chemical
structure as the natural equivalent)
naturidentisch
**synthetic dye** Synthesefarbstoff
**synthetic fiber** Kunstfaser, Synthesefaser
**synthetic fiber-reinforced plastic (SFRP)**
synthesefaserverstärkter Kunststoff (SFK)

synthetic natural gas/substitute natural gas
(SNG) synthetisches Erdgas, künstliches
Erdgas
synthetic paint resin Lackkunstharz
synthetic resin Kunstharz
synthetic-resin adhesive/synthetic-resin glue
Kunstharzkleber, Kunstharzleim
synthetic-resin glue Kunstharzleim
synthetic-resin latex Kunststofflatex
synthetic-resin varnish (synthetic enamel)
Kunstharzlack
synthetic rubber (SR)/artificial rubber (elastomer)
synthetisches Gummi, Synthesekautschuk
(Elastomer), Kunstkautschuk
synthetic wood pulp (SWP) Synthesezellstoff,
Synthesepulpe
syringe Spritze
➤ disposable syringe Einwegspritze
➤ hypodermic syringe Injektionsspritze
syringe connector Nadeladapter
syringe filter Spritzenvorsatzfilter, Spritzenfilter
syringe needle/syringe cannula Injektionsnadel,
Spritzennadel, Spritzenkanüle
syringe piston/syringe plunger Spritzenkolben,
Stempel, Schieber
syringe pump Spritzenpumpe
systematic systematisch
systematic error/bias systematischer Fehler, Bias
systematic name systematischer Name
systematics/taxonomy Systematik, Taxonomie
systemic systemisch
systems analysis Systemanalyse

# T

T-purge (gas purge device) Spülventil (Inertgas)
table Tisch; Tabelle, Tafel
➤ laboratory table/laboratory bench/laboratory
workbench Labortisch, Labor-Werkbank
➤ periodic table (of the elements)
Periodensystem (der Elemente)
➤ weighing table Wägetisch
➤ worktable Arbeitstisch
table salt/common salt NaCl Kochsalz (NaCl)
tablet density/pellet density Stopfdichte
tabletop centrifuge/benchtop centrifuge
(multipurpose c.) Tischzentrifuge
tack n Nagel, Nadel, Metallstift; Klebrigkeit,
Klebkraft; (autohesion) Eigenklebrigkeit,
Konfektionsklebrigkeit, Autohäsion; (inherent)
Selbsthaftung
tack vb heften, kleben, aneinander heften/fügen,
verbinden
tack-free (not sticky) nicht klebrig

tack welding Heftschweißen
tackifier Klebrigmacher, Klebrigmacherharz
tacky/sticky klebrig (zäh)
tactic (e.g., polymers) taktisch
tacticity Taktizität
tag etikettieren, markieren, beschildern
(kennzeichnen); anfügen, anhängen
tagged molecule markiertes Molekül
tail (e.g., of a molecule) Schwanz (z. B. des
Fettmoleküls)
tail growth Schwanzwachstum, endständiges
Wachstum
tail-to-tail Schwanz-an-Schwanz,
Schwanz-Schwanz
tailing(s)/tails Überlauf, Überlaufgut;
Restbrühe; dist Nachlauf, Ablauf; chromat
Schwanzbildung, Signalnachlauf; Abraum,
Abgänge, Abfallerz, Aufbereitungsrückstände,
Tailings
tailored molecule maßgeschneidertes Molekül,
gezielt konstruiertes/aufgebautes Molekül
talc Talk, Talkstein
talcum powder Talkpulver, Talkum
tall oil Tallöl
tamper with verstellen (herumdrehen an)
tampon/plug/pack vb tamponieren
tan vb gerben, beizen; bräunen
tandem reaction Tandemreaktion
tangential modulus Tangentenmodul
tangential section Tangentialschnitt;
Sehnenschnitt
tank/vessel Tank, Kessel, großer
(Wasser)Behälter, Becken, Zisterne
tank bottom Tankboden, Behälterboden
tank car/tank truck (Schiene: rail tank car)
Kesselwagen (Chemikalientransport)
tankage Fleischmehl, Tierkörpermehl,
Kadavermehl
tannic acid (tannate) Gerbsäure (Tannat)
tanniferous gerbsäurehaltig, gerbstoffhaltig
tannin (tanning agent) Tannin (Gerbstoff)
tanning Gerben
tanning agent/tannin Gerbstoff
tantalum (Ta) Tantal
➤ tantalic/tantalum(V) Tantal(V)...
➤ tantalous/tantalum(III) Tantal(III)...
tantalum chloride/tantalic chloride/
tantalum pentachloride TaCl$_5$ Tantal(V)-chlorid,
Tantalpentachlorid
tantalum oxide/tantalic oxide/tantalum
pentoxide Ta$_2$O$_5$ Tantal(V)-oxid, Tantalpentoxid
tap n Zapfen, Spund, Hahn; Ausgießhahn;
(tool for forming an internal screw thread)
Gewindebohrer

**tap** *vb* zapfen, anzapfen (Latex an Bäumen)
**tap density/mechanically tapped packing density**
Klopfdichte
**tap grease** Hahnfett
**tap water** Leitungswasser
**tape** Band (Klebeband/Messband etc.)
➤ **adhesive tape** Klebeband, Klebestreifen
➤ **autoclave tape/autoclave indicator tape**
Autoklavier-Indikatorband
➤ **barricade tape** Absperrband, Markierband
➤ **cloth tape** Gewebeband, Textilband (einfach)
➤ **duct tape (polycoated cloth tape)** Panzerband,
Gewebeband, Gewebeklebeband, Duct
Gewebeklebeband, Universalband, Vielzweckband
➤ **electric tape/insulating tape/friction tape**
Elektro-Isolierband
➤ **filament tape** Filamentband
➤ **insulating tape/duct tape** Isolierband;
(electric tape/friction tape) Elektro-Isolierband
➤ **masking tape** Kreppband
➤ **packaging tape** Verpackungsklebeband
➤ **sealing tape** Dichtungsband
➤ **Teflon tape** Teflonband
➤ **thread seal tape** Gewindeabdichtungsband
➤ **thread sealant tape** Gewindedichtungsband
➤ **warning tape** Signalband, Warnband
**tape rule/tape measure** Bandmaß, Messband
**taper (tapering/tapered)** zuspitzen (konisch
machen), spitz zulaufen, sich verjüngen
**tapered joint** Kegelschliff, Kegelschliffverbindung
**tar** Teer
➤ **coal tar** Kohlenteer, Steinkohlenteer
➤ **wood tar** Holzteer
**tar base** Teerbase
**tar pitch** Teerpech
**tar sand/oil sand** Teersand, Ölsand
**tare** *n* **(weight of container/packaging)**
Tara (Gewicht des Behälters/der Verpackung)
**tare** *vb* **(determine weight of container/packaging
as to substract from gross weight: set reading
to zero)** tarieren, austarieren (Waage: Gewicht
des Behälters/Verpackung auf Null stellen)
**target** Ziel, Soll (Plan/Leistung/Produktion);
(quota) Quote
**taring (determining weight of container,
packaging in order to substract from gross
weight)** Tarieren n
**tarnish** *vb* matt machen, trüben, mattieren,
anlaufen, blind machen/werden, beschlagen
**tarnish** *n* **(layer)** Anlaufschicht (Metalle etc.)
**tarry** teerig
**tartar** Weinstein, Tartarus (Kaliumsalz der
Weinsäure); Zahnstein

**tartaric acid (tartrate)** Weinsäure, Weinsteinsäure
(Tartrat)
**taurine** Taurin
**tautomeric shift** tautomere Umlagerung
**tautomerism/dynamic allotropy** Tautomerie
**tear** *vb* reißen, zerren; einreißen; zerreißen;
tränen
**tear gas** Tränengas
**tearproof** zerreißfest
**technical** technisch
**technical lab assistant/laboratory technician/
lab technician** Laborassistent(in), technische(r)
Assistent(in)
**technique/technic** Technik (einzelnes Verfahren/
Arbeitsweise)
**technologic(al)** technologisch
**technology** Technik, Technologie (Wissenschaft)
**technology assessment**
Technikfolgenabschätzung
**technoplastics/technical plastics/engineering
plastics** Techno-Kunststoffe, technische
Kunststoffe
**teem (empty/pour molten metal into a mold)**
abstechen, ausgießen; eine Form mit
geschmolzenem Metall voll gießen
**Teflon tape** Teflonband
**teichoic acid** Teichonsäure
**teichuronic acid** Teichuronsäure
**tellurium (Te)** Tellur
➤ **telluric/tellurium (VI)** Tellur(VI)…
➤ **tellurous/tellurium (IV)** Tellur(IV)…
**temper** tempern, härten (von Stahl); verspannen,
vorspannen (Glas)
**temperate (moderate)** gemäßigt
**temperature** Temperatur
➤ **ambient temperature** Umgebungstemperatur
➤ **body temperature** Körpertemperatur
➤ **boiling point** Siedepunkt
➤ **bring to a moderate temperature/to have an
agreeable temperature** temperieren
➤ **cardinal temperature** Vorzugstemperatur
➤ **ceiling temperature** Ceiling-Temperatur
(Beginn der Depolymerisation),
Gipfeltemperatur
➤ **clearing temperature** Klärtemperatur
➤ **consolute temperature/critical solution
temperature** kritische Lösungstemperatur
➤ **curing temperature/setting temperature**
Härtungstemperatur
➤ **decomposition temperature/disintegration
temperature** Zersetzungstemperatur
➤ **deflection temperature**
Wärmeformbeständigkeit

> disintegration temperature
  Zersetzungstemperatur
> floor temperature Floor-Temperatur
> flow temperature Fließtemperatur
> fluctuation of temperature
  Temperaturschwankung
> freezing-in temperature TF Einfrierstemperatur
> glass transition temperature ($T_g$)
  Glasübergangstemperatur (Glastemperatur,
  Glasumwandlungstemperatur)
> heat deflection temperature/heat distortion
  under load (HDUL)/heat distortion point/
  deflection temperature under load (DTUL)
  Durchbiegetemperatur bei Belastung
> heat distortion temperature/
  heat deflection temperature (HDT)
  Formbeständigkeitstemperatur,
  Formbeständigkeit in der Wärme
> kindling temperature/flame temperature/
  ignition point/flame point/spontaneous-
  ignition temperature (SIT) Zündpunkt,
  Zündtemperatur, Entzündungstemperatur
> liquidus temperature Liquidustemperatur
> lower critical solution temperature (LCST)
  untere kritische Lösungstemperatur
> melting temperature Schmelztemperatur
> molding temperature Umformtemperatur,
  Verformungstemperatur; Urformtemperatur
> operating temperature Arbeitstemperatur,
  Einsatztemperatur
> phase transition temperature
  Phasenübergangstemperatur
> pre-melting temperature
  Präschmelztemperatur
> reference temperature Bezugstemperatur
> resistance temperature detector (RTD)
  Widerstands-Temperatur-Detektor
> room temperature (ambient temperature)
  Raumtemperatur
> sensitivity to temperature
  Temperaturempfindlichkeit
> setting temperature Härtungstemperatur
> softening temperature TE
  Erweichungstemperatur
> solution temperature Lösungstemperatur
> spontaneous ignition temperature (SIT)
  Selbstenzündungstemperatur
> standard temperature Normtemperatur (0°C)
> STP (s.t.p./NTP) (standard/normal temperature
  & pressure) Normzustand (Normtemperatur
  0°C & Normdruck 1 bar)
> stretching temperature
  Verstreckungstemperatur, Recktemperatur
> torsional stiffness temperature (TST)
  Torsionssteifheitstemperatur

> transition temperature Übergangstemperatur
> upper critical solution temperature (UCST)
  obere kritische Lösungstemperatur
temperature controller Temperaturregler
temperature-dependent temperaturabhängig
temperature gradient Temperaturgradient
temperature-gradient apparatus
  Temperaturorgel ecol
temperature gradient gel electrophoresis
  Temperaturgradienten-Gelelektrophorese
temperature rising elution fractionation (TREF)
  Lösefraktionierung
temperature sensor Temperaturfühler
tempered gehärtet (Metall)
tempered glass/resistance glass Hartglas
tempered safety glass
  Einscheibensicherheitsglas (ESG)
tempering Härten
template Matrize; Schablone
temporary hardness vorübergehende Härte
tenacious zäh; hartnäckig; klebrig; reißfest,
  zugfest
tenacity (tensile strength) Zähigkeit; Festigkeit;
  Klebrigkeit; (relative) Reißfestigkeit,
  Zugfestigkeit; feinheitsbezogene Zugkraft
tender zart, weich, mürbe (Fleisch); (fragile)
  empfindlich, zerbrechlich (Pflanze/Ökosystem)
tenderizer Zartmacher
> meat tenderizer Fleischzartmacher
tensile force Zugkraft
tensile modulus ($\sigma/\varepsilon$)/Young's modulus/
  elastic modulus/modulus of
  elasticity Elastizitätsmodul, Zugmodul,
  Youngscher Modul
tensile strain ($\varepsilon$)/engineering strain/
  Cauchy elongation ($\Delta l/l$) berechnete Dehnung,
  Nenndehnung (Cauchy-Dehnung)
tensile strength (TS) (ability to resist
  stretching) Zugfestigkeit, Zerreißfestigkeit,
  Reißfestigkeit; Zugspannung bei 100% Dehnung
tensile stress ($\sigma$)/engineering stress (force/
  cross-section area) Zugspannung
tension Zug, Spannung; Spannkraft, Zugkraft;
  Druck; (suction/pull) Sog, Zug (Wasserleitung)
tensioning Strecken, Spannen, Anspannen, Ziehen
tensioning tool/tensioning gun (cable ties/
  wrap-it-ties) Spannzange (Kabelbinder)
teratogenesis/teratogeny Teratogenese,
  Missbildungsentstehung
teratogenic teratogen, Missbildungen
  verursachend
teratology Teratologie (Lehre von Missbildungen)
teratoma Teratom
terephthalic acid/1,4-benzenedicarboxylic acid
  Terephthalsäure

terminal/terminate end..., letzt; begrenzend, endständig

terminology Terminologie, Fachsprache, Fachterminologie, Fachbezeichnungen

terminus Terminus, Ende (Molekülende)

terpene(s) Terpen (pl Terpene)

➤ diterpenes ($C_{20}$) Diterpene

➤ hemiterpenes ($C_5$) Hemiterpene

➤ monoterpenes/terpenes ($C_{10}$) Monoterpene, Terpene

➤ polyterpenes Polyterpene

➤ sesquiterpenes ($C_{15}$) Sesquiterpene

➤ triterpenes ($C_{30}$) Triterpene

terpenoids Terpenoide

terpolymerization Terpolymerisation

tertiary structure (proteins) Tertiärstruktur

tervalent/trivalent dreiwertig

test n (examination/assay) Test (Prüfung/ Bestimmungsmethode)

test vb testen, prüfen, messen

test data Prüfdaten

test gas Prüfgas (zu prüfendes Gas)

test procedure/testing procedure Testverfahren

test report Prüfbericht

test results (of an investigation) Ermittlungsergebnisse

test run Trockenlauf, Probelauf

test solution (solution to be analyzed) Untersuchungslösung

test specimen Probekörper, Prüfkörper, Prüfling

test tube (glass tube/assay tube) Reagensglas

test-tube brush Reagenzglasbürste

test-tube holder Reagensglashalter

test-tube rack Reagensglasständer, Reagensglasgestell

testability Prüfbarkeit

tester/testing device/checking instrument Prüfgerät, Prüfer, Testvorrichtung; Nachweisgerät

testing Prüfung, Prüfen, Untersuchung; Testverfahren

➤ dynamic testing dynamisches Testverfahren

➤ nondestructive testing (NDT) zerstörungsfreie Prüfung

testing device Prüfgerät, Prüfmittel

testing equipment/apparatus Untersuchungsgerät

testing laboratory Prüflabor

testing procedure (audit procedure) Prüfverfahren

testosterone Testosteron

tether binden, anbinden, zusammenbinden

tetrahedral tetraedrisch, vierflächig

tetravalent vierwertig

tex (fiber unit: 1 tex = 1 g/km) Tex (1 tex = 9 den)

textile(s) Textil (pl Textilien)

textile fiber Textilfaser

textile finishing Textilveredlung

textile glass Textilglas, textile Glasfaser

textured texturiert

thallium (Tl) Thallium

➤ thallic/thallium(III) Thallium(III)...

➤ thallous/thallium(I) Thallium(I)...

thaw vb auftauen

thawing Auftauen

thebaine Thebain

theine/caffeine Thein, Koffein

theobromine Theobromin

theophylline Theophyllin

theoretic(al) theoretisch

theoretical physics theoretische Physik

theoretical plates dist/chromat theoretische Böden

theory Theorie

theory of lattices Gittertheorie

thermal analysis Thermoanalyse, thermische Analyse

thermal black Thermalruß

thermal conductance (C) Wärmedurchgangszahl

thermal conductivity Wärmeleitfähigkeit

thermal conductivity detector (TCD) Wärmeleitfähigkeitsdetektor, Wärmeleitfähigkeitsmesszelle (WLD)

thermal cracking thermisches Kracken

thermal degradation Wärmeabbau, Wärmezersetzung, thermischer Abbau

thermal efficiency Wärmewirkungsgrad, thermischer Wirkungsgrad

thermal excitation thermische Anregung

thermal insulation Wärmeisolierung

thermal ionization Thermoionisation, thermische Ionisation

thermal oil/heat transfer oil Wärmeträgeröl

thermal radiation Wärmestrahlung

thermal transition thermische Umwandlung

thermal waste recycling technology Schwelbrennverfahren

thermic thermisch

thermistor/thermal resistor (heat-variable resistor) Thermistor

thermite process Thermitverfahren

thermochromism Thermochromie (Thermotropie)

thermocouple Thermoelement

thermocouple probe Thermoelementsonde

thermocuring/hot-curing wärmehärtend, heißhärtend, thermohärtend

thermodynamics Thermodynamik

➤ law of thermodynamics (first/second) Hauptsatz (1./2. Hauptsatz der Thermodynamik)

thermoforming Thermoformen, Warmformen

**thermogravimetry (TG) (= thermogravimetric analysis)** Thermogravimetrie (TG) (= thermogravimetrische Analyse)
**thermoionic detector (TID)** thermoionischer Detektor (TID)
**thermomechanical analysis (TMA)** thermomechanische Analyse
**thermometer** Thermometer
➤ **bimetallic thermometer** Bimetallthermometer
➤ **gas thermometer** Gasthermometer
➤ **mercury-in-glass thermometer** Quecksilberthermometer
➤ **noise thermometer** Rauschthermometer
➤ **quartz thermometer** Quarzthermometer
➤ **vapor pressure thermometer** Dampfdruckthermometer
**thermophilic** wärmesuchend, thermophil
**thermophobic** hitzemeidend, thermophob
**thermoplastic** Thermoplast
**thermoplastic elastomer (TPE) (non-network)** thermoplastisches Elastomer, Elastoplast
**thermoregulation** Thermoregulation
**thermoregulator** Wärmeregler
**thermos** Thermoskanne, Thermosflasche
**thermosets** Duroplaste (Duromere, Thermodure)
**thermosetting resins (reaction polymers)** Reaktionsharze (Präpolymere)
**thermospray** Thermospray
**thermostat** Thermostat
**thermotropic LC** thermotropisches Flüssigkristall
**thermowell (for thermocouples)** Thermoelement-Schutzrohr, Thermohülse
**theta-solvent** Theta-Lösungsmittel
**theta-state** Theta-Zustand
**thiamine/aneurin (vitamin B$_1$)** Thiamin, Aneurin
**thicken** eindicken, verdicken; verdichten, verstärken
**thickener/thickening agent** Dickungsmittel, Verdickungsmittel, Eindicker
**thickening** Eindickung, Verdickung; Eindickmittel
**thickening agent** Eindickungsmittel, Verdickungsmittel, Verdickungszusatz
**thickness of section/section thickness** Schnittdicke
**thief/thief tube/sampling tube (pipet)** Stechheber
**thimble** Fingerhut, Kausche
**thin** *adv/adj* **(of low viscosity/low-viscosity/easily flowing)** dünnflüssig
**thin (out)** *vb* ausdünnen
**thin-layer chromatography (TLC)** Dünnschichtchromatographie (DC)
**thin section/microsection** Dünnschnitt
**thinner** Verdünner, Verdünnungsmittel

**thinner/diluent** Verdünner, Verdünnungsmittel, Diluent, Diluens
**thinning** Ausdünnen, Ausdünnung; *polym* Verziehen (Spinnen)
**thiocarbonic acids** Thiocarbonsäuren
**thiocyanic acid/rhodanic acid HSCN** Thiocyansäure, Rhodansäure
**thiols/mercaptans/thio alcohols** Thiole, Mercaptane, Thioalkohole
**thiosulfuric acid H$_2$S$_2$O$_3$** Thioschwefelsäure
**thiourea** Thioharnstoff
**third law of thermodynamics** 3. Hauptsatz (Nernstsches Wärmetheorem)
**thistle tube funnel/thistle top funnel tube** Glockentrichter (Fülltrichter für Dialyse)
**thixotropy** Thixotropie
**thoria/thorium dioxide ThO2** Thoriumdioxid, Thorium(IV)-oxid
**thorium (Th)** Thorium (Thor)
**thread** Faden; Gewinde (Schrauben/Bolzen etc.)
➤ **British Standard Pipe (BSP) thread/fittings** Britisches Standard Gewinde
➤ **double thread** zweigängig
➤ **external thread/male thread** Außengewinde
➤ **internal thread/female thread** Innengewinde
➤ **National Pipe Thread/National Pipe Taper (NPT)** NPT-Gewinde, U.S. Rohrgewindestandard (in Zoll)
➤ **single thread** eingängig
➤ **triple thread** dreigängig
➤ **Unified Fine Thread (UNF)** UNF-Feingewinde
➤ **worm thread** Schneckengewinde
**thread pitch/pitch** Gangsteigung (Schraube/Schnecke)
**thread seal tape/thread sealant tape** Gewindeabdichtungsband, Gewindedichtungsband
**threaded socket (connector/nozzle)** Gewindestutzen
**threaded top** Schraubgewindeverschluss
**threading** Gewindeschneiden
**threat** Bedrohung
**threaten** bedrohen
**three-dimensional structure/spatial structure** Raumstruktur, räumliche Struktur
**three-finger clamp** Dreifinger-Klemme
**three-neck flask/three-necked flask** Dreihalskolben
**three-prong...** Dreizack...
**three-stage screw** Dreistufenschnecke
**three-way cock/T-cock/three-way tap** Dreiweghahn, Dreiwegehahn
**three-way connection** Dreiwegverbindung
**threonine (T)** Threonin

**threshold** Schwelle (z. B. Reizschwelle/ Geschmacksschwelle etc.)

**threshold concentration** Schwellenkonzentration

**threshold current** Schwellenstrom

**threshold effect** Schwelleneffekt

**threshold limit value (TLV)** (*US*: by ACGIH) maximale Arbeitsplatzkonzentration (nicht identisch mit MAK: DFG)

**threshold trait** Schwellenmerkmal

**threshold value** Schwellenwert

**thrive/flourish** gedeihen, florieren

**thrombin** Thrombin

**throttle** *vb* (**choke/slow down/dampen**) drosseln, herunterfahren, dämpfen

**throttle** *n* (**choke**) Drossel

**throttle valve** Drosselventil; (damper) Drosselklappe

**throughput** Durchsatz, Durchsatzmenge; *electr* Durchgang

**throughput rate/transfer rate** (output rate) Durchsatzleistung, Durchsatzrate; Übertragungsrate (im Datentransfer)

**thrust** Schub, Vortrieb, Anschub; (forward thrust) Schubkraft, Vortriebkraft

**thumbscrew** Daumenschraube, Flügelschraube

**thymine** Thymin

**thymine dimer** Thymindimer

**thyroxine** (*also:* **thyroxin**)/**tetraiodothyronine** Thyroxin ($T_4$)

**tight** dicht, fest, eng; unbeweglich, festsitzend; (tightly closed/sealed tight) fest verschlossen

**tightness/proofness** Dichtigkeit, Dichtheit

**tile** Fliese, Kachel

➢ **floor tile** Bodenfliese

**tiled** gefliest (mit Fliesen ausgelegt), gekachelt

**tiled floor/tiling** Fliesenfußboden, Fließenboden, Fliesboden

**timber** Holz; Bauholz, Nutzholz

**timber industry** holzverarbeitende Industrie

**time fuse** Zeitzünder

**time-lag-focusing (TLF)** *ms* Zeitverzögerungsfokussierung

**time-of-flight mass spectrometry (TOF-MS)** Flugzeit-Massenspektrometrie (FMS)

**time-resolved** zeitaufgelöst

**time-resolved spectroscopy** zeitaufgelöste Spektroskopie

**time-temperature superposition** Zeit-Temperatur-Überlagerung

**time-to-digital converter (TDC)** Zeit-Digital-Wandler

**timer** Zeitschaltuhr, Zeitschalter, Schaltuhr

**tin (Sn)** Zinn; Weißblech; (*Br*) Blechdose

➢ **stannic/tin(IV)** Zinn(IV)...

➢ **stannous/tin(II)** Zinn(II)...

**tin bronze/mosaic gold/tin(IV) sulfide $SnS_2$** Musivgold, Mosaikgold (Zinndisulfid)

**tin can** Blechdose (Konservendosen)

**tin cry** Zinngeschrei

**tin pest** Zinnpest

**tin pyrites/stannite** Zinnkies

**tin stone/cassiterite** Zinnstein, Kassiterit

**tinctorial** Färbe..., färbend

**tinctorial strength** Farbkraft

**tincture** Tinktur; Aufguss, Extrakt

**tinfoil (aluminum foil)** Stanniol (Aluminiumfolie/ Alufolie)

**tint** Farbe, Farbton, Tönung, Schattierung

**tip over** umstoßen, stoßen (umkippen/ umwerfen)

**tire** *n* Reifen; Autoreifen

**tire tread** Reifenprofil

**tissue** Gewebe, Stoff; Taschentuch

➢ **paper tissue** Papiertaschentuch

**tissue forceps** Gewebepinzette

**tissue paper (wrapping paper)** Seidenpapier

**tissue weighting factor ($W_T$)** Gewebe-Wichtungsfaktor

**titania/titanium dioxide (titanium white) $TiO_2$** Titandioxid, Titan(IV)-oxid (Titanweiß)

**titanium (Ti)** Titan

➢ **titanic/titanium(IV)** Titan(IV)...

➢ **titanous/titanium(III)** Titan(III)...

**titer** Titer

**titrant** Titrationsmittel, Titrant

**titrate** titrieren

**titration** Titration

➢ **acid-base titration** Säure-Basen-Titration, Neutralisationstitration

➢ **amperometric titration** amperometrische Titration, Amperometrie

➢ **back titration** Rücktitration

➢ **conductometric titration** konduktometrische Titration, Konduktometrie, Leitfähigkeitstitration

➢ **coulometric titration** coulometrische Titration, Coulometrie

➢ **end-point dilution technique** Endpunktverdünnungsmethode (Virustitration)

➢ **flow-injection titration** Fließinjektions-Titration

➢ **oscillometry/high-frequency titration** Oszillometrie, oszillometrische Titration, Hochfrequenztitration

➢ **precipitation titration** Fällungstitration

➢ **turbidimetric titration** Trübungstitration

**titration curve** Titrationskurve

**TLC (thin layer chromatography)** DC (Dünnschichtchromatographie)

**tocopherol (vitamin E)** Tocopherol, Tokopherol
**tolerance** Toleranz, Widerstandsfähigkeit;
  Verträglichkeit; Fehlergrenze, zulässige
  Abweichung, Spielraum
**tolerance dose** Toleranzdosis, zulässige Dosis
**tolerance limit** Toleranzgrenze
**tolerance range** Toleranzbereich
**toluene** Toluol, Toluen (Methylbenzol)
**toluidine/aminotoluene** Toluidin
**tomography** Tomographie
➢ **single-photon emission computed**
  **tomography (SPECT)** Einzelphotonen-
  Emissionscomputertomographie
**toner** Toner
**toner cartridge (laser toner)** Tonerkartusche
**tongs** Zange, Haltezange (Laborzange)
➢ **beaker tongs** Becherglaszange
➢ **crucible tongs** Tiegelzange
➢ **flask tongs** Kolbenzange
**tongue-and-groove** Spundung, Nut-und-Feder
  (Zapfenstoß)
**tongue-and-groove joint** Nut-und-Feder Stoß,
  Zapfenstoß
**tonicity** Spannkraft
**tool box/tool kit** Werkzeugkasten
**tools** Werkzeug
**top coating** Deckstrich
**top fermenting (beer)** obergärig
**top up/off** bis zum Rand auffüllen
**topaz** Topas
**topicity** Topizität
**topochemical polymerization/lattice-controlled**
  **polymerization** topochemische Polymerisation,
  gitterkontrollierte Polymerisation
**topogenic/topogenous** topogen
**topographic mapping** Geländekartierung
**topographic survey** Geländeaufnahme
**topological bonding** topologische Verbindung
**torch** Fackel; (burner) Brenner; Schweißbrenner,
  Schneidbrenner; *Br* Taschenlampe
➢ **blowtorch** Lötlampe, Gebläselampe
➢ **cutting torch** Schneidbrenner
➢ **oxyacetylene torch (burner)** Acetylenbrenner
➢ **welding torch/blowpipe** Schweißbrenner,
  Schweißgerät, Lötrohr
**torque** Drehmoment
**torque wrench (torque amplifier handle)**
  Drehmomentschlüssel
**torsion** Torsion, Drehung
**torsion modulus/shear modulus/modulus of**
  **rigidity** Torsionsmodul, Schermodul
**torsion pendulum/torsional pendulum**
  Torsionspendel, Drehpendel
**torsional angle** Torsionswinkel
**tortuosity factor** Tortuositätsfaktor

**total biomass** Gesamtbiomasse
**total dose** Gesamtdosis
**total hardness** Gesamthärte (Wasser)
**total ion current (TIC)** Totalionenstrom
**total magnification/overall magnification**
  *micros* Gesamtvergrößerung
**total static head (pump)** Gesamtförderhöhe
**total weight (total mass)** Gesamtgewicht
  (Gesamtmasse)
**tote box** Transportkiste
**tote-tray** Werkstückkasten, Teilekasten
**touchstone** Probierstein
**tough/rigid** zäh, hart, widerstandsfähig
**tough fracture/ductile fracture** Zähbruch,
  duktiler Bruch
**toughened** gehärtet (durch spezielle härtende
  Zusätze)
**toughness/rigidity** Zähigkeut, Härte, Robustheit
**tourmaline** Turmalin
**tourniquet** Binde, Aderpresse, Abschnürbinde,
  Tourniquet
**tow** *n* Kabel (aus Filamenten), Spinnkabel;
  Towgarn; *text* Hede, Werg
**town gas** Stadtgas
**toxic (poisonous)** toxisch; (T) giftig
➢ **cytotoxic** cytotoxisch, zellschädigend
➢ **extremely toxic (T+)** sehr giftig
➢ **fetotoxic** fetotoxisch
➢ **hepatotoxic** leberschädigend, hepatotoxisch
➢ **highly toxic** hochgiftig
➢ **moderately toxic** mindergiftig
➢ **neurotoxic** neurotoxisch
➢ **phytotoxic** phytotoxisch, pflanzenschädlich
**toxic agent** Giftstoff
**Toxic Substances Control Act (TSCA)**
  U.S. Gesetz zur Kontrolle toxischer Substanzen
  (Gefahrstoffe)
**toxic to reproduction (T)**
  fortpflanzungsgefährdend, reproduktionstoxisch
**toxic waste/poisonous waste** Giftmüll
**toxicity/poisonousness** Toxizität, Giftigkeit
**toxicology** Toxikologie
**toxin** Toxin, Gift
➢ **antitoxin/antidote/antivenin** Antidot,
  Gegengift, Gegenmittel (tierische Gifte)
➢ **cytotoxin** Zellgift, Zytotoxin, Cytotoxin
➢ **mycotoxin** Mykotoxin
➢ **respiratory toxin/fumigants** Atemgifte,
  Fumigantien
➢ **suspected toxin** Verdachtsstoff
**trace** *n* **(remainder/remains)** Spur, Überrest
  (meist *pl* Überreste)
**trace** *vb* **(locate/find out/discover)**
  ermitteln (finden)
**trace analysis** Spurenanalyse

trace element/microelement/micronutrient
Spurenelement, Mikroelement
trace metal Spurenmetall
traceability Rückführbarkeit, Rückverfolgbarkeit
tracer Tracer; Indikator; Leit…; Testkette
(Diffusion in der Schmelze)
tracer enzyme Leitenzym
tracer gas/probe gas Prüfgas
tracer nuclide Leitnuklid
tracing paper Pauspapier
track detector *nucl/rad* Spurdetektor
trackability Rückverfolgbarkeit
tracking dye *electrophor* Farbmarker
tracking index/tracking resistance *polym*
Kriechstromfestigkeit
tracking resistance/tracking index
Kriechstromfestigkeit
tractability Bearbeitbarkeit
traction Traktion, Ziehen, Zug, Zugkraft;
Anziehung; Reibungsdruck, Griffigkeit,
Bodenhaftung
trade/commercial (commonly available)
handelsüblich
trade & industrial supervision (federal agency)
Gewerbeaufsicht (staatl. Behörde)
trade name Warenzeichen, Markenbezeichnung
train Zug, Kolonne; Reihe; Kette; Strang
train oil/fish oil (also from whales) Tran, Fischöl
training Schulung, Fortbildung
training period Einarbeitungsphase
(für Neubeschäftigte)
transadenylation Transadenylierung
transamination Transaminierung
transcript Transkript
transcription Transkription
transducer/converter Wandler, Umwandler,
Messumformer
transect (cut through) durchschneiden
transection Durchschnitt (schneiden)
transesterification Umesterung
transfer *n* Transfer, Übertragung, Überführung;
Umfüllen
transfer *vb* transferieren, übertragen;
überführen; (a chemical from one container to
another) umfüllen
transfer loop Transferöse
transfer mold Spritzpressform,
Spritzpresswerkzeug
transfer pipet/volumetric pipet Vollpipette,
volumetrische Pipette
transferability Übertragbarkeit
transform transformieren, umwandeln
transformation Transformation, Umwandlung;
(change/reaction) Umsetzung
transformation series Transformationsreihe

transformer oil Transformatorenöl
transillumination (transmitted light illumination)
Durchlicht, Durchlichtbeleuchtung
transistor Transistor
➢ metal-oxide-semiconductor
field-effect transistor (MOSFET)
Metall-Oxid-Halbleiter-Feldeffekttransistor
transite board (lab bench) Asbestzementplatte
(Labortisch)
transition Übergang
transition complex Übergangskomplex
transition constant Übergangskonstante
transition dipole moment
Übergangsdipolmoment
transition elements Übergangselemente,
Nebengruppenelemente
transition metal Nebengruppenmetall,
Übergangsmetall
transition-metal catalyst
Übergangsmetall-Katalysator
transition phase Übergangsphase
transition state Übergangszustand
(Enzymkinetik)
transition temperature Sprungtemperatur;
Übergangstemperatur
translation Translation
translucent (transparent) lichtdurchlässig;
(pellucid) durchscheinend
transmetalation Transmetallierung
transmissible (communicable) übertragbar
transmission (transfer) Übertragung; (of gearing)
Getriebe (Motor)
transmission electron microscopy (TEM)
Transmissionselektronenmikroskopie,
Durchstrahlungselektronenmikroskopie
transmit übertragen
transmitter Transmitter, Überträger,
Überträgerstoff
transparency Durchsichtigkeit; Transparenz,
Lichtdurchlässigkeit
transparent durchsichtig; transparent,
lichtdurchlässig
transphosphorylation Transphosphorylierung
transport *vb* transportieren, befördern
transport *n* (transportation/shipment) Transport,
Beförderung
transport of dangerous goods/
transport of hazardous materials
Gefahrguttransport
transport protein Transportprotein
transport vehicle Transportfahrzeug
transposable transponierbar
transverse section/cross section Hirnschnitt,
Querschnitt
transverse wave Transversalwelle, Querwelle

trap *vb* einfangen, abfangen
trap *n* Falle; *electr* Sperrkreis
> cold trap/cryogenic trap Kühlfalle
> ether trap Etherfalle
> mercury trap/mercury well Quecksilberfalle
> proton trap Protonenfalle
> radical trap Radikalfalle
> vacuum trap Vakuumfalle
> water trap/separator Wasserabscheider
trapped ion eingefangenes Ion
trash (*see also*: waste) Müll, Abfall
> household trash Haushaltsmüll, Haushaltsabfälle
trash bag/waste bag Müllbeutel, Müllsack
trash can (waste container/litter bin)
Abfallbehälter, Müllbehälter
travertine Travertin
tray Schale, Flachbehälter; Tablet
tray reactor Gärtassenreaktor
treated behandelt
trial Versuch, Probe, Prüfung
trial run (,experimental experiment') Probelauf
triangle Dreieck
> clay triangle/pipe clay triangle Tondreieck,
Drahtdreieck
tribology Tribologie
tributary Zufluss
trickle rieseln, tröpfeln
trickling filter Tropfkörper (Tropfkörperreaktor,
Rieselfilmreaktor)
trickling filter reactor Rieselfilmreaktor,
Tropfkörperreaktor
trigger *n* Auslöser (z. B. einer Reaktion);
Drücker; Zünder
trigger threshold Auslöseschwelle
trigger *vb* (elicitate) auslösen (z. B. eine Reaktion)
triggering (elicitation) Auslösung (Reaktion)
triiodothyronine Triiodthyronin ($T_3$)
trillion $10^{12}$ Billion
trim abkanten (abschrägen: Metal/Pinzetten/
Kanülen/Glas etc.); anspitzen
trimming Abgraten, Abkanten
trimming block *micros* Trimmblock
triol/trihydric alcohol dreiwertiger Alkohol
trip (fuse/circuit breaker) *electr* rausfliegen,
durchbrennen (auslösen)
triple bond Dreifachbindung
triple point Tripelpunkt, Dreiphasenpunkt
triple thread dreigängig
triterpenes ($C_{30}$) Triterpene
tritiate tritiieren, mit Tritium markieren
tritium H-3 Tritium
triturate reiben, (im Mörser) zermahlen, zerreiben
trituration Zerreiben, (im Mörser) Zermahlen
trivalency Dreiwertigkeit

trivalent dreiwertig
trivial name (not systematic)
Trivialname (unsystematisch)
troubleshooting Fehlersuche
trough Trog, Wanne; Mulde
trough-shaped trogförmig, muldenförmig,
wannenförmig
trowel Kelle, Spachtel
true density Reindichte
true strain wahre Dehnung (Hencky-Dehnung)
trueness (quality control)
Richtigkeit (Qualitätskontrolle)
truncated gestutzt, verstümmelt,
zurechtgeschnitten
truncation selection Schwellenwertselektion,
Kappungsselektion, Auslesezüchtung
trypsine Trypsin
tryptophan (W) Tryptophan
tub Wanne, Zuber, Fass, Waschbottich
tube Tube; (hose/tubing) Schlauch; Rohr,
Röhre, Röhrchen
> capillary tube/capillary tubing Kapillarrohr,
Kapillarröhrchen
> centrifuge tube Zentrifugenröhrchen
> culture tube Kulturröhrchen
> dip tube Steigrohr
> drift tube (IMS) Driftröhre
> drying tube Trockenrohr, Trockenröhrchen
> ebullition tube Siederöhrchen
> feed tube Zulaufschlauch
> fermentation tube/bubbler Gärröhrchen,
Einhorn-Kölbchen
> flight tube (TOF-MS) Driftröhre
> ignition tube Zündröhrchen, Glühröhrchen
> rubber tube Gummischlauch
> test tube (glass tube/assay tube) Reagensglas
tube brush (test tube brush)/bottle brush
(beaker/jar/cylinder brush) Flaschenbürste
tube clip Schlauchschelle
tube furnace Rohrofen
tuberous/tuberal tuberös
tubing Rohr, Schlauch, Röhrenmaterial,
Rohrleitung, R$ohrstück
tubing adapter Schlauchadapter
tubing attachment socket/tubing connection
gland Schlauchtülle (z. B. am Gasreduzierventil)
tubing clamp (pinch clamp/pinchcock clamp/
hose clamp/hose connector clamp)
Schlauchklemme, Quetschhahn
(Schlauchschelle: Installationen zur
Schlauchbefestigung)
tubing closure (dialysis)
Schlauchverschlussklemme

tubing connection/tube coupling
  Schlauchkupplung
tubing connector (for connecting tubes:
  tube coupling/fittings) Schlauchverbinder,
  Schlauchverbindung(en)
tubing pinch valve/pinch valve
  Schlauchventil (Klemmventil)
tubing pump Schlauchpumpe
tubocurarine Tubocurarin
tubular tubulär, röhrenförmig
tubular bowl centrifuge Röhrenzentrifuge
tubular film/'bubble' Schlauchfolie, Blasfolie
tubular-flow reactor Strömungsrohrreaktor
tubular loop reactor Rohrschlaufenreaktor
tubular plunger Ringkolben
tubular reactor Rohrreaktor, Röhrenreaktor,
  Tubularreaktor
tumble/sway/stagger taumeln
tumbler Kipphebel; (tumbling mixer) Fallmischer
tumbling mixer/tumbler Fallmischer
tumefacient anschwellend, eine Schwellung
  verursachend
tumor Tumor, Wucherung, Geschwulst
tumor necrosis factor (TNF)
  Tumornekrosefaktor (TNF)
tune abgleichen
tungsten (W) Wolfram
  ➢ tungstic/tungsten(VI) Wolfram(VI)…
tundish metal (reservoir in top part of a mold)
  Stahlverteiler (Gießwanne über Kokillen/Form)
tuning Abgleich
tunneling microscopy Tunnelmikroskopie
turbid trüb, trübe
turbidimetric titration Trübungstitration
turbidimetry Turbidimetrie, Trübungsmessung
turbine fuel Turbinenkraftstoff
turbine impeller Turbinenrührer
turbulent flow turbulente Strömung
turgescent schwellend, prall, turgeszent
turgid/swollen (swell) geschwollen (schwellen)
turgidity Geschwollenheit, Turgidität;
  Schwellungsgrad
turgor (hydrostatic pressure) Turgor,
  hydrostatischer Druck
turgor pressure Turgordruck
turn away/repel/reject; polym quench abschrecken
turn off/shut off/switch off abschalten,
  ausschalten (z. B. Computer: herunterfahren)
turn on/switch on/power up anschalten,
  einschalten (z. B. Computer: hochfahren)
turnover Umsatz
turnover number kcat Wechselzahl (katalytische
  Aktivität)
turnover period Umsatzzeit

turnover rate/rate of turnover
  Umsatzgeschwindigkeit, Umsatzrate
turntable Drehplatte (Mikrowelle); Plattenteller
turpentine (oleoresin: resin & essential oils from
  Pinus & Larix spp.) Terpentin (Exsudat von
  Pinus u. Larix spp.)
turpentine oil (in a restricted sense: turpentine)
  Terpentinöl (eingeschränkt: Terpentin)
turquoise Türkis
tweezers (syn. pincers/tongs; see also: forceps)
  Pinzette
  ➢ dissection tweezers/dissecting forceps
    Präparierpinzette, Sezierpinzette, anatomische
    Pinzette
  ➢ high-precision tweezers Präzisionspinzette
  ➢ reverse-action tweezers (self-locking tweezers)
    Umkehrpinzette, Klemmpinzette
  ➢ specimen tweezers Probennahmepinzette
twin (crystal) Zwilling (Kristall)
  ➢ contact twin Kontaktzwilling,
    Berührungszwilling
twin electrons Elektronenpaar
twine (twisted yarn) Zwirn (starker/gewickelter
  Bindfaden); Wickelung, Windung, Knäuel
twist (twisting) Drehung, Verdrehung; Biegung,
  Krümmung; Drall; Verdrillen, Verdrillung,
  Zusammendrehen; (coil/spiral: a series of
  loops) Spirale, Windung, Torsion
twist-grip Drehgriff
two flat-blade paddle impeller Blattrührer
two-neck adapter (multiple) Zweihalsaufsatz
two-neck flask/two-necked flask Zweihalskolben
two-roll extruder Zweiwalzenextruder
two-roll mill Zweiwalzenmühle
two-stage impeller zweistufiger Rührer
two-way intercom/two-way radio
  Wechselsprechanlage, Gegensprechanlage
type Standard, Typus
type metal Letternmetall, Schriftmetall
tyrosine (Y) Tyrosin

## U

Ubbelohde viscometer (dilution viscometer)
  Ubbelohde-Viskosimeter
ubichinone Ubichinon
ubiquinone/coenzyme Q Ubiquinon, Coenzym Q
ubiquitous/widespread/existing everywhere
  ubiqitär, weitverbreitet, überall verbreitet
ullage Schwund, Abgang
ultracentrifugation Ultrazentrifugation
ultracentrifuge Ultrazentrifuge
ultracryomicrotome Ultrakryomikrotom,
  Ultragefriermikrotom

**ultrafiltration** Ultrafiltration
**ultramicrotome** Ultramikrotom
**ultrasonic** Ultraschall..., den Ultraschall
betreffend
**ultrasonography/sonography**
Ultraschalldiagnose, Sonographie
**ultrasound (ultrasonics)** Ultraschall
➢ **ultrasonography/sonography**
Ultraschalldiagnose, Sonographie
**ultrastructure** Ultrastruktur
**ultrathin section** Ultradünnschnitt
**ultraviolet spectroscopy/UV spectroscopy**
UV-Spektroskopie
**umber** Umbra
**unbalance/unbalanced state** Unwucht
**unbalanced** unwuchtig
**unbalanced state** Unwucht
**unbiased** *math/stat* unverzerrt, unverfälscht
**unblock (drain)** frei machen (z. B. Abfluss)
**unbond** ablösen
**unbonding** Ablösen
**unbranched (chain)** unverzweigt (Kette)
**unbreakable** unzerbrechlich
**unbuffered** ungepuffert
**uncertainty principle (indeterminancy principle)**
Unschärferelation, Unbestimmtheitsrelation
(Heisenbergsche)
**uncharged (neutral)** ungeladen, ladungsfrei
(neutral)
**uncompetitive inhibition**
unkompetitive Hemmung
**uncontaminated** unverschmutzt
**uncontrolled** unkontrolliert
**uncouple/decouple/release** entkoppeln
**uncoupler/uncoupling agent/decoupling agent/**
**release agent** Entkoppler
**uncoupling/decoupling/release** Entkopplung
**uncrazed** ohne Haarrisse
**undamped** ungedämpft
**undemanding/modest (having low requirements**
**or demands)** anspruchslos
**undercool/supercool** unterkühlen
**undercooled liquid/supercooled liquid**
unterkühlte Flüssigkeit
**undercooling/supercooling** Unterkühlung
**underground mine** *geol* Untertagebau
**undersaturated** untersättigt
**undersaturation** Untersättigung,
Sättigungsdefizit
**underside/undersurface** Unterseite
**undersize (sieving)** Unterkorn (Siebdurchgang)
**undetectable** nicht feststellbar,
nicht nachweisbar
**undissolved** ungelöst

**undivided (not divided)** ungeteilt
**undular/undulating** wellenförmig
**unequal (different/nonidentical)** ungleich, nicht
identisch, anders
**unfolding** Entfaltung, Dekonvolution
**unguent** Salbe
**unhealthy** (detrimental to one's health)
ungesund; (harmful) gesundheitswidrig
**Unified Fine Thread (UNF)** UNF-Feingewinde
**uniform (‚monodisperse')** einheitlich,
gleichförmig
**uniform rules/standards** einheitliche Richtlinie(n)
**uniformity** Uniformität, Einheitlichkeit,
Gleichförmigkeit, Gleichmäßigkeit
**unilateral** einseitig, unilateral
**unit** (measure) Einheit (Maßeinheit); (branch)
Bereich, Abteilung
➢ **ballast unit** *electr* Vorschaltgerät
➢ **base unit** Basiseinheit
➢ **building unit/building block** Baustein,
Bauelement
➢ **catalytical unit/unit of enzyme activity (katal)**
katalytische Einheit, Einheit der Enzymaktivität
(katal)
➢ **chain unit/chain link/chain segment**
Kettenglied, Kettensegment
➢ **configurational repeating unit**
konfigurative Repetiereinheit
➢ **constitutional repeating unit (CRU)**
konstitutive Repetiereinheit (Strukturelement)
(KRE)
➢ **constitutional unit** *polym* konstitutive Einheit
➢ **control unit/control gear/controller** Regelglied,
Regelgerät, Steuergerät
➢ **drive unit/drive system** Antriebssystem
➢ **functional unit/module** Funktionseinheit,
Modul
➢ **International Unit (IU)/SI unit**
**(fr: Système Internationale)**
Internationale Maßeinheit, SI Einheit
➢ **laboratory unit/lab unit** Laboreinheit
➢ **lattice unit (unit cell)** Elementarzelle
➢ **measuring unit/measuring device**
Messglied (Größe)
➢ **monomer(ic) unit** Monomereinheit
➢ **power supply unit** Netzgerät, Netzteil
➢ **repeat(ing) unit** Repetiereinheit,
Wiederholungseinheit
➢ **standby unit** Notaggregat
➢ **stereorepeating unit** Stereorepetiereinheit
➢ **subunit** Untereinheit
**unit cell** Einheitszelle (nicht: Elementarzelle)
**unit factor** unteilbarer Faktor
**unit membrane** Einheitsmembran

unit operation Grundoperation
(Verfahrenstechnik)
unit process Grundverfahren (Verfahrenstechnik)
univalence Einwertigkeit, Univalenz
univalent/monovalent einwertig, univalent,
monovalent
unleaded (gasoline) bleifrei
unnatural unnatürlich
unperturbed coil ungestörtes Knäuel
unplasticized compound *polym* Hartgranulat
unpleasant smell unangenehmer Geruch
unplug/disconnect ausstöpseln; *electr*
herausziehen (Stecker)
unpolluted/uncontaminated unverschmutzt
unpolymerized nicht polymerisiert
unprovable nicht nachweisbar, unbeweisbar
unreacted nicht umgesetzt, nicht reagiert,
unreagiert
unreactive nicht reagierend, reaktionslos
unripe (immature) unreif
unsafe unsicher, gefährlich
unsaturated ungesättigt
➤ diunsaturated doppelt ungesättigt
➤ polyunsaturated mehrfach ungesättigt
unsaturated fatty acid ungesättigte Fettsäure
unsaturated solution ungesättigte Lösung
unsaturation ungesättigter Zustand
unstable (instable) instabil, nicht stabil
unstable isotope/radioisotope/radioactive
isotope instabiles Isotop, Radioisotop,
Radionuclid, radioaktives Isotop
unstressed unbelastet
untreated unbehandelt
unwinding Entwinden (der Doppelhelix)
upper critical solution temperature (UCST)
obere kritische Lösungstemperatur
upper phase (liquid-liquid) Oberphase
(flüssig-flüssig)
upperside/upper surface Oberseite
upright freezer Gefrierschrank
upstream stromaufwärts
uptake/intake/ingestion Aufnahme, Einnahme
uracil Uracil
uranium (U) Uran
➤ uranic/uranium(VI) Uran(VI)...
➤ uranous/uranium(IV) Uran(IV)...
uranium dioxide/urania/yellowcake $UO_2$
Urandioxid, Uran(IV)-oxid
uranium trioxide/uranic oxide $UO_3$ Urantrioxid,
Uran(VI)-oxid
uraninite Uraninit
urea (ureide) Harnstoff, Carbamid (Ureid)
urea cycle Harnstoffzyklus, Harnstoffcyclus

urea-formaldehyde resin (UF) Harnstoff-
Formaldehyd Harz
uric acid (urate) Harnsäure (Urat)
uridine Uridin
uridine triphosphate (UTP) Uridintriphosphat
(UTP)
uridylic acid Uridylsäure
urine Urin, Harn
urocanic acid (urocaninate) Urocaninsäure
(Urocaninat), Imidazol-4-acrylsäure
uronic acid (urate) Uronsäure (Urat)
urotropine (hexamethylene tetramine) Urotropin
use/usage Verwendung, Nutzen
➤ continued use Weiterverwendung
➤ continuous use Dauernutzung
➤ ready-to-use gebrauchsfertig
➤ reuse Wiederverwendung
➤ single-use (disposable) Einmal..., Einweg...,
Wegwerf...
useful work Nutzarbeit
user-friendly (easy to use) benutzerfreundlich;
anwenderfreundlich; bedienungsfreundlich
usnic acid Usninsäure
utilities Versorgungseinrichtungen;
(public utilities) öffentliche
Versorgung(sunternehmen): Gas/Wasser/
Strom
utility pliers Mehrzweckzange
utilization Nutzung, Verwendung; Verwertung
utilize/use nutzen, verwenden; verwerten

V

vacuum Vakuum, Luftleere
vacuum adapter Vakuumvorstoß
vacuum-clean staubsaugen
vacuum cleaner/vacuum/vacuum sweeper
Staubsauger
vacuum concentrator (speedy vac)
Vakuumeindampfer, Vakuum- Evaporator
vacuum deposition (metallization)
Vakuumaufdampfung
vacuum distillation/reduced-pressure distillation
Vakuumdestillation
vacuum filtration/suction filtration
Vakuumfiltration
vacuum-filtration adapter
Vakuumfiltrationsvorstoß
vacuum forming Vakuumformen
vacuum furnace Vakuumofen
vacuum line Vakuumleitung, Unterdruckleitung
vacuum lock Vakuumschleuse
vacuum manifold Vakuumverteiler (mit Hähnen)

**vacuum-metallize** *micros* aufdampfen, bedampfen
**vacuum-proof** vakuumfest
**vacuum pump** Vakuumpumpe
**vacuum receiver** *dist* Vakuumvorlage
**vacuum trap** Vakuumfalle
**valence/valency** Valenz, Wertigkeit
➤ **bivalent/divalent** zweiwertig, bivalent, divalent
➤ **pentavalent** fünfwertig, pentavalent
➤ **polyvalent** mehrwertig, polyvalent
➤ **tetravalent** vierwertig, tetravalent
➤ **trivalent** dreiwertig, trivalent
➤ **univalent/monovalent**
    einwertig, univalent, monovalent
➤ **zero-valent/nonvalent** nullwertig
**valence band** Valenzband
**valence bond** Valenzbindung
**valence-bond theory** Valenzstruktur-Theorie
**valence electron/valency electron** Valenzelektron
**valence force** Valenzkraft
**valence force-field (VFF) method**
    Valenz-Kraftfeld-Methode
**valence lattice** Valenzgitter
**valence line/valence dash** Valenzstrich
**valence state** Wertigkeitszustand
**valence tautomerism** Valenztautomerie
**valence vibration** Valenzschwingung
**valency** Wertigkeit
**valeric acid/pentanoic acid**
    **(valeriate/pentanoate)** Valeriansäure,
    Baldriansäure, Pentansäure (Valeriat/Pentanat)
**validate** validieren, bestätigen, gültig erklären
**validation** Validierung, Bestätigung, Gültigkeit;
    Gültigkeitserklärung
**valine (V)** Valin
**valley printing/spanishing** Prägedruck
**value** Wert, Zahl
➤ **actual value/effective value** Istwert
➤ **approximate value** Richtwert, Näherungszahl
➤ **caloric value** Brennwert
➤ **characteristic value (descriptor)** Kennwert
➤ **cover value** Deckungswert
➤ **disturbance value/interference factor**
    Störgröße
➤ **face value** Nennwert, Nominalwert
➤ **food value/nutritive value** Nährwert
➤ **heat value/heating value** Brennwert
➤ **indicator value** Zeigerwerte
➤ **liminal value** Grenzwert, Schwellenwert
➤ **limiting value (limit)** Grenzwert, Schwellenwert
➤ **maximum value** Maximalwert
➤ **mean value (mean/arithmetic mean/average)**
    *stat* Mittelwert, Mittel, arithmetisches Mittel,
    Durchschnittswert

➤ **measured value** Messwert
➤ **median value** *stat* Medianwert, Zentralwert
➤ **minimum value** Minimalwert
➤ **modal value** *stat* Modalwert
➤ **nominal value/rated value/desired value/**
    **set point** Sollwert
➤ **peak value (maximum/maximum value)**
    Scheitelwert, Höchstwert, Maximum
➤ **performance value (performance coefficient)**
    Leistungszahl
➤ **reference value** Bezugswert
➤ **threshold value** Schwellenwert
➤ **threshold limit value (TLV) (U.S.: by ACGIH)**
    maximale Arbeitsplatzkonzentration (nicht
    identisch mit MAK: DFG)
**valve** Ventil
➤ **air inlet valve/air bleed** Lufteinlassventil
➤ **backflow prevention/backstop (valve)**
    Rückflusssperre, Rücklaufsperre, Rückstauventil
➤ **backstop valve/check valve** Rückschlagventil
➤ **ball valve** Kugelventil
➤ **butterfly valve** Flügelhahnventil
➤ **check valve/control valve** Sperrventil,
    Kontrollventil
➤ **cone valve/mushroom valve/pocketed valve**
    Kegelventil
➤ **control valve** Regelventil
➤ **cutoff valve** Schlussventil
➤ **delivery valve** Zulaufventil, Beschickungsventil
➤ **diaphragm valve** Membranventil
➤ **drum vent** Fassventil (Entlüftung)
➤ **exhalation valve** Ausatemventil
    (an Atemschutzgerät)
➤ **injection valve/syringe port** Einspritzventil
➤ **limit valve** Begrenzungsventil
➤ **metering valve** Dosierventil
➤ **needle valve** Nadelventil, Nadelreduzierventil
    (Gasflasche/Hähne)
➤ **pinch valve** Quetschventil
➤ **plug valve** Auslaufventil
➤ **pneumatic valve** Druckluftventil
➤ **positive-displacement valve** Verdrängerventil
➤ **pressure control valve** Druckregelventil
➤ **pressure valve/pressure relief valve**
    **(safety valve)** Überdruckventil
➤ **proportional valve/P valve** Proportionalventil
➤ **purge valve/pressure-compensation valve/**
    **venting valve** Entlüftungsventil
➤ **relief valve (pressure-maintaining valve)**
    Ausgleichsventil
➤ **security valve/security relief valve**
    Sicherheitsventil
➤ **shut-off valve** Abschaltventil, Absperrventil
➤ **slide valve** Schieberventil

➤ **solenoid valve** Magnetventil (Zylinderspule)
➤ **split valve** Abzweigventil
➤ **suction valve** Saugventil
➤ **throttle valve** Drosselventil; (damper) Drosselklappe
➤ **T-purge (gas purge device)** Spülventil (Inertgas)
➤ **tubing pinch valve/pinch valve** Schlauchventil (Klemmventil)
**vanadium (V)** Vanadium
➤ **vanadic/vanadium(V)** Vanadium(V)...
➤ **vanadous/vanadium(III)** Vanadium(III)...
**vane** Flügel, Schaufel (Propeller/Rotor)
**vane-type pump** Propellerpumpe
**vanillic acid** Vanillinsäure
**vapor/fume(s)** Dampf, Dunst (*pl* Dünste)
➤ **superheated vapor** überhitzter Dampf
➤ **water vapor (steam)** Wasserdampf
**vapor bath** Dampfbad
**vapor blasting** *micros* Bedampfung, Bedampfen, Aufdampfen
**vapor cooling** Verdunstungskühlung, Siedekühlung
**vapor density** Dampfdichte
**vapor permeation (evapomeation)** Dampfdurchlass
**vapor phase osmometry/vapor pressure osmometry (VPO)** Dampfdruckosmometrie
**vapor pressure** Dampfdruck
**vapor pressure thermometer** Dampfdruckthermometer
**vaporization** Verdampfung, Verdampfen, Verdunstung, Verdunsten; Eindampfung
**vaporization apparatus** *micros* Bedampfungsanlage
**vaporize** verdampfen, verdunsten; eindampfen; zerstäuben
**vaporizer (water vaporizer)** Dampfentwickler, Wasserdampfentwickler, Verdampfungsapparat; Zerstäuber
**vaporproof/vaportight** dampfdicht, dampffest
**variability** Variabilität, Veränderlichkeit, Wandelbarkeit (auch: Verschiedenartigkeit)
**variable (variably adjustable)** stufenlos (regulierbar/regelbar/einstellbar etc.)
**variable pitch screw impeller** Schraubenspindelrührer mit unterschiedlicher Steigung
**variable residue** *math* variabler Rest
**variance (mean square deviation)** *stat* Varianz, mittlere quadratische Abweichung, mittleres Abweichungsquadrat
**variance ratio distribution/F-distribution/ Fisher distribution** Fisher-Verteilung, F-Verteilung, Varianzquotientenverteilung

**variate** variieren, schwanken
**variation** Variation, Schwankung
**varnish** Firnis (Klarlack), Lackfirnis, Lasur
➤ **baking varnish/baking enamel** Einbrennlack, Einbrennemaille
➤ **linseed oil varnish** Leinölfirnis
➤ **oil varnish** Ölfirnis
➤ **resin lacquer/resin varnish** Harzlack
➤ **resin oil varnish** Harzölfirnis
➤ **synthetic-resin varnish (synthetic enamel)** Kunstharzlack
**varnish oil** Lacköl, Firnisöl
**varnish remover** Lackentferner
**varnished paper (coated paper)** Lackpapier
**vat/tub** Bottich, Küpe, Fass
➤ **wide-mouthed vat/wide-neck vat** Weithalsfass
**vatting** Verküpen, Verküpung
**vector** Vektor
➤ **containment vector** Sicherheitsvektor
**vegetable oil** Pflanzenöl (diätetisch), Tafelöl
**vehicle (inactive medium/carrier, e.g., oil in paints)** Bindemittel, Bindemittellösung
**veined/venulous** geädert
**Velcro/Velcro fastener/hook and loop fastener** Klettverschluss (Haken & Flausch)
**veneer** Furnier
**venom** Tiergift
➤ **antivenom** Gegengift
➤ **envenomation/envenomization** Vergiftung (durch Tiergift)
**venomous** giftig (Tiere)
**vent** *vb* (degas) entlüften
**vent** *n* Abzug, Belüftung; Abzugsöffnung, Luftschlitz
**vent zone** Entgasungszone (Extruder)
**ventilate/vent/air** ventilieren, belüften, entlüften, durchlüften, Rauch abziehen lassen
**ventilating pipe/vent pipe** Lüftungsrohr
**ventilating shaft/vent shaft/ventilating duct/ vent duct** Lüftungsschacht, Luftschacht
**ventilation** Ventilation, Lüftung; (air extraction) Entlüftung; (aeration) Entlüftung
**ventilation system/vent** Lüftungsanlage
**ventilation volume** Ventilationsvolumen
**verdigris** Grünspan
**verification/control** Bestätigung, Überprüfung, Vergewisserung, Kontrolle
➤ **in-process verification** Inprozesskontrolle
**verification assay** Bestätigungsprüfung
**verify (check/control)** bestätigen, vergewissern; überprüfen, kontrollieren
**vernier** Nonius; Feineinsteller
**vertical air flow (clean bench with vertical air curtain)** vertikale Luftführung (Vertikalflow-Biobench)

vertical flow workstation/hood/unit
Fallstrombank
vertical rotor *centrif* Vertikalrotor
very low density lipoprotein (VLDL)
Lipoprotein sehr niedriger Dichte
vesicant *n* Vesikans, Vesikatorium,
blasenziehendes Mittel
vesicate Blasen bilden
vesicating/vesicant blasentreibend,
blasenziehend
vesicle Vesikel nt, Bläschen
vesicular/bladderlike vesikulär, bläschenartig
vessel Gefäß; (container) Behälter
> agitator vessel Rührkessel, Rührbehälter
> Dewar vessel/Dewar flask Dewargefäß
> glass pressure vessel Druckbehälter (aus Glas)
> glass vessel Glasbehälter
> pressure vessel Druckbehälter
> reaction vessel Reaktionsgefäß
> receiving vessel/collection vessel
Auffanggefäß
> safety vessel/safety container/safety can
Sicherheitsbehälter; Sicherheitskanne
vestibule/vestibulum Vestibül
vial (phial/small bottle) Gläschen,
Glasfläschchen, Phiole; (tube) Röhrchen
> crimp-seal vial Rollrandgläschen,
Rollrandflasche (mit Bördelkappenverschluss)
> sample vial/specimen vial Probefläschchen,
Probegläschen
> scintillation vial Szintillationsgläschen
> screw-cap vial Schraubgläschen,
Schraubdeckelgläschen
> snap-cap vial Schnappdeckelglas,
Schnappdeckelgläschen
vibrate vibrieren
vibrating mill (shaking motion) Schwingmühle
vibrating motion Vibrationsbewegung
vibration Vibration, Schwingung
> deformation vibration/bending vibration (IR)
Deformationsschwingung
> overtone (IR) Oberschwingung
> stretching vibration (IR) Streckschwingung
> wagging vibration (IR) Wippschwingung
vibrational energy/vibration energy
Vibrationsenergie
vibrational excitation Schwingungsanregung
vibrational motion Schwingbewegung,
Schwingungsbewegung
vibrational spectrum Schwingungsspektrum
vibrator Rüttler
Vicat softening point (VSP)
Vicat-Erweichungspunkt
viewing panel Beobachtungsfenster

viewing window Sichtfenster, Sichtscheibe
vigorous heftig (Reaktion etc.)
vigorous reaction/violent reaction
heftige Reaktion
Vigreux column Vigreux-Kolonne
vinasse (residual liquid from fermentation/
distillation of alcoholic liquors) Schlempe,
Brennereischlempe
vinegar Essig
violation Missachtung, Vergehen
(einer Vorschrift)
virgin fiber Primärfaser, native Faser, Frischfaser
virgin material Reinstoff, Originalrohstoff,
Ausgangsstoff (unvermischtes
Ausgangsmaterial), frisch hergestelltes
Material, Neumaterial, Neuware;
thermoplastisches Frischmaterial
virgin oil (olive) Jungfernöl
virgin pulp Primärfaserstoff, Frischfaserstoff
virgin wool (new wool)
Neuwolle (unverarbeitete Wolle)
virial coefficeint Virialkoeffizient
virostatic Virostatikum
virucidal/viricidal viruzid
visbreaking/viscosity breaking (petroleum)
Visbreaking, Viskositätsbrechen
viscid (sticky/gummy) klebrig; viszid
viscidity (stickiness) Klebrigkeit
viscoelastic viskoelastisch
viscoelasticity Viskoelastizität
viscometer (viscosimeter) Viskosimeter, Viskometer
> ball viscometer Kugelfallviskosimeter
> Brookfield viscometer Brookfield-Viskosimeter
> capillary viscometer Kapillarviskosimeter
> cone-plate viscometer/cone-and-plate
viscometer Kegel-Platte-Viskosimeter
> Couette rotary viscometer
Couette-Rotationsviskosimeter
> extensional viscometer Dehnviskosimeter,
Dehnungsviskosimeter
> Ostwald viscometer Ostwald-Viskosimeter
> rotational viscometer Rotationsviskosimeter
> Ubbelohde viscometer (dilution v.)
Ubbelohde-Viskosimeter
viscometric flow viskometrische Strömung
viscose fiber Viskosefaser (CV)
viscose process (xanthate process)
Viskoseverfahren
viscose silk/viscose rayon/rayon Viskoseseide,
Viskoserayon
viscosity (viscousness) Viskosität, Zähigkeit
(Grad der Dickflüssigkeit/Zähflüssigkeit)
> apparent viscosity scheinbare Viskosität
> bulk viscosity Volumenviskosität

➤ **coefficient of viscosity** Viskositätskoeffizient, Zähigkeitskoeffizient
➤ **creep viscosity** Kriechviskosität, Kriechzähigkeit
➤ **extensional viscosity** Dehnviskosität (Querviskosität)
➤ **inherent viscosity** inhärente Viskosität
➤ **intrinsic viscosity (IV)** intrinsische Viskosität
➤ **kinematic viscosity** kinematische Viskosität
➤ **limiting viscosity/intrinsic viscosity** Grenzviskosität, grundmolare Viskosität (Staudinger-Index)
➤ **Newtonian viscosity** Newtonsche Viskosität
➤ **non-Newtonian viscosity** Strukturviskosität
➤ **reduced viscosity** reduzierte Viskosität
➤ **relative viscosity** relative Viskosität
➤ **shear viscosity** Scherviskosität
➤ **specific viscosity** spezifische Viskosität
➤ **strain viscosity/extensional viscosity** Dehnviskosität
➤ **zero-shear viscosity/viscosity at rest/ stationary viscosity** Nullviskosität, ruhende V., stationäre Viskosität
**viscosity number** Viskositätszahl
**viscosity ratio/relative viscosity** Viskositätsverhältnis, relative Viskosität
**viscous/viscid (glutinous consistency)** viskos, viskös, zähflüssig, dickflüssig
**visor/vizor (Br)/face visor** Schirm, Blende (Sichtblende); Sichtschutz, Visier; (face visor) Gesichtsschutz, Sichtschutz
**visualizer/visual indicator/viewing unit/ display unit** Sichtgerät
**vital dye/vital stain** Vitalfarbstoff, Lebendfarbstoff
**vital red** Brilliantrot
**vital staining** Vitalfärbung, Lebendfärbung
**vitamin(s)** Vitamin(e)
➤ **ascorbic acid (vitamin C)** Ascorbinsäure
➤ **biotin (vitamin H)** Biotin
➤ **carnitine (vitamin $B_T$)** Carnitin (Vitamin T)
➤ **carotin/carotene (vitamin A precursor)** Carotin, Caroten, Karotin (Vitamin A Vorläufer)
➤ **cholecalciferol (vitamin $D_3$)** Cholecalciferol, Calciol
➤ **citrin (hesperidin) (vitamin P)** Citrin (Hesperidin)
➤ **cobalamin (vitamin $B_{12}$)** Cobalamin, Kobalamin
➤ **folic acid (folate)/folacin/pteroyl glutamic acid (vitamin $B_2$ family)** Folsäure (Folat), Pteroylglutaminsäure
➤ **menadione (vitamin $K_3$)** Menadion
➤ **menaquinone (vitamin $K_2$)** Menachinon
➤ **pantothenic acid (vitamin $B_5$)** Pantothensäure

➤ **phylloquinone/phytonadione (vitamin $K_1$)** Phyllochinon, Phytomenadion
➤ **retinol (vitamin A)** Retinol
➤ **riboflavin/lactoflavin (vitamin $B_2$)** Riboflavin, Lactoflavin
➤ **thiamine/aneurin (vitamin $B_1$)** Thiamin, Aneurin
➤ **tocopherol (vitamin E)** Tocopherol, Tokopherol
**vitamin deficiency** Vitaminmangel
**vitreous state/glassy state** glasförmiger Zustand, Glaszustand
**vitrification** Glasbildung
**void** Fehlstelle, Leerstelle (Kristallgitter)
**void coefficient/void coefficient of reactivity** Dampfblasenkoeffizient, Kühlmittelverlustkoeffizient, Voidkoeffizient
**void fraction** Leervolumenanteil
**void-free** lunkerfrei, blasenfrei, vakuolenfrei
**Voigt-Kelvin element** Voigt-Kelvin-Element
**volatile** flüchtig
➤ **highly volatile/light** leicht flüchtig (niedrig siedend)
➤ **less volatile/heavy (boiling/evaporating at higher temp.)** höhersiedend (schwer flüchtig)
➤ **nonvolatile** nicht flüchtig; schwerflüchtig
**volatility** Flüchtigkeit (von Gasen: Neigung zu verdunsten)
**volatilization** Verflüchtigung (Verdampfung/ Verdunstung)
**volatilize** verflüchtigen (verdampfen/verdunsten)
**volcanic ash** Vulkanasche
**voltage (potential difference)** Spannung
➤ **accelerating voltage (EM)** *micros* Beschleunigungsspannung
➤ **breakdown voltage** Durchschlagspannung
➤ **cell voltage** Zellenspannung (galvanisch)
➤ **control voltage** Regelspannung
➤ **deflection voltage** Ablenkungsspannung
➤ **grid voltage** *electr* Gitterspannung
➤ **high voltage** Hochspannung
➤ **low voltage** Niedrigspannung
➤ **overvoltage/overpotential** Überspannung
➤ **source voltage/electromotive force/ electric pressure** Quellenspannung, elektromotorische Kraft
➤ **sweep voltage** Kippspannung
**voltage clamp** Spannungsklemme
**voltammetry** Voltammetrie
➤ **cyclic voltammetry (CV)** cyclische Voltammetrie, Cyclovoltammetrie
➤ **linear scan voltammetry/linear sweep voltammetry** lineare Voltammetrie
➤ **stripping analysis/stripping voltammetry** Stripping-Analyse, Inversvoltammetrie
**voltmeter** Spannungsmessgerät

**volume** Volumen, Rauminhalt; Masse, große Menge; (loudness) Lautstärke
➢ **atomic volume** Atomvolumen
➢ **bulk volume** Schüttvolumen
➢ **dead volume/deadspace volume/holdup (volume)** Totvolumen (Spritze/GC)
➢ **excluded volume** ausgeschlossenes Volumen
➢ **free volume** freies Volumen
➢ **melt volume index (MVI)/melt volume rate** Volumenfließindex
➢ **molar volume** Molvolumen, molares Volumen
➢ **nominal volume** Nennvolumen
➢ **occupied volume** besetztes Volumen
➢ **tidal volume** *med/physiol* Atemzugvolumen
**volume fraction** Volumenanteil (Volumenbruch)
**volume resistivity** spezifischer Durchgangswiderstand
**volumetric analysis** Maßanalyse, Volumetrie, volumetrische Analyse
**volumetric flask** Messkolben, Mischzylinder
**volumetric solution (a standard analytical solution)** Maßlösung
**vomit** brechen, erbrechen, sich übergeben (bei Übelkeit)
**vomiting** Erbrechen
**vortex (*pl* vortices)** Wirbel, Strudel; (mixer) Vortex, Mixer, Mixette, Küchenmaschine
**vortex motion/whirlpool motion** Vortex-Bewegung (Schüttler: kreisförmig-vibrierende Bewegung)
**vortex shaker/vortex** Vortexmischer, Vortexschüttler, Vortexer (für Reagenzgläser etc.); (mixer) Vortex, Mixer, Mixette, Küchenmaschine
**voucher specimen** Belegexemplar
**VSEPR model (valence shell electron pair repulsion)** VSEPR-Konzept (Elektronenpaarabstoßung)
**vulcanization/vulcanizing** Vulkanisieren, Vulkanisation
➢ **hot-air vulcanizing** Heißluftvulkanisation
➢ **postvulcanization/postcuring** Nachvernetzung, Nachvulkanisation
➢ **prevulcanization** Anvulkanisation, Anvulkanisieren, Vorvulkanisieren, Vorvernetzung
➢ **resin vulcanization/cure** Harzvulkanisation
➢ **retardation of vulcanization** Vulkanisationsverzögerung
➢ **steam pipe vulcanization** Dampfrohrvulkanisation
➢ **ultrahigh-frequency vulcanizing** Ultra-Hoch-Frequenz-Vulkanisation (UHF)

**vulcanization accelerator** Vulkanisationsbeschleuniger
**vulcanization activator/vulcanization initiator** Vulkanisationsaktivator
**vulcanization inhibitor/vulcanizing inhibitor** Vulkanisationsinhibitor
**vulcanization retarder/antiscorcher/antiscorching agent** Vulkanisationsverzögerer, Antiscorcher
**vulcanize** vulkanisieren
**vulcanized fiber** Vulkanfiber
**vulcanized rubber** Vulkanisat
**vulcanizing (vulcanization)** Vulkanisieren, Vulkanisation
**vulcanizing agents** Vulkanisationsmittel, Vulkanisationschemikalien

## W

**wad** Pfropf, Pfropfen; Wattebausch
**wafer** Platte, Plättchen, Scheibe (z. B. Halbleiter)
**waft** wehen (von Kolbenöffnung mit der Hand fächeln)
**wagging vibration (IR)** Wippschwingung
**waiting time/waiting period** Wartezeit, Karenzzeit
**Walden inversion** Walden-Umkehr, Walden Umkehrung
**walk-in hood** begehbarer Abzug, Dunstabzugshaube
**wall cabinet/cupboard** Wandschrank
**wall effect** Wandeffekt
**wall outlet** Wandsteckdose
**warehouse** Lager, Lagerraum, Warenlager (Gebäude)
**warehousing/storage** Lagerung (Waren/Gerät/Chemikalien)
**warming** Erwärmung; (heating) Erhitzung
**warmth/heat** Wärme, Hitze
**warn** warnen
**warning** *adj/adv* **(precautionary)** warnend
**warning** *n* **(caution)** Warnung
➢ **hazard warnings** Gefahrenbezeichnungen, Gefährlichkeitsmerkmale
**warning agent** Warnstoff, Warnsubstanz
**warning label** Warnetikett
**warning sign/precaution sign** Warntafel, Warnzeichen, Warnhinweis
**warning tape** Signalband, Warnband
**warp** *n* Werfen, Verwerfung, Wölbung, Verziehen, Verkrümmung
**warp** *vb* werfen, verwerfen, wölben, verziehen, verkrümmen
**warpage** Verzug, Verziehen, Krümmen, Verkrümmung, Werfen, Verwerfung
**warranty** Garantie (Hersteller~), Haftung

wash *vb* (clean) waschen; spülen, abspülen
➤ eye-wash (station/fountain) Augendusche
➤ mouth wash Mundspülung
➤ wash out/rinse out/flush out auswaschen
wash basin Waschbecken
wash bottle/squirt bottle Spritzflasche
wash solution Waschlösung, Waschlauge
washable waschbar, abwaschbar
washdown Ganzwäsche
washer Dichtungsring, Dichtungsscheibe, Unterlegscheibe
washing facilities Wascheinrichtung
washroom/lavatory Waschraum, Toilette
washup room Spülküche
waste *n* (trash/rubbish/refuse/garbage) Müll, Abfall
➤ chemical waste Chemieabfälle
➤ clinical waste Klinikmüll
➤ hazardous waste Sonderabfall, Sondermüll
➤ high active waste (HAW)/highly active nuclear waste hochradioaktiver Abfall
➤ household waste Haushaltsmüll, Haushaltsabfälle
➤ industrial waste Industriemüll, Industrieabfall
➤ low active waste (LAW) schwach radioaktiver Abfall
➤ nuclear waste Atommüll
➤ radioactive waste/nuclear waste radioaktive Abfälle
➤ toxic waste/poisonous waste Giftmüll
waste acceptance criteria (WAC) Abfallannahmekriterien
waste avoidance Müllvermeidung
waste collection Müllabfuhr
waste container/garbage can/dustbin (*Br*) Mülltonne; (litter bin/trash can) Abfallbehälter
waste disposal/waste removal Abfallentsorgung, Abfallbeseitigung
waste disposal law/waste disposal act Abfallgesetz, Abfallbeseitigungsgesetz (AbfG)
waste disposal site/waste dump Mülldeponie, Müllplatz, Müllabladeplatz, Müllkippe
waste heat Abwärme
waste incineration plant/incinerator Müllverbrennungsanlage
waste lye/waste liquor Ablauge, Abfalllauge
waste oil/used oil Altöl
waste paper Altpapier
waste plastic Kunststoffabfall
waste pretreatment Abfallvorbehandlung
waste recycling Müllwiederverwertung
waste recycling plant Müllverwertungsanlage
waste removal (waste disposal) Entsorgung, Abfallbeseitigung

waste separation Mülltrennung, Abfalltrennung
waste treatment Abfallbehandlung; Abfallverwertung
wastewater/sewage Abwasser
wastewater charges act Abwasserabgabengesetz
wastewater purification plant Kläranlage (industriell)
watch glass/clock glass Uhrglas, Uhrenglas
watchmaker forceps/jeweler's forceps Uhrmacherpinzette
water Wasser
➤ bound water gebundenes Wasser
➤ capillary water Kapillarwasser
➤ cooling water Kühlwasser
➤ crystal water/water of crystallization Kristallwasser
➤ deionized water entionisiertes Wasser
➤ distilled water destilliertes Wasser
➤ double distilled water Bidest
➤ drinking water/potable water Trinkwasser
➤ film water/retained water Haftwasser
➤ freshwater Süßwasser
➤ hard water hartes Wasser
➤ heavy water $D_2O$ schweres Wasser
➤ jet of water Wasserstrahl
➤ mineral water Mineralwasser
➤ potable water trinkbares Wasser
➤ purified water gereinigtes Wasser, aufgereinigtes Wasser, aufbereitetes Wasser
➤ saltwater Salzwasser
➤ seawater/saltwater Meerwasser
➤ soda water Selterswasser, Sprudel
➤ soft water weiches Wasser
➤ springwater Quellwasser
➤ tap water Leitungswasser
➤ wastewater Abwasser
water activity Wasseraktivität, Hydratur
water analysis Wasseruntersuchung, Wasseranalyse
water bath Wasserbad
water column (column of water) Wassersäule
water-conducting wasserleitend
water consumption/water usage Wasserverbrauch
water content Wassergehalt
water cycle/hydrologic cycle Wasserkreislauf
water distillation Wasserdestillation
water flow Wasserströmung
water gas Wassergas
water glass/soluble glass $M_2Ox(SiO_2)_x$ Wasserglas
water hardness Wasserhärte
water hazard class Wassergefahrenklasse (WGK)
water-insolubility Wasserunlöslichkeit

water jacket Wassermantel (Kühler)
water loss Wasserverlust
water of crystallization Kristallisationswasser
water of hydration Hydratwasser
water outlet Wasserzulauf, Wasserzapfstelle
(Wasserhahn)
water paint/water-based paint Wasserfarbe
water pollution Wasserverschmutzung
water potential Wasserpotential, Hydratur,
Saugkraft
water pump (filter pump/vacuum filter pump)
Wasserstrahlpumpe, Wasserpumpe
water purification Wasseraufbereitung
water purification plant/facility (water treatment
plant/facility) Wasseraufbereitungsanlage
water quality Wasserqualität, Wassergüte,
Gewässergüte
water reactive wasserreaktiv
water regime Wasserhaushalt, Wasserregime
water-repellent/water-resistant
wasserabstoßend, wasserabweisend
water sample Wasserprobe
water saturation Wassersättigung
water saturation deficit (WSD)
Wassersättigungsdefizit
water separator/water trap Wasserabscheider
water softener Wasserenthärter
water softening Wasserenthärtung
water solubility Wasserlöslichkeit
water-soluble wasserlöslich
water still Wasserdestillierapparat
water stress Wasserstress
water supply Wasserversorgung, Wasserzufuhr
water tension Zugspannung (Wasserkohäsion);
(water suction) Wassersog
water trap/separator Wasserabscheider
water uptake Wasseraufnahme
water vapor (see also: steam) Wasserdampf
waterlogged vollgesogen (mit Wasser)
waterlogging Vernässung
waterproof wasserfest, wasserdicht,
wasserundurchlässig
watertight/waterproof wasserdicht,
wasserundurchlässig
watertightness/waterproofness
Wasserundurchlässigkeit
wave Welle
➤ electromagnetic wave
elektromagnetische Welle
➤ longitudinal wave Longitudinalwelle,
Längswelle
➤ microwave Mikrowelle
➤ shock wave Schockwelle, Stoßwelle,
Druckwelle

➤ stationary wave stehende Welle
➤ transverse wave Transversalwelle, Querwelle
wave-corpuscle duality/wave-particle
parallelism Welle-Teilchen-Dualismus
wave function Wellenfunktion
wave guide Hohlleiter (z. B. an Mikrowelle)
wave mechanics/quantum mechanics
Wellenmechanik, Quantenmechanik
wavelength Wellenlänge
wavenumber (IR) Wellenzahl
wax vb wachsen
wax n Wachs
➤ microcrystalline wax mikrokristallines Wachs
➤ paraffin wax Paraffinwachs
➤ synthetic wax Synthesewachs
wax paper Wachspapier
waxy (wax-like/ceraceous) wachsartig
weak link Lockerstelle (Regioisomerie)
wear n (attrition/erosion) Verschleiß,
Abnutzung
wear vb (wear out) verschleißen, abnutzen,
verbrauchen
weather vb verwittern
weathering Verwitterung
weathering resistance/durability
Verwitterungsbeständigkeit
weatherproof wetterbeständig
weave Bindung
weaving Weben
web Bahn (endlos); (thin sheet: severe molding
defect) Schwimmhaut
webbing Vernetzung
wedge/peg Keil
weigh wägen, wiegen
weigh in (after setting tare) einwiegen,
einwägen (nach Tara)
weigh out abwiegen (eine Teilmenge)
weigh out precisely auswiegen (genau wiegen)
weighing Wägung
weighing boat/weighing scoop Wägeschiffchen
weighing bottle Wägeglas, Wägeflasche
weighing paper Wägepapier
weighing spatula Wägespatel
weighing spoon Maßlöffel, Wägelöffel
weighing table/balance table Wägetisch
weight Gewicht; Last;
Belastung (Traglast/Last: Gewicht)
➤ atomic weight Atomgewicht
➤ dry weight (sensu stricto: dry mass)
Trockengewicht (sensu stricto: Trockenmasse)
➤ fresh weight (sensu stricto: fresh mass)
Frischgewicht (sensu stricto: Frischmasse)
➤ gross weight Bruttogewicht

> molecular weight (relative molecular mass; *see*: molecular mass and molar mass) Molekulargewicht, Molgewicht, Äquivalentgewicht, Formelgewicht
> net weight Nettogewicht
> own weight/dead weight/permanent weight Eigengewicht
> service weight/unladen weight Eigengewicht

weight average molecular mass Durchschnitts-Molmasse ($M_w$) (gewichtsmittlere Molmasse/ Gewichtsmittel des Molekulargewichts)

weight buret/weighing buret Wägebürette

weight fraction Gewichtsbruch (Verhältnis)

weighting factor Wichtungsfaktor

> radiation weighting factor ($w_R$) Strahlungswichtungsfaktor
> tissue weighting factor ($w_T$) Gewebe-Wichtungsfaktor

weightlessness Schwerelosigkeit

weld schweißen, verschweißen, einschweißen

weldability Schweißbarkeit

weldable schweißbar

welded on/welded to eingeschweißt

welding Schweißen, Schweißung; Schweißnaht, Schweißstelle

> autogenous welding *polym* autogenes Schweißen
> light beam welding Lichtstrahlschweißen
> point welding/spot welding Punktschweißen
> radiation welding Strahlungsschweißen
> seam welding Nahtschweißen
> tack welding Heftschweißen

welding flux Schweißmittel, Schweißmasse

welding torch/blowpipe Schweißbrenner, Schweißgerät

well Brunnen, Quelle; (depression at top of gel) Tasche (Vertiefung: Elektrophorese-Gel); Rinne

well plate Lochplatte

well water Brunnenwasser

welt (weal) Quaddel

Western blot/immunoblot Western-Blot, Immunoblot

wet *vb* (moisten) nass machen, befeuchten, benetzen

wet blotting Nassblotten

wet mount Nasspräparat (Frischpräparat, Lebendpräparat, Nativpräparat)

wet spinning Nassspinnen

wet steam Nassdampf

wet strength Nassfestigkeit (Fasern)

wettability Benetzbarkeit

wettable benetzbar

wetting Benetzung

wetting agent (wetter/surfactant/spreader) Benetzungsmittel; Entspannungsmittel (oberflächenaktive Substanz)

whey Molke

whirl *n* (eddy/vortex) Wirbel

whirl *vb* (swirl/eddy) strudeln

whisk Schneebesen

whisker Fadenkristall, Haarkristall, fadenförmiger Einkristall, Whisker

whisker resin Whiskerharz

whisker-reinforced plastic (WRP) whiskerverstärkter Kunststoff (WK)

white asbestos/chrysotile/Canadian asbestos Weißasbest, Chrysotil

white gold Weißgold

white lead/ceruse 2PbCO$_3$ · Pb(OH)$_2$ Bleiweiß

white metal Weißmetall

white mica/muscovite Kaliglimmer, Muskovit

white phosphorus (ordinary/yellow/regular) weißer Phosphor

white-glowing/incandescent weißglühend

whiten bleichen, entfärben, blanchieren; kalken, tünchen, weißen

whitener/whitening agent Weißtöner, opt. Aufheller, Weißmacher, opt. Bleichmittel

whitewash Tünche, Weißtünche, weiße Wandfarbe

whiting fein gemahlene Kreide/Kalkstein

whole mount Totalpräparat

whole mount plastination Ganzkörperplastination

whole-body exposure Ganzkörperbestrahlung

whole-grain flour Vollkornmehl

wick Docht

wide-angle X-ray scattering (WAXS) Röntgenweitwinkelstreuung, Weitwinkel-Röntgenstreuung (WWR)

wide-mouthed (widemouthed/wide-neck/ widenecked) Weithals...

wide-mouthed bottle Weithalsflasche

wide-mouthed flask/wide-mouth flask/ wide-necked flask Weithalskolben

wide-mouthed vat/wide-neck vat Weithalsfass

widefield photo/micros Weitwinkel

widespread/ubiquitous (existing everywhere) weitverbreitet, ubiquitär (überall verbreitet)

winch Winde, Kurbel; (rope winch) Seilwinde

wind (twist/coil) winden, wickeln

winder Wickelgerät, Wickelanlage

winding machine Wickelmaschine

winding/contortion/turn/bend Windung, Krümmung, Biegung

window Fenster

**window glass** Fensterglas
**window pane** Fensterscheibe
**wine lees (dregs/bottoms/sediment)**
Weintrub, Weingeläger, Drusen
**wing-tip (for burner)/burner wing top**
Schwalbenschwanzbrenner, Schlitzaufsatz
für Brenner
**wipe** *n* **(wiper)** Wischer; Wischtuch
**wipe** *vb* wischen; (wipe off/wipe clean) abwischen;
(wipe up/mop up: the floor) aufwischen
**wiper/wipe** Wischer; Wischtuch
**wiper blade** Abstreifer, Schaber (Mischer)
**wipes** Wischtücher
**wiping cloth/rag** Wischtuch, Wischlappen
**wire** *vb* verdrahten; verkabeln
**wire** *n* Draht; Kabel
➤ **fusible wire** *electr* Schmelzdraht
➤ **glowing wire** Glühdraht
➤ **inoculating wire** Impfdraht
➤ **nanowire** Nanodraht
➤ **Nichrome wire** Nichromdraht
➤ **pilot wire** *electr* Messader, Prüfader, Prüfdraht;
Steuerleitung; Hilfsleiter
➤ **platinum wire** Platindraht
➤ **soldering wire** Lötdraht
**wire brush** Drahtbürste, Stahlbürste
**wire cable shears/cable shears** Drahtseilschere,
Kabelschere
**wire end sleeve/wire end ferrule** *electr*
Aderendhülse
**wire gauze/wire gauze screen** Drahtnetz
**wire sheathing** Drahtummantelung,
Kabelummantelung
**wire stripper** Abisolierzange
**wiring** Verdrahtung, Verkabelung
**wiring board (WB)** Verdrahtungsplatte
**wither/wilt/fade (shrivel up)** verwelken
**withering/wilting/fading/shrivelling/**
**marcescent** verwelkend
**Witt jar** Wittscher Topf
**wobble-plate pump/rotary swash plate pump**
Taumelscheibenpumpe
**wood glue** Holzleim
**wood pulp** Holzschliff, Zellstoff
**wood rosin (colophonium from tree stumps)**
Wurzelharz (Kolophonium von
Kiefern-Baumstümpfen)
**wood spirit/wood alcohol/pyroligneous spirit/**
**pyroligneous alcohol (***chiefly:*** methanol)**
Holzgeist
**wood sugar/xylose** Holzzucker, Xylose
**wood tar** Holzteer
**wood vinegar/pyroligneous acid** Holzessig
**wood-wool** Holzwolle; Zellstoffwatte

**wool** Wolle
➤ **cinder wool** Schlackenwolle
➤ **glass wool** Glaswolle
➤ **rock wool** Steinwolle
➤ **shoddy** Reißwolle (aus Strickwaren u.a.)
➤ **virgin wool** Schurwolle
**wool alcohol** Wollfettalkohol
**wool fat/wool grease** Wollfett
**wool wax** Wollwachs
**work area** Arbeitsbereich, Arbeitsplatz
**work function** Austrittsarbeit; Abtrennungsarbeit
(Elektronen); *nucl* Ablösearbeit
**work gloves** Arbeitshandschuhe
**work hours** Arbeitszeit
**work of expansion** Ausdehnungsarbeit
**work procedure** Arbeitsmethode; Arbeitsvorgang
**work surface/working surface/working area**
Arbeitsfläche
**work up** *vb* **(process)** aufarbeiten
**workup** *n* **(working up/processing/**
**down-stream processing)** Aufarbeitung
**workability/machinability** Bearbeitbarkeit
**workers' protective clothing**
Arbeitsschutzkleidung
**working aperture** Arbeitsöffnung
**working disability/disablement**
Berufsunfähigkeit
**working distance (objective-coverslip)** *micros*
Arbeitsabstand
**working guideline** Arbeitsrichtlinie
**working life** Verwendbarkeitsdauer,
Nutzungsdauer
**working order/operating condition**
Funktionszustand
**working pressure/delivery pressure**
Arbeitsdruck: mit Druckausgleich
**working procedure** Arbeitsmethode;
Arbeitsvorgang, Arbeitsverfahren
➤ **step in a working procedure** Arbeitsschritt
**working range** Arbeitsbereich
**working space** Arbeitsraum (im Inneren der
Werkbank)
**working temperature/service temperature**
Gebrauchstemperatur
➤ **continuous working temperature/**
**long-term service temperature**
Dauergebrauchstemperatur
**workload** Arbeitspensum
**workman's compensation** Entschädigung~,
Kompensationszahlung bei Arbeitsunfällen od.
Berufskrankheiten
**workpiece** Werkstück, Teil, Stück
**workplace** Arbeitsplatz (Ort)
**workplace agent** Arbeitsstoff

workplace safety regulations
 Arbeitsschutzverordnung
workshop/'shop' Werkstatt
workspace Arbeitsbereich (räumlich)
worktable Arbeitstisch
worm gear Schneckengetriebe (DIN)
worm thread Schneckengewinde
worst-case accident größter anzunehmender Unfall
worst-case scenario
 schlimmster anzunehmender Fall
wort (beer) Würze (Bier)
Woulff bottle Woulff'sche Flasche
woven n Gewebe
woven fabric Faserstoff, Fasergewebe
woven glass filament fabric Glasfilamentgewebe
woven glass roving fabric/roving cloth
 Glasrovinggewebe
wrap vb wickeln, einwickeln
wrap n Folie, Einwickelpapier
wrap-it tie(s)/wrap-it tie cable/cable tie(s)
 Kabelbinder, Spannband
wrapfoil heat sealer Folienschweißgerät
wrapping Verpackung(smaterial) (mit Folie/Papier)
wrapping paper Einpackpapier
wrench/spanner (Br) Schraubenschlüssel,
 Schraubschlüssel
wringer (mop) Auswringer, Wringer (Mop)
wrought geschmiedet, gehämmert

X

xanthan Xanthan
xanthene/methylene diphenylene oxide Xanthen
xanthine Xanthin, 2,6-Dioxopurin
xanthogenic acid/xanthic acid/xanthonic acid/
 ethoxydithiocarbonic acid Xanthogensäure
xenobiotic (pl xenobiotics) Xenobiotikum
 (pl Xenobiotika)
xerogel Xerogel
X-ray Röntgenstrahl; Röntgenaufnahme,
 Röntgenbild; vb röntgen, eine
 Röntgenaufnahme machen, bestrahlen
X-ray absorption near-edge spectroscopy (XANES)
 Röntgenabsorptionskantenspektroskopie
X-ray absorption spectroscopy (XAS)
 Röntgenabsorptionsspektroskopie
X-ray apron/lead apron Röntgenschürze,
 Bleischürze
X-ray crystallography Röntgenkristallographie
X-ray diffraction Röntgenbeugung
X-ray diffraction method
 Röntgenbeugungsmethode

X-ray diffraction pattern
 Röntgenbeugungsdiagramm,
 Röntgenbeugungsaufnahme,
 Röntgendiagramm, Röntgenbeugungsmuster
X-ray diffractometry (XRD)
 Röntgendiffraktometrie
X-ray emission spectroscopy (XES)
 Röntgenemissionsspektroskopie
X-ray fluorescence spectroscopy (XRF)/
 X-ray fluorescence analysis
 Röntgenfluoreszenzspektroskopie (RFS),
 Röntgenfluoreszenzanalyse (RFA)
X-ray microanalysis Röntgenstrahl-Mikroanalyse
X-ray microscopy Röntgenmikroskopie
X-ray photoelectron spectroscopy (XPS)
 Röntgenphotoelektronenspektroskopie (RPS)
X-ray scattering (XS) Röntgenstreuung
➤ small-angle X-ray scattering (SAXS)
 Röntgenkleinwinkelstreuung
➤ wide-angle X-ray scattering (WAXS)
 Röntgenweitwinkelstreuung,
 Weitwinkel-Röntgenstreuung (WWR)
X-ray structural analysis/X-ray structure
 analysis Röntgenstrukturanalyse
xylene/dimethylbenzene Xylol, Xylen,
 Dimethylbenzol
xylitol/xylite Xylit
xylose Xylose
xylulose Xylulose

Y

yellow prussiate of potash/
 potassium hexacyanoferrate(II) K$_4$[Fe(CN)$_6$]
 gelbes Blutlaugensalz
yield n Ertrag, Ausbeute, Ergiebigkeit; Gewinn;
 Ergebnis; Nachgeben; Fließen
yield vb abgeben, ergeben, hervorbringen;
 nachgeben (einer Kraft)
yield coefficient (Y) Ertragskoeffizient,
 Ausbeutekoeffizient, ökonomischer
 Koeffizient
yield increase Ertragssteigerung
yield level/quality class Ertragsklasse,
 Ertragsniveau, Bonität
yield load Fließdruck
yield point/elongation at yield polym Fließgrenze,
 Fließpunkt, Streckgrenze (Yield-Punkt)
yield range Fließbereich
yield reduction Ertragsminderung
yield resistance Fließwiderstand
yield strength Elastizitätsgrenze, Dehngrenze

yield stress Streckspannung, Fließspannung
(Yield-Spannung)
yielding *adv/adj* (flowing/creeping) nachgebend,
nachgiebig, biegsam, dehnbar, flexibel;
fließend (belastete Kunststoffe)
Young's modulus/modulus of elasticity/
tensile modulus Youngscher Modul,
Elastizitätsmodul, Zugmodul
ytterbium (Yb) Ytterbium
yttrium (Y) Yttrium
yttrium earth (ore)/yttrium mineral ore
(from xenotime) Yttererde (aus Xenotim)
yttrium earths Yttererden (oxidische Erze)

zone electrophoresis Zonenelektrophorese
zone melting Zonenschmelze(n),
Zonenschmelzverfahren
zone refining Zonenreinigung (durch
Zonenschmelzen)
zone sedimentation/zonal sedimentation/
band sedimentation Zonensedimentation
zwitterion (*not translated*!) Zwitterion
zymogen/proenzyme (enzyme precursor)
Zymogen, Proenzym (Enzymvorstufe)

## Z

zein fiber Zeinfaser
Zeitgeber/synchronizer Zeitgeber
zeolite Zeolith
zero *n* Null
zero *vb* auf Null stellen
zero adjustment/null balance Nullabgleich
zero-order nullte Ordnung (Reaktionskinetik)
zero passage Nulldurchgang
zero-point adjustment/zero-point setting
Nullpunktseinstellung
zero reading Null-Anzeige
zero-shear viscosity/viscosity at rest/
stationary viscosity Nullviskosität,
ruhende Viskosität, stationäre Viskosität
zero-valent/nonvalent nullwertig
zeroth law of thermodynamics nullter Hauptsatz
(der Thermodynamik)
Ziegler-Natta catalyst Ziegler-Natta Katalysator
Zimm plot Zimm-Plot, Diagramm
zinc (Zn) Zink
zinc blende/sphalerite/blackjack Zinkblende
zinc plating/galvanization/electrogalvanizing
Verzinken
zip seal/zip-lip/zip-lip seal/zipper-top
Zippverschluss, Druckleistenverschluss
zip storage bag/zip-lip storage bag/zip-lip bag/
zipper-top bag Zippverschlussbeutel,
Druckverschlussbeutel
zipper Reißverschluss
zircaloy/zircalloy Zirkaloy, Zirkalloy
zircon (zirconium orthosilicate) $ZrSiO_4$
Zirkon, Zirconiumsilicat
zirconia (zirconium oxide/zirconium dioxide)
$ZrO_2$ Zirconiumdioxid
zirconium (Zr) Zirconium
zonal centrifugation Zonenzentrifugation
zonation Zonierung, Stufung

Printed in the United States
By Bookmasters